Nr. 41
S. 13055–13366

1959
14. Oktober

Chemisches Zentralblatt

Vollständiges Repertorium für alle Zweige der reinen und angewandten Chemie

1830 gegründet. 1897—1945 von der Deutschen Chemischen Gesellschaft fortgeführt. Im Auftrage der Deutschen Akademie der Wissenschaften zu Berlin, der Chemischen Gesellschaft in der DDR, der Akademie der Wissenschaften zu Göttingen und der Gesellschaft Deutscher Chemiker (in der BRD)

herausgegeben von Prof. Dr. Heinrich Bertsch und Prof. Dr. Dr. h. c. Wilhelm Klemm

130. Jahrgang

1959

Chefredakteure: Dr. Eugen Klever und Dr. Heinz Walter

Akademie-Verlag GmbH., Berlin — Verlag Chemie, GmbH., Weinheim/Bergstr.

Inhalt

Namenregister

Patentregister

Chemisches Zentralblatt

1959 Nr. 41 14. Oktober

Geschichte. Unterricht.

Gunnar Steensholt, *Nobel-Preis für Chemie 1958. — Frederick Sanger.* Lebenslauf u. Würdigung der Arbeiten von SANGER auf dem Gebiet der Proteine, bes. des Insulins. — Bild. (Tidsskr. Kjemi, Bergves. Metallurgi **18.** 165—66. 1958.)
M. GEHLEN-KELLER. 1

Walter Hückel, *Adolf Windaus zum 80. Geburtstag.* Würdigung der wissenschaftlichen Bedeutung von ADOLF WINDAUS, geb. 25/12. 1876, Professor in Göttingen bis 1944 (gest. 9/6. 1959; d. Red.). Sein Hauptforschungsgebiet waren die Naturstoffe Cholesterin, Colchicin u. Vitamin B_1. Die Aufklärung der Beziehungen des Cholesterins u. Ergosterins zum antirachhitischen Vitamin D trugen ihm 1928 den Nobel-Preis für Chemie ein. — Bild. (Chemiker-Ztg. **80.** 841—42. 20/12. 1956.) W. KUNTZ. 1

—, *C. T. R. Wilson.* Würdigung des Lebenswerkes von C. T. R. WILSON, die in der Entwicklung der nach ihm benannten Nebelkammer seinen Höhepunkt fand, aus Anlaß seines 90. Geburtstages am 14. Februar 1959. (Nature [London] **183.** 435. 14/2. 1959.)
E. KLEVER. 1

A. D. Mitchell, *G. M. Bennett.* Nachruf auf den Chemiker GEORGE MACDONALD BENNETT (geb. 25/10. 1892, gest. 9/2. 1959) u. Würdigung seiner Arbeiten auf verschied. Gebieten der organ. u. anorgan. Chemie. (Nature [London] **183.** 717—18. 14/3. 1959.)
W. KUNTZ. 1

J. R. Partington, *Niels Bjerrum.* Nachruf auf N. BJERRUM (geb. am 11/3. 1879 in Kopenhagen), dessen Arbeiten auf den verschiedensten Gebieten der Physikalischen Chemie kurz gewürdigt werden. (Nature [London] **183.** 290. 31/1. 1959.)
E. KLEVER. 1

Severo Ochoa und **Herman M. Kalckar,** *Gerty T. Cori.* Nachruf auf GERTY CORI, (geb. 1896 in Prag, gest. 26. 10. 1957) Nobel-Preis 1947. Würdigung ihrer Arbeiten über Kohlenhydrat-Phosphorylasen, bes. der „Grenzdextrinphosphorylase". (Science [Washington] **128.** 16—17. 4/7. 1958. New York, N.Y., Univ. Coll. of Med.) K. HEYNS. 1

R. Parsons, *D. C. Grahame.* Nachruf auf DAVID CALDWELL GRAHAME (geb. am 21/4. 1912 in St. Paul, Minnesota, gest. am 11/12. 1958 in London). Kurze Würdigung seiner Arbeiten, bes. auf dem Gebiete der Elektrochemie. (Nature [London] **183.** 290. 31/1. 1959.) E. KLEVER. 1

W. J. Hickinbottom, *H. D. K. Drew.* Nachruf auf H. D. K. Drew, gestorben Ende Dezember 1958 in London im Alter von 72 Jahren, Dozent an den Universitäten Birmingham (lecturer) u. London (reader) u. Würdigung seiner Forschungen auf dem Gebiet der organ, Chem. (Nature [London] **183.** 718. 14/3. 1959.) W. KUNTZ. 1

Werner Köster, *Edouard Houdremont.* Nachruf auf E. HOUDREMONT (geb. 19/3. 1896 in Luxemburg, gest. 10/6. 1958) u. Würdigung seiner Forschungsergebnisse in der Stahlkunde, bes. seines Handbuchs der Sonderstahlkunde. — Bild. (Z. Metallkunde **49.** 279. Juni 1958.) W. KUNTZ. 1

—, *Irving Langmuir.* Nachruf auf Dr. IRVING LANGMUIR (geb. 31/1. 1881 in Brooklin, N. Y., gest. 16/8. 1957 in Falmouth, Mass.). Würdigung seiner Forschungen u. Erfindungen: Begründung der Oberflächen-Chemie, für die er den Nobel-Preis 1932 erhielt, Entwicklung gasgefüllter Glühbirnen, Methoden, gewisse Wolken zur Entladung von Regen oder Schnee zu bringen u. a. mehr. (J. Inst. Metals **86.** 16—18. Nov. 1957.)
W. KUNTZ. 1

W. Sauerlandt, *Eilhard Alfred Mitscherlich. Ein Forscherleben für die Landwirtschaft.* Lebensbild des Bodenkundlers EILHARD ALFRED MITSCHERLICH (geb. 29/8. 1874 in Berlin, gest. 3/2. 1956). Würdigung seiner Persönlichkeit u. seiner Forschungen über Bodenkunde: pflanzenphysiolog. Werte des Bodens, Wirkungsgesetz der Wachstumsfaktoren, Bodenanalysen, Düngemittel. — Bild. (Landwirtsch. Forsch. **9.** 75—89. 1956. Braunschweig-Völkenrode.) W. KUNTZ. 1

G. Porro, *Luigi Orlando (geb. 22/10. 1897, gest. 3/12. 1957).* Nachruf u. Würdigung seiner Arbeiten u. Verdienste auf dem Gebiet der Metallurgie, bes. der Nichteisenmetalle. — Bild. (Metallurgia ital. **50.** Nr. 1. Atti Notizie 13. 7—8. Jan. 1958.)
G. PLATZER. 1

W. H. Chaloner, *Sir Henry Bessemer (1813—1898).* Lebensbild von HENRY BESSEMER (geb. 1813 bei Hitchin in Hertfordshire), Entwicklung seines Verf. zur Gewinnung von Schmiedeeisen u. Stahl (Patent vom 12/2. 1856) über anfängliche Mißerfolge zur Weltgeltung; der Fortschritt seines Verf. gegenüber dem Puddle-Verf. u. sein Anstoß zur weiteren Vervollkommnung durch den SIEMENS-MARTIN- u. den GILCHRIST-THOMAS-Prozeß. (Research **9.** 323—28. Sept. 1956. Manchester, Univ.) W. KUNTZ. 1

Alfred Lange, *Carl Friedrich Plattner. Zum 100. Todestag am 22. Januar 1958.* Lebensbild des vom Bergarbeiter zum Oberhüttenamtsassessor u. Professor an der Bergakademie Freiberg aufgestiegenen C. FR. PLATTNER, (geb. 2/1. 1800 in Kleinwaltersdorf nahe Freiberg, gest. 22/1. 1858 in Freiberg) u. Würdigung seiner Bedeutung für Metallurgie u. Hüttenkunde: Ausbau der Lötrohranalyse nach BERZELIUS zur quantitativen Erfassung aller wichtigen Metalle, Konstruktion des nach ihm benannten Muffelofens, Verf. zur Trennung von Ni u. Co u. andere. — Bild. (Z. Erzbergbau Metallhüttenwes. **11.** 81—82. Febr. 1958.) W. KUNTZ. 1

Helmut Wolter, *Friedrich Wöhlers Schaffen in Berlin.* Würdigung des Schaffens FRIEDRICH WÖHLERS mit bes. Berücksichtigung seiner Tätigkeit in Berlin in den Jahren 1825—31. (Chemiker-Ztg. **82.** 419—22. 25/6. 1958. Völklingen.) J.-E. HILLER. 1

F. W. Gibbs, *Boerhaaves chemische Schriften.* Bibliographie der chem. Schriften HERMAN BOERHAAVES (1668—1738): der von ihm selbst nicht gebilligten Drucke nach seinen Vorlesungen über Theorie u. Experimente der Chemie u. der Elementa Chemiae mit ihren engl., französ. u. deutschen Übersetzungen. (Ambix **6.** 117—35. Aug. 1958. London, Royal Inst. of Chem.) W. KUNTZ. 2

H. J. Sheppard, *Symbolik des Eies in der Alchimie.* Das Ei, das schon in den Schöpfungsmythen vieler Völker als „Weltei" eine Rolle spielt, wird bei den Alchimisten vielfach als Symbol verwandt, als Darstellung der vier Elemente, als Form des Gefäßes, in dem das Werk der Metallverwandlung oder das Entstehen des Steins der Weisen sich vollzieht u. a. mehr. (Ambix **6.** 140—48. Aug. 1958.) W. KUNTZ. 2

Martin Levey, *Quellen zur Erforschung alt-mesopotamischer Chemie.* Aus sumer. u. akkad. Keilschrift-Tontafeln, die mythol. u. mag. Texte, ärztliche Rezepte, Bestandsaufnahmen von Vorräten, Rechnungen, Quittungen, Listen von Wörtern aller Art enthalten, wird unter Heranziehung späterer ägypt., griech. u. arab. Texte u. Unters. erhaltener Gegenstände ein Bild der chem. Kenntnisse um 3500—2000 v. Chr. zusammengefügt. (Ambix **6.** 149—54. Aug. 1958. Philadelphia, Pa., Temple Univ.) W. KUNTZ. 2

Henry Zatzkis, *Das Thomson-Atom.* Das von J. J. THOMSON 1903/04 entworfene Atombild, wahrscheinlich das erste nur durch elektr. Kräfte zusammengehaltene, gab keine Erklärung für die starken Abweichungen von α-Teilchen u. wurde dann durch RUTHERFORDS Theorie der Atomstruktur überholt. Die Unhaltbarkeit der Theorie THOMSONS wird rechner. nachgewiesen. (Amer. J. Physics **26.** 635—38. Dez. 1958. Newark, N. J.) W. KUNTZ. 2

N. H. de V. Heathcote, *Fahrenheits Thermometer-Skala.* Unter Ablehnung der von GOLDSCHMIDT vertretenen Ansicht über eine geheime Zahlenbeziehung in FAHRENHEITS-Skala wird dargelegt, daß sie auf eine Anregung des Astronomen RÖMER in Kopenhagen zurückgeht u. daß die Fixpunkte der Gefrierpunkt des Wassers (32°) u. die Bluttemperatur eines gesunden Menschen (96°) waren. (Ambix **6.** 155—56. Aug. 1958. London, Univ. Coll.) W. KUNTZ. 2

Oscar Paret, *Vom urgeschichtlichen Bergbau.* (Vgl. C. **1957.** 6038.) Über vorgeschichtliche Stätten u., soweit bekannt, Methoden der Gewinnung von Cu (Mitterberg bei Bischofshofen), Sn, Pb, Ag u. Fe in Mitteleuropa. (Giesserei **45.** 65—68. 30/1. 1958. Ludwigsburg.) W. KUNTZ. 2

Kenneth C. Nicholson, *Erste Carnotitgewinnung in Colorado.* Histor. Erinnerungen an die Gewinnung von *U*, *Ra* u. *V* in Colorado. (Engng. Mining J. **159.** Nr. 6. 100—01. Juni 1958.) M. GEHLEN-KELLER. 2

J. Derkosch und **H. Neuninger,** *Spektralanalytische Untersuchungen zur urgeschichtlichen Problematik.* (Vgl. C. **1957.** 11766.) Um Aufklärung über den urzeitlichen Cu-Bergbau zu erhalten, wurden spektralanalyt. Unterss. der bei Kelchalm (Tirol) gefundenen Fertigprodd., Cu-Kiese u. Fahlerze durchgeführt. Das in den Fertigprodd. verstärkte Auftreten von Sb, As u. Bi wird durch die wahrscheinliche Mitverarbeitung von Fahlerz bei der Aufbereitung des Cu-Kieses erklärt. Der allg. Zuordnung von Fertigprodd. zu dem Erz einer best. Lagerstätte stehen jedoch auf Grund der Verluste bei der Aufbereitung sehr große Hindernisse entgegen. Eine bei Kitzbühel gefundene Schlacke konnte als Rückstand eines mißglückten Schmelzvers. identifiziert werden, wobei Cu-

Kies mit Pyrit verwechselt worden sein dürfte. (Mikrochim. Acta [Wien] **1957.** 174—82. Wien, II. Chem. Inst. der Univ.) H. PLUSKAL. 2

M. B. Johnston, A. J. Barnard jr. und **H. A. Flaschka,** *EDTA und Komplexbildung.* Es werden Experimente angegeben, die in Vorlesungs-Verss. u. student. Übungen alle analyt. verwendbaren Eigg. der Äthylendiamintetraessigsäure (EDTA) demonstrieren. (J. chem. Educat. **35.** 601—06. Dez. 1958. Phillipsburg, Baker Chem. Comp.; Atlanta, Ga., Georgia Inst. Techn.) G. BERGERHOFF. 6

A. Allgemeine, physikalische und anorganische Chemie.

A_1. Kernphysik und Kernchemie.

Lars Block, *Höhenstrahlbahnen in interplanetarischen Magnetfeldern.* Das interplanetar. magnet. Feld, das die Daten über Höhenstrahlung u. Stürme korrekt wiedergibt, wird ermittelt. In der Erdbahn dürfte das Strahlenfeld zwischen einigen bis 100 μGauß betragen. (Ark. Fysik **14.** 161—77. 1958.) M. WIEDEMANN. 85

Stanislaw Olbert und **Raymond Stora,** *Theorie der energiereichen Kaskaden der N-Komponente.* Im extrem relativist. Gebiet wird die longitudinale Entw. der N-Komponente der Höhenstrahlung untersucht. Unter Berücksichtigung der multiplen Mesonenerzeugung bei Nucleon-Nucleon-Stößen werden die Integro-Differentialgleichungen der Kaskaden analyt. gelöst. FERMI- u. LANDAU-Modell stellen Spezialfälle dar. Für gewisse Ausgangsbedingungen werden numer. Resultate erhalten. (Ann. Physics **1.** 247—69. Juni 1957. Cambridge, Mass., MIT, Labor. for Nucl. Sci. and Dep. of Phys.) M. WIEDEMANN. 85

J. M. Fowler, H. Primakoff und **R. D. Sard,** *Die Polarisation der Höhenstrahl-μ-Mesonen.* Die allg. Theorie der μ-Mesonen-Polarisation beim π-μ-Zerfall im Flug wird entwickelt. Zerfallselektronen wurden in einem Al-Absorber abgebremst u. mittels ident. Scintillationszähler, die symm. über u. unter dem Absorber angeordnet waren, nachgewiesen. Das Verhältnis der $\mu^+ \rightarrow e^+$ im oberen u. unteren Scintillator ergab sich zu 1,14 in Übereinstimmung mit dem theoret. Wert von 1,11. Bei Verwendung eines Salzabsorbers, der abgebremste μ sofort depolarisiert, betrug das Verhältnis 1,03, der theoret. Wert 1,02. (Nuovo Cimento [10] **9.** 1027—45. 16/9. 1958. St. Louis, Mo., Washington Univ.) M. WIEDEMANN. 90

I. S. Hughes und **P. V. March,** *Photoerzeugung von π-Mesonen aus Bor.* Natürliches B in Pulverform wurde der Bremsstrahlung mit 70—320 MeV ausgesetzt. Die Aktivität von ^{11}C aus der Rk. $^{11}B\ (\gamma, \pi^-)\ ^{11}C$ wurde durch Absorption der Positronen in Cu u. Nachw. der 0,51 MeV-Vernichtungsphotonen mit NaJ-Scintillatoren gemessen. Der Wirkungsquerschnitt oberhalb der Schwellenenergie von 140 MeV beträgt $2{,}6—2{,}9 \cdot 10^{-29}$ cm^2 in Übereinstimmung mit dem theoret. Wert für Oberflächenerzeugung. (Proc. physic. Soc. **72.** 259—62. 1/8. 1958. Glasgow, Univ., Natural Philos. Dep.) M. WIEDEMANN. 90

A. Barbaro, G. Baroni und **C. Castagnoli,** *Beugungsstreuung und Wechselwirkungen von 0,57 GeV-π^- in Emulsionen.* Der Absorptionsquerschnitt für (565 ± 6) MeV-π^- pro cm^3 G 5-Emulsion wird zu $\sigma_a = 2{,}57 \cdot 10^{-2}\ cm^{-1}$, der Beugungsquerschnitt zu $\sigma_d = 1{,}19 \cdot 10^{-2}\ cm^{-1}$ gemessen u. mit den theoret. aus einem opt. Modell mit Dichteverteilung im Kern vom FERMI-Typ berechneten Werten verglichen. (Nuovo Cimento [10] **9.** 154—61. 1/7. 1958. Roma, Univ., Ist. di Fis., Ist. Naz. di Fis. Nucl.) D. GEISSLER. 90

H. Mitter, *Elementarteilchen.* Übersicht über „alte" u. „neue" Elementarteilchen u. ihre Eigenschaften. — 19 Literaturangaben. (Atompraxis **4.** 91—95. 1958. Graz, Univ., Inst. für theoret. Physik.) W. KARCHER. 90

D. I. Blohincev, V. S. Barašenkov und **V. G. Grišin,** *Elastische Streuung und innere Struktur von Elementarteilchen.* Vff. geben eine Phasenverschiebungsanalyse der elast. Streuung von 1,3 GeV-π^--Mesonen an Protonen u. berechnen daraus in quasiklass. Näherung den Radius des Protons zu $\sqrt{\langle r^2 \rangle} = (0{,}82 \pm 0{,}06) \cdot 10^{-13}$ cm sowie den Absorptionskoeff. als Funktion des Abstandes vom Mittelpunkt des Protons. Ein mögliches experimentelles Kriterium für die Existenz einer Elementarlänge wird diskutiert. (Nuovo Cimento [10] **9.** 249—57. 16/7. 1958. Dubna, Joint Inst. for Nucl. Res.) D. GEISSLER. 90

P. Connolly und **G. Lynch,** *Winkelverteilung beim π-μ-Zerfall.* Mittels der 1 GeV-Bremsstrahlung wurden π^+ aus fl. H_2 erzeugt. Die Analyse an 5034 der photoerzeugten Mesonen, die in Kernemulsionen abgebremst wurden, ergab eine isotrope Winkelverteilung. (Nuovo Cimento [10] **9.** 1077—81. 16/9. 1958. Ithaca, N. Y., Cornell Univ., Labor. of Nucl. Stud.) M. WIEDEMANN. 90

T. Bowen, M. Di Corato, W. H. Moore und **G. Tagliaferri,** *Absorptionsquerschnitte von Kohlenstoff, Eisen und Blei für negative 1,5 GeV-Pionen und für 2,8 GeV-Protonen.* Vff. bestimmen die Intensitätsschwächung für 1,51 GeV-π^--Mesonen (erzeugt durch Beschuß von Al-Targets mit Cosmotron-Protonen) bzw. 2,8 GeV-Protonen beim Durchgang durch mehrere Absorberplatten aus C, Fe u. Pb in einer Nebelkammer. Die Meßwerte für den Absorptionsquerschnitt lassen sich befriedigend mit Hilfe des opt. Modells deuten, wenn bei diesem das Kernpotential dieselbe Radialabhängigkeit wie die aus Elektronenstreuversuchen bekannte Ladungsdichte hat. (Nuovo Cimento [10] **9.** 908—19. 1/9. 1958. Princeton, N. J., Univ., Palmer Physic. Labor; Milano, Univ., Ist. di Sci. Fis., Ist. Naz. di Fis. Nucl.; Upton, N. Y., Brookhaven Nat. Labor.)
D. Geissler. 90

M. Conversi, E. Fiorini, S. Ratti, C. Rubbia, C. Succi und **G. Torelli,** *Suche nach Teilchen mit 550 m_e.* Mittels zweier Kammern, von denen die untere 17 Plexiglasplatten von 0,3 cm Dicke enthielt, wurden Messungen des Energieverlusts u. der Reichweite durchgeführt. Auf 2550 m wurde kein 550 m_e-Teilchen in einem Zeitintervall gefunden, in dem 6 erwartet werden. (Nuovo Cimento [10] **9.** 740—44. 16/8. 1958. Pisa e Milano, Univ., Ist. di Fis., Ist. Naz. di Fis. Nucl.) M. Wiedemann. 90

G. Domokos, *Erzeugung schwerer instabiler Teilchen bei extrem energiereichen Nucleon-Nucleon-Stößen.* Mittels des thermodynam. Modells nach Fermi-Landau wird die Erzeugung schwerer instabiler Teilchen bei zentralen, völlig unelast. Stößen zweier Nucleonen sehr hoher Energie behandelt. Die $\pi\pi$- u. $K\pi$-Wechselwirkungen werden erörtert. (Acta physica Acad. Sci. hung. **9.** 49—62. 1958. Budapest, Zentralforsch.-Inst. für Phys., Abt. für Kosm. Strahlen.) M. Wiedemann. 90

S. N. Biswas, *Verteilung der bei energiereichen nuclearen Wechselwirkungen erzeugten K-Mesonen.* Der Anteil der K-Mesonen u. Hyperonen, die bei energiereichen nuclearen Wechselwirkungen entstehen, an der Längsentwicklung der ausgedehnten Luftschauer wird berechnet. Für die Nucleonen, Pionen, Hyperonen u. K-Mesonen-Komponente werden Daten erhalten, die befriedigend mit den experimentellen Werten übereinstimmen. (Proc. physic. Soc. **72.** 169—81. 1/8. 1958. Adelaide, Univ., Dep. of Math. Phys.) M. Wiedemann. 90

Y. Eisenberg, W. Koch, E. Lohrmann, M. Nikolić, M. Schneeberger und **H. Winzeler,** *Wechselwirkungen und Zerfälle von K^--Mesonen.* 3. Mitt. *Analyse von Sternen im Flug.* (2. vgl. C. **1959.** 9454.) Auf einer Bahnlänge von 112 m wurden 415 Wechselwirkungen von K^- im Flug (Energie 5—150 MeV) mit den Kernen der Emulsion beobachtet, es liegen bes. die Rkk. $K^- + N \rightarrow \Sigma + \pi$ u. $K^- + N \rightarrow \Lambda + \pi$ vor. Die Energiespektren der Pionen sind durch die unelast. Streuung beeinflusst. Ihre Absorptionswahrscheinlichkeit u. die der Σ u. Λ werden behandelt. Der Anteil der Hyperfragmente pro Λ nimmt mit zunehmender Λ-Energie ab. Ein Vgl. mit den Wechselwirkungen von K^- in Ruhe mit freien Protonen (Alvarez) läßt den Schluß auf eine Steigerung der direkten Λ-Erzeugung mit zunehmender K^--Energie zu. (Nuovo Cimento [10] **9.** 745—79. 1/9. 1958. Bern, Univ., Physik. Inst.) M. Wiedemann. 90

M. Jacob, *Winkelverteilungen bei Zweikörperzerfällen fremdartiger Teilchen.* Entw. allg. Betrachtungen über den Zerfall eines Teilchens in 2 Teilchen mit beliebigem Spin. Der eingeführte Formalismus paßt sich den Zerfällen mit Nichterhaltung der Parität an. Die Ergebnisse werden auf den $K_{\mu 2}$-Zerfall angewandt; eine numer. Berechnung wird für den Spezialfall des Spins 2 durchgeführt. Die Polarisation des emittierten μ-Mesons (vollständig longitudinal polarisiert) wird behandelt. (Nuovo Cimento [10] **9.** 826—33. 1/9. 1958. Upton, N. Y., Brookhaven Nat. Labor.) Gerhard Schmidt. 90

S. Limentani, P. E. Schlein, P. H. Steinberg und **J. H. Roberts,** *Hyperfragment-Bindungsenergien.* Ein Emulsionsstapel (in.[3]) wurden den 4,7 GeV/c-π^- ausgesetzt. Untersucht wurden 66500 Wechselwirkungen, 37 Hyperfragmente, davon 12 meson. u. 25 nichtmeson. Zerfälle u. weitere 61 Sekundärereignisse mit verbindenden Bahnen $< 15 \mu m$. Für 6 Hyperfragmente wurden die Bindungsenergie des Λ bestimmt u. zwar für ^9Li 6,57, ^8Be 4,98, ^7Li 5,27, ^5He 2,15 bzw. 2,02 u. für ^4He 3,8 MeV. (Nuovo Cimento [10] **9.** 1046—53. 16/9. 1958. Evanstone, Ill., Northwestern Univ., Dep. of Phys.) M. Wiedemann. 90

Kichiro Hiida, *Einige Identitäten für Renormalisationskonstanten in den S(S)- und PS (PS)-Mesonentheorien.* Ableitung u. Zusammenstellung der Identitäten für $j = 1$ bis $j = 4$. (Progr. theoret. Physics [Kyoto] **17.** 520—21. März 1957. Hiroshima, Univ., Dep. of Phys. [Orig.: engl.]) M. Wiedemann. 90

Jun-ichi Fujita und **Hironari Miyazawa,** *Pionentheorie der Dreikörperkräfte.* Auf der Basis der stat. Pionentheorie werden die Kräfte zwischen drei Nucleonen berechnet, wobei angenommen wird, daß stets nur ein Pion ausgetauscht wird. Das Dreikörperpotential trägt ca. 0,22 MeV zur Triton-Bindung bei. In schweren Kernen macht die auf diesem Potential beruhende Bindungsenergie ca. 10% der Zweikörperwechselwirkung aus. Die Mehrkörperkräfte bewirken eine Vertiefung des Potentials zwischen 2 Nucleonen um 9% u. eine Abnahme der Reichweite um 13%. (Progr. theoret. Physics [Kyoto] **17.** 360—65. März 1957. Tokyo, Univ. of Tokyo, Dep. of Phys. [Orig.: engl.]) M. Wiedemann. 90

Jun-ichi Fujita und **Hironari Miyazawa,** *Spin-Bahn-Kopplung in schweren Kernen.* (Vgl. vorst. Ref.) Aus den Dreikörperkräften wird eine starke Spin-Bahn-Kopplung abgeleitet. Sie vermag nicht die gesamte beobachtete Spin-Bahn-Kopplung zu erklären, zeigt jedoch, daß ein beträchtlicher Teil der Kernspin-Bahn-Wechselwirkung auf Vielkörperkräften beruht. (Progr. theoret. Physics [Kyoto] **17.** 366—72. März 1957. [Orig.: engl.]) M. Wiedemann. 90

L. M. Garrido, *Der Propagator des Nucleons bei starker Kopplung.* Theoret. Darst. einer Meth. zur Approximierung einer Lösung der Gleichung des Propagators des stationären Nucleons, das stark an das Pionenfeld gekoppelt ist. (Nuovo Cimento [10] **9.** 822—25. 1/9. 1958. Madrid, Junta de Energia Nucl.) Gerhard Schmidt. 90

W. Weidlich, *Zum Aufbau der Quantenfeldtheorie ohne Lagrange-Formalismus.* Vf. versucht, die Quantentheorie der Elementarteilchen ohne Verwendung des Lagrange-Formalismus neu aufzubauen, u. zwar unter alleiniger Benutzung allg. Voraussetzungen, die für jede Elementarteilchentheorie zutreffen müssen. Felder, die entsprechenden Feldgleichungen u. Vertauschungsrelationen genügen, lassen sich auch in diesem Rahmen konstruieren, doch spielen sie eine untergeordnete Rolle. (Nuovo Cimento [10] **9.** 228—48. 16/7. 1958. Erlangen, Univ., Inst. für Theor. Phys.) Gerhard Schmidt. 90

K. L. Nagy, *Tomonagas Zwischenkopplungstheorie unter Verwendung der Methoden des Konfigurationsraums.* Der Zustandsvektor, der das reale Nucleon charakterisiert, wurde mit Hilfe der Zwischenkopplungstheorie unter Verwendung der Methoden des Konfigurationsraums der Quantentheorie der Felder definiert. (Acta physica Acad. Sci. hung. **9.** 23—48. 1958. Budapest, Roland Eötvös Univ., Inst. for Theoret. Phys.) M. Wiedemann. 90

Ralph A. Alpher und **Robert Herman,** *Über die Nucleon-Antinucleon-Asymmetrie in der Kosmologie.* Kosmolog. Modelle sollen nach Ansicht der Vff. eine ursprüngliche Nucleon-Antinucleon-Symm. u. das augenblickliche Verhältnis von Nucleonen zu Antinucleonen als das Ergebnis einer statist. Schwankung zum Ausdruck bringen. (Science [Washington] **128.** 904. 17/10. 1958. Schenectady, N. Y., Gen. Electr. Res. Labor.; Detroit, Mich., Gen. Motors Corp., Res. Labors.) Gerhard Schmidt. 90

T. Regge, *Über das analytische Verhalten des Eigenwertes der S-Matrix in der komplexen Ebene der Energie.* Theoret. Unters. des analyt. Verh. der Eigenwerte der S-Matrix in der komplexen Ebene der Energie $E = k^2$ für den Fall spinloser nichtrelativist. Teilchen, die durch ein festes Kraftzentrum gestreut werden. (Nuovo Cimento [10] **9.** 295—302. 16/7. 1958. Torino, Univ., Ist. di Fis., Ist. Naz. di Fis. Nucl., Sez. di Torino.) Gerhard Schmidt. 90

Hideo Fukutome, *Die Streugleichung von Low und die S-Matrix.* Die Streuungstheorie nach Low wird unter Einschluß der Streuung gebundener Teilchen formuliert. Die unmittelbaren Folgen für die Symmetrieeigenschaften der S-Matrix werden diskutiert. (Progr. theoret. Physics [Kyoto] **17.** 383—400. März 1957. Kyoto, Kyoto Univ., Dep. of Phys. [Orig.: engl.]) M. Wiedemann. 90

E. van der Spuy und **H. J. Pienaar,** *Beziehung zwischen Streuphasen und Wechselwirkungsparametern.* Behandlung des Zweikörperstreuproblems mit geschwindigkeitsunabhängigem zentralen Kernpotential u. Coulomb-Potential mit Hilfe von Beziehungen, die Funktionen der Phasenverschiebungen mit Funktionen der Kernpotentialparameter in Form von Reihen verknüpfen. (Nuclear Physics **7.** 389—96. Juli 1958. Stellenbosch, Univ., Dep. of Phys.) D. Geissler. 90

C. B. van Wyk, *Polarisation von Teilchen mit Spineinheit (spin unity).* Theoret. Diskussion der 3×3-Matrix, welche die Polarisation eines Bündels von Teilchen mit Spineinheit beschreibt. Der Grad der Polarisation wird definiert u. der Polarisationstyp hinsichtlich des in der Matrix auftretenden Vektors u. Tensors behandelt. Der Vektor scheint mit einer Hauptachse des Tensors zusammenzufallen. (Nuovo Cimento [10] **9.** 270—79. 16/7. 1958. Geneva, CERN.) Gerhard Schmidt. 90

S. Sarkar, *Der Einfluß konstanter elektrischer und magnetischer Felder auf den Spin des Teilchens.* Unter der Annahme, daß das Teilchen der Dirac-Gleichung zweiter Ordnung (aus zweifacher Verwendung des linearen Hamilton-Operators) gehorcht, findet Vf., daß die Änderung des Impulses u. der Spinrichtung eines Teilchens, das magnet. u. elektr. Feldern unterworfen ist, die gleiche für ein Teilchen ist, das der Dirac-Gleichung erster Ordnung gehorcht. (Indian J. Physics Proc. Indian Assoc. Cultivat. Sci.

32 (41). 124—27. März 1958. Jadavpur, Calcutta, Dep. of Theor. Phys., Indian Assoc. for the Cultivat. of Sci.) Gerhard Schmidt. 90

L. Nagy, *Schauererzeugung bei geringen Absorberdicken.* Unter Verwendung von Koinzidenzmessungen wurde der erste Teil der Rossi-Kurve in Al, Fe, Cu u. Pb aufgenommen. Zwischen Mesonen-, Elektronen- u. Photonenschauern wurde unterschieden. Die Schauerzahl erwies sich als lineare Funktion von nZ^2 mit n = Zahl der Atome/cm^2. (Acta physica Acad. Sci. hung. **9.** 63—72. 1958. Budapest, Zentralforschungsinst. für Phys., Abt. für Höhenstrahlung.) M. Wiedemann. 90

I. Dohán, T. Gémesy, T. Sándor und **A. Somogyi,** *Bestimmung des Verhältnisses zwischen der Zahl der Photonen und der Zahl der Elektronen in den ausgedehnten Luftschauern der kosmischen Strahlung mittels einer Wilson-Kammer.* Mittels einer Wilson-Kammer von 300 cm^2 Querschnitt, die 7 Pb-Platten von insgesamt 33 mm Dicke enthielt u. durch eine Anordnung zum Nachw. ausgedehnter Luftschauer gesteuert wurde, wurde das Verhältnis der Photonen (prim. Elektronenpaare) zu den Elektronen zu 1,16 $\pm$ 0,04 bestimmt. Der theoret. Wert der Kaskadentheorie liegt nahe 1. (Acta physica Acad. Sci. hung. **9.** 97—103. 1958. Budapest, Zentralforsch.-Inst. für Phys. der Ung. Akad. der Wiss., Abt. für Kosm. Strahlen.) M. Wiedemann. 90

S. K. Srinivasan und **N. R. Ranganathan,** *Numerische Berechnungen in einer neuen Näherung zur Kaskadentheorie.* 1. Mitt. Vff. gehen von der Zahl der Elektronen aus, die in einer Tiefe zwischen 0 u. t in einer weichen Kaskade erzeugt werden u. am Punkte ihrer Erzeugung (nicht wie üblich bei t) die Energie > E besitzen. (Proc. Indian Acad. Sci., Sect. A **45.** 69—73. Febr. 1957. Madras, Univ., Dep. of Phys.) M. Wiedemann. 90

Alladi Ramakrishnan und **S. K. Srinivasan,** *Bemerkung über die Kaskadentheorie mit Ionisationsverlust.* Ausgehend von der neuen Näherung wird die Kaskadentheorie der Höhenstrahlschauer unter Einschluß des Ionisationsverlusts behandelt u. eine explizite Lösung für die mittlere Zahl der Teilchen erhalten, die in Materie unendlicher Dicke erzeugt werden. (Proc. Indian Acad. Sci., Sect. A **45.** 133—38. Febr. 1957.) M. Wiedemann. 90

Gerald Goertzel, *Eine Methode mit diskreten Ordinaten.* Es wird eine Lsg. der Boltzmann-Gleichung für den Neutronentransport mit ebener u. sphär. Geometrie abgeleitet. Es wird gezeigt, daß sich die Meth. mit diskreten Ordinaten von der sphär. harmon. Meth. lediglich durch eine lineare Transformation mit konstanten Koeffizienten der abhängigen Variablen unterscheidet. (Nuclear Sci. Engng. **4.** 581—87. Okt. 1958. White Plains, N. Y., Nucl. Developm. Corp. of America.) W. Karcher. 90

R. Ramanna und **M. P. Navalkar,** *Über die Bestimmung der Bremsweglänge in gewöhnlichem Wasser unter Verwendung einer gepulsten Neutronenquelle.* Unter Verwendung eines Kaskadengenerators wurden aus der D–Be-Rk. schnelle Neutronen erhalten. Der Extraktionselektrode der Radiofrequenz-Ionenquelle wurden Impulse mit einem Abstand von 19 μsec u. 560 Hz auferlegt. Die Thermalisierung der Neutronen wurde untersucht, dabei wurden die therm. mittels LiJ-Scintillator u. einem Zeitanalysator mit 10 Kanälen nachgewiesen. (Proc. Indian Acad. Sci., Sect. A **45.** 74—83. Febr. 1957. Bombay, Atom. Energy Establishm.) M. Wiedemann. 90

G. Leibfried, *Eine Bemerkung zur Theorie über die Thermalisierung von Neutronen.* Die Thermalisierung von Neutronen durch ein einatomiges Moderatorgas in Abhängigkeit von der Temp. kann durch einen variablen Formalismus ausgedrückt werden. Unter Verwendung einer geeigneten Vers.-Lsg. kann die effektive Neutronentemp. u. die obere Grenze des therm. Gebiets durch Variation berechnet werden. Ergebnisse für große Moderatormassen u. geringe Absorption werden angegeben. (Nuclear Sci. Engng. **4.** 570—75. Okt. 1958. Aachen, TH, Lehrst. für physikal. Grundlagen der Reaktorwerkstoffe.) W. Karcher. 90

W. Primak, *Schädigungen in Kernreaktoren durch schnelle Neutronen.* 3. Mitt. *Die Strahlenschädigungsdosis.* (2. vgl. Nuclear Sci. Engng. **2.** [1957.] 117.) Vf. identifizieren den Teil des Neutronenflußspektr., der für die Erzeugung von Strahlenschäden in leichten Isolierbaustoffen (z. B. Graphit, Diamant, Quarz) verantwortlich ist. Eine vereinfachte Meth. zur Beschreibung der Strahlenschädigungsdosis wird entwickelt, um quantitative Vgll. zwischen den in verschied. Reaktoranordnungen hervorgerufenen Strahlenschäden durchzuführen. (Nuclear Sci. Engng. **2.** 320—33. Mai 1957. Lemont, Ill., Argonne Nat. Labor.) Gerhard Schmidt. 90

Yu. K. Akimov, O. V. Savchenko und **L. M. Soroko,** *Untersuchung der Reaktion $p + p \rightarrow d + \pi^+$ mit polarisierten Protonen hoher Energie.* Polarisierte Protonen (Polarisationsgrad 44%) wurden durch Streuung an C-Kernen gewonnen. Ihre Energien betrugen 536, 616 u. 654 MeV. Die Winkelabhängigkeit der Asymmetrie der π-Emission bei der Rk. $p + p \rightarrow d + \pi^+$ wurde bestimmt. Die Anordnung umfaßte das Target aus fl. H_2, Scintillationszähler (Tolankristall) u. Ionisationskammer. Die Gesamtwirkungsquerschnitte betrugen für die oben genannten Energien 2,42, 3,14 bzw. 3,1. 10^{-27} cm². Pionen werden im d-Zustand emittiert, der Effekt wird ab 440 MeV wirksam. Die Amplituden der s- u. d-Übergänge sind wesentlich kleiner als die des Übergangs $^1D_2 \rightarrow (^3S_1p)_2$. (Nuclear Physics **8.** 637—49. Nov. 1958. Dubna, Verein. Kernforsch.-Inst., Labor. für Kernprobleme.) M. Wiedemann. 90

M. Nozawa, T. Goto, N. Yajima und **R. Nakasima,** *Antiproton-Kern und Antiproton-Proton-Wechselwirkungen.* Auf der Grundlage eines einfachen opt. Modells werden die verschied. Wirkungsquerschnitte diskutiert. Wegen des Pauli-Prinzips muß der Streuquerschnitt für Antiprotonen durch Nucleonen in einem Kern kleiner sein (etwa 2/3) als bei freien Nucleonen. (Progr. theoret. Physics [Kyoto] **17.** 504—06. März 1957. Osaka, Osaka Univ., Dep. of Phys. [Orig.: engl.]) M. Wiedemann. 90

Mira K. Jurić und **Silva D. Ćirilov,** *Elastische Streuung von Deuteronen an* ^9Be. Die Winkelverteilung von Deuteronen mit E_d = 1,020, 1,162, 1,190, 1,250, 1,300, 1,348, 1,390, 1,414 u. 1,440 MeV, die an ^{9}Be elast. gestreut werden, wird zwischen 90 u. 160° (im Labor.-Syst.) in Abständen von 10° mit Hilfe von Ilford C 2-Platten gemessen. Das Verhältnis von Gesamt: Rutherford-Streuung zeigt bei festem Streuwinkel Maxima bei E_d = 1,162 u. 1,348 MeV. (Bull. Inst. Nuclear Sci. „Boris Kidrich" **6.** 45—49. März 1956. Inst. of Nucl. Sci. „Boris Kidrich", Labor. of Phys.) D. Geissler. 90

G. E. Lee-Whiting, *Die Theorie des verbotenen β-Zerfalls.* Vf. berechnet die Winkelverteilungen der Elektronen u. Neutrinos sowie die Polarisation der Elektronen, die durch eine orientierte Quelle beim β-Zerfall beliebigen Verbotsgrades emittiert worden sind, in Ausdrücken verschied. Drehimpuls-Kopplungskonstanten u. bestimmter Verallgemeinerungen der Kombinationen der radialen Wellenfunktionen des Elektrons. Hierbei erweist sich die Best. der Longitudinalpolarisation der von einer orientierten Quelle emittierten Elektronen als bes. einfach. Falls die Zweikomponententheorie des Neutrinos gilt, ist die Polarisation angenähert $\pm$ v/c. (Canad. J. Physics **36.** 1199—1244. Sept. 1958. Chalk River, Ont., Atom. Energy of Can. Ltd.) Gerhard Schmidt. 103

M. Gavrila, *Über Halls Formel für den relativistischen Photoeffekt.* Krit. Stellungnahme zu den Hallschen Folgerungen aus den Formeln für den Querschnitt des K-Schalen-Photoeffektes. (Nuovo Cimento [10] **9.** 327—30. 16/7. 1958. Bukarest, Parhon Univ., Dep. of Phys.) Gerhard Schmidt. 103

Robert Jacques, *Bestimmung der Wellenfunktion und der Elektronendichten von Beryllium in verschiedenen physikalischen und chemischen Zuständen. Anwendung auf die Variation der Einfanghalbwertszeit von* ^7Be. Beim Elektroneneinfang von ^{7}Be wurden in verschied. chem. Bindungen Unterschiede der Halbwertszeit von der Größenordnung 10^{-3}—10^{-4} gefunden. Vf. ermittelt die Wellenfunktion, die Gesamtenergie, die Kohäsionsenergie u. die Elektronendichte für metall. sowie gasförmiges Be nach 3 Methoden: 1) orthogonalisierte ebene Welle, 2) mit einem Variationsparameter, um die gesamte Elektronenenergie zum Minimum zu machen u. 3) durch direkte Lösung der Hartree-Fock-Gleichung. Die Berechnungen werden für gasförmiges u. metall. Be sowie für die chem. Verbb. BeO, $BeCl_2$ u. BeF_2 durchgeführt. Bzgl. der Elektronendichte u. ihrer Variation wurde qualitative, aber nicht quantitative Übereinstimmung mit experimentellen Werten erhalten. (Cahiers de Physique **1956.** Nr. 70. 1—30. Juni; Nr. 71/72. 31—54. Juli/Aug.; Nr. 75/76. 55—70. Nov./Dez.) M. Wiedemann. 103

Milan M. Nikolić, Bogdan Povh und **Črtomir Župančič,** *Über die Reaktion* ^{17}O *(p, γ)* ^{18}F. Vff. erzeugen die Rk. ^{17}O (p, γ) ^{18}F durch Beschuß von Quarztargets mit Protonen aus einem Cockcroft-Walton-Beschleuniger u. messen die Anregungskurve von ^{18}F mit Geiger-Zählern. (Bull. Inst. Nuclear Sci. „Boris Kidrich" **6.** 51—52. März 1956. Inst. of Nucl. Sci. „Boris Kidrich", Labor. of Phys.) D. Geissler. 103

V. Emma, C. Milone und **A. Rubbino,** *Winkelverteilung von Photoprotonen aus Silicium.* Die Winkelverteilung von Protonen, die durch Beschuß von natürlichem Si mit 30 MeV-Bremsstrahlungs-γ-Quanten aus einem Betatron entstehen, wird mittels Ilford C 2-Kernemulsionen für Winkel ϑ = 16 bis 164° bzgl. des γ-Strahls gemessen u. zeigt Anisotropie mit einem Maximum bei $\vartheta \approx 60°$. (Nuovo Cimento [10] **9.** 343—45. 16/7. 1958. Catania, Univ., Ist. di Fis.; Centro Sicil. di Fis. Nucl.) D. Geissler. 103

D. M. Van Patter, C. P. Swann, W. C. Porter und **C. E. Mandeville,** *Q-Wert-Messungen für Phosphor und Chlor.* Ausführliche Darst. der C. **1958.** 2328 referierten Arbeit. (Physic. Rev. [2] **103.** 656—61. 1/8. 1956. Swarthmore, Pa., Franklin Inst., Bartol Res. Found.) Herbert Weber. 103

N. A. Yutlandov, *Splitterung der getrennten Isotope des Kupfers durch 660 MeV-Protonen.* Natürliches Kupfer sowie mit ^{63}Cu bzw. mit ^{65}Cu-angereicherte Präpp. wurden mit 660 MeV-Protonen beschossen. Das Gemisch wurde in HNO_3 gelöst, dann salzsauer gemacht u. nach Zugabe von Trägern 18 radioakt. Isotope der Elemente Cu, Ni, Co, Fe, Mn, Sr, Sc, Ca, K u. P identifiziert. (Bull. Inst. polytehnic Iaşi [N. S.] [7] **3.** Nr. 3—4. 85—94. 1957.) M. Wiedemann. 103

Eleanor M. Bowey, *Isotopische Zuordnung von Resonanzen langsamer Neutronen in Germanium, Rubidium, Neodym und Wolfram.* Mit einem Scintillationsdetektor in Flugzeitmessung u. einem 15 MeV-Linearbeschleuniger bestimmt Vf. die Ausbeute von γ-Strahlen durch Neutroneneinfang in einer Probe, die in ein kollimiertes Neutronenbündel gebracht wird. Selbst bei sehr kleinen Proben der einfangenden Substanz liefert dieses Verf. eine sehr empfindliche Meth. für den Nachw. von Neutronenresonanzen. Untersucht werden die abgetrennten Isotope der Elemente Ge, Rb, Nd u. W. Die Ergebnisse bilden die wiedergegebenen γ-Ausbeutekurven. Die beobachteten Neutronenenergien u. die Massenzahl des entsprechenden Nuclids werden für die angeführten Elemente tabellar. u. graph. dargestellt. (Nuclear Physics **3.** 553—60. Juni 1957. Harwell, Berks., A. E. R. E., Nucl. Phys. Div.) Gerhard Schmidt. 103

G. Andersson und **I. Bergström,** *Anomale innere Konversionsverhältnisse von E 3-Übergängen im Bereich Z = 77—82.* Die systemat. Abweichung zwischen experimentellen u. theoret. L-Konversionsverhältnissen für E 3-Übergänge in *Pb, Tl, Au* u. *Ir* läßt sich nach Berechnungen hypothet. Beimischungen aus den $(L_I + L_{II})/L_{III}$- u. $K/\Sigma L$-Verhältnissen nicht durch Multipolmischung erklären. Ein durch die Kerngröße bedingter Effekt wird für sehr unwahrscheinlich gehalten. (Nuclear Physics **3.** 541—48. Juni 1957. Uppsala, Gustaf Werner Inst. for Nucl. Chem.; Stockholm, Nobel Inst. of Phys.) Gerhard Schmidt. 103

Hamlet Vartapetian, *Schneller E 2-Übergang in ^{224}Ra.* Mit einer Koinzidenzanordnung wird die Halbwertszeit der E 2-Strahlung von 84 keV zu $T_{1/2} = (8{,}4 \pm 0{,}7) \cdot 10^{-10}$ sec bestimmt. Für auf den Übergang bezogene Wahrscheinlichkeit wird $B(E\,2)/e^2 = (0{,}7 \pm 0{,}1) \cdot 10^{-48}$ cm^4 erhalten. Nach der Hypothese der starken Kopplung berechnet sich daraus das Quadrupolmoment des ^{224}Ra-Kerns zu $Q_0 = (6 \pm 0{,}5) \cdot 10^{-24}$ cm^2. (C. R. hebd. Séances Acad. Sci. **246.** 1846—47. 24/3. 1958. Seine-et-Oise, Labor. de Phys. nucl. d'Orsay.) Gerhard Schmidt. 103

P. L. Parker und **P. K. Kuroda,** *Das Vorkommen von ^{99}Mo in natürlichen und erschöpften Uransalzen und die Halbwertszeit der spontanen Spaltung von ^{238}U.* (Vgl. C. **1957.** 9822.) Vff. bestimmten das Gleichgewicht ^{99}Mo/^{238}U in wss. Lsgg. von nicht bestrahlten U-Salzen. In der Ausgangslsg. mit 3,420 g U/10 Liter verd. HNO_3-Lsg. wurde nach Zugabe eines Mo-Trägers Mo mit *α-Benzoinoxim* (**I**) gefällt. Nach 3 Wochen (bis zur Einstellung des ^{99}Mo/^{238}U-Gleichgewichts) wurde in ca. 5 Litern der Lsg. nach Zugabe von 50 mg Mo-Träger u. einigen ml Bromwasser mit 100 ml einer Lsg. von **I** gefällt. Der Nd. wurde abfiltriert, mit je 10 ml 30%ig. H_2O_2 u. NH_4OH unter Erwärmen gelöst, mit 10 mg Fe^{3+} Verunreinigungen ausgefällt u. nach Filtrieren u. Ansäuern mit HNO_3 Mo mit **I** erneut gefällt. Diese Umfällung wurde 7mal wiederholt. Anschließend wurde die alkal. Lsg. mit 50 ml Chlf. (mit wenig Dithizon) geschüttelt u. aus der wss. Lsg. (6 n an HCl) Mo mit 50 ml Methylisobutylketon 3mal extrahiert. Nach Reextraktion mit 2 · 50 ml W. wurde aus einer heißen Pb-Acetat-Pufferlsg. $PbMoO_4$ gefällt, getrocknet u. die Aktivität mit einem Geiger-Müller-Zähler gemessen. Für natürliches U wurden 4,4 ± 0,4 u. für erschöpftes U (99,989% ^{238}U u. 0,011% ^{235}U) $4{,}4 \pm 0{,}3 \cdot 10^{-4}$ Zerfälle pro Sek. u. pro g ^{238}U gemessen. Daraus wird unter der Annahme, daß die Mo-Ausbeute 6,4% beträgt u. daß ^{99}Mo ausschließlich aus der spontanen Spaltung von ^{238}U herrührt, für die Halbwertszeit der spontanen Spaltung von ^{238}U in Übereinstimmung mit dem von Segrè angegebenen Wert $8{,}0 \pm 0{,}5 \cdot 10^{15}$ Jahre erhalten. (J. inorg. Nuclear Chem. **5.** 153—58. 1958. Fayetteville, Ark., Univ. of Arkansas, Dep. of Chem.) W. Karcher. 103

Milton Kahn, Arthur J. Freedman und **C. G. Schultz,** *Reinigung von „trägerfreiem" radioaktivem ^{131}J.* Reinigung von trägerfreien ^{131}J-Lsgg. nach dem von Kahn u. Mitarbeitern (C. **1950/54.** 2230 S. u. **1954.** 2576) beschriebenen Verfahren. (Inorg. Syntheses **5.** 166—67. 1957. Albuquerque, N. Mex., Univ. of New Mexico.) W. Wesly. 104

M. Legros, *Radioisotope und ihre Verwendung in der Industrie.* Übersicht über die Herst. von Radioisotopen u. ihre Anwendung in Medizin, Biologie, Archäologie, Toxologie u. in der Industrie. (Électronique **1957.** Nr. 126. 35—41. Mai. Lyon, Inst. de Phys. Atom.) W. Karcher. 106

A. H. W. Aten jr., M. J. Beers und **D. C. De Groot,** *Szillard-Chalmers-Reaktionen und verwandte Prozesse in Oxyden.* 1. Mitt. *Der chemische Zustand von ^{239}U in neutronenbestrahltem U_3O_8.* U_3O_8 wurde mit Neutronen [aus der Rk. Be (d, n) B] bestrahlt u. nach der Bestrahlung mit 40%ig. HF behandelt. Das ausgefallene UF_4 wurde in HNO_3/H_3BO_3 gelöst u. durch Extraktion mit Ae. aus einer NH_4NO_3-haltigen Lsg.

gereinigt. Aus dem Filtrat des UF_4-Nd. wurde UO_2^{2+} auf die gleiche Weise extrahiert. Nach Reextraktion in W. wurde in beiden Fällen U mit NH_4OH gefällt, zu U_3O_8 verglüht u. die Aktivitäten mit einem Geiger-Zähler gemessen. Auf diese Weise wurden Unterschiede in der Aktivität von 5—10% erhalten; nach Einschaltung einer Fällung mit Fe^{3+} vor der U-Fällung wurde die Differenz auf ca. 1% verringert. Daraus wird geschlossen, daß sich die ^{239}U-Aktivität gleichmäßig über die U^{4+}- u. U^{6+}-Ionen verteilt u. daß das Oxydgitter nach einem Rückstoß wieder seine ursprüngliche Struktur einnimmt. Aus Blindverss. wurde ermittelt, daß unter den Vers.-Bedingungen kein Austausch U^{4+}/U^{6+} stattfindet. (J. inorg. Nuclear Chem. **5.** 159—60. 1958. Amsterdam, Inst. voor Kernphys. Onderzoek.) W. Karcher. 108

A. H. W. Aten jr., P. A. Schenck und **H. Ohm,** *Szillard-Chalmers Reaktionen und verwandte Prozesse in Oxyden. 2. Mitt. Der chemische Zustand von metastabilem ^{204}Pb in neutronenbestrahltem Pb_3O_4.* (1. vgl. vorst. Ref.) Pb_3O_4 wurde mit Neutronen bestrahlt u. anschließend unter Vermeidung eines Austauschs Pb^{4+}/Pb^{2+}, Pb^{2+} u. Pb^{4+} getrennt. Pb_3O_4 wurde in Eisessig gelöst, in 12mol. KOH eingegossen u. nach Zugabe von $Ba(OH)_2$ einige Min. gekocht. Der Nd. von $BaPbO_4$, $BaCO_3$ u. $Ba(OH)_2$ wurde abfiltriert u. aus dem Filtrat Pb^{2+} mit H_2S gefällt. Der Nd. von PbS wurde mit HNO_3 u. H_2SO_4 in $PbSO_4$ überführt; aus dem Nd. mit $BaPbO_4$ wurde nach einer Umfällung nach Behandlung mit K_2CO_3-Lsg. auf gleiche Weise $PbSO_4$ gewonnen. Aus Aktivitätsmessungen der beiden Fraktionen wurde für das Verhältnis der spezif. Aktivität Pb^{4+}/Pb^{2+} 1,03; 1,02 u. 1,08 erhalten. (J. inorg. Nuclear Chem. **5.** 161—63. 1958.) W. Karcher. 108

G. Vendryes, *Steht die industrielle Fusion schon bevor?* Vortrag über Grundlagen der industriellen Energieerzeugung aus der Kernfusion mit ausführlicher Diskussion des Pinch-Effektes. (J. Physique Radium **19.** 724—31. Aug./Sept. 1958. Saclay, C. E. A., Centre d'Études nucl.) Gerhard Schmidt. 110

Archie L. Biladeau, *Wiederverwendung des Kühlwassers in einer AEC-Anlage.* Fließschema eines geschlossenen Primärkreislaufes in wassergekühlten Kernreaktoren. — Die gelegentlich notwendige Ableitung des W. erfolgt nach Filterung durch Hochleistungs-Harzaustauscher. (Ind. Engng. Chem. **48.** 2159—61. Dez. 1956. Idaho Falls, Id., AEC.) H. Eckstein. 110

H. J. Rothe, *Stoff-Chemie für Kernreaktoren.* Übersicht über Vork., Gewinnung u. Eigg. der für den Reaktorbetrieb benötigten Betriebs- u. Baustoffe. — 48 Literaturhinweise. (Atomkernenergie **1956.** 202—07. Juni.) W. Karcher. 110

G. Je. Kaplan, Ju. I. Sarembo und **T. A. Usspenskaja,** *Der heutige Stand der Produktion und Verwendung von Thorium.* Zusammenfassende Übersicht über die Gewinnung von Th, bes. im Hinblick auf seine kernphysikal. Verwendung. — 40 Literaturangaben. (Атомная Энергия [Atomenergie] **5.** 147—54. Aug. 1958.) E. Klever. 110

F. T. Birks und **R. P. Thorne,** *Eine Gleichstrom-Bogenkammer für radioaktive Materialien.* Vff. beschreiben die Konstruktion eines Gleichstrombogens sowie dessen Kammer für die Unters. radioakt. Substanzen. Insbesondere wurde bei der Entw. die Verwendbarkeit für α-Strahler berücksichtigt. (J. sci. Instruments **33.** 359—60. Sept. 1956. Harwell, Berks., A. E. R. E.) G. Kurdal. 112

E. Baldinger und **W. Franzen,** *Amplituden- und Zeitmessung in der Kernphysik.* Zusammenfassender Bericht. 1. Amplitudenmessung von Signalen veränderlicher Dauer. 2. Signale u. Rauschen in Verstärkern u. physikal. Geräten. 3. Zeitmessung nuclearer Ereignisse (Überblick über das Problem, Eigenschaften der Scintillation u. Čerenkov-Zähler, Betrieb u. Klassifizierung von Koinzidenzkreisen, Messung der Lebensdauer kurzlebiger angeregter Zustände). — 66 Literaturangaben. (Advances Electronics **8.** 255—315. 1956. Basel, Univ.; Rochester, N. Y., Univ. of Rochester.) D. Jörchel. 112

Robert Rowan jr., *Berechnung des Censo-β-Strahl-(H/C)-Messers. Ein neues Calibrierungsverfahren.* Es werden mit einem handelsüblichen Censo-β-Strahl-(H/C)-Messer gewonnene Ergebnisse mitgeteilt, die zeigen, daß die Präzision 0,01—0,02% H für KW-stoffe beträgt u. die Genauigkeit von der Genauigkeit der Calibrierung abhängt. Unter anderem ergaben sich folgende H-Anteile in %: *Toluol* 8,754, *Benzol* 7,738, *Cumol* 10,063, *Äthylbenzol* 9,498, *sek-Butylbenzol* 10,511 u. *Cyclohexan* 14,373. — Ferner wird eine neue Meth. zur Best. der fundamentalen Instrumentenkonstanten K_H beschrieben. (Analytic. Chem. **31.** 558—61. April 1959. Linden, N. J., Esso Res. and Engng. Co., Products Res. Div.) D. Jörchel. 112

Gerd Hagemann und **Erich Huster,** *Erfahrungen mit selbstlöschenden Zählrohren bei Temperaturen bis zu 350°.* Zur Radioaktivitätsmessung bei hohen Tempp. wurde ein offenes Geiger-Zählrohr entwickelt, das im Innern eines evakuierbaren Stahlzylinders hoher Wärmekapazität untergebracht ist. Der Zähldraht ist federnd im Inneren der

Kathode gehaltert. Es wurden Verss. mit Kathoden aus Al, Cu u. Vacon (Legierung mit 80% Fe) u. mit folgenden Gasgemischen durchgeführt: Ar-Hexan, Ar-Pentan, Ar-Xylol. Optimale Ergebnisse wurden bei Tempp. bis zu 350° mit Kathoden aus Cu erzielt, das bei 300° einige Min. der Luft ausgesetzt wurde, u. mit Ar-Hexan-Gemisch. Es werden verschied. Kennlinien über die Beziehungen zwischen Fülldruck, Temp. u. Einsatzspannung mitgeteilt. (Nukleonik **1.** 106—08. Aug. 1958. Marburg, Univ., Physik. Inst.) W. REUSSE. 112

Hans Kiefer und **Rupprecht Maushart,** *Ein neuer Großflächen-Durchflußzähler als Mittel zur verbesserten Bestimmung der Bruttoradioaktivität in Wasser nach dem Eindampf-Verfahren.* Für die Unters. der Verdampfungsrückstände von W. auf Radioaktivität, bes. auf α- u. β-Strahlen, wurde ein Innenzähler entwickelt, bei dem das Präp. in das Innere des Zählrohres eingebracht wird, das aus einem Gußtopf mit einer zentralen u. 7 symm. dazu angeordneten Zähldrahtschlaufen besteht. Es wird mit durchströmendem Methan als Füllgas gearbeitet. Die Verdampfung wird in Zählschalen mittels Oberflächenverdampfern unmittelbar in den in den Zähler einsetzbaren Schalen aus V 4 A-Stahl, Al oder oberflächenrodiniertem Material vorgenommen. Es werden Kennlinien unter verschied. Arbeitsbedingungen mitgeteilt. (Nukleonik **1.** 103—06. Aug. 1958. Karlsruhe, Kernreaktor-Bau- u. Betriebs-Ges., Strahlenmeßgruppe.) W. REUSSE. 112

Moses A. Greenfield, Roscoe L. Koontz und **Alan A. Jarrett,** *Berechnung des absoluten thermischen Neutronenflusses aus Messungen mit Indium-Folien.* (Vgl. C. **1959.** 10786.) Es wird eine Meth. zur Berechnung des absol. therm. Neutronenflusses aus Messungen mit aktivierten In-Folien beschrieben. Die Meth. beruht auf der Best. der absol. spezif. Zerfallsrate in In-Folien in einem Proportionalzähler mit 2 π-Geometrie. Durch Kombination der Zerfallsdaten mit geeigneten Korrekturen für Foliengewicht u. Neutroneneffekte wird der Neutronenfluß σ_0 in Einheiten des therm. Absorptionsquerschnitts des ^{115}In erhalten. (Nuclear Sci. Engng. **4.** 563—69. Okt. 1958. Los Angeles, Calif., Univ. of California, Dep. of Radiol., Med. Center; Canoga Park, Calif., Atomics Internat., Div. of North Amer. Aviat., Inc.) W. KARCHER. 112

J. L. W. Churchill und **S. C. Curran,** *Impulsgrößenanalyse.* Zusammenfassender Bericht. 1. Der Proportionalitätszähler. 2. Das Scintillationsspektrometer. 3. Grundsätzliche Forderungen. 4. Spannungsdiskriminierung. 5. Analysatoren zur Umwandlung von Spannung in Länge. 6. Analysatoren zur Umwandlung von Spannung in Zeit. 7. Alternative Methoden zur Datendarstellung mit Analysatoren zur Umwandlung von Amplitude in Zeit. 8. Folgerungen über die Auswahl der anzuwendenden Methoden. — 32 Literaturangaben. (Advances Electronics Electron Physics **8.** 317—62. 1956. Harlow, Essex, Sunvic Controls Ltd.; Glasgow, Univ., Dep. of Natural Philos.) D. JÖRCHEL. 112

Robert L. Chase, *Die Umformung von Impulsen für Kern-Spektrometrie.* Vf. untersucht die vier gebräuchlichsten Schaltungen für die Impulsumformung. Es handelt sich einerseits um RC-Differentiationsglieder u. andererseits um Schaltungen mit Verzögerungsleitungen. Die Leistungsfähigkeit, Vor- u. Nachteile der Schaltungen werden untersucht. An Hand einiger Schaltungen werden spezielle Eigg. der Differentiationsschaltungen mit den Verzögerungsleitungen beschrieben. (Nucleonics **16.** 116—19. Nov. 1958. Upton, N. Y., Brookhaven Nat. Labor.) G. KURDAL. 112

Edward B. Baker und **L. W. Burd,** *Hochstabilisierter kernmagnetischer Resonanz-Spektrograph.* Durch Einführung einer zweiten, mit W. gefüllten Vergleichs- u. Standardprobe in den Meßkopf wird eine sehr hohe Stabilisierung des Magnetfeldes erreicht, die noch durch die Konstanthaltung der Temp. des Magneten erhöht wird. Dadurch wird ein sehr langsamer Durchgang ermöglicht u. die Trennung der einzelnen Signale verbessert. (Rev. sci. Instruments **28.** 313—21. Mai 1957. Midland, Mich., Dow Chem. Comp.) G. SCHOFFA. 112

K. Gottstein, *Die Blasenkammer und ihre Anwendung in der Physik der Elementarteilchen.* Übersicht. Für Arbeiten an den modernen Beschleunigungsanlagen wird ein Indicator benötigt, der es gestattet, Kernreaktionen in einem großen, mit einer wasserstoffreichen Substanz hoher D. angefüllten Vol. zu beobachten. Für diese Arbeiten wurden die Blasenkammern entwickelt, die ursprünglich mit organ. Verbb., neuerdings mit fl. H_2 gefüllt werden. Vf. beschreibt die Funktionsweise sowie den thermodynam. Mechanismus, der unter dem Einfl. ionisierender Strahlen zur Blasenbildung führt. (Naturwissenschaften **46.** 97—102. 1. Febr.-H. 1959. München, MPI für Phys. u. Astrophys.) G. KURDAL. 112

B. Lafuente, S. A. Goldblith und **B. E. Proctor,** *Weitere Untersuchungen über die Verwendung von wäßriger Methylenblaulösung als Dosimeter für intensive Bündel hochenergetischer Strahlung.* Abgeschmolzene Glasampullen mit je 2 ml einer wss. Methylen-

blau-Lsg. wurden mit 2 · 10^5 rep ^{60}Co-γ-Strahlung bestrahlt. Unmittelbar nach der Bestrahlung u. während 2 Monaten in wöchentlichen Abständen wurden die bestrahlten sowie unbestrahlten Proben nach Lagerung bei verschied. Tempp. mittels eines Colorimeters u. Photozelle mit 650 mμ Filter untersucht. Es zeigte sich, daß der strahleninduzierte Farbverlust mit der Zeit fortschreitet, u. zwar umso mehr, je höher die Temp. ist (Messungen zwischen 40 u. 150° F). Allg. wird zur prakt. Verwendung des Methylenblau-Dosimeters festgestellt, daß es bis zu 6 · 10^6 rep linear anzeigt, oberhalb 0° temp.-unabhängig ist u. bei Kühlschranktemp. für eine Woche stabil bleibt. (Int. J. appl. Radiat. Isotopes **3.** 119—24. 1958. Cambridge, Mass., MIT, Dep. of Food Technol.)
W. REUSSE. 112

L. F. Kocher, *Die Energiediskriminierung bei der γ-Dosis-Berechnung.* Vf. beschreibt zwei Methoden, nach denen die γ-Dosis berechnet werden kann. Es handelt sich um ein Syst. von simultanen Gleichungen, die aufgestellt werden, wenn die Dosis sich aus Strahlungen verschied. Energien zusammensetzt. Unterhalb 300 keV ist die Schwärzung stark energieabhängig, während sie oberhalb 300 keV relativ energieunempfindlich ist. (Nucleonics **16.** 151—56. Nov. 1958. Richland, Wash., GEC, Hanford Atom. Prod. Operat.) G. KURDAL. 112

Ernö Bujdosó, László Medveczky und **Sándor Török,** *Nomogramme zur Bestimmung der Neutronenenergie mit Photoemulsionen.* (Magyar Fizikai Folyóirat [Ung. Z. Physik] **5.** 229—35. 1957. — C. **1959.** 4685.) J. PLANK. 112

P. N. Krishnamoorthy, *Über das Vermeiden der Schrumpfung in Kernemulsionen.* Vf. beschreibt eine Meth., bei deren Anwendung es gelingt, das Schrumpfen von Kernemulsionen zu vermeiden. Sie beruht darauf, daß das durch den Fixierprozeß entfernte Halogensilber durch Kanadabalsam ersetzt wird. Nach der Wässerung werden die Kernspurplatten mit A.-W.-Mischungen von steigendem A.-Geh. behandelt, schließlich in reinem A. gebadet u. weiter mit Bzl.-A.-Mischungen behandelt. Nach einem Verweilen in reinem Bzl. wird die Platte mit einer Lsg. von 100 g Kanadabalsam in 25 cm³ Bzl. getränkt; man beläßt eine Platte von 200 μ, z. B. ILFORD-C 2-Platten 12 Std. in dieser Lösung. Die Meth. hat sich für alle Kernspuruntersuchungen als vorteilhaft erwiesen. (Proc. Indian Acad. Sci., Sect. A **45.** 327—35. Mai 1957. Bombay, Tata Inst. of Fundamental Res.) W. GÜNTHER. 112

W. Posch, *Die Anwendung der quantitativen Autoradiographie für Diffusionsuntersuchungen in Metallen und Legierungen.* Unter Verwendung einer von HENGGE eingeführten Meth., die ohne die Herst. von Schliffen auskommt u. bei der die Diffusion aus der Aktivitätsabnahme einer dünnen auf das Metall aufgebrachten radioakt. Schicht berechnet wird, wurde die Selbstdiffusion von Ag mit ^{110}Ag zwischen 400 u. 600° untersucht. Bei 390, 507 u. 600° wurde für D (opt. Dichte) 1,6 · 10^{-8}, 1,7 · 10^{-7} bzw. 8,9 · 10^{-7} (Aktivierungsenergie 21800 cal/Mol · Grad) gefunden. Die Werte stimmen mit den von HOFFMANN u. TURNBULL für polykrist. Ag angegebenen Werten überein. (Atompraxis **4.** 123—27. 1958. Amsterdam, Koninkl. Shell-Labor.) W. KARCHER. 112

Friedrich Katscher, *Die Beschleunigung von Atomkernen.* Übersicht über die verschied. Typen von Beschleunigern. (Atomkernenergie **1956.** 212—14. Juni. Wien.)
W. KARCHER. 112

Heinrich Münzer, *Versuche zur Steigerung der Neutronenausbeute an einer Deuteronenbeschleunigungsanlage mit Schwerem Eis- bzw. Tritiumtarget.* (Vgl. nachst. Ref.) An der 200 kV-Beschleunigungsanlage (l. c.) wurde die Abhängigkeit der Ausbeute bei den zur Neutronenerzeugung benutzten Rkk. D (d, n)³He (**I**) u. T (d, n)⁴He (**II**) von verschied. Faktoren untersucht. Für **II** wurde bei einem Targetstrom von 110 μA u. bei 150 kV eine Neutronenausbeute von 3 · 10^9 n/sec erreicht, für Spannungen bis 200 kV wird eine Steigerung um 10—20% erwartet. Bei **I** wurden 1,5 · 10^8 n/sec erzielt. Bei einem Targetstrom von 300 μA u. 200 kV betrug der Abfall ca. 25% in 15 Minuten. (S.-B. österr. Akad. Wiss., math.-naturwiss. Kl., Abt. IIa **165.** 267—71. 1956. Wien, Inst. für Radiumforsch.) W. KARCHER. 112

Traude Matitsch, Rudolf W. Wraniek und **Hans Warhanek,** *Die Teilchenbeschleunigungsanlage des Instituts für Radiumforschung.* Es wird eine Teilchenbeschleunigungsanlage beschrieben, in der elektr. positiv geladene Teilchen mit Hilfe einer Gleichspannung von maximal 200 kV beschleunigt werden. Die Anlage wird zur Erzeugung von Neutronen nach den Rkk. D (d, n)³He u. T (d, n)⁴He benutzt. (S.-B. österr. Akad. Wiss., math.-naturwiss. Kl., Abt. IIa **165.** 273—80. 1956.) W. KARCHER. 112

E. Bagge, *Neuartige Teilchenbeschleuniger in der Sowjetunion.* Es werden neuartige Teilchenbeschleuniger beschrieben, die mit eisenlosen magnet. Führungsfeldern arbeiten (eisenloser Toroidbeschleuniger u. Betatron mit eisenlosem Führungsfeld). (Atomkernenergie **1956.** 197—98. Juni. Hamburg, Physik Staatsinst.)
W. KARCHER. 112

G. Chancenotte, *Die Ferrographie im Dienste der Wissenschaft.* Es wird ein ferrograph. Verf. diskutiert, das unter Verwendung einer ferromagnet. Tinte für die Unters. der Höhenstrahlung mit Hilfe von Wilson-Kammern, die in Ballongondeln eingebaut wurden, zu Registrierzwecken entwickelt wurde. (Électronique **1957.** Nr. 126. 42—44. Mai. Montreal, Univ., Inst. de Phys.) W. Karcher. 112

Karl Bechert, *Probleme des Strahlenschutzes.* Vf. diskutiert Probleme des Strahlenschutzes, die sich aus Kernwaffenverss. sowie aus dem Reaktorbetrieb ergeben. (Atomenergie **1956.** 219—21. Juni. Mainz, Univ.) W. Karcher. 112

Ernest C. Anderson, *Radioaktivität von Menschen und Milch: 1957.* Messungen von 2200 Proben mit 4 π-Flüssigkeitsscintillationszählern auf ^{137}Cs u. ^{40}K weisen auf interessante, z. Zt. noch nicht deutbare Korrelationen zwischen den Cs-Niveaus im Menschen (human-counter) u. in Milch hin. (Science [Washington] **128.** 882—86. 17/10. 1958. Los Alamos, N. Mex., Univ. of California, Los Alamos Scient. Labor.) Gerhard Schmidt. 112

A_2. Optisches Verhalten der Materie

Otto Litzman, *Die Lokalschwingungen in gestörten Raumketten.* Die C. **1959.** 6364 referierte Arbeit des Vf. für Berechnung von Frequenzionen von Lokalschwingungen der gestörten linearen Atomkette wurden für einen beliebigen Typ der Raumkristallkette verallgemeinert. (Československ. Časopis Fysiku **8.** 643—49. 1958. Praha, Karlova univ.) J. Schneider. 114

Zdeněk Horák, *Analytische Wellenfunktionen des K-Zustandes von Neon.* Es wurde die Möglichkeit der Berechnung von analytischen Wellenfunktionen der Röntgenzustände leichter Atome auf Grund der „Extremalisation" angegeben. Als Beispiel wurden die Wellenfunktionen des K-Zustandes Neon berechnet. (Českoslov. Časopis Fysiku **8.** 734. 1958. [Orig.: tschech.]; Czechoslov. J. Physics **8.** 745. 1958. [Orig.: engl.]. Praha, Ústav techn. fysiky ČSAV.) J. Schneider. 116

Walter Roth, *Die Emission des Vakuum-Ultraviolettkontinuums in Neon.* Es wird eine Erklärung für die Intensitätssteigerung des 822 Å-Neon-Kontinuums bei Zugabe geringer Mengen N_2 gegeben. Durch Analogiebetrachtungen an Xe u. Ar kommt der Vf. zu folgender Wechselwirkungsgleichung: Ne ($^1P_1$) + N_2 (v = 0) $\rightarrow$ Ne ($^3P_2$) + N_2 (v = 1). (J. opt. Soc. America **48.** 1018. Dezember 1958. Schenectady, N. Y., Gen Electric Co., Res. Labor.) M. Kapp. 118

K. W. Meissner, R. D. Van Veld und **P. G. Wilkinson,** *Germanium-Standardwellenlängen im Vakuum-Ultraviolett.* Mit einer Ge-Hohlkathode u. einem Vakuumgitterspektrographen wurden im Wellenlängenbereich zwischen 1500 u. 2000 Å Spektrogramme aufgenommen, die im wesentlichen Linien des Ge I sowie einige Frequenzen des Ge II u. Ne II enthielten. Die Abweichungen der gemessenen Werte von berechneten werden angegeben u. diskutiert. (J. opt. Soc. America **48.** 1001—06. Dezember 1958. Lafayette, Ind., Purdue Univ., Dep. of Phys.; Chicago, Ill. Univ., Dep of Phys.) M. Kapp. 118

E. F. Gross, *Das optische Spektrum, das durch die Bildung angeregter Positroniumzustände in Kristallgittern entsteht.* Kurze Zusammenfassung der Ergebnisse einer Leningrader Arbeit des Vf., von der eine Übersetzung (vgl. C. **1958.** 321) erschienen ist. (J. Physique Radium **17.** 815—16. Aug./Sept. 1956. Moskau.) M. Kapp. 119

W. C. Walker, O. P. Rustgi und **G. L. Weissler,** *Optische Durchlässigkeit aufgedampfter In-, Sn- und Bi-Filme im Vakuum-Ultraviolett.* Es wurden Unterss. über die opt. Durchlässigkeit für Photonenenergien von 8—28 eV angestellt, die jenseits einer krit. Frequenz vermutet wurde. Ein Plasma aus Leitungselektronen u. Ionen bewirkt die Durchlässigkeit. Messungen an aufgedampften Filmen ergaben: Ein 800 Å starker In-Film zeigte ein Transmissionsmaximum von 20% bei 16 eV, starke Absorption bei 16,8 eV. An einem 1000 Å starken Sn-Film wurde gemessen: Beginn des Anstiegs bei 13,6 eV, Transmissionsmaximum bei 23 eV (18%), scharfe Absorption bei 24 eV. Für einen 960 Å starken Bi-Film wurde gemessen: Transmissionsmaximum bei 24 eV (5%), Absorptionsbeginn bei 24 eV. (J. opt. Soc. America **48.** 1017. Dezember 1958. Los Angeles, Calif., Univ. of Southern California, Dep. of Physics.) M. Kapp. 119

L. H. Ahrens, *Veränderungen des Brechungsindex mit dem Ionisationspotential in einigen isostrukturellen Kristallen.* Vf. nimmt an, daß die Polarisation der Anionen den größten Einfl. auf den Brechungsindex hat u. daß dessen Veränderung auf die Variation der Anionenpolarisation zurückzuführen ist. Um die polarisierenden Kräfte zu erfassen, wird das Ionisationspotential benutzt. In Verbindungen mit 8- u. 18-Elektronenkationen sowie mit Elementen der Übergangsreihe ist der Brechungsindex höher bei höherem Ionisationspotential. Ebenso ist bei Ionen verschied. Typs, wenn sie von ähnlicher Größe sind, der Brechungsindex abhängig vom Ionisationspotential. Dies wird an den Verbb. des Typs $A^{2+}SiF_6 \cdot 6H_2O$ gezeigt, wo A^{2+} Mg, Mn, Fe, Co, Ni, Cu oder Zn ist. (Mineralog. Mag. J. mineralog. Soc. **31.** 929—36. Sept. 1958.) J.-E. HILLER. 119

R. D. B. Fraser, *Verwendbarkeit von Faserproben für Infrarotabsorptionsmessungen.* Es wird eine Korrektur der opt. Dichte für den Fall angegeben, daß eine Probe faseriger Struktur mit einem zylindr. Querschnitt senkrecht zur Zylinderachse durchstrahlt wird. Dabei entsteht ein Fehler, da die opt. Dichte wegen der verschiedenen Stärke der Faser am Zentrum u. am Rande vom Orte abhängt. Die Größe der Korrektur ist eine Funktion der beobachteten opt. Dichte. Ihre Berücksichtigung ist bes. wichtig, wenn polarisiertes Licht angewendet werden soll. Sie gilt in der angegebenen Form nur, wenn die Fasern in der Probe in nur einer Lage übereinander angeordnet sind. (J. opt. Soc. America **48.** 1017—18. Dez. 1958. Melbourne, Victoria, Australia, C.S.I.R.O., Biochem. Unit, Wool Textile Res. Labors.) M. KAPP. 120

Karel Pátek, *Zur Photoelektroluminescenz von ZnS–Cu.* Die Bestrahlung von ZnS–Cu mit UV-Licht hat ein Ansteigen der Helligkeitsintensität bei beiden Emissionsbanden (460 u.520 mμ) zur Folge, wobei bei niedrigeren Frequenzen die Helligkeit anfangs proportional $\sqrt{I}$ (I = Intensität des Bestrahlungslichtes) bis zur Sättigung ansteigt; für höhere Frequenzen besteht keine Sättigung. — Zur Erklärung dieses Effektes nimmt Vf. an, daß unter der Bestrahlung die Anzahl der Leitungselektronen ansteigt; dadurch werden einerseits die Polarisationseffekte der ZnS-Kristalle vermindert, anderseits die Anzahl der beschleunigten Elektronen vergrößert (Vergrößerung der Aktivator-Anregung). (Českoslov. Časopis Fysiku **8.** 628. 1958. Praha, Čsskoslov. akad. věd, Fys. ústav.) H. TŮMA. 125

W. W. Ossiko, *Zwei Arten von Luminescenzzentren des Mangans in der Cadmium-Lithium-Orthosilicatphase.* Zur Unters. der Luminescenz von Cd–Li-Orthosilicaten wurde eine Reihe Proben der Zus. (6—x)CdO · $xLi_2O \cdot 3Si_2O \cdot$ 0,015 Mn, wo x gleich 0; 0,5; 1,0; 1,5 usw. bis 6 ist, aus reinen Rohstoffen durch 2—3 std. Glühen bei 800—1000° hergestellt. Sowohl bei der Photoluminescenz (erregt mittels Hg-Licht 254 mμ) als auch bei der Kathodoluminescenz (Elektronenstrahl erregt mit 6 kV bei $3 \cdot 10^{-7}$ A/cm²) zeigt das Silicat in der Nähe der Zus. 3 CdO · $3Li_2O \cdot 3SiO_2 \cdot$ 0,015 Mn ein Maximum im grünen (514 mμ) u. roten (615 mμ) Gebiet, während Silicate mit nur CdO oder LiO_2 keine Luminescenz zeigen. Der Verlauf der Luminescenz variiert stark mit der Zus. u. wird graph. dargestellt. — Röntgenaufnahmen der Präparate zeigen zwei Liniengruppen, von denen eine den reinen Silicaten, die andere der Mischphase angehört. Da keine weitere Phase entdeckt werden konnte, wird angenommen, daß die Luminescenz bei beiden Wellenlängen von einer Phase stammt, welche zwei Luminescenzzentren besitzt (das Grüne bei Umringung von Mn mit 4, das Rote mit 6 O-Atomen). (Доклады Академии Наук СССР [Ber. Akad. Wiss. UdSSR] **121.** 507—10. 21/7. 1958. Akad. der Wiss. der UdSSR, Lebedew-Inst. für Phys.) H. TŮMA. 125

Kunio Nishikawa und **Masayuki Yamamoto,** *Untersuchung über Calciumwolframatphosphore.* 7. Mitt. *Über die Wirkung von zugesetzten oxydierenden und reduzierenden Mitteln während des Erhitzens auf die Fluorescenz von Calciumwolframat-Phosphoren.* (Kurze Mitt.) (6. vgl. J. chem. Soc. Japan, ind. Chem. Sect. [Kōgyō Kagaku Zassi] **58.** [1955.] 256.) Vff. vergleichen die durch Röntgenstrahlen erregte Fluorescenzintensität von Proben von $CaWO_4$, die 1 Std. bei 1100° calciniert werden u. zwar mit 0,5—10 Gew.% Zusatz 1) an NH_4NO_3 (I) $(NH_4)_2S_2O_3$, $K_2S_2O_8$, $CaSO_4$, Na_2SO_4 (II) bzw. $(NH_4)_2SO_4$, als oxydierende Mittel, 2) an *Oxalsäure*, NH_4*-Oxalat*, *Ca-Oxalat*, NH_4Cl bzw. $(NH_4)_2CO_3$ (III) als red. Mittel. I, II, III sind ohne Einfl., die übrigen Stoffe verminderten die Intensität. (J. chem. Soc. Japan, ind. Chem. Sect. [Kōgyō Kagaku Zassi] **58.** 471—72. Juni 1955. Kyoto Shimazu A.G. [Orig.: japan.]) L. SCHULER. 125

A_3. Elektrizität. Magnetismus. Elektrochemie.

Charles Süsskind, *Elektronenquellen und Fokussierung für Elektronenbündel hoher Dichte.* Zusammenfassender Bericht. 1. Die PIERCE-Meth. u. ihre Modifikationen. 2. Verbesserungen der PIERCEschen Methode. 3. Fokussierungsmethoden. 4. Neue Kathodensysteme (MÜLLER-Syst., Heil-Syst., hohle Bündel, innen verkleidete Kathoden, Quellen für Anordnungen mit gekreuzten Feldern). 5. Wirkung der Dichtemodulation, raumladungsausgeglichener Fluß. Anhang: Neue Kathodenmaterialien. — 88 Literaturangaben. (Advances Electronics Elektron Physics **8.** 363—402. 1956. Berkeley, Calif., Univ. of California, Div. of Electric. Engng.) D. JÖRCHEL. 131

John G. King und **Jerrold R. Zacharias,** *Einige neue Anwendungen und Methoden der Molekularbündel.* Zusammenfassender Bericht. 1. Allgemeines über Bündel u. verschied. Anwendungen (Maser, Frequenz-Standard, Magnetfeld- u. Beschleunigungsmessungen, Längen-Standard, Informationsspeicherung, Isotopentrennung). 2. Quellen neutraler mol. Bündel. 3. Detektoren für neutrale mol. Bündel. 4. Ablenkende u. gleichförmige Felder. 5. HF-Ausrüstungen. 6. Anordnungen zur Steuerung der Bündel, Konstruktionshinweise, Vakuumausrüstungen. — 208 Literaturangaben. (Advances Electronics Electron Physics **8.** 1—88. 1956. Cambridge, Mass., MIT, Dep. of Phys. and Res. Labor. of Electron.) D. Jörchel. 131

W. P. Dyke und **W. W. Dolan,** *Feldemission.* Zusammenfassender Bericht. 1. Allgemeines zur Feldemission. 2. Theorie der Feldemission. 3. Experimentelle Prüfung der Theorie. 4. Der durch Feldemission gezündete Vakuumbogen. 5. Elektr. Stabilität u. Lebensdauer der Kathode. 6. Fortschritte bei den prakt. Anwendungen. 7. Experimentelle Technik. Im Anhang sind tabellar. die Feldstromdichten als Funktion des elektr. Feldes (1,0—20,0 · 10^7 V/cm) u. der Austrittsarbeit (2,00—6,30 eV) sowie die Emissionsstromdichten als Funktion der Temp. (500—3500° K), des elektr. Feldes (2—10 · 10^7 V/cm) u. der Austrittsarbeit (4,0, 4,5 u. 5,0 eV) angegeben. — 130 Literaturangaben. (Advances Electronics Electron Physics **8.** 89—185. 1956. McMinnville, Ore., Linfield Coll.) D. Jörchel. 131

Vladimír Hermoch, *Beitrag zur Untersuchung von Elektrodenräumen bei kurzfristigen elektrischen Starkstromentladungen.* Beim Erhöhen der Stromdichte durch künstliche Einschnürung (Kontraktion) der akt. Kathodenoberfläche bei Starkstromentladungen (Kondensatorentladung, $I_{max.}$ = 1,25 · 10^3 A, Zeitdauer 150 sec, Graphitelektroden) steigt außer der Gesamtspannung auch die auf die Elektrode übertragene Energie der Ladungsträger; dabei steigt die Abdampfgeschwindigkeit der Elektroden bes. bei Metallanwesenheit u. es entsteht eine Dampfströmung, welche einen Gradienten im Elektrodengebiet hervorruft. Infolgedessen steigen die Temp., die Leitfähigkeit sowie die therm. Kontraktion des Kanals an der Elektrodenoberfläche. Durch den Stromanstieg auf einen Grenzwert kann die Spaltung des Kanals u. die Fleckenbldg. an der Elektrode erklärt werden. Die durch therm. Ionisierung von der Kathode stammenden Dämpfe sind der Ursprung der Ladungsträger, u. es kann angenommen werden, daß die Kathodenstromdichte gegen die der Anode um ca. 40% ansteigt. (Československ. Časopis Fysiku **8.** 534—44. 1958. [Orig.: tschech.]; Czechoslov. J. Physics **9.** 84—90. 1959. [Orig.: russ.] Praha, Ceskoslov. akad. věd., Ústav techn. fys.) H. Tůma. 131

Luděk Pekárek, *Der Einfluß der äußeren Beleuchtung auf die bewegenden Schichten in der Entladung in Neon.* Es wurden die Faktoren, die die bewegenden Schichten in der Entladung in Neon bei äußerer Beleuchtung beeinflussen, untersucht. Durch die äußere Beleuchtung ändern sich der elektr. Gradient, die Länge der Schichten u. die Geschwindigkeit der Wellenausbreitung. (Českoslov. Časopis Fysiku **8.** 735—36. 1958. Praha, Fys. ústav ČSAV.) J. Schneider. 131

Václav Krejčí, *Einfluß des Kathodengebietes auf die dynamischen Eigenschaften der Glimmentladung in Wasserstoff.* Bei der Unters. der Entladung in H_2 (bis zu 2,5 kV; H_2-Druck 0,5—1,2 mm Hg; maximale Entladungsrohrlänge 68,5 mm, Durchmesser 23 mm) wurde ermittelt, daß eine Verminderung der Kathodenoberfläche (von 380 auf 80 mm²) eine Erhöhung der Frequenz der entstehenden Oscillation zur Folge hat u. zugleich den Einfl. des äußeren Kondensators auf diese Frequenz beschränkt. Die dynam. Eigg. des Kathodengebietes werden also mit den Eigg. der anod. Säule ergänzt u. bilden somit einen resonanten Serienumkreis, womit die Möglichkeit der Entstehung von niederfrequenten Oscillationen in der Entladung gegeben ist, selbst wenn der äußere Stromkreis keine reaktiven Elemente enthält. — Es wurde weiter ein Ersatzschema dieser Erscheinung ausgearbeitet; nach annähernder Berechnung beträgt die Dämpfungskonstante $\sim 10^4$ sec^{-1} u. die Frequenz $\sim 10^4$ Hz. (Českoslov. Časopis Fysiku **8.** 526—33. 1958. Praha, Českoslov. akad. věd., Fys. ústav.) H. Tůma. 131

Larkin Kerwin, *Massenspektroskopie.* Zusammenfassender Bericht über Instrumentation. (Quellen, Analysatoren, Detektoren, Registriersysteme, Datenverarbeitungssysteme, Fokussieranordnungen) u. Anwendungen (Isotopennachweis, Isotopenhäufigkeit, Atommassen, Kernuntersuchungen, chem. Analyse, Ionisations- u. Dissoziationserscheinungen sowie weitere Anwendungen; nur Literaturverzeichnis). — 263 Literaturangaben. (Advances Electronics Electron Physics **8.** 187—253. 1956. Québec, Canada, Univ. Laval.) D. Jörchel. 131

F. I. Wilessow, B. L. Kurbatow und **A. N. Terenin.** *Massenspektrometrische Untersuchung der Photoionisation und der Photodissoziation von Aminodämpfen.* Mit Hilfe des Massenspektrometers u. H_2-Lampe (2 A, 1000 V, Ionenstrom 10^{-13}—10^{-14}) mit LiF-Fenster (durchlässig bis 1050 Å) wurde die Photodissoziation von *NH_3, Hydrazin, Benzylamin* u. *Anilin* untersucht. — Bei NH_3 wurden NH_3^+- u. NH_2^+-Ionen gefunden, bei Hydrazin $NH_2 \cdot NH$, sowie schwach NH_2 u. $NH_2 \cdot N$, bei Benzylamin $C_6H_5 \cdot CH_2 \cdot NH^+$ u. schwach $C_6H_5 \cdot CH_2$ u. NH_2. Bei Anilin konnte keine Photodissoziation beobachtet werden; Vff. nehmen an, daß der Grund dazu in der größeren Anzahl der Freiheitsgrade des Benzolringes u. in der Desaktivierung der NH_2-Gruppe bei einer Substanz, wo diese Gruppe direkt an den Benzolkern gebunden ist, zu suchen ist. (Доклады Академии Наук СССР [Ber. Akad. Wiss. UdSSR] **122.** 94—96. 1/9. 1958. Leningrad, Shdanow-Univ., Inst. für Phys.) H. TŮMA. 131

M. J. Druyvesteyn und **D. J. Van Ooijen,** *Die Änderung der absoluten thermoelektrischen Kraft und des elektrischen Widerstandes von Kupfer durch kalte Bearbeitung bei der Temperatur der flüssigen Luft und bei Zimmertemperatur.* Es wurde je eine Serie Cu-Drähte von 250 μ Durchmesser nach Ausheizen bei 550° in fl. Luft u. bei Zimmertemp. gewalzt. Die thermoelektr. Kraft der deformierten Drähte gegenüber den unbearbeiteten Proben wurde als Funktion der Temp.-Differenz gemessen, wobei sich die kalte Lötstelle in fl. Luft befand. Bei einer Temp. von 273° K der warmen Lötstelle wurde die Thermokraftänderung ΔS beider Serien als Funktion der Deformation gemessen. Es zeigte sich, daß ΔS mit der Deformation zunimmt u. für die in fl. Luft bearbeiteten Proben weit größer ist als für die bei Zimmertemp. bearbeiteten Drähte. Den selben Verlauf zeigte die Änderung des spezif. Widerstandes $\Delta\sigma$. Die Diskussion der Ergebnisse zeigt, daß die Gitterstörung bei der Behandlung in fl. Luft nicht nur größer, sondern auch anderer Art ist als die nach Bearbeitung bei Zimmertemp. (Appl. Sci. Res. B **5.** 437—41. 1956. Delft, Techn. Hogeschool, Labor. voor Techn. Phys.) W. KLEIN. 133

D. J. Van Ooijen, *Die thermoelektrische Kraft von kalt bearbeitetem Platin zwischen der Temperatur der flüssigen Luft und Zimmertemperatur.* (Vgl. vorst. Ref.) Pt-Drähte von 300 μ Durchmesser werden nach Ausheizen bei 900° bei Zimmertemp. ausgezogen u. danach abermals für eine halbe Stunde bei 100° ausgeheizt. Von diesen Drähten wird die thermoelektr. Kraft gegenüber unbearbeiteten Proben u. deren Änderung als Funktion der Temp. gemessen. Bei tiefen Tempp. ist die thermoelektr. Kraft negativ u. bei hohen positiv. Die Temp., für die $\Delta S = 0$ ist, verschiebt sich mit zunehmender Deformation zu höheren Werten. Wie ein Vgl. mit den Ergebnissen von BORELIUS (Commun. physik Lab. Univ. Leiden **206a.** [1930.]) zeigt, ändert sich die thermoelektr. Kraft der Pt–Rh-Legierungen mit zunehmender Rh-Konz. in ähnlicher Weise. (Appl. sci. Res. B **5.** 442—44 1956.) W. KLEIN. 133

Maciej Suffczyński, *Elektronenspinresonanz in V-Zentren.* Übersicht: Erscheinungen u. Erklärungen für die V-Zentren-Bldg. in Alkalihalogeniden unter der Einw. von Röntgenstrahlung bei tiefen Tempp. nach Arbeiten von KÄNZIG. (Postępy Fizyki **9.** 27—47. 1958. Warszawa, PAN, Inst. Fiz.) F. URBAN. 134

G. K. Syrjanow, *Die Änderung des Kontaktpotentials von Cadmiumsulfid bei Belichtung.* Die Reflexion langsamer (1—10 eV) Elektronen von CdS-Schichten nimmt nicht monoton zu, sondern besitzt bei 2,5 u. 5 V Minima, die durch unelast. Stöße von Elektronen unter anschließendem Übergang aus dem gefüllten ins Leitungsband (was eine Messung der Breite der verbotenen Zone ermöglicht) gedeutet werden. Der Zeit- und Spektralgang der Verschiebung der Stromspannungscharakteristik bei Belichtung ist dem der Photoleitfähigkeit analog. Diese Photoverschiebung hängt logarithm. von der Belichtungsintensität ab (Analogie zum DEMBER-Effekt) u. spielt sich in einer Halbleiterschicht von 10^{-5} cm ab. Die experimentellen Ergebnisse lassen sich ohne die von WLERICK (C. **1957.** 6951) angenommene adsorbierte Gasschicht deuten. Die „Quantenausbeute" wird größer als 10^3. (Журнал Технической Физики [J. techn. Physik] **28.** 2657—68. Dez. 1958. Leningrad, Univ. Lehrstuhl für Elektrophysik.) R. AMBERGER. 134

Abbott Smith und **David Dutton,** *Verhalten von Bleisulfid-Photozellen im Ultraviolett.* Drei PbS-Photozellen wurden auf ihr Verh. im UV-Licht untersucht. Dazu wird die Strahlung einer Lichtquelle bei verschied. Wellenlängen mit einer Thermosäule u. mit den zu untersuchenden Photozellen gemessen. Die relative Quantenempfindlichkeit, über der Photonenenergie aufgetragen, ergibt für die 3 untersuchten Zellen mit Ausnahme des Bereichs zwischen 2300 u. 2000 Å gut übereinstimmende Werte, die nach kürzeren Wellenlängen hin zunehmen. Vff. führen dies auf eine zweite innere Photoemission zurück. Die Absorption von PbS steigt mit fallender Wellenlänge durch den Bereich des sichtbaren u. UV-Lichtes. Die Vff. vermuten, daß die Photoleitfähigkeit in PbS-Schichten auf dem Anwachsen der Dichte der verfügbaren Ladungsträger wie in Kristallen beruht. (J. opt. Soc. America **48.** 1007—09. Dezember 1958. Rochester, N. Y., Univ., Inst. of Optics.) M. KAPP. 134

H. Hieslmair und **H. Müller,** *Zur Temperaturabhängigkeit der röntgenstimulierten Exoelektronenemission.* Mit einem GEIGER-MÜLLER-Zählrohr wurde der Elektronenemissionsstrom während des Aufheizens in Abhängigkeit von der Temp. gemessen („Exoelektronen-Glowkurven") bei röntgenstimulierten Proben von Metallen, Metallsulfiden u. Metalloxyden (Bestrahlung durch Glimmerfenster). Bei geätzten Metallen zeigen die Glowkurven bei 160° u. 260° Maxima. Waren die Metalle vorher an Luft erhitzt, so traten auch bei 10°, 60°, 140° u. 200° Maxima auf. Bei den Metalloxyden lag ein Maximum bei 160°, bei den Sulfiden bei 140°. Die Ergebnisse sprechen für die Existenz von Adsorptionsschichten, die die Elektronenaustrittsenergie und die Lage der Glow-Maxima bestimmen. (Z. Physik **152.** 642—54. 16/10. 1958. Wien, Univ., II. Physikal. Inst.) K. ZÜCKLER. 134

G. H. Metson, *Über die elektrische Lebensdauer einer Empfängerröhre mit Oxydkathode.* Zusammenfassender Bericht. 1. Haupttypen der elektr. Fehler. 2. Mikrochem. Wirkungen in der Oxydkathode. 3. Überblick über die Fehler, die vom Wachstum leitender Filme auf wesentlich isolierenden Oberflächen herrühren. 4. Isolationsfehler zwischen Erhitzersystem u. Kathode. 5. Überblick über einige noch zu lösende Probleme (bes. das Restgasproblem). — 15 Literaturangaben. (Advances Electronics Electron Physics **8.** 403—46. 1956. London, Post Office Engng. Res. Station, Thermionics Group.) D. JÖRCHEL. 134

H. J. Hannam und **A. van der Ziel,** *Rauschen bei Oxydkathodenüberzügen.* An oxydüberzogenen Kathoden wurden Rauschmessungen im Bereich von 8 MHz bis 30 Hz durchgeführt. Bei 8 MHz überwiegt therm. Rauschen u. Schrot-Rauschen, bei 30 Hz überwiegt der Funkeleffekt mit einem 1/f-Spektrum (Einfluß der Poren). (J. appl. Physics **29.** 1702—05. Dez. 1958. Minneapolis, Minn., Univ. of Minnesota, Inst. of Technol., Electrical Engng. Dep.) K. ZÜCKLER. 134

Junkichi Nakai, *Gasentwicklung aus Nickelanoden, wie sie gewöhnlich für Vakuumröhren verwendet werden.* Die Gasentwicklung aus Ni-Platten, die direkt elektr. erhitzt oder einem Elektronenbeschuß ausgesetzt wurden, wurde untersucht, indem die Abnahme des Emissionsstromes einer Th-W- bzw. einer Oxydkathode infolge Vergiftung durch die entwickelten Gase gemessen wurde. Es zeigte sich: 1. Bei sauberer Ni-Fläche beträgt die Aktivierungsenergie der Gasentwicklung 1,7—2,1 eV. 2. Die Aktivierungsenergie hängt stark von der Vorbehandlung des Ni ab, da die Oberfläche verunreinigende Schichten bei hohen Tempp. dissoziieren u. gasförmige Produkte bilden. Erhitzen im Vakuum beseitigt die Schichten. Die übliche H-Behandlung bewirkt jedoch eine teilweise Oxydation der Ni-Fläche. 3. Elektronenbeschuß fördert die Gasentwicklung, deren Geschwindigkeit dem Elektronenstrom proportional ist. 4. Von einer Oxydkathode auf die Ni-Anode gedampfte dünne BaO-Filme geben bei Elektronenbeschuß Gase ab, die die Oxydkathode vergiften, bei niedrigen Anodentempp. beträgt die Aktivierungsenergie der Gasentwicklung 0,6 eV. Bei höheren Tempp. herrschen Vergiftungseffekte von Gasen aus dem Ni selber vor. (Technol. Rep. Osaka Univ. **5.** 27—38. März 1955. Dep. of Communicat. Engng. [Orig.: engl.]) D. JÖRCHEL. 134

E. Harnik, A. Many und **N. B. Grover,** *„Phasenverschiebungsmethode" zur Messung der Trägerlebensdauer in Halbleitern.* Eine App., die die Lebensdauer von Ladungsträgern in Halbleitern mit Hilfe der Phasenverschiebung zwischen der sinusförmig modulierten Trägerinjektion (opt. durch einen mit einer KERR-Zelle gesteuerten Lichtstrahl) u. der Leitfähigkeit der Probe zu messen gestattet, wird beschrieben (Kompensation der Phasenverschiebung mit RC-Kreis, oscillograph. Anzeige). Die Durchführung u. Auswirkung von Messungen (an dünnen rechteckigen auf einer Fläche belichteten Proben) wird dargestellt. (Rev. sci. Instruments [N. S.] **29.** 889—91. Okt. 1958. Jerusalem, Israel, Hebrew Univ., Dep. of Phys.) K. ZÜCKLER. 135

L. G. Gurwitsch, *Über die differentielle Leitfähigkeit und Kapazität von Metall-Halbleiter-Kontakten.* Als Ergebnis seiner theoret. Betrachtungen findet Vf.: Der Charakter des Temperaturgangs des sog. Sättigungsstroms in der Stromspannungscharakteristik Metall-Halbleiter-Kontakt wird durch eine Berücksichtigung des Austausches zwischen den Oberflächenniveaus u. dem Metall nicht geändert. In dem Bereich, in dem die starken-Feld-Effekte noch nicht in Erscheinung zu treten brauchen, verhindern die Effekte im Zwischenraum u. der Bildkrafteinfluß die Sättigung. Negative Oberflächenladungen an der Grenze Metall-n-Halbleiter steigern den differentiellen Kontaktwiderstand. Die Kapazität des Kontakts ist in erster Näherung vom Auffüllgrad der Oberflächenniveaus unabhängig. (Известия Академии Наук УзССР, Серия Физико-Математических Наук [Nachr. Akad. Wiss. UsbekSSR, Ser. physik.-math. Wiss.] **1958.** Nr. 3. 85—96. Physik.-techn. Inst. der Akad. der Wiss. der UsbekSSR.) R. AMBERGER. 135

G. M. Awakjanz, *Zur Theorie der Halbleiteranordnungen.* Vf. entwickelt unter strenger Lösung der kinet. Gleichungen der Ladungsträger eine Theorie für Halbleitertrioden u. -tetroden mit anomal schmaler Basisbreite, d. h. mit einer Basis, deren Breite höchstens gleich der freien Weglänge der in die Basis injizierten Träger ist. (Известия Академии Наук УзССР, Серия Физико-Математических Наук [Nachr. Akad. Wiss. UsbekSSR, Ser. physik.-math. Wiss.] **1958.** Nr. 1. 5—13.) R. AMBERGER. 135

G. M. Awakjanz, *Über den Einfluß von Elektron-Lochstößen auf die Beweglichkeit.* (Vgl. vorst. Ref.) Vf. betrachtet in der die kinemat. Gleichungen wesentlich vereinfachenden COULOMB-Näherung Elektron-Loch-Stöße. Sowohl bei Entartung als auch Nichtentartung wird die freie Löcherweglänge proportional v u. nicht v^4; der Charakter der Beweglichkeit wird durch die Elektron-Loch-Stöße nicht beeinflußt. (Известия Академии Наук УзССР, Серия Физико-Математических Наук [Nachr. Akad. Wiss. UsbekSSR, Ser. physik.-math. Wiss.] **1958.** Nr. 3. 21—39. Physik.-techn. Inst. der Akad. der Wiss. der UsbekSSR.) R. AMBERGER. 135

A. W. Rshanow, N. M. Pawlow und **M. A. Sselesnewa,** *Untersuchung der Tiefe und effektiven Einfangquerschnitte der Oberflächenrekombinationsniveaus in Germanium.* Vff. untersuchen die Charakteristiken der infolge Vakuumerwärmung oder O_3-Einw. auftretenden Oberflächenrekombinationsniveaus in Ge u. erhalten vorläufige Ergebnisse über den Temperaturgang der Tiefe u. effektiven Löcher- u. Elektroneneinfangquerschnitte dieser Niveaus sowie über die Abhängigkeit der Charakteristiken von der Amplitude elektr. Querfelder (20—100 Hz, 10—25 V). Auf Grund ihrer Vorstellung über den wesentlichen Einfl. der Ladung in den langsamen Oberflächenniveaus schließen Vff. auf ein u. dieselbe Natur der unter Vakuumerwärmung u. der unter O_3-Einw. auftretenden Oberflächenrekombinationsniveaus in Ge. (Журнал Технической Физики [J. techn. Physik] **28.** 2645—56. Dez. 1958. Physikal. Lebedew-Inst. der Akad. der Wiss. der UdSSR.) R. AMBERGER. 135

Tatsuo Yajima und **Leo Esaki,** *Überschußrauschen bei schmalen Germanium-p-n-Übergängen.* An sehr schmalen Ge-p-n-Übergängen (Breite $<$ 200 Å) mit umgekehrtem Gleichrichtungssinn (ZENER-Effekt!) wurden Rauschmessungen (Rauschleistung in Abhängigkeit von der Frequenz; Stromabhängigkeit; Temperaturabhängigkeit) durchgeführt. Es ergibt sich, daß das beobachtete 1/f-Rauschen mit dem im Gebiet von 0,2 ··· 0,4 V auftretenden „zusätzlichen" Flußstrom verknüpft ist. Die möglichen Ursachen der beobachteten Erscheinungen (Zusammenhang mit Kristallfehlstellen) werden diskutiert. (J. physic. Soc. Japan **13.** 1281—87. Nov. 1958. Tokyo, Broadcasting Corp., Techn. Res. Labor., Sony Corp. [Orig.: engl.]) K. ZÜCKLER. 135

Karel Šmirous, *Halbleitende Systeme auf Grund der Verbindungen vom Typus $A^{II}\cdot B^{V}$.* Es wurde das Syst. ZnSb—CdSb untersucht. Die feste Lsg. aus 15% ZnSb u. 85% CdSb weist den minimalen Wert der Phononkomponente der Wärmeleitfähigkeit auf. Die Anwesenheit von Te ändert den Typ der Leitfähigkeit in Richtung auf Elektronenleitfähigkeit. (Českoslov. Časopis Fysiku **8.** 690—94. 1958. Praha, Ústav techn. fysiky ČSAV.) J. SCHNEIDER. 135

Th. Sexl und **E. Spurny,** *Zur anschaulichen Deutung des Auftretens von Energiebändern in einem periodischen Potentialfeld.* Die erlaubten Energiebänder in den Energiespektren von Elektronen in elektr. Leitern erfüllen ganz schmale Zonen um die Eigenwerte einer einzelnen isolierten Potentialmulde. Die Entstehung dieser Bänder wird wie folgt gedeutet: Läßt man 2 zunächst entkoppelte Potentialmulden einander näherrücken, werden die Lagen der Energieeigenwerte durch Wechselwrkg. gestört. Überwiegt der Einfl. der exponentiell ansteigenden Eigenfunktion den der abklingenden Eigenfunktion, wird jeder Eigenwert der einzelnen Mulde in ein Dublett aufgespalten. Diese Dubletts rücken bei weiterer Annäherung der Mulden auseinander u. gehen schließlich in die Eigenwerte einer einzigen Mulde der doppelten Breite über. Geht man von n gleichen Potentialmulden aus, erhält man eine analoge Aufspaltung in Multipletts, die für $n \to \infty$ kontinuierliche Bänder um die Eigenwerte einer einzelnen Mulde liefern. (Acta physica austriaca **10.** 287—91. 1956. Wien, Univ., Inst. für theoret. Phys.) D. JÖRCHEL. 136

O. Hauser, *Über die Graphitierung von Kohlenstoff.* 2. Mitt. *Hall-Effekt und elektrische Leitfähigkeit.* (1. vgl. C. **1959.** 8478.) Aus Kohlepulvern (Flamm-, Gasruß u. Petrolkoks) wurden bei 1300° gebrannte Probekörper hergestellt. Der HALL-Koeff. u. die elektr. Leitfähigkeit wurden in Abhängigkeit von der Herstellungstemp. der einzelnen Kohlesorten gemessen. Die Temp.-Abhängigkeit des elektr. Widerstands der Petrolkoksprobe wurde gemessen. Es bestehen bzgl. dieser Eigg. erhebliche Unterschiede zwischen der turbostrat. u. hexagonalen Modifikation des Graphits. Es wurde versucht, den Leitungsmechanismus von polykristallinem Graphit theoret. zu deuten. (Z. physik. Chem. **210.** 151—65. März 1959. Dresden.) H. K. HOFMEISTER. 136

N. A. Gorbaty und **G. N. Schuppe,** *Über den Einfluß eines starken elektrischen Feldes auf den Widerstand von metallischen Drähten.* (Vgl. C. **1959.** 5038.) Wie die Meth. der Kontrolle der Geschwindigkeitszunahme des Spannungsabfalls vakuumgeglühter Drähte zeigt, beeinflussen Felder von der Größenordnung 10^6 V/cm bei $(10^{-7}$ —$)10^{-8}$ Torr weder die Verdampfungsgeschwindigkeit noch den Widerstand von Mo-, Ta- u. W-Drähten. Die Ursache für die von anderen Autoren gefundenen Änderungen des

Spannungsabfalls in starken elektr. Feldern vermuten Vff. im Auftreten parasitärer Ströme durch die Versuchsanordnung (bes. in Coronaentladungen). (Известия Академии Наук УзССР, Серия Физико-Математических Наук [Nachr. Akad. Wiss. UsbekSSR, Ser. physik.-math. Wiss.] **1958.** Nr. 1. 65—73.) R. AMBERGER. 136

Takasi Huzimura, *Das Gesetz der Annäherung an die magnetische Sättigung.* Im Gesetz der Abhängigkeit der Magnetisierung I von der magnet. Feldstärke H bei der Annäherung an die magnet. Sättigung I_s : $I = I_s(1 - a/H - b/H^2 \cdots) + \chi_0 H$ werden das Verh. u. die Ursache der Glieder a/H u. b/H^2 untersucht. Dabei ergaben sich a u. b beide proportional dem Betrage der inneren Spannung, wie es auch eine Theorie von BROWN (1941) fordert, während eine Theorie von BECKER u. POLLEY (1939) diese Abhängigkeit nur für b verlangt. In Übereinstimmung mit der BROWNschen Theorie wird geschlossen, daß der a/H-Term durch die Spannung um eine Versetzung im Gitter entsteht. Diese Annahme wird durch die errechnete Versetzungsdichte im stark kaltverformten Ni erhärtet, die mit dem Wert, aus rein mechan. Ergebnissen entnommen, gut übereinstimmt. Für das σ_i aus der KERSTENschen Theorie ergibt sich die mittlere innere Spannung infolge von regelmäßig verteilten Versetzungen. (Sci. Rep. Res. Inst. Tôhoku Univ., Ser. A **8.** 71—78. April 1956. Res. Inst. for Iron, Steel and Other Metals. [Orig.: engl.]) H. FAHLENBRACH. 137

Takasi Huzimura, *Magnetische Nachwirkung.* 1. Mitt. (Vgl. vorst. Ref.) Die magnet. Nachwirkung im Bereich der irreversiblen Magnetisierungsprozesse wird vom Standpunkt eines Aktivierungsprozesses theoret. behandelt. Die Behandlung weicht dabei etwas von der NÉELschen Theorie ab. Die theoret. berechneten Formeln gestatten eine zufriedenstellende Beschreibung der experimentellen Ergebnisse an Ni_3Mn u. an techn. *Fe.* Dabei werden Aktivierungsenergien von 0,2—0,6 eV abgeschätzt, die darauf hindeuten, daß die verantwortlichen Träger der Nachwirkung Diffusionsprozesse sind. (Sci. Rep. Res. Inst. Tôhoku Univ., Ser. A **8.** 87—94. April 1956. [Orig.: engl.]) H. FAHLENBRACH. 137

Walter Guckenburg, *Der Prozeß der Magnetisierung bei einem magnetischen Tonband.* Durch ein Erweichen des Tonbandes aus Kunststoff u. Eisenoxydteilchen in geeigneten Lösungsmitteln u. die auftretende Deformation durch die magnetisierten Oxydteilchen kann die Magnetisierung der Bänder sichtbar gemacht werden. Aus diesen Versuchen bei verschiedenen Erweichungsgraden geht hervor, daß bei der Tonbandmagnetisierung beim Besprechen eine longitudinale Komponente (in Bandrichtung) wirksam ist. Mit der beschriebenen Methode konnte auch die Ummagnetisierung untersucht werden, wobei sich auch hierbei zeigte, daß die longitudinale Komponente der Magnetisierung beim Besprechen des Bandes u. beim Abhören zum mindesten einen erheblichen Anteil besitzt. Wie weit auch die transversale Komponente einen Einfl. auf den Grundvorgang besitzt, soll noch untersucht werden. (J. SMPTE [Soc. Motion Picture Television Engr.] **65.** 69—72. Febr. 1956.) H. FAHLENBRACH. 137

Haruo Domen, *Der Magnetismus der gesteinsbildenden magnetischen Mineralien.* Bei hoher Temp. hat die feste Lsg. von TiO_2–Fe_2O_3 in Fe_3O_4 eine Form mit einer einzigen CURIE-Temp.; nach Kühlen u. Stehen bei Raumtemp. bilden sich 2 Phasen verschied. CURIE-Temperaturen. Dieser Übergang zu einem Mehrphasensyst. wird nur beobachtet, wenn man die Kristalle in ihrem Zustand der stabilisierten therm. Restmagnetisierung pulverisiert u. es spielt keine Rolle (hinsichtlich dieses Übergangs), ob man TiO_2 als Komponente miteinschließt. (Kagaku [Science] **25.** 88—89. 1955. Yamaguchi Univ. [Orig.: japan.]) L. SCHULER. 137

Karel Závěta, *Neue Methode zur Messung des magnetocalorischen Effektes bei ferromagnetischen Halbleitern.* Zur Best. des magnetocalor. Effektes bei Halbleitern wird die Widerstandsmessung des ganzen Durchmessers der Probe im magnet. Feld vorgeschlagen. Die Meth. selbst wird zwar durch den Einfl. der Feldstärke etwas kompliziert, weist jedoch große Vorteile darin auf, daß die schwer genau durchzuführende Temp.-Best. der schlecht leitenden Probe mittels Thermoelementes wegfällt. — An der Vermessung eines Mn-Ferrits mit Mn-Überschuß werden die Vorteile der neuen Meth. prakt. gezeigt. (Českoslov. Časopis Fysiku **8.** 599—601. 1958. Praha, Českoslov. akad. věd, Ústav techn. fys.) H. TŮMA. 137

Mikio Yamamoto und **Satoshi Taniguchi,** *Dichte, magnetische Eigenschaften, Young-Modul und ΔE-Effekt von ferromagnetischen Eisen–Aluminium-Legierungen und die Änderungen beim Abschrecken.* 1. Mitt. *Die Dichte und die magnetischen Eigenschaften.* An Fe–Al-Legierungen mit einem Al-Gehalt von weniger als 17% werden im geglühten u. im abgeschreckten Zustande die D. u. die magnet. Eigg. gemessen. Bei Legierungen mit mehr als 10% Al nimmt die D. durch Abschrecken von 700° ab, und zwar um 0,5 % bei der Legierung mit 12% Al. Diese D.-Abnahme stimmt mit der Berechnung der Gitterparameter gut überein. Die Anfangs- u. Maximalpermeabilitäten μ_0 u. μ_{max} besitzen in Abhängigkeit vom Al-Geh. bei 10% Al (Grenze des Auftretens der Fe_3Al-Überstruktur) im abgeschreckten u. geglühten Zustand ein Minimum. Ein weiteres Minimum tritt im geglühten Zustand dicht unterhalb 14% Al auf, Maxima treten in diesem Zustand bei 12 u. 14% Al auf. Im abgeschreckten Zustande besitzen μ_0 u. μ_{max} nur ein Maximum bei 14% Al. Auch in der Sättigungsmagnetisierung und im Sättigungsfeld treten deutliche Änderungen auf. Legierungen mit 10—12% Al zeigen die Ordnungs-Unordnungsumwandlung von Fe_3Al, Legierungen mit mehr als 13% Al die Umwandlung FeAl–Fe_3Al. 17%ige Fe–Al-Legierungen sind schwer zu magnetisieren. (Sci. Rep. Res. Inst. Tôhoku Univ., Ser. A **8.** 112—24. April 1956. Res. Inst. for Iron, Steel and Other Metals. [Orig.: engl.]) H. Fahlenbrach. 137

Mikio Yamamoto, Satoshi Taniguchi und **Keizô Aoyagi,** *Ferromagnetische Elementarbereichstruktur bei einem 40°/₀igen Co–Ni-Einkristall mit einachsiger Anisotropie.* (Vgl. vorst. Ref.) An einem Einkristall einer 40%igen Co–Ni-Legierung werden mit der Bitterschen Streifenmethode auf den ($\bar{1}$10)-, ($\bar{1}\bar{1}$2)- u. (111)-Kristallflächen, wobei jeweils eine ⟨111⟩-Richtung in der Längsrichtung vorhanden ist, die Elementarbereichstrukturen beobachtet. Dazu wurde der Einkristall 1) geglüht und langsam erkaltet, 2) nach der Glühung von Tempp. oberhalb der Curie-Temp. abgeschreckt u. 3) nach der Glühung im Magnetfeld langsam erkaltet. In den Behandlungszuständen 2) u. 3) ergaben sich normale Elementarbereichstrukturen, wie sie von der Theorie erwartet wurden. Im Zustand 1) wurde eine sehr feine und komplizierte Elementarbereichanordnung beobachtet, die infolge der einachsigen Anisotropie dicht unterhalb des Curie-Punktes entsteht u. nach Raumtemp. eingefroren wird. Sie gestattet eine Erklärung des Perminvar-Verh. u. der damit verbundenen anomalen magnet. Eigg. durch eine Stabilisierung der Bloch-Wände durch die induzierte einachsige Anisotropie. Bei kub. flächenzentrierten festen Lsgg. genügt dazu eine kub. Anisotropiekonstante K beliebigen Vorzeichens. Bei kub. raumzentrierten Systemen muß K negativ sein. (Sci. Rep. Res. Inst. Tôhoku Univ., Ser. A **10.** 20—33. Febr. 1958.) H. Fahlenbrach. 137

Jaroslav Pačes, *Zur Bestimmung der spontanen Magnetisierung im Gebiet des Curie-Punktes.* Vf. unterzieht die Methoden der spontanen Magnetisierung im Gebiet des Curie-Punktes einer eingehenden Betrachtung u. kommt zur Ansicht, daß nur die Meth. der quadrat. Funktionen in diesem Gebiet ohne größere Fehler Gültigkeit besitzt. Die Best. der Wärmeabhängigkeit der spontanen Magnetisierung bei *Ni-* u. *Ni-Legierungen* (3—5% Si) zeigt, daß es graph. leicht möglich ist, die durch die Magnetisierung verursachten Widerstandsänderungen zu bestimmen; dabei können die Abweichungen von dem linearen Verlauf der Funktion $\Delta R\ (I^2)$, welche bei manchen Werkstoffen erscheinen, als Folge von Inhomogenitäten betrachtet werden. Gleicherart kann auch die Form der Wärmeabhängigkeit der spontanen Magnetisierung gedeutet werden, welche zum Unterschied von der theoret. Voraussetzung einen „Ausläufer" der Kurve der spontanen Magnetisierung im Gebiet des Curie-Punktes zeigt. (Českoslov. Časopis Fysiku **8.** 566—74. 1958. Praha, Českoslov. akad. věd, Fys. ústav.) H. Tůma. 137

Max Kornetzki, *Die Hystereseverluste von Ferriten mit anomaler Magnetisierungsschleife.* Ein Vergleich von Perminvarferriten u. Perminvarmetallen u. von Isopermen mit ferromagnet. Werkstoffen mit normalen Hysteresekurven zeigt einen erheblichen Unterschied in den h/μ_a-Werten (h = Jordanscher Hysteresebeiwert, μ_a = relative Anfangspermeabilität). Bei den Perminvaren u. den Isopermen ergeben sich infolge der verantwortlichen einachsigen Anisotropien sehr viel niedrigere h/μ_a-Werte als bei den normalen Werkstoffen. Die metallischen Perminvar-Legierungen besitzen kleinere Werte als die Ferrite, woraus geschlossen wird, daß bei den letzteren entweder die Energie der einachsigen Anisotropie im Vergleich zur Kristallanisotropie oder zur Gitterstörung kleiner ist oder die zur Anisotropie führende Ordnung in beiden Fällen verschieden ausgeprägt ist. Ferner werden die an hochpermeablen Mn–Zn-Ferriten von anderen Autoren gefundenen sehr niedrigen h/μ_a-Werte durch die Annahme eines perminvarähnlichen Zustandes zu erklären versucht. (Z. angew. Physik **10.** 368—71. Aug. 1958. München, Siemens & Halske, Wernerwerk für Bauelemente.) H. Fahlenbrach. 137

C. Kooy, *Sichtbarmachung der Weissschen Bezirke durch den Faraday-Effekt.* Durch Abkühlen aus der Schmelze werden kleine Einkristallplättchen (1 μ dick und weniger, 1 mm² Fläche) aus $BaO \cdot 6\ Fe_2O_3$ erhalten, bei denen die magnet. Vorzugsrichtung, die hexagonale Achse, senkrecht auf der Plättchenfläche steht. Dank der Durchsichtigkeit dieser Einkristallplättchen läßt sich mit einem Polarisationsmikroskop infolge des Faraday-Effekts die Elementarbereichstruktur sichtbar machen. Die erhaltenen einfachen Bilder bei einer Bestrahlung senkrecht zur Plättchenfläche werden mit der starken Kristallanisotropie des untersuchten Ba-Ferrits für verschied. Magnetisierungszustände gedeutet. (Philips' techn. Rdsch. **19.** 387—90. 1957/1958.) H. Fahlenbrach. 137

B. M. Lepinskich, O. A. Jessin und **W. I. Mussichin,** *Anisotropie der elektrischen Leitfähigkeit in einem Strom von Natriumsilicat.* Beim Fließen von hochpolymeren Fll. kommt es zur Orientierung von Molekülketten in Richtung des Stromes u. somit zur Anisotropie der Leitfähigkeit (L). Bei Na_2O-SiO_2-Schmelzen (22—57 Mol.% Na_2O; 1150—1300°; Strömungsgeschwindigkeit max. 45 cm/sec) wurden beim Messen von L. in Richtung u. Querrichtung der Strömung Unterschiede zwischen 16—30% gefunden, wobei L. in Querrichtung stets kleiner war. Dadurch wird experimentell die Ggw. von komplexen, in ihrer äußeren Form verschiedenen (flach, linear) Mol. bewiesen. Die bei manchen Konzz. nicht ermittelte Differenz der L. wird durch zu große Viscosität oder die Struktur der Schmelze gedeutet (bei 22; 36; 43 u. 50 Mol.% Na_2O). (Журнал Физической Химии [J. physik. Chem.] **32.** 1874—77. Aug. 1958. Swerdlowsk, Uralzweigstelle der Akad. der Wiss. der UdSSR, Inst. für Metallurgie.) H. TŮMA. 138

Kazumi Mori, *Die elektrische Leitfähigkeit von geschmolzenen, Titanoxyd enthaltenden Schlacken.* 2. Mitt. (1. vgl. C. **1957.** 9285; vgl. auch C. **1957.** 12293.) Die Leitfähigkeit, bestimmt mit dem Verf. der 4 Klemmen, zeigt im Falle von Na-Silicatschmelzen eine Herabsetzung durch zugegebenes *TiO_2*, im Syst. *FeO–TiO_2* aber einen Anstieg je nach TiO_2-Geh. Dies wird erklärlich durch Berücksichtigung des elektron. Aufbaus der Übergangselemente. Im Falle hoher TiO_2-Gehh. bei Schlacken wird Halbleiterverh. beobachtet. (Tetsu to Hagane [J. Iron Steel Inst. Japan] **41.** 189—91. März 1955. Mito, Ibaraki Univ. [Orig.: japan.]) L. SCHULER. 138

V. I. Malkin, S. F. Khokhlov und **L. A. Shvartsman,** *Messung der Überführungszahlen in geschmolzenen Oxydgemischen.* Es wird eine Meth. zur Messung der Kationenüberführungszahlen (ÜZ) beschrieben, welche auf der Best. kleiner Konz.-Änderungen mit Hilfe radioakt. Isotope beruht. Bei den untersuchten Schmelzen werden folgende Ergebnisse erhalten: In $CaO \cdot P_2O_5$ u. $Na_2O \cdot 2\,SiO_2$ geschieht der Ladungstransport ausschließlich durch die Kationenbewegung (ÜZ $\approx$ 1). In $Na_2O \cdot CaO \cdot 4\,SiO_2$ erfolgt der Transport der Ladungen ebenfalls nur durch die Kationen Na (ÜZ ca. 2/3) u. Ca (ÜZ ca. 1/3). In $CaO \cdot Al_2O_3 \cdot SiO_2$ nimmt die ÜZ des Ca in dem Maße ab, wie der Al_2O_3/CaO-Geh. steigt. (Int. J. appl. Radiat. Isotopes **2.** 19—25. April 1957. Moskau, Inst. für Metallographie u. Metallphysik des zentralen Eisen- u. Stahl-Forschungsinst.) H. SCHINKE. 138

W. I. Malkin und **Ss. F. Chochlow,** *Messung der Überführungszahlen von Calcium in Schmelzen des Systems Calciumoxyd–Magnesiumoxyd–Siliciumoxyd und Calciumoxyd–Magnesiumoxyd–Aluminiumoxyd–Siliciumoxyd.* Die Best. der Überführungszahlen der Ca^{2+}-Ionen mittels des radioakt. ^{45}Ca bei 1550° ergab für das Syst. $CaO \cdot MgO \cdot 3{,}25\,SiO_2$ — 1,10, für $CaO \cdot 0{,}5\,MgO \cdot 0{,}5\,Al_2O_3 \cdot 3{,}25\,SiO_2$ — 0,68 u. für $CaO \cdot MgO \cdot 1{,}5\,Al_2O_3 \cdot 1{,}75\,SiO_2$ — 0,22. — Ein Erhöhen der Al_2O_3-Konz. hat ein Absinken der Ca^{2+}-Überführungszahl zur Folge u. kann demnach als Anzeige der Stromübertragung durch Al-Kationen dienen. (Известия Академии Наук СССР, Отделение Технических Наук [Nachr. Akad. Wiss. UdSSR, Abt. techn. Wiss.] **1958.** Nr. 3. 108—10. März. Moskau, Inst. für Metallurgie u. Metallphys.) H. TŮMA. 138

G. Gottschalk, *Acetat- und Ammonium-Puffersysteme.* Vf. best. den p_H-Wert von Acetat- u. Ammoniumpuffergemischen in Ggw. von 50% A., 0,2 mol Na-Tartrat (I) u. 0,1 mol. Na-Citrat (II). Für Acetatpuffer aus 2 mol. Na-Acetat u. 2 mol. Essigsäure (HAc) wurden bei 20° folgende empir. Gleichungen gefunden (log x = log (C_{NaAc}/C_{HAc}): $p_H = \log x + 4{,}63$ (x = 0,1 bis 10, ohne Zusatz); $p_H = \log x + 5{,}55$ (x = 0,1 bis 10, mit A.); $p_H = 1{,}32\,(x/x + 1) + 4{,}05$ (x = 0 bis 2,5, mit **I**) u. $p_H = \log x + 5{,}22$ (x = 1 bis 20, mit **II**) bzw. $p_H = 1{,}12 \cdot (x/x + 1) + 4{,}70$ (x = 0 bis 1, mit **II**). Für Ammoniumpuffer aus 2n NH_4OH u. 2 mol. NH_4Cl ergab sich: $p_H = -\log x + 9{,}58$ (x = 0,1 bis 10, ohne Zusatz); $p_H = -\log x + 9{,}32$ (x = 0,1 bis 10, mit A.); $p_H = -\log x + 9{,}69$ (x = 0,1 bis 10, mit **I**) u. $p_H = -\log x + 9{,}75$ (x = 0,1 bis 10, mit **II**). Die Fehler liegen bei $\pm$ 0,01—0,04 p_H-Einheiten. (Z. analyt. Chem. **167.** 342—51. 1959. Berlin, Osram-Studienges. für elektr. Beleuchtung.) E. DEHMLOW. 139

A. E. Mans, *Die Füllung der Glaselektrode.* (Vgl. C. **1959.** 10013.) Abweichungen der Eichtemp. der Glaselektrode von der Meßtemp. (Δt) können zu einer Verschiebung der p_H-Skala an p_H-Meßgeräten führen. Das richtige p_H der Prüflsg. weicht vom abgelesenen Wert trotz Einstellung des Temp.-Potentiometers ab. Die Größe dieser nicht ausschaltbaren Abweichung (Δp_H) steht in Beziehung zum p_H der inneren Lsg. der Glaselektrode u. einigen anderen Temp.-Koeffizienten. (Ableitung von Formeln.) Die Zus. der inneren Lsg. sollte genormt werden. Es wird gezeigt, daß hohes p_H zu einem 3 mal so großen Δp_H wie niedriges p_H führt. Die Größenordnung von $\Delta p_H : \Delta t$ beträgt 0,01—0,03. (Chem. Weekbl. **52.** 873—82. 8/12. 1956. Wageningen, Landbouwhogeschool, Labor. voor phys. Chem.) W. WESLY. 139

M. Spiro, *Die Bedeutung der EMK von Zellen mit Überführung.* Die EMK von Zellen mit Überführung ist bei Vorhandensein mehrbas. Säuren falsch interpretiert worden, da Elektroden für komplexe Ionen reversibel sein können, für einfache Ionen jedoch nicht. Vf. leitet eine Gleichung ab, welche Assoziation u. Komplexbldg. berücksichtigt. Erläuterung erfolgt am Beispiel der *Phosphorsäure.* (Trans. Faraday Soc. **55.** 1207—10. Juli 1959. Melbourne, Australia, Univ. of Melbourne, Chem. Dep.) FRIEDRICH WOLF/Berlin. 140

B. W. Drosdow, *Kontaktreduktion eines Metalls aus der Lösung.* Es wird gezeigt, daß alle Prozesse der Kontaktred. der Metalle aus einer Lsg. elektrochem. Oxydations-Red.-Rkk. sind, die durch eine enge Wechselbeziehung der Anoden- u. Kathoden-Prozesse charakterisiert sind. Während der Kontaktred. verringert sich das Red.-Potential der Metalle u. das Oxydations-Potential der Lösung. Ähnlich wie beim elektrolyt. Prozeß kann bei der Kontaktred. unter Bldg. eines Films des festen Metalls die Struktur, je nach den Fällungsbedingungen, verschied. sein. In allen Fällen ist der Film des ausgeschiedenen Metalls porös u. kann allmählich die ganze Oberfläche bedecken, indem er eine weitere Ausscheidung erschwert. Die Kontaktred. gehorcht den Gesetzen der elektrochem. Kinetik. Als Beispiele wurden die Verdrängung von *Cu* aus Lsgg. durch *Ni*-Pulver u. von *Cd* aus Lsgg. durch *Na-Amalgam* untersucht. (Журнал Прикладной Химии [J. angew. Chem.] **31.** 211—18. Febr. 1958.) OTTO MAIER. 140

A. I. Witkin, *Elektromotorische Kräfte und Elektrodenpotentiale von Zinn und Eisen in Systemen mit zinnhaltigen Flußmitteln als Elektrolyten.* Die Elektrodenpotentiale u. EMK von Systemen Sn/Flußmittel (**I**)/Fe wurden gemessen um die Art u. die Richtung der Wrkg. solcher Systeme zu bestimmen. In der Kette Sn/**I**/Fe bildet Sn die Anode, Fe (als Blech) die Kathode, auf welcher Sn aus Lsg. abgeschieden wird. Bei der hohen Temp. von **I** finden starke Diffusionsprozesse während der Abscheidung von Sn auf der Kathode statt. Hierbei wird die intermetall. Verb. $FeSn_2$ mit neuer Kristallstruktur gebildet. — Messungen von Elektrodenpotential u. EMK von Sn u. Fe in Systemen mit Sn enthaltenden Elektrolyten wurden unter Berücksichtigung der Dauer des Prozesses u. der Konz. der Sn-Chloride durchgeführt. In geschmolzenem **I** verläuft die kathod. Sn-Abscheidung schneller als in einer **I**-Lösung. — Messungen der EMK des Syst. $Zn/ZnCl_2/Fe$ charakterisieren die Wirkung von **I** bei der therm. Zn-Abscheidung. Dieser Prozeß ist zu dem obengenannten in Parallele zu setzen; die EMK liegt jedoch wahrscheinlich oberhalb derer von galvan. Sn/Fe-Paaren. (Журнал Физической Химии [J. physik. Chem.] **32.** 1612—17. Juli 1958. Moskau, Zentral-Inst. für Eisenmetallurgie.) WOLFGANG MÜLLER. 140

A. L. Rotinjan und **W. M. Aloitz,** *Gasbeladung bei der Wasserelektrolyse.* Die Gasbeladung Γ des Elektrolyten bei kathod. Gasentwicklung erhöht den Widerstand R um einen Koeff. K, der nur von der Gasbeladung, nicht von Kathodenmaterial, Zus. des Elektrolyten u. Temp. abhängt. $K = R/R_0$ (R_0 ohne Gasbeladung) läßt sich bei nicht zu hohen Γ-Werten durch empir. Gleichungen ausdrücken: $K = 1/(1 - 1{,}5\ \Gamma)$ oder $K = 1/(1 - 1{,}78\ \Gamma + \Gamma^2)$. Verss. mit verschied. Kathoden in 25%ig. KOH u. in 17%ig. NaOH zeigen, daß Γ mit der Stromstärke (Stromdichte) linear zunimmt, mit steigender Temp. abnimmt u. bei den Verss. in NaOH vom Kathodenmaterial abhängt nach $Cd > Ni > Fe > Co > Pt$; diese Reihenfolge entspricht derjenigen der Differenz zwischen Kathodenpotential u. Null-Ladungspotential an den verschied. Metallen. (Журнал Прикладной Химии [J. angew. Chem.] **30.** 1781—85. Dez. 1957. Leningrad, Technol. Lensowjet-Inst., Lehrstuhl für Elektrochem.) R. K. MÜLLER. 141

Dietrich Horstmann und **Hanns Malissa,** *Elektrolytische Isolierung intermetallischer Zinkverbindungen.* Das bereits bei der Isolierung von Fe–Zn-Verbb. aus einer Zn-Grundm. erfolgreich angewandte Verf. wurde auf intermetall. Verbb. des Zn mit Mn, Co, Ni, Cu, Ag u. Sb ausgedehnt. Der Elektrolyt enthält neben 5% Natriumcitrat u. 5% Zinksulfat Phenacetin als Inhibitor. Die Vers.-Ergebnisse zeigen, daß es mit diesem Verf. möglich ist, intermetall. Zn-Verbb. aus der Zn-Grundm. freizulegen, so daß ihre Zus. chem. untersucht werden kann. (Arch. Eisenhüttenwes. **30.** 79—81. Febr. 1959. Düsseldorf, MPI für Eisenforsch.) H. HOCHSTEIN. 141

B. I. Tomilow, *Elektrochemische Oxydation von Chromsulfat.* Zur Ermittlung der optimalen Bedingungen für die Regenerierung verbrauchter $Cr_2O_7^{2-}$-Lsgg. der Anilinfarbenfabrikation wird die anod. Oxydation von Na–Cr-Alaunlsgg. in H_2SO_4 untersucht. Beim Arbeiten mit Diaphragma werden die besten Stromausbeuten (91,2%) erhalten mit den Konzz. Cr^{3+} ca. 80 (g/Liter), H_2SO_4 55, anod. Stromdichte D_A 3 A/dm^2 u. 55^0. Ohne Diaphragma werden maximal 70% Stromausbeute erzielt mit Cr^{3+} ca. 80, H_2SO_4 450, D_A 4,5, D_K (kathod. Stromdichte) 125 A/dm^2, Elektrodenpotential 4,7 V u. 70^0. Die H_2SO_4-Konz. nimmt im Anolyten nur durch die anod. Oxydation von Cr^{3+} zu nach $Cr_2(SO_4)_3 + 5\ H_2O + 3\ O \rightarrow 2\ H_2CrO_4 + 3\ H_2SO_4$. (Журнал Прикладной Химии

[J. angew. Chem.] **30.** 1785—90. Dez. 1957. Rubeshnoje, Zweigstelle des wiss. Forsch.-Inst. für organ. Zwischenprodd. u. Farbstoffe.) R. K. Müller. 141

I. W. Janitzki und **B. B. Stulpinass,** *Über die elektrolytische Abscheidung von Mangan.* Mn wird aus einer Lsg. von 100 bzw. 200(g/Liter) $MnSO_4 \cdot 5\,H_2O$ u. 75 $(NH_4)_2SO_4$ bei 18—25° auf Cu oder Fe elektrolyt. niedergeschlagen. Die Anode aus Pb mit 3% Ag oder 2% Ag + 1% As wird mit Baumwolle umwickelt, um Eindringen von MnO_2 in den Elektrolyten zu verhindern, u. in H_2SO_4 vorpolarisiert. Die Elektrolyse erfolgt zweckmäßig bei p_H 7—7,8 mit period. Erneuerung des NH_3. Die Dendritbldg. nimmt mit steigender Stromdichte zu, sie ist bei doppelseitiger Belegung der Kathode geringer (bei 2—3% geringerer Stromausbeute) als bei einseitiger Mn-Abscheidung. Geringe Zusätze von H_2SeO_3 (**I**, optimal 0,1—0,2 g/Liter) erhöhen die Stromausbeute bei ca. 3—4 A/dm² bis ca. 90% u. mehr. Die Wrkg. von **I** wird mit erhöhter H_2-Überspannung an Se-haltigem Mn erklärt. Bei 0,2—0,5 g **I**/Liter entsteht MnSe. Se-haltige, mit $K_2Cr_2O_7$-Lsg. vorbehandelte Mn-Ndd. sind gegen atmosphär. Korrosion beständiger. Nach Durchgang von ca. 1 A-Std. sind 5—10 mg **I**/Liter zuzusetzen. (Журнал Прикладной Химии [J. angew. Chem.] **30.** 1776—81. Dez. 1957. Kaunas, Polytechn. Inst.) R. K. Müller. 141

W. D. Selenowa, *Elektrolytische Absonderung von Martensit und Austenit aus gehärtetem Stahl.* Untersucht werden die Arbeitsbedingungen zur elektrolyt. Absonderung von Martensit aus gehärtetem Stahl sowie von isoliertem Austenit. Die Absonderung von Martensit nach der Meth. der anod. Lsg. wurde an verschied. unlegierten Stählen bei verschied. Bedingungen der Elektrolyse u. der Warmbehandlung versucht. Die besten u. stabilsten Ergebnisse wurden bei Verwendung eines Elekrolyten, bestehend aus 1-n. KCl-Lsg. mit Zusatz von 0,5%ig. Citronensäure, von 3° u. bei einer Stromdichte von 0,01—0,02 Amp./cm² erhalten. Die Dauer der anod. Lsg. betrug nur 2 Stunden. Die Stahlproben waren in 10%ig. wss. NaOH-Lsg. von 900, 1100 u. 1200° abgeschreckt worden. Die bei dieser Behandlung erhaltenen Gefügeaufnahmen werden mitgeteilt. Die in allen untersuchten Fällen erhaltenen elektrolyt. Ndd. ergeben gleichartige Röntgenogramme des isolierten Martensits. Bei der Härtetemp. von 1200° werden im isolierten Pulver grobe Martensitkristalle beobachtet. Martensitpulver scheidet sich nicht aus gehärtetem Stahl mit grobkristalliner Struktur aus, wo eine scharfe Differenzierung des Martensits u. Austenits stattfindet. Die Härtetemp. der Stahlproben beeinflußt die Martensitabsonderung während der anod. Lsg. nicht. Die Abkühlungsgeschwindigkeit von Härtetemp. muß das Auftreten von Abschreckmartensit gewährleisten. Anlaßmartensit wird an der Anode bei der Elektrolyse nicht abgeschieden. Die Restaustenitmenge im Stahl spielt keine Rolle, doch ist ihre Ggw. für die Abscheidung des Martensitpulvers an der Anode notwendig. Zur Abscheidung von Austenit wird als Elektrolyt eine 1%ig. HCl-Lsg. verwendet bei einer Stromdichte von 0,01—0,02 Amp./cm² u. einer Elektrolysendauer von 4 Stunden. Der Elektrolyt soll 30—50° warm sein. Eine der Bedingungen zur Erzeugung von isoliertem Austenit auf dem Wege der anod. Lsg. ist die Ggw. einer Carbidphase. Außerdem müssen in der durch Ätzung erhaltenen Mikrostruktur scharf die Korngrenzen heraustreten. (Заводская Лаборатория [Betriebs-Lab.] **24.** 60—62. 1958. Wiss. Automobil- und Automotoren-Forsch.-Inst.) H. Hochstein. 141

O. A. Jessin und **W. A. Tschetschulin,** *Kathodische Polarisation bei der Abscheidung von Silicium, Eisen und Natrium aus Oxydschmelzen.* Mittels der Kommutatormeth. wurde die kathod. Polarisation η von $CaO–Al_2O_3–MgO$-Schmelzen (ca. 47% CaO; 46% Al_2O_3 u. 7% MgO) mit steigendem SiO_2-Geh. (2—55%) sowie $CaO–Al_2O_3–MgO–B_2O_3$-Schmelzen (ca. 42; 41; 7 u. 10%) mit Fe_2O_3 + FeO (1,15 + 0,2%) u. Na_2O (0,5—1,0%) bei Tempp. zwischen 1400—1500° gemessen. — η ist unabhängig von dem Kathodenmaterial, sinkt beim Rühren der Schmelze u. befolgt die Gleichung für die Konzentrationspolarisation; η wird weiter weitgehend von der Diffusion von Na, Si^{4+}, Si^{2+}, Fe^{3+} u. Fe^{2+} beeinflußt (steigt mit wachsendem Gehalt). Aus der Gestalt der erhaltenen Kurven, der Abscheidung der Elemente an der Kathode sowie Abhängigkeit der Grenzströme von der Konz. kann auf die Möglichkeit einer Hochtemperaturpolarographie in geschmolzenen Oxyden geschlossen werden. (Журнал Физической Химии [J. physik. Chem.] **32.** 355—60. Febr. 1958. Swerdlowsk, Uraler polytechn. Kirow-Inst.) H. Tůma. 142

N. Je. Chomutow und **M. F. Ssorokina,** *Kinetik der Anodenprozesse an Platin in Borat-Carbonatelektrolyten.* Der Verlauf von Anodenprozessen an Pt wurde an wss. Lsgg. von *Na-*, *K-* u. *Li-Boraten* sowie *-Carbonaten* untersucht. Der entstandene akt. O wurde gemessen, die Beziehung zwischen Anodenpotential u. Elektrolysedauer bei verschied. Stromintensitäten wie auch die Polarisationskurven wurden für verschied. Elektrolyt-Zuss. bestimmt. Die Stromausbeuten nehmen (unter Berücksichtigung von

akt. O u. Geschwindigkeit der Anodenprozesse) mit den Borat- u. Carbonat-Konzz. der Lsgg. zu u. hängen von der Art des Kations ab. Die experimentellen Ergebnisse werden auf Grund der Annahme erklärt, daß das begrenzende Stadium der Anodenprozesse die Oxydation von Metaborat $BO_2^- = BO_2 + e^-$ ist. Die Metaborat-Konz. in Lsg. ist gegeben durch die Hydrolyse-Rk.: $B_4O_7^{2-} + 2\,CO_3^{2-} + H_2O = 4\,BO_2^- + 2\,HCO_3^-$. — Der Einfl. der Elektrolyt-Zus. auf die Kinetik der Anodenprozesse stimmt quantitativ mit dieser Annahme überein. (Журнал Физической Химии [J. physik. Chem.] **32.** 1556—64. Juli 1958. Moskau, Chem.-technol. Mendelejew-Inst.)
WOLFGANG MÜLLER. 142

Josef Peizker, *Deformierung der polarographischen Kurven infolge Ohmschen Widerstandes.* Bei zu großem OHMschen Widerstand im Meßkreis bzw. bei Vorgängen an der Elektrodenoberfläche, die eine Erhöhung des Widerstandes im Stromkreis verursachen, entsteht eine Verzerrung der polarograph. Kurven. Eine solche Verzerrung an Kurven, bei denen der Strom mit steigender negativer Spannung abnimmt, wurden durch elektr. Instabilität nach KAUFFMANN (Ann. Physik **2.** [1900.] 150) erklärt. Durch Einschaltung eines OHMschen Widerstandes in den Stromkreis können polarograph. Kurven, bei welchen der Strom mit steigender negativer Spannung abnimmt u. die Kurve die Form eines runden Maximums besitzt (wie z. B. bei JO_4^- in alkal. Lsg. oder bei Ni^{2+} in CNS^--Lsgg.), in Kurven mit scharfer diskontinuierlicher Stromabnahme übergeführt werden. Solche Kurven ähneln in der Form den wirbelbedingten Maxima. — Auch bei runden wirbelbedingten Maxima kann durch Erhöhung des Widerstandes im Stromkreis ein diskontinuierlicher Stromverlauf erreicht werden. Im Gegensatz zu den früher erwähnten Beispielen weisen so hervorgerufene spitze Maxima eine Hysteresis auf. Die diskontinuierliche Stromabnahme bei wirbelbedingten Maxima wird gleichfalls durch Instabilitätsbedingungen erklärt. Die period. Relaxationsausschwingungen, die von L. JENŠOVSKÝ (C. **1957.** 6957) auf den i–t-Kurven des JO_4^- in alkal. Lsg. beobachtet wurden, werden durch zu hohen Widerstand der von JENŠOVSKÝ benützten App. verursacht. Der diskontinuierliche Sprung vom Bereich der positiveren Potentiale in den Bereich der negativeren Potentiale kann an einem oder an mehreren Tropfen erfolgen. (Chem. Listy **52.** 1699—1707. Sept. 1958. Praha, Českoslov. akad. věd, Polarograf. ústav.)
P. ZUMAN. 142

Antonín A. Vlček, *Beziehung zwischen Elektronenstruktur und polarographischem Verhalten anorganischer Depolarisatoren.* 5. Mitt. *Cobaltcarbonyl.* (4. vgl. C. **1958.** 14235.) $Co_2(CO)_8$ in einer alkoh. mit LiCl gesätt. Lsg. bildet bei 2° eine Reduktionsstufe mit $E_{1/2} = -0{,}35$ V. Bei prakt. demselben Potential bildet $Co(CO)_4^-$ eine anod. Stufe, die der Hg-Salzbldg. entspricht. Dies wurde aus der Übereinstimmung der Halbstufenpotentiale mit $E_{1/2}$ von $Hg[Co(CO)_4]_2$ sowie durch den Einfl. von Na_2S bewiesen. An der Pt-Elektrode gibt $Co(CO)_4^-$ eine anod. Stufe bei + 0,12 V. Der Elektrodenvorgang entspricht: $Hg + 2\,Co(CO)_4^- \rightleftharpoons Hg[Co(CO)_4]_2 + 2\,e$. Die Stufen werden durch Adsorptionsvorgänge kompliziert. Das Normalpotential des Systems $Co_2(CO)_8/Co(CO)_4^-$ wurde zu + 0,1 bis — 0,3 V geschätzt. In $Co(CO)_4^-$ liegt Co in der Oxydationsstufe — 1 vor. Es wird die Aufnahme eines Elektrons in eine Elektronenbahn des Co angenommen, die an der Bindung keinen Anteil hat. (Chem. Listy **52.** 1460—67. Aug. 1958. [Orig.: tschech.] Collect. czechoslov. chem. Commun. **24.** 1748—56. Juni 1959. [Orig.: deutsch.] Praha, Českoslov. akad. věd, Polarograf. ustav.)
P. ZUMAN. 142

Ch. L. Zeitlin und **W. A. Strunkin,** *Einfluß der Luftkonzentration auf die Korrosion von Aluminium durch Chlor bei hoher Temperatur.* (Vgl. C. **1957.** 6889.) Die Temp. t, bei der Al in Cl_2 verbrennt, hängt von der Strömungsgeschwindigkeit v (ml/Min.) des Cl_2 ab, sie liegt z. B. bei v = 420 bei 160°, bei v = 110 bei 200°. Durch Ggw. von Luft wird t erhöht: bei Ggw. von 0,2% Luft u. v = 420 ist t = 190°, bei 4% Luft 230°, bei 540° ist die Rk. deutlich verlangsamt; bei v = 110 erfolgt die Cl_2-Korrosion bei 170 bis 290° in Ggw. von 1% Luft langsam, bei 540° tritt nach 30 Min. heftige Chlorierung ein, in Ggw. von 13% Luft bleibt die Al-Oberfläche bei 450° noch glänzend, bei 590° setzt heftige Chlorierung ein. 44% Luft verzögern die Korrosion noch bei 590° (maximal 2 g/m² · Std.), die Oberfläche überzieht sich gleichmäßig mit einem Cl-freien weißen Film. Wasserdampf schützt Al besser als trockene Luft gegen Cl_2-Korrosion. (Журнал Прикладной Химии [J. angew. Chem.] **30.** 1790—95. Dez. 1957. Woroschilow-Inst. für organ. Zwischenprodd. u. Farbstoffe.)
R. K. MÜLLER. 143

Susumu Morioka und **Kazutaka Sakiyama,** *Elektrochemische Eigenschaften von Legierungen.* 7. Mitt. *Über das anodische Verhalten von ternären Eisen–Chrom–Nickel-Legierungen in Schwefelsäurelösungen.* (6. vgl. C. **1957.** 13178.) Unterss. über die anod. Polarisation von tern. Fe–Cr–Ni-Legierungen mit 12—23(%) Cr u. 0—12 Ni in 5%ig. H_2SO_4-Lsg. zeigen: Mit steigendem Ni-Geh. wird die krit. Stromdichte für die Passivität kleiner. Die Legierungen mit gleichförmiger γ-Phase sind für die Passivierung am gün-

stigsten. Der kleine Betrag der anod. Auflsg. der passiven Fe–Cr-Legierung (bis zu 21% Cr) wird durch Ni-Gehh. bis ca. 12% stark beeinflußt. Die Eig. der Cr-reichen Legierung, in passivem Zustand zu beharren, wird durch kleine Ni-Mengen vermindert. Die größere Neigung der Polarisation oder der niedrigen krit. Stromdichte zur Passivität steht in keiner Beziehung zu der Eig., im passiven Zustand zu beharren. (Nippon Kinzoku Gakkai-Si [J. Japan Inst. Metals] **19.** 438—42. Juli 1955. [Orig.: japan.; Auszug: engl.])
W. WESLY. 143

Susumu Morioka und **Kazutaka Sakiyama,** *Elektrochemische Eigenschaften von Legierungen.* 8. Mitt. *Die Einwirkung von Molybdän auf das anodische Verhalten von Eisen–Chrom-, Eisen–Nickel- und Eisen–Chrom–Nickel-Legierungen.* (7. vgl. vorst. Ref.; 9. vgl. C. **1958.** 11730.) Aus den Ergebnissen von Unterss. über die Einw. von Zusätzen von 1—3% Mo auf das anod. Verh. von Stählen mit 18(%) Cr, mit 8 u. 12 Ni, 18 Cr, 8 Ni u. 18 Cr, 12 Ni in 5%ig. H_2SO_4 werden mögliche Beziehungen abgeleitet (Diagramme). Die korrosionsfesten Eigg. der rostfreien Stähle werden gedeutet. (Nippon Kinzoku Gakkai-Si [J. Japan Inst. Metals] **19.** 598—600. Okt. 1955. [Orig.: japan.; Auszug engl.])
W. WESLY. 143

A$_4$. Thermodynamik. Thermochemie.

A. van Itterbeek, H. Lambert und **G. Forrez,** *Messungen über den zweiten Virialkoeffizienten von Stickstoff zwischen 90 und 65° K mit Hilfe von Ultraschall.* In Fortsetzung früherer Arbeiten über den 2. Virialkoeff. B von Gasen bei tiefen Tempp. mit Hilfe von US wurde B von N_2 zwischen 90 u. 65° K experimentell bestimmt. Die Best. beruhte auf einer indirekten Meth. der Messung der Schallgeschwindigkeit (ca. 590 kHz) als Funktion des Druckes. Unter Benutzung einer diese Abhängigkeit darstellenden empir. Gleichung konnte B weiterhin für Tempp. zwischen 150 u. 65° K ermittelt werden. Die Ergebnisse stimmen sehr gut mit den Messungen von KAMERLINGH-ONNES u. von VAN URK (Comm. Leiden, Nr. 769, d) zwischen 120 u. 280° K u. ziemlich gut mit den nach der Methode von HIRSCHFELDER mit Hilfe des LENNARD-JONES-Potential errechneten überein. (Appl. sci. Res. A **6.** 15—20. 1956. Leuwen, Inst. voor Lage Tempp. en Technische Phys.) H. SCHINKE. 149

S. Nakazima, *Theoretisches über das flüssige Helium.* Übersicht über die theoret. Physik des fl. He. (Kagaku [Science] **25.** 67—73. 1955. [Orig.: japan.])
L. SCHULER. 149

Yo-ichiro Mashiko und **Toshio Yoshimoto,** *Molekular-Interpretation der azeotropen Phänomene.* 1. Mitt. *Allgemeine Betrachtungen.* Unter Zugrundelegung des quasikrist. Modells der Lsg. wird ein allgemeingültiger Ausdruck für das Bestreben einer bin. Lsg. zur Bldg. einer azeotropen Mischung abgeleitet u. die Bedingungen für deren Existenz dargelegt. Dabei wird die Lsg. als „streng regulär“ am azeotropen Punkt angesehen u. eine explizite Darst. der Wechselwirkungsenergien zwischen den beiden Mol.-Arten eingeführt. Entspr. der Art der mol. Wechselwrkg. können die azeotropen Mischungen in 4 Gruppen aufgeteilt werden. Für jede Gruppe werden die mol. Austauschenergien als Maß für die Bildungstendenz berechnet u. diskutiert. (Rep. Government chem. ind. Res. Inst., Tokyo **52.** 158—64. 1957. [Orig.: japan.; Auszug: engl.])
W. WAGNER. 150

Yo-ichiro Mashiko und **Toshio Yoshimoto,** *Molekular-Interpretation der azeotropen Phänomene.* 2. Mitt. *Konstanz der molekularen Austauschenergien in homologen azeotropen Reihen und Berechnung des Bereichs der Azeotropenbildung.* (1. vgl. vorst. Ref.) Durch Anwendung der TROUTONschen Regel wird an einer Reihe von Beispielen die Konstanz der mol. Austauschenergien für Azeotrope aus einer gegebenen Komponente u. einer homologen Reihe nachgewiesen. Dabei erwiesen sich die im 1. Teil abgeleiteten Gleichungen als sehr geeignet zur Behandlung azeotroper Daten. Weiter werden obere u. untere Kpp. der Komponenten in einer homologen azeotropen Reihe ermittelt u. mit den nach anderen Methoden erhaltenen verglichen. (Rep. Government chem. ind. Res. Inst., Tokyo **52.** 165—70. 1957. [Orig.: japan., Auszug: engl.])
W. WAGNER. 150

J. A. Barker, *Die Zelltheorie der Flüssigkeiten.* 3. Mitt. *Der Schmelzvorgang.* (2. vgl. C. **1957.** 7290.) Es werden Korrelationseffekte in Fll. hoher D. u. festen Stoffen untersucht, sowie die Konvergenz der „Korrelationsexpansion“ des Phasenintegrals für ein „harmon. Kräfte“-Modell geprüft, die sich als sehr zufriedenstellend erweist. Die bin. Korrelationskorrektur für das 12—6-Potential bei der Temp. $kT/\varepsilon = 0{,}75$ wird annähernd entwickelt, wobei sich in der Kurve der freien Energie gegen das Vol. ein konkaver Bereich ergibt, der auf die Existenz zweier kondensierter Phasen hinweist. Bei dieser Temp. wird der Druck, bei dem die beiden Phasen im Gleichgewicht sind, negativ, d. h. die feste Phase ist beim Druck 0 stabiler. Eine Näherungsextrapolation zeigt, daß der berechnete Gefrierpunkt beim Druck 0 mit etwa $kT_F/\varepsilon = 0,90$ um einiges höher ist als der an *Ar* beobachtete Wert von 0,70, was am besten durch nicht-additive Wechselwirkung erklärt werden kann, durch die die Kohäsion des festen Ar reduziert wird. Die unter Berücksichtigung der Korrelation berechneten Eigg. der Fl. stehen in besserer Übereinstimmung zu den beim Ar beobachteten Werten als die ohne Berücksichtigung der Korrelationen berechneten. (Proc. Roy. Soc. [London], Ser. A **240.** 265—73. 21/5. 1957. Melbourne, C. S. I. R. O., Div. of Ind. Chem.) W. NIEMITZ. 150

E. H. McLaren, *Die Gefrierpunkte hochreiner Metalle als Präzisionstemperaturstandard.* 4. Mitt. *Indium: thermische Analysen an drei Cadmiumproben.* (3. vgl. C. **1959.** 6717.) In Fortsetzung der Arbeiten über die EE. von Metallen als Präzisions-Temp.-Standards wurde das Schmelz- u. Erstarrungsverhalten von hochreinem In u. Cd mit Hilfe der therm. Analyse untersucht. Die Messungen des F. u. E. von In (156,611°) ergaben unter verschiedenen Vers.-Bedingungen Plateaus genügender Konstanz. Die Abweichungen waren geringer als ± 0,0001°. Die Änderung des E. unter Druck betrug 0,0049 Grad/Atm. Drei — gegenüber früheren Messungen neue — Cd-Proben (321,032°) verschied. Herkunft ergaben bei unterschiedlicher Vers.-Durchführung ebenfalls einheitliche Fixpunkte. Beide Metalle sind als Präzisions-Temp.-Standard geeignet, da auch der Einfluß des Druckes u. der von Verunreinigungen leicht erfaßbar sind. (Canad. J. Physics **36.** 1131—47. Sept. 1958. Ottawa, Nat. Res. Council, Div. of Appl. Phys.) H. SCHINKE. 150

Yoshinobu Nakao, *Untersuchung über die Erstarrung von reinem Aluminium. Über die Erstarrungskonstante von reinem Aluminium.* 7. Mitt. (5. vgl. C. **1958.** 10578.) Bei der Erstarrung von geschmolzenem Al durch Kühlen mit W. oder durch die Form besteht zwischen der Erstarrungszeit (A) u. der Tiefe des erstarrten Teils (x) folgende Beziehung $x = q \cdot \sqrt{A}$. Die Erstarrungskonstante q enthält mehrere Faktoren als Variable, nämlich Temp. des geschmolzenen Al, des Kühl-W. u. der Form u. die therm. Eigg. des festen u. geschmolzenen Al. Die Unters. über den Einfl. dieser Faktoren ergab für die Kühlung mit W., daß die Temp. des geschmolzenen Al den entscheidenden Einfl. auf die Konstante hatte: Je höher die Temp., umso kleiner die Konstante. Dasselbe gilt für die Kühlung durch die Form, hier setzt jedoch die Wärmeleitfähigkeit des festen Al die Konstante herab, während beim Kühlen mit W. umgekehrt die Konstante erhöht wurde. (Light Metals [Tokyo] **8.** Nr. 3 (30). 5—10. Mai 1958. [Orig.: japan., Auszug: engl.] Kyusyu, Inst. of Technol.) F. VIER.. 150

Eberhard Schürmann, *Zur quantitativen thermischen Analyse. Auswertemöglichkeiten der quantitativen thermischen Analyse von Zweistoffsystemen, angewandt bei den Wärmeinhaltsmessungen der Blei–Cadmium-Legierungen.* Calorimetr. Messungen liefern nicht nur eine Unterlage zur thermodynam. Analyse des schmelzfl. Zustandes eines Syst., d. h. zur Ermittlung der energet. Größen u. Aktivitäten der Komponenten in den Schmelzen, sondern sind auch besser als die klass. therm. Analyse dazu geeignet, aus ihnen mit der quantitativen therm. Analyse das Zustandsschaubild des Syst. abzuleiten. Auch können fehlende oder mit der quantitativen therm. Analyse nicht oder nicht mit Sicherheit zu erfassende Zustandslinien mit Hilfe der energet. Größen der thermodynam. Analyse berechnet werden. In diesem Sinne werden die Liquiduslinien des Systems Pb–Cd festgelegt u. für das Zustandsschaubild die Soliduslinien auf der Seite des Pb u. auf der Seite des Cd wie auch die Löslichkeit des Cd im festen Pb berechnet. Bei der Ausscheidung von Mischkristallen aus der Schmelze tritt bei schneller Abkühlung leicht eine Schichtkristallbldg. u. eine entsprechend verschobene Ausscheidung im festen Zustand ein, die sowohl den Wärmeinhalt der betreffenden Legierung — bes. im Temp.-Bereich des heterogenen Zustandes — als auch das Bild der quantitativen therm. Analyse des ganzen Systems gegenüber den Werten bei idealer Erstarrung mehr oder weniger ausgeprägt verändert. Das Zustandekommen u. das Ausmaß der Schichtkristallbldg. wird unter Annahme einer mehr oder weniger ausgeprägten diffusionslosen Kristallisation erläutert u. berechnet u. daraus der Einfl. der Schichtkristallbldg. auf den Wärmeinhalt einer Legierung oder eines Systems quantitativ herausgestellt. Diese Ergebnisse weisen einen allgemeinen Weg, aus den calorimetr. gemessenen Wärmeinhalten bei schneller Abkühlung u. damit auch aus den Messungen im System Pb–Cd den Einfl. u. das Ausmaß der Mischkristallbldg. bei den Cd-haltigen Pb-Mischkristallen u. die zugehörigen Ausscheidungsvorgänge im festen Zustand zu ermitteln. (Arch. Eisenhüttenwes. **30.** 103—20. Febr. 1959. Clausthal, Bergakademie.) H. Hochstein. 150

R. E. Thoma, Herbert Insley, B. S. Landau, H. A. Friedman und **W. R. Grimes,** *Phasengleichgewichte in den Systemen geschmolzener Salze von Alkalifluorid–Urantetrafluorid.* 2. Mitt. *Die Systeme KF–UF_4 und RbF–UF_4.* (1. vgl. C. **1958.** 10281.) Unterss. der bin. Systeme *KF–UF_4* **(I)** u. *RbF–UF_4* **(II)** werden beschrieben. Die abgeschreckten Proben wurden röntgenogr., opt. u. mit DTA erfaßt. In **I** konnten 4 Verbb. nachgewiesen werden: *3 KF · UF₄* (F. 957°), *7 KF · 6 UF₄* (F. 789°), *2 KF · UF₄* (F. 755° inkongruent) u. *KF · 2 UF₄* (F. 765° inkongruent). Das Syst. enthält 3 Eutektika. In **II** wurden 7 Verbb. gefunden, von denen folgende 5 inkongruent schmelzen: *2 RbF · UF₄* (F. 818°), *7 RbF · 6 UF₄* (F. 693°), *2 RbF · 3 UF₄* (F. 722°), *RbF · 3 UF₄* (F. 730°) u. *RbF · 6 UF₄* (832°). Kongruent schmelzen: *3 RbF · UF₄* (F. 995°) u. *RbF · UF₄* (F. 735). Das Syst. enthält 3 Eutektika. (J. Amer. ceram. Soc. **41.** 538—44. 1/12. 1958.) H. SAALFELD. 150

D. I. Cameron, *Die Bedingungen für die Stabilität von Graphit, Eisen und seinen Oxyden sowie Carbiden.* Bei der gleichzeitigen Einw. von Fe, C u. O treten in den Gleichgewichtsverhältnissen zwischen den beiden Carbiden Fe_2C in Fe_3C u. den drei Oxyden FeO, Fe_2O_3 u. Fe_3O_4 Komplikationen auf. Eine vereinfachte Meth. der Darst. in Begriffen der CO- u. CO_2-%-Sätze der im Gleichgewicht befindlichen Gase wird entwickelt, um die Stabilitätsbereiche für Fe_2C, Fe_3C, Fe, FeO, Fe_3O_4 u. Graphit zu zeigen. Isotherm. Schnitte bei 500°, 550°, 600°, 650°, 700° u. 750° werden mitgeteilt sowie die einzelnen Stabilitätsbereiche erörtert u. bes. die Gleichgewichts-C-Gehh. im Ferrit für die Sättigung mit Fe_3C behandelt. Die Grenzen in der Benutzung der Diagramme werden angegeben. Im Anhang wird die Berechnung der Gleichgewichte gezeigt. (J. Iron Steel Inst. **189.** 251—55. Juli 1958. New South Wales, Australia.) H. HOCHSTEIN. 150

L. A. Sharkowa und **T. N. Resuchina,** *Wärmekapazität von Nickel-, Strontium- und Zinkwolframat, sowie von Barium- und Strontiummolybdat bei hohen Temperaturen.* In einem massiven Calorimeter wurden die spezif. Wärmekapazitäten von $NiWO_4$ (**I**), $SrWO_4$ (**II**), $ZnWO_4$ (**III**), $BaMoO_4$ (**IV**) u. $SrMoO_4$ (**V**) im Temp.-Gebiet von 1125,2 bis 293,2° K bestimmt. Für das untersuchte Temp.-Gebiet läßt sich die Abhängigkeit von Cp von T durch folgende Gleichungen wiedergeben: für **I** $Cp = 0,07951 + 5,1238 \cdot 10^{-5}\,T$; für **II** $Cp = 0,08595 + 2,5714 \cdot 10^{-5}\,T$; für **III** $0,08645 + 3,1226 \cdot 10^{-5}\,T$; für **IV** $0,08534 + 4,5016 \cdot 10^{-5}\,T$ u. für **V** $0,10182 + 5,7838 \cdot 10^{-5}\,T$. (Журнал Физической Химии [J. physik. Chem.] **32.** 2233—35. Okt. 1958. Moskau, Staatl. Lomonossow-Univ.) E. KLEVER. 151

Friedrich Krauß, *Die Messung der spezifischen Wärme von Metallen bei hohen Temperaturen.* Es wird eine neue Vers.-Anordnung zur Best. der spezif. Wärme von Metallen bei hohen Tempp. beschrieben, bei der die Energie elektr. durch eine Heizwicklung zugeführt u. der Temp.-Gang in der Probe als Funktion der Zeit gemessen wird. Bei 1400° wurde für *Cr* eine spezif. Wärme von 0,270 cal/g · Grad bei einem Fehler von 3,4% (gemessen von MARTIN) u. für *Fe* bei 1440° eine spezif. Wärme von 0,217 cal/g · Grad (gemessen von HOLETZKO) gemessen. (Z. Metallkunde **49.** 386—92. Juli 1958. Kettwig, Univ. Köln.) F. VIER. 151

Zdeněk Šeha, *Gleichung für die Abhängigkeit der Verdampfungswärme von der Temperatur.* Für die Funktion $H_{Verd.} = f(t)$ wird eine empir. Gleichung in der Form $H_{Verd.} = a\,(t_k - t)^{0,39}$ vorgeschlagen, welche die Abhängigkeit der Verdampfungswärme von der Temp. prakt. im ganzen Bereiche der Koexistenz der fl. mit der Dampfphase mit befriedigender Genauigkeit ausdrückt. Die Beziehungen des abgeleiteten Ausdruckes zu den Gleichungen anderer Autoren (PRUD'HOMME, WINTER, NUTTIG, KARAPETJANC u. FROLOW, WATSON) werden diskutiert. Die vorgeschlagene Gleichung ist bei gleicher Genauigkeit einfacher. (Chem. Listy **52.** 1431—34. Aug. 1958. [Orig.: tschech.] Collect. czechoslov. chem. Commun. **24.** 869—73. März 1959. [Orig.: engl.] Pardubice-Rybitví, Výzkumný ústav organ. syntes.) O. KNESSL. 155

Zdeněk Šeha und **Robert Holub,** *Beiträge der harmonischen Oscillationen zu den thermodynamischen Funktionen für einen Freiheitsgrad.* (Vgl. vorst. Ref.) Die Beiträge harmon. Oscillationen zu der Wärmekapazität, der Funktion der freien Enthalpie sowie der Enthalpie wurden für ein Frequenzgebiet von 100—3600 cm⁻¹, fünfzehn Grundtempp. sowie einen Freiheitsgrad tabelliert. Ungenauigkeiten der in den Tabellen von TORKINGTON (C. **1951.** I. 3005) angeführten Werte werden korrigiert. (Chem. Listy **52.** 1653—57. Aug. 1958. [Orig.: tschech.] Collect. czechoslov. chem. Commun. **24.** 991—1005. März. 1959. [Orig.: engl.]) O. KNESSL. 156

H. Kroepelin, Kl.-K. Neumann und **E. Winter,** *Thermodynamische Funktionen und Hilfswerte zu ihrer Berechnung für Kohlenstoff und Wasserstoff sowie einige ihrer Verbindungen für den Temperaturbereich 1000 bis 50000° K.* In Fortsetzung einer C. **1959.** 3913 referierten Arbeit wurden nach den Methoden der statist. Thermodynamik folgende Werte berechnet (ausführliche Tabellen): Für C, C_2, H_2, H, CH, CH_2, CH_3, CH_4, C_2H_2 u. C_2H_4 die mol. freien Enthalpie-Funktionen für den Temp.-Bereich von 1000 bis 6000° K; im gleichen Bereich die Gleichgewichtskonstanten der Bildung (aus β-graphit. C u. H_2) von H, CH, CH_2, CH_3, CH_4, C_2H_2, C_2H_4 u. C_2; Glieder der elektron. Zustandssummen für H u. C von 16000 bis 50000° K; Hilfswerte zur Berechnung von Gleich-

gewichtskonstanten mittels der Saha-Gleichung (5000 bis 50000° K) u. ebenfalls für diesen Temp.-Bereich Molvoll. u. Zahl der Teilchen pro cm³ bei idealem Verh. u. einem Druck von 1 bar. (Abh. braunschweig. wiss. Ges. **10.** 166—94. 1958.)
W. Wagner. 156

Väinö Hovi, *Zur Energetik der CsCl–CsBr-Mischkristalle.* (Vgl. C. **1958.** 6754.) Mit Hilfe eines Differentialcalorimeters wurden die Lösungswärmen einmal der festen Lsgg. von *CsCl* u. *CsBr*, zum anderen der entspr. mechan. Mischungen der Komponenten in W. bei 25° gemessen u. daraus die Bildungswärmen der Mischkristalle berechnet. Die Herst. der Proben (Erschmelzen in evakuierten Quarzrohren u. anschließendes Homogenisieren 100 Stunden bei 500°) wird beschrieben. Die ermittelten Bildungswärmen stimmen gut mit theoret. Werten überein, die nach der statist. Theorie von Wasastjerna (Soc. Sci. fenn., Comment. physico-math. **15.** Nr. 3. [1949]) für ein Gleichgewicht bei 25° errechnet wurden. Diese Theorie ist daher wie auf TlCl–TlBr (C. **1958.** 6754) auch auf das Syst. CsCl–CsBr anwendbar. Für verschied. Zuss. u. Tempp. wurden freie Bildungsenergien berechnet. Als krit. Mischungstemp. von CsCl u. CsBr ergab sich —75°. Abschließend wurden der Nahordnungsgrad u. der mittlere Konfigurationsanteil der spezif. Wärme für einen 50%igen Mischkristall als Temp.-Funktion bestimmt. Letzterer beträgt bei Raumtemp. nur etwa 1% vom gesamten Wärmeinhalt. (Acta metallurg. [New York] **6.** 254—59. April 1958. Turku, Finland, Univ., Wihuri Physic. Labor.) W. Wagner. 156

Ss. A. Schtschukarew, I. W. Wassilkowa, W. M. Drosdowa und **K. Je. Franzewa,** *Bestimmung der Bildungswärmen von* $UO_2Cl_2 \cdot aq$, $UO_2Br_2 \cdot aq$, $UO_2Cl_2 \cdot H_2O$, $UO_2Cl_2 \cdot 3\,H_2O$, $UO_2Br_2 \cdot H_2O$ *und* $UO_2Br_2 \cdot 3\,H_2O$. Von folgenden UO_2-Verbb. wurden die Lösungswärmen in W. bestimmt: UO_2Cl_2 (— 23,86 ± 0,13 kcal/Mol); $UO_2Cl_2 \cdot H_2O$ (— 13,32 ± 0,23); $UO_2Cl_2 \cdot 3\,H_2O$ (— 10,00 ± 0,11); UO_2Br_2 (— 33,28 ± 0,32); $UO_2Br_2 \cdot H_2O$ (— 24,42 ± 0,08) u. $UO_2Br_2 \cdot 3\,H_2O$ (— 21,51 ± 0,12). Aus den Lösungswärmen wurden die Bildungswärmen der Verbb. berechnet: UO_2Cl_2 — 301,9 kcal/Mol; $UO_2Cl_2 \cdot H_2O$ — 380,8; $UO_2Cl_2 \cdot 3H_2O$ — 520,7; UO_2Br_2 — 271,62; $UO_2Br_2 \cdot H_2O$ — 358,8 u. $UO_2Br_2 \cdot 3\,H_2O$ — 498,3. Weiter wurde die Bildungswärme von $UO_2Cl_2 \cdot aq$ zu 380,8 kcal/Mol u. von $UO_2Br \cdot aq$ zu 314,9 kcal/Mol ermittelt. Aus den erhaltenen Ergebnissen wurde ferner die Dehydratationswärme der Rk. $UO_2Cl_2 \cdot 3\,H_2O = UO_2Cl_2 + 2\,H_2O_{gas}$ zu + 24,3 kcal/Mol berechnet. (Журнал Неорганической Химии [J. anorg. Chem.] **4.** 39—41. Jan. 1959.) E. Klever. 156

G. J. Kulcsár und **M. Kulcsár-Nováková,** *Die langsame Verbrennung von Wasserstoff in elektrolytisch erzeugtem Chlor, zwecks Vermeidung von Explosionen.* 1. Mitt. *Untersuchung der langsamen Verbrennung des Wasserstoffs in Chlor in Gegenwart von Glas, zwecks Bestimmung der technischen Reaktionsbedingungen.* Vff. untersuchen das Verh. von H_2 in Cl_2 in Abhängigkeit von Temp., H_2-Konz. (3,5—28%) u. Volumgeschwindigkeit (380—2800 cm³/cm³h) unter Verwendung von Rk.-Rohren mit Glasfüllung (Körnung 0,75—2,5 mm). Aus den sowohl mit getrockneten als auch mit wasserdampfgesätt. Gasgemischen durchgeführten Verss. folgt, daß die Umsetzung in Ggw. von Glas bei ca. 300° beginnt, zwischen 390 u. 540° 97% erreicht u. wesentlich von der Volumgeschwindigkeit, hingegen sehr wenig vom Feuchtigkeitsgehalt abhängt. Apparaturbeschreibung u. Diskussion der optimalen Rk.-Bedingungen. (Studii Cercetări Chim. [Cluj] **8.** Nr. 3/4. 207—19. Juli/Dez. 1957. Cluj, Acad. R. P. R., Inst. de Chim.)
H. Roth. 157

G. J. Kulcsár und **M. Kulcsár-Nováková,** *Die langsame Verbrennung von Wasserstoff in elektrolytisch erzeugtem Chlor, zwecks Vermeidung von Explosionen.* 2. Mitt. *Untersuchung der langsamen Verbrennung des Wasserstoffs in Chlor in Gegenwart von Aktivkohle, zwecks Bestimmung der technischen Reaktionsbedingungen.* (1. vgl. vorst. Ref.) In Ggw. von Aktivkohle (Laborchemie Apolda) wird die Verbrennung bei 100—500°, 480—5700 cm³/cm³ · h Gasgeschwindigkeit u. 3—31%ig. H_2-Konz. in Cl_2 verfolgt. Die Umsetzung beginnt in diesem Fall bereits bei 100° u. ist — unter Einhaltung günstiger Bedingungen — bei 250° fast vollständig. (Studii Cercetări Chim. [Cluj] **8.** Nr. 3/4. 221—30. Juli/Dez. 1957.) H. Roth. 157

Géza J. Kulcsár und **Miloslava Kulcsár-Nováková,** *Die langsame Verbrennung von Wasserstoff in elektrolytisch erzeugtem Chlor, zwecks Vermeidung von Explosionen.* 3. Mitt. *Untersuchung der langsamen Verbrennung des Wasserstoffs in Chlor in Gegenwart von Buchenholzkohle.* (2. vgl. vorst. Ref.) Die katalyt. Wrkg. von Buchenholzkohle übertrifft diejenige des gekörnten Glases, bes. bei höheren Tempp. u. geringeren Volumgeschwindigkeiten. Die prakt. vollkommene Verbrennung des H_2 in Cl_2 erfolgt in diesem Fall bereits zwischen 320 u. 400°. Ggw. von Luft beeinflußt den Rk.-Ablauf ungünstig. (Studii Cercetări Chim. [Cluj] **9.** Nr. 3/4. 111—16. Jan./Dez. 1958.) H. Roth. 157

Géza J. Kulcsár und **Miloslava Kulcsár-Nováková**, *Die langsame Verbrennung von Wasserstoff in elektrolytisch erzeugtem Chlor, zwecks Vermeidung von Explosionen. 4. Mitt. Untersuchung der langsamen Verbrennung des Wasserstoffs in Chlor in Gegenwart von einheimischer Aktivkohle.* (3. vgl. vorst. Ref.) In Ggw. von (zur Herst. von Gasmaskenfiltern dienender) einheim. Aktivkohle beginnt die Thermoreaktion zwischen Cl_2 u. H_2 bei 520—1600 cm^3/cm^3h Gasgeschwindigkeit bereits zwischen 80 u. 120°; über 90%ig. Konversion wird bei 190—250° erreicht. — Die katalyt. Wrkg. der 3 untersuchten Kohlearten nimmt also in nachst. Reihenfolge ab: einheim. Aktivkohle > Labor.-Aktivkohle > Buchenholzkohle, wobei die mit gekörntem Glas ausgeführten Verss. nur als Vergleichsbasis dienen. (Studii Cercetări Chim. [Cluj] **9.** Nr. 1/4. 117—22. Jan./Dez. 1958.) H. ROTH. 157

J. D. Nixon, *Ultraschall.* 1. Mitt. *Erzeugung und Nachweis hochfrequenter Schallwellen.* Vf. gibt eine allg. Einführung in die Eigg. akust. Wellen u. ihre Wechselwirkung mit Materie, die Erzeugung hochfrequenter Schallwellen mit piezoelektr. Kristallen u. ihren Nachw. durch entspr. Mikrophone oder eine Art Schallradiometer. (Lab. Pract. **6.** 25—28. Jan. 1957. Reading, Univ., Phys. Dep.) H. SCHINKE. 159

J. D. Nixon, *Ultraschall.* 2. Mitt. *Einige Anwendungen des hochfrequenten Schalls.* (1. vgl. vorst. Ref.) Kurzer Überblick über Methoden der Messung der Geschwindigkeit des US u. über Anwendungsmöglichkeiten. (Lab. Pract. **6.** 87—89. Febr. 1957.) H. LIEPACK. 159

A. van Itterbeek und **W. De Rop**, *Messungen über die Schallgeschwindigkeit in Luft unter Drucken bis zu 20 Atm. in Verbindung mit thermischer Diffusion.* (Vgl. C. **1958.** 13433.) Ein akust. Interferometer für die Messung der US-Geschwindigkeit in Gasen unter hohem Druck u. bei tiefen Tempp. wird beschrieben. Die App. wird für Messungen in Luft bis 20 Atm. Druck im Temp.-Bereich zwischen 40 u. —45° bei einer US-Frequenz von ca. 525 kHz verwendet. Dabei wird neben der Zunahme der Schallgeschwindigkeit mit dem Druck auch ein Einfl. der therm. Diffusion festgestellt. Um dazu genauere Aussagen machen zu können, wird nach einem früher entwickelten Verf. die Schallgeschwindigkeit in Abhängigkeit von der Zeit best. u. graph. dargestellt. (Appl. sci. Res. A **6.** 21—28. 1956. Leuwen, Inst. voor Lage Tempp. en Techn. Phys.) H. SCHINKE. 159

Srinibas Panda und **Bibhuti Bhusan Deo**, *Ultraschallgeschwindigkeit in Natriumchloridlösungen von Wasser-Dioxan-Gemischen.* Die Geschwindigkeit von US in NaCl-Lsgg. von H_2O-Dioxan-Mischungen wurde bei 26° untersucht. Die Lage des Maximums der größten Geschwindigkeit befindet sich bei Fl.-Mischungen mit einem Dioxan-Geh. von ca. 33%. Es wird durch die NaCl-Zusätze (bis zur Normalität 0,5) in seiner Lage nicht verschoben, jedoch erhöht sich die Größe der US-Geschwindigkeit in dem Konz.-Bereich bis 60% Dioxan etwas. (Indian J. Physics Proc. Indian Assoc. Cultivat. Sci. **31** (**40.**) 227—230. April 1957. Cuttack, Ravenshaw Coll., Phys. Dep.) H. SCHINKE. 159

A₅. Kolloidchemie. Grenzschichtforschung.

Jüri Seim, Lars Gunnar Sillén und **Ulf Ulfvarson**, *Können Micellen als ideale Mischungen von Ionen und neutralen Molekülen behandelt werden?* Es werden Gleichgewichte, welche Micellen von Carbonsäuren (*Laurylsäure*) u. Aminen (*Dodecylamin*) enthalten, untersucht. EMK-Titrationen unter Verwendung von Glas- oder H_2-Elektroden in einem Medium mit prakt. konstanten Aktivitätsfaktoren zeigen, daß bei korrekter Deutung der Leitfähigkeitsdaten eine Micelle als ideale Mischung von Ionen u. neutralen Moll. angesehen werden kann. (Acta chem. scand. **10.** 683—86. 1956. Stockholm, Royal Inst. of Technol., Dep. of Inorg. Chem.) TH. GÖTZE. 162

E. D. Usnadse, A. N. Mumladse und **M. Je. Schischniaschwili**, *Untersuchung der Strukturbildung in Askangel-Suspensionen mit dem Elektronenmikroskop.* Es wurde die Struktur einer hochdispergierten Suspension von natürlichem Askangel (Konz. 0,236%) mit dem Elektronenmikroskop (Vergrößerung bis 22400 mal) untersucht u. ermittelt, daß diese aus rundlichen Teilchen der Größe zwischen 50—70 mμ besteht. Anisodiametr. Teilchen von länglichen Stäbchen oder flachen Blättchen konnten nicht ermittelt werden. Ein Zusatz von Al-Oxychlorid (0,0048%) hat die Bldg. von länglichen Teilchengruppen zur Folge (90—110 mμ), während ein größerer Elektrolytzusatz die Koagulierung hervorruft (Teilchengröße 1,5—2 μ). (Сообщения Академии Наук Грузинской ССР [Mitt. Akad. Wiss. GrusinSSR] **20.** 419—22. April 1958. Akad. der Wiss. der GrusinSSR, Melikischwili-Inst. für Chemie.) H. TŮMA. 162

G. J. Biefer und **S. G. Mason**, *Elektrokinetische Strömung, viscoser Fluß und elektrische Leitfähigkeit im Zwischenfaser-Gitterwerk. Der Poren-Orientierungsfaktor.* An Faserknäulen aus Dacron, Nylon, Celluloseacetat, Viskose u. Baumwolle, unter denen nur die beiden ersten in wss. Lsg. quellen, wurden Strömungs- u. Leitfähigkeitsmessungen durchgeführt. Der Poren-Orientierungsfaktor ergab sich für beide Faserarten bei elektrokinet. Bewegung als proportional zu $\varepsilon^{2/3}$, bei Ionenleitfähigkeit als proportional zu ε u. bei Durchfluß als konstant bleibend; ε = effektiver Leerraum. Hierdurch sind Diskrepanzen des spezif. Quellvol. aus Messungen des Durchflusses sowie aus Strömungsmessungen erklärbar. Die nach der BRIGGschen Meth. erhaltenen Werte für das ζ-Potential sind ebenfalls falsch, mit Ausnahme von Messungen an einzelnen runden Capillaren. (Trans. Faraday Soc. **55.** 1239—45. Juli 1959. Montreal, Can., McGill Univ., Phys. Chem. Div.; Pulp and Paper Res. Inst. of Canada, Dep. of Chem.) FRIEDRICH WOLF/Berlin. 165

L. Shartsis, H. F. Shermer und **A. B. Bestul,** *Mischbarkeit und Oberflächenspannung einiger einfacher Borate.* Nicht mischbare bin. Borate können durch Alkali- u. Erdalkalizusätze mischbar gemacht werden. Boratglasschmelzen, welche als Hauptkationen Ba^{2+}, Sr^{2+}, Ca^{2+}, Cd^{2+}, Zn^{2+} u. Mg^{2+} enthielten, sind zunächst bei 900°, 1000°, 1100°, 1200° u. 1300° auf ihre Oberflächenspannung hin untersucht worden. Als sek. Kationen sind dann Alkali- u. Erdalkalikationen sowie Pb^{2+}, Cd^{2+} u. Al^{3+} in der zur Erzielung von Mischbarkeit gerade notwendigen Konz. zugesetzt worden. Innerhalb jeder Gruppe des Periodensyst. steigt diese Mindestkonz. mit abnehmendem Ionenradius der Primär- u. Sekundärkationen. Die Oberflächenspannung bin. Schmelzen erwies sich als unabhängig von den enthaltenen Kationen, was darauf schließen läßt, daß die Oberfläche aus reinem B_2O_3 besteht. (J. Amer. ceram. Soc. **41.** 507—16. 1/12. 1958. Washington, D. C., Nat. Bur. of Standards.) H. SAALFELD. 166

W. B. Lasarew, *Über die Oberflächenspannung ternärer Systeme.* (Vgl. C. **1958.** 9980.) Es wird eine Gleichung für die Isotherme der Oberflächenspannung im tern. Syst. abgeleitet, wo die Aktivitätskoeffizienten als unabhängig von den Konzz. angesehen werden können. In Analogie zu dem Begriff der „Oberflächenaktivität" von REHBINDER wird der Begriff „Grenzflächenaktivität" eingeführt. Es wird die Abhängigkeit der „Grenzflächenaktivität" von der Konz. der inakt. Komponente im Syst. aus Lösungsm., akt. u. inakt. Komponente untersucht. Die graph. ermittelten Werte für Cd, K u. Cs in den Lsgg. Hg–Cd–K u. Hg–Cd–Cs bestätigen die Richtigkeit der entwickelten theoret. Vorstellungen. Die an diesen Systemen festgestellten Gesetzmäßigkeiten der Adsorption stehen in vollem Einklang mit den theoret. Vorstellungen von SSEMENTSCHENKO über die Oberflächenerscheinungen in Lsgg., wonach die Adsorptionsgesetze für die Lsgg. verschied. Klassen die gleichen sind. (Журнал Неорганической Химии [J. anorg. Chem.] **3.** 2347—53. Okt. 1958.) O. LEBTAG. 166

H. J. Oel, *Diffusion von Ionen und Elektronen.* 2. Mitt. (1. vgl. C. **1958.** 2946.) Es werden weitere Lsgg. für den stationären Fall der l. c. behandelten Diffusion von Ionen u. Elektronen angegeben, u. zwar für starke Abweichungen von der Homogenität in der einzelnen Phase. (Z. physik. Chem., Frankf. Ausg. [N. F.] **12.** 264—71. Göttingen, Univ.. Inst. für physikal. Chem.) W. NIEMITZ. 171

Shashanka Shekhar Mitra und **Dhirendra Nath Chakravarty,** *Viscosität und Oberflächenspannung von Flüssigkeiten.* Die Gültigkeitsgrenzen der NEWTON-FRIEND-MUKHERJEEschen Beziehung zwischen Viscosität u. Oberflächenspannung werden diskutiert, u. die Beziehung wird so modifiziert, daß sie ebenso gut auf assoziierte Fll. anwendbar ist. Insgesamt 4 Gleichungen werden hierfür vorgeschlagen, von denen 3 die Temp. einbeziehen, während die 4. eine von der Temp. unabhängige Beziehung zwischen den genannten Größen herstellt. Aus diesen Beziehungen lassen sich Viscosität – Temp.- bzw. Oberflächenspannung–Temp.-Gleichungen ableiten. (Z. physik. Chem. **205.** 1—5. Okt. 1955. Allahabad, Univ., Dep. of Phys. and Chem.) W. NIEMITZ. 172

Manfred Kaminsky, *Experimentelle Untersuchungen über die Konzentrations- und Temperaturabhängigkeit der Zähigkeit wäßriger Lösungen starker Elektrolyte.* 3. Mitt. *KCl-, K_2SO_4-, $MgCl_2$-, $BeSO_4$- und $MgSO_4$-Lösungen.* (2. vgl. C. **1957.** 6677.) Die l. c. begonnenen Präzisionsmessungen der relativen Zähigkeit wss. Lsgg. starker Elektrolyte in Abhängigkeit von der Konz. u. Temp. werden fortgesetzt, um hieraus Rückschlüsse auf die interion. Wechselwrkg. sowie auf die Wechselwrkg. der gelösten Ionen mit dem Lösungsm. ziehen zu können. Es wird gezeigt, daß der am Li_2SO_4 beobachtete Effekt eines negativen Temperaturkoeff. des B-Wertes der JONES-DOLE-Gleichung auch beim $BeSO_4$ u. $MgSO_4$ auftritt. Einige in der Literatur festgestellte Unstimmigkeiten in den Daten werden korrigiert u. experimentell bestimmte A-Koeff. der genannten Gleichung, sowie D-Werte der erweiterten Gleichung angegeben. Für die Salze $BeSO_4$ u. $MgCl_2$ wird für verschied. Tempp. die Konzentrationsabhängigkeit der relativen D. pyknometr. gewonnen. In einem Anhang werden die von verschied. Autoren fehlerhaft

mitgeteilten B-Werte korrigiert wiedergegeben. (Z. physik. Chem. Frankf. Ausg. [N. F.] **12.** 206—31. Aug. 1957. Marburg, Univ., Physikal. Inst., Theoret. Abt.)
W. NIEMITZ. 172

Thomas J. Hanratty, Edward M. Rosen und **Robert L. Kabel,** *Wirkung der Wärmeübertragung auf Strömungsfelder bei niedrigen Reynoldsschen Zahlen in vertikalen Rohren.* Um die Strömung in vertikalen Rohren sichtbar zu machen, wird ein dünner Farbstrahl in die Fl. eingespritzt, u. es wird gezeigt, daß bei isothermer Strömung die Farbe einen dünnen Faden bildet, während bei ungleichmäßiger Erwärmung oder Abkühlung am Rande oder in der Mitte die Farbe deutlich die ungleichmäßige Strömung anzeigt. Die Art der Strömung wird theoret. erklärt. (Ind. Engng. Chem. **50.** 815—20. Mai 1958. Urbana, Ill., Univ. of Illinois.) H. MIETHING. 173

J. H. de Boer und **S. Kruyer,** *Die zweidimensionalen van der Waalsschen Konstanten von Molekülen, die an Holzkohle und an Graphit adsorbiert sind.* Die in verschied. Weise belegte Tatsache, wonach die an Holzkohle bzw. Graphit physikal. adsorbierten Moll. einer Reihe von Gasen nur in einem ihrer translator., nicht aber in ihren rotator. Freiheitsgraden behindert sind, legt die Anwendung einer zweidimensionalen VAN DER WAALSschen Gleichung auf die vorhandenen Adsorptionswerte nahe. Aus der Best. der entsprechenden Konstanten ergibt sich hierbei eine gegenseitige Abstoßung der adsorbierten Moll., welche auf die an der Adsorbentenoberfläche hervorgerufene Polarisation der adsorbierten Moll. zurückzuführen ist. Der durch die VAN DER WAALSschen Kräfte bedingte Anteil an der Adsorptionswärme wird von dem durch die induzierten Dipolmomente hervorgerufenen übertroffen. (Trans. Faraday Soc. **54.** 540—47. April 1958. Geleen, Netherlands, Staatsmijnen in Limburg, Centr. Labor.) D. FORST. 176

G. H. Bolt und **B. P. Warkentin,** *Die negative Adsorption von Anionen durch Tonsuspensionen.* Die von SCHOFIELD stammende, auf der GOUYschen Theorie der diffusen Doppelschicht aufbauende Meth. zur Berechnung der negativen Adsorption wird am Beispiel der Adsorption von *Cl*$^-$ an *Na-Montmorillonit* aus 0,001—0,1 mol. NaCl-Lsgg. untersucht u. in ihrem ursprünglichen Anwendungsbereich erweitert, wobei sich bei Verwendung gereinigter Tonmineralien zwischen theoret. bestimmten u. experimentell erhaltenen Werten eine gute Übereinstimmung ergab. Die bei sehr niederem Elektrolytgeh. für die negative Adsorption festgestellten Werte lagen infolge der wahrscheinlich anwesenden positiven Ladungen niedriger als die theoret. berechneten; bei Verwendung von Polyanionen, wie Metaphosphat bzw. Acrylsäure, dagegen trat keine entsprechende Abweichung auf. Restliche vorhandene Unterschiede zwischen Theorie u. Messung wurde an Hand der in den theoret. Berechnungen durch Vernachlässigung der Aktivitätskorrekturen in der Doppelschicht bedingten Fehler gedeutet. (Kolloid-Z. **156.** 41—46. Jan. 1958. Ithaca, N. Y., Cornell Univ., Agron. Dep.) D. FORST. 176

Adam Bielański und **Maksymilian Burk,** *Kinetik der Wasserdampfsorption durch aktives Aluminiumoxyd.* Der Verlauf der Wasserdampfsorption an akt., rehydratisiertem Al_2O_3, hergestellt durch Fällung von $Al(OH)_3$ aus einer Aluminatlsg. mit HNO_3, in Abhängigkeit von der Quadratwurzel aus der Zeit zeigt, daß die Sorptionsgeschwindigkeit schon ab 4,6 mm Hg durch Oberflächendiffusion bestimmt wird. Bei höherer Temp. u. konstantem Druck ist die Sorption geringer, da einerseits der Diffusionskoeff. u. anderseits die Konz. der W.-Moll. an der leicht zugänglichen Oberfläche des Adsorbens abnehmen. (Zeszyty naukowe Akad. Górniczo-Hutniczej, Ceramika **1956.** Nr. 8. 97—106. Kraków.) F. URBAN. 176

Václav Kouřím und **Josef Krtil,** *Die Sorption radioaktiver Isotope an Niederschlägen.* 1. Mitt. *Mitreißen von Caesium in Hydroxyd- und Polyuranatniederschlägen.* Im Laufe von Unterss. über Sorptionserscheinungen an Ndd. von *Eisen(III)-hydroxyd, Aluminiumhydroxyd* u. *Ammoniumpolyuranat* mittels radiochem. Methoden wurde festgestellt, daß *Cs* von diesen Ndd. bei p_H 8—9 einerseits durch Okklusion, andererseits durch Adsorption u. Chemisorption zurückgehalten wird. Das adsorbierte *Cs* kann aus den Hydroxyden durch Waschen desorbiert werden, wobei im Falle von $Al(OH)_3$ die ein Ammoniumsalz enthaltende Waschlösung durch ihre stabilisierende Wrkg. auf den Nd. günstig wirkt. Das an Polyuranaten durch Chemisorption zurückgehaltene *Cs* kann ebenfalls mittels einer Lsg. eines Ammoniumsalzes desorbiert werden, welche das an den Nd. gebundene Cs ersetzt. Cs kann aus einer zugleich Fe, Al u. U in Überschuß enthaltenden Lsg. durch Fällung des Gemisches mit Ammoniak u. nachfolgendem Auswaschen des Nd. mit Ammoniumnitratlsg. quantitativ isoliert werden. (Chem. Listy **52.** 1435—39. Aug. 1958. [Orig.: tschech.]; Collect. czechoslov. chem. Commun. **24.** 1104 bis 1110. April 1959. [Orig.: deutsch]; Praha, Českoslov. akad. věd, Ústav jadernéfysiky.)
O. KNESSL. 176

M. W. Roberts und **K. W. Sykes,** *Nickelpulver mit ähnlichen Adsorptionseigenschaften wie aufgedampfte Nickelfilme.* Die in Abhängigkeit von der Red. pulverförmiger Ni-Oberflächen durch H_2 durchgeführte Adsorption von H_2 ist der von aufgedampften Ni-Schichten her bekannten ähnlich. Es zeigt sich, daß die mit zunehmender, für die Red. zur Verfügung stehender Zeit erhöhten Adsorptionsmengen bei einer Reduktionstemp. von 450° im wesentlichen einer schrittweisen Verbesserung der Oberflächenreinheit zuzuschreiben sind, wobei letztere in der Beseitigung von Oberflächenoxyden infolge deren Red., in der Entfernung nicht flüchtiger Verunreinigungen durch Vereinigung zu Kristalliten oder durch Eindiffusion in das Ni-Gitter begründet liegt. Die im Vgl. zu der mit Kr erhaltenen Adsorbentenoberfläche bei —183° u. 0,1 Torr bestimmte Anzahl der nicht durch Fremdmoll. besetzten Ni-Atome beträgt nach einer Reduktionszeit von 102 Std. 88%. Die aus den Adsorptionsisothermen von 245—305° nach der SCHUIT u. DE BOERschen Meth. berechnete Adsorptionswärme von H_2 an Ni liegt zwischen den für Ni-Filme u. Ni-Silicagel-Katalysatoren gefundenen Werten. (Trans. Faraday Soc. **54.** 548—56. April 1958. Swansea, Univ. Coll., Chem. Dep.) D. FORST. 176

D. Mackay und **P. Meares,** *Die elektrische Leitfähigkeit und elektroosmotische Permeabilität eines Kationenaustauscherharzes.* An gequollenem Membranen aus *Permutit Zeo-Karb 315* wurden Leitfähigkeits- u. elektroosmot. Messungen ausgeführt. Enthalten die Harze wenig Elektrolyt, so hat die Rk. zwischen Matrix u. Gegenion den Effekt, Gegenionen an Stellen hoher Viscosität der Innenlsg. zu konzentrieren, was bei Anwesenheit von mehr Elektrolyt nicht erfolgt. — Die elektroosmot. Permeabilität nimmt um 25% ab, wenn die Konz. der Außenlsg. von 0,01 mol. auf 1 mol. zunimmt. Die Wrkg. zwischen Gegenion u. Matrix beruht nicht auf Bldg. spezif. Ionenpaare, sondern auf elektrostat. Kräften. Es wird versucht, aus der Leitfähigkeit der H^+-Form den Diffusionskoeff. für H^+-Ionen zu erhalten. Auch der Einfl. von Lösungsmitteln mit mehr als 2 Ionenarten wird untersucht. (Trans. Faraday Soc. **55.** 1221—38. Juli 1959. Old Aberdeen, Chem. Dep.) FRIEDRICH WOLF/Berlin. 177

A. S. Kertes, *Einfluß der Säurestärke auf die R_F-Werte bei Verwendung angesäuerter Elutionsmittel.* Es wurde das chromatograph. Verh. von *Ce, La, Ca, Mg, Zn, Cd* u. *Cu* in *n-Butanol* (**I**) in Mischung mit *Essigsäure* (**II**), *Mono-*(**III**), *Di-*(**IV**) u. *Trichloressigsäure* (**V**) untersucht. Jedes Kation wurde in einem Gemisch von **I** mit einer 1 n., 2 n., 3 n., 4 n. u. 6 n. wss. Lsg. von **II, III, IV** u. **V** chromatographiert. Im Gemisch **I—II** nehmen die R_F-Werte mit zunehmender Konz. von **II** in **I** zu, im Gemisch **I—III** nehmen die R_F-Werte mit steigender Säurekonz. (**IV**) ab. In Mischungen, in denen **V** als Komplexbildner verwendet wird, ist keine gesetzmäßige Beziehung festzustellen. Für ein bestimmtes Kation nehmen die R_F-Werte in der Reihe **II—III—IV—V** zu, die Zunahme wird durch verschied. Löslichkeit der Komplexe in **I** erklärt. Der Komplex Me-**V** ist mit an **V** gesätt. **I** leichter extrahierbar als der Komplex Me-**II** mit **I** gesätt. an **II**. Zwischen $R_M = \log (1/R - 1)$ für die verschied Kationen in äquin. Lsgg. der 4 komplexbildenden Säuren und den pK_H-Werten der entspr. Säuren wurde eine lineare Beziehung gefunden. In 1 n. Lsgg. besteht Linearität zwischen R_M u. pK_H für La, Ca, Mg, Cd u.Cu (für Zn u. Ce nicht), in 2 n. Lsgg. für La, Mg u. Cu u. für Ca u. Cd mit einer Abweichung in **V** bzw. **II**. In 3 n. Lsgg. weist nur Cu (mit Abweichung in **V**) Linearität auf, während in 4 u. 6 n. Lsgg. für keines der Kationen Linearität vorhanden ist. Es wird angenommen, daß eine Beziehung zwischen der Säurestärke des Säureliganden u. den R_M-Werten nur für Komplexbildner mit genügender struktureller Ähnlichkeit besteht. (Research **10.** 451—52. Nov. 1957. Paris, Inst. du Radium, Labor. Curie.) W. KARCHER. 177

G. M. Pantschenkow, W. I. Gorschkow und **M. W. Kuklanowa,** *Einfluß von Zusätzen organischer Lösungsmittel auf das Ionenaustauschgleichgewicht.* 1. Mitt. *Einfluß von Alkoholen auf das Gleichgewicht des Ionenaustausches von Alkalimetallen an Sulfoharzen.* Vff. untersuchten den Einfl. des Zusatzes von A. u. Methyl-A. auf das Austauschgleichgewicht von Li^+, Na^+ u. K^+ (Chloride, Sulfate, Jodide) bei den Ionenaustauschern *SBS, SDV-3* (Sulfoharze mit einer Funktionsgruppe) u. *Espatit-1* (Sulfoharz mit einer OH-Gruppe). — A.-Zusatz erhöht die Austauschkoeffizienten am meisten für K^+, am wenigsten für Li^+, wobei bei gleichen Konzentrationen A. wirksamer ist als Methylalkohol. Der Logarithmus der Austauschkonstante verläuft bis zu $1/D \approx 0{,}02$ linear, geht dann durch ein Maximum u. fällt rasch ab; daraus wird auf eine elektrostat. Wrkg. u. nicht auf Änderung der Solvatation geschlossen. Die C-Struktur des Harzes beeinflußt nur die Gleichgewichtskonstanten in W. u. übt keinen Einfl. auf die Änderung der Konstante nach A.-Zusatz aus. Die Art des Anions ist ohne Bedeutung auf die Konstante beim Austausch von einvalenten Salzen, macht sich jedoch dann bemerkbar, falls beim Austausch ein wenig dissoziiertes Ion frei wird (steigt z. B. bei HSO_4^- entgegen HCl). (Журнал Физической Химии [J. physik. Chem.] **32.** 361—67. Febr. 1958. Moskau, Lomonossow-Univ.) H. TŮMA. 177

W. H. Power, H. W. Kirby, W. C. McCluggage, G. D. Nelson und **J. H. Payne jr.**, *Trennung von Barium und Radium durch Ionenaustausch-Elution.* Zur Trennung von Ba u. Ra (Ra in mg-Mengen) wurde *Dowex 50*, 50—100 mesh, in einer Säule der Größe 13 · 250 mm verwendet. Als am besten geeignetes Elutionsmittel erwies sich eine 0,32 mol. Ammoniumcitrat-Lsg. bei p_H 5,6. Die Trennung gelang bei einem Ba-Überschuß von 4440 : 1. Durch höhere als Zimmertemp. verschlechtert sich der Trenneffekt, u. es können Ndd. auftreten. (Analytic. Chem. **31.** 1077—79. Juni 1959. Miamisburg, O., Monsanto Chem. Co., Mound Labor.) FRIEDRICH WOLF/Berlin. 177

E. Steger und **U. Seener,** *Zur Papierchromatographie der Thiophosphate und zur Kenntnis von Thiosäuren mit P^{+3} und P^{+1}.* Mit den bekannten Thiophosphaten u. den Hydrolyseprodd. von P_4S_7 wurden papierchromatograph. Unterss. durchgeführt. Auf SCHLEICHER u. SCHÜLL-Papier 2040a mit dem Laufmittel 80 ml Isopropanol + 20 ml W. + 5 g Trichloressigsäure + 0,3 ml NH_3-Lsg. neu auftretende Flecke wurden als *Thiophosphit* HPO_2S^{2-}, *Thiohypophosphit* H_2POS^- u. *Dithiohypophosphit* $H_2PS_2^-$ aufgefaßt. R_F-Werte bei 18⁰: PO_4^{3-} 0,60; PO_3S^{3-} 0,53; HPO_2S^{2-} 0,75; H_2POS^- 0,64; $H_2PS_2^-$ 0,33; bei 4⁰: PO_4^{3-} 0,59; PO_3S^{3-} 0,44 u. $PO_2S_2^{3-}$ 0,22. POS_3^{3-} u. PS_4^{3-} wurden unter diesen Bedingungen völlig zersetzt. HPO_2S^{2-}, H_2POS^- u. $H_2PS_2^-$ zeigten eine dem PO_3S^{3-} vergleichbare Beständigkeit. (Naturwissenschaften **46.** 109. 1. Febr.-H. 1959. Dresden, TH, Inst. für anorg. u. anorgan.-techn. Chem.) F. UMLAND. 177

J. Barna, *Die Kationaustauschkapazität ungarischer Bentonite und der Austauschprozeß bei der Behandlung mit Soda.* Vf. bestimmte die austauschbare Menge an Ca, Mg, K, Na u. H ungarischer Bentonite nach der $BaCl_2$-Triäthanolamin-Meth. u. teilt sie danach in Ca-, Mg- u. Na-Bentonite ein. Bei der Behandlung mit Soda verhalten sich die Bentonite verschieden. So werden nicht immer alle Erdalkaliionen durch Na ersetzt. Tone, bei denen Ca u. Mg in größerem Ausmaß durch Na ersetzt werden, zeigen eine hohe Viscosität der Suspensionen. Verschied. Montmorillonite sind gegen Erwärmen sehr empfindlich. Daher werden je nach der Behandlung sehr unterschiedliche Viscositäten gemessen. (Acta techn. Acad. Sci. hung. **18.** 325—38. 1957. Budapest, Res. Inst. of Mining.) M. LASER. 177

Chr. Winther, *Der erste Schritt bei der Quellung von Gelatine mit Wasser.* 3. Mitt. (2. vgl. C. **1956.** 14269.) CHRISTENSEN-Interferenzschichten wurden wiederholt mit W. behandelt u. getrocknet zur Unters. der Quellungsgeschwindigkeit der Gelatine (**I**) u. des nachfolgenden Trockenprozesses. Die dabei beobachtete Verschiebung der Grenzen der Extinktionsbande nach längeren Wellenlängen ist nicht auf das Herauslösen von anorgan. Bestandteilen, sondern auf einen Verlust an **I** zurückzuführen. Je nach Art der **I** wird bei mehrfach wiederholtem kalten Wässern (2—3 Tage) nach jedem Trocknen ein erneuter, von Fall zu Fall abnehmender **I**-Verlust festgestellt, u. zwar bis zu einem maximalen Gesamtverlust zwischen 2,8 u. 5,7 Vol.-%. Es scheint so, als ob diese in kaltem W. lösl. **I** in der luftgetrockneten **I** schon als Lsg. vorliegt, u. zwar in einer Konz. von ca. 25%. Der Quellungsvorgang läuft in 3 Abschnitten mit unterschiedlicher Absorptionsgeschwindigkeit ab: a) 1. Diffusion durch die Beschichtung der Platte mit sehr großer Geschwindigkeit von 0,69 sec/μ Schichtdicke. b) 1. Periode nachfolgender Absorption nach 30 Min. abgeschlossen. c) 2. Periode benötigt 2—3 Tage. b u. c laufen als Rk. 1. Ordnung ab. Ein Teil der gelösten **I** ist zwischen der hochmol. **I** direkt zugänglich, ein anderer Teil dagegen durch große Moll. geschützt. Die erstere wird durch das eindringende W. aufgenommen, dabei durchdringt das W. gleichzeitig die benachbarten Hohlräume der großen Moll. Während die gelöste **I** hinausdiffundiert, dringt das W. zwischen **I** u. AgBr weiter vor u. füllt langsam alle Hohlräume (c = 2—3 Tage). Durch eine Neuordnung bei anschließender Trocknung werden neue kleinere **I**-Moll. erreichbar zum nachfolgenden Herauslösen durch W., bis keine lösl. **I** mehr vorhanden ist. (Acta chem. scand. **12.** 1634—42. 1958. Copenhagen, TU of Denmark, Photochem. Labor.) W. KÖNIGSDORF. 178

Chr. Winther, *Der erste Schritt bei der Quellung von Gelatine mit Wasser.* 4. Mitt. (3. vgl. vorst. Ref.) Bei Herst. der CHRISTENSEN-Gelatine (**I**)-Interferenzplatten (vgl. C. **1954.** 9671) erhält man nicht immer gleichmäßig starke Interferenzfarben. Durch Nachbehandlung mit $AgNO_3$ (**II**)-Lsg. verschied. Konz. u. KBr-Lsg. können schwache Interferenzfarben auf jede gewünschte Farbe verstärkt werden. Bei wiederholter Nachbehandlung stieg das anteilige AgBr-Vol. (v_A) in **I** bis auf > 60%. Der Anstieg von v_A bei bestimmter **II**.-Konz. ist unabhängig vom Ausgangswert vor der Nachbehandlung. In den meisten Fällen war die Zunahme von v_A für die obere Zone des breiten Extinktionsbandes (vgl. C. **1954.** 9672) wie zu erwarten größer, als für die untere Zone. In einigen Fällen erhielt der Vf. jedoch den entgegengesetzten Befund. Dieses Phänomen wird mit Hilfe der Modellvorstellung vom **I**-Aufbau in hydrophilen u. hydrophoben Schichten (vgl. C. **1958.** 1777) erklärt; dabei erfolgt die AgBr-Einlagerung in der hydrophilen Zone

u. ist daher an den Durchmesser der AgBr-Schichtdicke von 0,64 bzw. 0,32 mμ gebunden. Für den Durchmesser des **I**-Mol. leiten sich Werte zwischen 0,92 bis 1,15 mμ ab. (Acta chem. scand. **12.** 1643—51. 1958.) W. Königsdorf. 178

Chr. Winther, *Der erste Schritt bei der Quellung von Gelatine mit Wasser.* 5. Mitt. (4. vgl. vorst. Ref.) Bei der Nachbehandlung von belichteten Chromatgelatine(I)-Platten mit $AgNO_3$-Lsg. (**II**) (vgl. l. c.) wird ein gewisser Betrag von Ag^+ direkt adsorbiert, während gleichzeitig die **II** das Netzwerk der **I**-Moll. füllt. Dieser Absorptionsvorgang wird durch den Quellungsfaktor f u. den Vol.-%-Anteil an ungehärteter **I** bestimmt. f ist nahezu proportional der von der **I**-Platte aufgenommenen W.-Menge. f läßt sich aus der momentan adsorbierten W.-Menge u. dem Durchmesser des **I**-Mol. ermitteln. Diese ermittelten Werte fallen ab, wenn zwischen Beschichtung u. Belichtung mehr als 2 Tage liegen. Aus den Werten der ungehärteten **I** u. der Dicke des **I**-Mol. läßt sich die Dicke der AgBr-Schicht ermitteln. Auf Grund der Ergebnisse der letzten Arbeiten werden weitere Hinweise für die Herst. der Interferenzplatten gegeben. (Acta chem. scand. **12.** 1652—56. 1958.) W. Königsdorf. 178

A_6. Strukturforschung.

W. Bayh, *Emissionsmikroskopie mit Sekundärelektronen (15 keV-Primärelektronen).* Ein für ionenausgelöste Elektronen gebautes Oberflächenmikroskop wurde für Betrieb mit 15 kV-Primärelektronen umgeschaltet. Die Primärelektronen treffen unter 20° auf die Objekt-Oberfläche. Im mit 45 kV betriebenen, abbildenden Syst. befindet sich eine Aperturblende. Je kleiner ihr Durchmesser ist, desto schärfer sind die Oberflächenbilder. Mit einer 15 μ-Blende werden Auflösungen zwischen 1000 u. 1500 Å erzielt. In Einschußrichtung weisen alle Bilder Astigmatismus auf. Im Vergleich zu Bildern mit ionenausgelösten Elektronen ist die Plastik gleich gut und die Materialdifferenzierung schlechter. (Z. Physik **150.** 10—15. 1958. Tübingen, Univ., Inst. für Experim. u. Angew. Phys.) C. Reuber. 181

Earl C. Cooper und **Erwin W. Müller,** *Feld-Desorption durch Wechselfelder, eine verbesserte Technik für die Feldelektronenmikroskopie.* Mit hohen positiven Spannungen an der Spitze eines Feldelektronenmikroskopes kann man adsorbierte Oberflächenschichten entfernen. Kombiniert man eine hohe Wechselspannung mit einer Gleichspannung, so erhält man während kurzer Zeiten in beiden Halbwellen abwechselnd Desorption und Abbildung durch Elektronen. Die Desorptionsdauer ergibt sich für einen berechneten Fall zu 1/30 der Periode, während dieser Zeit lösen sich 180 Ionen. Dabei wirkt diese Reinigung der Oberfläche auch bei niedrigen Temperaturen. Auch für Betrieb mit Rechteckspannungen statt mit Sinusspannung wird eine Schaltung angegeben. Während bei thermisch gereinigten Oberflächen nur die niedrig indizierten Flächen gefunden werden, erhält man nach Felddesorption auch höher indizierte. Die Felddesorption bei tiefen Tempp. führt auch bei niedrig schmelzenden Metallen zu reinen Oberflächen. (Rev. sci. Instruments [N. S.] **29.** 309—12. April 1958. University Park, Pa., Field Emission Labor.) C. Reuber. 181

Alexandre Laforgue, *Diagramme von dreiatomigen symmetrischen Molekülen.* Am Beispiel der symm. dreiatomigen Gruppierungen H_3 u. H_3^+, die eine rechtwinklige Kette bilden, erläutert Vf. den Begriff der Molekulardiagramme. Es wird gezeigt, daß bei der Beschreibung des Molekülzustandes die Spinzustandsmeth., die Meth. der Ionenmesomerie von Hirschfelder, Eyring u. Rosen (J. chem. Physics **4.** [1936.] 121) sowie die Konfigurationswechselwirkungsmethoden äquivalent sind. Im einzelnen werden diskutiert die Bedeutung der Molekülzustände, die Polarität schwach polarer Systeme sowie die Berechtigung für die Einführung der Ionisation in die von Vf. beschriebene Methode. Eine Deutung für die in der üblichen Meth. der Moleküldiagramme vernachlässigten Glieder wird gegeben. Es wird gezeigt, daß für eine quantenmechan. Beschreibung eines Syst. von Kernen und Elektronen der Begriff eines Atoms im Innern eines Mol. sowie der Bindungsbegriff nicht notwendig sind; indessen gelangt man auf diesem Wege zu einer theoret. Deutung dieser chem. Begriffe. (Cahiers de Physique **1955.** Nr. 53. 9—26. Jan. Centre de Chim. theorique de France.) K. Frenkler. 182

L. I. Widro, *Über das Temperaturgebiet der Verglasung anorganischer Gläser.* Ausgehend von den einfachen Zusammenhängen der thermoplast. Theorie wird die Breite des Verglasungsintervalls von Gläsern für das Temp.-Gebiet berechnet, in welchem die Relaxation der inneren Spannungen unabhängig von der Temp. linear verläuft. Die Breite des Intervalls ist dann gleich $\Delta T_g = \frac{2,7}{a} T_g^2$ (T_g = Verglasungstemp.). Für den Großteil der amorphen Dielektrika kann die Temp.-Abhängigkeit der Relaxationsperiode dem Verlustwinkel ϑ bei Änderung der Feldfrequenz gegenübergestellt u. somit den Abweichungen der Temp.-Kurven nähergetreten werden. Zur Veranschaulichung der Berechnungen werden die Temp.-Abhängigkeiten von tg ϑ bei Glycerin, Isobutylalkohol resp. Polyhexylmethacrylat interpretiert. (Журнал Физической Химии [J. physik. Chem.] **32.** 1823—26. Aug. 1958. Saratow.) H. TŮMA. 186

J. F. Nye, R. D. Spence und **M. T. Sprackling,** *Photoelastische Untersuchung von Versetzungsanordnungen in Kristallen.* AgCl-Einkristalle werden durch Zug und Biegung plast. verformt u. auf Spannungsdoppelbrechung geprüft. Ein Versetzungsmodell für die Spannungsverteilung wird kurz diskutiert. (Philos. Mag. [8] **2.** 772—76. Juni 1957. Bristol, Univ., H. H. Wills Phys. Labor.) J. TELTOW. 190

V. G. Hill und **Rustum Roy,** *Untersuchungen über Kieselsäure. 5. Mitt. Die Umwandlungsschwankung in Cristobalit.* Selbst bei sehr reinem Cristobalit ist die $\alpha \rightarrow \beta$-Umwandlung Schwankungen unterworfen, die von dem Strukturzustand des Ausgangsmaterials, von Temp. u. Wärmebehandlung abhängen. Mit Hilfe von DTA u. Zählrohraufnahmen wird gezeigt, daß die Umwandlungstemp. von Cristobalit eine Funktion des Ordnungsgrades ist. Am stabilsten ist die geordnete 3-Schicht-Struktur, die die $\alpha \rightarrow \beta$-Umwandlung bei 267° ± 2° zeigt. Bei der Umwandlung von Cristobalit in Tridymit wird für den verbleibenden Cristobalitanteil die Temp. der $\alpha \rightarrow \beta$-Umwandlung nicht verändert. Das Phasendiagramm des SiO_2 von FENNER wird als im wesentlichen richtig angesehen. (J. Amer. ceram. Soc. **41.** 532—37. 1/12. 1958. Pennsylvania State Univ., Coll. Min. Ind.) H. SAALFELD. 190

H. J. Goldschmidt, *Eine Hochtemperaturröntgenstrahluntersuchung über Niobpentoxyd und einige die Oxydation von Niob betreffende Probleme.* Die Phasenumwandlungen von Nb_2O_5 werden mit Hilfe von Hochtemp.-Röntgenstrahlphotographie bis zu 1230° untersucht, u. es wird gezeigt, daß die sogenannte „Hochtemperatur"-β-Allotrope die bei allen Tempp. im festen Zustand wahre stabile Form ist, während die „Tieftemp."-α-Form metastabil ist u. sich mit der Zeit stets zur β-Form umwandelt. Die Veränderungsgeschwindigkeiten für diesen Vorgang werden bestimmt. Der nominale Umwandlungspunkt von 900° hat nur bei verhältnismäßig hohen Erhitzungsgeschwindigkeiten eine Bedeutung. Die totale Oxydation von ursprünglich reinem Nb-Metall erstreckt sich infolgedessen von der Mischkristallbldg. durch Auflsg. von O im festen Nb bis zur Bldg. von Nb_2O_5. Eine bevorzugte Orientierung kann in dünnen Filmen von α-Nb_2O_5 erzeugt werden, die sich deutlich von dem ungeordneten losen Oxyd unterscheidet. Die α- oder β-Form von Nb_2O_5 kann durch Zusätze bestimmter Oxyde anderer Metalle stabilisiert werden. SiO_2 ist ein α-Stabilisator, u. im Syst. Nb_2O_3–SiO_2 koexistiert glasartiges SiO_2 neben Nb_2O_5. Die Entw. einer kohärenten amorphen Schicht dieser Art wird vom Standpunkt eines Schutzes gegen Oxydation als nützlich gehalten. Sie kann durch Boridzusätze gefördert werden. (J. Inst. Metals **87.** 235—39. 1958/59, herausg. März 1959. Birmingham, B. S. A. Res. Centre.) H. HOCHSTEIN. 190

P. H. Klootwijk und **T. J. Tiedema,** *Röntgenbeugungsphänomene, beobachtet in KCl–NaCl-Mischkristallen äquimolarer Zusammensetzung.* Um die Abwesenheit verschied. Röntgenreflexe in LAUE-Aufnahmen von homogenen 50/50 KCl–NaCl-Mischkristallen zu erklären, wird ein Modell vorgeschlagen, in welchem die Cl-Ionen von ihren geometr. Lagen verschoben sind. Der Betrag der mittleren Verschiebung dieses Modells wird berechnet. Er steht in guter Übereinstimmung mit den auf Grund der Unterschiede in den effektiven Radien der K^+- u. Na^+-Ionen zu erwartenden Effekte. Das Erscheinen ellipt. LAUE-Flecken auf den Aufnahmen beim Zerfall der Mischkristalle wird der Bldg. kleiner Teilchen zugeschrieben, die sich leicht in der Orientierung unterscheiden. Aus den gemessenen Längen der Achsen der Ellipsen wird ein Orientierungsunterschied von 1° ausgerechnet. Das Erscheinen von LAUE-Punkten gemischter Indices in den zerfallenen Mischkristallen wird durch Annahme eines bestimmten Ordnungsgrads in der 25/75 KCl–NaCl-Gleichgewichtsphase erklärt. (Proc., Kon. nederl. Akad. Wetensch., Ser. B **61.** 188—95. 1958. Delft, TU, Labor. of Phys. Chem.) H. K. HOFMEISTER. 195

B. Brehler, *Die Kristallstruktur des $Na_2ZnCl_4 \cdot 3H_2O$.* $Na_2ZnCl_4 \cdot 3H_2O$ krist. in Form von hexagonalen Prismen; opt. positiv, $\omega = 1{,}541$, $\varepsilon = 1{,}544$ (± 0,001). Die Gitterdimensionen wurden aus Einkristall- u. Pulveraufnahmen zu a = 6,876, c = 5,955 Å (+ 0,005) bestimmt; P 31m—C_{3v}^2, Z = 1, $D_{\cdot exp.}$ = 2,06 g/cm³. Die Strukturaufklärung erfolgte aus PATTERSON-Schnitten, die Parameter wurden nach der „trial-and-error-Meth. verfeinert. Die endgültigen Zuverlässigkeitsfaktoren betragen $R_{hk0} = 0{,}191$ u. $R_{h0l} = 2{,}218$. Die Struktur ist aufgebaut aus $ZnCl_4$-Tetraedern mit Zn–Cl = 2,26 Å; Na ist von 3 Cl (2,80 Å) u. 3 H_2O (2,35 Å) derart umgeben, daß das Koordinationspolyeder eine Zwischenstellung zwischen Oktaeder u. Prisma einnimmt. H_2O–H_2O = 3,44, Cl–Cl = 4,08 Å. (Naturwissenschaften **46.** 69—70. 2. Jan.-H. 1959. Marburg/Lahn, Univ., Mineralog. Inst.) H. K. HOFMEISTER. 195

N. G. Molewa, P. Ss. Kussakin, Je. A. Wetrenko und **N. P. Dijew,** *Über die Kristallisation von Schmelzen des Systems FeS–Co_4S_3.* Die Eigg. u. Zus. des Systems

$FeS-Co_4S_3$ wurden eingehend untersucht u. das Diagramm des binären Systems graph. dargestellt. Darin vorkommende Phasen sind: α (feste Lsg. von FeS in Co_4S_3) u. β (feste Lsg. von Co_4S_3 in FeS); die Zusammensetzung des Eutektikums ist 23,7% FeS u. 76,3% Co_4S_3, dessen F. 897°. — Beide Systemkomponenten zeigen eine bedeutende gegenseitige Löslichkeit u. Bldg. von festen Phasen. Bei Tempp. um 770—790° kommt es in diesem System ähnlich wie im System Co–S zum Zerfall des Co_4S_3. Für die metallograph. Best. wird α mit HNO_3 geätzt u. erscheint im reflektierten Licht hell kremfarben mit rosa Anstich, während β mit Oxalsäure geätzt wird u. im reflektierten Licht dunkel kremfarben erscheint. (Журнал Прикладной Химии [J. angew. Chem.] **30.** 1402—05. Sept. 1957. Uralzweigstelle der Akad. der Wiss. der UdSSR, Inst. für Chem. u. Metallurgie.) H. TŮMA. 195

G. F. Claringbull und **M. H. Hey,** *Neue Angaben über Dumortierit.* Über Dumortierit werden folgende Angaben gemacht: Raumgruppe Pcmn, Z = 4, Formel: $(Al, Fe)_7BSi_3O_{18}$, Analyse des braunen Materials von Ceylon in Edelsteinqualität: SiO_2 32,7, Al_2O_3 55,5, Fe_2O_3 4,4, B_2O_3 4,9, H_2O 0,4%. D. 3,41, Optik: $n_\alpha = 1{,}6860$ schwarz, $n_\beta = 1{,}722$ tief rotbraun, $n_\gamma = 1{,}7229$ braun, 2 V = 13°, Gitterkonstanten: a = 11,79, b = 20,209, c = 4,7015 Å. (Mineralog. Mag. J. mineralog. Soc. **31.** 901—07. Sept. 1958. London, Brit. Mus., Dep. of Mineral.) J.-E. HILLER. 195

E. Aruja, *Die Elementarzelle von Calcium-Kalium-Sulfathydrat: Synthetischer und natürlicher Syngenit.* An natürlichem u. synthet. Syngenit wurden die Gitterkonstanten neu bestimmt: a = 9,771, b = 7,146, c = 6,251 Å, β = 104,02°. Raumgruppe: P 2_1/m. Formel: $K_2Ca(SO_4)_2 \cdot H_2O$. $D._{ber.}$ 2,575; $D._{beob.}$ 2,579. Das synthet. Material war mit dem natürlichen prakt. identisch. (Mineralog. Mag. J. mineralog. Soc. **31.** 943—46. Sept. 1958. Garston, Watford, Building Res. Stat.) J.-E. HILLER. 195

Karl-Joseph Hanszen, *Der Einfluß von Oberflächenfremdschichten auf die Strukturveränderungen dünner Metallaufdampfschichten beim Tempern.* Es werden elektronenmkr. Unterss. der therm. Veränderung von dünnen metall. Aufdampfschichten ohne künstlich aufgebrachte Bedeckung, mit nachträglicher Bedeckung aus Kohlenwasserstoff-Polymerisaten oder Kohle mit Oxydbedeckung beschrieben. Die Deckschichten können bewirken: mechan. Schutz, höhere Beweglichkeit der Metallatome auf der bedeckten Oberfläche oder längs der Unterlage, erhöhte Verdampfungsgeschwindigkeit des Metalles oder auch chem. Rkk. auch zwischen mehreren Deckschichten. (Z. Physik **150.** 527—50. 8/4. 1958. Braunschweig, Phys.-Techn. Bundesanst.) C. REUBER. 196

Jan Kaczér, *Die Labyrintstruktur an der Oberfläche des Siliciumeisens.* Bei einem Einkristall von Siliciumeisen (4% Si) wurde bewiesen, daß die Labyrintstruktur durch elast. Spannung in der Nähe der Oberfläche des Materials entsteht. Diese Struktur entsteht nur in dem Fall, daß der allseitige Druck im Material parallel mit der Oberfläche wirkt. Der notwendige Druck ist 10 kg/mm². (Československ. Časopis Fysiku **8.** 742—43. 1958. Praha, Karlova univ.) J. SCHNEIDER. 196

W. W. Mullins, *Der Einfluß der thermischen Ätzung auf die Wanderung der Korngrenzen.* Eine Theorie wird mitgeteilt, die die therm. Ätzung einer wandernden Kornschicht beschreibt. Die Behandlung geht von der GIBBS-THOMPSONschen Formel aus, die einen Zusammenhang zwischen Oberflächenkrümmung u. chem. Potential gibt, sowie von der Annahme, daß die Korngrenzenätzung mit Hilfe der Oberflächendiffusion vor sich geht. Es ergibt sich, daß eine Korngrenze an der Oberfläche hängen bleibt, wenn der Winkel zwischen jener u. der Oberflächennormale einen krit. Wert unterschreitet. An Hand von experimentellen Ergebnissen wird gezeigt, daß therm. Ätzfurchen die Wanderung von an der Oberfläche endigenden Korngrenzen verzögern u. zu einer ruckweisen Bewegung Anlaß geben. Es wird die Hypothese diskutiert, daß eine bestimmte Art sek. Kornwachstums durch Unterschiede in der freien Energie der Gas-Metall-Grenzfläche verursacht wird. (Acta metallurg. [New York] **12.** 414—27. Juni 1958. Pittsburgh, Pa., Westinghouse Res. Labor.) H. K. HOFMEISTER. 197

M. J. Makin, *Strahlungsschäden an Metallen.* 1. Mitt. *Einfluß auf die physikalischen Eigenschaften.* Vf. behandelt die Prozesse, die durch Wechselwrkg. zwischen den Teilchen der radioakt. Strahlung (α-Teilchen, Protonen, Deuteronen, Neutronen) u. den Metallatomen zustande kommen, hinsichtlich ihres Einfl. auf die physikal. Eigg. (elektr. Eigg., Formänderungen, Einfl. auf Diffusion u. Phasenumwandlungen) der bestrahlten Metalle u. Legierungen. — 23 Literaturhinweise. (Atomics and Nuclear Energy **9.** 260—63. Aug. 1958. Harwell, Berks., AERE.) W. KARCHER. 197

R. E. Reed-Hill und **W. D. Robertson,** *Zusätzliche Arten der Deformationszwillingsbildung in Magnesium.* Nachw. für die Existenz von 2 zusätzlichen Arten der Deformationszwillingsbildung nach $\{30\bar{3}4\}$ u. $\{10\bar{1}3\}$ wird erbracht, die in Mg-Einkristallen durch Zugspannung parallel zur Basisebene hervorgerufen werden. Der kristallograph. Bildungsmechanismus von {3034}-Zwillingen wird diskutiert, da in diesen Zwillingen durch einen Trennmechanismus Verformungsbruch erfolgt. Die Temperaturabhängigkeit der Zwillingsbildung zwischen —190 u. + 286° ist ungewöhnlich, da sich die Zwillinge am leichtesten bei höheren Tempp. bilden. (Acta metallurg. [New York] **5.** 717—27. Dez. 1957. New London, Conn., U. S. Coast Guard Acad.; New Haven, Conn., Yale Univ., Hammond Metallurgical Labor.) H. K. HOFMEISTER. 197

R. E. Reed-Hill und **W. D. Robertson,** *Die kristallographischen Kennzeichen des Bruchs von Magnesiumeinkristallen.* (Vgl. vorst. Ref.) Eine erneute Unters. des Bruchmechanismus in Mg wurde mit Einkristallen im Zugversuch parallel zur Grundfläche durchgeführt. Der Bruch im Zwilling wurde als Grundform der Bruchbildung beobachtet. Im Temperaturbereich 25 bis 286° kommen hauptsächlich Brüche in $\{30\bar{3}4\}$-Zwillingen vor, während bei —190° die Habitusebene des Bruches $\{11\bar{2}4\}$ war. Die früher berichteten Bruchebenen (0002), $\{10\bar{1}1\}$ u. $\{10\bar{1}0\}$ des Mg konnten nicht bestätigt werden. Die geringe Duktilität des Magnesiums bei Zugbeanspruchung parallel zur Basisebene wird auf Grund des Bruchmechanismus erklärt. (Acta metallurg. [New York] **5.** 728—37. Dez. 1957.) H. K. HOFMEISTER. 197

Michal Boček, Petr Kratochvíl und **Miloslav Valouch,** *Faser- und Bandsubstruktur der mit der Methode nach Czochralsky hergestellten Zinkeinkristalle.* Bei der Unters. der Substruktur von Zn-Einkristallen (1. 99,71% Zn mit 0,16% Cd u. 0,06% Cu; 2. 99,947% Zn mit 0,040% Cd u. 0,006% Cu) in Abhängigkeit von der Wachstumsgeschwindigkeit u. dem Wärmegradienten wurde ermittelt, daß die Substrukturen der nach der Meth. von CZOCHRALSKY u. der nach der Meth. von BRIDGMAN hergestellten Kristalle einander entsprechen. Es wird vermutet, daß bei der Entstehung der Bandstruktur dieselben Faktoren mitspielen, welche nach RUTTER u. CHALMER die Faserstruktur (prismat. Struktur) bedingen. (Českoslov. Časopis Fysiku **8.** 521—25. 1958. [Orig.: tschech.] Czechoslov. J. Physics **8.** 557—62. 1958. [Orig: engl.] Praha, Karl. univ., Fys. ústav a Kat. fys. pevných látek.) H. TŮMA. 197

M. Kawasaki und **T. Ichiyama,** *Einige Beobachtungen über die Wechselbeziehung zwischen Spaltbarkeit, Zwillingsbildung und Schleifenbildung in polykristallinem Zink.* Beobachtung (Abb.) von Spannungszeichen auf polykrist. Zn bei Wärmewechseln zwischen Zimmertemp. u. —196°. Zwillinge können durch hohe örtl. Spannungen um die Spitze eines Spaltrisses herum entstehen. (Nippon Kinzoku Gakkai-Si [J. Japan Inst. Metals] **21.** 414—18. Juni 1957. [Orig.: japan.; Auszug: engl.]) W. WESLY. 197

Takashi Ikeno und **Kizo Shibata,** *Strukturwechsel bei Aluminium.* Der Strukturwechsel bei unterkühlten Gußblöcken aus Al (99,99, 99,74 u. 99,17%) u. mit Zusätzen von 0,1 *Fe* u. 0,1 *Si* wurde beim Erhitzen auf 450° u. 600° untersucht. Beim wiederholten Erhitzen von hochreinem Al auf 450° (30 Min.) wurden die Spitzen der säulenförm. Kristalle schrittweise stumpfer. Bei wiederholtem Erhitzen auf 600° (30 Min.) setzt Krongrenzenwanderung ein. Zwillingskristalle, die beim Erhitzen auf 600° (30 Min.) auftreten, sind stabil gegen weiteres Erhitzen. In Al mit Zusätzen von 0,1 *Fe* oder 0,1 *Si* tritt erst beim Erhitzen auf 600° eine geringe Korngrenzenwanderung auf. Beim Erhitzen von Al (99,74 u. 99,17) im Luftofen auf 580° wurde Strukturwechsel nur im Querschnitt, nicht an der Oberfläche beobachtet. Dementsprechend verändert sich die Oberfläche beim Walzen u. bei der anod. Oxydation durch Erhitzen nicht. (Light Metals [Tokyo] **8.** Nr 3 (30). 11—14. Mai 1958. Hokuriku, Light Metals Ind. Co., Ltd. [Orig.: japan.; Auszug: engl.]) F. VIER. 197

J. H. Auld, R. I. Garrod und **T. R. Thomson,** *Rekristallisation während des Kriechens von vorverformtem Aluminium.* Unterss. über die Abhängigkeit der Rekristallisationszeit von der angelegten Spannung während des Kriechens von stark u. leicht vorverformtem Al wurden durchgeführt. Im Gegensatz zu den Ergebnissen, die von WILMS (J. Inst. Metals **83.** [1955.] 427) mitgeteilt wurden, wurde gefunden, daß die Zeit bis zum Einsetzen der Rekristallisation mit wachsender Kriechspannung laufend zunimmt. Vorschläge, die auf Strukturänderungen während des Kriechens basieren, wurden für die Art, in welcher die Inkubationszeit von den angewendeten Spannungen u. vom Grad der Vorverformung abhängt, angegeben. (Acta metallurg. [New York] **5.** 741—46. Dez. 1957. Melbourne, Australia, Aeronaut. Res. Labor.)
H. K. HOFMEISTER. 197

Marc Erny, *Untersuchung einiger physikalischer Eigenschaften von Einkristallen aus Ga nahe ihrem Schmelzpunkt.* Die untersuchten Ga-Einkristalle traten im rhomb. Syst. auf. Die Messung des elektr. Widerstandes in der Stromrichtung parallel zu den kristallograph. Achsen a, b u. c ergab 17,5 ($\mu\Omega \cdot$ cm), 8,20 u. 55,3 bei 20°. Auch die Fortpflanzungsgeschwindigkeit der elast. Wellen hängt von der Richtung der Fortpflanzung ab. Für longitudinale Wellen in Richtung der Achsen a, b u. c wurden gemessen: 3570 (m/sec), 3420 u. 4550. Nach Unterss. durch Laue-Diagramme bleibt das rhomb. Syst. von 20° bis 29,5° bestehen. Bis 0,3° unter F. (29,75°) sind die Beugungsbilder so klar wie bei 20°. Darüber beginnen sie sich fortschreitend aufzulösen. Zugleich wird ihre Lage leicht durch eine Brechung um die Achsen verschoben, offenbar als Folge einer Anisotropie der Dichte. Die Temp.-Widerstandskurven sind nicht mehr klar geradlinig von 27° bis zum Schmelzpunkt. Wird sie in der Richtung des größten Widerstandes gemessen, so durchläuft die Kurve ein Maximum. (Métaux **33.** 253—69. Juni; 305—23. Juli/Aug.; 493—18. Dez. 1958.) F. Vier. 197

F. H. Ellinger, *Die Kristallstruktur von δ-Primärplutonium und die Wärmeausdehnungswerte von δ-, δ-Primär- und ε-Plutonium.* Durch Röntgenunters. wird nachgewiesen, daß δ'-Pu raumzentriert tetragonal mit zwei Atomen je Elementarzelle bei 000 u. $^1/_2$, $^1/_2$, $^1/_2$ ist. Die Elementarzellenabmessungen bei 477° sind $a = 3{,}339 \pm 0{,}003$ Å u. $c = 4{,}446 \pm 0{,}007$ Å, welche zu einer berechneten Dichte von 16,01 g/cm³ führen. Jedes Pu-Atom ist von 12 anderen mit einem mittleren Abstand von 3,275 Å umgeben. Der lineare Wärmeausdehnungskoeffizient senkrecht zur c-Achse ist $10^6\overline{\alpha}_a = 305 \pm 35$ je °C, u. parallel zur c-Achse ist $10^6\overline{\alpha}_a = -659 \pm 67$ je °C. Der mittlere lineare Koeffizient, $(2\overline{\alpha}_a + \overline{\alpha}_c)/3$, ist gleich $10^6\overline{\alpha}_L = -18 \pm 28$ je °C. Der lineare Wärmeausdehnungskoeffizient des flächenzentriert kub. δ-Pu beträgt $10^6\overline{\alpha}_L = -8{,}6 \pm 0{,}3$ je °C u. des raumzentriert kub. ε-Pu $10^6\overline{\alpha}_L = 36{,}5 \pm 1{,}1$ je °C. (J. Metals **8.** Nr. 10. Sect. 2. Trans. AIME **206.** 1256—59. Okt. 1956. Los Alamos, N. Mex., Univ.) H. Hochstein. 197

L. M. Clarebrough, M. E. Hargreaves und **G. W. West,** *Die Versetzungsdichte in gestauchtem Kupfer.* Die beim Anlassen von verformtem Cu auftretenden Änderungen der Energie, der makroskop. Dichte u. des elektr. Widerstandes wurden gemessen. Durch Kombination der Ergebnisse mit verfügbaren theoret. Werten für Versetzungsenergien sowie den von diesen hervorgerufenen Dichte- u. Wiederstandsänderungen erhält man drei voneinander unabhängige Abschätzungen für die Versetzungsdichte des verformten Materials. Die Werte aus Energie- u. Dichte-Messungen stimmen gut überein, die aus Widerstandsmessungen sind jedoch 60mal größer. Die Diskrepanz hängt wahrscheinlich mit Stapelfehlern im verformten Cu zusammen. (Acta metallurg. [New York] **5.** 738—40. Dez. 1957. Melbourne, Australia, Univ.; C. S. I. R. O., Div. of Tribophys.) H. K. Hofmeister. 197

Shosuke Imoto und **Genjiro Mima,** *Von Wasser herrührende innere Reibung in Kupfer.* Polykristalline Proben von Cu mit 0,2% O wurden in H_2-Atmosphäre erhitzt, bis kein H_2 mehr absorbiert wurde. Dann wurde die innere Reibung unter von —10° an steigenden Tempp. gemessen. Bei 0° wurde ein Maximum erhalten, das auf das im Cu enthaltene W. zurückgeführt wird, das als Eis nahe 0° kinet. Vibrationsenergie absorbiert u. örtlich schmilzt. (Technol. Rep. Osaka Univ. **6.** 141—44. März 1956. Dep. of Metallurgy. [Orig.: engl.]) F. Vier. 197

B. A. Mowtschan, *Polygonisierung von gegossenen Metallen und Legierungen.* (Vgl. C. **1959.** 8068.) Die Abänderung von Form u. Ausmaß der primären Kristallisation (zum Unterschied von der bei Umwandlungen verlaufenden Rekristallisation) erfolgt bei allen Abkühlungsgeschwindigkeiten bei Metallen, welche keinen Strukturumwandlungen unterliegen. — Die Korngrenzen wurden mit Hilfe von ^{35}S (ca. 0,0001%) bestätigt, u. nach röntgenograph. Unterss. können die sich beim Ätzen an den Korngrenzen zeigenden Punkte als an die Oberfläche stoßende Versetzungslinien betrachtet werden (Entfernung der einzelnen Punkte ca. $1{,}5—1{,}7 \cdot 10^{-4}$ cm). Nach den Ermittlungen erscheint die Polygonisierung dann, falls die Versetzungen nicht durch genügend Poren u. andere Defekte begleitet sind, wie das bei den angeführten Metallen der Fall ist (in den anderen Fällen kommt es zur Rekristallisation). (Известия Академии Наук СССР, Отделение Технических Наук [Nachr. Akad. Wiss. UdSSR, Abt. techn. Wiss.] **1958.** Nr. 10. 122—23. Okt. Kiew.) H. Tůma. 197

O. M. Mdiwani, *Anwendung der Kikuchi-Methode zur Untersuchung des Ordnungsvorganges von ternären Legierungen.* Unter Anwendung der von Kikuchi vorgeschlagenen Meth. (C. **1952.** 489) wird die Konfigurationsentropie sowie der Wärmegeh. der tern. Legierungen mathemat. berechnet, wobei außerdem die Anordnung dieser Legierungen in Annäherung nach Bethe-Tagaki u. der Curie-Punkt in Betracht gezogen werden. (Сообщения Академии Наук Грузинской ССР [Mitt. Akad. Wiss. GrusinSSR] **20.** 405—10. April 1958. Tbilissi, Stalin-Univ.) H. Tůma. 197

K. Okawara und **T. Nakamura,** *Über die Aluminiumfolie.* Unterss. über die mechan. Eigg. von Al-Folie mit 99,747(%) Al, 0,085 Si, 0,157 Fe, 0,005 Cu, 0,006 Zn im Vgl. mit denen von Al-Blech zeigen: Die Zunahme der Dehnung der Folien nach der Rekristallisation (RK) ist viel geringer als die der Bleche. Die Abnahme der Zugfestig-

keit der Folien beginnt bei der 1. Glühstufe; die Dehnung nimmt als Folge der RK zu. Beim Glühen von Folien mit Dicken < 0,4 mm tritt keine nennenswerte Kornvergröberung auf. Je dünner die Folien sind, desto geringer ist die Korngröße nach der RK; der Korndurchmesser erreicht das Vielfache der Dicke. In dickeren Folien tritt Verformung an allen Kristallen auf; wenn sie dünner werden, nimmt die Zahl der verformten Kristalle ab, u. man beobachtet Mikrorisse. (Nippon Kinzoku Gakkai-Si [J. Japan Inst. Metals] **21.** 378—82. Juni 1957. [Orig.: japan., Auszug: engl.])
W. Wesly. 197

Kenjiro Okawara, *Untersuchung über die sekundäre Rekristallisation von kalt gewalztem Aluminium als Einkristall.* 5. Mitt. (4. vgl. Nippon Kinzoku Gakkai-Si [J. Japan Inst. Metals] **20.** [1956.] 232; vgl. auch vorst. Ref.) Unterss. über die Einw. von Verunreinigungen (Fe, Sn, Mn, Cu u. Mg) auf die Kornvergröberung (KV) von sehr reinen Al-Einkristallen zeigen: Alle Verunreinigungen führen zur KV bei Walz-Querschnittsverminderungen zwischen 50 u. 75%. Das prim. Gefüge ist feinkörnig mit starker prim. Orientierung. Die Orientierung des sek. rekrist. Kornes ist fast die gleiche wie die von sehr reinem Al u. reicht von (113) bis (156). Die KV ändert sich nicht durch die Art der Legierungselemente in Mengen von 0,2%. (Nippon Kinzoku Gakkai-Si [J. Japan Inst. Metals] **21.** 407—10. Juni 1957. [Orig.: japan., Auszug: engl.]) W. Wesly. 197

A. A. Botschwar und **P. K. Nowik,** *Einfluß der Zusammensetzung der Aluminiumlegierungen mit Zink auf die Größe der Dimensionsänderungen von Proben bei cyclischer Wärmebehandlung.* (Vgl. C. **1959.** 3399.) Al, Zn u. Al-Zn-Legierungen mit 32—98% Zn werden einer therm. Wechselbehandlung (Erhitzen auf 340°, Abkühlen in W. von 13°) mit je 5 Min. Cycluslänge unterworfen, wobei nach einer bestimmten Anzahl (Z) von Cyclen Länge, Breite u. Dicke der Proben festgestellt werden. In Verss. mit Z = 20, 40 u. 60 nehmen reines Al u. reines Zn bei zunehmendem Z an Länge u. Breite zu, an Dicke ab (Längenzunahme ΔL bei Z = 60: Al 1,5, Zn 3,25%). Bei Zn-Gehh. bis 38% nimmt ΔL ab, bei 38—72% Zn ändern sich die Dimensionen prakt. nicht, bei 78—95% Zn nimmt die Länge u. teilweise die Breite mit zunehmendem Z stark ab, die Dicke zu; maximale Änderung nahe der eutektoiden Konz. 78—80% Zn: ΔL = 2—5%, Dickezunahme 5—7% (bei Z = 60). Die Legierung mit 98% Zn verhält sich wie reines Zn. Die Ergebnisse werden graph. dargestellt. Der Mechanismus entspricht einer plast. Verformung. Die Legierung mit 78% Zn erleidet bei Wechsel von 13 auf 250 u. 265° (ohne eutektoiden Übergang) gleichartige, aber schwächere Änderungen. (Доклады Академии Наук СССР [Ber. Akad. Wiss. UdSSR] **112.** 1041—42. 21/2. 1957.) R. K. Müller. 197

L. N. Gussewa und **B. I. Owetschkin,** *Eigenschaften der β-Phase des Systems Nickel–Aluminium.* Die β-Phase der Ni-Al-Legierungen (NiAl bildet sich bei 45,25 bis 60 At.-% Ni) zeigt bei 49 At.-% Ni ein Minimum der spezif. Leitfähigkeit sowie ein Minimum der Härte (250 H_V entgegen ca. 450 vor u. nach diesem Minimum) u. entspricht also auch in diesem Verh. den üblichen Erscheinungen bei festen Lösungen. (Известия Академии Наук СССР, Отделение Технических Наук [Nachr. Akad. Wiss. UdSSR, Abt. techn. Wiss.] **1958.** Nr. 3. 118—19. März. Moskau.) H. Tůma. 197

A. Taylor, *Der Aufbau der nickelreichen quaternären Legierungen des Ni–Cr–Ti–Al-Systems.* (Vgl. C. **1955.** 4536; C. **1956.** 13634.) Das quatern. Syst. Ni–Cr–Ti–Al wird bis zu einer Temp. von 1150° für Zuss. über 50 Atom-% Ni untersucht. Hierbei wird festgestellt, daß dieser Bereich sechs Einzelphasenflächen enthält, nämlich der flächenzentriert kub. Ni-reiche p-Mischkristall, die flächenzentriert kub. geordnete p′-Phase, die auf Ni_3Al basiert, die hexagonal-dichtest gepackte intermetall. Verb. η-Ni_3Ti sowie die drei raumzentriert kub. Phasen β_1-NiAl, β_2-NiTi u. β_3-Ni_2TiAl. Bei einer Temperatursteigerung nimmt das Volumen des quatern., durch die p-Phase eingenommenen Tetraeders sehr beträchtlich zu, während das der γ'-Phase abnimmt. Die Verbindungslinien durch die Zweiphasenfelder $\gamma + \gamma'$, $\gamma + \eta$ u. $\gamma' + \eta$ liegen fast genau in der Ni_3Cr—Ni_3Al—Ni_3Ti-Fläche, wobei diese drei Lagen, die auf ein pseudo-tern. System mit einem $\gamma + \gamma' + \eta$-Dreieck hindeuten, nahe einer Verbindungsfläche liegen. Es besteht Grund zu der Annahme, daß ein Vierphasenfeld die bin. Phasen γ, γ' u. η mit der tern. Phase β_3-Ni_2TiAl verbindet. (J. Metals **8.** Nr. 10. Sect. 2. AIME Trans. **206.** 1356—62. Okt. 1956. Pittsburgh, Pa., Westinghouse Electric Co.)
H. Hochstein. 197

W. De Sorbo, H. N. Treaftis und **D. Turnbull,** *Entmischungsgeschwindigkeit in Al–Cu-Legierungen bei tiefen Temperaturen.* Eine Widerstandszunahme u. das Freiwerden von Energien wurde in schnell abgekühlten Al–Cu-Legierungen (2 Atom% Cu) bei Tempp. $\leqslant$ —45° gefunden. Diese Eigenschaftsänderungen werden der Bldg. von Cu-reichen Bereichen zugeschrieben, bei denen es sich vermutlich um Guinier-Preston-Zonen handelt. Die Kinetik dieser Entmischungen wurde im Temp.-Bereich von 25° bis —45° untersucht. Es wurde gefunden, daß die isotherme Entmischungsgeschwindigkeit mit der Zeit abnimmt, sie wird wesentlich kleiner (10—100mal), wenn das Abschrecken von der Homogenisierungs-Temp. bei 200° für einige Sek. unterbrochen wird. Die Aktivierungsenergie für die Tieftemp.-Entmischung beträgt etwa 12 kcal/Mol u. ist von ähnlicher Größe wie diejenige für das Ausheilen von durch Abschrecken eingefrorenen atomaren Fehlstellen in reinem Al. (Acta metallurg. [New York] **6.** 401—13. Juni 1958. Schenectady, N. Y., General Electric Res. Labor.) H. K. HOFMEISTER. 197

A. A. Babareko, *Die Bestimmung des Einflusses von Gasbeimengungen auf die Textur des Titans.* Ti-Metall mit O_2- u. N_2-Verunreinigungen, welche bei der therm. Verarbeitung eingetragen wurden, zeigt bis 0,11% O_2 u. 0,02% N_2 bei der Kaltverformung (82%) die „Doppeltextur" des „Jod-Titans", während höhere Gehalte die Kaltverformung unmöglich machen. Bei der Warmverformung (700°, 90%) zeigten alle Proben (bis zu 0,31% O_2 u. 0,145% N_2) die „Doppeltextur". (Известия Академии Наук СССР, Отделение Технических Наук [Nachr. Akad. Wiss. UdSSR, Abt. techn. Wiss.] **1958.** Nr. 3. 126. März. Moskau.) H. TŮMA. 197

Je. M. Ssawitzki, M. A. Tylkina und **I. A. Zyganowa,** *Der Einfluß von legierenden Zusätzen auf die Temperatur der Rekristallisation und die mechanischen Eigenschaften von Titan.* (Vgl. C. **1958.** 8553.) Der Einfl. von N_2 (bis 0,23%), O_2, S, B, Be (1—1,5%), Fe, Co, Mn, Al, Re, Cr, Nb, Sn (5—10%) u. V (bis 30%) auf die Rekristallisationstemp. (**RT**) u. mechan. Eigg. von Ti wurde untersucht. — Die legierenden Elemente können nach dem Erhöhen der **RT** eingeteilt werden: 1. solche, die **RT** in kleinen Mengen stark erhöhen (N_2, O_2, C, B, Be, Re u. Al, am meisten Re — bis 800°), 2. solche, die **RT** in Mengen über 3% erhöhen (am meisten V — auf 750° bei 10%) u. 3. solche, die ohne Einfl. sind (Nb u. Co). — Alle Beimengungen erhöhen die Zugfestigkeit u. Härte, erniedrigen jedoch die Plastizität. Den größten Einfl. üben die die **RT** erhöhenden Elemente der 1. Gruppe aus (N_2, O_2, C, Be, B); die Einw. der anderen Metalle bei 5% Geh. kann folgendermaßen gereiht werden: Cr, Co, Nb, V, Mn, Fe, Sn, wobei den kleinsten Einfl. Fe, Co u. Nb haben. — Alle Ergebnisse werden graph. gezeigt. (Известия Академии Наук СССР, Отделение Технических Наук [Nachr. Akad. Wiss. UdSSR, Abt. techn. Wiss.] **1958.** Nr. 3. 96—103. März. Moskau.)
H. TŮMA. 197

C. B. Alcock und **F. D. Richardson,** *Verdünnte Lösungen in geschmolzenen Metallen und Legierungen.* Die Aktivitätskoeffizienten von S in Schmelzen von reinem Cu u. Cu-Legierungen mit Au, Si, Pt, Fe, Ni wurden bei Tempp. zwischen 1100° u. 1500° gemessen. Die thermodynam. Eigg. des gelösten S in unlegierten Metallen u. Legierungen können nicht allein auf der Basis der elektrochem. Potentiale der Metalle u. der entspr. Elektronenkonzz. pro Atom erklärt werden. Eine eingeführte halbquantitative chem. Behandlungsweise führt zu Beziehungen zwischen den Aktivitätskoeffizienten von S in metall. Elementen u. der Stabilität der entspr. Metallsulfide u. zu Beziehungen für den Einfl. eines stark verd. vorliegenden Legierungselements auf den Aktivitätskoeff. des vorhandenen S. Der Einfl. ist abhängig vom Aktivitätskoeff. des S in den beiden Reinmetallen u. vom Aktivitätskoeff. des Legierungselements. Der Zusammenhang wird auch auf tern. Systeme angewandt. Die integrale freie Mischungsenergie eines binären Systemes kann durch die hier behandelten Verss. auf 1 kcal genau bestimmt werden. (Acta metallurg. [New York] **6.** 385—95. Juni 1958. London, Imp. Coll., Nuffield Res. Group in Extract. Metallurgy.) H. K. HOFMEISTER. 197

Haruo Watanabe, *Die Einwirkung der Kaltbearbeitung auf die eutektoide Reaktion im System Cu–Si.* Die Umwandlungstemp. der eutektoiden Rk. einer kalt bearbeiteten 5,37% Cu–Si-Legierung (nach Abschrecken von 750°) für Erhitzungsgeschwindigkeiten (EG) $>$ 10° je Min. verlagert sich nach höheren Werten, wenn das Bearbeitungsverhältnis (BV) $<$ 7% beträgt, u. ist gegen EG bei BV $<$ 7% sehr empfindlich. Die Aktivierungsenergie fällt mit steigendem BV. Die Differenz in der Neigung der log k-Kurve ist für BV $<$ 7% viel deutlicher als für BV $>$ 7%. (Nippon Kinzoku Gakkai-Si [J. Japan Inst. Metals] **21.** 399—402. Juni 1957. [Orig.: japan., Auszug: engl.])
W. WESLY. 197

K. F. Wojciechowski, *Theorie der Ordnung in ternären Legierungen.* 1. Mitt. Ordnungstheorien für bin. Legierungen werden auf tern. ausgeweitet. Für die Beschreibung der Fehlordnung in tern. Legierungen wird ein linear unabhängiges Fernordnungsparametersyst. benutzt. Die Anzahl dieser Parameter wurde bestimmt. Die Fernordnung wird als eine Verallgemeinerung der BRAGG-WILLIAMS-Theorie betrachtet. Gleichgewichtsbedingungen in tern. Legierungen werden diskutiert, u. als Anwendungsbeispiel

der Theorie wurde die HEUSLERsche Legierung Cu_2MnAl behandelt. (Acta metallurg. [New York] **6.** 396—400. Juni 1958. Wroclaw, Univ., Dep. of Experim. Phys.)
H. K. HOFMEISTER. 197

Tokutaro Hirone, Nobuhiko Kunitomi, Masanobu Sakamoto und **Hideo Yamaki,** *Diffusion von Cadmium in Kupfereinkristalle.* Die Diffusion von Cd in Cu-Einkristalle ist im Temp.-Bereich von 725°—950° mit radioakt. ^{115}Cd als Indicator gemessen worden. Aus den Meßergebnissen wurde für den Häufigkeitsfaktor der Gleichung von ARRHENIUS $D = D_0 \exp(-H/RT)$ der Wert $D_0 = 0{,}935$ cm²/sec u. für die Aktivierungsenthalpie $H = 45700$ cal/Mol ermittelt. Diese Werte werden mit entspr. Werten für die Diffusion von Zn in Cu verglichen, um den Einfl. der Unterschiede der verschied. Atomradien festzustellen. (J. physic. Soc. Japan **13.** 838—40. Aug. 1958. Sendai, Tohoku Univ., Res. Inst. for Iron, Steel and Other Metals. [Orig.: engl.])
H. K. HOFMEISTER. 197

D. A. Leak und **G. M. Leak,** *Die Löslichkeit und Diffusion von Kohlenstoff in einer Silicium–Eisen-Legierung.* Untersucht wird die Lsg.- u. Diffusionsgeschwindigkeit von C in einem Transformatorenblech aus einer Fe–Si-Legierung mit 0,023(%) C. 2,83 Si, 0,002 Al, 0,008 S, 0,012 P, 0,004 N u. 0,0038 O. Hierbei werden Messungen über die innere Reibung durchgeführt. Es werden bei den Unterss. drei Relaxationsspitzen festgestellt. Die Volumen-Diffusion tritt durch den gleichen Einlagerungs-Mechanismus auf, wie sie bereits in C-haltigem α-Fe beobachtet worden ist. Die in Lsg. befindlichen C-Atome sind ebenfalls mit Si-Atomen in einer ähnlichen Weise verbunden, wie bei früheren Beobachtungen über N in Fe–Si-Legierungen. Diese Verb. ist weniger in den C-haltigen Proben ausgeprägt. Die Löslichkeit von C im Gleichgewicht mit einem ausgeschiedenen Carbid ist beträchtlich geringer als die für C im α-Fe; z. B. beträgt bei 700° die Löslichkeit etwa 0,005 Gew.-% in einem Fe mit 3% Si u. 0,02 Gew.-% im α-Fe. Das in den Fe–Si-Legierungen auftretende Carbid scheint Fe_3C zu sein. — 23 Schrifttumsstellen. (J. Iron. Steel Inst. **189.** 256—62. Juli 1958. Sheffield, B. I. S. R. A. Labors.)
H. HOCHSTEIN. 197

Karl Bungardt und **Wolfgang Spyra,** *Untersuchung über Zustandsänderungen von Eisen–Vanadin-Legierungen.* Untersucht wird bei Fe–V-Legierungen im Temp.-Bereich um 500° die Möglichkeit eines Auftretens ähnlicher Zustandsänderungen wie bei Fe–Cr-Legierungen mit mehr als 13%, welche dort zu einer Versprödung bei 475° führen. Diese Vermutung ergab sich aus der Ähnlichkeit der Zustandsschaubilder der Systeme Fe–Cr u. Fe–V bes. im Hinblick auf die Lage der Zustandsbereiche der Sigmaphase. Die Unters. an drei Fe–V-Legierungen mit 14, 27 u. 45% V erstreckte sich über den Temp.-Bereich von 350 u. 1100°. Meßgrößen waren die Härte, die Magnetisierung, der elektr. Widerstand, die Wärmeausdehnung u. der Elastizitätsmodul. Zur Unters. der Struktur wurden DEBYE-SCHERRER-Aufnahmen verwendet. Für die Legierungen mit 27 u. 45% V wurde die Bldg. von Sigmaphase in Abhängigkeit von der Glühtemp. u. -dauer ermittelt. Unterhalb 700° nimmt die Anlaufdauer für die Bldg. der Sigmaphase stark zu. Es zeigte sich, daß in diesem Temp.-Bereich der Fe–V-Mischkristall ähnlich wie der Fe–Cr-Mischkristall im Temp.-Bereich der Versprödung bei 475° instabil wird. Während aber im Falle der Fe–Cr-Legierungen ein Zerfall des Mischkristalles in eine Cr-reiche u. eine Cr-arme Phase stattfindet, sind bei den Fe–V-Legierungen Ordnungsvorgänge zu verzeichnen. Die Ordnungsbldg. führt bei der Fe–V-Legierung mit 45°/₀ V zu einer Ordnungsphase vom Cäsiumchlorid-Typ, die röntgenograph. nachgewiesen wurde. Bei der Fe–V-Legierung mit 27% V deuten Ausdehnungs- u. Widerstandsmessungen auf Nahordnungsvorgänge hin. Die Ordnungsbldg. ist als metastabil anzusehen, da nach längerer Glühdauer, zumindest bei den höheren Tempp., die Bldg. der Sigmaphase einsetzt. (Arch. Eisenhüttenwes. **30.** 95—102. Febr. 1959. Krefeld, Deutsche Edelstahlwerke AG.) H. HOCHSTEIN. 197

W. S. Gibson und **W. Hume-Rothery,** *Die Konstitution der Eisenlegierungen mit Ruthenium, Rhodium, Palladium und Silber.* Durch therm. Analyse wurden eisenreiche bin. Legierungen mit Ru, Rh, Pd u. Ag im Temp.-Bereich von 1380—1560° untersucht. Die Gleichgewichtsschaubilder der Systeme Fe–Ru, Fe–Rh u. Fe–Pd haben ein erweitertes γ-Feld, in welchem die Tempp. der A_4-Umwandlungen durch den Zusatz von Lösungsmetall erhöht werden. Im System Fe–Ru wird der raumzentriert kub. (δ) Fe-reiche Mischkristall durch eine peritekt. Rk. zwischen der Fl. u. dem flächenzentriert kub. (γ) Fe-reichen Mischkristall gebildet. In den Systemen Fe–Rh u. Fe–Pd wird der flächenzentriert kub. (γ) Mischkristall peritekt. aus der Schmelze u. dem δ-Mischkristall gebildet. Eine merkliche feste Lsg. von Ag im Fe bei hohen Tempp. wurde nicht festgestellt. (J. Iron Steel Inst. **189.** 243—50. Juli 1958. Oxford, Univ.)
H. HOCHSTEIN. 197

A. W. Sleeswyk, *Langsame Verfestigung von Flußeisen.* Mitgeteilt werden Vers.-Ergebnisse über das Verfestigungsverh. von *Armco-Flußeisen* mit 0,014(%) C, 0,024 Mn, 0,004 P, 0,021 S, 0,10 Cu bei langsamer plast. Zugverformung (Dehnungsgeschwindigkeit 10^{-4} sec^{-1}). Die hierbei beobachteten anomalen Effekte werden erörtert. Es wird gezeigt, daß die diskontinuierlichen Verfestigungskurven, die oft bei diesem Material beobachtet werden, aus der anomalen Geschwindigkeitsabhängigkeit der Verfestigung folgen. In diesem Zusammenhang wird ein Vers. zur Abänderung der Nabarroschen Theorie der Blausprödigkeit vorgeschlagen. (Acta metallurg. [New York] **6.** 598—603. Sept. 1958.) H. Hochstein. 200

A. A. Pressnjakow und **W. W. Tscherwjakowa**, *Die Erscheinung der „Überplastizität" im System Aluminium–Kupfer.* Analog der Al–Zn-Legierung erscheint auch bei der eutekt. Al–Cu-Legierung (33,1% Cu) der „überplast. Zustand" bei Tempp. über 400° C. — σ_B des spröden Eutektikums beträgt zwischen 20—400° 21—22 kg/mm² (ϑ 0—40%) u. fällt bei 500° rasch auf **4**,7 kg/mm² (ϑ 150%) u. weiter bis 0 (ϑ über 228%). (Известия Академии Наук СССР, Отделение Технических Наук [Nachr. Akad. Wiss. UdSSR, Abt. techn. Wiss.] **1958.** Nr. 3. 120—21. März. Alma-Ata.) H. Tůma. 200

W. N. Wigdorowitsch, A. N. Kresstownikow und **M. W. Malzew**, *Untersuchung fester Lösungen eines Dreikomponentensystems nach der Methode der Mikrohärte.* Die Möglichkeiten der Best. des Lösungsvermögens von festen Lsgg. mittels der Meth. der Mikrohärte-Best. wird an *Cu–Al-*, *Cu–Ti-* u. *Cu–Al–Ti*-Legierungen gezeigt. Die Messungen wurden an einer Reihe Legierungen verschied. Zus. (bis 50% Al u. 14,7% Ti) u. Wärmebehandlung (300—980°, 15 Tage bis 7 Std.) durchgeführt u. graph. dargestellt. Im Durchschnitt bedeutet die Einführung von 1% Ti in Cu ein Erhöhen der Mikrohärte um 33 kg/mm², von 1% Al um 12,4 kg/mm². — Gemessen wurde an mit 3% $FeCl_3$-Lsg. in 10% HCl geätzten (3—5 Sek. nach 4—5 Min. Vorätzung) Proben mit Hilfe des App. PMT–3 mit 20 g Belastung. (Известия Академии Наук СССР, Отделение Технических Наук [Nachr. Akad. Wiss. UdSSR, Abt. techn. Wiss.] **1958.** Nr. 3. 110—13. März. Moskau, Kalinin-Inst. für Buntmetalle u. Gold.) H. Tůma. 200

G. Ss. Kreimer, I. I. Ssidorin und **Je. F. Tischtschenkowa**, *Ermüdungsfestigkeit von metallkeramischen festen Legierungen Wolframcarbid–Kobalt.* Die mechan. Eigg., bes. Ermüdungsfestigkeit, von WC–Co-Hartmetallen wurde in bezug auf den Co-Geh. u. Korngröße des Carbids bei Tempp. bis zu 1000° untersucht. Bei den drei untersuchten Legierungen mit 4,6; 6 u. 8% Co (WK 4, WK 6 u. WK 8) steigt die Ermüdungsfestigkeit mit dem Co-Geh. bis ca. 250° (rascher bei höherem Co-Geh.) u. sinkt dann wieder ab, u. zwar schneller bei größerem Co-Geh., so daß bei Arbeiten bei höheren Tempp. sich die Hartmetalle mit kleinerem Co-Geh. (4,6%) günstiger bewähren (bei höheren Tempp. als 650° — bei dieser Temp. kommt die Ermüdungsfestigkeit der bei 20° gleich). — Einen ähnlichen Verlauf zeigt auch die Korngröße des WC, so daß eine mittlere Körnung empfohlen wird. — Die Koerzitivekraft der WC–Co-Hartmetalle ist nicht von dem Co-Geh., sondern von der Feinheit des WC abhängig (steigt mit kleinerem Korn). (Известия Академии Наук СССР, Отделение Технических Наук [Nachr. Akad. Wiss. UdSSR, Abt. techn. Wiss.] **1958.** Nr. 3. 113—18. März. Moskau, Bauman-Forschungsinst. für Hartmetalle.) H. Tůma. 200

Friedrich Blaha und **Bertwin Langenecker**, *Untersuchungen zur Bearbeitungserholung (Verformungsentfestigung) von Metallkristallen.* An aus der Schmelze gezogenen *Zn-* u. *Al*-Kristallen wurden nach abwechselnden Dehnungen bei verschied. Tempp. wie auch im US-Feld ohne Änderungen der Temp. Entfestigungen festgestellt. Diese Wrkg. trat dann deutlich auf, wenn die Proben um ein best. Mindestmaß (insgesamt etwa 5% bei Al u. 12% bei Zn) gedehnt wurden. Nach einer hinreichenden Verfestigung bei tiefer Temp. setzte bei einer anschließenden Dehnung bei höherer Temp. oder unter US-Einw. bei gleicher Temp. eine Entfestigung nach Überschreiten einer best. Schubspannung („Entfestigungspunkt") ein. (Z. Metallkunde **49.** 357—60. Juli 1958. Wien, Univ.) F. Vier. 200

Takasi Huzimura und **Tomiya Sutoki**, *Die elastische Nachwirkung.* An verdrillten Metalldrähten wird die elast. Nachwirkung bei verschiedenen Tempp. gemessen u. mit der Versetzungstheorie der Erholung zu erklären versucht. Die Nachwirkung ergab sich bei verdrillten Al- u. Ni-Drähten proportional zum Logarithmus aus der Glühzeit. Die Aktivierungsenergie für die Erholung ändert sich mit dem Logarithmus aus der Zeit u. ist unabhängig vom Anfangsbetrag der Verdrillung. 20 Minuten nach dem Beginn der Nachwirkung betrug die Aktivierungsenergie bei 300° ungefähr 0,5 eV. Die Ausbildung von Polygon-Grenzen u. Substrukturen während der Nachwirkung wird kurz diskutiert. (Sci. Rep. Res. Inst. Tôhoku Univ., Ser. A **8.** 79—86. April 1956. Res. Inst. for Iron, Steel and Other Metals. [Orig.: engl.]) H. Fahlenbrach. 200

A$_7$. Gleichgewichte. Kinetik.

Václav Hovorka, *Isostrukturelle isometallische Chelate. Einleitungsbemerkungen.* Einleitung einer Reihe von Veröffentlichungen über Chelatpaare dreizähniger Verbb., die durch eine cycl. u. zwei acid. Gruppen charakterisiert sind u. gleiche Zentralatome, die sich durch ihre Wertigkeit [z. B. Fe (II), Fe (III); Co (II), Co (III); Ti (III), Ti (IV)] unterscheiden, besitzen. Man kann sie darstellen z. B. aus einigen α-Ketosäuren, Aldehydsäuren oder Salicylaldehyd durch Kondensation a) mit Hydrazin-Derivv. (z. B. unter Bldg. von Semicarbazon bzw. Thiosemicarbazon der Benzoylameisensäure, Semioxazon der Brenztraubensäure), b) mit Säurehydraziden (es entsteht z. B. Salicyloylhydrazon des Salicylaldehydes bzw. der Brenztraubensäure), c) mit Aminoverbb. (es entsteht Salicylidenaminophenol). Durch Enolisierung dieser Verbb. entstehen acid. Gruppen (= NH, — OH u. — SH), die die Fähigkeit besitzen, einige Metallionen zusammen mit der schon in einem der kondensierten Bestandteile anwesenden acid. (— OH bzw. — COOH) u. cycl. Gruppe, die immer ein tert. N-Atom enthält, zu binden. Solche Chelatpaare, bei denen das Zentralatom immer an zwei Moll. der erwähnten Verbb. unter Bldg. einer oktaedr., strukturell ident. Konfiguration gebunden ist, die sich aber in der Anzahl von Wasserstoffatomen (entspr. der unterschiedlichen Wertigkeit des zentralen Metallatoms) unterscheiden, benannte Vf. isostrukturelle isometall. Chelate. Ist das Zentralatom zweiwertig, so entsteht ein zweiwertiges Chelat-Anion; ein dreiwertiges Zentralatom führt zur Bldg. einwertiger Chelatanionen u. ein vierwertiges Zentralatom gibt ein elektroneutrales Chelat. — Die Chelatpaare unterscheiden sich bei demselben Metall sowohl durch die Farbe der Lsg., als auch durch Farbe u. Form der Kristalle. (Chem. Listy **52.** 1708—09. Sept. 1958. Praha, Vysoká škola chem.-technol., Kat. analyt. chem.) J. Vaněček/Prag. 223

L. A. Motschalowa und **M. Ch. Kischinewski,** *Über die kinetischen Gesetzmäßigkeiten bei der Absorption nach der Durchperlmethode.* (Vgl. C. **1957.** 4604.) In Verss. mit CO_2 u. wss. NaOH-, Na_2CO_3- u. NH_3-Lsgg. wird festgestellt, daß die Periode $\Delta\tau$ der Erneuerung der Oberflächenschicht von Durchmesser u. Form der Öffnung, durch die das Gas eintritt, u. vom Volumendurchsatz des durch je eine Öffnung eintretenden Gases unabhängig, dem Quadrat der Viscosität η der Absorptionslsg. proportional ist, während der Masseübertragungskoeff. η in 1. Potenz proportional ist. Wenn $\Delta\tau$ in Min., η in Centipoise ausgedrückt wird, gilt $\Delta\tau = 2{,}2 \cdot \eta^2$. (Журнал Прикладной Химии [J. angew. Chem.] **31.** 533—42. April 1958. Kischinew, Univ., Labor. für physik. Chem.) R. K. Müller. 224

Rostislav Klimeček, *Die Absorption von Schwefeldioxyd in wässrigen Suspensionen von Zinkhydroxyd und Zinksulfit.* Es wurde die Absorption von SO_2 (0,3 Vol.-%) in einer wss. Suspension von $Zn(OH)_2$ in Halbbetriebsmaßstab untersucht. Es wurden folgende Rkk. vorausgesetzt: 1) $Zn(OH)_2 + SO_2 + H_2O = ZnSO_3 + 2\,H_2O$; 2) $Zn(OH)_2 + 2\,SO_2 = Zn(HSO_3)_2$; 3) $Zn(HSO_3)_2 + Zn(OH)_2 = 2\,ZnSO_3 + 2\,H_2O$. Es wurden die Geschwindigkeit der Konversion (3. Gleichung), der Absorptionskoeff., die Abhängigkeit des Gasdurchflusses von der Reynoldsschen Zahl u. die Abhängigkeit der Ausbeute von der Zahl der Düsen untersucht. Alle Resultate wurden statistisch ausgewertet. (Chem. Průmysl **9** (**34**). 57—62. Febr. 1959. Ústi n. L., Výzkumný ústav anorg. chem.) J. Schneider. 224

K. Ss. Krassnow, *Lösung von Apatit in teilweise mit Magnesium neutralisierter Phosphorsäure (in Lösungen des Systems $MgO–P_2O_5–H_2O$).* Die Zers. von Apatit in teilweise mit Mg neutralisierter H_3PO_4 (in Lsgg. des Syst. $MgO–P_2O_5–H_2O$) wurde bei 25 ± 1° untersucht (in Lsgg. mit 45,40 u. 35% P_2O_5 bei 1—7% MgO). Mit zunehmendem MgO-Geh. in der fl. Phase nehmen die freie Acidität, das Verhältnis Säure : Salz u. die H^+-Konz. ab, der Wert der spezif. Lösungsgeschwindigkeit $\bar{v} \cdot [H^+]$ u. $\bar{v}$ ändern sich symbatisch. Eine lineare Abhängigkeit zwischen $[H^+]$ u. $\bar{v}$, die der Formel $\bar{v} = K' \cdot [H^+]$, wo $K' = K \cdot D/S$ ist, entspricht, wurde nicht festgestellt. Die Größe der Geschwindigkeitskonstanten K' verändert sich: Sie hängt vom Neutralisierungsgrad (Z) ab u. erreicht ihr Maximum bei 2—3% MgO. Für prakt. Zwecke wird die empir. Formel $\bar{v} = v_0 \cdot 10^{-0{,}434 \cdot \beta \cdot Z}$ (v_0 = Lsg.-Geschwindigkeit bei Z = 0; β = Proportionalitätskoeff.) vorgeschlagen. Bei 45% P_2O_5 ist $\beta = 0{,}060$; bei 40% 0,0455; bei 35% 0,0463. Verss. über die Abhängigkeit der Lösungsgeschwindigkeit von Apatit in Lsgg. mit konstantem Z vom P_2O_5-Geh. ergaben, daß bei 25—30% P_2O_5 in der fl. Phase das Maximum erreicht wird. (Журнал Прикладной Химии [J. angew. Chem.] **31.** 345—52. März 1958. Iwanowo, Chem. Technol. Inst.) Otto Maier. 224

A. M. Feibush, Keith Rowley und **Louis Gordon,** *Gemeinsame Fällung bei einigen binären Systemen von Oxalaten Seltener Erden.* In einem Gleichgewichtsmodellsystem sollte der Verteilungskoeff. λ der Doerner-Hoskins-Gleichung in einem funktionalen Zusammenhang mit den Löslichkeitsprodd. der gemeinsam gefällten Verbb.

stehen, u. zwar sollte λ bei den Oxalaten der Seltenen Erden gleich der Wurzel aus dem Verhältnis der Löslichkeitsprodd. sein. Vff. untersuchten die Systeme Nd^{3+}/Ce^{3+}, Y^{3+}/Ce^{3+} u. Yb^{3+}/Nd^{3+}. Diese Systeme zeigten (entspr. der DOERNER-HOSKINS-Gleichung) ein konstantes λ im Bereich 0—100% des gefällten Gastkristalls. Beim Variieren des Molverhältnisses der festen Phase im Nd/Ce-System im Verhältnis von 10^6 blieb λ gleichfalls konstant. Dennoch scheint das Gleichgewichtsmodell nicht zu gelten, da zwischen λ u. dem Verhältnis der Löslichkeitsprodd. kein Zusammenhang besteht. Vff. nehmen an, daß der Wert von λ durch die Kinetik des Fällungsvorganges best. wird. — Die Messungen erfolgten durch Mischen der Perchlorate der Seltenen Erden mit Dimethyloxalat (Anfangs-p_H 3,0), Rühren bei 25° bis zur Beendigung der Fällung u. Best. beider Seltener Erden in beiden Phasen nach Zentrifugieren. Radioakt. Tracer dienten in den meisten Fällen zur Bestimmung. (Analytic. Chem. **30.** 1605—09. Okt. 1958. Upton, N. Y., Brookhaven Nat. Labor., Chem. Dep.; Syracuse, N. Y., Univ., Chem. Dep.)
E. DEHMLOW. 224

A. M. Feibush, Keith Rowley und **Louis Gordon,** *Löslichkeit von Yttriumoxalat.* (Vgl. vorst. Ref.) Nach der Meth. von CROUTHAMEL u. MARTIN (C. **1953.** 4339) wurden das Löslichkeitsprod. von *Y-Oxalat* ($5,34 \cdot 10^{-29}$) u. die Dissoziationskonstanten von $Y(C_2O_4)^+$ ($\approx 3 \cdot 10^{-7}$), $Y(C_2O_4)_2^-$ ($\approx 8 \cdot 10^{-11}$) u. $Y(C_2O_4)_3^{3-}$ ($\approx 3,4 \cdot 10^{-12}$) bei 25° bestimmt. (Analytic. Chem. **30.** 1610—12. Okt. 1958.) E. DEHMLOW. 224

Joyce L. Weaver und **William C. Purdy,** *Das scheinbare Löslichkeitsprodukt von Cer(III)-fluorid.* Durch radioakt. u. konduktometr. Methoden wurde das scheinbare Löslichkeitsprod. von CeF_3 zu $8,1 \pm 1,1 \cdot 10^{-16}$ bzw. $1,1 \pm 0,5 \cdot 10^{-15}$ bei 25° bestimmt. Eine Hydrolyse des Fluorids kann vernachlässigt werden. In $HClO_4$-sauren Lsgg. nimmt die Löslichkeit mit sinkendem p_H-Wert zwischen p_H 5 u. p_H 2 etwas ab, steigt dann aber zwischen p_H 2 u. p_H 0 schnell auf $> 10^{-3}$ Mol/Liter an. (Analytica chim. Acta [Amsterdam] **20.** 376—79. 1959. Storrs, Conn., Univ. of Connecticut, Dep. of Chem.) M. LASER. 224

Juan Bta. Vericad Raga, *Löslichkeit des CrO_3 in Schwefelsäurelösungen und Haltbarkeit dieser Lösungen.* Es wurde die Löslichkeit des CrO_3 in H_2SO_4 verschied. Konz. bestimmt. Die Löslichkeit bei 18° in W. von 63,7% bzw. 1082 g CrO_3/Liter Lsg. sinkt bei Zugabe von H_2SO_4 stark bis auf ein Minimum, bei dem ca. 4,9 g CrO_3 u. ca. 1009 g H_2SO_4 im Liter Lsg. koexistieren. Bei höherem H_2SO_4-Geh. steigt die Löslichkeit des CrO_3 wieder an bis zu einem Max., das zwischen ca. 1300—1400 g H_2SO_4/Liter Lsg. liegt mit ca. 74 g CrO_3/Liter. Dieses Max. beruht wahrscheinlich auf der Bldg. einer Verb. H_2SCrO_7. Durch 10stg. Sieden unter Rückfluß wurde die Haltbarkeit der Lsgg. geprüft, indem nach Abkühlung die Menge des durch Autored. gebildeten Cr^{3+} best. wurde. Es ergab sich, daß nur Lsgg. von 250—300 g CrO_3/Liter, die bei der elektrolyt. Chromierung in Betracht kommen, beständig waren, bei denen das Verhältnis $H_2SO_4/CrO_3 < 16\%$ war. (An. Real Soc. españ. Física Quím., Ser. B **54.** 243—45. März 1958. Barcelona, Univ., Fac. Cie., Labor. Quím. inorgán.) W. METZENER. 224

E. Blasius und **W. Burmeister,** *Untersuchung der Wackenroderschen Reaktion mit Hilfe der radiopapierchromatographischen Methode.* Die WACKENRODERsche Rk. wird mit Hilfe von ^{35}S in Form von $^{35}SO_2$ oder $H_2{}^{35}S$ untersucht, indem die Rk.-Prodd. durch Papierchromatographie getrennt werden u. vom Chromatogramm Aktivitätsverteilungskurven aufgenommen werden. Die zeitliche Verfolgung der Rk. zeigt, daß von H_2SO_2 ausgehend die Rk. vermutlich über folgende Stufen in der angegebenen Folge verläuft: $H_2S + 2\,H_2SO_3 \rightarrow 3\,H_2SO_2$; $S(OH)_2 + 2\,H_2SO_3 \rightarrow H_2S_3O_6 + 2\,H_2O$; $H_2S_3O_6 + H_2S \rightarrow 2\,H_2S_2O_3$; $H^+ + S_3O_6^{2-} + S_2O_3^{2-} \rightarrow S_4O_6^{2-} + HSO_3^-$; $H^+ + S_4O_6^{2-} + S_2O_3^{2-} \rightarrow S_5O_6^{2-} + HSO_3^-$; $H^+ + S_5O_6^{2-} + S_2O_3^{2-} \rightarrow S_6O_6^{2-} + HSO_3^-$; $2\,H_2S + H_2SO_3 \rightarrow 3\,H_2O + 3\,S$ u. $H^+ + S_2O_3^{2-} \rightarrow HSO_3^- + S$. Diese Teilrkk. verlaufen relativ langsam. (Z. analyt. Chem. **168.** 1—15. 1959. Berlin, TU, Anorg.-Chem. Inst.)
FRIEDRICH WOLF/Berlin. 225

Jerzy Dereń, Herzy Haber, Aleksander Halpern und **Andrzej Polaczek,** *Anwendung radioaktiver Indicatoren zur Untersuchung der Austauschreaktion im System Feststoff–Gas.* 1. Mitt. *System kristallines Quecksilber(I)-bromid–Bromgas.* Der Austausch der Br-Atome zwischen festem $Hg_2{}^{79}Br^{80}Br$ u. gasförmigem ^{79}Br verläuft bei 20—190° zu 20—30% ohne eindeutigen Temperatureinfluß. Die Austauschrk. spielt sich somit hauptsächlich an der Oberfläche der festen Phase ab. Daß aber auch Anionen des Kristallgitters daran beteiligt sind, geht aus einem Vgl. der berechneten u. der aus mkr. Messungen geschätzten spezif. Oberfläche von Hg_2Br_2 hervor. Hg_2Br_2 muß demnach eine geringe anion. Leitfähigkeit haben. Markiertes Hg_2Br_2 wurde nach SZILARD u. CHALMERS durch Umsetzung von $Hg_2(NO_3)_2$ mit ^{80}Br aus einer neutronenaktivierten Brombenzol–NaOH-Mischung erhalten. (Zeszyty naukowe Akad. Górniczo-Hutniczej, Ceramika **1956.** Nr. 8. 85—95. Kraków.) F. URBAN. 225

Shirô Ogawa, Denjirô Watanabe, Yô Takeuchi und **Rokurô Kawanishi,** *Untersuchung über die Oxydation von Titan und seinen Legierungen an der Luft.* Unterss. der Gewichtszunahme in Abhängigkeit von Oxydationszeit bei der Oxydation von Ti, Ti-Al-Legierung mit 3—10(%) Al u. Ti-Si-Legierung mit 0,3—1,5 Si in Luft zeigen, daß die Oxydation bei 700—800° nicht nach einem parabol., sondern nach einem verwickelteren Gesetz verläuft. Kleine Zusätze von Al oder Si drängen die Oxydation, bes. bei niedrigen Tempp., etwas zurück. Die bei 400—700° oxydierte Oberfläche zeigt Rutil- u. gelegentlich auch Anatas-Beugungsringe. Das einzige beobachtete Oxyd ist TiO_2. (Nippon Kinzoku Gakkai-Si [J. Japan Inst. Metals] **21.** 410—14. Juni 1957. [Orig.: japan.; Auszug: engl.]) W. WESLY. 225

David M. Grant und **Randall E. Hamm,** *Komplexe Ionen des Chroms. 7. Mitt. Die Kinetik der Zersetzung von Diol-Bindungen in Chrom(III)-lösungen.* (6. vgl. C. **1957.** 9027.) Vff. verfolgen durch Leitfähigkeitsmessungen die Kinetik der Spaltung von Tetraoxalato-μ, μ-dihydroxodichromat(III) (I) entspr. $[(C_2O_4)_2Cr(OH)_2Cr(C_2O_4)_2]^{4-} + 2 H^+ + 2H_2O \rightarrow 2 [(C_2O_4)_2Cr(H_2O)_2]^{1-}$. Die Rk. erfolgt in 2 langsamen Schritten. Geschwindigkeitsbestimmend für den 1. Schritt ist die Spaltung der 1. „Ol"-Brücke. Diese Rk. ist von 1. Ordnung. Die Geschwindigkeitskonstante k_1 der Gleichung dc/dt $= -k_1 c_{(I)}$ wird im Temp.-Bereich von 20—45° für verschiedene Ausgangskonzz. von I u. verschiedene $HClO_4$-Konzz. bestimmt u. daraus die Aktivierungsenthalpie u. -entropie zu $\Delta H = 11{,}4 \pm 0{,}2$ kcal/Mol, $\Delta S = -35 \pm 1$ cal/Mol · Grad berechnet. Für den 2. Rk.-Schritt ist die Spaltung der 2. „Ol"-Brücke geschwindigkeitsbestimmend. Diese ist nur dann eine Rk. 1. Ordnung, wenn die Säurekonz. für eine vollständige Zersetzung von **I** ausreicht. Für diesen Fall wurde wieder die Geschwindigkeitskonstante k_2 im Temp.-Bereich 34—55° bestimmt u. für $\Delta H = 13{,}4 \pm 0{,}4$ kcal/Mol u. $\Delta S = -36 \pm 2$ kcal/Mol · Grad berechnet. Bei ungenügender Säurekonz. wird für den 2. Rk.-Schritt eine Abweichung vom Rk.-Verlauf 1. Ordnung beobachtet, für die Vff. einen Mechanismus diskutieren. (J. Amer. chem. Soc. **80.** 4166—69. 20/8. 1958. Salt Lake City, Utah, Univ. of Utah, Dep. of Chem.) H.-J. BECHER. 225

B. Matzinger und **P. Gröbner,** *Zundervorgänge an Eisen. Erörterungsbeitrag zu dem Artikel „Die Anwendung des Isotops Fe–59 zur Erforschung des Oxydationsmechanismus des Eisens" von B. W. Lintschewski und N. P. Shuk.* Die Arbeitsweise von LINTSCHEWSKI u. SHUK (C. **1955.** 11177) wird kurz wiedergegeben, einschließlich ihrer Zahlenergebnisse, die zusätzlich anders umgerechnet werden. Eine der Deutungen der Vff. wird bestritten, da sie nicht berücksichtigt hatten, daß eine O-Diffusion nur durch *Hämatit* erfolgt. Die Zunderbldg. an den Übergangszonen Wüstit–Magnetit–Hämatit ist daher in ihren Vorgängen noch nicht als abgeschlossen anzusehen. (Neue Hütte **1.** 563—65. Nov. 1956.) A. v. WILPERT. 225

Pierre Le Goff, *Das Problem der energetischen Anpassung der Moleküle bei den heterogenen Reaktionen von Gasen mit festen Stoffen.* Es wird gezeigt, daß jeder Stoß eines gasförmigen Mol. an einem festen Katalysator als ein dynam. Adsorption–Desorptions-Prozeß an der Oberfläche angesehen werden kann, in dessen Verlauf sich das Mol. teilweise an die Oberflächentemp. anpaßt; die innere Energie des Teilchens vermehrt sich während der Adsorptionsphase u. man kann annehmen, daß das Mol. reagiert, wenn seine innere Energie einen bestimmten konstanten Schwellenwert erreicht. Diese Hypothese führt dazu, eine wahre Aktivierungsenergie zu definieren, die sich von dem experimentell bestimmten scheinbaren Wert stark unterscheiden kann. Wenn ein Mol. einer Serie aufeinanderfolgender Stöße an der Oberfläche ausgesetzt ist, kann es soviel innere Energie aufnehmen, daß ein beträchtlicher Einfl. auf die scheinbare Reaktionsgeschwindigkeit möglich ist, sei es in makroskop. Beziehung, indem der geometr. Form des reagierenden Stoffes gefolgt wird oder sei es in mkr. Beziehung, indem den einzelnen Unebenheiten der Katalysatoroberfläche gefolgt wird. Auf diese Weise wird es möglich, den von verschied. Autoren beschriebenen Aktivierungsprozeß des *Pt* durch Erhitzen in Ggw. von O_2 eine Deutung zu geben. (J. Chim. physique Physico-Chim. biol. **53.** 380—88. April 1956. Nancy, Fac. de Sci., Ecole Nat. Supér. des Ind. Chim.) W. NIEMITZ. 227

A. K. Galwey und **P. W. M. Jacobs,** *Die thermische Zersetzung von Ammoniumperchlorat bei Gegenwart von Mangandioxyd.* Die therm. Zers. des NH_4ClO_4 (I) bei Ggw. von MnO_2 (II) verläuft in 2 Stufen, deren zweite von der Ggw. von **II** unabhängig ist. Aktivierungsenergie ist in jedem Fall 32 kcal/Mol. Zerfall des reinen **I** führt zu N_2, Cl_2O, H_2O sowie Zerfall des Cl_2O u. Oxydation des N_2 zu Stickoxyd. Bei Anwesenheit von **II** entsteht nur wenig Sauerstoff; bei Verwendung von $Mn^{18}O_2$ findet sich kein ^{18}O im Gasraum. Als Rk.-Mechanismus wird die Bldg. eines positiven Loches im Gitter als einleitender Schritt vorgeschlagen, dessen Lebensdauer durch anwesendes **II** zunimmt. (Trans. Faraday Soc. **55.** 1165—72. Juli 1959. London, Imp. Coll., Dep. of Chem.) FRIEDRICH WOLF/Berlin. 227

A. I. Gelbstein und **M. I. Temkin,** *Über die Bestimmung der Reaktionsordnung aus der Acidität.* (Vgl. C. **1957.** 10400.) Bei der Katalyse mit konz. Säuren unter Protonisierung einer Base B nach $B + H^+ \rightleftharpoons BH^+$ oder $B + 2\,H^+ \rightleftharpoons BH_2^{2+}$ besteht zwischen der Geschwindigkeitskonstanten k u. der Acidität h_0 die Beziehung $k = const.\ h_0^n$. Vff. untersuchen die Katalyse des Zerfalls von *Ameisensäure* in CO u. W. in wss. H_2SO_4 (80,7—98,2%) u. P_2O_5–H_2O (72,4—83,3% P_2O_5) u. tragen log k gegen $-H_0 = \log h_0$ auf. Die Neigung der Geraden bei H_2SO_4 entspricht n = 1,6. Beim Syst. P_2O_5–H_2O besteht eine kompliziertere Beziehung: $k = Bh_0^n(x)e^{-A(x)/RT}$ (x = Säurekonz., A = Aktivierungsenergie) $= F(x)e^{-E(x)/RT}$ mit $F(x) = B\beta^n(x)$ u. $E(x) = A(x) + n\alpha(x)$ bzw. $\log F(x) = \log B + n \cdot \log \beta$. Bei H_2SO_4 nimmt von x = 80(%) auf x = 99 log β von 5,28 auf 6,80 zu, bei P_2O_5–H_2O nimmt log β von 0,49 (x = 72,4) auf 1,40 (79,7) zu, dann auf 0,74 (83,8) ab; hier verläuft die Rk. offenbar über ein reversibles Protonisierungsstadium, bei dem nur ein Proton an das reagierende Mol. angelagert wird. (Доклады Академии Наук СССР [Ber. Akad. Wiss. UdSSR] **118.** 740—43. 1/2. 1958. Wiss. physik.-chem. Karpow-Forsch.-Inst.) R. K. Müller. 227

I. I. Ioffe und **F. F. Wolkenstein,** *Über die Richtung der Reaktion der Kontaktoxydation an Halbleiterkatalysatoren (am Beispiel der Benzoloxydation).* Bei der heterogenkatalyt. Oxydation von Bzl. an CuO entstehen wie bei homogener Katalyse prim. C_6H_5-Radikale, sek. Phenol u. C-Oxyde u. a., an V_2O_5 Maleinsäureanhydrid u. wenig 1.4-Benzochinon, aus Naphthalin Phthalsäureanhydrid. Die meisten Halbleiter stellen Kristalle vom Typ M_mR_r (M Metall, R Metalloid) dar, aufgebaut aus Ionen M^{p+} u. R^{q-} (pm = rq), wobei im Paar Elektron + Loch das Elektron die Funktion einer positiven, das Loch die einer negativen Valenz ausübt. In schemat. Darst. wird der Mechanismus der Katalyse an Elektronenhalbleitern (EH) u. Lochhalbleitern (LH) wiedergegeben. Bei EH wird Bldg. eines Ionenradikals aus M^{p+} u. $(C_6H_5)^-$ u. aus H^+ u. $R^{q\cdot}$ angenommen, bei LH Bldg. eines elektr. neutralen Radikals aus C_6H_5 u. den vagabundierenden freien Valenzen des Katalysators. Die obigen Feststellungen über die an CuO (EH) u. V_2O_5 (LH) werden durch die schemat. dargestellten Zwischenstufen erklärt. (Доклады Академии Наук СССР [Ber. Akad. Wiss. UdSSR] **118.** 747—50. 1/2. 1958. Wiss. Woroschilow-Forsch.-Inst. für organ. Zwischenprodd. u. Farbstoffe u. Inst. für physik. Chem. der Akad. der Wiss. der UdSSR.) R. K. Müller. 227

A_8. Präparative anorganische Chemie. Komplexverbindungen. Metallorganische Verbindungen.

S. C. Chang und **M. L. Jackson,** *Entfernen von Phosphor aus Wasserstoffperoxyd mittels Kaolinit.* 100 ml Wasserstoffperoxyd (30%ig.) schüttelt man 5 Min. mit 10 g Kolloidkaolin (Merck), läßt eine Min. stehen, dekantiert durch einen Büchner-Trichter bei leichtem Saugen u. behandelt das Filtrat nochmals wie oben mit Kaolin. Durch 3—4 malige Behandlung mit Kaolin wird der P-Geh. auf 0,1—0,2 ppm reduziert. Das letzte Filtrat klärt man durch Zentrifugieren u. fügt zu 100 ml H_2O_2 0,5 ml konz. HCl zur Stabilisierung zu. So gereinigtes H_2O_2 kann zur Oxydation der organ. Substanz bei der Best. organ. gebundener Phosphorsäure in Böden benutzt werden. Die H_2O_2-Verluste beim Reinigungsverf. sind gering. (Science [Washington] **124.** 1209. 14/12. 1956. Madison, Wis., Univ. of Wisconsin, Dep. of Soils.) W. Grütz. 241

Morton J. Klein, Ben C. Harrison und **Irvine J. Solomon,** *Die Darstellung von Tetraboran und Pentaboran-11.* Vff. beschreiben ein Verf. zur Darstellung von B_4H_{10} (I) aus B_2H_6 unter Abspaltung von H_2. Das Rk.-Gefäß besteht aus 2 konzentr. verschmolzenen, 6—10 cm weiten Glasrohren, von denen während der Rk. das innere auf + 120°, das äußere auf —78° gehalten wird. Ausbeute an **I** 80—95%. In der gleichen Apparatur wurde **I** weiter zu B_5H_{11} zers., wobei die Temp. der Rk.-Rohre + 120° u. —30° betrug. Die Ausbeute an B_5H_{11} konnte durch längere Versuchsdauer bei zwischenzeitlichem Abziehen des gebildeten B_5H_{11} verbessert werden u. erreichte 70%. (J. Amer. chem. Soc. **80.** 4149—51. 20/8. 1958. Chicago, Ill., Illinois Inst. of Technol., Chem. Res. Dep.) H.-J. Becher. 258

W. Kaiser und **J. Breslin,** *Faktoren, die den Sauerstoffgehalt von flüssigem Silicium am Schmelzpunkt bestimmen.* (Vgl. C. **1958.** 10872.) Der O_2-Geh. von induktiv geschmolzenem Si wird in Abhängigkeit vom O_2-Geh. der umgebenden He-O_2-Mischung (0,1 bis 100%), von der Fließgeschwindigkeit dieser Gasmischung, der Größe der reagierenden Si-Oberfläche u. der Einwirkungsdauer ermittelt. Die Best. erfolgt durch JR-Aufnahme der 9 μ-Absorptionsbande des Si, deren Intensität proportional dem O_2-Geh. ist. Bis zu einem maximalen O_2-Partialdruck von 8 mm Hg nimmt der O_2-Geh. des Si infolge Proportionalität mit dem SiO-Partialdruck an der Oberfläche des fl. Si linear mit dem O_2-Geh. der Gasmischung zu. Oberhalb dieses maximalen Druckes bedeckt sich das fl.

Si mit einer SiO_2-Schicht, u. ein Sättigungswert von $2 \cdot 10^{18}$ O-Atome/cm³ wird in der erstarrten Probe beobachtet. Die Gleichgewichtseinstellung erfolgt dabei infolge einer geringeren Aktivierungsenergie u. schneller Diffusion u. Konvektion sehr rasch. Auf Grund thermodynam. Daten ergibt sich ein maximaler O_2-Partialdruck von 4,6 mm Hg für den Übergang von der Proportionalität zur Sättigung. (J. appl. Physics **29.** 1292 bis 1294. Sept. 1958. Murray Hill, N. J., Bell Telephone Labors.; Fort Monmouth, N. J., Signal Corps Engng. Labor.) H. SCHINKE. 261

Hans-Jürgen Höhling, *Talksynthesen im Hinblick auf semisalinare Bedingungen.* In einigen Salzlagerstätten tritt Talk in einer Form auf, die darauf hinweist, daß das Mineral in der Lagerstätte entstanden ist. Diese Entstehung unter semisalinaren Bedingungen wird von Vf. synthet. nachgeprüft, indem $MgCl_2$-haltige u. *Carnallit*-Lsgg. auf stark gealtertes SiO_2-Gel, feinkristallinen *Quarz,* $Na_2Si_2O_5 \cdot 2\,H_2O$ u. Wasserglas einwirkten. Verss. mit SiO_2-Gel führten bei 150° noch zu guten Talkprodukten. Bei 100° ergab sich eine Hinbldg. zum Talk. Quarz erforderte wesentlich längere Reaktionszeiten, zeigte bei 150° aber auch eine Hinbldg. zum Talk. Diese Hinbldgg. waren bei Wasserglas u. $Na_2Si_2O_5 \cdot 2\,H_2O$ bis auf 135° zu verfolgen. (Beitr. Mineralog. Petrogr. **6.** 190—98. 1958. Kiel, Univ., Mineralog. Petrograph. Inst.) J.-E. HILLER. 261

Della M. Roy, *Untersuchungen im System CaO–Al_2O_3–SiO_2–H_2O.* 3. Mitt. *Neue Ergebnisse über die Polymorphie von Ca_2SiO_4 und seine Stabilität im System CaO–SiO_2–H_2O.* (2. vgl. Bull. geol. Soc. America **66.** [1955.] 1536.) Die Tieftemp.-Umwandlungen des Ca_2SiO_4 (γ—α') u. (α'—β) wurden an Luft u. im hydrothermalen Bereich untersucht. Weiterhin wurden herangezogen DTA, Röntgenaufnahmen u. IR-Diagramme. Es wurde gefunden, daß der Übergang γ—α' bei 725° u. α'—β bei etwa 670° erfolgt. Bei etwa 150 at H_2O-Druck findet die Umwandlung γ—α' bei 675° statt. Hieraus errechnet sich durch Extrapolation auf Atmosphärendruck eine Umwandlungstemp. γ—α' bei etwa 725°. Die IR-Diagramme von β- u. γ-Ca_2SiO_4 sind deutlich unterschieden, lassen jedoch keine scharfen OH-Banden erkennen. Als neue Verbb. des Vierstoffsyst. wurden gefunden: *$8\,CaO \cdot 3\,SiO_2 \cdot 3\,H_2O$; $6\,CaO \cdot 3\,SiO_2 \cdot H_2O$* u. *$9\,CaO \cdot 6\,SiO_2 \cdot H_2O$.* Diese Verbb. sind oberhalb 700° u. 500 at H_2O-Druck stabil. (J. Amer. ceram. Soc. **41.** 293—99. 1/8. 1958.) H. SAALFELD. 283

František Petrů und **František Jošt,** *Beiträge zur Chemie seltener Elemente.* 7. Mitt. *Additionsverbindungen des wasserfreien Scandiumchlorids und Scandiumbromids mit Pyridin und Piperidin.* (6. Mitt. vgl. C. **1958.** 9424.) Vff. haben die Rk. von wasserfreiem $ScCl_3$ u. $ScBr_3$ mit Pyridin u. Piperidin untersucht u. die entstandenen Additionsverbb. beschrieben. Es wurde festgestellt, daß dabei *$ScCl_3 \cdot 2\,C_5H_5N$, $ScCl_3 \cdot 4\,C_5H_{11}N$, $ScBr_3 \cdot 3\,C_5H_5N$* u. *$ScBr_3 \cdot 4\,C_5H_{11}N$* entstehen. Analoge Verss. zur Herst. von entspr. ScF_3-Verbb. waren erfolglos. (Chem. Listy **52.** 1645—46. Aug. 1958. [Orig.: tschech.] Collect. czechoslov. chem. Commun. **24.** 2041—42. Juni 1959. [Orig.: deutsch.]) V. RŮŽIČKA/Prag. 299

Toshiyasu Kiba, Shigeru Ohashi und **Satoshi Tada,** *Herstellung von trägerfreiem Yttrium-90 mit Hilfe der Papierchromatographie.* (Vgl. C. **1959.** 6022.) Trägerfreies ^{90}Y wird von ^{90}Sr schnell u. einfach mittels Papierchromatographie getrennt. Als bestes Lösungsm. erweist sich eine Mischung von A. mit 10%ig. Ammoniumthiocyanatlsg. im Verhältnis 5 : 3 oder 5 : 2. Die R_f-Werte betragen für trägerfreies ^{90}Y 0 u. für ^{90}Sr 0,7—0,8. Innerhalb 40 Min. wurde trägerfreies ^{90}Y größter Reinheit (99,9%) hergestellt. Falls vorhanden werden Y-Träger vom Entwickler gegenüber der ursprünglichen Position nach oben über das Papier verteilt. (Bull. chem. Soc. Japan **29.** 745—48. Sept. 1956. Kanazawa, Univ., Fac. of Sci., Dep. of Chem. [Orig.: engl.]) A. KOSS-ROSENQVIST. 300

Shin-ichi Minami und **Toshio Ishino,** *Synthese von n-Butylpolytitanaten. n-Butylorthotitanat* (**I**), $Kp._6$ 174° wird mit n-Butanol u. W. im Molverhältnis 1:5:0,5—1,8 unter Kühlen vermischt u. dann 5—7 Std. auf 80—100° erhitzt. **I** wird dabei hydrolysiert unter Bldg. von *Butylpolytitanaten,* deren Kondensationsgrad mit steigendem Verhältnis W.:**I** ansteigt. Erörterung des Chemismus der Kondensation. (J. chem. Soc. Japan, ind. Chem. Sect. [Kōgyō Kagaku Zassi] **58.** 32—34. Jan. 1955. Osaka Univ. [Orig.: japan.]) L. SCHULER. 321

Shin-ichi Minami und **Toshio Ishino,** *Molekulargewicht von n-Butylpolytitanaten und deren Viscosität in Benzollösungen.* (Vgl. vorst. Ref.) Bei der Hydrolyse von Butylorthotitanat bildet sich zunächst eine tetramol. Achtringverb. ($4\,TiO_2 \cdot 4(C_4H_9)_2O$) u. zugleich *Polytitanate.* Geradkettige Kondensate treten nicht auf, das höchste beobachtete Mol-Gew. ist 4300. Bei $H_2O/Ti = 1,5$ wächst das Mol.-Gew. der Prodd. stark. Bei einem Verhältnis $> 1,5$ erfolgt die Rk. schwieriger. Aus der Best. des jeweiligen Kondensationsgrads wird geschlossen, daß bei mehr W., als dem Verhältnis 1,5 entspricht, die Abspaltung der zuletzt am Ti bleibenden Butylreste immer schwieriger wird, wie auch aus der Konstitutionsformel erklärlich erscheint. (J. chem. Soc. Japan, ind. Chem. Sect. [Kōgyō Kagaku Zassi] **58.** 36—38. Jan. 1955. [Orig.: japan.]) L. SCHULER. 321

Shin-ichi Minami, Teizō Akiyama und **Toshio Ishino,** *Über die Hydrolyse von n-Butylorthotitanat.* (Vgl. vorst. Ref.) In Butanol gelöstes *n-Butylorthotitanat* wird bei 20, 40, 60 u. 80° bis 8 Std. lang mit W. in verschied. Molverhältnissen (0,5—1,5) hydrolysiert u. die Änderungen der mit dem OSTWALD-Viscosimeter bestimmten Viscositäten erörtert. Die Hydrolyse verläuft mit höheren W.-Anteilen u. bei höheren Tempp. rascher mit gleichzeitiger merklicher Kondensation. (J. chem. Soc. Japan, ind. Chem. Sect. [Kōgyō Kagaku Zassi] **58.** 34—36. Jan. 1955. [Orig.: japan.]) L. SCHULER. 321

A. P. Schtin, *Über die phosphorsauren Salze des Tantals.* Unterss. über die Bldg. eines phosporsauren Salzes des Ta in H_2SO_4-Lsgg. verschied. Konz. bei Ggw. geringer Mengen PO_4-Ionen unter Anwendung von ^{182}Ta ergaben, daß durch festes $NH_4H_2PO_4$ aus Lsgg. mit höchstens 1200 g/Liter H_2SO_4 quantitativ dieses Salz ausgeschieden werden kann. Die Zus. des geglühten Salzes bei einer Acidität der Lsg. von 200—250 g/Liter H_2SO_4 entspricht der Formel 2 $Ta_2O_5 \cdot P_2O_5$. Ein Überschuß des Fällungsmittels beim mol. Verhältnis $Ta_2O_5:P_2O_5$ von 1:5 bis 1:25 hat keinen Einfl. auf die Zus. des ausfallenden Salzes. Eine röntgenograph. Unters. ergab, daß das bei 20 u. 100° getrocknete Salz keine kristalline Struktur besitzt, bei 1000° geglühtes Salz geht in eine krist. Form über. (Известия Сибирского Отделения Академии Наук СССР [Nachr. sibir. Abt. Akad. Wiss. UdSSR] **1958.** Nr. 7. 29—32. Uraler Zweigstelle der Akad. der Wiss. der UdSSR.) OTTO MAIER. 332

Akira Iguchi, *Untersuchungen am Wolframation.* 4. Mitt. *Über das Absorptionsspektrum des Na_2O–WO_3-Systems.* (3. vgl. C. **1958.** 9868.) Der Mechanismus bei der Neutralisation von WO_3 wurde in Abhängigkeit von Konz. u. Temp. in den beiden Systemen *$NaOH$–H_2WO_4* u. *Na_2WO_4–H_2WO_4* systemat. durch Messung der Absorptionsspektren der gemischten Proben im UV untersucht. Danach scheinen bei Zimmertemp. *Orthowolframat* (I), Na_2WO_4, u. *Metawolframat* (II), $Na_2O \cdot 4\ WO_3$ oder $[H_2(W_3O_{10})_4]^{6-}$, stabile Salze zu sein. Beim Kochen der Lsg. entsteht daneben ein „*Polywolframat I*" der Zus. $Na_2O:WO_3 = 1:2 \sim 2{,}5$ durch Rk. zwischen **I** u. **II**. Bei Zimmertemp. scheinen **I** u. **II** nur schwer zu reagieren. (Sci. Pap. Coll. gen. Educat., Univ. Tokyo **7.** 173—82. Dez. 1957. Tokyo, Univ. of Tokyo, Coll. of Gen. Educat., Chem. Inst. [Orig.: engl.]) H. PLUSKAL. 337

Akira Iguchi, *Untersuchungen am Wolframation.* 5. Mitt. *Fällungsreaktion im System Na_2O–WO_3–H_2O mit HNO_3 und Absorptionsspektrophotometrie.* (4. vgl. vorst. Ref.) Es wurde die Menge des durch HNO_3 aus einem Gemisch von Na_2WO_4 u. H_2WO_4 gebildeten Nd. bei Zimmertemp. u. nach dem Sd. sowohl in einfachen Lsgg. als auch mit radioakt. W-Spuren untersucht. Ferner wurde die Absorption von Mischungen aus Na_2WO_4 u. H_2WO_4 oder NaOH u. H_2WO_4 gemessen. Das Auftreten verschied. Formen Orthowolframat, Metawolframat u. Polywolframat in Abhängigkeit vom Verhältnis $WO_3:Na_2O$ wird diskutiert, ebenso die unterschiedlichen Mengen Nd., die bei der n. Rk. u. bei der Fällung des radioakt. Spurenanteils auftreten. Die Absorption der Systeme scheint durch die Kernstruktur der Polywolframate hervorgerufen zu werden, die nur sehr wenig durch Orthowolframat oder NaOH angegriffen wird. (Sci. Pap. Coll. gen. Educat., Univ. Tokyo **7.** 183—95. Dez. 1957. [Orig.: engl.]) H. PLUSKAL. 337

D. V. Bhatnagar und **T. K. S. Murthy,** *Untersuchungen über die Wiedergewinnung von Uran aus Carbonatlösungen.* 1. Mitt. *Fällung mit Natriumhydroxyd.* Uran kann fast quantitativ (~ 98%) aus einer Lsg. ausgefällt werden, die 3 g U_3O_8/Liter u. 50 g Na_2CO_3/Liter enthält, wenn man 5 g NaOH/Liter zusetzt u. eine Temp. von 25° einhält. Zeitdauer ca. eine Stunde. (J. sci. ind. Res. [New Delhi], Sect. B **14.** 572—76. Nov. 1955. Bombay, Atomic Energy Establ., Chem. Div. A. KOSS-ROSENQVIST. 339

R. M. Lazo und **J. G. Holley,** *Radiochemische Untersuchung an Graphit-Eisen(III)-chlorid.* Ein gereinigtes Graphit–Eisen(III)-chlorid *$C_{12}FeCl_3$* (**I**) mit 53% $FeCl_3$ (die Verb. wird von 6 n heißer HNO_3 nicht angegriffen) wurde röntgenograph. untersucht; das Röntgendiagramm unterscheidet sich deutlich von denen des Graphits u. $FeCl_3$. Der Abstand der Graphitschichtebenen wurde durch die Einschaltung der $FeCl_3$-Moll. von 3,36 auf 9,4 Å erhöht. Austauschverss. zwischen **I** u. Fe^{3+}-Ionen wurden unter Verwendung von radioakt. ^{59}Fe durchgeführt, dabei wurde in keinem Fall ein meßbarer Austausch beobachtet. 1,5 g **I** wurden 48 Std. mit Neutronen (Neutronenfluß $4 \cdot 10^{12}$ n/cm/sec) bestrahlt u. die SZILLARD-CHALMERS-Ausbeute der abtrennbaren Aktivität berechnet u. identifiziert. Der abtrennbare Anteil enthielt $< 1\%$ der Gesamtaktivität u. bestand aus ^{59}Fe, ^{32}P u. ^{35}S. Das Fehlen eines Austauschs u. die niedrige SZILLARD-CHALMERS-Ausbeute werden der starken ster. Hinderung zugeschrieben, die aus der

Stapel-Schicht („stacked layer")-Struktur von I resultiert. Die Darst. von I erfolgte durch 12std. Erhitzen eines Gemischs aus Graphit u. wasserfreiem $FeCl_3$ im Verhältnis 1:3 im CARIUS-Bombenrohr bei 305° u. Entfernung des überschüssigen $FeCl_3$ durch Kochen mit 6 n HCl am Rückfluß. (Canad. J. chem. **34.** 1574—81. Nov. 1956. Vancouver, B. C., Univ. of British Columbia, Dep. of Chem.) W. KARCHER. 354

Akiho Miyashiro und **Yotaro Seki,** *Vergrößerung des Existenzfeldes von Epidot und Piemontit mit steigender Temperatur.* Bei niedriger Temp. haben Epidot u. Piemontit ein Existenzfeld, das nahe bei der Zus. $HCa_2Al_2FeSi_3O_{13}$ liegt. Mit steigender Temp. vergrößert sich dieses Feld zu höheren u. niedrigeren Fe^{3+}-Gehh. u. zu höherem Mn^{3+}-Gehalt. (Amer. J. Sci. **256.** 423—30. Juni 1958. Tokyo, Univ. Geol. Inst.; Urawa, Japan, Saitama-Univ., Dep. of Earth Sci.) J.-E. HILLER. 354

K. A. Bolschakow und **P. I. Fedorow,** *Das ternäre System aus den Sulfaten des Natriums, Kobalts und Nickels.* 2. Mitt. (1. vgl. C. **1957.** 12698.) Die therm. Unters. des tern. Syst. Na_2SO_4(I)–$NiSO_4$–$CoSO_4$(II) ergab, daß das Schmelzdiagramm 4 Kristallisationsfelder aufweist, die festen Lsgg. entsprechen. Zwischen den Verbb. $3\ Na_2SO_4 \cdot CoSO_4$ u. $3\ Na_2SO_4 \cdot NiSO_4$ gibt es ein Gebiet der lückenlosen festen Lösungen. Das Feld der prim. Kristallisation der ε-Phase der festen Lsg. auf Basis $Na_2SO_4 \cdot 3\ CoSO_4$ u. $Na_2SO_4 \cdot 3\ NiSO_4$ ist nur im Anschluß an I u. II feststellbar. Tripelpunkte lassen sich innerhalb des Syst. nicht nachweisen. Es gibt ein Gebiet der festen Lsg. β auf Basis I u. ein δ-Gebiet der festen Lsg. auf Basis $Na_2SO_4 \cdot CoSO_4$. (Журнал Неорганической Химии [J. anorg. Chem.] **3.** 1896—1900. Aug. 1958. Moskau, Lomonossow-Inst. für chem. Feintechnol.) O. LEBTAG. 356

Libuše Kišová und **Věra Čuprová,** *Untersuchungen über Gleichgewichte komplexer Nickel- und Kupfercyanide sowie freies Kaliumcyanid enthaltender wäßriger Lösungen.* In wss. Lsgg. des komplexen Syst. Ni–Cu-Cyanide wurden durch photometr. Messungen mittels der Meth. der kontinuierlichen Variation Gleichgewichtsunterss. vorgenommen u. die eventuelle gegenseitige Beeinflussung der komplexen Ni- u. Cu-Cyanide untersucht. Die Dissoziationskonstante des Komplexes $[Ni(CN)_6]^{4-}$ wurde best., diese ist von der Größenordnung 10^{-26}. Der Komplex ist nur in Lsgg. von Konzz. > 0,1 mol. existenzfähig, die nur bei dem Syst. $K_4[Ni(CN)_6]$–$K_2[Cu(CN)_3]$ auftreten kann, wobei eine Abnahme von CN^- durch die Cu-Komplexbldg. stattfindet. (Chem. Listy **52.** 1422—27. Aug. 1958. [Orig.: tschech.] Collect. czechoslov. chem. Commun. **24.** 862—68. März 1959. [Orig.: deutsch.] Brno, Masarykova univ., Přírodovědecká fak., Kat. teoret. a fysik. chem.) O. KNESSL/Prag. 358

M. I. Kotschnew, A. F. Plotnikowa und **L. N. Starkow,** *Temperaturbesonderheiten des Prozesses der Oxydation von Kupfersulfid.* Die Oxydation von Cu_2S (79% Cu u. 21% S) an der Luft mit steigender Temp. hat keinen linearen Verlauf, sondern zeigt mehrere Sprünge, welche in gewissem Zusammenhang mit den Änderungen der allotrop. Modifikationen von S u. Cu_2S stehen. Ein rascher Oxydationsverlauf findet zwischen 350—450° statt (auch sprunghaft); wobei bis zu 450° C als prim. Oxydationsprod. Sulfat gebildet wird. — Die Sprünge erscheinen in Temp.-Intervallen von 5 bis 15°, werden als „krit. Tempp." bezeichnet u. mit Änderungen der Elektronenstruktur der Atome mit steigender Temp. erklärt. (Известия Академии Наук СССР, Отделение Технических Наук [Nachr. Akad. Wiss. UdSSR, Abt. techn. Wiss.] **1958.** Nr. 3. 82—88. März. Uralzweigstelle der Akad. der Wiss. der UdSSR, Inst. für Metallurg.) H. TŮMA. 358

A₉. Mineralogische und geologische Chemie.

A. Renwick und **B. H. Flinter,** *Die Anwendung eines Lochkarten-Systems zur Registrierung von Gesteinen und Mineralien.* (Overseas Geol. Mineral Resourc. **7.** 36—44. 1958. Federat. of Malaya, Min. of. Nat. Resources, Dep. of Geol. Survey.) E. KLEVER. 370

John Putnam Marble, *Mit Anmerkungen versehene Bibliographie von Arbeiten über das geologische Alter.* Zusammenstellung der bis 1955 erschienenen Arbeiten über geol. Altersbestimmungen. (Nat. Acad. Sci.-Nat. Res. Council, Publ. Nr. **500.** 14—205., 1954/55. herausg. 1957.) E. KLEVER. 378

R. D. Russell und **D. W. Allan,** *Das Alter der Erde berechnet aus der Häufigkeit von Bleiisotopen.* Übersicht über Methoden zur Best. der Häufigkeit von Pb-Isotopen u. ihre Anwendung zur Altersbestimmung der Erde. Messungen von 80 jüngeren Bleierzen lassen den Schluß zu, daß das Alter der Erde mit $4{,}3 \cdot 10^9$ Jahren anzusetzen ist. — 23 Literaturangaben. (Monthly Notices Roy. astronom. Soc., geophys. Suppl. **7.** 80—101. Okt. 1955. Toronto, Univ., Dep. of Phys., Geophysics Labor.) A. KOSS-ROSENQVIST. 378

Charles B. Hunt, *Altersbestimmungen durch Radiokohlenstoff und ihr Verhältnis zur Stratigraphie und zu Verwitterungsprozessen.* Überblick über die Stratigraphie des späten Pleistozäns u. über jüngere Ablagerungen; Hinweis auf Diskrepanzen zwischen bekannten Daten u. den Altersbestimmungen mittels Radiokohlenstoff. Ferner werden einige Probleme angeführt, die sich aus dem Verwitterungsprozeß und dem Zustand der Proben für ^{14}C-Analysen ergeben. — 20 Literaturangaben. (Sci. Monthly **81.** 240—47. Nov. 1955. Gen. Geol. Branch, U. S. A.) A. Koss-Rosenqvist. 378

S. S. Goldich, A. O. Nier und **A. L. Washburn,** *Die $^{40}Ar/^{40}K$-Alter des Gneises vom McMurdo Sound, Antarktis.* Biotit aus dem Paragneis vom Gneis Point, McMurdo Sound, zeigt ein Alter von 520 Millionen Jahren nach der $^{40}Ar/^{40}K$-Methode. Demnach wäre der Gneis durch Metamorphose präkambr. Sedimente um die Wende des Präkambriums zum Kambrium entstanden. (Trans. Amer. geophysic. Union **39.** 956—58. Okt. 1958. Minneapolis, Minn., Univ.; Hannover, New Hampshire, Dartmouth Coll.) J.-E. Hiller. 378

I. W. Chworowa, *Verteilung einiger chemischer Elemente in den Sedimenten des Carbons und unteren Perms in der Südural-Randsenke.* Aus der Unters. über die Verteilung von *Fe, Mn, P* u. C_{org} in den Sedimenten der verschied. faziellen Zonen ergeben sich die gleichen Gesetzmäßigkeiten wie bei den Ablagerungen der unteren Frasne-Stufe. Die Unterschiede bestehen darin, daß die Kurven der geochem. Profile von Fe, Mn u. P in den Sedimenten des Carbons u. des Perms flacher sind, bedingt durch die verschied. paläograph. Bedingungen der Sedimentbldg. u. durch die schlechte Sortierung der Ablagerungen in der Randsenke. Außer dem pelag. Maximum beobachtet man beim Mn einen erhöhten Geh. in den grobkörnigen Gesteinen, was vermutlich mit der beginnenden Erzanreicherung zusammenhängt. In den grobkörnigen Gesteinen ist die P-Verteilung ungeordnet, bedingt durch die hohe diagenet. Aktivität. Ein erhöhter P-Geh. fällt nicht mit einem erhöhten Geh. an C_{org} zusammen. In den carbonatfreien Sedimenten fällt die Beweglichkeit von Mn u. Fe sehr stark ab u. nähert sich dem Nullwert. (Бюллетень Московского Общества Испытателей Природы, Отдел Геологический [Bull. Moskauer Ges. Naturforscher] [N. S.] **63.** (**129**). [geol. Abt.] **33.** Nr. 3. 89—110. Mai/Juni 1958.) O. Lebtag. 378

W. I. Recharski, *Einige Besonderheiten der Albitbildung in Aureolen außerhalb der Adern.* In den Aureolen hydrothermal veränderter Gesteinsarten, die Adern von seltenen Metallen, Sn u.a. führen, kann nicht selten neugebildeter Albit festgestellt werden. Vf. beschreibt einige veränderte Gesteinsarten in der Nähe von Gesteinsadern mit seltenen Metallen im südwestlichen Teil der Ausläufer des Tjan-Schan-Gebirges. Die Quarzporphyre sind von rosa-grauer Farbe u. durch die Porphyrstruktur charakterisiert. Die eingeschlossenen Mineralien sind Orthoklas, Quarz, seltener finden sich Plagioklas, sporad. Hornblende, Pyroxen sowie Zirkon, Apatit, Magnetit u. Pyrit. Die Grundmasse der Gesteinsart ist dicht, von feinkristalliner Struktur u. besteht aus denselben Mineralien wie die Einschlüsse. In den veränderten Gesteinsarten herrscht K vor. Das Verhältnis $Na_2O:K_2O$ schwankt zwischen 0,7 bis 0,9. Zus.: K_2O 6—6,5; Na_2O 4,5—5,0; CO_2 0,7—0,9; CaO 1,5—2,5. In dem Maße, wie sie sich den Adern nähern, kann eine kontinuierliche u. stetig intensivere Verdrängung der prim. gesteinsbildenden Mineralien durch die sekundären beobachtet werden. In der Nähe der Aderaureole u. in einigen Zonen der veränderten Gesteinsart ist der braune Albit u. der mit ihm assoziierte Calcit (seltener Sericit, Quarz u. Ankerit) sehr verbreitet. In anderen spielen die Hauptrolle Sericit u. Quarz mit geringen Mengen Calcit u. Chlorit. Albit tritt in der Regel hierbei nicht auf. Die Unterss. zeigten, daß in verschied. Zonen der Albitisation der Albit verschied. gesteinsbildende Mineralien ersetzen kann. Im ersten Zonentyp der Albitisation entsteht Albit aus den Einschlüssen des Kalifeldspates, wobei es diesen teilweise, seltener ganz ersetzt. Die Menge beträgt etwa 10—40 Vol.-%. Im zweiten Typ ersetzt Albit nicht nur Orthoklas, sondern auch Plagioklas. Hier beträgt die Albitmenge etwa 30 bis 70%, zuweilen sogar 80—85%. (Доклады Академии Наук СССР [Ber. Akad. Wiss. UdSSR] **118.** 774—77. 1/2. 1958. Inst. für Geol. der Erzlagerstätten, Petrogr., Mineralog. u. Geochem. der Akad. der Wiss. der UdSSR.) E. Steinberg. 378

Hans Georg Siebdrat, *Parallelisierung von Mineralbestand und chemischer Analyse für verschiedene Eisenerztypen unter besonderer Berücksichtigung der marinsedimentären Eisenerz-Lagerstätten.* Für verschied. Eisenerze wird eine Parallelisierung von Mineralbestand u. chem. Analyse durchgeführt. Neben intrusiv-magnet. Eisenerzen von Kiruna, Gellivaara u. Grängesberg werden die marin-sedimentären Trümmererze von Peine-Ilsede sowie oolith. Eisenerze aus vier verschied. Lagerstätten untersucht. Aus den Unterss. der letztgenannten Erze wurden wesentliche Aufschlüsse u. Erkenntnisse über die mineral. Bindungsform der einzelnen Bestandteile gewonnen. Die Entstehungsbedingungen der Eisenerz-Lagerstätten werden erörtert. Bei den oolith. Erzen waren die

Ooide bei ihrer Entstehung wechselnden Bedingungen von Red. u. Oxydation ausgesetzt, die daher in ihrem Schalenaufbau sehr empfindlich die Oxydations-Red.-Potentiale widerspiegeln. Auch Ooide, die in oxyd. Facies vorzuliegen scheinen, bestehen nur zum Teil aus Nadeleisenerz oder Hydrohämatit. An ihrem Aufbau ist fast immer oxydierter Chamosit beteiligt. Zusammengestellt werden alle wichtigen Mineralien der bearbeiteten Eisenerze. Für verschied. Mineralien mit verwickelter Zus. u. die doch bedingten Vertretungen — bes. für Chamosit, Glaukonit u. Ton — wurde die veränderliche Molekularzus. für die einzelnen Vorkommen erst durch die Parallelisierung selbst genauer ermittelt. Auch der Entwässerungsgrad der Eisenerzmineralien in den verschied. Lagerstätten oder z. B. die Mg-Beteiligung in den Kalkschalenresten ist meist für eine bes. Lagerstätte zutreffend durch eine Formel zu erfassen. Jedoch sind verhältnismäßig geringe Mengen von Rhodochrosit u. Siderit in der Grundm. von Eisenerzen durch mkr. Unterss. allein meist nicht unterscheidbar. Sie können jedoch durch die Parallelisierung mit der chem. Zus. quantitativ erfaßt werden. Für die opt. Ermittlung sind zur quantitativen Best. der Mineralanteile verschied. Wege angezeigt. Bei Erzen vom Typ Kiruna ist eine genaue mkr. Auszählung der Mineralkomponenten durch Integrationsstich möglich. Bei sedimentären Eisenerzen bietet zunächst nur eine ziemlich rohe Schätzung eine Möglichkeit einer quantitativen Erfassung des Mineralbestandes, die jedoch bei Übung auch für sedimentäre Eisenerze befriedigende Ergebnisse liefert. Für die Errechnung des Mineralbestandes aus der chem. Analyse werden Rechenerleichterungen mitgeteilt. Bei Kiruna-Erzen muß die Berechnung fast aller Mineralanteile mehrfach erfolgen, bis der errechnete Bestand der chem. Analyse voll entspricht. Hierzu wird die Verwendung von Hilfstafeln empfohlen. Zur Durchführung der Berechnungen wird eine Berechnungstafel mit Anordnung von chem. Analyse, quantitativen Mineralanteilen u. den bei der Rechnung ermittelten Molekularprozenten eingeführt. Untersucht wurden 57 Erzproben u. für diese Mineralbestand u. chem. Analyse parallelisiert. Außerdem wurden zusätzlich noch aus dem Schrifttum 25 Analysen auf ihren Mineralbestand umgerechnet. Für alle untersuchten Eisenerzproben wird eine befriedigende Übereinstimmung zwischen Mineralbestand u. chem. Analyse erreicht. Bei einer Parallelisierung können die analyt. ermittelten Molekularprozente meist bis auf die erste Dezimale hinter dem Komma genau bestimmt werden, wenn für die Lagerstätte der richtige „Umrechnungsschlüssel" ermittelt ist. Die Berechnung des Mineralbestandes aus der chem. Analyse ist als vorteilhafte Ergänzung zur opt. Unters. von Eisenerzen anzusprechen. — 18 Literaturangaben. (Arch. Eisenhüttenwes. **30.** 61—70. Febr. 1959. Clausthal.) H. HOCHSTEIN. 378

E. J. Searle, *Eine Bemerkung über die Bildung von gediegenem Eisen und andere Effekte in Verbindung mit dem Kontakt von Basalt und verkohltem Holz in Auckland, Neuseeland.* Ein Basalt rund um eine ehemalige, mit Bäumen bestandene Mulde enthielt metall. Eisen. Schrumpfrisse in der Holzkohle der Mulde waren mit alkalireichen Rückständen des reduzierten Basalts ausgefüllt. (New Zealand J. Geol. Geophysics **1.** 451—58. Aug. 1958. Univ. of Auckland.) F. ENSSLIN. 378

T. C. James und **Duncan McKie,** *Die Veränderung von Pyrochlor in Columbit in Carbonatiten von Tanganyika.* In SW-Tanganyika wurde in 2 Carbonatiten Columbit gefunden, der durch Autometasomatose entstanden war. Aggregate von Columbitkristalliten wurden als Pseudomorphosen nach Pyrochlor in Søvit gebildet. Diese Veränderung des Søvits ist bedingt durch Fe-haltige Lsgg. bei relativ niedriger Temp. u. ohne Druck. Durch die Zufügung des Fe wurde der *Amphibol* u. *Biotit* im Søvit zu Fe-haltigem *Talk.* Gleichzeitig wurde Fe-haltiges Carbonat gebildet u. SiO_2-Gel zugeführt. Ca u. Na gingen teilweise verloren. (Mineralog. Mag. J. mineralog. Soc. **31.** 889—900. Sept. 1958. Dodoma, Tanganyika, Geol. Survey.) J.-E. HILLER. 378

R. J. W. McLaughlin, *Geochemische Aufgliederung zweier illitischer Tone.* Zwei illit. Tonproben aus der Gegend von Fithian, Ill., u. von Morris, Ill., werden auf Haupt- u. Spurenbestandteile, eine in 3 Fraktionen (Sand, Silt, Ton), untersucht. In der Sandfraktion treten einmal ein hoher Geh. von Ca., von $CaCO_3$ herrührend, bei der anderen von Fe, aus Pyrit, auf. Die Zunahme des Illits bei abnehmender Korngröße zeigen am besten die Al-Werte. Die ebenso steigenden K-Werte sind nicht so markant. Für die Entstehung des Tones wird angenommen, daß es sich um ein transportiertes Verwitterungsprodukt handelt. (Geochim. cosmochim. Acta [London] **15.** 165—69. Dez. 1958. Burslem, T & R Boote Ltd.) J.-E. HILLER. 378

William Quaide, *Tonminerale aus konzentrierten Salztümpeln. Chlorit, Montmorillonit* u. *Glimmer* wurden im Schlamm der San Francisco-Bay u. benachbarter Salztümpel gefunden u. gehören älteren Gesteinen an. Nach der Einw. eines extrem salinen Milieus von 7 Jahren u. eines Milieus der doppelten Salinität des Seewassers von 27 Jahren waren keine größeren strukturellen Veränderungen bewirkt worden. Es wird angenommen, daß größere Änderungen wie die Umwandlung des Montmorillonits zu einem anderen 2:1-Schichtmineral nach tiefer Versenkung langsam vor sich gingen. (Amer. J. Sci. **256.** 431—37. Juni 1958.) J.-E. Hiller. 378

Frank W. Stead, *Vermessung der Radioaktivität in den USA von der Luft aus.* Übersicht über die Vermessung der Radioaktivität in den USA vom Flugzeug aus zur Best. radioakt. Lagerstätten mit Beschreibung der benutzten Instrumentierung u. der Meßtechnik. — 19 Literaturstellen. (J. Air Pollut. Control Assoc. **6.** 147—50. Nov. 1956. Denver, Colo., U. S. Geolog. Survey.) W. Karcher. 380

D. S. Buist, *Der Bostonit von Rudh'a' Chromain, Carsaig, Mull.* Vf. berichtet über die Petrographie u. Chemie des Bostonits. (Geol. Mag. **95.** 463—64. Nov./Dez. 1958. Wingerworth, Chesterfield.) K. Schauerte. 380

A. T. V. Rothstein, *Pyroxene aus dem Dawros-Peridotit und einige Bemerkungen zu ihrer Natur.* 8 Analysen wurden von prim. u. umkrist. Pyroxenen des geschichteten ultramaf. Peridotits bei Dawros ausgeführt. Die Vergesellschaftung, in welcher diese Pyroxene vorkommen, wird mit der anderer Peridotite verglichen. Einige Bemerkungen werden zur Reihenfolge der Pyroxene gemacht. Vf. betrachtet weiterhin die Probleme, die als Ergebnis des Metamorphismus der prim. vulkan. Akkumulate bei Dawros entstehen. (Geol. Mag. **95.** 456—62. Nov/Dez. 1958. Glasgow, Univ., Dep. of Geol.) K. Schauerte. 380

C. J. Payne, *Ein Sinhalitkristall von Mogok, Burma.* Von Mogok wird als einzigartiges Vork. ein Sinhalitkristall von 0,68 g beschrieben. Beobachtete Formen sind: (010), (001), (100), (110), (120), (130), (111), (112), (132), (101), (021). Die Ebene der opt. Achsen entspricht (001), 2 V ca. 55°. Pleochroismus: γ = fahlgrünbraun, β = fahlbraun, α = braun. (Mineralog. Mag. J. mineralog. Soc. **31.** 978—79. Sept. 1958. London, Chamber of Commerce, Breccies Stone Labor.) J.-E. Hiller. 380

E. Stoicovici und **H. Roth,** *Beiträge zur Kenntnis der Titanmineralien.* 2. Mitt. *Genese und Verbreitung der Titanseifen.* (1. vgl. C. **1959.** 5067.) Eingehende Beschreibung der petrograph. Beschaffenheit der im Vlădeasa-Massiv (geolog. Skizze) über ein Gebiet von ca. 50 km² ausgedehnten Dacitvorkommen u. ihrer Verwitterungsprodd.: Abhanggerölle, residuelle u. alluviale Ablagerungen u. Haldenmaterial. Der TiO_2-Geh. dieser auf hydrogravitativem Weg angereicherten Prodd. erreicht bis 30% u. hängt weitgehend von dem Verhältnis Ilmenit/Magnetit ab, das zwischen 6 u. 0,1 variiert. (Studii Cercetări Geol.-Geogr. [Cluj] **8.** 45—53. Jan./Jun. 1957. Cluj, Univ. „V. Babes", Cat. de mineralogie.) M. Kulcsár-Nováková. 380

A. C. Beck, J. J. Reed und **R. W. Willett,** *Uranvererzung in der Breccie von Hawks Crag des unteren Gebiets Buller Gorge, Süd-Insel, Neuseeland.* In geschichteten Uranerzlagerstätten wurden in der Arkose Fazies von Breccien entdeckt. Die U-führenden Schichten haben eine Mächtigkeit von wenigen Zoll bis einigen Fuß. Das prim. Uranmineral ist Coffinit, der gleichzeitig mit Pyrit, Carbonaten (vornehmlich Fe-Dolomit) u. Haematit abgeschieden wurde. Die Erzlsgg. waren entweder niedrig temperierte, epigenet. Lsgg. oder hypogene Lsgg. aus benachbarten Lamprophyren u. Porphyren. (New Zealand J. Geol. Geophysics **1.** 432—50. Aug. 1958. New Zealand Geol. Survey. Dep. of Sci. and Ind. Res.) F. Ensslin. 380

C. R. Kinney und **Donald Schwartz,** *Partielle Luftoxydation von uranhaltigen Chattanooga-Schwarzschiefern.* Die $< 0{,}01\%$ U-führenden Chattanooga-Schwarzschiefer setzen sich zu ungefähr 60% aus silicatischen Mineralien wie Quarz u. Feldspat sowie Tonen, 15% Pyrit, 5% vieler in kleinen Mengen vorkommender Mineralien u. 20% organ. Substanz zusammen. Chem. Analyse: SiO_2 47,9(%); Al_2O_3 10,0; *MgO* 0,7; P_2O_5 0,7; TiO_2 0,6; Na_2O 0,4; *CaO* 0,1; *Fe* 6,9; *S als Sulfid* 6,6; *S organ. gebunden* 0,9; SO_4^{2-} 0,2; *C* 13,7; *H* 1,5; Summe: 90,0. Durch Kochen mit HCl u. Behandlung mit HF werden die Silicate usw. entfernt u. die organ. Substanz erhalten. Sie ist makromol. u. hat eine unbekannte chem. Zusammensetzung. Der C- u. H-Geh. ist niedrig, der O-Geh. hoch. O ist hauptsächlich alkoh. Natur. Ätherartige Verknüpfungen scheinen für das hohe Molgewicht bestimmend zu sein. Phenol. OH-Gruppen sind vorhanden. Neben aliphat. Strukturen müssen infolge des niedrigen C/H-Verhältnisses ungesättigte polycycl. oder aromat. Strukturen vorhanden sein. Die Luftoxydation führt die alkoh. Gruppen in Carboxylgruppen über. Es entstehen bei 200° C während einer Luftbehandlung von 150, 200 u. 250 Std. 12,9; 18,4 u. 18,3% Huminsäuren. Bei höheren Tempp. fallen die Ausbeuten ab, u. das die Oxydation begleitende CO_2 steigt an. Die Huminsäuren haben ein Molgewicht von 245, ein Äquivalentgewicht von 169 bei 54,6% C. Durch Oxydation der Huminsäuren mit 30%ig. H_2O_2 entstehen wasserlösl. Säuren u. ein wasserunlösl. Rückstand, der zum Teil alkalilösl. ist. Daneben fällt bis 60—70% CO_2 an. Neben CO_2, Oxalsäure, Essigsäure (?) fallen bei der alkal. Permanganatoxydation Substanzen mit chinoider Struktur an. (Ind. Engng. Chem. **49.** 1125—30. Juli 1957. University Park, Pa., Pennsylvania State Univ., Dep. of Fuel Technol.) K. Löffler. 380

Frederico Machado, *Kompressibilität und Temperatur des Erdinneren.* Ausgehend von Werten über Druck, Dichte u. Kompressibilität nach BULLEN berechnet Vf., daß die Temp. des tieferen Erdmantels unterhalb 800 km nahe dem Schmelzpunkt liegt u. daß seine Festigkeit daher stark gemindert ist. Dagegen befindet sich der obere Mantel, in Tiefen von 200—600 km, bei Tempp. erheblich unter dem F., so daß seine Festigkeit groß genug ist, um die Erdbebenerscheinungen zu deuten. (Trans. Amer. geophysic. Union **39.** 943—46. Okt. 1958. Horta, Azoren, Public. Worlds Serv.)
J.-E. HILLER. 382

Darrell S. Hughes und **Robert C. McQueen,** *Dichte basischer Gesteine bei sehr hohen Drucken.* Zwei Gabbros u. ein Dunit wurden durch Explosionen Drucken von 150—750 Kilobar ausgesetzt. Aus den Druckwellen wurden die D. berechnet. Der Dunit mit der ursprünglichen D. = 3,25 g/cm² wurde komprimiert auf D. = 4,9 bei 720 Kilobar. Die Gabbros wurden von 3,0 g/cm² komprimiert auf 5,0 bei gleichem Druck. Beide Gabbros zeigten einen Übergang bei 150 Kilobar zu einer dichteren, aber weniger kompressiblen Phase. Die Übereinstimmung mit der Vorstellung einer 400 km mächtigen Dunitschicht, die durch Gabbro unterlagert wird, ist gut. (Trans. Amer. geophysic. Union **39.** 959—65. Okt. 1958. Los Alamos, N. Mex., Univ. of California, Los Alamos Sci. Labor.; Austin, Tex., Univ., Dep. of Phys.) J.-E. HILLER. 382

J. F. Lovering, *Die Natur der Mohorovic-Diskontinuität.* Wenn der Erdmantel aus silicat. Material von basalt. Zus. gebildet wird, kann die Mohorovic-Diskontinuität nicht das basalt. Material von ultrabas. Material trennen. Dagegen kann sie es von einer Zone trennen, in der es in eine Hochdruckmodifikation überführt ist, die einem Eklogit entsprechen würde. Diese Umwandlungslinie kann durch eine Beziehung zwischen dem Druck p in bar u. der Temp. in Grad C wiedergegeben werden. Diese Hypothese vermag die Gleichwertigkeit des ozean. u. kontinentalen Wärmeflusses zu erklären, bereitet ein hinreichendes Ausgangsmagma vor, aus welchem die granit. u. die basalt. Zonen der Erdkruste differenzieren konnten, ferner ergibt sich aus ihr ein Mechanismus für Hebungs- u. Senkungsgebiete an der Erdoberfläche durch das Steigen oder Fallen der Temp. an der Mohorovic-Diskontinuität. (Trans. Amer. geophysic. Union **39.** 947—55. Okt. 1958. Canberra, Australian Nat. Univ., Dep. of Geophys.) J.-E. HILLER. 382

Winfried Weinelt, *Petrologische Untersuchungen der mineralfaziellen Zustandsbedingungen im SW-Teil der Münchberger Gneismasse.* Die Metamorphite des SW-Teils der Münchberger Gneismasse werden mineralog. u. chem. unter Berücksichtigung der eingetretenen Änderungen der Zustandsbedingungen quantitativ untersucht. (Tschermaks mineralog. petrogr. Mitt. **6.** 281—375. 1958. Würzburg, Univ., Mineral. Geol. Inst.)
J.-E. HILLER. 385

Dieter Jung, *Untersuchungen am Tholeyit von Tholey (Saar).* Das Originalvorkommen des Tholeyits bei Tholey (Saar) wurde auf seinen Mineralbestand u. seine chem. Zus. hin untersucht. Nach der Intrusion in dem lagergangförmigen Vork. fand eine gravitative Kristallisationsdifferentiation statt, deren Umfang von dolorit. Olivinbasalten über Tholeyite bis zu Latiten u. Plagiapliten reicht. Der Originaltholeyit wird definiert als ein hypabyss., leukokrater Vertreter der Mangeritfamilie. Die Pigeonittholeyite u. Olivinbasalte der Nachbarschaft werden ebenfalls beschrieben. Ein Vgl. mit anderen Tholeyiten u. Abkömmlingen dieses Magmas ergab, daß die Bezeichnung tholeyitbasalt. irreführend ist, u. daß in vielen Fällen auch Vertreter der Diorit- u. Gabbrofamilie Tholeyit benannt wurden. (Beitr. Mineralog. Petrogr. **6.** 147—81. 1958. Freiburg/Br.; Saarbrücken, Univ., Mineralog. Inst.) J.-E. HILLER. 385

Hans Pettersson, *Häufigkeit des Meteoritenfalls in verschiedenen Erdzeitaltern.* Unterss. des Meeresbodens mittels Kernbohrungen im Sediment, die während der schwed. Tiefsee-Expedition (1947—48) erfolgten, widerlegen die Hypothese von F. A. PANETH („Vistas in Astronomy" [1956)], daß der Meteoritenfall erst im späten Quartär eingesetzt habe. Aus rotem Ton konnten pro kg 10 bis einige 1000 kosm. Partikel isoliert werden. Sie wurden auch in den tiefsten, aus dem Tertiär stammenden Schichten der Bohrkerne gefunden. (Nature [London] **183.** 1114. 18/4. 1959. Gothenburg, Oceanograph. Inst.) W. KERNCHEN. 388

M. G. Gurewitsch und **I. M. Owtschinnikow,** *Über Helium in natürlichen Gasströmen der Kupfersulfidlagerstätte von Urup.* Nach einer geol. Beschreibung der Kupfersulfidlagerstätte von Urup im oberen Teil des Urup-Flußbassins in den Vorgebirgen des Kaukasus wird über das He-Vork. der Urupschen Antiklinale berichtet. Besonderes Interesse verdienen die NaCl-Quellen, die mit einer Gasentw. verbunden sind. Die verhältnismäßig hohen Tempp. (20°) weisen darauf hin, daß sie in einer außerordentlichen Tiefe liegen u. frei über die tekton. zerstückelten Zonen zirkulieren. Die Gasströme des

Urupschen Gebiets entweichen zusammen mit den unter Druck stehenden NaCl-Gewässern aus den Bohrungen. Ihrer chem. Zus. nach kann man diese Naturgase zu den KW-stoffen zählen. CO_2 u. H_2S findet sich nur in geringer Menge. Die Analyse der schweren KW-stoff-Fraktion ergab, daß diese fast ganz fehlen. Die völlige Abwesenheit von Mikromengen Propan u. Butan spricht dafür, daß die KW-stoffe mit Erdölbildungsprozessen nicht in Zusammenhang stehen können u. daß mit der Metamorphose der Gesteinsarten dieses Gebiets ein Zusammenhang besteht. Der verhältnismäßig hohe He-Geh. (0,4%) gibt eine Berechtigung, dieses Gasgebiet zu den He-haltigen zu zählen. Die Unterss. sprechen für ein weit verbreitetes Vork. von He in diesem Gebiet. Ein verhältnismäßig niedriger *Ar*-Geh. spricht ferner dafür, daß die Naturgase bei Urup sich in der Tiefe der Erde gebildet haben. (Доклады Академии Наук СССР [Ber. Akad. Wiss. UdSSR] **118.** 771—73. 1/2. 1958.) E. STEINBERG. 390

Donald E. Whithe, *Thermale Wässer vulkanischen Ursprungs.* Definition der Begriffe: thermale Quellen, hydrothermales, magmat., pluton. u. vulkan. W. sowie gemischte Wässer. Ableitung der Entstehung der vulkan. Wässer durch den Abstieg von meteor. Wässern in den Bereich der Bahnen aufsteigender Exhalationsgase, wobei die Tiefe der Berührung der beiden Komponenten für die Gehalte u. die Art der aufgenommenen Bestandteile ausschlaggebend ist. Je nachdem hohe, mittlere oder niedere Temp. jeweils mit hohem, mittlerem oder niederem Druck gepaart ist, entstehen bei der Berührung Wässer mit unterschiedlichen Arten u. Gehh. an chem. Verbindungen. (Bull. geol Soc. America **68.** 1637—58. Dez. 1957. Menlo Park, Calif., U.S. Geol. Surv.) K. LÖFFLER. 393

Bruno J. Giletti, Fernando Bazan und **J. Laurence Kulp,** *Die Geochemie des Tritiums.* An Niederschlags-, Ozean- u. Grundwasser wurde der T-Geh. bestimmt. Das Oberflächen-W. des Nordatlantik hat ein natürliches Mittel $T:H = 1.0 \cdot 10^{-18}$, Das sich seit 1954 infolge der Kernversuche verdoppelt hat. Dieses W. wird im Laufe eines Jahres untergemischt. Das Nordatlantikzentral-W. vor der Küste Portugals scheint 25 Jahre alt zu sein. Drei Bodenwasserproben des Nordatlantik zeigen meßbaren T-Gehalt. Niederschläge zeigen den größten Einfluß von Kernaktivität. In n. Zeiten ist T:H8, während die Spitzen in Versuchszeiten $1240 \cdot 10^{-18}$ aufweisen. Die Wässer des Tecolotetunnels (Calif.) stammen von 9 Monate altem Regen. Die natürliche Produktion von T wird zu 0,75 Atome/sec · cm^2 der Erdoberfläche berechnet. (Trans. Amer. geophysic. Union **39.** 807—18. Okt. 1958. Palisades, N. Y., LaMont Geol. Observ.) J.-E. HILLER. 393

Ss. W. Brujewitsch, *Salzgehalt der Grundwässer des Bering-Meeres.* In den Ablagerungen des Beringmeeres wurde 1950 der Cl-Geh. der oberen 10 cm-Schicht u. in einer Tiefe von 16 Metern bestimmt. Ein Vgl. des Cl-Geh. eines wss. Auszuges des Meeresgrundes Cl_{Gr} mit dem Cl-Geh. des über dem Meeresgrunde liegenden W. Cl_W wird durch die Größe $\Delta Cl = Cl_{Gr}—Cl_W$ veranschaulicht. Beim n. ausgeglichenen hydrolog. Zustand ist ΔCl eine positive Größe. Bei den meisten Unterss. des Vf. erwies sie sich als negativ. Das weist darauf hin, daß das W. in der Tiefe über dem Meeresgrund an Cl-Geh. zunimmt. Normalerweise entsprechen größeren Tiefen kleinere absol. Werte von ΔCl. Weniger tiefen Gebieten entsprechen im Zusammenhang mit ihrem weniger stabilen Zustand größere Amplituden von Schwankungen der Größe ΔCl. Im Beringmeer beobachtet man am häufigsten ein ΔCl das hunderten u. einigen zehntel $^0/_{00}$ entspricht. In Ausnahmefällen wird ΔCl größer als $1^0/_{00}$. Normale (positive) Werte von ΔCl beobachtet man an der Grenze des Stillen Ozeans in der Kamtschatkabucht. Auch die Bucht von Andyrsk weist positive Werte von ΔCl auf. In den größten Tiefen des Beringmeeres (2000 m wurden zwei Maxima best.: 20,05 u. $20{,}25^0/_{00}$. Beide Maxima sind durch das Ausfrieren der Gewässer bedingt. (Доклады Академии Наук СССР [Ber. Akad. Wiss. UdSSR] **118.** 767—70. 1/2. 1958. Inst. für Ozeanologie der Akad. der Wiss. der UdSSR.) E. STEINBERG. 393

Vilém Santholzer, Josef Podzimek und **Jiří Macků,** *Die systematische Messung der Radioaktivität atmosphärischer Niederschläge und der Beweis der künstlichen Radioaktivität der Atmosphäre.* Durch systemat. Messung der Radioaktivität atmosphär. Niederschläge ab Dezember 1956 wurde bewiesen, daß es sich um künstliche Radioaktivität handelt. Der Beweis liegt in der Zeitabnahme der Radioaktivität u. teilweise in der Extrapolation auf die Ausgangswerte der Aktivität. Die gewonnenen Resultate gestatten den Schluß, daß es sich um Kontamination der Atmosphäre durch Spaltungsprodd. aus Kernwaffen handelt. Die Aktivität beträgt 10^{-10} bis 10^{-9} Curie pro Liter der atmosphär. Niederschläge. (Českoslov. Časopis Fysiku **8.** 716—21. 1958. Hradec Králové, Ústav lékařské fysiky VLA, Geofysik. ústav ČSAV.) J. SCHNEIDER. 396

B. Allgemeine und theoretische organische Chemie.

G. Favini und **M. Simonetta**, *Anwendung der self-consistent-field-Methode auf cis- und trans-Dichloräthylen und von Tetrachloräthylen.* In Fortsetzung früherer Unterss. von SIMONETTA u. Mitarbeitern (vgl. Molecular Physics **1.** [1950.] 181) über Vinylchlorid berechneten Vff. nach der von ROOTHAN (C. **1952.** 3451) beschriebenen Meth. die Ionisationspotentiale, die π–π-Übergangsenergien, die Dipolmomente u. die Bindungslängen von *cis-* u. *trans-Dichloräthylen* u. *Tetrachloräthylen.* (Nuovo Cimento [10] **9.** 1058—67. 16/9. 1958. Milano, Univ., Ist. di Chim. Ind.; Labor. di Chim. Fis.)
C. GOTTFRIED. B 10

Dale H. Szulczewski, Martin Yunker und **T. Higuchi**, *Physikalisch-chemische Eigenschaften und Ultraviolettspektren von Amylnitrit.* Die UV-Spektren von *Amylnitrit* (**I**) in verschied. polaren u. unpolaren Lösungsmitteln werden angegeben. **I** zeigt eine ungewöhnlich niedrige mol. Absorption, die nicht Verunreinigungen oder Zersetzungsprodd., sondern dem **I** selbst zugeschrieben wird. Der Dampfdruck wurde als Funktion der Temp. mit Hilfe der RAMSEY-YOUNG-Meth. bestimmt u. damit der Standard-$Kp._{760}$ zu 96° ermittelt. (J. Amer. pharmac. Assoc., sci. Edit. **45.** 776—79. Dez. 1956. Madison, Wis., Univ., School of Pharm.) H.-W. GRAMM. B 118

W. F. Forbes und **R. Shilton**, *Eine Ausdehnung der Woodward-Regeln über Alkylsubstituenten in konjugierten aliphatischen Systemen.* Nach WOODWARD (J. Amer. chem. Soc. **64.** [1942.] 76 u. früher) verursacht Alkylsubstitution in $\alpha.\beta$-ungesätt. Aldehyden u. Ketonen ziemlich konstante, additive Verschiebungen der Wellenlänge des Absorptionsmaximums im UV. Die Unters. folgender Verbb. ergab, daß die Einführung eines zweiten CH_3-Substituenten eine erheblich größere Verschiebung von λ_{max} zur Folge hat als die der ersten Methylgruppe: *Acrolein* (**I**) [λ_{max}] 207 [mμ] (in A.) bzw. 203 (in Cyclohexan), *Crotonaldehyd* (**II**) 218, 213, *3-Methylbuten-(2)-al* (**III**) 235,5 228, *2-Methylacrolein* 216, 213, *Tiglinaldehyd* 226, 222,5, *2.3-Dimethylbuten-(2)-al* 245, 240, *Buten-(1)-on-(3)* 208,5, 205, *Penten-(3)-on-(2)* 220, 215, *2-Methylpenten-(2)-on-(4)* 236, 231, *2-Methylbuten-(1)-on-(3)* 217,5, 214,5, *3-Methylpenten-(3)-on-(2)* 228, 223, *2.3-Dimethylpenten-(2)-on-(4)* 245,5, 238,5, *Butadien-(1.3)* 217,5, 218,5, *Pentadien-(1.3)* 223, 224, *4-Methylpentadien-(1.3)* 232,5, 234, *Hexadien-(2.4)* 226, 226,5 u. *2.5-Dimethylhexadien-(2.4)* 241, 242. Ähnliche Verschiebungen konnten SCHUBERT u. SWEENEY (C. **1955.** 9050) bei cycl. $\alpha.\beta$-ungesätt. Ketonen beobachten. Eine verwandte Erscheinung ist auch die Verschiebung der IR-Carbonylbande von **I**—**III** (**I** 1704 cm^{-1}, **II** 1696, **III** 1683). (J. org. Chemistry **24.** 436—38. März 1959. St. John's, Newfoundland, Mem. Univ. of Newfoundland.)
B. GNAUCK. B 118

Je. I. Kotow, *Über Veränderungen im Absorptionsspektrum adsorbierter Substanzen im diffus reflektierten Licht.* Aus dem Vgl. des Spektr. von *Benzaldehyd* (**I**) in alkoh. Lsg. mit dem Spektr. von an Silicagel oder Quarz adsorbiertem oder zwischen Quarzplatten als Film befindlichem **I** ergeben sich Veränderungen, die schon dann auftreten, wenn die Menge des adsorbierten **I** noch zu gering ist, um die ganze Oberfläche des Adsorbens in monomol. Schichten zu bedecken. So tritt bei an Silicagel adsorbiertem **I** neben dem Maximum bei 2550 (Å) noch ein schwächeres Maximum 2900 auf u. das Maximum 3300 verschwindet. (Оптика и Спектроскопия [Optik u. Spektroskopie] **3.** 368—71. Okt. 1957.) R. K. MÜLLER. B 118

N. K. Choudhury, *Messung des Polarisationsgrades der Fluorescenz von reinen Anthracenkristallfilmen.* Vf. erhält für das Verhältnis der a- u. b-polarisierten Fluorescenzintensitäten $\varrho = (J_b/J_a)$ von einkristallinen *Anthracen*-Filmen (aus gesätt. Benzol-Lsgg.; Dicke ca. 10^{-5} cm) — unter Berücksichtigung verschied. Korrekturen — die ϱ-Werte 4,3 für die 4220-Å-Bande u. 3,62 für die 4450-Å-Bande. Diese ϱ-Werte sind größer als die aus Absorptionsmessungen (3800 Å) erhaltenen Größen (1,8). Ein Vgl. der aus Absorption u. Abklingzeiten ermittelten Übergangswahrscheinlichkeiten zeigt, daß die Intensität von J_a infolge zahlenmäßig geringerer Übergänge verkleinert ist. Dies wird darauf zurückgeführt, daß eine Emission aus lokalen Gitterstörstellen im Kristall erfolgt. Es wird bestätigt, daß der erste Elektronenübergang als Übergang längs der kurzen Achse des Mol. eintritt. (Z. Physik **151.** 93—105. 23/4. 1958. Calcutta, Jadavpur Univ., Solid Phys. Labor.) J. RUDOLPH. B 118

Robert Earl Davis, *Cyclische Sulfide.* 2. Mitt. *Ringgröße und Ultraviolettabsorptionsspektren.* (1. vgl. C. **1958.** 9446.) Die UV-Spektren von *Trimethylen-*, *Äthylen-*, *Tetramethylen-* u. *Pentamethylensulfid* werden abgebildet. In der angeführten Reihenfolge ist die schwache Vorbande der Spektren hypsochrom verschoben. Eine Deutung wird durch Vgl. mit anderen Eigg. der Verbb. u. den Spektren weiterer S-Verbb. versucht. (J. org. Chemistry **23.** 1380—81. Sept. 1958. Cambridge, Mass., Harvard Univ., Dep. of Chem.) W. SCHRAMM. B 118

Constantin Sandris und **Guy Ourisson,** *Spektraluntersuchung von cyclischen Ketonen.* 2. Mitt. *Die Hydratation von cyclischen, nicht enolisierbaren α-Diketonen.* (1. vgl. C. **1957.** 924.) Vff. ermitteln die Struktur zweier krist. *Hydrate* von *3.3.5.5-Tetramethyl-4-oxacyclopentandion-(1.2)* (**I**). Beim **I**-Dihydrat (**II**), das aus **I** beim Stehen an feuchter Luft oder aus 2.2-Dibrom-3.3.5.5-tetramethyl-4-oxacyclopentanon (**IV**) u. $NaHCO_3$-Lsg. gewonnen wird, hydratisiert das eine H_2O-Mol. eine der beiden Carbonylgruppen zum geminalen Diol, während das andere H_2O-Mol. krist. gebunden ist; **II** ist dehydratisierbar zu **I** u. nicht bes. stabil; in äthanol. (ungefärbter) Lsg. bildet sich die geminale Hydroxyäthoxyverbindung. Die Struktur des **I**-Hemihydrates (**III**), das aus der Mutterlauge bei der Darst. von **II** isoliert wird, ergibt sich aus dessen chem. Rkk. (in alkal. H_2O_2 → Tetramethyldiglykolsäure, F. 153—154°; mit $SOCl_2$ → cycl. Sulfit, F. 120—122°) u. physikal. Eigg. (IR- u. UV-Spektren); **III** enthält kein Kristallwasser, kein gem. Diol (oder Hemiketal) u. ist stabiler als **II**. — Die UV-Spektren mehrerer nicht enolisierbarer cycl. α-Diketone, alle in 95%ig. A., zeigen ein ähnliches Maximum wie das von **II**, was auf die Hydrat- oder Hemiketalbldg. einer C=O-Gruppe zurückgeführt wird. Untersucht wurden: *Diketocineol* (**V**), *2.2.5.5-Tetramethylpyrrolidindion-(3.4)*, dessen *N-Acetyl-* u. *N-Benzoylverb.*, *Bicyclo-[2.2.2]-octandion-(2.3)*, *2.3-Dioxo-9α-acetoxyclovan*, *Gibberdionsäuremethylester*, *3.3.6.6-Tetramethylcyclohexandion-(1.2)*, *6.7-Bis-[methoxycarbonyl]-7.8-[methoxycarbonylmethylen]-bicyclo-[2.2.2]-octandion-(2.3)*, *Longidion*, *3.3.5.5-Tetramethyl-6.6-dibromcyclohexandion-(1.2)*, *3.5-Bis-[tert.-butyl]-3.5-dichlorcyclopentandion-(1.2)*. Die leichte Hydratisierung oder Hemiketalbldg. wird durch elektron. Faktoren (polare Gruppen, wie Halogene, Heteroatome des Rings) u. durch die n. Spannungen des 5-Ringes begünstigt; sie ist auch noch in einem 6-Ring möglich; durch ster. Faktoren (Kräfte zwischen nicht verbundenen Atomen eines Mol.) wird sie behindert.

III

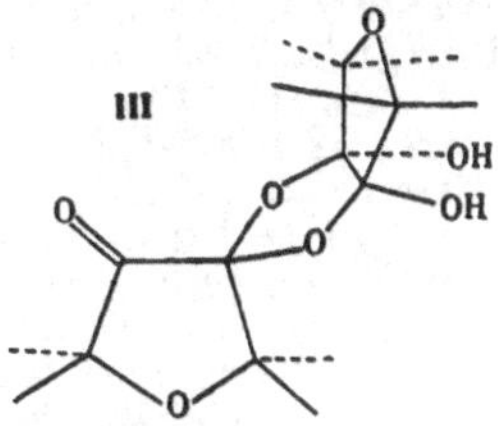

Versuche (FF. in Capillare): *3.3.5.5-Tetramethyl-4-oxacyclopentandion-(1.2)* (**I**). *Dihydrat* (**II**), $C_8H_{12}O_3 \cdot 2H_2O$, F. 71—73° (Ae./PAe.), a) aus **I** in feuchter Luft oder durch Abdampfen der wss. Lsg. von **I**; b) aus **IV** u. $NaHCO_3$-Lsg.; λ_{max} 319 mμ; $\varepsilon = 42$ (A.); Sublimation (0,01 mm) gibt **I** zurück. — **I**-*Hemihydrat* (**III**), $2C_8H_{12}O_3 \cdot 1H_2O$, F. 118—119°, Sublimation (0,01 mm), aus den Mutterlaugen von **II**; λ_{max} 325 mμ; $\varepsilon = 44$ (A.). — *Ketocineol* (**VI**); λ_{max} 302 mμ; $\varepsilon = 46$ (A.). *Benzylidenderiv.*, $C_{17}H_{20}O_2$, F. 90—92°, Sublimation (0,01 mm); λ_{max} 224 mμ; $\varepsilon =$ 7950; 228 mμ; $\varepsilon = 7500$ (A.). — *Diketocineol* (**V**), F. 65—68°, gelbe Kristalle, Sublimation (0,01 mm), aus **VI**, SeO_2 u. Essigsäure, 1 Std. kochen; λ_{max} 310 mμ; $\varepsilon = 51$ (A.); 42%. *Hydrat*, F. 80—84°; λ_{max} 313 mμ; $\varepsilon = 45$ (A.). (Bull. Soc. chim. France **1958.** 338—44. März. Strasbourg, Inst. de Chim.) H. FECHTER. B 118

Constantin Sandris und **Guy Ourisson,** *Spektraluntersuchung von cyclischen Ketonen.* 3. Mitt. *Pyrrolidinreihe.* (2. vgl. vorst. Ref.) Einige *Pyrrolidinderivv.* wurden dargestellt u. ihre spektralen Eigg. bestimmt. — Die Synth. von *2.2.5.5-Tetramethylpyrrolidon-(3)* (**II**) geht aus vom Phoron, das nach MICHAEL mit NH_3 zum *Triacetonamin* (**I**) kondensiert wird; dessen 3.5-Dibromderiv. reagiert mit konz. NH_3 unter Ringverengung zum entsprechenden Pyrrolin-3-carbonsäureamid, das sich nach HOFMANN zu **II** abbauen läßt. — Mit Isoamylnitrit in K-tert.-Butylat wird **II** zur Hydroximinoverb. (2 cis/trans-Isomere) nitrosiert, die bei der Hydrolyse der Bisulfitverb. *3.3.5.5-Tetramethyl-4-azacyclopentandion-(1.2)* (**IV**) ergibt. Die Pyrrolidindiketone liefern leicht krist. Hydrate. — Durch direkte Substitution gewinnt man aus **II** u. Acetanhydrid bzw. Benzoylchlorid die *N-Acetyl-* u. *N-Benzoylderivv.* von **II**, die mit SeO_2 zu *N-Acetyl-* (**III**) bzw. *N-Benzoyl-2.2.5.5-tetramethyl-3.4-diketopyrrolidin* oxydiert werden. **III** erfährt in alkal. Milieu eine Benzilsäureumlagerung zu einer Verb. mit N-haltigem 4-Ring, die mit Pb-Tetraacetat zu *2.2.4.4-Tetramethyl-3-acetyl-3-azacyclobutanon* oxydiert wird; die Benzilsäureumlagerung findet auch in der Tetrahydrofuranreihe (nicht jedoch in der Cyclopentanreihe) statt.

Versuche (FF. in Capillare, Sublimation bei 0,01 mm; A. ist in allen Fällen 95%ig. C_2H_5OH): *Triacetonamin* (**I**), F. 37—39°, durch MICHAEL-Kondensation aus Phoron u. konz. NH_3, 3 Tage rühren, 30 Min. auf dem Wasserbad bis auf 80° erwärmen u. erkaltete Lsg. mit festem NaOH sättigen; erhaltenes **I**-*Hydrat* [F. 58—60° (Ae., mit W. gesätt.); 68% (Ausbeute)] dest. ($Kp._{14}$ 84°) u. sublimieren; λ_{max} 292 mμ, $\varepsilon = 18$; 298 mμ, $\varepsilon = 18$ (Cyclohexan). *Hydrobromid*, $C_9H_{17}NO \cdot HBr$, F. 203° (A./Ae.), λ_{max} 292 mμ, $\varepsilon = 15$ (A.). *Acetat*, $C_{11}H_{21}NO_3$, F. 100—102°, Sublimation; aus **I**-Hydrat u. Acetanhydrid in der Kälte, im Vakuum abdampfen; 100%. — *N-Acetyltriacetonamin*, $C_{11}H_{19}NO_2$, F. 62—64° (Ae.), Sublimation; **I** u. Acetanhydrid 1 Std. auf dem Wasserbad erwärmen, Reinigung durch Chromatographie; 30%. *2.4-Dinitrophenylhydrazon*, $C_{17}H_{23}N_5O_5 \cdot 1/2\,C_6H_6$, F. 170° (Zers.; Bzl.), gelbe Nadeln. — *3.5-Dibromtriacetonamin, Hydrobromid*, F. 193—195° (Zers.), aus I in Essigsäure durch Zutropfen von Br_2 in Essigsäure unter Rühren (Temp. steigt bis 40°); λ_{max} 300 mμ, $\varepsilon = 241$ (A.); 94% roh. — *3.3.5.5-Tetramethyl-4-azacyclopenten-(1)-carbonsäureamid-(1)*, F. 178—179° (Bzl.), Sublimation; aus vorst. Verb. durch Zutropfen in konz. NH_3; λ_{max} 210 mμ, $\varepsilon = 9900$ (A.); 78% roh. — *2.2.4.4-Tetramethyl-3-azacyclopentanon* (II), $Kp._{747}$ 169°, durch Zugabe vorst. Verb. zur Lsg. von NaOH u. Br_2, 1 Std. auf dem Wasserbad, Reinigung durch Wasserdampfdest., n_D^{24} 1,446; λ_{max} 301 mμ, $\varepsilon = 37$ (A.); 40% roh. *5-Benzylidenderiv.*, $C_{15}H_{19}NO$, F. 89—91° (wss. A.), gelbliche Nadeln, Sublimation; λ_{max} 230 mμ, $\varepsilon = 7700$, 294 mμ, $\varepsilon = 13000$ (95%ig. A.). *Perchlorat des Deriv.*, $C_{15}H_{20}ClNO_5$, F. 214—216° (Zers., W.). *5.5-Dibromderiv.*, $C_8H_{13}Br_2NO$, F. 35—37°, Sublimat; aus II mit Br_2 im Wasserbad; λ_{max} 318 mμ, $\varepsilon = 41$ (A.); 60%. — *2-Hydroximino-3.3.5.5-tetramethyl-4-azacyclopentanon*, $C_8H_{14}N_2O_2$, a) *Chelat-cis-Form*, F. 142—145° (verschlossene Capillare, Zers.), gelbe Kristalle aus Bzl., Sublimation; II u. eine kalte Lsg. von KOH in tert.-Butanol 30 Min. unter N_2 rühren, Isoamylnitrit zugeben, über Nacht unter N_2 in der Kälte rühren; λ_{max} 248 mμ, $\varepsilon = 7600$ (A.); 90% der Isomeren; daneben b) *trans-Form*, F. 141—142° (verschlossene Capillare, Zers.), Sublimation; unlösl. in Bzl.; λ_{max} 264 mμ, $\varepsilon = 15700$ (A.); 10% der Isomeren; Gesamtausbeute 72%. — *3.3.5.5-Tetramethyl-4-azacyclopentandion-(1.2)* (IV), $C_8H_{13}NO_2$, F. 113—116°, rote Nadeln durch Sublimation; wss. $NaHSO_3$-Lsg. u. vorst. Verb. über Nacht stehenlassen, dann 3 Std. auf dem Wasserbad erwärmen, abkühlen, mit SO_2-Gas sättigen, mit gesätt. K_2CO_3-Lsg. zers., 15 Min. auf dem Wasserbad; λ_{max} 295 mμ, $\varepsilon = 53$, 318 mμ, $\varepsilon = 61$ (A.); 78%. *Chinoxalinderiv.*, $C_{14}H_{17}N_3$, F. 118—120°, Sublimation; aus IV mit o-Phenylendiamin in A., 1 Std. kochen; λ_{max} 239 mμ, $\varepsilon = 26200$, 310 mμ, $\varepsilon = 7300$, 322 mμ, $\varepsilon = 9600$ (A.). *Hydrat*, F. gegen 95° (wird rot); λ_{max} 304 mμ, $\varepsilon = 54$, 318 mμ, $\varepsilon = 57$ (A.). — *2.2.4.4-Tetramethyl-3-acetyl-3-azacyclopentanon*, $C_{10}H_{17}NO_2$, F. 73—74°, Sublimation; aus II u. Acetanhydrid, 1 Std. auf dem Wasserbad; λ_{max} 286 mμ, $\varepsilon = 31$, 292 mμ, $\varepsilon = 30$ (A.); 89%. Hydrolyse bei 100° mit 20%ig. HCl, 85%ig. H_3PO_4 oder 10%ig. NaOH gelang nicht. *5-Benzylidenderiv.*, $C_{17}H_{21}NO_2$, F. 139,5—140,5° (wss. A.), Sublimation; λ_{max} 232 mμ, $\varepsilon = 9200$, 305 mμ, $\varepsilon = 14300$ (A.). — *3.3.5.5-Tetramethyl-4-acetyl-4-azacyclopentandion-(1.2)* (III), $C_{10}H_{15}NO_3$, F. 120—122°, gelborangefarbene Nadeln durch Sublimation; aus vorst. Verb. u. SeO_2 in Essigsäure, 1 Std. kochen; λ_{max} 313 mμ, $\varepsilon = 59$ (A.); 82%. *Chinoxalinderiv.*, $C_{16}H_{19}NO_3$, F. 212—214°, Sublimation; aus 75 mg Diketon; λ_{max} 238 mμ, $\varepsilon = 32700$, 310 mμ, $\varepsilon = 7700$, 323 mμ, $\varepsilon = 10900$ (A.); 65 mg. *Hydrat*, $C_{10}H_{15}NO_3 \cdot 3/2\,H_2O$, F. 93—96°; λ_{max} 308 mμ, $\varepsilon = 41$ (A.); III an der Luft stehenlassen. — *1-Hydroxy-2.2.4.4-tetramethyl-3-acetyl-3-azacyclobutan-1-carbonsäure*, $C_{10}H_{17}NO_4$, F. 205—210° (Zers.), Sublimation; III u. wss. KOH 1 Std. kochen; 64%. *Methylester*, $C_{11}H_{19}NO_4$, F. 119—121°, Sublimation; aus Säure in Ae. mit CH_2N_2; 94%. — *2.2.4.4-Tetramethyl-3-acetyl-3-azacyclobutanon*, aus 55 mg vorst. Säure in Chlf. u. Pb-Tetraacetat; 30 mg. — *2.2.4.4-Tetramethyl-3-benzoyl-3-azacyclopentanon*, $C_{15}H_{19}NO_2$, F. 50—52°, Sublimation; aus II u. Benzoylchlorid in Pyridin, über Nacht stehen lassen, 1 Std. auf dem Wasserbad, Chromatographie an Al_2O_3; 73%. *5-Benzylidenderiv.*, $C_{22}H_{23}NO_2$, F. 124—126° (wss. A.); λ_{max} 232 mμ, $\varepsilon = 11500$, 312 mμ, $\varepsilon = 16100$ (A.). — *3.3.5.5-Tetramethyl-4-benzoyl-4-azacyclopentandion-(1.2)*, $C_{15}H_{17}NO_3$, F. 107—111°, goldgelbe Kristalle durch Sublimation; vorst. Keton u. SeO_2 in Essigsäure 1 Std. kochen, Na-Acetat zugeben, weitere 30 Min. kochen; Chromatographie an Al_2O_3; λ_{max} 311 mμ, $\varepsilon = 70$ (A.); 64%. *Hydrat*, $C_{15}H_{17}NO_3 \cdot H_2O$, F. 97—100°. (Bull. Soc. chim. France **1958**. 345—50. März) H. FECHTER. B 118

Constantin Sandris und **Guy Ourisson**, *Spektraluntersuchung von cyclischen Ketonen.* 4. Mitt. *Der Vergleich der α-Diketone von homomorphen Reihen.* (3. vgl. vorst. Ref.) In der homocycl. Reihe ist die UV-Absorption nichtenolisierbarer α-Diketone 2 geometr. Einfll. unterworfen: Die Vergrößerung des Winkels zwischen den Carbonylgruppen in einem 6-Ring oder in größeren Ringen ergibt eine hypsochrome Verschiebung der längstwelligen Absorptionsbande; in einem 5-Ring führt die Vergrößerung der Ringspannung zu einer bathochromen Verlagerung. Der Vgl. der Absorption von homomorphen 2.2.4.4-Tetramethyl-, 2.2.4.4-Tetramethyl-3-oxa- u. der 2.2.4.4-Tetramethyl-3-azacyclopentanone zeigt einen beträchtlichen Einfl. zweier Effekte: des ster. Effekts bei Benzylidenderivv. (λ_{max} 290/300/294 mμ, $\varepsilon = 12200/15500/13000$; 95%ig. A.) u. des induktiven Effekts im Falle der α-Diketoderivv. (λ_{max} 280/280/280 mμ, $\varepsilon = 505/540/535$). (Bull. Soc. chim. France **1958**. 350—54. März.) H. FECHTER. B 118

Charles E. Wheelock, *Die Fluorescenz einiger Cumarine.* Die Wrkg. der Konst. auf die Fluorescenz, die Lage der UV-Maxima u. die Fluorescenzintensität (I) folgender

Cumarine wurde bei verschied. Konzz. in A. bzw. in alkal. Lsg. untersucht: (Daten in 95%ig. A.): *4-Methylcumarin* [I, F. 79,0—79,7° (W.)], [λ_{max}] 270 u. 310 [mμ], [Fluorescenzmaximum] 3830 [Å]; *Cumarin* —, 3515; *5-Hydroxy-* [F. 226,6—227,2° (verd. A.)] 299, 249, —; *6-Nitro-* [F. 186,0—186,6° (Bzl.)] 260, —; *6-Amino-* [F. 162,6—163,4° (W.)]' 240, 280, 370, —; *7-Hydroxy-* [II, F. 229,3—229,8° (A.)] 325, 4410; *7-Methoxy-* [F. 116,4—117,2° (verd. A.)] 320, 3850; *4-Methyl-6-hydroxy-* [III, F. 240,2—241,0° (verd. A.)] 270, 340, 5270; *4-Methyl-6-methoxy-* [IV, F. 161,0—161,8° (A.)] 275, 342, 4180; *4-Methyl-7-hydroxy-* [V, F. 184,9—185,7° (A.)] 325, 4420; *4-Methyl-7-methoxy-* [F. 157,4—158,0° (A.)] 320, 3920; *4-Methyl-7-diäthylamino-* (VI, F. 70,1—71,0°, $Kp._{6,5}$ 240—243°) 375, 318, 278, 243, 4560; *3-Isopropyl-4-methyl-7-hydroxy-* [XII, F. 208,5 bis 211,0° (A.)] 323, 4460; *3-Benzyl-4-methyl-7-hydroxy-* [XIII, F. 221,7—223,0° (A.)] 326, 4480; *3-Acetyl-7-hydroxy-* [VII, F. 237,0—237,6° (A.)] 368, 284, 250, —; *4-Methyl-5.7-dihydroxy-* [F. 271,0—271,5° (Essigsäure)] 320, 250, —; *4-Methyl-6.7-dihydroxycumarin* (**VIII**, F. 271,0—271,5°) 348, 290, —; *4-Methyl-7-hydroxy-* [**IX**, F. 333,0—336,0° (verd. A.)] 338, 324, 282, 256, 4120; *4-Methyl-7-aminocarbostyril* [**X**, F. 270,4—272,0° (A. u. W.)] —, 4070; *7-Hydroxycumarincarbonsäure-(3)-äthylester* [F. 171,9—172,3° (verd. A.)] —, 4540; *3-Chlor-4-methyl-7-hydroxycumarin* [**XI**, F. 242,0—242,9° (verd. A.)] 332, 4580. Beim Verdünnen wurde bei den verschied. Cumarinen ein unterschiedliches Verh. der I beobachtet. Teils nimmt sie mit der Verdünnung ab (z. B. bei **V**), teils tritt ein Maximum bei hoher (**XI**) oder bei geringer Konz. (**VII**) auf. Andere Verbb., wie **VI** u. **VIII**, weisen eine von der Konz. weitgehend unabhängige Fluorescenz auf. Es zeigt sich ferner, daß ein 4-Methylsubstituent die I vermindert, während elektronenabstoßende Gruppen in 7-Stellung das Gegenteil bewirken, die Wirksamkeit wächst in der Folge $CH_3O < OH < N(C_2H_5)_2$. Da **IX** u. **X** stärker fluorescieren als **V**, scheint der Ersatz des heterocycl. O-Atoms durch das weniger elektronegative N-Atom die I zu erhöhen. Die UV-Absorption folgt im übrigen dem BEERschen Gesetz, wie an den Daten von **III, IV, VI, VII** u. **IX** gezeigt wird. Die Maxima der I von Lsgg. der Cumarine werden durch Konzentrationslöschung verursacht, an der Auslöschung sind bes. die 4-Stellung sowie die Δ^3-Doppelbindung beteiligt. In alkal. Lsg. (äthanol. KOH) nimmt die I von **II, V** u. **VI** sehr schnell ab. Da sie jedoch zuerst zunächst zunimmt, zeigt die Verminderung der I einen Abbau der Moll. an. Dagegen ändert sich die I von **IX** u. **X** sowie die der 3-alkyl- oder aralkylsubstituierten Cumarine in alkal. Lsg. kaum. Die Kurven zeigen jedoch zwischen 25 u. 125 Std. Einwirkungszeit eine Diskontinuität, die mit der Konzentrationslöschung u. Abbau-Rkk. erklärbar ist. Die I von **IX** u. **X** nimmt in alkal. Lsg. zunächst wenig ab u. bleibt dann konstant, die von **XII** u. **XIII** schwindet sofort u. später bei der Einw. des warmen alkal. Mediums. Das Verh. von **IX, X, XII** u. **XIII** ist in Übereinstimmung mit der Annahme, daß sich der heterocycl. Ring langsamer öffnet als bei **V**. Die aus den Carbostyrilen entstehenden Salze von cis-Zimtsäuren fluorescieren u. werden durch die aus dem heterocycl. Ring entstandene NH_2-Gruppe durch H-Brückenbindung stabilisiert. Daher bleibt die I erhalten. Die Salze der cis-Zimtsäuren, die aus den 3-substituierten Cumarinen gebildet werden, fluorescieren auch, werden aber in die entsprechenden trans-Verbb. umgelagert. Dieser Vorgang läuft aber langsamer ab als bei cis-2.4-Dihydroxy-β-methylzimtsäure. Die Fluorescenz der 3-substituierten Cumarine schwindet daher in 2 Stufen, zu Beginn u. im späteren Verlauf der Einw. von Alkali. (J. Amer. chem. Soc. **81.** 1348—52. 20/3. 1959. Bartlesville, Okla., Univ. of Cincinnati, Graduate Dep. of Appl. Sci.) B. GNAUCK. B 118

M. Ss. Brodin, O. Ss. Pachomowa und **A. F. Prichotko,** *Lichtabsorption von Stilbenkristallen bei 20° K.* An einem 0,2 μ dicken Einkristall von *Stilben* wurde die Absorption von polarisiertem Licht zwischen 29000 u. 38000 cm^{-1} gemessen. Bei analogen Messungen an festen Lsgg. in Tolan sind gewisse Verschiebungen der Absorptionsbanden festzustellen, die auf Moleküldeformationen zurückzuführen sind. Ferner ist ein Einfl. von inneren Spannungen auf die Polarisation der einzelnen Banden zu bemerken. (Оптика и Спектроскопия [Optik u. Spektroskopie] **5.** 123—27. Aug. 1958. Kiew, Inst. für Physik der Akad. der Wiss. der UkrainSSR.) G. KIRSCHSTEIN. B 119

André Dognon, Pierre Suquet und **Pierre Drutel,** *Faktor der diffusen Reflexion einer einen Farbstoff enthaltenden Suspension von Erythrocyten.* Vff. zeigen, daß das von DOGNON u. SUQUET (vgl. C. **1959.** 12653) für Suspensionen von gefärbten Teilchen in einer farblosen Fl. aufgestellte asymptot. Gesetz der Rückstreuung auch für den Fall Gültigkeit besitzt, in dem die Fl. selektiv absorbiert. (C. R. hebd. Séances Acad. Sci. **246.** 930—32. 10/2. 1958.) C. GOTTFRIED. B 119

Léon Piaux und **Marcel Gaudemar,** *Raman-Effekt und organische Chemie. Spektrographische Untersuchung einiger α-Acetylenalkohole und ihrer Halogenderivate.* Die RAMAN-Spektren von 15 α-Hydroxy- u. α-Halogenacetylenen werden mitgeteilt u. die

Frequenzen der Acetylenbindung diskutiert: *Butin-(2)-ol-(1)*, *1-Brombutin-(2)*, *Butin-(1)-ol-(3)*, *3-Brombutin-(1)*, *Pentin-(3)-ol-(2)*, *2-Brompentin-(3)*, *Octin-(3)-ol-(2)*, *2-Bromoctin-(3)*, *2-Chloroctin-(3)*, *2-Methylpentin-(3)-ol-(2)*, *2-Methyloctin-(3)-ol-(2)*, *2-Chlor-2-methyloctin-(3)*, *1-Phenylbutin-(1)-ol-(3)*, *3-Brom-1-phenylbutin-(1)*, *1-Phenylbutin-(2)-ol-(1)*. Die monosubstituierten Acetylene zeigen eine, die disubstituierten meist zwei Frequenzen der Acetylenbindung. Hydroxylsubstitution in α-Stellung ist im allg. mit einer Erniedrigung, Halogensubstitution mit einer Erhöhung der —C≡C-Frequenz im Vgl. zum entsprechenden KW-stoff verbunden. Die Frequenzverschiebungen sind wesentlich geringer als bei den substituierten Äthylenen. (Bull. Soc. chim. France **1958**. 619—22. Mai. Paris, Fac. des Sci., Labor. de Chim. Org. I.) B. SCHRADER. B 120

Paolo Mirone, *Betrachtungen über die OH- und NH-Valenzschwingungsfrequenzen.* Vf. untersuchte an Hand von Literaturangaben den Einfl. verschied. Gruppen auf die Frequenz der OH- u. NH-Valenzschwingungen. In *Alkoholen*, *Phenolen* u. *Carbonsäuren* nimmt die OH-Frequenz mit steigender Polarität der OH-Bindung ab, während die Intensität zunimmt. Dieses Verh. wird durch induktive u. mesomere Effekte erklärt. Bei den aliphat. u. aromat. *Aminen* geht die Abnahme der NH-Frequenz mit einer Abnahme der Polarität der Bindung u. der Intensität der Banden einher. Dieser Effekt wird durch die Annahme einer sp^2-Hybridisierung am N-Atom erklärt. Bei den *Säureamiden*, deren N-Atom sich bereits im sp^2-Zustand befindet, beobachtet man dagegen dieselben Einfll. wie bei der OH-Gruppe. Dieses unterschiedliche Verh. von OH u. NH ist dadurch bedingt, daß das O-Atom im Gegensatz zum N-Atom ohne Änderung seines Hybridisierungszustandes in Konjugation treten kann. (Ann. Chimica **48**. 156—66. Febr. 1958. Bologna, Univ., Ist. Chim. „G. Ciamician"; Centro Studi di Chim. fis. del CNR.) H. NÖTH. B 120

M. M. Bottreau, J. Gerbier und **E. Gray,** *Versuch einer Deutung des Einflusses, den ein nichtpolares Lösungsmittel auf die Schwingungsfrequenz der Carbonylgruppe ausübt.* Vff. untersuchten die IR-Absorptionsspektren (Gebiet um 1700 cm^{-1}) von *Acetophenon*, *Benzophenon*, *Butyron*, *Methylisobutylketon*, eines Gemisches der einzelnen Ketone mit Phenol, in dem sich eine zwischenmol. H-Bindung zwischen der Carbonylgruppe u. der OH-Gruppe bildet, u. zwar aller Substanzen in reinem Zustand sowie nach Verdünnung mit Hexan. Hierbei ergab sich, daß nach Verdünnen mit dem nichtpolaren KW-stoff die Schwingungsfrequenz der Carbonylgruppe etwas erhöht wurde. Diese Frequenzzunahme kann angesehen werden als die Summe eines Kopplungseffektes zwischen den Moll. u. des KIRKWOOD-Effektes, wobei dieser Effekt oft vorherrschend ist. (J. Physique Radium **19**. 552—56. Mai 1958. Poitiers, Fac. des Sci., Labor. de Phys. Moléculaire.) C. GOTTFRIED. B 120

U. Dombrowskaja, Ju. A. Pentin, Ja. Dombrowski, W. M. Tatewski und **N. K. Kotschetkow,** *Untersuchung der Tautomerie von Alkyl-β-aminovinylketonen auf Grund der Infrarotabsorptionsspektren.* Die IR-Spektren von *Methyl-β-aminovinylketon* (fl. bei gewöhnlicher Temp., krist. bei —120° u. in 14%ig. wss. Lsg.), von *Amyl-*, *tert.-Butyl-β-aminovinylketon* (fl. u. bei —120° krist.), von *Methyl-* (fl.) u. *tert.-Butyl-β-diäthylaminovinylketon* (fl. u. bei —120° krist.) werden in Diagrammen mitgeteilt u. ihre Unterschiede in den einzelnen Spektralbereichen (2800—3500 cm^{-1} X–H-Schwingungen; 1450 bis 1700 Doppelbindungen; 700—1450; 400—700) erörtert. Die Unterss. zeigen, daß diese Verbb. in 2 tautomeren Formen vorliegen: Als Enaminoketone $RCH_2COCH{=}CHNH_2$ u. als Iminoenole $RCH_2{-}C(OH){=}CH{-}CH{=}NH$. (Журнал Физической Химии [J. physik. Chem.] **32**. 135—40. Jan. 1958. Moskau, Lomonossow-Univ.) R. K. MÜLLER. B 120

J. Morcillo und **J. A. Vinós,** *Analyse des Gesamtgehaltes an Aromaten durch Infrarotspektroskopie.* Die bis 180° sd. aromat. KW-stoffe lassen sich in 4 Gruppen einteilen: 1. *Toluol*, *Äthylbenzol*, *m-* u. *o-Xylol*, *Isopropyl-*, *n-Propyl-*, *1-Methyl-3-äthyl-*, *1-Methyl-2-äthyl-*, *sek.-* u. *tert.-Butyl-*, *Isobutyl-* u. *1-Methyl-3-isopropylbenzol* zeigen eine Absorptionsbande bei 1940 [cm^{-1}] mit etwa gleichem Extinktionskoeff. ca. 0,31 [cm^{-1}, Konz. in %]; 2. *Bzl.* hat eine ziemlich intensive Bande bei 1957 mit 0,86; 3. *o-* u. *p-Xylol*, *1-Methyl-4-äthyl-*, *1-Methyl-2-äthyl-*, *1.2.4-Trimethyl-* u. *1-Methyl-4-isopropylbenzol* haben eine Bande bei 1895 mit $\varepsilon = 0{,}45$; 4. *1.3.5-* u. *1.2.3-Trimethylbenzol* u. *1-Methyl-2-isopropylbenzol* haben eine Bande bei 1915 mit $\varepsilon = 0{,}20$. Auf Grund dieser Beobachtungen wird eine Meth. zur Best. des Gesamtgeh. an Aromaten in bis 180° sd. KW-stoffen entwickelt, die in der Messung der Extinktion bei 1957, 1940, 1915 u. 1895 cm^{-1} (ohne Verdünnung) besteht. Vff. geben Beleganalysen. (An. Real Soc. españ. Física Quím., Ser. B **53**. 589—96. Sept./Okt. 1957. Madrid, Inst. de Quím. fís. A. de G. Rocasolano.) R. K. MÜLLER. B 120

Hans Brockmann und **Burchard Franck,** *Beziehungen zwischen CO-Frequenz und Salzbildung ungesättigter Ketone.* Vff. fanden bei mehrfach ungesätt. Ketonen, z. B. *Dicinnamalaceton* [γ(C=O) = 1610 cm^{-1}], ähnlich niedrige CO-Frequenzen, wie sie die Chinone zeigen, deren CO-Gruppen verschied. Ringen angehören, z. B. Diphenochinon (I). Die Lage der CO-Frequenz ist nun mittels der Proportionalität von Bindungsordnung u. Hammett-Konstante (σ) ein Maß für die Basizität eines Ketons. **I** ist danach stärker bas. als *Dibenzalaceton* [**II**; ν(CO) = 1660], was auch durch die relative Beständigkeit der Perchlorate bewiesen wird. In den Perchloraten tritt Polarisation der CO-Gruppe auf, dadurch sinkt die ω-Frequenz (in KBr) weiter ab (**II** 1612; **I** 1553). Die Erhöhung der CO-Frequenz bei *ms-Naphthodianthron* im Vgl. zu **I** ist auf die Anellierung von Benzolringen zurückzuführen (1670 cm^{-1}). Methoxygruppen bewirken Senkung der Frequenz (induktiver Effekt), *Hypericinpentamethyläther* zeigt daher die gleiche Frequenz wie **I** u. Pyrenchinon, ist jedoch stärker basisch. Als Begründung dafür wird eine kurze H-Brücke (mit Hilfe des Säureprotons) zwischen Carbonyl- u. Methoxygruppen diskutiert, wodurch sich ein „Chelatoniumion" bildet. (Naturwissenschaften **42.** 70—71. I. Febr.-H. 1955. Göttingen, Univ., Org.-Chem. Inst.) P. Holzlöhner. B 120

P. J. Stone, J. Cymerman Craig und **H. W. Thompson,** *Schwingungsfrequenzen von substituierten Ammoniumionen.* Die IR-Spektren folgender sek.- u. tert.-Aminhydrohalogenide wurden gemessen (fest als KCl-Preßlinge oder in Nujolsuspension): *Diäthylamin-, Dibenzylamin-, Piperidin-, Morpholin-, N-Benzylpiperidin-, N-Benzylmorpholin-, N-Methylpiperidin-, N-Äthylmorpholin-, Benzyldimethylamin-, Triäthylamin-, Pyridinhydrochlorid, Piperazin-, N-Benzyl-N'-methylpiperazindihydrochlorid* u. *Thiazinhydrojodid.* Die charakterist. Banden der Valenz- u. Deformationsschwingungen werden, teilweise durch Vgl. mit den Spektren der deuterierten Analoga, zugeordnet. Alle Spektren sind ziemlich komplex, viele starke Banden sind aufgespalten, Kombinations- u. Oberschwingungen erschweren die Zuordnung. Bei 2800 bzw. 2920 (deuterierte Verbb. 2200—2120) cm^{-1} liegen die symm. bzw. antisymm. ν(N$\overset{(+)}{-}$H) für die sek. Aminhydrohalogenide, die tert. zeigen die $\nu(\geqslant\overset{(+)}{N}H)$ im Bereich 2680—2330 (deuterierte Verbb. 2068—1880) cm^{-1}. Eine scharfe Bande bei 1600 (deuterierte Verbb. 1200) cm^{-1} wird einer Deformationsschwingung der $>\overset{(+)}{N}H_2$-Gruppe zugeordnet. Dies gilt auch für Aminosäurehydrochloride. Zwei starke Banden bei 2400 u. 2500 cm^{-1} für die sek. Aminhydrohalogenide, die bei Deuterierung abgeschwächt werden, können vielleicht als Differenzschwingung mit einer niederfrequenten Grundschwingung bei ca. 400 cm^{-1} oder als $>\overset{(+)}{N}H_2$-Schwingung, erniedrigt durch H-Brückenbindung, gedeutet werden. (J. chem. Soc. [London] **1958.** 52—54. Jan. Oxford, Phys. Chem. Labor.)
Volkmar Schmidt. B 120

Bawa Kartar Singh und **M. K. P. Amma,** *Untersuchungen über die Abhängigkeit der optischen Aktivität von der chemischen Konstitution.* 42. Mitt. *Die Rotationsdispersion von d-Campher-β-sulfonamid und d-Campher-β-sulfonanhydramid und die Kinetik der Umwandlung von d-Campher-β-sulfonamid in d-Campher-β-sulfonanhydramid.* (41. vgl. C. **1957.** 11254.) Die Rotationsdispersion von *d-Campher-β-sulfonamid* (**I**) wurde in A., Methanol (**III**), Aceton (**IV**), Pyridin (**V**) u. *Äthylacetat* (**VI**) u. von *d-Campher-β-sulfonanhydramid* (**II**, F. 228°) in Bzl., Chlf., **III**, **IV**, **V** u. **VI** bei 35° für 13 Wellenlängen im Bereich des sichtbaren Spektr. gemessen. Sie ist bei **I** „einfach" u. gehorcht der Drudeschen Gleichung in 5 Lösungsmitteln, in Chlf. ist sie „komplex". Bei **II** folgt die Rotationsdispersion der Biotschen Gleichung. Die Umwandlung von **I** in **II** wurde in Ggw. von Na-Äthylat als Katalysator in **III** u. **IV** bei 25, 35 u. 45° untersucht; sie ist monomol. in beiden Lösungsmitteln. Die Aktivierungsenergie ist für die Rk. in **III** (13540 cal) größer als für die in **IV** (11220), obwohl die Reaktionsgeschwindigkeit in **III** (k_1 = 0,2498 · 10^{-3} min^{-1}) größer als die in **IV** (k_1 = 0,1052 · 10^{-3}) bei 35° ist. (J. sci. ind. Res. [New Delhi], Sect. B **15.** 233—38. Mai 1956. Banaras, Banaras Hindu Univ., Org. Chem. Res. Sect.) P. Lotz. B 123

Bawa Kartar Singh und **Shiva Mohan Verma** (unter Mitarbeit von **S. R. K. Murty**), *Untersuchungen über die Abhängigkeit der optischen Aktivität von der chemischen Konstitution.* 43. Mitt. *Die Rotationsdispersion von d-Campher-β-sulfonylphenyl-, -o-tolyl-, -m-tolyl-, -p-tolyl-, -α-naphthyl- und -β-naphthylamid.* (42. vgl. vorst. Ref.) Die Rotationsdispersion von *d-Campher-β-sulfonylphenylamid* (**I**), *d-Campher-β-sulfonyl-o-* (F. 110°; *dl-Verb.*, $C_{17}H_{23}NO_3S$, F. 103,6°), *-m-* (F. 100°; *dl-Verb.*, $C_{17}H_{23}NO_3S$, F. 99,5°) u. *-p-tolylamid* (F. 141,2°; *dl-Verb.*, $C_{17}H_{23}NO_3S$, F. 128,0°, F. 124,5°) u. *d-Campher-β-sulfonyl-α-* u. *-β-naphthylamid* wurde im Bereich des sichtbaren Spektr. in Methanol, A., Aceton, Pyridin, Äthylacetat, Chlf. u. Bzl. gemessen. Die Rotationsdispersion ist „einfach" u. folgt der Drudeschen Beziehung. Die charakterist. Wellenlänge λ_0 schwankt in Lösungsmitteln hoher u. mittlerer DK. zwischen 3210 u. 2408 Å u. entspricht der CO-Bande des Camphers, in solchen niedriger DK. schwankt λ_0 zwischen 2429 u. 2049 Å u. entspricht der allg. Absorption gesätt. Moleküle. **I** existiert in dimorpher Form (α u. β), was durch Identität ihrer Rotationsdispersionen u. ihre gegenseitige Umwandlung bewiesen wird. Eine neue Meth. zur Best. der Umwandlungstemp. (118,8°) der dimorphen Formen, auf dem ROOZEBOOMschen Misch-F.-Zus.-Diagramm beruhend, wurde entwickelt. Die F.-Diagramme der d- u. *l*-Formen der Tolylamide mit ihren dl-Formen sind angegeben.

Versuche: *d-Campher-β-sulfonylphenylamid*, β-Form, F. 120° (50%ig. A.), aus d-Campher-β-sulfonylchlorid durch Kochen mit Anilin in Ggw. von Pyridin. α-Form **II**, $C_{16}H_{21}NO_3S$, F. 115° (90%ig. A.), aus der β-Form durch Umkristallisieren aus 90- u. höher %ig. Äthanol. (Proc. Indian Acad. Sci., Sect. A **43**. 21—45. Jan. 1956.) P. LOTZ. B 123

Bawa Kartar Singh und **Shanti Kumari Seth,** *Untersuchungen über die Abhängigkeit der optischen Aktivität von der chemischen Konstitution.* 44. Mitt. *Die Rotationsdispersion von o-, m-, p-Chlorphenylimino-d-campher und Phenyl-, o-, m- und p-Chlorphenylamino-d-campher.* (43. vgl. vorst. Ref.) Die Rotationsdispersion von α-[*o-, m-, p-Chlorphenylimino*]-*d-campher* u. α-[*Phenyl-, o-, m-* u. *p-Chlorphenyl*]-*amino-d-campher* wurde in Methanol, A., Bzl., Chlf., Äthylacetat, Pyridin u. Aceton gemessen. Sie gehorcht der DRUDEschen Gleichung ersten Grades u. ist deshalb einfach. Der Einfl. des Lösungsm. u. der Stellungsisomerie des Substituenten im Benzolring auf dem Drehwert dieser Verbb. wurde diskutiert, ebenso der Einfl. der Konjugation, welche bei diesen Verbb. außergewöhnlich stark ist. (J. Indian chem. Soc. **33**. 821—37. Nov. 1956.) P. LOTZ. B 123

Bawa Kartar Singh und **M. K. P. Amma,** *Untersuchungen über die Abhängigkeit der optischen Aktivität von der chemischen Konstitution.* 45. Mitt. *Die Rotationsdispersion, Kinetik der Mutarotation und Natur der racemischen Modifikationen einiger Bromanilin-, Methylamin- und p-Aminoacetanilidderivate von d-Campher-β-sulfonsäure und ähnlichen Verbindungen.* (44. vgl. vorst. Ref.) Die Rotationsdispersionen von *o-* (**I**), *m-* (**II**) u. *p-Bromanilin-* (**III**), *p-Aminoacetanilid-* (**IV**, $C_{18}H_{26}N_2O_5S$, F. 192,0°, Nadeln aus A.–Äthylacetat; *dl-Form*, F. 189,6°, rechteckige Platten aus A.–Aceton) u. *Methylamin-d-campher-β-sulfonat* (**V**, $C_{11}H_{21}NO_4S$, F. 167,5°, seidige Nadeln aus A.; *dl-Form*, F. 172,0°, Würfel aus A.) u. *2-[N-Methylimino]-d-camphan-10-sulfonsäure* (**VI**, $C_{11}H_{19}\cdot NSO_3$, F. 296,5°, Würfel aus PAe.–Chlf.) in W., Methanol, A. u. Pyridin sind einfach u. gehorchen der DRUDEschen Gleichung ersten Grades. Die charakterist. Wellenlänge liegt bei den Salzen **I**, **II**, **III**, **IV** u. **V** zwischen 3174 u. 3700 Å, bei **VI** bei 205,9 mμ (in W.) in guter Übereinstimmung mit dem UV-Maximum bei 205,5 mμ. Die Geschwindigkeit der Mutarotation von **I**, **II**, **III** in Chlf. bei 25, 35 u. 45° ist monomolekular. Die Werte der Geschwindigkeitskonstanten ändern sich bei Temperaturänderungen um 10° um den 1,8—2,9fachen Betrag. Die Aktivierungsenergien (**I** 19760, **II** 14785, **III** 11960 cal) dieser Verbb. sind größer als die der Chloranilinsalze u. folgen derselben Ordnung wie ihre Geschwindigkeitskonstanten (bei 35° für **I** $0{,}3050\cdot10^{-3}$, **II** 0,14119, **III** 0,1005), nämlich o > m > p. Die racem. Modifikationen der opt.-akt. Formen von **IV**, **V** u. **VI** sind echte dl-Verbb., wie aus den F.–Zus.-Diagrammen hervorgeht. — *2-[N-p-Bromphenylimino]-d-camphan-10-sulfonsäure* ($C_{16}H_{20}BrNO_3S$, F. 264,0°; *dl-Form*, F. 255,0°). (J. sci. ind. Res.]New Delhi], Sect. B **16**. 241—49. Juni 1957.) P. LOTZ. B 123

F. M. Schimmel und **F. W. Heineken,** *Paramagnetische Resonanz der Reaktionsprodukte des freien Radikals Tri-p-nitrophenylmethyl mit Sauerstoff.* Die paramagnet. Resonanz des freien Radikals *Tri-p-nitrophenylmethyl* (**I**) wurde bei 9000 MHz u. Zimmertemp. gemessen u. g = 2,0036 mit der Halbwertsbreite von $103 A\cdot m^{-1}$ gefunden. Nach Durchleiten von Luft erschien ein zweites Signal, charakterist. für das **I**-*Peroxydradikal*, bei g = 2,006 mit der Halbwertsbreite von $72 A\cdot m^{-1}$. Der langsame Zerfall der beiden Radikale wird 18 Std. quantitativ durch Messungen der Intensität der Signale beobachtet. Das Peroxydradikal zerfällt schneller. (Physica [Utrecht] **23**. 781—84. Aug. 1957. Amsterdam, Nederland, Univ., Zeeman Labor.) G. SCHOFFA. B 137

Nicole Lumbroso und **Adolphe Pacault,** *Magnetische Susceptibilität des Naphthalinmoleküls bei —195°.* Durch die Änderung der Dimensionen der monoklinen Achsen des *Naphthalins* beim Abkühlen auf —195° erfolgt auch eine Änderung des Winkels β, was naturgemäß eine Änderung der Lage der magnet. Achsen Θ in bezug auf die kristallograph. Achsen zur Folge hat. Mit Hilfe des für —195° ermittelten Q-Winkels lassen sich die magnet. Susceptibilitäten der 3 magnet. Achsen berechnen. (C. R. hebd. Séances Acad. Sci. **245**. 686—89. 5/8. 1957.) H. NÖTH. B 137

K. Ōuchi, *Elektrizitätsleitung in nichtwässerigen Lösungen.* Vf. erörtert die Leitfähigkeit von organ. Elektrolyten [*Tetramethyl-, Tetraäthylammoniumsalzen, Na-Pikrat, NaJ*] sowie von Bolaformelektrolyten in typ. nichtwss. Lsgg., wie in *HCN*, *Bzl.*, *Butanol*, *alkoh. H_2SO_4* u. Mischungen derselben. — 18 Literaturangaben. (J. electrochem. Soc. Japan **23**. 418—24. Aug. 1955. Intern. Christ. Univ. [Orig.: japan.]) L. SCHULER. B 138

Marion Maclean Davis und **Hannah B. Hetzer,** *Die relativen Säurestärken von vierzig aromatischen Carbonsäuren in Benzol bei 25°.* Von Benzoesäure (**I**), 31 ihrer Monoderivv., 7 Diderivv. u. einem Trideriv. werden die Assoziationskonstanten K mit 1.3-Diphenylguanidin als Bezugsbase in Bzl. bei 25° spektrophotometr. bestimmt. Im Falle der **I** wird der Einfl. des gleichfalls vorliegenden Dimerisationsgleichgewichts der Säure in Bzl. untersucht u. der K-Wert korrigiert. Die in Bzl. erhaltenen K-Werte werden verglichen mit bekannten relativen Säurestärken der Benzoesäuren in anderen Lösungsmitteln. Die m-Derivv. zeigen in den verschied. Lösungsmitteln Parallelität der Säurestärken. Abweichungen bei den p- u. o-Derivv. werden auf Solvatisierung durch das Lösungsm. u. Chelatbldg. zurückgeführt. — Im einzelnen wurden untersucht: **I**, F. 121,8 bis 122,5°, [log K in Bzl. bei 25°] 5,26, u. folgende Benzoesäuren: *o-Acetoxy-* (*Acetylsalicylsäure, Aspirin*), F. 133,5—135° (Bzl.), 5,72°; *o-Amino-* (*Anthranilsäure*), F. 146—147°, 4,94; *m-Amino-* (**II**), F. 177—178°, 4,93; *p-Amino-*, F. 186—186,5° (Zers.), 4,45; *o-Brom-*, F. 149—149,5°, 6,17; *m-Brom-*, F. 154,5—155,5°, 6,06; *p-Brom-*, F. 253,5 bis 254,5°, 5,86; *o-Chlor-*, F. 141—142°, 6,08; *m-Chlor-*, F. 155—156°, 6,06; *p-Chlor-*, F. 239—240°, 5,82; *m-Cyan-* (aus **II**), F. 214,5—216° (Bzl.), 6,56; *p-Cyan-*, F. 219,5 bis 220° (Bzl.), 6,53; *m-Dimethylamino-*, F. 151—152°, 4,89; *o-Fluor-* (durch Oxydation von o-Fluortoluol), F. 124—125°, 5,77; *m-Fluor-* (Darst. analog Vorst.), F. 123—124°, 5,94; *p-Fluor-*, F. 182—184° (sublimiert), 5,61; *o-Hydroxy-* (*Salicylsäure*), F. 158,5 bis 159,5°, 7,45; *m-Hydroxy-*, F. 201,5—202,5°, 5,35; *p-Hydroxy-*, F. 214,5—215°, 4,94; *o-Jod-*, F. 161—162,5°, 6,22; *m-Jod-*, F. 187—188°, 6,05; *p-Jod-*, F. 270—271°; *o-Methoxy-* (*o-Anissäure*), F. 101—102°, 3,7; *m-Methoxy-* (*m-Anissäure*), F. 105—106°, 5,38; *p-Methoxy-* (*p-Anissäure*), F. 183—184,5°, 4,92; *o-Methyl-* (*o-Toluylsäure*, F. 104—104,5°, 4,94; *m-Methyl-* (*m-Toluylsäure*), F. 112—113°, 5,13; *p-Methyl-* (*p-Toluylsäure*), F. 181 bis 181,5°, 5,03; *o-Nitro-*, F. 147—148°, 7,44; *m-Nitro-*, F. 141—142,5°, 6,82; *p-Nitro-*, F. 238—239°, 6,80; *2.4-Dichlor-*, F. 163—164°, 6,55; *2.6-Dichlor-*, F. 143—144°, 7,34; *3.4-Dichlor-*, F. 206—207°, 6,48; *2.6-Dihydroxy-4-methyl-* (*2.6-Dihydroxy-p-toluylsäure, p-Orsellinsäure*), F. 152,5—153,5° (Zers.), log K zu groß für eine genaue Messung; *2.6-Dimethoxy-*, F. 187—188°, 4,92; *2.6-Dimethyl-* (*2.6-Xylylsäure*), F. 114,5—115,5°, 5,24; *3.6-Dimethyl-* (*3.5-Xylylsäure, Mesitylensäure*), F. 170—171°, 5,03; *3.5-Dinitro-*, F. 204—205°, 8,23; *2.4.6-Trimethyl-* (*Mesitoesäure*), F. 152,5—153,5°, 5,00; *2.4.6-Trinitro-*, F. 216—223° (Zers.), log K zu groß für eine genaue Messung. (J. Res. nat. Bur. Standards **60**. 569—92. Juni 1958. Wahington, D. C.) A. MASCHKE. B 139

Isadore Rosenthal, John R. Hayes, Aaron J. Martin und **Philip J. Elving,** *Effekt der Struktur auf die Stereochemie von Elektrodenreaktionen. Ungesättigte C_4-Dicarbonsäuren und deren Ester. Stereospezifische Reduktion der Doppelbindung. Acetylendicarbonsäure* (**I**), *Dibrommalein-* (**II**), *Dibromfumarsäure* (**III**), *Dimethylmaleinsäureanhydrid* (**IV**) u. *Dimethylfumarsäure* (**V**) wurden coulometr. u. polarograph. bei verschied. p_H-Werten red. u. die erhaltenen Prodd. entweder polarograph. identifiziert oder nach Isolierung chem. u. physikal. untersucht. Aus **IV** u. **V** entsteht in einem 2-Elektronenprozeß rac. bzw. meso-α.α′-Dimethylbernsteinsäure, u. zwar bei stärker negativen Potentialen als für Malein- oder Fumarsäure. **I** wird in einem 3-Elektronenprozeß zu rac.-α.α′-Dimethylbernsteinsäure red., das Halbstufenpotential ist stark p_H-abhängig. Aus dem **I**-Monoäthylester entsteht in saurer Lsg. rac.-α.α′-Dimethylbernsteinsäurediäthylester, aus dem **I**-Diäthylester dagegen Fumarsäurediäthylester. **II** u. **III** liefern beide in einem 2-Elektronenprozeß **I**, die Diäthylester entsprechend **I**-Diäthylester. Die Mechanismen u. möglichen Zwischenstufen der einzelnen Prozesse werden diskutiert. Die Red. von **IV** u. **V** ist der erste behandelte Fall einer stereospezif. polarograph. Red. einer Doppelbindung. Die polarograph. u. die coulometr. Red. zeigt die gleichen Mechanismen u. ergibt gleiche Reduktionsprodd., zunächst bei niedrigen p_H-Werten. (J. Amer. chem. Soc. **80**. 3050—55. 20/6. 1958. Ann Arbor, Mich., Univ.; Philadelphia, Pa., Univ. and Rohm & Haas Co.;) VOLKMAR SCHMIDT. B 142

P. Zuman, *Sterische Einflüsse auf die katalytische Wasserstoffabscheidung in ammoniakalischen Kobaltlösungen in Gegenwart von threo- und erythro-Phenylcystein.* (Vorl. Mitt.) Ähnlich wie bei Cystein wurden in Lsgg. von Co^{3+}-Verbb. keine katalyt. Stufen bei *Phenylcystein* (**I**)-Konzz. bis 10^{-5} mol. beobachtet. Katalyt. Stufen waren dagegen in ammoniakal. Lsgg. von Co^{2+} gut entwickelt. Die Höhe der katalyt. Stufe war unter gleichen Bedingungen größer für erythro- als für threo-**I**. Das Verhältnis der Stufenhöhen ist für den gesamten untersuchten Konzentrationsbereich konstant, hängt jedoch vom p_H der Lsg. u. von den Capillarkonstanten ab. Bei konstanter Ammoniakkonz. u. geänderter NH_4^+-Konz. hängt die Stufenhöhe vom p_H in Form einer Dissoziationskurve ab, beim erythro-I liegt diese Dissoziationskurve bei niedrigeren p_H-Werten. Die Änderung der Stufenhöhe scheint auch durch die Komplexbildungskonstanten der beiden Epimeren mit Co^{2+} beeinflußt zu werden. Die verschied. Stabilität der beiden Formen äußert sich durch verschied. Halbstufenpotentialverschiebung der Reduktionsstufe Co^{3+}/Co^{2+}. (Chem. Listy **52.** 1349—50. Juli 1958. Praha, Českoslov. akad. věd., Polarograf. Ústav.) L. MATOUŠEK/Prag. B 142

P. G. Masslow, *Allgemeine Formeln für die Refraktion, Entropie und Bildungswärmen von Alkadienen und organischen Sulfiden.* Es werden allg. empir. Näherungsgleichungen vorgeschlagen, die zur Berechnung der Mol.-Refr. bei 20 u. 25° von *Alkadienen* u. ihren Methylsubstitutionsverbb., von *3-* u. *4-Thiaalkanen, 3-Mercaptoalkanen* u. von *Alkylmercaptobenzolen* geeignet sind. Ebenso werden Näherungsgleichungen zur Berechnung der Normalentropien gasförmiger u. fl. *r-Thiaalkane* u. *r-Alkylmercaptanen* (r = 2, 3, 4, 5) sowie gasförmiger 3.4-Dithiaalkane aufgestellt. Ferner werden allg. Gleichungen zur angenäherten Berechnung von Bildungswärmen gasförmiger u. fl. 3-Thiaalkane sowie von Verdampfungswärmen dieser Verbb. angegeben. (Журнал Физической Химии [J. physik. Chem.] **31.** 1242—47. Juni 1957. Leningrad.) E. KORDES. B 146

A. Országh, J. Lelakowska und **M. Bełdowicz,** *Ternäre binegativ-positive Systeme.* 1. Mitt. *Eine neue Form eines ternären Sattelazeotrops.* Vff. weisen ein neues Sattelazeotrop nach, das gebildet wird von *Chlf.* (**I,** Kp. 61,20; n_D^{20} 1,4471)-*Isopropylbromid* (**II,** Kp. 59,35; n_D^{20} 1,4268)-*Äthylformiat* (**III,** Kp. 54,10; n_D^{20} 1,3610). Seine graph. interpolierte Zus. ist 76,65 (Mol-%) **I,** 14,79 **II** u. 8,55 **III,** $Kp._{760}$ 61,974°. **I–II** u. **I–III** bilden je ein negatives Azeotrop, **II–III** dagegen ein positives. (Bull. Acad. polon. Sci., Sér. Sci. chim. géol. géogr. **6.** 419—25. 1958. Warsaw, Technical Univ., Polish Acad. of Sci., Inst. of Physical Chem.) S. v. SCHIESZL. B 150

J. L. Copp und **D. H. Everett,** *Thermodynamik binärer, aminhaltiger Systeme.* 3. Mitt. *Beziehungen von thermodynamischen Funktionen und Phasendiagrammen.* (2. vgl. C. **1956.** 14307.) Vff. schlagen eine neue graph. Form vor, mit deren Hilfe die allg. thermodynam. Bedingungen für die Phasentrennung in einem bin. Syst. ausgedrückt werden können, wie an Hand des Verh. einiger einfacher Typen u. einer eingehenderen Betrachtung der Systeme *W.-Methyldiäthylamin* (**I**), *W.-Diäthylamin* u. *W.-Triäthylamin* erläutert wird. Es wird gezeigt, daß die experimentellen Grenzdaten der freien Überschußenergie (g^E) solcher Systeme in der Form: $g^E/RT = A(T)\,\chi(1-\chi) + \Phi(\chi)$ ausgedrückt werden können, wobei Φ eine für alle Systeme annähernd gleiche u. relativ temperaturunabhängige Funktion des Molenbruches χ darstellt. A u. dessen Abhängigkeit von der Temp. sind dagegen für jedes Syst. charakteristisch. Die aus der Analyse des Syst. W.–I gewonnene g^E wird zur Aufstellung des Phasendiagramms benutzt u. die niedrigere krit. Temp. u. krit. Zus. mit der erwarteten Genauigkeit vorausgesagt, während die Form des Phasendiagramms infolge der Unsicherheit von g^E nur annähernd richtig vorausgesagt werden kann. Für die Phasendiagramme der beiden anderen Systeme werden neue Daten mitgeteilt. (Trans. Faraday Soc. **53.** 9—18. Jan. 1957. Dundee, Univ. of St. Andrews, Queen's Coll., Dep. of Chem.; Bristol, Univ., Dep. of Phys. and Inorg. Chem.) W. NIEMITZ. B 150

F. Kohler, *Zur Berechnung der freien Mischungsenergie eines beschränkt mischbaren binären flüssigen Systems aus der Löslichkeitskurve.* Vf. beschreibt eine Meth., um die zusätzliche GIBBSsche freie Mischungsenergie ΔG_z eines bin. fl. Syst. mit Mischungslücke zu berechnen, wenn die Entmischungskurve (oder Teile derselben) bekannt ist. Als Beispiel werden die Systeme *W.-Triäthylamin* u. *Anilin-Cyclohexan* herangezogen u. diese ΔG_z-Werte mit jenen, aus Dampfdruckmessungen stammenden verglichen. Die Übereinstimmung ist befriedigend, die Ermittlung von ΔG_z aus den Entmischungskurven scheint sogar z. T. sicherer zu sein. (Mh. Chem. **88.** 388—402. 15/6. 1957. Wien, Univ., 1. Chem. Inst.) H. SACKMANN. B 156

J. E. Young, *Eine Traceruntersuchung des Verhaltens von langkettigen organischen Molekülen auf Festkörperoberflächen.* Mono- u. multimol. Schichten von *$^{14}C_{(1)}$-Stearinsäure* (**I,** F. 69°) u. ihren Cu- u. Ca-Seifen wurden nach verschied. Methoden auf Quarzglas, Glimmer, Cu u. Pt erzeugt. Vor Aufbringung der Filme wurde die Oberflächenbeschaffenheit mit Hilfe von Elektronenbeugungsaufnahmen untersucht. Nach Aufbringen der Filme u. 1 std. Erhitzen auf 81° (Erweichungspunkte der Seifen $>81°$) wurden die Schichten autoradiograph. oder durch Elektronenbeugungsaufnahmen untersucht. Bei Glimmer sind die Filme auf den Spaltflächen nur schwach gebunden, jedoch ist die Bindung an Ecken, Kanten u. angekratzten Stellen stärker. Die Seifen überstehen die therm. Desorption recht gut, u. alle Filmarten sind gegen Abschleifen, nicht aber gegen Bzl. beständig. — Auf Cu sind die Schichten sehr stabil gegen therm. Behandlung u. gegen Abschleifen, u. selbst das Lösungsm. entfernt die Schichten nicht völlig. Anscheinend liegen auf Cu alle I-Schichten in seifenartiger Form vor. — Auf Pt werden nur die an Pt adsorbierten Schichten der I-Moll. festgehalten, während höhere Lagen der multimol. Schichten leicht desorbiert werden. Die Seifen sind dagegen auch in dickeren Schichten stabil. Auf den Metallen sind im trockenen Luftstrom erhitzte Filme gegen Bzl. resistenter als frisch erzeugte. Es zeigt sich also, daß reine I-Schichten schwach adsorbiert, Seifen dagegen auf allen Oberflächen fester gehalten werden. Ggw. von Wasserdampf scheint die Desorption zu fördern. — Vf. untersuchte weiterhin die Oberflächendiffusion an ähnlichen Systemen durch Erzeugung verschieden dicker Schichten auf zylindr. Körpern u. durch Radioaktivitätsmessung vor u. nach dem Erhitzen. Es zeigt sich, daß unter geeigneten Bedingungen Moll. an einer Stelle der Oberfläche desorbiert u. nach Bewegung in der Dampfphase anderswo wieder adsorbiert werden. Dieser Mechanismus erklärt die von anderen Vff. beobachtete scheinbare Oberflächendiffusion; denn bei Verhinderung des Dampfphasentransports findet keinerlei makroskop. feststellbare Diffusion statt. (Austral. J. Chem. **8.** 173—93. Mai 1955. Melbourne, Univ., CSIRO, Div. of Tribophysics.) E. DEHMLOW. B 176

Eero Sjöström, *Über die neuesten Fortschritte auf dem Gebiete der Chemie der Ionenaustauscher und deren Anwendung.* Übersicht, bes. über die Verwendung von Ionenaustauschern in der organ. Chemie. — 49 Literaturangaben. (Suomen Kemistilehti **31.** A 110—15. 1958. Helsinki, Lääketehdas Orion Oy.) S. BECKMANN. B 177

M. Je. Mowssessjan, *Bestimmung der Wärmetönung der Ketoenolumwandlung von gasförmigem Acetessigester aus den Infrarotabsorptionsspektren.* Aus der Temperaturabhängigkeit der relativen Intensität der IR-Banden der Enolform (6,07; 6,12 μ) u. der Ketoform (5,76; 5,84 μ) des *Acetessigesters* ergibt sich die Wärmetönung der Ketoenolumwandlung im Mittel zu 3500 $\pm$ 300 cal/Mol. Dieser Best. kann noch ein kleiner Fehler durch die Abhängigkeit des mol. Absorptionskoeff. von der Temp. anhaften. Das Vorliegen von 2 Maxima der Enolform könnte mit deren cis-trans-Isomerie zu erklären sein. (Оптика и Спектроскопия [Optik u. Spektroskopie] **3.** 395—97. Okt. 1957. Labor. der Spektroskopiekommission.) R. K. MÜLLER. B 182

N. C. Deno und **William L. Evans,** *Carboniumionen.* 6. Mitt. *σ^+-Parameter.* (5. vgl. C. **1958.** 6214.) Vff. vergleichen die σ^+-Werte, die aus der Konstitutionsabhängigkeit verschied. Rkk. errechnet werden können, untereinander. Neu bestimmt werden die σ^+-Parameter (in [] angegeben) aus dem Gleichgewicht Arylmethanol → Arylmethylkation für eine Reihe p-substituierter Arylmethanole: *Bis-p-fluor-* [— 0,03], *-p-chlor-* [— 0,07], *-p-brom-* [— 0,09], *-p-jod-* [— 0,10], *-p-phenoxy-* [— 0,35] u. *-p-dimethylaminophenylmethanol* [— 1,87]. *Tris-p-dimethylamino-* [— 1,49], *-p-anilino-* [— 1,35], *-p-amino-* [— 1,33], *-p-hydroxy-* [— 0,82], *-p-acetylamino-* [— 0,44] u. *-p-benzoylaminophenylmethanol* [— 0,44]. Außerdem werden für obiges Gleichgewicht die p_KR^+-Werte u. die Absorptionsmaxima der entsprechenden Kationen in H_2SO_4 für *4.4'-Difluor-* (F. 48°), *4.4'-Dijod-, 4.4'-Dibrom-, 4.4'-Diphenoxydiphenylmethanol, Xanthenol, 4.4'.4''-Trihydroxy-, 4.4'.4''-Trianilino-, 4.4'.4''-Triacetylamino-, 4.4'.4''-Tribenzoylaminotriphenylmethanol* angegeben.

Versuche: *4.4'-Dijodbenzophenon,* F. 235—237° [Isopropanol (Is.)] durch Diazotierung von 4.4'-Diaminobenzophenon in 20%ig. HCl u. Umsetzung mit großem Überschuß an gesätt. KJ-Lsg.; 52% (Ausbeute). — *4.4'-Dijoddiphenylmethanol,* $C_{13}H_{10}\cdot J_2O$, F. 130,5—131,5° (Is.), durch Kochen vorst. Verb. mit Al-Isopropylat u. Isopropanol u. Hydrolyse mit 20%ig. HCl. Gelbe Nadeln; 42%. — *4.4'-Diphenoxybenzophenon,* F. 128—130° (Bzl.-Pentan), aus Diphenyläther, CCl_4 u. $AlCl_3$ in CS_2 bei 25°, wiederholtes Umkristallisieren notwendig; 6%. — *4.4'-Diphenoxydiphenylmethanol,* $C_{25}H_{20}O_3$, F. 88—91° (Pentan), aus vorst. Verb. in Ae. mit $LiAlH_4$. — *4.4'.4''-Trianilinotriphenylmethanol,* F. 240—243°, aus Diphenylamin u. Oxalsäure; 10%. — *4.4'.4''-Triacetylaminotriphenylmethanol,* F. 182° (Zers.; A.-Is.), aus dem Gemisch von Pararosanilin (I), Essigsäureanhydrid u. Na-Acetat, 1 Tag stehenlassen, den nach Wasserzugabe ausfallenden Nd. mit W. bei 100° behandeln u. anschließend mit Is. u. Überschuß an NaOH kochen; 3%. — *4.4'.4''-Tribenzoylaminotriphenylmethanol,* $C_{40}H_{31}N_3O_4$, F. 191,5—193° (CH_3OH + NaOH) aus I u. Benzoylchlorid, 8 Std. auf dem Wasserbad; 9%. (J. Amer. chem. Soc. **79.** 5804—07. 5/11. 1957. University Park, Pa., Pennsylvania State Univ., Coll. of Chem. and Phys.) U. UHLICH. B 182

Odilon Chalvet und **Jean Peltier,** *Notiz über die Struktur von Indeno-[2.1:a]-fluoren.* Unter Anwendung verschied. theoret. Methoden wird die Elektronenstruktur des *Indeno-[2.1:a]-fluoren* (I)-Mol. im Grundzustand u. im 1. Anregungszustand untersucht. Bei Zuhilfenahme der klass. Meth. von PAULING

Ia

[1933] kann dem Grundzustand des I-Mol. die Struktur **Ia** zugeordnet werden, in der ein aromat. Charakter der Endkerne angenommen wird. (Bull. Soc. chim. France [5] **1956.** 1667—68. Nov./Dez. Paris, Centre de Chimie Théorique u. Inst. Blaise Pascal.)
H. GOLD. B 182

M. Brandstätter-Kuhnert und **H. Weiß**, *Zur Mischkristallbildung in der isomorphen Gruppe: Anthracen, Phenanthren, Carbazol und Fluoren.* Nach der thermomkr. Meth. von KOFLER (vgl. C. **1956.** 6067) wurden die folgenden bin. Systeme untersucht: *Phenanthren* (I)–*Carbazol* (**II**), *Anthracen* (**III**)–**II**, *Fluoren* (**IV**)–**III**, **IV**–**II**, **I**–*Acridin* (**V**), **V**–**III**, **V**–**II** u. *Diphenyl* (**VI**)–**IV**. Im Syst. **I**–**II** konnten eindeutig 2 Phasen unterschieden werden, Kristalle des **I**- u. **II**-Typs; das Syst. ist dem Typ IV nach ROOZEBOOM zuzuordnen, das Auftreten dieses Typs ist auf die Isodimorphie zurückzuführen. Das Peritekticum liegt bei 7% Carbazol u. 122°. — Das Schmelzdiagramm von **II**–**III** besitzt einen peritekt. Punkt bei 66% **II** u. 224° u. außerdem ein Minimum bei 5% **II** u. 214°. Im Syst. **III**–**IV** treten 2 peritekt. Punkte auf, einer bei 8% **III** u. 118°, der andere bei 58% **III** u. 188°. — Bei dem Syst. **II**–**IV** konnte kein Peritektikum nachgewiesen werden, beide Substanzen bilden daher wahrscheinlich eine kontinuierliche Mischkristallreihe (Typ I nach ROOZEBOOM). — In dem Syst. **V**–**I** ließen sich 2 eutekt. Tempp. entsprechend den Modifikationen I u. V von **V** bestimmen; E_1 liegt bei 44% **V** u 62°, E_2 bei 45% **V** u. 60,5°. — Auch im Syst. **V**–**III** wurden 2 eutekt. Tempp. entsprechend den Modifikationen I u. V von **V** bestimmt: E_1 bei 4% **III** u. 107°, E_2 bei 3% **III** u. 103,5°. — Bei dem Syst. **II**–**V** wurde nur ein Eutektikum bei 13% **II** u. 105,5° gefunden. In dem Syst. **VI**–**IV** wurden ein Peritektikum, das bei 49% **IV** u. 79° liegt, u. weiter ein flaches Minimum bei 68,5° festgestellt. (Mh. Chem. **88.** 1007—16. 1957, herausgeg. 28/1. 1958. Innsbruck, Univ., Pharmakognost. Inst.) C. GOTTFRIED. B 190

S. B. Bhattacherjee und **Lilabati Ray**, *Röntgenanalyse der Struktur von Harman,* $C_{12}H_{10}N_2$. Tafelförmige Kristalle von *Harman* (F. 237—238°) wurden aus einer Lsg. von A. u. Bzl. erhalten. Die opt. Unters. ergab rhomb. Symmetrie, positive Doppelbrechung mit den opt. Richtungen X u. Y parallel den kristallograph. a- u. b-Achsen u. der Richtung Z senkrecht zu der ab-Ebene. Die Brechungsindices sind $\alpha = 1{,}711$; $\beta = 1{,}731$ u. $\gamma = 1{,}749$. Drehkristallaufnahmen lieferten die Elementarzelldimensionen a = 9,6 Å; b = 13,6; c = 15,6. Raumgruppe ist $P\,2_12_12_1$; Z = 8. Intensitätsbetrachtungen führten zu dem Schluß, daß die Moll. mit ihren langen Achsen wahrscheinlich parallel der c-Achse liegen. (Z. Kristallogr., Kristallgeometrie, Kristallphysik, Kristallchem. **110.** 472—74. Sept. 1958. Calcutta, Univ., College of Sci., Khaira Labor. of Phys.)
C. GOTTFRIED. B 195

Robert Earl Davis, *Cyclische Sulfide.* 3. Mitt. *Die Reaktion einiger Äthylensulfide mit Triphenylphosphin und Triäthylphosphit.* (2. vgl. C. **1959.** 13108.) Bei den Rkk. von Triphenylphosphin (**II**) bzw. Triäthylphosphit (**IV**) mit Cyclohexensulfid (**I**) u. Propylensulfid (**VI**) erfolgt hauptsächlich Eliminierung des S aus dem Ring unter Bldg. des entsprechenden Olefins u. des Thionphosphorderivats. Der Anteil an gebildetem Polymeren ist gering.

Versuche: *Triphenylphosphinsulfid* (**III**), F. 160,5—161° (A.), a) durch Lösen von **I** in trocknem Ae., Kühlen mit Eis u. Zugabe von in Ae. gelöstem **II**, 3tägiges Stehen im Dunkeln, 96% (Ausbeute); 2. Prod. *Cyclohexen* (**V**), Kp. 83°, n_D^{25} 1,4441, 95%. b) analog aus **VI** u. **II**, daneben *Propylen*, Kp. —48°. — *Triäthylthionphosphat*, $Kp._{20}$ 102 bis 103°, durch Rk. von **I** mit **IV** in trockenem Ae., 3 Tage bei 25°; 87%. Daneben **V**, 91%. (J. org. Chemistry **23.** 1767—68. Nov. 1958. Cambridge, Mass., Harvard Univ., Converse Memorial Labor.) W. SCHRAMM. B 221

R. Foster, *Wechselwirkung von 1.3.5-Trinitrobenzol mit dem Äthylation. 1.3.5-Trinitrobenzol* (I) + *K*- bzw. *Na-Äthylat* (**II**) in A. u. *2.4.6-Trinitroanisol* (**III**) + **II** in A. geben zwischen 300 u. 600 mμ innerhalb 1 Std. nach dem Mischen analoge Spektren, das Spektr. von **I** + **II** ändert sich innerhalb 24 Stunden. Vf. schließt hieraus, daß sich ein Additionsprod. analog der MEISENHEIMER-Verb. [1902] bildet. (Nature [London] **183.** 1042—43. 11/4. 1959. Dundee, Queen's Coll., Chem. Dep.) KURT BECKER. B 223

Lucjan Sobczyk und **Jakow K. Syrkin**, *Die dielektrische Polarisation in Systemen mit einer Wasserstoffbindung.* 3. Mitt. *Komplexe organischer Säuren mit Piperidin.* (2. vgl. C. **1958.** 4734.) Die Dipolmomente von 1:1 *Piperidin* (**I**)–Carbonsäure-Gemischen in Bzl. betragen: 2,39 (D) mit *Benzoesäure*, 2,87 mit *Chloressigsäure*, 3,15 mit *Trichloressigsäure* u. 12,4 mit *Pikrinsäure* (**I**). Mit Ausnahme von **I** ist der Einfl. der Acidität des Protonendonators auf die Polarität der Komplexe im Gegensatz zu den entsprechenden Komplexen mit Pyridin (vgl. C. **1958.** 4734) gering. Die NH-Gruppe des **I** bildet mit der Carboxylgruppe einen 6gliedrigen Ring mit 2H-Brücken. Damit ist ein weiterer Beweis dafür erbracht, daß die Bldg. einer Elektronenpaarbindung nicht immer die günstigste

Absättigung der Spinwertigkeit eines Elementes ist. (Roczniki Chem. [Ann. Soc. chim. Polonorum] **31.** 197—204. 1957.) F. URBAN. B 223

Stefan Popovici und **Mariana Pop,** *Über die Parallelität von Geschwindigkeitskonstante und Absorptionsspektrum bei der Menschutkin-Reaktion.* Mit Hilfe der von Vff. früher (vgl. C. **1958.** 6480) aufgestellten Beziehung wird die von SCHEIBE [1927] empir. gefundene Beziehung $\log k = \log k_0 + b\, \Delta\, \lambda$ ($\Delta \lambda$ = Verschiebung des Absorptionsmaximums des Äthyljodids in dem betr. Lösungsm. im Vgl. zu Hexan, k-Wert dort k_0) für die Geschwindigkeitskonstante k der Bldg. von Tetraäthylammoniumjodid in hydroxylfreien Lösungsmitteln theoret. begründet. Die Änderung $b \rightarrow b'$ beim Übergang von einem Lösungsmittelsyst. zum anderen findet man durch Berechnung der Deformierbarkeit des Moleküls. Hiernach hängen bei der MENSCHUTKIN-Rk. Aktivierungsenergie A u. Absorptionsspekt. von der Struktur der reagierenden Moll. ab. Unter der Annahme, daß eine Beziehung $A = F(\lambda)$ besteht, erhält man $\log k = \log P + \alpha_0 + [a - (1/RT)]F(\lambda)$ mit P als Charakteristikum für die Vorgänge an der Mol.-Peripherie unabhängig von der mol. Struktur u. α_0 als dem $A = 0$ entsprechenden Grenzwert der Aktionskonstanten. (C. R. hebd. Séances Acad. Sci. **244.** 351—53. 14/1. 1957.) J. RICHTER. B 225

Masuo Murakami und **Tsugio Fukumoto,** *Elektronische Deutung organischer Reaktionsmechanismen.* 19. Mitt. *Über die Reaktivität und räumliche Zuordnung bei Ephedrin.* (18. vgl. J. chem. Soc. Japan, pure Chem. Sect. [Nippon Kagaku Zassi] **75.** [1954.] 532.) Reaktionsgeschwindigkeiten (RGG) bzw. Reaktivitäten bei Rkk. in der n- u. Pseudoephedrinreihe werden bestimmt u. elektronentheoret. u. auf Grund räumlicher Anordnungen erörtert. Die RGG von $AgNO_3$ mit (—)-*1-Chlor-2-methylamino-1-phenylpropannitrat* (**I**) bzw. *dl-Pseudo-1-chlor-1-phenyl-2-methylaminopropan* (**II**), bestimmt durch NH_4NCS-Titration, sind nahezu gleich; k der Rk. von **I** mit alkoh. KOH ist, bei —10,8°, k_2 = 0,92; **II** reagiert nicht bei —10,8°, bei 25° ist k_2 halb so groß wie die von **I** bei — 10,8°. (Die RG von **I** bei 25° ist für die Best. zu groß.) Dabei geben 0,22 g **II** in 20 cm^3 A. bei 25° mit 40 cm^3 n/20 alkoh. KOH in 3 Std. *2.N-Dimethyl-3-phenyläthylenimin* (**III**); Pikrat, F. 99—100°. Bei gleicher Behandlung gibt **I** ein Polymeres. Dies deckt sich mit den Erfahrungen der Chlorierung (PCl_5) von *n-Ephedrin* (**IV**) u. *Pseudoephedrin* (**V**), wenn man annimmt, daß C_6H_5 u. CH_3NH trans-ständig sind u. CH_3 u. Cl bzw. OH im **IV**- in gauche-, im **V**-Syst. aber in trans-Stellung stehen. Bei den **IV**-Verbb. ist wegen der Resonanzwrkg. der C_6H_6-Gruppe eine E 2-Rk. gegenüber einer SN 2-Rk. bevorzugt, u. es entsteht ein Styrolderivat. Im **V**-Syst. müßten aber im Falle einer trans-Eliminierung C_6H_5 u. $NHCH_3$ cis-ständig stehen, aus ster. Gründen wird **III** gebildet. Bei einer Rk. mit einer Ringzwischenstufe muß das **IV**-Syst. eine Ringverb. mit C_6H_5 u. CH_3NH in cis-Stellung, das **V**-Syst. in trans-Stellung geben. CNBr liefert mit **IV** u. **V** die Stereoisomeren von *3.4-Dimethyl-2-imino-5-phenyloxazolidon* (im IR untersucht). Harnstoff (weniger reakt.) gibt mit **IV** *3.4-Dimethyl-5-phenylimidazolidon,* mit **V** *3.4-Dimethyl-5-phenyloxazolidon.* Die RG der Acylwanderung von *N-Acetylephedrin* (**VI**) ist ca. 10mal größer als die bei *N-Acetylpseudoephedrin* (**VII**). Aus **VI** entstehen **IV**- u. **V**-Acetat. Wahrscheinlich verläuft wegen der ster. Hinderung von C_6H_5 u. CH_3NH im **VI** die Rk. über ein nicht n. Zwischenprodukt. (J. chem. Soc. Japan, pure Chem. Sect. [Nippon Kagaku Zassi] **76.** 270—74. März 1955. Osaka Univ. [Orig.: japan.]) L. SCHULER. B 225

Martin Stiles und **Raymond P. Mayer,** *Umlagerung von Alkylgruppen. Kinetik und Traceruntersuchungen bei der Pinakolinumlagerung.* Bei der Umlagerung von $^{14}C_{(2)}$-2.3-Dimethylpentandiol-(2.3) (**I**) bzw. $^{14}C_{(3)}$-2.3.4.4-Tetramethylpentandiol-(2.3) (**II**) in 50%ig. H_2SO_4 bei n. Temp. entstanden 83% *Methyl-tert.-amylketon* (**III**) u. 17% *Äthyl-tert.-butylketon* (**VI**) bzw. 78% *3.3.4.4-Tetramethylpentanon-(2)* (**IV**), das ca. 5% ungesätt. KW-stoffe u. (im Verhältnis 72:1) *Hexamethylaceton* enthielt. Die Trennung der Hauptbestandteile erfolgte auf gaschromatograph. Wege. Die Konst. u. der ^{14}C-Geh. der Ketone **III, IV** u. **VI** wurde durch Abbau (Abspaltung der CH_3CO-Gruppe u. Überführung in das entsprechende Amin) nachgeprüft. Danach enthält **III** ^{14}C in 2- bzw. 3-Stellung im Verhältnis 26:57, **IV** nur in 2-Stellung. Durch IR-Analyse (in CCl_4) wurde die Kinetik der Umlagerung von **I, II** u. 2.3-Dimethylbutandiol-(2.3) (**V**, Pinakon) in 49,22%ig. u. 59,16%ig. H_2SO_4 bei 25° verfolgt: 10^3 k-Werte **V** >15 (sec^{-1}), —, **I** 0,0150, 0,145, **II** 0,108, 0,952. Die Rk. von **V** ist in 49,22%ig. H_2SO_4 schon nach 5 Min. prakt. vollständig abgelaufen. Da die Werte für die Wanderungsfähigkeiten nach TIFFENEAU u. OREKHOFF [1924] unbefriedigend ausfallen, schlagen Vff. einen Vgl. der intermol. Wanderungsfähigkeit M von Substituenten vor. Für die Wanderungsfähigkeit einer Gruppe verglichen mit der von CH_3 ergibt sich dann $M_{CH_3} = k_p^R/k_p^{CH_3} = \alpha^R k^R K_A^R h_0^{CH_3} / \alpha^{CH_3} k^{CH_3} K_A^{CH_3} h_0^R$ (k_p.: partielle Geschwindigkeit der Umlagerung; $k_p = \alpha k$; K_A: Säuredissoziationskonstante der konjugierten Säure des Pinakons; h_0: Säure-

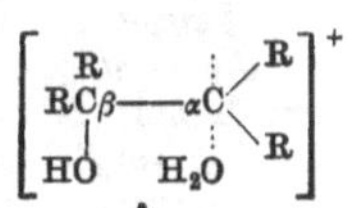

A

funktion). Folgende Daten wurden berechnet: CH_3 [α =] 0,25, [10^5 k_p =] 0,19 $K_A^{CH_3}$[sec^{-1}], [M_{CH_3} =] 1,0; C_2H_5 0,57, 3,2 $K_A^{C_2H_5}$, 17; tert.-C_4H_9 0,99, > 700 $K_A^{tert.-C_4H_9}$ > 4000. Die relativen k_p-Werte für die 3 Gruppen verhalten sich wie 1:4,7:54. Eine nichtwandernde Äthylgruppe in β-Stellung erhöht also die Wanderungsgeschwindigkeit einer Methylgruppe auf den 5fachen Wert, eine tert.-Butylgruppe in β-Stellung auf mehr als das 50fache. Aus den erheblichen Unterschieden der Reaktionsgeschwindigkeiten von **I**, **II** u. **V** wird geschlossen, daß im geschwindigkeitsbestimmenden Schritt die Bindungsbldg. zwischen dem $C_{(\alpha)}$-Atom u. der wandernden Gruppe erfogt. Wegen der Ergebnisse von BUNTON u. Mitarbeitern (C. **1959.** 6418) über den ^{18}O-Austausch bei Pinakolin wird die Bldg. vorst. Zwischenstufe **A** aus der konjugierten Säure angenommen. Die Umlagerung erfolgt dann durch Verdrängung des H_2O-Mol. von hinten durch eine der R-Nachbargruppen. Dieser Dissoziationsumlagerungsmechanismus ist der WAGNER-MEERWEIN-Umlagerung analog. Der daneben auftretende Austausch des Wassermol. zwischen **A** u. dem Lösungsm. erfolgt entweder durch direkte Verdrängungs-Rk. eines Wassermol. aus dem Lösungsm. oder durch Beteiligung der benachbarten OH-Gruppe unter Bldg. einer Zwischenstufe, die etwa einem protonierten Epoxyd entspricht.

Versuche: *$^{14}C_{(CO)}$-Pivaloylchlorid*, Kp. 100—103°, aus der Säure (Kp. 160 bis 161°, aus tert.-Butyl-Li u. CO_2, 63% [Ausbeute]) u. $SOCl_2$ (3 Std. Kochen); 53%. — *$^{14}C_{(CO)}$-Pinakolin*, Kp. 100—103°, durch Zugabe vorst. Verb. in Bzl. zu Dimethyl-Cd in Bzl. u. 20 Min. Kochen; ca. 10%. — *$^{14}C_{(CO)}$-Trimethylbrenztraubensäuremethylester*, $Kp._{16}$ 60—64°, durch $KMnO_4$-Oxydation vorst. Ketons nach GLUCKSMANN [1889], u. Rk. mit CH_2N_2 in Ae.; 54%. — *$^{14}C_{(3)}$-2.3.4.4-Tetramethylpentandiol-(2.3)* (**II**), $Kp._{17}$ 100 bis 104°, durch Zugabe vorst. Esters in Ae. zu CH_3Li in Ae. im Eisbad u. $2^1/_2$std. Kochen, Aufarbeitung ohne Säureanwendung; 75%. — *^{14}C-tert.-Butyldimethylessigsäure*, F. 194 bis 196°, durch Einw. von wss. KOCl auf **IV** u. 38std. Erwärmen auf 75°, Zugabe von KOH u. 10std. Kochen; HOFMANN-Abbau von tert.-Butyldimethylacetamid (F. 197 bis 199°; 73%) lieferte *^{14}C-N-[2.3.3-Trimethylbutyl-(2)]-carbaminsäuremethylester*, $C_9H_{19}\cdot NO_2$, F. 63—65°. — *^{14}C-2-Amino-2.3.3-trimethylbutan, Hydrochlorid*, $C_7H_{18}ClN$, sublimiert bei 320°, durch 8std. Kochen vorst. Carbamats in NaOH-Methanol unter CO_2-Ausschluß u. Kochen nach HCl-Zugabe; 90%. — *$^{14}C_{(1)}$-2-Methyl-2-hydroxybutansäuremethylester*, Kp. 146—150°, aus der Säure (F. 70—72°, $Kp._{17}$ 125—128°, nach YOUNG u. Mitarbeitern [1929]). — *$^{14}C_{(2)}$-2.3-Dimethylpentandiol-(2.3)* (**I**), $Kp._{16}$ 88—91°, durch 3std. Kochen vorst. Esters in Ae. mit CH_3Li in Ae.; 79%. — *^{14}C-Äthyldimethylacetamid*, F. 103 bis 104° (PAe.), durch HOCl-Oxydation von **III** + **VI** u. Umsetzung der Säure mit $SOCl_2$ u. mit NH_3; lieferte durch HOFMANN-Abbau *tert.-Amylamin, Hydrochlorid*, $C_5H_{14}ClN$, F. 229—231°; *Pikrat*, $C_{11}H_{16}N_4O_7$, F. 180—182°. — *Methyl-tert.-amylketon* (**III**), Kp. 131,5 bis 132,5°, aus Äthyldimethylacetylchlorid u. Dimethyl-Cd; n_D^{25} 1,4087; 61%. — *Äthyl-tert.-butylketon*, Kp. 120°, nach WHITMORE u. Mitarbeitern (J. Amer. chem. Soc. **61.** [1939.] 683); n_D^{20} 1,4025; *2.4-Dinitrophenylhydrazon*, F. 144—145°. (J. Amer. chem. Soc. **81.** 1497—1503. 20/3. 1959. Ann Arbor, Mich., Univ. of Michigan, Dep. of Chem.)

B. GNAUCK. B 225

Ss. P. Starkow und **A. A. Sprysskow**, *Untersuchung der Sulfurierungsreaktion. 44. Mitt. Isomerisation von Benzoldisulfonsäuren.* (43. vgl. C. **1959.** 12827.) Vff. untersuchen die Isomerisierung von o- (**I**), m- (**II**) u. p-Benzoldisulfonsäure (**III**). In Ggw. von ca. 6 Mol H_2SO_4 je Mol **I**, **II** bzw. **III** wird die Abhängigkeit der Zus. des Reaktionsgemisches von Temp., Reaktionszeit u. Konz. der H_2SO_4 festgestellt. — **I** geht bei $^1/_2$std. Erhitzen mit 90%ig. H_2SO_4 auf 233° in ein Gemisch von 65,9% **I**, 26,8% **II** u. 7,3% **III**, nach 8 Std. in ein Gemisch von 83,1% **II** u. 16,9% **III** über. — Die Isomerisierungsgeschwindigkeit von **II** ist von der Konz. der H_2SO_4 abhängig. Z. B. findet man nach 20std. Erhitzen mit 90%ig. H_2SO_4 auf 206° 97,6% **II** u. 2,4% **III**, mit 100%ig. H_2SO_4 99,3% **II** u. 0,7% **III**. Bei 233° findet man nach 24 Std. mit 90 (100) %ig. H_2SO_4 81,6 (83,8) % **II** u. 18,4 (10,7) % **III**, daneben 5,5% Trisulfonsäure. Mit 90%ig. H_2SO_4 liefert **II** nach 204 Std. bei 185° 97,3% **II** u. 2,7% **III**, nach 25 (100) Std. bei 235° 81,6 (69,3) % **II** u. 18,4 (30,7) % **III**. — Auch **III** wird wie **II** wesentlich langsamer als **I** isomerisiert. Mit 90%ig. H_2SO_4 gibt **III** nach 204 Std. bei 185° 2,7% **II** u. 97,3% **III**, bei 235° werden nach 20 (100) Std. 23,2 (61,0) % **II** u. 76,8 (39,0) % **III** erhalten. In 87 %ig. H_2SO_4 entsteht aus **III** nach 200 Std. bei 235° ein Gemisch aus 66,3% **II** u. 33,7% **III**. (Журнал Общей Химии [J. allg. Chem.] **27** (**89**). 3067—71. Nov. 1957. Iwanowo, Chem.-Technolog. Inst.)

HELMUT SCHÄFER. B 225

James W. Wilt und **H. Philip** (**Hogan**), *Die Wirkung eingebauter Cycloalkylringe auf die Umlagerung von Neophyl-ähnlichen Radikalen.* Durch Decarbonylierung mit Di-tert.-butylperoxyd (**III**) entstanden aus 1-Phenylcyclopentylacetaldehyd (**I**) Gemische aus *1-Phenyl-1-methylcyclopentan* u. *Benzylcyclopentan* (64—74% Ausbeute), wobei die Umlagerung folgende Ausmaße annahm: 63% (bei 140°), 71% (190°), 92% (132°, in

Chlorbenzol) bzw. <3% (160° in Ggw. von Benzylmercaptan). Entsprechend wurde aus 1-Phenylcyclohexylacetaldehyd (**II**) ein Gemisch aus *1-Phenyl-1-methylcyclohexan* u. *Benzylcyclohexan* (21—47%) mit nachst. Anteil der Umlagerungs-Rk. erhalten (Bedingungen wie vorst.): 89%, 91%, 94% 50%. Es zeigt sich, daß der Cyclopentylring etwa die gleiche Wrkg. auf die Umlagerung des Neophylradikals hat wie die geminale Dimethylgruppe (vgl. SEUBOLD, C. **1954**. 2995) die Ggw. des Cyclohexylrings erhöht dagegen das Ausmaß der Umlagerung beträchtlich. Vff. zeigen, daß von den nachst. Radikalen nur in dem Cyclopentylderiv. eine erhebliche ster. Hinderung der Rotation des Benzolrings um die Cycloalkylringphenylbindung auftritt. Dadurch wird eine maximale Überlappung der p- (oder sp^3)-Elektronenbahn des Carbinyl-C-Atoms mit der π-Mol.-Bahn des Benzolrings verhindert, die Folge ist eine Verlangsamung der Umlagerung. Durch qualitative Unters. wurde andererseits festgestellt, daß **I** zwei- bis viermal schneller decarbonyliert wird als **II**. Anscheinend ist das Aldehyd-H-Atom in **I** leichter abspaltbar. Entsprechend ist die Länge der Reaktionskette bei der Umlagerung von **I** vermutlich größer, da im Falle von **I** 10 Mol-% **III** bereits eine nahezu vollständige Decarbonylierung bewirken, während bei **II** 20 Mol-% **III** für eine ca. 50%ig. Rk. notwendig sind. — *1-Phenylcyclopentylacetaldehyd* (**I**)· $C_{13}H_{16}O$ $Kp._1$ 106°, durch Rk. von 2-Phenylcyclopentanon mit Allylchlorid in Ggw. von $NaNH_2$, HUANG-MINLON-Red. zum KW-stoff, Perameisensäurehydroxylierung der Allyldoppelbindung u. Pb(IV)-Acetatspaltung; $n_D^{20,5}$ 1 5352; $D.^{20}_4$ 1 065; *2.4-Dinitrophenylhydrazon*, $C_{19}H_{20}N_4O_4$, F. 132—133°. Analog: *1-Phenylcyclohexylacetaldehyd* (**II**), $C_{14}H_{18}O$, $Kp._{0,4}$ 112° aus 2-Phenylcyclohexanon; n_D^{20} 1,5395; $D.^{20}_4$ 1,080; *2.4-Dinitrophenylhydrazon*, $C_{20}H_{22}N_4O_4$ F. 163—164°. (J. org. Chemistry **24**. 441—42. März 1959. Chicago, Ill., Loyola Univ., Dep. of Chem.) B. GNAUCK. B 225

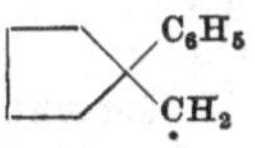
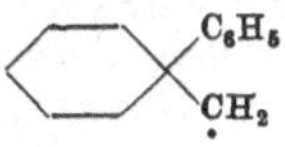

S. Wawzonek und **J. V. Hallum**, *Anomale Beckmann-Umlagerung von 9.10-Dihydro-9.10-[11-ketoäthano]-anthracenoxim.* (Vgl. J. org. Chemistry **18**. [1953.] 288.) 9.10-Dihydro-9.10-[11-ketoäthano]-anthracenoxim (**I**) lieferte mit PCl_5 *Anthranyl-(9)-acetonitril* (**II**). Das gleiche Ergebnis wurde bei der Einw. von Benzolsulfonylchlorid (**IV**) u. Alkali auf **I** erzielt. Die Rk. von **I** mit HCl-Essigsäure (**VI**) führte dagegen zu einem Gemisch von viel *Anthranyl-(9)-acetamid* (**III**) u. etwas **II**. Polyphosphorsäure (**V**) bzw. BF_3 ergaben mit **I** ebenfalls **III**. Diese BECKMANN-Umlagerung ist insofern bemerkenswert, als keine tert. Gruppe der Ketogruppe im Mol. benachbart ist. Die treibende Kraft der Rk. ist wohl in der Neigung, ein aromat. Syst. zu bilden, zu suchen.

Versuche: *Anthranyl-(9)-acetonitril* (**II**), $C_{16}H_{11}N$, F. 162—164° (hellgrün, PAe. bzw. Essigsäure), a) durch langsame Zugabe von PCl_5 zu **I** in $POCl_3$ unter 10° u. Kochen; b) durch 2std. Kochen von **I** mit **IV**, NaOH in wss. Aceton; c) durch 1std. Kochen von 9-Chlormethylanthracen mit NaCN in 95%ig. A.; d) durch 19std. Kochen von α-Benzoxyanthranyl-(9)-acetonitril mit Pd-Schwarz in Tetralin u. Wasserdampfdestillation. — *Anthranyl-(9)-acetamid* (**III**), $C_{16}H_{13}NO$, F. 253—256° (Äthylacetat–A., Zers.), a) durch 5 Min. Erhitzen von **I** mit **V** auf 100—130° u. weiteres 5minütiges Erhitzen bei 130°, gelbe Nadeln; b) durch Einw. von BF_3-Gas auf **I** in **VI**; c) durch 30 Min. Einw. von HCl-Gas auf **I** in **VI** u. 24 Std. Stehen unter wiederholter Sättigung mit HCl-Gas, Nebenprod.: **II**; d) durch Einw. von BF_3-Gas auf **II** in wss. **VI** bis zur Temp. von 140°, Kühlen u. Einw. von 6n NaOH. — *Anthranyl-(9)-essigsäure*, $C_{16}H_{12}O_2$, F. 215—226° (Bzl., Zers.), durch 3std. Kochen von **II** in **VI** mit 50%ig. H_2SO_4, daneben **III** u. *9-Methylanthracen* [F. 79—81° (Methanol)]. — *α-Benzoxyanthranyl-(9)-acetonitril*, $C_{23}H_{15}NO_2$, F. 148,5 bis 150° (Bzl. bzw. Äthylacetat), durch Zutropfen von wss. NaCN zu 9-Anthraldehyd u. Benzoylchlorid in Dioxan bei 0—5° (1 Std.), weiteres 2std. Rühren u. Stehen über Nacht. — *9-Methyl-10-cyananthracen*, $C_{16}H_{11}N$, F. 208—210° (Bzl.-PAe.), durch 15 Min. Kochen von 9-Methyl-10-anthraldehydoxim mit Acetanhydrid. (J. org. Chemistry **24**. 364—66. März 1959. Iowa City, Iowa, State Univ. of Iowa, Dep. of Chem.)
B. GNAUCK. B 225

A. C. Chatterji und **V. Antony**, *Mechanismus der Oxydationen mit Chromsäure.* 3. Mitt. *Die Oxydation von n-Propylalkohol und Caprylalkohol durch Chromsäure.* (2. vgl. C. **1956**. 8016.; 4. vgl. C. **1959**. 8504.) Die Kinetik der Oxydation von *n-Propylalkohol* (**I**; Kp. 95—96°, $D.^{35}$ 0,7931) u. *Caprylalkohol* (**II**; Kp. 176,5—177°, $D.^{35}$ 0,8083) durch *Chromsäure* (**III**) in $HClO_4$-Lsg. wird bei 25—55° untersucht. Die Rk. verläuft bei niedriger $[H^+]$ nach der 1. Ordnung bzgl. **I** bzw. **II**, **III** u. $[H^+]$, bei hohen $[H^+]$ nach 1. Ordnung bzgl. **I** bzw. **II** u. **III** u. nach 2. Ordnung bzgl. $[H^+]$. Die Temperaturkoeffizienten, Aktivierungsenergien u. Frequenzfaktoren werden für verschied. Konzz. der Reaktionspartner u. verschied. Temperaturbereiche zwischen 25 u. 55° bestimmt; bei beiden Alkoholen nimmt der Temperaturkoeff. mit steigender Temp. etwas ab. Licht hat in Ggw. von $HClO_4$ keinen merklichen Einfl. auf die Reaktionsgeschwindigkeit. Ferner wurde der Einfl. einer Reihe von Salzen auf die Oxydationsgeschwindigkeit der Alkohole untersucht. In Ggw. von TiO_2, U-Acetat, V-Sulfat, Zr-Sulfat wird die Oxydation von I, in Ggw. von TiO_2 u. U-Acetat die Oxydation von **II** geringfügig beschleunigt; $Ce(SO_4)_2$ sowie $MnSO_4$ hemmen die Oxydationsgeschwindigkeit deutlich, die anderen Verbb. [$AlCl_3$, $(NH_4)_2SO_4$, $CdCl_2$, $CrCl_3$, $CoCl_2$, $AuCl_3$, LiCl, MoO_3, $NiCl_2$, $PtCl_4$, RbCl, TlCl, NaCl] haben nur geringen hemmenden Einfluß. Bldg. von MnO_2 in Ggw. von $MnSO_4$ findet nicht statt. — Vff. schlagen ein allg. Schema für die Oxydation von Alkoholen der Form R_1R_2CHOH durch **III** vor. (Z. physik. Chem. **210.** 50—60. Jan. 1959. Lucknow, Indien, Univ., Chem. Dep.) M. SCHENK. B 225

G. Mino, S. Kaizerman und **E. Rasmussen,** *Die Oxydation von Pinakon durch Cerisulfat.* Die Oxydation von *Pinakon* [I; *2.3-Dimethylbutandiol-(2.3)*, Kp. 172°] durch Ce(IV)-Sulfat (**II**) bei 25° wurde bei konstantem p_H (0,97) u. Überschuß an I in Ggw. von H_2SO_4 titrimetr. verfolgt. Unter diesen Bedingungen verläuft die Rk. 1. Ordnung bzgl. [Ce(IV)], die Geschwindigkeit ist unter Luft oder N_2 die gleiche. Bei konstanter SO_4^{2-}-Konz. ist die Oxydation auch bzgl. [I] 1. Ordnung. Der k_2-Wert beträgt 0,21 Liter/Mol·Min.; die Reaktionsgeschwindigkeit nimmt jedoch mit Zunahme der Gesamtkonz. an SO_4^{2-} ab. Da kein Anhaltspunkt für das Auftreten eines Komplexes zwischen **I** u. **II** gefunden wurde, scheint entweder dessen Konz. extrem gering zu sein oder das vor allem [neben wenig $Ce(SO_4)_2$] vorhandene $Ce(SO_4)_3^{2-}$ oxydiert **I** direkt. Da pro Mol **I** ein Mol Aceton (**III**) entsteht, wird der Reaktionsablauf wie folgt formuliert (Ce^{4+}: Sulfatocerat-komplexe): $Ce^{4+} + I \rightarrow III + (CH_3)_2\dot{C}OH + H^+ + Ce^{3+}$, $Ce^{4+} + (CH_3)_2\dot{C}OH \xrightarrow{schnell} III + H^+ + Ce^{3+}$. Das Auftreten einer Disproportionierung der Radikale ist danach ausgeschlossen, nicht aber ihre Rekombination zu **I**. Die Aktivierungsenergie der Gesamt-Rk. wurde zu 22,5 kcal/Mol berechnet. In Ggw. von Acrylamid (**IV**) werden die im ersten Reaktionsschritt gebildeten Radikale weggefangen, u. es folgt eine Ketten-Rk.: $(CH_3)_2\dot{C}OH + IV \rightarrow P$, $P_n + IV \rightarrow P_{n+1}$, $P_n + P_m \rightarrow$ Polymeres, $P_n + Ce^{4+} \rightarrow$ Polymeres $+ Ce^{3+} + H^+$ (P: Radikal aus dem Primärradikal u. einem Mol. **IV**; P_n, P_m: wachsende Polymerketten). Bei 25° tritt prakt. keine Oxydation von **IV** durch **II** auf. Der Kettenabbruch erfolgt nach der obigen letzten Gleichung durch Oxydation, aber nicht durch Disproportionierung oder Kupplung der Radikale. Entsprechend dem Reaktionsschema wird pro 2 Mol **II** nur 1 Mol **III** gebildet. Sämtliche Primärradikale starten also die Polymerisation, u. die C–C-Bindung des 1.2-Glykols **I** wird vor dem Einfangen des Radikals aufgespalten. Vff. schließen, daß, falls das Radikal $(CH_3)_2C\cdot(O\cdot)C(OH)(CH_3)_2$ gebildet wird, dieses sehr schnell in **III** u. $(CH_3)_2COH$ umgewandelt wird. In Ggw. von **IV** läuft die Oxydation von **I** viel langsamer ab, das Gleiche wurde auch bei der Oxydation von *3-Chlorpropanol-(1)* mit Ce(IV)-Nitrat beobachtet. Die Verzögerung kann vielleicht auf die Bldg. eines stabilen Komplexes zwischen **IV** u. Ce^{4+} zurückgeführt werden. (J. Amer. chem. Soc. **81.** 1494—96. 20/3. 1959. Bound Brook, N. J., American Cyanamid Co., Res. Div.) B. GNAUCK. B 225

Eiichi Inoue, *Reaktionsmechanismus der langsamen Oxydation von Kohlenwasserstoffen durch stille elektrische Entladungen.* 6. Mitt. *Ableitung der Gleichung für die Oxydationsgeschwindigkeit von Cyclohexan und Bestimmung der mittleren Kettenlänge.* (5. vgl. C. **1957.** 9878.) Aus den Ergebnissen der früheren Verss. wird für die Reaktionsgeschwindigkeit folgende Gleichung abgeleitet: $d[RH]/dt = 4n\,K'[O_2][e] = 4\,n\,K''\,I[O_2] = KI[O_2]$, worin $[RH][O_2]$ u. [e] die Konzz. von *Cyclohexan*, O_2 u. Elektronen sind, n ist die mittlere Kettenlänge, K', K'' u. K sind Proportionalitätskonstanten, I = Entladungsstromstärke. Die Gleichung steht in Einklang mit früheren Versuchswerten. Die mittlere Kettenlänge ist für Cyclohexan ca. 4,8. (J. electrochem. Soe. Japan **23.** 574—78. Nov. 1955. Tokyo, TH. [Orig.: japan.; Auszug: engl.]) L. SCHULER. B 225

Eiichi Inoue, *Reaktionsmechanismus der langsamen Oxydation von Kohlenwasserstoffen durch stille elektrische Entladungen.* 7. Mitt. *Ausdehnung der bei der Oxydation von Cyclohexan erhaltenen Ergebnisse auf andere Kohlenwasserstoffe.* (6. vgl. vorst. Ref.) Bei *n-Hexan* ist die Oxydationsgeschwindigkeit (OG) proportional der O_2-Konz. u. der Entladungsstromstärke, ganz analog der OG des *Cyclohexans* (**I**). Für **I** gleich 100 sind die relativen OG für *Bzl.* 36, *Toluol* **44**, *n-Octan* 56, *Cyclooctan* 56, *Äthylbenzol* 75, *Isooctan* 77, *n-Hexan* 85 u. *n-Heptan* 93. — 14 Diagramme (in Engl.). (J. electrochem. Soc. Japan **23.** 647—52. Dez. 1955. [Orig.: japan.; Auszug: engl.]) L. SCHULER. B 225

H. G. David, S. D Hamann und **S. J. Lake,** *Reaktionskinetik bei 30000 Atmosphären.* In Fortsetzung früherer Arbeiten (vgl. C. **1956.** 1525) untersuchten Vff. die Solvolysengeschwindigkeit von *Äthylchlorid* (**I**) in *Methanol* bei Drucken bis 30000 at, wozu ein Hochdruckgerät entwickelt wurde. Bei 65° verlief die Rk. bei 1 at sehr langsam; nach 1 Woche erreicht die HCl-Menge einen konstanten Wert, der 1% des ursprünglichen **I** entspricht. Dabei ist unklar, ob ein Gleichgewicht vorliegt oder ob HCl durch Konkurrenz-Rkk. verbraucht wird. Bei 30000 at ist dagegen die Geschwindigkeitskonstante k_p der 1. Ordnung 1210mal größer als bei 1 at (k_1). Oberhalb von ca. 15000 at steigt log k_p/k_1 linear mit dem Druck. Die Geschwindigkeitskonstanten wurden aus den anfänglichen Bildungsgeschwindigkeiten der HCl berechnet. (Austral. J. Chem. **8.** 285—88. Mai 1955. Sydney, Univ., Div. of Ind. Chem., High Pressure Labor.) E. DEHMLOW. B 225

A. Berger, A. Loewenstein und **S. Meiboom,** *Untersuchungen der Protolyse und Ionisation von N-Methylacetamid mit Hilfe der kernmagnetischen Resonanz.* Mittels der kernmagnet. Resonanz wird die Geschwindigkeit u. der Mechanismus der Protolyse des *N-Methylacetamids* (**I**; F. 29—30°, $Kp._{30}$ 110—114°, aus Methylamin u. Äthylacetat, 2 Wochen bei Zimmertemp.) in wss. Lsgg. untersucht. Die Protolyse ist sowohl säuren- als auch basenkatalysiert, ihre Reaktionsgeschwindigkeit ist der **I**-Konz., sowie der Konz. an H^+- bzw. OH^--Ionen proportional. Die Geschwindigkeitskonstanten betragen für die Rk. im alkal. Medium $k = (5{,}2 \pm 1{,}0) \cdot 10^6$ (Liter/Mol·sec) bei 21 ± 1°, im sauren Medium $k = (3{,}8 \pm 0{,}4) \cdot 10^2$ (Liter/Mol·sec). In W. allein erfolgt der H-Austausch sehr langsam, $k < 2 \cdot 10^{-3}$ (sec^{-1}). Beim N.N-Dimethylacetamid tritt nach Unterss. von GUTOWSKY u. HOLM (C. **1957.** 12411) beim Ansäuern freie Rotation um die C–N-Bindung ein, was auch bei der Protolyse des **I** durch Protonierung am N-Atom eintritt. Es kann aber gezeigt werden, daß in sehr sauren Lsgg. die Protonierung vorzugsweise am O-Atom einsetzt u. beide Ionenarten im Gleichgewicht miteinander sind. Für die Austausch-Rkk. wird ein ins Einzelne gehender Mechanismus vorgeschlagen. (J. Amer. chem. Soc. **81.** 62—67. 5/1. 1959. Rehovoth, Israel, Weizmann Inst. of Sci.) W. NIEMITZ. B 225

W. H. Puterbaugh und **Charles R. Hauser,** *Einfluß des Metallkations auf Substitutions- gegenüber Eliminierungsreaktionen von Alkylhalogeniden mit Alkalibasen.* Durch Einw. von Li- (**I**) bzw. Na-Diäthylamid (**II**) auf *n-Octyl-* (**III**) bzw. *2-Äthylhexylbromid* (**IV**) bei 35—40° wurden folgende Amin- bzw. Olefinausbeuten erzielt: **I** + **III** in Ae. (2 Std. Reaktionsdauer) 47 bzw. 0%, **II** + **III** in Bzl. (7 Std.) 22—30 bzw. 19—5%, **I** + **IV** in Ae. 45% bzw. Spur, **II** + **IV** in Bzl. 24 bzw. 16%. Oei Einw. von 2 Äquivalenten **I** auf **III** betrugen die entsprechenden Ausbeuten: 89% bzw. Spur. Die Substitutions-Rk. bei **III** u. **IV** nimmt also auf Kosten der Eliminierung zu, wenn statt **II** in Bzl. **I** in Ae. angewendet wird. Ähnlich lieferte Li-Phenyl mit **III** eine höhere Ausbeute an *n-Octylbenzol* als Na-Phenyl. Diese Befunde zeigen ebenso wie die von NEWMAN u. Mitarbeiter (J. Amer. chem. Soc. **70.** [1948.] 1023), daß zur Begünstigung der Substitutions-Rk. mit einer N- oder C-Base das Li-Reagens der Na-Verb. vorzuziehen ist.

V e r s u c h e: *N.N-Diäthyl-n-octylamin*, $C_{12}H_{27}N$, $Kp._{760}$ 221—224°, $Kp._{10}$ 93—95°, aus **I** bzw. **II** u. **III** in Ae. bzw. Bzl. bei 35—40°. Analog: *N.N-Diäthyl-2-äthylhexylamin*, $C_{12}H_{27}N$, $Kp._{760}$ 205—208°. — *n-Octylbenzol*, $Kp._{10}$ 125—127°, $Kp._{12}$ 129—134°, a) durch Zutropfen von **III** zu Li-Phenyl in Ae., 30 Min. Rühren u. 1½ std. Kochen; 69% (Ausbeute); b) analog aus **III** u. Na-Phenyl in Bzl. durch 1std. Rühren u. 1std. Kochen; 35%, daneben hochsd. Produkte. (J. org. Chemistry **24.** 416—18. März 1959. Durham, N. C., Duke Univ., Dep. of Chem.) B. GNAUCK. B 225

Yûya Yamashita und **Tsuneo Shimamura,** *Hydrolyse von Benzylchlorid und 1-Chlormethylnaphthalin.* Die Hydrolyse von *Benzylchlorid* (**I**) sowie *1-Chlormethylnaphthalin* (**II**) wurde kinet. untersucht. **I** u. **II** wurden in Alkalien, schnell u. in neutraler Lsg. langsam hydrolysiert. In verd. Alkalien wurden maximale Ausbeute an den entsprechenden Alkoholen, nämlich 75—80%, erreicht, in stark alkal. Lsgg. waren die Ausbeuten an den Äthern höher. **II** ergibt auch unter optimalen Bedingungen *Bis-[naphthyl-(1)-methyl]-äther* in 17%ig. Ausbeute. Benzyl- sowie Naphthylmethylalkohol bilden in bas. sowie sauren Lsgg. bei höheren Tempp. entsprechende Äther, die in konz. H_2SO_4 in Ggw. von $ZnCl_2$ oder in Acetanhydrid in Ggw. von konz. H_2SO_4 bei höheren Tempp. in **I** bzw. **II**, oder in die entsprechenden Acetate übergehen. Unter denselben Bedingungen geben **I**, Chlormethylxylol u. **II** in dieser Reihenfolge steigende Menge Äther; die gebildeten Äther werden in der gleichen Reihenfolge zunehmend leicht hydrolysiert. (J. chem. Soc. Japan, ind. Chem. Sect. [Kōgyō Kagaku Zassi] **61.** 1185—89. Sept. 1958. Tokyo, Kôgakuin-Daigaku. [Orig.: japan.]) E. MAEKAWA. B 225

Max Mousseron, Jean Jullien und **Hubert Bodot,** *Die Deutung der Kinetik der Solvolyse von trans-2-Chlorcyclopentanolen und von -cyclohexanolen. trans-2-Chlorcyclopentanol* u. *-cyclohexanol* sowie ihre *1-Methylderivv.* wurden der Solvolyse bei 70—100° in wss. Dioxan unterworfen; die kinet. Gesichtspunkte der Solvolyse u. gewisse Einfll. von zugesetzten Salzen u. der Lösungsmittel wurden gedeutet u. als Reaktionsschema bestätigt: trans-2-Chlorcyclanol $\underset{v_2}{\overset{v_1}{\rightleftharpoons}}$ intermediäres Epoxyd $\xrightarrow{v_3}$ trans-Glykol. (C. R. hebd. Séances Acad. Sci. **243.** 2077—79. 17/12. 1956.) H. FECHTER. B 225

Max Mousseron, Jean Jullien und **Hubert Bodot,** *Mechanismus und struktureller Einfluß auf die Solvolyse von trans-2-Chlorcyclanolen.* Vff. untersuchten die Solvolyse von *trans-2-Chlor-, 1-Methyl-trans-2-chlorcyclohexanol, Chlorcyclohexan, trans-2-Chlor-, 1-Methyl-trans-2-chlorcyclopentanol* u. *Chlorcyclopentan* bei 100° u. fanden folgende Geschwindigkeitskonstanten ($Min.^{-1}$) für 50% ig. bzw. 80% ig. [k-Werte in ()] wss. Dioxan: $212 \cdot 10^{-6}$ ($4,98 \cdot 10^{-6}$), $9850 \cdot 10^{-6}$ ($956 \cdot 10^{-6}$), $364 \cdot 10^{-6}$ ($7,48 \cdot 10^{-6}$), $101 \cdot 10^{-5}$ ($1,99 \cdot 10^{-5}$), $4310 \cdot 10^{-5}$ ($395 \cdot 10^{-5}$), $589 \cdot 10^{-5}$ ($11,4 \cdot 10^{-5}$). Aus der gleichen Größenordnung der Geschwindigkeiten der Halogenide u. der Chlorhydrine mit sek. Alkoholfraktion schließen Vff. auf einen $S_{N}i$-Mechanismus, bei dem das Epoxyd langsam gebildet wird u. das Hydroxyl die Ablösung des Cl unterstützt. Bei einem reinen $S_{N}1$-Mechanismus (langsame unimol. Ionisierung u. rasche Epoxydbldg.) hingegen, müßte das elektronenanziehende Hydroxyl stark verzögernd wirken. — Der beschleunigende Einfl. des wasserreicheren Milieus spricht für einen teilweise polaren Übergangszustand. Dieser Einfl. ist unabhängig von der cycl. Struktur u. unabhängig vom Charakter des Hydroxyls. Die stärker beschleunigende Wrkg. der tert. Alkoholfunktion wird einer größeren Basizität zugeschrieben. Die größere Reaktionsgeschwindigkeit der Cyclopentanderivv. entspricht der allg. Reaktivität des 5-Ringsystems. Der vom Hydroxyl ausgehende beschleunigende Einfl. ist beim 5-Ringsyst. geringer u. steht im Einklang mit der Geometrie der 5- bzw. 6-Ringstruktur. (C. R. hebd. Séances Acad. Sci. **244.** 87—88. 2/1. 1957.) J. RICHTER. B 225

J. A. Ridgway jr., *Alkylierung des Isobutans mit freien Radikalen durch Äthylen.* Vf. untersucht die Bedingungen (Katalysator-, Lösungsmittel-, Inhibitoreneinfl.), unter denen die Alkylierung von *Isobutan* mit *Äthylen* unter Ausschaltung von Neben-Rkk. weitgehend zu Neohexan (**I**) als Endprod. führt. Es zeigt sich, daß die Erhöhung der Reaktionstemp. die **I**-Bldg. begünstigt; bei 750° F erreicht die **I**-Ausbeute jedoch nur 40% der theoret. Ausbeute. Bei weiterer Temperaturerhöhung wird die Ausbeute durch Crack-Rkk. stark beeinträchtigt. Die Druckabhängigkeit der Rk. wird im Bereich 1200 bis 2800 p./sq. in. untersucht u. gefunden, daß der Druck nur einen geringfügigen Einfl. auf die **I**-Bldg. ausübt. Einen katalyt. Einfl. auf die Rk. üben die Halogene (in der Reihenfolge Cl > Br > J), die Halogenwasserstoffe sowie organ. Halogenverbb. aus. J_2 u. seine Verbb. begünstigen jedoch das Ablaufen von Neben-Rkk., bes. die Bldg. von Äthan. Bei Verwendung von Br_2 u. dessen Verbb. tritt dieser Effekt nicht ein. In Ggw. von Äthylbromid wird bei 750° F **I** in 70% ig. Ausbeute erhalten. (Ind. Engng. Chem. **50.** 1531—36. Okt. 1958. Texas City, Texas, American Oil Co. [Orig.: japan.]) K. FRENKLER. B 225

Mamoru Ban, *Mechanismus der Hydratation des Acetylens in wässeriger Lösung von Zink- oder Cadmiumsalz.* (Vgl. C. **1959.** 7420.) Die Hydratation von *Acetylen* (**I**) in wss. Lsgg. von Zn- bzw. Cd-Salzen wird kinet. untersucht. Wasserlösl. Zn- sowie Cd-Salze polarisieren die Moll. des W. durch Koordination unter Bldg. von Aquosäuren oder Aquokationen. Die polarisierten Wassermoll. nehmen nucleophil an der Rk. mit **I** zu Acetaldehyd teil. Die Aktivierung des **I** erwies sich nicht als geschwindigkeitsbestimmend. (J. chem. Soc. Japan, ind. Chem. Sect. [Kōgyō Kagaku Zassi] **61.** 1166—69. Sept. 1958. Ôsaka-Higasiyodogawa, Taoka-Senryô. [Orig.: japan.]) E. MAEKAWA. B 225

C. Gardner Swain, Lawrence J. Schaad und **A. Jerry Kresge,** *Der Mechanismus der Zersetzung von Benzoylperoxyd in Cyclohexanlösung.* Die Zers. von *Benzoylperoxyd* (**I**, F. 106—107°, aus Chlf.-Methanol) bei 91° in Cyclohexan (**IV**, Kp. 82,5—83°, n_D^{25} 1,4436)-Lsg. in Ggw. von Styrol (**II**, $Kp._{50}$ 66°) zur Verhinderung von induzierter Zers. wurde untersucht. **II** ist stark wirksam: die Halbwertszeit der Zers. von 0,003 Mol **I** steigt durch Zusatz von 0,01 Mol **II** von 65 auf 107 Min., bleibt aber konstant in Ggw. von 0,015 bis 0,12 Mol **II**. Die Ausbeuten an Benzoesäure (**III**), Phenylbenzoat (**V**, F. 68,5—70,5°, aus A.), Biphenyl (**VI**) werden in Abhängigkeit von der **I**- u. **II**-Konz. u. Reaktionsdauer durch T-Isotopenverdünnungsmeth., die von Bzl. UV-spektroskop. u. die von Cyclohexen (**VII**) gaschromatograph. bestimmt. Aus jedem Mol **I** bildet sich unter allen Bedingungen $^1/_2$ Mol **III**. Die Ausbeuten an Bzl., **V** u. **VI** steigen mit dem Zusatz an 0,000—0,015 Mol **II** u. fallen bei höherer **II**-Konz. 92% der Phenylgruppen von **I** liegen bei 0,015 Mol **II** in diesen Prodd. vor. Die Ausbeuten an **VI** sind klein (≤ 0,12 Mol). Auf Grund ihrer Ergebnisse diskutieren die Vff. die Mechanismen für die nicht induzierte Zers. von **I**. Danach werden **V** u. **VI** durch Rekombination nicht völlig getrennter Radikale gebildet, **III** entsteht durch Rk. von **IV** mit C_6H_5COO-Radikalen u. Bzl. durch Rk. von C_6H_5-Radikalen mit **IV**. **II** ist kein Radikalfänger für C_6H_5COO-Radikale in **IV**-Lsg., aber es tritt mit **II** in Konkurrenz-Rk. um C_6H_5-Radikale. Die induzierte Zers. in Abwesenheit von **II** wird durch Cyclohexylradikale ausgelöst.

V e r s u c h e: *p-T-Toluol*, Kp. 110—113°, durch Zugabe von p-Bromtoluol (Kp. 182,5—183°) in Ae. zu Mg, 20 Min. Kochen, Zusatz von T-haltigem W. u. weiteres 4std. Erhitzen; 67% (Ausbeute). — *p-T-Benzoesäure*, F. 122—123,5° durch Oxydation vorst. Verb. mit $KMnO_4$ bei 85° unter Rühren u. Erhitzen über Nacht auf 85°; 68%. — *p-T-Benzoylchlorid*, $Kp._{14-17}$ 83—86°, aus vorst. Verb. mit $SOCl_2$; 90,1%. — *p-T-Benzoylperoxyd*,

F. 103—105° (Zers.), durch Zugabe vorst. Verb. in **IV** zu Na_2O_2 in W. unter Kühlung mit Eis/Salz auf 6° unter Rühren; 68,9%. (J. Amer. chem. Soc. **80.** 5313—19. 5/10. 1958. Cambridge, Mass., Massachusetts Inst. of Technol., Dep. of Chem. and Labor. for Nuclear Sci.) W. SCHRAMM. B 225

Michio Okuda und **Ikuzo Tanaka,** *Die photolytische Reaktion von Cyclooctatetraen.* Aus den Werten für die Quantenausbeute wird als Mechanismus der photolyt. Rk. von *Cyclooctatetraen* abgeleitet $C_8H_8 \rightarrow C_6H_6 + C_2H_2$. Es läßt sich kaum eine Änderung der Quantenausbeute mit Änderung der Wellenlänge beobachten. (J. chem. Soc. Japan, pure Chem. Sect. [Nippon Kagaku Zassi] **76.** 267—70. März 1955. Tokyo, TH. [Orig.: japan.]) L. SCHULER. B 226

R. A. Back und **N. Miller,** *Die Radiolyse von n-Pentan und anderen Kohlenwasserstoffen in der Gasphase.* Die KW-stoffe von *Propan* (**II**) bis *n-Hexan* (**IV**) wurden in der Gasphase mit α-Teilchen aus ^{242}Cm- u. ^{210}Po-Quellen u. mit einer äußeren 250 kV-Röntgenstrahlung bestrahlt. Die Bestrahlungszeiten lagen zwischen wenigen Std. u. einigen Tagen. Die Prodd. u. Produktzus. wurden volumetr. u. massenspektrometr. bestimmt. Aus *n-Pentan* (**I**) wurde als Hauptgasprod. H_2 erhalten; die Bldg. von H_2 (μmol/Std.) in Abhängigkeit vom Druck von **I** im Bestrahlungsgefäß nimmt zunächst linear zu u. erreicht bei einem bestimmten Druck einen konstanten Wert. Das Verhältnis CH_4/H_2 im Gasprod. war im Bereich konstanter H_2-Ausbeuten konstant (0,11) u. wurde von der Dauer der Bestrahlung wenig beeinflußt. Auch das Verhältnis C_2- bzw. C_3-KW-stoffe/H_2 war unabhängig vom **I**-Druck (0,43 bzw. 0,07). Die Ausbeuten pro 100 eV an H_2, C_2-KW-stoffen u. bes. an ungesätt. C_2-KW-stoffen nehmen mit zunehmender Strahlungsdauer ab. Die entsprechenden Werte für die C_3- u. C_4-Prodd. weisen eine beträchtliche Streuung auf; diese Fraktion besteht zum größten Teil aus **II** mit geringeren Mengen an Propylen u. C_2H_2 neben Spuren Butan, Buten, Propin u. Butin, die Zus. der Fraktion wird durch die Strahlungsdosis nicht merklich beeinflußt. Mit **II** wurde für G_{H_2} 8,2 u. G_{CH_4} 0,37; mit *n-Butan* (**III**) 9,0 bzw. 1,2; mit *Isobutan* (**VI**) 7,4 u. 2,7; mit **I** 7,3 u. 0,81; mit *Neopentan* 2,0 u. 2,0; mit **IV** 5,6 u. 0,78 u. mit *Penten-(1)* (**V**) 1,7 bzw. 0,57 erhalten. Auf gleiche Weise wurden die relativen Ausbeuten der Radiolysenprodd., die bei der Bestrahlung von **I, III, IV** u. **VI** mit 250 kV-Röntgenstrahlung entstehen, bestimmt. Die anfänglichen relativen Ausbeuten für H_2 weisen gegenüber den bei α-Bestrahlung beobachteten Werten keine großen Unterschiede auf. Im Gegensatz zu früheren Unterss. wurde keine nennenswerte Bldg. von Polymeren beobachtet. Die Abnahme der H_2-Ausbeute mit zunehmender Bestrahlungsdauer wird auf die Anreicherung von **V** zurückgeführt; die schließlich auftretende Konstanz der H_2-Ausbeute wird der Erreichung einer niedrigen, stetigen Konz. an **V** zugeschrieben. Diese Annahme wurde bestätigt durch die Tatsache, daß bei Zusatz von 0,13% **V** die Ausbeuten an H_2 u. CH_4 jeweils um 12% abnahmen. Der Mechanismus der Radiolyse der KW-stoffe wird diskutiert; es wird angenommen, daß bei der radiolyt. Zers. von **I** Pentylradikale als Zwischenprodd. auftreten. (Trans. Faraday Soc. **55.** 911—20. Juni 1959. Edinburgh, Univ., Dep. of Natur. Philos.) W. KARCHER. B 226

W. A. Armstrong und **G. A. Grant,** *Die Strahlungschemie von Lösungen.* 1. Mitt. *Die Verwendung von Leukotriarylmethanverbindungen für die chemische Dosimetrie.* Es wird die Möglichkeit erörtert, ein chem. Dosimeter in der Weise zu realisieren, daß eine oxydierbare, wasserlösl. Verb. durch Bestrahlung in wss. Lsg. mit den aus dem H_2O entstandenen instabilen Radikalen (HO_2, O_3 usw.) reagiert u. dabei zu einem Farbstoff oxydiert wird. Dazu wurden die folgenden Leukoverbb. untersucht: [*5-Chlorthenyliden-(2)*-(**I**), [*4.5-Dimethylthenyliden-(2)*]- u. [*4-Methyl-5'-propylthenyliden-(2)*]-*4.4'-bis-*[*N.N-dimethylanilin*]. Die Lsgg. der Verbb. wurden mit der γ-Strahlung von ^{137}Cs mit einer mittleren Dosis 280 rad/Std. bestrahlt. Nach der Bestrahlung wurde die Absorption der Fll. im sichtbaren u. im UV-Spektralbereich gemessen. Die opt. Dichte bei 633 mμ des Oxydationsprod. von **I** nimmt linear mit der Dosis zu, NaCl fördert, NaBr u. NaJ hemmen die Oxydation. $(NH_4)_2Fe(SO_4)_2$ (**II**) verbessert die Empfindlichkeit; die Rk. ist nicht von einer Ketten-Rk. abhängig, da der G-Wert 1,1 Mol/100 eV beträgt. Entfernung des gelösten O_2 erhöht die Empfindlichkeit von **I** mit oder ohne NaCl, erniedrigt sie jedoch in Ggw. von **II**. Trifluoressigsäure zeigt etwas höhere Wirksamkeit als HCl. Das empfindlichste u. gleichzeitig stabilste Syst. besteht danach aus folgender Lsg.: 10^{-4}mol. **I** + 10^{-4}mol. **II** + 0,1mol. NaCl + $7 \cdot 10^{-3}$mol. HCl. Mit dieser Substanz können nach Dosen von 250 rad visuell 20 rad spektrophotometr. ermittelt werden. (Radiation Res. **8.** 375—87. Mai 1958. Ottawa, Ontario, Canada, Defense Res. Chem. Labor.) W. REUSSE. B 226

Hisao Kano und **Takatsugu Kanazuka,** *Oxydation von Äthylen über einem Silberkatalysator auf Kieselgur.* Das mit 10%ig. HCl gekochte u. mit W. gut gewaschene

Kieselgur wird in einer Säule angeordnet u. 5 Std. auf 1200° erhitzt. Die Säule wird dann mit angeteigtem Ag_2O unter Umrühren auf dem Wasserbad zur Trockne erhitzt u. das Ag_2O 30 Std. bei 50° reduziert. Ein Gemisch aus *Äthylen* (I) (4,5%) u. Luft wird bei 258° über diesen Katalysator mit einer Geschwindigkeit $3{,}5 \cdot 10^{-4}$ bis $25 \cdot 10^{-4}$ [$g/cm^2 \cdot sec^1$] geleitet, wobei ca. 15% des I in *Äthylenoxyd* (II) übergehen. Aus den kinet. Daten wird geschlossen, daß die Bldg. des II aus einem Mol. I u. einem Atom absorbiertem Sauerstoff, die Bldg. des CO_2 durch Verbrennung des aus einem Mol. I u. zwei Atomen adsorbiertem O gebildeten Zwischenprod. sowie die Isomerisierung u. die anschließende sek. Oxydation von II die geschwindigkeitsbestimmenden Rkk. bei diesem Verf. sind. Die scheinbaren Aktivierungsenergien dieser Rkk. betragen 16,8, 13,2 u. 47,5 kcal/Mol. (J. chem. Soc. Japan., ind. Chem. Sect. [Kōgyō Kagaku Zassi] **61.** 1157—61. Sept. 1958. Muroran, TH. [Orig.: japan.]) E. MAEKAWA. B 227

A. A. Balandine, S. L. Kiperman und **N. D. Zelinsky,** *Zur Dehydrierung der Alkohole.* Vff. berechnen theoret. die Kinetik der Dehydrierung von Alkoholen auf einem „quasi-homogenen" Katalysator, für den das Verhältnis der Adsorptionskoeffizienten der verschied. Komponenten des Syst. an verschied. Orten des Katalysators gleich ist, unter der Voraussetzung eines 4-Stufenmechanismus. Die neuen Ergebnisse erlauben eine neue Interpretation bereits bestehender empir. Beziehungen. — Der Aktivierungseffekt geringer Wassermengen auf die Dehydrierung an Kupfer u. die Bldg. von Essigsäure bei der Dehydrierung von A. wird erklärt. (J. Chim. physique Physico-Chim. biol. **55.** 363—69. Mai 1958. Akad. der Wiss. der UdSSR, Inst. für org. Chem.) D. PALM. B 227

S. K. Bhattacharyya und **I. B. Gulati,** *Katalytische Oxydation von Xylolen in der Dampfphase.* Mittels hochakt. Katalysatoren, deren Hauptbestandteile Vanadiumoxyde bilden, vor allem V_2O_5, kann *o-Xylol* (I) in der Dampfphase zu *Phthalsäureanhydrid* [Nebenprod. *Maleinsäureanhydrid* (II), *Chinon* (III) u. CO_2] bei 470—540° oxydiert werden. Der Einfl. der Zus. des Katalysators, der Temp., des Mol-Verhältnisses von I/Luft oder I/O_2 auf die Ausbeute werden untersucht; sie ist von diesen Faktoren stark abhängig. *m-* (→ *m-Tolualdehyd,* II, sehr wenig III u. *Isophthalsäure*) u. *p-Xylol* (→ *p-Tolualdehyd,* II, sehr wenig *Terephthal-*, *p-Toluylsäure* u. III) liefern nur geringe Mengen der entsprechenden Säuren. Die Adsorption von O_2 an den verschied. Katalysatoren wird untersucht. (Ind. Engng. Chem. **50.** 1719—26. Dez. 1958. Kharagpur, West Bengal, India, Indian Inst. of Technol., Dep. of Appl. Chem.) S. SATTLER-DORNBACHER. B 227

Alfons Krause und **Stanisław Zieliński,** *Über das anomale Verhalten des Aluminiumoxydhydratkatalysators im System Indigocarmin/H_2O_2 bei 37°.* (Vgl. C. **1956.** 10191.) $Al(OH)_3$ beschleunigt die peroxydative Indigocarminentfärbung. Da es aber den Farbstoff adsorbiert u. dadurch die akt. Zentren blockiert werden, wird die Rk. stark gehemmt. Vff. nehmen außer der Adsorption noch eine Verbindungsbldg. von $Al(OH)_3$ u. dem Farbstoff im Mol-Verhältnis 106,7:1 an, da z. B. im Hemmungsmaximum 59% des Farbstoffs adsorbiert sind u. die Rk. trotzdem nur langsam verläuft. Die Höhe des Hemmungsmaximums [der Funktion: Reaktionszeit = $f(\log c_{Al(OH)_3})$] ist vom Alter des Katalysators, nicht von seiner Darst. abhängig. Nach einjähriger Alterung des Präp. fällt seine Aktivität nicht weiter ab. (Rocziniki Chem. [Ann. Soc. chim. Polonorum] **31.** 421—28. 1957. Poznań, Uniw. A. Mickiewicza, Zakł. Chem. nieorgan.) F. URBAN. B 227

R. M. Flid, I. I. Moissejew und **Je. M. Kalmykowa,** *Kinetik und Mechanismus der katalytischen Umwandlung von Acetylen.* 1. Mitt. *Kinetik der Hydratation von Acetylen in flüssiger Phase in Gegenwart von Quecksilbersalzen.* Unter Einhaltung stationärer Bedingungen (kontinuierliche Entfernung der Prodd.) wird die Hydratation von C_2H_2 bei 96—98° in Ggw. von Hg-Salzen durchgeführt u. die Abhängigkeit der Ausbeute an Acetaldehyd (I) von der Strömungsgeschwindigkeit des C_2H_2 u. dem Oxydationspotential E der Kontaktlsg. untersucht. Die Reaktionsgeschwindigkeit w folgt einer Gleichung 1. Ordnung: $w = k \cdot p_{C_2H_2}$; $\ln k = \ln k' + B \cdot E$, also $k = k' \cdot e^{BE}$ u. $w = k' \cdot p_{C_2H_2} \cdot e^{BE}$. Verss. mit Lsgg. verschied. Hg-Salze ($HgCl_2$, $HgSO_4$) unter Zugabe von KCl bzw. $Fe_2(SO_4)_3 + (NH_4)_2SO_4$ (oder H_2SO_4) ergeben, daß die Aktivierung des C_2H_2 zu einem Zwischenprod., nicht dessen Zers. durch Säure die Grenze für w bestimmt. Je höher E ist, desto niedriger ist die Aktivierungsenergie. Die höchste I-Ausbeute (77,5 Mol-%) wird in einem Vers. mit einer Lsg. von 2% $HgSO_4$ + 20% $Fe_2(SO_4)_3$ + 8% H_2SO_4 u. 34,8 Liter C_2H_2/Liter Kontakt-Lsg. erzielt. (Журнал Физической Химии [J. physik. Chem.] **31.** 904—10. April 1957. Moskau, Lomonossow-Inst. für chem. Feintechnol.) R. K. MÜLLER. B 227

A. D. Stepuchowitsch, *Über die Natur der Restgeschwindigkeit beim völlig gehemmten Cracken von Paraffinkohlenwasserstoffen.* (Vgl. C. **1956.** 12520.) Die Restgeschwindigkeit bei maximaler Hemmung eines Crackprozesses ist die Geschwindigkeit der stationären Ketten-Rk., die verschieden ist von der Geschwindigkeit der Dissoziation des KW-stoffs in Radikale. Ihre Größe hängt von der Natur der hemmenden Zusätze ab. Die Gleichheit der für den Zusatz von Olefinen u. von NO gefundenen Werte ist zufällig. (Журнал Физической Химии [J. physik. Chem.] **31.** 511—12. Febr. 1957. Saratow, Tschernyschewski-Univ.) R. K. MÜLLER. B 227

A. D. Stepuchowitsch und **B. I. Chaikin,** *Kinetik des gehemmten Kettenzerfalls von Propan und Isobutan unter Beteiligung einiger aktiver* Radikale. (Vgl. C. **1955.** **3**110 u. C. **1957.** 8180.) Die früher für den Zerfall von Äthan im Crackprozeß nach einer gehemmten Ketten-Rk. abgeleitete Gleichung, bei der 3 akt. Radikale zugrunde gelegt sind, kann in entsprechend erweiterter Form auch auf den Crackprozeß von *Propan* u. *Isobutan* angewandt werden, wobei 5 Radikale beteiligt sind. Voraussetzung ist, daß die Geschwindigkeitskonstanten der Substitution verschied. Radikale in den gleichen gesätt. oder ungesätt. Moll. u. die Geschwindigkeitskonstanten des Einfangs von Radikalen an den Gefäßwänden in konstantem Verhältnis zueinander stehen; auf Grund dieser Beziehung kann man auch unbekannte Konstanten berechnen, z. B. für den Radikaleinfang an den Wänden bei dem durch Zusatz von Inhibitoren gehemmten Cracken; für die Geschwindigkeit W bei Inhibitormenge c_I (W_0 ohne Inhibitor) gilt die Beziehung $1/(W - W_0) = A' + B' \cdot c_I$. (Журнал Физической Химии [J. physik. Chem.] **31.** 128—32. Jan. 1957. Saratow, Tschernyschewski-Univ.) R. K. MÜLLER. B 227

A. M. Rubinstein, A. A. Slinkin und **N. A. Pribytkowa,** *Eigenschaften und Struktur von $NiO-Al_2O_3$-Katalysatoren.* 1. Mitt. *Einfluß der Zusammensetzung und der Temperaturbedingungen auf die Aktivität und Selektivität der Wirkung.* Die spezif. Aktivität von Al_2O_3–NiO-Katalysatoren bei der Zersetzungs-Rk. von *Isopropanol* durchläuft bei einem NiO-Geh. von 5—15 Mol-% ein Optimum (Darst. bei 400—750°). Die Wirkungsweise der untersuchten Katalysatoren hängt von ihrer Zus. ab: In weiten Bereichen der NiO-Konz. findet nur Dehydratation zu Propylen u. W. statt, was auf Mangel an freiem NiO hinweist. Dehydrierfähigkeit weisen nur die Katalysatoren mit höherem NiO-Geh. auf (Entstehung einer freien NiO-Phase). — Bei gemeinsam gefällten $NiO-Al_2O_3$-Kontakten ist auf Grund der Dehydratation des Hydroxyds Spinellbldg. bereits bei 400° möglich. — Die spezif. Oberflächen der Katalysatoren (dargestellt bei 400—900°) werden angegeben. (Известия Академии Наук СССР, Отделение Химических Наук [Nachr. Akad. Wiss. UdSSR, Abt. chem. Wiss.] **1958.** 814—21. Juli. Zelinsky-Inst. für organ. Chem. der Akad. der Wiss. der UdSSR.) WOLFGANG MÜLLER. B 227

Z. G. Szabó, F. Solymosi und **I. Batta,** *Die katalytische Zersetzung der Ameisensäure an einigen Halbleiteroxyden.* (Vorl. Mitt. vgl. C. **1959.** 3406.) Die Unters. der katalyt. Wirksamkeit einiger elektronen- (ZnO, Al_2O_3, TiO_2) bzw. defektelektronenleitender Oxyde (Cr_2O_3, NiO bei 1000—1200° geglüht) auf die therm. Zers. von *Ameisensäure* (**I**) ergab: Nach einem Stadium veränderlicher Aktivität (Red. des Oxyds) läuft am ZnO bevorzugt eine dehydrierende, am Al_2O_3 u. TiO_2 eine dehydratisierende Rk. ab. Einbau von Fremdoxyden höherer bzw. niedrigerer Wertigkeit erhöht bzw. vermindert die Aktivierungsenergie des **I**-Zerfalls, d. h. die Zerfallsgeschwindigkeit wird wahrscheinlich von einer Donator-Rk. (Chemisorption von **I**) bestimmt. An Cr_2O_3 ist die Reaktionsgeschwindigkeit bei annähernd gleicher Aktivierungsenergie wesentlich kleiner als an den n. Leitern. Die Aktivität des NiO hängt sehr stark von Herst., Vorbehandlung u. zugesetzten Fremdoxyden ab; infolge Red. des NiO zu Beginn der Rk. ist die Aktivierungsenergie wesentlich kleiner (10—15 kcal/Mol) als bei den n. Leitern: Das unveränderte NiO dient als Träger für das metall. Ni, wodurch der geschwindigkeitsbestimmende Schritt (Überführung des Substratelektrons auf den Katalysator) erheblich erleichtert wird. Die Aktivierungsenergien (kcal) sind an ZnO 23 (1200°); ZnO mit 0,2% Fe_2O_3 25 (1200°), mit 0,5% Fe_2O_3 28 (1200°), mit 1% Li_2O 16 (1200°); TiO_2 28 (1000°), mit 0,5% Fe_2O_3 23 (1000°), mit 2% Fe_2O_3 20,5 (1000°); Al_2O_3 28,5 (1200°), Cr_2O_3 25,5 (1000°), Ni–NiO 15,5 (1000°), Ni–NiO mit 0,5% Li_2O 11,4 (1000°). (Z. physik. Chem., Frankf. Ausg. [N. F.] **17.** 125—28. Juli 1958. Szeged, Ungarn, Univ., Inst. für anorgan. u. analyt. Chem.) M. SCHENK. B 227

C. Präparative organische Chemie. Naturstoffe.

Kazuo Hata und **Shin'ichi Taira,** *Urushibara-Katalysatoren.* Übersicht über URUSHIBARA-Ni — seine Darst., Eigg. u. Verwendung zur Red. organ. Verbindungen. — 25 Literaturangaben. (J. Soc. org. synth. Chem. Japan **16.** 596—602. 16/11. 1958. Tokyo-Setagaya, Toritu-Daigaku. [Orig.: japan.]) E. MAEKAWA. 460

Tatsuo Yamanaka, *Selektive Hydrierung.* Übersicht über die selektive Hydrierung organ. Substanzen. — 34 Literaturangaben. (J. Soc. org. synth. Chem. Japan **16.** 654—61. Dez. 1958. Tokyo, Rikagaku-Kenkyûzyo. [Orig.: japan.])
E. MAEKAWA. 460

Yoshio Iwakura und **Katsumi Hayashi,** *Darstellung von Addukten aus Diisocyanaten und Verbindungen mit aktivem Wasserstoff und ihre Reaktionen.* Es werden *Addukte* aus Tetramethylendiisocyanat (**I**; Kp.$_{20}$ 112—113°) u. Methylen-bis-[p-phenylen]-diisocyanat (**II**; F. 45 , Kp.$_1$ 152—154°) mit verschied. Verbb. mit akt. H-Atomen hergestellt. Die Addukte geben beim Erwärmen **I** bzw. **II** zurück; die Zers. wird durch Erwärmen mit Hexamethylendiamin (3 Min.) u. Best. der niedrigsten Temp., bei der die Gemische unlösl. Polymerisate geben, untersucht. Die Stabilität nimmt in der Reihenfolge der Addukte mit ε-Caprolactam (**III**), α-Pyrrolidon (**IV**), Phenol (**V**), m-Kresol (**VI**), Acetessigsäureäthylester (**VII**), Malonsäurediäthylester (**VIII**), $NaHSO_3$ ab.

Versuche: Addukte aus **I** bzw. **II** mit Phenolen, aus den Komponenten durch 2std. Kochen in Toluol: **I** mit **V**, F. 155—156 , aus A. Nadeln. **I** mit **VI**, $C_{20}H_{24}N_2O_4$, F. 189—191° (A.). **II** mit **V**, $C_{27}H_{22}N_2O_4$, F. 143—145° (A.). **II** mit **VI**, $C_{29}H_{26}N_2O_4$, F. 146—147° (Bzl.). — *Addukt aus* **I** *u.* **VIII**, $C_{20}H_{32}N_2O_{10}$, F. 116,5—118°, aus 32 g **VIII** in absol. Ae. mit Na u. Zutropfen von 14 g **I** unter Eiskühlung (2 Std. bei Raumtemp.); aus wss. Methanol Nadeln; 11 g (Ausbeute). — *Addukt aus* **II** u. **VIII**, $C_{29}H_{34}N_2O_{10}$, F. 130—133°, aus verd. A. Schuppen. — *Addukt aus* **II** u. **VII**, $C_{27}H_{30}N_2O_8$, F. 123—129°, aus A. Schuppen. — *Addukt aus* **II** *u. Cyanessigsäureäthylester*, $C_{25}H_{24}$·N_4O_6, F. 159—161°, aus A. krist. Pulver. — *Addukt aus* **I** *u.* **III**, F. 154—155°, aus den Komponenten durch 5std. Erhitzen bei 150—160°; aus Aceton Prismen. — *Addukt aus* **II** *u.* **III**, $C_{27}H_{32}N_4O_4$ (Eisessig). — *Addukt aus* **I** *u.* **IV**, $C_{14}H_{22}N_4O_4$, F. 103—107° (90%ig. Essigsäure). — *Addukt aus* **II** *u.* **IV**, $C_{23}H_{24}N_4O_4$, F. 220—225°, aus Eisessig Schuppen; 100%. — *Addukt aus* **I** *u.* $NaHSO_3$, $C_6H_{10}KN_2O_8S_2$, aus 14 g **I** mit 60 g $NaHSO_3$ in W. (8—10 Std.), Zusatz von W. u. Versetzen mit KCl; 19 g. (J. Soc. org. synth. Chem. Japan **16.** 533—36. Okt. 1958. Tokyo-Meguro, TH. [Orig.: japan.; Auszug: engl.])
E. MAEKAWA. 470

Martin Idelson und **Ernest I. Becker,** *Sterinmodelle.* 2. Mitt. *cis- und trans-4a-Methyldekahydronaphthalin und ihre* D_3*-4a-Methylanaloga.* (1. vgl. C. **1958.** 4468.) *cis-* (*cis*-**I**) u. *trans-4a-Methyldekahydronaphthalin* (*trans*-**I**) werden aus *4a-Carbäthoxy-4.4a.5.6.7.8-hexahydro-3H-naphthalenon-(2)* (**III**), dessen Darst. aus 2-Carbäthoxycyclohexanon (**IV**) beschrieben wird, erhalten. Das aus **III** bei der katalyt. Hydrierung entstehende *trans-4a-Carbäthoxy-3.4.4a.5.6.7.8.8a-oktahydro-1H-naphthalenon-(2)* (**V**) liefert bei der CLEMMENSEN-Red. *trans-4a-Carbäthoxydekahydronaphthalin* (**VI**), das durch anschließende $LiAlH_4$-Red. in *trans-Dekahydronaphthyl-(4a)-methanol* (*trans*-**VII**) übergeht. Die Überführung von trans-**VII** in *trans*-**I** erfolgt über das **VII**-*Tosylat* u. den **VII**-*Thiobenzyläther* (vgl. HUSSEY u. Mitarbeiter, C. **1954.** 1473). $D_{3(CH_3)}$*-trans-4a-Methyldekahydronaphthalin* (*trans*-D_3-**I**) entsteht analog durch Red. von **VI** mit $LiAlD_4$ zu $D_{2(CH_2OH)}$*-trans-Dekahydronaphthyl-(4a)-methanol* (*trans*-D_2-**VII**), Überführung des hieraus erhaltenen D_2*-Tosylats* in den D_2*-Thiobenzyläther* u. Hydrierung mit deuteriertem Ni. Die Überführung von **III** in *cis*-**I** u. analog in $D_{3(CH_3)}$*-cis-4a-Methyldekahydronaphthalin* (*cis*-D_3-**I**) wird über *4a-Carbäthoxy-2.2-äthylendioxy-1.2.3.4.4a.5.6.7*(oder *2.3.4.-4a.5.6.7.8*)*-oktahydronaphthalin* (**II**) durchgeführt, das durch $LiAlH_4$-Red. u. anschließende Hydrierung *2.2-Äthylendioxy-cis-dekahydronaphthyl-(4a)-methanol* liefert; seine CLEMMENSEN-Red. ergibt *cis*-**VII**, das wie trans-**VII** → trans-**I** schließlich zu *cis*-**I** führt. — IR-Spektren u. die der homologen 3a-Methylhexahydroindanderivv. vgl. Original.

Versuche (FF. korr.): *2-Carbäthoxycyclohexen-(2)-on*, Kp.$_{20}$ 118—122°, n_D^{25} 1,5150, durch Bromieren von **IV** u. Pyrolyse des *2-Brom-2-carbäthoxycyclohexanons* bei 435—450° im N_2-Strom; 43%. — *4a-Carbäthoxy-4.4a.5.6.7.8-hexahydro-3H-naphthalenon-(2)* (**III**), Kp.$_{1,5}$ 100—130°, aus vorst. Verb. u. Methylvinylketon nach WILDS u. WERTH (C. **1954.** 1004); 80%. *Semicarbazon*, $C_{14}H_{21}N_3O_3$, F. 205—208° (A. u. Bzl.). — *trans-4a-Carbäthoxy-3.4.4a.5.6.7.8.8a-oktahydro-1H-naphthalenon-(2)* (**V**), $C_{13}H_{20}O_3$, Kp.$_{0,5}$ 100°, n_D^{25} 1,4901, durch Hydrieren von **III** in A. in Ggw. von 10%ig. Pd/Kohle u. $CaCO_3$ bei 3 at u. Reinigen über das *Semicarbazon* [$C_{14}H_{23}N_3O_3$, F. 186—188° (Zers.; A. u. Bzl.); 92%]. — *trans-4a-Carbäthoxydekahydronaphthalin* (**VI**), $C_{13}H_{22}O_2$, Kp.$_{0,5}$ 76—77°, n_D^{25} 1,4790, D^{25}_4 1,0179, durch Red. des **V**-Semicarbazons mit amalgamiertem Zn in sd. konz. HCl (18 Std.) u. Isolieren aus dem durch Wasserdampfdest. erhaltenen Destillat durch Sättigen mit Salz u. Extrahieren mit Ae.; 45%; bei einer kontinuierlich durchgeführten Red. mit gleichzeitiger Wasserdampfdest. betrug die Ausbeute 76,5%. — *trans-Dekahydronaphthyl-(4a)-methanol* (*trans*-**VII**), $C_{11}H_{20}O$, F. 78—79,5°, aus **VI** nach DAUBEN u. Mitarbeitern (C. **1956.** 8892) in Ae.; 80%. *p-Nitrobenzoat*, $C_{18}H_{23}NO_4$, F. 89

bis 89,5° (A.). *p-Toluolsulfonat*, $C_{18}H_{26}O_3S$, F. 137,5—139°. — *$D_{2(CH_2OH)}$-trans-Dekahydronaphthyl-(4a)-methanol* (*trans-D_2*-**VII**), $C_{11}H_{18}D_2O$, F. 73—76° (Nitromethan), aus rohem **VI** [n_D^{25} 1,4757] u. $LiAlD_4$ in sd. Ae. (1 Woche); 94%. *p-Toluolsulfonat*, $C_{18}H_{24}D_2 \cdot O_3S$, F. 139—140° (A.); 74%. — *trans-4a-Methyldekahydronaphthalin* (*trans*-**I**), $C_{11}H_{20}$, Kp.$_{11}$ 80—82°, n_D^{25} 1,4780, D.$^{25}_4$ 0,8883, a) durch Red. des trans-**VII**-p-Toluolsulfonats mit $LiAlH_4$ in sd. Ae.; 18%; b) nach HUSSEY u. Mitarbeitern (l. c.) aus 16,2 g trans-**VII**-p-Toluolsulfonat, Na u. Benzylmercaptan in sd. Diäthylenglykolmonomethyläther (5 Std.) u. Behandeln des *trans-**VII**-Thiobenzyläthers* [n_D^{21} 1,5452, gelbes Öl] mit 110 g RANEY-Ni in sd. Dioxan (12 Std.); 53%. — *$D_{3(CH_3)}$-trans-4a-Methyldekahydronaphthalin* (*trans-D_3*-**I**), $C_{11}H_{17}D_3$, Kp.$_{11}$ 74—75°, n_D^{25} 1,4787, D.$^{25}_4$ 0,9046, analog vorst. Verf. unter b) unter Verwendung von deuteriertem Ni, erhalten aus RANEY-Ni in Dioxan nach KHAN (C. **1950/54.** 4473 S); 52%. — *4a-Carbäthoxy-2.2-äthylendioxy-1.2.3.4.4a.-5.6.7*(oder *2.3.4.4a.5.6.7.8*)*-oktahydronaphthalin* (**II**), $C_{15}H_{22}O_4$, Kp.$_{0,6}$ 122—124°, n_D^{25} 1,5013, aus **VI**, überschüssigem 2-Äthyl-2-methyl-1.3-dioxolan u. wenig p-Toluolsulfonsäure; 76%. — *2.2-Äthylendioxy-1.2.3.4.4a.5.6.7*(oder *2.3.4.4a.5.6.7.8*)*-oktahydronaphthyl-(4a)-methanol*, $C_{13}H_{20}O_3$, Kp.$_{0,4}$ 132—134°, n_D^{25} 1,5297, aus **II** u. $LiAlH_4$ in sd. Ae.; 98%. — *2.2-Äthylendioxy-cis-dekahydronaphthyl-(4a)-methanol*, $C_{13}H_{22}O_3$, Kp.$_{0,5}$ 134 bis 135°, n_D^{25} 1,5160, durch Hydrieren vorst. Verb. in A. bei 20° in Ggw. von 5%ig. Pd/Kohle (6 Std.). — *cis-Dekahydronaphthyl-(4a)-methanol* (*cis*-**VII**), $C_{11}H_{20}O$, Kp.$_{0,5}$ 88° aus vorst. Verb. u. amalgamiertem Zn in sd. verd. HCl (4½ Std.) u. Extrahieren mit PAe.; 36% (aus vorvorst. Verb.). *p-Toluolsulfonat*, $C_{18}H_{26}O_3S$, F. 74—75,5° (CH_3OH, PAe. + Bzl. 10:1); liefert wie trans-**VII**-p-Toluolsulfonat → trans-**I** *cis*-**I**. — *$D_{2(CH_2OH)}$-cis-Dekahydronaphthyl-(4a)-methanol* (*cis-D_2*-**VII**), Kp.$_{0,5-0,6}$ 90—93°, analog aus dem Äthylenketal von **II** mit $LiAlD_4$ in sd. Ae. (2½ Tage), Hydrieren des Reduktionsprod. in A. in Ggw. von 5%ig. Pd/Kohle u. Behandeln des Verdampfungsrückstandes des alkoh. Filtrats mit amalgamiertem Zn in sd. verd. HCl (4½ Std.); 43%. *p-Toluolsulfonat*, $C_{18}H_{24}D_2O_3S$, F. 73—75,5° (CH_3OH); 26%. — *$D_{2(CH_3)}$-cis-4a-Methyldekahydronaptha-lin* (*cis-D_2*-**I**), $C_{11}H_{18}D_2$, Kp.$_{20}$ 89—91°, n_D^{25} 1,4798, D.$^{25}_4$ 0,9036, aus vorst. p-Toluolsulfonat wie cis-**VII**-p-Toluolsulfonat → cis-**I**; 59,7%. — Diskussion der IR-Spektren vgl. Original. (J. Amer. chem. Soc. **80.** 908—15. 20/2. 1958. Brooklyn, N. Y., Polytechn. Inst., Chem. Labors.) H. GOLD. 480

Hans Brandenberger und **Roberta H. Brandenberger**, *Isotopenversuche über den Harnsäureabbau.* 3. Mitt. *2.4-Dihydroxy-symm.-triazine aus Harnsäure und Allantoin.* (2. vgl. C. **1950/54.** 1120 S.) Bzgl. der Konst. der Oxydationsprodd. von *Harnsäure* (**I**) ergeben sich auf Grund von Isotopenverss. (vgl. l. c.) u. der UV- u. IR-Spektren folgende Befunde: *Oxonsäure* (*Allantoxansäure*; **II**) u. *Allantoxaidin* sind *5-Carboxy-* bzw. unsubstituiertes *2.4-Dihydroxy-1.3.5-triazin*, keine Imidazolidone, *Hydroxonsäure* ist als *2.4-Dihydroxy-5.6-dihydro-6-carboxy-1.3.5-triazin* zu formulieren. Die symm. Triazinringe enthalten $C_{(2)}$, $C_{(4)}$ u. $C_{(8)}$ sowie $N_{(3)}$ u. $N_{(9)}$ von **I**. Das 3. N-Atom des Ringes stammt zu gleichen Teilen aus $N_{(1)}$ u. $N_{(7)}$ von **I**. Die COOH-Gruppe von **II** stammt aus $C_{(5)}$, wie in Ergänzung des l. c. beschriebenen Vers. durch Verss. mit $^{14}C_{(5)}$-**I** bestätigt wird. Es wird nachgewiesen, daß bei der Bldg. von *Allantoin* (**III**) aus **I** die Imidazolidonringe des Zwischenprod. Hydroxyacetylendiureidocarbonsäure aus ehemaligen **I**-$C_{(5)}$, nicht aus $C_{(4)}$ aufgespalten werden. Der weitere **III**-Abbau erfolgt wieder durch Aufspaltung des 5-Rings am ehemaligen $C_{(5)}$ von **I**. Festes **III** enthält eine prim. Amidgruppe, so daß die früher angenommene bicycl. Konst. entfällt. Die **II**-Bldg. aus **I** u. aus **III** verläuft über eine oder mehrere offenkettige Zwischenstufen, die die **I**-Atome in der Reihenfolge 1—2—3—4(—5)—9—8—7 enthalten, möglicherweise *Allantoinsäure* (**IV**), *Hydroxy*-**IV** u./oder *Dehydro*-**IV**. Der Mechanismus der H_2O_2- (l. c.) u. der $KMnO_4$-Oxydation von **I** ist gleichartig. Der $KMnO_4$-Abbau ist stufenweise durchführbar, wobei sich **III** als Zwischenprod. leicht isolieren läßt.

Versuche: *Allantoxaidin*, $C_3H_3N_3O_2$, F. 272 ± 2° (Zers.; wss. A.), durch Zerlegung von K-Oxonat mit verd. H_2SO_4. — *Hydroxonsäure*, $C_4H_5N_3O_4$, durch Red. von K-Oxonat in W. mit Na-Amalgam. (Helv. chim. Acta **37.** 2207—20. 1/12. 1954. Bern, Univ., Theodor-Kocher-Inst.) K. MAIER. 480

Hans Brandenberger, *Isotopenversuche über den Harnsäureabbau.* 4. Mitt. *Bestimmung der Isotopenverteilung in kohlenstoffmarkierten Harnsäuren.* (3. vgl. vorst. Ref.; 5. vgl. C. **1959.** 10904.) Verschied. Methoden zur Best. der Isotopenverteilung in markierten *Harnsäuren* (**I**) werden überprüft. Beim $KMnO_4$-Abbau von **I** zu *Allantoin* (**II**) stammt das gewonnene CO_2 zu > 98% aus $C_{(6)}$ von **I**, das aus dem H_2O_2-Abbau zu *Oxonsäure* (**III**) enthält geringe Mengen aus $C_{(2)}$, $C_{(4)}$ u. $C_{(8)}$ u. < 4% aus $C_{(5)}$ (aus der Decarboxylierung von **III**). Die Best. von $C_{(4)}$ + $C_{(5)}$ durch Hydrolyse von **II** (aus **I**) zu *Glyoxylsäure* (**IV**) ist korrekt, doch ist die Trennung von $C_{(4)}$ u. $C_{(5)}$ durch $KMnO_4$-Oxydation von **IV**-Semicarbazon (vgl. BUCHANAN u. Mitarbeiter, J. biol. Chemistry **173.** [1948.]

81) ungenau u. erfordert zu viel Ausgangsmaterial. Die genaueste Meth. zur Best. von $C_{(5)}$ ist die Decarboxylierung der aus **I** erhaltenen **III** (vgl. l. c.). Es wird darauf hingewiesen, daß das *Glycin* (**V**) aus **II** + Hydantoin (aus **I** durch alkal. Oxydation; vgl. 2. Mitt., C. **1950/54.** 1120 S) das $C_{(4)}$ in der CH_2-Gruppe u. das $C_{(5)}$ in der COOH-Gruppe enthält, das aus **I** durch direkte saure Hydrolyse gewonnene **V** jedoch das $C_{(5)}$ in der CH_2-Gruppe u. in der COOH-Gruppe zu gleichen Teilen die $C_{(4)}$ u. $C_{(6)}$ von **I**. Es werden Gleichungen zur Berechnung der vollständigen Isotopenverteilung von **I** aus den nach verschied. Methoden gewonnenen Abbauprodd. angegeben. (Biochim. biophysica Acta [Amsterdam] **18.** 519—22. Dez. 1955.) K. MAIER. 480

Mika Hayano, Marcel Gut, R. I. Dorfman, O. K. Sebek und **D. H. Peterson,** *Sterische Betrachtungen über den enzymatischen Verlauf der Hydroxylierung von Steroiden.* Zur Aufklärung der ster. Wirkungsweise von Steroidhydroxylasen wurde 11α.12α-$^3H_2$-Pregnan-3.20-dion (**I**) mit *Rhizopus nigricans* bebrütet u. das *11α-hydroxylierte Analoge* isoliert bzw. 11α.12α-$^3H_2$-Progesteron durch überlebende Rindernebennieren perfundiert u. die 11β-hydroxylierten Prodd. *Corticosteron* u. *Hydrocortison* isoliert; Reinigung erfolgte säulenchromatograph. an Silicagel, Elution mit Bzl.-Äthylacetat. Es ergab sich ein Verlust von 69% der Gesamtaktivität an ^3H von **I** bei der 11α-Hydroxylierung u. nur von 2—3% bei der 11β-Hydroxylierung. Milde CrO_3-Oxydation der hydroxylierten Prodd. zu ihren Ketoanalogen ergab einen 70%ig. Verlust im Falle der 11β-Struktur, in der 11α-Reihe ergaben sich kaum Aktivitätsverluste. Die Ergebnisse zeigen, daß bei enzymat. Steroidhydroxylierung nur ein einfacher Ersatz des H ohne WALDENsche Umkehrung erfolgt. (J. Amer. chem. Soc. **80.** 2336—37. 5/5. 1958. Kalamazoo, Mich., Upjohn Co.; Shrewsbury, Mass., Worcester Found. for Exp. Biol.) H. TÄNZLER. 480

S. Bergström, S. Lindstedt, B. Samuelson, E. J. Corey und **G. A. Gregoriou,** *Die Stereochemie der 7α-Hydroxylierung bei der Biosynthese von Cholsäure aus Cholesterin.* Wurde 7α-T-$^{14}C_{(4)}$-markiertes Cholesterin (**I**) Ratten verabreicht, enthielt die isolierte Cholsäure (**II**) nur 7% T, bezogen auf ^{14}C. Bei Verabreichung von 7β-T-$^{14}C_{(4)}$-**I** wurde prakt. alles T in **II** wiedergefunden. Milde Oxydation von **II** zur *Ketoverb.* ergab vollständigen Verlust von T. Die 7α-Hydroxylierung von **I** verläuft also unter mindestens 93%ig. Verdrängung des 7α-H. Elektrophile Verdrängung an gesätt. C-Atomen verläuft also vorwiegend unter Beibehaltung der Konfiguration. (J. Amer. chem. Soc. **80.** 2337—38. 5/5. 1958. Urbana, Ill., Univ., Dep. of Chem.; Lund, Sweden, Univ., Dep. of Physiol. Chem.) H. TÄNZLER. 480

E. J. Corey, G. A. Gregoriou und **D. H. Peterson,** *Die Stereochemie der 11α-Hydroxylierung von Steroiden.* Die mikrobiol. Oxydation von *11β*-D-Pregnan-3.20-dion mit *Rhizopus nigricans* gab *11β-D-11α-Hydroxypregnan-3.20-dion* mit 0,98 ± 0,02 ^2H/Molekül. Entsprechende Oxydation der 11α-D-Verb. mit zusätzlichem D an $C_{(9)}$ u. $C_{(12)}$ führte zum Verlust des gesamten 11α-D. Das H-Isotop beeinflußt die Geschwindigkeit der Oxydation offenbar nicht. Die Spaltung der C—H-Bindung findet entweder nach dem die Geschwindigkeit bestimmenden Schritt statt, oder die chem. Rk. ist von einem langsam verlaufenden physikal. Vorgang, wie Adsorption, begleitet, der gegenüber dem H-Isotop unempfindlich ist. (J. Amer. chem. Soc. **80.** 2338. 5/5. 1958. Kalamazoo, Mich., Upjohn Co., Res. Dep.; Urbana, Ill., Univ., Dep. of Chem.) H. TÄNZLER. 480

Stanley Dykstra und **Harry S. Mosher,** *Organische Peroxyde.* 6. Mitt. *Allylhydroperoxyd.* (5. vgl. Analytic. Chem. **27.** [1955.] 517; 4. vgl. WELCH u. Mitarbeiter, C. **1956.** 13997.) Das bei der Dampfphasenoxydation von Propen als instabiles Zwischenprod. postulierte *Allylhydroperoxyd* wurde durch Umsetzung von Methansulfonsäureallylester mit H_2O_2 u. methanol. KOH bei 0° unter Rotlicht dargestellt. Es zers. sich bei längerer Belichtung bei Raumtemp. u. detoniert bei schnellem Erhitzen, kann jedoch in der Kälte im Dunkeln aufbewahrt werden.

Versuche: *Methansulfonsäureallylester,* $C_4H_8O_3S$, Kp.$_3$ 70—75°, durch Lösen von 0,3 Mol Na in absol. Allylalkohol, Verdünnen mit Ae., Eintropfen von 0,31 Mol Methansulfochlorid in Ae. bei 0° in 2 Std. unter Rühren, 2 std. Stehen bei —5° u. über Nacht bei Raumtemp. u. Dest. des Filtrats über etwas K_2CO_3 im Vakuum; n_D^{20} 1,4414; 68,5% (Ausbeute). — *Allylhydroperoxyd,* $C_3H_6O_2$, man versetzt eine Lsg. von 0,08 Mol vorst. Esters in Methanol bei 0° mit 0,44 Mol 30%ig. H_2O_2, dann unter Rühren tropfenweise mit 0,09 Mol 50%ig. KOH, rührt 1 Std. bei 0°, läßt innerhalb 2 Std. auf 20° erwärmen, alkalisiert bei 0° mit 50%ig. KOH, dampft im Vakuum bei 15° ein, entfernt Neutralstoffe durch Ae.-Extraktion, neutralisiert mit 45%ig. HCl (p_H 6), extrahiert mit Ae., verdampft den Ae. bei 15°/150 mm, fraktioniert den Rückstand durch Anlegen eines Vakuums bis 6 mm u. reinigt die bei 0° aufgefangene Fraktion gaschromatograph.; n_D^{20} 1,4200; 58 mg. (J. Amer. chem. Soc. **79.** 3474—75. 5/7. 1957. Stanford, Calif., Stanford Univ., Dep. of Chem. and Chem. Engng.) L. LAMZA. 560

P. A. Lewin, *Zur Destillation von Diketenlösungen.* Die bei der Polymerisation der Prodd. der Ketenpyrolyse von *Aceton* (I) in I erhaltenen Lsgg. enthalten 85—90% I, 10—12% *Diketen* (II), 1—1,5% *Acetanhydrid* (III) u. bis 1% *Polymerisationsprodd.*; ihre Aufarbeitung erfolgt zweckmäßig durch 2stufige Destillation. Bei n. Druck gehen bis 70° 90—92% von I über, prakt. ohne Polymerisation von II. Der Rest wird bei 70° u. 50 mm Hg mit 4—6 theoret. Böden dest., wobei 90% II erhalten werden. Der mit III im Rückstand verbleibende Anteil von II (7—9%) wird nicht isoliert, sondern mit H_2SO_4 in Ggw. von W. polymerisiert. Ein Zusatz von 0,3% Pikrinsäure stabilisiert II. Auf diesem Wege gelingt es, ein Maximum an I u. II zu gewinnen. (Журнал Прикладной Химии [J. angew. Chem.] **30.** 806—08. Mai 1957.) R. K. MÜLLER. 710

Seiji Wakayama, Shinji Itoh und **Hiroshi Suginome,** *Reaktion von Säurechloriden mit Acetylen.* Die Acylgruppe u. das Cl eines Säurechlorids lagern sich in Ggw. von $AlCl_3$ an Acetylen (I) so an, daß *β-Chlorvinylaryl-* bzw. *-alkylketone* entstehen. Dabei scheint der Umstand, daß die Carbonylgruppe des Säurechlorids durch die elektronenanziehende Wrkg. des Cl an positiver Ladung gewinnt, eine Rolle zu spielen. Die Anlagerung von o-Nitro- u. o-Acetoxyphenacylchlorid an I gelang nicht.

Versuche: *β*-Chlorvinylketone: *Methyl-* (II), $Kp._{21}$ 41°, durch Zugabe von 1 Mol Acetylchlorid zu einer Suspension von $AlCl_3$ in CCl_4 bei Tempp. $< 10°$ u. anschließendes 3std. Einleiten von I bei Tempp. $< 5°$; 32 g (Ausbeute). — *Isobutyl-*, $Kp._{22}$ 77—78°, analog II aus Isovaleroylchlorid; 50 g. — *Hexyl-*, $Kp._{5,5}$ 86—87°, analog aus Heptanoylchlorid; $D.^{21}_4$ 0,9871, n_D^{21} 1,4646; 75 g. — *Heptyl-*, $Kp._{4,5}$ 90—93°, F. 22 bis 22,5°, aus Capryloylchlorid; $D.^{25}_4$ 0,9733, n_D^{25} 1,4632; 74 g. — *Octyl-*, $Kp._5$ 111—113°, F. 20—21°, aus Nonanoylchlorid; $D.^{21}_4$ 0,9695, n_D^{21} 1,4652; 77 g. — *Nonyl-*, $Kp._4$ 125 bis 127°, F. 35—35,5°, aus Caprinoylchlorid; 58 g. — *Decyl-*, $Kp._4$ 131—134°, F. 32 bis 32,5°, aus Undecanoylchlorid; λ_{max} 229 mμ; 54 g. — *Undecyl-*, F. 44,5—45°, aus Lauroylchlorid; 61 g. — *Dodecyl-*, F. 41—42°, aus Tridecanoylchlorid; λ_{max} 228 mμ; 68 g. — *Tridecyl-*, F. 53,5—54°, aus Myristoylchlorid; 64 g. — *Pentadecyl-*, F. 60,5—61°, aus Palmitoylchlorid; λ_{max} 228—230 mμ; 67 g. — *Phenyl-* (III), $Kp._{18}$ 125—130°, $Kp._3$ 93 bis 95°, aus 20 g Benzoylchlorid in Tetrachloräthan; 21%. — Acetaldehydanile: *Benzoyl-*, F. 140°, aus III u. Anilin. — *Phenacyl-*, $C_{16}H_{15}NO$, F. 81,5—83°, durch 1½ std. Einleiten von I in eine Suspension von $AlCl_3$ u. 4 g Phenacylchlorid in Tetrachloräthan u. Rk. des Prod. (4 g) mit Anilin. — *2-Benzoylvinylthiocyanat*, F. 94°, aus III u. KCNS in 30 Minuten. — *Hydrindon*, $Kp._7$ 107°, analog II aus 4,1 g *β*-Phenylpropionylchlorid; 0,7 g. *Semicarbazon*, $C_{10}H_{11}N_3O$, F. 239°. (J. chem. Soc. Japan, pure Chem. Sect. [Nippon Kagaku Zassi] **76.** 94—96. Jan. 1955. Sapporo, Hokkaido Univ. [Orig.: japan.])
L. SCHULER. 710

William F. O'Connor, George W. Cogswell und **Emil J. Moriconi,** *Darstellung von Thioacetamid im Laboratoriumsmaßstab.* Die angegebene Meth. zur Darst. u. Isolierung von *Thioacetamid* (I) ist eine Abwandlung der von HANTZSCH, KINDLER, FINNDORFF u. PERSINA angegebenen Arbeitsweise. Die Darst. verläuft gemäß der Rk.: $5\,CH_3CO\cdot NH_2 + P_2S_5 \rightarrow 5\,CH_3CSNH_2 + P_2O_5$. Alle bisher angegebenen Methoden erfordern jedoch wiederholte zeitraubende Extraktion des Reaktionsprod. mit größeren Mengen Bzl., wobei die maximale Ausbeute nur bei PERSINA 35—40% beträgt. Nach dem angegebenen Verf. wird das nach dem Auskristallisieren erhaltene Benzolfiltrat zwecks Konz. der Mutterlauge u. Wiedergewinnung des Bzl. einer fraktionierten Dest. unterworfen. Ist die Lsg. auf $^1/_3$ des ursprünglichen Vol. konz., wird gekühlt u. durch Auskristallisieren von weiterem I eine zusätzliche Ausbeute von 5—15% erhalten. Ist das Bzl. zu 90% wiedergewonnen, wird angehalten, der Rückstand im Destillierkolben filtriert u. aus PAe. u. dann aus 95%ig. A. umkristallisiert. Die Ausbeute an I beträgt 35—40% bei einem F. von 109—111°. Das so erhaltene I kann ohne weitere Reinigung für die qualitative Analyse verwendet werden. (J. chem. Educat. **35.** 405—06. Aug. 1958.) R. WOTSCHKE. 810

L. I. Kudrjaschow und **N. K. Kotschetkow,** *Synthese von Diensäuren aus α-Pyronen.* 6-Methyl-3-carboxy- u. 6-Methyl- u. 6-n-Pentyl-3-carbäthoxy-α-pyron werden in Ggw. von $Pd/BaSO_4$ zu den entsprechenden *6-Alkyl-3-carbäthoxy-(carboxy)-tetrahydro-α-pyronen* hydriert. Deren Bromierung liefert die *3-Bromderivv.*, wobei die 3-Carboxyverbb. decarboxyliert werden. Bei der Dehydrobromierung der *6-Alkyl-3-brom-3-carbäthoxytetrahydro-α-pyrone* in Ggw. von Diäthylanilin entstehen unter CO_2-Abspaltung *Dien-(2.4)-säureester.*

Versuche: *α-Carboxy-δ-hydroxycapronsäurelacton,* $C_7H_{10}O_4$, F. 75—76° (Zers.; Bzl.-PAe.-Gemisch), man hydriert die Suspension von 10 g 6-Methyl-α-pyron-(3)-carbonsäure in 50 ml Ae. in Ggw. von 0,5 g $Pd/BaSO_4$ (5%ig); Blättchen; 69,6% (Ausbeute). — *α-Carbäthoxy-δ-hydroxycapronsäurelacton* (I), $C_9H_{14}O_4$, $Kp._1$ 119—120°, $Kp._4$ 134—136°, durch Hydrieren von 23,1 g 6-Methyl-3-carbäthoxy-α-pyron in 100 ml A. in Ggw. von Pd/$BaSO_4$; $D.^{20}_4$ 1,1311; n_D^{20} 1,4550; 78%. — *α-Carbäthoxy-δ-hydroxycaprinsäurelacton* (II), $C_{13}H_{22}O_4$, $Kp._6$ 170—172°, aus 6-Amyl-3-carbäthoxy-α-pyron; $D.^{20}_4$ 1,0429; n_D^{20} 1,4561; 84%. — *6-Methyl-3-brom-3-carbäthoxytetrahydro-α-pyron*, $Kp._3$ 149—152° (unter teilweiser Zers.), zu der Lsg. von 1,68 g I in 30 ml absol. CCl_4 fügt man langsam 15,8 g N-Bromsuccinimid, erhitzt 2 Std. auf 55°, filtriert am nächsten Tag u. dest. das Filtrat im Vakuum; 4,7 g. — *Sorbinsäure*, $C_6H_8O_2$, F. 132—133° (W.), aus nachst. Ester; 64,4%. *Äthylester*, $Kp._{14}$ 74—76°, man erhitzt 12 g vorst. Bromverb. mit 23 g Diäthylanilin 1 Std. auf 130—140°, löst in absol. Ae., filtriert, wäscht das Filtrat mit 10%ig. HCl u. dest.; 37%. — *Decadien-(2.4)-säure*, $C_{10}H_{16}O_2$, $Kp._2$ 144—145°, $Kp._3$ 144 bis 147°, aus nachst. Ester; n_D^{20} 1,4838; 73%. *Benzylthiuroniumsalz*, $C_{18}H_{26}N_2O_2S$, F. 167°. *Äthylester*, $C_{12}H_{20}O_2$, $Kp._5$ 109—110°, zu der Lsg. von 15,5 g II in 30 ml CCl_4 u. 6 ml Pyridin gibt man die Lsg. von 3,8 g Br_2 in 25 ml CCl_4, filtriert, dampft das Filtrat im Vakuum ein, fügt 22 ml Diäthylanilin zum Rückstand u. erhitzt 1 Std. auf 135—140°; $D.^{20}_4$ 0,9155; n_D^{20} 1,4720; 28%. (Журнал Общей Химии [J. allg. Chem.] **28 (90)**. 2448—52. Sept. 1958. Inst. für Pharmakol. u. Chemother. der Akad. der med. Wiss. der UdSSR.) H. KÜHNE. 810

F. N. Stepanow und **O. K. Smirnow**, *Butyrolacton und seine Derivate.* 2. Mitt. *Einige Reaktionen von Acylderivaten des Butyrolactons.* (1. vgl. C. **1958.** 1260.) Bei der Einw. von CH_3J auf α-Acetyl-γ-butyrolacton (I) bildet sich *α-Methyl-α-acetyl-γ-butyrolacton*, das beim Behandeln mit HCl zu *3-Methylpentanon-(4)-ol-(1)* hydrolysiert wird. Bei der Rk. von I-Na-Salz mit 2-Äthylcapronsäurechlorid (II) entsteht *α-[α-Äthylcaproyl]-α-acetyl-γ-butyrolacton*, das bei der Alkoholyse wieder I gibt. Dagegen liefert *α-[p-Nitrobenzoyl]-α-acetyl-γ-butyrolacton*, das aus I-Na-Salz u. p-Nitrobenzoylchlorid (III) erhalten wird, bei der Alkoholyse *α-[p-Nitrobenzoyl]-γ-butyrolacton*. Mit γ-Brombutyrylchlorid (IV) liefert I nach Alkoholyse des Kondensationsprod. *Dibutolacton* (*α-[Tetrahydrofuranyliden-(2)]-γ-butyrolacton*).

V e r s u c h e: *α-Methyl-α-acetyl-γ-butyrolacton*, $C_7H_{10}O_3$, $Kp._{18}$ 125—126°, zu einer Suspension von 2,3 g Na in 60 ml Bzl. gibt man 12,8 g I u. 10 Tropfen Methanol, schüttelt in 4 Std. period., erwärmt bis zur vollständigen Auflsg. des Na, gibt 17 g CH_3J zu u. kocht 3 Std.; $D.^{20}_4$ 1,1464; n_D^{20} 1,4561; 10,5 g (Ausbeute) [*Semicarbazon*, $C_8H_{13}N_3O_3$, F. 190° (A.); Nadeln]. Gibt beim Kochen mit 5%ig. HCl *3-Methylpentanon-(4)-ol-(1)*, $C_6H_{12}O_2$, $Kp._9$ 89°; $D.^{20}_4$ 0,9811; n_D^{20} 1,4405; 98%. — *α-[α-Äthylcaproyl]-α-acetyl-γ-butyrolacton*, $C_{14}H_{22}O_4$, $Kp._1$ 155—156°; durch 1½std. Kochen einer Suspension von 6 g Na u. 32 g I in 200 ml Bzl. mit 40,5 g II ($Kp._{10}$ 60—62°); n_D^{20} 1,4737. Gibt bei der Alkoholyse mit Na-Methylat I u. *α-Äthylcapronsäuremethylester*. — *α-[p-Nitrobenzoyl]-γ-butyrolacton*, $C_{11}H_9NO_5$, F. 119—120° (A.); 70 g I in W. werden nach SCHOTTEN-BAUMANN mit 93 g III in Aceton u. 20 g NaOH in 80 ml W. benzoyliert, u. das Kondensationsprod. wird 12 Std. in 600 ml Methanol mit 100 ml 15%ig. NH_4OH gerührt; der Nd. wird mit verd. NaOH extrahiert, der Extrakt wird angesäuert; hellgelbe Nadeln; 12%. — *Dibutolacton* (*α-[Tetrahydrofuranyliden-(2)]-γ-butyrolacton*), $C_8H_{10}O_3$, F. 86—87° (W.); zu einer Suspension von 25,6 g I u. 4,6 g Na in 100 ml Bzl. gibt man 36 g **IV**, kocht 1 Std. u. führt eine Alkoholyse mit Na-Methylat analog Vorst. durch; glänzende Blättchen; 16%. (Журнал Общей Химии [J. allg. Chem.] **27 (89)**. 1042—44. April 1957. Wiss. Forschungsinst. für organ. Zwischenprodd. u. Farbstoffe.)
O. POLLAK V. EMHOFEN. 850

N. H. Tattrie und **C. S. McArthur**, *Die Darstellung von Lecithin aus L-α-Glycerylphosphorylcholin.* Durch Rk. von L-α-Glycerylphosphorylcholin (I) mit Palmitoylchlorid in Chlf. wurde *L-α-Dipalmitoyllecithin* als Hauptprod. erhalten. Die in geringeren Mengen gebildeten Nebenprodd. wurden durch Chromatographie in Chlf.-CH_3OH an SiO_2 abgetrennt u. dabei ein *Lysolecithin* isoliert, dessen Eigg. mit denen eines aus Eilecithin mittels Schlangengiftlecithinase erhaltenen Prod. weitgehend übereinstimmen. Ein weiteres Nebenprod. wurde als ein I-*Monopalmitoylderiv.* identifiziert, während zwei weitere Verbb. nicht näher charakterisiert werden konnten.

V e r s u c h e: *L-α-Dipalmitoyllecithin*, $C_{40}H_{82}NO_9P$, durch 72std. Schütteln von 8,81 g I u. 3 Mol Palmitoylchlorid in alkoholfreiem trockenem Chlf. bei 37°, Entfernung von HCl u. Palmitoylchlorid mit wss. $NaHCO_3$ unter Zugabe von wenig CH_3OH, Eindampfen im Vakuum, Lösen in wenig Chlf. u. Gießen in Aceton, Kristallisation aus Dioxan u. Chromatographie in CH_3OH–Chlf. (1:4) an SiO_2; 31% (Aubeute); $[\alpha]_D^{25}$ +5,5° (c = 8,82; Chlf.-CH_3OH, 1:1). — *Lysolecithin*, a) neben vorst. Verb.; 0,388 g; b) aus Eilecithin durch Behandlung mit dem Gift von Agkistrodon piscivorus piscivorus. — *α-Palmitoyl-L-α'-glycerylphosphorylcholin* (?), neben vorst. Verb. nach a). (Canad. J. Biochem. Physiol. **35.** 1165—70. Dez. 1957. Saskatoon, Sask., Univ., Dep. of Biochem.) E. HANSCHKE. 920

Stefan Goldschmidt und **H. L. Krauss,** *N-substituierte Amide der phosphorigen und der Phosphorsäure und ihre Verwendung zum Aufbau von Peptidbindungen.* Übersicht über die Synth. von CO—NH-Bindungen zur Darst. von Oligopeptiden u. Harnstoffderivv. durch Umsetzung von freien Carboxylgruppen mit Aminkomponenten, die am N durch Derivv. der H_3PO_3 oder H_3PO_4 substituiert sind. — 20 Literaturhinweise. (Angew. Chem. **67.** 471—75. 7/9. 1955. München, TH, Org.-chem. Inst.)
W. ZIEGLER. 950

Heinrich Hellmann, Franz Lingens und **Edith Folz,** *Synthesen mit tertiären Mannich-Basen.* 13. Mitt. *Synthesen der α.α'-Diaminoglutarsäure.* (12. vgl. C. **1959.** 10201.) Die Darst. von *α.α'-Diaminoglutarsäure* (**I**) durch Kondensation von α-Dimethylaminomethyl-α-acetamidomalonsäurediäthylesterjodmethylat (**II**) mit Na-Acetamidomalonsäurediäthylester (**III**) in absol. A. u. anschließender Totalhydrolyse des Kondensationsprod. mit 40%ig. HBr wird beschrieben. **II** geht dabei unter lebhafter Entw. von *Trimethylamin* u. Bldg. von *Kohlensäurediäthylester* in *α-Acetylaminoacrylsäureäthylester* über, der mit **III** eine MICHAEL-Addition eingeht. Außerdem wird die Darst. von **I** nach einem Verf. von HORNER u. GROSS (C. **1955.** 10234) aus meso-Dibromglutarsäurediäthylester u. aktiviertem Na-Azid in absol. A. über den *α.α'-Diazidoglutarsäurediäthylester* beschrieben, der mit Triphenylphosphin den *Diphosphiniminoglutarsäurediäthylester* gibt. Letzterer wird mit Eisessig–HBr totalhydrolysiert.

V e r s u c h e: *α.α'-Diaminoglutarsäure* (I), $C_5H_{10}N_2O_4$, Zers. bei ca. 270°, a) durch 2½std. Erhitzen von 0,01 Mol **II** u. 0,01 Mol Acetamidomalonsäurediäthylester in einer Lsg. von 0,015 g-Atom Na in absol. A. auf 100° unter N_2, Abfiltrieren vom NaJ u. Na_2CO_3, Abdestillieren des Lösungsm. im Vakuum, 6std. Erhitzen des öligen Rückstandes mit 40%ig. HBr auf 100°, Abdestillieren der HBr im Vakuum, Lösen in A., Zugabe von Diäthylamin, Lösen in Pyridin; Fällen mit HBr, Lösen in sd. W. u. Fällen mit A.; 68% [Ausbeute; Nachw. von Kohlensäurediäthylester im Destillat des Lösungsm. mit $Ba(OH)_2$ als *$BaCO_3$*; das entwickelte Trimethylamin wird in der Vorlage mit n/10 HCl bestimmt]; b) aus 0,01 Mol *meso-Dibromglutarsäureester* u. 0,02 Mol aktiviertem NaN_3 in absol. A. durch 15std. Kochen, Abdestillieren des A. im Vakuum, Aufnehmen des Rückstandes in W., Lösen des mit Ae. extrahierten Öls in absol. Bzl., tropfenweises Versetzen mit 0,02 Mol Triphenylphosphin in absol. Bzl., 5std. Kochen, Einengen im Vakuum, 5std. Kochen mit 40%ig. HBr/Eisessig (1 : 1), Verdünnen mit W., Extraktion mit Bzl. u. Fällen mit konz. NH_3; 77%. (Chem. Ber. **89.** 2433—36. 1956. Tübingen, Univ., Chem. Inst.)
H. SMALLA. 950

G. W. Motzarew, A. L. Englin, A. Ja. Jakubowitsch, I. N. Usspenskaja und **N. G. Iwanowa,** *Über die katalytische Chlorierung von Methylchlorsilanen in flüssiger Phase.* Die Chlorierung von Methyltrichlorsilan (**I**), Dimethyldichlorsilan (**II**) u. Trimethylchlorsilan (**III**) in fl. Phase in Ggw. von α.α'-Azo-bis-isobuttersäurenitril nimmt einen der entsprechenden Photochlorierung analogen Verlauf. In Abhängigkeit vom mol. Verhältnis **I**-**III**/Cl_2 können alle theoret. möglichen Chlorsubstitutionsprodd. erhalten werden. Die Chlorierung verläuft mit von **I** zu **III** zunehmender Leichtigkeit (Abnahme der Induktionsperiode von 50 auf 5 Min.). **I** liefert bei einem Mol-Verhältnis von I/Cl_2 = 1:0,37—1:0,7 4—7% Monochlorderiv. u. 0—21,3% Di- u. Polychlorderiv., **II** bei einem Mol-Verhältnis von **II**/Cl_2 = 1:0,35—1:0,57 20,1—29,2% Monochlorderiv. u. 13,3—13,4% Di- u. Polychlorderivv., **III** bei einem Mol-Verhältnis von **III**/Cl_2 = 1:0,38—1:0,91 31,8—48,1% Monochlorderiv. u. 2,8—33,4% Di- u. Polychlorderivate. — In ein Gemisch von **I**, bzw. **II** oder **III** u. Katalysator, der während der Rk. ergänzt wird, leitet man bei 45—70° einen Cl_2-Strom ein, vertreibt nach Beendigung der Rk. gelösten HCl durch einen Luftstrom u. fraktioniert das Reaktionsprod. über eine Kolonne. (Журнал Общей Химии [J. allg. Chem.] **28** (**90**). 1336—38. Mai 1958.)
U. WÖRFFEL. 980

M. F. Schosstakowski, I. A. Schichijew und **W. I. Beljajew,** *Untersuchung auf dem Gebiet sauerstoffhaltiger Organosiliciumverbindungen.* 5. Mitt. *Gewinnung von siliciumorganischen Acetalen.* Bei der Rk. von Trialkylsilanolen (**I**) mit Vinylalkyläthern in Ggw. von HCl kann gleichzeitig eine Dehydratisierung der **I** unter Bldg. von *Hexaalkyldisiloxanen* oder eine Bldg. von *Acetaldehydalkyl-[trialkylsilyl]-acetalen* eintreten. Der erste Reaktionsweg ist bes. bei niederen **I** sowie in Ggw. größerer Mengen Säure bevorzugt. Zur Darst. der Silylacetale wird das Zusammengeben der Reaktionspartner bei tiefer Temp. u. die Verwendung nur katalyt. Mengen HCl empfohlen. Der Reaktionsmechanismus wird diskutiert.

V e r s u c h e: A c e t a l d e h y d a c e t a l e: *Butyl-[trimethylsilyl]-*, $Kp._{17}$ 56 bis 56,5°, durch Zutropfen von 0,003 g 30%ig. HCl zu 10 g Vinylbutyläther (Kp. 92—93°, n_D^{20} 1,4026, $D.^{20}_4$ 0,7793) u. 18 g Trimethylsilanol ($Kp._{757}$ 98—98,6°, n_D^{20} 1,3892,

D^{20}_4 0,8139) bei -10^0 u. 12 std. Erhitzen in geschlossener Ampulle auf 65—67°; n_D^{20} 1,4006; D^{20}_4 0,8246; 56,84% (Ausbeute). — Analog in Ggw. von 0,1 Mol HCl je 0,2 bis 0,4 Mol Ausgangsprodd.: *sek.-Amyl-[trimethylsilyl]-*, $Kp._{13}$ 64—65°; n_D^{20} 1,4068; D^{20}_4 0,8369; 35,3%. — *n-Butyl-[trimethylsilylmethyl]-*, $Kp._{14}$ 77—78 ; n_D^{20} 1,4310; D^{20}_4 0,8342; 69%. — *Pentyl-(3)-[trimethylsilylmethyl]-*, $Kp._{12}$ 82—83°; n_D^{20} 1,4116; D^{20}_4 0,8312; 62%. — *Isobutyl-[γ-trimethylsilylpropyl]-*, $Kp._{13}$ 102—103°; n_D^{20} 1,4240; D^{20}_4 0,8409; 59,6%. — *sek.-Butyl-[γ-trimethylsilylpropyl]-*, $Kp._6$ 97—98°; n_D^{20} 1,4249; D^{20}_4 0,8424; 57,4%. — *tert.-Butyl-[triäthylsilyl]-*, $Kp._{30}$ 120—123°; n_D^{20} 1,4274; D^{20}_4 0,8631; 55,7%. — *tert.-Amyl-[triäthylsilyl]-*, $Kp._{53}$ 145—145,5°; n_D^{20} 1,4331; D^{20}_4 0,8735; 53,5%. — *Pentyl-(2)-[dimethylphenylsilyl]-*, $Kp._{19}$ 139°; n_D^{20} 1,4715; D^{20}_4 0,9314; 62,3%. — *Isobutyl-[diäthylphenylsilyl]-*, $Kp._8$ 125—126°; n_D^{20} 1,4770; D^{20}_4 0,9356; 58,5%. (Журнал Общей Химии [J. allg. Chem.] **26** (**88**). 706—09. März 1956. Inst. für organ. Chem. der Akad. der Wiss. der UdSSR.) H.-E. Toussaint. 980

M. F. Schosstakowski, D. A. Kotschkin, I. A. Schichijew und **W. M. Wlassow**, *Untersuchung auf dem Gebiet sauerstoffhaltiger Organosiliciumverbindungen.* 7. Mitt. *Synthese und einige Umwandlungen von Silanolen.* (5. vgl. vorst. Ref.) Vff. stellten aus Dimethyldichlorsilan (I) u. C_2H_5MgBr *Dimethyläthylchlorsilan* (II) dar u. führten dieses durch Einw. von NH_3 in *Tetramethyldiäthyldisilylamin* über, aus dem mit verd. HCl *Dimethyläthylsilanol* (**III**) erhalten wurde. **III** wurde mit Vinylalkyläthern zu *Acetaldehydalkyl-[dimethyläthylsilyl]-acetalen* umgesetzt u. analog eine Reihe weiterer Si-haltiger Acetale dargestellt.

Versuche: *Dimethyläthylchlorsilan* (**II**), $C_4H_{11}ClSi$, $Kp._{751}$ 89—90°, durch Zutropfen von Äthylbromid zu Mg in Ae. bei 15—18°, 2 std. Kochen, Zutropfen von I ($Kp._{751}$ 69—70°; D^{20}_4 1,060) in Ae. bei 25—30°, 2 std. Kochen u. Stehen über Nacht; D^{20}_4 0,8657; n_D^{20} 1,4105; 44% (Ausbeute). — *Tetramethyldiäthyldisilylamin*, $C_8H_{23}NSi_2$, $Kp._{750}$ 174—175°, durch Einleiten von NH_3 in die äther. Lsg. von II bei $< 7^0$; D^{20}_4 0,8014; n_D^{20} 1,4295; 65%. — *Dimethyläthylsilanol* (**III**), $C_4H_{12}OSi$, $Kp._{50}$ 58°, durch Titrieren vorst. Verb. in wss. Ae. mit n-HCl bei $< 7^0$ gegen Methylorange; D^{20}_4 0,8332; n_D^{20} 1,4070; 70%. — *Tetramethyldiäthyldisiloxan*, $C_8H_{22}OSi_2$, $Kp._{751}$ 148°, durch 2 std. Kochen von **III** mit einigen Tropfen 30%ig. HCl; D^{20}_4 0,7995; n_D^{20} 1,4014; 92%. — *Methyldiäthylchlorsilan*, $C_5H_{13}ClSi$, $Kp._{757}$ 119—120°, analog **II** aus Methyltrichlorsilan ($Kp._{750}$ 65°); D^{20}_4 0,8975; n_D^{20} 1,4209; 34%. — *Dimethyltetraäthyldisilylamin*, $C_{10}H_{27}$·NSi_2, $Kp._{40}$ 111—112,5°, aus vorst. Verb. mit NH_3 in Ae.; D^{20}_4 0,8326; n_D^{20} 1,4423; 70%. — *Methyldiäthylsilanol* (**IV**), $C_5H_{14}OSi$, $Kp._{30}$ 61—62°, analog **III** aus vorst. Verb.; D^{20}_4 0,8458; n_D^{20} 1,4206; 62%. — *Dimethyltetraäthyldisiloxan*, $C_{10}H_{26}OSi_2$, $Kp._{19}$ 87°, durch Kochen vorst. Verb. mit wenig konz. HCl; D^{20}_4 0,8242; n_D^{20} 1,4192. — *Acetaldehydisopropyl-[trimethylsilyl]-acetal* (**V**), $C_8H_{20}O_2Si$, $Kp._{16}$ 36°, durch Zutropfen von wenig 30%ig. HCl zu Trimethylsilanol ($Kp._{757}$ 98—98,6°; D^{20}_4 0,8139; n_D^{20} 1,3892) u. Vinylisopropyläther (**VI**) bei -8^0 u. 15 std. Erhitzen im geschlossenen Gefäß auf 65°; D^{20}_4 0,8266; n_D^{20} 1,3951; 43,3%. — *Acetaldehydisobutyl-[methyldiäthylsilyl]-acetal*, $C_{11}H_{26}O_2Si$, $Kp._7$ 76—77°, analog **V** aus **IV** u. Vinylisobutyläther; D^{20}_4 0,8374; n_D^{20} 1,4210; 43,1%. — *Acetaldehyd-sek.-amyl-[dimethyläthylsilyl]-acetal*, $C_{11}H_{26}O_2Si$, $Kp._7$ 65 bis 65,5°, ebenso aus **III** u. Vinyl-sek.-amyläther (Kp. 106,5°; D^{20}_4 0,7794; n_D^{20} 1,4070); D^{20}_4 0,8427; n_D^{20} 1,4149; 55,1%. — *Acetaldehydisopropyl-[diäthylphenylsilyl]-acetal*, $C_{15}H_{26}O_2Si$, $Kp._5$ 120—121°, durch 2 std. Erhitzen von 9 g Diäthylphenylsilanol ($Kp._5$ 105,5 bis 108°; D^{20}_4 0,9904; n_D^{20} 1,5109) mit 8,5 g **VI** in Ggw. von wenig HCl in geschlossener Ampulle auf 100°; D^{20}_4 0,9477; n_D^{20} 1,4827; 5,1 g. (Журнал Общей Химии [J. allg. Chem.] **25** (**87**). 622—26. März 1955.) H.-E. Toussaint. 980

Ju Kumanotani, *Alkylierung.* Übersicht über neuere Methoden der Alkylierung, bes. der aromat. KW-stoffe. — 82 Literaturangaben. (J. Soc. org. synth. Chem. Japan **16.** 699—711. Dez. 1958. Tokyo, Univ., Techn. Fak. [Orig.: japan.]) E. Maekawa. 1010

Ss. Ss. Gitiss, M. Ss. Malinowski und **A. I. Glas**, *Reaktionen aromatischer Nitroverbindungen.* 4. Mitt. *Umalkylierung von 2.4-Dinitrophenoläthern.* (3. vgl. C. **1959.** 7435.) Die Umalkylierung aliphat. Äther des 2.4-Dinitrophenols wird vorteilhaft durch 1 std. Stehen des Äthers mit dem Alkohol in Bzl. in Ggw. von KOH durchgeführt. Die Alkoxygruppe mit dem stärker negativen verdrängt eine solche mit schwächer negativem induktivem Effekt. Für die Reaktionsfähigkeit bei der Umalkylierung ergab sich folgende Reihenfolge der Alkohole: Isoamylalkohol > Isobutanol > n-Butanol > n-Propanol > A. > Methanol > Äthylenglykol.

Versuche: Alkyl-2.4-dinitrophenyläther, durch 1 std. Stehen des jeweils vorst. Ausgangsäthers mit dem entsprechenden Alkohol in Bzl. in Ggw. von KOH, Verdünnen mit W. u. Eindampfen: *Methyl-*, F. 94—95°, aus dem β-Hydroxyäthyläther; 96% (Ausbeute). — *Äthyl-*, F. 85—86°; 87%. — *n-Propyl-*, F. 29,5—30°;

89%. — *n-Butyl-*, $Kp._{0,1}$ 161,5—162°; 90%. — *Isobutyl-*, F. 30°; 89%. — *Isoamyl-*, $Kp._{0,2}$ 168—170°; 90%. (Журнал Общей Химии [J. allg. Chem.] **28** (**90**). 2262—64. Aug. 1958. Dnepropetrowsk, Univ.) H.-E. TOUSSAINT. 1060

I. L. Knunjanz und **B. L. Djatkin,** *Reaktion einiger Fluorolefine mit Phenolen.* Bei 100—120° u. Alkaliausschluß wird Phenol an die Doppelbindung von Perfluorisobuten u. Perfluoracrylonitril unter Bldg. von *1-Phenoxy-2-trifluormethyl-1.1.3.3.3-pentafluorpropan* bzw. *β-Phenoxy-α.β.β-trifluorpropionitril* angelagert. Perfluorallylchlorid reagiert mit K-Phenolat zu *1-Phenoxyperfluorpropen-(2)*, das sich durch Anlagerung von Methanol in Ggw. von KOH in *1-Methoxy-3-phenoxy-2-hydroperfluorpropan* überführen läßt. Aus 1.3-Dimethoxy-2-hydroperfluorpropan entsteht bei der Einw. von konz. H_2SO_4 *Fluormalonsäure,* die als *Diamid* isoliert wird.

Versuche: Phenol oder Hydrochinon u. Fluorolefin (1 : 1,5 Mol) werden im Autoklaven 15 Std. auf 100—120° erhitzt u. fraktioniert: *1-Phenoxy-2-trifluormethyl-1.1.3.3.3-pentafluorpropan,* $C_{10}H_6F_8O$, $Kp._{20}$ 68,5°; $D.^{20}{}_4$ 1,4534; $n_D{}^{20}$ 1,3900; 85% (Ausbeute). — *1.4-Bis-[2-trifluormethyl-1.1.3.3.3-pentafluorpropoxy]-benzol,* $C_{14}H_6F_{16}O_2$, $Kp._{10}$ 109—110°; $D.^{20}{}_4$ 1,6357; $n_D{}^{20}$ 1,3600; 72%. — *β-Phenoxy-α.β.β-trifluorpropionitril,* $C_9H_6F_3NO$, $Kp._7$ 76°; $D.^{20}{}_4$ 1,2594; $n_D{}^{20}$ 1,4490; 87%. — *1.4-Bis-[β-cyan-α.α.β-trifluoräthoxy]-benzol,* $C_{12}H_6F_6N_2O_2$, $Kp._4$ 139,5—140°; $D.^{20}{}_4$ 1,4209; $n_D{}^{20}$ 1,4426; 76%. — *1-Phenoxyperfluorpropen-(2),* $C_9H_5F_5O$, $Kp._{20}$ 54°, durch Zutropfen von 9,4 g Phenol u. 5,6 g KOH in 30 ml W. zu 40 g Perfluorallylchlorid (aus Trifluorchloräthylen durch Pyrolyse u. Dest.) in 50 ml Dioxan in 3½ Std., Abdest. des Olefinüberschusses, Gießen in W. u. Fraktionierung des ausgeschiedenen Öles; $D.^{20}{}_4$ 1,3467; $n_D{}^{20}$ 1,4190; 32,2%; bei Anwendung von Perfluorallyljodid 42,8%. — *1-Methoxy-3-phenoxy-2-hydroperfluorpropan,* $C_{10}H_9F_5O_2$, $Kp._7$ 85—86°, durch Zutropfen von 1,5 g KOH in 10 ml Methanol zu 6,7 g vorst. Verb. in 5 ml Methanol unter Kühlung, einige Std. Stehen, Gießen auf W., Ausäthern u. Dest.; $D.^{20}{}_4$ 1,3420; $n_D{}^{20}$ 1,4219; 52,4%. — *1.3-Dimethoxy-2-hydroperfluorpropan,* $C_5H_7F_5O_2$, $Kp._{110}$ 64—65°, aus 15 g 1-Methoxyperfluorpropen-(2) in 20 ml Methanol u. 2,3 g Na in 50 ml Methanol analog vorst.; $D.^{20}{}_4$ 1,3673; $n_D{}^{20}$ 1,3330; 50%. — *Fluormalonsäurediamid,* $C_3H_5FN_2O_2$, F. 199—200° (W.), durch Einw. konz. H_2SO_4 auf vorst. Verb., Waschen mit W. u. Behandeln mit konz. NH_4OH. (Известия Академии Наук СССР, Отделение Химических Наук [Nachr. Akad. Wiss. UdSSR, Abt. chem. Wiss.] **1958.** 648—50. Mai. Inst. für metallorgan. Verbb. der Akad. der Wiss. der UdSSR.) H. NIEDRICH. 1060

A. A. Sprysskow und **O. I. Katschurin,** *Untersuchungen der Sulfurierungsreaktion.* 45. Mitt. *Bestimmung der isomeren Chlorbenzolsulfonsäuren.* (44. vgl. C. **1959.** 13120.) In einem Gemisch aus o- (**I**), m- (**II**) u. p-Chlorbenzolsulfonsäure (**III**) können **II** u. die Summe von **I** u. **III** mit einer Genauigkeit von ca. 0,3% folgendermaßen bestimmt werden: Das Gemisch wird mit 10 Mol 38—40%ig. wss. Methylamin in Ggw. von 0,1 Mol Cu_2Cl_2 durch 15std. Erhitzen auf 180° im Rohr aminiert, die Methylaminobenzolsulfonsäuren werden mit Soda alkalisiert u. durch Kochen von überschüssigem Methylamin befreit. In einem aliquoten Teil wird nach Abtrennung von Cu^+ mit H_2S die Summe der 3 Methylaminobenzolsulfonsäuren bromatometr. bestimmt. Die folgende Best. der Summe von o- u. p-Methylaminobenzolsulfonsäure beruht darauf, daß bei der Bromierung nur der Sulfonsäurerest des m-Isomeren nicht abgespalten wird: Ein anderer Teil der isomeren Methylaminobenzolsulfonsäuren wird bromiert u. durch gravimetr. H_2SO_4-Best. die Summe von **I** u. **III** gefunden. — **III** kann im Gemisch mit **I** u. **II** mit einer Genauigkeit von ±0,5% bestimmt werden, indem die Chlorsulfonsäuren in die Sulfochloride übergeführt werden u. der F. des Gemisches bestimmt wird. Die Meth. beruht darauf, daß die Schmelzdiagramme der bin. Gemische der Sulfochloride von **I**–**II** u. **I**–**III** prakt. zusammenfallen u. das der tern. Gemische der Sulfochloride von **I**, **II** u. **III** nur wenig tiefer liegt als die der binären. Am genauesten ist die Meth. bei einem Geh. von 100—60% **III**-Sulfochlorid im Isomerengemisch (gegebenenfalls Zusatz von **III**-Sulfochlorid). Die Schmelzkurven u. einige FF. der bin. u. tern. Gemische werden angegeben. — Die Sulfochloride von **I**, **II** u. **III** wurden aus den Aminobenzolsulfonsäuren nach SANDMEYER u. Chlorierung der Chlorsulfonsäuren dargestellt u. durch mehrmalige Dest. u. Kristallisation gereinigt: **I**-*Sulfochlorid,* $Kp._9$ 142°; **II**-*Sulfochlorid,* F. 26,3°, $Kp._8$ 128°; **III**-*Sulfochlorid,* F. 26,2°, $Kp._{35}$ 165°. (Журнал Общей Химии [J. allg. Chem.] **27** (**89**). 3072—75. Nov. 1957. Iwanowo, Chem.-Technolog. Inst.)
HELMUT SCHÄFER. 1090

Milan Čeladnik, Karel Palát, Ales Sekera und **Čeněk Vrba,** *Untersuchungen über Lokalanästhetica.* 13. Mitt. *Substituierte basische Propiophenone.* (12. vgl. Českoslov. Farmac. **8.** [1959.] 126.) In Anlehnung an Falicain (β-Piperidino-4-propoxypropiophenon) stellten Vff. einige p- u. m-substituierte β-Aminopropiophenone dar u. verglichen ihre lokal-anästhet. Wrkg. mit der von Cocain u. Procain.

Versuche: Acetophenone: *4-Propoxy-*, Kp.$_4$ 136°, aus Propylphenyläther u. Acetanhydrid in Ggw. von $ZnCl_2$ nach Profft (Chem. Techn. **4.** [1952.] 241); 65% (Ausbeute). — *4-Butoxy-*, Kp.$_2$ 125°; 60%. — *3-Propoxy-*, $C_{11}H_{14}O_2$, Kp.$_{0,1}$ 98°, F. 30°, durch Alkylierung des durch Nitrierung von Acetophenon, Red. u. Diazotierung erhaltenen m-Hydroxyacetophenons; 74%. — *3-Butoxy-*, $C_{12}H_{16}O_2$, Kp.$_3$ 137°; 71%. — 4-Propoxypropiophenonhydrochloride: *β-Dimethylamino-*, F. 137° (A./Ae.), nach Mannich; 69%. — *β-Diäthylamino-*, F. 128° (Aceton); 50%. — *β-Piperidino-*, F. 163° (Bzl.); 80%. — *β-Di-n-butylamino-*, F. 68° (Bzl./PAe.); 29%. — *β-[2-Methylpiperidino]-*, F. 142—144° (A./Ae.); 25%. — *β-[3-Methylpiperidino]-*, F. 175°. (A./Ae.); 71%. — *β-[4-Methylpiperidino]-*, F. 176—177° (Aceton); 48%. — *β-[2.6-Dimethylpiperidino]-*, F. 148° (Aceton); 44%. — β-Piperidinopropiophenonhydrochloride: *3-Propoxy-*, F. 148° (Aceton/PAe.); 45%. — *3-Butoxy-*, F. 152° (A./Ae.); 53%. — *4-Butoxy-*, F. 172° (Toluol); 79%. — *3-Nitro-*, F. 171—172° (A./Ae.); 94%. — *β-Di-n-butylamino-4-butoxypropiophenonhydrochlorid*, F. 70—71° (A./Ae.); 34%. (Arch. Pharmaz. Ber. dtsch. pharmaz. Ges. **290/62.** 194—200. April 1957. Brno, CSR, Masaryk-Univ., Inst. für pharmazeut. Chem.; Fak. für Veterinärmed., Pharmakol. Inst.)
B. Langhammer. 1340

Yoshinori Jō, *Synthetische Untersuchungen von Stoffwechselprodukten des Tryptophans.* 1. Mitt. *Die Synthese von Kynurenamin nach dem Saccharinverfahren.* Nach der Meth. von Takahashi (Seikagaku [Biochemistry] **26.** [1954.] 154) wird o-Nitro-β-dimethylaminopropiophenon (I) durch Erhitzen mit Saccharin (II) in *N-[β-(o-Nitrobenzoyl)-äthyl]-saccharin* übergeführt. Dieses wird mit $SnCl_2$ zu *N-[β-(o-Aminobenzoyl)-äthyl]-saccharin* u. dann durch Erhitzen mit HCl im Bombenrohr in *Kynurenamindihydrochlorid* übergeführt.

Versuche: *N-[β-(o-Nitrobenzoyl)-äthyl]-saccharin*, $C_{16}H_{12}N_2O_6S$, F. 115°, aus 5 g I-Hydrochlorid in W. durch Überschichten mit Ae., Abkühlen auf 0°, Zutropfen von 2n NaOH, Zusatz von 3,5 g II in A. u. Spuren von Na-Äthylat u. Lösen der öligen M. in Aceton; aus Methanol Nadeln; 2,4 g (Ausbeute). — *N-[β-(o-Aminobenzoyl)-äthyl]-saccharin*, $C_{16}H_{14}N_2O_4S$, F. 174°, aus 1 g vorst. Verb. in 10 cm³ Eisessig u. 2,5 g $SnCl_2$ in konz. HCl; gelbe Nadeln; 0,7 g. — *Kynurenamin, Dihydrochlorid*, F. 187—188°, aus 0,6 g vorst. Verb. in Eisessig u. konz. HCl durch 1 std. Erhitzen im Bombenrohr auf 150°; 1,0 g. *Pikrat*, F. 102°; rote Nadeln. (J. Jap. biochem. Soc. **27.** 670—71. Febr. 1956. Tōkyō Jikeikai Ika-Daigaku, Ikagaku-Kyōshitsu. [Orig.: japan.])
F. Mossner. 1340

I. L. Kotljarewski, A. A. Ssamoilowa und **N. I. Schergina,** *Kondensation von m-Kresol mit Allylchlorid.* Allylchlorid reagiert mit m-Kresol (I) im alkal. Medium unter Bldg. von *3-Methyl-2-allyl-* (II) u. *3-Methyl-4-allylphenol* (III). Daneben entstehen auch *Kresylallyläther*. Die Identifizierung erfolgt durch wechselseitige Umwandlung, wie Verätherung von II u. III mit Allylchlorid bzw. durch Claisensche Allylumlagerung von I-Allyläther zu II u. durch die UV-Spektren. In Ggw. von Skelett-Ni werden II u. III zu *3-Methyl-2-n-propyl-* u. *3-Methyl-4-n-propylphenol* hydriert.

Versuche: Zu der Lsg. von 314 g NaOH in 200 ml W. gibt man bei 60—65° 432 g I u. in 5 Std. bei 38—40° unter intensivem Rühren 400 g Allylchlorid, rührt 2½ Std., macht mit HCl schwach sauer, trennt die organ. Phase ab, extrahiert aus ihr mit 10%ig. NaOH die Phenolverbb. (188,5 g) u. mit Bzl. die Allyläther (118,6 g) u. fraktioniert im Vakuum: *3-Methyl-2-allylphenol* (II), Kp.$_{16}$ 120—120,5°; D.$^{20}_4$ 1,0188; n_D^{20} 1,5415; 25,3 g (Ausbeute). *3-Methyl-2-allylphenylallyläther*, Kp.$_{13}$ 126°; D.$^{20}_4$ 0,9823; n_D^{20} 1,5230; 6,34 g [→ *3-Methyl-2-allylphenoxyessigsäure*, F. 88° (W.)]. *3-Methyl-4-allylphenol* (III), Kp.$_{16}$ 136—138°; D.$^{20}_4$ 1,0022; n_D^{20} 1,5409; 3,2 g. *3-Methyl-4-allylphenylallyläther*, Kp.$_{13}$ 137,5°; D.$^{20}_4$ 0,9867; n_D^{20} 1,5364; 5,95 g [→ *3-Methyl-4-allylphenoxyessigsäure*, F. 113°]. *m-Kresylallyläther*, Kp.$_{13}$ 93,5°; D.$^{20}_4$ 0,9564; n_D^{20} 1,5179; 7,38 g. — *3-Methyl-2-n-propylphenol*, Kp.$_{13}$ 115—118°, aus 1 g II durch Hydrieren in Ggw. von Skelett-Ni; n_D^{20} 1,5261; 0,66 g. — *3-Methyl-4-n-propylphenol*, Kp.$_{13}$ 125 bis 128°; analog aus 1 g III; n_D^{20} 1,5258; 0,88 g. (Известия Сибирского Отделения Академии Наук СССР [Nachr. sibir. Abt. Akad. Wiss. UdSSR] **1958.** Nr. 6. 54—58. Ostsibir. Filiale der Akad. der Wiss. der UdSSR.) H. Kühne. 1460

N. K. Kotschetkow, E. Je. Nifantjew und **W. N. Schibajew,** *Synthese von 1-Acetyl-2-chlorcycloalkenen.* Bei der Rk. von Cyclohexanon mit Acetylchlorid in Ggw. von $AlCl_3$ bildet sich hauptsächlich *1-Acetyl-2-chlorcyclohexen-(2)* (I) neben sehr wenig *1-Acetyl-2-chlorcyclohexen-(1)* (II). Es wird bewiesen, daß die Rk. über Cyclohexanonenolacetat verläuft. Beim Kochen von I in Dimethylanilin tritt keine Isomerisierung zu II ein. Cyclopentanon reagiert mit Acetylchlorid in Ggw. von $AlCl_3$ unter Bldg. von

1-Acetyl-2-chlorcyclopenten-(1) (III). Die UV-Spektren der 2.4-Dinitrophenylhydrazone von I, II u. III wurden aufgenommen.

Versuche: *Gemisch aus 1-Acetyl-2-chlorcyclohexen-(2)* (I) u. *1-Acetyl-2-chlorcyclohexen-(1)* (II), $C_8H_{11}ClO$, Kp.$_{15}$ 108—109°, a) man gibt ein Gemisch aus 36,5 g Cyclohexanon u. 86 g Acetylchlorid zu 151 g $AlCl_3$ in 75 ml Dichloräthan, rührt 18 Std. u. gießt in HCl–Eis-Gemisch; 82% (Ausbeute); b) man gibt ein Gemisch aus 30 g Cyclohexanonenolacetat u. 30,5 ml Acetylchlorid zu 57 g $AlCl_3$ in 100 ml Dichloräthan u. rührt 5 Std.; $D.^{20}{}_4$ 1,1232; n_D^{20} 1,4975; 14,6 g. I-*Semicarbazon*, $C_9H_{14}ClN_3O$, F. 158° (Bzl.), durch Trennen von 22 g I–II-Semicarbazongemisch mit Benzol. II-*Semicarbazon*, schm. unscharf unter Zers.; 2 g aus 22 g vorst. Gemisches; unlösl. in Benzol. — *1-Acetyl-2-chlorcyclopenten-(1)*, C_7H_9ClO, Kp.$_{22}$ 91—92°, a) man gibt 78,5 g Acetylchlorid u. 42 g Cyclopentanon unter Eiskühlung zu 134 g $AlCl_3$ in 250 ml Dichloräthan u. rührt 2 Std.; $D.^{20}{}_4$ 1,1429; n_D^{20} 1,5045; 15%; b) analog in CS_2; 22%. (Доклады Академии Наук СССР [Ber. Akad. Wiss. UdSSR] **117.** 241—44. 11/11. 1957. Moskau, Lomonossow-Univ.) H. KÜHNE. 1960

Nelson J. Leonard und **C. W. Schimelpfenig jr.,** *Synthese von mittleren und großen Ringketonen mittels Dieckmann-Kondensation.* Vff. synthetisierten *cycl. Mono-* u. *Diketone* durch DIECKMANN-Kondensation der Diäthylester von Korksäure bis Thapsiasäure in Ggw. von K-tert.-Butylat in Xylol bei großer Verdünnung unter N_2 u. vergleichen die Ausbeuten mit denen anderer Methoden.

Versuche (FF. korr.): Durch Zutropfen von 1 Mol des entsprechenden Diäthylesters in Xylol zu K-tert.-Butylat in sd. Xylol unter N_2 in einer früher (vgl. C. **1954.** 2828) beschriebenen App. unter schnellem Rühren innerhalb von 24 Std. unter Abdest. von A. + Xylol, 1 std. Kochen u. Rühren nach beendeter Zugabe, Ansäuern mit Eisessig, Filtrieren zur Entfernung polymerer Ketone, Einengen unter vermindertem Druck, Kochen über Nacht mit 3 n HCl, Ae.-Extraktion, Ausschütteln der Ae.-Lsg. mit $NaHCO_3$-Lsg. u. fraktionierte Dest. nachst. Ketone u./oder Diketone: *Cycloheptanon*; 47% (Ausbeute). — *Cyclooctanon*; 15%, u. *Cyclohexadecandion-(1.9)*, F. 83—85°; 11%. — *Cyclooctadecandion-(1.10)*, F. 95—97°; 28%. — *Cycloeikosandion-(1.11)*, F. 49—51°; 12%. — *Cyclohendecanon*; 0,53%; *Semicarbazon*, F. 202—204°, u. *Cyclodokosandion-(1.12)*, F. 54 bis 55,5°; 23%. — *Cyclododecanon*, F. 58—61°; 0,47%, u. *Cyclotetrakosandion-(1.13)*, F. 62—63,5°; 16%. — *Cyclotridecanon*, F. 26—29°; 24%; *Semicarbazon*, F. 205—206° (Zers.), u. *Cyclohexakosandion-(1.14)*, F. 65—68°; 19%. — *Cyclotetradecanon*, F. 55,5 bis 56°; 32%, u. *Cyclooctakosandion-(1.15)*, F. 72—73,5°; 2,2%. — *Cyclopentadecanon*, F. 64—66°; 48%, u. *Cyclotriakontandion-(1.16)*, F. 76—78°; 0,94%. — Die CO-Maxima im IR sind für die Diketone in 5%ig. CCl_4-Lsg. angegeben. (J. org. Chemistry **23.** 1708—10. Nov. 1958. Urbana, Ill., Univ., Noyes Chem. Labor.) H.-J. KÖTZSCH. 1970

Tetsu Nozoe, *Neuere Probleme in der Tropolonchemie.* Übersicht. — 60 Literaturangaben. (Chem. and chem. Ind. [Kagaku to Kogyo] **11.** 737—46. Sept. 1958. Sendai, Tôhoku-Univ. [Orig.: japan.]) E. MAEKAWA. 1980

Charles V. Banks, J. P. La Plante und **John J. Richard,** *Chemie der vic.-Dioxime.* 20. Mitt. *Darstellung von 4-Carboxycyclohexandion-(1.2)-dioxim.* (19. vgl. C. **1957.** **3534.**) In einer 5-stufigen Synth. wird die Darst. von *4-Carboxycyclohexandion-(1.2)-dioxim* (I) aus 4-Hydroxybenzoesäureäthylester (II) durchgeführt. Die Hydroximinierung von 4-Carbäthoxycyclohexandion-(1.2) in wss. Lsg. liefert statt des Dioxims das I-*Hydroxyamid*, das auch aus dem I-Äthylester unter den gleichen Bedingungen gewonnen werden kann. Die pK-Werte für die drei sauren H-Atome von I konnten zu pK_1 4,85, pK_2 10,45 u. pK_3 12,37 bestimmt werden.

Versuche: *4-Carbäthoxycyclohexanol*, Kp.$_4$ 115—123°; n_D 1,4635, durch Hydrieren von II in Dioxan in Ggw. von 2% Pd-$SrCO_3$ bei 150° u. 1800 lbs./sq.in. H_2; 80%. — *4-Carbäthoxycyclohexanon*, Kp.$_4$ 112—118°; n_D^{25} 1,4594, durch Oxydation vorst. Verb. mit Bichromat nach NICKELS u. HEINTZELMANN (C. **1951.** II. 806) bei 35°; 65%. — *4-Carbäthoxycyclohexandion-(1.2)*, Kp.$_2$ 120—135°; n_D^{20} 1,4862, aus vorst. Verb. durch Oxydation mit SeO_2 in A. nach HACH, BANKS u. DIEHL (C. **1953.** 8583), u. schnelle Dest.; 48%. — *4-Carbäthoxycyclohexandion-(1.2)-dioxim*, F. 167° (Essigester) aus vorst. Verb., 4 Mol $NH_2OH \cdot HCl$ u. 8 Mol Pyridin in sd. A. (35 Min.) u. Reinigen durch Chromatographieren in A. an bas. Al_2O_3 (WOELM); 55%. — *4-Carboxycyclohexandion-(1.2)-dioxim* (I), $C_7H_{10}N_2O_4$, F. 218—220° (Zers.), aus vorst. Ester durch Verseifen in wss. KOH auf dem Wasserbad (1 Std.), Ansäuern (p_H 1—2), Extrahieren mit Ae. u. Reinigen durch Chromatographieren in Dioxan an saurem u. bas. Al_2O_3 (1 : 1, WOELM); 50%. — *4-Hydroxyaminocarbonylcyclohexandion-(1.2)-dioxim*, $C_7H_{11}N_3O_4$, F. 152°, aus dem I-Äthylester wie Benzhydroxamsäure mit $NH_2OH \cdot HCl$ in wss. KOH; 60%. Liefert mit Ni-Acetat eine rote u. mit Cu-Acetat eine grünblaue Fällung.

(J. org. Chemistry **23.** 1210—11. Aug. 1958. Ames, Iowa, State Coll., Inst. for Atomic Res. and Dep. of Chem.) H. GOLD. 2070

Jitsuo Tsurugi, Haruko Fukuda und **Takeshige Nakabayashi,** *Reaktion zwischen Diphenylmethan und Schwefel.* 1. Mitt. *Reaktion bei relativ hohen Temperaturen.* Vff. erhitzen Diphenylmethan (I) mit S in CO_2-Atmosphäre verschied. Zeiten lang auf verschied. Tempp. u. bestimmen Art u. Menge der Reaktionsprodd., die nach einem radikal. Mechanismus entstanden sind.

V e r s u c h e (Mengenangaben in mMol bzw. mAtom): Erhitzen von 250 **I** ($Kp._{10}$ 125 bis 128°, F. 26°) mit 50 S a) 7 Std. auf 220° → H_2S (10), *Dibenzhydrylpolysulfid* (**II**; 4; → *Dibenzhydryldisulfid*, F. 152°), *Thiobenzophenon* [**III**; 3; → *Benzophenon* (*2.4-Dinitrophenylhydrazon*, F. 229°)] u. *Tetraphenyläthan* (**IV**, F. 209°; 4) neben **I** (230) u. S (22); b) 21 Std. auf 220° → H_2S (17), **II** (4), **III** (1,5) u. **IV** (13) neben **I** (220) u. S Spuren); c) 13 Std. auf 240° → H_2S (33), **II** (wenig), **III** (1), **IV** (20) u. *Tetraphenyläthylen* (**V**; F. 221°, dunkelblaues Harz; 1; → symm. *Tetraphenyldichloräthan*) neben **I** (180); d) 32 Std. auf 240° → H_2S (40), **II** (wenig), **III** (0,5), **IV** (24) u. **V** (6) neben **I** (150). — Erhitzen von 200 **I** mit 1000 S a) 7 Std. auf 220° → H_2S (34), **II** (31), **III** (1) u. **V** (wenig) neben **I** (142) u. S (680); b) 18 Std. auf 220° → H_2S (64), **II** (18), **III** (wenig) u. **V** (8) neben **I** (123) u. S (650); c) 13 Std. auf 240° → H_2S (120), **II** (8), **III** (wenig) u. **V** (19) neben **I** (95) u. S (560); d) 32 Std. auf 240° → H_2S (170), **II** (Spuren), **III** (wenig) u. **V** (41) neben **I** (30) u. S (175). (J. chem. Soc. Japan, pure Chem. Sect. [Nippon Kagaku Zassi] **76.** 111—13. Jan. 1955. Sakai, Naniwa Univ. [Orig.: japan.]) L. SCHULER. 2290

Jitsuo Tsurugi, Haruko Fukuda und **Takeshige Nakabayashi,** *Reaktion zwischen Diphenylmethan und Schwefel.* 2. Mitt. *Reaktion bei 180°.* (1. vgl. vorst. Ref.) Im Gegensatz zur Rk. bei höheren Tempp. wurden nur H_2S, *Dibenzhydrylpolysulfid* (**I**) u. *Benzothiophenon* (**II**), aber nicht Tetraphenyläthan (**III**) u. -äthylen (**IV**) erhalten. Die Ausbeuten an **I** u. **II** wachsen mit steigender Reaktionsdauer. **I** u. **II** sind vielleicht Zwischenprodd. für die Bldg. von **III** u. **IV**.

V e r s u c h e (Mengenangaben in mMol bzw. mAtom): Erhitzen von 200 Diphenylmethan (**V**) mit 40 S auf 180° a) 10 Std. lang → H_2S (0,15), **I** (Spuren) u. **II** (0,01); b) 20 Std. lang → H_2S (0,6), **I** (0,04) u. **II** (0,088); c) 30 Std. lang → H_2S (1,14), **I** (0,08) u. **II** (0,17); d) 50 Std. lang → H_2S (1,55), **I** (0,19) u. **II** (0,207). — Erhitzen von 200 **V** mit 200 S auf 180° a) 10 Std. lang → H_2S (0,66), **I** (0,15) u. **II** (0,055); b) 20 Std. lang → H_2S (1,2), **I** (0,32) u. **II** (0,058); c) 30 Std. lang → H_2S (1,45), **I** (0,37) u. **II** (0,137); d) 50 Std. lang → H_2S (2,13), **I** (0,55) u. **II** (0,152). (J. chem. Soc. Japan, pure Chem. Sect. [Nippon Kagaku Zassi] **76.** 113—15. Jan. 1955. [Orig.: japan.]) L. SCHULER. 2290

Mitsuo Masamura, *Untersuchungen über die Bestandteile der jungen Blätter von Chyabohiba.* 5. Mitt. *Synthese von α.β-Dibenzyl-γ-butyrolacton.* (4. vgl. J. chem. Soc. Japan, pure Chem. Sect. [Nippon Kagaku Zassi] **76.** [1955.] 1318.) An cis-α.α′-Dibenzylbernsteinsäureanhydrid (**I**) wird Äthylmercaptan angelagert, die entstandene Carboxylgruppe verestert, mit RANEY-Ni in A. der Thiolester red. u. die Äthylmercaptogruppe abgespalten, der Ester verseift u. der Lactonring geschlossen.

V e r s u c h e : *α.α′-D i b e n z y l m o n o t h i o b e r n s t e i n s ä u r e : S-Äthylester,* $C_{20}H_{22}O_3S$, F. 131,5—132,5° (80%ig. A.), aus Na-Äthylmercaptid u. 3 g **I** (F. 106—107°, nach STOBBE [1904]) in absol. Bzl. über Nacht; 3,6 g (Ausbeute). — *O-Methyl-S-äthylester,* $C_{21}H_{24}O_3S$, F. 63,5—64,5° (PAe. 40—60°), aus 2 g vorst. Verb. u. Diazomethan in Ae.; 2 g. — *α.β-Dibenzylbutyrolacton,* $C_{18}H_{18}O_2$, F. 80,5—81° (A.), durch 3std. Rühren von 1,5 g vorst. Verb. mit RANEY-Ni in A., Abtrennen von Ni u. A., 2std. Kochen mit 5%ig. NaOH u. Ansäuern mit HCl; 0,15 g. (J. chem. Soc. Japan, pure Chem. Sect. [Nippon Kagaku Zassi] **76.** 1381—83. Dez. 1955. Tokushima, Univ. [Orig.: japan.]) L. SCHULER. 2450

A. H. Bhatkhande und **B. V. Bhide,** *Antihistamindrogen.* 3. Mitt. (2. vgl. J. Univ. Bombay [N. S.] **18.** [1950.] Nr. 5. 25.) *N-Äthoxybenzhydrylaminhydrobromid* wurde durch Kondensation (FULLER u. KING, J. chem. Soc. [London] **1947.** 965) von Äthoxyamin (**I**) mit Benzhydrylbromid (**II**) in Pyridin hergestellt, *2-[p-Phenoxybenzhydrylamino]-thiazol* u. *-pyrimidin* wurden aus p-Phenoxybenzhydrylbromid (**III**) mit 2-Aminothiazol bzw. 2-Aminopyrimidin gewonnen u. ihre Aktivität gegenüber M. tuberculosis 1:1000 festgestellt. Neue substituierte Benzhydrylamine wurden nach dem in den vorangehenden Mitteilungen beschriebenen Verf. durch Red. der entsprechenden Ketoxime synthetisiert.

V e r s u c h e : *3.4-Dimethoxybenzophenonoxim,* $C_{15}H_{15}NO_3$, F. 111°. — *2.4.4′-Trimethoxybenzophenonoxim,* $C_{16}H_{17}NO_4$, F. 125—126°. — *4′.2.5-Trimethoxybenzophenon,* $C_{16}H_{16}O_4$, F. 58—59°, $Kp._{10}$ 246—250°, durch FRIEDEL-CRAFTS-Rk. aus Hydrochinon-dimethyläther u. Anisoylchlorid; aus A. rhomb. Platten. *Oxim,* $C_{16}H_{17}NO_4$, F. 136—137°. —

4-Amino-4'-methoxybenzophenon, $C_{14}H_{13}NO_2$, F. 120—121°, durch Red. von 4-Nitro-4'-methoxybenzophenon mit $SnCl_2$ in konz. HCl (85°, 1 Std. kochen), Zusetzen von 50% ig. NaOH bis zur Auflösung des Nd., Lösen in HCl u. Fällen mit NaOH; aus A. orangefarbene Nadeln; 70%. *Oxim*, $C_{14}H_{14}N_2O_2$, F. 152—166°. — *3.4.4'-Trimethoxybenzophenonoxim*, $C_{16}H_{17}NO_4$, F. 139—140°. — *4-Amino-4'-methylbenzophenoxim*, $C_{14}H_{14}N_2O$, F. 175—176°. — *2.5-Dimethoxybenzhydrylamin*, $C_{15}H_{17}NO_2$, F. 74°, Kp.$_{10}$ 225—235°. *Acetat*, $C_{17}H_{19}NO_3$, F. 125°. *Benzoat*, $C_{22}H_{21}NO_3$, F. 142°. *Hydrochlorid*, $C_{15}H_{17}NO_2 \cdot HCl$, F. 219°. — *3.4-Dimethoxybenzhydrylamin*, $C_{15}H_{17}NO_2$, Kp.$_{3-4}$ 185—190°. *Acetat*, $C_{17}H_{19}NO_3$, F. 131°. *Benzoat*, $C_{22}H_{21}NO_3$, F. 161°. *Hydrochlorid*, $C_{15}H_{17}NO_2 \cdot HCl$, F. 229—230°. — *2.4.4'-Trimethoxybenzhydrylamin*, $C_{16}H_{19}NO_3$, Kp.$_{10}$ 230—235°. *Acetat*, $C_{18}H_{21}NO_4$, F. 123°. *Benzoat*, $C_{23}H_{23}NO_4$, F. 131—132°. *Hydrochlorid*, $C_{16}H_{19}NO_3 \cdot HCl$, F. 153—154°. — *2.5.4'-Trimethoxybenzhydrylamin*, $C_{16}H_{19}NO_3$, F. 80°. *Acetat*, $C_{18}H_{21}NO_4$, F. 118—119°. *Benzoat*, $C_{23}H_{23}NO_4$, F. 140°. *Hydrochlorid*, $C_{16}H_{19}NO_3 \cdot HCl$, F. 195—196°. — *3.4.4'-Trimethoxybenzhydrylamin*, $C_{16}H_{19}NO_3$, Kp.$_8$ 245—250°. *Acetat*, $C_{18}H_{21}NO_4$, F. 153°. *Hydrochlorid*, $C_{16}H_{19}NO_3 \cdot HCl$, F. 215—216°. — *4-Aminobenzhydrylamin*, $C_{13}H_{14}N_2$, konnte nicht dest. werden. *Diacetat*, $C_{17}H_{18}N_2O_2$, F. 241—242°. *Dibenzoat*, $C_{27}H_{22}N_2O_2$, F. 254°. *Dihydrochlorid*, $C_{13}H_{14}N_2 \cdot 2\,HCl$, F. 269—270°. — *4-Methyl-4'-aminobenzhydrylamin*, $C_{14}H_{16}N_2$, Kp.$_{3-4}$ 220—230°. *Dibenzoat*, $C_{28}H_{24}N_2O_2$, F. 255—257°. *Dihydrochlorid*, $C_{14}H_{16}N_2 \cdot 2\,HCl$, F. 254—255°. — *4-Methoxy-4'-aminobenzhydrylamin*, $C_{14}H_{16}N_2O$, F. 86—87°. *Diacetat*, $C_{18}H_{20}N_2O_3$, F. 153—154°. *Dibenzoat*, $C_{28}H_{24}N_2O_3$, F. 251°. *Dihydrochlorid*, $C_{14}H_{16}N_2O \cdot 2\,HCl$, F. 254°. — *N-Äthoxybenzhydrylaminhydrobromid*, $C_{15}H_{17}NO \cdot HBr$, F. 180—193°, durch Schütteln von **I**-Hydrochlorid in Bzl. mit KOH in W., Gießen in trockenes Pyridin, Zusetzen von **II**, 1std. Schütteln, Stehen über Nacht u. Erhitzen (6 Std. 100°); aus W. Pulver. — *p-Phenoxybenzhydrylbromid* (**III**), $C_{19}H_{15}BrO$, F. 77—78°, aus nach NORRIS u. BLAKE (J. Amer. chem. Soc. **50**. [1928.] 1811) aus p-Phenoxybenzophenon gewonnenen 15 g *p-Phenoxybenzhydrol* in Bzl. mit 8 g PBr_3 in Bzl. (2 Std. 100°), Eindampfen u. Aufnehmen des Rückstandes in Ae.; 5% ig. NaOH u. W.; aus Ae. kleine Prismen; 13 g. — *2-[p-Phenoxybenzhydrylamino]-thiazol*, $C_{22}H_{18}N_2OS$, F. 175—176°, aus **III** u. 2-Aminothiazol in trockenem Pyridin (12 Std. 100°), Gießen auf Eis, Ansäuern mit HCl, Extrahieren mit Bzl. (Extrakt **A**) u. Krist. des unlösl. Teils; Kristalle aus Aceton. *Pikrat*, $C_{28}H_{21}N_5O_8S$, F. 161°, aus Bzl. feine, wollige Nadeln. — *2-{Bis-[phenyl-(p-phenoxyphenyl)-methyl]-amino}-thiazol*, $C_{41}H_{32}N_2O_2S$, F. 168 bis 170°, aus dem Extrakt **A** durch Waschen mit W., Trocknen über K_2CO_3 u. Eindampfen. — *2-[p-Phenoxybenzhydrylamino]-pyrimidin*, $C_{23}H_{19}N_3O$, F. 116—117° (A.), aus **III** u. 2-Aminopyrimidin in Pyridin (12 Std. 100°), Zusetzen von 10% NaOH, Entfernen des Pyridins durch Wasserdampfdest., Aufnehmen des Nd. in Ae., Eindampfen u. Lösen in Aceton. *Pikrat*, $C_{29}H_{22}N_6O_8$, F. 157°, aus Bzl. Kristalle. — *2-[Benzhydrylamino]-pyrimidin*, $C_{17}H_{15}N_3$, F. 142—143°, aus **II** u. 2-Aminopyrimidin in Pyridin (100—105°, 8 Std.); aus Ae. Nadeln. *Pikrat*, $C_{23}H_{18}N_6O_7$, F. 151°, aus Bzl. Kristalle. (J. Univ. Bombay [N. S.] **24**. Nr. 5. Sect. A 11—16. März 1956. Poona, Sir Parashurambhau Coll., Maharaja Pratapsinh Chem. Labor.) G. MARQUARD. 2500

Marco Civera und **Carlo Torello**, *Über die Nitrierung von 2-Methylnaphthalin.* Die Nitrierung von 2-Methylnaphthalin gibt 3 bisher nicht bekannte isomere *Tetranitroderivv.*, deren Darst. u. Eigg. beschrieben werden. Die UV-Absorptionsspektren u. die Charakteristika der *Additionsverbb.*, die 2 dieser Derivv. mit Anthracen bilden, werden angegeben.

Versuche: *Tetranitro-2-methylnaphthalin* (**II**), $C_{11}H_6N_4O_8$, *vom F. 230°* (Eisessig), durch portionsweise Zugabe von 7 g 1-Nitro-2-methylnaphthalin (**I**) zu 22 cm³ HNO_3 (D. 1,52) u. 25 cm³ H_2SO_4 (D. 1,84) bei 80°, Gießen in Eiswasser, Behandeln des erhaltenen Prod. vom F. 135—160° (9 g) mit A. u. Eisessig u. Umkristallisieren der bei 170—177° schm. Fraktionen. 0,7 g (Ausbeute) (bei der Red. mit Zn in Essigsäure, Verdünnen mit W., Alkalisieren mit NaOH u. Extraktion mit Bzl. wird eine rote benzol. Lsg. erhalten). *Additionsverb. mit Anthracen*, $C_{11}H_6N_4O_8 \cdot C_{14}H_{10}$, F. 204°; granatrote Kristalle. — Bei einer analog ausgeführten Nitrierung wird in einer der ersten essigsauren Fraktionen *1.8-Dinitro-2-methylnaphthalin* (F. 209—210°) gefunden. — *Tetranitro-2-methylnaphthalin* (**V**), $C_{11}H_6N_4O_8$, vom F. 241—242° (Eisessig), durch Zufügen von 31,5 g **I** zu 210 cm³ HNO_3, 160 cm³ H_2SO_4 u. 70 cm³ Oleum (20—25% freies SO_3) wie vorst., Abscheiden gelber Kristalle (**III**) vom F. 200—215° (13 g), mehrmalige Extraktion des Rückstandes mit sd. Bzl., wobei außer einem unlösl. Rückstand (**IIIa**), Kristalle vom F. 239—240° abgeschieden werden, Versetzen der benzol. Lsg. (**IIIb**) mit PAe. (3:5) in der Wärme, wobei Kristalle vom F. 238—239° (**IV**) erhalten werden, u. Umkristallisieren des **III**–**IV**-Gemisches; gelbliche Prismen; 5,8 g [reagiert mit Zn in Essigsäure analog **II**; in wss.-saurer Lsg. bei Siedetemp. wird eine $TiCl_3$-Lsg. entfärbt, mit Na_2S entsteht ein schwarzer Schwefelfarbstoff u. mit

$(NH_4)_2S$ werden Reduktionsprodd. gebildet]. *Additionsverb. mit Anthracen*, $C_{11}H_6N_4O_8 \cdot C_{14}H_{10}$, F. 205°; gelbe Kristalle oder rote Nadeln, wobei die gelbe Form vermutlich die beständigere ist. — Die durch Fällung von **IIIb** mit PAe. erhaltenen Substanzen (F. 200 bis 225°) geben ein Prod. vom F. 230° (Eisessig). — *Tetranitro-2-methylnaphthalin* (**VI**), $C_{11}H_6N_4O_8$, *vom F. 262—263°* (Zers.; Eisessig), aus **IIIa** durch wiederholte Umkristallisation (gibt bei der Red. mit Zn in Eisessig bei Siedetemp. eine Grünfärbung, die in Blau u. Violett übergeht; Verdünnen mit W., Alkalisieren mit NaOH u. Extraktion mit Bzl. ergibt eine grüne benzol. Lsg. mit rotvioletter Reflexion); gibt mit Anthracen, Acenaphthen, α- u. β-Naphthylamin keine Additionsverbindungen. — **III** in Eiswasser gibt 35 g eines gelben Prod. vom F. 135—150°, das durch Behandeln mit A. u. 10%ig. Essigsäure u. Umkristallisation des Rückstandes aus Bzl.–PAe. 3 g **V** gibt. — Durch tropfenweise Zugabe von 50 g des aus der Darst. von **I** stammenden Öls zu 175 cm³ H_2SO_4 u. 155 cm³ HNO_3, 1 Std. Erhitzen auf 100° u. Gießen in Eiswasser wird ein gelber Nd. (**VII**) (120 g), F. 80—100°, erhalten. Nitrierung von 100 g **VII** mit 220 cm³ HNO_3, 310 cm³ H_2SO_4 u. 150 cm³ Oleum u. Aufarbeitung nach vorst. Meth. gibt 26 g gelbes Prod. vom F. 185 bis 205°, das aus A. u. Eisessig (9:1), dann aus Bzl.–PAe. umkrist. 10 g **V** u. 3 g **VI** liefert. — Die UV-Absorptionsspektren von **II, V, VI** in Dioxan u. 2-Methylnaphthalin in A. sind angegeben. (Gazz. chim. ital. **86.** 350—57. Mai/Juli 1956. Torino, Univ., Ist. di Chim. org. ind.) G. Platzer. 2700

M. F. Schosstakowski, A. W. Bogdanowa und **G. K. Krassilnikowa,** *Untersuchung auf dem Gebiet der Vinylaryläther.* 5. Mitt. *Einige Eigenschaften von Vinyl-β-naphthyläther.* (3. vgl. C. **1959.** 8178.) Der aus β-Naphthol u. Acetylen erhaltene *Vinyl-β-naphthyläther* (**I**) gibt bei der Hydrolyse *Acetaldehyd* u. bildet bei der sauer katalysierten Rk. mit Alkoholen keine asymm. Acetale, sondern *4-Methyldinaphtho-[2'.1':2.3;1''.2'':5.6]-pyran* u. das dem Alkohol entsprechende *symm. Acetal.* **I** addiert HCl unter Bldg. von *α-Chloräthyl-β-naphthyläther* (**II**), der auch bei niederen Tempp. u. unter N_2 nicht rein zu erhalten ist. Beim Stehen an der Luft, Erhitzen, Durchleiten von N_2 oder NH_3 durch die äther. Lsg. entsteht aus **II** unter Abspaltung von HCl ein Dimerisationsprod. von **I**, das bei der Dest. verharzt. In Ggw. von Na-Alkoholat, Alkoholen (auch β-Naphthol) oder NH_3 entstehen aus **II** *4-Methyldinaphtho-[2'.1':2.3;1''.2'':5.6]-pyran* u. *symm. Acetale.* Gemischte *Acetaldehyd-β-naphthylalkylacetale* sind nur durch Einw. von β-Naphthol auf die entsprechenden Vinyläther darstellbar, ihre Darst. aus **I** mißlang.

V e r s u c h e: *Vinyl-β-naphthyläther* (**I**), $C_{12}H_{10}O$, F. 34°, Kp.$_5$ 114°, Kp.$_{22}$ 147°, durch Erhitzen von 50 g β-Naphthol, 30 ml W. u. 16,5 g KOH mit Acetylen (17—18 at Anfangsdruck) auf 184—188°, Dest. des Reaktionsprod. mit Wasserdampf u. Fraktionierung; $D.^{20}_4$ 1,0612; n_D^{20} 1,6172 (im unterkühlten Zustand); 73% (Ausbeute). Beim Erhitzen auf dem sd. Wasserbad u. Schütteln mit 2%ig. H_2SO_4 erfolgt Hydrolyse zu *Acetaldehyd. Dimerisationsprod.*, $(C_{12}H_{10}O)_2$, F. 196—197°, a) man erhitzt 10 g **II** im Vakuum oder unter N_2 auf 100° u. behandelt das Reaktionsprod. mit Methanol; 7,3 g; b) durch Einleiten von N_2 in die äther. Lsg. von **II** bei 4°. — *α-Chloräthyl-β-naphthyläther* (**II**), $C_{12}H_{11}ClO$, F. 18—20° (Zers.), die äther. Lsg. von 10 g **I** sättigt man bei —7° mit trockenem HCl (5 Std.) u. vertreibt das Lösungsm. durch einen N_2-Strom; an der Luft rauchendes Pulver; 96,3%. — *4-Methyldinaphtho-[2'.1':2.3;1''.2'':5.6]-pyran*, $C_{22}H_{16}O$, F. 173 bis 174°, a) durch die Lsg. von 5 g **II** u. 5 g β-Naphthol in Ae. leitet man bis zur Sättigung NH_3, läßt über Nacht stehen u. filtriert; 86%; b) analog unter Verwendung von n-Butylalkohol statt β-Naphthol. Aus dem Filtrat wird *Acetaldehyddi-n-butylacetal* (Kp. 183 bis 183,5°; $D.^{20}_4$ 0,8241; n_D^{20} 1,4076; 69,2%) erhalten; 75,4%; c) zu der Lsg. von 1,7 g Na in A. tropft man 15 g **II**, erwärmt auf 42°, filtriert (Dimeres von **I**; 25%), dest. das Lösungsm. ab u. filtriert; 47,5%. Daneben aus dem Filtrat durch Dest. *Acetaldehyddiäthylacetal*, Kp. 103—103,5°; n_D^{20} 1,3804; 40,2%. — *Acetaldehyd-β-naphthylphenylacetal*, Kp.$_1$ 183°, nach Schostakowski (C. **1951.** I. 311) aus β-Naphthol u. Vinylphenyläther in Ggw. von konz. HCl; $D.^{20}_4$ 1,1282; n_D^{20} 1,6139; 74,2%. — *Acetaldehyd-β-naphthyläthylacetal*, Kp.$_{11}$ 168°; analog vorst.; $D.^{20}_4$ 1,0369; n_D^{20} 1,5762; 83%. — *Acetaldehyd-β-naphthylcyclohexylacetal*, Kp.$_1$ 165°; $D.^{20}_4$ 1,0720; n_D^{20} 1,5670; 62,3%. (Известия Академии Наук СССР, Отделение Химических Наук [Nachr. Akad. Wiss. UdSSR, Abt. chem. Wiss.] **1957.** 339—44. März. Zelinsky-Inst. für organ. Chem. der Akad. der Wiss. der UdSSR.) H. Kühne. 2700

A. W. Bogdanowa, M. F. Schosstakowski und **G. K. Krassilnikowa,** *Untersuchung auf dem Gebiet der Vinylaryläther.* 6. Mitt. *Einige Eigenschaften und Umwandlungen von Vinylcyclohexyläther und seinen Derivaten.* (5. vgl. vorst. Ref.) Vinylcyclohexyläther (**I**) wird in Ggw. von verd. H_2SO_4 unter Bldg. von *Acetaldehyd* hydrolysiert. Mit CCl_4 reagiert **I** je nach den Reaktionsbedingungen zu *1.1.1.3-Tetrachlorpropylcyclohexyläther* (**II**), der bei der Dest. in *1.1.3-Trichlorallylcyclohexyläther* (**IV**) übergeht, oder unter

Bldg. von Kettenpolymeren, deren Enden durch Cl bzw. CCl_3 abgesätt. sind. Bei der Einw. von Alkoholen oder Phenolen auf I in Ggw. von HCl bilden sich die entsprechenden gemischten *Acetaldehydcyclohexylalkyl(aryl)acetale*. HCl wird unter Bldg. von *α-Chloräthylcyclohexyläther* (III) addiert, der nur unter Luftabschluß in der Kälte haltbar ist. Durch W. wird III unter Abspaltung von HCl zu *Acetaldehyd* u. *Cyclohexanol* zersetzt. Bei der Einw. von NH_3 gibt III *Acetaldehyddicyclohexylacetal*, α-Chloräthylphenyläther wird dagegen durch NH_3 unter Abspaltung von HCl u. Bldg. von Phenol zersetzt. Mit Na-Äthylat setzt sich III zu *Acetaldehydäthylcyclohexylacetal* um. Bei der Rk. mit n-Butyl-MgBr gibt III *Isohexylcyclohexyläther*. Die Bldg. von II bei der Rk. von I mit CCl_4 wird durch die Bldg. von *β.β.β-Trichlorpropionaldehydäthylcyclohexylacetal* beim Zersetzen des II-Rohprod. nachgewiesen. Wie in entsprechenden α-Chloräthyläthern läßt sich das α-Chloratom in IV mit NaOH titrieren. In Ggw. von Na-Äthylat bildet IV *β.β-Dichloracroleincyclohexyläthylacetal*, das beim Erwärmen leicht in die entsprechenden symm. Acetale übergeht.

Versuche: *α-Chloräthylcyclohexyläther* (III), $C_8H_{15}ClO$, $Kp._{14}$ 82,5—83°, man sättigt 40 g I bei —5° mit trockenem HCl u. dest. im Vakuum unter N_2; stechend riechende, an der Luft rauchende Fl.; $D.^{20}{}_4$ 1,0108; $n_D{}^{20}$ 1,4598; 73,6% (Ausbeute). *Hydrolyse*: 0,2—0,3 g werden mit 25 ml W. geschüttelt u. die Hydrolysenprodd. *HCl* u. *Acetaldehyd* analyt. bestimmt. *Rk. mit NH_3*: man leitet in 17 g III unter Eiskühlung trockenes NH_3 bis zur Sättigung ein, filtriert u. dest.: *Acetaldehyddicyclohexylacetal*, $C_{14}H_{26}O_2$, $Kp._{12}$ 134—135°; $D.^{20}{}_4$ 0,9535; $n_D{}^{20}$ 1,4672; 88,8%. — Bei der Rk. von α-Chloräthyl-n-butyläther mit NH_3 analog Vorst.: *Acetaldehyddi-n-butylacetal*, $Kp._{14}$ 74°; $D.^{20}{}_4$ 0,8250; $n_D{}^{20}$ 1,4083; 83%. — Bei der Rk. von α-Chloräthylphenyläther mit NH_3 analog: *Phenol*, F. 41°; $Kp._{16}$ 77—78°; 92%. — *Rk. von* III *mit Na-Äthylat*: Zu der Lsg. von 1 g Na in überschüssigem A. tropft man 7 g III (exotherme Rk.), filtriert u. dest. im Vakuum: *Acetaldehydäthylcyclohexylacetal*, $C_{10}H_{20}O_2$, $Kp._{13}$ 62°, $Kp._{17}$ 71°; $D.^{20}{}_4$ 0,9411; $n_D{}^{20}$ 1,4567; 74,1%. — *Rk. von* III *mit Butyl-MgBr*: Zum GRIGNARD-Reagens (2,25 g Mg, 14,1 g n-Butylbromid) tropft man 15 g III, rührt 1 Std., läßt über Nacht stehen u. zers. mit 10%ig. HCl: *Isohexylcyclohexyläther*, $C_{12}H_{24}O$, $Kp._{16}$ 104—105°; $D.^{20}{}_4$ 0,8533; $n_D{}^{20}$ 1,4408; 60%. — *Isohexyl-n-butyläther*, $Kp._{15}$ 65°, analog Vorst. aus α-Chloräthyl-n-butyläther; $D.^{20}{}_4$ 0,7860; $n_D{}^{20}$ 1,4088; 74,6%. — *Isohexylphenyläther*, $Kp._4$ 86°, analog aus α-Chloräthylphenyläther; $D.^{20}{}_4$ 0,9228; $n_D{}^{20}$ 1,4901; 80,4%. — *Rk. von* I *mit Alkoholen*: Äquimol. Mengen I u. des entsprechenden Alkohols werden in Ggw. von Spuren konz. HCl schwach erwärmt: *Acetaldehyddicyclohexylacetal*, $Kp._{12}$ 134—135°; $D.^{20}{}_4$ 0,9535; $n_D{}^{20}$ 1,4672; 85%. — *Acetaldehydcyclohexyl-α-naphthylacetal*, $Kp._1$ 165°; $D.^{20}{}_4$ 1,0726; $n_D{}^{20}$ 1,5670; 60%. — *Acetaldehydcyclohexylphenylacetal*, $Kp._{10}$ 142—143°; $D.^{20}{}_4$ 0,9972; $n_D{}^{20}$ 1,4940; 56%. — *Acetaldehydcyclohexyläthylacetal*, $Kp._{13}$ 61—62°; $D.^{20}{}_4$ 0,9405; $n_D{}^{20}$ 1,4560; 60%. — *1.1.3-Trichlorallylcyclohexyläther* (IV), $C_9H_{13}Cl_3O$, $Kp._4$ 106°, man erhitzt 12,6 g I, 61,4 g CCl_4 (1:4 Mol) u. 1,1 g Benzoylperoxyd 2 Std. auf 88°, vertreibt den CCl_4-Überschuß durch einen N_2-Strom u. dest. den rohen II im Vakuum; $D.^{20}$ 1,2412; $n_D{}^{20}$ 1,5040; 16,7 g. Daneben *β.β-Dichloracroleindicyclohexylacetal*, $C_{15}H_{24}Cl_2O_2$, $Kp._4$ 152 bis 153°; $D.^{20}{}_4$ 1,1292; $n_D{}^{20}$ 1,4987; 3,1 g. — *Rk. von* II *mit Na-Äthylat*: zu 16 g II (Rohprod.) gibt man die äquimol. Menge alkoh. Na-Äthylatlsg., erwärmt auf 32—35°, läßt über Nacht stehen, filtriert u. fraktioniert im Vakuum: *β.β.β-Trichlorpropionaldehyddiäthylacetal*, $C_7H_{13}Cl_3O_2$, $Kp._3$ 64,5°; $D.^{20}{}_4$ 1,1972; $n_D{}^{20}{}_4$ 1,4519; 57,3%. *β.β.β-Trichlorpropionaldehydäthylcyclohexylacetal*, $C_{11}H_{19}Cl_3O_2$, $Kp._4$ 122—122,5°; $D.^{20}{}_4$ 1,1882; $n_D{}^{20}$ 1,4770; 37,4%. Daneben geringe Mengen *β.β-Dichloracroleindicyclohexylacetal* ($Kp._7$ 162 bis 166°; $n_D{}^{20}$ 1,4950), *β.β-Dichloracroleindiäthylacetal*, $C_7H_{12}Cl_2O_2$, $Kp._4$ 53—56°, $Kp._2$ 46—47°; $D.^{20}{}_4$ 1,1482; $n_D{}^{20}$ 1,4509; 1,5 g, u. *β.β-Dichloracroleinäthylcyclohexylacetal*, $C_{11}H_{18}Cl_2O_2$, $Kp._2$ 111,5—112,5°; $D.^{20}{}_4$ 1,1212; $n_D{}^{20}$ 1,4647; 7,6 g (Hydrolyse zu *Acrolein*, *Semicarbazon*, F. 164,5—165°). (Известия Академии Наук СССР, Отделение Химических Наук [Nachr. Akad. Wiss. UdSSR, Abt. chem. Wiss.] **1957**. 345—52. März.)

H. KÜHNE. 2700

Akira Inoue, Nobuhiko Kuroki und **Kenzo Konishi**, *Untersuchungen über die Verwendung von Naphthochinonderivaten*. 5. Mitt. *Derivate aus Naphthophenazin, Phenazinonaphthosultam und Brasanchinon*. (4. vgl. C. **1959**. 13151.) Das aus 2-Hydroxynaphthochinon-(1.4) (I) u. o-Phenylendiaminhydrochlorid hergestellte *6-Hydroxynaphthophenazin* gibt bei 2std. Erhitzen mit 2.3-Dichlornaphthochinon-(1.4) (II) in Nitrobenzol auf 140—150° den *Farbstoff* III. Ähnlich wird der *Farbstoff* IV aus dem aus I u. 1.2-Naphthylendiamin dargestellten *1.2-Benzo-6-hydroxynaphthophenazin* u. II bei 190—200° hergestellt. Aus Chinoxalino-[2'.3':5.6]-naphthosultam bzw. 7'.8'-Benzochinoxalino-[2'.3':5.6]-naphthosultam werden analog durch Kondensation mit II die *Farbstoffe* V u. VI dargestellt. II gibt mit Naphthol-(2) bzw. den entsprechenden Derivv. die *Farbstoffe* VII, VIII, IX, X, XI u. XII. Diese Küpenfarbstoffe werden auf ihre färber. Eigg. sowie

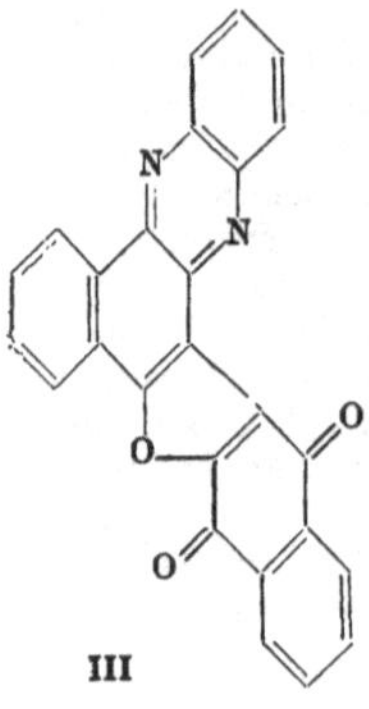

III

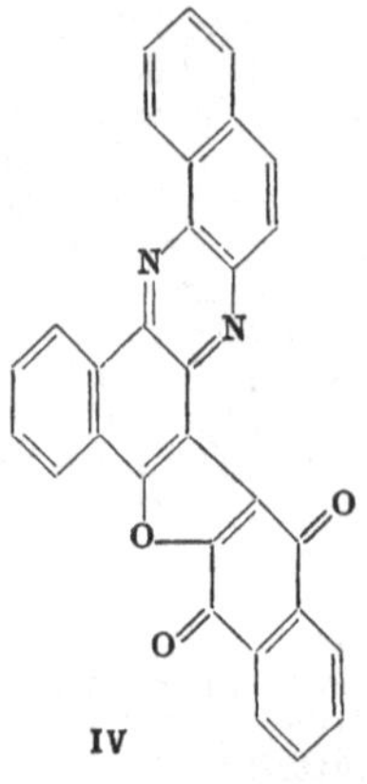

IV

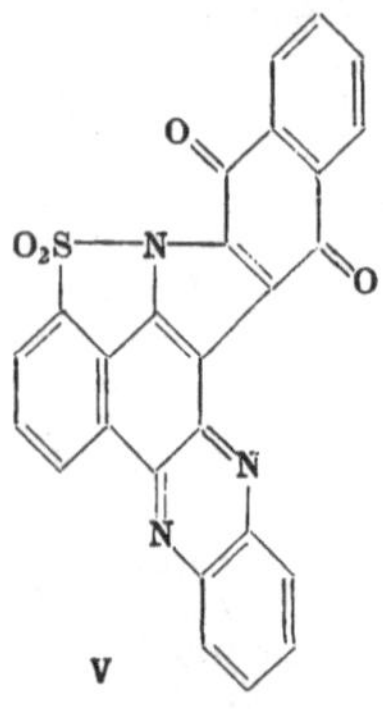

V

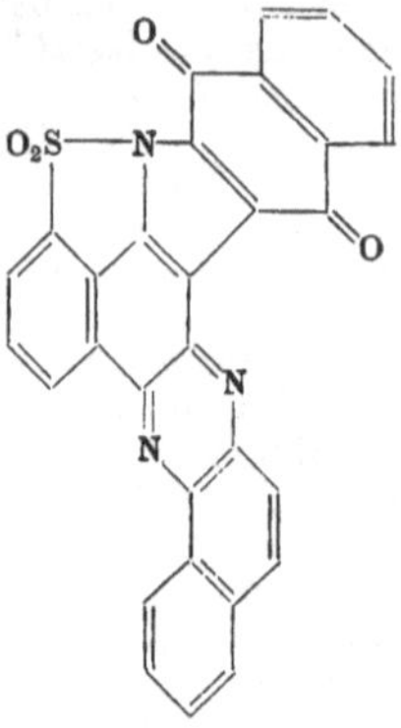

VI oder

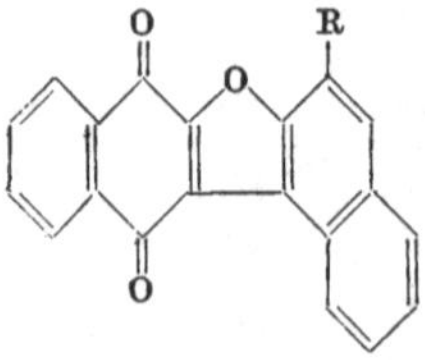

VII R = H
VIII R = N-Phenylcarbamyl
IX R = N-[o-Methoxyphenyl]-carbamyl
X R = N-[o-Chlorphenyl]-carbamyl
XI R = N-[Naphthyl-(2)]-carbamyl
XII R = N-[1.4-Dimethoxynaphthyl-(2)]-carbamyl

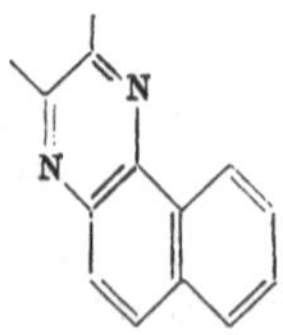

ihre Beständigkeit gegen Licht geprüft. 6-Hydroxynaphthophenazin ist lösl. in wss. NaOH u. kuppelt mit Diazoniumsalzen. (J. Soc. org. synth. Chem. Japan **16.** 603—06. Nov. 1958. Sakai, Ôsakahuritu-Daigaku. [Orig.: japan.; Auszug: engl.]) E. MAEKAWA. 2700

Akira Inoue, Nobuhiko Kuroki und **Kenzô Konishi,** *Untersuchungen über die Verwendung von Naphthochinonderivaten.* 6. Mitt. *Derivate von Naphthochinonmonoimin.* (5. vgl. vorst. Ref.) Das aus Naphthochinon-(1.4) (**I**) hergestellte *2.3-Dibromnaphthochinon-(1.4)* gibt beim Nitrieren *2.3-Dibrom-5-nitronaphthochinon-(1.4)*, das mit H_2SO_4 u. S zu *2.3-Dibrom-1.4-dihydroxynaphthochinon-(5.8)-imin-(8)* (**II**) red. wird. Die aus 2.3-Dichlor-5-nitronaphthochinon-(1.4) (**III**) mit verschied. Aminen hergestellten *substituierten 2-Amino-3-chlor-5-nitronaphthochinone-(1.4)* werden analog zu den entsprechenden *Chinoniminen* reduziert. Diese Chinonimine werden auf ihre färber. Eigg. geprüft, wobei 6-Nylon am besten u. Polyvinylalkoholfasern am schlechtesten gefärbt werden.

Versuche: *2.3-Dibromnaphthochinon-(1.4)*, F. 217—218°, aus **I** in Eisessig mit Br_2 in Ggw. von J_2 bei 60°, dann bei 100—110°; aus Eisessig gelbe Nadeln; 95,0% (Ausbeute). — *2.3-Dibrom-5-nitronaphthochinon-(1.4)*, $C_{10}H_3Br_2NO_4$, F. 209—210° (Chlf.), aus vorst. Verb. mit HNO_3 (D. 1,50) u. konz. H_2SO_4 bei 50°; 53,0%. — *2.3-Dibrom-1.4-dihydroxynaphthochinon-(5.8)-imin-(8)* (**II**), F. 220° (Methanol), aus vorst. Verb. in rauchender H_2SO_4 durch Erwärmen mit S-Pulver bei 35°; λ_{max} 580 mμ; 77,8%. — *2-Amino-3-chlor-5-nitronaphthochinon-(1.4)* (**IV**), $C_{10}H_5ClN_2O_4$, F. 210—211° (Eisessig u. Nitrobenzol), aus **III** in A. mit 30%ig. NH_3 (2 Std. kochen); 91,3%. - *2-[β-Hydroxyäthylamino]-3-chlor-5-nitronaphthochinon-(1.4)* (**V**), F. 206—207°, aus **III** in Methanol mit Monoäthanolamin; 48,9%. — *2-Morpholino-3-chlor-5-nitronaphthochinon-(1.4)* (**VI**), F. 160 bis 161°, aus **III** u. Morpholin in CH_3OH; 86,8%. — *2-[p-Aminoanilino]-3-chlor-5-nitronaphthochinon-(1.4)* (**VII**), F. 280°, aus **III** u. p-Phenylendiamin in sd. CH_3OH; 91,2%. — *2-[p-Hydroxyanilino]-3-chlor-5-nitronaphthochinon-(1.4)* (**VIII**), F. 238—239° (Zers.), aus **III** u. p-Aminophenol in sd. CH_3OH; 69,7%. — *2.3-Dichlor-1.4-dihydroxynaphthochinon-(5.8)-imin-(8)*, aus **III** analog **II**; λ_{max} 757 mμ; 77,6%. — *2-Amino-3-chlor-1.4-dihydroxynaphthochinon-(5.8)-imin-(8)*, aus **IV** analog **II**; λ_{max} 510 mμ; 37,6%. — *2-[β-Hydroxyäthylamino]-3-chlor-1.4-dihydroxynaphthochinon-(5.8)-imin-(8)*, aus **V** analog **II**; λ_{max} 460 mμ; 35,4%. — *2-Morpholino-3-chlor-1.4-dihydroxynaphthochinon-(5.8)-imin-(8)*, aus **VI** analog **II**; λ_{max} 520 mμ; 35,6%. — *2-[p-Aminoanilino]-3-chlor-1.4-dihydroxynaphthochinon-(5.8)-imin-(8)*, aus **VII** analog **II**; λ_{max} 520 mμ; 63,7%. — *2-[p-Hydroxyanilino]-3-chlor-1.4-dihydroxynaphthochinon-(5.8)-imin-(8)*, aus **VIII** analog **II**; λ_{max} 620 mμ; 33,4%. (J. Soc. org. synth. Chem. Japan **16.** 607—09. Nov. 1958. [Orig.: japan.; Auszug: engl.]) E. MAEKAWA. 2700

Nobuo Ishikawa und **Mitsuo Okazaki,** *Untersuchungen über Fluorenderivate.* 12. Mitt. *2-Amino-3-methoxyfluoren und einige verwandte 2.3-disubstituierte Derivate.*

(11. vgl. C. **1959.** 8861.) Die Nitrierung von 3-Methoxyfluoren (I) in Eisessig gibt als Hauptprod. *2-Nitro-3-methoxyfluoren* (**II**). Das aus **II** durch Red. hergestellte *2-Amino-3-methoxyfluoren* gibt nach SANDMEYER *2-Chlor-3-methoxyfluoren*, das durch Oxydation in *2-Chlor-3-methoxyfluorenon* (**III**) übergeht. Zum Vgl. wird das aus 2-Amino-3-nitrofluorenon (**IV**) über *2-Chlor-3-nitrofluorenon* hergestellte *2-Chlor-3-aminofluorenon* in *2-Chlor-3-hydroxyfluorenon* übergeführt, das zu *2-Chlor-3-hydroxyfluoren* red. bzw. zu **III** methyliert wird.

Versuche: *3-Methoxyfluoren* (I), F. 84—85° (verd. A. oder Hexan), aus 3-Hydroxyfluoren mit Dimethylsulfat in NaOH; 92% (Ausbeute). — *2-Nitro-3-methoxyfluoren* (II), $C_{14}H_{11}NO_3$, F. 183—184° (Eisessig), aus **I** in Eisessig mit HNO_3 (D. 1,40) bei 20° u. langsames Erwärmen auf 45°; hellgelbe Nadeln; 41,5%, daneben eine *Verb. vom F. 165—170°*. — *2-Amino-3-methoxyfluoren*, $C_{14}H_{13}NO$, F. 161—162° (A.), aus **II** mit $SnCl_2$ in alkoh. HCl; 84%. *N-Acetylderiv.*, $C_{16}H_{15}NO_2$, F. 167—168°, aus 50%ig. A. Nadeln. — *2-Chlor-3-methoxyfluoren*, $C_{14}H_{11}ClO$, F. 136—137°, aus 1 g vorst. Verb. in Essigsäure u. konz. H_2SO_4 mit 20%ig. $NaNO_2$ u. Rk. mit Cu_2Cl_2 in verd. HCl bei 90°; aus A. Nadeln; 0,61 g. — *2-Chlor-3-methoxyfluorenon* (III), $C_{14}H_9ClO_2$, F. 248—249°, aus 0,30 g vorst. Verb. in sd. Essigsäure mit $Na_2Cr_2O_7$ (10 Min.); aus Essigsäure gelbe Nadeln; 0,23 g. — *2-Chlor-3-nitrofluorenon*, $C_{13}H_6ClNO_3$, F. 224—225°, aus **IV** in konz. H_2SO_4 mit $H(NO)SO_3$, Zers. mit Eis u. Rk. mit Cu_2Cl_2 in verd. HCl; aus Essigsäure orangefarbene Schuppen; 52%. — *2-Chlor-3-aminofluorenon*, $C_{13}H_8ClNO$, F. 212—213°, aus vorst. Verb. in A. mit $SnCl_2$ u. HCl; aus A. orangegelbe Nadeln; 91%. *N-Acetylderiv.*, $C_{15}H_{10}ClNO_2$, F. 222—223°, aus Essigsäure gelbe Nadeln. — *2-Chlor-3-hydroxyfluorenon*, $C_{13}H_7ClO_2$, F. 238—239°, aus vorst. Verb. in Essigsäure u. konz. H_2SO_4 mit wss. $NaNO_2$ u. Verkochen mit wss. H_2SO_4-Na_2SO_4; aus Essigsäure orangefarbene Nadeln; 52%. Gibt beim Methylieren **III**. — *2-Chlor-3-hydroxyfluoren*, $C_{13}H_9ClO$, F. 122—123° (aus Ligroin Nadeln), aus 0,40 g vorst. Verb. durch 2std. Kochen in Diäthylenglykol mit Hydrazinhydrat u. Erhitzen des Gemisches auf 205°; 0,35 g. (J. Soc. org. synth. Chem. Japan **16.** 610—14. Nov. 1958. Tokyo-Meguro, TH. [Orig.: japan.; Auszug: engl.])

E. MAEKAWA. 2750

Murray E. Taylor und **T. Lloyd Fletcher,** *Derivate von Fluoren.* 3. Mitt. *Stereoisomerie und Polymorphie von N-Arylazomethinen.* (2. vgl. C. **1956.** 12261.) Bei der Kondensation von 2-Nitrofluorenon (I) mit p-Toluidin in Ggw. von $ZnCl_2$ entsteht ein *N-[2-Nitrofluorenyliden]-p-toluidin* (**II** *A*) vom F. 192—193°, das mit einem aus 2-Nitrofluoren (**III**) u. p-Nitrosotoluol in Ggw. von $NaOC_2H_5$ erhaltenen **II** *B* vom F. 217,5 bis 218,5° isomer ist. Die um 300 mμ liegende zweite Absorptionsbande von **II** *A* ist bei **II** *B* nach kürzeren Wellen verschoben; im IR-Spektr. wird im Bereich der >C=N-Bande eine Verschiebung von 1640 nach 1650 cm^{-1} beobachtet u. eine bei **II** *A* vorhandene Bande (759 cm^{-1}) ist bei **II** *B* verschwunden, während bei diesem eine neue Bande bei 1370 cm^{-1} auftritt. Die Kondensation von **I** u. **III** mit p-Aminoäthylbenzol bzw. p-Nitrosoäthylbenzol liefert *N-[2-Nitrofluorenyliden]-p-äthylanilin* bzw. das *N-Oxyd.* Die beiden verschieden gefärbten *N-[2.5-Dinitrofluorenyliden]-p-fluoraniline* (gelb u. rot), die bei 227 u. 279 mμ absorbieren, sind auf Grund ihrer IR-Spektren eher polymorph als isomer. Die UV-, IR- u. Röntgenspektren werden eingehend diskutiert.

Versuche (FF korr.): *N-[2-Nitrofluorenyliden]-p-toluidin* (**II** *A*), $C_{20}H_{14}N_2O_2$, a) F. 192—193° (Chlf., Bzl. u. Aceton), aus 5,6 g **I** (F. 224,5—225°), p-Toluidin u. $ZnCl_2$ bei 160—170° (45 Min.) u. Umlösen der Schmelze aus Chlf.; orangefarbene Nadeln; 5,6 g (Ausbeute), b) **II** *B*, F. 217,5—218,5° (Bzl.), aus 4,2 g **III** (F. 159—159,5°) u. p-Nitrosotoluol (F. 47—48°) in sd. A. (3 Std.); orangefarbene Nadeln; 6,08 g. Beide liefern durch Verseifen mit konz. HCl in sd. Eisessig **I** zurück. — *N-[2-Nitrofluorenyliden]-p-äthylanilin*, $C_{21}H_{16}N_2O_2$, F. 167,5—168° (Chlf.), aus 11,2 g **I**, p-Äthylanilin u. BF_3-Ätherat bei 130—135° (20 Min.); orangefarbene Nadeln; 8 g. *N-Oxyd*, $C_{21}H_{16}N_2O_3$, F. 217—218° (Zers.; Bzl.), analog **II** nach b); gelbe Tafeln. — *N-[2.5-Dinitrofluorenyliden]-p-fluoranilin*, $C_{19}H_{10}FN_3O_4$, *Form A*, a) F. 182—183,5° (CCl_4), analog **II** nach a); rote Tafeln aus A. + Bzl. (4:1), unlösl. Anteil des Reaktionsprod., b) *Form B*, F. 183—184,5° (Aceton), gelbe Nadeln aus A. + Bzl. (4:1), lösl. Anteil, oder aus der roten Form in Bzl. bzw. Tetrachloräthylen; geht in A. in die rote Form über. Beide liefern bei der Verseifung *2.5-Dinitrofluorenon* (F. 245,5—246,5°) zurück. (J. Amer. chem. Soc. **80.** 2246—49. 5/5. 1958. Washington, D. C., Univ., Dep. of Surgery, Chem. Res. Labor.) H. GOLD. 2750

David A. Wade und **Arnold T. Peters,** *Acenaphthenreihen.* 8. Mitt. *Propionyl- und n-Propylderivate von Acenaphthen und Naphthalsäureanhydrid.* (7. vgl. ILLINGWORTH u. PETERS, C. **1953.** 6675.) Die Monopropionylierung von Acenaphthen (I) mit Propionylchlorid in CS_2 oder Nitrobenzol in Ggw. von $AlCl_3$ liefert *3-Propionylacenaphthen* (**II**, vgl. l. c.) neben wenig *1-Propionylacenaphthen* (**III**) (vgl. auch NIGHTINGALE u. Mitarbeiter, C. **1947.** I. 38). Mit 2 Mol Propionylchlorid entsteht *3.4-Dipropionylacenaph-*

then (**IV**). Aus **I** u. n-Propylbromid konnte kein Umsetzungsprod. erhalten werden. Die Chromsäureoxydation von **II** u. **III** führt zu *4-* bzw. *2-Propionylnaphthalsäureanhydrid* (**VI**) u. die CLEMMENSEN-Red. zu *3-* (**VII**) bzw. *1-n-Propylacenaphthen* (**VIII**), die durch Behandlung mit $FeCl_3$ in CS_2 unverändert wiedergewonnen werden. Die Chromsäureoxydation von **VII** u. **VIII** liefert schließlich *4-* (**V**) bzw. *2-n-Propylnaphthalsäureanhydrid,* von denen **V** durch $KMnO_4$-Oxydation in *4-Carboxynaphthalsäureanhydrid* übergeführt werden konnte. Analog ergab sich die Konst. von **IV** durch Überführung in *4.5-Di-n-propylnaphthalsäureanhydrid,* das bei der Oxydation mit verd. HNO_3 *Benzol-1.2.3.4-tetracarbonsäure* liefert.

V e r s u c h e: *1-Propionylacenaphthen* (**III**), $C_{15}H_{14}O$, F. 119—120° (A.), aus **I**, 1 Mol Propionylchlorid u. 1,08 Mol $AlCl_3$ in Nitrobenzol bei 0 u. 20° (12 Std.) oder in sd. CS_2 (6 Std.) u. Extrahieren des Rückstandes der Wasserdampfdest. mit Chlf. als in Ae. unlösl. Anteil des Reaktionsprod.; Nadeln; 18,7 bzw. 16,3% (Ausbeute). *Pikrat,* F. 123 bis 124°, orangefarbene Nadeln. *1.3.5-Trinitrobenzolat,* $C_{21}H_{17}N_3O_7$, F. 123—126°, gelbe Nadeln. *2.4-Dinitrophenylhydrazon,* $C_{21}H_{18}N_4O_4$, F. 254—256° (Essigsäure), orangefarbene Nadeln. — *3-Propionylacenaphthen* (**II**), $C_{15}H_{14}O$, F. 65—66° (A.), neben **III** aus der äther. Lsg.; braungelbe Nadeln; 61,1 bzw. 54,6%. *Trinitrobenzolat,* $C_{21}H_{17}N_3O_7$, F. 99 bis 100° (A.), gelbe Nadeln. *2.4-Dinitrophenylhydrazon,* $C_{21}H_{18}N_4O_4$, F. 232—234° (Essigsäure), orangefarbene Nadeln. — *2-Propionylnaphthalsäureanhydrid* (**VI**), $C_{15}H_{10}O_4$, F. 198° (Essigsäure), aus **III** u. $Na_2Cr_2O_7$ in sd. Eisessig (2 Std.), Fällen mit W. u. Kochen der mit Alkalien extrahierten sauren Anteile mit Eisessig; hellbraune Tafeln; 88,9%. — *2-Propionylnaphthalimid,* $C_{15}H_{11}NO_3$, F. 254—255° (A.), aus **VI** u. NH_4OH (D. 0,88) in sd. A. (45 Min.); Nadeln. — *4-Propionylnaphthalsäureanhydrid,* $C_{15}H_{10}O_4$, F. 270° (Essigsäure), aus **II** wie **VI**; gelbe Nadeln; 82,6%. — *4-Propionylnaphthalimid,* $C_{15}H_{11}NO_3$, F. 230—231° (A.), gelbe Nadeln. — *1-n-Propylacenaphthen* (**VIII**), $C_{15}H_{16}$, Kp.$_6$ 172 bis 176°, aus **III**, amalgamiertem Zn u. verd. HCl in sd. Toluol (5 Std.); 40%. *Pikrat,* $C_{21}H_{19}$·N_3O_7, F. 94—95° (A.), rote Nadeln. *Trinitrobenzolat,* $C_{21}H_{19}N_3O_6$, F. 103—104° (A.), gelbe Nadeln. — *3-n-Propylacenaphthen* (**VII**), $C_{15}H_{16}$, Kp.$_4$ 169—172°, analog aus **II**; 37%. *Pikrat,* $C_{21}H_{19}N_3O_7$, F. 79—80° (A.), rote Nadeln. *Trinitrobenzolat,* $C_{21}H_{19}N_3O_6$, F. 81 bis 82° (A.), orangefarbene Nadeln. — *2-n-Propylnaphthalsäureanhydrid,* $C_{15}H_{12}O_3$, F. 161 bis 162° (Essigsäure), aus **VIII** wie **VI**; Tafeln; 91%. — *2-n-Propylnaphthalimid,* $C_{15}H_{13}$·NO_2, F. 240—241° (A.), Nadeln. — *4-n-Propylnaphthalsäureanhydrid* (**V**), $C_{15}H_{12}O_3$, F. 123—124° (Essigsäure), aus **VII** wie **VI**; hellgelbe Nadeln; 87,7%. — *4-n-Propylnaphthalimid,* $C_{15}H_{13}NO_2$, F. 211—211,5° (A.), Nadeln. — *4-Carboxynaphthalsäureanhydrid,* F. 273° (Essigsäure), aus 1 g **V** u. $KMnO_4$ in 5%ig. NaOH bei 95° (2 Std.) u. Extrahieren mit Chlf.; 0,1 g. — *3.4-Dipropionylacenaphthen* (**IV**), $C_{18}H_{18}O_2$, F. 119—120° (A.), aus **I**, Propionylchlorid u. $AlCl_3$ in CS_2 u. Extrahieren aus dem erhaltenen Teer mit Bzl.; Nadeln; 58%. *2.4-Dinitrophenylhydrazon,* $C_{24}H_{22}N_4O_5$, F. 204—206° (Essigsäure), rote Nadeln. — *3.4-Di-n-propylacenaphthen,* $C_{18}H_{22}$, Kp.$_4$ 184—188°, F. 26—27° (A.), aus **IV** wie **VIII**; hellgelbe Nadeln. *Trinitrobenzolat,* $C_{24}H_{25}N_3O_6$, F. 74° (A.), rote Nadeln. — *4.5-Di-n-propylnaphthalsäureanhydrid,* $C_{18}H_{18}O_3$, F. 126—127° (Essigsäure), aus vorst. Verb. wie **VI**; hellbraune Nadeln; 64%. — *4.5-Di-n-propylnaphthalimid,* $C_{18}H_{19}NO_2$, F. 118—120° (A.), gelbe Täfelchen. — *Benzol-1.2.3.4-tetracarbonsäure,* F. 238°, aus vorvorst. Anhydrid u. verd. HNO_3 bei 170—180° im Rohr (24 Std.) u. Eindampfen. *Dianhydrid,* F. 193—198°, durch Schmelzen. *Tetramethylester,* F. 128—129° (CH_3OH), mit äther. Diazomethan. (J. chem. Soc. [London] **1958.** 3504—06. Okt. Leeds, Univ., Clothworkers Res. Labor.) H. GOLD. 2750

N. P. Buu-Hoï, Denise Lavit und **Pierre Jacquignon,** *Polycyclische aromatische Kohlenwasserstoffe.* 7. Mitt. *Synthese von 2-Phenyl- und 2-p-Biphenylylanthracen nach der Reaktion von Elbs.* (6. vgl. C. **1958.** 14037.) Zur Prüfung ihrer Eignung als elektron. Leuchtstoffe werden *2-Phenyl-* (**I**) u. *2-p-Biphenylylanthracen* (**II**) durch Pyrolyse von 4-[o-Toluoyl]-biphenyl (**III**) bzw. 4′-[o-Toluoyl]-p-terphenyl (**IV**) (ELBS-Rk.) dargestellt (vgl. auch COOK, J. chem. Soc. [London] **1930.** 1087). **III** u. **IV** wurden nach FRIEDEL-CRAFTS erhalten; neben **IV** konnte in geringer Menge *4.4″-Bis-[o-toluoyl]-p-terphenyl* isoliert werden. Die Oxydation von **II** ergab *2-p-Biphenylylanthrachinon* (**V**). UV-Absorptionskurven von **I, II** u. **V** u. Fluorescenzspektren von **I** u. **II** vgl. Original.

V e r s u c h e (unter Mitarbeit von **M. B. Muel**): *4-[o-Toluoyl]-biphenyl* (**III**), $C_{20}H_{16}O$, Kp.$_{21}$ 260°, F. 109° (A.), aus 5 g Biphenyl u. o-Toluylsäurechlorid in CS_2 in Ggw. von $AlCl_3$ bei 20° (16 Std.) u. auf dem Wasserbad; Tafeln [in konz. H_2SO_4 gelb]; 8 g (Ausbeute). — *2-Phenylanthracen* (**I**), F. 216° (Toluol), aus 7 g **III** durch Erhitzen zum schwachen Sieden (1 Std.) u. Dest. unter 15 mm Torr; hellgelbe Tafeln; 3,4 g. — *4′-[o-Toluoyl]-p-terphenyl* (**IV**), $C_{26}H_{20}O$, Kp.$_{0,7}$ 265—267°, F. 214° (Bzl.), aus 16 g p-Terphenyl wie **III**; Nadeln [gelborange]; 8,6 g. — *4.4″-Bis-[o-toluoyl]-p-terphenyl,* $C_{34}H_{26}O_2$, Kp.$_{0,7}$ 300°,

F. 234 (Bzl.), neben **IV**; Tafeln [gelborange]. — *2-p-Biphenylylanthracen* (**II**), $C_{26}H_{18}$, F. 297° (Xylol), aus 5,3 g **IV** wie **I**; hellgelbe Tafeln; 1 g. — *2-p-Biphenylylanthrachinon* (**V**), $C_{26}H_{16}O_2$, F. 243° (Bzl.), aus 0,2 g **II** u. CrO_3 in sd. Eisessig u. Fällen mit W.; Nadeln [blau]; 0,1 g. (Recueil Trav. chim. Pays-Bas **76**. 962—68. Nov. 1957. Paris, Univ., Inst. du Radium.) H. GOLD. 2800

Rolf Huisgen und **Ulrich Rietz**, *Mittlere Ringe.* 14. Mitt. *Darstellung und Cyclisierung der ω-[Naphthyl-(2)]-fettsäuren.* (13. vgl. Tetrahedron [London] **2.** [1958.] 271.) Die ω-[Naphthyl-(2)]-fettsäuren (**A**) wurden durch Acylierung von Naphthalin (**I**) mit Dicarbonsäurehalbesterchloriden (**B**), die höheren Glieder besser durch Kettenverlängerung nach KOLBE aus ω-[Naphthyl-(2)]-alkyl-Cd u. **B** u. anschließende Red. der Ketosäuren erhalten. Die **A** wurden nach FRIEDEL-CRAFTS zu den entsprechenden *Naphthocyclenonen* (**C**) cyclisiert, der Ringschluß erfolgt bis zum 9-Ring in 1-Stellung von **I**, zuletzt jedoch nur noch in schlechter Ausbeute. Durch die Mittlere-Ring-Torsion zeigen die **C** (n = 5—9) mit steigender Ringgröße eine abnehmende Reaktivität der Carbonylgruppe, **C** (n = 9) bildet gar keine Carbonylderivv. mehr. Bei den höheren Gliedern der **C** erfolgt der Ringschluß heteronuclear, vorzugsweise in 8-Stellung, aber auch in 6-Stellung; eine Trennung der Isomeren war nicht immer möglich. Die UV-Spektren der **C** zeigen von n = 5—9 eine Abnahme der Intensität der Bande bei 247 mμ der konjugierten CO-Gruppe; der Mittlere-Ring-Effekt u. die Hinderung durch das H-Atom am $C_{(8)}$ des **I**-Mol. wirken hier zusammen. Die polarograph. Halbwellenpotentiale nehmen in der gleichen Reihe um 0,14 V zu, mit der abnehmenden Mesomeriestabilisierung des intermediären Radikals geht die Neigung zur Elektronenaufnahme zurück. Die 2.8-Ringketone **C** (n > 10) mit der Ketogruppe in α-Stellung des **I**-Mol. zeigen im UV geringere Konjugation der CO-Gruppe als die 2.8-β-Ketone (vgl. 13. Mitt.), in den 2.6-Ketonen mit β-ständiger CO-Gruppe wird in Übereinstimmung mit dem Mol.-Modell keine Mesomeriehinderung beobachtet, die **C** (n = 18 u. 20) haben eine ausgeprägte Bande bei 258 mμ.

Versuche: ω-[Naphthyl-(2)]-fettsäuren (**A**): *β-[Naphthyl-(2)]-propionylchlorid*, F. 64,5—66,5°. — *γ-[Naphthyl-(2)]-buttersäure*, F. 96,5—97,5°. — *γ-[Naphthyl-(2)]-buttersäuremethylester*, $Kp._{0,1}$ 143—146°. — *4-[Naphthyl-(2)]-butanol* (**III**), F. 37,5—39°, $Kp._{0,2}$ 152—154°, aus vorst. Ester mit $LiAlH_4$ in Ae.; 97% (Ausbeute). — *4-[Naphthyl-(2)]-butylbromid* (**IV**), $Kp._{0,2}$ 150—153°, aus **III** mit 48%ig. HBr u. rotem P; 92%. — *δ-[Naphthyl-(2)]-valeronitril* (**V**), $C_{15}H_{15}N$, F. 66,7—67,2°, aus **IV** mit KCN, NaJ u. $CuSO_4$ in 90%ig. A., 10 Std. am Rückfluß; 87%. — *δ-[Naphthyl-(2)]-valeriansäure* (**VI**), $C_{15}H_{16}O_2$, F. 79—80,1°, aus **V** in 50 ml Eisessig, 50 ml W. u. 50 ml H_2SO_4, 1 Std. am Rückfluß; Blättchen; 89%. — *δ-[Naphthyl-(2)]-valeriansäurechlorid*, $Kp._{0,01}$ 145°. — *δ-[Naphthoyl-(2)]-valeriansäure* (**II**), F. 144,5—145,5°), aus Adipinsäuremonoäthylesterchlorid u. **I** in Ggw. von $AlCl_3$ in Tetrachloräthan, 16 Std. bei —10° bis Raumtemp.; 44%. — *ε-[Naphthyl-(2)]-capronsäure*, $C_{16}H_{18}O_2$, F. 94,5—95,3°, aus **II** durch Red. nach CLEMMENSEN-MARTIN (60 Std.); 82%. — *ε-[Naphthyl-(2)]-capronsäurechlorid*, $Kp._{0,005}$ 150°. — *ε-[Naphthyl-(2)]-capronsäuremethylester*, $Kp._{0,03}$ 148—151°. — *6-[Naphthyl-(2)]-n-hexanol*, $Kp._{0,03}$ 143—146°, aus vorst. Ester wie **III**; 92%. — *6-[Naphthyl-(2)]-n-hexylbromid*, $Kp._{0,5}$ 150—152°, wie **IV**; 82%. — *6-[Naphthyl-(2)]-n-hexylcyanid*, $C_{17}H_{19}N$, F. 40,3 bis 40,8°, aus vorst. Verb. wie **V**; 90%. — *ζ-[Naphthyl-(2)]-heptansäure*, $C_{17}H_{20}O_2$, F. 90,2 bis 90,9°, aus vorst. Nitril wie **VI**; Stäbchen aus PAe.; 84%. — *η-[Naphthoyl-(2)]-octansäure*, F. 120—122°, aus **I** u. Azelainsäuremonomethylesterchlorid wie **II**; 26%. — *ϑ-[Naphthyl-(2)]-nonansäure*, $C_{19}H_{24}O_2$, F. 70,2—70,7°, aus vorst. Verb. durch Red. nach WOLFF-KISHNER; aus PAe. Tafeln. — *ϑ-[Naphthoyl-(2)]-n-nonansäure*, $C_{20}H_{24}O_3$, F. 106,5 bis 107°, aus **I** u. Sebacinsäuremonomethylesterchlorid wie **II**; Blättchen aus Ligroin; 25%. — *ω-[Naphthyl-(2)]-n-decansäure*, $C_{20}H_{26}O_2$, F. 75—75,5°, aus vorst. Verb. durch Red. nach CLEMMENSEN; Spieße aus Bzn.; 39%. — *ω-[Naphthyl-(2)]-ζ-oxoundecansäure* (**VII**), $C_{21}H_{26}O_3$, F. 89,7—90,1°, aus der Cd-Verb. von 65,7 g **IV** u. Pimelinsäuremonomethylesterchlorid über den *Ketoester* ($Kp._{0,005}$ 202—210°, F. 21—25°; 72%) durch alkal. Verseifung; Spieße aus Methanol; 47 g. — *ω-[Naphthyl-(2)]-n-undecansäure* (**VIII**), $C_{21}H_{28}O_2$, F. 77,5—78,1°, aus **VII**, H_2NNH_2 u. KOH in Diäthylenglykol; Blättchen aus Ligroin; 79%. — *ω-[Naphthyl-(2)]-η-oxo-n-dodecansäure*, $C_{22}H_{28}O_3$, F. 77,2—77,8°, wie **VII** mit Korksäuremonomethylesterchlorid (67% *Ketoester*, $Kp._{0,005}$ 207—215°); Nadeln aus Cyclohexan. — *ω-[Naphthyl-(2)]-n-dodecansäure*, $C_{22}H_{30}O_2$, F. 86,7—87,3°, aus vorst. Säure wie **VIII**; aus PAe. Blättchen; 84%. — *13-[Naphthyl-(2)]-9-oxotridecancarbonsäure*, F. 79,5—83°, wie **VII** mit Sebacinsäuremonomethylesterchlorid; 66%. — *ω-[Naphthyl-(2)]-tetradecansäure*, $C_{24}H_{34}O_2$, F. 92,2—92,8°, aus vorst. Säure wie **VIII**; Nadeln aus Ligroin. — Naphtho-[2'.1':1.2]-cyclen-(1)-one-(3) (**C**): aus den **A**-Chloriden nach FRIEDEL-CRAFTS in CS_2 in hoher Verdünnung (vgl. 13. Mitt. l. c.): *6.7-Benzoindanon-(1)*, F. 102,3—103,8°; 86%. *Oxim*, F. 175—176°; Nadeln. *Semicarbazon*, F. 207

bis 208° (Zers.), Polyeder. *2.4-Dinitrophenylhydrazon*, Zers. bei 282—283°, aus Bzl. dunkelrote Prismen. — *4-Keto-1.2.3.4-tetrahydrophenanthren*, F. 67,8—68,1°. *Oxim*, F. 174—175°; Rhomben. *Semicarbazon*, F. 223—225°; Blättchen. *2.4-Dinitrophenylhydrazon*, Zers. bei 263°; scharlachfarbene Blättchen. — *Naphtho-[2'.1':1.2]-cyclohepten-(1)-on-(3)*, $C_{15}H_{14}O$, $Kp._{0,04}$ 139—141°; Öl; 77%. *Oxim*, F. 160—162°, in 10std. Kochen; Polyeder. *Semicarbazon*, F. 244° (Zers.). *2.4-Dinitrophenylhydrazon*: 2 Isomere, F. 215,5 bis 216,5° u. F. 212,5—213,5°. — *Naphtho-[2'.1':1.2]-cycloocten-(1)-on-(3)*, $C_{16}H_{16}O$, $Kp._{0,02}$ 125—128°. *2.4-Dinitrophenylhydrazon*, $C_{22}H_{20}N_4O_4$, F. 153,5—155°, gelb, neben nicht isoliertem Isomeren durch mehrtägiges Kochen in schlechter Ausbeute. — *Naphtho-[2'.1':1.2]-cycloocten-(1)-ol-(3)*, $Kp._{0,03}$ 140°, aus vorst. Keton mit $LiAlH_4$; 83%. *3.5-Dinitrobenzoat*, $C_{23}H_{20}N_2O_6$, F. 191,5—192,2°; aus A. blaßgelbe Nadeln. — *Naphtho-[2'.1':1.2]-cyclononen-(1)-on-(3)*, $C_{17}H_{18}O$, $Kp._{0,001}$ 95—100°, gelbes Öl; 5%; keine Rk. mit Carbonylreagentien. — *1'-Oxo-1.7-undekamethylennaphthalin*, $C_{21}H_{26}O$, F. 68—68,6°, $Kp._{0,001}$ 170°; aus PAe. Spieße. *Oxim*, F. 168—171,4°; aus A. Rhomben. *2.4-Dinitrophenylhydrazon*: 2 Isomere, F. 199,5—200,7°, orangefarbene Blättchen aus Bzl.-A., u. F. 155,5—156,0°, gelbe Nadeln aus Methanol. — *1'-Oxo-1.7-dodekamethylennaphthalin*, $C_{22}H_{28}O$, $Kp._{0,2}$ 215—220°, zähes Öl (nicht rein erhalten). *2.4-Dinitrophenylhydrazon*, F. 162,8—164°, gelbe Nadeln aus Methanol. — *1'-Oxo-1.7-tetradekamethylennaphthalin*, $C_{24}H_{32}O$, $Kp._{0,005}$ 183—188° (nicht rein erhalten). *2.4-Dinitrophenylhydrazon*, F. 123 bis 124,3°; orangegelbe Drusen aus Methanol. (Chem. Ber. **90**. 2768—84. 29/12. 1957. München, Univ., Inst. für Organ. Chem.) U. KRETZSCHMAR. 2950

Walter Mahler und **Anton B. Burg**, *Die Cyclophosphine $(CF_3P)_4$ und $(CF_3P)_5$ und die zugehörige Chemie.* Vff. stellen die Ringpolymeren *Tetrakis-[trifluormethyl]-cyclotetraphosphin* (**I**) u. *Pentakis-[trifluormethyl]-cyclopentaphosphin* (**II**) durch Rk. von CF_3PJ_2 mit Hg bei Raumtemp. dar. **I** u. **II** werden neben höheren Polymeren auch durch Pyrolyse von Tetrakis-[trifluormethyl]-biphosphin (**III**) oder von Bis-[trifluormethyl]-phosphin (**IV**) erhalten. Beim Erhitzen wird **II** weitgehend in das therm. beständigere **I** umgewandelt. **I** u. **II** liefern mit J_2 CF_3PJ_2 u. mit Cl_2 CF_3PCl_4, das durch Red. mit Hg u. Verseifung in H_3PO_3 übergeht. Bei der Hydrolyse von **I** u. **II** mit W. entsteht *1.2-Bis-[trifluormethyl]-biphosphin* (**V**), das bei 225° wieder in **I** übergeht. Außerdem werden dabei aus **I** CF_3PH_2, H_3PO_3 u. CHF_3 sowie aus **II** *1.2.3-Tris-[trifluormethyl]-triphosphin* gebildet. Aus der UV-Absorption von **I** u. **II** wird geschlossen, daß das freie Elektronenpaar des P in den Ringpolymeren nicht lokalisiert ist, sondern den σ-Bindungen zugeordnet ist. Die dargestellten Verbb. werden durch Dampfdruckmessungen u. IR-Spektren identifiziert.

V e r s u c h e: *Tetrakis-[trifluormethyl]-cyclotetraphosphin* (**I**), F. 66,3—66,4°, a) durch 12std. Schütteln von CF_3PJ_2 mit überschüssigem Hg bei Raumtemp.; $D._{fest}$ 2,0, $D._{fl.\,am\,F.}$ 154; 60% (Ausbeute); daneben *Pentakis-[trifluormethyl]-cyclopentaphosphin* (**II**, F. —33°, $D.^{25}$ 1,60; 40%); b) durch 5std. Erhitzen von **III** auf 350°; 53%; daneben CHF_3, $(CF_3)_3P$ u. **II**; c) aus **IV** bei 350—400°; daneben CHF_3, $(CF_3)_3P$ u. **II**; d) aus **II** in 120 Std. bei 255°; 56%. **I** u. **II** sind beständig bis 280 bzw. 200°. **I** wird bei 314° in 24 Std. quantitativ zu $(CF_3)_3P$ u. *P* zers. u. geht mit 10%ig. NaOH ebenso wie **II** in CHF_3 (49,8%) über. — CF_3PJ_2, a) aus 99,2 mg **I** mit J_2 in 1 Std. bei 110°; 359 mg; b) aus 206,5 mg **II** nach a); 731 mg. — CF_3PCl_4, F. —52°, a) aus **I** u. Cl_2 bei Raumtemp.; 100%; b) durch Chlorierung von CF_3PCl_2; wird durch Hg red. zu CF_3PCl_2. — *Polymeres Säureanhydrid* $(CF_3PO_2)_x$, aus **I** in $C_8F_{16}O$ bei Raumtemp. mit O_2 in 14 Std.; wird bei 330° zu COF_2 zers.; wird mit W. zu *Trifluormethylphosphonsäure* hydrolysiert. — *1.2-Bis-[trifluormethyl]-biphosphin* (**V**), aus **I** u. W. bei 140° in 96 Std.; daneben H_3PO_3, CHF_3, CF_3PH_2 u. H_2. Gibt bei 200° **I** u. bei 225° CHF_3, CF_3PH_2, **IV** u. CF_3P-*Polymere*. — *1.2.3-Tris-[trifluormethyl]-triphosphin*, aus **II** u. wss. β.β'-Dimethoxydiäthyläther bei 50°; 10%; daneben CF_3PH_2 u. **V**. Wird an akt. Ni bei 25° zu CF_3PH_2 u. einem *Gemisch aus* **I** u. **II** zers. u. durch Hydrolyse mit 10%ig. NaOH bei Raumtemp. in HCF_3 übergeführt. (J. Amer. chem. Soc. **80**. 6161—67. 5/12. 1958. Los Angeles, Calif., Univ., Dep. of Chem.) L. SCHWIEGK. 3000

Yoshio Ishii, *Epoxydierung.* Übersicht über die Epoxydierung der Doppelbindung. — 98 Literaturangaben. (J. Soc. org. synth. Chem. Japan **16**. 712—23. Dez. 1958. Nagoya, Univ., Techn. Fak. [Orig.: japan.] E. MAEKAWA. 3030

Tôichi Kuraoka und **Shirô Sugawara**, *Untersuchungen über Safrolderivate.* 1. Mitt. *Darstellung von „Halbsesamin".* Das aus Safrol (I) u. Paraformaldehyd (II) hergestellte *3-Piperonylidenpropanol-(1)* gibt über α-*[3'-Hydroxypropyl]-piperonylchlorid* das *„Halbsesamin"* (*2-[3.4-Methylendioxyphenyl]-tetrahydrofuran*), das eine starke synergist. Wrkg. auf die insekticide Wrkg. von Arethrin zeigt.

V e r s u c h e: *3-Piperonylidenpropanol-(1)*, $C_{11}H_{12}O_3$, F. 59—60°, $Kp._5$ 166°, aus I u. 2 Mol wasserfreiem II durch 4std. Erhitzen bei 210—220° im Autoklaven; Platten aus CCl_4; 35% (Ausbeute), daneben das *Formiat*, $C_{12}H_{12}O_4$, F. 35—36° (A.), $Kp._5$ 188°

Acetat, $C_{13}H_{14}O_4$, F. 53—54°. *p-Nitrobenzoat*, F. 102—103°. *α-Naphthylurethan*, F. 100 bis 101°. *Dibromid*, F. 110—110,5°. — *3-Piperonylpropanol*, $C_{11}H_{14}O_3$, Kp.$_4$ 156—157°, aus vorst. Verb. durch Hydrierung über RANEY-Ni; D.$^{25}{}_4$ 1,5232, Mol.-Refr. 51,85. *p-Nitrobenzoat*, F. 231—232°. *α-Naphthylurethan*, F. 91—92°. — *2-[3.4-Methylendioxyphenyl]-tetrahydrofuran* („*Halbsesamin*"), $C_{11}H_{12}O_3$, Kp.$_4$ 138,5°, aus vorvorst. Verb. in Ae. durch 2std. Einleiten von Cl_2 u. Zutropfen zu alkoh. KOH; D.$^{25}{}_4$ 1,2226, n_D^{25} 1,5461; 63%. Gibt bei der Oxydation *Piperonylsäure*, F. 228°. (J. chem. Soc. Japan, pure Chem. Sect. [Nippon Kagaku Zassi] **79**. 1161—63. Okt. 1958. Tokyo-Sinagawa, Senbai-Kôsya, Tyûô-Ken. [Orig.: japan.]) E. MAEKAWA. 3061

Masuo Murakami und **Saburo Senoh**, *Reaktion zwischen Alkylhalogenchinonen und Natriummalonester. 1. Mitt. Über die Reaktion von Chlortoluchinonen und Natriummalonester und deren Mechanismus.* Durch Kondensation von 5- (5-**I**) bzw. 6-Chlortoluchinon (6-**I**) mit Na-Malonsäurediäthylester (**II**) in Dioxan entstehen *3-Carbäthoxy-4-chlor-5-hydroxy-7-methylcumaranon* (**III**) bzw. *3-Carbäthoxy-4*(oder *6*)*-chlor-5-hydroxy-6*(oder *4*)*-methylcumaranon*. 3-**I** liefert kein identifizierbares Prod. mit **II**. Es wird angenommen, daß das Cl-Atom nicht nur durch —I-Effekt die Stelle des Angriffs bestimmt, sondern auch durch elektromeren Effekt bei der Lactonbldg. wirksam ist.

V e r s u c h e : 5 - H y d r o x y - 7 - m e t h y l c u m a r a n o n e : *3-Carbäthoxy-4-chlor-* (**III**), $C_{12}H_{11}ClO_5$, F. 145,5—146° (A.), durch Zutropfen einer Lsg. von **II** in Dioxan zu einer Lsg. von 5-**I** in Dioxan bei n. Temp. unter Rühren, Stehen über Nacht u. Ansäuern auf p_H 4; aus A. Würfel; 49,2% (Ausbeute; roh). — *4-Chlor-*, $C_9H_7ClO_3$, F. 180—181° (A.), a) durch Kochen von **III** mit 10%ig. HCl in Dioxan; b) durch 20 Min. Kochen vorst. Verb. in 80%ig. Essigsäure; aus A. Prismen; 47,6%. — *2.5-Dimethoxy-3-methyl-6-chlorphenylessigsäure*, $C_{11}H_{13}ClO_4$, F. 151—152°, aus vorst. Verb., Dimethylsulfat u. KOH in Methanol in 1 Std.; aus A. Prismen; 47,8%. — 3 - C a r b ä t h o x y - 5 - h y d r o x y c u m a r a n o n e : *4.6-Dichlor-7-methyl-*, $C_{12}H_{10}Cl_2O_5$, F. 128—129° (A.), a) durch 20 Min. Einleiten von Cl_2 in eine Lsg. von 0,2 g **III** in Chlf.; 70 mg; b) aus 1,22 g 3.5-Dichlortoluchinon u. **II** analog **III** über die *Na-Verb.* [F. 220—225° (Zers.); 1,6 g]. — *4*(oder *6*)*-Chlor-6*(oder *4*)*-methyl-*, $C_{12}H_{11}ClO_5$, F. 127—128,5°, aus 6-**I** u. **II** analog **III**; aus A. Prismen; 40,6% (roh). (J. chem. Soc. Japan, pure Chem. Sect. [Nippon Kagaku Zassi] **76**. 1325—28. Dez. 1955. Osaka, Univ. [Orig.: japan.]) L. SCHULER. 3061

Melvin S. Newman und **Kryn G. Ihrman**, *Das Verhalten von o-Aroylbenzoesäuren in saurem Medium.* 3-Nitro-2-[thenoyl-(2)]-benzoesäure (**I**) wird durch 100%ig. H_2SO_4 bei 70° zu *6-Nitro-2-[thenoyl-(2)]-benzoesäure* (**II**) isomerisiert, während bei höheren Tempp. Kondensation zu *5-Nitrothiophanthrachinon* erfolgt. Dabei ist H_2SO_4 nicht durch Trifluoressigsäure, Methansulfonsäure oder Polyphosphorsäure ersetzbar. Analoge Umlagerungen von 4- (**IV**) u. 5-Nitro-2-[thenoyl-(2)]-benzoesäure (**V**) finden nicht statt. Dagegen entsteht aus **IV** u. aus **V** bei 170 bzw. 140° in H_2SO_4 ein *1:1-Gemisch von 6- u. 7-Nitrothiophanthrachinon*. 1-[Thenoyl-(2)]-naphthoesäure-(2) (**VII**) wird bei 60° in Polyphosphorsäure in *2-[Thenoyl-(2)]-naphthoesäure-(1)* (**VI**) umgelagert, während in H_2SO_4 sowohl aus **VI** als auch aus **VII** ein *3:2-Gemisch von 5.6-* (**VIII**) u.*7. 8-Benzo-4.9-thiophanthrachinon* (**IX**) gebildet wird. Diese Umlagerungen erfolgen über cycl. Carboniumionen, deren Existenz durch die Bldg. von *Pseudomethylestern* (*3-Methoxy-3-[thienyl-(2)]-phthalide*) aus den Ketosäure-Lsgg. in H_2SO_4 mit Methanol nachgewiesen wird. Pseudomethylester entstehen auch aus den *Säurechloriden*, die danach ebenfalls cycl. sind.

V e r s u c h e (FF. korr.): *3-Nitro-2-[thenoyl-(2)]-benzoesäure* (**I**), F. 215°. *Chlorid*, F. 127,5—129,5°. *Methylester*, F. 130,5—131,5°, aus **I** u. CH_2N_2. *Pseudomethylester*, F. 143,5—144,5°, a) aus **I**-Chlorid in mit Harnstoff gesätt. Methanol; b) durch Zugabe von **I** in 100%ig. H_2SO_4 zu kaltem Methanol. — *6-Nitro-2-[thenoyl-(2)]-benzoesäure* (**II**), $C_{12}H_7NO_5S$, F. 191,0—192,0° (wss. A.), a) aus Thienyl-(2)-MgBr (**III**) u. 3-Nitrophthalsäureanhydrid; b) durch ½std. Erhitzen von **I** in 100%ig. H_2SO_4 auf 70° u. Gießen in Eiswasser; 54% (Ausbeute); c) analog b) in 2 Min. bei 135°; 34%. *Chlorid*, F. 117—119°. *Methylester*, F. 118,0—119,0°. *Pseudomethylester*, F. 96,0—96,5°. — *2-Nitrophenyl-[thienyl-(2)]-keton*, F. 99,0—99,5°, durch Decarboxylieren von **I**. — *3-Nitrophenyl-[thienyl-(2)]-keton*, F. 124,5—125,5°, analog aus **II** oder **IV**. — *5-Nitrothiophanthrachinon*, F. 233,0—234,5°, a) neben **II** nach c); 27%; b) aus **I** durch 2 Min. Erhitzen auf 140°; 14%; c) aus **I**-Chlorid u. $AlCl_3$ in Nitrobenzol bei 0° u. anschließendes 9std. Erhitzen auf 120°; d) aus **II** durch 1 Min. Erhitzen auf 100° in 100%ig. H_2SO_4; 40%; e) aus **II**-Chlorid analog c). — *4-Nitro-2-[thenoyl-(2)]-benzoesäure* (**IV**), $C_{12}H_7NO_5S$, F. 179,0—180,0°, aus 4-Nitrophthalsäureanhydrid u. **III**; 52%. *Chlorid*, F. 130,5—133,5°. *Methylester*, F. 134,7 bis 135,5°. *Pseudomethylester*, F. 91,2—92,0°. — *5-Nitro-2-[thenoyl-(2)]-benzoesäure* (**V**), $C_{12}H_7NO_5S$, F. 192,5—193,5°, neben **IV**; 26%. *Chlorid*, F. 129—130°. *Methylester*, F. 160,0—161,0°. *Pseudomethylester*, F. 87,0—88,5°. — *4-Nitrophenyl-[thienyl-(2)]-keton*,

F. 174—175°. — *Gemisch von 6-Nitro- u. 7-Nitrothiophanthrachinon*, durch 5 Min. Erhitzen von **V** in Polyphosphorsäure auf 170°; 65%. — *2-[Thenoyl-(2)]-naphthoesäure-(1)* (**VI**), F. 156,5—157,5°, a) aus 1.2-Naphthalsäureanhydrid u. **III**; 34%; b) durch 1 std. Erhitzen von **VII** in H_2SO_4 auf 60°; 90%. *Chlorid*, F. 114,5—116,5°. *Methylester*, F. 139,8 bis 140,4°. *Pseudomethylester*, F. 113,6—114,2°. — *1-[Thenoyl-(2)]-naphthoesäure-(2)* (**VII**), F. 219,0—220,3°, neben **VI**; 16%. *Chlorid*, F. 147—150°. *Methylester*, F. 138,8—139,8°. *Pseudomethylester*, F. 117,5—118,6°. — *2-[Thenyl-(2)]-naphthoesäure-(1)*, F. 88—90°, durch 15 Std. Kochen von **VI** in wss. KOH mit Zn u. Ansäuern; 73%. — *4-Acetoxy-5.6-benzothiophanthren*, F. 152—154°, durch ½ std. Kochen vorst. Säure in Eisessig/Acetanhydrid in Ggw. von $ZnCl_2$ u. Verd. mit W.; 76%. — *5.6-Benzo-4.9-thiophanthrachinon* (**VIII**), $C_{16}H_8O_2S$, F. 164,0—165,5° (A.), a) durch 5 Min. Kochen vorst. Verb. in Eisessig mit CrO_3, Zugabe von etwas konz. HCl u. weitere 10 Min. Kochen; 46%; b) durch 1½ std. Erhitzen von **VI** in Polyphosphorsäure auf 120°; daneben **IX**; zusammen 31% (ca. 40% **VIII** u. 60% **IX**). — *1-[Thenyl-(2)]-naphthoesäure-(2)*, F. 180—182°, aus **VII**; 68%. — *4-Acetoxy-7.8-benzothiophanthren*, F. 176,5—178,5°; 71%. — *7.8-Benzo-4.9-thiophanthrachinon* (**IX**), $C_{16}H_8O_2S$, F. 205,2—206,2° (A.); 30%. (J. Amer. chem. Soc. **80**. 3652—56. 20/7. 1958. Columbus, Ohio, State Univ., McPherson Chem. Labor.)

R. WISSLER. 3071

Guido W. Perold und **Pieter F. A. van Lingen**, *Bestandteile des Steinkohlenteers. Die 4- und 6-Hydroxythionaphthene.* Das bei der Verkokung lokaler Steinkohle anfallende Waschöl (Siedebereich ca. 200—300°/760 mm) lieferte bei der fraktionierten Dest. im Intervall 90—130°/0,1 mm *Teersäuren* mit einem S-Geh. von 2—4%. Durch wiederholte Verteilungs- u. Adsorptionschromatographie wurde aus obiger Fraktion schließlich reines *4-Hydroxythionaphthen* (**I**) erhalten. Das Vork. von *6-Hydroxythionaphthen* (**II**) in der gleichen Fraktion wurde wie folgt bewiesen: Durch Methylierung der gemischten Teersäuren, Behandlung mit n-Butyllithium (**IV**) u. Carboxylierung wurde *6-Methoxythionaphthen-2-carbonsäure* (**III**) als das am schwersten lösl. Prod. isoliert. Die Entschwefelung mit RANEY-Ni führt zu *p-Methoxyhydrozimtsäure*. Die Struktur von **III** ließ sich durch die folgende Synth. bestätigen: Metanilsäure (**V**) wird diazotiert, die durch Verkochen erhaltene *m-Hydroxybenzolsulfonsäure* mit Dimethylsulfat (**IX**) methyliert u. durch Rk. mit PCl_5 u. anschließende Red. mit Zn u. H_2SO_4 in *m-Methoxythiophenol* übergeführt. Die Umsetzung mit Chloressigsäure (**VIII**) u. Ringschluß mit H_2SO_4 führten zu *3-Hydroxy-6-methoxythionaphthen* (**VI**). Dieses wird mit Sn/n-HCl zu *6-Methoxythionaphthen* (**VII**) reduziert. Hieraus wird durch Metallierung mit **IV**, Rk. mit CO_2 u. Umsetzung des Li-Salzes mit HCl **III** erhalten.

Versuche (FF. korr.): *4-Hydroxythionaphthen* (**I**), C_8H_6OS, F. 79,5—80° (Chlf.-PAe. u. Bzl.-PAe.), a) durch Extraktion von 216 kg Waschöl mit Lauge, fraktionierte Dest. der rohen Teersäuren (4,7 kg), Verteilungschromatographie der Fraktion vom $Kp._{0,1}$ 90—130° (926 g) an Celite (mit Phosphatpuffer vom p_H 11,7 getränkt), Adsorptionschromatographie an Silicagel, Eluieren mit Bzl., anschließende Sublimation (bei 80—100°/0,1 mm) des aus 3 mittleren Eluaten erhaltenen Prod. u. mehrfaches Umkristallisieren; daneben 11% *α-Naphthol* [F. 95,3—95,6° (W.)]; b) nach FIESER u. KENNELLY (J. Amer. chem. Soc. **57**. [1935.] 1615). *N-α-Naphthylurethan*, $C_{19}H_{13}NO_2S$, F. 172,5°. — *4-Carboxymethoxythionaphthen*, $C_{10}H_8O_3S$, F. 151,9—152,4°, aus **I** u. **VIII**; 54% (Ausbeute). — *6-Methoxythionaphthen-2-carbonsäure* (**III**), $C_{10}H_8O_3S$, F. 248,5—249° (Aceton-Bzl. oder Aceton-Toluol), a) aus 88 g der obigen Teersäurefraktion ($Kp._{0,1}$ 90—130°), **IX** u. NaOH, anschließende fraktionierte Dest. der neutralen Methyläther, Umsetzung von 10 g der Fraktion vom $Kp._{20}$ 147—158° mit **IV** in Ae. bei —45°, Gießen auf festes CO_2 in Ae. u. Reinigung der sauren Prodd.; b) durch Rk. von 1,4 g **VII** mit **IV** u. Carboxylieren; 594 mg. *p-Bromphenacylester*, $C_{18}H_{13}BrO_4S$, F. 160°. — *p-Methoxyhydrozimtsäure*, $C_{10}H_{12}O_3$, F. 103° (Bzl.-PAe.), aus 191 mg **III** mit 4 g RANEY-Ni; 161 mg (roh). — *m-Methoxybenzolsulfochlorid*, $Kp._{0,3}$ 125—130° (Bad), durch Diazotieren von **V** bei 0—5°, Erwärmen auf 75° (1 Std.), Rk. mit **IX** u. NaOH u. Umsetzung des nach Neutralisieren mit H_2SO_4 u. Trocknen erhaltenen Reaktionsgemisches mit PCl_5 bei 110° (1 Std.). — *m-Methoxybenzolsulfamid*, $C_7H_9NO_3S$, F. 130°; 75%. — *m-Methoxythiophenol*, C_7H_8OS, $Kp._5$ 80° (Bad), aus dem Sulfochlorid mit Zn u. H_2SO_4; n_D^{25} 1,589; 83%. — *S-[m-Methoxyphenyl]-thioglykolsäure*, F. 62,5° (Bzl.-PAe.), aus 5,39 g vorst. Verb. u. **VIII** unter N_2 bei Raumtemp.; 7,34 g. — *3-Hydroxy-6-methoxythionaphthen* (**VI**), F. 117° (W.), aus vorst. Verb. (vgl. C. **1911**. I. 103) u. Abtrennung aus dem Reaktionsgemisch durch Extraktion mit Bzl.; 60—90%. *Benzylidenderiv.*, $C_{16}H_{12}O_2S$, F. 167,5°. — *6-Methoxythionaphthen* (**VII**), C_9H_8OS, $Kp._{0,1}$ 80° (Bad), aus 546 mg **VI** mit amalgamiertem Sn u. konz. HCl in Toluol unter Rückfluß (9 Std.); n_D^{25} 1,625; 245 mg. *Pikrat*, $C_9H_8OS \cdot C_6H_3N_3O_7$, F. 104,5°—105°. *1.3.5-Trinitrobenzolat*, $C_9H_8OS \cdot C_6H_3N_3O_6$, F. 90°; 60%. *2.4.7-Trinitrofluorenonaddukt*, $C_9H_8OS \cdot C_{13}H_5N_3O_7$, F. 134,5—135° (Eisessig); 66%. —

6-Hydroxythionaphthen (**II**), C_8H_6OS, F. 102,5° (Chlf.–PAe.), aus **VII** u. Pyridinhydrochlorid im evakuiert verschlossenen Rohr bei 150—160°; 73%. *Benzoat*, $C_{15}H_{10}O_2S$, F. 90° (Bzl.–PAe.). — *6-Carboxymethoxythionaphthen*, $C_{10}H_8O_3S$, F. 159° (Aceton–Bzl.), aus **II** u. **VIII**; 82%. (Chem. Ber. **92.** 293—98. 14/2. 1959. Pretoria, Iscor-Werke, Forschungslabor.) D. HOLZNER. 3071

V. V. Ghaisas und **B. D. Tilak**, *Thiophene und Thiapyrane*. 16. Mitt. *Thionaphtheno-[3.2:b]-thionaphthen*. (15. vgl. J. sci. ind. Res. [New Delhi], Sect. B **16.** [1957.] 65.) Das aus 3-Jodthionaphthen über die GRIGNARD-Verb. erhaltene *Thionaphthenthiol-(3)* (**I**) wurde mit 2-Bromcyclohexanon zu *2-[Thionaphthenyl-(3)-mercapto]-cyclohexanon* umgesetzt, das mit P_2O_5 zu *1.2.3.4-Tetrahydrothionaphtheno-[3.2:b]-thionaphthen* (**II**) cyclisiert wurde. Dehydrierung von **II** mit Se lieferte glatt *Thionaphtheno-[3.2:b]-thionaphthen* (**III**). Eine zweite eindeutige Synth. von **III** gelang durch Cyclisierung von o-Aminophenylthionaphthenyl-(3)-sulfid nach PSCHORR.

Versuche: *Thionaphthenthiol-(3)* (**I**), $C_8H_6S_2$, Kp.$_{1,5}$ 100—105°, a) durch Zugeben von S zu der aus 40 g 3-Jodthionaphthen erhaltenen GRIGNARD-Verb. in sd. Ae. (1 Std.), ½std. Kochen, Zers. mit Eis u. verd. HCl u. Dampfdest.; 5,66 g (Ausbeute); b) durch Red. nachst. Disulfids mit Zn-Staub u. HCl; 4,75 g. — *Dithionaphthenyl-(3.3')-disulfid*, $C_{16}H_{10}S_4$, F. 99—100°, aus dem Rückstand der Dest. von **I**; aus A. blaßgelbe Nadeln. — *2.4-Dinitrophenylthionaphthenyl-(3)-sulfid*, $C_{14}H_8N_2O_4S_2$, F. 163—164°, aus **I** u. 2.4-Dinitrochlorbenzol in sd. alkoh. NaOH; citronengelbe Schuppen. — *2-[Thionaphthenyl-(3)-mercapto]-cyclohexanon*, aus 5,65 g **I** u. 2-Bromcyclohexanon in 20%ig. NaOH bei 20—25° (2 Std.); Öl. *2.4-Dinitrophenylhydrazon*, $C_{20}H_{18}N_4O_4S_2$, F. 160—161°, aus Äthylacetat orangefarbene Schuppen. — *1.2.3.4-Tetrahydrothionaphtheno-[3.2:b]-thionaphthen* (**II**), $C_{14}H_{12}S_2$, F. 100—101°, a) durch Vakuumdest. vorst. Ketons; b) aus 6,59 g vorst. Ketons u. P_2O_5 in sd. Bzl. (4 Std.); aus n-Hexan Schuppen; 6,6 g (Rohprod.). *Pikrat*, $C_{20}H_{15}N_3O_7S_2$, F. 134—135°, aus A. scharlachrote Nadeln. — *o-Nitrophenylthionaphthenyl-(3)-sulfid* (**IV**), $C_{14}H_9NO_2S_2$, F. 127—128°, a) durch Zugeben von Thionaphthen zu 22,0 g o-Nitrobenzolsulfenylchlorid u. $SnCl_4$ in Äthylenchlorid, ½std. Kochen, Waschen mit HCl u. W., Abdestillieren des überschüssigen Thionaphthens, Abtrennen von *2.2'-Dinitrodiphenyldisulfid* (F. 195—196°; 2,42 g) durch Kristallisation des Rückstandes aus PAe., Vakuumdest. des Rückstandes der Mutterlauge u. Abtrennung nachst. Verb. durch fraktionierte Kristallisation des Destillats (Kp.$_{0,01}$ 170—200°; 6,7 g) aus PAe.; b) aus 5,0 g **I**, o-Nitrochlorbenzol u. C_2H_5ONa in sd. absol. A. (3 Std.); 4,74 g; aus A. gelbe Nadeln. — *Bithionaphthenyl-(2.2')*, $C_{16}H_{10}S_2$, F. 259—260°, neben **IV** nach a); aus Bzl. Schuppen; 0,8 g. — *1.4-Diphenylbutan*, F. 52—53°, Kp.$_2$ 136—138° (Badtemp.), aus vorst. Verb. u. RANEY-Ni in sd. A. (6 Std.); dicke Platten; 83%. — *o-Aminophenylthionaphthenyl-(3)-sulfid*, $C_{14}H_{11}NS_2$, Kp.$_{0,01}$ 155—160° (Badtemp.), aus 1 g **IV** u. H_2/4 at an RANEY-Ni in Bzl. (12 Std.); 0,89 g. *p-Tosylderiv.*, $C_{21}H_{17}NO_2S_3$, F. 179—180°, aus A. Schuppen. — *Thionaphtheno-[3.2:b]-thionaphthen* (**III**), $C_{14}H_8S_2$, F. 210—211°, a) aus 0,3 g **II** u. Se bei 300° (16 Std.); 0,3 g; b) durch Zugeben von 1,175 g vorst. Amins in Eisessig zu $NaNO_2$ in konz. H_2SO_4 bei 20°, Zugeben von verd. H_2SO_4, 7std. Kochen, Extrahieren mit Ae. u. Chromatographie des Extraktrückstandes in Bzl. an Al_2O_3; 20 mg; nach Sublimation bei 190—200°/3 Torr aus PAe. Schuppen. *Trinitrobenzolat*, $C_{20}H_{11}N_3O_6S_2$, F. 175°, aus A. orangefarbene Nadeln. (J. sci. ind. Res. [New Delhi], Sect. B **16.** 345—48. Aug. 1957. Bombay, Univ., Dep. of Chem. Technol.)
F. HELLER. 3071

R. B. Mitra, L. J. Pandya und **B. D. Tilak**, *Thiophene und Thiapyrane*. 17. Mitt. *Thieno-[2.3:b]-thionaphthen und Thionaphtheno-[2.3:b]-thionaphthen*. (16. vgl. vorst. Ref.) Thionaphthenyl-(2)-Li gab bei der Rk. mit S *Bithionaphthenyl-(2.2')* u. *Thionaphthenthiol-(2)* (**I**), das mit Bromacetaldehyddimethylacetal in *[2.2-Dimethoxyäthyl]-thionaphthenyl-(2)-sulfid* umgesetzt wurde. Dieses lieferte bei der Cyclisierung mit Polyphosphorsäure *Thieno-[2.3:b]-thionaphthen*. Die Synth. von *Thionaphtheno-[2.3:b]-thionaphthen* (**II**) durch PSCHORR-Rk. von o-Aminophenylthionaphthenyl-(2)-sulfid (**III**) war nur unter bestimmten Bedingungen in sehr geringer Ausbeute durchführbar, die Cyclisierung von Thionaphthenyl-(2)-phenylsulfid mit C_6H_5Na gelang nicht; dagegen lieferte das aus **I** gebildete *2-[Thionaphthenyl-(2)-mercapto]-cyclohexanon* durch Cyclisierung mit P_2O_5 in guter Ausbeute das **II**-*Tetrahydroderiv.*, das mit Se zu **II** dehydiert werden konnte. Die von LANFRY [1911] aus Naphthalin u. S erhaltene Verb. $C_{10}H_6S_2$ ist mit den von Vff. dargestellten kondensierten Thiophenen nicht ident. u. besitzt demnach eine andere Struktur als die angegebene.

Versuche: *Thionaphthenthiol-(2)* (**I**), F. 45—46°, Kp.$_2$ 106—110° (Badtemp.), aus Thionaphthenyl-(2)-Li u. S in Ae. bei n. Temp. (1 Std.); 58% (Ausbeute). — *Bithionaphthenyl-(2.2')*, F. 263°, neben **I**; aus Bzl.–A. Schuppen. — *S-[Thionaphthenyl-(2)]-thioglykolsäure*, $C_{10}H_8O_2S_2$, F. 100—101°, aus **I** u. Chloressigsäure in 10%ig. NaOH auf dem Wasserbad (1 Std.); aus W. flaumige Nadeln; 85%. — *2.4-Dinitrophenylthionaphthenyl-(2)-sulfid*, $C_{14}H_8N_2O_4S_2$, F. 162—162,5°, aus I u. 2.4-Dinitrochlorbenzol in sd. wss.-alkoh. NaOH (½ Std.); aus Eisessig glänzende, gelbe rechteckige Stäbe; 47%. — *Dithionaphthenyl-(2.2')-disulfid*, $C_{16}H_{10}S_4$, F. 114,5—115°, aus I u. 5%ig. HNO_3 bei n. Temp. (24 Std.); aus Bzl.-A. gelbe, glänzende, hexagonale Schuppen. — *[2.2-Dimethoxyäthyl]-thionaphthenyl-(2)-sulfid*, $C_{12}H_{14}O_2S_2$, Kp.$_{0,03}$ 115—120° (Badtemp.), aus I, Bromacetaldehyddimethylacetal u. C_2H_5ONa in sd. absol. A. (4 Std.); blaßgelbes Öl; 70%. — *Thionaphthenyl-(2)-mercaptoacetaldehyd, 2.4-Dinitrophenylhydrazon*, $C_{16}H_{12}N_4O_4S_2$, F. 157—158°, aus vorst. Verb.; aus Äthylacetat-A. orangefarbene Nadeln. — *Thieno-[2.3:b]-thionaphthen*, $C_{10}H_6S_2$, F. 61—61,5°, aus vorst. Acetal u. Polyphosphorsäure in sd. Bzl. (4 Std.); aus CH_3OH Nadeln; 25%. *Trinitrobenzolat*, $C_{16}H_9N_3O_6S_2$, F. 124—125°, aus CH_3OH orangegelbe Nadeln. — *o-Nitrophenylthionaphthenyl-(2)-sulfid*, $C_{14}H_9NO_2S_2$, F. 129—130°, aus I u. o-Nitrochlorbenzol in sd. wss.-alkoh. NaOH (3 Std.); hellgelbe Rhomboide; 98,5%. — *o-Aminophenylthionaphthenyl-(2)-sulfid* (**III**), $C_{14}H_{11}NS_2$, F. 82—83°, aus vorst. Verb., Sn u. $SnCl_2$ in konz. HCl; aus A. braune Blättchen; 93%. *p-Tosylderiv.*, $C_{21}H_{17}NO_2S_3$, F. 119—120°, aus A. Nadeln. — *2-[Thionaphthenyl-(2)-mercapto]-cyclohexanon*, $C_{14}H_{14}OS_2$, F. 97—97,5°, aus I u. 2-Bromcyclohexanon in verd. NaOH bei n. Temp. (1½ Std.); aus A. lockere Schuppen; 95%. *2.4-Dinitrophenylhydrazon*, $C_{20}H_{18}N_4O_4S_2$, F. 194—195°, aus Äthylacetat hellorangefarbene, längliche, rechteckige Schuppen. — *1.2.3.4-Tetrahydrothionaphtheno-[2.3:b]-thionaphthen*, $C_{14}H_{12}S_2$, F. 57,5—58°, Kp.$_{1,5}$ 178—185° (Badtemp.), aus vorst. Keton u. P_2O_5 in Chlorbenzol bei 170° (3 Std.); aus CH_3OH-Aceton Nadeln; 70%. *Pikrat*, $C_{20}H_{15}N_3O_7S_2$, F. 121°, aus A. dunkelrote rechteckige Stäbe. — *Thionaphtheno-[2.3:b]-thionaphthen* (**II**), $C_{14}H_8S_2$, F. 140—140,5°, a) aus vorst. Tetrahydroderiv. u. Se bei 310—320° (8 Std.); 61%; b) durch Zugeben von 1,0 g **III** in Eisessig zu $NaNO_2$ in konz. H_2SO_4 bei 0°, Zufügen von verd. H_2SO_4 bei 0°, ¾std. Rühren bei 0°, Zugeben von Cu-Pulver bei n. Temp., 1std. Erhitzen auf dem Wasserbad u. Reinigung über das Pikrat neben einer *phenol. Verb.* vom Kp.$_{0,3}$ 154—157°; 2 mg; nach Sublimation bei 90—120°/0,07 Torr aus Bzl.-A. glänzende, rechteckige Stäbe. *Pikrat*, $C_{20}H_{11}N_3O_7S_2$, F. 145—146°, aus A. glänzende rote Nadeln. — *Phenylthionaphthenyl-(2)-sulfid*, $C_{14}H_{10}S_2$, F. 61°, Kp.$_{1,0}$ 155—165° (Badtemp.), durch Zugeben von H_2SO_4 zu **III** in Dioxan, Zutropfen von Isoamylnitrit u. Zugeben des Diazoniumsalzes zu Cu-Pulver u. NaH_2PO_2-Lsg. bei 40—50° u. 1std. Erhitzen auf 80°; aus A. Nadeln; 50%. Gibt mit C_6H_5Na in Bzl. bei n. Temp. (12 Std.), dann unter Rückfluß (48 Std.) *Thionaphthen* [Kp.$_2$ 90—100° (Badtemp.). *Pikrat*, F. 143 bis 145°]. (J. sci. ind. Res. [New Delhi], Sect. B **16**. 348—54. Aug. 1957.)

F. Heller. 3071

Henning von Dobeneck und **Wolfgang Lehnerer** (unter Mitarbeit von **H. Deubel**), *Zur Chemie des Indols. 5. Mitt. Über die Oxydation von Indolderivaten mit Eisen(III)-chlorid.* (4. vgl. C. **1959**. 7771.) Die Umsetzung von Skatol (**I**) mit wasserfreiem $FeCl_3$ in Ae. liefert einen aus *6 Methylenindoleninresten* aufgebauten krist. roten *Farbstoff*, wobei Verknüpfung zwischen dem N des einen u. dem Methylen-C des folgenden Mol. eintritt. Analog reagiert 2-Methylindol (**II**) mit 2 $FeCl_3$ zu einem aus 5 Einheiten aufgebauten kupferfarbenen *Farbstoff* (**III**); mit alkoh. $FeCl_3$ läßt sich **III** nicht erhalten. Im Gegensatz zu dem aus **I** erhaltenen Farbstoff ist **III** gegen weitere Oxydation (überschüssiges $FeCl_3$, CrO_3) empfindlich; dabei entstehen braune Substanzen. Indol liefert mit $FeCl_3$ einen uneinheitlichen grünbraunen Farbstoff. Ferner ließen sich Farbstoffe, die durch Ausschütteln mit W. abzuscheiden sind, durch Rk. von $FeCl_3$ in Ae. mit 1-Methyl-, 1.2-Dimethyl-, 3-Diäthylaminomethyl-, 3-Piperidinomethylindol, Diskatol, 2.2'-Dimethyldiindolyl-(3.3') u. Indolyl-(3)-essigsäure (**IV**), nicht jedoch mit Tryptophan erhalten. Das Oxydationsprod. von **IV** erwies sich als von Urorosein verschieden. — In Ggw. von aliphat. sek. oder tert. Aminen wird die $FeCl_3$-Oxydation der Indolderivv. „abgelenkt". So entsteht bei der Umsetzung von **I** u. Diäthylamin (**V**) mit $FeCl_3$ *α-[2.3-Dihydroskatolyl-(3)]-α-äthylamino-β-skatolyl-(2)-äthan* (**VI**), wobei vermutlich das intermediär entstandene Vinyläthylamin (vgl. C. **1957**. 1650) mit **I** reagiert; nach Ausziehen von **VI** mit wss. HCl läßt sich aus dem Reaktionsgemisch in größerer Ausbeute *[Skatolyl-(2)]-[2.3-dihydroskatolyl-(2)]-äther* (**VII**) isolieren. Die Äther dürften durch Rk. von intermediär gebildeten Radikalkationen, auf die die intensive Färbung der Ndd. deutet, mit W. entstehen. Ein **VII** entsprechender Äther bildet sich im Gegensatz zu der **VI** entsprechenden Verb. auch bei der Umsetzung von **I** mit $FeCl_3$ in Ggw. prim. sauerstoffhaltiger Amine wie Diäthanolamin. — Indolyl-(3)-essigsäuremethylester reagiert mit **V** u. $FeCl_3$ wie **I**, Indol liefert dagegen lediglich *α-[2.3-Dihydroindolyl-(3)]-α-äthylamino-β-indolyl-(2)-äthan*, jedoch nicht den Äther. **II** reagiert mit $FeCl_3$ in Ggw. von **V** unter Bldg. von *2.2'-Dimethyldiindolenyl-(3.3')*, das sich auch durch Erhitzen von 2.2'-Dimethyldiindolyl-(3.3') mit HJ darstellen läßt.

Versuche (FF. korr.): *Farbstoff aus Skatol, Hydrochlorid,* $(C_9H_7N)_6 \cdot CH_3OH \cdot H_2O \cdot HCl$, Erweichung ab 240° unter Schwarzfärbung, durch Zusammengeben von **I** u. wasserfreiem $FeCl_3$ in Ae. unter Eiskühlung u. Extraktion mit Methanol; 85% (Ausbeute); liefert mit Zn + HCl **I**. *Farbstoffbase,* $(C_9H_7N)_6 \cdot 2H_2O$, nicht kristallin, gelb, färbt sich ab 270° dunkel u. schm. nicht bis 540°. — *Farbstoff aus 2-Methylindol, Hydrochlorid* (**III**), $(C_9H_7N)_5 \cdot HCl \cdot H_2O$, sintert ab 300°, durch 12 std. Stehen von **II** mit $FeCl_3$ in Ae. zu schütteln mit W.; 75%. — *α-[2.3-Dihydroskatolyl-(3)]-α-äthylamino-β-skatolyl-(2)-äthan* (**VI**), $C_{22}H_{27}N_3$, F. 256° (Methanol), durch Zutropfen von in Ae. gelöstem $FeCl_3$ u. einer eisgekühlten Lsg. von **I** u. **V** in Ae., Durchrühren mit konz. NaOH, Ausziehen der Ätherphase mit HCl u. Alkalisieren des HCl-Auszuges mit NaOH; 8%; daneben aus der mit HCl geschüttelten Ätherlsg. *[Skatolyl-(2)]-[2.3-dihydroskatolyl-(2)]-äther* (**VII**), $C_{18}H_{18}N_2O$, F. 218° (Zers.); 34%; liefert mit wss. HCl **I** u. *3-Methyloxindol,* F. 122°. *Hydrochlorid,* F. 89°, mit äther. HCl. *Nitrosoverb.,* F. 192° (Zers.; Aceton). — *α-[2.3-Dihydro-3-carbomethoxymethylindolyl-(3)]-α-n-propylamino-β-[3-carbomethoxymethylindolyl-(2)]-propan,* $C_{28}H_{35}N_3O_4$, F. 114°, analog **VI** aus dem **IV**-Methylester in Ggw. von Di-n-propylamin; 4,5%; daneben *3-Carbomethoxymethylindolyl-(2)-[2.3-dihydro-3-carbomethoxymethylindolyl-(2)]-äther,* $C_{22}H_{22}N_2O_5$, F. 232°; 36%. — *α-[2.3-Dihydroindolyl-(3)]-α-äthylamino-β-indolyl-(2)-äthan,* $C_{20}H_{23}N_3$, F. 220—221° (Zers.; Bzl.), analog **VI** aus Indol u. **V**; 3%. — *2.2'-Dimethyldiindolenyl-(3.3'),* $C_{18}H_{16}N_2$, F. 239,5° (Bzl.), a) aus **II**, **V** u. $FeCl_3$; 3%; b) durch Erhitzen von 0,4 g 2.2'-Dimethyldiindolyl-(3.3') u. 6 cm³ HJ (D. 1,7) in 6 cm³ Eisessig unter Rückfluß (1½ Std.); 0,46 g. (Chem. Ber. **90.** 161—71. 25/2. 1957. München, TH, Organ.-Chem. Inst.) H. E.-TOUSSAINT. 3081

Tadashi Masamune, *Kondensierte vielringige stickstoffhaltige Perhydroverbindungen.* 9. Mitt. *Erschöpfende Methylierung von cis- und trans-Hexahydrocarbazolen.* (8. vgl. Bull. chem. Soc. Japan **30.** [1957.] 307.) *cis-* u. *trans-1.2.3.4.4a.9a-Hexahydro-N-methylcarbazol* (**cI** u. **tI**)*-methojodid* (**cII** u. **tII**) geben mit Ag_2O 70% bzw. 50% *1-[o-Dimethylaminophenyl]-cyclohexen* (**III**). **tII** liefert noch 25% **cI**. *γ-Dimethylaminopropylcyclopentan* wird zum Vgl. des Abbaus von trans-Oktahydroindol synthetisiert.

Versuche: *cis-1.2.3.4.4a.9a-Hexahydro-N-methylcarbazol* (**I**)*-methojodid* (**cII**), $C_{14}H_{20}JN$, F. 196—198°, a) aus 10 g **cI**, CH_3J u. sd. A. (6 Std.), Vakuumrückstand alkal. ausäthern u. den Nd. mit Aceton ½ Std. auskochen; 3,3 g (Ausbeute); daneben aus dem Extrakt nach SCHOTTEN-BAUMANN mit HCl 4,2 g *cis-1.2.3.4.4a.9a-Hexahydro-N-benzoylcarbazol,* F. 103—105° (A.), u. aus dem Filtrat mit NaOH 3 g **cI** (*Pikrat,* $C_{19}H_{20}N_4O_7$, F. 144—145°); b) aus 3 g **cI** u. CH_3J über Nacht bei Raumtemp.; 3,3 g. — *1-[o-Dimethylaminophenyl]-cyclohexen* (**III**), $Kp._{12}$ 144—145°, $Kp._{13}$ 145—149°, a) aus **cII** in warmem A.-W. u. Ag_2O im Dunkeln (5 Std.) u. Zers. bei 140—150°; 70%; b) aus **tII** wie a); 50%. *Pikrat* (**IV**), $C_{20}H_{22}N_4O_7$, F. 168—170° (A.). *Methojodid* (**IIIm**), $C_{15}H_{22}JN$, F. 195 bis 196° (Zers.; Aceton), aus 5,5 g **III** u. sd. CH_3J, nach ½ Std. 0,3 g Nd. des *Methojodids* von *1-[o-Monomethylaminophenyl]-cyclohexen,* $[C_{14}H_{20}JN]$; Filtrat 60 Std. kochen; 2,3 g. — *1-[o-Dimethylaminophenyl]-cyclohexan,* aus 0,45 g **III** in CH_3OH u. H_2 in Ggw. von 10%ig. Pd-Kohle (½ Std.); Öl; 0,35 g: *Pikrat,* $C_{20}H_{24}N_4O_7$, F. 185—187° (A.). — *1-Phenylcyclohexen-(1),* $C_{12}H_{14}$, $Kp._{22}$ 134—136°, aus 2 g **IIIm** u. Ag_2O in W., nach ¾ Std. 6 Std. mit 5%ig. Na-Hg bei 95° red.; 0,55 g; 0,1 g aus **tII** gab mit 10%ig. Pd-Kohle (½ Std. bei 280—300°) 0,03 g *Diphenyl,* F. 68—70°. — *δ-Benzoylvaleriansäure,* $C_{12}H_{14}O_3$, F. 72—74° (Bzl.), aus 0,5 g vorst. Verb. u. $KMnO_4$ in wss. Aceton bei 40—50°; 0,18 g. *Semicarbazon,* $C_{13}H_{17}N_3O_3$, F. 184—185° (CH_3OH). — Im verdampften alkoh. Filtrat von **IV** aus **tII** mit Aceton *Pikrat* von **cI**, F. 141—143°. — *γ-Chlorpropylcyclopentan,* $Kp._{20}$ 68—80°, durch 8 std. Kochen von Cyclopentylmethyl-MgBr u. β-Chloräthyl-p-toluolsulfonat in Ae. u. Zers. mit Eis-HCl. — *γ-Dimethylaminopropylcyclopentan,* $Kp._{20}$ 80—84°, aus vorst. Verb. u. 15%ig. alkoh. Dimethylaminlsg. im Rohr bei 160—180° (8 Std.). *Pikrat,* $C_{16}H_{24}N_4O_7$, F. 108—110° (A.). *Pikrolonat,* $C_{20}H_{29}N_5O_5$, F. 156—158° (A.). (Bull. chem. Soc. Japan **30.** 491—95. Juli 1957. Sapporo, Hokkaido Univ., Fac. of Sci., Chem. Dep. [Orig.: engl.]) K. LEHMSTEDT. 3081

Akira Inoue, Yukio Nomura, Nobuhiko Kuroki und **Kenzô Konishi,** *Untersuchungen über die Verwendung von Naphthochinonderivaten.* 4. Mitt. *Carbazolchinonderivate.* (3. vgl. J. Soc. org. synth. Chem., Japan **14.** [1956.] 616; 5. vgl. C. **1959.** 13141.) Küpenfarbstoffe, die einen Carbazolring enthalten u. die angegebene Grundstruktur haben, werden durch Rk. von 2.3-Dichlornaphthochinon-(1.4) bzw. 5-Nitro-2.3-dichlornaphthochinon-(1.4) mit verschied. aromat. Aminen, wie p-Toluidin, β-Naphthylamin, Benzidin u. o-Dianisidin, in sd. Eisessig zu *2-Arylamino-3-chlor-* bzw. *2-Arylamino-3-chlor-5-nitronaphthochinonen* (67—80% [Ausbeute]), Bromieren in Eisessig bei Raumtemp. zu den *2'-bromierten Verbb.*

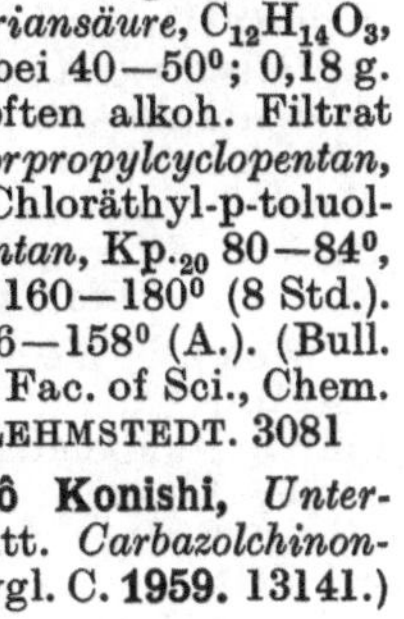

(70—81%) u. Ringschluß durch Kochen in Nitrobenzol in Ggw. von akt. Cu hergestellt. *1.2;5.6-Bis-[5.6-benzo-4.7-dioxoindo]-anthrachinon* wird durch Rk. von Naphthochinon (I) mit 1.5-Diaminoanthrachinon (II) zu *N.N'-Bis-[naphthochinon-(1.4)-yl-(2)]-1.5-diaminoanthrachinon,* Bromieren u. Ringschluß hergestellt. Die Farbstoffe aus Diaminen färben Baumwolle gut, sind jedoch wenig lichtecht.

Versuche: *2.3-Dichlornaphthochinon-(1.4),* F. 194°, aus I in Eisessig durch Einleiten von Cl_2 bei 100—120° in Ggw. von J_2; gelbe Nadeln; 87% (Ausbeute). — *5-Nitro-2.3-dichlornaphthochinon-(1.4),* F. 174—175° (Chlf.), aus vorst. Verb. mit HNO_3 (D. 1,52) u. konz. H_2SO_4 (ca. 1:2) bei 50°; 47,7%. — *1.2;5.6-Bis-[5.6-benzo-4.7-dioxoindo]-anthrachinon,* $C_{34}H_{14}N_2O_6$, aus 4 Mol I u. 1 Mol II durch Kochen in Eisessig, Bromierung des gebildeten N.N'-Bis-[naphthochinon-(1.4)-yl-(2)]-1.5-diaminoanthrachinons (91% [Ausbeute]) in Eisessig bei 40—50° zur *2.3'.3''.4-Tetrabromverb.* ($C_{34}H_{14}Br_4N_2O_6$; 72,4%) u. Dehalogenierung mit Cu; ca. 57%. (J. Soc. org. synth. Chem. Japan **16.** 536—40. Okt. 1958. Sakai, Ôsakahuritu-Daigaku. [Orig.: japan.; Auszug: engl.]) E. MAEKAWA. 3081

H. Amâl und **Ö. Alp,** *Über die Kondensation von einigen Thiosemicarbazonen mit chlorhaltigen Ketonen.* Methylantipyryl-(4)-keton (I) wird ins *4-Thiosemicarbazon* (II) übergeführt, das sich einerseits zu I hydrolysieren läßt u. andererseits mit Chlormethylantipyryl-(4)-keton (III) *4-[2-(1-Antipyryl-(4)-äthylidenhydrazino)-thiazolyl-(4)]-antipyrin* gibt. Aus III u. 4-Formylantipyrinthiosemicarbazon wird *4-[2-(Antipyryl-(4)-methylenhydrazino)-thiazolyl-(4)]-antipyrin* erhalten. [α-Chloräthyl]-antipyryl-(4)-keton (IV) wird mit Thioharnstoff (V), Acetophenonthiosemicarbazon (VI) bzw. II zu *4-[2-Amino-5-methylthiazolyl-(4)]-*, *4-[2-(1-Phenyläthylidenhydrazino)-5-methylthiazolyl-(4)]-* bzw. *4-[2-(1-Antipyryl-(4)-äthylidenhydrazino)-5-methylthiazolyl-(4)]-antipyrin* kondensiert.

Versuche: *Methylantipyryl-(4)-keton* (I)-*Thiosemicarbazon* (II), $C_{14}H_{17}N_5OS$, F. 226° (Zers.; A), durch 15 Min. Kochen von I mit Thiosemicarbazid in 60%ig. A.; Nadeln. 2std. Kochen mit 60%ig. H_2SO_4 → I. — *4-[2-(1-Antipyryl-(4)-äthylidenhydrazino)-thiazolyl-(4)]-antipyrin,* $C_{27}H_{27}N_7O_2S$, F. 248° (Zers.; CH_3OH), durch 15 Min. Kochen von II mit III in A. u. Versetzen mit wss. Na-Acetat; gelbschimmernde Kristalle. — *4-[2-Amino-5-methylthiazolyl-(4)]-antipyrin,* $C_{15}H_{16}N_4OS$, F. 225° (Zers.; wss. CH_3OH), durch Kochen von IV u. V in C_2H_5OH. — *4-[2-(1-Phenyläthylidenhydrazino)-5-methylthiazolyl-(4)]-antipyrin,* $C_{23}H_{23}N_5OS$, F. 263° (Zers.; A.), aus IV u. VI; hellgelbe Kristalle. — *4-[2-(1-Antipyryl-(4)-äthylidenhydrazino)-5-methylthiazolyl-(4)]-antipyrin,* $C_{28}H_{29}N_7O_2S$, F. 244° (A.), aus II u. IV; hellgelbe Kristalle. (Pharmac. Acta Helvetiae **30.** 190—95. Mai/Juni 1955. Istanbul, Univ., Inst. für Pharmazeut. Chem.) CH. BÖHME. 3122

Dimitrios Theodoropoulos und **Georg Fölsch,** *Untersuchungen über Histidylpeptide.* 1. Mitt. *Imidazolsubstituiertes Histidin bei der Synthese C-endständiger und N-endständiger Histidylpeptide.* N^{α}-Carbobenzoxy (Cbo)-N^1-benzyl-L-histidin (I) konnte mit L-Serin- (II), N^1-Benzyl-L-histidin- (III) u. Glycinbenzylester (IV) sowie mit L-Glutaminsäure- (V) u. L-Asparaginsäuredibenzylester (VI) nach der Carbodiimidmeth. bei 40—45° u. mehrstd. Stehen zu den entsprechenden *Cbo-N¹-benzyl-L-histidylaminosäurebenzylestern* gekuppelt werden. Analog oder auch nach der Meth. der gemischten Anhydride (Chlorkohlensäureäthylester) wird aus Cbo-L-phenylalanin (VII), Cbo-L-isoleucin (VIII) u. Tritylglycin (IX) mit III-*Dibenzolsulfonat Cbo-* bzw. *Tritylaminosäure-L-histidinbenzylester* erhalten. Die Cbo-dipeptidbenzylester konnten mit n-NaOH zu den *Cbo-dipeptiden* verseift werden. *Cbo-L-phenylalanyl-N¹-benzyl-L-histidyl-L-leucin* (XI) ließ sich in Ggw. von Pd partiell zu *L-Phenylalanyl-N¹-benzyl-L-histidyl-L-leucin* oder vollständig zu *L-Phenylalanyl-L-histidyl-L-leucin* (XII) hydrieren. XII wurde auch aus XI mit Na/fl. NH_3 erhalten. Die Veresterung von N^1-Benzyl-L-histidin (XIII) mit Methanol in Ggw. von HCl führte zum hygroskop. *N¹-Benzyl-L-histidinmethylester-dihydrochlorid* (X).

Versuche: *Nα-Cbo-N¹-benzyl-L-histidin* (I), F. 210—213° [Dimethylformamid (DMF)/Ae.], durch Rk. von XIII in n-LiOH mit Cbo-chlorid in Dioxan bei 0°, ¼std. Rühren bei Raumtemp., Verdünnen mit W. u. Ansäuern mit Essigsäure; $[\alpha]_D^{21}$ +5,2° (c = 5; Eisessig); 70% (Ausbeute). — *N¹-Benzyl-L-histidinbenzylester* (III)-*Dibenzolsulfonat,* $C_{32}H_{33}N_3O_8S_2$, F. 174—177° (Isopropanol/Ae. oder Dioxan/Ae.), durch Kochen von XIII mit Benzolsulfonsäurehydrat, Benzylalkohol u. CCl_4 u. Zugeben von Ae.; $[\alpha]_D^{18}$ +8,0° (c = 1,5; DMF); 80%. *Methylesterdihydrochlorid* (X), F. 111—115° (HCl-gesätt. Methanol/Ae.), durch Rk. von XIII mit Methanol u. HCl; hygroskopisch. — *Nα-Cbo-N¹-benzyl-L-histidyl-L-serinbenzylester* (XV), $C_{31}H_{32}N_4O_6$, F. 149—151° (Essigester), durch Vereinigen von I in DMF mit II-Benzolsulfonat in DMF u. Triäthylamin bei 40—45°, Zugeben von N.N'-Dicyclohexylcarbodiimid (XIV), mehrstd. Rühren bei Raumtemp. u. Zugeben von W.; $[\alpha]_D^{21}$ +2,9° (c = 5,8; Eisessig); 60%. — *Nα-Cbo-N¹-benzyl-L-histidyl-N¹-benzyl-L-histidinbenzylester,* $C_{41}H_{40}N_6O_5$, F. 137° (A./Ae.), aus I

u. **III**-Dibenzolsulfonat analog **XV**; $[\alpha]_D^{21}$ −22,3° (c = 5,3; Eisessig); 54%. — *N^α-Cbo-N¹-benzyl-L-histidylglycinbenzylester*, $C_{30}H_{30}N_4O_5$, F. 111—112° (A./Ae.), aus **I** u. **IV**-p-Toluolsulfonat analog **XV**; 40%. *Freie Säure*, $C_{23}H_{24}N_4O_5$, F. 235—240°, durch 20 Min. lange Rk. des Esters in Aceton mit n-NaOH, Verdünnen mit W. u. Ansäuern mit Essigsäure; $[\alpha]_D^{20}$ −5,5° (c = 2,1; Eisessig); 90%. — *N^α-Cbo-N¹-benzyl-L-histidyl-L-glutaminsäuredibenzylester*, $C_{40}H_{40}N_4O_7$, F. 89—91° (Essigester/Ae.), aus **I** u. **V**-p-Toluolsulfonat analog **XV**; 50%. *Freie Säure*, $C_{26}H_{28}N_4O_7$, F. 95—97° (A./W.), durch ½std. Rk. des Diesters in Aceton mit n-NaOH u. Ansäuern mit Essigsäure; 90%. — *Cbo-L-phenylalanyl-N¹-benzyl-L-histidinbenzylester*, $C_{37}H_{36}N_4O_5$, F. 106—107° (A./Ae.), a) durch 5 Min. lange Rk. von **VII** mit Chlorkohlensäureäthylester in Tetrahydrofuran bei 0° in Ggw. von Triäthylamin, Zugeben von **III**-Dibenzolsulfonat in Tetrahydrofuran u. Triäthylamin, ½std. Stehen u. Verdünnen mit W.; 61%; b) durch Rk. von **VII** mit **III**-Dibenzolsulfonat analog **XV**; 70%. *Freie Säure* (**XVI**), F. 139—140° (80%ig. A./Ae.), durch ½std. Rk. des Esters in Aceton mit n-NaOH; $[\alpha]_D^{12}$ +28° (c = 1; Eisessig); 72%. — *Cbo-L-phenylalanyl-N¹-benzyl-L-histidyl-L-asparaginsäure*, F. 193—196° (60%ig. A.), aus **XVI** u. **VI**-p-Toluolsulfonat in DMF in Ggw. von **XIV** u. ½std. Rk. mit n-NaOH in Aceton/A. (1 : 1); $[\alpha]_D^{12}$ +20° (c = 1; Eisessig); 80%. — *Cbo-L-phenylalanyl-N¹-benzyl-L-histidyl-L-leucin* (**XI**), F. 160—165° (Isopropanol/Diisopropyläther), aus **XVI** u. L-Leucinmethylester in Ggw. von **XIV** u. alkal. Verseifung; 50%. — *L-Phenylalanyl-N¹-benzyl-L-histidyl-L-leucin*, $C_{28}H_{35}N_5O_4$, F. 162—164° (Zers.; 50%ig. A.), durch Hydrogenolyse von **XI** in absol. A. in Ggw. von Pd; $[\alpha]_D^{21}$ +23,3° (c = 1,03; Eisessig); 90%. — *L-Phenylalanyl-L-histidyl-L-leucin* (**XII**), durch Rk. von **XI** mit Na/fl. NH_3, Einengen, Lösen in W. u. Extrahieren mit Ae.; $[\alpha]_D^{24}$ +29,5° (c = 1; Eisessig); 50%. — *Cbo-L-seryl-N¹-benzyl-L-histidinbenzylester*, $C_{31}H_{32}N_4O_6$, F. 138,5—139,5° (Essigester/PAe. oder A./Ae.), aus Cbo-L-serin u. **III**-Dibenzolsulfonat in Tetrahydrofuran in Ggw. von **XIV**; $[\alpha]_D^{21}$ −26,3° (c = 8,4; Eisessig); 57%. — *N-Tritylglycyl-N¹-benzyl-L-histidin*, F. 198—201° (A./W.), durch Rk. von **IX** mit **III**-Dibenzolsulfonat in Tetrahydrofuran in Ggw. von **XIV** oder Chlorkohlensäureäthylester u. alkal. Verseifung; $[\alpha]_D^{21}$ +24,2° (c = 2,7; Tetrahydrofuran); 60%. — *Cbo-L-isoleucyl-N¹-benzyl-L-histidinbenzylester*, $C_{34}H_{38}N_4O_5$, F. 132—134° (70%ig. A.), aus **VIII** u. **III**-Dibenzolsulfonat nach der Carbodiimid- oder gemischten Anhydridmeth.; $[\alpha]_D^{21}$ −21,8° (c = 10,1; Eisessig); 60 bzw. 70%. — *Cbo-L-phenylalanyl-N¹-benzyl-L-histidinhydrazid*, F. 183—186° (80%ig. A.), durch 5 Min. lange Rk. von **VII** mit Chlorkohlensäureäthylester in Chlf. in Ggw. von Triäthylamin bei 5°, Zugeben von **X**, ½std. Rühren, Einengen, mehrstd. Stehen in A. mit $N_2H_4 \cdot H_2O$ u. Zugeben von W.; 75%. (Acta chem. scand. **12.** 1955—64. 1958. Gothenburg, Sweden, Univ., Dep. of Med. Biochem.) E. SCHRÖDER. 3122

Dimitrios Theodoropoulos, *Untersuchungen über Histidylpeptide.* 2. Mitt. *Die Synthese von L-Histidyl-L-leucin und seine optische Homogenität.* (1. vgl. vorst. Ref.) Der aus Cbo-N¹-benzyl-L-histidin (**I**) u. L-Leucinbenzylester-p-toluolsulfonat (**II**) nach der Carbodiimidmeth. bei 40—45° oder bei Raumtemp. in Ggw. von Triäthylamin hergestellte *Cbo-N¹-benzyl-L-histidyl-L-leucinbenzylester* (**III**) zeigt übereinstimmende [α]-Werte. Katalyt. Hydrierung von **III** in Dimethylformamid (DMF)/W. (1:1) in Ggw. von Pd lieferte *L-Histidyl-L-leucin* mit dem gleichen $[\alpha]_D$-Wert, wie das von HOLLEY u. SONDHEIMER (C. **1956.** 12269) nach der Azidmeth. erhaltene Präparat.

V e r s u c h e: *Cbo-N¹-benzyl-L-histidyl-L-leucinbenzylester* (**III**), $C_{34}H_{38}N_4O_5$, F. 112 bis 114° (Essigester/PAe.), a) durch Rühren von **I** in DMF mit Triäthylamin, Zugeben von **II** in DMF u. N.N′-Dicyclohexylcarbodiimid (**IV**), mehrstd. Stehen u. Verdünnen mit W.; $[\alpha]_D^{22}$ −13,8° (c = 3,5; Eisessig); 65%; b) aus **I** u. **II** in DMF bei 40—45° in Ggw. von **IV** u. mehrstd. Stehen bei Raumtemp.; $[\alpha]_D^{22}$ −13,4° (c = 3,6; Eisessig); 50%. — *L-Histidyl-L-leucin*, F. 220—222°, durch katalyt. Hydrierung von **III** in DMF/W. (1:1) in Ggw. von Pd u. Pd-Kohle; $[\alpha]_D^{22}$ −45,2° (c = 1; 0,1 n NaOH); 70%. — *N¹-Benzyl-L-histidinbenzylesterdi-p-toluolsulfonat*, $C_{34}H_{39}N_3O_8S_2$, F. 176—177° (Isopropanol/Ae.), durch Kochen von N¹-Benzyl-L-histidin mit Benzylalkohol, p-Toluolsulfonsäure u. CCl_4; 80%. — *N^α-Cbo-N¹-benzyl-L-histidyl-N¹-benzyl-L-histidinbenzylester*, F. 137° (Essigester/PAe.), durch Zugeben vorst. Verb. u. **IV** zu **I** in CH_2Cl_2 u. Triäthylamin, mehrstd. Stehen u. Zugeben von Ae.; Nadeln; $[\alpha]_D^{22}$ −23,3° (c = 4,5; Eisessig); 65%. (Acta chem. scand. **12.** 2043—44. 1958.) E. SCHRÖDER. 3122

N. K. Kotschetkow, Je. D. Chomutowa, M. Ja. Karpeisski und **R. M. Chomutow,** *Untersuchungen in der Isoxazolreihe.* 4. Mitt. *Synthese einiger Amine der Isoxazolreihe.* (3. vgl. Журнал Общей Химии [J. allg. Chem.] **27** (**89**). [1957.] 452.) 3-Chlormethylisoxazol (**I**) reagiert mit β-Diäthylaminoäthanol (**II**), Anilin (**III**) u. o-Toluidin (**IV**) zu *Isoxazolyl-(3)-methyl-β-diäthylaminoäthyläther*, *N-[Isoxazolyl-(3)-methyl]-anilin* u. *-o-toluidin*. 3.5-Dimethylisoxazol (**V**) läßt sich zu *3.5-Dimethyl-4-chlormethylisoxazol* (**VI**) chlormethylieren. **VI** liefert mit N-Phenyl-N'.N'-dimethyläthylendiamin (**VII**) u. N-Phenyl-N'.N'-diäthyläthylendiamin (**VIII**) *N-Phenyl-N-[3.5-dimethylisoxazolyl-(4)-methyl]-N'.N'-dimethyläthylendiamin* (**X**) bzw. *-N'.N'-diäthyläthylendiamin* (**XI**). **IX** besitzt eine schwache cholinolyt. Wrkg., **X** u. **XI** haben eine schwache Antihistaminwirkung.

Versuche: *Isoxazolyl-(3)-methyl-β-diäthylaminoäthyläther*, $C_{10}H_{18}N_2O_2$, Kp.$_1$ 83—84°, Kp.$_8$ 110—112°, man löst in 50 ml **II** 2,3 g Na u. tropft unter Kühlung mit Eis-Kochsalz 11,7 g **I** in 25 ml **II** zu. Man rührt 4 Std. bei 20°, verd. mit 100 ml Ae. u. dest.; bewegliches Öl, das an der Luft dunkel wird; D^{20}_4 1,0146; n_D^{20} 1,4623. *Jodäthylat*, $C_{12}H_{23}JN_2O_2$, F. 82—83° (A.–Ae.). — *3-Diäthylaminomethylisoxazoljodäthylat* (**IX**), $C_{10}H_{19}JN_2O$, F. 131—132° (A.–Ae.), aus 3 g 3-Diäthylaminomethylisoxazol u. 4 g Äthyljodid in 2—3 Tagen; 60—65% (Ausbeute). — *N-[Isoxazolyl-(3)-methyl]-anilin*, $C_{10}H_{10}N_2O$, F. 63—64° (PAe.), Kp.$_2$ 152—154°, 0,4 Mol **III**, 0,125 Mol $NaHCO_3$ u. 10 ml W. erhitzt man auf dem sd. Wasserbad u. tropft unter starkem Rühren 0,1 Mol **I** zu. Man erhitzt noch 4 Std., filtriert, wäscht mit NaCl-Lsg. u. dest.; Kristalle, die an der Luft dunkel werden; 80—85%. — *N-[Isoxazolyl-(3)-methyl]-o-toluidin*, $C_{11}H_{12}N_2O$, F. 80—81°, Kp.$_1$ 145—150°, analog aus **I** u. **IV**. — *3.5-Dimethyl-4-chlormethylisoxazol* (**VI**), C_6H_8ClNO, Kp.$_8$ 87—88°, Kp.$_{20}$ 103—105°, man leitet in das Gemisch aus 50 ml CCl_4, 7,5 g Paraformaldehyd, 10,0 g $ZnCl_2$ u. 22,4 g **V** bei 50—60° während 1½ Std. trockenes HCl ein, rührt noch 2 Std., gießt in 300 ml W., neutralisiert mit Soda, extrahiert mit Ae. u. dest.; D^{20}_4 1,1730; n_D^{20} 1,4858; 28—30%. Farbloses Öl, das beim Stehen gelb wird. Reizt zu Tränen u. bildet mit Urotropin einen Komplex. — *N-Phenyl-N-[3.5-dimethylisoxazolyl-(4)-methyl]-N'.N'-dimethyläthylendiamin* (**X**), Kp.$_{1-1,5}$ 172—175°, man kocht 2,5 g $NaNH_2$ u. 8 g **VII** in 75 ml Xylol, bis sich kein NH_3 mehr entwickelt. Nach dem Abkühlen tropft man unter Rühren 7 g **VI** zu, die in 20 ml Xylol gelöst sind. Man erhitzt 4 Std. auf 80 bis 90°, verd. mit 100 ml 10%ig. NaOH u. extrahiert mit Bzl.; 40%. Zähes, oranges Öl, das an der Luft schnell dunkel wird. *Dihydrochlorid*, $C_{16}H_{25}Cl_2N_3O$, F. 141—142° (A.–Ae.). — *N-Phenyl-N-[3.5-dimethylisoxazolyl-(4)-methyl]-N'.N'-diäthyläthylendiamin* (**XI**), Kp.$_1$ 162 bis 170°, analog vorst. Verb. aus 13,2 g **VIII**, 2,2 g $NaNH_2$, 10 g **VI** u. 75 ml Xylol; 35%. *Dihydrochlorid*, $C_{18}H_{29}Cl_2N_3O$, F. 127—128° (A.). (Журнал Общей Химии [J. allg. Chem.] **27**(**89**). 3210—14. Dez. 1957. Inst. für Pharmakol. u. Chemotherapie der Akad. der med. Wiss. der UdSSR u. Univ. Moskau.) H. SCHÄFER. 3132

Je. D. Ssytsch, *Thiazolcarbocyanine mit Arylresten im Thiazolkern.* 3. Mitt. *Methoxyarylthiazolcarbocyanine.* (2. vgl. C. **1959.** 6129.) Es wurden folgende *2-Methylthiazole* dargestellt: *5-Äthoxy-* (**I**), *5-[p-Methoxyphenyl]-* (**II**), *4-[p-Methoxyphenyl]-* (**III**), *5-[p-Phenoxyphenyl]-* (**IV**), *4-[p-Phenoxyphenyl]-* (**V**), *4-[p'-Methoxy-p-biphenylyl]-* (**VI**), *5-[p'-Methoxy-p-biphenylyl]* (**VII**), *5-[4-Methoxynaphthyl-(1)]-* (**VIII**) u. *4-[4-Methoxynaphthyl-(1)]-2-methylthiazol* (**IX**). **I**—**IX** wurden mit p-Toluolsulfonsäureäthylester (**X**) in die *Äthyl-p-toluolsulfonate* übergeführt. — Durch Kondensation der Äthyl-p-toluolsulfonate mit Orthoameisensäuretriäthylester (**XI**) wurden die entsprechenden *Trimethincyanine* erhalten. Die Rk. verläuft dabei unter n. Bedingungen nur mit Ausbeuten von 6—20%; mit höheren Orthoestern tritt die Kondensation erst beim Erhitzen auf 140 bis 180° ein. Als Nebenprodd. der Kondensation von **V**, **VII** u. **IX** mit **XI** bilden sich *Pentamethincyanine* („*Neocyanine*"). — Durch Kondensation von 2-Methylmercaptobenzthiazoljodäthylat (**XII**) mit den Äthyl-p-toluolsulfonaten von **I**, **II**, **VII**, 2-Methylthiazol (**XIII**), 2-Methyl-5-phenylthiazol (**XIV**) u. 2-Methyl-5-p-biphenylylthiazol (**XV**) wurden die entsprechenden *Monomethincyanine* erhalten. Schließlich lieferte die Rk. der Äthyl-p-toluolsulfonate von **II**—**VII** mit p-Dimethylaminobenzaldehyd (**XVI**) die entsprechenden *2-[p-Dimethylaminostyryl]-3-äthylthiazoliumjodide.* — Aus den Absorptionsspektren der erhaltenen Farbstoffe geht hervor, daß der Elektronendonatoreffekt der Alkoxylgruppe abgeschwächt wird, wenn sie über ein aromat. Syst. konjugierter Doppelbindungen mit dem Chromophor verbunden ist.

Versuche: *2-Methyl-5-äthoxythiazol* (**I**), nach TARBELL (C. **1951.** II. 3164.). *Äthyl-p-toluolsulfonat*, durch Erhitzen von **I** mit **X** auf 130—140°, Lösen in Aceton u. Fällen mit Äther. — *p-Methoxyacetophenon*, Kp.$_5$ 117—120°, man gibt zu 108 g Anisol u. 165 g $AlCl_3$ in 200 ml CS_2 unter Kühlen in 15 —20 Min. 80 g Acetylchlorid, rührt 2 Std. bei 20° u. läßt über Nacht stehen; 83% (Ausbeute). — *p-Methoxy-ω-bromacetophenon*, durch Bromierung vorst. Verb. in Chloroform. *Urotropinkomplex*, aus dem Bromketon mit Urotropin in Chlf.; 90%. — *p-Methoxy-ω-aminoacetophenonhydrochlorid*, $C_9H_{12}ClNO_2$, man schüttelt 66 g vorst. Komplexes, 400 ml Methanol u. 57 ml konz. HCl ½ Std. bei 40—50°, saugt am nächsten Tag NH_4Br ab, dampft das Filtrat ein u. krist. aus A. um; 38 g. — *p-Methoxy-ω-acetylaminoacetophenon*, F. 111°, man acetyliert 21,5 g vorst. Verb. in W. mit 23 ml Acetanhydrid unter langsamer Zugabe von 28 g $NaHCO_3$ bei 15°; aus A.–W. Prismen; 88%. — *2-Methyl-5-[p-methoxyphenyl]-thiazol* (**II**), $C_{11}H_{11}NOS$, F. 143

bis 144°, man erhitzt 20 g vorst. Verb. u. 20 g P_2S_5 auf dem Wasserbad u. verreibt mit 10%ig. NaOH u. W., aus Bzl. Prismen; 72%. *Äthyl-p-toluolsulfonat*, $C_{20}H_{23}NO_4S_2$, F. 145° (Aceton–Ae.), man erhitzt **II** mit **X** 1 Std. auf 140°; 87%. — *2-Methyl-4-[p-methoxyphenyl]-thiazol* (**III**), $C_{11}H_{11}NOS$, F. 69°, man erhitzt 3,44 g 4-Methoxy-ω-bromacetophenon u. 1,2 g Thioacetamid 20 Min. auf dem Wasserbad, versetzt mit 3 ml Toluol, kocht 10 Min., verreibt den Nd. mit NH_3 u. krist. aus Methanol–W., dann PAe. um; Plättchen; 50%. — *p-Phenoxyacetophenon*, F. 48° (verd. A.), nach KIPPER [1905]. — *ω-Acetylamino-p-phenoxyacetophenon*, F. 85°, analog vorst. über das Bromderiv. u. den Urotropinkomplex. — *2-Methyl-5-[p-phenoxyphenyl]-thiazol* (**IV**), $C_{16}H_{13}NOS$, F. 116°, man erhitzt 3,3 g vorst. Verb. u. 3,3 g P_2S_5 1 Std. auf 130°; aus Ae. u. A. Plättchen; 67%. *Äthyl-p-toluolsulfonat*, aus **IV** mit **X** (2 Std. bei 140—170°). — *ω-Chlor-p-phenoxyacetophenon*, $C_{14}H_{11}ClO_2$, Kp.$_4$ 20°, F. 52° (A.), man trägt in 68 g Diphenyläther, 50 g Chloracetylchlorid u. 70 g CS_2 bei 10—15° langsam 60 g $AlCl_3$ ein, rührt 1 Std. u. erhitzt zum Sieden; am nächsten Tag zers. man mit W. u. dest mit Wasserdampf; 84%. — *2-Methyl-4-[p-phenoxyphenyl]-thiazol* (**V**), $C_{16}H_{13}NOS$, Kp.$_6$ 260—280°, F. 69°, man erhitzt 4,94 g vorst. Verb. u. 1,2 g Thioacetamid 1 Std. auf dem Wasserbad, alkalisiert u. extrahiert mit Bzl.; aus Methanol Plättchen; 74%. *Äthyl-p-toluolsulfonat*, aus **V** u. **X** (2 Std. bei 130—140°); 22%. — *4-Methoxy-4'-chloracetylbiphenyl*, F. 132°, man gibt zu 13,8 g p-Methoxybiphenyl in 90 ml CS_2 bei 25° 8,7 g Chloracetylchlorid u. langsam 11,4 g $AlCl_3$; bei der Dest. des Reaktionsprod. erhält man eine Fraktion Kp.$_6$ 230° (9 g); diese krist. man aus Methanol–PAe. um, extrahiert die Kristalle mit wenig heißem Ligroin u. krist. den Rückstand aus A. um. Daneben aus vorst. Ligroinextrakt *2-Methoxy-4'-chloracetylbiphenyl* (?), F. 117—120° (Ae.). — *4-Methoxy-4'-bromacetylbiphenyl*, $C_{15}H_{13}BrO_2$, F. 118—119°, man bromiert 22,4 g 4-Methoxy-4'-acetylbiphenyl in 200 ml trockenem Chlf. mit 5,1 ml Br_2 bei 0—3°; aus Chlf.-Ae. Nadeln; 86% (Rohprod.). — *2-Methyl-4-[p'-methoxy-p-biphenylyl]-thiazol* (**VI**), $C_{17}H_{15}NOS$, F. 176°, a) man erhitzt 4,5 g vorst. Verb. u. 1,2 g Thioacetamid 1 Std. auf dem Wasserbad; 68% (Rohprod.); b) man erhitzt 0,3 g 4-Methoxy-4'-chloracetylbiphenyl mit 0,1 g Thioacetamid 2 Std. auf dem Wasserbad, verreibt mit 10%ig. NaOH u. extrahiert mit Bzl.; aus Ae., dann Bzl. Plättchen; 50%. *Äthyl-p-toluolsulfonat*, F. 160°, aus **VI** mit überschüssigem **X** (1½ Std. bei 150—160°); aus W. glänzende Plättchen; 90%. — *ω-Amino-4-[p-methoxyphenyl]-acetophenonhydrochlorid*, $C_{15}H_{16}ClNO_2$, F. 272°, man versetzt 9 g 4-Methoxy-4'-bromacetylbiphenyl in 40 ml Chlf. mit 4 g Urotropin in Chlf., saugt nach 12 Std. den Komplex ab (11,5 g) u. kocht ½ Std. mit 140 ml A. u. 11 ml HCl; aus A. Plättchen; 8,9 g. — *ω-Acetylamino-4-[p-methoxyphenyl]-acetophenon*, $C_{17}H_{17}NO_3$, F. 183°, man erhitzt 8,9 g vorst. Verb. in 30 ml Pyridin 10 Min. mit 5 ml Acetanhydrid auf dem Wasserbad u. gießt in die 4fache Menge W.; aus Aceton Prismen; 77%. — *2-Methyl-5-[p'-methoxy-p-biphenylyl]-thiazol* (**VII**), $C_{17}H_{15}NOS$, F. 248—249°, man schmilzt 5 g vorst. Verb. u. 5 g P_2S_5 bei 150—160°, behandelt mit 10%ig. Lauge u. W. u. extrahiert mit heißem Bzl.; gelbe Plättchen; 70%. *Äthyl-p-toluolsulfonat*, aus **VII** u. **X** (2 Std. bei 150°); aus W. Plättchen; 83%. — *4-Methoxy-1-acetylnaphthalin*, Kp.$_6$ 192 bis 194°, F. 71°, nach WITT u. BRAUN [1914]. — *4-Methoxy-1-[bromacetyl]-naphthalin*, $C_{13}H_{11}BrO_2$, F. 66°, man erhitzt 20 g vorst. Verb. u. 5,1 ml Br_2 in 150 ml Chlf. 2 Std. auf 35—40°; aus Methanol hellgelbe Prismen; 46%. *Urotropinkomplex*, man behandelt 28 g vorst. Verb. in 200 ml Chlf. mit 7,4 ml Br_2, gibt nach Aufhören der HBr-Entw. 19,6 g Urotropin in 70 ml Chlf. zu u. läßt über Nacht stehen; 76%. — *4-Methoxy-1-[ω-acetylaminoacetyl]-naphthalin*, $C_{15}H_{15}NO_3$, F. 135°, man erhitzt 45 g vorst. Komplexes 10 Min. in 250 ml Methanol u. 40 ml konz. HCl, dampft auf das halbe Vol. ein, löst den Nd. trocken in 40 ml Pyridin u. 20 ml Acetanhydrid, erhitzt ½ Std. auf dem Wasserbad u. gießt in das 4-fache Volumen W.; aus Aceton Prismen; 70%. — *2-Methyl-5-[4-methoxynaphthyl-(1)]-thiazol* (**VIII**), $C_{15}H_{13}NOS$, F. 74—75°, man verschmilzt 7,7 g vorst. Verb. u. 7 g P_2S_5; aus PAe. Prismen; 60%. *Äthyl-p-toluolsulfonat*, F. 144 bis 146°, aus **VIII** u. **X** (2 Std. bei 130—140°); aus Aceton Prismen; 50%. — *2-Methyl-4-[4-methoxynaphthyl-(1)]-thiazol* (**IX**), $C_{15}H_{13}NOS$, F. 104—105°, man erhitzt 2,52 g 4-Methoxy-1-bromacetylnaphthalin u. 0,67 g Thioacetamid 2 Std. auf dem Wasserbad; aus Methanol rhomb. Plättchen; 83%. *Äthyl-p-toluolsulfonat*, aus **IX** u. **X** (2 Std. bei 150—160°); 80%. — Darst. der Trimethincyanine: Die quartären Äthyltosylate von **II** bis **IX** werden in Pyridin in Ggw. von 2—3 Tropfen Acetanhydrid mit der äquimol. Menge **XI** so lange erhitzt, bis sich Pentamethincyanine „Neocyanine" zu bilden beginnen (Farbumschlag von Rotviolett nach Blau oder Auftreten eines zweiten Absorptionsmaximums). Ist das Neocyanin in größeren Mengen vorhanden, so chromatographiert man aus Chlf. an Al_2O_3 unter Zusatz von wenig Alkohol. Die Ausbeuten betragen 6—20%: *Bis-[3-äthyl-4-(p-methoxyphenyl)-thiazolyl-(2)]-, Jodid*, $C_{27}H_{29}JN_2O_2S_2$, F. 240°; aus **III**-Jodäthylat; grüne, glänzende Prismen; λ_{max} 560 (mμ). — *Bis-[3-äthyl-5-(p-methoxyphenyl)-thiazolyl-(2)]-, Jodid*, $C_{27}H_{29}JN_2O_2S_2$, F. 190°; aus **II**-Äthyl-p-toluolsulfonat; dunkelgrüne, glänzende

Prismen; λ_{max} 612 — *Bis-[3-äthyl-4-(p'-methoxy-p-biphenylyl)-thiazolyl-(2)]-, Jodid*, $C_{39}H_{37}JN_2O_2S_2$, F. 262°, aus **VI**-Jodäthylat; bronzene Kristalle; λ_{max} 565. — *Bis-[3-ähyl-5-[p'-methoxy-p-biphenylyl)-thiazolyl-(2)]-, Jodid*, $C_{39}H_{37}JN_2O_2S_2$, F. 198—206°, aus **VII**-Äthyl-p-toluolsulfonat; grüne, glänzende Prismen; λ_{max} 612. — *Bis-[3-äthyl-4-(p-phenxoyphenyl)-thiazolyl-(2)]-, Jodid*, $C_{37}H_{33}JN_2O_2S_2$, F. 198°, aus **V**-Äthyl-p-toluolsulfonat; dunkelgrünes Pulver; λ_{max} 560. — *Bis-[3-äthyl-5-(p-phenoxyphenyl)-thiazolyl-(2)]-, Jodid*, $C_{37}H_{33}JN_2O_2S_2 \cdot H_2O$, F. 250—251°; grüne Prismen; λ_{max} 606. — *Bis-[3-äthyl-5-(4-methoxynaphthyl-(1)-thiazolyl-(2)]-, Jodid*, $C_{35}H_{33}JN_2O_2S_2$, F. 200° (Zers.), aus **VIII**-Äthyl-p-toluolsulfonat; feine, blaue Kristalle; λ_{max} 580. — *Bis-[3-äthyl-4-[4-methoxynaphthyl-(1)]-thiazolyl-(2)]-, Jodid*, $C_{35}H_{33}JN_2O_2S_2$, F. 176°, aus **IX**-Äthyl-p-toluolsulfonat; dunkelgrünes, amorphes Pulver; λ_{max} 568. — Als Nebenprodd. der Rk. der Äthyl-p-toluolsulfonate von **V**, **VII** u. **IX** mit **XI** folgende Pentamethincyanine: *α.γ.ε-Tris-[3-äthyl-5-(p'-methoxy-p-biphenylyl)-thiazolyl-(2)]-, Dijodid*, $C_{59}H_{55}J_2N_3O_3S_3$, F. 190°, aus **VII**; λ_{max} 638. — *α.γ.ε-Tris-[3-äthyl-4-(p-phenoxyphenyl)-thiazolyl-(2)]-, Dijodid*, $C_{56}H_{49}J_2N_3O_3S_3$, F. 180°, aus **V**; λ_{max} 600. — *α.γ.ε-Tris-[3-äthyl-4-[4-methoxynaphthyl-(1)]-thiazolyl-(2)]-, Dijodid*, $C_{53}H_{49}J_2N_3O_3S_3$, F. 247°, aus **IX**; λ_{max} 605. — *Bis-[3-äthyl-5-(p-methoxyphenyl)-thiazolyl-(2)]-7-äthyltrimethincyaninperchlorat*, $C_{29}H_{33}ClN_2O_6S_2$, F. 221°, man erhitzt 0,5 g **II**-Äthyl-p-toluolsulfonat, 0,7 g Orthopropionsäureester u. 0,5 ml Pyridin im Rohr 1½ Std. auf 120—140°, verd. mit 1 ml A., behandelt mit Ae., löst den Nd. in A. u. versetzt mit Na-Perchlorat; aus A. grüne Kristalle; λ_{max} 600; 0,02 g. — *Bis-[3-äthyl-5-(p-methoxyphenyl)-thiazolyl-(2)]-7-methyltrimethincyaninjodid*, $C_{28}H_{31}JN_2O_2S_2$, F. 245°, man erhitzt 1 g **II**-Äthyl-p-toluolsulfonat, 1 g Orthoessigester u. 1 ml Pyridin 1½ Std. auf 140—150°; aus A. blauviolette Kristalle; λ_{max} 600; 0,3 g. — Monomethmethincyanine: man erhitzt 1 mMol der Äthyl-p-toluolsulfonate von **I**, **II**, **VII**, **XIII**, **XIV** u. **XV** in 3 ml absol. A. in Ggw. von 1 mMol Triäthylamin mit 1 mMol **XII** ½ Std. *[3-Äthyl-5-äthoxythiazolyl-(2)]-[3-äthylbenzthiazolyl-(2)]-, Jodid*, $C_{17}H_{21}JN_2OS_2$, F. 222°; λ_{max} 425; 35%. — *[3-Äthyl-5-(p-methoxyphenyl)-thiazolyl-(2)]-[3-äthylbenzthiazolyl-(2)]-, Jodid*, $C_{22}H_{23}JN_2OS_2$, F. 257° (Zers.) λ_{max} 440; 30%. — *[3-Äthyl-5-(p'-methoxy-p-biphenylyl)-thiazolyl-(2)]-[3-äthylbenzthiazolyl-(2)]-, Jodid*, $C_{28}H_{27}JN_2OS_2$, F. 268°; λ_{max} 447; 24%. — *[3-Äthylthiazolyl-(2)]-[3-äthylbenzthiazolyl-(2)]-, Jodid*, $C_{15}H_{17}JN_2S_2$, F. 279°; λ_{max} 412; 30%. — *[3-Äthyl-5-phenylthiazolyl-(2)]-[3-äthylbenzthiazolyl-(2)]-, Jodid*, $C_{21}H_{21}JN_2S_2$, F. 227°; λ_{max} 437; 40%. — *[3-Äthyl-5-(p-biphenylyl)-thiazolyl-(2)]-[3-äthylbenzthiazolyl-(2)]-, Jodid*, $C_{27}H_{25}JN_2S_2$, F. 244°; λ_{max} 444; 30%. — 2-[p-Dimethylaminostyryl]-3-äthylthiazoliumjodide: Die Äthyl-p-toluolsulfonate von **II**—**VII** erhitzt man in wenig Acetanhydrid mit der äquimol. Menge **XVI** 40 Min. u. behandelt mit A. u. KJ: *4-[p-Methoxyphenyl]-*, $C_{22}H_{25}JN_2OS$, F. 198°; λ_{max} 485—490; 35%. — *4-[p'-Methoxy-p-biphenylyl]-*, $C_{28}H_{29}JN_2OS$, F. 252°; λ_{max} 490; 70%. — *4-[p-Phenoxyphenyl]-*, $C_{27}H_{27}JN_2OS$, F. 195°; λ_{max} 490; 43%. — *5-[p-Methoxyphenyl]-*, $C_{22}H_{25}JN_2OS$, F. 245°; λ_{max} 505; 24%. — *5-[p'-Methoxy-p-biphenylyl]-*, $C_{28}H_{29}JN_2OS$, F. 245°; λ_{max} 510; 54%. — *5-[p-Phenoxyphenyl]-*, $C_{27}H_{27}JN_2OS$, F. 255°; λ_{max} 508; 70%. (Украинский Химический Журнал [Ukrain. chem. J.] **24**. 79—88. 1958. Inst. für org. Chem. der Akad. der Wiss. der UkrainSSR.) HELMUT SCHÄFER. 3142

Je. D. Ssytsch, *Thiazolcarbocyanine mit Arylresten im Thiazolkern.* 4. Mitt. *Sterische Hinderungen bei 5-[α-Naphthyl]-thiazolen.* (3. vgl. vorst. Ref.) ω-Acetylaminomethyl-α-naphthylketon (**I**) wird durch Ringschluß mit P_2S_5 bzw. PCl_5 in *2-Methyl-5-[α-naphthyl]-thiazol* (**II**) bzw. *2-Methyl-5-[α-naphthyl]-oxazol* (**III**) übergeführt. Analog wird aus ω-Acetylaminomethyl-β-naphthylketon (**IV**) *2-Methyl-5-[β-naphthyl]-oxazol* (**V**) erhalten. — Die Kondensation des Jodäthylats oder Äthyl-p-toluolsulfonats von **II** mit Orthoameisen- (**VI**), Orthoessig- u. Orthopropionsäureester liefert die entsprechenden *Trimethincyanine*, ebenso die Kondensation von **III**- u. **V**-Äthyl-p-toluolsulfonat mit **VI**. *Monomethincyanine* werden aus 2-Methylmercaptobenzthiazol(**VII**)-Jodäthylat durch Kondensation mit den Äthyl-p-toluolsulfonaten von **II** bzw. 2-Methyl-5-[4-methoxynaphthyl-(1)]-thiazol(**VIII**) erhalten. Schließlich gibt **VIII**-Äthyl-p-toluolsulfonat mit p-Dimethyaminobenzaldehyd (**IX**) das entsprechende *2-[p-Dimethylaminostyryl]-thiazolderivat*. — Durch Vgl. der Absorptionsspektren der Farbstoffe in A. wird gezeigt, daß bei den Farbstoffen mit dem 5-[α-Naphthyl]-thiazolsyst. ster. Hinderungen vorhanden sind, die ein Herausdrehen des Naphthalinkerns aus der Thiazolringebene bedingen. Diese Anschauung wird durch Modelle bestätigt.

Versuche: *ω-Acetylaminomethyl-α-naphthylketon* (**I**), F. 100—101° (W.-A.), man erhitzt 77 g des Urotropinkomplexes aus Brommethyl-α-naphthylketon in 150 ml Methanol u. 45 ml HCl zum Sieden u. saugt nach 3 Std. bei 20° ab; den Nd. (45 g) vermischt man mit 400 ml W. u. bei 15—20° mit 50 ml Acetanhydrid u. versetzt langsam mit $NaHCO_3$; 20 g (Ausbeute). — *2-Methyl-5-[α-naphthyl]-thiazol* (**II**), $C_{14}H_{11}NS$, F. 74°, man erhitzt 7,3 g **I** u. 7,7 P_2S_5 auf 130°, verreibt mit 10%ig NaOH u. extrahiert mit heißem Bzl.; aus

Ligroin Prismen; 60%. *Jodäthylat*, $C_{16}H_{16}JNS$, F. 223⁰, aus 1 g Base mit 0,8 g Äthyljodid (7 Std. bei 100⁰); aus W. Nadeln; 80%. *Äthyl-p-toluolsulfonat*, durch 2std. Erhitzen äquimol. Mengen Base u. p-Toluolsulfonsäureäthylester auf 120—130⁰; 87%. — *2-Methyl-5-[α-naphthyl]-oxazol* (**III**), *Äthyl-p-toluolsulfonat*, $C_{23}H_{23}NO_4S$, F. 129⁰, man erhitzt 1 g **I** u. 1,5 g PCl_5 10 Min. auf dem Wasserbad, neutralisiert, extrahiert mit Ae., dest. nach Entfernen des Ae. mit Wasserdampf, extrahiert das Destillat mit Ae., dampft ein u. erhitzt den Rückstand (0,7 g) mit 1 g p-Toluolsulfonsäureäthylester 4 Std. auf 130—140⁰; man fällt aus Aceton mit Ae. um; aus Aceton Prismen. — *2-Methyl-5-[β-naphthyl]-oxazol* (**V**), $C_{14}H_{11}NO$, F. 90,5—91⁰, man erhitzt 0,8 g **IV** u. 1 g PCl_5 10 Min. auf 130—140⁰; aus Ligroin Prismen; 0,4 g. — Trimethincyanine: *Bis-[3-äthyl-5-(α-naphthylthiazolyl-(2)]-, Jodid*, $C_{33}H_{29}JN_2S_2$, F. 180⁰ (sintert vorher), man erhitzt 1 g **II**-Jodäthylat u. 1 g **VI** in 2 ml Pyridin 1 Std. auf 160⁰ im Rohr; violettes Pulver; λ_{max} 578 mμ; 0,1 g. — *Bis-[3-äthyl-5-(α-naphthyl)-thiazolyl-(2)]-7-methyl-, Perchlorat*, $C_{34}H_{31}ClN_2O_4S_2$, F. 174⁰, man erhitzt 0,3 g **II**-Äthyl-p-toluolsulfonat u. 0,3 g Orthoessigester in 0,5 ml Pyridin in Ggw. von 3 Tropfen Acetanhydrid; λ_{max} 553 in μ; 10%. — *Bis-[3-äthyl-5-(α-naphthyl)-thiazolyl-(2)]-7-äthyl-, Perchlorat*, $C_{35}H_{33}ClN_2O_4S_2$, F. 156⁰, aus 0,8 g **II**-Äthyl-p-toluolsulfonat u. 0,8 g Orthopropionester in 2 ml Pyridin in Ggw. von 3 Tropfen Acetanhydrid; feinkrist., rotviolettes Pulver; λ_{max} 558 mμ; 10%. — *Bis-[3-äthyl-5-(β-naphthyl)-oxazolyl-(2)]-, Jodid*, $C_{33}H_{29}JN_2O_2$, F. 210—211⁰ (Zers.; A.) man erhitzt **V**-Äthyl-p-toluolsulfonat u. 0,25 g **VI** in 0,5 ml Acetanhydrid in Ggw. von 2 Tropfen Pyridin ½ Std.; λ_{max} 458; 558 mμ; 18%. — *Bis-[3-äthyl-5-(α-naphthyl)-oxazolyl-(2)]-, Jodid*, $C_{33}H_{29}JN_2O_2$, F. 205—207⁰ (Zers.), aus 0,25 g **III**-Äthyl-p-toluolsulfonat u. **VI** analog vorst.; λ_{max} 440; 542 mμ; 0,03 g. — *[3-Äthyl-5-(α-naphthyl)-thiazolyl-(2)]-[3-äthylbenzthiazolyl-(2)]-methincyaninjodid*, $C_{25}H_{23}JN_2S_2$, F. 274⁰, man kocht 0,42 g **II**-Äthyl-p-toluolsulfonat u. 0,34 g **VII**-Jodäthylat mit 0,16 g Na-Acetat in 5 ml absol. A. 45 Min.; aus A. gelbe Nadeln; λ_{max} 426 mμ; 27,7%. — *{3-Äthyl-5-[4-methoxynaphthyl-(1)]-thiazolyl-(2)}-[3-äthylbenzthiazolyl-(2)]-methincyaninjodid*, $C_{26}H_{25}JN_2OS_2$, F. 284⁰, aus 0,45 g **VIII**-Äthyl-p-toluolsulfonat u. 0,34 g **VII**-Jodäthylat in 3 ml absol. A. in Ggw. von 0,07 g Triäthylamin (½ Std. kochen); aus A. gelbe Prismen; λ_{max} 425 mμ; 35%. — *2-[p-Dimethylaminostyryl]-5-[4-methoxynaphthyl-(1)]-thiazoljodäthylat*, $C_{26}H_{27}JN_2OS$, F. 200⁰ (A.; sintert bei 175⁰), man erhitzt 0,6 g **VIII**-Äthyl-p-toluolsulfonat u. 0,23 g **IX** in 1 ml Acetanhydrid 40 Min., verd. mit W. u. A. u. behandelt mit KJ; violette Prismen; λ_{max} 490 mμ; 61%. (Украинский Химический Журнал [Ukrain. chem. J.] **24**. 89—92. 1958.) HELMUT SCHÄFER. 3142

F. Litvan und **W. G. Stoll**, *Über Ringschlußreaktionen von 3.3′-Methylen-bis-[4-hydroxycumarinen]*. Salicylaldehyde, 2.6-Dichlor- u. 2-Nitro-6-chlorbenzaldehyde (**A**) liefern mit 4-Hydroxycumarin (**I**) über entsprechende *3.3′-Benzyliden-bis-[4-hydroxycumarine]* (**B**) *7-[4-Hydroxycumarinyl-(3)]-benzopyrano-[3.2:c]-cumarine* (**C**), wobei das prim. Prod. **B** nur im Fall des unsubstituierten Salicylaldehyds gefaßt werden konnte u. die NO_2-Gruppe in **A** unter Bldg. nitroser Gase ersetzt wird. Dagegen bleibt die Kondensation mit o-Chlor-, o-Nitro-, 2-Nitro-4-methyl- u. 2-Chlor-4-methylbenzaldehyd auf der Stufe von **B** stehen. Ein weiterer Ringschluß der 8-Chlorderivv. von **C** ist aus ster. Gründen unmöglich. In geringem Ausmaß findet auch mit 2.5-Dimethylbenzaldehyd (**II**) eine analoge Reaktionsfolge statt. *3.3′-Methylen-bis-[4-hydroxycumarine]* werden auch aus Nicotinaldehyd, Thiophenaldehyd u. 5-Chlorfurfurol erhalten, während Picolinaldehyde weiter zu *6-Oxo-7-[4-hydroxycumarinyl-(3)]-(6.7-dihydrobenzopyrano-[3.4:b]-pyrido-[3.2:d]-cyclopentadienen* reagieren.

Versuche (FF. korr.): *3.3′-[2-Hydroxybenzyliden]-bis-[4-hydroxycumarin]*, $C_{25}H_{16}O_7$, F. 160—170⁰ (Zers.; A.), durch 4—5 std. Kochen von 33 g **I** u. Salicylaldehyd in A.; 21 g (Ausbeute). — *7-[4-Hydroxycumarinyl-(3)]-benzopyrano-[3.2:c]-cumarin*, $C_{25}H_{14}O_6$, F. 252—254⁰, a) analog vorst. Verb. in Methyläthylketon; b) aus vorst. Verb. durch Erhitzen auf 200⁰, durch Kochen in Xylol in Ggw. von p-Toluolsulfonsäure oder durch Kristallisation aus Xylol, Methyläthylketon bzw. absol. A.; 100%. — 7-[4-Hydroxycumarinyl-(3)]-benzopyrano-[3.2:c]-cumarine, durch 24std. Kochen von **I** u. dem entsprechenden Salicylaldehyd in Methyläthylketon: *9-Chlor-*, $C_{25}H_{13}Cl_6O_6$, F. 320—324⁰ (Zers.), 21 g **I**; 12 g. — *11-Chlor-*, $C_{25}H_{13}ClO_6$, F. 316—318⁰. — *9.11-Dichlor-*, $C_{25}H_{12}Cl_2O_6$, F. 312—316⁰. — *9-Methoxy-*, $C_{26}H_{16}O_7$, F. 287—288⁰. — *8-Nitro-*, $C_{25}H_{13}NO_8$, F. 274—275⁰ (Zers.). — Aus 2-Chlorbenzaldehyden in Dioxan: *8-Chlor-*, $C_{25}H_{13}ClO_6$, F. 318—320⁰ (Zers.), a) aus 18 g 2.6-Dichlorbenzaldehyd; 17 g; b) aus 19 g 2-Chlor-6-nitrobenzaldehyd; 7 g. *Methyläther*, $C_{26}H_{15}ClO_6$, F. 308—309⁰, aus 5 g der Hydroxyverb. mit CH_2N_2 in Dioxan–Ae. in 24 Std. bei 0⁰; 3,6 g. — *8-Chlor-9(11)-nitro-*, $C_{25}H_{12}ClNO_8$, F. 290—292⁰ (Zers.). — *8.9.10.11-Tetrachlor-*, $C_{25}H_{10}Cl_4O_6$, Zers. >320⁰. — *10-Chlor-*, $C_{25}H_{13}ClO_6$, F. 294—298⁰ (Zers.), aus 9 g 2.4-Dichlorbenzaldehyd u. **I** in Butylcellulose in 24 Std. bei 160—170⁰; 0,5 g. — *8.11-Dichlor-*, $C_{25}H_{12}Cl_2O_6$, F. 328

bis 330°, a) aus 21 g 2.3.6-Trichlorbenzaldehyd durch 24std. Kochen mit **I** in Dioxan; 7,8 g; b) aus 11 g 2.5-Dichlor-6-nitrobenzaldehyd nach a); 8 g. — *7-[4-Hydroxycumarinyl-(3)]-8-methyl-7.12-dihydronaphtho-[2.3:c]-cumarin*, $C_{27}H_{18}O_5$, F. 338—339°, durch 24 std. Kochen von 14 g **II** mit **I** in Eisessig; 1,5 g — 3.3'-Alkyliden-bis-[4-hydroxycumarine], analog vorst. Benzopyranocumarinen: *β-Pyridylmethylen-*, $C_{24}H_{15}NO_6$, F. 278—281°. — *Thenyliden-(2)-*, $C_{23}H_{14}SO_6$, F. 210—216° (Zers.). — *Furfuryliden-(2)-*, $C_{23}H_{14}O_7$, F. 200—206° (Zers.). — *5-Chlorfurfuryliden-(2)-*, $C_{23}H_{13}ClO_7$, F. 214—215°. — *6-Oxo-7-[4-hydroxycumarinyl-(3)]-6.7-dihydrobenzopyrano-[3.4:b]-pyrido-[3.2:d]-cyclopentadien*, $C_{24}H_{13}NO_5$, F. 323—324° (Zers.), durch 6std. Kochen von 3,5 g Pyridin-2-aldehyd u. **I** in A.; 2,7 g. — *6-Oxo-7-[4-hydroxycumarinyl-(3)]-6.7-dihydro-9-methylbenzopyrano-[3.4:b]-pyrido-[3.2:d]-cyclopentadien*, $C_{25}H_{15}NO_5$, F. ca. 380° (Zers.), aus 3,1 g 6-Methylpyridin-2-aldehyd wie vorst.; 3,2 g. (Helv. chim. acta **42.** 878—86. 4/5. 1959. Basel, J. R. Geigy AG, Wiss. Labor.) H. Kampfer. 3211

Morio Suzuki, *Untersuchungen über Flavanone.* 16. Mitt. *Stereoisomerie der 3-Methylflavanone.* (15. vgl. J. chem. Soc. Japan, pure Chem. Sect. [Nippon Kagaku Zassi] **76.** [1955.] 538.) Aus den entsprechenden Chalkonen werden *3-Methyl-7-hydroxy-* u. *3-Methyl-5.7-dihydroxyflavanone* in je 2 stereoisomeren Formen erhalten. *α-Methyl-2'.4'-dihydroxychalkon* (**I**), $C_{16}H_{14}O_3$, F. 131,5—132°, aus Resorcin u. α-Methylcinnamoylchlorid (**II**) in Nitrobenzol in Ggw. von $AlCl_3$ in 20 Std.; 48% (Ausbeute). — *3-Methyl-7-hydroxyflavanon, Form A* (**IIIa**), $C_{16}H_{14}O_3$, F. 160—161° (A.), durch 40std. Kochen von **I** in A. u. 6nHCl; 42% (*Acetylderiv.*, $C_{18}H_{16}O_4$, F. 89,5—90°). *Form B* (**IIIb**), F. 193—195° (verd. Essigsäure), a) aus 1 g **I** durch 12std. Kochen in A. u. 2n HCl; 0,1 g; b) durch Sublimieren von **IIIa** bei 240—250°/7 mm Hg; 30%; c) durch Sublimieren von 0,3 g **IIIa** bei 160—180°/0,05 mm Hg; 30 mg. *Acetylderiv.*, F. 75—75,5°. — *3-Methyl-5.7-dihydroxyflavanon, Form A* (**IVa**), $C_{16}H_{14}O_4$, F. 179,5—180,5° (Eisessig), aus Phloroglucin u. **II** in Ae.-Nitrobenzol analog **IIIa** in 44 Std. neben Form *B* [**IVb**; F. 198—199° (Eisessig); auch durch 24std. Kochen von **IVa** mit 3nHCl]; 17%; **IVa** + **IVb** 25% (roh). — *2'.4'.6'-Triacetoxy-α-methylchalkon*, $C_{22}H_{20}O_7$, F. 104—106° (Bzl.-PAe.), durch 1½std. Erhitzen von **IVa** oder **IVb** mit Acetanhydrid u. wasserfreiem Na-Acetat. (J. chem. Soc. Japan, pure Chem. Sect. [Nippon Kagaku Zassi] **76.** 1389—92. Dez. 1955. Sendai, Tohoku, Univ. [Orig.: japan.]) L. Schuler. 3211

C. G. Joshi und **A. B. Kulkarni,** *Anthoxanthine.* 6. Mitt. *Synthese des dritten Racemats von 6-Methyl-4'-methoxyflavandiol-(3.4).* (5. vgl. C. **1959.** 6135.) Durch Red. von 3a-Brom-6-methyl-4'-methoxyflavanon (**I**) mit H_2 an Pt-Schwarz wurde *6-Methyl-4'-methoxyflavanon*, mit $LiAlH_4$ bei n. Temp. *6-Methyl-4'-methoxyflavanol-(4)* (**II**), unter Kühlung dagegen *3a-Brom-4a-hydroxy-6-methyl-4'-methoxyflavanon* (**III**) erhalten, das mit wss. NaOH in Dioxan das 3. Racemat von *6-Methyl-4'-methoxyflavandiol-(3.4)* mit der *3a.4a*-Konformation (**IV**; vgl. C. **1959.** 2114) als nicht kristallisierbare M. lieferte. **IV** wurde als *Diacetat* (F. 150°) charakterisiert. Die analoge Synth. des Racemats mit der 3e.4e-Konformation gelang nicht, bei den Rkk. des aus dem 3e-Isomeren von **I** mit $LiAlH_4$ gebildeten *3e.4e-Bromhydrins* wurden nur nichtkristallisierende Prodd. erhalten. Beim Vers. der Dehydratisierung von **II** zum Δ^3-Flaven wurde der entsprechende *Diflavanyläther* gebildet.

Versuche: *Bis-[6-methyl-4'-methoxyflavanyl-(4)]-äther*, $C_{34}H_{34}O_5$, F. 203—204° (Bzl.-PAe.), aus 0,2 g **II** u. $ZnCl_2$ in Bzl. bei n. Temp. über Nacht; 0,06 g (Ausbeute). — *6-Methyl-4'-methoxyflavanon*, F. 110° (A.), aus 0,5 g **I** u. H_2 an Pt-Schwarz in A. bei n. Temp. (3 Std.); 0,35 g. — *6-Methyl-4'-methoxyflavanol-(4)* (**II**), F. 138° (A.), aus **I** u. $LiAlH_4$ in Ae. bei n. Temp. (1 Std.). — *3a-Brom-4a-hydroxy-6-methyl-4'-methoxyflavan* (**III**), $C_{17}H_{17}BrO_3$, F. 200° (Zers.; A.), aus 1 g **I** u. $LiAlH_4$ in Ae. bei 15—20° (½ Std.); 0,8 g. *Acetylderiv.*, $C_{19}H_{19}BrO_4$, F. 184° (A.), aus 0,2 g **III** u. Acetanhydrid in Pyridin bei n. Temp.; 0,12 g. — *6-Methyl-3.4'-dimethoxy-4-acetoxyflavan*, $C_{20}H_{22}O_5$, F. 136—137° (A.), aus 0,5 g **III** u. sd. methanol. KOH (½ Std.) u. Acetylieren des zähen Rohprod. mit Acetanhydrid in Pyridin; 0,09 g. — *6-Methyl-4'-methoxyflavandiol-(3a.4a)* (**IV**), aus 0,2 g Diacetat u. $LiAlH_4$ in Ae. bei n. Temp. (2 Std.); 0,12 g. *Diacetylderiv.*, $C_{21}H_{22}O_6$, F. 150° (A.), a) aus 0,3 g **III** u. K-Acetat in sd. A. (20 Std.) u. Rk. des Rohprod. mit Acetanhydrid/Pyridin; 0,2 g; b) aus 0,5 g **III** u. wss. NaOH in sd. Dioxan (½ Std.) u. Acetylieren wie zuvor; 0,08 g; c) aus 0,5 g **III** u. K-Acetat in sd. Acetanhydrid-Eisessig (70 Std.); 0,35 g. *Dibenzolderiv.*, $C_{31}H_{26}O_6$, F. 195—197° (A.), aus **IV** u. Benzoylchlorid in Pyridin bei 0—5° (24 Std.). — *3e-Brom-4e-hydroxy-6-methyl-4'-methoxyflavan*, $C_{17}H_{17}BrO_3$, F. 175° (A.), aus 3e-Brom-6-methyl-4'-methoxyflavanon wie **III**. *Acetylderiv.*, $C_{19}H_{19}BrO_4$, F. 142° (A.). — *6-Methyl-4'-methoxy-4-acetoxy-Δ^3-flaven*, $C_{19}H_{18}O_4$, F. 165° (A.), aus vorst. Bromhydrin u. K-Acetat in sd. A. (50 Std.) u. Acetylieren des öligen Prod. mit Acetanhydrid-Pyridin. — *6-Methyl-4'-methoxy-3-isopropoxyflavanol-(4)*, $C_{20}H_{24}O_4$, F. 120—121° (PAe.)

aus 0,3 g vorvorst. Verb. u. 10n NaOH in Isopropanol bei 60—70° (1½ Std.); 0,1 g. *Acetylderiv.*, $C_{22}H_{26}O_5$, F. 135° (A.). (J. sci. ind. Res. [New Delhi], Sect. B **16.** 355—59. Aug. 1957. Poona, Nat. Chem. Labor.; Bombay, Inst. of Sci., Dep. of Chem.)
F. HELLER. 3211

G. B. Marini-Bettòlo, Stefano Chiavarelli und **Carlo Giulio Casinovi,** *Die Konstitution von Polycladin, dem gelben Pigment von Lepidophyllum quadrangulare. Polycladin* (**I**), der gelbe Farbstoff von *Lepidophyllum quadrangulare* (*Polycladus abietinus Phil.*), liefert durch Verseifen mit sd. HJ *3.3'.4'.5.6.7-Hexahydroxyflavon* (**II**; *Quercetagetin*). Durch Methylierung von **I** wird *3.3'.4'.5.6.7-Hexamethoxyflavon* erhalten, dessen alkal. Abbau zu *Veratrumsäure* führt. Mit CH_2N_2 wird **I** nur zu einem *Pentamethyläther* von **II** methyliert; es wird angenommen, daß die durch Chelatbldg. mit dem Carbonyl-O bes. geschützte 5ständige OH-Gruppe frei vorliegt. Der Abbau des aus **I** u. Diäthylsulfat erhaltenen *Diäthylpolycladins* ergibt *3-Methoxy-4-äthoxybenzoesäure*. Für **I** ist mit diesen Ergebnissen die Struktur *4'.5-Dihydroxy-3.3'.6.7-tetramethoxyflavon* nachgewiesen.

V e r s u c h e: *4'.5-Dihydroxy-3.3'.6.7-tetramethoxyflavon* (**I**; *Polycladin*), $C_{19}H_{18}O_8$, F. 203°, durch Extraktion der Pflanze mit Ae.; aus A. gelbe Nadeln. *Diacetat*, $C_{23}H_{22}O_{10}$, F. 162°, aus Bzl. Nadeln. — *5-Hydroxy-3.3'.4'.6.7-pentamethoxyflavon*, F. 161°, aus **I** u. CH_2N_2 in Ae.; aus Essigsäure Nadeln. — *3.3'.4'.5.6.7-Hexamethoxyflavon*, $C_{21}H_{22}O_8$, F. 142° (W.), durch 8std. Kochen von **I** mit Dimethylsulfat u. K_2CO_3 in Aceton. — *4'.5-Diäthoxy-3.3'.6.7-tetramethoxyflavon*. $C_{23}H_{26}O_8 \cdot C_2H_5OH$, F. 176—177°, analog vorst. Verb. mit Diäthylsulfat; aus verd. A. gelbe Nadeln; liefert durch Kochen mit 20%ig. KOH, Verdünnen mit W., Ansäuern mit HCl u. Ausäthern *3-Methoxy-4-äthoxybenzoesäure*, F. 190°. — *3.3'.4'.5.6.7-Hexahydroxyflavon* (**II**; *Quercetagetin*), F. 295° (verd. Essigsäure), durch ³/₄std. Erhitzen von **I** mit HJ/Essigsäureanhydrid auf 125—130°. *Acetat*, F. 212° (A.). (Gazz. chim. ital. **87.** 1185—90. Okt. 1957. Roma, Ist. Sup. di Sanità, Labor. di Chim. terapeut.)
H.-E. TOUSSAINT. 3211

Naoto Inoue, *Isoflavone und Isoflavanone.* 5. Mitt. *Alkalizersetzung von Isoflavanonen.* (4. vgl. C. **1959.** 472.) Isoflavone geben in A. beim Kochen mit wss. NaOH (30 Min.) quantitativ *Ameisensäure* (**I**) u. *Phenylbenzylketone*, während die entsprechenden Isoflavanone unter denselben Bedingungen viel langsamer zers. werden, wobei *Formaldehyd* (**II**) u. dieselben Phenylbenzylketone neben viel öligen Prodd. nachgewiesen werden (in [ ] zurückgewonnenes Ausgangsprod.): aus 7-Methoxyisoflavon [0% (Ausbeute)], 94,6% **I** u. 96,5%, *4-Methoxyphenylbenzylketon* (**III**); aus 7.4'-Dimethoxyisoflavon [0%], 94,3% **I** u. 96,8% *4-Methoxyphenyl-[4-methoxybenzyl]-keton* (**IV**); aus 5.7-Dimethoxyisoflavon [0%] 96,5% **I** u. 98,8% *2.4-Dimethoxyphenylbenzylketon* (**V**); aus 5.7.4'-Trimethoxyisoflavon [0%], 97,1% **I** u. 98,2%, *2.4-Dimethoxyphenyl-[4-methoxybenzyl]-keton* (**VI**); aus 7-Methoxyisoflavanon [30,4%], 6,3% **II** u. 6,0% **III**; aus 7.4'-Dimethoxyisoflavanon [31,9%] 7,6% **II** u. 5,2% **IV**; aus 5.7-Dimethoxyisoflavanon [3,3%] 4,9% **II** u. 8,3% **V**; aus 5.7.4'-Trimethoxyisoflavanon [4,0%] 2,8% **II** u. 3,1% **VI**.

V e r s u c h e: *5.7-Dimethoxyisoflavon*, $C_{17}H_{14}O_4$, F. 122—123° (A.), aus 2-Hydroxy-4.6-dimethoxyphenylbenzylketon in Ameisensäureäthylester mit Na unter Eiskühlung, Gießen auf Eis u. 1std. Kochen des Nd. in Eisessig; 64,7% (Ausbeute). — *5.7-Dimethoxyisoflavanon*, $C_{17}H_{16}O_4$, F. 161° (A.), aus vorst. Verb. durch Hydrierung über PtO_2; 76,4%. (J. chem. Soc. Japan, pure Chem. Sect. [Nippon Kagaku Zassi] **79.** 1124—28. Sept. 1958. Sendai, Tôhoku-Univ., Tomizawa-Bunko. [Orig.: japan.])
E. MAEKAWA. 3211

Michio Yoshida, *Darstellung der Vinylpyridine.* Übersicht. — 155 Literaturangaben. (J. Soc. org. synth. Chem. Japan **16.** 571—84. Nov. 1958. Sakai, Ôsaka, Huritu-Daigaku. [Orig.: japan.])
E. MAEKAWA. 3231

J. P. Wibaut und **H. Bloemendal,** *Darstellung von Pyridinderivaten aus Halogenpyridinen mittels der Grignard-Reaktion.* 6. Mitt. *Darstellung von 2-Allylpyridin aus 2-Brompyridin und von 2.6-Diallylpyridin aus 2.6-Dibrompyridin.* 103. Mitt. *über Pyridinderivate.* (5. vgl. Recueil Trav. chim. Pays-Bas **71.** [1952.] 798; 102. vgl. C. **1957.** 11572.) 2-Brom- u. 2.6-Dibrompyridin werden in Ggw. von Äthylbromid (**I**) als Katalysator grignardiert u. die erhaltenen *Pyridyl-(2)-MgBr* bzw. *Pyridin-2.6-bis-MgBr* mit Allylbromid (**II**) zu *2-Allyl-* bzw. *2.6-Diallylpyridin* umgesetzt.

V e r s u c h e: *2-Allylpyridin*, $Kp._{10}$ 58—58,5°, aus Mg u. **I** in Ae., Zugabe von 2-Brompyridin u. **I** (ca. 2:1 Mol) in Ae., 1½std. Erwärmen, Einengen, ³/₄std. Erwärmen mit **II** in Ae. u. Zers. bei 0° mit wss. $(NH_4)_2SO_4$; 34—40% (Ausbeute). *Pikrat*, $C_8H_9N \cdot C_6H_3N_3O_7$, F. 121,5—122° (A.). — *2.6-Diallylpyridin*, $Kp._{15}$ 103°, aus 2.6-Dibrompyridin, Mg u. **I** analog vorst. Verb. (150 Min.), 2std. Erwärmen u. Umsetzung des Rückstandes in Ae. mit **II** in Ae.; Reinigung über das Pikrat; $D.^{20}_{4}$ 0,849; n_D^{20} 1,5201; 50—53%. *Pikrat*,

$C_{11}H_{13}N \cdot C_6H_3N_3O_7$, F. 83—83,2° (A. u. Ae.), blaßorangefarbene Nadeln. *Pikrolonat*, $C_{11}H_{13}N \cdot C_{10}H_8N_4O_5$, F. 132—132,5°, aus A. orangefarbene Blättchen. (Recueil Trav. chim. Pays-Bas **77**. 123—28. Febr. 1958. Amsterdam, Univ., Labor. für Org. Chem.)

K. LEHMSTEDT. 3231

Je. Ss. Nikitskaja, Je. Je. Michlina, L. N. Jachontow und **W. Ja. Furschtatowa,** *Synthese von Hydraziden und Hydrazonen einiger heterocyclischer und aromatischer Säuren.* Zur Unters. ihrer tuberkulostat. Eigg. im Vgl. mit denen des Isonicotinsäurehydrazids stellten Vff. eine Reihe von *Hydraziden* heterocycl. Säuren u. der p-Nitrobenzoesäure dar, die im weiteren mit verschied. Aldehyden kondensiert wurden.

V e r s u c h e: *α-Pyridylessigsäurehydrazid*, F. 90—91°; 100% (Ausbeute). — N²-[α-P y r i d y l a c e t y l]-h y d r a z o n e: *Vanillin-*, F. 208—209°; 90%. — *p-Hydroxybenzaldehyd-*, F. 217—218°; 100%. — *p-Acetamidobenzaldehyd-, Dihydrat*, F. 226—227°; 62%. — *Benzaldehyd-*, F. 116—117°; 84,5%. — *β-[Pyridyl-(4)]-propionsäurehydrazid*, F. 61—62°; 95%. — N²-{β-[P y r i d y l-(4)]-p r o p i o n y l}-h y d r a z o n e: *Vanillin-*, F. 212—214°; 86,2%. — *p-Acetamidobenzaldehyd-, Hydrat*, F. 198 bis 199°; 89%. — *p-Hydroxybenzaldehyd-*, F. 199—200°; 49,5%. — *N²*-{β[P y r i d y l-(4)]-a c r y l o y l}-h y d r a z o n e: *Vanillin-, Hydrat*, F. 124—126°; 57%. — *p-Acetamidobenzaldehyd-, Hydrat*, F. 171—173°; 89%. — *p-Hydroxybenzaldehyd-*, F. 169—171°; 69%. — *6-Methylpicolinsäurehydrazid*, F. 91—93°; 92%. — N²-[6-M e t h y l p i c o l i n o y l]-h y d r a z o n e: *Benzaldehyd-*, F. 142—144°; 81%. — *o-Carboxy-m.p-dimethoxybenzaldehyd-*, F. 235°; 75%. — *p-Acetamidobenzaldehyd-*, F. 247 bis 249°; 91%. — *Isonipecotinsäurehydrazid*, F. 236—238°; 83%. — N²-I s o n i p e c o t i n o y l h y d r a z o n e: *Vanillin-, Hydrat*, F. 216—217°; 87%. — *o-Carboxy-m.p-dimethoxybenzaldehyd-, Hydrat*, F. 209°; 78%. — *Piperidyl-(4)-essigsäurehydrazid*, F. 227 bis 228°; 88,4%. — *Vanillin-N²-[piperidyl-(4)-acetyl]-hydrazon, Hydrat*, F. 193—194°; 90%. — *β-[Piperidyl-(4)]-propionsäurehydrazid*, F. 70—72°; 96,5%. — N²-{β-[P i p e r i d y l-(4)]-p r o p i o n y l}-h y d r a z o n e: *Vanillin-*, F. 223—224°; 88,3%. — *p-Acetamidobenzaldehyd-*, F. 210—212°; 80%. — *α-Chinuclidincarbonsäurehydrazid*, F. 91—93°; 92%. — N²-[α-C h i n u c l i d i n o y l]-h y d r a z o n e: *Vanillin-, Hydrat*, F. 135—138°; 70%. — *Benzaldehyd-*, F. 153—155°; 70%. — *p-Acetamidobenzaldehyd-*, F. 251—252°; 75%. — *p-Hydroxybenzaldehyd-, Hydrat*, F. 139—141°; 62%. — *p-Nitrobenzoesäurehydrazid*, F. 208—210°; 84%. — *N²*-[p-N i t r o b e n z o y l]-h y d r a z o n e: *Vanillin-, Hydrat*, F. 226—227°; 80%. — *o-Carboxy-m.p-dimethoxybenzaldehyd-*, F. 247°; 75%. — *p-Hydroxybenzaldehyd-*, F. 266—268°; 86%. (Журнал Общей Химии [J. allg. Chem.] **28** (**90**). 2786—90. Okt. 1958. Unions Wiss. chem.-pharmazeut. Ordshonikidse-Forschungsinst.)

H.-E. TOUSSAINT. 3231

Marcello de Maldè und **Enzo Alneri,** *Citrazinamid aus Citronensäure.* Die Synth. von *Citrazinamid* durch Umsetzung von Citronensäure sowohl mit Harnstoff (60—70% Ausbeute) als auch mit überschüssigem wss. NH_4OH (50—60%) unter Druck wird beschrieben.

V e r s u c h e: *Citrazinamid*, verkohlt $>$270° ohne zu schm., a) durch 6std. Erhitzen eines Gemisches von 0,013 Mol Citronensäurehydrat (**I**) 0,028 Mol W. u. 0,04 Mol Harnstoff auf 145° im CARIUS-Rohr bzw. Autoklaven, Lösen der erhaltenen graubraunen M. in W. u. Ansäuern mit Mineralsäure bis p_H 3; hellgelbes Pulver; 67% (Ausbeute); b) aus 0,164 Mol **I** u. 160 g 39%ig. wss. NH_4OH (D. 0,87) durch 3std. Erhitzen im Autoklaven auf 180° u. Aufarbeitung wie vorst. 46%. — *Citrazinsäure*, verkohlt $>$310° ohne zu schm., durch saure oder alkal. Hydrolyse der vorst. Verb.; 100%; die ammoniakal. Lsg. zeigt eine intensiv blaue Fluorescenz. (Chim. e Ind. [Milano] **38**. 473—79. Juni 1956. Milano, Politecn., Ist. di Chim. Gen., Labor. della Soc. Montecatini.)

G. PLATZER. 3231

Fausto Ramirez und **Peter W. von Ostwalden,** *Die Einwirkung von heterocyclischen N-Oxyden auf 2-Brompyridin. Oxydative Bromierungen unter Beteiligung von N-Oxydhydrobromiden.* (Vgl. TAKEDA u. Mitarbeiter, J. pharmac. Soc. Japan [Yakugakuzasshi] **72**. [1952.] 1427.) Die Einw. von Pyridin-N-oxyd (**I**) u. den 3 isomeren Picolin-N-oxyden auf 2-Brompyridin (**II**) führt zu *1-[Pyridyl-(2')]-pyridon-(2)* (**III**) bzw. dessen *Derivv.*, wobei der Pyridonring vom **II** u. der Pyridylrest vom **I** stammt. 2.6-Lutidin-N-oxyd reagiert nicht mit **II**. Ohne Lösungsm. (Methode **A**) ergeben **I** u. **II** nach einer Induktionsperiode in heftiger Rk. gleiche Mengen von **III** u. seinem *3-Bromderiv.* (**IV**) neben *Pyridin* (**V**) u. *Pyridon-(2)* (**VI**); in Toluol mit HBr/Eisessig als Initiator (Methode **B**) bildet sich in langsamer Rk. nur **III**. Aus **I** u. **II**·HBr entstehen in heftiger Rk. ohne Induktionsperiode neben **III**, **IV** u. **V** noch geringe Mengen des **III**-*3.5-Dibromderiv.* (**VII**) sowie von *3.5-Dibrompyridon-(2)*. Die Struktur von **III** wurde durch Abbau u. durch Synth. aus Na-**VI** u. **II** mit Cu bewiesen. Die Struktur von **IV** wurde spektroskop. durch Bromierung von **III** sowie durch Red. mit

HJ/P zu **III** bewiesen; außerdem ist **IV** nicht ident. mit dem *5-Bromderiv.* (**X**) von **III**, das aus **II** u. 5-Brompyridon-(2)-Na (**XI**) erhalten wurde. Dagegen konnte **IV** aus **II** u. 3-Brompyridon-(2)-Na (**XII**) synthetisiert werden. **VII** entsteht durch Bromierung von **III** (Br_2-Überschuß), **IV** oder **X**. — Aus **II** u. β-Picolin-N-oxyd (**XIII**) entstehen sowohl nach **A** als auch nach **B**, jedoch in verschied. Mengen, *1-[5'-Methylpyridyl-(2')]-pyridon-(2)* (**XIV**), sein *3-Bromderiv.* (**XV**) u. etwas *β-Picolin* (**XVI**). Die Struktur von **XIV** wurde durch Synth. aus Na-**VI** u. 2-Brom-5-methylpyridin (**XVII**) bewiesen; **XIV** ist nicht ident. mit dem aus Na-**VI** u. 2-Brom-3-methylpyridin (**XVIII**) dargestellten *3'-Methylderiv.* von **III**. Die Identität von **XV** wurde spektroskop. sowie durch Red. zu **XIV** nachgewiesen. — Aus **II** u. γ-Picolin-N-oxyd (**XIX**) bilden sich nach **A** u. **B** *1-[4'-Methylpyridyl-(2')]-pyridon-(2)* (**XX**), *γ-Picolin* (**XXI**) u. **VI**. **XX** wurde auch aus Na-**VI** u. 2-Brom-4-methylpyridin (**XXII**) dargestellt. — Aus **II** u. α-Picolin-N-oxyd (**XXIII**) entstehen nach **A** *1-[6'-Methylpyridyl-(2')]-pyridon-(2)* (**XXIV**), *α-Picolin* u. **VI**, nach **B** nur sehr wenig **XXIV**. Diese Verb. wurde auch aus Na-**VI** u. 2-Brom-6-methylpyridin (**VIII**) dargestellt. — Der Mechanismus der Rk. wird diskutiert. Die Induktionsperioden bei der Methode A steigen in der Reihenfolge **XIX** $<$ **I** $<$ **XIII** $\ll$ **XXIII** an. Die ausschließliche Bldg. von **XIV** wird auf ster. Gründe zurückgeführt. **VI** wird als Nebenprod. nicht aus unverändertem **II**, sondern offenbar durch Hydrolyse eines Zwischenprod. gebildet. Die prim. Pyridone werden in einer Sekundär-Rk. z. T. bromiert, indem unverändertes N-Oxyd u. gebildetes HBr als Bromierungsmittel wirken. So bilden **III** u. **I**·HBr bei 200° in guter Ausbeute **IV** u. **V** neben etwas **VII**. Aus 1-Methylpyridon-(2)·HBr (**IX**) u. **I** entsteht *1-Methyl-3.5-dibrompyridon-(2)*, aus **XIX**·HBr u. **XX** dessen *3-Bromderivat*. Aus den N-Oxyden entstehen dabei die zugrunde liegenden Pyridine. Derartige Oxydationen durch heterocycl. N-Oxyde spielen wahrscheinlich auch bei anderen Rkk. eine Rolle, falls die Temp. hoch genug ist.

V e r s u c h e: *1-[Pyridyl-(2')]-pyridon-(2)* (**III**), F. 54—56°, a) nach **A** aus je 0,1 Mol **I** u. **II** unter N_2 durch $2^1/_4$std. Erhitzen auf 100° (plötzlicher Temperaturanstieg auf 250°), weiteres 2std. Erhitzen, Auflösen in verd. HCl, Zusatz von NaOH, Extrahieren mit Chlf., Dest., Chromatographie an Al_2O_3 u. Dest.; aus Hexan/PAe. Nadeln; 24%. *Pikrat*, F. 115—117°; daneben 21% *1-[Pyridyl-(2')]-3-brompyridon-(2)* (**IV**, $C_{10}H_7Br\cdot N_2O$, F. 128—129°, Nadeln aus Methanol; bildet in Ae. kein Pikrat), aus dem Chloroformextrakt 0,6 g *Pyridin* (**V**) sowie durch Neutralisieren der alkal. Lsg. 0,1 g *Pyridon-(2)* (**VI**); b) nach **B** aus 0,1 Mol **I** u. **II** in Toluol mit einigen Tropfen 30%ig. HBr in Eisessig durch 6std. Erhitzen auf 105° unter Rühren, Extraktion der überstehenden Toluollsg. mit verd. HCl, Alkalischmachen des abgeschiedenen Öls u. des sauren Extraktes u. Isolierung wie oben neben etwas **V** (0,18 g Pikrat); 53%; c) aus je 0,05 Mol **I** u. **II**·HBr durch 4std. Erhitzen auf 100° (heftige Rk. nach dem Schmelzen) u. Isolierung wie oben; 3,5% neben 33% **V**, 12% **IV**, 3% *1-[Pyridyl-(2')]-3.5-dibrompyridon-(2)* (**VII**, $C_{10}H_6Br_2N_2O$, F. 157—158°, Nadeln aus 95%ig. A.) u. 5% *3.5-Dibrompyridon-(2)* (F. 207—209°); d) aus **IV**, 57%ig. HJ u. P durch 18std. Erhitzen zum Sieden; 72%. — **IV** entsteht auch a) aus **III** u. 1 Mol-Äquivalent Brom in Eisessig bei n. Temp. in 2 Tagen; Blättchen aus Hexan/Bzl.; 92%; b) aus 1 g **III** u. **I**·HBr durch 1std. Erhitzen auf 200—210° unter N_2, Aufarbeiten wie oben, Fraktionieren u. Chromatographieren; 55% neben 0,27 g **V** u. 5% **VII**; c) aus **II** u. **XII** mit Cu bei 200°. — **VII** entsteht auch a) aus **III** mit überschüssigem Brom in Eisessig bei n. Temp. in 2 Std.; b) aus **IV** mit Brom in Eisessig bei n. Temp. in 1 Tag; 33%; c) analog aus **X**; 79%. — *1-Methyl-3.5-dibrompyridon-(2)*, F. 181—182°, aus je 26 mMol **I** u. **IX** durch 4std. Erhitzen auf 200—210°; 0,2 g, neben 50% **V**. — *1-[5'-Methylpyridyl-(2')]-pyridon-(2)* (**XIV**), $C_{11}H_{10}N_2O$, F. 93—94°, a) nach **A** aus **II** u. **XIII** durch 4std. Erhitzen auf 100° (nach $2^1/_2$ Std. heftige Rk.), Aufarbeiten wie oben, Fraktionieren u. Chromatographieren (Bzl. u. Methanol); Nadeln aus Cyclohexan u. Hexan; 18%; bildet in Ae. kein Pikrat; daneben 4% *β-Picolin* (**XVI**) u. 20% *1-[5'-Methylpyridyl-(2')]-3-brompyridon-(2)* (**XV**, $C_{11}H_9BrN_2O$, F. 151—152°, Nadeln aus Bzl./Hexan) b) nach **B** aus **II** u. **XIII** durch 4std. Erhitzen auf 110°, Abdest. des Toluols, Auflösen in W. u. Aufarbeiten wie oben; 51% neben 5% **XVI** u. 4,5% **XV**; c) aus **XV**, 57%ig. HJ u. P durch 18std. Erhitzen zum Sieden; 80%; d) aus **XVII** u. Na-**VI** mit Cu bei 200°. — *1-[4'-Methylpyridyl-(2')]-pyridon-(2)* (**XX**), $C_{11}H_{10}N_2O$, F. 113,5—114,5° (Hexan), a) nach **A** aus je 0,1 Mol **II** u. **XIX** durch 4std. Erhitzen auf 100° (sehr heftige Rk. nach $1^3/_4$ Std.); 10%. *Pikrat*, $C_{11}H_{10}N_2O\cdot C_6H_3N_3O_7$, F. 125—126°, feine gelbe Nadeln aus Chlf.; daneben 17% *γ-Picolin* (**XXI**) u. 1,7 g **VI**; b) nach **B** aus **II** u. **XIX** durch 6std. Erhitzen auf 100°; 30% neben 1% **XXI** u. 32% **VI**; c) aus Na-**VI** u. **XXII** mit Cu bei 200°. — *1-[4'-Methylpyridyl-(2')]-3-brompyridon-(2)*, $C_{11}H_9BrN_2O$, F. 118,5—119,5° (Hexan/Bzl.), aus **XX** u. **XIX**·HBr durch 1std. Erhitzen auf 200°; 11%. — *1-[6'-Methylpyridyl-(2')]-pyridon-(2)* (**XXIV**), $C_{11}H_{10}N_2O$, F. 53—54° (Hexan), Kp.$_{0,2}$ 130—135°, a) nach **A** aus **II** u. **XXIII** durch 9std. Erhitzen auf 100° (sehr häufige Rk. nach $7^3/_4$ Std.); n_D^{25} 1,6135; 10%.

Pikrat, F. 148,5—149,5°, gelbe Nadeln; ferner 40% *α-Picolin* u. 22% **VI**; b) nach **B** aus **II** u. **XXIII** durch 10std. Erhitzen auf 100°; 6%; c) aus Na-**VI** u. **VIII** mit Cu bei 200°. — *1-[Pyridyl-(2')]-5-brompyridon-(2)* (**X**), $C_{10}H_7BrN_2O$, F. 133—134° (Hexan), aus **II** u. **XI** mit Cu bei 200°. — *1-[3'-Methylpyridyl-(2')]-pyridon-(2)*, $C_{11}H_{10}N_2O$, F.107—108° (Hexan), analog **X** aus Na-**VI** u. **XVIII**. (J. Amer. chem. Soc. **81**. 156—60. 5/1. 1959. New York, N. Y., Columbia Univ., Dep. of Chem.) G. FISCHER. 3231

Corwin Hansch, Wayne Carpenter und **James Todd,** *Katalytische Synthese von Heterocyclen.* 10. Mitt. *Dehydrocyclisierung von 4-Äthylpyridinthiol-(3) zu 6-Azathianaphthen.* (9. vgl. C. **1958.** 4776.) *Äthylpyridinthiol-(3)* wird aus 4-Äthylpyridin synthetisiert u. zu *6-Azathianaphthen* dehydrocyclisiert.

Versuche: 4-Äthylpyridine: *2-Amino-* (**I**), $C_7H_{10}N_2$, F. 65,5—66,5° (PAe.), Kp.$_{0,6}$ 80—87°, aus 454 g 4-Äthylpyridin u. $NaNH_2$ in Mineralöl (8 Std. bei 145°), Ausziehen mit HCl, Alkalisieren u. Ausäthern; 308 g (Ausbeute). Daneben 75 g *Bis-[2-amino-4-äthylpyridyl]* (?), $C_{14}H_{18}N_4$, F. 115—116° (CH_3OH), Kp.$_{0,6}$ 160—165°. — *2.6-Diamino-*, $C_7H_{11}N_3$, F. 149—150° (Bzl.-PAe.), aus dem Rückstand vorst. Dest. mit HCl/NaOH u. Ausäthern. — Gemisch aus *3-* u. *5-Nitro-2-amino-* (G), aus 150 g **I** in konz. H_2SO_4 u. Mischsäure (1 Std. bei 5°, 3 Std. bei 50—55°), Gießen auf Eis u. Neutralisieren mit NH_4OH; grünliche Kristalle; 189 g. — *3-Nitro-2-amino-*, $C_7H_9N_3O_2$, F. 110,5—111,5° [Sublimation (S.)], flüchtig bei der Dampfdest. von G. — *5-Nitro-2-amino-*, $C_7H_9N_3O_2$, F. 180—182° (Zers.; CH_3OH), aus vorst. Destillationsrückstand. — Gemisch aus *3-* u. *5-Nitro-2-oxo-1.2-dihydro-*, aus 155 g G in verd. H_2SO_4 u. wss. $NaNO_2$ bei 0° u. kurzes Erwärmen auf 50°; 114 g. — *5-Nitro-2-oxo-1.2-dihydro-*, $C_7H_8N_2O_3$, F. 147,5—149°, analog aus vorvorst. Verb.; aus CH_3OH hellgelbe Kristalle. — Gemisch aus *3-* u. *5-Nitro-2-chlor-*, Kp.$_1$ 90—104°, aus 128 g vorvorst. Gemisches, PCl_5 u. $POCl_3$ (5 Std. bei 110°), Neutralisieren mit $NaHCO_3$ u. Extrahieren mit Chlf.; 106 g. — *2-Chlor-5-nitro-*, $C_7H_7ClN_2O_2$, Kp.$_{0,2}$ 70°, analog aus 10,3 g vorvorst. Verb. (3 Std.); n_D^{26} 1,5552; 9,2 g. — *3-Amino-*, $C_7H_{10}N_2$, F. 82—83° (Bzl.-PAe., S.), durch Hydrierung von 32,5 g vorvorst. Gemisches in CH_3OH über 2%ig. Pd-$CaCO_3$ u. Dest.; Kp.$_{1,5}$ 113—123°; gelbe Kristalle; 18 g. *Benzolsulfonylderiv.*, $C_{13}H_{14}N_2O_2S$, F. 153,5—155° (verd. A. u. Bzl.), aus verd. NaOH mit HCl. *Dibenzolsulfonylderiv.*, $C_{19}H_{18}N_2O_4S_2$, F. 148—149,5° (verd. A.), unlösl. in verd. NaOH. — *3-Mercapto-*, C_7H_9NS, F. 122—125° (Chlf.; S.), aus 54 g vorst. Amins in HCl u. wss. $NaNO_2$ $<5°$, Eintragen der Lsg. in wss. K-Äthylxanthat von 50°, dann Erwärmen bis 80° u. Ausäthern, 23std. Kochen des Öls in alkoh. KOH u. einer Spur $Na_2S_2O_4$, Evakuieren, Ansäuern des Rückstandes in W. mit CH_3COOH u. Ausziehen mit Chlf.; gelb; 12 g. — *6-Azathianaphthen*, C_7H_5NS, F. 58—59° (S.; PAe. u. A.; S.), Kp.$_{5,5}$ 106°, durch Katalyse (l. c.) von 10 g vorst. Verb. in Pyridin bei 425° (30 Min.) u. Dest.; 4,5 g. *Pikrat*, F. 211—212°. (J. org. Chemistry **23**. 1924—26. Dez. 1958. Claremont, Calif., Pomona Coll., Dep. of Chem.) K. LEHMSTEDT. 3231

J. R. Merchant, *Untersuchungen über die Pictet-Spengler-Reaktion.* β-[3.4-Dihydroxyphenyl]-äthylamin (**I**) reagiert mit α-Ketoglutarsäure unter Bldg. von *3-Keto-4'.5'-dihydroxyhexahydro-7.8-benzopyrrocolin-9-carbonsäure.* Analog werden mit Brenztrauben- bzw. α-Ketobuttersäure *1-Methyl-* bzw. *1-Äthyl-6.7-dihydroxy-1.2.3.4-tetrahydroisochinolin-1-carbonsäure* erhalten, während α-Ketoadipinsäure, Cyclohexanon-2-carbonsäureäthylester, 2-Methoxycyclohexanon u. Cyclohexanon-2-essigsäure unter den Bedingungen der PICTET-SPENGLER-Rk. unverändert bleiben. — UV-Spektren vgl. Original.

Versuche: *1-Methyl-6.7-dihydroxy-1.2.3.4-tetrahydroisochinolin-1-carbonsäure*, $C_{11}H_{13}NO_4$, F. 238—241° (Zers.; W.), aus 562 mg **I**-Hydrobromid u. Brenztraubensäure in W. bei p_H 4 (25°; 5 Tage); 437 mg (Ausbeute). *Methylester des Dimethyläthers*, $C_{14}H_{19}NO_4$, Kp.$_{0,001}$ 110—120°, aus der Säure u. CH_2N_2. — *1-Äthyl-6.7-dihydroxy-1.2.3.4-tetrahydroisochinolin-1-carbonsäure*, $C_{12}H_{15}NO_4$, F. 243—244° (Zers.; W.), wie vorst. Säure aus 562 mg **I**-Hydrobromid u. α-Ketobuttersäure; 470 mg; $FeCl_3$-Rk. intensiv grün. *Methylester des Dimethyläthers*, $C_{15}H_{21}NO_4$, Kp.$_{0,001}$100—110°, aus der Säure u. CH_2N_2. — *3-Keto-4'.5'-dihydroxyhexahydro-7.8-benzopyrrocolin-9-carbonsäure*, F. 252—255° (Zers.; verd. HCl), aus 3,3 g **I**-Hydrobromid u. α-Ketoglutarsäure in W. bei 100° (8 Std.); 1,9 g. — *4'.5'-Dimethoxy-9-hydroxymethylhexahydro-7.8-benzopyrrocolin*, Kp.$_{0,005}$ 130 bis 140°, aus 320 mg vorst. Verb. u. CH_2N_2 u. Red. des öligen *Methylderiv.* (360 mg) mit $LiAlH_4$ in sd. Ae. (2 Std.); 180 mg. *Pikrat*, $C_{21}H_{24}N_4O_{10}$, F. 205—206° (A.). — *α-Ketoadipinsäure, 2.4-Dinitrophenylhydrazon*, $C_{12}H_{12}N_4O_8$, F. 204—206°, aus Äthylacetat gelbe Prismen. (J. sci. ind. Res. [New Delhi], Sect. B **16**. 373—74. Aug. 1957. Bombay, Inst. of Sci.) F. HELLER. 3231

Stefano Chiavarelli und **Maria Ada Jorio,** *Chlorierte Homologe natürlicher Alkaloide.* 2. Mitt. *Chlorierte Derivate in der Reihe des Benzylisochinolins.* (1. vgl. C. **1959.** 8117.)

Die Darst. von *6.7-Dichlor-1-[3.4-dichlorbenzyl]-tetrahydroisochinolin,* ein chloriertes Analogon des Papaverins (I) wird beschrieben. Die Verb. ist in etwa gleichem Maße wie I spasmolytisch.

Versuche: *3.4-Dichlorphenylacetonitril,* $Kp._6$ 150—151°, aus 3.4-Dichlorbenzylchlorid u. NaCN in wss. A., 1 Std. bei Zimmertemp. u. 1 Std. unter Rückfluß. — *β-[3.4-Dichlorphenyl]-äthylamin,* $C_8H_9Cl_2N$, $Kp._{0,02}$ 98—100°, aus vorst. Verb. u. $LiAlH_4$ in absol. Ae. bei 0—10°. *Hydrochlorid,* $C_8H_{10}Cl_3N$, F. 172°. — *3.4-Dichlorphenylessigsäure,* $C_8H_6Cl_2O_2$, F. 84° (W.), aus vorvorst. Verb. u. W./Eisessig/H_2SO_4 (1 : 1 : 1), 4 Std. unter Rückfluß. — *N-[β-(3.4-Dichlorphenyl)-äthyl]-3.4-dichlorphenylacetamid,* $C_{16}H_{13}Cl_4NO$, F. 114° (A.), aus vorvorst. u. vorst. Verb. in Tetralin, 4 Std. bei 150—180°, dann bei 220—230° unter azeotroper Destillation. — *6.7-Dichlor-1-[3.4-dichlorbenzyl]-3.4-dihydroisochinolin,* $Kp._{0,1}$ 195—204°, aus vorst. Verb. u. Phosphorsäureanhydrid in Tetralin, 50 Min. unter Rückfluß. *Pikrat,* $C_{22}H_{14}Cl_4N_4O_7$, F. 201°. — *6.7-Dichlor-1-[3.4-dichlorbenzyl]-1.2.3.4-tetrahydroisochinolin,* $C_{16}H_{13}Cl_4N$, F. 229—230° (A.), aus vorst. Verb. durch Hydrierung über Pt-Schwarz in A., 6 Std. bei 45°. (Gazz. chim. ital. **86.** 1054—58. Nov. 1956. Roma, Ist. Super. Sanità, Labor. di Chim. therapeut.) WALTER SIMON. 3231

Jarosław Böhm, *Bemerkungen zur Arbeit von J. A. Barltrop und D. A. H. Taylor: „Versuche zur Synthese von Lysergsäure. 2. Mitt. 1-Azaphenanthrenderivate."* (Vgl. C. **1955.** 2910.) Die Ursache der scheinbaren Polymorphie u. des niedrigen F. von *8-Nitro-1-azaphenanthren,* wie sie l. c. angegeben sind, soll nach Ansicht des Vf. ein Geh. an 6-Nitro-1-azaphenanthren sein. Das x-Nitro-1-azaphenanthren, F. 145—146°, kann nur die 5-Nitroverb. sein. Der hohe F. der daraus erhaltenen Aminoverb. (175°) ist entweder ein Druckfehler oder durch Chlorierung bei Anwendung von $SnCl_2$/HCl zur Red. bedingt. (Roczniki Chem. [Ann. Soc. chim. Polonorum] **31.** 351—54. 1957. Warszawa, Politechn., Zakł. Chem. organ.) F. URBAN. 3231

Lewis J. Sargent und **J. Harrison Ager,** *Untersuchungen in der Acridinreihe.* 11. Mitt. *Carbinolamine aus 6-ω-Bromacetyl-N-acetyl-asymm.-oktahydroacridin.* (10. vgl. C. **1958.** 12391.) N-Acetyl-1.2.3.4.4a.9.9a.10-oktahydroacridin gibt mit $BrCH_2COBr$ in Ggw. von $AlCl_3$ *6-Bromacetyl-N-acetyl-asymm.-oktahydroacridin* (I). Aus I werden über die *6-Dialkylaminoacetylverbb. 6-[2-Dialkylamino-1-hydroxyäthyl]-N-acetyl-asymm.-oktahydroacridinhydrochloride* bereitet, in denen die Alkylgruppen CH_3, *Äthyl* oder *n-Propyl* sind. Sie wirken nicht gegen Plasmodien oder Viren.

Versuche: asymm.-Oktahydroacridine: *N-Acetyl-,* $C_{15}H_{19}NO$, F. 85—87°, aus 16,4 g 1.2.3.4.4a.9.9a.10-Oktahydroacridin u. sd. $(CH_3CO)_2O$ (2 Std.); aus PAe. Prismen; 16,5 g (Ausbeute). — *6-Bromacetyl-N-acetyl-* (I), $C_{17}H_{20}BrNO_2$, F. 172—174°, aus vorst. Verb., $BrCH_2COBr$ u. CS_2 in Ggw. von $AlCl_3$ (1 Std./50—60°, ³/₄ Std./25°) u. Gießen auf Eis/2n HCl; aus Aceton Prismen; 39%. — *6-Acetyl-N-acetyl-,* $C_{17}H_{21}NO_2$, F. 112—113,5° (absol. A.), $Kp._{0,05}$ 120°, aus 2 g I, A. u. 1 Mol H_2 in Ggw. von 5%ig. Pd-Kohle u. Na-Acetat (5 Min.), Eindampfen im Vakuum, 2½ std. Erhitzen des in A. gelösten Sirups mit Semicarbazid·HCl u. Na-Acetat unter Bldg. des *Semicarbazons* [$C_{18}H_{24}N_4O_2$, F. 228—229°, aus CH_3OH Prismen; 0,95 g], davon 0,9 g mit Eisessig u. wss. Brenztraubensäure 15 Min. kochen u. bei 0° mit NH_4OH fällen; 0,7 g. — *6-Acetyl-,* $C_{15}H_{19}NO$, F. 118,5—120°, aus 0,55 g vorst. Verb. in sd. 10%ig. alkoh. KOH unter N_2 (1 Std.); aus CH_3OH blaßgelbe Nadeln; 0,25 g. — *6-Äthyl-,* $C_{15}H_{21}N$, F. 62 bis 63° (Sublimation bei 60—70°/0,2 mm), aus 0,13 g vorst. Verb. nach WOLFF-KISHNER-MINLON (4 Std.); 0,11 g. — *3-Äthylacridin,* $C_{15}H_{13}N$, F. 89—90° (PAe.), aus 0,2 g vorst. Verb., 5%ig. Pd-Kohle u. Diphenyl (im Bad bei 250—260°, 2½ Std.), Aufnehmen in Ae., Ausziehen mit 0,2n HCl, Fällen mit NH_4OH u. Chromatographieren in Bzl.-Ae. an Al_2O_3; 0,05 g. *Perchlorat,* F. 181—182°. — N-Acetyl-asymm.-oktahydroacridinhydrochloride: *6-[2-Dimethylamino-1-hydroxyäthyl]-,* $C_{19}H_{29}ClN_2O_2$, F. 204—206°, durch 15 std. Schütteln von 4 g I u. $(CH_3)_2NH$ in Ae. u. Eindampfen, Reinigen des *Aminoketons* über sein *Hydrochlorid,* Red. in CH_3OH in Ggw. von PtO_2 u. Ansäuern mit 2,2n alkoh. HCl; aus Aceton Platten; 1,2 g. — *6-[2-Diäthylamino-1-hydroxyäthyl]-,* $C_{21}H_{33}ClN_2O_2$, F. 200—201°, aus 5 g I u. Diäthylamin analog Vorst.; aus Aceton-Ae. Platten; 2,9 g. — *6-[2-Di-n-propylamino-1-hydroxyäthyl]-,* $C_{23}H_{37}ClN_2O_2$, F. 166—168°, aus 5,5 g I u. Di-n-propylamin; aus Aceton-Ae. Prismen; 2 g. (J. org. Chemistry **23.** 1938—40. Dez. 1958. Bethesda, Md., Nat. Inst. of Health.) K. LEHMSTEDT. 3231

T. R. Govindachari, K. Nagarajan, B. R. Pai und **V. N. Sundararajan,** *Anwendung der Bruckner-Methode zur Darstellung von Phenanthridinen.* 3. Mitt. *3.4-Benzophenanthridine.* (2. vgl. C. **1958.** 14051.) Durch Addition von N_2O_3 an 1-Aryl-3.4-dihydronaphthaline konnten instabile *Nitrosite* erhalten werden, die mit Na-Methylat in *2-Nitro-1-aryl-3.4-dihydronaphthaline* übergehen. Aus diesen entstehen durch $LiAlH_4$-Red.

2-Amino-1-aryl-1.2.3.4-tetrahydronaphthaline, deren *Acetyl-* u. *Benzoylderivv.* mit $POCl_3$ zu den entsprechenden *1.2.4a.10a-Tetrahydrophenanthridinen* cyclisieren; ihre Dehydrierung liefert die erwarteten *3.4-Benzophenanthridine*. In einigen Fällen konnten die genannten Zwischenstufen nicht gereinigt u. charakterisiert werden. *5.9-Dimethyl-3.4-benzophenanthridin* zeigt gegenüber dem *9-Methylderiv.* im UV-Spektr. eine bathochrome Verschiebung, die auf eine ster. bedingte Ringspannung oder auf den n. Hyperkonjugationseffekt zurückgeführt wird; das *7.9-Dimethylderiv.* zeigt diese Verschiebung nicht. Beim *6-Methoxy-9-methylderiv.* tritt eine weitere bathochrome Verschiebung in Erscheinung. — UV-Spektren vgl. Original.

Versuche: *1-[3-Methoxyphenyl]-3.4-dihydronaphthalin* (**II**), $C_{17}H_{16}O$, $Kp._{3}$ 180 bis 183°, aus Tetralon-(1) u. 3-Methoxyphenyl-MgBr in sd. Ae. (17 Std.); gelbes Öl. — *2-Nitro-1-[3-methoxyphenyl]-3.4-dihydronaphthalin* (**III**), $C_{17}H_{15}NO_3$, F. 104—106°, aus 2 g **II** in 50 cm³ Ae. u. 50 cm³ gesätt. wss. $NaNO_2$, Ansäuern mit 4n H_2SO_4 bei 0°, Behandeln des äther. Extraktes mit methanol. Na-Methylat u. Eindampfen der äther. Lsg.; nach dem Verreiben des öligen Rückstandes mit CH_3OH hellgelbe Nadeln; aus 20 Ansätzen 12 g (Ausbeute). — *2-Amino-1-[3-methoxyphenyl]-1.2.3.4-tetrahydronaphthalin* (**IV**), aus **III** durch $LiAlH_4$-Red. u. Reinigen über das Hydrochlorid; viscoses Öl. *Acetylverb.* (**V**), $C_{19}H_{21}NO_2$, F. 134—135° (Bzl. + PAe.), mit Essigsäureanhydrid in Pyridin bei 100°. *Benzoylderiv.* (**VI**), $C_{24}H_{23}NO_2$, F. 169° (Bzl. + PAe.), hellgelbe Kristalle. — *6-Methoxy-9-methyl-3.4-benzo-1.2.4a.10a-tetrahydrophenanthridin* (**VII**), aus **V** u. $POCl_3$ in sd. Toluol; nach dem Versetzen mit W. aus der wss. Phase durch Alkalisieren u. Extrahieren mit Ae.; Öl. *Hydrochlorid*, $C_{19}H_{19}NO \cdot HCl$, F. 208—210° (A. + Ae.), hellgelbe Kristalle. — *6-Methoxy-9-methyl-3.4-benzophenanthridin* (**I**), aus **VII** mit 30%ig. Pd-Kohle in p-Cymol (5 Std.); Öl. *Hydrochlorid*, $C_{19}H_{15}NO \cdot HCl$, F. 222—224° (Ae. + A.), gelbe Kristalle. — *6-Methoxy-9-phenyl-3.4-benzo-1.2.4a.10a-tetrahydrophenanthridin*, aus **VI** wie **VII**; Öl. *Hydrochlorid*, $C_{24}H_{21}NO \cdot HCl$, F. 208—210° (A. + Ae.), hellgelbe Kristalle. — *6-Methoxy-9-phenyl-3.4-benzophenanthridin*, aus vorst. Verb. wie **I**. *Hydrochlorid*, $C_{24}H_{17}NO \cdot HCl$, F. 212—214° (A.), gelbe Nadeln. — *1-[m-Tolyl]-3.4-dihydronaphthalin*, $C_{17}H_{16}$, $Kp._{6-8}$ 166—168°, aus m-Tolyl-MgBr wie **II**. — *2-Nitro-1-[m-tolyl]-3.4-dihydronaphthalin*, $C_{17}H_{15}NO_2$, $Kp._{1-2}$ 170—175°, aus 40 g vorst. Verb. wie **III**; 15 g. — *2-Amino-1-[m-tolyl]-1.2.3.4-tetrahydronaphthalin*, aus Vorst. wie **IV**. *Acetylverb.*, $C_{19}H_{21}NO$, F. 162—163° (Bzl. + PAe.), hellgelbe Täfelchen. *Benzoylverb.*, $C_{24}H_{23}NO$, F. 144° (Bzl. + PAe.). — *6.9-Dimethyl-3.4-benzo-1.2.4a.10a-tetrahydrophenanthridin*, analog **VII**; Öl. *Hydrochlorid*, $C_{19}H_{19}N \cdot HCl$, F. 246—248° (A. + Ae.), hellgelbe Kristalle. — *6.9-Dimethyl-3.4-benzophenanthridin*, aus Vorst. wie **I**. *Hydrochlorid*, $C_{19}H_{15}N \cdot HCl$, F. 280—282° (A. + Ae.), gelbe, glänzende Kristalle. — *6-Methyl-9-phenyl-3.4-benzo-1.2.4a.10a-tetrahydrophenanthridin*, F. 165—166°, analog **VII**. *Hydrochlorid*, $C_{24}H_{21}N \cdot HCl$, F. 256—258° (A. + Ae.), hellgelbe Kristalle. — *6-Methyl-9-phenyl-3.4-benzophenanthridin*, aus Vorst. wie **I**. *Hydrochlorid*, $C_{24}H_{17}N \cdot HCl$, F. 248—250° (Ae. + A.), orangefarbene Nadeln. — *1-[p-Tolyl]-3.4-dihydronaphthalin*, $C_{17}H_{16}$, $Kp._{6-8}$ 176—178°, aus p-Tolyl-MgBr. — *2-Nitro-1-[p-tolyl]-3.4-dihydronaphthalin*, $Kp._{1-2}$ 165 bis 168°, wie **III**. — *2-Amino-1-[p-tolyl]-1.2.3.4-tetrahydronaphthalin*, aus Vorst. wie **IV**. *Acetylverb.*, $C_{19}H_{21}NO$, F. 160—162° (Bzl. + PAe.), Täfelchen. *Benzoylverb.*, $C_{24}H_{23}NO$, F. 193—195° (Bzl. + PAe.). — *7.9-Dimethyl-3.4-benzo-1.2.4a.10a-tetrahydrophenanthridin*, analog **VII**. *Hydrochlorid*, $C_{19}H_{19}N \cdot HCl$, F. 248—250° (A. + Ae.), bräunliche Kristalle. — *7.9-Dimethyl-3.4-benzophenanthridin*, aus Vorst. wie **I**. *Hydrochlorid*, $C_{19}H_{15}N \cdot HCl$, F. 292—294°. *Pikrat*, F. 252—254° (A.). — *7-Methyl-9-phenyl-3.4-benzo-1.2.4a.10a-tetrahydrophenanthridin*, $C_{24}H_{21}N$, F. 164—165° (CH_3OH). *Hydrochlorid*, $C_{24}H_{21}N \cdot HCl$, F. 236—238°. — *7-Methyl-9-phenyl-3.4-benzophenanthridin*, $C_{24}H_{17}N$, F. 182—183° (CH_3OH). — *2-Nitro-1-phenyl-3.4-dihydronaphthalin*, $C_{16}H_{13}NO_2$, F. 108° (Ae.), aus 1-Phenyl-3.4-dihydronaphthalin (WEISS u. WOIDICH, Mh. Chem. **46**. [1925.] 453) wie **III**. — *2-Amino-1-phenyl-1.2.3.4-tetrahydronaphthalin*, aus Vorst. wie **IV**. *Acetylverb.*, $C_{18}H_{19}NO$, F. 194—195° (Bzl.). — *9-Methyl-3.4-benzo-1.2.4a.10a-tetrahydrophenanthridin*, wie **VII**. *Hydrochlorid*, $C_{18}H_{17}N \cdot HCl$, F. 228—230°. — *9-Methyl-3.4-benzophenanthridin*, $C_{18}H_{13}N$, F. 104—106° (PAe.). *Hydrochlorid*, $C_{18}H_{13}N \cdot HCl$, F. 282—283°. *Pikrat*, $C_{18}H_{13}N \cdot C_6H_3N_3O_7$, F. 238—240° (A.). — *1-[o-Tolyl]-3.4-dihydronaphthalin*, $C_{17}H_{16}$, $Kp._{6-8}$ 166—172°, aus o-Tolyllithium u. Tetralon-(1) in sd. Ae. u. Dehydratisieren des erhaltenen *Carbinols* mit 50%ig. H_2SO_4 bei 100° (4—5 Std.); gelbes Öl. — *2-Nitro-1-[o-tolyl]-3.4-dihydronaphthalin*, $C_{17}H_{15}NO_2$, $Kp._{1-2}$ 166—170°. — *5.9-Dimethyl-3.4-benzo-1.2.4a.10a-tetrahydrophenanthridin*, $C_{19}H_{19}N$, F. 146—149° (wss. CH_3OH), durch $LiAlH_4$-Red. vorst. Verb. u. Cyclisieren der *Acetylverb.* des erhaltenen *Amins* mit $POCl_3$; Öl. *Hydrojodid*, $C_{19}H_{19}N \cdot HJ \cdot H_2O$, F. 267—270° (A.). — *5.9-Dimethyl-3.4-benzophenanthridin*, $C_{19}H_{15}N$, F. 118—121° (PAe.), aus Vorst. wie **I** u. Reinigen über das *Hydrochlorid* [$C_{19}H_{15}N \cdot HCl$, F. 260—261° (A. + Ae.), orangefarbene Rhomben].

Hydrojodid, F. 212—215° (A.), gelbe Kristalle. *Pikrat*, $C_{19}H_{15}N \cdot C_6H_3N_3O_7$, F. 182 bis 184° (A.). — *3.4-Dihydrodinaphthyl-(1.1')*, $Kp._1$ 210—215°, F. 117—118° (PAe.), aus Tetralon-(1) durch GRIGNARD-Rk. u. anschließende Dehydratisierung mit 50%ig. H_2SO_4. — *9-Methyl-3.4;5.6-dibenzo-1.2.4a.10a-tetrahydrophenanthridin*, aus Vorst. wie III → IV → V → VII; Öl. *Hydrochlorid*, $C_{22}H_{19}N \cdot HCl$, F. 258—260° (A. + Ae.), gelbe Nadeln. — *9-Methyl-3.4;5.6-dibenzophenanthridin*, $C_{22}H_{15}N$, F. 195—197° (A.), aus Vorst. wie I; hellgelbe Nadeln. (Chem. Ber. **91**. 2053—60. 20/10. 1958. Madras, India, Presidency Coll., Dep. of Chem.) H. GOLD. 3231

Yasuo Inubushi, Keiichi Nomura, Eiji Nishimura und **Mikio Yamamoto**, *Ringspaltung von Dibenzo-p-dioxinderivaten mit metallischem Natrium in flüssigem Ammoniak.* 1. Mitt. *Ringspaltung von 1-Methoxydibenzo-p-dioxin.* 1-Methoxydibenzo-p-dioxin gibt beim Behandeln mit Na in fl. NH_3 *3-Methoxy-2'-hydroxydiphenyläther* (**I**) u. *2-Methoxy-6.2'-dihydroxybiphenyl* (**II**). Bei niedrigeren Tempp., bes. unter Zusatz von NH_4Cl, werden höhere Ausbeuten an **I** erreicht.

Versuche: *1-Methoxydibenzo-p-dioxin*, $C_{13}H_{10}O_3$, F. 125—127°, aus 5,78 g 2-Bromphenol u. 6,58 g 6-Bromguajacol in Methanol mit K, Erhitzen des Abdampfrückstands mit Cu-Pulver bei 180° (½ Std.) u. Chromatographieren des Prod. an Al_2O_3 aus Bzl.; 0,287 g (Ausbeute). — *3-Methoxy-2'-hydroxydiphenyläther* (**I**), $C_{13}H_{12}O_3$, F. 79—80°, a) aus 0,5 g vorst. Verb. in Ae. durch Zutropfen zu Na in fl. NH_3 bei —40 bis —35° (die blaue Farbe der Na-Lsg. soll während der Rk. u. danach noch mindestens 30 Min. erhalten bleiben, dann 1 Tag stehen), Dest. des Prod. bei 0,15 Torr u. 140—150° (Badtemp.) u. Chromatographie an Al_2O_3 mit Chlf.-Aceton (1 : 1); 0,16 g, daneben 0,15 g *2-Methoxy-6.2'-dihydroxybiphenyl* (**II**), $C_{13}H_{12}O_3$, F. 132—133°; b) analog, aber bei —65 bis —62°; 0,250 g **I** u. 0,055 g **II**; c) wie unter a), aber unter Zusatz von NH_4Cl bei —65 bis —62°; 0,380 g **I** u. 0,020 g **II**; d) aus Resorcin in Nitrobenzol mit Dimethylsulfat, Rk. des Monomethyläthers mit o-Nitrochlorbenzol u. KOH (6½ Std. bei 140 bis 150°), Hydrierung des gebildeten *3-Methoxy-2'-nitrodiphenyläthers* ($C_{13}H_{11}NO_4$, $Kp._4$ 185—187°, F. 56—56,6° [Methanol]) über RANEY-Ni in Essigester zu *3-Methoxy-2'-aminodiphenyläther* (*Pikrat*, $C_{13}H_{13}NO_2 \cdot C_6H_3N_3O_7$, F. 176—176,5°, aus CH_3OH Tafeln), Diazotieren in H_2SO_4 mit wss. $NaNO_2$ bei —10°, durch Zutropfen des Gemisches zu erwärmtem H_2SO_4–Na_2SO_4–W. (5 : 4 : 6) u. Wasserdampfdestillation. **II**-*Dimethyläther*, $C_{15}H_{16}O_3$, F. 138—139°, a) aus 3 g 2-Jodresorcindimethyläther u. 5 g o-Jodanisol (**III**) analog nachst. Verb.; b) aus **II**. — *2.3.2'-Trimethoxybiphenyl*, $C_{15}H_{16}O_3$, F. 116—117° (Methanol), aus 3,27 g **III** u. 1,5 g o-Bromveratrol mit Cu-Pulver bei 220—230° (2 Std.), nach Abtrennen des Nebenprod. Dest. bei 0,04 Torr u. 170—190° u. Chromatographie an Al_2O_3 aus Bzl.; 0,06 g, daneben *2.2'-Dimethoxybiphenyl*, $C_{14}H_{14}O_2$, F. 154—155° (Bzl.). (J. pharmac. Soc. Japan [Yakugakuzasshi] **78**. 1189—94. Nov. 1958. Kyôto, Univ., Medizin. Fak. [Orig.: japan.; Auszug: engl.]) E. MAEKAWA. 3252

Fulvio Cacace, Giuliano Fabrizi und **Maurizio Zifferero**, *Derivate von N-Äthanoltheophyllin und N-Äthanoltheobromin.* Die Synth. einiger Derivv. von *7-[β-Hydroxyäthyl]-theophyllin* (**I**) u. von *1-[β-Hydroxyäthyl]-theobromin* (**V**) werden beschrieben. Die neuen Verbb. enthalten den Xanthinkern u. andere Gruppen von pharmakol. Interesse.

Versuche: Theophylline: *7-[β-Jodäthyl]-*, $C_9H_{11}JN_4O_2$, F. 150—151° (W.), aus 20 g nachst. Verb. u. KJ in W. durch 12std. Kochen; 13 g (Ausbeute). — *7-[β-Chloräthyl]-*, $C_9H_{11}ClN_4O_2$, F. 121,5—122,5° (W.), aus 20 g 7-[β-Hydroxyäthyl]-theophyllin (**I**) u. $SOCl_2$ in Bzl.; 5 g. — *7-[β-Bromäthyl]-*, $C_9H_{11}BrN_4O_2$, F. 144—144,5° (PAe.), aus dem Na-Salz von 10 g Theophyllin u. 1.2-Dibromäthan in wss. Isopropanol durch Kochen; 8,5 g [als Nebenprod. entsteht *symm.-Bis-[theophyllinyl-(7)]-äthan*, $C_{16}H_{18}N_8O_4$, F. 341° (Zers.; Dioxan (W.)]. — *7-Vinyl-*, $C_9H_{10}N_4O_2$, F. 173—174° (W./A.), aus einem der drei 7-[β-Halogenäthyl]-theophylline u. überschüssigem Na-Malonsäurediäthylester in absol. A. durch Kochen (entfärbt bei 0° 4%ig. $KMnO_4$-Lsg. unter Bldg. von *Theophyllin*). — *1-[β-Bromäthyl]-theobromin*, $C_9H_{11}BrN_4O_2$, F. 148—148,5° (Diisopropyläther), 1 g Na-Salz von Theobromin u. 1.2-Dibromäthan durch mehrstd. Kochen. — β-[Theophyllinyl-(7)]-äthylester: *Chloressigsäure-* (**II**), $C_{11}H_{13}ClN_4O_4$, F. 121,5—122° (A.), aus **I** u. Chloracetylchlorid. — *Acetylsalicylsäure-*, $C_{18}H_{18}N_4O_6$, F. 190—191° (A.), aus **I** u. Acetylsalicylsäurechlorid (**VI**). — *Theophyllinyl-(7)-essigsäure-*, $C_{18}H_{20}N_8O_6$, F. 235—236°, aus **II** u. dem Na-Salz von Theophyllin in Pyridin. — *Atophan-*, $C_{25}H_{21}N_5O_4$, F. 197—198° (Bzl.), aus **I** u. Atophanylchlorid (**IV**). — *Fumarsäuremonochloridmono-*, F. 95—100° (Bzl.), aus **I** u. Fumarsäuredichlorid (**III**). — *Fumarsäuremono-*, F. 200° (A.), aus vorst. Verb. von H_2O. — *Fumarsäuremonoäthylestermono-*, $C_{15}H_{18}N_4O_6$, F. 134—135° (A.), aus vorvorst. Verb. u. C_2H_5OH. — *Fumarsäure-bis-*, $C_{22}H_{24}N_8O_8$, F. 268° (Pyridin), aus **I** u. **III**. — *Bernsteinsäuremono-*, $C_{13}H_{16}N_4O_6$, F. 154 bis 155° (A.), aus **I** u. Bernsteinsäureanhydrid (**VII**). — *Bernsteinsäuremonoäthylester-*

mono-, $C_{15}H_{20}N_4O_6$, F. 73—74° (Ae.), aus vorst. Verb. u. äther. Diazoäthanlösung. — *Chlorameisensäure-*, F. 176° (Bzl.), aus **I** u. benzol. Phosgenlösung. — *Kohlensäuremonoäthylestermono-*, $C_{12}H_{16}N_4O_5$, F. 91—92° (Bzn.), aus vorst. Verb. u. C_2H_5OH. — β-[Theobrominyl-(1)]-äthylester: *Atophan-*, $C_{25}H_{21}N_5O_4$, F. 157—157,5° (A.), aus 1-[β-Hydroxyäthyl]-theobromin (**V**) u. **IV**. — *Acetylsalicylsäure-*, $C_{18}H_{18}N_4O_6$, F. 168—168,5° (A.), aus **V** u. **VI**. — *Bernsteinsäuremono-*, $C_{13}H_{16}N_4O_6$, F. 225—225,5° (Pyridin), aus **V** u. **VII**. — *Kohlensäuremonoäthylestermono-*, $C_{12}H_{16}N_4O_5$, F. 112° (Bzn.), aus **V** u. Chlorameisensäureäthylester. (Ann. Chimica **46**. 91—98. Jan./März 1956. Roma, Univ., Ist. di Chim. farmac. e tossicol.) WALTER SIMON. 3272

Fulvio Cacace, Roberto Criserà und **Maurizio Zifferero**, *Darstellung einiger Derivate der 8-Bromtheophyllinyl-(7)-essigsäure und 8-Alkylaminotheophyllinyl-(7)-essigsäure.* (Vgl. vorst. Ref.) Bei der Rk. von 8-Bromtheophyllin mit Chloressigsäureäthylester entsteht *8-Bromtheophyllinyl-(7)-essigsäureäthylester*; er läßt sich in üblicher Weise in *8-Alkylaminotheophyllinyl-(7)-essigsäurealkylamide* überführen. Bei der Rk. von 8-Bromtheophyllin mit Chloressigsäureamiden werden *8-Bromtheophyllinyl-(7)-essigsäurealkylamide* gebildet.

Versuche: *8-Bromtheophyllin*, F. 308—310° (Zers.), aus Theophyllin u. Br_2 in A. durch Kochen; 75—85% (Ausbeute). — Folgende Derivv. der *8-Bromtheophyllinyl-(7)-essigsäure* werden aus vorst. Verb. u. den entsprechenden Chloressigsäurederivv. in A. in Ggw. von Na-Äthylat durch Kochen dargestellt: *Äthylester*, $C_{11}H_{13}BrN_4O_4$, F. 153—153,5°. *Freie Säure*, $C_9H_9BrN_4O_4$, F. 214°. *Amid*, $C_9H_{10}BrN_5O_3$, F. 280,5 bis 281°. *Äthylamid*, $C_{11}H_{14}BrN_5O_3$, F. 293,5°. *Anilid*, $C_{15}H_{14}BrN_5O_3$, F. 266—267°. *Benzylamid*, $C_{16}H_{16}BrN_5O_3$, F. 238°. — Folgende Verbb. werden aus 8-Bromtheophyllin-7-essigsäureäthylester u. dem entsprechenden Amin in A. durch Erhitzen im Autoklaven in 70—90%ig. Ausbeute dargestellt: *8-Methylaminotheophyllinyl-(7)-essigsäuremethylamid*, $C_{11}H_{16}N_6O_3$, F. 303—304° (Zers.). — *8-Äthylaminotheophyllinyl-(7)-essigsäureäthylamid*, $C_{13}H_{20}N_6O_3$, F. 255—255,5° (Zers.). — *8-Dimethylaminotheophyllinyl-(7)-essigsäuredimethylamid*, $C_{13}H_{20}N_6O_3$, F. 144—145°. — *8-Diäthylaminotheophyllinyl-(7)-essigsäurediäthylamid*, $C_{17}H_{28}N_6O_3$, F. 106—107°. — *8-Butylaminotheophyllinyl-(7)-essigsäurebutylamid*, $C_{17}H_{28}N_6O_3$, F. 225,5—226°. — *8-Allylaminotheophyllinyl-(7)-essigsäureallylamid*, $C_{15}H_{20}N_6O_3$, F. 233—233,5°. — *8-Benzylaminotheophyllinyl-(7)-essigsäuebenzylamid*, $C_{23}H_{24}N_6O_3$, F. 213—214°. — *8-[β-Hydroxyäthylamino]-theophyllinyl-(7)-essigsäure-β-hydroxyäthylamid*, $C_{13}H_{20}N_6O_5$, F. 252—253° (Zers.). — *8-[γ-Dimethylaminopropylamino]-theophyllinyl-(7)-essigsäure-γ-dimethylaminopropylamid*, $C_{19}H_{34}N_8O_3$, F. 168,5—169°. — *8-[β-Diäthylaminoäthylamino]-theophyllinyl-(7)-essigsäure-β-diäthylaminoäthylamid*, $C_{21}H_{38}N_8O_3$, F. 185—186°. — *8-[γ-Diäthylaminopropylamino]-theophyllinyl-(7)-essigsäure-γ-diäthylaminopropylamid*, $C_{23}H_{42}N_8O_3$, F. 165°. — *8-[γ-Hydroxypropylamino]-theophyllinyl-(7)-essigsäure-γ-hydroxypropytamid*, $C_{15}H_{24}N_6O_5$, F. 216° (Zers.). — *8-[4-Hydroxybutyl-(3)-amino]-theophyllinyl-(7)-essigsäure-4-hydroxybutyl-(3)-amid*, $C_{17}H_{28}N_6O_5$, F. 215,5—216,5° (Zers.). — *8-Hydrazinotheophyllinyl-(7)-essigsäurehydrazid*, $C_9H_{14}N_8O_3$, F. 219° (Zers.). — *8-Benzylidenhydrazinotheophyllinyl-(7)-essigsäurebenzylidenhydrazid*, $C_{23}H_{22}N_8O_3$, F. 248—250° (Zers.), aus vorst. Verb. u. Benzaldehyd in A. durch 5 Min. langes Kochen. — Analog wird hergestellt: *8-Anisylidenhydrazinotheophyllinyl-(7)-essigsäureanisylidenhydrazid*, $C_{25}H_{26}N_8O_5$, F. 250—252° (Zers.). (Ann. Chimica **46**. 99—104. Jan./März 1956.) WALTER SIMON. 3272

O. Hromatka, E. Preininger und **F. Sauter**, *Untersuchungen über Phenthiazinderivate.* 8. Mitt. *Basisch substituierte 10-Acylphenthiazin-9-dioxyde.* (7. vgl. C. **1959**. 10241.) Durch Umsetzung von 10-Halogenacylphenthiazin-9-dioxyden (**I**) mit aliphat. u. heterocycl. sek. Aminen wurden *N'-substituierte 10-Aminoacylphenthiazin-9-dioxyde* nur unter bes. schonenden Bedingungen dargestellt u. auch isoliert, da der Aminoacylrest leicht unter Bldg. von *Phenthiazin-9-dioxyd* hydrolyt. abgespalten wird.

Versuche: Phenthiazin-9-dioxyde, a) durch Erhitzen der **I** mit den sek. Basen in wasserfreiem Lösungsm., Verdünnen mit Bzl., Extraktion des Filtrats mit 0,5n HCl u. Fällen der Base mit 5%ig. NaOH bis zur alkal. Rk. (Meth. **A**); b) wie vorst., jedoch Emulgieren des sauren Extraktes mit Bzl. unter heftigem Rühren, Zutropfen von 2n NaOH, Extraktion der Base mit Bzl. (Meth. **B**) oder Chlf. ($\mathbf{B}_1$) oder Ae. ($\mathbf{B}_2$), Eindampfen u. mehrmaliges Fällen des Rückstandes in Aceton mit W. oder Umkristallisieren aus Aceton; c) bei flüchtigen Basen durch 3std. Erhitzen der **I** in Dioxan mit 400—500% des Amins in W., Zugeben von weiteren 100% des Amins in Abständen von ½—1 Std., Eindampfen, Digerieren des Rückstandes mit 0,5n HCl, dann wie nach b): *10-Dimethylaminoacetyl-*, $C_{16}H_{16}N_2O_3S$, F. 205—208° (Aceton + W.), a) aus 10-Chloracetylphenthiazin-9-dioxyd (**II**), $(CH_3)_2NHHCl$ u. K_2CO_3 in Xylol (8std. Erhitzen) nach Meth. **A**; 21,6% (Ausbeute); b) analog in Toluol mit 0,5 g Cu, 3 Std.;

12,2%; c) in Bzl., 4 Std.; 13,6%; d) nach c) aus **II** u. $(CH_3)_2NH$ (4:3) in Dioxan, 3 Std.; 9,7%; e) analog im Autoklaven, 2½ Std. bei 100°; —; f) analog d) im Verhältnis 2:1; 27,7%. *Hydrochlorid, Dihydrat*, $C_{16}H_{16}N_2O_3S \cdot HCl \cdot 2\,H_2O$, F. 201—203° (Zers.), nach f). — *10-Diäthylaminoacetyl-*, $C_{18}H_{20}N_2O_3S$, F. 167—170° (absol. A.), a) aus **II**, Diäthylamin (**III**) u. K_2CO_3 in Bzl., 4 Std., nach Meth. **A**; 87,5%; b) mit Cu in Toluol 3 Std. nach Meth. **A**; 62,5%. *Hydrochlorid*, $C_{18}H_{20}N_2O_3S \cdot HCl \cdot 1\frac{1}{2}\,H_2O$, F. 211—214° (Zers.). *Pikrat*, F. 218—219° (korr.; KOFLER). *Styphnat*, F. 213—214° (korr.). — *10-Di-n-propylaminoacetyl-*, $C_{20}H_{24}N_2O_3S$, F. 206—207° (Aceton), aus **II**, Di-n-propylamin u. K_2CO_3 in Bzl; 3 Std.; Meth. **A**; 68,8%. *Hydrochlorid*, $C_{20}H_{24}N_2O_3S \cdot HCl \cdot \frac{1}{2}\,H_2O$, F. 183—186°. — *10-Pyrrolidinoacetyl-*, F. 201—203° (Aceton + W.), aus **II**, Pyrrolidin (**IV**) u. K_2CO_3 in Bzl., 3 Std., Meth. **B**; 9,0%. *Hydrochlorid*, F. 235—237° (Zers.). — *10-Piperidinoacetyl-*, $C_{19}H_{20}N_2O_3S$, F. 211—212° (Aceton + W.), aus **II** u. Piperidin (**V**) wie vorst. Verb.; 31,6%. — *10-Morpholinoacetyl-*, $C_{18}H_{18}N_2O_4S$, F. 194—195° (absol. A.), aus **II**, Morpholin (**VI**) u. K_2CO_3 in Bzl., 4 Std., Meth. **A**; 54,9%. *Hydrochlorid*, $C_{18}H_{18}N_2O_4S \cdot HCl \cdot \frac{1}{4}\,H_2O$, F. 212° (Zers.). *Pikrat*, F. 226—227° (korr.). — *10-[β-Dimethylaminopropionyl]-*, F. 143—145° (Aceton + W.), aus 10-[β-Chlorpropionyl]-phenthiazin-9-dioxyd (**VII**), $(CH_3)_2NH \cdot HCl$ u. K_2CO_3 in Bzl., 3 Std., Meth. **B**; 22,2%. — *10-[β-Diäthylaminopropionyl]-*, $C_{19}H_{22}N_2O_3S$, F. 135—137° (Aceton + W.), a) aus **VII** u. **III** wie vorst. Verb.; 59,2%; b) aus 10-[β-Brompropionyl]-phenthiazin-9-dioxyd (**VIII**), **III** u. K_2CO_3 in Bzl. 4½ Std., Meth. **B**; 53,9%. *Hydrochlorid*, $C_{19}H_{22}N_2O_3S \cdot HCl \cdot 1\frac{1}{2}\,H_2O$, F. 171 bis 173°. — *10-[β-Pyrrolidinopropionyl]-*, $C_{19}H_{20}N_2O_3S$, F. 165—166° (Aceton + W.), aus **VIII**, **IV** u. K_2CO_3 in Bzl., 4 Std., Meth. **B**; 14,6%. *Hydrochlorid*, $C_{19}H_{20}N_2O_3S \cdot HCl$, F. 206—207° (Zers.). — *10-[β-Piperidinopropionyl]-*, $C_{20}H_{22}N_2O_3S$, F. 164° (Aceton + W.), aus **VIII** u. **V** wie vorst. Verb.; 41,3%. *Hydrochlorid*, $C_{20}H_{22}N_2O_3S \cdot HCl$, F. 218 bis 218,5° (Zers.). — *10-[α-Dimethylaminopropionyl]-*, $C_{17}H_{18}N_2O_3S$, F. 175—177° (A.), aus 10-[α-Brompropionyl]-phenthiazin-9-dioxyd (**IX**) u. $(CH_3)_2NH \cdot HCl$ wie vorst. Verb.; 77,6%. *Hydrochlorid*, $C_{17}H_{18}N_2O_3S \cdot HCl \cdot \frac{1}{2}\,H_2O$, F. 207—209° (Zers.). — *10-[α-Diäthylaminopropionyl]-*, $C_{19}H_{22}N_2O_3S$, F. 140—141° (Aceton + H_2O), aus 10-[α-Chlorpropionyl]-phenthiazin-9-dioxyd (**X**), **III** u. K_2CO_3 in Bzl., 3 Std., Meth. **A**; 28,9%. *Hydrochlorid*, $C_{19}H_{22}N_2O_3S \cdot HCl$, F. 200—203° (Zers.). — *10-[α-Piperidinopropionyl]-*, $C_{20}H_{22}N_2O_3S$, F. 204—205° (absol. A.), aus **IX** u. **V** wie vorst. Verb.; 74,2%. — *10-[α-Morpholinopropionyl]-*, $C_{19}H_{20}N_2O_4S$, F. 224—225° (Aceton + W.), aus **X** u. **VI** wie vorst. Verb. nach Meth. **B**; 19,0%. — *10-[N-Methylpiperazinoacetyl]-*, aus N-Methylpiperazin (**XI**) u. **II** in Bzl., 8 Std., Meth. **A**; 51,2%. *Dihydrochlorid*, $C_{19}H_{21}N_3O_3S \cdot 2\,HCl \cdot 2\,H_2O$, F. 223—225° (Zers.; 90%ig. A.). — *10-[N-Äthylpiperazinoacetyl]-*, $C_{20}H_{23}N_3O_3S$, F. 184 bis 185° (absol. A.), aus N-Äthylpiperazin (**XII**), **II** u. K_2CO_3 in Bzl., 13 Std., Meth. **A**; 26,6%. — *10-[N-Benzylpiperazinoacetyl]-*, $C_{25}H_{25}N_3O_3S$, F. 186—188° (absol. A.), aus N-Benzylpiperazin (**XIII**), **II** u. K_2CO_3 in Bzl., 10 Std., Meth. **A**; 41,3%. — *10-[β-(N-Äthylpiperazino)-propionyl]-*, $C_{21}H_{25}N_3O_3S$, F. 160—163° (absol. A.), aus **VII**, **XII** u. K_2CO_3 in Toluol, 7 Std., $\mathbf{B_1}$; 76,8% *Pikrat*, F. 239—243° (korr.). *Styphnat*, F. 230—231° (korr.). — *10-[α-(N-Methylpiperazino)-propionyl]-*, $C_{20}H_{23}N_3O_3S$, F. 208—209° (Aceton), aus **IX**, **XI** u. K_2CO_3 in Bzl., 8 Std., $\mathbf{B_1}$; 16,4%. *Dihydrochlorid*, $C_{20}H_{23}N_3O_3S \cdot 2\,HCl \cdot 2\frac{1}{2}\,H_2O$, F. 180—182°. — *10-[α-(N-Benzylpiperazino)-propionyl]-*, $C_{26}H_{27}N_3O_3S$, F. 172 bis 173° (absol. A.), aus **IX**, **XIII** u. K_2CO_3 in Bzl., 4 Std., $\mathbf{B_2}$; 9,3%. *Hydrochlorid*, $C_{26}H_{27}N_3O_3S \cdot \frac{1}{2}\,H_2O$, F. 197—200° (Zers.). (Mh. Chem. **88**. 1077—86. 1957, herausgeg. 28/1. 1958. Wien, Univ., I. Chem. Inst.) H. FRISCHKORN. 3292

O. Hromatka, E. Preininger und **F. Sauter,** *Untersuchungen über Phenthiazinderivate.* 9. Mitt. *Derivate der β-[Phenthiazinyl-(10)]-propionsäure.* (8. vgl. vorst. Ref.) Es wurden *Derivv.* der *β-[Phenthiazinyl-(10)]-propionsäure* (**I**) u. der *β-[9.9-Dioxophenthiazinyl-(10)]-propionsäure* (**II**) dargestellt, außerdem eine rationelle Darstellungsmeth. für das aus **I** zugängliche *4.10-[α-Oxotrimethylen]-phenthiazin* ausgearbeitet. Die Nomenklatur der letzteren Verb. wird diskutiert.

V e r s u c h e (FF. korr.; KOFLER): *β-[Phenthiazinyl-(10)]-propionsäure-4-methylpiperazid*, $C_{20}H_{23}N_3OS$, F. 73—75° (roh), $Kp._{0,002}$ 180—190° (Luftbadtemp.), aus 5,0 g **I**-Chlorid u. N-Methylpiperazin durch 15std. Stehen in absol. Bzl.; 4,3 g (Ausbeute). — *β-[Phenthiazinyl-(10)]-propionsäure-4-phenylpiperazid*, $C_{25}H_{25}N_3OS$, F. 153—155° (Aceton) aus 5,0 g **I**-Chlorid u. N-Phenylpiperazin wie vorst. Verb.; 6,0 g. — *β-[9.9-Dioxophenthiazinyl-(10)]-propionsäure* (**II**), F. 184°, aus 184 g **I** in NaOH bei 50° u. 30%ig. H_2O_2 unter 2std. Erhitzen auf dem Wasserbad; 189 g. *Äthylester*, $C_{17}H_{17}NO_4S$, F. 89 bis 91,5°, aus 9,0 g **II** in A. u. konz. H_2SO_4 durch 3std. Kochen; 7,0 g. — *10-[γ-Hydroxypropyl]-phenthiazin-9-dioxyd*, $C_{15}H_{15}NO_3S$, F. 175—177° (A., Aceton oder Butanol), aus 8,2 g vorst. **II**-Esters durch Red. mit $LiAlH_4$ in absol. Ae. (Zugabe innerhalb 2 Std., dann noch 5std. Rühren); 3,8 g. — *4.10-[α-Oxotrimethylen]-phenthiazin*, $C_{15}H_{11}NOS$,

F. 112°, a) aus I u. $ZnCl_2$ in Eisessig/Acetanhydrid durch kurzes Aufkochen; 80% (Rohausbeute); b) aus I u. $AlCl_3$ in Eisessig/Acetanhydrid durch 10 Min. langes Kochen; 10% neben 90% I; c) aus dem I-Chlorid u. $SnCl_4$ in trockenem Bzl. (30 Min. bei Zimmertemp., dann kurzes Aufkochen); ca. 16%; d) aus dem I-Chlorid u. $POCl_3$ in trockenem Bzl. (15 Min. durchmischt, dann 1½std. Stehen unter Eiskühlung); Ausbeute sehr variabel u. schlecht reproduzierbar. Cyclisierung von I mit wasserfreiem HF (2 Std. bei 0° u. 2 Std. bei Raumtemp.) erfolglos. (Mh. Chem. **89**. 790—97. 29/12. 1958.)
H. FRISCHKORN. 3292

O. Hromatka, E. Preininger und **F. Sauter,** *Untersuchungen über Phenthiazinderivate.* 10. Mitt. *Basisch substituierte Derivate des 4.10-Trimethylenphenthiazins.* (9. vgl. vorst. Ref.) Zwecks pharmakol. Unterss. stellten Vff. *N^{α}-Derivv.* von *4.10-[α-Aminotrimethylen]-phenthiazin* (II) durch Umsetzung der aus der α-Hydroxyverb. erhaltenen *α-Bromverb.* (I) mit sek. Aminen dar. Außerdem sind neue Methoden zur Darst. des bereits bekannten II beschrieben.

V e r s u c h e (FF. korr.; KOFLER): P h e n t h i a z i n e: *4.10-[α-Bromtrimethylen]-* (I), F. 98—100° (roh), durch Zugeben von PBr_3 in trockenem Ae. zu 4.10-[α-Hydroxytrimethylen]-phenthiazin in Ae. innerhalb 30 Min. unter Eiskühlung; aus Bzl. mit PAe. hell gelbgrüne Kristalle, licht- u. temperaturempfindlich; 90,2% (Rohausbeute). — *4.10-[α-Dimethylaminotrimethylen]-*, a) durch 12std. Stehen von I u. Dimethylamin (wasserfrei) in Toluol im Einschmelzrohr bei ca. 20°; helles grüngelbes Öl; 63,1%; b) durch 24std. Kochen von II, Ameisensäure u. 35%ig. Formaldehyd; 7,8%. *Maleinat,* $C_{17}H_{18}N_2S \cdot C_4H_4O_4$, F. 206—207° (Zers.; W. oder Methanol). — *4.10-[α-Diäthylaminotrimethylen]-*, $C_{19}H_{22}N_2S$, Kp.$_{0,001}$ 150—160° (Badtemp.), durch 12std. Kochen von I, Diäthylamin u. K_2CO_3 in Bzl.; gelbliches Öl; 74,3%. *Hydrochlorid,* F. 195—196° (Zers.; absol. A.). *Maleinat,* $C_{19}H_{22}N_2S \cdot C_4H_4O_4$, F. 167—168° (Zers.; W.). — *4.10-[α-Dipropylaminotrimethylen]-*, $C_{21}H_{26}N_2S$, Kp.$_{0,001}$ 150—160° (Badtemp.), durch 24std. Kochen von I, Dipropylamin u. K_2CO_3 in Bzl.; hellgelbes Öl; 37,6%. — *4.10-[α-Piperidinotrimethylen]-*, $C_{20}H_{22}N_2S$, F. 104—107° (A.), durch 1wöchiges Stehen von I u. Piperidin in Bzl. bei 20°; 71,5%. *Maleinat,* $C_{20}H_{22}N_2S \cdot C_4H_4O_4$, F. 197—198° (Zers.; W.). — *4.10-[α-Morpholinotrimethylen]-*, $C_{19}H_{20}N_2OS$, F. 153—154° (A.), durch 96std. Kochen von I, Morpholin u. K_2CO_3 in Bzl.; 39,2%. — *4.10-[α-(4-Methylpiperazino)-trimethylen]-*, F. 141 bis 142° (aus A. durch Fällen mit W.), durch 9std. Kochen von I, N-Methylpiperazin u. K_2CO_3 in Bzl.; 37,7%. *Dihydrochlorid,* $C_{20}H_{23}N_3S \cdot 2$ HCl, F. 207—209° (Zers.; aus A. durch Fällen mit Äther. — *4.10-[α-(4-Äthylpiperazino)-trimethylen]-*, $C_{21}H_{25}N_3S$, F. 114 bis 115° (Bzn.), durch 7std. Kochen von I, N-Äthylpiperazin u. K_2CO_3 in Bzl.; 54,4%. *Dihydrochlorid,* $C_{21}H_{25}N_3S \cdot 2$ HCl $\cdot$ ¾ H_2O, F. 178—180° (Zers.; A./Ae.). — *4.10-[α-4-Propylpiperazino)-trimethylen]-*, $C_{22}H_{27}N_3S$, F. 105—106° (A.), durch einwöchiges Stehen von I, N-Propylpiperazin u. Na_2CO_3 bei 20° im Dunkeln; 20,2%. *Dihydrochlorid,* F. 205 bis 207° (Zers.). — *4.10-[α-Hydroximinotrimethylen]-*, F. 228° (Bzl.), durch 3std. Erwärmen von 4.10-[α-Oxotrimethylen]-phenthiazin (III) in A., $NH_2OH \cdot HCl$, Pyridin u. W. auf dem Wasserbad; 81,8%. — *4.10-[α-Aminotrimethylen]-* (II), F.90° (roh), durch Red. a) vorst. Verb. in A. mit 2,5%ig. Na-Amalgam; 84,4%; b) des III-Phenylhydrazons mit Zn-Staub u. HCl in Eisessig (2std. Kochen); 22,5%; c) des III-Azins wie unter b); 12,9%; d) des III-Semicarbazons wie unter b); 24,4%. *Hydrochlorid,* $C_{15}H_{14}N_2S \cdot HCl$, F. 250—255° (Zers.; W.). (Mh. Chem. **89**. 806—13. 29/12. 1958.) H. FRISCHKORN. 3292

O. Hromatka, E. Preininger und **F. Sauter,** *Untersuchungen über Phenthiazinderivate.* 11. Mitt. *Basisch substituierte Derivate des 4.10-Trimethylenphenthiazin-9-dioxyds.* (10. vgl. vorst. Ref.) In Ergänzung zu den l. c. beschriebenen 4.10-[α-Aminotrimethylen]-phenthiazinen wurden die entsprechenden *9-Dioxydderivv.* dargestellt. Da bei der Oxydation von 4.10-[α-Oxotrimethylen]-phenthiazin mit H_2O_2 die Trimethylenbrücke angegriffen wird u. die Ausbeute an *9-Dioxyd* (I) 39% beträgt, wurde die als Ausgangsprod. dienende *β*-[Phenthiazinyl-(10)]-propionsäure zum *9-Dioxyd* (70—75% Ausbeute) oxydiert u. weiter wie l. c. verfahren.

V e r s u c h e (FF. korr.; KOFLER): P h e n t h i a z i n - 9 - d i o x y d e: *4.10-[α-Oxotrimethylen]-* (I), $C_{15}H_{11}NO_3S$, F. 204—205° (Aceton), aus *β*-[9.9-Dioxophenthiazinyl-(10)]-propionsäure u. $ZnCl_2$ in Eisessig/Acetanhydrid durch 2std. Erhitzen auf dem Wasserbad; Kristallumwandlung bei ca. 190°; 74,1% (Ausbeute). — *4.10-[α-Hydroximinotrimethylen]-*, $C_{15}H_{12}N_2O_3S$, F. 259—261°, aus I, $NH_2OH \cdot HCl$ (in wenig W.) u. Pyridin in A. durch 4std. Kochen; 93,2%. — *4.10-[α-Hydroxytrimethylen]-*, $C_{15}H_{13}NO_3S$, F. 237—238° (Aceton), durch Red. von I mit LiAlH in Ae./Dioxan (1½ Std. Kochen); 78,3%. — *4.10-[α-Bromtrimethylen]-* (II), F. 145—147° (Zers.; Bzl.), aus vorst. Verb. in Bzl. u. PBr_3 (Zugabe unter Eiskühlung), 1std. Stehen bei Raumtemp. u. 5std. Kochen; Kristallumwandlung bei 110°; 82,0%. — *4.10-[α-Dimethylaminotrimethylen]-*, $C_{17}H_{18}\cdot$

N_2O_2S, F. 182—183° (A.), durch Zugabe von wasserfreiem Dimethylamin zu **II** in Dimethylformamid bei —40° u. 20std. Stehen bei 20° im zugeschmolzenen Rohr; 59,3%. *Hydrochlorid*, F. 224—225° (Zers.). — *4.10-[α-Diäthylaminotrimethylen]-*, $C_{19}H_{22}N_2O_2S$, F. 156—157° (A.), durch 4std. Kochen von **II**, Diäthylamin u. Na_2CO_3 in Bzl.; 12,8%. *Hydrochlorid*, $C_{19}H_{22}N_2O_2S \cdot HCl \cdot 1/2 H_2O$, F. 220—223° (Zers.). — *4.10-[α-Pyrrolydinotrimethylen]-*, $C_{19}H_{20}N_2O_2S$, F. 152—154° (A.), durch 5std. Kochen von **II**, Pyrrolidin u. Na_2CO_3 in Toluol; 64,0% (z. T. als *Hydrochlorid* isoliert). *Hydrochlorid*, $C_{19}H_{20}N_2O_2S \cdot HCl$, F. 262—266° (Zers.; aus A. durch Fällen mit Ae.). — *4.10-[α-Piperidinotrimethylen]-*, durch 10tägiges Stehen von **II** u. Piperidin in Dioxan bei 20° im Dunklen; 13,8%. *Maleinat*, $C_{20}H_{22}N_2O_2S \cdot C_4H_4O_4$, F. 143—145° (Zers.; 60%ig. A.). — *4.10-[α-(4-Methylpiperazino)-trimethylen]-*, $C_{20}H_{23}N_3O_2S$, F. 255—257° (A.), durch 5std. Kochen von **II**, N-Methylpiperazin u. Na_2CO_3 in Bzl.; 13,1%. *Dihydrochlorid*, $C_{20}H_{23}N_3O_2S \cdot 2HCl \cdot 2H_2O$, F. 201—202,5° (Zers.). — *4.10-[α-(4-Äthylpiperazino)-trimethylen]-*, $C_{21}H_{25}N_3O_2S$, F. 231 bis 232° (A.), durch 3std. Kochen von **II**, N-Äthylpiperazin u. Na_2CO_3 in Bzl.; 47,6%. *Dihydrochlorid*, $C_{21}H_{25}N_3O_2S \cdot 2HCl \cdot 2H_2O$, F. 218° (Zers.). — *4.10-[α-(4-Benzylpiperazino)-trimethylen]-*, $C_{26}H_{27}N_3O_2S$, F. 242—246° (wss. Dioxan), durch 5std. Kochen von 2,0 g **II**, 1-Benzylpiperazin u. Na_2CO_3 in Bzl. über das Dihydrochlorid (0,6 g). *Dihydrochlorid*, $C_{26}H_{27}N_3O_2S \cdot 2HCl \cdot 2^1/_2 H_2O$, F. 169—170° (Zers.; A. mit Ae.). (Mh. Chem. **89.** 817—23. 29/12. 1958.) H. FRISCHKORN. 3292

Naomi Fukada, *Untersuchungen über Phthalocyaninderivate.* 5. Mitt. *Über Salze der Eisenphthalocyanin-4-sulfonsäure.* (4. vgl. C. **1950/54.** 4587 S.) Durch Rk. von Harnstoff, 4-Sulfophthalsäure u. $FeCl_3$ bzw. $FeCl_2$ bei 230° werden *Fe^{3+}- u. Fe^{2+}-Phthalocyanintetrakis-4-sulfonsäure* u. daraus die *Mono-*, *Di-*, *Tri-* u. *Tetra-Na-* u. die entsprechenden *Ba-Salze* erhalten. Die Fe^{2+}- u. Fe^{3+}-Verbb. werden gleichzeitig gebildet u. können auf Grund der geringeren Löslichkeit der ersten in konz. HCl u. in 80%ig. A. getrennt werden. Beide Gruppen zers. H_2O_2. (J. chem. Soc. Japan, pure Chem. Sect. [Nippon Kagaku Zassi] **76.** 1378—81. Dez. 1955. Okura, Fukuoka Gakugei Univ. [Orig. japan.]) L. SCHULER. 3390

Shin'ichi Sasaki, *Hydroxylierung von ungesättigten Verbindungen.* 5. Mitt. *DL-lyxo-Methylit.* (4. vgl. C. **1958.** 9467.) Das aus trans-2-Hydroxypenten-(3)-säureäthylester (**I**) durch Red. hergestellte *1.2-Dihydroxypenten-(3)* gibt bei der Oxydation mit H_2O_2 in Ggw. von OsO_4 *DL-lyxo-Methylit,* dessen Konfiguration durch Vgl. mit dem Reduktionsprod. von DL-Arabinose bestimmt wird. Die Bldg. der xylo-Verb. wurde nicht nachgewiesen.

Versuche: *trans-1.2-Dihydroxypenten-(3)*, $Kp._{10}$ 94—95°, aus **I** mit $LiAlH_4$ in absol. Ae. ($2^1/_2$ Std.); 40% (Ausbeute). — *DL-lyxo-Methylit*, $C_5H_{12}O_4$, F. 111—112° (A.), a) aus DL-Arabinosediäthylmercaptal durch Desulfurierung mit RANEY-Ni; 37,7%; b) aus dem Tetraacetat mit sd. 5%ig. H_2SO_4. *Tetraacetat*, $C_{13}H_{20}O_8$, F. 107° (A.), aus vorst. Verb. in tert.-Butanol u. H_2O_2 mit OsO_4 in tert.-Butanol u. Acetylierung. *Tetrabenzoat*, $C_{33}H_{28}O_8$, F. 148—149° (A.). (J. chem. Soc. Japan, pure Chem. Sect. [Nippon Kagaku Zassi] **79.** 1173—75. Okt. 1958. Sendai, Tôhoku-Univ., Naturwiss. Fak. [Orig. japan.]) E. MAEKAWA. 3400

M. L. Wolfrom und **A. B. Foster,** *Dithiokohlensäureester von Arabinose. 2-O-[S-Alkyldithiokohlensäureester]* von *Methyl-3.4-O-isopropyliden-β-D-* bzw. *-L-arabinopyranosid* u. von *Methyl-4.6-O-benzyliden-3-O-methyl-α-D-altropyranosid* werden hergestellt u. ihr Verh. bei der Pyrolyse untersucht. Methyl-3.4-O-isopropyliden-β-D- (**I**) bzw. -L-arabinopyranosid-2-O-[S-methyl-dithiocarbonat] (**II**) geben bei 1—4std. Erhitzen im evakuierten Gefäß auf 200—218° keine TSCHUGAJEW-Rk.; CH_3SH u. COS werden nicht gebildet. Methyl-3.4-O-isopropyliden-β-L-arabinopyranosid-2-O-[S-triphenylmethyldithiocarbonat] u. Methyl-4.6-O-benzyliden-3-O-methyl-α-D-altropyranosid-2-O-[S-methyldithiocarbonat] werden durch 1—3std. Erhitzen auf 200—230° nicht verändert. Dest. von **I** bei n. Druck (270—280°) führt wahrscheinlich zum isomeren *Methyl-3.4-O-isopropyliden-β-D-arabinopyranosid-2-S-[S-methyldithiocarbonat]* (**III**). Reduzierende Desulfurierung von **III** mit RANEY-Ni gibt *Methyl-3.4-O-isopropyliden-β-2-desoxy-D-erythro-aldopentosid,* dessen Hydrolyse zu *2-Desoxy-D-erythro-aldopentose* („*2-Desoxy-D-ribose*") führt. Das Verf. stellt. eine neue Synth. dieses biol. wichtigen Zuckers dar.

Versuche: *Methyl-3.4-O-isopropyliden-β-D-arabinopyranosido-2-O-[S-methyldithiocarbonat]* (**I**), $C_{11}H_{18}O_5S_2$, F. 119—120° (Bzl.–Hexan), aus Methyl-3.4-O-isopropyliden-β-D-arabinopyranosid u. Na-Hydrid u. in Bzl. durch 18std. Kochen, Versetzen mit CS_2, 1std. Kochen, Versetzen mit CH_3J, 5std. Kochen u. Versetzen mit Hexan; $[\alpha]_D^{25}$ +217° (c = 2,48; Bzl.); 70—75% (Ausbeute). — Entsprechend werden dargestellt: *Methyl-3.4-O-isopropyliden-β-L-arabinopyranosid-2-O-[S-methyldithiocarbonat]* (**II**), $C_{11}H_{18}O_5S_2$, F. 120—121°; $[\alpha]_D^{25}$ +210° (c = 2; Bzl.); 72%. — *Methyl-3.4-O-isopropyliden-β-L-arabinopyranosid-2-O-[S-triphenylmethyldithiocarbonat]*, $C_{29}H_{30}O_5S_2$; F. 169—171°,

$[\alpha]_D^{25}$ +54° (c = 2; Bzl.); 54%. — *Methyl-4.6-O-benzyliden-3-O-methyl-α-D-altropyranosid-2-O-[S-methyldithiocarbonat]*, $C_{17}H_{22}O_6S_2$, F. 113—115°; 26%. — *Methyl-3.4-O-isopropyliden-β-L-arabinopyranosid*, $Kp._{0,05}$ 80—85°, durch Kochen von **II** in A.–Bzl. (1 : 1) mit RANEY-Ni; Sirup; n^{31} 1,4600; $[\alpha]_D^{31}$ +192° (c = 1,4; Chlf.); 52,8%. *2-O-[p-Toluolsulfonylderiv.]*, F. 131—132°. — *Methyl-2-desoxy-3.4-O-isopropyliden-β-D-erythro-aldopentopyranosid*, $Kp._{0,1}$ 65—70°, durch Dest. von **I** bei n. Druck, 24std. Stehen u. 5std. Kochen des nichtkrist. Destillats mit RANEY-Ni in A.–Hexan; n^{25} 1,4438; $[\alpha]_D^{25}$ —42,5° (c = 1,75; Chlf.). — *2-Desoxy-D-erythro-aldopentose*, durch 80 Min. langes Kochen von 296 mg der vorst. Verb. in 0,02n wss.-methanol. HCl, Entfernen der Anionen mit Duolite A-4 u. Gefriertrocknung; 130 mg. *Anilid*, F. 163—164° (A.). (J. Amer. chem. Soc. **78.** 1399—1403. 5/4. 1956. Columbus, Ohio, Ohio State Univ., Dep. of Chem.)

G. MAYR. 3400

P. A. J. Gorin, *Hydrierende Spaltung von Kohlenhydraten.* 6. Mitt. *Cyclische Ketale und verwandte Verbindungen.* (5. vgl. Canad. J. Chem. **36.** [1958.] 661.) Durch Hydrierung von 1.2;5.6-Di-O-isopropyliden-D-glucofuranose (**I**) an Cu-Chromit in Dioxan bei 200° u. 75—110 at H_2 u. Hydrolyse des Reaktionsprod. wurden *6-O-Isopropyl-L-glucose* (**II**) u. *6-O-Isopropyl-D-idose* neben zwei nichtidentifizierten Verbb. erhalten, während bei 230—250° **I** zu nichtidentifizierten Verbb. abgebaut wurde. 1.2;5.6-Di-O-cyclohexyliden-D-glucofuranose gab bei der Hydrierung *6-O-Cyclohexyl-D-glucose* u. *-L-idose.* 1.6-Anhydro-D-glucopyranose lieferte bei 180° *1.2-Dihydro-D-glucal* u. *1.2-Dihydro-D-altral*, das mit dem von RUDLOFF u. TULLOCH (vgl. 3. Mitt. C. **1958.** 14324) durch hydrierende Spaltung von α-Methyl-D-glucopyranosid erhaltenen Hydro-D-altral vom F. 104° ident. ist. 1.2-O-Isopropylidenfructopyranose wurde bei 180° u. 110—150 at H_2 zu *Fructose* u. 2 nichtidentifizierten *Ketohexosen*, 1.2-O-Isopropyliden-D-xylofuranose (bei 200°) zu *Xylose* u. *Ribose* abgebaut, die Abwesenheit von Isopropoxygruppen wurde IR-spektroskop. nachgewiesen.

Versuche: *6-O-Isopropyl-D-glucose* (**II**), $C_9H_{18}O_6$, F. 128—130° (Aceton), a) aus 150 g **I** u. Cu-Chromit in Dioxan (200°; 75—110 at H_2; 6 Std.), Abtrennen des unveränderten **I** durch Kristallisation aus Chlf.–PAe., Hydrolyse des nichtkristallisierenden Anteils (96 g) mit 0,1n H_2SO_4 (100°; 1 Std.), Neutralisieren mit $BaCO_3$ u. Chromatographie in Bzl.–A.–W. (500 : 50 : 1) an Cellulosepulver; 9,6 g (Ausbeute); b) durch 18std. Kochen von 3,83 g 3-O-Benzyl-6-O-p-tosyl-1.2-O-isopropyliden-D-glucofuranose mit Na-Isopropylat in Isopropanol, Entbenzylieren von 1,16 g der erhaltenen *3-O-Benzyl-6-O-isopropyl-1.2-O-isopropyliden-D-glucofuranose* ($[\alpha_D^{27}$ —16° (c = 1,4; A.); 2,32 g) mit 110 at H_2 an RANEY-Ni in CH_3OH bei 70° (4 Std.) u. Hydrolyse von 0,48 g der erhaltenen *6-O-Isopropyl-1.2-O-isopropyliden-D-glucofuranose* ($[\alpha]_D^{27}$ —14° [c = 1,9; A.]; 0,67 g) mit 0,1n HCl (100; ½ Std.); 0,15 g; R_{Rh} 1,7; $[\alpha]_D^{27}$ +83° → 47° (c = 1,0; W.). *Tetraacetylderiv.*, $C_{17}H_{26}O_{10}$, F. 124—125°, aus 30 mg **II** u. Na-Acetat/Acetanhydrid (100°; 1 Std.); aus PAe. feine Nadeln; 15 mg; $[\alpha]_D^{27}$ +11° (c = 0,5; 2.4-Lutidin). *Phenylosazon*, $C_{21}H_{28}N_4O_4$, F. 169—170° (CH_3OH–Bzl.); $[\alpha]_D^{27}$ —107° → —67° (c = 0,7; Pyridin). — *6-O-Isopropyl-L-idose*, neben **II** nach a); Sirup; 7,8 g; R_{Rh} 2,0; $[\alpha]_D^{27}$ —13° (c = 2,1; W.). — *6-O-Isopropyl-L-idit*, a) aus 2,60 g vorst. Verb. u. $NaBH_4$ in W.; 2,10 g; b) durch Hydrolyse der Pentaacetylverb.; c) durch Hydrolyse von 0,49 g der 1.2;3.4-Di-O-isopropylidenverb. mit 0,1n H_2SO_4 (100°; ½ Std.); 0,32 g; R_{Rh} 1,7; Sirup. *Pentaacetylderiv.*, $C_{19}H_{20}O_{11}$, F. 87—88° (Ae.–PAe.), aus 6-O-Isopropyl-L-idit nach a), oder nach c) (92 mg); 49 mg; $[\alpha]_D^{27}$ —7,5° (c = 1,0; 2.4-Lutidin). *1.2;3.4-Di-O-isopropylidenderiv.*, aus 0,94 g nachst. Verb. u. Na-Isopropylat in sd. Isopropanol (18 Std.); Sirup; 0,49 g; $[\alpha]_D^{27}$ +12° (c = 2,4; A.). — *1.2;3.4-Di-O-isopropyliden-6-p-tosyl-L-idit*, aus 2,60 g 1.2;3.4-Di-O-isopropyliden-L-idit u. p-Tosylchlorid in Pyridin; Sirup; 3,74 g; $[\alpha]_D^{27}$ +1° (c = 2,2; A.). — *6-O-Cyclohexyl-D-glucose*, $C_{12}H_{22}O_6 \cdot$ ½H_2O, F. 116—117°, a) neben *Glucose* u. nachst. Verb. aus 25 g 1.2;5.6-Di-O-cyclohexyliden-D-glucofuranose wie **II** nach a); 0,53 g; b) aus 2,42 g 3-O-Benzyl-6-O-p-tosyl-1.2-O-isopropyliden-D-glucofuranose u. K-Cyclohexylat in Cyclohexanol–Dioxan (1 : 1) bei 100° (18 Std.), Entbenzylieren von 0,82 g der erhaltenen *3-O-Benzyl-6-O-cyclohexyl-1.2-O-isopropyliden-D-glucofuranose* ($[\alpha]_D^{27}$ —18° [c = 1,4; CH_3OH]; brauner Sirup; 1,61 g) mit H_2 an RANEY-Ni u. Hydrolyse der *6-O-Cyclohexyl-1.2-O-isopropyliden-D-glucofuranose* ($[\alpha]_D^{27}$ —23° [c = 2,2; A.]; Sirup; 0,52 g) mit 0,1n HCl; 0,18 g; $[\alpha]_D^{27}$ +60 → +45° (c = 1,0; W.); R_F 0,58 (Butanol–A.–W.; 40 : 11 : 19). — *6-O-Cyclohexyl-L-idose*, neben vorst. Verb. nach a); 0,36 g; R_F 0,70; Sirup. — *6-O-Cyclohexyl-L-idit*, $C_{12}H_{24}O_6$, F. 80—81° (Aceton), a) aus 114 mg vorst. Verb. u. $NaBH_4$; 122 mg; b) aus 8,0 g 1.2;3.4-Di-O-isopropyliden-6-O-p-tosyl-L-idit u. K-Cyclohexylat in Cyclohexanol–Dioxan u. Hydrolyse des erhaltenen *1.2;3.4-Di-O-isopropyliden-6-O-cyclohexyl-L-idits* mit 0,1n alkoh. HCl; 1,82 g; $[\alpha]_D^{27}$ —7,5° (c = 1,0; gesätt. wss. $Na_2B_4O_7$), —2,5° (c = 1,0; W.). — *1.2-Dihydro-D-glucal*, $C_6H_{12}O_4$, F. 87—88° (Äthylacetat), neben nachst. Verb. u. einer nichtidentifizierten *Verb. vom* R_{Rh} *1,8* aus 3,0 g 1.6-Anhydro-D-glucopyranose u. 75—110 at H_2 an Cu-Chromit in Dioxan bei 180° (6 Std.); 0,39 g. — *1.2-Dihydro-D-altral*, $C_6H_{12}O_4$, F. 105 bis 106° (Äthylacetat), a) neben vorst. Verb.; 0,14 g; b) aus 22 g D-Altrose u. Na-Acetat/Acetanhydrid bei 100° (1 Std.), Rk. der sirupösen *Pentaacetyl-D-altrose* (27 g) mit HBr-Gas in Eisessig–Chlf. (1 : 1), Red. der erhaltenen sirupösen *2.3.4.6-Tetraacetyl-1-brom-D-altrose* (26 g) mit Zn-Staub in verd. Essigsäure bei —5°, Red. des *3.4.6-Triacetyl-D-altrals* (4,1 g) mit H_2 an PtO in CH_3OH, Zugeben von Na u. 2std. Stehen; 80 mg; $[\alpha]_D^{27}$ +72° (c = 0,9; W.). (J. org. Chemistry **24.** 49—53. Jan. 1959. Saskatoon, Saskatchewan, National Res. Council of Canada, Prairie Reg. Labor.) F. HELLER. 3400

Yasuo Iwanami, Yoshikazu Hota, Takashi Kubota, Shin-ichiro Fujise, Toshio Ishikawa und **Hisashi Uda**, *Untersuchungen über das Glykosid von Aucuba japonica. 6. Mitt. Über die katalytische Reduktion von Aucubin und Hexaacetylaucubin.* 1. Mitt. (5. vgl. J. chem. Soc. Japan, pure Chem. Sect. [Nippon Kagaku Zassi] **74.** [1953.] 725.) Das Glykosid *Aucubin* (**I**; $C_{15}H_{22}O_9$) liefert durch katalyt. Red. *Tetrahydroaucubin.* Dieses gibt durch Acetylierung *Tetrahydrohexaacetylaucubin A* (**IIa**) u. *B* (**IIb**), die beide Zucker enthalten u. vielleicht Stereoisomere sind. Durch Entacetylierung u. Reacetylierung von **IIa** (bzw. **IIb**) entsteht wieder **IIa** (bzw. **IIb**). *Hexaacetylaucubin* nimmt bei der katalyt. Red. 3 Mol H_2 auf unter Abspaltung von 1 Mol Essigsäure; es entsteht vermutlich ein *Pentaacetylderivat.*

V e r s u c h e : A u c u b i n e : *Tetrahydrohexaacetyl-* (**II**), *Form A* (**IIa**), $C_{27}H_{38}O_{15}$, F. 155° (50%ig. A.), durch Hydrierung von 10 g **I** an PtO_2 in 95%ig. A. u. Rk. des Prod. mit Acetanhydrid in Pyridin neben *Form B* (**IIb**, F. 114—115° (25%ig. A.), $[\alpha]_D$ —74,7° (Chlf.); 0,65 g (Ausbeute)]; $[\alpha]_D$ —58,9° (Chlf.); 7,1 g. — *Hexaacetyl-*, $C_{27}H_{34}O_{15}$, F. 128° (Methanol u. 50%ig. A.), aus **I** u. Acetanhydrid–Na-Acetat in Pyridin; $[\alpha]_D$ —143° (Chlf.); 76—87%. — *Pentaacetylderiv. von* **I** (?), F. 129—130° (A.), durch Hydrierung von 5 g vorst. Verb. an Pt in 95%ig. A. neben **IIa** (1 g); $[\alpha]_D^{20}$ —54,5° (Chlf.); 0,5 g. (J. chem. Soc. Japan, pure Chem. Sect. [Nippon Kagaku Zassi] **76.** 77—78. Jan. 1955. Sendai, Tohoku Univ. [Orig.: japan.]) L. SCHULER. 3450

Yasuo Iwanami, Yoshikazu Hota, Takashi Kubota, Shinichiro Fujise, Toshio Ishikawa und **Hisashi Uda**, *Untersuchungen über das Glykosid von Aucuba japonica. 7. Mitt. Über die katalytische Reduktion von Aucubin und Hexaacetylaucubin.* 2. Mitt. (6. bzw. 1. vgl. vorst. Ref.) Das Pentaacetylderiv. von **I** (röm. Ziffern wie l. c.) erweist sich als *Tetrahydrodesoxypentaacetylaucubin* (**III**). **IIb** liefert durch Entacetylierung u. Hydrolyse *Tetrahydroanhydroaucubigenin* (**IV**); die analoge Rk. von **IIa** u. **III** liefert kein festes Produkt. Nach der Struktur gemäß NAKAMURA (J. chem. Soc. Japan, pure Chem. Sect. [Nippon Kagaku Zassi] **71.** [1950.] 186) entstehen **IIa** u. **IIb** durch stereoisomere H-Addition; es bilden sich 2 Asymmetriezentren; bei **IIb** muß cis-Addition am Furanring erfolgt sein, da die Hydrolyse **IV** liefert. Für **IIa** berichten KARRER u. SCHMID (Helv. chim. Acta **29.** [1946.] 525) trans-Addition, da keine Umwandlung in **IV** möglich war. Durch Hydrierung an PtO_2 jedoch werden **IIa** u. **IIb** in hoher u. etwa gleicher Ausbeute erhalten. Da mit Pt cis-Addition erfolgt, könnte sie auch mit **IIa** eingetreten sein. Wahrscheinlich ist **III** durch ähnliche H-Addition unter Red. von einem OH des Nichtzuckerteils oder Hydrogenolyse der Acetoxygruppe gebildet worden.

V e r s u c h e : *Tetrahydrohexaacetylaucubin* (**II**), *Form A* (**IIa**), $C_{27}H_{38}O_{15}$, F. 154 bis 155°, a) durch Hydrierung an PtO_2 u. Acetylierung von **I** neben *Form B* [**IIb**, F. 114 bis 115°; 35% (Ausbeute)]; 31%; b) durch Hydrierung von Hexaacetylaucubin an Pt neben **IIb** (3%) u. **III** (F. 130—131°; 2%); 16%; c) durch Hydrierung von Hexaacetyl-**I** an Pt neben **III**, ($C_{25}H_{36}O_{13}$, F. 130—131°; 13%; *Glucosazon*, F. 203—204°) u. *Hexaacetyl-***I** (48%); $[\alpha]_D^{14,5}$ —53,3° (c = 2,98; Chlf.); 9%. — *Tetrahydroanhydroaucubigenin* (**IV**), F. 84—85° (PAe.), durch Behandeln von **IIb** mit Na-Äthylat in A. u. 10std. Hydrolyse des Prod. mit 10%ig. H_3PO_4; 53%. (J. chem. Soc. Japan, pure Chem. Sect. [Nippon Kagaku Zassi] **76.** 78—80. Jan. 1955. [Orig.: japan.]) L. SCHULER. 3450

Ikuo Sakieki, *Methylderivate des Hesperidins. 3. Mitt. Konstitution der Methylderivate.* 2. Teil. (2. bzw. 1. vgl. C. **1959.** 7134.) Das „*Glykosid C*", $C_{31}H_{40}O_{15}$, gibt beim 8std. Kochen in 50%ig. A. mit HCl *3'.5-Di-O-methylhesperetin* (F. 222—223°, Prismen aus A.), *L-Rhamnose* [**I**; F. 101—103°, R_F 0,32 (Essigester–Pyridin–W., 2:1:2)] u. *2-O-Methylglucose* [**II**; F. 160—161°, R_F 0,29); es ist danach *3.6'-Di-O-methyl-4'-[L-rhamnosyl-2-O-methylglucosyl]-hesperetinchalkon.* Das „*Glykosid E*", $C_{33}H_{44}O_{15}$, gibt analog **I** u. *2.3-Di-O-methylglucose* (F. 120—121°, R_F 0,58) u. als Aglykon *2'.3.6'-Tri-O-methylhesperetinchalkon*, $C_{19}H_{20}O_6$, F. 193—194° (aus A. hellgelbe Prismen; *Monoacetylderiv.*, $C_{21}H_{22}O_7$, F. 174,5 bis 175°); es erweist sich danach als *2'.3.6'-Tri-O-methyl-4'-[rhamnosyl-2.3-di-O-methylglucosyl]-hesperetinchalkon.* Das „*Glykosid F*", $C_{31}H_{40}O_{15}$, gibt ähnlich *3'-O-Methylhesperetin*, F. 199—200°, **II** u. daneben vermutlich *2-O-Methylrhamnose* (R_F 0,61); es ist daher wahrscheinlich *3'-Methyl-7-[2(?)-O-methylrhamnosyl-2-O-methylglucosyl]-hesperetin.* (J. chem.

Soc. Japan, pure Chem. Sect. [Nippon Kagaku Zassi] **79.** 1103—07. Sept. 1958. Hikari, Takeda-Yakuhin. [Orig.: japan.]) E. MAEKAWA. 3450

Ikuo Sakieki, *Methylderivate des Hesperidins.* 4. Mitt. *Bestimmung von Methylhesperidinen und Methylhesperidinchalkonen nebeneinander.* (3. vgl. vorst. Ref.) Gemische von *Methylhesperidinen* u. *Methylhesperidinchalkonen* werden an Magnesol aus mit W. gesätt. Essigester chromatographiert u. mit demselben Lösungsm. entwickelt. Durch Messen der Intensität der Absorption jeder Fraktion bei 380 u. 283 mμ werden die Bestandteile (*Glykoside A—F*) bestimmt. Für ca. 1,2 mg Gemisch sind 4 mg Magnesol u. 250 cm^3 Lösungsm. nötig. (J. chem. Soc. Japan, pure Chem. Sect. [Nippon Kagaku Zassi] **79.** 1107—09. Sept. 1958. [Orig.: japan.]) E. MAEKAWA. 3450

A. Katz, *Glykoside und Aglykone.* 177. Mitt. *Über die Glykoside von Bowiea volubilis Harvey.* 10. Mitt. (176. vgl. C. **1959.** 9235; 9. vgl. C. **1958.** 7764.) Hellebrigenin (**I**) wurde durch Dehydrierung mit O_2 u. Pt u. anschließendes Verkochen mit Essigsäure in *3-Dehydroscilliglaucosidin* (**II**) übergeführt, welches mit $NaBH_4$ zu *Episcilliglaucosidin-19-ol* (**III**) u. *Scilliglaucosidin-19-ol* (**IV**) red. wurde. Da sich **IV** mit tert.-Butylchromat zu *Scilliglaucosidin* (**V**) dehydrieren läßt (vgl. 9. Mitt., l. c.), sind auf diesem Wege **I** u. **V** direkt miteinander verknüpfbar. Die von STOLL u. Mitarbeitern (Helv. chim. Acta **36.** [1953.] 1531) für **IV** u. **V** abgeleitete Struktur konnte dadurch bewiesen werden. Dehydrierung von **III** u. **IV** mit O_2 u. Pt führt zu *3-Dehydroscilliglaucosidin-19-ol* (**VI**); gleichzeitig entsteht auch **II.** Ebenso führt die Dehydrierung u. Verkochung mit Essigsäure bei dem aus **I** durch $NaBH_4$-Red. gewonnenen *Hellebrigenol* zu **VI** neben wenig **II.** Bei der analogen Behandlung von Strophanthidin entsteht *3.19-Dioxo-14-hydroxy-$\Delta^{4.20,22}$-cardodienolid* (**VIII**), welches mit $NaBH_4$ zu den Epimeren *3α-* u. *3β.14.19-Trihydroxy-$\Delta^{4.20,22}$-cardodienolid* red. wurde. Die Struktur der synthetisierten Verbb. wurde sichergestellt durch UV- u. IR-Spektroskopie, durch Vgl. der Drehwertsdifferenzen analoger Verbb. u. durch das Verh. im Papierchromatogramm.

V e r s u c h e [FF. korr., KOFLER-Block; Fehlergrenze ca. $\pm 3^0$. — Die Aufarbeitung der Reaktionsprodd. erfolgte durch Chromatographie an Al_2O_3. Die erhaltenen Fraktionen wurden im Papierchromatogramm getestet u. die Verbb. durch Farb-Rk. mit p-Dimethylaminobenzaldehyd-H_2SO_4-Reagens (**VII**) identifiziert]: *3.19-Dioxo-14-hydroxy-$\Delta^{4.20,22}$-cardodienolid* (**VIII**), $C_{23}H_{28}O_5$, F. 212—225^0, durch 24std. Schütteln von 400 mg Strophanthidin mit Pt u. O_2 in Aceton–W. u. $^1/_4$std. Kochen mit Essigsäure; Prismen aus Aceton–Ae., $[\alpha]_D^{24}$ $+170 \pm 2^0$ (c = 0,987, Chlf.–Methanol, 95:5), Farb-Rk. mit 84%ig. H_2SO_4 (**IX**) eigelb, mit **VII** leuchtendhellblau bis violett; 150 mg (Ausbeute). — *3α.14.19-Trihydroxy-$\Delta^{4.20,22}$-cardodienolid* (**X**), F. 209—217^0, aus 51 mg **VIII** durch 5std. Stehen bei 20^0 mit $NaBH_4$ in 75%ig. Dioxan; aus CH_3OH–Ae. Körner; $[\alpha]_D^{25}$ $+83,3 \pm 7^0$ (c = 0,288, Chlf.–Methanol, 95:5); Rk. mit **IX** rot bis rotviolett, Rk. mit **VII** gelb; 4,5 mg. — *3β.14.19-Trihydroxy-$\Delta^{4.20,22}$-cardodienolid,* F. 208—232^0, wie vorst. aus **VIII**; aus CH_3OH–Ae. Prismen; $[\alpha]_D^{25}$ $+27,3 \pm 2^0$ (c = 0,989, Chlf.–CH_3OH, 85:15), $[\alpha]_D^{25}$ $+25,5 \pm 2^0$ (c = 0,982, CH_3OH–Chlf., 9:1); Rk. mit **IX** rot bis rotviolett, mit **VII** gelb; 9,2 mg. — *3-Dehydroscilliglaucosidin* (**II**), F. 266—278^0, aus 333 mg Hellebrigenin (**I**) wie bei **VIII**; aus Aceton–Ae. Prismen; $[\alpha]_D^{26}$ $+134 \pm 2^0$ (c = 0,978, Chlf.–Methanol, 95:5); Rk. mit **IX** eigelb, mit **VII** leuchtendhellblau bis leuchtendviolett; 111 mg. — *3-Episcilliglaucosidin-19-ol* (**III**), F. 216—228^0, aus 245 mg **II** durch Red. mit $NaBH_4$ wie bei **X**; aus CH_3OH–Ae. Körner; $[\alpha]_D^{26}$ $+56,4 \pm 3^0$ (c = 0,745, Chlf.–CH_3OH, 95:5), $[\alpha]_D^{24}$ $+43,8 \pm 3^0$ (c = 0,753, CH_3OH); Rk. mit **IX** rot bis rotviolett, mit **VII** gelb; 42 mg (roh). — *Scilliglaucosidin-19-ol* (**IV**), F. 217—240^0, wie vorst. aus **II**; aus CH_3OH–Ae. Nadeln; $[\alpha]_D^{24}$ $-2,8 \pm 2^0$ (c = 0,963, Chlf.–CH_3OH, 95:5), $[\alpha]_D^{24}$ $-10,9 \pm 2^0$ (c = 1,008, CH_3OH); Rk. mit **IX** rot bis rotviolett, mit **VII** gelb; 116 mg (roh). — *3-Dehydroscilliglaucosidin-19-ol* (**VI**), F. 264—283^0, aus beiden vorst. Verbb. durch 6std. Schütteln mit Pt u. O_2 in Aceton–W.; $[\alpha]_D^{23}$ $+46,2 \pm 6^0$ bzw. $38,4 \pm 3^0$ (c = 0,318 bzw. 0,781, CH_3OH), $[\alpha]_D^{23}$ $62,8 \pm 4^0$ (c = 0,558, Chlf.–CH_3OH, 95:5); Rk. mit **IX** orangegelb bis rotorange, mit **VII** hellgelb; 4 mg aus 7 mg **III** bzw. 10,5 mg aus 38 mg **IV.** — *Scilliglaucosidin* (**V**), F. 220—232^0, aus **IV** (vgl. 9. Mitt., l. c.), Isolierung durch präparative papierchromatograph. Trennung; aus Aceton–Ae. kantige Körner; Rk. mit **IX** graublau → dunkelgrün → blau. 5std. Stehen mit $NaBH_4$ in 75%ig. Dioxan ergibt 200 γ **IV**, F. 170—190^0, aus 1,2 mg **V**; aus Aceton–Ae. Nadelbüschel. **IV** aus „*Nabogenin*" (unreines **V**; vgl. C. **1957.** 440) wie vorst., F. 210—220^0, aus Aceton–Ae. Kristallnadeln; 5 mg aus 8 g „Nabogenin". — *Hellebrigenol,* F. 146—153^0 (aus CH_3OH–Ae.), aus 250 mg **I** durch Red. mit $NaBH_4$ wie bei **X**; $[\alpha]_D^{25}$ $+5,3 \pm 2^0$ (c = 0,981, CH_3OH), $[\alpha]_D^{25}$ $+14,6 \pm 2^0$ (c = 1,001, Chlf.–CH_3OH, 98:2); Rk. mit **IX** dunkelgelb → hellbraun → rotbraun, mit **VII** orange; 124 mg. 22std. Schütteln mit Pt u. O_2 u. Kochen mit Essigsäure ergibt 4 mg **VI** aus 50 mg Hellebrigenol. (Helv. chim. Acta **40.** 831—46. 2/5. 1957. Basel, Univ., Organ. chem. Anstalt.) R. ENGL. 3450

Koppaka V. Rao, *Alkaloide aus Voacanga africana Stapf.* 1. Mitt. *Voacafrin und Voacafricin, zwei neue Alkaloide.* Die aus Borken von *V. africana* STAPF isolierte Alkaloidfraktion wurde in eine schwach- u. eine starkbas. Fraktion aufgetrennt. Aus der ersteren wird durch fraktionierte Kristallisation *Voacamin* u. *Vobtusin* isoliert. Aus der starkbas. Fraktion wird durch Gegenstromverteilung neben *Voacorin* ein Alkaloidgemisch erhalten, welches durch Verteilungschromatographie in zwei neue verwandte Alkaloide, nämlich *Voacafrin* (I) u. *Voacafricin* (II) aufgetrennt wird. Von dem in 0,5%ig. Ausbeute anfallenden krist. I wird ein krist. *Hydrochlorid* u. ein *Hydrogenoxalat*, von dem in 0,1%ig. Ausbeute anfallenden II ein krist. *Hydrochlorid* hergestellt. I u. II werden durch Luftsauerstoff oxydiert, zeigen keine charakterist. Färbungen in alkoh. $FeCl_3$ oder verd. NaOH, färben sich aber in konz. H_2SO_4 orangerot. Auf Grund der UV-Spektren können die *V. africana*-Alkaloide nunmehr in mehrere Gruppen eingeteilt werden: Ein indolähnliches Spektr. haben Voacamin, Voacangin, Voacorin, Voacanginin, Voacamidin, Voacristin u. Voacangarin, ein Spektr. mit 4 Maxima hat Vobtusin, I zeigt Maxima bei 240 u. 315, II bei 238 u. 315 mμ.

Versuche: *Voacamin,* F. 220—222°, durch Extraktion von 1 kg getrockneter Borke von *V. africana* mit 0,5%ig. methanol. Essigsäure, Vakuumeinengen, Verdünnen mit W., Einstellen auf p_H 8, Ausziehen mit Bzl., Zufügen von Ligroin, Filtrieren (35 bis 40 g Nd.) u. Einengen; $[\alpha]_D^{25}$ —48,4° (c = 1; Chlf.); 2 g (Ausbeute). — *Vobtusin,* F. 283 bis 285° (Methylenchlorid/A.), durch Aufnehmen von 35 g der Rohalkaloide in Bzl., Ausschütteln mit 5%ig. Citratpuffer vom p_H 3,5 (es tritt Auftrennung in drei Phasen ein) u. Aufarbeiten der benzol. Phase; $[\alpha]_D^{25}$ —312° (c = 1; Chlf.); 1,2 g. — *Voacorin,* F. 270—273° (CH_3OH), durch Einstellen vorst. Citratlsg. auf p_H 8, Ausziehen mit Methylenchlorid, 16stufige Gegenstromverteilung zwischen 5%ig. Citratpuffer (p_H 5,1) u. Bzl. u. Aufarbeiten der 12.—16. Fraktion; $[\alpha]_D^{25}$ —35° (c = 1; Chlf.); 3,5 g. — *Voacafrin* (I), *Hydrochlorid,* $C_{22}H_{26}N_2O_4 \cdot HCl$, Zers. bei 165—167°, aus dem bei p_H 8 erhaltenen Methylenchlorideluat der 1.—8. Fraktion bei vorst. Verteilung durch Chromatographie an Celite im Syst. 5%ig. Citratpuffer/Äthylacetat/Diisopropyläther, Einengen der erhaltenen Fraktionen, Aufnehmen in Ae. u. Behandeln mit HCl; aus Aceton/Methan rechteckige Platten; $[\alpha]_D^{25}$ —107° (c = 1%; CH_3OH); 0,5 g. *Freie Base* I, $C_{22}H_{26}N_2O_4$, F. 135—137° (Zers.); aus Methylenchlorid/Ae. rhomb. Platten; wird in Lsg. beim Stehen an der Luft dunkel. *Hydrogenoxalat,* $C_{22}H_{26}N_2O_4 \cdot H_2C_2O_4$, F. 230 bis 232° (Zers.), aus CH_3OH/Aceton Nadeln. — *Voacafricin* (II), *Hydrochlorid,* $C_{22}H_{24}N_2O_4 \cdot HCl$, F. 200—202° (Zers.), bei vorst. Chromatographie; aus Aceton/CH_3OH rechteckige Platten; 0,1 g. *Freie Base* II, $C_{22}H_{24}N_2O_4$, F. 196—198°, aus Ae./Methylenchlorid rechteckige Prismen (IR-Spektr. vgl. Original). (J. org. Chemistry **23.** 1455—56. Okt. 1958. Maywood, N. J., J. L. Smith Mem. for Cancer Res.) H. LEHWALD. 3500

Heinrich Volz und **Theodor Wieland,** *Untersuchung über Alkaloide aus Calebassen-Curare.* 11. Mitt. *Die Sauerstoff-Funktion im C-Toxiferin II.* (10. vgl. Liebigs Ann. Chem. **604.** [1957.] 1.) Bei der Verwandlung einer entwässerten Probe des Pikrats von C-Toxiferin II (I), dessen O-freiem Kation die Formel $C_{20}H_{23}N_2^+$ zugeschrieben wurde, am Ionenaustauscher in das Chlorid wurden an Stelle des ursprünglichen Alkaloids 6 im UV-Licht verschieden fluorescierende Prodd. gebildet. Vff. schließen daraus, daß ein O-Atom zur Struktur des Ringgerüstes gehört u., da es als H_2O beim Trocknen abgespalten wurde, als OH-Gruppe vorliegt. Tatsächlich läßt sich im Alkaloid durch Erwärmen des Chlorids mit Zn-Staub/Eisessig die OH-Gruppe durch H ersetzen, wobei *Desoxy-C-toxiferin II* (II; *Pikrat,* $C_{20}H_{23}N_2 \cdot C_6H_2N_3O_7$) entsteht. I reagiert mit konz. HNO_3 rot, II blauviolett; I bildet auf dem Papier mit $Ce(SO_4)_2/H_2SO_4$ einen rotvioletten, II einen violetten Fleck; beide bilden auf dem Papier mit Zimtaldehyd/HCl violette Flecken; nur I wird mit 50%ig. H_2SO_4 orangerot. Im Gegensatz zu I besitzt der in II dem Indolinsyst. angehörende Stickstoff bas. Eigg. u. läßt sich quaternisieren. Das hieraus mit CH_3J/CH_3OH bei 60° erhaltene biquartäre Kation wandert im Papierelektrophorogramm 1,4 mal schneller als II. Aus dem Jodid von II gelang bei $>300°$ die Abspaltung von CH_3J, wobei ein ätherlösl. *Nordesoxy-C-toxiferin II* gebildet wird, welches sich mit HNO_3 violett färbt u. bei der Requaternisierung mit CH_3J wieder II bildet. Wahrscheinlich liegt in II eine Carbinolaminstruktur vor. Die gefundene OH-Gruppe könnte an dem dem B- u. C-Ring gemeinsam angehörenden $C_{(2)}$ haften, da die ausbleibende Oxydation mit $K_3[Fe(CN)_6]$/Alkali auf eine tert. OH-Gruppe schließen läßt. Durch EMDE-Abbau mit Pt/H_2 in alkoh. KOH entsteht aus I eine *tert.-Tetrahydrobase* $C_{20}H_{26}N_2O$ (Zers. $>250°$) von I, die im IR-Spektr. eine OH-Bande bei 3,04 μ erkennen läßt u. sich in HNO_3 rot färbt. Sie wird durch H-Ionenaustauscher ebenfalls isomerisiert. (Naturwissenschaften **44.** 376. 1. Juli-H. 1957. Frankfurt/M., Univ., Inst. für organ. Chem.)
H. LEHWALD. 3500

W. C. Wildman und **H. M. Fales**, *Die Stereochemie der von 5.10b-Äthanophenanthridin abgeleiteten Amaryllidaceae-Alkaloide.* (Vgl. J. Amer. chem. Soc. **80.** [1958.] 2567.) Vff. weisen wie folgt nach, daß alle *Amaryllidaceae*-Alkaloide, die der Struktur I genügen, die stereochem. Konfiguration II haben müssen:

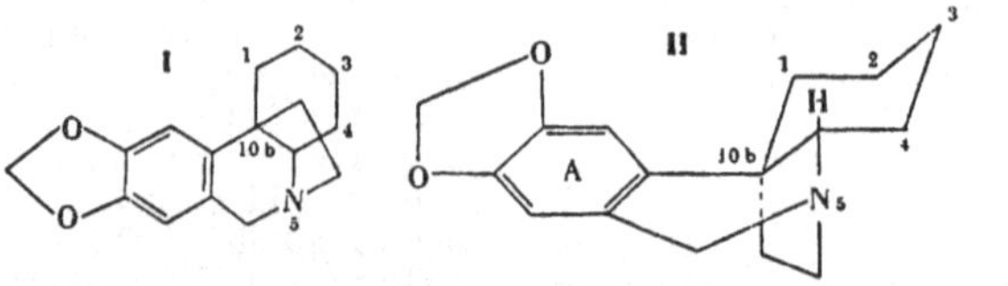

Dihydrohämanthamin wird mit $SOCl_2$ 1 Std. bei 78° gekocht, überschüssiges $SOCl_2$ abgedampft u. der Rückstand 5 Std. mit $LiAlH_4$ in Tetrahydrofuran erhitzt. Es entsteht in 52%ig. Ausbeute *Desoxydihydrohämanthamin,* F. 95—97°, $[\alpha]_D^{25}$ +28°, das mit Dihydrobuphanisin ident., aber dessen opt. Antipode ist. Alle am 5gliedrigen D-Ring OH-Gruppen enthaltenden Alkaloide (Hämanthidin, Hämanthamin, Crinamin u. Hämultin) besitzen also das (+)-Crinangrundgerüst II, die am D-Ring keine OH-Gruppen aufweisenden dagegen das (—)-Crinangrundgerüst. (J. Amer. chem. Soc. **80.** 6465—66. 5/12. 1958. Bethesda, Md., Nat. Heart Inst., Labor. of Chem. of Natural Products.)
H. LEHWALD. 3500

T. R. Govindachari und **S. Rajadurai**, *Synthese des DL-Corycavidins.* Des-N-methyl-4-methyltetrahydroberberin (I) wurde mit Perbenzoesäure in das *N-Oxyd* übergeführt, das mit konz. HCl in Eisessig bei 100° *DL-Corycavidin* (II) liefert. — UV-Spektren s. Original.

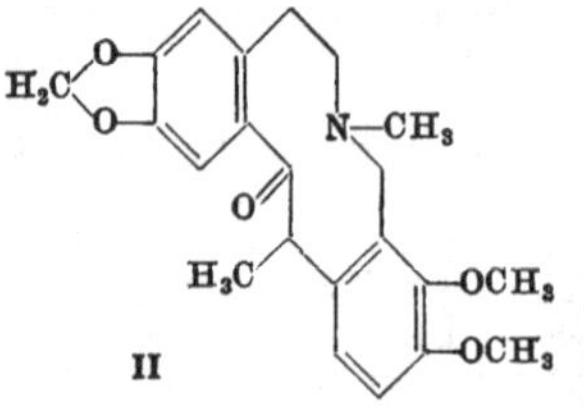
II

Versuche: *Des-N-methyl-4-methyltetrahydroberberin-N-oxyd,* $C_{22}H_{25}NO_5$, F. 121° (Chlf.-Ae.), durch Zugeben von 2 g I in Chlf. zu Perbenzoesäure in absol. Ae. bei 5° u. Stehen über Nacht; 1,2 g (Ausbeute). — *DL-Corycavidin* (II), $C_{22}H_{25}NO_5$, F. 192—194° (Chlf.-Ae.), aus 0,9 g vorst. Verb. u. konz. HCl in Eisessig bei 100° (1 Std.) u. Chromatographie des Reaktionsprod. in Chlf. an Al_2O_3; 0,05 g. *Methojodid,* F. 198° (Aceton), aus der Base u. CH_3J in Aceton bei 100°. (J. sci. ind. Res. [New Delhi], Sect. B **16.** 506—07. Nov. 1957. Madras, Presidency Coll., Dep. of Chem.)
F. HELLER. 3500

K. Schreiber, *Solanumalkaloide.* 5. Mitt. *Isolierung von Δ^5-Tomatiden-3β-ol und Yamogenin aus Solanum tuberosum.* (4. vgl. Pharmazie **10.** [1955.] 379.) 1000 kg Dunkelkeime von *S. tuberosum* L. ergaben 1,8 kg „*Rohsolanin*", aus dem durch Hydrolyse 892 g *Solanidin,* 30 mg *Δ^5-Tomatiden-3β-ol* (I) u. 80 mg *Yamogenin* (II) isoliert wurden. I [$C_{27}H_{43}NO_2$, F. 206°; $[\alpha]_D^{19}$ —45° (Chlf.); Nadeln] ist mit Digitonin fällbar, bildet mit HNO_2 ein *Nitrosamin* u. gibt positive LIEBERMANN-BURCHARDT- u. MARQUIS-Reaktionen. I nimmt bei der katalyt. Hydrierung über Pd-$BaSO_4$ in A. 1 Mol H_2 auf u. bildet *Tomatidin (5α-Tomatidan-3β-ol,* F. 205°). II [*Δ^5-Spirosten-3β-ol,* F. 200°; $[\alpha]_D^{20}$ —128° (Chlf.)] ergab bei der Hydrierung *Neotigogenin* [*Allospirostan-3β-ol,* F. 203°; $[\alpha]_D^{20}$ —66,5° (Chlf.)]. I unterscheidet sich demnach von dem bekannten Solasodin (Δ^5-Solasoden-3β-ol) lediglich durch entgegengesetzte Konfiguration an den Asymmetriezentren $C_{(22)}$ u. $C_{(25)}$. (Angew. Chem. **69.** 483. 15/7. 1957. Mühlhausen/Thür., Dtsch. Akad. der Landwirtschaftswiss., Biol. Zentralanst., Forschungsstelle für Kartoffelkäferbekämpf.)
H. LEHWALD. 3500

M.-T. Mellier, *Untersuchungen über die Spaltung von β-Carotin.* Die oxydative Spaltung von β-Carotin (vgl. GROB u. BÜTLER, C. **1957.** 5868) wird krit. zusammenfassend dargestellt u. der Schluß gezogen, daß sich die noch ungeklärte biochem. Überführung von β-Carotin in *Vitamin A* über Vitamin-A_1-Aldehyd (Retinin) sowie β-Jonylidenacetaldehyd vollzieht. Mit Hilfe der Chromatographie nach GROB u. BÜTLER (l. c.) wird gezeigt, daß die oxydative Spaltung von β-Carotin in die vorgenannten 2 Spaltprodd. in Ggw. von Fett nach SUMMER u. Mitarbeitern (J. biol. Chemistry **134.** [1940.] 531) bes. begünstigt wird, wenn polyolefin. Fettsäuren zugegen sind. Es wird darauf hingewiesen, daß der angegebene Weg der Spaltung von natürlichem oder synthet. β-Carotin zur Gewinnung von Vitamin A geeignet sein dürfte. (Oléagineux **10.** 745—47. Nov. 1955.)
K. TÄUFEL. 3550

Jarl Gripenberg, Erkki Honkanen und **Ora Patoharju,** *Pilzpigmente.* 5. Mitt. *Abbau von Cinnabarin.* (4. vgl. C. **1959.** 7138; vgl. ferner C. **1958.** 12979.) *Polystictus sanguineus,* Pilzmaterial aus Zentralafrika, enthält außer *Cinnabarin* (I) ein zweites Pigment, das von Vff. *Cinnabarinsäure* (II) genannt wurde. Durch Oxydation von I mit $KMnO_4$ wurde *Benzoxazolon-4-carbonsäure* (III), mit H_2O_2 *Oxal-* oder *Oxamidsäure* erhalten. Durch Zn-Staub-Dest. wurden keine reinen Substanzen isoliert, die Spektren einiger Fraktionen zeigten jedoch das Vorhandensein von Carbazol u. Phenoxazinon-(3)-

derivv. an. Vff. schlagen für I eine Teilformel vor, die auf dem Phenoxazinon-(3)-Ringsyst. aufgebaut. ist.

Versuche: *Cinnabarinsäure* (II), $C_{14}H_8N_2O_6$, Zers. >300° ohne Schmelzen (dunkelbraune Kristalle aus Pyridin), a) durch Trennung von *Cinnabarin* (I), indem die Pigmentmischung (erhalten durch Acetonextraktion des Pilzmaterials) auf einem Filter mit $NaHCO_3$ behandelt u. mit W. gewaschen wird, bis das Filtrat keine Rotfärbung mehr zeigt; das Filtrat wird in verd. Säure gegossen, wobei II als amorpher roter Nd. ausfällt; b) durch Kochen der Mischung von I u. II mit wenig Pyridin u. heiße Filtration; das Gemisch der Kristalle wird weiter an II angereichert. — *Benzoxazolon-4-carbonsäure* (III), $C_8H_5NO_4$, F. 279—281° (schwachgelbe Kristalle aus Methanol), durch Oxydation von 3 g I in 120 cm³ 5%ig. Na_2CO_3-Lsg. mit $KMnO_4$, Ansäuern mit H_2SO_4 u. Extraktion mit Ae.; Sublimation bei 200—210°/2 mm; 240 mg (Ausbeute). — *N-Methylbenzoxazolon-4-carbonsäuremethylester*, $C_9H_6NO_3(OCH_3)$, F. 141—142°, durch Lösen von 45 mg III in Methanol u. Zufügen einer äther. Diazomethanlsg., Eindampfen u. Sublimation bei 140—150°/2 mm; 43 mg. — *Oxamidsäure* (IV), $C_2H_3NO_3$, F. 210—211°, Kristalle aus Dioxan, durch Oxydation von 200 mg I, in 5 cm³ 4%ig. $NaHCO_3$-Lsg. suspendiert, mit 5 cm³ 30%ig. H_2O_2; ca. 35 mg. — *Oxalsäure*, entsteht zugleich mit IV durch Lösen von 200 mg I in 2 cm³ 2n NaOH, Stehen über Nacht u. tropfenweises Zugeben von H_2O_2 bis zur Gelbfärbung. — *7-Methoxyisatin* (VI), F. 242—243°, durch Zufügen von 0,5 g Isonitrosoacet-o-anisidid zu 5 cm³ Polyphosphorsäure, Erhitzen bis zur völligen dunkelviolettbraunen Lsg., Zufügen von viel W., Abfiltrieren des Nd., Auflösen in Chlf. u. Chromatographie an Al_2O_3; 0,1 g. — *7-Hydroxyisatin* (V), $C_8H_5NO_3$, Zers. bei ca. 270° ohne Schmelzen (braunrote Kristalle), durch Zufügen von 150 mg VI zu 1,5 g Pyridinhydrochlorid u. Erhitzen auf 200°/20 Min., Zufügen von W. u. Aufnehmen in Äthylacetat, Filtrieren über Kieselgur u. Eindampfen; 80 mg. Durch Suspendieren von 80 mg in 15 cm³ 5%ig. $NaHCO_3$-Lsg. u. 2 cm³ 30%ig. H_2O_2 wird die anfangs dunkelrote Lsg. nach 1 Std. fast farblos u. scheidet nach dem Ansäuern einen krist. Nd. von III ab. (Acta chem. scand. **11.** 1485—92. 1957. Helsinki, Finland, Inst. of Technol., Dep. of Chem.) G. BRATFISCH. 3550

N. W. Wosstrilowa und **W. I. Dulowa,** *Die Reaktion des Chlorophylls mit Ionen von Kobalt und Zink.* Chromatograph., spektrograph. u. mit Hilfe von markierten Atomen wurde die Rk. von *Chlorophyll* (I) u. *Phäophytin* (II) mit Zn^{2+} u. Co^{2+} in A., Ae., Methylalkohol, Pyridin, Bzl., Essigsäure u. ihren Gemischen untersucht. Am vollständigsten verläuft sie in Eisessig u. im Bzl.–Essigsäure-Gemisch bei Erwärmung. Es bilden sich dabei assoziierte Komplexe, in denen 1 Metallatom auf 2—3 Moll. I kommt. Bei Einw. der Zn- u. Co-Salze auf I oder II verschiebt sich das langwellige Maximum des Absorptionsspektr. nach den kurzen Wellen. Die Intensität der Absorption wird größer. Die Zn- u. Co-I-Derivv. sind gegen Licht, HCl u. $FeCl_3$ widerstandsfähiger als I selbst. (Узбекский Химический Журнал [Usbek. chem. J.] **1958.** Nr. 1. 69—79.) F. DU MANS. 3550

Kyôichi Suga und **Shôji Watanabe,** *Ameisensäureumlagerung von Äthinylcarbinolen.* Die Umlagerung von Methyläthyläthinylcarbinol (I) bzw. Äthinylcarveol (II) mit HCOOH gibt *3-Methylpenten-(3)-on-(2)* u. *3-Methylpenten-(2)-al-(1)* bzw. *1-Methyl-2-acetyl-4-isopropenylcyclohexadien-(1.5)*.

Versuche: *3-Methylpenten-(3)-on-(2)*, Kp.$_{50}$ 63—65°, aus 12 g I durch 1½ std. Kochen in HCOOH in Ggw. von Hydrochinon; n_D^{24} 1,4457; CH_3J-Rk. positiv; 6,7 g (Ausbeute); *2.4-Dinitrophenylhydrazon*, $C_{12}H_{14}N_4O_4$, F. 193—194° (Essigester–A.), λ_{max} 377 mμ (ε = 8450). Daneben 0,7 g *3-Methylpenten-(2)-al-(1)*, Kp.$_{40}$ 65—67°, n_D^{24} 1,4490; CH_3J-Rk. positiv, mit Benzidin gelborangefarben, mit SCHIFF-Reagens rot; *2.4-Dinitrophenylhydrazon*, $C_{12}H_{14}N_4O_4$, F. 164—165° (Essigester–Methanol), λ_{max} 382 mμ (ε = 11400). — *1-Methyl-2-acetyl-4-isopropenylcyclohexadien-(1.5)*, Kp.$_{3,5}$ 100—108°, aus 10 g II in HCOOH (3 Std. bei 50° in Ggw. von Hydrochinon u. W.); CH_3J-Rk. positic; λ_{max} 262 mμ; 2,2 g. *2.4-Dinitrophenylhydrazon*, $C_{18}H_{20}N_4O_4$, F. 193—194°, λ_{max} 393 mμ (ε = 17200). — *1-Methyl-2-acetyl-2-hydroxy-4-isopropenylcyclohexen-(6)*, Kp.$_{1,5}$ 84—90°, aus 10 g II in 10%ig. H_2SO_4 in Ggw. von HgO (3 Std. bei 50°); 5,5 g. *2.4-Dinitrophenylhydrazon*, F. 180°. — *1-Methyl-2-acetyl-4-isopropenylcyclohexadien-(2.6)*, Kp.$_2$ 75°, aus 4 g vorst. Verb. in sd. Ligroin in Ggw. von J_2 (15 Min.); λ_{max} 235 mμ (ε = 2800); 3 g. *2.4-Dinitrophenylhydrazon*, $C_{18}H_{20}N_4O_4$, F. 188°. (J. chem. Soc. Japan, pure Chem. Sect. [Nippon Kagaku Zassi] **79.** 1167—69. Okt. 1958. Matudo, Tiba-Daigaku. [Orig.: japan.]) E. MAEKAWA. 3600

G. W. K. Cavill und **H. D. Locksley,** *Die Chemie der Ameisen.* 2. Mitt. *Struktur und Konfiguration von Iridolacton* (*Isoiridomyrmecin*). (1. vgl. C. **1958.** 7804.) Die Konst. des *Iridolactons* (I) als α-[*2-Hydroxymethyl-3-methylcyclopentyl*]-*propiolacton* wurde durch

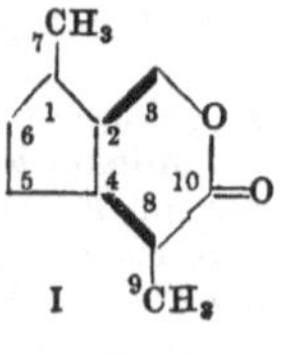
I

$KMnO_4$-Oxydation zu *Nepetalinsäure* sowie durch die Identität mit dem durch Epimerisierung von Iridomyrmecin (**II**) entstehenden *Isoirodomyrmecin* bewiesen. Die cis-Verknüpfung der Ringe folgt aus der Beziehung zum Nepetalacton; durch Konformationsanalyse wird für CH_3 am $C_{(8)}$ die äquatoriale Stellung wahrscheinlich gemacht. — IR-Spektren vgl. Original.

Versuche: *Isoiridomyrmecin* (**I**; *Iridolacton*), F. 56—57° (PAe.), a) aus 500 mg **II** {$[\alpha]_D^{25,5}$ +210° (c = 0,976; CCl_4)} u. CH_3ONa in sd. absol. CH_3OH (2 Std.); 480 mg (Ausbeute); b) aus 57 mg **II** u. K_2CO_3 in sd. Xylol (10 Std.); 42 mg; $[\alpha]_D^{24}$ —59° (c = 0,562; CCl_4); c) durch Sublimation von 40 mg nachst. Säure bei 130°/0,1 Torr; 30 mg; das Gleichgewichtsgemisch der Rk. nach a) enthält ca. 14% **II**. — *α-[2-Hydroxymethyl-3-methylcyclopentyl]-propionsäure*, $C_{10}H_{18}O_3$, F. 110 bis 112° (Zers.), aus der Lsg. von 1,1 g **I** in 2n KOH u. 8n Essigsäure bei 0°; aus verd. A. Nadeln; 0,35 g. — *2-[2-Hydroxymethyl-3-methylcyclopentyl]-propanol-(1)* (*Iridodiol*), $C_{10}H_{20}O_2$, F. 76—77°, aus 120 mg **I** u. $LiAlH_4$ in Ae. (1 Std.); nach Chromatographie in Bzl.-Chlf. an neutralem Al_2O_3 aus CCl_4 Nadeln; 110 mg; $[\alpha]_D^{16}$ +6,4° (c = 1,179; Chlf.). *Bis-4-nitrobenzoylderiv.*, $C_{24}H_{26}N_2O_8$, F. 99—100°, aus PAe. blaßgelbe Prismen. — *Iridodicarbonsäure* (*Nepetalinsäure*), $C_{10}H_{16}O_4$, F. 81—82°, aus 240 mg **I** u. $KMnO_4$ in verd. KOH bei n. Temp. (2 Tage); 250 mg (Rohprod.); aus PAe. Prismen; $[\alpha]_D^{28,5}$ +24° (c = 0,707; Chlf.). — *Isomere Nepetalinsäure*, $C_{10}H_{16}O_4$, F. 117—118°, wie vorst. Säure aus 150 mg **II** (3 Tage); aus Ae.-PAe. Prismen; 60 mg; $[\alpha]_D^{22}$ +14° (c = 0,593; Chlf.). (Austral. J. Chem. **10.** 352—58. Aug. 1957. Sydney, New South Wales, Univ. of Technol., School of Appl. Chem.) F. HELLER. 3600

M. Sumi, William G. Dauben und **William K. Hayes,** *Die stereochemische Beziehung von (—)-α-Santonin, Artemisin und Pseudosantonin.* (Vgl. auch J. Amer. chem. Soc. **80.** [1958.] 4869.) Die aus den Artemisiaarten isolierten Verbb. (—)-*α-Santonin* (**I**), *Artemisin* (**II**) u. *Pseudosantonin* (**III**) besitzen das gleiche KW-stoffgerüst, unterscheiden sich aber in der Lage der funktionellen Gruppen; **II** ist das *7-Hydroxyderiv.* von **I**. Von den 5 asymm. C-Atomen in **III** wurde bereits der Nachw. erbracht, daß die $C_{(9)}$-Methylgruppe die gleiche Konfiguration wie **I** aufweist. Die übrigen Zentren, $C_{(6)}$, $C_{(7)}$ u. $C_{(11)}$, konnten nunmehr durch Umwandlung von **II** in *α-[1.4-Dimethyl-7-hydroxy-5.6.7.8-tetrahydronaphthalyl-(6)]-proprionsäurelacton* (**IV**) festgelegt werden. Hierzu wird **II** in das *3-Oxim* verwandelt, das durch Red. mit Zn u. H_2SO_4 in Ggw. von $CuSO_4$ in *Artemisinaminsulfat* (*3-Aminodesoxoartemisinsulfat*) übergeführt wird. Letzteres ist instabil u. wird ohne Isolierung durch Erhitzen mit verd. Säure in *Hypoartemisin* (**V**) umgeformt. Da **V** durch Zn/Essigsäure nur an der OH-Gruppe acetyliert wird, wird der trans-Lactonring in **V** durch Verseifen u. anschließendes Ansäuern in den cis-Lactonring umgewandelt. Dies so gebildete *Isohypoartemisin* ist der reduzierenden Zn/Essigsäure-Spaltung zugänglich u. bildet **IV**. Da die Asymmetriezentren bei diesen Prozessen nicht angegriffen wurden, müssen **I**, **II** u. **III** die gleichen sterochem. Konfigurationen an $C_{(6)}$, $C_{(9)}$ u. $C_{(11)}$ u. **II** u. **III** die gleiche Konfiguration der $C_{(7)}$-OH-Gruppe haben.

Versuche: *Hypoartemisin* (**V**), $C_{15}H_{18}O_3$, F. 198° (A.), durch Zufügen von wenig konz. H_2SO_4, dann $CuSO_4$ u. Zn-Pulver zu einer Lsg. von 790 mg **II**-Oxim in 90%ig. A., 30std. Rühren bei 33°, Vakuumeinengen des Filtrats u. 3—4std. Kochen in verd. A.; 350 mg; $[\alpha]_D^{20}$ +73° (c = 0,5). *Acetylverb.*, $C_{17}H_{20}O_4$, F. 173° (A.), $[\alpha]_D^{20}$ +60° (c = 1,0). — *Isohypoartemisin*, $C_{15}H_{18}O_3$, F. 131—133° (Äthylacetat/PAe.), durch 2std. Kochen von 300 mg **V** in 90%ig. A. mit KOH, Ansäuern mit 5%ig. HCl, Vakuumabdampfen des A. u. Ausäthern; 150 mg; $[\alpha]_D^{23}$ —80° (c = 1,0). — *α-[1.4-Dimethyl-7-hydroxy-5.6.7.8-tetrahydronaphthyl-(6)]-propionsäurelacton* (**IV**), F. 142—144° (Ligroin), durch 10std. Kochen von 100 mg vorst. Verb. mit Zn-Pulver in Eisessig, Vakuumeinengen des Filtrats, Ausziehen mit Äthylacetat u. Abdampfen; 20 mg; $[\alpha]_D^{25}$ +39° (c = 0,9; A.), +51° (c = 1,04; Chlf.) (J. Amer. chem. Soc. **80.** 5704—05. 5/11. 1958. Osaka, Takeda Pharm. Ind. Ltd.; Berkeley, Calif., Univ., Dep. of Chem.) H. LEHWALD. 3600

T. R. Govindachari und **K. Nagarajan,** *Chemische Untersuchung von Cardanthera uliginosa.* Aus 650 g getrockneten Wurzeln von *Cardanthera uliginosa* wurde durch Extraktion mit PAe. 0,05 g *Lupeol* (**I**) isoliert u. als *Benzoylderiv.* [F. 261—264° (Aceton; 0,3 g] identifiziert. **I** wurde neben einem Wachs auch aus dem Stamm u. den Blättern isoliert. (J. sci. ind. Res. [New Delhi], Sect. **B 16.** 511. Nov. 1957. Madras, Presidency Coll., Dep. of Chem.) F. HELLER. 3600

F. Sondheimer und **Y. Klibansky,** *Die Synthese von 3β-Hydroxyanaloga der Steroidhormone, einer biologisch aktiven Verbindungsklasse.* Beschrieben wird die Darst. von *17α-Äthinyl-Δ⁴-androsten-3β.17β-diol*, *19-Nor-17α-äthinyl-Δ⁴-androsten-3β.17β-diol*, *Δ⁴-Pregnen-3β-ol-20-on* u. *Δ⁴-Pregnen-3β.21-diol-20-ondiacetat* (**IX**), die als 3β-Hydroxyanaloga der Steroidhormone im Tiervers. biol. Wirksamkeit zeigen.

Versuche (alle Chromatogramme an Al_2O_3; Drehwerte in Chlf.; Molekularrotationen der *3β*-Hydroxy- u. *3β*-Acetoxy-Δ^4-steroide u. UV- u. IR-Spektren im Original): *17α-Äthinyl-Δ^4-androsten-3β.17β-diol*, $C_{21}H_{30}O_2$, F. 211—214°, durch Zugabe von $NaBH_4$ zu einer Suspension von *17α-Äthinyltestosteron* (**I**) in Methanol innerhalb 4 Std., Stehen über Nacht (Raumtemp.) u. Extraktion mit Chlf.; aus Aceton/Hexan Kristalle; $[\alpha]_D$ —22° (Methanol); 70% (Ausbeute). Gibt mit Tetranitromethan (TM) Gelbfärbung, mit Digitonin (DG) keine Fällung in wss. A., mit MnO_2 (24 Std., 22°) wieder **I**. *3-Monoacetat*, $C_{23}H_{32}O_3$, F. 157—158° (Aceton/Hexan), aus dem Diol u. Acetanhydrid/Pyridin (Ac/Py) bei Raumtemp.; $[\alpha]_D$ —45°. *Diacetat*, $C_{25}H_{34}O_4$, F. 181—182° (Hexan), durch 20std. Erhitzen von 315 mg Diol mit Ac/Py u. Chromatographie; aus Hexan 290 mg; $[\alpha]_D$ —60°. — *19-Nor-17α-äthinyl-Δ^4-androsten-3β.17β-diol*, $C_{20}H_{28}O_2 \cdot H_2O$, F. 147 bis 149° (Ae.), aus 1 g 17α-Äthinyl-19-nortestosteron u. $NaBH_4$ wie oben; $[\alpha]_D$ —39° (A.); 0,81 g. Mit DG keine Fällung. — *Δ^4-Pregnen-3β-ol-20-on*, $C_{21}H_{32}O_2$, F. 159—161°, (Aceton/Hexen), durch Versetzen der alkoh. Lsg. des aus Progesteron-20-äthylenketal (**II**) durch Red. mit $LiAlH_4$ erhältlichen *3β-Hydroxy-Δ^4-pregnen-20-onäthylenketals* (**III**) mit p-Toluolsulfonsäurehydrat (TSH), 90 Min. langes Stehen bei 23° u. Chloroformextraktion nach Zugabe von $NaHCO_3$; aus Aceton/Hexen Kristalle; $[\alpha]_D$ +139°; 91%. Gibt mit TM Gelbfärbung, mit DG einen Nd., mit MnO_2 (48 Std., 23°) *Progesteron* (80%), mit sd. Methanol u. wenig HCl nachst. **IV**. *Acetat*, $C_{23}H_{34}O_3$, F. 125—126° (Aceton/Hexan), mit Ac/Py (16 Std. bei 22°); $[\alpha]_D$ +95°. — *$\Delta^{3.5}$-Pregnadien-20-on* (**IV**), F. 138—140° (Methanol), durch 16std. Stehen einer Lsg. von **II** in 90%ig. A. mit $NaBH_4$ bei 23°, Lösen des nichteinheitlichen isolierten Prod. in dest. Aceton, 1½std. Stehen mit TSH bei 24°, Ae.-Extraktion nach Zugabe von $NaHCO_3$, Chromatographie u. Eluieren mit Bzl.-Äthylacetat (99:1); 13%; durch weiteres Eluieren mit dem gleichen Gemisch *3-Methoxy-Δ^4-pregnen-20-on* [**V**; $C_{22}H_{34}O_2$, F. 147—149° (Hexan); $[\alpha]_D$ +22°; 21%; gibt mit TM Gelbfärbung, mit DG keine Fällung, keine Acetylierung bei n. Temp., mit sd. Methanol + HCl das Dien **IV**] u. durch Eluieren mit Bzl./Äthylacetat (3:1) *Allopregnan-3β-ol-20-on* [F. 190—192° (Aceton/Hexan); $[\alpha]_D$ +91° (A.); 18%. Keine Färbung der TM, sofortige Fällung mit DG. *Acetat*, F. 143—144°, $[\alpha]_D$ +74%]. — *3β-Hydroxy-Δ^4-pregnen-20-onäthylenketal* (**III**), F. 168—170° (Aceton/Hexan), durch Zugabe von 2,5 g **II** in Ae. u. Tetrahydrofuran (1:1) zu $LiAlH_4$ in Ae. unter N_2 u. Eiskühlung während 15 Min., 1std. Erwärmen am Rückfluß, Versetzen mit Äthylacetat, gelöstem u. festem Na_2SO_4, Filtrieren u. Eindampfen; 2,5 g (roh); Reinigung durch Chromatographie u. Eluieren mit Bzl.-Äthylacetat (9:1); 64%. Gibt in rohem Zustand durch 1std. Stehen mit TSH wie oben 14% **IV** u. 31% **V**, in reinem Zustand 18% **IV** u. 32% **V**, aber keine Allopregnanverbindung. — **V**, a) durch Stehen (90 Min. bei 22°) von 150 mg *Δ^4-Pregnen-3β-ol-20-on* (aus **III** in A. mit TSH; 90%) mit TSH in Aceton u. Chromatographie des Ae.-Extraktes; 41 mg; daneben 22 mg **IV**; b) analog 8 Std. in Methanol; 91 mg (58%). — *20-Äthylendioxy-Δ^4-pregnen-21-ol-3-onacetat* [*Desoxycorticosteronacetat* (**VI**)*-20-äthylenketal*], $C_{25}H_{36}O_5$, F. 140—141°, durch Stehen (14 Std. bei 22°) des **VI**-Bis-äthylenketals mit TSH in Aceton u. Ae.-Extraktion; aus Hexan Kristalle; 75%. — *20-Äthylendioxy-Δ^4-pregnen-3β.21-diol*, $C_{23}H_{36}O_4$, F. 199—201° (Aceton/Hexan), aus vorst. Acetat u. $LiAlH_4$ analog **III** (2std. Rühren, Eiskühlung); $[\alpha]_D$ +94° (A.); 86%; mit DG Niederschlag. — *Δ^4-Pregnen-3β.20β.21-triol* (**X**), *21-Monoacetat* (**VII**), $C_{23}H_{36}O_4$, aus **VI** (2,5 g) in Tetrahydrofuran u. $NaBH_4$ in W. durch 70std. Stehen bei Raumtemp., Zugabe von wenig Essigsäure, Einengen, Verdünnen mit W. u. Chloroformextraktion; viscoses Öl; 2,5 g (roh). *Triacetat* (**VIII**), $C_{27}H_{40}O_6$, F. 129 bis 131°, aus dem rohen Öl u. Ac/Py durch 24std. Stehen bei n. Temp., Chromatographie der äther. Lsg. u. Eluieren mit Bzl.; Nadeln aus Aceton/Hexan; $[\alpha]_D$ +41°; 0,65g. Durch weiteres Eluieren mit Bzl.-Chlf. (2:1) das 1:1-Gemisch der Diacetate, das durch Chromatographie u. fraktionierte Kristallisation aus Aceton/Hexan getrennt wird: *20.21-Diacetat*, $C_{25}H_{38}O_5$, F. 145—146°. *3.21-Diacetat*, $C_{25}H_{38}O_5$, F. 142—144°; $[\alpha]_D$ +20° (gibt mit Acetanhydrid quantitativ **VIII**). — *Δ^4-Pregnen-20β.21-diol-3-ondiacetat*, F. 154 bis 155° (Aceton/Hexan), durch Oxydation von 80 mg vorst. 20.21-Diacetats mit CrO_3 in Pyridin (24 Std. bei Raumtemp.); $[\alpha]_D$ +125°; 62 mg. — *Δ^4-Pregnen-3β.21-diol-20-ondiacetat* (**IX**), $C_{25}H_{36}O_5$, F. 126—128° (Pentan), aus dem 3.21-Diacetat (160 mg) analog vorst. Verb., Chromatographie u. Eluieren mit Bzl.; $[\alpha]_D$ +98°; 62 mg. Starke Rotfärbung mit Triphenyltetrazoliumchlorid. Gelbfärbung mit TM; mit TSH in Aceton (1 Std., 60°) Bldg. von *$\Delta^{3.5}$-Pregnadien-21-ol-20-onacetat*. — *Δ^4-Pregnen-3β.20β.21-triol* (**X**), $C_{21}H_{34}O_3$, F. 162—163°, durch Red. von 4 g **VI** mit $LiAlH_4$ analog **III** (aber 90 Min. bei Raumtemp. u. 20 Min. am Rückfluß; Eindampfen im Vakuum), Umsetzung des rohen **X** (3,6 g) mit Ac/Py (18 Std. bei —10°), Chromatographie der äther. Lsg., Eluieren mit Bzl.-Chlf. (2:1) (→ Gemisch von **X**-*Diacetaten*, das durch Oxydation mit CrO_3 in Pyridin wie oben, 2malige chromatograph. Reinigung u. Kristallisation aus

Pentan 120 mg **IX** ergibt) mit Bzl.–Chlf. (5:3) (→ 1,06 g **VII**; gibt mit überschüssigem Acetanhydrid in Pyridin **VIII** u. mit CrO_3 in Pyridin 68% **VI**) u. schließlich mit Chlf.–Methanol (19:1); aus Aceton Nadeln; 0,84 g. Gibt mit DG sofortige Fällung u. durch Acetylierung **VIII**. (Tetrahedron [London] **5**. 15—26. Jan. 1959. Rehovoth, Israel, Daniel Sieff Res. Inst.; Weizman Inst. of Sci.) F. FICHTNER. 3750

Josef Fried, Aleck Borman, Woodrow B. Kessler, Paul Grabowich und **Emily F. Sabo,** *Cyclische 16α.17α-Ketale und Acetale von 9α-Fluor-16α-hydroxycortisol und -prednisolon.* Verschied. cycl. *16α.17α-Ketale* u. *-Acetale* von 9α-Fluor-16α-hydroxycortisol u. -prednisolon (Triamcinolon) besitzen beträchtlich größere glucocorticoide u. entzündungshemmende Wrkg. als die Ursprungsverbindungen. Die Verbb. werden in ausgezeichneter Ausbeute gebildet, wenn eine Suspension der Steroide mit dem entsprechenden Keton oder Aldehyd bei Zimmertemp. in Ggw. von Mineralsäure, bes. $HClO_4$, bis zur Lsg. behandelt wird. Sie red. Tetrazoliumreagens u. bilden Monoacetale (in [] relative Aktivität im Leberglykogentest bzw. entzündungshemmende Wrkg., bezogen auf Cortisonacetat bzw. Cortisolacetat = 1; opt. Drehungen in Chlf.): 9α - F l u o r - 16α - h y d r o x y c o r t i s o l d e r i v v.: *16α.17α-Äthyliden-*, F. 244—247°, $[\alpha]_D$ +145°, [94, 30]. *16α.17α-Isopropyliden-*, F. 270—273°, $[\alpha]_D$ + 137°, [121, 18]. — 9α - F l u o r - 16α - h y d r o x y p r e d n i s o l o n d e r i v v.: *16α.17α-Äthyliden-*, F. 244—246°, $[\alpha]_D$ +102°, [98, 50]. *16α.17α-Isopropyliden-*, F. 292—294°, $[\alpha]_D$ + 109°, [92, 40]; wird durch 0,1 n H_2SO_4 in sd. CH_3OH (4 Std.) nicht hydrolysiert; *21-Acetat*, F. 266°, $[\alpha]_D^{23}$ +92° (c = 0,59). *16α.17α-Butyliden-(2)-*, F. 255—260°, mit Methyläthylketon; $[\alpha]_D$ + 92°, [77, 35]. *16α.17α-Pentyliden-(3)-*, F. 265—268°, mit Diäthylketon; $[\alpha]_D$ +91°, [26, 11]. *16α.17α-4-Methylpentyliden-(2)-*, F. 256—258°, mit Methylisobutylketon; $[\alpha]_D$ +89°, [12, 8]; *Stereoisomeres*, F. 185—188°, $[\alpha]_D$ +88°, [4, 3]. *16α.17α-Cyclohexyliden-*, F. 278—281°, mit Cyclohexanon; $[\alpha]_D$ +90°, [16, 5]. *16α.17α-[α-Methylbenzyliden]-*, F. 281—283°, mit Acetophenon; $[\alpha]_D$ +23°, [12, 15]. — Zum Vgl. 9α-Fluor-6α-methylprednisolon, [60, 22]. (J. Amer. chem. Soc. **80**. 2338—39. 5/5. 1958. New Brunswick, N. J., Squibb Inst. for Med. Res.) H. TÄNZLER. 3750

F. A. Cutler jr., J.-P. Conbere, R. M. Lukes, J. F. Fisher, H. E. Mertel, Ralph Hirschmann, J. M. Chemerda, L. H. Sarett und **K. Pfister III,** *Synthese von Cortison-21-phosphat.* Cortisonacetat-3-äthylenketal (**I**; 3-Äthylendioxy-Δ^5-pregnen-17α.21-diol-11.20-dion-21-acetat) wird in der Seitenkette verseift, mit Methansulfonylchlorid umgesetzt u. die Estergruppe gegen J ausgetauscht. Rk. des *21-Jodids* mit Ag-Dibenzylphosphat (**II**) führt zum *21-Dibenzylphosphat,* dessen Hydrogenolyse das freie *21-Phosphat* liefert. Die Abspaltung der Ketalgruppierung zu *Cortison-21-phosphat* gelingt an einem Ionenaustauscher. Das erhaltene *Di-Na-Salz* ist leicht wasserlösl. u. besitzt bei oraler u. subcutaner Zufuhr im Leberglykogentest bei Mäusen die gleiche biol. Aktivität wie Cortison (**III**). Bei orientierenden Verss. zur Darst. von *Dibenzylphosphorsäure* aus Benzylalkohol u. P_2O_5 (vgl. LYNEN, Ber. dtsch. chem. Ges. **73**. [1940.] 367) wird gefunden, daß unter den Bedingungen der Aufarbeitung leicht Hydrolyse eintritt. Es wird daher die Reaktionszeit verlängert u. bei der Fällung von *Monobenzylphosphorsäure* als *Ba-Salz* die Lsg. in der Kälte mit $BaCO_3$ auf p_H 4 gebracht. Verss. zur Debenzylierung von *Cortison-21-dibenzylphosphat* verliefen bei der Hydrogenolyse über Pd in CH_3OH oder über Pd/Kohle in A. unter Verlust des Ring-A-Chromophors, mit methanol. KOH oder NaOCH trat innerhalb weniger Min. Hydrolyse zu **III** ein, mit Pyridin u. N-Methylmorpholin wurden keine definierten sauren Prodd. erhalten, Rk. mit LiCl in Dimethylformamid liefert die *21-Chlorverb.*, mit NaJ in sd. Aceton das *21-Monobenzylphosphat.*

V e r s u c h e: *Cortison-3-äthylenketal* (*3-Äthylendioxy-Δ^5-pregnen-17α.21-diol-11.20-dion*), $C_{23}H_{32}O_6$, F. 209—216° (Äthylacetat), aus **I** mit Na-Methylat in Methanol unter N_2 (2 Std. bei 20°); 95% (Ausbeute). *21-Methansulfonat,* $C_{24}H_{34}O_8S$, F. 204—205° (Zers.; Acetonitril–A.), aus 28 g 21-Alkohol mit Methansulfonylchlorid in Pyridin bei 0° (1 Std.); 33,15 g (roh). — *3-Äthylendioxy-21-jod-Δ^5-pregnen-17α-ol-11.20-dion,* $C_{23}H_{31}JO_5$, Zers. bei ca. 130°, aus 33,15 g vorst. Methansulfonat mit NaJ in sd. Aceton (30 Min.); 86,4%. —, *3-Äthylendioxy-Δ^5-pregnen-17α.21-diol-11.20-dion-21-phosphat, Dibenzylester,* $C_{37}H_{45}O_9P$, F. 150—151,5° (Bzl.–PAe.), aus vorst. Verb. u. **II** in sd. Bzl. unter Lichtausschluß (21 Std.); 84,5%. *N-Methylmorpholinsalz,* $C_{28}H_{44}NO_{10}P$, F. 203—205°, aus dem Ester in absol. A. u. N-Methylmorpholin mit H_2 über vorred. PdO; 77,5%. — *Cortison-21-phosphat,* $C_{21}H_{29}O_8P$, F. 190—193,5° (Zers.; CH_3OH–Ae.), λ_{max} 238 mμ (ε = 14700 in CH_3OH). *Di-Na-Salz,* $C_{21}H_{27}Na_2O_8P$, durch 12std. Rühren vorst. Verb. in CH_3OH mit Ionenaustauscher IR-120 (H^+-Form), Filtration, Zusatz von $NaHCO_3$, Extraktion mit Essigester u. Gefriertrocknung der wss. Phase; $[\alpha]_D^{24}$ +117° (c = 1; Methanol), λ_{max} 238 mμ (ε = 13100; CH_3OH); 94,5%. — *Δ^4-Pregnen-17α.21-diol-3.11.20-trion* (**III**), *21-Dibenzylphosphat,* $C_{35}H_{41}O_8P$, F. 161—162° (Aceton–PAe.), durch 12std. Kochen von 10 g 21-Jod-Δ^4-pregnen-17α-ol-3.11.20-trion in Bzl. mit **II**; 10,5 g. *21-Monobenzylphosphat*, $C_{28}H_{35}O_8P$, F. 184—186° (Zers.), aus 2,48 g Dibenzylester mit NaJ in sd. Aceton (1 Std.); 1,625 g. — *21-Chlor-17α-hydroxy-Δ^4-pregnen-3.11.20-trion*, aus 62 mg vorst. Dibenzylester mit LiCl in sd. Dimethylformamid (80 Min.); 38 mg (roh). — *Dibenzylphosphorsäure, Ba-Salz*, F. 290—295°, aus 212 ml Benzylalkohol in Ae. bei 0° mit 90 g P_2O_5 (24 Std. kochen), Rk. des Prod. mit 200 g $BaCO_3$ in Eiswasser, Zusatz von wss. $Br(OH)_2$ (p_H 4 → 11) u. Abfiltrieren von *Ba-Monobenzylphosphat* bei 60°; 98 g. *Ag-Salz* (**II**), F. 229—231°, aus dem Ba-Salz mit $AgNO_3$ in W.; 82,5%. (J. Amer. chem. Soc. **80.** 6300—03. 5/12. 1958. Rahway, N. J., Merck, Sharp & Dohme, Res. Labor.)

O. A. NEUMÜLLER. 3750

J. Castells, E. R. H. Jones, G. D. Meakins und **R. W. J. Williams,** *Steroide mit unnatürlicher Konfiguration.* 1. Mitt. *Die Stereochemie von Lumisterin und 9α-Lumisterin (Pyrocalciferol).* (Vgl. C. **1959.** 2148.) Die Konfiguration von *Lumisterin* (**I**) u. *Isopyrocalciferol* (**II**) wurde durch Abbau zum gleichen *Des-A-Δ^{22}-lumisten-5-on*, die Bldg. von *Des-A-Δ^{22}-ergosten-5-on* (**VII**) aus *Ergosterin* (**III**) u. eines *isomeren tricycl. Ketons* aus Pyrocalciferol (**IV**) sowie durch Unterss. über die Rotationsdispersion u. Molekularrotation gesichert. Danach besitzen H an $C_{(9)}$ u. CH_3 an $C_{(10)}$ in **I** die β.α-Konfiguration, in **II** die β.β-, in **III** die α.β- u. in **IV** die α.α-Konfiguration u. für **II** u. **IV** ergeben sich nun die systemat. Bezeichnungen *9β-Ergosterin* bzw. *9α-Lumisterin.* UV- u. IR-Spektren vgl. Original.

Versuche (FF. korr.): *$\Delta^{4.22}$-Ergostadien-3-on*, F. 127—131°, aus nachst. Verb. u. Zn-Staub; $\alpha]_D$ +39° (c = 1,1; Chlf.). — *22.23-Dibrom-Δ^4-ergosten-3-on*, $C_{28}H_{44}Br_2O$, F. 195—198° (A.), aus 1,29 g vorst. Verb. u. Br_2 in Chlf. bei —80°; 1,36 g (Ausbeute); $[\alpha]_D$ +38° (c = 0,9; Chlf.). — *22.23-Dibrom-5-oxo-3.5-seco-A-norergostan-3-säure* (**V**), $C_{27}H_{44}Br_2O_3$, F. 196—199°, aus 1,45 g vorst. Verb. u. O_3 in Äthylacetat bei —80° u. Zers. des Ozonids mit H_2O_2 u. verd. Essigsäure bei n. Temp.; $[\alpha]_D$ +11° (c = 1,2; Chlf.) — *5-Oxo-3.5-seco-A-nor-Δ^{22}-ergosten-3-säure* (**VI**), $C_{27}H_{44}O_3$, F. 141—143° (PAe.), wie **V** u. Red. der rohen Säure mit Zn-Staub in sd. Ae.–CH_3OH (1:1); Reinigung durch Chromatographie an Silicagel u. Eluieren mit Bzl.-Ae.; 295, mg; $[\alpha]_D$ —4° (c = 1,0; Chlf.). — *Des-A-Δ^{22}-ergosten-5-on* (**VII**), $C_{24}H_{40}O$, F. 101—103° (CH_3OH), aus dem Na-Salz (780 mg) von **VI** u. Na-Phenylacetat bei 295—300°/0,02—0,05 Torr (3 Std.), Chromatographie des Destillats an Al_2O_3 u. Eluieren mit Bzl.–PAe. (3:10); 404 mg; $[\alpha]_D$ —30° (c = 1,4; Chlf.). — *$\Delta^{4.6.22}$-9α-Lumistatrien-3-on*, $C_{28}H_{42}O$, F. 87—91° (CH_3OH), durch OPPENAUER-Oxydation von 9,5 g **IV** mit Al-Isopropylat u. Cyclohexanon in sd. Xylol, Isomerisierung des öligen *$\Delta^{4.7.22}$-Trienons* mit HBr–Eisessig in Chlf. bei 20° (3/4 Std.) u. Chromatographie an inaktiviertem Al_2O_3; 3,56 g; $[\alpha]_D$ +68° (c = 1,0; Chlf.). — *$\Delta^{4.22}$-9α-Lumistadien-3-on*, $C_{28}H_{44}O$, F. 140—143° (A.), aus 3,32 g vorst. Verb. u. H_2 an Pd–Kohle in verd. alkoh. KOH; 3,22 g; $[\alpha]_D$ —53° (c = 0,9; Chlf.). — *22.23-Dibrom-Δ^4-9α-lumisten-3-on*, $C_{28}H_{44}Br_2O$, F. 190—192° (A.), aus 3,15 g vorst. Verb. u. Br_2 in Chlf. bei —80°; $[\alpha]_D$ —37° (c = 1,2; Chlf.). — *5-Oxo-3.5-seco-A-nor-Δ^{22}-9α-lumisten-3-säure*, $C_{27}H_{44}O_3$, F. 190—197° (A.), wie **VI** aus 1,79 g vorst. Verb.; 513 mg; $[\alpha]_D$ —43,5° (c = 1,1; Chlf.). — *Tricycl. Keton aus* **IV**, $C_{24}H_{40}O$, F. 85,5—87° (CH_3OH), aus dem Ba-Salz von 226 mg vorst. Säure bei 300—350°/0,001 Torr u. Chromatographie des Sublimats in PAe. an Al_2O_3; 19 mg; $[\alpha]_D$ +51,5° (c = 0,9; Chlf.); ist vielleicht das 8-Epimere von **VII.** — *$\Delta^{4.6.22}$-Lumistatrien-3-on*, $C_{28}H_{42}O$, F. 99—101° (Aceton–CH_3OH), aus 8,8 g $\Delta^{4.7.22}$-Lumistatrien-3-on u. HBr–Eisessig in Chlf. bei n. Temp. (40 Min.), Adsorption an inaktiviertem Al_2O_3, Stehen über Nacht, Eluieren eines *nichtkonjugierten Trienons vom F. 177,5—180,5°* (1,7 g) mit PAe.-Bzl. u. weiteres Eluieren mit gleichem Lösungsm.; 3,14 g; $[\alpha]_D$ —629° (c = 1,2; Chlf.). — *$\Delta^{4.22}$-Lumistadien-3-on*, $C_{28}H_{44}O$, F. 124—125,5° (A.), a) aus 4,8 g vorst. Verb. u. H_2 an Pd–Kohle in verd. alkoh. KOH, Adsorption an inaktiviertem Al_2O_3 u. Eluieren mit PAe.-Bzl. (10 :1) neben 930 mg *Δ^{22}-Lumisten-3-on* (?); 3,5 g; $[\alpha]_D$ —170° (c = 1,05; Chlf.); b) aus nachst. Verb. u. aktiviertem Zn-Staub. — *22.23-Dibrom-Δ^4-lumisten-3-on*, $C_{28}H_{44}Br_2O$, F. 169—172° (Aceton–CH_3OH), aus 4,01 g vorst. Dienons u. Br_2 in Chlf. bei —80°; 4,3 g; $[\alpha]_D$ —102° (c = 0,8; Chlf.). — *22.23-Dibrom-5-oxo-3.5-seco-A-norlumistan-3-säure*, $C_{27}H_{44}Br_2O_3$, F. 177,5—179° (Aceton–PAe.), aus 3,95 g vorst. Ketons wie **V**; 1,32 g; $[\alpha]_D$ +6° (c = 1,1; Chlf.). — *5-Oxo-3.5-seco-A-nor-Δ^{22}-lumisten-3-säure* (**VIII**), F. 78—80° (PAe.), aus 1,26 g vorst. Säure wie **VI**; 800 mg; $[\alpha]_D$ —11° (c = 0,9; Chlf.). *Methylester*, Öl. — *$\Delta^{4.7.22}$-9β-Ergostatrien-3-on*, $C_{28}H_{42}O$, F. 110—112,5 (CH_3OH), aus 41 g **II**, Al-Isopropylat u. Cyclohexanon in sd. Toluol unter N_2 (5 Std.) u. Abtrennung von *$\Delta^{5.7.22}$-9β-Ergostatrien-3-on* [F. 123—131° (CH_3OH); 273 mg; $[\alpha]_D$ +521° (c = 0,9; Chlf.)] durch Chromatographie an inaktiviertem Al_2O_3 u. Eluieren mit PAe.-Bzl. (10 : 1 → 1 : 1); 10,3 g; $[\alpha]_D$ +185° (c = 1,3; Chlf.). — *$\Delta^{4.6.22}$-9β-Ergostatrien-3-on*, $C_{28}H_{42}O$, F. 161—164° (Aceton–CH_3OH), neben einem nicht identifizierten *Keton vom F. 105—117°* (Aceton–CH_3OH; 549 mg) aus 1,033 g vorst.

$\Delta^{4.7.22}$-Trienons u. konz. HCl in sd. CH_3OH (3/4 Std.) u. Chromatographie an inaktiviertem Al_2O_3; 280 mg; $[\alpha]_D$ —14° (c = 0,98; Chlf.). — *$\Delta^{4.22}$-9β-Ergostadien-3-on*, $C_{28}H_{44}O$, F. 155—157° (Aceton–CH_3OH), a) neben 377 mg *Δ^{22}-9β-Ergosten-3-on* (?) aus 2,4 g vorst. Verb. u. H_2 an Pd-Kohle in verd. alkoh. KOH u. Chromatographie in Bzl.–PAe. an inaktiviertem Al_2O_3; 1,54 g; b) aus nachst. Verb. u. aktiviertem Zn-Staub; $[\alpha]_D$ +25° (c = 1,0; Chlf.). — *22.23-Dibrom-Δ^4-9β-ergosten-3-on*, $C_{28}H_{44}Br_2O$, F. 203,5—206° (Aceton–A.), aus 1,41 g vorst. Verb. u. Br_2 in Chlf. bei —80°; 1,4 g; $[\alpha]_D$ +39° (c = 0,9; Chlf.). — *22.23-Dibrom-5-oxo-3.5-seco-A-nor-9β-ergostan-3-säure*, $C_{27}H_{44}Br_2O_3$, F. 178 bis 182° (Aceton–PAe.), aus 1,15 g vorst. Verb. wie **V**; 760 mg; $[\alpha]_D$ —9° (c = 0,95; Chlf.). — *5-Oxo-3.5-seco-A-nor-Δ^{22}-9β-ergosten-3-säure*, F. 92—98° (PAe.), aus 690 mg vorst. Säure wie **VI**; amorph; 480 mg; $[\alpha]_D$ —39° (c = 1,0; Chlf.). — *Des-A-Δ^{22}-lumisten-5-on*, $C_{24}H_{40}O$, F. 28—34°, aus dem Na-Salz von **VIII** (600 mg) u. Na-Phenylacetat bei 290—300°/0,05 Torr (3/4 Std.) u. Chromatographie des Destillats in PAe.–Bzl. an Al_2O_3; 355 mg; oder aus dem Na-Salz vorst. Säure (395 mg); 225 mg; $[\alpha]_D$ —48° (c = 0,96; Chlf.); wird durch 0,2n CH_3ONa in sd. CH_3OH oder durch p-Toluolsulfonsäure in Eisessig–Bzl. bei n. Temp. nicht verändert. *Oxim*, $C_{24}H_{41}NO$, F. 134,5—137°; $[\alpha]_D$ —94° (c = 0,7; Chlf.). (J. chem. Soc. [London] **1959**. 1159—68. März. Oxford, Univ., Dyson Perrins Labor.) F. HELLER. 3750

John L. Ellingboe, John I. Morrison und **Harvey Diehl**, *Die Hydrierung von Vitamin B_{12}*. (Vgl. C. **1955**. 3631.) Bei der Hydrierung von *Vitamin B_{12}* über PtO in W. werden unter Red. von Cyanid zu *CH_3NH_2* u. Überführung von Co^{3+} in Co^{2+} 2,5 Mol H_2 aufgenommen. Bei der O_2-Oxydation des gebildeten *Vitamins B_{12r}* werden unter Bldg. von 1 Äquivalent Base 2 Mol O_2 aufgenommen u. CO sowie mindestens ein weiteres Gas entwickelt. Die Ausbeute an *Vitamin B_{12a}* ist daher bei diesem Hydrierungs-Oxydations-Prozeß niedrig. (Iowa State Coll. J. Sci. **30**. 263—68. 15/11. 1955. Ames, Io., State Coll., Dep. of Chem.) K. MAIER. 3800

John M. Brierly, John L. Ellingboe und **Harvey Diehl**, *Die Stickstoffverteilung im Vitamin-B_{12}-Molekül*. (Vgl. vorst. Ref.) *Vitamin B_{12}* (**I**) u. *B_{12a}* (**II**) enthalten keine prim. NH_2-Gruppen. Die NH_2-N-Best. (vgl. C. **1955**. 3631) ergibt in **I** 5 Amidgruppen. Die quantitative N-Best. in den Prodd. der HCl-Hydrolyse von **II** (Trennung der Prodd. durch 40-stufige CRAIG-Verteilung zwischen Isobutanol u. n-HCl) bewirkt eine Abspaltung von 5 Mol. NH_3, während 2 N in einer Form vorliegen, die bei der hydrolyt. Spaltung kein NH_3, jedoch bei Einw. von HJO_4 NH_3 liefert (1 oder 2 1.2-Aminoalkoholgruppierungen?). Das N/Co-Verhältnis im roten sauren Hydrolyseprod. ist **4**, dieses enthält also 4 N-Atome. Weitere Prodd. der Säurehydrolyse sind *5.6-Dimethylbenzimidazol* u. *1-Aminopropanol-(2)*. (Iowa State Coll. J. Sci. **30**. 269—76. 15/11. 1955.) K. MAIER. 3800

T. P. King und **L. C. Craig**, *Die Chemie des Tyrocidins*. 4. Mitt. *Reinigung und Charakterisierung von Tyrocidin B*. (3. vgl. C. **1954**. 7890.) Die bei der Isolierung von *Tyrocidin A* (**I**) angefallenen *Tyrocidin-B* (**II**)-haltigen Fraktionen werden einer 210-stufigen u. die erhaltene Hauptbande nochmals einer 1205-stufigen CRAIG-Verteilung zwischen Chlf.–CH_3OH–0,1n HCl (2 : 2 : 1) unterworfen. Aus dem Hydrolysat der Hauptfraktion (konstant sd. HCl, 24 Std., N_2) werden durch 853-stufige Verteilung zwischen 2%ig. HCl–Phenol (23 : 3), fraktionierte Kristallisation u. Sublimation *L-Asparaginsäure* {$[\alpha]_D^{25}$ +25,3° (c = 1,66; 5n HCl)}, *L-Glutaminsäure* {($[\alpha]_D^{25}$ +22±2° (c = 1,30; 6n HCl); *Hydrochlorid*, $[\alpha]_D^{25}$ +31,2° (c = 1,76; 5n HCl)}, *L-Leucin* {$[\alpha]_D^{25}$ +22,4° (c = 1,70; CH_3COOH)}, *L-Ornithin* (**V**) {$[\alpha]_D^{25}$ +26±2° (c = 1,30; 5n HCl); *Monohydrochlorid*, $[\alpha]_D^{25}$ +28,8° (c = 1,51; 5n HCl)}, *D-Phenylalanin* (**III**) {$[\alpha]_D^{25}$ +31,7° (c = 1,65; W.)}, *L-Prolin* {$[\alpha]_D^{25}$ —24±2° (c = 0,84; 5n HCl); *2.4-Dinitrophenylderiv.*, $[\alpha]_D^{25}$ —620° (c = 0,83; CH_3COOH)}, *L-Tryptophan* {$[\alpha]_D^{25}$ —21,2° (c = 0,85; CH_3COOH)}, *L-Tyrosin* (**VI**) {$[\alpha]_D^{25}$ —8,3° (c = 3,37; 5n HCl)} u. *L-Valin* {$[\alpha]_D^{25}$ +58,2° (c = 0,69; CH_3COOH)} analyt. rein im äquimol. Verhältnis erhalten, nur **III** war in der doppelten Menge vertreten. **II** enthält keine freie COOH-Gruppe. Mit *2.4-Dinitrofluorbenzol* (**IV**) ließen sich nach SANGER nur 2 mit **IV** reagierende funktionelle Gruppen nachweisen (Hydrolyse, Papierchromatographie): die δ-NH_2-Gruppe von **V** u. die OH-Gruppe von **VI**. Die Fraktionierung des *2.4-Dinitrophenyl* (DNP)-*deriv.* von **II** durch 198-stufige CRAIG-Verteilung zwischen Bzl.–CH_3OH–Chlf. u. 0,01n HCl (20 : 23 : 10 : 7) gibt neben **II** ein Mono- u. ein Bis-[2.4-dinitrophenyl]-deriv. von **II**, das einen δ-DNP-**V**- bzw. einen δ-DNP-**V**- u. einen O-DNP-**VI**-Rest enthält. Umkristallisieren von Roh-**II**-Hydrochlorid aus CH_3OH + Diisopropyläther u. nachfolgende 591-stufige Verteilung im Chlf.–CH_3OH–0,1n-HCl-Syst. (2 : 2 : 1) gibt 3 Fraktionen, von denen die beiden ersten, $C_{69}H_{90}ClN_{13}O_{14}$, nur noch 1 Amidgruppe, jedoch 1,13 bzw. 1,76 OCH_3-Gruppen enthalten, die aus der Methanolyse des Asparagin- bzw. Glutaminrestes resultieren könnten. II ist wahrscheinlich wie I ein cycl., 10 Aminosäurereste enthaltendes Polypeptid, $C_{68}H_{88}N_{14}O_{13}$. (J. Amer. chem. Soc. **77**. 6624—27. 20/12. 1955. New York, N. Y., Rockefeller Inst. for Med. Res.) K. MAIER. 3900

T. P. King und **L. C. Craig,** *Die Chemie des Tyrocidins.* 5. Mitt. *Die Aminosäuresequenz von Tyrocidin B.* (4. vgl. vorst. Ref.) Die Aminosäuresequenz von *Tyrocidin B* (I) wurde durch Fraktionierung der bei partieller Hydrolyse (konz. HCl, 80° 3 Std.) erhaltenen Peptide (II) CRAIG-Verteilung, Papierchromatographie u. -elektrophorese) u. Aufklärung ihrer Konst. untersucht. Die 12 isolierten II hatten folgende Zus.: *Try·Phe, Phe·Asp·Glu, Asp·Glu, Glu·Tyr, Tyr·Val·Orn·Leu, Tyr·Val·Orn, Val·Orn, Orn·Leu, Val·Orn·Leu·Phe, Orn·Leu·Phe, Leu·Phe, Phe·Pro.* Die N-endständige Aminosäure der II wurde durch Hydrolyse der *2.4-Dinitrophenylderivv.* ermittelt. Hieraus ergibt sich für I die angegebene Konst. (hierbei Glu = glutaminyl u. Asp = asparaginyl), die mit Ausnahme des Ersatzes eines L-Phe-Restes durch Tryptophan mit der von Tyrocidin A ident. ist. — *2.4-Dinitrophenyl-D-phenylalanyl-L-prolin,* $C_{20}H_{20}N_4O_7$, durch Kondensation von 2.4-Dinitrophenyl-D-phenylalanin (66 mg) mit L-Prolinmethylester (27 mg), Hydrolyse des Esters mit Essigsäure u. 2,9n HCl (2 : 1), Extraktion mit $NaHCO_3$, Reinigung des aus der $NaHCO_3$-Lsg. erhaltenen Prod. durch 100stufige CRAIG-Verteilung im Syst. Bzl.–Essigsäure–0,1n HCl, lyophile Trocknung aus Essigsäurelsg.; gelbes Pulver; $[\alpha]_D^{25}$ +48° (c = 0,46; Chlf.); 26 mg Ausbeute. (J. Amer. chem. Soc. **77**. 6627—31. 20/12. 1955.) K. MAIER. 3900

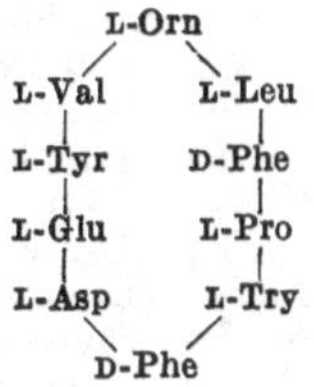

I

L. H. Sternbach, S. Kaiser und **M. W. Goldberg,** *Abbau von Chartreusin (Antibioticum X-465 A).* Das nach C. **1959**. 7515 dargestellte *Chartreusin* (I; *Antibioticum X-465 A*) gibt bei saurer Hydrolyse ein in W. unlösl., gelbes *Aglykon* (II) u. je 1 Mol *D-Fucose* (V) u. *D-Digitalose* (VI). VI wird als *Osazon,* V als *Dibenzylmercaptal* u. *Diphenylhydrazon* charakterisiert. Die Trennung von V u. VI erfolgte über die *Diäthylmercaptale.* V-*Diäthylmercaptal* wird mit der L-Verb. in die neue *DL-Verb.* übergeführt. VI-*Diäthylmercaptal* wird mit Hg(II)-Acetat zers. u. VI zu *D-Digitalonolacton* oxydiert. Nachst. Unterss. zeigen, daß es sich bei II ($C_{19}H_{10-12}O_6$) um ein Deriv. von 2-Phenylnaphthalin oder 2.3-Benzofluoren mit einer Methyl- oder Methylengruppe, 2 phenol. OH-Gruppen, einer Lactongruppierung u. 2 weiteren O-Atomen unbekannter Natur handelt. An eine der Phenolgruppen ist die Disaccharidkette aus V u. VI glykosid. gebunden. II liefert mit CH_2N_2 II-*Dimethyläther,* ferner können das II-*Diacetat* u. II-*Bis-[methansulfonyl]-deriv.* dargestellt werden. Alle 3 Verbb. enthalten keine weiteren OH-Gruppen. Die Diacetylverb. ist opt.-inaktiv. II ist stabil gegen NH_2OH, sd. Pyridinhydrochlorid u. sd. HBr/Essigsäure. Sowohl II als auch I zeigen positive, II-Dimethyläther jedoch negative $FeCl_3$-Reaktion. Bei der Behandlung von II in alkal. Lsg. bei 50° entsteht durch Hydrolyse der Lactongruppe u. nachfolgende Decarboxylierung eine *Verb.* $C_{18}H_{12-14}O_5$ mit 3 OH-Gruppen, die als *Triacetyl-, Trimesylderiv.* u. *Monomethyläther* charakterisiert wurde. Die UV-Absorptionsspektren von I, II, II-Dimethyläther u. II-Diacetat (Abb.) sind sehr ähnlich. Die Hydrierung von II über PtO_2 in Essigsäure führt bei 90° u. n. Druck nur zu einer *Verb.* $C_{19}H_{14}O_5$ (IV; F. 253—254°), während bei 130—145° u. 70 at IV, 4 weitere krist. Verbb. [*Verb.* $C_{19}H_{18-20}O_5$ vom F. 199—204°, $C_{19}H_{16}O_4$ (VIII) vom F. 254—256°, $C_{19}H_{20}O_4$ vom F. 203—204° u. $C_{19}H_{22}O_4$ (VII) vom F. 116—117° u. 140—141° (dimorph)] u. ein *öliges Gemisch* (III; $C_{19}H_{24-26}O_3$) entstehen. IV enthält eine Hydroxy-, eine Lactongruppe u. 2 weitere O-Atome u. gibt demzufolge einen *Monomethyläther,* ein *Monoacetat* u. ein *Methansulfonylderiv.* bzw. liefert mit NaOH unter CO_2-Abspaltung eine *Verb.* $C_{18}H_{16}O_4$ mit 2 Hydroxygruppen u. 2 weiteren O-Atomen, so daß IV also ein Dihydro- oder Tetrahydroderiv. von II darstellt, in dem 1 OH-Gruppe eliminiert worden ist. VIII enthält 1 OH-, 1 Lactongruppe u. 1 weiteres O-Atom. Mit NaOH entsteht eine *Verb.* $C_{18}H_{18}O_3$ mit 2 OH-Gruppen u. einem weiteren O-Atom. VII besitzt 1 OH-, 1 Lactongruppe u. 1 weiteres O-Atom, liefert aber mit NaOH ohne Abspaltung von CO_2 eine *Hydroxysäure* $C_{19}H_{24}O_5$, die mit Acetanhydrid das VII-*Monoacetylderiv.* u. bei 130° VII zurückgibt. Während die Zn-Staubdest. von II keine brauchbaren Ergebnisse lieferte, wurden bei der Dehydrierung von III oder VII *x-Methyl-2.3-benzofluoren* (mit x = 6, 7, 8, 9 oder 10) u. *x-Methyl-2-phenylnaphthalin* erhalten, die als *2.4.7-Trinitrofluorenonderivv.* isoliert wurden. Die Konstitutionszuordnung erfolgte auf Grund der UV- u. IR-Spektren. Einige x-Stellungen für die CH_3-Gruppen können ausgeschlossen werden.

V e r s u c h e (FF. korr.): *D-Digitalose* (VI), *Osazon,* $C_{19}H_{24}N_4O_3$, F. 177—178°, durch 45 Min. Kochen u. Rühren von I in Dioxan mit 3n H_2SO_4, Abfiltrieren von II, Behandeln des Filtrats mit $Ba(OH)_2$ u. Einengen; gelbe Nadeln (60%ig. CH_3OH). —

D-Fucose (**V**), *Diphenylhydrazon*, $C_{18}H_{22}N_2O_4$, F. 187—188°, neben **VI**; Nadeln (A.). *Dibenzylmercaptal*, $C_{20}H_{26}O_4S_2$, F. 181—183°, mit Benzylmercaptan in konz. HCl; lange Nadeln (CH_3OH); $[\alpha]_D^{24}$ $-26,3 \pm 0,5°$ (c = 0,9; Pyridin). *Diäthylmercaptal*, $C_{10}H_{22}O_4S_2$, F. 166—167°, mit Äthylmercaptan in konz. HCl; lange Nadeln (A.); $[\alpha]_D^{24}$ $+9,5 \pm 1°$ (c = 1; Pyridin); 64% (Ausbeute). *DL-Diäthylmercaptal*, F. 158—159°, aus der D- u. L-Verb.; derbe Platten (A.). — **VI**-*Diäthylmercaptal*, $C_{11}H_{24}O_4S_2$, F. 95—96°, Nädelchen (Ae.-PAe.); $[\alpha]_D^{24}$ $-11,5 \pm 0,5°$ (c = 2; Pyridin); 21%. — *D-Digitalonolacton*, F. 136—137°, aus vorst. Verb. durch 35 Min. Erhitzen mit Hg(II)-Acetat in 65%ig. A., Oxydation von **VI** (Rohprod.) in W. mit Br_2 u. Dest. bei 140—150°/0,1 mm; Nadeln (Aceton-PAe.); $[\alpha]_D^{25}$ $-82 \pm 2°$ (c = 1; W.). — *Aglykon* (**II**), $C_{19}H_{10-12}O_6$, F. 310—311°, a) als Nd. bei der **I**-Hydrolyse; b) durch therm. Zers. von **I** bei 250°/0,2 mm (Sublimation); gelbe Nadeln (CH_2Cl_2, Dioxan oder Dimethylformamid). *Diacetylderiv.*, $C_{23}H_{14-16}O_8$, F. 292—294°, Nadeln (Chlf.). *Dimesylderiv.*, $C_{21}H_{14-16}O_{10}S_2$, F. 279—281°, Nadeln (Dimethylformamid). *Monomethylmonoacetylderiv.*, $C_{22}H_{14-16}O_7$, F. 274—276°, aus der Diacetylverb. in Dimethylformamid (+ etwas W.) u. äther. CH_2N_2 (20 Std.); gelbe Nadeln (Aceton). *Monomethylmonomesylderiv.*, $C_{21}H_{14-16}O_8S$, F. 271—274° (Zers.), gelbe Nadeln (Aceton). *Dimethyläther*, $C_{21}H_{14-16}O_6$, F. 282—283°, aus **II** mit äther. CH_2N_2 in Dimethylformamid (1 Std.) u. Chromatographie aus CH_2Cl_2 an Al_2O_3; gelbe Prismen (CH_2Cl_2). Daneben eine *Verb.* $C_{20-21}H_{12-14}O_6$, F. 284—286°, gelbe Nadeln (CH_2Cl_2). — *Verb.* $C_{18}H_{12-14}O_5$, F. >330°, durch Erwärmen einer methanol. **II**-Suspension mit 1,5n NaOH auf 52° (35 Min., N_2), Eingießen in 3n HCl; gelbe Prismen oder Nadeln (Pyridin-PAe.). *Triacetylderiv.*, $C_{24}H_{18-20}O_8$, F. 280—281°, Nädelchen oder kurze Prismen (CH_2Cl_2-Ae.). *Trimesylderiv.*, $C_{21}H_{18-20}O_{11}S_3$, F. 279—280°, Prismen (Dimethylformamid-Ae.). *Monomethyläther*, $C_{19}H_{14-16}O_5$, F. 263—266°, mit äther. CH_2N_2 in Dimethylformamid; gelbe Nadeln (Aceton-PAe.). — *Verb.* $C_{19}H_{14}O_5$ (**IV**), F. 253—254°, a) durch 20std. Hydrierung von 8 g **II** in Essigsäure bei 130—145° u. 1000 lbs./sq.in. in Ggw. von PtO_2; gelbliche Nadeln (Pyridin u. Chlf.-PAe.); b) analog aus **II** bei 90° u. n. Druck; 100%. *Monoacetylderiv.*, $C_{21}H_{16}O_6$, F. 239—241°, Nadeln (CH_2Cl_2-PAe.); 100%. *Monomesylderiv.*, $C_{20}H_{16}O_7S$, F. 273—274°, kleine Nadeln oder flache Prismen (CH_2Cl_2-Ae.). *Monomethyläther*, $C_{20}H_{16}O_5$, F. 240—241°, gelbliche Nadeln (Chlf.-PAe.). — *Verb.* $C_{19}H_{16}O_4$ (**VIII**), F. 254—256°, neben **IV** nach a); gelbliche Nadeln (Pyridin). *Monoacetylderiv.*, $C_{21}H_{18}O_5$, F. 245—247°, derbe Prismen (CH_2Cl_2-PAe.). — *Verb.* $C_{19}H_{20}O_4$, F. 203—204°, Nadeln (A.); 0,18 g. — *Verb.* $C_{19}H_{22}O_4$ (**VII**), dimorph (Ae.-PAe.), F. 140—141° (Prismen), F. 116—117° (unregelmäßige Prismen), neben **VIII**; 1,1 g. *Monoacetylderiv.*, $C_{21}H_{24}O_5$, F. 173—177°, Prismen (Aceton-Ae.-PAe.). — *Verb.* $C_{19}H_{18-20}O_5$, F. 199—204°, neben **VII**; kleine Prismen (Ae.-PAe.). — *Öl* $C_{19}H_{24-26}O_3$ (**III**), neben **VII**. — *Verb.* $C_{18}H_{16}O_4$, Zers. bei 304—309°, durch Kochen einer Lsg. von **IV** in n-NaOH (30 Min.); gelbliche Nadeln oder Platten (CH_3OH). *Diacetylverb.*, $C_{22}H_{20}O_6$, F. 231—232°, Nädelchen (Ae.-PAe.). *Dimesylverb.*, $C_{20}H_{20}O_8S_2$, F. 207—208°, Nadeln (Aceton-Ae.-PAe.). — *Verb.* $C_{18}H_{18}O_3$, F. 228—234°, durch 1std. Kochen der **II**-Hydrierungsprodd. (40% **VIII**) in Dioxan-n-NaOH (N_2); graue Prismen (Ae.-PAe.) (daneben vorst. Verb.). *Diacetylverb.*, $C_{22}H_{22}O_5$, F. 136—137°, Prismen (Ae.-PAe.). — *Verb.* $C_{19}H_{24}O_5$, F. 151—152°, durch 25 Min. langes Kochen von **VII** mit 3n NaOH-CH_3OH; Prismen (Ae.-PAe.). Beim Kochen in Chlorbenzol Wasserabspaltung u. Rückbldg. von **VII**. — *x-Methyl-2.3-benzofluoren*, $C_{18}H_{14}$, F. 222—222,5°, durch 10½std. Erhitzen von **III** mit Pd-Kohle auf 320—350°, fraktionierte Kristallisation aus Ae. über das *2.4.7-Trinitrofluorenonderiv.* ($C_{31}H_{19}N_3O_7$, F. 225—226°, orangefarbene Nadeln aus Aceton) u. dessen Zers. mit Bzl./Al_2O_3; Plättchen (Ae.-A.); 7%. — *x-Methyl-2-phenylnaphthalin*, $C_{17}H_{14}$, neben vorst. Verb. aus dem öligen Rückstand der Ae.-Fraktion; 3,7%. *2.4.7-Trinitrofluorenonderiv.*, $C_{30}H_{19}N_3O_7$, F. 142—143°, orangefarbene Nadeln (A.). *Bis-[1.3.5-trinitrobenzolat]*, $C_{29}H_{20}N_6O_{12}$, F. 102—103°, gelbe Platten (A.). (J. Amer. chem. Soc. **80**. 1639—47. 5/4. 1958. Nutley, N. J., Hoffmann-La Roche, Inc., Res. Labors.)

K. MAIER. 3900

Govind Rai Chaudhry, *Chemische Untersuchung der Wurzeln von Caesalpinia digyna Rottler: die Identität von Vakerin mit Bergenin.* Für das aus *Caesalpinia digyna* isolierte *Vakerin* [**I**; F. 238°; $[\alpha]_D^{27}$ $-39°$ (CH_3OH); *Pentaacetylderiv.*, $C_{24}H_{26}O_{14}$, F. 205°] wurde die Zus. $C_{14}H_{16}O_9$ sowie die Anwesenheit einer Lactongruppe festgestellt. Die Identität von **I** mit Bergenin wurde durch die Bldg. von *HCOOH* u. *4-Methoxy-3.5-dihydroxybenzoesäure* ($C_8H_8O_5$, F. 238°) bei der Alkalischmelze, die Umsetzung des **I**-*Dimethyläthers* (F. 199°, aus **I** u. CH_2N_2; *Triacetylderiv.*, F. 130°) mit 3 Mol H_5JO_6 zu *CH_2O* u. einer *Verb. A* ($C_{13}H_{12}O_6$, F. 167—168°; *2.4-Dinitrophenylhydrazon*, F. 281—283°) sowie IR-spektroskop. (vgl. Original) u. durch Misch-F. bewiesen. (J. sci. ind. Res. [New Delhi], Sect. B **16**. 511—12. Nov. 1957. Lucknow, Central Drug Res. Inst.)

F. HELLER. 3950

Adolfo Quilico, Cesare Cardani und **Franco Piozzi**, *Über Echinulin.* 6. Mitt. 12. Mitt. *über chemische Untersuchungen in der Gruppe des Aspergillus glaucus.* (5. bzw. 11. vgl. C. **1958.** 6556.) Der Vgl. der UV-Spektren von *Echinulin* (**I**), *Hydroechinulin* (**II**) u. dem Pyrolyseprod. von **II** (**III**) mit dem von 2.5.7-Trimethylindol (**IV**) bestätigt die Ggw. eines 2.5.7-trisubstituierten Indolsyst. in **I**, **II** u. **III**. Die anderen Teile der Moll. scheinen keine selektive Absorption im UV zu besitzen. Eine freie Indol-NH-Gruppe wird durch die IR-Spektren, die freie $C_{(3)}$-Stellung durch den UV-spektroskop. Vgl. der Kupplungsprodd. von **I**, **II**, **III**, **IV** u. dem Pyrolyseprod. von **I** (**V**) mit diazotierten Anilinen bewiesen. **II** liefert bei der Behandlung mit sd. 48%ig. HBr *L-(+)-Alanin* (**VI**), *tert.-Amylbromid* u. mindestens 2 *Aminosäuren*, die noch das Indolsyst. enthalten. **I** gibt bei entsprechender Behandlung nur harzige Prodd. u. **VI**. Auf Grund dieses Verlaufs der sauren Hydrolyse sowie wegen der Verdünnung bei der alkal. Hydrolyse (vgl. l. c.) u. der Bldg. von Methylamin (aus einer N-Methylgruppe) u. von Äthylamin (aus **VI**?) bei der Pyrolyse (l. c.) wird angenommen, daß der Substituent an $C_{(7)}$ eine 1.5-Dimethyl-3.6-diketopiperazinyl-(2)-gruppe enthält (vgl. dagegen nachst. Ref.), deren Verknüpfung mit dem Indol jedoch noch ungeklärt ist. Diese Teilstruktur wird durch den Vgl. der IR-Spektren von **I** u. **II** mit dem von Alaninanhydrid (2.5-Dimethyl-3.6-diketopiperazin) bewiesen. Einer der Substituenten an $C_{(5)}$ oder $C_{(7)}$ von **I** enthält außerdem wegen der Bldg. von Aceton bei der Ozonolyse von **I** bzw. von Isovaleriansäure bei der $KMnO_4$-Oxydation von **II** (l. c.) eine 3-Methylbuten-(2)-ylgruppierung. Die Struktur der 1.1-Dimethylpropen-(2)-ylgruppe an $C_{(2)}$ von **I** wurde schon l. c. bewiesen.

Versuche: *p-Nitrobenzolazohydroechinulin*, $C_{34}H_{46}N_6O_4$, F. 245—260° (unscharf; Chlf.), aus p-Nitrobenzoldiazoniumsulfat u. **II** in Essigsäure; rotbraune Mikrokristalle. Liefert bei der Oxydation mit alkal. $KMnO_4$ *α.α-Dimethylbutyramid*, F. 101—102°. — *p-Brombenzolazohydroechinulin*, $C_{34}H_{46}BrN_5O_2$, F. 273° (A.), aus **II** u. p-Brombenzoldiazoniumsulfat in A. (48 Std.); orangefarbene Nadeln. — *p-Nitrobenzolazoechinulin*, $C_{34}H_{40}N_6O_4$, F. 180—185°, aus p-Nitrobenzoldiazoniumsulfat u. **I** in Essigsäure; amorph, rotbraun. — *Azoverb.* $C_{28}H_{38}N_4O_2$, F. 128° (A.), aus **III** u. p-Nitrobenzoldiazoniumsulfat in A. (12 Std.); rote Kristalle. — *Azoverb.* $C_{28}H_{34}BrN_3$, F. 119° (A.), aus **V** u. p-Brombenzoldiazoniumsulfat in A. (24 Std.); orangefarbene Kristalle. — *3-[p-Nitrobenzolazo]-2.5.7-trimethylindol*, $C_{17}H_{16}N_4O_2$, F. 244—245° (Zers.; wss. Pyridin), aus **IV** u. p-Nitrobenzoldiazoniumsulfat in A.; bronzefarbene Blättchen mit rotgrünem Glanz, in wss.-alkoh. NaOH intensiv violett. — *3-[p-Brombenzolazo]-2.5.7-trimethylindol*, $C_{17}H_{16}BrN_3$, F. 168° (Hexan), aus **IV** u. p-Brombenzoldiazoniumsulfat in Essigsäure; orangefarbene Blättchen. — *tert.-Amylbromid*, $C_5H_{11}Br$, Kp. 109—110°, aus **II** mit sd. wss. HBr (D. 1,49), als mit Wasserdampf flüchtiger Anteil; n_D^{20} 1,4425; daneben *L-(+)-Alanin* (**VI**), $C_3H_7NO_2$, F. 298° (Zers.); $[\alpha]_D^{20}$ +9,34° (Hydrochlorid in W.), eine *weiße Aminosäure vom F. 230—232°* (Gasentw., beim Abkühlen glasige M.) u. eine *gelbe Aminosäure vom F. 208—209°* (Zers.). — Die UV-Spektren von **I**, **II**, **III** u. **IV** u. die IR-Spektren von **I**, **II**, **IV**, **VI**-Anhydrid u. den Azoderivv. von **I**—**V** sind graph. angegeben. (Gazz. chim. ital. **86.** 211—33. April 1956. Milano, Politecnico, Ist. Chim. Gen.; Centro Chim. I.C.N.R.)

WALTER SIMON. 3950

Adolfo Quilico, Franco Piozzi und **Cesare Cardani**, *Über Echinulin.* 7. Mitt. 13. Mitt. *über chemische Untersuchungen in der Gruppe des Aspergillus glaucus.* (6. bzw. 12. vgl. vorst. Ref.) Bei der Peressigsäureoxydation des durch Pyrolyse von Hydroechinulin-K entstehenden Indolderiv. (**I**) entsteht eine *3.5-Dialkyl-N-[α.α-dimethylbutyryl]-anthranilsäure* (**II**) $C_{22}H_{35}NO_3$, die bei der Hydrolyse mit HBr *α.α-Dimethylbuttersäure* (**III**) u. bei der $KMnO_4$-Oxydation *[α.α-Dimethylbutyrylamino]-trimesinsäure* liefert u. deren Teilkonst. durch Vgl. des IR-Spektr. mit dem von 3.5-Dimethyl-N-acetylanthranilsäure bewiesen wird. Red. von Echinulin (**IV**) u. Hydroechinulin (**V**) mit $LiAlH_4$ gibt die entsprechenden *Didesoxobasen*. Bei der Rk. von Didesoxo-**V** (**VI**) mit HNO_2 entsteht ein *Nitro-N.N'-dinitrosoderiv.* mit freier Indol-NH-Gruppe; beide NH-Gruppen des Diketopiperazinringes sind also unsubstituiert. Beim Kochen von **VI** mit HBr entsteht *tert.-Amylbromid*, das wahrscheinlich aus der C_5H_{11}-Gruppierung an $C_{(2)}$ von **VI** stammt. Bei der Einw. von HNO_2 auf **IV** oder **V** in Essigsäure entstehen die entsprechenden *3-Mononitroderivate*. Die Peressigsäureoxydation von **V** führt zu einer komplexen *Acylanthranilsäure*, bei deren Hydrolyse mit HBr *L-(+)-Alanin* u. **III** entstehen. Auf Grund dieser Ergebnisse ist **IV** ein 2-[1.1-Dimethylpropen-(2)-yl]-indol, das an $C_{(5)}$ einen C_4H_7(oder C_5H_9)-Rest sowie eine über einen C_6H_{10}(oder C_5H_8)-Rest mit dem $C_{(7)}$ verbundene 5-Methyl-3.6-diketopiperazinyl-(2)-Gruppierung trägt. In **V** sind entsprechend die Doppelbindungen in den 3 Seitenketten hydriert.

Versuche: *3.5-Dialkyl-N-[α.α-dimethylbutyryl]-anthranilsäure* (**II**) $C_{22}H_{35}NO_3$, F. 122° (PAe.), aus **I** mit 30%ig. H_2O_2 in Eisessig (1 Monat bei Zimmertemp.), Zugabe von W. u. Kochen; Mikrokristalle. *Methylester*, $C_{23}H_{37}NO_3$, Kp.$_{0,07}$ 190°, F. 56—60°, wachsartig. — *α.α-Dimethylbuttersäure* (**III**), aus **V** mit sd. 48%ig. wss. HBr. *Amid*, F. 100—101°. *Anilid*, $C_{12}H_{17}NO$, F. 89°. — *[α.α-Dimethylbutyrylamino]-trimesinsäure*, Zers. bei ca. 300°, aus **II** mit $KMnO_4$ in wss. $NaHCO_3$ auf dem Dampfbad. *Methylester*, F. 99—100°, Prismen aus Hexan. — *Didesoxohydroechinulin* (**VI**), $C_{28}H_{47}N_3$, Kp.$_{0,1}$ 210 bis 215°, aus **V** mit $LiAlH_4$ in sd. Ae. unter N_2 u. Al_2O_3-Chromatographie; $[\alpha]_D^{20}$ —1,5°, hellgelbe, viscose Flüssigkeit. — *tert.-Amylbromid*, Kp. 108°, aus **VI** mit sd. 48%ig. wss. HBr (5 Min.); n_D^{20} 1,4400; 50% (Aueute). — *N.N'-Dinitrosonitrodidesoxohydroechinulin*, $C_{28}H_{44}N_6O_4$, F. 205° (A.), aus **VI** u. $NaNO_2$ in Eisessig (½ Std. bei Zimmertemp.); gelbe Tafeln. — *N-Methyl-N'-nitrosopiperazin*, $C_5H_{11}N_3O$, aus N-Methylpiperazinhydrochlorid u. $NaNO_2$ in W.; gelbes Öl. — *Didesoxoechinulin*, $C_{28}H_{41}N_3$, Kp.$_{0,1}$ 214—216°, aus **IV** analog **VI**; gelbes Öl. Gibt bei der Hydrierung über PtO_2 in Essigsäure **VI**. *Dinitrosonitroderiv.*, F. 202—204° (A.). — *Nitroechinulin*, $C_{28}H_{36}N_4O_4$, F. 226—228° (A.), aus **IV** mit $NaNO_2$ in Eisessig bei Zimmertemp.; gelbe Mikrokristalle. — *Nitrohydroechinulin*, $C_{28}H_{42}N_4O_4$, F. 225° (gelbe Tafeln oder Prismen) bzw. 261—262° (Nadeln; A.), a) aus vorst. Verb. durch Hydrierung über PtO_2 in Eisessig bei Zimmertemp.; b) aus **V** u. $NaNO_2$ in Eisessig. — *Verb.* $C_{28}H_{43}N_3O_5 \cdot 2\,H_2O$, F. 90—100°, aus **V** u. 30%ig. H_2O_2 in Eisessig bei Zimmertemp.; wahrscheinlich nicht einheitlich; gibt beim Kochen mit 48%ig. wss. HBr (2 Std.) **III** u. *L*(+)-*Alanin*, F. 285° (A.). — Die UV-Spektren von **I**, **VI**, Didesoxo-**IV** u. Nitro-**IV** sowie die IR-Spektren von **II**, **II**-Methylester, **VI**, dessen Dinitrosonitroderiv., der Nitroderivv. von **IV** u. **V**, von Didesoxo-**IV** u. von 3.5-Dimethyl-N-acetylanthranilsäure u. ihrem Methylester sind graph. angegeben. (Gazz. chim. ital. **88**. 125—48. Febr. 1958.) WALTER SIMON. 3950

Junzô Nakano, Atsushi Ishizu und **Nobuhiko Migita**, *Hydrogenolyse von Benzylgruppen*. Folgende Verbb. werden als Modellsubstanzen für Lignin in A. über Pd/Kohle bei n. Druck hydriert: Benzylmethyläther, 4-Methoxybenzylmethyläther, Vanillylmethyläther, α-Phenyläthylalkohol (**I**), **I**-Acetat, β-Phenyläthylacetat (**II**), Methyl-α-phenyläthyläther, Äthyl-α-phenyläthyläther, Äthyl-α-[4'-methoxyphenyl]-äthyläther, Methyl-β-phenyläthyläther (**III**), Äthyl-β-phenyläthyläther (**IV**), Veratrylguajacyläther, Dibenzyläther, 2-[3'-Methoxy-4'-hydroxyphenyl]-2.3-dihydro-7-methoxy-3-methylbenzofurancarbonsäure-(5), Dihydrodehydroisoeugenol (**V**) u. **V**-Methyläther (**VI**). Dabei wird eine α-ständige Äther- oder Esterbindung unter quantitativer Bldg. von Toluol bzw. seinen Derivv. abgespalten. β-ständige Äther- oder Esterbindungen in **II**, **III**, **IV**, **V** u. **VI** werden unter diesen Bedingungen nicht angegriffen. (J. chem. Soc. Japan, ind. Chem. Sect. [Kōgyō Kagaku Zassi] **61**. 1080—82. Sept. 1958. Tokyo, Univ., Landw. Fak. [Orig.: japan.]) E. MAEKAWA. 3950

Katsumi Hata und **Murao Sogô**, *Lignin aus Rinde*. Mit A.–Bzl. extrahierte Rinde (100 g) von roter Kiefer (*Pinus densiflora*) wird mit 1%ig. NaOH ausgeschüttelt, wobei 12,5 g einer *phenol. Säure* (**I**) erhalten werden. Der Rückstand gibt beim Ausschütteln mit 0,4%ig. HCl in Dioxan 8,2 g *Dioxanlignin* (**II**) als lösl. Anteil u. 10,2 g *Ligninhydrochlorid* (**III**) durch Behandeln des unlösl. Anteils mit konz. HCl. **I**, braunes Pulver (C 60,50%, H 4,81%, O 34,69%, OCH_3 1,71%, phenol. OH 9,23%, alkoh. OH 4,69%, andere OH 2,22%, WIESNER-Rk. negativ), löst sich in W., leicht in verd. Alkali, Aceton, Dioxan u. Essigester. **II**, hellgelbes Pulver [C 63,24%, H 5,80%, O 30,96%, OCH_3 12,08%, phenol. OH 3,50%, alkoh. OH 5,15%, andere OH 1,06%, Mol.-Gew. 847 (Dioxan) WIESNER-Rk. negativ), löst sich in Dioxan, Aceton, A. u. Essigester. **III** (C 61,87%, H 5,02%, O 33,11%, OCH_3 6,38%, phenol. OH 4,76%, alkoh. OH 4,32%, andere OH 2,14%). Holz u. Rinde der roten Kiefer sowie **I**, **II** u. **III** werden mit Nitrobenzol u. 2n NaOH oxydiert u. die mit Wasserdampf übergehenden Prodd. papierchromatograph. untersucht. Die Prodd. aus **I** u. aus der Rinde enthalten relativ viel *Protocatechualdehyd*, der jedoch in den Prodd. aus Holz, **II** oder **III** nicht gefunden wird. Die aus mit A.–Bzl. extrahierter Rinde von Nadelbäumen durch Oxydation mit Nitrobenzol/Alkali hergestellten Prodd. enthalten als Hauptbestandteile Verbb. vom Guajacyl-, p-Hydroxyphenyl- u. 3.4-Dihydroxyphenyltyp, jedoch keine oder nur wenig Substanzen vom Syringyltyp, die in den Prodd. aus der Rinde von breitblätterigen Bäumen gefunden werden. (J. chem. Soc. Japan, ind. Chem. Sect. [Kōgyō Kagaku Zassi] **61**. 1083—86. Sept. 1958. Kagawa-Kida, Daigaku. [Orig.: japan.]) E. MAEKAWA. 3950

Tokuro Nakamura, Jun'ichi Okuma, Ikuo Sasaki und **Satao Kitaura**, *Reaktion von Protolignin mit Bromdampf*. Entfettetes u. getrocknetes Holzmehl von *Abies sachalinensis* wird 10—24 Std. bei Zimmertemp. im Dunkeln bei ca. 3 Torr mit Br_2 behandelt, wobei ca. 180 mg Br_2 mit 1 g Holzmehl reagieren (ca. 1,6 Mol Br_2 pro Mol Lignin: 0,75 im Kern u. 0,87 in den Seitenketten). Behandlung des Holzmehls mit $NaBH_4$ hat wenig Einfl. auf die Reaktion. Das mit Br_2 behandelte Holzmehl gibt mit O_2 in Ggw. von CoO(OH) *3-Methoxy-4-hydroxy-6-brombenzaldehyd* u. wenig *4.5-Dibromguajacol* u. *3-Methoxy-4-hydroxy-6-brombenzoesäure*. (J. chem. Soc. Japan, ind. Chem. Sect. [Kōgyō

Kagaku Zassi] **61.** 1073—77. Sept. 1958. Hukuoka, Kyûsyû-Univ., Landw. Fak. [Orig.: japan.]) E. MAEKAWA. 3950

Hiroshi Mikawa und **Kôichirô Satô,** *Reaktion von Lignin und einigen Modellsubstanzen mit Thioharnstoff.* Vanillyl- (I) u. Veratrylalkohol (II) geben beim 3—4std. Kochen in A. mit Thioharnstoff in Ggw. von p-Toluolsulfonsäure die entsprechenden *Thioharnstoffverbb.*, die als *Pikrate* isoliert werden: *Pikrat* (III) *der Thioharnstoffverb. aus* I, $C_{15}H_{15}N_5O_9S$, F. 184—185° (wss. Aceton); 54% (Ausbeute); *Pikrat der Thioharnstoffverb. aus* II, $C_{16}H_{17}N_5O_9S$, F. 166—169°; 78,5%. Aus III wird durch Behandeln mit Amberlite IRA-400 (Cl^-) über das Hydrochlorid *Divanillylsulfid*, $C_{16}H_{18}O_4S$, F. 80—83° (wss. Aceton), in 52%ig. Ausbeute hergestellt. Aus Dioxanlignin wird analog eine *Thioharnstoffverb.* hergestellt, die 0,39 Thioharnstoffreste pro Methoxygruppe enthält. *Thioharnstoffverbb.* werden auch aus Holzmehl von *Pinus densiflora* sowie aus Holocellulose von *Picea jezoensis* hergestellt. (J. chem. Soc. Japan, ind. Chem. Sect. [Kōgyō Kagaku Zassi] **61.** 1078—79. Sept. 1958. Tokyo-Sinzyuku, Kokusaku-Parapu-Kenkyûzyo. [Orig.: japan.]) E. MAEKAWA. 3950

Yojurô Kyôgoku, Kôji Nakamura und **Yoshikazu Hachihama,** *Fraktionieren von Ligninsulfonaten.* Die aus dem Abwasser der techn. Darst. von Zellstoff für die Papierherst. erhaltenen *Ca-Salze* von *Ligninsulfonsäuren* (vgl. C. **1956.** 6000) werden an Säulen aus α-Cellulosepulver absteigend mit W. chromatographiert u. der Geh. an S (5,64 bis 7,56%) u. an OCH_3 (11,12—11,82%) in 12 Fraktionen bestimmt. Der Sulfonierungsgrad (Verhältnis S/OCH_3) nimmt in der Reihenfolge der erhaltenen Fraktionen ab (0,66—0,46). Die Ba-Salze der Ligninsulfonsäuren werden aus wss. Lsg. mit A. fraktioniert gefällt, wobei die Säuren mit niedrigerem Sulfonierungsgrad früher ausfallen. Das Verhältnis des Geh. an schwach sauren Gruppen/Geh. an SO_3H nimmt mit steigendem Sulfonierungsgrad ab. (J. chem. Soc. Japan, ind. Chem. Sect. [Kōgyō Kagaku Zassi] **61.** 1087—89. Sept. 1958. Ôsaka, Univ., Techn. Fak. [Orig.: japan.]) E. MAEKAWA. 3950

Kôichirô Satô, Kiyo Ebisawa und **Hiroshi Mikawa,** *Reaktion von Chlorwasser mit Ligninsulfonsäure oder Thiolignin.* Lsgg. von Ligninsulfonsäuren (LS) aus Rottanne u. Birke werden bei 0° mit Chlorwasser (1—6 Mol Cl_2 pro CH_3O-Gruppe) behandelt. LS aus Rottanne geben mit 4 Mol Cl_2 pro CH_3O eine maximale Ausbeute an *Methanol* (I; ca. 80%, bezogen auf CH_3O); überschüssiges Cl_2 verursacht Zers. des gebildeten I. Bei LS aus Birke genügen ca. 3 Mol Cl_2 für eine maximale Ausbeute an I. Die Menge Cl_2 entspricht in beiden Fällen 4 Mol Cl_2 pro Benzolkern, der Verlust an CH_3OH beträgt $<10\%$, ca. die Hälfte der Sulfongruppen der LS wird als H_2SO_4 abgespalten. Vanillyl- u. Veratrylsulfonsäure geben bei analoger Behandlung ähnliche Ergebnisse. Thiolignin gibt bei Cl_2-Behandlung freies I, wobei der Geh. an S abnimmt (z. B. mit 2 Mol Cl_2 2,4 → 1%). (J. chem. Soc. Japan, ind. Chem. Sect. [Kōgyō Kagaku Zassi] **61.** 1090—93. Sept. 1958. Tokyo-Sinzyuku, Kokusaku-Parapu-Kenkyûzyo. [Orig.: japan.]) E. MAEKAWA. 3950

D. Makromolekulare Chemie.

L. A. Igonin, *Polymere.* Es wird ein grundlegender Überblick auf dem Gebiet der synthet. Hochpolymeren gegeben, wobei bes. ausführlich die physikal. Eigg. der hochmol. Stoffe erörtert werden. (Физика в Школе [Physik in d. Schule] **18.** Nr. 6. 8—20. Nov./Dez. 1958. Moskau, Inst. für Plaste.) O. KRAMM. 4000

Eiji Suito und **Kazuyoshi Takiyama,** *Elektronenmikroskopische Untersuchung einiger viscoser, kolloider Lösungen.* An viscosen koll. Systemen [Pflanzenschleim von *Abelmoshus Manihot*, Schleim von *Laminaria*, *Na-Polyacrylat*, *Hg(II)-Sulfosalicylat*, *Hg(II)-Anthranilat* u. *Agar-Agar*, jeweils in W., *Celluloseacetat* in Aceton, *Naturkautschuk* in Bzl.], von denen die Spinnbarkeit (Fadenziehen) u. die Viscoelastizität (SCHWEDOFF-Meth.) bestimmt wurden, führten Vff. elektronenmkr. Unterss. durch. Die Aufnahmen zeigten Netz- oder Fadenstrukturen. Die Netzstrukturen von Na-Polyacrylat u. a. bilden sich offensichtlich erst beim Trockenvorgang, während die Fadenstruktur beim hydratisierten Zustand in Solen oder Gelen vorliegt. (Bull. Inst. chem. Res., Kyoto Univ. [Kagaku Kenkyusho Hokoku] **34.** 307—15. Nov. 1956. Suito Labor. [Orig.: engl.]) R. SCHÄFF. 4000

R. M. Eichhorn, *Elementarzellenausdehnung in Polyäthylen.* Röntgendiagramme von *Äthylen–Propylen*-Copolymerisaten vom ZIEGLER-Typ lassen keine Änderung des Polyäthylengitters mit steigendem Propylengeh. (bis zu 10%) erkennen. Der erhöhte Methylgruppenanteil durch eingebautes Propylen führt zu einer Ausweitung der Elementarzellen unter gleichzeitiger Verkleinerung der Kristallite. (J. Polymer Sci. **31.** 197—98. Aug. 1958. Bound Brook, N. J., Bakelite Co., Developm. Labor.) F. VOHWINKEL. 4010

Robert Chiang, *Lichtstreuungsuntersuchungen an verdünnten Lösungen von Polypropylen.* Von mehreren Fraktionen von *Polypropylen* (I) wurde bei 140° in α-Chlornaphthalin das Mol.-Gew. M durch Lichtstreuungsmessungen bestimmt. Ferner wurde die Konzentrationsabhängigkeit der spezif. Viscosität η_{sp} der Lsgg. von I in Dekalin bei 135° in Ggw. von 0,2% N-Phenyl-β-naphthylamin gemessen. Es ist: $\log(\eta_{sp}/c) = \log[\eta] + 0{,}18[\eta]c$ (c in g/100 cm³); $[\eta] = 1{,}00 \cdot 10^{-4} M^{0{,}80}$ (M = Bereich zwischen 10^5 u. 10^6). Der 2. Virialkoeff. B beträgt im Mittel $4 \cdot 10^{-4}$. Die Abmessung von I beträgt 780 Å für M = $3{,}33 \cdot 10^5$ u. 1540 für M = $11{,}1 \cdot 10^5$. (J. Polymer Sci. **28.** 235—38. Febr. 1958. Wilmington, Del., Hercules Powder Comp., Res. Center.) O. FUCHS. 4010

Shû Kanbara, Takao Ohshika und **Katsuhiko Maeda,** *Polymerisation von Propylen mit Titantetrachloridtriäthylaluminium. Propylen* (I) wird bei 80° in Ggw. von $TiCl_4$ u. $Al(C_2H_5)_3$ (unter Zerschlagen der $TiCl_4$-Ampulle nach Erreichen der Reaktionstemp.) polymerisiert. Beim Mol-Verhältnis I/$TiCl_4$ = 25—63 beträgt der Umsatz ca. 90%, bei niedrigerem Mol-Verhältnis weniger. Oberhalb 0° hat die Polymerisationstemp. kaum Einfl. auf den Umsatz, der bei —20° 39% beträgt. Die Regelmäßigkeit der ster. Struktur wird durch das Verhältnis I/$TiCl_4$ u. die Polymerisationstemp. wenig beeinflußt, während die Viscosität des in n-Heptan unlösl. Anteils mit steigender Polymerisationstemp. abnimmt. Das Verhältnis $Al(C_2H_5)_3/TiCl_4$ hat >1 wenig Einfl. auf den Umsatz u. die Regelmäßigkeit der ster. Struktur, <1 nehmen beide stark ab. Umsatz u. Regelmäßigkeit des in Aceton lösl. Anteils erreichen bei $Al(C_2H_5)_3/TiCl_4 = 1{,}2$ ein Maximum. Wird Al_2O_3 als Träger des Katalysators verwendet, steigt der Umsatz. (J. chem. Soc. Japan, ind. Chem. Sect. [Kōgyō Kagaku Zassi] **61.** 1334—37. Okt. 1958. Tokyo-Meguro, TH. [Orig.: japan.]) E. MAEKAWA. 4010

Giulio Natta, *Stereospezifische Katalyse und stereoisomere Polymere. Bereitung neuer Kunststoffe, neuer Fasern und neuer Kautschuke.* (Vortrag.) Umfassender Überblick mit 50 Literaturangaben über die stereospezif. Polymerisation von α-Olefinen: Geschichtliches u. Entw., Strukturaufklärung u. Eigg. der neuen Polymerprodd., bes. *Polypropylen, Polybutylen, Polystyrol* u. Derivv., *Polybutadiene* u. *Polyisoprene.* Charakteristik der anion. Koordinationskatalyse, bes. zur Darst. von ster. geordneten Polymeren. — Diagramme, Abbildungen. (Materie plast. **24.** 3—23. Jan. 1958.) G. PIEKARSKI. 4010

Junji Furukawa, Teiji Tsuruta, Takeo Saegusa, Akira Ônishi, Akihiro Kawasaki, Takayuki Fueno, Hiroyasu Fujii und **Hisaaki Hayashi,** *Polymerisation von Butadien und Isopren durch gemischte Katalysatoren aus organischen Metallverbindungen von Cd, Zn oder Mg mit Titantetrachlorid. Butadien* u. *Isopren* polymerisieren sich bei erhöhtem Druck unter N_2 bei Raumtemp. in Ggw. von Cd-, Zn- oder Mg-organ. Verbb. u. $TiCl_4$. Das Syst. Diäthyl-Cd/$TiCl_4$ erweist sich als bes. wirksam. Die Mikrostruktur der *Polybutadiene* ist abhängig von der Zus. der Katalysatoren u. von den Polymerisationsbedingungen; 1.2-Addition findet in jedem Fall selten statt. Das Verhältnis 1.4-cis-/1.4-trans-Konfiguration variiert zwischen ca. 0 u. 1, die gebildeten Polymerisate sind kristallin. In Ggw. von Diäthyl-Cd/$TiCl_4$ (1:0,47) gibt Isopren fast reines *1.4-cis-Polyisopren,* dessen IR-Spektr. dem des natürlichen Gummis sehr ähnelt. (J. chem. Soc. Japan, ind. Chem. Sect. [Kōgyō Kagaku Zassi] **61.** 1353—59. Okt. 1958. Kyôto, Univ., Techn. Fak. [Orig.: japan.]) E. MAEKAWA. 4010

Junji Furukawa, Teiji Tsuruta, Akira Ônishi, Takeo Saegusa, Akihiro Kawasaki und **Takayuki Fueno,** *Polymerisation von Butadien mit aus Isoamylnatrium und Titanverbindungen zusammengesetzten Katalysatoren.* (Vgl. vorst. Ref.) *Butadien* gibt in Ggw. von Isoamyl-Na u. Tetraäthyltitanat, $TiCl_4$ oder $TiCl_3$ bei —20° bis Raumtemp. *Polymerisate,* die keine deutliche Regelmäßigkeit der ster. Struktur zeigen, obgleich die gemischten Katalysatoren nicht homogen sind. Die Polymerisate enthalten weniger 1.2-Strukturen als die ohne Ti-Verbb. hergestellten. Polymerisationsgrad u. Umsatz werden sowohl durch das Verhältnis Ti-Verb./Isoamyl-Na als auch durch die Polymerisationstemp. stark beeinflußt. (J. chem. Soc. Japan, ind. Chem. Sect. [Kōgyō Kagaku Zassi] **61.** 1359—61. Okt. 1958. [Orig.: japan.]) E. MAEKAWA. 4010

Junji Furukawa, Teiji Tsuruta, Akihiro Kawasaki und **Shigeo Shiotani,** *Polymerisation von Vinylchlorid mit organometallischen Verbindungen.* (Vgl. vorst. Ref.) *Vinylchlorid* polymerisiert sich in Ggw. von Triäthylbor (I) oder Diäthylcadmium unter verschied. Bedingungen über Radikalreaktionen. Bei der Emulsionspolymerisation mit anion. oberflächenakt. Mitteln in Ggw. von I werden Polymerisate mit höheren Dichten erhalten. Die durch I initiierte Polymerisation hat im Vgl. mit der durch Dibenzoylperoxyd initiierten eine kleinere scheinbare Aktivierungsenergie u. kann deshalb bei niedrigeren Tempp. durchgeführt werden. Die nach dieser Meth. erhaltenen Prodd. enthalten mehr krist. Anteile als das Polyvinylchlorid des Handels. (J. chem. Soc. Japan, ind. Chem. Sect. [Kōgyō Kagaku Zassi] **61.** 1361—66. Okt. 1958. [Orig.: japan.]) E. MAEKAWA. 4010

K. Ss. Minsker und **L. W. Stupen,** *Initiierende Wirkung einiger Acylperoxyde.* Es wird die initiierende Wrkg. von Benzoylperoxyd u. Acetylbenzoylperoxyd (PAB) auf die Blockpolymerisation von *Vinylchlorid* (I) untersucht. Beim Zerfall von PAB bilden sich die Radikale $C_6H_5COO^{\bullet}$ u. $CH_3COO^{\bullet}$. Zur Unters. werden 3—5 g I u. Initiator in Ampullen gefüllt, die zugeschmolzen u. in einen Thermostaten gebracht werden. Nach bestimmten Zeitabständen wird der Inhalt der Ampullen jodometr. analysiert. Ergebnisse: Die Aktivität des Peroxyds als Initiator für die Polymerisation von I in Ggw. von Luft wird durch Ersatz der Acetoxy- durch die Benzoyloxygruppe erhöht. Die Zerfallsgeschwindigkeit der Acylperoxyde steht im umgekehrten Verhältnis zur relativen Stabilität der Acylradikale. Die initiierende u. oxydierende Wrkg. der Acylperoxyde sind voneinander unabhängig. (Журнал Общей Химии [J. allg. Chem.] **27** (**89**). 2875—77. Okt. 1957.) S. PAINER. 4010

M. F. Margaritowa und **M. P. Swerew,** *Mischpolymerisation von 2-Chlorbutadien-(1.3) mit Acrylonitril.* Bei der Mischpolymerisation von *Chloropren* (I) mit *Acrylonitril* (II) nimmt die Polymerisationsgeschwindigkeit mit der I-Konz. im Monomerengemisch (MG) zu. Die Prodd. enthalten mehr I als dem Geh. im MG entspricht; da aber mit fortschreitender Polymerisation das MG dadurch an I verarmt, geht dieser Mehrgeh. an I mit der Zeit zurück. Im Vgl. mit reinen I-Polymerisaten liefern die I–II-Mischpolymerisate infolge der Weichmacherwrkg. des II Vulkanisate mit besserer mechan. u. Benzolfestigkeit; diese Eigg. sind auch besser als bei Butadiennitrilkautschuken. (Украинский Химический Журнал [Ukrain. chem. J.] **23**. 75—78. 1957. Dnepropetrowsk, Chem.-technol. Dsershinski-Inst.; Moskau, Lomonossow-Inst. für chem. Feintechnol.) R. K. MÜLLER. 4010

Ss. N. Uschakow und **L. B. Truchmanowa,** *Copolymerisation von Chloropren mit Vinylestern.* 1. Mitt. Vff. stellen durch Blockpolymerisation von *Chloropren* (I) mit *Vinylformiat* (II), *Vinylacetat* (III), *Vinylpropionat* u. *Vinylbutyrat* bei 65° (7 bis 30 Std.) in Ggw. von 0,2% Benzoylperoxyd im zugeschmolzenen Rohr *Mischpolymerisate* her. Je nach dem Umsatz entstehen viscose Fll. oder zähe, wachsartige Massen, die im Gemisch der Monomeren lösl. sind (mit Ausnahme einiger Mischpolymerisate von I–II u. I–III). Zur Reinigung werden die Mischpolymerisate aus Bzl. unter Zusatz von Antioxydantien mit dem 6—8fachen Vol. Methanol umgefällt. Der Polymerisationsgrad u. die Zus. werden gewichtsanalyt. u. aus dem Chlorgeh. bestimmt. Die Löslichkeit der Mischpolymerisate in Bzl., Dichloräthan, CCl_4, Dioxan, Pyridin, A., Methanol u. Aceton wird in Abhängigkeit von der Zus. der Mischpolymerisate bestimmt. Außerdem sind die Viscositäten einiger Mischpolymerisate u. ihre EE. angegeben. Nach einem graph. Verf., wobei die Konz. von I im Mischpolymerisat eine Funktion der Konz. von I im Monomerengemisch ist, aber auch mit Hilfe einer Integral- u. einer Differentialgleichung (unter der zulässigen Vereinfachung, daß die Eigenpolymerisation der Vinylester Null ist), werden die relativen Reaktivitätskonstanten r_1 u. r_2 der Mischpolymerisation berechnet. Während $r_1 \approx 0$, steigt r_2 (30—90) mit dem Mol.-Gew. der Vinylester an. Wie aus diesen Konstanten ableitbar ist, sinkt die relative Aktivität der Vinylester zum Chloropren in der homologen Reihe ab. (Известия Академии Наук СССР, Отделение Химических Наук [Nachr. Akad. Wiss. UdSSR, Abt. chem. Wiss.] **1957.** 980—88. Aug. Inst. für hochmol. Verbb. der Akad. der Wiss. der UdSSR.) H. KÜHNE. 4010

Ss. N. Uschakow und **L. B. Truchmanowa,** *Copolymerisation von Chloropren mit Vinylestern.* 2. Mitt. *Über die „Copolymerisationsgrenze" und über Reaktionsgeschwindigkeiten bei der gemeinsamen Polymerisation von Chloropren mit Vinylestern.* (1. vgl. vorst. Ref.) Bei der Copolymerisation der Systeme *Chloropren* (I)–*Vinylformiat,* I–*Vinylpropionat,* I–*Vinylacetat* u. I-*Vinylbutyrat* tritt eine sogenannte *„Polymerisationsgrenze"* (Abbruch der Polymerisation nach Verbrauch einer der Polymerisationskomponenten) ein, die unter vereinfachenden Bedingungen durch eine von GINDIN u. Mitarbeitern [1947] aufgestellte Differentialgleichung erfaßt wird. Diese Erscheinung beruht auf einer Inhibitorwrkg. der Vinylester auf die Polymerisationsfähigkeit von I, wie am Beispiel der Polymerisationsgeschwindigkeit u. der Polymerisationsgrenze der genannten System ein Abhängigkeit von ihrer Zus. u. der Polymerisationsdauer (30—50 Std.) gezeigt wird. Bereits geringe Mengen der Esterkomponente erniedrigen die Polymerisationsgrenze bedeutend, wobei die Inhibitorwrkg. mit dem Mol.-Gew. der Vinylester zunimmt. Im gleichen Maße sinkt ihre Tendenz zur Eigenpolymerisation. Erhöht man den Zusatz an Radikalbildner (Benzoylperoxyd), so kann man die Polymerisationsgrenze geringfügig ausdehnen. (Известия Академии Наук СССР, Отделение Химических Наук [Nachr. Akad. Wiss. UdSSR, Abt. chem. Wiss.] **1957.** 1072—79. Sept.) H. KÜHNE. 4010

A. Kleinschmidt, *Größenbestimmung im Elektronenmikroskop mit gespreiteten monodispersen Polystyrol–Latex-Teilchen.* Es wird die Technik der Herst. monodisperser

Polystyrol-Latex-Teilchen durch Spreiten auf einem dünnen Albuminfilm beschrieben. Es werden Proben mit Kügelchen von drei verschied. Durchmessern, die sich für eine ständige Größenbest. von Objekten im Elektronenmikroskop eignen, ausgemessen. (Kolloid-Z. **142.** 74—76. Juli 1955. Darmstadt, TH, Phys. Inst.) C. REUBER. 4010

Junji Furukawa und **Teiji Tsuruta,** *Einfluß von Dicyclopentadienylmetall auf die Polymerisation von Vinylverbindungen.* Das paramagnet. Dicyclopentadienyl-Ni (**I**) hat stark behindernde Wrkg. auf die Radikalpolymerisation von Vinylverbb., wie *Styrol* u. *Methylmethacrylat,* während eine solche Wrkg. von dem diamagnet. Dicyclopentadienyl-Fe (**II**) kaum gezeigt wird. **I** u. **II** können nicht als Initiatoren dieser Polymerisation dienen. (J. chem. Soc. Japan, ind. Chem. Sect. [Kōgyō Kagaku Zassi] **60.** 802. Juni 1957. Kyôto, Univ., Techn. Fak. [Orig.: japan.]) E. MAEKAWA. 4010

Kazuo Saotome und **Minoru Imoto,** *Kationische Mischpolymerisation von Acenaphthylen und n-Butylvinyläther mit Bortrifluorid–Äther-Komplex.* Die kation. Mischpolymerisation von *Acenaphthylen* u. *n-Butylvinyläther* mit BF_3-Ätherat wird bei -78^0 bis $+30^0$ untersucht. Die Prodd. erweichen im Vgl. mit Polyacenaphthylen bei niedrigeren Tempp. u. sind thermoplastisch. Die Zunahme des Polymerisationsgrads findet nur in den ersten 30 Min. nach Zugabe des Katalysators statt, späterer Zusatz läßt den Polymerisationsgrad kaum zunehmen. (J. chem. Soc. Japan, ind. Chem. Sect. [Kōgyō Kagaku Zassi] **61.** 1500—03. Nov. 1958. Ôsaka, Siritu-Daigaku. [Orig.: japan.]) E. MAEKAWA. 4010

Makoto Ôkawara und **Yoshiharu Sumitomo,** *Darstellung hochmolekularer Thiole aus Polyvinylalkohol und ihre Eigenschaften.* Aus *Polyvinylalkohol* (**I**; Polymerisationsgrad 2110) wird mit Benzolsulfochlorid in Pyridin das *Benzolsulfonat* (**II**) hergestellt, das durch 2std. Kochen in A. mit K-Thioacetat (**III**) in **I**-*Thioacetat* (**IV**) übergeht. *Polyvinylthiol* wird aus **II** in Aceton durch 12std. Kochen mit Thioharnstoff (**V**) u. anschließendes 3std. Kochen mit 10%ig. NaOH oder aus **IV** in A. durch 1std. Kochen u. anschließende

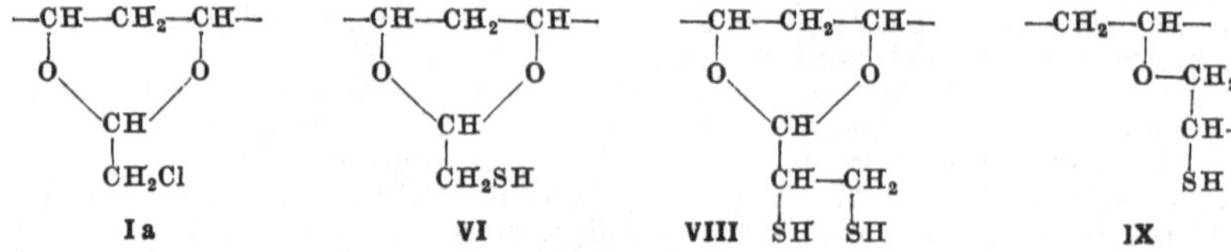

Ia VI VIII IX

4std. Hydrolyse mit n-alkoh. HCl hergestellt, wobei das zweite Verf. Prodd. mit höherem S-Geh. (maximal 23,2%) liefert. **I** wird mit Chloracetaldehyd in W. in Ggw. von H_2SO_4 u. Na_2SO_4 in das **I**-*Ac tal* (**Ia**) übergeführt, dessen Cl-Atome durch 6—7std. Behandeln bei 70—80⁰ mit KSH in mit H_2S gegen Phenolphthalein angesäuertem 90%ig. A. oder durch Behandeln mit **V**, dann mit NaOH gegen SH-Gruppen ausgetauscht werden, wobei der höchste S-Geh. der *Prodd.* (**VI**) 8,34% beträgt. Das aus **I** u. $\alpha.\beta$-Dibrompropionaldehyd hergestellte *Acetal* (**VII**) gibt bei analoger Behandlung mit KSH das *Polymere* **VIII** (9,72% S), das auch durch Rk. von **VII** mit **III** in A. bei 80⁰ zum **VIII**-*Diacetat* (4,05% S) u. anschließendes 9std. Kochen in wss. A. mit Semicarbazidhydrochlorid hergestellt wird (**VIII** mit 8,67% S). **I** gibt mit Allylbromid bei längerem Erwärmen den **I**-*Allyläther,* der in CCl_4 mit Br_2 das *Dibromid* (41,5% Br) gibt, aus dem analog mit KSH oder mit **III** das Polymere **IX** (12,4 bzw. 10,6% S) hergestellt wird. Die polymeren Thiole werden an der Luft langsam oxydiert, beschleunigen die Zers. von $\alpha.\alpha'$-Diphenylazoäthan, geben mit Aldehyden *Mercaptale* u. absorbieren Schwermetallionen. (J. chem. Soc. Japan, ind. Chem. Sect. [Kōgyō Kagaku Zassi] **61.** 1508—13. Nov. 1958. Sakai, Ôsakahuritu-Daigaku. [Orig.: japan.]) E. MAEKAWA. 4010

Junji Furukawa, Teiji Tsuruta und **Hideo Fukutani,** *Mischpolymerisation von Vinylacetat mit Poly-N-vinylsuccinimid. N-Vinylsuccinimid* gibt beim Erhitzen mit CBr_4 auf 60⁰ in Ggw. von Dibenzoylperoxyd (**I**) halogeniertes *Poly-N-vinylsuccinimid,* das beim Stehen in Dioxan mit Vinylacetat in Ggw. von **I** in ein in Methanol lösl. *Mischpolymerisat* übergeht, welches durch alkal. Verseifen bei niedrigeren Tempp. *N-haltige Polyvinylalkohole* gibt. Verwendung von CCl_4 statt CBr_4 gab keine guten Ergebnisse. (J. chem. Soc. Japan, ind. Chem. Sect. [Kōgyō Kagaku Zassi] **61.** 1386—87. Okt. 1958. Kyôto, Univ., Techn. Fak. [Orig.: japan.]) E. MAEKAWA. 4010

G. Ss. Kolessnikow und **T. I. Jermolajewa,** *n-Butylbordifluorid — ein Polymerisationskatalysator.* Bei der Polymerisation von Acrylonitril (**I**) in Xylol in Ggw. von *n-Butylbordifluorid* (**II**) wurden 31,2%, in Ggw. von Tri-n-butylbor dagegen nur 5,3% *Polyacrylonitril* erhalten. Vff. weisen damit nach, daß die durch Zugabe von BF_3-Ätherat zu Tri-n-butylbor bewirkte Steigerung der Katalysatoraktivität bei der Polymerisation von I (vgl. KOLLESSNIKOW u. FEDEROWA, C. **1959.** 4499) auf die Bldg. von **II** zurückzuführen ist. *Methylmethacrylat* u. *Styrol* lieferten in Ggw. von **II** Polymerisate in 95 bzw. 89%ig. Ausbeute. (Известия Академии Наук СССР, Отделение Химических Наук [Nachr. Akad. Wiss. UdSSR, Abt. chem. Wiss.] **1958.** 1015. Aug. Inst. für metallorgan. Verbb. der Akad. der Wiss. der UdSSR.) W. KURTZMANN. 4010

Hiroyoshi Kamogawa, *Zusammensetzung von in Emulsion hergestellten Mischpolymerisaten aus Acrylonitril und Acrylamid.* (Vgl. C. **1959.** 10935.) Die Zus. der zu Beginn der Polymerisation in W. unter Zusatz von Polyvinylalkohol als Schutzkoll. gebildeten *Mischpolymerisate* aus *Acrylonitril* u. *Acrylamid* stimmt mit der unter Annahme, daß die Polymerisation nur in wss. Phase verläuft, berechneten gut überein. Zusatz von mit W. mischbaren Lösungsmitteln, die die Monomeren gut lösen, wie Dioxan, Aceton, Methanol oder Dimethylformamid, führt zu homogeneren Polymerisaten. (J. chem. Soc. Japan, ind. Chem. Sect. [Kōgyō Kagaku Zassi] **61.** 1298—1301. Okt. 1958. Yokohama, Sen'ikôgyôsikenzyo. [Orig.: japan.]) E. MAEKAWA. 4010

Makoto Tanaka, *Blockpolymerisation von 2-Cyanbutadien-(1.3).* Blockpolymerisation von *2-Cyanbutadien-(1.3)* (**I**) gibt das *Dimere* als Hauptprodukt. **I** polymerisiert sich bei Raumtemp. in Abwesenheit von Katalysatoren langsam nur in inerten Gasen, jedoch nicht in Ggw. von Luft, wobei nur Bldg. des Dimeren stattfindet. Benzoylperoxyd zeigt katalyt. Wrkg., die Polymerisation verläuft bei höheren Tempp. schneller. O_2 zeigt bei Raumtemp. hemmende, bei höheren Tempp. beschleunigende Wrkg., die auf die Bldg. bzw. Zers. der Polymerperoxyde zurückzuführen ist. Das Dimere selbst hat eine hemmende Wirkung. Hochpolymere werden aus den Prodd. durch Ausschütteln des Monomeren, des Dimeren u. der niedermol. Polymeren mit Methanol isoliert. Die durch Polymerisation bei Raumtemp. hergestellten Hochpolymeren sind thermostatoplast. u. nicht sehr elastisch. Die durch kürzere Polymerisation bei höheren Tempp. hergestellten Polymerisate sind kautschukähnliche elast. Körper, während die durch längere Polymerisation bei höheren Tempp. hergestellten vulkanisiertem Gummi ähnlich sind. (J. chem. Soc. Japan, ind. Chem. Sect. [Kōgyō Kagaku Zassi] **61.** 1367—69. Okt. 1958. Sakai, Ôsakahuritu-Daigaku. [Orig.: japan.]) E. MAEKAWA. 4010

Makoto Tanaka, *Polymerisation von 2-Cyanbutadien-(1.3) in Emulsion.* (Vgl. vorst. Ref.) Die Polymerisation von *2-Cyanbutadien-(1.3)* wird in W. in Ggw. von $(NH_4)_2S_2O_8$ untersucht. Bei der Polymerisation bei niedrigeren Tempp. wird $NaHSO_3$ zugesetzt, gegebenenfalls auch Dodecylmercaptan (**I**) u. Na-Dodecylsulfat (**II**). Ohne **II** verläuft die Polymerisation sehr langsam, wobei eine Induktionsperiode beobachtet wird, mit **II** schneller u. ohne Induktionsperiode; die Geschwindigkeit ist bei **II**-Konzz. $> 0,2\%$ von der **II**-Konz. fast unabhängig. **I** erniedrigt den Polymerisationsgrad, beeinflußt jedoch nicht die Geschwindigkeit. Die Polymerisate sind farblose Pulver vom F. 125—140°. Die geschmolzenen Prodd. ähneln Polyäthylen, sind thermoplast. u. kaum elastisch. Die in geschmolzenem Zustand gedehnten Präpp. zeigen deutliche DEBYE-SCHERRER-Ringe. Beim Erhitzen der Polymerisate auf 150° an der Luft wird HCN-Entw. beobachtet, während sie unter N_2 auch bei 200° stabil sind. Durch Erhitzen auf 150° bilden sich Brücken zwischen den Ketten. (J. chem. Soc. Japan, ind. Chem. Sect. [Kōgyō Kagaku Zassi] **61.** 1370—74. Okt. 1958. [Orig.: japan.]) E. MAEKAWA. 4010

W. W. Korschak, Ss. W. Winogradowa und **W. M. Beljakow,** *Über Polyester mit ungleichartiger Kette.* 6. Mitt. *Polyester der Diphenylmethan-3.3'-dicarbonsäure, Diphenylmethan-4.4'-dicarbonsäure und Diphenylketon-4.4'-dicarbonsäure.* (5. vgl. C. **1959.** 12256.) Vff. stellten unter gleichartigen Bedingungen *Polyester* (**I**) aus *Diphenylmethan-3.3'-* (**II**), *Diphenylmethan-4.4'-* (**III**) u. *Benzophenon-4.4'-dicarbonsäure* (**IV**) mit aliphat. *Glykolen* dar. Die **I** aus **III** zeigen gegenüber denen aus **II**, vermutlich infolge der höheren Symmetrie der **III**, bedeutend höhere Erweichungstempp. (E.); dabei sind die Unterschiede bei den **I** aus kurzkettigen Glykolen größer als bei den langkettigen, die zumeist krist. anfallen. Die **I** aus **II** sind allg. durchsichtig, die aus **III** undurchsichtig u. hart. Die Einführung einer CO- statt einer CH_2-Gruppe zwischen die aromat. Kerne führt zu einer starken Erhöhung der E., was auf polare Wechsel-Wrkgg. zwischen den Kettenmoll. zurückgeführt wird. Gegenüber den **I** aus *Terephthalsäure* u. *Diphenyl-4.4'-dicarbonsäure* erweichen die aus **IV** jedoch bei tieferer Temperatur. Vermultich unterbricht die CO-Gruppe die sonst längs des gesamten Kettenmol. vorliegende Konjugation zwischen Estergruppen u. aromat. Kernen; auch wird die Molekülkette durch die Einführung eines C zwischen die Benzolkerne in anderer Form gewinkelt. Die **I** aus **II** zeigen gegenüber jenen aus *Diphenyl-3.3'-dicarbonsäure* ebenfalls eine tiefere E.; die E. wird ferner bei allen **I** durch die Natur des verwendeten Glykols beeinflußt.

Versuche: Polyester (**I**) aus *Äthylenglykol* mit: **II**, E. 100—105°; **III**, E. 136—137° (amorph), E. 219—221° (krist.); **IV**, E. 318—320°; aus *Trimethylenglykol* mit: **II**, E. 73—77°; **III**, E. 201—207°; **IV**, E. 176—178°; aus *Tetramethylenglykol* mit: **II**, E. 43—44°; **III**, E. 115—120°; **IV**, E. 168—175°; aus *Pentamethylenglykol* mit: **II**, E. 51—54°; **III**, E. 37—38°; **IV**, E. 66—68°; aus *Hexamethylenglykol* mit: **II**, E. 52—56°; **III**, E. 80—82°; **IV**, E. 129—131°; aus *Dekamethylenglykol* mit: **II**, E. 52—54°; **III**, E. 92—94°; **IV**, E. 98—100°; aus *Eikosamethylenglykol* mit: **II**, E. 65—70°; **III**, E. 97 bis 103°; **IV**, E. 100—108°; aus *Propandiol-(1.2)* mit: **II**, E. 65—69°, **III**, E. 83—84°; **IV**, E. 106—111°; *aus Butandiol-(1.3)* mit: **II**, E. 38—41°; **III**, E. 54—56°; **IV**, E. 80—85°; aus *Diäthylenglykol* mit: **II**, F. 58—63°; **III**, E. 80—85°; aus *Triäthylenglykol* mit: **II**, E. 46—50°, **III**, E. 60—62°. (Известия Академии Наук СССР, Отделение Химических Наук [Nachr. Akad. Wiss. UdSSR, Abt. chem. Wiss.] **1957**. 998—1000. Aug. Inst. für metallorgan. Verbb. der Akad. der Wiss. der UdSSR.) H.-E. TOUSSAINT. 4010

W. W. Korschak, Ss. W. Winogradowa und **W. M. Beljakow,** *Über Polyester mit ungleichartiger Kette.* 7. Mitt. *Polyester der p-Phenylendiessigsäure, cis- und trans-Hexahydroterephthalsäure.* (6. vgl. vorst. Ref.) Vff. stellten unter einheitlichen Bedingungen *Polyester* (**I**) aus *p-Phenylendiessigsäure* (**II**) sowie *trans-* (**III**) u. *cis-Hexahydroterephthalsäure* (**IV**) dar. Alle **I** zeigen bedeutend niedrigere Erweichungstempp. (E.) als jene aus *Terephthalsäure* (**V**). Dies beruht vermutlich auf der Zerstörung der in den **I** aus **V** längs der gesamten Kettenmoll. vorliegenden Konjugation zwischen Estergruppen u. aromat. Systemen. Die **I** aus **IV** besitzen allg. eine niedrigere E. als jene aus **III**. Dies hängt mit der gegenseitigen Stellung der Estergruppen an den hydroaromat. Kernen zusammen, wobei die **I** aus **III** den symmetrischeren Bau besitzen. Innerhalb der **I** aus jeweils einer Säure zeigt sich der übliche Einfl. der Natur u. C-Zahl des Glykols auf die Erweichungstemperatur. Die **I** aus **II** u. **III** wurden durch Polykondensation der entsprechenden Dimethylester mit den Glykolen in der Schmelze, jene aus **IV** in Toluol erhalten.

Versuche: Polyester (**I**) aus *Äthylenglykol* mit: **II**, E. (allg. = Temp. der Fadenbldg.) 90—92°; **III**, E. 64—67°; **IV**, E. —6 bis —4°; aus *Trimethylenglykol* mit: **II**, E. 50—55°; **III**, E. 107—110°; aus *Tetramethylenglykol* mit: **II**, E. 65—70°; **III**, E. 130—135°; **IV**, E. 87—94°; aus *Pentamethylenglykol* mit: **II**, E. 33—34°; **III**, E. 40 bis 45°; **IV**, E. —9 bis —7°; aus *Hexamethylenglykol* mit: **II**, E. 55—58°; **III**, E. 102 bis 104°; **IV**, E. 64—69°; aus *Dekamethylenglykol* mit: **II**, E. 67—69°; **III**, E. 94—97°; **IV**, E. 78—81°; aus *Eikosamethylenglykol* mit: **II**, E. 80—86°; **III**, E. 100—105°; **IV**, E. 94—96°; aus *Propandiol-(1.2)* mit: **II**, E. 39—41°; **III**, E. 47—50°; aus *Butandiol-(1.3)* mit: **II**, E. 0—2°; **III**, E. 18—23°; aus *Diäthylenglykol* mit: **II**, E. 4—8°; **III**, E. 25—30°; **IV**, E. —15 bis —13°; aus *Triäthylenglykol* mit: **II**, E. —4 bis 0°; **III**, E. —9 bis —6°; **IV**, E. —26 bis —24°. (Известия Академии Наук СССР, Отделение Химических Наук [Nachr. Akad. Wiss. UdSSR, Abt. chem. Wiss.] **1957**. 1000—01. Aug.) H.-E. TOUSSAINT. 4010

Izumi Hayashi, Setsuo Takamuku und **Yoshikazu Hachihama,** *Darstellung OH-haltiger Polyamide aus Dilacton und Diamin.* Aus $\gamma.\gamma'$-Dihydroxysebacinsäuredilacton u. Hexamethylendiamin wurde durch Erwärmen in A. ein *OH-haltiges Polyamid vom F. 178—179°*, Mol.-Gew. ca. 2000, u. durch Erhitzen auf 200° in m-Kresol ein *OH-haltiges Polyamid vom F. ca. 160°*, Mol.-Gew. ca. 6000, hergestellt. Letztes enthält vermutlich Tetrahydrofuranringe. (J. chem. Soc. Japan, ind. Chem. Sect. [Kōgyō Kagaku Zassi] **60.** 646—48. Mai 1957. Ôsaka, Univ., Techn. Fak. [Orig.: japan.]) E. MAEKAWA. 4010

Jan Brzeziński, Krystyna Starzyńska und **Zygmunt Wirpsza,** *Theorie der Harnstoff-Formaldehydkondensation.* Überblick über Ergebnisse neuerer Unterss. der Kinetik der Rkk. von *Harnstoff-Formaldehyd,* der chem. Struktur u. physikal.-chem. Eigg. der Reaktionsprodukte. Die analyt. Methoden werden kurz behandelt. — 40 Literaturhinweise. (Wiadomości chem. **12.** 398—427. Juli 1958. Warszawa, Inst. Tworzyw Sztucznych.) H. GUISCHARD. 4010

Hiroshi Sobue, Toshihiko Hosoi und **Yoshio Tajima,** *Polyaminotriazol.* Das aus 80%ig. Hydrazinhydrat (**I**) u. Adipinsäurediäthylester in 80%ig. Ausbeute hergestellte *Adipinsäuredihydrazid* gibt durch Polykondensation in Ggw. von **I** bei 200 bis 220° unter N_2 im Autoklaven ein *Polyaminotriazol* **A,** aus dem durch fraktioniertes Lösen in Benzylalkohol, m-Kresol u. Bzl. 3 Fraktionen (Mol.-Gew. $\cdot 10^{-4}$ = 1,79, 2,16 u. 2,47) erhalten werden. (J. chem. Soc. Japan, ind. Chem. Sect. [Kōgyō Kagaku Zassi] **60.** 658—60. Mai 1957. Tôkyô, Univ., Techn. Fak. [Orig.: japan.]) E. MAEKAWA. 4010

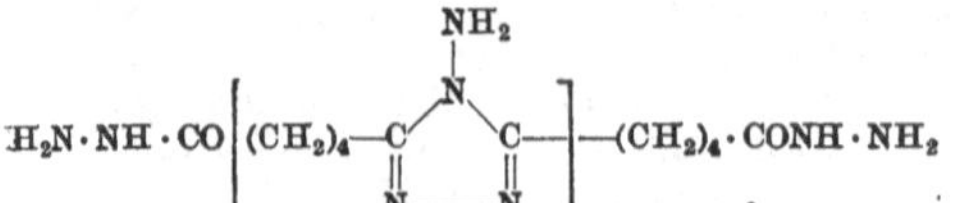

A

N. B. Baranowskaja, M. S. Sacharowa, A. I. Misikin und **A. A. Berlin,** *Katalytische Härtung von Polydimethylsiloxan bei Zimmertemperatur.* Als Vulkanisationsbeschleuniger für *Polydimethylsiloxan* (**I**) werden Titansäureester $Ti(OR)_4$ (**II**, R = C_2H_5, C_3H_7, C_4H_9) u. Dialkylzinndicarbonsäureester $R_2Sn(COOR')_2$ (**III**, R = C_2H_5, C_4H_9, R' = CH_3, C_7H_{15}, $C_{17}H_{35}$) verwendet. Die Vulkanisationsgeschwindigkeit (VG) wird auf Grund der Änderung der Schubspannung (S) u. der Elastizität (E, „recovery") bestimmt. Durch **II** wird die VG im Anfangsstadium stark erhöht u. nimmt dann stark ab; das erhaltene Polymere hat niedrige S (190 g/cm²), E = 0,95; lösl. Fraktionen 31,5%. Im Gegensatz zu **III** bewirken **II** Vulkanisation von **I** auch in Abwesenheit von $Si(OC_2H_5)_4$, **II** stellen also keine Katalysatoren, sondern Vulkanisationskomponenten dar. Bei **III** setzt die Vulkanisation erst nach einer Induktionsperiode (IP) ein. Je niedriger das Mol.-Gew. (M) von **I** ist, desto länger ist die IP u. desto kleiner die VG. Bei **I** mit M 40000 bis 100000 sind die mechan. Eigg. von M prakt. unabhängig (Festigkeit 21,8 kg/cm², relative Dehnung 180%), bei M 300000—500000 werden höhere Werte erhalten (37,6; 350%). **III** mit R = C_2H_5 sind wirksamer als **III** mit R = C_4H_9. Änderungen von R' sind von geringerem Einfluß. Es wird die Bldg. eines akt. Komplexes angenommen. Ein nach diesem Verf. erhaltener Gummi hat 1,5—2mal größere Festigkeit als ein nach dem üblichen Verf. mit Benzoylperoxyd bei 150—200° erhaltener, wie durch Vgl. von ZnO-gefülltem Gummi aus Kalt- u. Heißvulkanisaten gezeigt wird. Die Vulkanisationsdauer kann zwischen einigen Min. u. einigen Tagen variiert werden. Die erzielte E u. die mechan. Festigkeit bleiben auch bei 200—250° längere Zeit erhalten. (Доклады Академии Наук СССР [Ber. Akad. Wiss. UdSSR] **122.** 603—06. 1/10. 1958. Allunions wiss. Forsch.-Inst. für Flugzeuggeräte.) R. K. MÜLLER. 4010

W. Je. Gul und **I. M. Tschernin,** *Experimentelle Untersuchung der Spannungsverteilung beim Prozeß des Zerreißens von Polymeren.* Durch Zeitlupenaufnahmen im polarisierten Licht (Doppelbrechung der Polymeren) untersuchen Vff. die Spannungsverteilung während des Zerreißvorganges bei linearem *Polyäthylen* (**I**), linearem, verglastem *Polymethylmetacrylat* (**II**) u. räumlich vernetztem, vulkanisiertem *Kautschuk* (**III**). Es wird bei 20° mit einer Zerreißgeschwindigkeit von 500 mm/Min. gearbeitet, wobei die Probekörper Einkerbungen erhielten, um den Zerreißvorgang zu fixieren. Bei **I** u. **II** werden Zonen der Überspannung beobachtet, die senkrecht zur Zugrichtung verlaufen u. sich zu einer Linie gleicher Spannung verdichten (bestimmt durch die Kerben), an der dann der Riß erfolgt. Bei **III** gelingt es nicht, den Riß durch die Kerben zu fixieren. Die Aufnahmen zeigen jedoch, daß die Zonen der Überspannung parallel zur Zugrichtung verlaufen, wobei der Riß wohl beim Erreichen genügend großer Überspannungen auftritt. (Доклады Академии Наук СССР [Ber. Akad. Wiss. UdSSR] **123.** 713—15. 1/12. 1958.) O. KRAMM. 4030

G. M. Bartenew und **S. Je. Styran,** *Reibungseigenschaften von kautschukähnlichen Polymeren.* (Vgl. C. **1955.** 9211.) Die Reibung von vulkanisierten *Kautschukarten* an einer glatten festen Oberfläche wird in Abhängigkeit von Temp., Gleitgeschwindigkeit, Belastung, Kautschuktyp u. Dicke des räumlichen Netzes untersucht. Die Aktivierungsenergie (AE) hängt wenig, die Fläche fakt. Kontaktes stark vom Elastizitätsmodul E_∞ des Gummis ab. Bei E_∞ = 9,8 kg/cm² werden in Kontakt mit Stahl folgende Werte der AE (kcal/Mol) gefunden: *Naturkautschuk* (**I**) 18,5, *SsKBM* 20,4, *SsKSs-10* 22,3, *SsKSs-30* 27,2, *SsKN-18* 23,8, *SsKN-26* 27,9, *SsKN-40* 32,2. Je höher die Polarität oder je geringer die Frostfestigkeit eines Kautschuks ist, desto höher ist die AE der Reibung; je stärker also die intermol. Wechselwrkg. im Polymeren ist, desto größer ist die Festigkeit der mol. Verkettung des Polymeren u. des festen Körpers (diese Regel dürfte nicht allg. gelten). Bei **I** ändert sich die AE von 20,8 bei 20° auf 18,8 bei 100°. Die äußere Reibung ist, wie die innere, bei kautschukartigen Polymeren ein mol.-kinet. Prozeß unter Einw. von Wärmebewegung u. äußerer Kraft. (Доклады Академии Наук СССР [Ber. Akad. Wiss. UdSSR] **121.** 87—90. 1/7. 1958. Wiss. Forsch.-Inst. für Gummiind.) R. K. MÜLLER. 4030

Jósef Chrząszczewski, Mieczysław Wroński und **Leszek Przybylak,** *Adsorption von Methanol an Cellulose als Funktion der Feuchtigkeit und Temperatur.* Die Adsorption von CH_3OH an der Oberfläche der *Cellulose* (**I**), gemessen nach jeweils 1 Min., ist um so stärker, je feuchter sie ist u. je tiefer die Temp. ist. Bei 105° getrocknete **I** nimmt kein CH_3OH auf. Bei $>$ 8,5% W. ist die CH_3OH-Adsorption nicht so stark, wie bei $<$ 8,5%. Vff. nehmen an, daß sich ab 8,5% W. die Löslichkeit von CH_3OH in W. bemerkbar macht. (Zeszyty naukowe Uniw. Łódźkiego, Ser. II **4.** 177—80. 1958. Łódź, Uniw., Kat. Technolog. chem. [Orig.: poln.; Auszug: deutsch.]) F. URBAN. 4050

Kiyoshi Sukai und **Ikumi Kagawa,** *Reaktivität der primären und sekundären Hydroxygruppen beim Acetylieren von Cellulose.* In verschieden *acetylierten Cellulosen* werden die Gehh. an prim. u. sek. Acetoxygruppen durch Rk. mit Triphenylmethylchlorid bestimmt. *Acetylcellulose* wird unter verschied. Bedingungen hydrolysiert u. die Prodd. ähnlich analysiert. Danach reagieren sek. Hydroxy- u. sek. Acetoxygruppen schneller als die entsprechenden prim. Gruppen. (J. chem. Soc. Japan, ind. Chem. Sect. [Kōgyō Kagaku Zassi] **61.** 1307—09. Okt. 1958. Nagoya, Univ., Techn. Fak. [Orig.: japan.]) E. MAEKAWA. 4050

Frank S. H. Head, *Die Reaktionen der Cellulose mit Glyoxal.* (J. Textile Inst., Trans. **49.** T 345—T 356. Juli 1958. — C. **1959.** 6497.) F. LANG. 4050

Sadataka Mukoyama und **Kôichi Yamada,** *Verteilung des Pentosans in Zellstoff.* Bei der Hydrolyse verschied. *Zellstoffe* (I) durch Säure nimmt deren Polymerisationsgrad am Anfang ab, bleibt aber fast unverändert (120—130), nachdem ca. 2% sich gelöst haben. Die Menge an *Pentosan* (II) in I (I aus Linters ausgenommen) zeigt paralleles Verhalten. Der Geh. an II ist also im gelösten Anteil größer als im ungelösten Anteil von I. Im ungelösten Anteil von I aus Linters wird II kaum gefunden, es ist schon fast vollkommen gelöst, wenn ca. 1% von I gelöst ist. (J. chem. Soc. Japan, ind. Chem. Sect. [Kōgyō Kagaku Zassi] **60.** 766—68. Juni 1957. Otu, Tôyô-Rayon. [Orig.: japan.]) E. MAEKAWA. 4050

Leon Segal, Hans B. Jonassen und **Richard E. Reeves,** *Die Reaktion zwischen Kupfer(II)-äthylendiaminkomplexen und* D-*Mannosan.* Durch spektrophotometr. u. konduktometr. Messungen sowie Vgl. der opt. Drehung konnte gezeigt werden, daß Mono-äthylendiamin-Cu(II)- u. Bis-äthylendiamin-Cu(II)-Komplexe mit D-*Mannosan* (I) in alkal. Lsg. unter Bldg. des *Monoäthylendiamin*–I–*Cu(II)-Komplexes* reagieren. Die spektrophotometr. Messungen u. konduktometr. Titrationen werden nach JONASSEN u. Mitarbeitern (C. **1957.** 7302) durchgeführt. Die Messungen der opt. Drehung erfolgen mit der blauen Hg-Linie 436 mμ bei 25° mit Corning Filtern 5113 u. 038. Die Ergebnisse der spektrophotometr. u. konduktometr. Messungen mit I u. cis-3.4-Dihydroxytetrahydrofuran (II) sind so gleichartig, daß die Strukturgleichheit des Komplexes aus Bis-

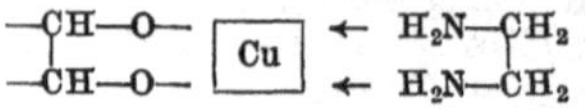

äthylendiamin–Cu(II) u. I mit demjenigen aus Bis-äthylendiamin–Cu(II) u. II gefolgert werden kann (vgl. nebenst. Formel). Diese Annahme wird durch die Werte der opt. Drehung unterstrichen. Absorptionskurven u. Titrationskurven sind angegeben. (J. Amer. chem. Soc. **78.** 273—75. 20/1. 1956. New Orleans, La., Tulane Univ., Richardson Chem. Labor.) HELMUT KOCH. 4050

K. T. Poroschin, *Über Kohlenhydrat–Peptid-Komplexe.* Durch Polykondensation von *N-Carboxyglycin-* u. -DL-*alaninanhydrid* mit wasserlösl. *Carboxymethylcellulose* (Substitutionsgrad 75—80%) bei 0—1° werden *Poly-Kohlenhydrat-Peptid-Komplexe* (I) mit einem Geh. von 0,22 bzw. 0,35% Amino-N erhalten, die farbige Cu-„Biuret"-Komplexe bilden. Die Löslichkeit in W. ist vom Kondensationsgrad abhängig. Entsprechende wasserlösl. I werden auch aus den gemischten *Anhydriden* der *Carboxymethylcellulose* u. des *Chlorkohlensäureäthylesters* durch Rk. mit DL-*Alanylglycin* sowie mit *Tetra*-DL-*alanin* u. durch Polykondensation von *N-Carboxyglycin-* u. -DL-*alaninanhydrid* mit *Methylglucosid* u. *Xylose* dargestellt. (Известия Академии Наук СССР, Отделение Химических Наук [Nachr. Akad. Wiss. UdSSR, Abt. chem. Wiss.] **1958.** 1015. Aug. Zelinsky-Inst. für organ. Chem. der Akad. der Wiss. der UdSSR.) W. KURTZMANN. 4070

Kazutomo Imahori, *Physikalisch-chemische Eigenschaften der Lösungen synthetischer Eiweißstoffe.* Übersicht. — 57 Literaturangaben. (Chem. and chem. Ind. [Kagaku to Kogyo] **11.** 1119—27. Dez. 1958. Tokyo, Univ., Fak. für allg. Bldg. [Orig.: japan.]) E. MAEKAWA. 4070

K. T. Poroschin, *Über Veränderungen des Eiweißmoleküls.* 1. Mitt. *Reaktion der primären Abbauprodukte des Eiweißes mit N-Carboxyglycin-,* -DL-*alanin- und* -DL-*prolinanhydrid.* Es wird die Rk. von *N-Carboxyglycinanhydrid* (I), -DL-*alaninanhydrid* (II) u. -DL-*prolinanhydrid* (III) mit den prim. Abbauprodd. des *Caseins*, dem *Peptonhydrolysat* untersucht. Initiatoren der gemeinsamen Polymerisation oder Polykondensation sind nach Ansicht des Vf. die α-Aminogruppen der Peptide H[NHCHRCO]$_n$OH, die ε-Aminogruppe des Lysins u. schließlich Amidin- u. Guanidingruppen. Ferner wurde die Rk. verschied. Initiatoren mit I, II u. III untersucht.

V e r s u c h e : Initiierung von I, II u. III: 10 mg I, II oder III wurden in 10 ml Dioxan gelöst u. mit folgenden Initiatoren auf das Verhältnis Anhydrid : Initiator = 0,1, 25 u. 50 aufgefüllt: Glycinäthylester (IV), Ureidoessigsäureäthylester, Alanylglycylglycinmethylester, Peptonhydrolysat des Caseins, Polyglycinäthylester (n = 8—10), W. u. Casein. Die Lsg. wurde bei 40° aufbewahrt u. nach gewissen Zeiten unverändertes I, II bzw. III bestimmt. Es zeigte sich, daß von den Aminosäureestern IV am aktivsten ist. — Rk. von I, II oder III mit dem *Peptonhydrolysat* des *Caseins*: Für die Verss. wurden sowohl die durch Cellophan leicht diffundierenden Fraktionen als auch die mit NaCl nichtfällbaren verwendet. Die in Dioxan gelöste Einwaage der Verbb. **I, II** oder **III** wurde mit der gekühlten Lsg. des Peptonhydrolysats in W. versetzt u. das Gemisch 24 Std. bei 1—2° aufbewahrt. Danach wurde die niedermol. Fraktion in 5—6 Tagen durch Dialyse entfernt. Die verbliebenen Bestandteile wurden nach Hydrolyse mit 6n HCl chromatographiert. Sie enthalten die Aminosäuren des Peptonhydrolysats u. einen hohen Anteil der den Verbb. **I, II** bzw. **III** zugrunde liegenden Aminosäuren. Der Teil des Peptonhydrolysats, der mit den Anhydriden reagiert hat, dialysiert nicht mehr durch Cellophan. Bei der Polykondensation wurden ca. 40—60% der eingesetzten **I** u. **II** verbraucht. Der Polymerisationsgrad beträgt für das *Polyglycylpepton* ca. 8—10, für das *Poly-DL-alanylpepton* 18—20. Diese Verb. wurde nach Entfernung der niedermol. Fraktion einer Polykondensation mit **III** unterworfen. Das dabei erhaltene *Poly-DL-alanyl-DL-prolylpepton* ist leichtlösl. in W. u. wird durch NaCl oder $(NH_4)_2SO_4$ leicht gefällt. Der Geh. an Amino-N sinkt von 1,75% im Ausgangsprod. in Abhängigkeit von der verwendeten Menge **III** bis auf 0,03% ab. (Известия Академии Наук СССР, Отделение Химических Наук [Nachr. Akad. Wiss. UdSSR, Abt. chem. Wiss.] **1957**. 996—97. Aug. Zelinsky-Inst. für organ. Chem. der Akad. der Wiss. der UdSSR.) Helmut Schäfer. 4070

K. T. Poroschin, *Über Veränderungen des Eiweißmoleküls.* 2. Mitt. *Anlagerung von Aminosäuren und Peptiden an die Carboxylgruppen des Eiweißmoleküls.* (1. vgl. vorst. Ref.) *Casein* (**I**), das in Form von *Caseinsäure* erhalten wurde, lieferte durch Rk. mit Chlorkohlensäurebenzyl- (**II**) u. -äthylester (**III**) ein **I**-Deriv. der Formel $(C_6H_5 \cdot CH_2 \cdot O \cdot OC \cdot NH)_m$-Casein—$(COOCOOC_2H_5)_n$ (**IV**). **IV** wurde mit Glycinäthylesterhydrochlorid (**V**) umgesetzt, verseift u. decarbobenzoxyliert u. gab das **I**-Deriv. der Formel $(NH_2)_m$-Casein—$(CONHCH_2COOH)_n$. Analoge Derivv. wurden aus **IV** mit DL-Alaninäthylesterhydrochlorid (**VI**), Glycylglycinäthylesterhydrochlorid (**VII**) u. DL-Alanylglycylglycinmethylesterhydrochlorid (**VIII**) erhalten. Vollkommen analog gab *Eialbumin* (**IX**) mit **V** ein **IX**-Deriv. der Formel $(NH_2)_m$—Eialbumin—$(CONHCH_2COOH)_n$, mit **VI, VII** u. **VIII** entsprechende Peptidhomologe.

Versuche: *Carbobenzoxycasein,* man tropft zu **I** bei p_H 8,5 u. 0° **II** zu, behandelt nach ½ Std. mit Ae., säuert die wss. Lsg. mit 10n HCl gegen Kongo an, wäscht den Nd. mit dest. W., A. u. absol. Ae. u. trocknet über H_2SO_4. — Darst. von **IV**: Man suspendiert 0,2—0,3 g vorst. Verb. in 6—10 ml absol. Chlf., löst mit 1—1,5 ml Triäthylamin u. gibt bei 0° langsam 1—1,5 ml **III** zu, wobei der p_H-Wert von 7,5—7,8 auf 4,2—4,5 sinkt. — Kondensation von **IV** mit **V** u. **VI**: Man gibt zu frisch dargestelltem **IV** bei 0° langsam **V** bzw. **VI** in Chlf. + Triäthylamin zu, läßt ½ Std. bei 20° stehen u. wäscht mit 10 ml dest. W., n-HCl u. 5 ml 0,5n $NaHCO_3$. — Kondensation von **IV** mit **VII** u. **VIII**: Man gibt zu frisch dargestelltem **IV** bei 0° **VII** bzw. **VIII** in Chlf. u. Triäthylamin u. verfährt wie vorst. weiter; auf 200,4 mg Carbobenzoxy-**I** sind 85,4 mg **VIII** bzw. auf 199,2 g Carbobenzoxy-**I** 65,3 mg **VII** erforderlich. — Verseifung der Kondensationsprodd. von **IV** mit **V, VI, VII** u. **VIII**: Man bringt 222,7 mg in 10 ml Aceton u. gibt 10 ml n-NaOH zu, wobei sich der Nd. löst; nach 1½ Std. säuert man mit HCl auf p_H 4,5 an u. dialysiert den Nd. 2 Tage. — Decarbobenzoxylierung der verseiften Kondensationsprodd.: Man hydriert die vorst. erhaltenen Verbb. an Pd-Schwarz; die Ausbeute erreicht 70%. — Die Verss. mit **IX** werden analog ausgeführt. (Известия Академии Наук СССР, Отделение Химических Наук [Nachr. Akad. Wiss. UdSSR, Abt. chem. Wiss.] **1958**. 236—37. Febr.) Helmut Schäfer. 4070

W. A. Ptschelin, W. N. Ismailowa und **K. T. Otschurowa,** *Über einige Gesetzmäßigkeiten der Solubilisation von Proteinsystemen.* Vff. untersuchen den Zusammenhang zwischen der Struktur des Proteins u. seiner Eignung schwerlösl. Stoffe zu solubilisieren. Als bes. geeignet wird *Gelatine* (**I**) gewählt u. ihre Wrkg. auf die Löslichkeit (L) von Bzl. in W. bei 25° überprüft. Die L ist abhängig vom p_H-Wert (mit HCl u. NaOH eingestellt) u. hat ein Maximum am isoelektr. Punkt (p_H 5,2) der **I**. Sie steigt auch mit der Konz. von **I** bis ca. 1 g/100 ml Lsg., wobei ca. 0,3 g/100 ml Lsg. gelöst werden; dann ist die L unabhängig von der Konz. des **I**. Bei p_H 5,2 wird durch die Solubilisierung die Strukturviscosität nicht geändert, während bei p_H 2,5 u. 10,6 ein Absinken beobachtet wird. Bei 30° können diese Feststellungen nicht wiederholt werden. Eine kolloidchem. Deutung der Ergebnisse wird gegeben, wobei die Möglichkeit von **I**, globulare Strukturen zu bilden, für das Verh. verantwortlich gemacht wird. (Доклады Академии Наук СССР [Ber. Akad. Wiss. UdSSR] **123**. 505—08. 21/11. 1958. Moskau, Lomonossow-Univ., Lehrstuhl für Kolloidchem.) O. Kramm. 4070

R. D. B. Fraser und **T. P. MacRae,** *Wasserstoff → Deuterium-Austauschreaktionen in α-Keratin.* Bei der IR-spektroskop. Unters. über die H → D-Austausch-Rk. an *α-Keratin* (**I**; aus Lincoln-Wolle) in 99,77%ig. D_2O konnte festgestellt werden, daß im Gegensatz zu einfachen Peptiden bei 30° selbst nach 1000 Std. noch ca. 30% der Peptidgruppen nicht reagiert hatten. In I ließ sich lediglich durch Erhöhung von Temp. u. Alkalität des Mediums (untersucht bei 45° u. 60° bei p_D 7,0 bzw. 30° bei den p_D-Werten 7,0, 9,4 u. 11,1) eine Steigerung des Austausches erreichen. Die Versuchsergebnisse lassen vermuten, daß die nicht reaktionsfähigen Peptidbindungen in den strukturell straffer organisierten Bereichen der I-Moll., den Mikrofibrillen, lokalisiert sind, während die in den Seitenketten auftretenden H-Atome vollständig ausgetauscht werden. (J. chem. Physics **28.** 1120–25. Juni 1958. Melbourne, Victoria, C.S.I.R.O., Biochem. Unit, Wool Textile Res. Labor.) E. ÜHLEIN. 4070

E. Biologische Chemie. Physiologie. Medizin.

E_1. Allgemeine Biologie und Biochemie.

Orlando Gregorini, *Das Modell des Biochemismus der Lebewesen und die statistische Mechanik.* (Chemica [Milano] **34.** 276–79. Juli 1958. Bologna.) C. GOTTRIED. 4100

B. Leijnse, *Anwendung der Thermodynamik auf biochemische Probleme.* 1. Mitt. *Das Redoxpotential und die energiereiche Phosphatbindung.* Das Redoxpotential u. die Auffassung von LIPMANN (Advances Enzymol. **1.** [1941.] 99; **6.** [1946.] 231) über die energiereiche Phosphatbindung sowie deren spätere Erweiterungen werden unter Zuhilfenahme der Anschauungen der Thermodynamik krit. diskutiert. Dabei stellt sich heraus, daß sich auch heute darüber noch nicht mehr exakt aussagen läßt, als die klass. Thermodynamik über isolierte Redoxsysteme u. isolierte Phosphorylierungs-Dephosphorylierungs-Prozesse gestattet. Deshalb ist auch dem chem. Potential bei der Beschreibung solcher Prozesse u. Systeme gegenüber komplizierteren Größen der Vorzug zu geben. Näher eingegangen wird auf die Ausweitung der erwähnten Theorien auf Redoxsysteme u. Phosphorylierungs-Dephosphorylierungs-Prozesse innerhalb des Stoffwechsels der Lebewesen. Dabei zeigen sich die Grenzen der klass. Thermodynamik, die für eine Nachprüfung hier nicht ausreicht. (Chem. Weekbl. **54.** 8–13. 4/1. 1958. Rotterdam, Gemeenteziekenhuis Coolsingel, Biochem. Labor.) E. ÜHLEIN. 4100

B. Leijnse, *Anwendung der Thermodynamik auf biochemische Probleme.* 2. Mitt. *Thermodynamik der irreversiblen Prozesse.* (1. vgl. vorst. Ref.) Die modernen thermodynam. Theorien werden hinsichtlich ihrer Anwendbarkeit für lebende Systeme diskutiert. Die Theorie von PRIGOGINE u. WIAME, die mit Hilfe der Thermodynamik der irreversiblen Prozesse bestimmte Kriterien im Verh. lebender Organismen zu erklären versucht, geht demnach von einer zu gewagten Hypothese aus, während die Überlegungen von SPIEGELMANN u. REINER nur zu komplizierten mathemat. Ausdrücken führen. HEARON seinerseits versucht die thermodynam. Beschreibung des in lebenden Systemen vorliegenden „steady state", der aber nicht mit dem von PRIGOGINE vorausgesetzten „stationären Zustand" ident. ist. Die durchgeführte Betrachtung zeigt, daß die Thermodynamik der irreversiblen Prozesse sich nicht auf jedes Syst. u. jeden Prozeß anwenden läßt. Es wird darauf hingewiesen, daß außer der Tatsache des offenen Charakters lebender Systeme u. ihres dynam. Gleichgewichtszustandes dabei auch ihre besondere Struktur zu berücksichtigen ist. Als erfolgversprechender Weg zur Klärung der Anwendbarkeit der Thermodynamik für das Problem der lebenden Systeme wird die theoret. Unters. von Modellsystemen für enzymat. Umsetzungen betrachtet. (Chem. Weekbl. **54.** 25–30. 11/1. 1958. Rotterdam, Gemeenteziekenhuis Coolsingel, Biochem. Labor.)
E. ÜHLEIN. 4100

P. Zuman, *Polarographische Untersuchung biochemisch wichtiger Reaktionen.* Übersicht. — 17 Literaturangaben. (Českoslov. Farmac. **7.** 84–88. März 1958. Praha, ČaV, polarograf. ústav.) E. VEVERA. 4100

Richard Kuhn, *Biochemie der Receptoren und Resistenzfaktoren. Von der Widerstandsfähigkeit der Lebewesen gegen Einwirkungen der Umwelt.* Vortrag. Mannigfaltigkeit der Resistenzerscheinungen; Bedeutung für Medizin u. Landwirtschaft; Resistenzmechanismus: 1. Receptoren (für Influenzavirus, Coliphagen T_5, Lysergsäurediäthylamid); 2. Resistenzfaktoren (I); Enzyme als I (Penicillin, DDT, H_2O_2, p-Diäthylaminoazobenzol); Resistenz gegen Malaria; Bifidumfaktoren; Insektenresistenz von Pflanzen; antimikrobiell wirksame Substanzen in Kulturpflanzen. (Naturwissenschaften **46.** 43–50. 2. Jan.-H. 1959. Heidelberg, Max-Planck-Inst. für med. Forsch., Inst. für Chem.)
K. MAIER. 4100

H. J. Curtis, N. Delihas, R. S. Caldecott und **C. F. Konzak,** *Modifikation der Strahlenschädigung ruhender Samen durch Lagerung.* Ruhende Gerstenkörner wurden mit *^{60}Co-γ-Strahlen* mit Gesamtdosen von 5000–40000 r bestrahlt, verschieden lange

Zeiten gelagert u. dann in Nährböden zum Keimen gebracht. Als Kriterium für die Wrkg. der Strahlung wurde die Wachstumshöhe der Keimlinge nach 6 Tagen mit der unbestrahlter Keimlinge verglichen. Es zeigte sich, daß nach mehrwöchiger Lagerung die Bestrahlungswrkg. um etwa das 20fache zunimmt. Die Schädigung als Funktion der Lagerzeit zeigt komplexe Abhängigkeit mit 2 zeitlichen Komponenten, die ihrerseits von der Feuchtigkeit abhängen. Bei Bestrahlung mit *Neutronen* wird ein Einfl. der Lagerzeit nicht gefunden. (Radiation Res. **8.** 526—34. Juni 1958. Upton, N. Y., Brookhaven Nat. Labor., Biol. Dep.; St. Paul, Minn., Univ. of Minnesota, Dep. of Agronomy.) W. REUSSE. 4102

John Jagger, *Photoreaktivierung.* Übersicht. Photoreaktivierung (A) ist die Aufhebung einer mittels UV-Strahlung hervorgerufenen Schädigung eines biol. Syst. durch längerwelliges Licht als das schädigende. Strahlungsbereich des inaktivierenden u. aktivierenden Lichts; Vork. (Bakteriophagen, Bakterien, Pilze, Protozoen, Insekten, höhere Tiere, Tumoren; fehlende A); Dosis- u. Zeitbeziehungen, modifizierende Faktoren, Vgl. mit anderen Reaktivierungen; A-Mechanismus (Chromophor, Reaktivierungsort); in vitro-Verss.; theoret. Modelle (A beruht in Bakteriensystemen u. wahrscheinlich auch bei höheren Organismen nicht auf Benutzung alternativer Stoffwechselabläufe, sondern auf einer Umkehr oder Verhinderung [z. B. Neutralisation von Giften] der UV-Schädigung; indirekte u. direkte A, je nachdem, ob das reaktivierende Photon vom reaktivierbaren Zentrum absorbiert wird oder nicht); experimentelle Fragen. — 181 Literaturangaben. (Bacteriol. Rev. **22.** 99—142. Juni 1958. Oak Ridge, Tenn., Nat. Labor., Biol. Div.) K. MAIER. 4102

Erhard Geissler, *Über die Reaktivierbarkeit photodynamisch inaktivierter Hefezellen mit Natriumazid.* $^1/_{50}$mol. Glykokoll u. $^1/_{25}$mol. Phenol änderten die Zahl der vermehrungsfähigen Keime mit 3.4-Benzpyren (I) oder UV-Strahlen (3000—4000 Å) photosensibilisierter Hefezellen (*Saccharomyces carlsbergensis*) nicht, während $2 \cdot 10^{-3}$mol. NaN_3 bei 3 Std. Einw. inaktivierte Keime zu 17% reaktivierte. Teilungshemmung braucht demnach nicht mit Tötung ident. zu sein. Die NaN_3-Wrkg. könnte durch dessen Einfl. auf das Cytochromsyst. oder die Hemmung bestimmter Oxydationsvorgänge bedingt sein. (Naturwissenschaften **46.** 88. 2. Jan.-H. 1959. Berlin-Buch, Deutsche Akad. der Wiss., Inst. für Med. u. Biol.) K. MAIER. 4150

Arthur J. Hale, *Die Wirkung von Formalin auf die Perjodsäure-Schiff-Färbung bei verschiedenen Arten von Schleim.* Die mit fuchsinschwefliger Säure nach HJO_4-Oxydation auftretende Gewebefärbung wird bei gewissen Schleimhäuten, z. B. Rattenduodenum, durch vorhergehende Formalinfixierung des Gewebes abgeschwächt. Eine Hydrolyse mit NaOH vor der Oxydation jedoch nach der Formalineinw. ergibt wieder die ursprüngliche Farbintensität. Vf. führt diese Beobachtungen u. a. auf die Bldg. von Kondensationsprodd., Halbacetalen bzw. Acetalen der HJO_4-SCHIFF-positiven Substanzen mit Formalin zurück. (J. Histochem. Cytochem. **3.** 421—29. Nov. 1955. Glasgow, Scotland, Univ., Inst. of Physiol., Histol. Div.) R. REISS. 4150

H. Malmgren und **B. Sylvén,** *Über die Chemie der Thiocholinmethode von Koelle.* Bei der von KOELLE u. FRIEDENWALD (Proc. Soc. exp. Biol. Med. **70.** [1949.] 617) beschriebenen histochem. *Thiocholin*-Meth. zum Nachw. von *Cholinesterase* entstehen Kristalle, die als Kupferthiocholinsulfat identifiziert wurden. Bei der weiteren Behandlung mit $(NH_4)_2S$ entsteht CuS. (J. Histochem. Cytochem. **3.** 441—45. Nov. 1955. Stockholm, Cancer Res. Div. of Radiumhemmet.) R. REISS. 4150

Fr. Prinz, *Über den Nachweis von Fettstoffen im Gewebe mit Nilblausulfat.* Nilblausulfat (I) ist zur Fettfärbung in histolog. Präpp. gut geeignet, wenn es vorher mit 0,5% H_2SO_4 1—2 Std. am Rückfluß gekocht wird, da nur das dabei entstehende, rote Oxazonderiv. stark fettlösl. ist. Diese Verb. gibt mit Fetttropfen im UV eine kräftige, goldgelbe Fluorescenz. (Virchow's Arch. pathol. Anatom. Physiol. klin. Med. **331.** 558—61. 30/9. 1958. Marburg/Lahn, Univ., Pathol. Inst.) F. RADLER. 4150

A. Poljakoff-Mayber, *Oxydative Aktivität von Partikeln aus Lattichsämlingen.* Aus keimenden Lattichsamen wurde eine mitochondrienähnliche Fraktion mit sehr hoher endogener O_2-Aufnahme isoliert, welche die meisten Zwischenprodd. des KREBS-Cyclus, sowie *Glutamin-*, *Glykol-* u. *Ameisensäure* oxydiert. *Fettsäuren* hemmen die endogene Respiration; *Cumarin* u. *Thioharnstoff* haben keinen Einfluß. (J. exp. Botany **6.** 313—20. Okt. 1955. London, King's Coll., Dep. of Botany.) H. GOEBEL. 4150

A. Ficq und **M. Errera,** *Autoradiographische Analyse des Einbaus von $^{14}C_{(2)}$-Phenylalanin in isolierte Kerne.* Ausführliche Fassung der in C. **1957.** 5296 referierten Arbeit. (Exp. Cell Res. **14.** 182—92. Febr. 1958. Bruxelles, Univ. libre, Labor. de Morpholog. animale.) E. SCHWERDTFEGER. 4150

Georg B. Gerber und **Kurt I. Altman,** *Ribosylübertragung zwischen Ribonucleotiden in der Ratte.* Einer Ratte wurde 2 μC gleichmäßig markierte *Cytidylsäure* sowie 8 mg *Imidazolessigsäure* injiziert u. 20 Std. lang der Urin gesammelt. Aus der Leber wurde die *Ribonucleinsäure* isoliert u. eine säurelösl. Nucleotidfraktion abgetrennt, zu den Monophosphaten abgebaut u. papierchromatograph. gereinigt. Ferner wurde aus dem Urin *Imidazolessigsäureribosid* isoliert. Es wurde gefunden, daß der Zuckerrest von der *Cytidylsäure* sowohl an *Imidazolessigsäure* als auch an freie u. gebundene *Uridyl-* u. *Adenylsäure* übertragen wird. Die im Urin auftretenden Pentosen sind etwa gleich radioaktiv. Die *Glucose* ist nur wenig radioakt. u. steht daher nicht mit der *Ribose* im Gleichgewicht. (Nature [London] **182.** 1513—14. 29/11. 1958. Rochester, N. Y., Univ., School of Med. and Dent., Div. of exp. Radiol.) L. TRÄGER. 4150

S. Brody, *Hormonaler Einfluß auf die Gehalte an Nucleinsäure und Protein des menschlichen Myometriums.* (Vgl. auch C. **1959.** 837.) Es wurden die Gehh. an *Desoxypentosenucleinsäure* (I), *Pentosenucleinsäure* (II) u. *Protein* (III) des menschlichen Myometriums a) von Frauen im Stadium der Postmenopause, b) von Nichtschwangeren mit ovarieller Funktion u. c) von Schwangeren in verschied. Stadien der Schwangerschaft bestimmt. Der I-Geh. (pro mg Trockengewicht) ist bei a) sehr hoch, niedriger bei b) u. am niedrigsten bei c), während sich die III-Gehh. gegenläufig verhalten. Die II-Gehh. pro Gewebeeinheit steigen in der Reihenfolge a $<$ b $<$ c, wobei der relative Anstieg in den ersten 20 Wochen der Schwangerschaft stärker als in der späteren Periode ist u. mit der Periode des schnellsten Wachstums zusammenfällt. Während des n. hormoninduzierten Wachstums ist die relative Zunahme von II bzw. III pro Gewebeeinheit annähernd gleich (12- bzw. 15fach). (Exp. Cell Res. **14.** 149—59. Febr. 1958. Stockholm, Karolinska Inst., Dep. of Pathol. and Karolinska Sjukhuset, Dep. of Women's Diseases.) E. SCHWERDTFEGER. 4150

W. Henry Mosley und **Ranwel Caputto,** *Ein neues, aus Muskelextrakten isoliertes Adenosindinucleotid.* Aus der Ba-lösl. Fraktion von Kaninchenmuskelextrakt wurde durch Adsorption an Dowex-1 (Formiatform), Elution mit 4mol. HCOOH u. papierchromatograph. u. elektrophoret. Reinigung ein neues Adenosindinucleotid (I; Ausbeute ca. 1 μMol/kg Muskel) isoliert. Aus den Prodd. der sauren I-Hydrolyse wurden Adenin u. Pteridinderivv., *Mononucleotid* (II), *Nucleotid* (III) u. freies Pteridin (IV), elektrophoret. abgetrennt u. chromatograph. gereinigt. R_F-Werte: I, 0,21 (Isobuttersäure–NH_3–W., 66 : 1 : 33), 0,10 (A.–mol. NH_4-Acetat, p_H 7,5, 7 : 3), 0,55—0,65 (Phenol–W., 8 : 2); II (aus I durch 10 Min. Hydrolyse mit n-HCl bei 100°), 0,21, 0,18, 0,42—0,49; III (wie vorst. Prod. erhalten), 0,40—0,45, 0,62, —; IV (aus I durch 1std. Hydrolyse), 0,62, —, —; II, λ_{max} 256, 366 mμ (p_H 2), bei $p_H > 9$ weitere Bande λ_{max} 854. (J. Amer. chem. Soc. **80.** 4746—47. 5/9. 1958. Oklahoma City, Okla., Med. Res. Foundation, Biochem. Sect.) K. MAIER. 4150

W. Plaut und **Henri Firket,** *Die Verteilung neu synthetisierter Desoxyribonucleinsäure bei der mitotischen Teilung.* Die von FIRKET u. VERLY (C. **1959.** 9937) beschriebenen Beobachtungen über die Markierung von Chromosomen-Desoxyribonucleinsäure (I) in Hühnerfibroblastenzellen mittels ^3H-Thymidin lassen nach Ansicht der Vff. lediglich den Schluß zu, daß markierte, d. h. neu gebildete I sich auf die Postmetaphase-Chromosomensätze verteilt. Die Frage einer gleichen oder ungleichen Verteilung bleibt hierbei offen. — H. FIRKET, Diskussionsbemerkung. (Nature [London] **182.** 399—400. 9/8. 1958. Madison, Wis., Univ., Bot. Dep.) K. MAIER. 4150

R. Jequier, D. Branceni und **M. Peterfalvi,** *Antimitotische Aktivität und Toxizität einiger Oside des N-Desacetylthiocolchicins.* Die untersuchten N-Oside (*Glucosid, Galaktosid, Arabinosid, Xylosid, Lyxosid, Ribosid* u. *Thyminosid*) des *N-Desacetylthiocolchicins* zeigen bei der Maus gegenüber dem Stammkörper eine erhöhte Toxizität. Ihre antimitot. Aktivität liegt in derselben Größenordnung wie die des Stammkörpers. (Arch. int. Pharmacodynam. Thérap. **114.** 435—38. 1/4. 1958. Paris, Lab. Roussel-UCLAF. Dep. Physiol.) H. STRUCK. 4150

A. Colajacomo, C. Vergnano und **G. Berruto,** *Die Biosynthese der Pyridinnucleotide beim soliden Ehrlich-Carcinom.* Mäuse mit EHRLICH-Carcinom (a) u. n. Tiere (b) erhalten parenteral einmalig 100 mg *Nicotinamid* (I)/100 g. Die Lebern von a u. b zeigen nach I-Behandlung bis zur 12. Std. nach Beginn der Therapie einen Anstieg des Geh. an Pyridinnucleotiden (II) um ca. das 7fache gegenüber dem Ausgangswert. In Carcinomgewebe wird die II-Biosynth. nicht wesentlich durch I gesteigert. (Boll. Soc. ital. Biol. sperim. **34.** 881—82. 15/8. 1958. Genua, Univ., Ist. di Chim. Biol., Centro di Biochim. dei Tumori Cassa di Risparmio.) O. POLLAK V. EMHOFEN. 4160

Helen Harrington, *Über die Wirkung von Glucose und verschiedenen Nucleosiden auf die Purinsynthese bei Ehrlich-Ascites-Tumorzellen in vitro.* Es wird gefunden, daß die

Aufnahme von ^{14}C-*Formiat* in die Purine der säurelösl. *Ribonucleinsäure* (**I**)- u. *Desoxyribonucleinsäure* (**II**)-Fraktionen von EHRLICH-Ascites-Tumorzellen von Mäusen (CF_1-Stamm) in vitro durch *Glucose, Cytidin, Uridin, 5-Amino-4-* oder *4-Amino-5-imidazolcarboxamidribonucleosid* merklich aktiviert wird. *Ribose, Ribose-5-phosphat, Desoxycytidin, Deoxyuridin* u. a. waren ohne Einfluß. Auch bei Anwendung von $^{14}C_{(8)}$-*Adenin* u. $^{14}C_{(2)}$-*Glycin* wurde in Ggw. von Glucose in **I** u. **II** hohe Aktivität gefunden. (J. biol. Chemistry **233.** 1190—93. Nov. 1958. Cleveland, Ohio, Western Reserve Univ., School of Med., Dep. of Biochem. and Atomic Energy Med. Res. Project.) H. J. STRUCK. 4160

Melvin Blecher und **Abraham White,** *Wirkung verschiedener Steroide und Stoffwechselinhibitoren auf die Aufnahme von $^{14}C_{(2)}$-Glycin in Gesamtproteine und Nucleinsäuren von normalen und malignen Lymphocyten in vitro.* Lymphocytensuspensionen aus Rattenthymus (SPRAGUE-DAWLEY) oder MURPHY-STURM-Lymphosarkomgewebe vermögen $^{14}C_{(2)}$-Glycin in die Gesamtproteine u. Nucleinsäuren einzubauen. Unter anaeroben Bedingungen ist die Synth.-Rk. der Lymphosarkomzellen *Glucose*-abhängig, die der Lymphocyten verläuft nur aerob. Verschied. Steroide wie *17(α)-Äthyl-19-nortestosteron, 17(α)-Äthyltestosteron, Desoxycorticosteron, 17(α)-Methyltestosteron, 19-Nortestosteron, Corticosteron, Testosteron, Hydrocortison, Cortison* vermögen (in abnehmender Reihenfolge) die Atmung u. die Synth.-Rk. der n. u. malignen Lymphocyten zu hemmen. Vorherige in vivo-Incubation von $^{14}C_{(3)}$-*DL-Lysin* u. $^{14}C_{(2)}$-*DL-Phenylalanin* in Ggw. von Glucose in maligne Lymphocyten führt weder zum Einbau in die Proteine noch in Nucleinsäuren. (J. biol. Chemistry **233.** 1161—68. Nov. 1958. New York, N. Y. Yeshiva Univ., Albert Einstein Coll. of Med., Dep. of Biochem.) H. J. STRUCK. 4160

P. De Gregorio und **F. Feo,** *Freie Aminosäuren und Entwicklung des Walker-Tumors in der Lunge.* Es wird das Verh. von *Asparaginsäure* (**I**), *Glutaminsäure* (**II**), *Glycin + Serin* (**III**), *Threonin* (**IV**) u. *Alanin* (**V**) 30 Tage lang bei Ratten in Lunge u. Leber untersucht, die intravenös mit aus dem WALKER-Tumor isolierten neoplast. Zellen inoculiert wurden. Es wird festgestellt, daß die Entw. des WALKER-Tumors in der Lunge signifikante Veränderungen der Aminosäuren hervorruft. Während **I, II** u. **III** schon am 3. Tage ein starkes Maximum (ca. 2,8—1,7fache Erhöhung) zeigen (nach 30 Tagen ist wieder der n. Zustand erreicht), ist dies in etwa demselben Umfang bei **IV** u. **V** erst nach 30 Tagen der Fall. In der Leber werden für **I, II** u. **III** analoge Verhältnisse gefunden (**II** ist nach 3 Tagen um das 3,75fache erhöht), **IV** ist nach 30 Tagen um 25% verringert, **V** um 25% erhöht. (Boll. Soc. ital. Biol. sperim. **32.** 37—40. Jan./Febr. 1956. Palermo, Univ., Ist. di Patol. Gen.) O. POLLAK V. EMHOFEN. 4160

§ **Sam Brody** und **M. Earl Balis,** *Ribonuclease- und Desoxyribonucleaseaktivität beim normalen und neoplastischen Wachstum.* Vergleichende Unterss. des *Nucleinsäure*-Geh. u. der Nucleaseaktivität menschlicher u. tier. maligner Tumoren zeigten, daß ein vermindertes alkal. Ribonuclease (**I**)/*Ribonucleinsäure*-Verhältnis nicht für alle Tumoren charakterist. ist. Die Desoxyribonuclease (**II**)-Aktivität der geprüften neoplast. Gewebe unterschied sich nicht erheblich von der des ursprünglichen Gewebes (Ausnahme ein Lebercarcinom mit 25—30% der Leber-**II**-Aktivität). **I**- u. **II**-Aktivität verhalten sich in Geweben mit n. u. neoplast. Wachstum sehr unterschiedlich. N. Gewebe reagiert auf einen Wachstumsreiz mit einem ausgeprägtem Anstieg der **I**- u. **II**-Aktivität, neoplast. dagegen nicht. Möglicherweise haben Nucleasen beim neoplast. Wachstum eine Abbau- oder regulator. Funktion. (Nature [London] **182.** 940—41. 4/10. 1958. New York, Cornell Univ., Med. Coll., Sloan-Kettering Div.) K. MAIER. 4160

Ralph F. Kampschmidt, Mabelle E. Adams und **Thomas A. McCoy,** *Cytochrom-c und Myoglobin bei Walker-Carcinosarkom-256-tragenden Ratten.* Die *Myoglobin*-Konz. im Herzen, Zwerchfell, in der Masseter-, Gastrocnemius- u. Tricepsmuskulatur wies bei Ratten, welche 19 Tage alte WALKER-256-Tumoren (ca. 20% des Körpergewichtes ausmachend) beherbergten, keine signifikante Abweichung von der Norm auf. Die mittlere *Cytochrom-c*-Konz. von Herz, Niere, Masseter u. Triceps war jedoch bei den tumortragenden Tieren um 30—40% erniedrigt. (J. nat. Cancer Inst. **20.** 741—46. April 1958. Ardmore, Okla., Samuel Roberts Noble Found., Biochem. Div.) U. TAUSENDFREUND. 4160

Lee W. Wattenberg, *Eine histochemische Untersuchung über fünf oxydative Fermente im menschlichen Coloncarcinom.* Im Gegensatz zu n. Colonschleimhaut konnte in carcinomatösen Zellen (bes. in den Randgebieten des Tumors, in isolierten Zellgruppen, am Rand von Tumorzellaggregaten u. in bes. differenzierten Tumorzellen) eine vermehrte *Di-* u. *Triphosphopyridinnucleotiddiaphorase* (**I** bzw. **II**)-Aktivität sowie eine erniedrigte *Succinodehydrogenase* (**III**)-, *α-Glycerophosphatdehydrogenase* (**IV**)- u. *Monoaminooxydase* (**V**)-Aktivität nachgewiesen werden. Hyperplast. Schleimhaut zeigt ebenfalls niedrige **III**-, **IV**- u. **V**-Aktivität, gelegentlich auch eine erhöhte **II**-, nie aber erhöhte **I**-Aktivität.

Schleimhautpolypen weisen hohe **III-**, **IV-** u. **V**-Aktivität in den tiefen Partien der atyp. Drüsen auf. (Amer. J. Pathol. **35.** 113—26. Jan./Febr. 1959. Minneapolis, Minn., Univ. of Minnesota Med. School, Dep. of Pathol.) U. TAUSENDFREUND. 4160

G. F. De Gaetani und **F. Ferina,** *Wirkung von Phlorrhizin und Alloxan auf das Glykogen in Trägern experimenteller Tumoren.* Die Unterss. werden an Ratten mit subcutan inokkuliertem WALKER-Tumor u. Benzopyrensarkom durchgeführt, denen 7 Tage lang 150 mg *Phlorrhizin* (**I**)/kg u. eine einmalige Dosis *Alloxan* (**II**), 200 mg/kg, intraperitoneal injiziert wurde. Die Glykogenabnahme (in der Leber stärker als im Muskel) wird durch **I** u. noch mehr durch **II** verstärkt. Beim Sarkom ist die Verringerung des Muskelglykogens im Vgl. zu dem der Leber mit **I** u. **II** größer. **II** erhöht bes. beim WALKER-Tumor das Tumorglykogen, **I** verringert es. (Boll. Soc. ital. Biol. sperim. **32.** 40—41. Jan./Febr. 1956. Palermo, Univ., Ist. di Patol. Gener.) O. POLLAK V. EMHOFEN. 4160

W. S. Reith und **M. J. Thomas,** *Isolierung einer neuen Substanz mit Fettransportaktivität aus menschlichem Blut.* Verschied. Patienten mit Neoplasmen erhielten ^{131}*J-Triolein* (gelöst in Olivenöl). Die Geschwindigkeit der Absorption durch den Blutstrom, sowie die Natur u. Verteilung dieser markierten Prodd. wurde gemessen. Weiter wurde das *Serumprotein* mit Methylalmethanol gefällt, im Vakuum zur Trockne gebracht u. mit PAe. (60—80°) extrahiert. Der Extrakt wurde an Silicagel adsorbiert u. mit PAe.-Methanol der Gradienteneluierung unterworfen. Es ergaben sich zwei Zonen, die letzte (60% der Aktivität) erwies sich papierchromatograph. u. elektrophoret. einheitlich. Hydrolyse derselben ergab freie *Fettsäuren, Phosphat* u. *Cholin,* sowie *Alanin, Arginin, Cystein, Glutaminsäure, Glycin, Leucin, Serin, Threonin* u. *Valin.* Vff. vermuten, daß ursprünglich ein *1:3:Nono-* oder *Dekapeptid* vorgelegen hat. Die erste Zone enthielt Fettsäuren u. *Cholesterin,* vermutlich zum größten Teil als *Cholesterinölsäureester.* (Nature [London] **182.** 604—05. 30/8. 1958. London, Middlesex Hosp. Med. School, Bernato Joel Labors., Physics Dep.) H. STRUCK. 4160

Robert S. Mendelsohn, Donald M. Watkin, Ann P. Horbett und **John L. Fahey,** *Identifizierung des Vitamin-B_{12}-bindenden Proteins im Serum von Gesunden und von Patienten mit chronischer myeloischer Leukämie.* Serum von gesunden u. an myeloischer Leukämie erkrankten Personen wurde durch Elektrophorese in die Proteinfraktionen aufgetrennt u. deren Geh. an Vitamin B_{12} (**I**) mikrobiol. bestimmt. Danach enthält die α_1-*Globulin*-Fraktion den größten **I**-Anteil. Weder durch Elektrophorese noch durch Papierchromatographie wurden qualitative Unterschiede in der **I**-Verteilung aus Serum von gesunden u. kranken Personen gefunden. Bei myeloischer Leukämie wächst der Geh. an dem **I**-bindenden Protein im Serum durch einen abnormen Stoffwechsel stark an. (Blood **13.** 740—47. Aug. 1958. Bethesda, Md., Nat. Cancer Inst., Nutr. and Metabol. Serv.) L. TRÄGER. 4160

Faber F. McMullen jr. und **Hugh H. Hanson,** *Übermäßige Urinausscheidung von 5-Hydroxyindolyl-(3)-essigsäure ohne metastasierenden Carcinoidtumor.* An Hand von 2 Fällen mit positivem Harntest auf *5-Hydroxyindolyl-(3)-essigsäure* (**I**) ohne gleichzeitiges Vorhandensein von Carcinoidtumoren wird die Überlegung angestellt, ob der Test für **I** allein spezif. sei u. nicht andere *5-Hydroxyindole* falsche positive Resultate ergeben, bzw. ob nicht hohe Urinkonzz. von **I** auch bei anderen patholog. oder physiol. Zuständen als beim Carcinoidsyndrom auftreten können. (Circulation [New York] **18.** 883—86. Nov. 1958. Houston, Texas, Hermann Hosp.-Texas Med. Center, Med. Div.; Baylor Univ., Coll. of Med., Dep. of Med.) U. TAUSENDFREUND. 4160

Christian Champy und **Simone Hatem,** *Die in vivo beobachtete Affinität von Histamin zu carcinogenen Substanzen.* Der Nachw. von *Histamin* (**I**) im Gewebe mit *Hg-Nitrit* fällt negativ aus, wenn man eine *Benzpyren* (**II**)-Emulsion in das Gewebe injiziert. Durch *Carmin*-Zusatz wurden die Angriffspunkte der **II**-Wrkg. lokalisiert. Vgl. mit *Perylen* (**III**), untersucht an Ratte u. Maus, Submaxillardrüsen, **II**- oder **III**-Puder, Einw. 35 Std., zeigt, daß die mit **III** behandelten Drüsen mit **I**-Reagens (Hg-Nitritosmiumsäure) wie n. reagieren. Die Nervenendungen sind von der Oberfläche aus kräftig angefärbt bis ins Drüseninnere. Die Anfärbung nach Behandlung mit **II** ist nicht mehr möglich. Auch die mit Os-Jodid anfärbbaren adrenalinerg. Endungen gaben nach 36 Std. **II**-Behandlung keine Rk., sie war positiv nach **III**-Behandlung. **I** besitzt daher keine Affinität zu dem nicht carcinogenen **III**. (C. R. hebd. Séances Acad. Sci. **246.** 859—62. 10/2. 1958. Paris, Lab. du C. N. R. S., rue de l'École de Méd.) WALTER SCHÄFER. 4160

G. Brambilla und **L. Baldini,** *Über die Fähigkeit eines Hämostaticums, die durch Verabreichung von Ergotamin im Gallierasarkom induzierte Nekrose zu verschlimmern.* Albinoratten mit subcutan implantiertem GALLIERA-Sarkom erhalten nach 22 Tagen intraperitoneal 20 mg *Ergotamintartrat* (**I**)/kg u. nach weiteren 12 Std. 1 ml Koagulen (**II**; „Coaguleno", CIBA INDUSTRIA CHIMICA S.p.A.; pro ml 0,0025 g reines **II** enthaltend). —

I verursacht eine Mortalität von 20% u. eine Gewichtsabnahme des Tumors um 39%; bei den mit **I** u. **II** behandelten Tieren beträgt die Gewichtsabnahme 34%. Eine **I**–**II**-Behandlung bedingt in stärkerem Maße als eine ausschließliche **I**-Behandlung eine Verschlimmerung der nekrot.-hämorrhag. Prozesse in der gesamten neoplast. Masse. (Boll. Soc. ital. Biol. sperim. **34**. 868—70. 15/8. 1958. Genua, Univ., Ist. di Farmacol.)
O. POLLAK V. EMHOFEN. 4160

Ragna Rask-Nielsen, *Über die Entwicklung einer Leukämie bei vier Mäusestämmen mit niedriger Leukämiehäufigkeit nach Injektion einer kleinen Dosis von 9.10-Dimethyl-1.2-benzanthracen in den Thymus.* Nach Injektion (Thymus) von 0,02 mg *9.10-Dimethyl-1.2-benzanthracen* (I) bei 64 DBA-, 55 C 3 H-, 53 C 57 BL- u. 68 ST-Mäusestämmen entwickelte sich in 19, 2, 13 u. 9% der Fälle Leukämie (vorwiegend Thymustumoren vom Plasmazellentyp bei DBA u. C 57 BL u. Stammzellentyp bei ST). Nach direkter Injektion von 0,02 mg I in die Milz von 36 DBA-, 29 C 3 H- u. 76 ST-Mäusen entwickelte sich bei 1 C 3 H- u. 2 ST-Mäusen Leukämie. Die Thymusdrüse scheint nach diesen Ergebnissen der Primärort der Leukämieentw. zu sein. (J. nat. Cancer Inst. **16**. 1129—36. April 1956. Copenhagen, Univ., Inst. of Biochem.) K. MAIER. 4160

A. C. Ritchie und **Umberto Saffiotti**, *Perorale 2-Acetylaminofluorengabe als Auslöser und Förderer der Epidermiscarcinogenese bei der Maus.* Verfütterung von *2-Acetylaminofluoren* ermöglichte Tumorbldg. bei nachfolgender Crotonölpinselung u. erhöhte die Zahl der nach vorangegangener Einw. von *9.10-Dimethyl-1.2-benzanthracen* gebildeten Tumoren. (Cancer Res. **15**. 84—88. Febr. 1955. Chicago, Ill., Chicago Med. School, Div. of Oncol.) J. DITTMANN. 4160

Antoine Lacassagne, Nguyen P. Buu-Hoi und **François Zajdela**, *Die Beziehung zwischen der molekularen Struktur und der cancerogenen Wirksamkeit von 3 hexacyclischen aromatischen Kohlenwasserstoffreihen.* Vff. untersuchen die Beziehungen zwischen Mol.-Struktur u. cancerogener Wrkg. an folgenden Verbb.: *3.4.9.10-Dibenzpyren* (**I**), *5-Methyl-3.4.9.10-* (**II**), *5.8-Dimethyl-3.4.9.10-dibenzpyren* (**III**), ferner *3.4.8.9-Dibenzpyren* (**IV**), *5-Methyl-3.4.9.8-* (**V**), *5.10-Dimethyl-3.4.8.9-dibenzpyren* (**VI**) sowie *Anthanthren* (**VII**), *6-Methyl-* (**VIII**) u. *6.12-Dimethylanthanthren* (**IX**). Die Verss. werden an Mäusen, denen vorst. Substanzen subcutan injiziert werden (3 Applikationen zu 0,6 mg in Olivenöl innerhalb von 3 Monaten) bzw. die **I**, **II** u. **III** (als gesätt. Lsg. in o-Dichlorbenzol) 2mal wöchentlich 1 Tropfen der Lsg. auf die Haut verteilt erhalten, durchgeführt. Zum Vgl. des Sarkombildungsvermögens werden auch Verss. mit *3.4-Benzpyren*) **X**) angesetzt. Es wird festgestellt, daß **I** die stärkste sarkomogene Wirksamkeit besitzt (etwa doppelt so stark wie **X**), percutan appliziert ist die **I**-Wrkg. jedoch geringer, u. es treten nur verzögernd Epitheliome auf. Methylierung in m-Stellung vermindert sowohl in der **I**- als auch in der **IV**-Gruppe die cancerogene Wirksamkeit. **II** u. **V** sind wesentlich schwächer akt. als die nicht substituierten Verbb., während **III** u. **VI** keine Sarkome mehr hervorrufen. Im Gegensatz wird in der **VII**-Gruppe durch Einführung von CH_3 die Sarkombldg. gesteigert. So zeigt sich **VII** inakt., während **VIII** u. **IX** wenig bzw. stärker (ca. bis zu 50% der **X**-Wirksamkeit) sarkombildend sind. Nach der Elektronentheorie ist **VII** hinsichtlich seiner Inaktivität als Ausnahme von der Regel zu betrachten, die eine Beziehung zwischen Elektronendichte, den Mesophenanthrenringgebilden u. der cancerogenen Wrkg. festlegt. **I**, **IV** u. **VII** kommen im Tabakrauch vor. (C. R. hebd. Séances Acad. Sci. **246**. 1477—80. 10/3. 1958.) P. FAHRNLAENDER. 4160

Natsume Honma (Homma), *Wirkung von Nitromin auf die Leukocyten von Ratten mit Yoshida-Sarkom.* N. u. YOSHIDA-Sarkomratten erhalten *Nitromin* (I) intravenös bzw. intraperitoneal injiziert. Die Leukocytenfunktion wurde bestimmt (Beweglichkeit, Verss. mit Gummi arabicum u. Tusche, Zählung der Neutrophilen usw.). Die durch das überpflanzte YOSHIDA-Sarkom geschwächte Funktion der Leukocyten im Blute, der weißen Ratten wird durch die I-Verabreichung länger aufrechterhalten. Die Wrkg. erstreckt sich bei intravenöser Gabe auf 12 Std., bei intraperitonealer auf 4 Tage. (Tokyo Jikeikai med. J. **70**. 1022—34. 1/10. 1955. [Orig.: japan.]) L. SCHULER. 4160

Aaron Bendich, *Zusammenhang zwischen Konstitution und Wirkung bei Purinen im Hinblick auf die Antitumorwirkung.* Unter den 16000 auf ihre Eigg. als Antimetaboliten getesteten Substanzen waren die Purine besonders erfolgreich. *6-Mercapto-, 6-Chlor-, 2.6-Diaminopurin, Purin* u. *8-Azaguanin* zeigen Antitumorwrkg., 6-Mercapto- u. 6-Chlorpurin sind sogar von klin. Interesse. Dagegen sind *8-Azapurin* u. *8-Aza-6-mercaptopurin* unwirksam. *6-Methylpurin*, eine sehr tox. Verb., ist viel 100fach toxischer als *6-Trifluormethylpurin*. Es wird versucht, durch Vgl. einer Vielzahl synthet. Purine auch mit den in der Natur vorkommenden Purinen der Abhängigkeit der Wrkg. von der Konst. näher zu kommen. Es lassen sich jedoch noch keine Regeln aufstellen. (Proc. Roy. Soc. Med. **50**. 6—7. Jan. 1957. Sloan-Kettering Inst. for Cancer Research, New York City.)
W. KNOBLOCH. 4160

Marcello Scafi und **G. Paolo Martinelli**, *Über die Wirksamkeit von 2.4-Diamino-5-[p-chlorphenyl]-6-äthylpyrimidin bei einem Fall von gemischter myeloisch-megakaryocytischer Leukämie.* Bericht über einen Fall von gemischter myeloisch-megakaryocyt. Leukämie, bei dem durch Applikation von 2.4-Diamino-5-[p-chlorphenyl]-6-äthylpyrimidin klin. u. hämatolog. Rückbldg. ausgelöst wurde. Vff. empfehlen das Präp. für die Therapie chron. Myelosen mit erhöhter Thrombocytenzahl, leukomegakaryocyt. Mischformen u. anderer Leukämien. — Ausführliche Kasuistik. (Gazz. int. Med. Chirurg. **62** (**61**). 2382—85. 30/9. 1957. Rom, Ospp. riuniti u. Pio Ist. di Santo Spirito, Policlin. Umberto I. Padiglione.) H. KOCKERT. 4160

D. B. Fitzgerald, **J. L. Hartwell** und **J. Leiter**, *Tumorzerstörende Aktivität in Antimalariaaktivität aufweisenden Pflanzenfamilien. Amaryllidaceen.* In einigen Pflanzen der Untergruppen *Narcissus*, *Hymenocallis*, *Lycoris*, *Rhodophiala*, *Galanthus*, *Hippeastrum*, *Haemanthus*, *Polianthes* u. *Agave* der Familie der *Amaryllidaceen* konnte, unabhängig von der in dieser Familie vorkommenden Antimalariaaktivität eine Wirksamkeit gegenüber dem *Mäusesarkom 37* nachgewiesen werden. Narcissusextrakte waren gleichzeitig wirksam gegenüber *Sarkom 180*, Agaveextrakte auch gegenüber *Lymphoma 1*. (J. nat. Cancer Inst. **20**. 763—74. April 1958. Bethesda, Md., Nat. Cancer Inst., Labor. of Chem. Pharmacol.) U. TAUSENDFREUND. 4160

W. Lührs, *Versuche über den Einfluß einer kombinierten Chemotherapie auf inoperable, für Röntgenbestrahlung ungeeignete, an Bronchuscarcinom leidende Patienten (Klinische Untersuchungen mit Kombinationen von TEM und anderen Antimetaboliten).* Es wird über die Behandlung von mehr als 50 Patienten mit histolog. gesichertem bronchogenem Carcinom mit einer Kombination von TEM, *6-Mercaptopurin* u. *Aminopterin* berichtet. Die Überlebenszeit ist nicht kürzer als die durchschnittliche von Patienten nach der üblichen Bestrahlungstherapie. (Unio int. Cancrum, Acta **13**. 424—27. 1957. Berlin, Deutsche Akad. der Wiss., Geschwulstklinik.) K. MAIER. 4160

Louis Genevois, Traité de chimie biologique T. II; Deuxième partie; Vitamines. Lipides, Stérides. Caroténoides. Fermentations. Photosynthèse. Paris; Presses Universitaires de France. 1959. (336 S. m. Abb.) 2200 fr.

W. Graumann und **K. Neumann**, Hrsg., Handbuch der Histochemie. In 7 Bdn. Bd. III; Nucleoproteide. 2. Halbband. Stuttgart; Gustav Fischer Verl. 1959. (XII + 324 S. m. 119 Abb. u. 14 Tab.) 8°. DM 75,—.

A. G. Gurwitsch und **L. D. Gurwitsch**, Die mitogenetische Strahlung. Ihre physik.-chem. Grundlagen u ihre Anwendung in Biologie u. Medizin. Jena; G. Fischer. 1959. (308 S. m. 50 Abb.) 8°. DM 27.65.

Jussi J. Saubkonen, Über das Vorkommen von freien Nucleotiden in ruhenden und wachsenden Geweben. Helsinki; Mercatorin Kirjapaino. 1956 (78 S. m. Abb.) 8° = Annales medicinae experimentalis et biologiae Fenniae. Vol. 34. 1956, Suppl. 3. fmk 300,—.

—, Radiation biology and cancer; a collection of papers presented at the twelfth annual Symposium on Fundamental Cancer Research, 1958. Austin; Univ. of Tex. Press. 1959. (493 S. m. Abb. u. Diagr.) 8°. $ 8,50.

E_2. Enzymologie. Gärung.

H. Lundegårdh, *Elektronentransport in der Respirationskette von Enzymen.* Die Hauptatmungsenzyme in Backhefe werden anaerob in folgender zeitlicher Reihenfolge red.: *Cytochrom* a_3 [**I**, (nach) 0,5 Sek.], *Cytochrom c* (**II**, 1,0 Sek.), *Cytochrom b* (**III**, 8,2 Sek.), *Flavoprotein* (**IV**, 7,4 Sek.), *Diphosphopyridinnucleotid* (DPN, 24,7 Sek.). Die Reoxydation (Durchleiten von Luft) verläuft erheblich rascher, u. zwar in umgekehrter Reihenfolge. Kontinuierliche Unters. der Spektralverschiebung bei der Red. der Atmungskette zeigte, daß erst nach nahezu vollständiger Red. von **I** u. **II** die Red. von **III** u. **IV** einsetzt u. daß die Red. von *DPN* in dem Augenblick beginnt, in dem **III** u. **IV** völlig red. sind. Das rhythm. Fortschreiten der Red. kann erklärt werden durch Wechselwrkg. multimol. Gruppen (**I** + **II**; **III** + **IV**), die sich zu Reaktionszentren zusammenlagern. Zur Erklärung des Mechanismus wird ein Schema gegeben. (Biochim. biophysica Acta [Amsterdam] **27**. 653—54. März 1958. Penningby, Sweden.) H. GOEBEL. 4210

Stephen C. Kinsky, *Wasserstoffoxydation durch Clostridium kluyveri.* Aus *Clostridium kluyveri* wurde durch Dialyse zellfreier Extrakte unter H_2 eine Enzymlsg. hergestellt. Ein Cofaktor ließ sich aus *Cl.-k.*-Trockenpulver mit heißem W. extrahieren. Nach streng anaeroben Incubationen wurde die Red. von Pyridinnucleotiden durch Best. der Menge Pyruvat ermittelt, die bei Ggw. von Milchsäuredehydrogenase red. wird. — Die Red. von *Diphosphopyridinnucleotid* (**I**) u. *Triphosphopyridinnucleotid* (**II**) gelingt nur bei Ggw. des *Cl.-k.*-Extraktes u. ist auch bei Fehlen des Cofaktors fast völlig gehemmt. Wird kein **I** zugegeben, so tritt auch — wenn auch schwächere — Hemmung ein. Im Gegensatz dazu ist die Red. von *Triphenyltetrazoliumchlorid* (**III**) zwar an die Ggw. des Enzymextraktes gebunden, **I** u. der Cofaktor brauchen jedoch nicht zugegeben zu werden. Ersatz des H_2 durch He hemmt die Red. der Substrate stark. Auch die Red. von *Ribo-*

flavinmonophosphat (**IV**) durch *Cl.-k.*-Extrakte ist unabhängig von der Anwesenheit des Cofaktors. — Die Proteinbestandteile der dialysierten Zellextrakte schwanken je nach Herkunft des Zellmaterials u. Dauer der Aufbewahrung. So besitzen sie mitunter zwar die Enzyme zur Aktivierung des H_2, was sich in starker Red. von **III** u. **IV** äußert, doch die **I**-Red., die anscheinend noch ein anderes Enzym erfordert, kann trotz wirksamen Cofaktors bei manchen Extrakten ausbleiben. Eine Hemmwirkg. liegt nicht vor. Bei gealterten ist die **I**-Red. nicht mehr der zugefügten Proteinmenge, sondern nur noch dem Quadrat der Proteinkonz. proportional. — Die Wrkg. des Cofaktors beruht nicht auf Verhinderung der Zers. von **I**. Er kann durch Benzylviologen u. Safranin 0 ersetzt werden. *Flavinadenindinucleotid* (**V**) kann den Cofaktor teilweise ersetzen. Pteridinderivv., Vitamine E u. K, **II**, Coenzym A u. Liposäure sind unwirksam. Die **V**-stimulierte Red. von Pyruvat über **I** erfordert ebenfalls **I**, Milchsäuredehydrogenase u. *Cl.-k.*-Extrakt. Lumichrom, Lumiflavin, Riboflavin u. **IV** wirken nicht wie **V**. Der Cofaktor u. **V** sind nicht ident., ersterer ist wirksamer. Nucleotidpyrophosphatase beseitigt die Aktivität des Cofaktors u. des **V**. UV-Bestrahlung des Kochsaftes oder der neutralen Lsg. von **V** läßt zwar die Intensität der Bande bei 450 mμ stark sinken, die Aktivität bleibt jedoch konstant. Ein intaktes Isoalloxazinsyst. scheint also nicht erforderlich zu sein. (J. biol. Chemistry **234**. 973—78. April 1959. Bethesda, Md., Nat. Heart Inst., Section on Enzymes.) S. DITTMANN-MITZSCHERLICH. 4210

O. K. Dobroljubski und **A. W. Slawwo**, *Der Einfluß des Spurenelementes Zink auf die fermentative Tätigkeit der Weinrebe.* Beim Spritzen der Weinrebe mit Bordeaux-Fl. + 0,005 g $ZnSO_4$/Weinstock ist das Oxydations- u. Reduktionsvermögen in den verschied. Entwicklungsstadien höher ist als ohne Zn-Zusatz. Durch den Einfl. von Zn wurde in den Trauben die Aktivität der Ascorbinoxydase, Polyphenoloxydase u. Peroxydase gesteigert. In den untersuchten Trauben (3 Sorten) konnte der Ascorbinsäuregeh. durch Zn von 1,9—6,4 auf 8,2—8,7 mg% gesteigert werden. (Доклады Академии Наук СССР [Ber. Akad. Wiss. UdSSR] **121**. 370—73. 11/7. 1958. Odessa, Landw. Inst.) OTTO MAIER. 4210

Michael West und **Hyman J. Zimmerman**, *Milchsäuredehydrogenase und Glutaminsäure–Oxalsäure-Transaminase in normal schwangeren Frauen und neugeborenen Kindern.* Bei den Unterss. der *Milchsäuredehydrogenase* (**I**) sowie der *Glutaminsäure–Oxalsäure-Transaminase* (**II**) in den einzelnen Stadien n. schwangerer Frauen wurde nur eine niedrige **II**-Aktivität festgestellt, die vielleicht durch Pyridoxalmangel (Coenzym) verursacht wird. Neugeborene Kinder dagegen zeigten im Herzblut einen erhöhten Geh. an **I** u. **II**. (Amer. J. med. Sci. **235**. 443—47. April 1958. Chicago, Ill., Univ. of Illinois, Dep. of Med., Westside Veterans Admin. Hosp.; Chicago, Med. School.) H. DÖLLE. 4210

Vincent P. Hollander, Hazel Nolan und **Nina Hollander**, *Strukturspezifität östrogenempfindlicher Enzymsysteme in Placentahomogenaten.* Ein Diphosphopyridinnucleotid (DPN)-abhängiges *Isocitronensäuredehydrogenase*-Syst. wird durch eine Anzahl von Östrogenen aktiviert. Die Wirksamkeit verschied. substituierter Östrogene wird untersucht. Es wird versucht, ihre Struktur mit der Aktivität in diesem hormonabhängigen Syst. in Beziehung zu setzen. Eine Hydroxyl- oder Ketogruppe am C_{17}-Atom ist für die Aktivität notwendig. Es ist nicht nötig, daß eine freie Hydroxylgruppe vorhanden ist. *Equilin, Equilenin, 17β-Dihydroequilin* u. *17β-Dihydroequilenin* waren noch in Konzz. von $4 \cdot 10^{-10}$ mol. akt., wobei die Aktivität z. T. höher lag als die der Bezugssubstanz *17β-Östradiol* (**I**). *17α-Dihydroequilenin* wird durch das Enzym gebunden, zeigt aber als Coenzym keine Aktivität; es tritt in diesem Enzymsyst. gegenüber **I** als kompetitiver Inhibitor auf. (J. biol. Chemistry **233**. 580—82. Sept. 1958. Charlottesville, Va., Univ. of Virginia School of Med., Dep. of intern. Med. and Biochem.) L. LASCHET. 4210

Hideo Kubo, Toshio Yamano, Motohiro Iwatsubo, Hiroshi Watari, Tatsuo Soyama, Junzo Shiraishi, Shigenobu Sawada, Nagatoshi Kawashima, Shuzo Mitani und **Kazuo Ito**, *Über die Wirkung zwischen Enzym und Coenzym im System der Glutaminsäuredehydrogenase und der Aminosäureoxydase.* Glutaminsäuredehydrogenase (**I**) wurde aus Lebern von Schwein, Rind oder Mensch krist. erhalten (Aufarbeitungsschema vgl. Orig.). Nach 6maligem Umkristallisieren wurde **I** in Stäbchenform (ca. 700 Å lang) mit 12000 E./mg, Mol.-Gew. 1000000 bzw. 350000 (bei stärkerer Verdünnung, infolge Dissoziation zu Monomeren) erhalten. Im **I**-Mol. finden sich 52 freie SH-Gruppen, 20 bzw. 17 an das Substrat Glutaminsäure bzw. an α-Ketoglutarsäure oder an NH_3 gebundene SH-Gruppen (berechnet auf Mol.-Gew. 1000000); Inhibitoren wie *p-Chlormercuribenzoesäure* (**II**), die mit dem Substrat konkurrieren, werden nicht an SH-Gruppen, sondern an anderer Stelle des **I**-Mol. gebunden. — **I** enthält 5—6 Atome *Zn* pro Mol. (Mol.-Gew. 1000000). Aus Verss. mit spezif. metallbindenden Substanzen [z. B. o-Phenanthrolin (**III**); 8-Hydroxychinolin (**IV**); Diäthyldithiocarbamat] scheint sich zu ergeben, daß Zn die Bindung zwischen **I**-Protein u. DPN begünstigt. — *D-Aminosäureoxydase* (**V**) wurde aus Schweineniere krist. erhalten, wobei die Stabilisierung durch Ggw. von Substrat + Flavinadenindinucleotid (FAD) sowie der negative Temperaturkoeff. der Löslichkeit zur Erhöhung der Ausbeute beitragen: Mol.-Gew. 80000, was dem von NEGELEIN u. BRÖMEL erhaltenen Wert (70000—100000) entspricht. **V** enthält 6 SH-Gruppen pro Mol., von denen eine durch Überschuß von FAD eliminiert werden kann. FAD wird aber auch noch von anderen Gruppen gebunden, kann aber niemals durch **II** abgelöst werden. Die von NEGELEIN u. BRÖMEL (Biochem. Z. **300.** [1935.] 225.) bei Zusatz von **V** beobachtete Auslöschung der Fluorescenz von FAD-Lsgg. erfolgt nicht, wenn **II** zugegen ist. — Für Fe-Reagentien, welche die Wrkg. der **V** [kompetitiv zum Substrat *Alanin* (**VI**) bzw. zu FAD] hemmen, werden folgende Konstanten K_I der kompetitiven Hemmung gefunden: **III** 1,64 bzw. $0{,}94 \cdot 10^{-3}$; 2,32 bzw. $6{,}95 \cdot 10^{-3}$; α.α′-Dipyridyl, Nitroso R bzw. Ammoniumrhodanid (nur mit FAD): $5{,}55 \cdot 10^{-3}$, $1{,}96 \cdot 10^{-3}$ bzw. $1{,}16 \cdot 10^{-2}$. — Anscheinend findet sich Fe als Fe^{3+} im **V**-Mol., da mit dem Fe^{2+}-Reagens keine Färbung beobachtet wird; diese tritt aber nach Zusatz von **VI** auf (Red. von $Fe^{3+} \rightarrow Fe^{2+}$). Im Gegensatz zu der von MAHLER (C. **1957.** 1967) vertretenen Ansicht hat also Fe einen wesentlichen Anteil an der Wrkg. der **V**. — Auf Grund dieser u. früherer Ergebnisse wird ein Schema für die Reaktionsweise von **I** u. **V** gegeben. (Bull. Soc. Chim. biol. **40.** 431—47. 5/9. 1958. Osaka, Univ., Fac. de Méd., Labor. de Physiol. physico-chimique.) A. HESSE. 4210

James M. Peters und **David M. Greenberg,** *Citrovorumfaktor-Cyclodehydrase.* Aus Schafleberacetonpulver wurde durch $Ca_3(PO_4)_2$-Gel- u. $(NH_4)_2SO_4$-Fraktionierung eines wss. Extrakts sowie Behandlung mit Carboxymethylcellulose ein Enzym (**I**) abgetrennt, das Citrovorumfaktor (**II**) in Ggw. von Adenosintriphosphat in eine Verb. (**IV**) umwandelt, die ein ähnliches Absorptionsspektr. wie *$N^{5,10}$-Methenyltetrahydrofolsäure* (**III**) zeigt. **IV** hat λ_{max} 343 mμ (**III**: 354 mμ), ist im Gegensatz zu **III** bei p_H 6,8 stabil u. gegen O_2 ziemlich beständig. **I** hat ein p_H-Optimum von ca. 4 u. benötigt eine freie SH-Gruppe zur Aktivität (Hemmung durch *p-Chlormercuribenzoat* u. *o-Jodosobenzoat*, Enthemmung durch *Glutathion*). MICHAELIS-Konst. für **II** $1{,}7 \cdot 10^{-6}$ mol. Die nach Abtrennung der **II**-Cyclodehydrase (**V**) verbleibende Resteiweißfraktion wirkt bei der Umwandlung von **II** durch **V** in eine Verb. (Imidazoliniumverb. als Zwischenstufe der Formylgruppenübertragung bei **II** von N^5- nach N^{10}-Stellung?), die beim Ansäuern keinen *Anhydrocitrovorumfaktor* (*Anhydroleucovorin*, *$N^{5,10}$-Methyltetrahydrofolsäure*) gibt, synergistisch. (J. Amer. chem. Soc. **80.** 2719—22. 5/6. 1958. Berkeley, Calif., Univ., School of Med., Dep. of Physiol. Chem.) K. MAIER. 4210

F. L. Jackson und **J. W. Lightbown,** *Hemmung von Dihydrocozymaseoxydaseaktivität aus Herzmuskelpräparaten und einigen zellfreien Bakterienpräparaten durch 2-Heptyl-4-hydroxychinolin-N-oxyd.* (Vgl. C. **1956.** 10031.) *Cytochrome* aus Staphylococcus aureus (St), Escherichia coli (E), Proteus vulgaris u. Bacillus pumilus wurden durch Zugabe von *Dihydrocozymase* (**I**) reduziert. Durch *2-Heptyl-4-hydroxychinolin-N-oxyd* (**II**; 4μmol.) wurde die Oxydation von 0,66mmol. **I** gehemmt. In Ggw. von **II** (4μmol.) wurde mit **I** (0,33mmol.) als Substrat die Oxydation von *red. Cytochrom b_1* aus St gehemmt, bei Präpp. aus E wurde die Red. von *oxydiertem Cytochrom b_1* gehemmt. Die *Diaphorase*-Aktivität von Herzmuskel- u. zellfreien Bakterienpräpp. wurde durch **I** nicht gehemmt. Anaerob wurde *Cytochrom b* aus Herzmuskel durch 0,33mmol. **I** langsam u. unvollständig red., mit 0,66mmol. **I** verläuft die Red. vollständig. Unter aeroben Bedingungen in Ggw. von **II** oder *Antimycin A* trat mit 0,33mmol. **I** starke Red. von *Cytochrom b* aus Herzmuskel ein. *Cytochrom b* ist im *Dihydrocozymaseoxydase*-Syst. (**III**) aus Herzmuskel einer der Hauptelektronentransporteure. **II** greift im **III** des Herzmuskels zwischen *Diaphorase* u. *Cytochrom c* (am wahrscheinlichsten zwischen *Cytochrom b* u. *c*) ein. Sowohl **II** als auch *Antimycin A* hemmen die Selbstoxydation von *Cytochrom b*. — Diskussion. (Biochem. J. **69.** 63—67. Mai 1958. Mill Hill, London, Nat. Inst. for Med. Res.; Denmark Hill, London, King's Coll. Hosp. Med. School.) H. GOEBEL. 4210

M. B. Hoagland, P. C. Zamecnik, N. Sharon, F. Lipman, M. P. Stulberg und **P. D. Boyer,** *Sauerstoffübertragung auf AMP bei der enzymatischen Synthese des Tryptophanhydroxamats.* Verss. mit *^{18}O-Tryptophan* (**I**; durch Rk. von L-**I** mit $H_2{}^{18}O$ in Ggw. von H_2SO_4, 64 Std. bei 125°) zeigen, daß bei der Bldg. des **I**-Hydroxamats aus **I** u. *Hydroxylamin* unter der Wrkg. des gereinigten *Pankreasenzyms* von PERLMANN (vgl. C. **1957.** 7393) bei gleichzeitiger *ATP*-Spaltung ^{18}O nur in dem aus AMP gebildeten *anorgan. Phosphat* u. nicht im *Pyrophosphat* auftritt. Vff. schließen daher auf eine Intermediärstufe, bei der eine C—O—P-Bindung zwischen dem Acyl-C-Atom von **I** u. dem Phosphat von AMP auftritt. Durch Abspaltung von Pyrophosphat aus ATP durch ein Carboxyl-O wird zunächst ein **I**-Acyladenylat gebildet, wonach durch Rk. von Hydroxylamin mit dem Acyl-C eine Abspaltung von dem AMP-Rest erfolgt. (Biochim. biophysica Acta [Amsterdam] **26.** 215—17. Okt. 1957. Boston, Mass., Harvard Univ.,

Massachusetts General Hosp., Huntington Mem. Hosp., John Collins Warren Labor. and Biochem. Res. Labor.; Minneapolis, Minn., Univ. of Minnesota, Dep. of Physiol. Chem.) E. SCHWERDTFEGER. 4210

Abraham M. Stein, Nathan O. Kaplan und **Margaret M. Ciotti,** *Pyridinnucleotid-transhydrogenase.* 7. Mitt. *Bestimmung der Reaktionen mit Coenzymanalogen in Geweben von Säugetieren.* (6. vgl. C. **1957.** 13075.) Es wird eine Meth. zur Best. der *Transhydrogenase* (**I**) Aktvität beschrieben. Sie verwendet im opt. Test an Stelle von Diphosphopyridinnucleotid *Diphosphoacetylpyridinnucleotid* (**II**); die Reaktionsgeschwindigkeit ist in diesem Falle höher. Das zur Extraktion der **I**-Aktivität aus Rinderherzpartikeln verwendete Digitonin übt eine aktivierende Wrkg. aus, unabhängig, ob das Syst. *red. Triphosphopyridinnucleotid* (**III**)-**II** oder das Syst. *red. Diphosphopyridinnucleotid* (**IV**)-**II** untersucht wird. Die Aktivität der Taubenlebermitochondrien-**I**, die sehr gering ist, wird durch Digitonin ebenfalls bei beiden Systemen gesteigert u. erreicht die Werte von Rattenlebermitochondrien-**I**. Umgekehrt wird die Rk. zwischen **IV** u. *Triphosphoacetylpyridinnucleotid* (**V**) durch Extrakte aus Rattenlebermitochondrien nur schwach katalysiert, während sie zwischen **III** u. **V** gar nicht abläuft. Diese Rk. findet jedoch in der Mikrosomenfraktion statt u. wird auch durch Chloroplastendiaphorase u. **III**–Cytochrom-c-Reduktase aus Rinderherz katalysiert. — Die **I**-Aktivitäten mit Digitonin isolierter Mitochondrien aus verschied. n. u. neoplast. Geweben von Ratte u. Kaninchen wurden mit der neuen Meth. bestimmt u. tabellar. angegeben (Best. mit **II**). Während die Rk. zwischen **IV** u. **II** aerob kaum gehemmt ist, läuft die Rk. zwischen **III** u. **II** aerob trotz Ggw. von 10^{-3}mol. KCN stark gehemmt ab. Das *Pyridin-3-aldehydanalogon von Diphosphopyridinnucleotid* (**VI**) gibt Rkk. mit **III** u. **IV**. Das *Thionicotinamidanalogon* von **VI** reagiert mit **IV** n., mit **III** dagegen langsamer. Für die Rk. zwischen **III** u. **II** betragen die MICHAELIS-Konstanten K_m 7,5·10^{-5}mol. für **III** u. 1,5·10^{-5}mol. für **II**. Für die Rk. zwischen **IV** u. **V** sind die entsprechenden Werte **9,3**·10^{-6}- u. 7,7·10^{-5}molar. Die mit **IV** u. **II** bestimmte Rattenlebermitochondrien-**I** behält bei 11tägiger Aufbewahrung bei 4° die volle Aktivität, die mit der Rk. zwischen **III** u. **II** gefundenen Werte sinken jedoch infolge der Lagerung stark. Der Katalysator, der die Rk. zwischen **IV** u. **II** steuert, ist mit Ultraschall aus den Rinderherzmitochondrien extrahierbar u. ist gegen Lösungsm. u. gegen Dialyse nicht empfindlich. Die Rk. wird durch Thyroxin u. Trijodthyronin nicht gehemmt. Die Rk. zwischen **III** u. **II** ist dagegen durch einen mit Ultraschall aus Mitochondrien gewonnenen **I**-Extrakt nicht katalysierbar. Sie ist außerdem gegen Lösungsm. u. Dialyse empfindlich u. wird durch Thyroxin u. Trijodthyronin gehemmt. Durch 10^{-4}mol. 2.4-Dinitrophenol wird sie nur zu **4**% gehemmt. Sie hat nichts mit der Diaphoraseaktivität der Mitochondrien zu tun, da diese nach Ultraschallbehandlung extrahierbar u. gegen Erhitzen resistent ist. Außerdem ist sie durch kein Diaphorasepräp. katalysierbar. (J. biol. Chemistry **234.** 979—86. April 1959. Waltham, Mass., Brandeis Univ., Graduate Dep. of Biochem.) S. DITTMANN-MITZSCHERLICH. 4210

D. Shugar und **F. Rzendowska,** *Untersuchungen über die Photochemie der Ribonuclease.* (Vgl. C. **1956.** 6417; C. **1958.** 3052.) *Ribonuclease* (**I**; colorimetr. untersucht) wird bei 2537 Å in Rk. erster Ordnung inaktiviert; die Quantenausbeute beträgt 0,029 $\pm$ 0,002 bei p_H 4 u. variiert beträchtlich mit dem p_H, ist aber von der Konz. unabhängig. Bei alkal. p_H, wo die **I**-Absorption infolge der Dissoziation von phenol.-OH wächst, nimmt die Quantenausbeute ab. Während der Inaktivierung werden weder freie Aminosäuren noch niedrige Peptide freigesetzt. Die durch die Bestrahlung bewirkte Zunahme der Absorption hängt vom p_H ab; jedoch zeigt die Form des Absorptionsspektr., daß nur ein Teil der *Tyrosin*-Reste angegriffen wird, u. zwar vermutlich durch Photooxydation. — Bei Anwendung einer turbidimetr. Meth. zur **I**-Best. wird gefunden, daß während der ersten ½—4 Min. der Bestrahlung die **I**-Aktivität zunimmt, worauf anschließend Inaktivierung erfolgt. (Acta biochim. polon. **3.** 595—605. 1956. Warschau, Z Pracowni Biofizyki Zakładu Biochemii PAN. [Orig.: poln.; Auszug: engl.]) A. HESSE. 4210

G. R. Barker, M. D. Montague, R. J. Moss und **Margaret A. Parsons,** *Die Biosynthese der Polynucleotide.* 1. Mitt. *Der Wirkungsmechanismus der Ribonuclease. Ribonuclease* (**I**) baut Ribopolynucleotide durch Umwandlung von Pyrimidinnucleosid-3'-alkylhydrogenphosphatresten (**II**) in Nucleosid-2'.3'-hydrogenphosphate (**III**), die weiterer Hydrolyse unterliegen, ab. Ist R' H u. R ein einfacher Rest, wie CH_3, C_2H_5, $C_6H_5CH_2$, dann ist auch die Rück-Rk. **III** → **II** möglich, die zur Herst. einfacher Alkylphosphate von Nucleosiden u. Dinucleosidmonophosphaten dienen kann. Incubation des cycl. Phosphats der *Uridylsäure* mit **I** u. verschied. Alkoholen ergab, daß **I** nur die Bldg. von

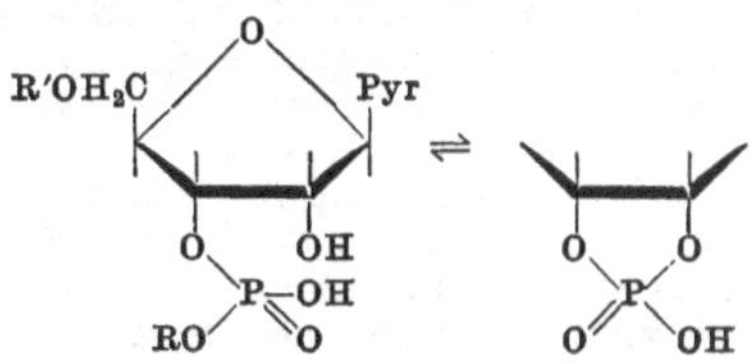

II III

Nucleotidestern prim. Alkohole katalysiert. Die Ester wurden papierchromatograph. charakterisiert. Die Wrkg. von Alkoxydionen auf cycl. Phosphate ist in mancher Hinsicht derjenigen von I analog. Der enzymat. Wirkungsmechanismus wird diskutiert.

V e r s u c h e: *Uridin-3'-[äthylhydrogenphosphat]*, durch 5½std. Incubation von 2,3 mg Uridin-2'.3'-hydrogenphosphat u. 0,5 cm^3 2mol. A. bei p_H 7,5 (Ammoniak) mit 5 mg proteasefreier, krist. Ribonuclease; 19% (Ausbeute); 0,46 [R_F-Wert; Propanol-(2), Ammoniak, W.]. Längere Incubation führte zu Uridylsäure. — *3'-[Methylhydrogenphosphat]*, analog Vorst. mit 2mol. Methanol; 15%; 0,40. — *3'-[n-Propylhydrogenphosphat]*, analog Vorst. mit 3mol. Propanol; 8%; 0,48. — *3'-[n-Butylhydrogenphosphat]*, analog Vorst. mit 3mol. Butanol; 7%; 0,53. — *3'-[Benzylhydrogenphosphat]*, analog Vorst. mit 2mol. Benzylalkohol; 10%; 0,55. — Mit Propanol-(2), Butanol-(2), tert.-Butylalkohol u. Phenol fand keine Rk. statt. — A d e n o s i n - 2' - u. - 3' - [a l k y l - h y d r o g e n p h o s p h a t e], durch 20std. Rk. von Adenosin-2'.3'-hydrogenphosphat (5 mg) im entsprechenden Alkohol (0,4 cm^3) mit Na-Alkoxyd (0,1 cm^3, 1mol.). Es entstehen Gemische der 2'- u. 3'-Isomeren. — *-2'-* u. *-3'-[methylhydrogenphosphat]*, 34 : 66 (Verhältnis der Isomeren); 51% (Gesamtausbeute); 0,18 u. 0,09 [R_F-Werte der Isomeren in gesätt. $(NH_4)_2SO_4$–Propanol–0,5mol. Na-Acetat]. — *-2'-* u. *-3'-[äthylhydrogenphosphat]*, 32 : 68; 45%; 0,25 u. 0,11. — *-2'-* u. *-3'-[n-propylhydrogenphosphat]*, 25 : 75; 21%; 0,19 u. 0,06. — *-2'-* u. *-3'-[n-butylhydrogenphosphat]*, 25 : 75; 44%; 0,13 u. 0,05. — *-2'-* u. *-3'-[benzylhydrogenphosphat]*, 20 : 80; 36%; 0,11 u. 0,02. — *Uridin-2'-* u. *-3'-[isopropylhydrogenphosphat]*, a) aus Uridin-2'.3'-hydrogenphosphat u. Propanol-(2) unter Zusatz von 1 Tropfen mit HCl gesätt. Dioxan. — Ammoniumsalz, $C_{12}H_{22}N_3O_9P$. (J. chem. Soc. [London] **1957.** 3786—93. Aug. Manchester, Univ.) K. MAIER. 4210

John W. Porter und **Robert W. Long,** *Untersuchung der Funktion von Palmitylcoenzym A bei der Fettsäuresynthese durch das Taubenlebersystem.* Ein rekonstruiertes Enzymsyst. (I) aus Taubenleber, bestehend aus 3 lösl. durch $(NH_4)_2SO_4$-Fraktionierung erhaltenen Enzymfraktionen (Biochim. biophysica Acta [Amsterdam] **24.** [1957.] 453) u. verschied. Zusätzen, synthetisiert aus Acetat (**II**) freie Stearinsäure, Palmitinsäure (**III**), Myristinsäure, Laurinsäure u. Decansäure, Palmityl- u. Myristylcoenzym A (**IV, V**) sowie eine kleine, unbekannte, A.–W.-lösl. Fraktion, wobei freie **III** das Hauptprod. ist. **I** enthält eine Acyl(Palmityl)-coenzym-A (**VI**)-Deacylase (**VIII**) u. eine Fettsäure(langkettig)-thiokinase (**IX**). Die Verss. sprechen dafür, daß **IV** u. **V** über eine Kondensation von C_2-Einheiten entstehen u. dann zu den freien Säuren entacyliert werden, die durch **IX** wieder mit red. Coenzym A verestert werden. Nach 10—15 Min. Fettsäuresynth. stellt sich ein konstantes Verhältnis von **VI**/freien Fettsäuren (**VII**) ein. 0,2μmol. u. höhere Konzz. von nichtmarkiertem **V** hemmen die **VII**-Synth. aus ^{14}C-**II** stark. Diese Hemmung ist teilweise durch Zusatz einer größeren Menge **VIII** zu **I** aufhebbar. Anscheinend verläuft die **VII**-Synth. über Coenzym-A-Ester. (J. biol. Chemistry **233.** 20—25. Juli 1958. Madison, Wis., Univ., Veterans Admin. Hosp. and Dep. of Physiol. Chem.)
K. MAIER. 4210

L. Bianco, A. A. Castellani, B. de Bernard und **V. Zambotti,** *Vorhandensein von Coenzymen und Uridinderivaten im Knorpel vor der Knochenbildung.* Die Verss. werden an Extrakten des Knorpelgewebes von Milchkälbern durchgeführt. Neben schon bekannten Verbb. (ATP, AMP usw.) wurden gefunden: *Uridinmonophosphat* (UMP), *Uridindiphosphoglucose* u. *Uridindiphospho-N-acetylhexosamin.* Eine Fraktion von UMP könnte ein Artefakt sein, das durch partielle Hydrolyse während der Extraktion aus Uridintriphosphat entstanden ist. (Boll. Soc. ital. Biol. sperim. **33.** 1271—72. Aug./Sept. 1957. Pavia, Univ., Ist. di Chim. Biol.) O. POLLAK V. EMHOFEN. 4210

W. N. Filippowa und **I. F. Sseitz,** *Die acetylierende Funktion des Coenzym-A-Systems bei Strahlenerkrankungen.* In Verss. mit Tauben wurde die acetylierende Aktivität der Leberhomogenate nach einer Bestrahlung von 2000—3000 r untersucht. Als Acceptor wurde in erster Linie ein Sulfanilamid (**I**) verwendet. Die Acetylierung des **I** in den Leberhomogenaten der bestrahlten Tauben blieb erheblich hinter der der n. Leber zurück (119 gegenüber 465 von 1000γ zugesetztem **I**). Beim n. Homogenat blieb der Zusatz von *Coenzym A* (**II**) ohne Wirkung. Im Homogenat der bestrahlten Tauben steigerte er die Acetylierung, ohne sie bis zur Norm zurückzuführen. Die Aktivität der aus der Leber der bestrahlten Tauben erhaltenen Acetonpulverpräpp. blieb erheblich hinter der solcher aus der Normalleber zurück. Fügte man überschüssiges **II** hinzu, erreichte man nie die Acetylierung wie bei der Kontrolle. Diese Verss. in Verbindung mit den Ergebnissen, die an den Vollhomogenaten bei Zusatz eines Überschusses von **II** erhalten wurden, zeigen, daß nach der Bestrahlung eine erhebliche Herabsetzung der Aktivität der Fermente des Acetylierungssyst. eintritt. Diese ist um so erheblicher, je schwerer die Erkrankung ist. Die Verss. zeigen weiterhin einen **II**-Mangel in der Leber der kranken Tauben. Beim Kochen der Homogenate beträgt die II-Aktivität nach der Bestrahlung 67% der Kontrolle. Die Ergebnisse sprechen für das Vorhandensein einer starken Einw. der ionisierenden Strahlung auf das Syst. der Übertragung der Acylgruppen. Diese Einw. betrifft sowohl eiweißhaltige als auch eiweißfreie Komponenten des Fermentsyst. der Leberacetylierung. (Доклады Академии Наук СССР [Ber. Akad. Wiss. UdSSR] **114.** 1076—79. 11/6. 1957. Leningrad, Wiss. Forschungsinst. für Bluttransfusion.) F. DU MANS. 4210

Cl. Reymond, Cl. Wild und **Th. Béraud,** *Betrachtungen über den Cocarboxylasespiegel und seine Beziehungen zum Blutbild.* Die Unterss. wurden an n. Individuen u. auch an erkrankten Patienten mit einem niedrigen *Cocarboxylase*-Spiegel durchgeführt. Eine Beziehung zwischen den korpuskulären Elementen u. dem Geh. an *Aneurinpyrophosphat* scheint nicht zu bestehen. (Int. Z. Vitaminforsch. **26.** 226—35. 1955. Lausanne, Univ., Clin. méd.) A. SCHELLENBERGER. 4210

Claude Liébecq und **Madelaine Jacquemotte-Louis,** *Adeninnucleotide.* 5. Mitt. *Der Mechanismus der nichtenzymatischen Hydrolyse von Adenosintriphosphat.* (4. vgl. C. **1959.** 6168.) Die nichtenzymat. Hydrolyse von *Adenosintriphosphat* (I) verläuft bei p_H 4,2 u. 8,5 nach folgenden Gleichungen: I → Adenosindiphosphat + anorgan. Phosphat (II) → Adenosinmonophosphat + 2 II. Mg^{2+}-Ionen beschleunigen diese Rk. in alkal. u. hemmen sie in saurer Lösung. Bei der Hydrolyse ist kein anorgan. Pyrophosphat nachweisbar. Die Verss. erfolgten bei 80° in $^1/_{15}$mol. Äthanolamin–H_2SO_4- bzw. Na-Acetat–H_2SO_4-Puffer. (Bull. Soc. Chim. biol. **40.** 759—65. 21/7. 1958. Liège, Univ., Labors. de Biochim.) K. MAIER. 4210

A. A. Castellani und **R. Donelli,** *Uridintriphosphataseaktivität in der Rattenleber* Durch das Studium der Kinetik von Adenosin- u. Uridintriphosphat (I) in der Rattenleber bei verschied. p_H wird untersucht, ob die I-Spaltung auf in der Leber vorhandene *Uridintriphosphatase* (II) zurückzuführen ist. Aus den Unterss. ergibt sich das Vorhandensein eines von Adenosintriphosphatase unterschiedlichen Enzyms, dessen p_H-Optimum bei 8—8,5 liegt; da es anorgan. P frei macht, ist es eine Phosphatase, u. zwar II. Eine transphosphorylierende Aktivität konnte nicht konstatiert werden. (Boll. Soc. ital. Biol. sperim. **32.** 153—56. Jan./Febr. 1956. Pavia, Univ., Ist. di Chim. Biol.) O. POLLAK V. EMHOFEN. 4210

F. Rossi und **C. S. Rossi,** *Einfluß der Phenyläthylessigsäure auf die Bildung von Acetyl-P, die durch Acetokinase von E. coli katalysiert wird.* Es wird die Wrkg. von *Phenyläthylessigsäure* (I) auf die durch Acetokinase (II) aus E. coli K 12 katalysierte Rk. Essigsäure + ATP → Acetyl-P + ADP untersucht (die enzymat. Rk. verläuft ohne Beteiligung von Coenzym A). I hemmt die Bldg. von Acetyl-P durch II deutlich. Es wird ein quantitatives Verf. der II-Best. angegeben. (Boll. Soc. ital. Biol. sperim. **34.** 819—20. 15/8. 1958. Padua, Univ., Ist. di Patol. Gener. e di Chim. Biol.) O. POLLAK V. EMHOFEN. 4210

Heinz Wüst, *Glykolytische Enzyme im menschlichen Seminalplasma bei Normo-, Oligo- und Azoospermie. Untersuchungen über die Phosphohexoseisomerase.* In menschlichem Seminalplasma wurden die glykolyt. Enzyme *Aldolase, Milchsäuredehydrogenase* u. *Phosphohexoseisomerase* (I) nachgewiesen. Nähere Unters. von I [als Bindeglied zwischen Fructose (II) u. Glucosestoffwechsel] ergab in den untersuchten Ejakulaten eine Bldg. von 140—1480 μMol Fructose-6-phosphat/cm^3/Std.; diese Aktivität liegt 1—2 Zehnerpotenzen höher als die durchschnittliche I-Aktivität im Serum. — Bei Normospermien wurde im Durchschnitt eine I-Aktivität von über 400, bei Azoospermien von unter 400 μMol/cm^3/Std. gefunden. — Sichere Beziehungen zwischen II-Konz. u. I-Aktivität im Samen war nicht nachweisbar. Jedoch fiel auf, daß Patienten mit patholog. I-Werten (unter 110 mg%) relativ hohe I-Konzz. im Seminalplasma hatten. (Arch. klin. exp. Dermatol. **205.** 351—56. 10/12. 1957. Düsseldorf, Med. Akad., Hautklinik.) A. HESSE. 4210

Efraim Racker und **Eleanor Schroeder,** *Bildung und Nutzung von Octulose-8-phosphat durch Transaldolase und Transketolase.* Bei der Umsetzung von Ribose-5-phosphat mit Fructose-6-phosphat unter Einw. von *Transaldolase* entsteht Glycerinaldehyd-3-phosphat (I) u. ein unbekannter Phosphatester, der als *Octulose-8-phosphat* (II) identifiziert wurde. Bei dem Zuckeranteil handelt es sich um eine *2-Ketooctulose.* II wird in prakt. gleicher Menge wie I gebildet. II setzt sich mit I unter Einw. von Transketolase zu Xylulose-5-phosphat u. einer Hexose um. Wenn I in dieser Rk. durch Erythrose-4-phosphat ersetzt wird, bildet sich Fructose-6-phosphat. Die physiol. Bedeutung dieser Umsetzungen ist ungeklärt. (Arch. Biochem. Biophysics **66.** 241—43. Jan. 1957. New York City, N. Y., Publ. Health Res. Inst., Div. of Nutrit. and Physiol.) I. WEINMANN. 4210

James W. Gill und **Kendall W. King,** *Charakteristika von freien Pansencellulasen.* Unter Verwendung der viscosimetr. Meth. zum Nachw. von *Cellulasen* (I) mit einem Carboxymethylcellulosesubstrat haben Vff. das Vork. von lösl. I im Panseninhalt, den sie durch Fistel bei jungen Stieren entnahmen, nachweisen können. Wenigstens 3 Enzyme scheinen vorhanden zu sein. Sie sind relativ thermostabil u. unempfindlich gegen Sauerstoff u. haben ein p_H-Optimum bei ungefähr p_H 6,5. Einige Proben der Panseninhalte enthielten einen I-Inhibitor. In anderen Proben konnte dieser nicht nachgewiesen werden, dafür war aber ein Aktivator vorhanden. (J. agric. Food Chem. **5.** 363–67. Mai 1957. Blacksburg, Va., Dep. of Biochem. and Nutrit., Virginia Agric. Exp. Stat.) K. BÖHM. 4210

I. A. Tabachnick und **M. E. Grelis,** *Die Hemmung der Cholinesterasehydrolyse von Dihydromurexin durch Lysergsäurediäthylamid und dessen 2-Bromderivat: Eine selektive Beziehung.* Die Serumcholinesterase (I) von Katze, Hund, Meerschweinchen, Maus u. Mensch hydrolysierte zwar *Butyrylcholin,* jedoch nur Mäuse- u. Human-I *Imidazolpropionylcholin* (Dihydromurexin; **II**). Nur Mäuse- u. Humanserum-I wurde durch Lysergsäurediäthylamid (**III**) u. 2-Brom-**III** (**IV**) gehemmt. Mäusehirn-*Pseudo*-I katalysierte die **II**-Hydrolyse u. wurde durch **III** oder **IV** stark gehemmt. Rattenhirn-I zeigte keine dieser Eigg., so daß eine wirksame I-Hemmung durch **III** oder **IV** nur dann erfolgte, wenn I **II** zu hydrolysieren vermochte. Vermutlich ist eine spezif. Enzym–Substrat-Beziehung die Voraussetzung für die Selektivität von **III** oder **IV** gegenüber verschied. I. (Nature [London] **182.** 935. 4/10. 1958. Bloomfield, N. J., Schering Corp., Sci. Res. Div., Dep. of Pharmacol.) K. MAIER. 4210

H. G. Biggs, Shirley Carey und **D. B. Morrison,** *Eine einfache colorimetrische Methode zur Bestimmung der Cholinesteraseaktivität des Plasmas und der Zellen.* Die colorimetr. Bestimmungsmeth. der Cholinesteraseaktivität beruht auf der Absorption von *Bromthymolblau* bei 620 mμ (W.), verursacht durch die aus dem *Acetylcholin* freigesetzte *Essigsäure.* (Amer. J. clin. Pathol. **30.** 181–86. Aug. 1958. Memphis, Tenn., Univ. of Tennessee, Dep. of Med. Labors., Sect. of Clin. Chem.) W. SCHELER. 4210

A. Pusztai und **W. T. J. Morgan,** *Abbau von Blutgruppen-spezifischen Mucopolysacchariden durch Ficin und Papain.* Die *Blutgruppensubstanzen A, B, H* u. *Le*^{a} erfahren nach Reinigung mit Ficin oder Papain zwar keine Änderung in der chem. Zus., verlieren aber den größten Teil der serolog. Aktivität. Bei der Dialyse entstehen keine wesentlichen dialysierbaren Bruchstücke. Es wird angenommen, daß einige wenige Peptidbindungen gespalten werden u. so der serolog. Aktivitätsverlust zustande kommt. (Nature [London] **182.** 648–50. 6/9. 1958. London, Lister Inst. of Preventive Med.) H. STRUCK. 4210

Ramesh Chandra Sinha und **Krishna Bahadur,** *Vergleichende Untersuchung der proteolytischen Aktivitäten von Papain und Trypsin gegen Casein, Eieralbumin und Fleischextrakt.* Bei einer vergleichenden Unters. der proteolyt. Aktivität von *Papain* u. *Trypsin* auf Casein, Eiweiß u. Fleischextrakt zeigte sich folgende Reihenfolge der relativen proteolyt. Aktivität dieser Enzyme: aktiviertes Papain > Trypsin > unaktiviertes Papain. Wenn die Reihenfolge der hydrolysierbaren Substrate berücksichtigt wird, ist diese für Trypsin: Casein > erwärmtes Eiweiß > Fleischextrakt > nicht erwärmtes Eiweiß, während sie für aktiviertes u. nichtaktiviertes Papain die folgende ist: Casein > Eiweiß > Fleischextrakt. (Enzymologia [Den Haag] **19.** 319–22. 30/6. 1958. Allahabad, Univ., Chem. Labor.) K. HEYNS. 4210

Ramesh Chandra Sinha und **Krishna Bahadur,** *Fraktionierung und Kristallisation eines handelsüblichen Papains.* Ein Handelspräp. von *Papain* wurde durch Fällung mit absol. A. fraktioniert. Abgesehen von dem unlösl. Anteil wurden 7 Fraktionen erhalten. Diese wurden zur Kristallisation gebracht u. ihre enzymat. u. physikal. Eigg. untersucht. Röntgendiagramme dieser Fraktionen zeigten, daß sie alle die gleiche Kristallform besitzen, doch ergaben die ersten 3 Fraktionen im Röntgenbild außer den klaren Kristallringen noch einen diffusen Hintergrund, der andeutet, daß diese Kristalle noch mit einer amorphen Phase verunreinigt sind. Von den letzten beiden Fraktionen konnten wegen ihrer hygroskop. Beschaffenheit keine Röntgendiagramme aufgenommen werden. Aus den Unterss. der enzymat. Aktivität dieser Fraktionen kann man schließen, daß das Papain des Handels ein Gemisch verschied., enzymat. nicht einheitlicher Proteine ist. (Enzymologia [Den Haag] **19.** 323–26. 30/6. 1958. Allahabad, Univ., Chem. Labor.) K. HEYNS. 4210

E. Raghupathy, N. R. Mougdal und **P. S. Sarma,** *Untersuchungen über die enzymatische Verwendung einiger Proteine und ihrer Jodderivate.* Jodierte Proteine werden durch proteolyt. Enzyme in wesentlich geringerem Ausmaß als die entsprechenden natürlichen Proteine angegriffen, wobei die prozentuale Bldg. säurelösl. Stickstoffs

ein Maß für den Grad der Hydrolyse darstellt. Zurückzuführen ist dieses veränderte Verh. wahrscheinlich auf Umwandlung von Cysteyl- in Cystylbindungen, ster. Veränderungen u. Blockierung freier Amino- u. Guanidinogruppen bei der Jodierung. (Enzymologia [Den Haag] **19.** 303—09. 30/6. 1958. Madras, Univ., Biochem. Labor.)
K. HEYNS. 4210

Charles J. Martin, Julius Golubow und **A. E. Axelrod** (unter techn. Mitarbeit von **Albert R. Frazier**), *Eine empfindliche spektrophotometrische Schnellmethode zur Bestimmung von Chymotrypsin.* Es wird eine empfindliche spektrophotometr. Meth. zur Best. der *Chymotrypsin* (I)-Aktivität beschrieben, die noch 4,5 Milli-γ I erfaßt u. auf Messung der Anfangshydrolysegeschwindigkeit (p-Nitrophenolabspaltung) unter Verwendung von *N-Carbobenzoxy-L-tyrosin-p-nitrophenylester* als Substrat beruht.

Versuche: *Carbobenzoxy-L-tyrosinäthylester,* F. 88,0—88,5°, aus L-Tyrosinäthylesterhydrochlorid (5 g) u. Carbobenzoxychlorid; 4,25 g (Ausbeute). — *Carbobenzoxy-L-tyrosin,* F. 94—95°, aus vorst. Verb. (3,25 g) durch Verseifen; 2,64 g. — *N-Carbobenzoxy-L-tyrosin-p-nitrophenylester,* $C_{23}H_{20}N_2O_7$, F. 158—159°, aus vorst. Verb. (1,58 g) u. Chlorameisensäureäthylester in Ggw. von Tributylamin in Dioxan, 6—8°, 30 Min., u. anschließende Zugabe von p-Nitrophenol; aus Chlf., $[\alpha]_D^{28}$ +3,2° (1%, Dioxan), —16,3° (1%, Aceton); 1 g. (J. biol. Chemistry **234.** 294—98. Febr. 1959 Pittsburgh, Pa., Univ., Biochem. Dep.)
K. MAIER. 4210

R. A. Oosterbaan, P. Kunst, J. Van Rotterdam und **J. A. Cohen,** *Die Reaktion von Chymotrypsin und Diisopropylfluorphosphat.* 1. Mitt. *Isolierung und Analyse von Diisopropylphosphorylpeptiden.* Nach Rk. von *α-Chymotrypsin* mit ^{32}P-Diisopropylfluorphosphat wurde das Reaktionsprod. durch Einw. von Pankreasextrakt (Cotazym, N. V. ORGANON, Oss, Niederlande), 15—24 Std. bei 37°, partiell hydrolysiert. Durch Chromatographie an Dowex-50-X4 konnten 2 radioakt. Peptidfraktionen (B u. C) erhalten werden. B wurde durch Verteilung in einem Phenol/W.-Syst. u. C durch Papierelektrophorese u. -chromatographie bis zur papierelektrophoret. u. -chromatograph. Homogenität gereinigt. Nach Totalhydrolyse von B u. C in 6n HCl, 20 Std. bei 105°, wurden die freigesetzten Aminosäuren mittels quantitativer Papierchromatographie bestimmt. Hierbei ergab sich für C die Zus. Asp [oder Asp(NH_2)]$_1$, Ser$_1$, Gly$_3$, Pro$_1$; B hat die gleiche Zus. u. weist zusätzlich noch Leu$_1$ auf. (Biochim. biophysica Acta [Amsterdam] **27.** 549—55. März 1958. Rijswijk, Z. H., Niederlande, Nat. Defence Res. Council, T.N.O., Med. Biol. Labor.)
E. SCHWERDTFEGER. 4210

R. A. Oosterbaan, P. Kunst, J. Van Rotterdam und **J. A. Cohen,** *Die Reaktion von Chymotrypsin und Diisopropylfluorphosphat.* 2. Mitt. *Die Struktur von zwei Diisopropylphosphoryl-substituierten Peptiden von Diisopropylphosphorylchymotrypsin.* (1. vgl. vorst. Ref.) Vff. bestimmten die Aminosäurefolge der Peptide B u. C (vgl. 1. Mitt.) durch N-Endgruppenbest. mit 1-Fluor-2.4-dinitrobenzol bzw. Phenylisothiocyanat sowie durch Papierchromatographie u. Hochspannungspapierelektrophorese der nach 2maligem Abbau nach EDMAN erhaltenen Bruchstücke. Für B wurde die Folge: Gly·asp·ser·gly·gly·pro u. für C Gly·asp·ser·gly·gly·pro·leu erhalten. Aus den Ergebnissen schließen Vff., daß die Diisopropylphorphorylgruppe an die Hydroxylgruppe des Serinrestes gebunden ist. Die mögliche Bedeutung von B u. C in bezug auf die Bindungsorte des Diisopropylphosphorylfluoridats u. die der Esterspaltung bei α-Chymotrypsin werden diskutiert. (Biochim. biophysica Acta [Amsterdam] **27.** 556—63. März 1958.)
E. SCHWERDTFEGER. 4210

Hadar Emanuelsson, *Änderung der proteolytischen Enzyme des Eidotters bei der Entwicklung des Hühnereies.* Vf. untersuchte die bei der Entw. des Hühnereies auftretenden quantitativen u. qualitativen Veränderungen des *Aminosäure*-Geh. u. der *proteolyt. Enzyme* des Eidotters während der ersten 14 Bruttage. Die freien Aminosäuren u. die in A. lösl. Peptide zeigten keine qualitativen u. nur ganz geringe quantitative Veränderungen. Im Eigelb u. im Dottersack kommen 3 verschied. proteolyt. Enzyme vor; maximale Enzymaktivität ist vom 2.—9. Bruttag vorhanden. — Diskussion der Dotterproteinverwertung durch den Embryo. (Acta physiol. scand. **34.** 124—34. 27/10. 1955. Lund, Univ., Dep. of Zoophysiol.)
H. GOEBEL. 4210

W. I. Worobjew, *Über die Kinetik der fermentativen Hydrolyse von Eiweißstoffen und Peptiden unter Druck.* In einer Hochdruckbombe wurde der Einfl. des Druckes auf die Geschwindigkeit der fermentativen Hydrolyse von Eiweißstoffen u. Peptiden untersucht. Bei der Hydrolyse von Glycylglycin u. Glycyl-*l*-leucin durch ein Hefeferment im Phosphatpuffer nimmt die Geschwindigkeit mit steigendem Druck allmählich ab; bei 4500—5000 at wird die Hydrolyse vollständig gehemmt. Im Boratpuffer wurden ähnliche Ergebnisse erzielt. Eine Verringerung der Hydrolysegeschwindigkeit bei Dipeptiden mit zunehmendem Druck wurde auch bei Anwendung eines aus der Darmschleimhaut der Katze isolierten Ferments in beiden Pufferlsgg. beobachtet. Bei der Trypsinspaltung von wärmedenaturiertem Serumalbumin u. γ-Serumglobulin in Borat-, Ammonium- u. Phosphatpufferlsgg. zeigte sich, daß die Hydrolysegeschwindigkeit bis zu 2000 at steigt; danach nimmt die Hydrolyse mit steigendem Druck ab u. wird bei 4500—5000 at vollständig gehemmt. Bei der Hydrolyse dieser Eiweißstoffe mit Chymotrypsin steigt die Geschwindigkeit bis 4000 at, nimmt danach ab, bei 6000—6500 at wird keine Hydrolyse beobachtet. Die Spaltung der Eiweißstoffe u. Peptide wird nur während der Ausübung eines Druckes gehemmt; nach Beseitigung des Druckes wird in den entsprechenden Substraten die fermentative Hydrolyse sofort erneuert. Der Druck wirkt also nicht auf das Substrat, sondern auf das Ferment. Die Umkehrbarkeit der hemmenden Wrkg. ist aber nur unterhalb des „krit." Druckes möglich (bei Spaltung aller Eiweißstoffe durch Trypsin 4500—5000 at, durch Chymotrypsin 6000 bis 6500 at). (Доклады Академии Наук СССР [Ber. Akad. Wiss. UdSSR] **123.** 133—36. 1/11. 1958. Inst. für Cytologie der Akad. der Wiss. der UdSSR.) OTTO MAIER. 4210

A. J. Kenny, *Die Proteolyse von Glukagon und anderen Peptiden durch Rattenleber in vitro.* Die *Proteinase* (I) war in der überstehenden Fraktion des Rattenleberhomogenats lokalisiert. p_H-Optimum ca. 7,5. I wurde durch p-Chlormercuribenzoat u. andere Hemmstoffe von Thiolenzymen stark gehemmt. Ggw. von Insulin u. Corticotropin hemmt ebenfalls die Proteolyse von *Glukagon* (II). Sie wurde teilweise gehemmt durch hohe Konzz. von Äthylendiamintetraessigsäure, Tolbutamid, Carbutamid u. Indolyl-3-essigsäure. Insulin (III) wurde im Gegensatz zu den Fraktionen A u. B von oxydiertem III unter den gleichen Bedingungen wie II nicht hydrolysiert. Papierchromatographie u. -elektrophorese ergaben als Spaltprodd. von II: Keine niederen Peptide, aber alle 15 in II enthaltenen Aminosäuren. Bei ähnlichen Unterss. mit der Fraktion A wurden erhalten: Glycin, Isoleucin, Valin, Glutamin u. Glutaminsäure neben kleineren Mengen von Cystein, Alanin u. Serin, was auf das Vorhandensein einer *Aminopeptidase* (IV) schließen läßt. Die Ergebnisse mit der Fraktion B als Substrat waren weniger beweiskräftig, aber auch mit der Tätigkeit einer IV vereinbar. Die zusätzliche Mitwrkg. einer Carboxypeptidase (V) konnte nicht ganz ausgeschlossen werden. Nach RADEMAKER & SOONS (C. **1958.** 7160) ist jedoch eine V in der überstehenden Fraktion des Rattenleberhomogenats nicht vorhanden. (Biochem. J. **69.** 32P—33P. Juni 1958. Cambridge, Univ., Dep. of Biochem.) H. AMAN. 4210

N. Lang und **H. E. Renschler,** *Untersuchungen zum Ort der Coeruloplasminbildung mit Radiokupfer* (^{64}Cu). Isoliertes *Coeruloplasmin* (I) wurde mit ^{131}J markiert (ca. 2 Atome ^{131}J/Mol. Protein), u. dieses in kleinsten Mengen zu Serum, Leber- oder Nierenhomogenat zugesetzt. Wenn nun das Serum auf $^1/_4$ verd. wird (bzw. 2,5%ig. Homogenat verwendet wird), bleibt bei 43%ig. Sättigung mit $(NH_4)_2SO_4$ I zum größten Teil im Überstand, bei 60%ig. Sättigung im Sediment. — Mit dieser Meth. wurde I aus Serum u. Organhomogenaten von Kaninchen abgetrennt, nachdem diesen $^{64}CuCl_2$ injiziert worden war. — Das ^{64}Cu wird zunächst locker vorwiegend an Albumin gebunden u. geht später in fester Bindung in I über. Vor dem Anstieg des I-^{64}Cu im Blut wird bereits eine Anreicherung in der Leber gefunden. Später kommt es in diesem Organ auch noch zu einer ^{64}Cu-Anreicherung in der albuminhaltigen Fraktion. — Die Leber erfüllt somit zwei Funktionen: I-Synth. u. Cu-Speicherung. (Z. ges. exp. Med. **130.** 203—14. 27/8. 1958. Marburg/Lahn, Univ., Med. Poliklinik.) H. STRUCK. 4210

B. Nisman und **Marie-Louise Hirsch,** *Untersuchung der Aktivierung und des Einbaus von Aminosäuren durch Enzymfraktionen von E. coli.* Unter Einw. von Penicillin entstandene Protoplasten von *Escherichia coli* wurden mit 18%ig. Saccharoselsg. gewaschen u. in Ggw. von 0,2% Digitonin u. 10^{-2}mol. $MgSO_4$ durch Schütteln lysiert. Durch Zentrifugieren bei 30000·*g* wurde Sediment u. Überstand gewonnen u. die Aktivierung von *Aminosäuren* (I) durch diese Fraktionen untersucht, indem der Einbau von ^{32}P von markiertem Pyrophosphat in das terminale Phosphat von Adenosintriphosphat (II) in Ggw. der einzelnen I bestimmt wurde. Alle Aminosäuren wurden aktiviert, jedoch mit unterschiedlicher Geschwindigkeit. Sediment war wesentlich weniger aktiv. Es vermochte eine Reihe von I, darunter Glutaminsäure, Arginin, Alanin, Phenylalanin (III), Prolin u. Asparaginsäure nicht oder nur in geringem Umfang zu aktivieren. Beide enzymat. Fraktionen vermochten die radioakt. markierten I, DL-Valin, Glykokoll, III u. Methionin in Ggw. von Mn^{2+}, Mg^{2+} u. II in hochmol. Verbb. einzubauen. Durch Zentrifugieren bei 105000·*g* wurde der Überstand in 2 weitere Fraktionen getrennt, die beide die gleichen Eigg. wie die Ausgangsfraktion hatten. Lediglich die lösl. Fraktion vermochte I nur in Verbb. einzubauen, die mit Trichloressigsäure extrahiert werden konnten. (Ann. Inst. Pasteur **95.** 615—36. Nov. 1958. Garches, Inst. Pasteur, Labor. d'enzymol. microbienne, Serv. du Staphylocoque.) F. RADLER. 4210

Th. Wieland, G. Pfleiderer und **B. Sandmann,** *Zum Wirkungsmechanismus der Glutaminsynthese aus Erbsen.* Zur Messung der enzymat. Glutamin (**I**)-Bldg. aus *L-Glutamat* (**II**), NH_3 u. *Adenosintriphosphat* (**III**) wird ein opt. Test angegeben, der auf folgenden gekoppelten Rkk. u. Best. der Abnahme der DPNH-Konz. (Absorptionsabfall bei 366 mμ um 0,1 $\sim$ Bldg. von 4,4 γ **I**/Liter) beruht. Glutaminsäure (**IV**) + **III** + $NH_3 \xrightarrow{\text{I-Synthetase (V)}}$ **I** + Phosphat + Adenosindiphosphat (**VI**), **VI** + Phosphoenolbrenztraubensäure $\xrightarrow{\text{Pyruvatkinase}}$ **III** + Brenztraubensäure (**VII**), **VII** + DPNH + H^+ $\xrightarrow{\text{Milchsäuredehydrogenase}}$ Milchsäure + DPN^+. Nach Incubation von **V** (aus Erbsenmehl) mit endständig ^{32}P-markiertem **III** u. anschließender Elektrophorese von **V** in gekühlter Stärkeschicht enthält **V**, nach Abwanderung von überschüssigem **III**, fest gebundene ^{32}P-Aktivität, die beim Eluieren mit viel W. als unverändertes **III** erscheint. Bei Durchführung des Vers. in Ggw. von L-**II** blieb ebenfalls ^{32}P-Aktivität an **V** haften, die sich nach dem Eluieren vorwiegend als Monophosphat erwies. ^{14}C-**II** wurde nur in Ggw. von **III** an **V** gebunden. Es wird angenommen, daß „aktivierte" **IV** aus einem über Phosphat covalent an das Protein gebundenen γ-Glutamylrest besteht, wobei als Bindungsstelle, auf Grund von Hemm- u. Schutzverss. (p-Chlormercuribenzoat, Jodacetat, Dialyse gegen Dithiol), eine SH-Gruppe sehr wahrscheinlich ist. Für die enzymat. **I**-Synth. wird ein Reaktionsmechanismus diskutiert, bei dem ein **V**-S-Phosphat den eigentlichen Katalysator bildet. (Biochem. Z. **330.** 198—208. 1958. Frankfurt/M., Univ., Inst. für Org. Chem., Biochem. Abt.) K. MAIER. 4210

Pierre Gonnard und **Jean-Paul Nguyen Chi,** *Wirkung von Isonicotinsäurehydrazid und von Verbindungen verwandter Natur auf die Dopadecarboxylase.* Im Anschluß an frühere Befunde (C. **1956.** 9759) über den Einfl. von Isonicotinsäurehydrazid (**I**) auf die Oxydation von *Dihydroxyphenylalanin* („Dopa"; **II**) wird jetzt gezeigt, daß die Decarboxylierung von **II** durch **I** gehemmt wird, u. daß diese Wrkg. nicht als eine Hemmung des Coenzyms angesehen werden kann. Offenbar erfolgt eine Kombination von **I** mit *Pyridoxalphosphat* (**III**), wobei das gebildete Hydrazon jedoch einen Aktivator darstellt; dies kann durch Verwendung von kleinen Mengen **I** (welche die Decarboxylierung aktivieren) oder durch Zusatz von **III** gezeigt werden. Bei hoher Konz. hebt **II** nicht nur die Hemmung auf, sondern die Decarboxylierung wird viel intensiver als in Ansätzen mit der gleichen Menge Coenzym. Die durch erhöhte **I**-Mengen bewirkte Hemmung kann auf Kombination mit dem Coenzym oder mit einem Stoffwechselprod. von **II** beruhen. — Durch Aldehyde oder Ketone, welche sich mit **I** verbinden können (Zimtaldehyd; Vanillin; Antipyrin; α-Ketoglutarsäure) wird die Hemmwrkg. nicht aufgehoben. — Benzoylhydrazid verhält sich wie **I**. — *Isopropylisonicotinsäurehydrazid* (*Iproniazid,* das auch die *Aminosäureoxydase,* welche kein Coenzym benötigt, hemmt) hemmt die Decarboxylierung von **II**; die Wrkg. wird durch **III** nicht aufgehoben; in keinem Fall erfolgt Aktivierung. — *Nicotinsäureamid, Nicotinsäure* u. *Isonicotinsäure* hemmen ebenfalls. (Bull. Soc. Chim. biol. **40.** 485—95. 9/5. 1958. Nanterre/Seine, Maison Département., Labor. de Clin. Biol.) A. HESSE. 4210

Roscoe O. Brady und **George J. Koval,** *Die enzymatische Synthese von Sphingosin.* 1. Mitt. (Vgl. C. **1957.** 13382.) Hirn-, Leber- u. Milzgewebe junger Ratten (10—18 Tage) enthalten ein Enzym (**IV**), das den in vitro-Einbau von L-Serin (**I**) oder D-Glucose (**II**) in Sphingosin (**III**) katalysiert. Verss. mit **IV**-Präpp. aus Hirngewebe ergaben den Einbau von L-**I**-^{14}C oder DL-**I**-$^{14}C_{(3)}$, nicht aber von D-**II**-^{14}C, in **III**-$C_{(1)}$ u. -$C_{(2)}$, während $C_{(3-18)}$ aus Palmitylcoenzym A (**V**) stammt. Maximale enzymat. Wirksamkeit besaß der 20000·g-Überstand (30 Min.) einer zellfreien Suspension. Die katalyt. aktiven Partikel waren bei 100000 g (30 Min.) sedimentierbar. Nach Ultraschallbehandlung der Partikel fand im 100000·g-Überstand (1 Std.) eine beträchtliche **III**-Synth. statt. Letzte erfordert Ggw. von red. Diphosphopyridinnucleotid (**VI**), Pyridoxalphosphat u. Mn^{2+}-Ionen. Hirngewebeextrakte enthalten ein Enzym, das die Red. von **V** durch red. **VI** katalysiert. Das Primärprod. der Kondensations-Rk. ist wahrscheinlich Dihydro-**III**. Der Nachw. der enzymat. Red. von Safranin T, nicht aber von **VI**, durch Dihydro-**III** spricht für eine durch Flavoprotein katalysierte Oxydation von Dihydro-**III** zu **III**. (J. biol. Chemistry **233.** 26—31. Juli 1958. Bethesda, Md., Nat. Inst. of Neurol. Diseases and Blindness, Sect. on Lipid Chem.) K. MAIER. 4210

Roscoe O. Brady, Joseph V. Formica und **George J. Koval,** *Die enzymatische Synthese von Sphingosin.* 2. Mitt. *Weitere Untersuchungen über den Wirkungsmechanismus.* (1. vgl. vorst. Ref.) Rattenhirngewebe enthält ein Enzymsyst. (100000·g-Überstand des Ultraschallextraktes von 20000—100000·g-Partikeln), das *Sphingosin* (**I**) anscheinend unter Addition von *Palmitinaldehyd* (**II**; Bldg. aus Palmityl-CoA durch enzymat. Red. in Ggw. von Triphosphopyridinnucleotid) an das aktivierte Methylen-

C-Atom von L-Serin (III)-$C_{(2)}$, eines in Ggw. von Pyridoxalphosphat (IV) u. Mn^{2+} gebildeten Komplexes (V) synthetisiert (C—C-Addition zwischen dem resonanzstabilisierten Carbanion V u. II ähnlich der Aldolkondensation vom KVOEVENAGEL-Typ; möglicherweise ein neuer Mechanismus zur biol. *C*-Kettenverlängerung). II kann in Abwesenheit von CoA als I-Vorstufe dienen. Äthanolaurin (VI) ist keine I-Vorstufe. Hiermit steht in Einklang, daß III, Pyridoxal u. Ni^{2+} rasch einen SCHIFFsche Base–Metall-Komplex bilden, VI dagegen nur schwer. Die benutzten Enzympräpp. katalysierten in Ggw. von Diphosphopyridinnucleotid die Oxydation von II u. bewirkten Umwandlung von Dihydro-I in I. (J. biol. Chemistry **233**. 1072—76. Nov. 1958. Bethesda, Md., Nat. Inst. of Neurol. Diseases and Blindness, Labor. of Neuro-chem.) K. MAIER. 4210

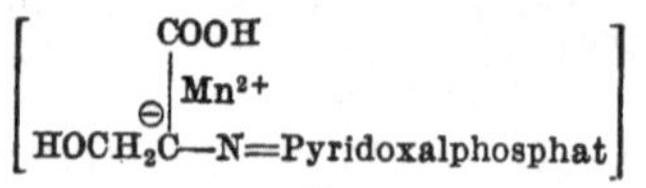

V

L. Arrigo, O. Rossi und **G. Ivaldi,** *Beziehungen zwischen Heparin und Cholesterinesterase.* Vff. stellten fest, daß ein aceton. Extrakt aus Hundepankreas merkliche Cholesterinesterase (I)-Aktivität (hydrolyt. u. esterifizierend) aufweist; u. zwar steigen die Hydrolysen (H) bzw. Esterifizierungswerte (E) mit zunehmender C-Zahl des Substrats; Heparin (II) bewirkt allg., dem I-Fettsäure- bzw. I-Fettsäurecholesterinestergemisch zugefügt, eine deutliche Steigerung der H- bzw. E-Werte. Folgende Substrate wurden untersucht: H-Werte in % (nach Zugabe von II): *Cholesterincaprylat* 12 (14); *Cholesterinmyristat* 20 (25); *Cholesterinstearat* 25 (23); *Cholesterinoleat* 33 (42). — E-Werte: *Caprylsäure* 19 (22); *Myristinsäure* 28 (30); *Ölsäure* 53 (64). Zugaben von Rinder-*Albumin* u. *Protamin* verändern nicht den aktivierenden Effekt von II auf die I-Aktivität. (Boll. Soc. ital. Biol. sperim. **34**. 890—93. 15/8. 1958. Genua, Univ., Ist. di Fisiol. Umana.) O. POLLAK V. EMHOFEN. 4210

Lorna J. Langer und **Lewis L. Engel,** *17β-Östradioldehydrogenase der menschlichen Placenta.* 1. Mitt. *Anreicherung, Charakterisierung und Bestimmung.* Reinigung u. Eigg. einer 17β-Östradioldehydrogenase aus der menschlichen Placenta, die die Umwandlung *Östradiol* ⇌ *Östron* katalysiert, werden beschrieben. Durch Fällung der Extrakte reifer Placenten mit $(NH_4)_2SO_4$ u. Adsorption an Calciumphosphatgel wurde ein lösl. Enzym isoliert. Hierbei wurde eine 50fache Anreicherung in bezug auf die Placentaextrakte erreicht. Mit steigender Reinheit steigt die Stabilität. Zusätze von Glycerin, Östradiol u. DPN wirken stabilisierend. DPN^+ u. TPN^+ können als Coenzyme dienen. Das Enzym besitzt die für die Aktivität notwendigen Sulfhydrylgruppen. Es wird durch Cu^{2+}, Hg^{2+}, Fe^{2+} inaktiviert u. durch Zn^{2+} aktiviert. Die p_H-unabhängige Gleichgewichtskonstante K_H wurde zu $(1{,}8 \pm 0{,}5) \cdot 10^{-8}$ mol. bestimmt. Das p_H-Optimum für die Dehydrierung liegt bei 10, für die umgekehrte Rk. bei 6,2. Das Enzym besitzt eine hohe Spezifität für aromat. 17β-Hydroxysteroide. (J. biol. Chemistry **233**. 583—88. Sept. 1958. Boston, Mass., Harvard Univ., John Collins Warren Labor. of the Collis P. Huntington Mem. Hosp. at Mass. Gen. Hosp., Dep. of Biol. Chem., Harvard Med. School.) L. LASCHET. 4210

W. Taylor, *Ketonprodukte der Desoxycorticosteronumwandlung durch Kaninchenleberhomogenisat.* (Vgl. C. **1958**. 1324.) Nach Incubation von *Desoxycorticosteron* (I) mit Kaninchenleberhomogenisat waren, neben den bereits früher aufgefundenen Metaboliten, in der Ketonfraktion der α-Reihe (nichtfällbar mittels Digitonin) *Δ^4-20α.21-Dihydroxypregnen-3-on,* dessen *20β*-Epimeres, *3a.21-Dihydroxy-5β-pregnan-20-on* u. *21-Hydroxy-5-pregnan-3.20-dion* nachweisbar [Papierchromatographie der freien u. acetylierten Steroide in mindestens 2 Lösungsmittelsystemen, Farb-Rkk. mit alkal. blauer Tetrazoliumverb. (VI), UV-Licht, 15- u. 75%ig. H_3PO_4, konz. H_2SO_4, HJ/J_2]. 4 weitere, in kleinen Mengen isolierte, nichtidentifizierte Verbb. (II–V) red. sämtlich VI u. besaßen nach dem papierchromatograph. Verh. eine weitere O-Funktion. II zeigte UV-Absorption u. als freie Verb. den gleichen R_F-Wert wie *14α-Hydroxy*-I, nach Behandlung mit Acetanhydrid/Pyridin den R_F-Wert von Δ^4-6β.21-Diacetoxypregnen-3.20-dion. III–V, ohne UV-Absorption, waren „polarer" als hydroxylierte I-Derivv. mit der OH-Gruppe in äquatorialer Konformation u. sind vermutlich Derivv. eines im Ring A red. I mit > 3 O-Atomen pro Molekül. (Biochem. J. **69**. 42P. Juli 1958. Newcastle-upon-Tyne, King's Coll., Med. School, Dep. of Physiol.) K. MAIER. 4210

M. A. Ter-Karapetjan, *Besonderheiten des Aminosäuregehaltes von Hefeorganismen bei der aeroben Assimilation von Glucose und Xylose.* Aus den Verss. folgt, daß die Biomassen der auf Nährböden mit *Glucose* oder *Xylose* gezüchteten Hefe *Candiba pelliculosa* geringe Mengen an Lysin, Histidin, Tyrosin, Cystin (u. Cystein) u. Prolin enthält. Die Hauptmasse der Aminosäuren der Hefe besteht aus Glutaminsäure, Asparaginsäure, Serin, Glycin, Alanin, Methionin, Valin u. Leucingruppe. Arginin u. Phenylalanin sind in mittleren Mengen enthalten. Die A.-Fraktion enthält 12, der verbliebene

Rest 14 Aminosäuren, die im Makromol. der Zelle enthalten sind u. erst nach längerer Hydrolyse frei werden. Es wurde eine gesetzmäßige Veränderung der Aminosäurezus. in der Hefezelle in Abhängigkeit von der C-Quelle im Nährboden festgestellt. Die Aminosäurezus. der A.-lösl. Fraktion ist am labilsten. Auf Nährboden mit Xylose gezüchtete Hefe hat ständig einen erhöhten Geh. an Aminobuttersäure, Alanin u. teilweise Arginin. Die Aminosäurezus. der Makromoll. ist stabiler. Vf. stellt fest, daß die allg. verbreitete Meinung, wonach in Ggw. einer ausreichenden Menge N-Nahrung die Aminosäurezus. der Hefe nur wenig von der Natur des Nährbodens abhängt, unbedingt revidiert werden muß. (Доклады Академии Наук СССР [Ber. Akad. Wiss. UdSSR] **122.** 870—73. 11/10. 1958. Inst. für Tierzucht u. Veterinärwesen des Min. für Landw. der ArmenSSR.) OTTO MAIER. 4270

Gladys E. Woodward und **Marie T. Hudson,** *Einfluß von Tyrocidin auf den Kohlenhydratstoffwechsel von Hefe und Tumorgewebe sowie auf das Wachstum von Tumoren bei Mäusen. Tyrocidin* (I) hemmt in Konzz. von 0,001% teilweise, in Konzz. von 0,005% vollständig die anaerobe Gärung der Hefe; durch Ggw. von Phosphat wird die Hemmung etwas verstärkt. Von ähnlichen I-Konzz. wird auch die Atmung der Hefe (Oxydation von Glucose) gehemmt, was ebenfalls durch Phosphat verstärkt wird. — *Hexokinase* der Hefe wird erst von 25mal höheren I-Konzz. in gleichem Ausmaß gehemmt. — Anaerobe *Glykolyse* in Tumorschnitten wird durch **I** gehemmt, wobei erheblich größere Konzz. als zur Hemmung der Gärung oder der Glykolyse von Ascitestumorzellen notwendig sind. Bei Verss., diese Wrkg. von **I** zu steigern, wurde lediglich mit Injektionen von *Hyaluronidase* (**II**), nicht aber durch Einbringen der Schnitte in Lsgg. von **II** oder von Trypsin oder Lipase sowie auch nicht durch fettfreie Diät, eine Erhöhung der Hemmwrkg. erzielt. — Verfüttern von **I** an Mäuse oder Injektion von **I** (auch zusammen mit **II**) konnte nicht das Wachstum von Krebs-2-Carcinomen verhindern. (J. Franklin Inst. **264.** 147—52. Aug. 1957. Philadelphia, Pa., Franklin Inst., Biochem. Res. Found.) A. HESSE. 4270

E₃. Mikrobiologie. Bakteriologie. Immunologie.

T. Dekker und **H. Huitema,** *Die Bedeutung des Zinks für das Oberflächenwachstum von Mycobacterium tuberculosis var. bovis und Massenproduktion von gereinigten Tuberkulinproteinabkömmlingen.* Durch Zusatz von 20 γ Zn + 2 γ *Mn* + 0,35 γ *Co* je cm^3 (oder durch Zn allein oder durch Zn + Mn) zu der synthet. Nährlsg. nach DORSET-HENLEY konnte das vorzeitige Untersinken der Kahmhaut von Myc. tuberculosis var. bovis AN5 verhindert u. die *Tuberkulin*-Ausbeute vermehrt werden. Der Geh. an „A + B"-Protein u. damit auch die Wirksamkeit des Tuberkulins waren erhöht. (Nature [London] **182.** 1387—88. 15/11. 1958. Rotterdam, Rijksseruminrichting.) W. SCHÖNBORN. 4315

Matao Takashima, Akira Kitajima und **Kenichi Otsuka,** *Über die Erzeugung weißer kristallisierter „Glauconsäure" und roter Pigmente durch Penicillium purpurogenum.* Ein im Glucose-CZAPEK-Medium gut wachsender Stamm von *Penicillium purpurogenum* erzeugt in Oberflächen- u. Submerskulturen neben roten Pigmenten farblose Kristalle (aus dem Medium durch Mineralsäure gefällt), nach Ausziehen mit Aceton krist. daraus prismat. Nadeln, F. 200,5—201,5°, $C_{18}H_{20}O_7$, mit *Glauconsäure* identisch. IR-Spektr. vgl. Original. (J. agric. chem. Soc. Japan [Nippon Nôkeikagaku Kaishi] **29.** 25—29. Jan. 1955. Tokyo, Univ., [Orig.: japan., Auszug: engl.]) L. SCHULER. 4315

A. G. Harrison und **H. G. Thode,** *Mechanismus der bakteriellen Sulfatreduktion durch Isotopentrennversuche.* (Vgl. C. **1953.** 3208.) Vff. berichten über die Trennung der Schwefelisotopen ^{32}S u. ^{34}S bei der Red. von SO_4^{2-} zu S^{2-} durch *Bacterium Desulfovibrio desulfuricans.* Die Unterss. wurden in einem großen Bereich der Metabolitkonz., der Temp. u. der Wachstumsbedingungen durchgeführt. Der Isotopentrenneffekt erstreckte sich über einen Bereich von 0—2,5%, wobei $^{32}SO_4^{2-}$ schneller reagierte als $^{34}SO_4^{2-}$. Er war außerdem von der Reduktionsgeschwindigkeit abhängig. Diese Resultate erklären Vff. durch einen Reaktionsmechanismus, der in zwei aufeinanderfolgenden Stufen verläuft, von denen die eine einen kleinen, die andere einen großen Isotopentrenneffekt bewirkt, wobei es von der Bruttogeschwindigkeit der Rk. abhängt, welche Stufe geschwindigkeitsbestimmend ist. (Trans. Faraday Soc. **54.** 84—92. Jan. 1958. Hamilton, Canada, McMaster Univ., Hamilton Coll., Dep. of Chem.) M. v. CALL. 4320

N. W. Pomorzewa, *Bildung von organischen Säuren und Aldehyden durch Kulturen von Pseudomonas pyocyanea bei der Oxydation von Kohlenwasserstoffen.* Ein *Pyocyanea*-Stamm aus dem Boden mit einem Oxydationsvermögen gegenüber KW-stoffen wurde 4 Jahre auf Nährböden gezüchtet, deren einzige C-Quelle in 1% KW-stoff bestand. Der untersuchte Stamm war fähig, Heptan, Octan, Decan, sowie die in PAe., Bzn. u. Hartparaffin enthaltenen KW-stoffe als C u. Energiequelle zu benutzen. Auf cycl. KW-stoffen blieb das Wachstum aus. Bei p_H 3,8—5,5 bildete der Stamm ein grünliches Pigment, bei 5,5—7,2 bläulichgrünes, das bei alkal. Rk. des Nährbodens intensiv gelblichgrün wurde. In den Kulturen konnten nur geringe Mengen Aldehyde gefunden werden (0,03 mMol/Liter nach 24—48 Std. u. 0,01 nach 72 Std.). Fügte man zum Nährboden 0,03% $NaHSO_3$ hinzu, so fand man Aldehyde in Mengen von 0,06 bis 0,122 mMol/Liter. Die Fähigkeit des Keims, Aldehyde zu nutzen, wurde am Beispiel des *Acetaldehyds* (I) gezeigt. Fügte man zum Nährboden 0,015% I, so wurde vom 5. Bebrütungstag an ein schwaches Wachstum beobachtet. Der Geh. an flüchtigen Säuren ist in diesem Fall 2—3mal höher als bei den Kontrollen. Die Anreicherung der Aldehyde in den Kulturen u. die Fähigkeit des Keims, sie auszunutzen, wobei Aldehyde in Säuren verwandelt werden, zeigt, daß sie Zwischenprodd. der Oxydation von KW-stoffen sind, wahrscheinlich Vorstufen der Fettsäuren. Beim Wachstum von Pyocyanea auf allen untersuchten fl. KW-stoffen wurden diese emulgiert, was auf die Bldg. von Fettsäuren hinweist. Beim Wachstum auf einem Heptannährboden trat gleichzeitig mit dem Anstieg der Zellzahl auch eine Speicherung der flüchtigen Säuren ein; ihre maximale Menge betrug 6,8 mMol/Liter. Nach 72 Std. Bebrütung ging der Geh. an Säuren zurück. Das spricht dafür, daß diese nur Zwischen-, keine Endprodd. der Oxydation der KW-stoffe sind. Zugabe von Na-Salzen von *Essig-*, *Propion-*, *Butter-*, *Isovalerian-*, *Capron-* bzw. *Caprylsäure* zum Nährboden förderte das Wachstum u. die Pigmentbldg. der Keime. Auch das spricht dafür, daß die flüchtigen Säuren Zwischenprodd. der KW-stoffoxydation sind. Identifiziert wurden nur *Ameisen-*, *Essig-* u. *Propionsäure* u. hochmol., nicht näher bestimmte Säuren. Bei Anwendung von Octan fehlt die Ameisensäure. (Доклады Академии Наук СССР [Ber. Akad. Wiss. UdSSR] **117.** 896—99. 11/12. 1957. Moskau, Lomonossow-Univ.) F. DU MANS. 4320

William B. Jakoby und **J. V. Bhat,** *Der mikrobielle Oxalsäurestoffwechsel.* Übersicht. *Oxalsäure*-Abbau (Oxydation, Decarboxylierung, Aktivierung u. Decarboxylierung), Bldg. (durch Spaltung bzw. Oxydation). — 48 Literaturangaben. (Bacteriol. Rev. **22.** 75—80. Juni 1958. Bangalore, Indian Inst. of Sci., Fermentat. Technol. Labor.) K. MAIER. 4320

Manjiro Shima, *Über die Stoffwechselprodukte von Muscardinen der Seidenraupe.* Bei für Seidenraupen pathogenen Pilzen [Beauveria bassiana (Bals.) Vuill, Isaria farinosa (Dicks) Fr., Isaria fumosa-rosea Wize, Ocopora destructor (Metsch), Delacr., Spicaria pracina (Maub.) Aoki, Sterigmatocystis japonica Aoki, Spicaria rubido-purpurea Aoki u. Aspergillus flavus Link] wurde bei den ersten 6 genannten *Oxalsäure* u. bei den ersten 3 genannten auch *Dipicolinsäure* als Stoffwechselprod. gefunden. (Bull. sericult. Exp. Stat. **14** 427—48. Mai 1955. Tokyo, Suginami-Ku. [Orig.: japan., Auszug: engl.]) P. LOCH. 4320

I. A. Bernstein, Dexter Fossitt und **Dorothy Sweet,** *Bakterieller Abbau der* ^{14}*C-Desoxyribose.* Die chem. u. bakterielle Aufspaltung von ^{14}C-Deoxyribose in Ggw. von ^{14}*C-Thymidin* zeigen, daß Escherichia coli (ATCC 9723) die Deoxypentose nach folgenden Gesichtspunkten in 3 Bruchstücke zerlegt: *Äthanol* aus den $C_{(1)}$ u. $C_{(2)}$ des Zuckers, CO_2 von $C_{(3)}$, *Acetat* aus $C_{(4)}$ u. $C_{(5)}$. (J. biol. Chemistry **233.** 1199—1202. Nov. 1958. Ann Arbor, Mich., Univ. of Michigan, Med. School, Dep. of Dermatol.) H. J. STRUCK. 4320

I. A. Bernstein und **Dorothy Sweet,** *Biosynthese von Deoxyribose bei intakten Escherichia coli.* Die Biosynth. der Deoxyribose (I) wurde an intakten E. coli mit Hilfe der „Tracer“-Technik untersucht. *Thymidin* u. *Adenosin* wurden aus den Zellen isoliert, welche als einzige C-Quelle $^{14}C_{(1)}$-, $^{14}C_{(2)}$-, $^{14}C_{(6)}$-*Glucose* oder $^{14}C_{(1)}$-*Lactat* bekommen hatten. Die Nucleoside wurden wieder aufgespalten, um die ^{14}C-Atome der Pentose zu ermitteln. Auf Grund der Aktivitätsmessungen konnte I, falls sie aus Glucose entsteht, nur durch Verlust des $C_{(1)}$ gebildet worden sein. Sowohl die Bldg. von I aus Lactat als die Bldg. von *Ribose* verliefen entweder über das gleiche Zwischenprod. oder I über Ribose. (J. biol. Chemistry **233.** 1194—98. Nov. 1958. Ann Arbor, Mich., Univ. of Michigan, Dep. of Dermatol.) H. J. STRUCK. 4320

L. I. Worobjewa, *Die Bedingungen der Vergärung von Glycerin durch Propionsäurebakterien.* Es wird gezeigt, daß *Propionibacterium Jensenii* auf einem Nährboden aus 0,3% $(NH_4)_2SO_4$, 0,2 K_2HPO_4, 1% *Glycerin* (I), 100—1000 (γ/Liter) Pantothensäure, 0,2—1 Biotin u. 10—50 Thiamin sich nicht entwickelt. Bei Zusatz von 0,1% Fumarsäure (II) steigt die Biomasse auf das 3fache; die Bakterienzellen werden länger. Mithin spielt II bei der I-Oxydation die Rolle des H-Acceptors einerseits u. nimmt andererseits am Stoffwechsel teil. Bei Zusatz von Hefeautolysat oder Asparaginsäure wurde nur unter aeroben Bedingungen eine gute Vergärung von I beobachtet. Unter anaeroben Bedingungen entwickeln sich die Bakterinen nur schwach; es bildet sich nur CH_3COOH; O_2 hatte als H-Acceptor eine starke stimulierende Wrkg. auf die Entw. der Bakterien.

Eine Entw. der Bakterien auf dem Nährboden mit I ist nur bei Zusatz von höher als I oxydierten Stoffen möglich, die gleichzeitig H acceptieren u. am Metabolismus der Bakterien teilnehmen. (Доклады Академии Наук СССР [Ber. Akad. Wiss. UdSSR] **121.** 362—65. 11/7. 1958. Inst. für Mikrobiol. der Akad. der Wiss. der UdSSR.)
Otto Maier. 4320

F. Gros und **Françoise Gros,** *Rolle der Aminosäuren bei der Synthese von Nucleinsäuren bei Escherichia coli.* Ausführliche Fassung der C. **1957.** 6187 referierten Arbeit. Zusätzlich wird über die Wrkg. verschied. Aminosäureanaloger sowie -derivv. (*p-Fluorphenylalanin, Äthionin, Norleucin, p-Hydroxy-, p-Chlorphenylalanin, Thienylalanin, Dihydroxyphenylalanin, Diphenylalanin, Glycylphenylalanin, Glycylphenylalaninamid, Phenylalaninmethylester*) auf die Nucleinsäuresynth. in Ggw. bzw. Abwesenheit von *Chloromycetin* berichtet. (Exp. Cell Res. **14.** 104—31. Febr. 1958. Paris, Inst. Pasteur, Serv. de Biochim. cellulaire.) E. Schwerdtfeger. 4320

C. O. Chichester, H. Yokoyama, T. O. M. Nakayama, A. Lukton und **G. Mackinney,** *Leucinstoffwechsel und Carotinbiosynthese.* Bei der Umwandlung von radioakt. markiertem *Leucin* (I) zu *Carotin* (II) in Kulturen von *Phycomyces blakesleeanus* werden die stärksten Aktivitäten bei Gaben von $^{14}C_{(4)}$-, $^{14}C_{(5)}$- u. $^{14}C_{(5')}$-I, geringere bei Verwendung von $^{14}C_{(3)}$- u. $^{14}C_{(2)}$-I beobachtet. $^{14}C_{(1)}$-I liefert fast völlig inakt. Prod., da die Carboxylgruppe als CO_2 abgespalten wird. Als akt. Zwischenprodd. treten neben *β-Hydroxybuttersäure* u. a. *α-Ketoisocapronsäure* (III), *Isovaleriansäure* (IV) u. *β-Hydroxy-β-methylglutarsäure* (V) auf. Akt. V wird auch bei Gaben von $^{14}CO_2$ in Ggw. von inakt. I erhalten. $^{14}C_{(2)}$- u. $^{14}C_{(3)}$-V sowie $^{14}C_{(2)}$-*Meralonsäure* (VI) liefern in begrenztem Umfang ebenfalls akt. II. Aus diesen Befunden resultiert ein Schema, in dem aus I über III, IV, *β-Hydroxyisovaleriansäure,* V u. *Mevaldsäure* VI gebildet wird, aus der sich Isopreneinheiten formieren. Die Ungleichwertigkeit der C-Atome von I wird durch teilweise Abspaltung von Bruchstücken mit 2 bzw. 3 C-Atomen aus V zu Acetat (VII) bzw. mit CO_2 zu Acetoacetat (VIII) erklärt, wobei bei der reversiblen Rk. Kondensation mit vorhandenem, unmarkiertem VII bzw. VIII eintreten kann. Dieses sich schnell einstellende Gleichgewicht erklärt auch die relativ geringen Aktivitäten im II bei Gaben von akt. V u. VI. Daneben ist die direkte Umwandlung von VIII in Isopreneinheiten möglich. Neben akt. II wurde bei Gaben von $^{14}C_{(5)}$-I, $^{14}C_{(2)}$-V u. $^{14}C_{(2)}$-VI akt. *Ergosterin* nachgewiesen. (J. biol. Chemistry **234.** 598—602. März 1959. Davis u. Berkeley, Calif., Univ., Dep. of Food Technol.) H. Pagel. 4320

G. M. Schawlowski und **A. M. Bogattschuk,** *Die Synthese von Koproporphyrin durch die Hefe Candida guilliermondii.* Unterss. über die Intensität der Synth. von *Koproporphyrin* (I) durch *Candida guilliermondii* auf verschied. Nährböden (mit 0,18 γ Fe/ml) ergaben folgendes: Hefeertrag einer 7tägigen Kultur auf Nährboden mit $(NH_4)_2SO_4$ (II) u. Glykokoll (III) 5 mg/ml (Trockengewicht der Zellen), I-Geh. 36,0 γ/g (Trockengewicht); auf gleichem Nährboden +0,5% Hefeautolysat 4,6 u. 175,0 gegenüber 5,4 u. 2,8 auf Nährboden mit II, aber ohne III. I reichert sich in den Vakuolen der Zellen an. Verss. über die Synth. von I u. Riboflavin (IV) zeigten folgendes Ergebnis: Ertrag 3,57, I-Geh. 67,7, IV-Geh. 3,48; *C. guilliermondii var. membranaefaciens* 4,10, 6,2 u. 0,49; *Sacch. ellipsoideus* 465, 1,90, 2,4 u. 0. Die beiden letzten Hefearten bilden also auf Nährboden mit III geringe I-Mengen. (Доклады Академии Наук СССР [Ber. Akad. Wiss. UdSSR] **123.** 1077—80. 21/12. 1958. Lwow, Franko-Univ.) Otto Maier. 4320

Carl G. Schuytema und **Gene F. Lata,** *Synthese und Speicherung von Ergosterin in der Hefe Torulopsis lipofera.* Es wurde die zusätzliche Synth. von *Ergosterin* (I) aus Acetat (II) oder Glucose durch Ganzzellen der Hefe *T. lipofera* nachgewiesen. Nach Incubationsverss. mit $^{14}C_{(1)}$-II ist möglicherweise die Partikelfraktion (Mitochondrien, große Mikrosomen) der Sitz der I-Neubildung. Die aus Zellbruchstücken bestehende Fraktion zeigte einen höheren Gesamt-I-Geh. als die übrigen unter den Versuchsbedingungen erhaltenen Zellfraktionen aufwiesen. (Arch. Biochem. Biophysics **75.** 40—45. Mai 1958. Iowa City, Iowa, State Univ., Coll. of Med., Dep. of Biochem.)
K. Maier. 4320

N. Orsi, *Über die kombinierte Wirkung des Einfrierens bei —79° und von Quecksilberchlorid auf Zellen von Escherichia coli.* Die kombinierte Wrkg. von $HgCl_2$ bei 37° u. nachfolgender Abkühlung auf —79° schädigt *E. coli* stark; während aber bei successiver Anwendung beide Faktoren einander verstärken, ist $HgCl_2$ ebenso wie Phenol bei der tiefen Temp. wirkungslos. (Nuovi Ann. Igiene Microbiol. **6.** 419—23. Nov./Dez. 1955. Rom, Univ., Inst. für Mikrobiol.) Th. Marsson. 4330

Nathan B. Friedman und **Robert E. Hoyt,** *Einfluß chemotherapeutischer Wirktoffe auf Wachstum und Differenzierung von Bakterien. Urethan* u. *Mechlorethamine-HCl* beeinflussen bei *Pseudomonas aeruginosa* Pigmentierung u. Wachstum, in welcher Beziehung diese Substanzen eine ähnliche Wrkg. wie die antimitot. Wirkstoffe zeigen. (A. M. A. Arch. Pathol. **66**. 444—48. Okt. 1958. Los Angeles, Calif., Univ. of South California, Dep. of Pathol.; Cedars of Lebanon Hosp., Div. of Labor.)

H. P. FIEDLER. 4330

Alois Novotný, Zdeněk Březík, Jiří Přidal und **Karel Kalfus**, *Beitrag zur Chemie der 1.3.4-Oxadiazole im Hinblick auf die Chemotherapie der Tuberkulose. 2-[Pyridyl-(4)]-1.3.4-oxadiazolon-(5)* entspricht in seiner tuberkulostat. Wrkg. in vivo dem Isonicotinsäurehydrazid. Die Wrkg. des entsprechenden *2-Cyanmethylderiv.* entspricht dem *Cyanessigsäurehydrazid*. Die *2-Alkyl-5-[pyridyl-(4)]-1.3.4-oxadiazole* (Alkyl = H, CH_3, C_2H_5, n-C_3H_7) sind in vitro wenig wirksam.

V e r s u c h e: *2-[Pyridyl-(4)]-1.3.4-oxadiazolon-(5)*, $C_7H_5N_3O_2$, F. 275,9—276,1°, durch Einw. von Isonicotinsäurehydrazid u. Phosgen bei 0°; 90% (Ausbeute). — *2-Cyanmethyl-1.3.4-oxadiazolon-(5)*, $C_4H_3N_3O_2$, F. 162,2—162,3°, analog Vorst. aus Cyanessigsäurehydrazid. — *N^1-Formyl-N^2-isonicotinylhydrazin*, $C_7H_7N_3O_2$, F. 141,2—141,7°, aus 80%ig. Ameisensäure u. Isonicotinsäurehydrazid. — *N^1-Formyl-N^2-cyanacetylhydrazin* (I), $C_4H_5N_3O_2$, F. 153,2—153,8°, analog. — *N^1-Acetyl-N^2-isonicotinylhydrazin*, $C_8H_9N_3O_2$, F. 162,2—162,5°, aus Isonicotinylhydrazin u. Acetanhydrid. — *N^1-Propionyl-N^2-isonicotinylhydrazin*, $C_9H_{11}N_3O_2$, F. 130,2—130,4°, analog unter Verwendung von Propionsäureanhydrid. — *N^1-Butyryl-N^2-isonicotinylhydrazin*, $C_{10}H_{13}N_3O_2$, F. 140,1 bis 140,3°, analog unter Verwendung von Buttersäureanhydrid. — *2-[Pyridyl-(4)]-1.3.4-oxadiazol*, F. 120—121° durch Wasserentzug von I mit P_2O_5. — *2-Methyl-5-[pyridyl-(4)]-1.3.4-oxadiazol*, $C_8H_7N_3O$, F. 150,5 bis 151°, analog. — *2-Äthyl-5-[pyridyl-(4)]-1.3.4-oxadiazol*, F. 58—58,5°, analog. — *2-Propyl-5-[pyridyl-(4)]-1.3.4-oxadiazol*, analog. (Českoslov. Farmac. **7**. 517—20. Nov. 1958. Pardubice, Vysoká škola chem. technol.)

H. WEJNAR. 4330

Harold G. Shirk und **S. I. Gertler**, *Der Einfluß der chemischen Konstitution auf die fungielle Aktivität*. 5. Mitt. *Die Wirkung von Bromessigsäureestern*. (4. vgl. C. **1956**. 14077.) Bei der fungistat. Prüfung von 57 Bromessigsäureestern (I) an *Aspergillus niger* (u. a.) hemmten 26 in 7,5·10^{-6}mol. u. 9 in 2,5·10^{-6}mol. Konz. vollständig. Aromat. I waren durchwegs aliphat. überlegen, unverzweigte Alkyl-I wirksamer als verzweigte. Di- u. Tri-I waren, bezogen auf gleiche Molarität, nicht aktiver als Mono-I. Die Fungitoxizität ist anscheinend keiner Molekülhälfte, die durch Esterasewrkg. entstehen könnten, zuzuordnen. Geprüfte B r o m e s s i g s ä u r e e s t e r, 100% Hemmung durch 7,5·10^{-6}mol. *Äthylester*: *2-Methoxyäthyl-*, *2-Butoxyäthyl-*, *2-Phenoxyäthyl-*, *[1-Methyl-2-phenoxy]-äthyl-*, *2-[o-Chlorphenoxy]-1-methyläthyl-*, *[2-p-Chlorphenoxy]-1-methyläthyl-*, *Benzyl-*, *p-Chlorbenzyl-*, *p-Nitrobenzyl-*, *2.4-Dimethylbenzyl-*, *Phenäthyl-*, *p-Chlorphenäthyl-*, *3-Phenylpropyl-*, *Cyclopentyl-*, *Cyclohexyl-*, *Cyclohexyläthyl-*, *2-Chloräthyl-*, *2-Chlor-1-methyläthyl-*, *3-Chlorpropyl-*, *2.3-Dibrompropyl-*, *Äthylenglykoldiester*, *Propandiol-(1.2)-diester*, *Butandiol-(1.3)-diester*, *Butandiol-(1.4)-diester*, *Pentandiol-(1.5)-diester*; % Hemmung durch 10·10^{-5} bzw. 5·10^{-5}mol. Konz.: *Hexyl-*, 100, 83; *Heptyl-*, 100, 95; *Octyl-*, 95, 87; *Dodecyl-*, 28, 14; *Tetradecyl-*, 3, 0; *1-Äthylpropyl-*, 95, 88; *2-Äthylbutyl-*, 65, 55; *2-Methylpentyl-*, 95, 86; *1.3-Dimethylbutyl-*, 35, 33; *1-Äthylpentyl-*, 55, 38; *2-Äthylhexyl-*, 75, 70; *1-Isobutyl-3-methylbutyl-*, 42, 30; *4-Äthyl-1-methyloctyl-*, 18, 5; *2-Butyloctyl-*, 31, 30; *Citronellyl-*, 100, 100; *2-[2-Methoxyäthoxy]-äthyl-*, 100, 100; *2-[2-Butoxyäthoxy]-äthyl-*, 100, 100; *2-[p-tert.-Butylphenoxy]-äthyl-*, 100, 100; *2-Methoxy-1-methyläthyl-*, *2-[p-sek.-Butylphenoxy]-1-methyläthyl-*, 54, 43; *2-[2'.4'-Dichlorphenoxy]-1-methyläthyl-*, 100, 100; *3-[3-Phenoxypropoxy]-propyl-*, 100, 100; *4-Methylcyclohexyl-*, *4-Isopropylcyclohexyl-*, 100, 100; *2-*, 100, 95; *4-sek.-Butylcyclohexyl-*, 100, 100; *Dicyclohexylyl-(4)-*, 100, 100; *Tetrahydrofurfuryl-*, 100, 100; *Tetrahydropyran-2-methyl-*, 100, 100; *2.2.2-Trichloräthyl-*, 100, 95; *Glycerintriester*, 100, 100. (Arch. Biochem. Biophysics **75**. 31—39. Mai 1958. Washington, D. C., Nat. Res. Council, Prevention of Deterioration Center.)

K. MAIER. 4330

S. Loewe (unter techn. Mitarbeit von **D. B. Hoggan**), *Die Dauer der antibiotischen Wirkung, gemessen durch die Bestimmung der mittleren Verweildauer* (TP_{50}); *die Depotwirkung wässeriger Trägersubstanzen des Penicillins. Methylcellulose, Carboxymethylcellulose, Polyvinylalkohol, Polyvinylpyrrolidin, Pectin N.F.* u. *Gradualina* (I; die letzten zwei = pectinartige Substanzen) setzen die mittlere Verweildauer (TP_{50}) des K-Salzes des *Penicillins-G* (II) um 80—280% herauf; am wirksamsten ist **I**. Die Depotwrkg. von **I** ist abhängig vom p_H u. von der spezif. Viscosität (nicht linear). *Saccharose* u. *Kobaltchlorid* verlängern die TP_{50} des **II** sowohl in wss. als auch in koll. Lsg. mit den genannten Substanzen. *Harnstoff* u. *Urethan* setzen die TP_{50} der Lsgg. mit **I** u. mit *Methylcellulose* um ca. 50% herab, auf die anderen **II**-Kombinationen wurde kein Einfl. ausgeübt. Eine synergist. Wirkungsverstärkung durch Kombination verschied. depotwirksamer Stoffe konnte Vf. nicht beobachten. Die TP_{50} des *Procain–Penicillins* (III) wurde durch keine der untersuchten Substanzen verlängert; sie war höher als die von II mit Zusatz der Kolloide, aber niedriger als die von II mit I u. *Kobaltchlorid*. *Urethan* senkt die TP_{50} von III etwa im gleichen Maße wie die von II mit I. (Antibiotics and Chemotherapy **5**. 712—30. Dez. 1955. Salt Lake City, Univ. of Utah, Coll. of Med.) D. Neubert. 4340

Jen-Yah Hsie und **Richard Kotz,** *Die Entwicklung der Carbomycinresistenz und der Carbomycinabhängigkeit bei Micrococcus pyogenes var. aureus.* Vff. bestimmen die Grenzkonzz. von *Carbomycin* (I)*-phosphat, -sulfat* u. *-hydrochlorid* mit 2,5, 1,8 bzw. 2,2 µg/ml gegenüber *Micrococcus pyogenes* var. *aureus*. Nach drei Passagen über Nährböden mit steigender Konz. von I erhielten sie aus dem verwendeten Stamm Mutanten mit vollkommener Resistenz gegenüber einer I-Konz. von 1000 µg/ml. Jede Passage hatte die Unempfindlichkeit der Mutanten gesteigert. Nach der dritten Passage traten außerdem I-abhängige Mutanten auf, die zum Wachstum eine minimale Konz. von 1000 µg I/ml benötigten. (Antibiotics and Chemotherapy **5**. 744—51. Dez. 1955. Des Moines, Io., Div. of Basic Sci.) D. Neubert. 4340

J. O. Lampen, Elliott R. Morgan und **Adelaide Slocum,** *Die Wirkung von Nystatin auf die Verwertung von Substraten durch Hefe und andere Pilze. Nystatin* (I), ein Polyenantibioticum, hemmt die endogene Atmung sowie die aerobe u. anaerobe Verwertung von Glucose durch Hefe (*S. cerevisiae*) u. andere Pilze, wobei sich die erforderlichen Konzz. den für eine Wachstumshemmung der verschied. Organismen benötigten nähern. Bakterien u. deren zuckerverwertenden Systeme werden von I nicht beeinflußt. Hohe I-Konzz. (10 γ/cm³) stimulieren anfänglich den O_2-Verbrauch, dann hört der Stoffwechsel plötzlich auf, u. die Zellen sind nicht mehr länger lebensfähig. Niedrige I-Konzz. bewirken eine Erhöhung des Gesamt-O_2-Verbrauchs. Bei p_H 5,5 erfolgt die Hemmung durch I rascher u. mit geringeren Konzz. als bei 6,5 u. höher. Die Zellpermeabilität für Glucose wird von I anscheinend nicht beeinflußt. Die Polyenantibiotica *Amphotericin A* u. *B* hemmen die Glykolyse der Hefe mit 2—3 γ/cm³ u. die Oxydation mit 5—10 γ/cm³. *Actidion* beeinflußt mit 300 γ/cm³ die Glykolyse nicht, *Pyridinthion* ist mit 30 γ/cm³ wirksam, während das Hefewachstum bereits durch 0,08 γ/cm³ blockiert wird. *Perhydro*-I sowie mit 0,1 n KOH oder HCl behandeltes I (Wachstumshemmung aufgehoben) hemmen mit 100 γ/cm³ die Glykolyse nicht. (J. Bacteriol. **74**. 297—302. Sept. 1957. New Brunswick, N. J., Squibb Inst. for Med. Res.) K. Maier. 4340

Henry Welch und **W. W. Wright,** *Über die Identität von Cathomycin und Streptonivicin.* Das aus *Streptomyces spheroides* gewonnene u. krist. dargestellte neue Antibioticum *Cathomycin* (*Cathocyn*, Merck & Co.) sowie das aus *S. niveus* isolierte Antibioticum *Streptonivicin* (*Albamycin*, Upjohn Co.) zeigen bei Unters. der UV- u. IR-Absorption gleichen Kurvenverlauf. Sie sind beide linksdrehend, opt.-kristallograph. Unterss. geben für beide das gleiche Ergebnis. *Cardelmycin*, ein weiteres neues Antibioticum (Pfizer & Co.) zeigt ebenfalls gleiche Absorptionsmaxima im IR- u. UV-Bereich. Vff. schließen daher auf die Identität aller drei Antibiotica. (Antibiotics and Chemotherapy **5**. 670—73. Dez. 1955. Washington, D. C., Dep. of Health, Educat. and Welfare.) D. Neubert. 4340

Philipp Gerhardt, *Die Ernährung der Brucellen.* Übersicht. Zus. der Nährmedien (nicht definierte u. chem. definierte), Nährstoffbedarf (anorgan., N-Quellen, C- u. Energiequellen, zusätzliche Wuchsfaktoren, O_2, CO_2, physikochem. Faktoren), selektive Faktoren bei Populationsänderungen, prakt. Anwendungen (prim. Isolierung, Massenzüchtung, Erhaltung der Lebensfähigkeit, Identifizierung u. Klassifizierung). — 118 Literaturangaben. (Bacteriol. Rev. **22**. 81—98. Juni 1958. Ann Arbor, Mich., Univ., Med. School, Dep. of Bacteriol.) K. Maier. 4350

Siegfried Windisch, *Über einen Farbstoffbildner von Zuckerrüben, Protaminobacter rubrum (den Dooren de Jong).* Durch papierchromograph. Unterss. konnte das Bacterium *Protaminobacter rubrum* (den Dooren de Jong) erhalten werden, das aus Saccharose die neue Zuckerart Palatinose zu bilden vermag. Stäbchen: kurz ca. 1 µ breit, 1,3 µ lang, durch eine Geißel beweglich, gramnegativ, nicht säurefest, keine Sporenbildung. Der Farbstoff tritt manchmal erst nach mehreren Tagen auf, erst in der Mitte der Kolonie, dann langsam nach außen vordringend. (Z. Zuckerind. **8** (**83**). 446. 20/9. 1958.) R. Walcker. 4350

Otto Lüderitz, Anne Marie Staub, Stefan Stirm und **Otto Westphal,** *Colitose (3-Desoxy-L-fucose), ein neuer Zuckerbaustein mit immunspezifischer Funktion in Endotoxinen (Lipopolysacchariden) einiger gramnegativer Bakterien.* Aus *E. coli O 111*-Bakterien wurde mittels des Phenol–W.-Verf. (Z. Naturforsch. **7B**. [1952.] 152) u. Ultrazentrifugierung der wss. Lsg. das endotox. Lipopolysaccharid (O-Antigen) abgetrennt u. hieraus durch Hydrolyse in n H_2SO_4 (6 Min., 100°) u. Chromatographie der neutralisierten Lsg. an Cellulose ein neuer 3-Desoxyzucker, 3-Desoxy-L-fucose, *Colitose* (I), isoliert, die anscheinend auch in verschied. *Salmonella*-Arten vorkommt u. der opt. Antipode der für die *Salmonella*-Gruppe B typ. *Abequose, 3-Desoxy-D-fucose*, ist. Beide Zucker sind in den betreffenden Polysacchariden endständig eingebaut u. wirken immunolog. als spezif. determinierende Gruppen. I, $C_6H_{12}O_4$, im Hochvakuum destillierbares Öl, $[\alpha]_D$ +4,0° (W.), *p-Nitrobiphenylsulfonylhydrazon*, $C_{18}H_{21}N_3O_7S$, F. 141° (aus CH_3OH), gibt bei Perjodatoxydation (1 Mol) ein C_5-Abbauprod., das eine intensiv positive, für 2-Desoxypentosen typ., Farb-Rk. nach WEBB gibt, $NaBH_4$-Red. von I in wss. Lsg. liefert den Hexitol *Colititol*, F. 92—94° (aus Aceton), $[\alpha]_D$ —51 ± 2° (CH_3OH), der ein mit dem von Abequitol ident. IR-Spektr. besitzt. (Biochem. Z. **330**. 193—97. 1958. Freiburg-Zähringen, Dr. A. Wander-Forsch.-Inst.; Paris, Pasteur-Inst.) K. MAIER. 4370

Marilyn R. Loeb und **Seymour S. Cohen**, *Die Quelle von Purin- und Pyrimidindesoxyribose im T 6 r⁺-Bakteriophagen.* Bei Infektion von *E. coli* (Stamm B) mit T 6 r⁺-Bakteriophagen in $^{14}C_{(1)}$-Glucose (I)-haltigen Medien zeigt die Desoxyribose (II)-Hälfte jedes der 4 *Desoxyribonucleoside* (IV) der anschließend gebildeten T 6 r⁺-Desoxyribonucleinsäure (III) die gleiche spezif. Aktivität. Vff. nehmen an, daß alle II aus I auf dem gleichen Wege entsteht. Die Verss. sprechen dafür, daß die säurelösl. Adeninnucleotide der infizierten Zelle als II-Vorstufen von T 6 r⁺-III dienen. Aus T 6 r⁺-III wurde *5-Hydroxymethyl-[O-diglucosyl]-cytosindesoxyribonucleosid* (V) durch enzymat. Hydrolyse (Desoxyribonuclease, Darmphosphatase), Chromatographie der A.-lösl. IV-haltigen Fraktion an Dowex-1-Formiat, Papierchromatographie der Hydroxymethylcytosin (VI)-Desoxyribonucleosidfraktion in A.–Eisessig, Elution von V, Chromatographie an Dowex-50-H⁺ u. Elution mit 2,5%ig. NH_4OH isoliert u. charakterisiert (pK ca. 3,5—3,4, R_F 0,21, A.-Essigsäure). V–I stammt nicht aus der Wirtszelle, sondern aus I der Nährlösung. COHEN u. LICHTENSTEIN (noch nicht veröff.) beobachteten in r⁺- u. r-Präpp. von T 6-Phagen vergleichbare Verhältnisse von nicht-, mono- u. diglucosylierten VI-Nucleotidderivaten. (J. biol. Chemistry **234**. 364—69. Febr. 1959. Philadelphia, Pa., Univ., School of Med., Dep. of Biochem. and of Dep. Pediatrics.) K. MAIER. 4374

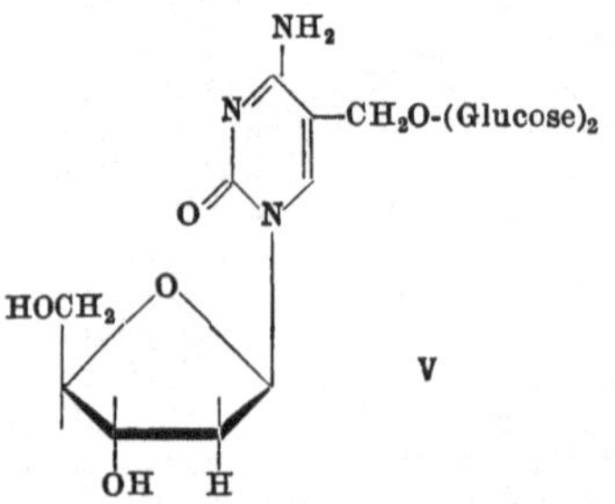

V

L. Elizabeth Bertani, *Die Wirkung der Verhinderung der Proteinsynthese auf die Entstehung der Lysogenie.* Es wurde die Entstehung der Lysogenie in *Escherichia coli*, Stamm C mit dem Phagen P_2 untersucht. Die Behandlung der infizierten Zellen mit *Chloromycetin* (I), *Aminosäureanalogen* oder *5-Hydroxyuridin* oder Mangel an einer notwendigen Aminosäure erhöht die Häufigkeit der Lysogenie, dasselbe gilt für *Proflavin*; dieses u. I sind am wirksamsten, wenn sie in der Hälfte der latenten Periode zugegeben werden. Auch bei *Salmonella typhi murium*, infiziert mit dem Phagen P_{22}, wirkt I auf die Entstehung der Lysogenie. Es scheint, daß die selektive Verhinderung der Eiweißsynth. in infizierten Zellen die Entstehung der Lysogenie begünstigt. (Virology **4**. 53—71. Aug. 1957. Pasadena, Calif., Inst. Technol., Biol. Div.) M. SCHÖNBERG. 4374

H. Fraenkel-Conrat, *Abbau von Tabakmosaikvirus mit Essigsäure.* Durch 67 %ig. Essigsäure läßt sich in der Kälte die *Nucleinsäure* aus dem Tabakmosaikvirus abspalten u. das natürliche Virusprotein leicht durch Dialyse gewinnen; der SH-Titer nimmt jedoch dabei ab. (Virology **4**. 1—4. Aug. 1957. Berkeley, Calif., Univ., Virus Labor.) M. SCHÖNBERG. 4374

F. C. Bawden und **A. Kleczkowski**, *Eine elektrophoretische Untersuchung über den Saft von nicht infizierten und virusinfizierten Tabakpflanzen.* Um beständige elektrophoret. Bilder zu erhalten, wurden die Proteine mit Ammoniumsulfat gefällt u. wieder gelöst. Die Infektion mit Tabakmosaikvirus oder Kartoffel-X-Virus führte zu neuen Komponenten in dem elektrophoret. Bild. Zwei spezif. Komponenten für Kartoffel-X-Virus hatten Geschwindigkeiten von -2 u. $-4 \cdot 10^{-5}$ $cm^2\, sec^{-1}\, v^{-1}$. Die Verss. wurden auch quantitativ ausgewertet. (Virology **4**. 26—40. Aug. 1957. Harpenden, Hertfordshire, England, Rockhamsted Exp. Station.) M. SCHÖNBERG. 4374

David E. Schlegel, *Die stimulierende Wirkung von organischen Säuren auf die Vermehrung des Tabakmosaikvirus.* Eine deutlich gesteigerte Vermehrung des Tabakmosaikvirus in geimpften Blattstücken von 300 mg zeigte sich durch die Aufnahme von 2—10 mg *Essig-, Aconit-, α-Ketoglutar-, Citronen-, Ameisen-, Glykol-, Fumar-, Malein-, Oxal-, Brenztrauben-* u. *Bernsteinsäure* nach 4 Tagen. (Virology **4**. 135—40. Aug. 1957. Berkeley, Calif., Univ., Dep. Plant Pathology.) M. SCHÖNBERG. 4374

Dean Fraser und **Vincenzo Cosentino,** *Die Aminosäurezusammensetzung von gelbem Rübenmosaikvirus und das assoziierte anomale Protein.* Die Aminosäureanalyse des gelben Rübenmosaikvirus u. des assoziierten anomalen Proteins hat dessen Identität mit dem Virusprotein ergeben, es fehlt ihm nur die Ribonucleinsäure des Virus. (Virology **4.** 126 bis 129. Aug. 1957. Berkeley, Calif., Univ., Virus Labor.) M. SCHÖNBERG. 4374

B. Ubertini, L. Nardelli, G. Santero und **D. Cessi,** *Untersuchungen über die Inaktivierung des Maul- und Klauenseuchevirus und des Newcastlevirus durch das β-Propiolacton und das Formol. β-Propiolacton (BPL)* hat sich für beide Virusarten als ausgezeichnetes Virulicid erwiesen; es wirkt viel rascher als Formol, bei 37—30°, wie auch bei 25°. Es ist nur eine chem., nicht therm. Wirkung. Je höher die BPL-Konz. ist, desto stärker ist das Absinken des p_H-Wertes unter 7. Die Inaktivierung bzw. Immunisierung beruht aber nicht darauf u. ist nicht stärker als bei formolbehandeltem Virus. (Schweiz. Arch. Tierheilkunde **99.** 309—28. Juni 1957. Brescia, Inst. zoopr. sperimentale.) M. SCHÖNBERG. 4374

Louis Gershenfeld, *Jod als virustötendes Mittel.* Übersicht über die verschied. Virusinfektionen u. die Maßnahmen zu ihrer Bekämpfung. Bes. herausgestellt werden die Verss. in vitro u. in vivo gegenüber dem *Poliomyelitisvirus*; Angaben über die Wirksamkeit von *Merthiolat, Metaphen, Hexachlorophen, A., Zephiran.* Allen Mitteln überlegen erwiesen sich *J*-Verbb., bes. *Jodtinktur.* Vf. benutzte zur Darst. von *J*-Lsgg. in verschied. Konz. *Heliogen*-Tabletten (HELIOGEN PRODD. INC., Long Island City, N. Y.). Mit 0,125—0,375 mg freiem *J*/ml war die zelltox. Viruswrkg. auf Affenleberzellen innerhalb 1 Min. zu bekämpfen. — 54 Literaturangaben. (J. Amer. pharmac. Assoc., sci. Edit. **44.** 177—82. März 1955. Philadelphia, Coll. of Pharmac. and Sci., Dep. of Bacteriol.) H. DOSSMANN. 4374

E_4. Pflanzenchemie. Pflanzenphysiologie. Pflanzenpathologie.

Gabriel Bertrand und **Lazare Silberstein,** *Die Beziehung zwischen Pflanzenarten und ihrem Mangangehalt.* Vff. untersuchten jeweils 10—34 Arten von mehr als 16 Pflanzenfamilien (Dicotyledonen u. Monocotyledonen) auf ihren Geh. an *Mangan.* Die Gehh. schwanken von 30,8—346,8 mg/kg Trockensubstanz; innerhalb der einzelnen Arten sind diese Unterschiede jedoch nur gering. — Diskussion. (C. R. hebd. Séances Acad. Agric. France **44.** 184—87. 1958. Paris, Acad. Agric. de France.) P. LOCH. 4410

Guy Pueyo, *Über das Vorkommen eines Galaktosidomannits im Thallus von Peltigera horizontalis.* Vf. isolierte (Extraktion mit 80% ig. A.) aus den Thallien von Peltigera horizontalis ein neues Glykosid u. identifizierte die Verb. nach säulenchromatograph. Reinigung über eine Cellulosesäule papierchromatograph. als *Monogalaktosidomannit,* $C_{12}H_{24}O_{11}$, F. 162—163°, $[\alpha]_D^{20}$ —55,5°; lösl. in W., wenig lösl. in A. u. unlösl. in Äther. Die Art der glykosid. Bindung zwischen beiden Mol.-Bestandteilen ist noch nicht bekannt. (C. R. hebd. Séances Acad. Sci. **248.** 2788—90. 11/5. 1959.) H. KOCKERT. 4420

R. L. Lyman, E. M. Bickoff, A. N. Booth und **A. L. Livingston,** *Der Nachweis von Coumöstrol in Leguminosen.* Es wird eine Meth. zum qualitativen Nachw. von *Coumöstrol* (**I**), einem neuen pflanzl. Östrogen, beschrieben, die auf Papierchromatographie eines Bzl.-A.-Pflanzenextrakts in 2 Systemen (Chlf.-Essigsäure-W., 2:1:1, R_F 0,51; Essigsäure-W., 1:1, R_F 0,57) u. auf SiO_2-Chromatographie in 4 Systemen (Chlf.-Ae., 1:1, R_F 0,56; Äthylacetat-Skellysolve B, 3:1, R_F 0,74, Aceton-Skellysolve B, 1:3, R_F 0,24, Ae.-Skellysolve B, 7:3, R_F 0,36) beruht. **I** fluoresciert im UV blau. **I** wurde in 7 Leguminosenspezies nachgewiesen. (Arch. Biochem. Biophysics **80.** 61—67. Jan. 1959. Albany, Calif., Western Reg. Res. Labor.) K. MAIER. 4420

L. Hörhammer, H. Wagner und **H. S. Dhingra,** *Die Blütenflavone von Spartium junceum L.* Chromatograph. konnten aus Blütenextrakt von Spartium junceum *Quercetin,* ein *Luteolin-4'-Glucosid* (**I**), ein *Luteolin-7-glykosid* (**II**) u. *Kaffeesäure* isoliert werden. Identifizierung von **I**: $C_{21}H_{20}O_{11}$, F. 177—178°, R_F in Äthylacetat-Ameisensäure-W. (ÄAW) = 0,54, $\lambda_{max\,I}$ = 334 mμ, $\lambda_{max\,II}$ 270 mμ, $\lambda_{min\,I}$ 301 mμ. Ferner durch Misch-F. des Aglykons mit Luteolin, Darst. des Luteolintetraacetats. Zuckerrest steht mit Aglykon im mol. Verhältnis 1:1 u. bildet Glucoseosazon. Grünfärbung mit $FeCl_3$ zeigt freies phenol. OH am C_5, UV-spektrophotometr. Vergeichsmessungen mit anderen Flavonglykosiden zeigten Substitution am $C_{(4)}$, Glucose ist mit β-Glucosidase abspaltbar. Charakterisierung von **II**: F. 254—257°, R_F in ÄAW = 0,31, $\lambda_{max\,I}$ = 351 mμ, $\lambda_{max\,II}$ = 258 mμ, λ_{min} = 294 mμ, nicht mit Mineralsäuren hydrolysierbar u. ohne definiertes Acetyl- u. Methylprodukt. Nach F., IR- u. UV-Spektr. u. alkal. Abbau ist es ident. mit dem von HÖRHAMMER (Arch. Pharmaz. Ber. dtsch. pharmaz. Ges. **292/64.** [1959.] 83 u. C. **1959.** 8248) als Luteoin-7-Glykosid identifizierten Orientin. Zuckeranteil wahrscheinlich von wenig bekannter

Struktur. Nach dem niedrigen R_F-Wert liegt mindestens ein Diglykosid vor. *Quercetin* wurde durch FF. u. Darst. des Pentaacetates identifiziert, Kaffeesäure durch papierchromatograph. Vgl. mit authent. Säure [R_F(ÄAW) 0,82] u. durch charakterist. Rkk. mit NH_3, Bleiacetat, Bromphenolblau, $AgNO_3$ u. $FeCl_3$. Eine einfache Unterscheidung von Sarothamnus scoparius, dessen Blüten keine Kaffeesäure u. an Stelle von **II** Scoparosid mit höherem R_F-Wert (0,34 in ÄAW) enthalten, ist damit gegeben. (Naturwissenschaften **45.** 13. 1. Jan.-H. 1958.) G. JAGNOW. 4420

K. Hayashi, *Fortschritte der Anthocyanforschung in Japan mit besonderer Berücksichtigung der papierchromatographischen Methoden.* Die chem. Unterss. der *Anthocyane* wurden in verschied. Hinsicht weiterentwickelt. Es werden papierchromatograph. Methoden besprochen u. viele R_F-Werte angegeben. (Pharmazie **12.** 245—49. Mai 1957. Ohtsuka-Tokio, Univ. f. Erziehung, Botan. Inst., Wissenschaftl. Fakultät.) WALTER SIMON. 4420

T. C. Tso und **R. N. Jeffrey,** *Biochemische Untersuchungen über Tabakalkaloide. 1. Mitt. Der Verbleib Nicotianapflanzen zugeführter markierter Tabakalkaloide.* (Vgl. C. **1958.** 467; Plant Physiol. **32.** [1957]. 86.) In Wasserkultur wurden *Nicotiana rustica* var. *brasilia*-Pflanzen durch die Wurzeln ^{15}N-markierte Alkaloide, *Nicotin* (**I**), *Nor*-**I** u. *Anabasin* (**II**), *N. glauca* ^{15}N-, $^{14}C_{CH_3}$-**I** zugeführt. Die Hauptmenge der zugeführten markierten Alkaloide wurde umgewandelt, wobei das Isotop vorwiegend in anderen Verbb., bes. im unlösl. Anteil, erschien, u. ein Teil der markierten Alkaloide wieder der Alkaloidbldg. diente. Das beobachtete Hauptalkaloid war für die Versuchspflanze charakterist. u. in beiden Ringen gleichmäßig ^{15}N-markiert wie das zugeführte. Einige der zugeführten ^{15}N-Alkaloide wurden wahrscheinlich durch einen direkteren Weg als über den allg. Stoffwechselpool in neue Alkaloide umgewandelt. Das $^{15}N/^{14}C$-Verhältnis von **II** in *N. glauca* war halb so groß wie das des zugeführten ^{15}N-$^{14}C_{CH_3}$-**I**, d. h. **II** entstand nicht durch einfache **I**-Umlagerung. *Nor*-**I** kann in der Pflanze durch Entmethylierung gebildet werden. Aus allen *Nicotiana*-Pflanzen wurde *Anatabin* (*Pikrat*, F. 193°) isoliert, ferner eine *Verb. A.* (λ_{max} 258—260 mμ in saurer Lsg., R_F 0,71 [tert. Amylalkohol-W., 100:15]; *Pikrat*, F. 240—244° F.) u. eine *Substanz B*, wahrscheinlich ein Gemisch. (Arch. Biochem. Biophysics **80.** 46—56. Jan. 1959. College Park, Md., Univ., Dep. of Agron.; Beltsville, Md., U. S. Dep. of Agric., Agric. Res. Serv.) K. MAIER. 4420

Jerzy Sykulski, *Untersuchung von Eupatorium Cannabinum.* 5. Mitt. *Untersuchung von Euparin und Isolierung von Begleitsubstanzen.* (4. vgl. Roczniki Chem. [Ann. Soc. chim. Polonorum] **32.** [1958.] 471.) Aus Wurzeln von Eupatorium cannabinum L. wurden 0,3%, von Eupatorium urticaefolium 0,15% des charakterist. Bestandteils *Euparin* (**I**, F. 121—122°, gelbe Nadeln aus A.) isoliert. Der **I**-Geh. ist im Herbst höher als im Frühling. Dafür wird im Frühling aus der Mutterlauge von **I** eine krist. Substanz **II**, F. 149—151° in größerer Menge erhalten. Neben **I** treten noch 2 weitere Substanzen auf, die die Kristallisation von **I** erschweren, u. die durch fraktionierte Kristallisation aus Aceton abgetrennt werden können: **III**, F. 108—112° (hellgelbe Kristalle aus Aceton), **IV**, $C_{27}H_{46}O$, F. 133—135° (Nadeln aus Aceton, bis 0,01% Ausbeute); *Acetylderiv.*, $C_{29}H_{48}O_2$, F. 145—147°. **IV** ist in W. unlösl., zeigt eine positive SALKOVSKI- u. eine positive LIEBERMANN-BURCKARD-Rk. u. färbt sich beim Erwärmen mit Trichloressigsäure $< 60°$ rosa. **IV** gehört somit zur Gruppe der Phytosterine. **I** wirkt, wahrscheinlich auf Grund seiner schlechten Löslichkeit in W., weder bakterizid noch insektizid. Beim Sulfonieren, Bromieren oder Oxydieren mit NaClO verlaufen unübersichtliche Rkk., deren Ursache die Neigung von **I** zur Dimerisation ist. Durch Hydrierung mit Pd/Kohle wird *Tetrahydroeuparin*, Kp.$_{0,02}$ 135—145°, F. 70—71° erhalten. Dieses gibt mit α-Bromtetraacetylglucose in Ggw. von akt. Ag_2O *β-D-O-Tetraacetyltetrahydroeuparinglucosid*, $C_{27}H_{34}O_{12}$, F. 156—158°, 32% (Ausbeute). Aus dieser wasserunlösl. Verb. wird beim Desacetylieren mit Na-Äthylat oder $Ba(OH)_2$ keine definierte krist. Verb. erhalten. (Acta polon. pharmac. **15.** 361—70. 1958.) F. URBAN. 4420

Artturi I. Virtanen, *Antimikrobiell wirksame Substanzen in Kulturpflanzen.* Überblick über Vork., Isolierung, Konst., Eigg. u. Wirksamkeit antimikrobiell akt. Verbb. aus Nutzpflanzen: *Benzoxazolinon* (**I**), *6-Methoxy-***I**, *7-Hydroxy-4'-methoxyisoflavon* (= *Pratol*), *Tomatin, Allicin, Alliin* (**II**), *Dihydro-* **II**, *Cyclo-* **II**, *Senfölglykoside, 5-Vinyl-2-thiooxazolidon* u. andere. — 50 Literaturangaben. (Angew. Chem. **70.** 544—52. 23/9. 1958. Helsinki, Biochem. Inst.) K. MAIER. 4420

Kengo Nakai, *Giftige Bestandteile von Pleurotus japonicus, Kawamura.* Insgesamt 5 giftige Farbstoffe gehen beim Ausschütteln des weinsteinsauren (p_H 3,4—3,6) Auszugs von Pleurotus japonicus KAWAMURA in Ae. über. Die giftigsten davon werden von Vf. *Lunatoxin* (**I**) u. *Pleuropikrin* (**II**) genannt. **I**, gelbe Nadeln, lösl. in organ. Lösungsmitteln, jedoch kaum in W.; zers. sich in starken Säuren u. starken Alkalien; λ_{max} 47,5 mμ. Unter UV-Bestrahlung zeigt **I** gelbe Fluorescenz. — **II**, ein gelber Farbstoff, zeigt ähnliche chem. Eigg. wie I, sein Absorptionsmaximum liegt jedoch bei kürzeren Wellenlängen. (Kagaku [Science] **28.** 578–79. Nov. 1958. Hukusima, Kenritu-Idai. [Orig.: japan.]) E. MAEKAWA. 4420

Nobusuke Kawano und **Akemi Matsuo,** *Untersuchungen über giftige Bestandteile von Illicium anisatum L.* 1. Mitt. Der giftige Bestandteil von Illicium anisatum L., *Anisatin,* $C_{15}H_{20}O_8$, F. 219–220° (Nadeln aus Isopropanol), $[\alpha]_D^{27}$ –28° (1%ig. Essigester) wird aus Fruchtknoten in besserer Ausbeute (0,037%) als aus ganzen Früchten nach LANE (vgl. C. **1953.** 3732; 0,022%) isoliert. Aus dem Rohprod. werden Anisatin u. *Pseudoanisatin,* $C_{23}H_{34}O_9$, F. 207–208° (Kristalle aus Essigester), $[\alpha]_D^{13}$ +43° (Essigester; c = 1) durch Gegenstromverteilung zwischen W. u. Essigester rein erhalten. Sikimin (EIJKMANN [1881]), Hanamonin (MISAKI [1932]) sowie Shikimin (KAJIMOTO [1955]), die als Bestandteile von Illicium anisatum in der Literatur beschrieben sind, scheinen Mischungen zu sein. — Verschied. Teile dieser Pflanze werden auf ihre Giftigkeit gegen Mäuse geprüft. (J. pharmac. Soc. Japan [Yakugakuzasshi] **78.** 1220–23. Nov. 1958. Nagasaki, Univ., Pharm. Fak. [Orig.: japan.; Auszug: engl.]) E. MAEKAWA. 4420

Nobusuke Kawano und **Shigeko Furuta,** *Untersuchungen über giftige Bestandteile von Illicium anisatum L.* 2. Mitt. *Bestandteile der Rinde.* (1. vgl. vorst. Ref.) Um die tox. wirkenden Bestandteile der Rinde von Illicium anisatum L. zu analysieren, wird der Rindenauszug an Al_2O_3 aus Essigester chromatographiert, wobei ein Flavonoidglykosid, *Quercitrin,* $C_{21}H_{20}O_{11} \cdot 2\,H_2O$, F. 180–182° (verd. A.) isoliert wird. (J. pharmac. Soc. Japan [Yakugakuzasshi] **78.** 1302–03. Nov. 1958. [Orig.: japan.; Auszug: engl.]) E. MAEKAWA. 4420

G. M. Grinewa, *Der Einfluß von 2.4-Dinitrophenol auf die Resorption von Wasser durch die Wurzeln von Mais.* Wenn das Wurzelsyst. einer Maispflanze zuerst 12–24 Std. in eine 10^{-4} mol. Lsg. von *2.4-Dinitrophenol* (I), dann in W. getaucht wird, ist die Wasseraufnahme der Wurzeln gegenüber nicht mit I vorbehandelten Pflanzen geringer. Die Blattatmung wird durch I verstärkt, die Wurzelatmung herabgesetzt. Als Ursache wird eine Hemmung der oxydierenden Phosphorylierung angenommen. (Доклады Академии Наук СССР [Ber. Akad. Wiss. UdSSR] **120.** 431–33. 11/5. 1958. Timirjasew-Inst. für Pflanzenphysiol. der Akad. der Wiss. der UdSSR.) R. K. MÜLLER. 4450

H. Borriss, *Über einige Ergebnisse und Probleme der Keimungsphysiologie.* Übersicht. — 38 Literaturangaben. (Wiss. Z. Ernst Moritz Arndt-Univ. Greifswald, math.-naturwiss. R. **6.** 251–65. 1956/57. Greifswald, Univ., Botan. Inst.) M. REIHER. 4455

A. W. Krylow, Ju. W. Rakitin und **G. A. Tarakanowa,** *Die Umwandlung des Äthylalkohols in Früchten bei dessen Stimulierung des Reifeprozesses.* Bei Injektion von 50%ig. A. in ausgewachsene grüne Tomaten sind die Tomaten nach 7, mit 25%ig. A. nach 10 u. mit 96%ig. A. nach 14 Tagen reif gegenüber 12 Tagen in der Kontrolle. Unterss. über die Umsetzung des A. in den Früchten unter Anwendung von ^{14}C ergaben, daß die Intensität der CO_2-Bldg. mit zunehmender A.-Konz. ansteigt. Bei Anwendung von 30,4 u. 92,8%ig. A. nimmt die CO_2-Bldg. nach Eintritt der Atmungsintensivierung (bei Beginn der Reife) stark ab. Bei Anwendung von 50%ig. A. nimmt die CO_2-Bldg. ständig zu. Die größte Äthylenmenge wurde bei Injektion von 50%ig. A. gebildet. Es wird also bestätigt, daß die Geschwindigkeit der Reife direkt von der Intensität der Äthylenbldg. in den Früchten abhängt. (Доклады Академии Наук СССР [Ber. Akad. Wiss. UdSSR] **121.** 374–77. 11/7. 1958. Timirjasew-Inst. für Physiol. der Pflanzen der Akad. der Wiss. der UdSSR.) OTTO MAIER. 4460

W. L. Kretowitsch und **W. I. Jakowlewa,** *Die Synthese der Glutaminsäure aus α-Ketoglutarat in Pflanzen.* In Verss. mit Erbsenkeimlingen wurde chromatograph. der *Glutaminsäure* (I)-Geh. in den Homogenaten beim p_H 7,7, optimal für die Aminierung von *α-Ketoglutarsäure* (II) durch NH_3, bestimmt. In den Homogenaten aus Keimlingen verlief die fermentative Transaminierung sehr intensiv. Sie war von einem Anstieg des I-Geh. begleitet. I wurde aus II in erster Linie auf Kosten der Asparaginsäure gebildet. Der Zusatz von NH_3 führte zu einem starken Anstieg der im Homogenat sich bildenden I. In seiner Ggw. wird I durch eine direkte Aminierung aus II intensiv synthetisiert. Auch der Geh. an Serin stieg im Homogenat deutlich an. In den Homogenaten aus den Wurzeln der Keimlinge war die Bldg. von I merklich schwächer. Zusatz von Cozymase u. Glucose verstärkt merklich die Aminierung von II durch NH_3. Das weist auf eine enge Verb. der Synth. von I mit oxydierenden u. reduzierenden Rkk. in der pflanzlichen Zelle hin. Zusatz von Adenosintriphosphorsäure (III) u. $MgSO_4$ zum Homogenat führt zu einem Anstieg des I-Gehaltes. Es ist möglich, daß III als Energiequelle wirkt, die zur Synth. des I notwendig ist. Eine unspezif. Wrkg. von III, die den Zustand der einzelnen

Komponenten des Homogenats ändert, ist ebenfalls denkbar. Verss. mit reifenden Weizenähren zeigen ebenfalls deutlich die Aminierung von **II**, obwohl ihr Geh. an freier **I** niedrig ist. Zusatz von NH_4Cl führt nicht zum Anstieg des **I**-Gehaltes. Zusatz des K-Salzes von **II** führt in einem Fall sogar zur Abnahme des **I**-Gehaltes. (Доклады Академии Наук СССР [Ber. Akad. Wiss. UdSSR] **116.** 455—58. 21/9. 1957. Bach-Inst. für Biochem. der Akad. der Wiss. der UdSSR.) F. DU MANS. 4460

Pierre Delaveau, *Veränderungen des Gehaltes an Senfölglykosiden in Alliaria officinalis. L. während der Vegetationsperiode.* (Vgl. C. **1958.** 1884.) Zur Unters. des Stoffwechsels der Senfölglykoside (**I**) von Alliaria officinalis L. werden die mit sd. A. extrahierten Pflanzenteile mit *Myrosinase* hydrolysiert. Der destillierte Extrakt wird mit NH_3 behandelt, wobei die Senföle (*Allyl*-[**II**] u. *Benzylsenföl* [**III**]) in die entsprechenden Thioharnstoffderivv. übergehen, die argentometr. nach der Meth. von DIETERICH-GADAMER (Arch. Pharmaz. Ber. dtsch. pharmaz. Ges. **237.** [1899.] 92) oder papierchromatograph. bestimmbar sind. Es wird festgestellt, daß die Wurzelblätter (Rosetten) Anfang März den Maximalgeh. an **I** aufweisen, der fast $^2/_3$ der Gesamtmenge an Glykosiden in der Pflanze ausmacht. Während des Stengelwachstums (Ende März bis Anfang April) nimmt in den Rosetten der Geh. an **I** ab; sie treten in den Stengel u. die Blätter über, um dort Mitte April u. Mitte Mai ihre Maximalkonz. zu erreichen. Während der Blütezeit finden nur geringfügige Veränderungen der **I**-Menge in den verschied. pflanzlichen Organen statt, u. in der Fruktifikationsperiode werden die **I** in den reifenden Schoten gefunden, während die Wurzeln bis zum Absterben der Pflanze nur geringe Mengen enthalten. Im Laufe der Vegetationsperiode (bis zum Zeitpunkt des Stengelwachstums) nehmen die **I** zu u. häufen sich in den Speicherorganen (Wurzeln, Samen) an. Ferner wird gefunden, daß die oberird. Pflanzenteile ca. 20—30 mal höhere Konzz. an **II** als an **III** enthalten, in den Wurzeln wird dagegen bis zur Blütezeit eine fortschreitende Verarmung an **II** beobachtet. (C. R. hebd. Séances Acad. Sci. **246.** 1903—05. 24/3. 1958. Paris, Fac. de Pharm., Labor. de Mat. med.)
P. FAHRNLAENDER. 4460

J. J. Zeehuisen, *Ringschluß von Zuckern.* 2. Mitt. *Die Bildung von Gerbstoffen Flavonen, Anthocyanen und Lignin.* (1. vgl. C. **1957.** 169.) Ausführliche theoret. Erörterungen über die Bldg. von Lignin, Pektinen, Flavonen u. Anthocyanen aus Glucose über Uronsäuren. — 88 Literaturangaben. (Hemera Zoa **65.** Nr. 1—2. 30—79. 1958. Sep. Bogor, Indonesien, Balai Pusat Penjelidikan. Peternakan.) P. LOCH. 4460

K. Kratzl und **H. Faigle,** *Über das Verhalten von markiertem Coniferin in der verholzenden Pflanze.* 3. Mitt. (2. vgl. Mh. Chem. **89.** [1958.] 96.) Zweijährige Fichtenäste werden mit einer wss. Lsg. von $^{14}C_{(3)}$-*Coniferin* behandelt u. die Verteilung der Radioaktivität in Holz, Rinde, Seitentrieben u. den Extrakten gemessen. Hierbei wird gefunden, daß das durch Infusion zugeführte Coniferin innerhalb 24 Std. zu ca. $^1/_3$ in das Lignin der Astteile eingebaut wird. Je ein weiteres $^1/_3$ des Coniferins bzw. seiner Umwandlungsprodd. liegt in den Extrakten u. in den Seitentrieben samt Nadeln vor. Hierbei ist bes. wichtig, daß die Verdünnung des markierten Coniferins in allen Ligninfraktionen prakt. gleich ist. Daraus ergibt sich, daß der Progenitor einen polymeren Körper ergibt, der in qualitativer u. quantitativer Hinsicht durch die angewandten Nachweis-Rk. prakt. nicht vom natürlichen Lignin zu unterscheiden ist. (Mh. Chem. **89.** 708—15. 29/12. 1958. Wien, Chem. Inst. der Univ.) H. G. FRÖHLICH. 4460

J. C. Goedheer, G. H. Horreus de Haas und **P. Schuller,** *Redoxpotentiale verschiedener Chlorophylle in Methanol.* Die *Chlorophylle* wurden ca. $3-10^{-6}$ mol. in einer Lsg. aus 35 ml Methanol + 5 ml mit $Fe_2SO_4 \cdot 7\,H_2O$ gesätt. wss. Methanol gelöst. Die durch Zutropfen von methanol. $FeCl_3$-Lsg. auftretende Bleichung („Oxydation") wurde an der Abnahme der Extinktion bei bestimmten Wellenlängen verfolgt, u. es wurden die zugehörigen Redoxpotentiale gemessen. Rohes u. chromatograph. gereinigtes *Bakteriolchlorophyll* (**I**) zeigten 50%ig. Oxydation (aus der Absorption bei 762 mμ bestimmt) bei 300 $\pm$ 2 mV gegen die gesätt. Kalomelelektrode, *Bacterioviridin* (**II**) zeigte sie (768 mμ) roh bei 300 $\pm$ 10, chromatographiert bei 290 $\pm$ 10 mV, *Chlorophyll a* (**III**; 665 mμ) als frischer *Chlorella*-Extrakt u. chromatographiert bei 395 $\pm$ 20 mV, *Chlorophyll b* (**IV**; 645 mμ) als altes chromatographiertes Prod. bei 430 $\pm$ 25 mV. Die Bleichung von **I** u. **II** erfolgte auch durch Jod, die von **III** u. **IV** nicht. Bei **III** u. **IV** regenerierte die rote Absorptionsbande selbst nach einigen Minuten. Von *Rhodospirillum rubrum* wurde ein koll. wss. Extrakt erhalten, der Bleichung des Absorptionsmaximums bei 880 mμ u. seine Verschiebung nach 872 mμ zeigte. Der Vorgang war mit Ascorbinsäure umkehrbar. Mit entsprechenden Extrakten aus *Chlorella, Aspidistra* u. *Chlorobium limicola* konnte nur durch hohe $FeCl_3$-Konzz. irreversible Bleichung erhalten werden. Die mögliche Bedeutung der Ergebnisse wird diskutiert. (Biochim. biophysica Acta [Amsterdam] **28.** 278—83. Mai 1958. Utrecht, State Univ., Dep. of Phys., Biophys. Res. Group.) W. SCHÖNBORN. 4460

A. Angapindu, H. Silberman, P. Tantivatana und **I. R. Kaplan,** *Die Trennung der Chlorophylle durch Papier- und Cellulosesäulenchromatographie.* Es werden 2 Methoden zur papierchromatograph. Trennung von Plastidenfarbstoffen angegeben. Die eine (a) beruht auf dem Phasenumkehrverf. unter Verwendung von paraffinölimprägniertem Papier (WHATMAN Nr. 4) u. CH_3OH als Lösungsm., die andere besteht in einer Verbesserung bekannter Vff. unter Benutzung der Radialchromatographie auf nichtimprägniertem Papier b). Bei a ist die R_F-Folge: Carotine (**I**) < Chlorophyll (**II**)a < Xanthophylle (**III**), bei b **I** > Monohydroxy-**III** > **II**a > **II**b > Dihydroxy-**III**. a trennt leicht alle **III** von **I** u. **II**, b differenziert **III**. Mittels a u. b gelingt eine fast quantitative Trennung u. Reinigung von **III**-Komponenten, **II** u. einigen **I**. Auch Cellulosepulversäulen lassen sich vorteilhaft verwenden. (Arch. Biochem. Biophysics **75.** 56—68. Mai 1958. Sydney, Univ., Pharmacol. Dep.; Cronulla, New South Wales, Div. of Fisheries and Oceanography.) K. MAIER. 4460

I. M. Wassiljew und **N. D. Rybalka,** *Die Wirkung einer Röntgenbestrahlung auf die Photosynthese bei Weizenpflanzen.* Bei Verss. mit 4tägigen Weizenkeimlingen konnte auch eine intensive Bestrahlung bis zu 100000 r die Photosynth., gemessen an der Trockensubstanz 14 Tage nach der Bestrahlung, nur wenig unterdrücken. Eine Abhängigkeit von der Höhe der Bestrahlungsdosis konnte nicht festgestellt werden. Das Längenwachstum des Weizens wird durch 3000 r vollständig unterdrückt, von der Photosynth. auch bei 100000 r nur wenig herabgesetzt. Darin unterscheidet sich die Röntgenbestrahlung von sämtlichen sonstigen schädigenden Einww., die alle gleichzeitig mit der Unterdrückung des Längenwachstums auch die Photosynth. stark herabsetzen. (Доклады Академии Наук СССР [Ber. Akad. Wiss. UdSSR] **121.** 78—79. 1/7. 1958. Inst. für biol. Physik der Akad. der Wiss. der UdSSR.) F. DU MANS. 4460

Federico Pannier P., *Der Sauerstoffverbrauch von Wasserpflanzen in Beziehung zu bestimmten Sauerstoffkonzentrationen.* Die Atmungsintensität von Wasserpflanzen ist von der O_2-Tension im W. abhängig, wobei sich 2 Atmungstypen unterscheiden lassen. 1. Verminderung der O_2-Aufnahme proportional dem O_2-Geh. des W. (marine Algen, Süßwasseralgen u. teilweise Posidonia). 2. Schnelle logarithm. Abnahme der O_2-Aufnahme mit sinkendem O_2-Geh. (höhere Süßwasserpflanzen u. z. T. Süßwasseralgen). Der absol. Respirationswert der höheren Wasserpflanzen hängt von der Wasserströmung ab. Pflanzen in stehendem W. nehmen 60—150% mehr O_2 auf als solche in fließenden Gewässern. Darüber hinaus werden Fließwasserpflanzen durch sinkenden O_2-Geh. des W. stärker beeinflußt als Pflanzen in stehenden Gewässern. Beim Ansteigen des O_2-Geh. in luftgesätt. W. über den n. Wert steigt auch die Atmungsintensität auf einen Maximalwert von 280—400% an u. sinkt dann wieder ab. Wurden Pflanzen längere Zeit in Vers. gehalten, so zeigte sich stets eine starke Verminderung der Atmungsintensität. Schwankungen im O_2-Geh. des W. beeinflußten direkt den physiol. Zustand u. die Morphologie der Zelle, u. zwar zeigten sich verschied. artspezif. Änderungen. Da Atmungsintensität, Wachstum, Zellteilung u. andere Stoffwechselprozesse direkt von der O_2-Tension abhängen, kommt den Schwankungen des O_2-Geh. im W. unter natürlichen Bedingungen eine entscheidende ökolog. Bedeutung zu. (Acta ci. venezolana **8.** 148—61. 1/12. 1957. **9.** 2—13. Febr. 1958. Caracas, Univ. Central, Escula de Biol.) H. THIELE. 4462

P. A. Wlassjuk, G. W. Porutzki, Ss. W. Tscherednitschenko und **Ss. N. Dolgi,** *Einfluß der Blattdüngung auf die Erhöhung der Keimfähigkeit von Saatgut.* (Parzellen von 50 m^2 u. Felder von 3—10 ha.) In Verss. mit Winterweizen u. Mais (F_1) wurden für die Blattdüngung während der Blütezeit verwendet: Lsgg. von *Thiamin* (**I**, 0,005%), radioakt. **I** (2,5 μC/Pflanze), stabiler P u. radioakt. P (10^{-4} μC/Pflanze 0,3 mC/ha). Gespritzt wurden 200—400 Liter/ha. Die Blattdüngung mit radioakt. P u. **I** u. radioakt. **I** haben die Keimenergie der geernteten Weizen- u. Maiskörner wesentlich gesteigert, was mit einer Beschleunigung der Reifung zusammenhängt. Bestimmt wurden: Keimfähigkeit, Keimenergie, **I**-Geh. u. bioelektr. Potential des Getreidekornes. Der **I**-Geh. des Samens blieb bei der Blattdüngung mit radioakt. **I** oder radioakt. P unverändert. Die Anwendung von radioakt. Stoffen in Mengen, die dem natürlichen Geh. des Samens nahekommen, ist demnach mit keinen schädlichen Mutationen u. keiner Beeinträchtigung der **I**-Synth. verbunden. (Доклады Академии Наук СССР [Ber. Akad. Wiss. UdSSR] **113.** 214—16. 1/3. 1957. Inst. für Pflanzenphysiol. u. Agrochem. der Akad. der Wiss. der Ukrain SSR.) OTTO MAIER. 4470

A. Poljakoff-Mayber, *Wirkung von IAA auf die oxydative Aktivität von Mungbohnenmitochondrien.* Vff. untersuchten den Einfl. von *β-Indolylessigsäure* (*IAA*; **I**) auf die oxydative Aktivität von Mitochondrien mit verschied. Substraten. **I** erhöhte die O_2-Aufnahme des Syst. in keinem Fall, tox. **I**-Konzz. verminderten die O_2-Aufnahme; die Depression der endogenen Resp ration durch *A.* kann durch **I** aufgehoben werden. (J. exp. Botany **6.** 321—27. Okt. 1955. London, King's Coll., Dep. of Botany.) H. GOEBEL. 4485

Ju. M. Martynow, M. A. Matwejew, L. M. Jakimenko und **A. A. Furman,** *Technologie der Gewinnung und Anwendung von Magnesiumchloratentblätterungsmitteln.* Bei der Verwendung von $Mg(ClO_3)_2$ (I) als Entblätterungsmittel (untersucht an der Baumwollstaude) wird als Vorteil gegenüber $Ca(CN)_2$ Unempfindlichkeit der Wrkg. gegenüber einer Senkung der Temp. von 17 auf 12° festgestellt. Die Darst. von I kann durch Austausch-Rk. zwischen $NaClO_3$ u. $MgCl_2$ in Aceton oder in der Schmelze erfolgen. Für beide Verff. werden technol. Schemata ausgearbeitet. (Химическая Промышленность [Chem. Ind.] **1958.** 420—23. Okt./Nov.) R. K. MÜLLER. 4495

E_5. Tierchemie. Tierphysiologie. Tierpathologie.

D. Cavallini und **B. Mondovì,** *Die Verwendung von Formaldehyd zur Vermeidung von Artefakten bei der chromatographischen Bestimmung von Ketosäuren.* Zu 35 ml eines Gemisches von W., 10%ig. Na-Wolframatlsg. u. $^2/_3$ n H_2SO_4 (30:10:10) werden 10 ml Blut gegeben, nach 10 Min. filtriert, ein aliquoter Teil (15—20 ml) des Filtrats wird mit 2 ml 0,2%ig. 2.4-Dinitrophenylhydrazin (I)-Lsg. in 2n HCl versetzt, u. nach 15 Min werden 3 Tropfen 30—40%ig. Formaldehydlsg. zum Abfangen des überschüssigen I zugegeben. Die entstandene Suspension wird mit Ae. mehrfach extrahiert, der Ae.-Extrakt eingeengt, 1 ml 1 n NH_4OH u. danach 1 ml Chlf. zugesetzt, geschüttelt, zentrifugiert, ein aliquoter Teil der NH_4OH-Lsg. papierchromatograph. aufgetrennt, die Flecken mit 1n NaOH extrahiert u. bei 440 mμ gemessen. Der Formaldehydzusatz verhindert die Bldg. von Artefakten, die das Vorliegen von Ketosäuren vortäuschen können. Der Durchschnittsgeh. betrug bei n. Personen an *Brenztraubensäure* 0,34 $\pm$ 0,12 u. für *α-Ketoglutarsäure* 0,10 $\pm$ 0,07 mg%. (Clin. chim. Acta [Amsterdam] **2.** 312—15. Aug. 1957. Rom, Univ., Inst. of Biochem. and Centro di Enzimolog. del C.N.R.) E. SCHWERDTFEGER. 4500

Allen F. Reid, Gilbert B. Forbes, June Bondurant und **John Etheridge,** *Die Bestimmung des Gesamtkörperchlorids beim Menschen durch Radiobromidverdünnung.* Die Best. des Gesamtkörperchlorids (I) von 15 jugendlichen Personen durch $^{82}Br^-$-Verdünnung (intravenöse $^{82}Br^-$-Injektion in physiol. NaCl-Lsg., 48 Std.-Sammelurin, Plasmaunters. nach 48 Std.; I-Plasma-Cl^- [zugeführtes ^{82}Br — ausgeschiedenes ^{82}Br]/ Plasma-^{82}Br) ergab gute Übereinstimmung mit nach anderen Methoden erhaltenen Werten (Mann: ca. 32 mÄquivalent; Frau: ca. 26). Die Berücksichtigung bekannter möglicher Fehlerquellen der Meth. (Unterschiede in der Magensaft- u. Spinal-Fl.-^{82}Br-Chlorid-Verteilung) erfordert eine Korrektur von + 1% zum berechneten I-Wert. (J. Lab. clin. Med. **48.** 63—68. Juli 1956. Dallas, Texas, Univ., Southwestern Med. School, Dep. of Biophys. and Pediatrics.) K. MAIER. 4510

Claude E. Thurston, *Natrium- und Kaliumgehalt von 34 Fischarten.* Vf. untersuchte den *Na*- u. *K*-Geh. in der Muskulatur von 26 Arten See- u. 8 Arten Süßwasserfischen. Für die Seefische wurden 34—96 (Mittel 68) mg Na/100 g u. 236—366 (Mittel 320) mg K/100 g gefunden. Die entsprechenden Werte für die Süßwasserfische waren 38—84 (Mittel 56) mg Na/100 g u. 238—344 (Mittel 282) mg K/100 g. Das Verhältnis Na : K war bei allen Fischarten ca. 1 : 5. Einzelne Arten zeigten eine starke geograph. Variation im Salzgehalt. (J. Amer. dietet. Assoc. **34.** 396—99. April 1958. Seattle, Chemist, Fishery Technol. Labor., Bureau of Commercial Fisheries.) K. HEYNS. 4510

Robert C. Warner und **Maxwell Schubert,** *Elektrophoretisches Verhalten von Chondromucoprotein.* Das Chondromucoprotein (I) von Rindernasengewebe u. seine Polysaccharidkomponente, die *Chondroitinschwefelsäure* (II) werden elektrophoret. untersucht. Es werden die Beweglichkeits-p_H-Kurven im Bereich von 2—11 bestimmt, wobei II etwas schneller läuft. Bei einem p_H von 12,5 scheint I in Chondroitinsulfat u. eine etwas langsamere Komponente zu dissoziieren; wird diese Lsg. wieder auf ein p_H von 3,3 gebracht, so wird die Dissoziation nicht rückgängig gemacht. (J. Amer. chem. Soc. **80.** 5166—68. 5/10. 1958. New York, N. Y., Univ., Coll. of Med., Dep. of Biochem. and Med.) H. STRUCK. 4520

C. Rizzoli und **C. Lamieri,** *Papierchromatographische Analyse der Aminosäuren, welche die Protide der harten Schale bilden.* Die Unterss. werden an der harten Schale eben abgelegter Hühnereier durchgeführt. Die Analyse ergibt: große Mengen an Cystin u. Prolin, Asparagin- u. Glutaminsäure, geringe Mengen von Histidin, Arginin, Alanin, Glycerin, Serin, Methionin u. Valin sowie Tyrosinspuren u. manchmal auch Hydroxyprolin. Die Membrana testicea unterscheidet sich dadurch biochem. wesentlich vom typ. Kollagen. (Boll. Soc. ital. Biol. sperim. **32.** 166—70. Jan./Febr. 1956. Bologna, Univ., Ist. die Istol. e Fisiol. Gener.) O. POLLAK V. EMHOFEN. 4520

Hirosi Yosizaki, *Untersuchungen über hochmolekulare Placentakomponenten in Verbindung mit Schwangerschaftstoxämie.* 7. Mitt. *Über Proteine.* 12. Mitt. *der Reihe:*

Über Proteine und Aminosäuren. (6. vgl. C. **1959.** 6169; 11. vgl. Tohoku J. exp. Med. **65.** [1957.] 157.) Aus menschlicher Placenta wurden 5 Proteine (**I**—**V**) in elektrophoret. reiner Form isoliert. Papierchromatograph. ließen sich in **I** u. **II** Asparaginsäure, Glutaminsäure, Serin, Glycin, Threonin, Alanin, Tyrosin, Leucin (u./oder Isoleucin), Valin (u./oder Methionin), Prolin, Lysin, Histidin, Arginin u. in **III**—**V** außerdem Phenylalanin u. Hexosamin nachweisen. **I**—**V** sind bes. reich an Prolin. **I**—**V** wurden auf ihre Löslichkeit, Fällbarkeit, UV-Absorption u. relative Viscosität untersucht. Die biol. Aktivität von **I**—**V** wurde an Kaninchen untersucht; die Ergebnisse lassen einen Zusammenhang dieser Proteine mit dem Auftreten von Schwangerschaftstoxämie (ST) vermuten. Im allg. gaben **I**—**V** keine positive Präcipitin-Rk. mit Seren von schwangeren Frauen einschließlich Patienten mit ST. Die Haut-Rkk. von **I**—**V** bei Schwangeren u. Nichtschwangeren mit verschied. Erkrankungen werden angeführt. (Tohoku J. exp. Med. **66.** 333—49. 25/10. 1957. Sendai, Tohoku Univ., Med.-chem. Inst. and Dep. of Obstet. and Gynecol. [Orig.: engl.]) E. SCHWERDTFEGER. 4520

S. P. Pathak, S. K. Roy und **B. N. Trivedi,** *Die Fettsäurezusammensetzung und die Glyceridstruktur des Fettes des indischen wilden Ebers.* Aus dem Fett eines Wildschweines [Eber; Sus cristatus indicus; Verseifungsäquivalent 282,6, JZ. 50,8, SZ. 2,7% (Ölsäure)] werden die Gesamtfettsäuren dargestellt, nach der Bleisalzmeth. in 2 Fraktionen aufgetrennt u. diese nach Veresterung mit Methanol durch fraktionierte Dest. im Vakuum hinsichtlich ihrer Komponenten differenziert; die quantitative Auswertung erfolgt an Hand des üblichen rechner. Verfahrens. Zur Ermittlung der das Fett konstituierenden Glyceride wird das Fett nach der Meth. der Tieftemperaturkristallisation aus Aceton bzw. Ae. fraktioniert; die dabei erhaltenen 3 Fraktionen werden hinsichtlich ihrer Bausteine jeweils getrennt analysiert; die mögliche Zus. wird in üblicher Weise errechnet. Die in Tabellen mitgeteilten Befunde zeigen, daß das Fett des Wildschweines wie das des Hausschweines aufgebaut ist: Myristin- 1,6 (Gew.-%), Palmitin- (29,5), Stearin- (16,8), Tetradecen- (0,7), Hexadecen- (13,2), Öl- (36,3), Octadecadien- (1,9), C_{20}—C_{22}-Säuren (0,0); die konstituierenden Glyceride umfassen nach dem Experiment 1,5% dreifach gesätt., 39,6% zweifach gesätt.-einfach ungesätt. u. 58,9% einfach gesätt.-zweifach ungesätt. Glyceride; dreifach ungesätt. Glyceride sind nicht nachweisbar; diese Reultate werden denjenigen gegenübergestellt, wie sie sich nach der Regel von der „Even- bzw. „Random-Distribution" (HILDITCH, The Chemical Constitution of Natural Fats, London, Chapman and Hall Ltd. [1956]) ergeben; die Differenzen lehren, daß das Wildschweinfett mit dem der üblichen Landtiere nicht übereinstimmt. (Biochem. J. **71.** 593—96. April 1959. Varanasi, Indien, Banaras Hindu Univ., Dep. of Chem. Engng. and Chem. Technol.) K. TÄUFEL. 4520

E. Klenk und **H. Brockerhoff,** *Über die C_{18}- und C_{22}-Polyensäuren des Heringöls.* In Fortsetzung früherer Arbeiten über die Polyenfettsäuren des Dorschlebertrans u. des Heringöls (C. **1957.** 7407 u. 12922) werden die noch nicht näher charakterisierten C_{18}- u. C_{22}-Polyensäuren des Heringöls eingehend untersucht. Die C_{18}-Polyensäuren werden durch Gegenstromverteilung fraktioniert u. die einzelnen Fraktionen UV-spektrometr. sowie durch direkte u. durch reduktive (neu ausgearbeitetes Verf.) Ozonidspaltung identifiziert. Nachgewiesen werden in den anwesenden C_{18}-Polysäuren neben den bereits bekannten Verbb. [*Octadecen-* (*Öl-*) u. *$\Delta^{6.9.12.15}$-Octadecatetraensäure*], fernerhin *$\Delta^{9.12}$-Octadecadien-* (*Linol-*) u. *$\Delta^{9.12.15}$-triensäure* (*Linolensäure*). In der Fraktion der C_{22}-Polyensäure finden sich *$\Delta^{7.10.13.16.19}$-Dokosapentaen-* u. *$\Delta^{4.7.10.13.16.19}$-Dokosahexaensäure.* Die Polyensäuren des Heringöls umfassen folgende ungesätt. Säuren (prozentualer Anteil): C_{14} (3,4) — C_{16} (9,5) — C_{18} (25) — C_{20} (33,7) — C_{22} (28,4), oder, aufgeteilt nach der Zahl der Doppelbindungen: C_{18}-Monoensäure (7) — C_{18}-Diensäure (4,7) — C_{18}-Triensäure (2,4) — C_{18}-Tetraensäure (10,9) — C_{22}-Mono-, -Di-, -Tri- u. -Tetraensäure (zusammen 2,2) — C_{22}-Pentaensäure (2,6) — C_{22}-Hexaensäure (23,6). Nach den vorliegenden Befunden ist zu schließen, daß in den Fischölen von jeder Polyensäuregruppe gleicher Kettenlänge jeweils die am stärksten ungesätt. Säure den Hauptteil des Gemischs ausmacht. In den Fischölen dürften vorwiegend Polyensäuren vom Linolensäuretyp, in den Phosphatiden der Säugetierorgane aber solche vom Linolsäuretyp vorkommen. Da die Polyensäuren vom Linolsäuretyp als essentielle Fettsäuren wirken, wird verständlich, daß bei fettfrei gefütterten Versuchstieren die Wachstumswrkg. der Fischöle wesentlich geringer ist als die der linolsäurehaltigen pflanzlichen Öle. Meth. der reduktiven Ozonidspaltung. Ca. 20 mg Substrat werden in Lsg. von 2 ml Eisessig u. 2 ml Methylacetat bei —10 bis —20° ozonisiert; man red. mit 2—4 mg Platindioxyd im Hydrierkolben bis zur Aufnahme der berechneten Menge an Wasserstoff; die Reaktions-Fl. wird dest. u. das Destillat im CO_2-Strom in eine frisch bereitete phosphorsaure Lsg. von Dinitrophenylhydrazin eingeleitet. Man extrahiert die Hydrazone mit Bzl., trocknet mit Na_2SO_4 u. chromatographiert die Bzl./Ligroin-

Lsg. (2:1) nach ROBERTS u. GREEN (C. **1946.** I. 517) in einer Kieselgel/Hyflo-Super-Cel-Säule. Die eluierten einzelnen Hydrazone werden photometr. ermittelt u. empir. auf Acet-, Propion- bzw. Capronaldehyd berechnet. Die Identifizierung der Hydrazone erfolgt papierchromatograph. nach TUNMANN (Arch. Pharmaz. Ber. dtsch. pharmaz. Ges. **289.** [1956.] 329). Die Dien-Fraktion der ungesätt. C_{18}-Säuren wird vor u. nach der Alkaliisomerisierung im UV spektrometriert, der oxydativen sowie der reduktiven Ozonidspaltung unterworfen. Die Reaktionsprodd. lassen chromatograph. einmal die Ggw. von Acelain-, Adipin- u. Malonsäure, zum andern von Acet-, Propion- u. Capronaldehyd erkennen; es handelt sich also um Linolsäure. Die Trien-Fraktion der C_{18}-Polyensäuren führt bei analoger Arbeitsweise zur Linolensäure. — Zur Gewinnung der C_{22}-Polyensäuren werden 176 g der Methylester der hochungesätt. Fettsäuren so lange im Hochvakuum fraktioniert, bis bei Steigerung der Badtemp. 122 g Destillat erhalten worden sind; darin befinden sich vor allem die C_{20}-Säuren. Zum Destillationsrückstand gibt man als Vehikel 40 g eines aus Essobayol 16 herausfraktionierten KW-stoffgemisches ($Kp._{10^{-4}}$ 160—170°), dest. weiter, verseift jede Fraktion, trennt das Unverseifbare ab u. erhält die entsprechenden Fettsäurefraktionen; Charakterisierung derselben nach Kp., Menge, JZ., Prodd. nach der Hydrierung, Verh. im UV-Spektr. vor u. nach der Alkaliisomerisierung. Differenzierung einzelner Fraktionen nach dem Prinzip der beschriebenen Gegenstromverteilung u. Charakterisierung der abgetrennten Pentaen- u. Hexaen-C_{22}-Säuren u. UV-spektrometr. sowie durch oxydative u. reduktive Ozonidspaltung; daraus wird die weiter vorn angegebene Konst. der 2 C_{22}-Polyensäuren abgeleitet. Zur quantitativen Ermittlung der Polyensäuren des Heringsöls wird die von KAPITEL (C. **1957.** 9246) angegebene Arbeitsweise der umgekehrten Phasenchromatographie herangezogen. Ergänzend wird zu den früheren Unterss. über Dorschlebertran über die jetzt gelungene Abtrennung u. Identifizierung der darin enthaltenen $\Delta^{4.7.10.13.16.19}$-*Dokosanhexaensäure* berichtet. (Hoppe-Seyler's Z. physiol. Chem. **310.** 153—70. 15/4. 1958. Köln, Univ., Physiol.-Chem. Inst.) K. TÄUFEL. 4520

H. Langer und **H. Langer-Schierer,** *Zum chemischen Aufbau des braunen Fettgewebes von Wanderratte und europäischem Hamster.* Die analyt. Unterss. des braunen u. weißen Fettgewebes von Wanderratte u. Hamster auf Wassergeh., Gesamtlipoide, lipidfreie Trockensubstanz u. Phosphatide u. der Vgl. mit den Analysenergebnissen der gleichen Bestandteile verschied. Drüsengewebe beweisen, daß es sich bei dem braunen Fettgewebe um einen besonderen Typ von Speichergewebe handelt u. daß ihm keine Drüsenfunktion zukommt. Die Zellgrundsubstanz (lipidfreie Trockensubstanz u. Phosphatide) des braunen Fettgewebes von Ratte u. Hamster ist in Menge u. Zus. bei beiden Tierarten nahezu gleich, ebenso die Zus. der lipidfreien Trockensubstanz von braunem u. weißem Fettgewebe. Der im Vgl. zum weißen Fettgewebe höhere Grundstoffwechsel des braunen Fettgewebes ist die Folge eines höheren Cytoplasmageh., der möglicherweise für eine Speicherfähigkeit von Stoffwechselprodd. im braunen Fettgewebe winterschlafender Tiere von Bedeutung ist. (Hoppe-Seyler's Z. physiol. Chem. **314.** 51—61. 4/3. 1959. München, Zool. Inst.) F. TÄUFEL. 4520

J. C. Hawke, *Die Fettsäuren des Phosphatidyläthanolamins und Phosphatidylcholins vom Hühnerei.* Chromatograph. Analysen der vom *Phosphatidyläthanolamin* (I) u. *Phosphatidylcholin* (II) abgespaltenen Fettsäuren ergaben Unterschiede. So sind in I 39,5% gesätt. C_{18}-Fettsäuren u. 20,1% ungesätt. C_{18}-Fettsäuren, in II 14,2% gesätt. C_{18}-Fettsäuren u. 44,7% ungesätt. C_{18}-Fettsäuren enthalten. $^3/_5$ der Gesamtfettsäuren von I sind gesättigt. Gegenüber II sind in I mehr ungesätt. Fettsäuren von der Gruppe C_{20} u. C_{22} vorhanden. (Biochem. J. **71.** 588—92. März 1959. Wellington, New Zealand, Fats Res. Labor., Dep. of Sci. and Ind. Res.) U. GERHARDT. 4520

Marie-Josèphe Coulon-Morelec und **Marguerite Faure,** *Die Wirkung der Hydrierung und von heißer Essigsäure auf das Cardiolipid.* Vff. hydrieren Cardiolipid (I) in Chloroformlsg. in Ggw. von Pd u. kristallisieren I aus Butanol u. Essigsäure. Es zeigt sich, daß das Verhältnis Fettsäuren (II) : P u. *Glycerin* (III) : P im hydrierten I aus heißer Essigsäure abgenommen hat, während der Quotient aus Säurefunktion:P angestiegen ist. Hydrierung von I als Tetramethylammoniumsalz in Butanol verändert die Zus. von I nicht; die Verhältnisse II:P u. III:P betragen ca. 2 bzw. 1,5, während der Wert Säurefunktion:P von 1 auf 1,22—1,34 ansteigt. Daraus geht hervor, daß die Wrkg. der Hydrierung auf I nicht nur auf Absättigung der in den II-Moll. enthaltenen Doppelbindungen beruht, sondern es werden ohne Abspaltung von II u. III auch neue Säuregruppen gebildet. Ein Verlust von II u. III wird dagegen bei Einw. von heißer Essigsäure (100°) auf das Na-Salz des hydrierten I beobachtet. Gleichzeitig sinken die Quotienten II:P u. III:P auf 1,5—1,2 bzw. 1,3—1,1 ab, u. das Verhältnis Säuregruppen:P bleibt konstant. Die butanol. Mutterlaugen der I-Kristallisation enthalten keine freien II. Die in ihnen vorkommenden geringen Phosphatidmengen sind aus Butanol–Methanol-Lsg. (1:2) als Ba-Salze fällbar. Die in der Lsg. verbleibende P-freie Substanz liefert nach Hydrolyse **II** u. **III** im Verhältnis eines Diglycerids (**III**:**II** = 100:17,5). Die gleichen Ergebnisse werden auch bei Einw. von Essigsäure (30 Min., 100°) auf nicht hydriertes **I** erhalten. Sie spaltet also **I** oder sein hydriertes Deriv. unter Bldg. von Diglyceriden, ohne daß neue Säuregruppen entstehen. Die serolog. Eigg. von **I** werden durch Hydrierung kaum beeinflußt, während durch Behandlung mit Essigsäure ein Phosphatid mit veränderter Zus. (5—6,2% P, **II**:P = 1,5—1,2; **III**:P = 1,3—1,1; Säurefunktion:P = 1,2—1,32) u. erhöhter serolog. Wirksamkeit gebildet wird. (C. R. hebd. Séances Acad. Sci. **246**. 1936—38. 24/3. 1958.) P. FAHRNLAENDER. 4520

John J. Munoz, *Einige neuere immunologische Techniken.* Vf. diskutiert Methoden u. Vorteile folgender Techniken: Geldiffusion, Fluorescenz–Antikörper-Meth., BOYDENs Hämagglutination u. passive Hautanaphylaxie. — 69 Literaturangaben. (Analytic. Chem. **31**. 981—85. Juni 1959. Missoula, Montana State Univ., Bacteriol. Dep.) E. DEHMLOW. 4551

H. Keller, H. Isliker und **H. Aebi,** *Zum „turnover" des Properdins beim Kaninchen.* Kaninchen erhielten 0,1 mC $^{14}C_{(1)}$-*DL-Leucin.* In der Zeit zwischen 6 Std. u. 10 Tagen wurden mehrere Blutproben entnommen. β- u. γ-Globulin wurden mit der A.-Meth., Properdin durch Zymosan aus dem Serum isoliert, sie waren elektrophoret. einheitlich. Die ^{14}C-Messung zeigte, daß die Halblebenszeit des Properdins nur 2—3 Tage, die der β- u. γ-Globuline 6—8 Tage beträgt. (Helv. physiol. pharmacol. Acta **15**. Nr. 2. C21. 1957. Bern, Univ., Med.-chem. Inst.) E. FISCHOEDER. 4551

Felix Haurowitz, *Biosynthese der Proteine und ihre Beeinflussung durch Antigene.* Vortrag. Aktivierte Aminosäuren, Bldg. der Peptidkette, Transpeptidierung, Plasmaprotein → Gewebeprotein-Umwandlung, strukturelle Ursachen der Spezifität, Reproduktionsprozeß, Antikörper als der determinanten Gruppe des Antigens komplementär angepaßter Globuline. — 36 Literaturangaben. (Naturwissenschaften **46**. 60—63. 2. Jan.-H. 1959. Bloomington, Ind., Univ., Dep. of Chem.) K. MAIER. 4551

Shohachi Wada, M. J. Pallansch und **Irvin E. Liener,** *Die chemische Struktur und die Endgruppen des Sojabohnen-Hämagglutinins.* Ein mit $(NH_4)_2SO_4$-Fällung aus einem Sojabohnenextrakt dargestelltes Hämagglutinin (**I**) wurde mit präparativer Elektrophorese weiter gereinigt. Bei der Sedimentation in der Ultrazentrifuge, bei Elektrophorese in Phosphatpuffer u. in Stärkegel sowie bei der chromatograph. Analyse in Ionenaustauschersäulen erwies sich **I** als homogene Substanz, Mol.-Gew. 90000. In der Aminosäurenzus. fällt der relativ hohe Glutaminsäuregeh. auf. **I** besteht aus mindestens zwei Peptidketten mit N-ständigen Alaninresten u. vielleicht C-ständigen Serinresten. (J. biol. Chemistry **233**. 395—400. Aug. 1958. St. Paul, Minn., Univ., Dep. of Agric. Biochem.) E. FISCHOEDER. 4551

Irvin E. Liener, *Inaktivierungsversuche mit Sojabohnenhämagglutininen.* Die Inaktivierung des gereinigten Sojabohnenhämagglutinins (**I**) durch Erwärmung auf 50—70° ist abhängig von der Zeit u. dem p_H. Bei p_H 6—7 ist **I** am stabilsten. *Guanidin,* 3—6mol., inaktiviert stark, *Harnstoff,* 8,3mol., nur teilweise, *Na-Decylbenzolsulfonat* wirkt bis zu einer Konz. von 0,002mol. hemmend, bei höherer Konz., aber nur in Ggw. von *NaCl,* wieder weniger. 4- u. 3wertige Metallionen hemmen **I**, *Pepsin* zerstört **I**, *Trypsin* nicht. (J. biol. Chemistry **233**. 401—05. Aug. 1958. St. Paul, Minn., Univ., Dep. of Agric. Biochem.) E. FISCHOEDER. 4551

Y. Hayashi, *Änderung des Blutzuckergehalts in Begleitung von Hautreaktionen.* 1. Mitt. *Änderungen infolge von Hautüberempfindlichkeitsreaktionen.* Bei durch *Eialbumin* (**I**; 0,5 cm³ 5%ig. Lsg.) bzw. $HgCl_2$ (**II**; 1 cm³ 0,1%ig. Lsg.) in subcutaner Injektion sensibilisierten Kaninchen wird eine allg. Hautüberempfindlichkeits-Rk. ausgelöst. Als Ergebnis der *Blutzucker* (**III**)-Best. (6, 12, 24 bzw. 48 Std. nach der Sensibilisierung) zeigt der **III**-Spiegel nach 6 Std. keine Veränderung, nach 12 Std. bedeutende Zunahme u. darauf wieder ein Absinken, so daß nach 48 Std. wieder der n. Stand erreicht ist. Die Erscheinungen sind bei Sensibilisierung mit **I** deutlicher als mit **II**. Die **III**-Änderungen sind bei Tieren mit hohem Antikörpertiter im Serum ausgeprägter als bei niedrigem Titer. (Tokyo Jikeikai med. J. **70**. 947—50. 1/10. 1955. [Orig.: japan.]) L. SCHULER. 4551

W. Mosler, *Der Bilirubinspiegel im Nabelschnurblut bei heterospezifischer Schwangerschaft.* Signifikant höhere *Bilirubin* (**I**)-Werte im Nabelschnurblut konnten nur gefunden werden bei heterospezif. Schwangerschaften vom Typ Mutter/Kind = 0/A oder 0/B, so daß die Vermutung verstärkt wird, diese Schwangerschaften seien nicht ohne schädigenden Einfl. auf die Frucht. Ob die **I**-Erhöhung eine Folge einer durch mütterliche Isoantikörper gestörten Erythropoese oder einer verstärkten Ausscheidungsinsuffizienz der kindlichen Leber infolge zellständiger Antigen–Antikörper-Rk. ist, wurde nicht geklärt. (Z. Geburtshilfe Gynäkol. **150.** 186—93. 1958. Berlin, Univ., Frauenklin.) U. TAUSENDFREUND. 4551

Joan E. Hills und **H. R. Sullivan,** *Untersuchungen über die saure Decalcifizierung von menschlichem Zahnschmelz.* 2. Mitt. (1. vgl. C. **1959.** 7844.) Es wurde die Löslichkeit von gepulvertem Schmelz in mit Milchsäure auf p_H 7,0, 6,0, 5,0 u. 4,0 angesäuertem *Speichel* in Ggw. von CO_2 u. ohne CO_2 untersucht. Die Auflsg. des Schmelzes geht hauptsächlich zwischen p_H 5 u. 6 vor sich, Der Verlauf der Auflsg. in angesäuertem Speichel ist sehr ähnlich dem in Citrat- bzw. Lactatpuffer (vgl. l. c.). Ggw. von CO_2 hatte nur einen sehr geringen beschleunigenden Einfl. auf die Auflösung. (Austral. Dental J. **3.** 101—06. April 1958. Sydney, United Dental Hosp., Inst. of Dental Res.) G. KLESSE. 4552

Claude L. Yarbro, *Der Einfluß der Diät auf die Citratausscheidung im Harn.* Eine im Hinblick auf den Mechanismus der Harnsteinbldg. durchgeführte Unters. der *Citrat* (**I**)-Ausscheidung von Personen bei verschied. Diät ergab eine Steigerung durch Alkalizufuhr u. eine Abnahme bei Säurezufuhr. Ggw. physiol. Mengen von Vitamin D in der Nahrung erhöhen die **I**-Ausscheidung anscheinend auch bei säurebildender, z. B. eiweißreicher Diät oder bei Ergänzung durch NH_4Cl. (J. Urology **75.** 216—22. Febr. 1956. Chapel Hill, N. C., Univ., School of Med., Dep. of Biochem. and Nutrit.) K. MAIER. 4552

Minoru Ito, *Das Problem der Melaninbildung.* Die *Melanin* (**I**)-Bldg. findet in dendrit. Zellen der humanen Epidermis statt, die in der Embryonalperiode von inneren Nervenorganen an die Epidermis gelangten. An der **I**-Bldg. sind *Indophenolase* u. *Peroxydase,* die in den Pigmentzellen vorkommen, beteiligt. Außerdem besteht ein Zusammenhang mit dem *Nucleinsäure*-Stoffwechsel u. dem O_2-Geh. der Haut. Vf. studierte den Zusammenhang von *Cu*-Geh. u. *Oxydase*-Aktivität des Blutserums mit Pigmentstörungen. Ausgangsstoff der **I**-Bldg. ist das *Tyrosin* des Serums. Unterss. bei Pigmentstörungen zeigten, daß die Nebennierenrinde wesentlich an der Regulierung der Hautpigmentierung beteiligt ist. (Jap. J. Dermatol. Venerol. **66.** 369—74. Juli 1956. Sendai, Tohoku Univ., School of Med., Dep. of Dermatol. [Orig.: japan.; Auszug: engl.]) F. KRUSEN. 4552

S. K. Figdor, M. J. Kodet, B. M. Bloom, E. J. Agnello, S. Y. P'an und **G. D. Laubach,** *Zentrale Aktivität und Struktur einer Reihe von wasserlöslichen Steroiden.* Bei einer Reihe von C_{20}-Steroiden wird nach intravenöser Injektion die mittlere anästhet. Dosis (AD_{50}) u. die mittlere letale Dosis (DL_{50}) bei Mäusen bestimmt. *Desoxycorticosteronsuccinat, Na-Salz*: AD_{50} 104,0; DL_{50} 284,0; therapeut. Index 2,7; *6-Hydroxy-*: —; ca. 250; —; *6-Acetoxy-*: —; ca. 250; —; *14-Hydroxy-*: —; $>$250; —; *17-Hydroxy-*: —; $>$250; —; *11β.17-Dihydroxy-*: —; $>$1000; —; *14-Dehydro-*: —; ca. 50; —; *1-Dehydro-*: —; ca. 200 (Krämpfe); —; *6-Dehydrodesoxycorticosteronsuccinat, Na-Salz*: —; ca. 150 (Krämpfe); —; *Desoxycorticosteron*: 69,0; 111,0; 1,6; *Progesteron*: 89,0; 175,0; 2,0; *Thiopentalnatrium*: 17,5; 80; 4,6; *Pregnen-(5)-3-ol-20-on-succinat, Na-Salz*: ca. 175; 225 (Krämpfe); —; *21-Acetoxy-*: ca. 150; ca. 150 (Krämpfe); —; *17-Hydroxy-*: —; $>$250; —; *16.17-Epoxydo-*: —; 175 (Krämpfe); —; *16.17-Epoxydo-21-acetoxy-*: ca. 110; ca. 110 (Krämpfe); —; *16-Dehydropregnen-(5)-3-ol-20-on-succinat, Na-Salz*: —; ca. 50; —; *Allopregnan-3β-ol-20-on-succinat, Na-Salz*: 44,0; 123,0; 2,8; *21-Acetoxypregnan-3β-ol-succinat, Na-Salz*: 30,5; 80,0; 2,6; *Pregnan-17.3-diol-succinat-(3β), Na-Salz*: —; 50 (Krämpfe); —; *cis-Pregnan-3β-ol-succinat, Na-Salz*: 29,0; 115,0; 4,0; *Pregnan-3β,21-diol-succinat-(3β), Na-Salz*: 50,0; 175,0; 3,5; *21-Acetoxypregnen-3β-ol-succinat, Na-Salz*: 31,5; 72,0; —; *17-Brompregnan-3β-ol-succinat, Na-Salz*: —; $>$200; —; *cis-Pregnan-3α-ol-succinat, Na-Salz*: 16,4; 90,0; 5,5; *Allopregnan-3.20-dion-21-ol-succinat, Na-Salz*: 22,3; 150,0; 6,7; *2-Chlor-*: 69,0; 205,0; 3,0; *2-Bromallopregnan-3.20-dion-21-ol-succinat, Na-Salz*: 107,0; 210,0; 2,0; *Allopregnen-(1)-3.20-dion-21-ol-succinat, Na-Salz*: —; ca. 300; —; *Allopregnan-3β.21-diol-20-on-succinat-(21), Na-Salz*: 35,5; $>$250; $>$7,0; *3β-Acetoxy-*: 33,0; 100,0; 3,0; *3-Spirothiazolidino-*: 36,8; 100,0; 2,7; *3-[3'-Carboxyspirothiazolidino]-*: 29,0; $<$200; —; *3β-Methoxyallopregnan-21-ol-20-on-succinat, Na-Salz*: —; ca. 150; —; *Allopregnen-(5)-21-ol-20-on-succinat, Na-Salz*: —; ca. 50; —; *Pregnan-3.20-dion-21-olat-Natrium*: 21,5; 250,0; 11,6; *14-Hydroxy-*: —; $>$500; —; *4-Chlor-*: 66,0; ca. 260; ca. 3,9; *4-Brom*: 75,0; ca. 350; ca. 4,7; *4.4-Dibrom-3.20-dion-21-olat-Natrium*: $>$250; $>$250; —; *Pregnen-(14)-3.20-dion-21-olat-Natrium*: —; ca. 300; —; *Pregnan-3α.21-diol-20-on-succinat, Na-Salz*: 21,0; 250,0; 11,9; *Pregnan-3β.21-diol-20-on-succinat, Na-Salz*: 27,5; 278,0; 10,1; *3β-Acetoxypregnan-21-ol-20-on-succinat, Na-Salz*: 28,5; 194,0; 6,8; *Pregnan-21-ol-3.20-dion-succinat, Na-Salz (Viadril)*: 21,5; 250,0; 11,6; *Pregnan-21-ol-3.20-dion-succinat, Dimethylbenzylammoniumsalz*: 19,0; 100,0; 5,3; *β-Hydroxyäthyldimethylammoniumsalz*: ca. 20; ca. 50; —; *-methylsuccinat, Na-Salz*: 25,0; ca. 160;

6,4; *-glutarat, Na-Salz*: 50,0; 172,0; 3,4; *-hydroxydiacetat, Na-Salz*: 20,0; 230,0; 11,5; *-[p-benzolsulfonamido]-succinat, Na-Salz*: ca. 100; >200; —; *-phthalat, Na-Salz*: 130,0; 143,0; 1,1; *-bisulfat*: —; ca. 150; —; *-[β-hydroxyäthylammonium]-phosphat*: —; ca. 150; —; *-dimethylaminoacetathydrochlorid*: 15,6; 53,0; 3,4; *-diäthylaminoacetathydrochlorid*: 11,5; 39,0; 3,4; *-morpholinoacetathydrochlorid*: 23,9; 77,0; 3,2; *-piperazinoacetathydrochlorid*: 30,5; 58,5; 1,9; *-piperidinoacetathydrochlorid*: 18,5; 56,0; 3,0; *-[N'-methylpiperazinoamido]-succinathydrochlorid*: 15,6; 35,0; 2,2. (J. Pharmacol. exp. Therapeut. **119**. 299—309. März 1957. Brooklyn, N. Y., Chas. Pfizer & Co., Res. Div.)
G. KIMMERLE. 4558

L. Velluz, G. Muller, R. Jequier und **C. Plotka,** *Mit Adrenosteron verwandte äthinylierte Derivate und ein Steroideffekt auf die experimentelle Hyperlipämie.* Adrenosteron u. 3.11.17-Triketo-$\Delta^{1.4}$-androstadien wurden durch Kondensation mit Acetylen in Ggw. von K-tert.-Amylat bei Raumtemp. in die Äthinylderivv. (**I**) u. (**II**) u. letzte nach Schutz der 3-Ketogruppe mit Semicarbazid durch Borhydridred. in die 11β-Hydroxyverbb. (**III**) u. (**IV**) übergeführt. Letzte sind auch durch direkte Äthinylierung von 11-Dihydroadrenosteron u. 3.17-Diketo-11β-hydroxy-$\Delta^{1.4}$-androstadien erhältlich. **II** besitzt bei der experimentellen Hyperlipämie des Hundes in oralen Dosen von 5—10 mg je kg eine klärende Wrkg. auf das Blutplasma. *Verbb.*: *17α-Äthinylandrosteron* (**I**), F. 303°, $[\alpha]_D$ +110° (c = 0,5, Dioxan). — *3.11-Diketo-17β-hydroxy-17α-äthinyl-$\Delta^{1.4}$-androstadien* (**II**), F. 255°, $[\alpha]_D$ +80° (c = 1). — *3-Keto-11β.17β-dihydroxy-17α-äthinyl-Δ^{4}-androsten* (**III**), F. 283°, $[\alpha]_D$ +55° (c = 0,5). — *3-Keto-11β.17β-dihydro-17α-äthinyl-$\Delta^{1.4}$-androstadien* (**IV**), F. 289°, $[\alpha]_D$ 0° (c = 0,5). Die IR- u. UV-Absorptionsmaxima der Verbb. **I**—**IV** sind angegeben. (J. Amer. chem. Soc. **80**. 2026. 20/4. 1958. Paris, Roussel, Res. Labors.)
K. MAIER. 4559

Joseph D. Feldman, *Einfluß des Östrogens auf Struktur und Funktion der Thyreoidea.* Kastrierte Ratten, die mit einer J-Mangelkost gefüttert worden waren, zeigen nach Verabreichung von *Östrogen* (*Theelin*) in verschied. Dosen sowohl in anatom. als auch funktioneller Hinsicht alle Zeichen einer Schilddrüseninvolution. (A. M. A. Arch. Pathol. **66**. 439—43. Okt. 1958. Pittsburgh, Pa., Univ. of Pittsburgh, School of Med., Dep. of Pathol.)
H. P. FIEDLER. 4559

Alan J. Parcells und **Choh Hao Li,** *Analyse der N-endständigen Aminosäuren der Wachstumshormone von Menschen-, Affen-, Wal- und Rinderhypophyse.* Die Wachstumshormone (*Somatotropine*) von Mensch (**Ia**), Affe (Macaca mulatta; **Ib**), Wal (**Ic**) u. Rind (**Id**) wurden a) nach der SANGERschen Fluordinitrobenzolmeth. sowie b) nach der EDMANschen Phenylthiocarbamylmeth. auf ihre N-endständigen Aminosäuren untersucht. N-endständig wurde in allen Fällen *Phenylalanin* u. bei **Id** außerdem *Alanin* gefunden. Der stufenweise Abbau nach b) sowie die partielle Hydrolyse (4 Tage bei 37°) ergaben als N-endständige Sequenz für **Ia** Phe·Ser·Thr··· u. für **Id** Phe·Thr·Ala··· sowie Ala·Phe·Ala···; bei **Ib** u. **Ic** traten bei der 2. Stufe des Abbaus nach b) Schwierigkeiten auf, so daß von einer weiteren Unters. Abstand genommen wurde. (J. biol. Chemistry **233**. 1140—42. Nov. 1958. Berkeley, Calif., Univ., Dep. of Biochem., Hormone Res. Labor.)
E. SCHWERDTFEGER. 4560

Choh Hao Li, Alan J. Parcells und **Harold Papkoff,** *Die C-endständige Aminosäuresequenz der Wachstumshormone von Menschen-, Affen-, Wal- und Schafhypophyse.* (Vgl. C. **1958**. 13827 u. vorst. Ref.) Die C-endständige Sequenz der Wachstumshormone (**I**) wurde sowohl durch Einw. von *Carboxypeptidase* als auch durch *Hydrazinolyse* nach NIU u. Mitarbeitern (C. **1957**. 9390) bestimmt. Es wurde übereinstimmend für Schaf-**I** ···Ala·Leu·Phe, für Wal-**I** ···Leu·Ala·Phe, für Affen-**I** (Macaca mulatta) ···(Ala, Gly)·Phe u. für menschliches **I** ···Leu·Phe gefunden. Im Tibiatest wurde nachgewiesen, daß bei allen untersuchten Species das C-endtändige *Phenylalanin* für die biol. Aktivität von **I** nicht erforderlich ist. (J. biol. Chemistry **233**. 1143—45. Nov. 1958. Berkeley, Calif., Univ., Dep. of Biochem., Hormone Res. Labor.)
E. SCHWERDTFEGER. 4560

Murray Saffran, *Aktivierung der ACTH-Ausschüttung durch Peptide der Neurohypophyse.* Vier Peptide der Neurohypophyse, *Arginin–Vasopressin* u. *Lysin–Vasopressin, Oxytocin* u. der *Corticotropin-freisetzende Faktor* regen in vitro die Ausschüttung des *adrenocorticotropen Hormons* (ACTH) aus Adenohypophysengewebe an. *Oxytocin* zeigte die geringste Aktivität. Die Freisetzung von ACTH ist also nicht die Eigentümlichkeit eines einzigen Neurohormons. (Canad. J. Biochem. Physiol. **37**. 319—29. Febr. 1959. Montreal, Canada, McGill Univ., Allan Memorial Inst. of Psychiatry.)
W. UDE. 4560

Julian I. Kitay, Donald A. Holub und **Joseph W. Jailer,** *Hormonale Regulation des Adrenocorticotropins der Hypophyse.* Vff. beschreiben eine modifizierte in vitro-Meth. (MURRAY, SAFFRAN u. SCHALLY, C. **1956**. 1638) zum Nachw. von *ACTH* u. untersuchten damit den ACTH-Geh. der Rattenhypophyse nach 7tägiger unterschiedlicher Behandlung (Milli-Einheiten/mg Drüse): unbehandelte Kontrollen: 63 ± 12; 0,2 ml 0,9% ig. NaCl-Lsg. 41 ± 6; Adrenalektomie 102 ± 9; 4 I. E. ACTH/Tag subcutan 80 ± 6; 5 mg *Cortison*/Tag subcutan 17 ± 3; *Adrenalin* in Öl, 1:500; 0,1 ml/Tag subcutan 16±2. ACTH-Verabfolgung u. Adrenalektomie führen demnach zu einem beträchtlichen Anstieg, Cortison u. Adrenalin zu einer Verminderung des ACTH-Geh. des Hypophysenvorderlappens. (Proc. Soc. exp. Biol. Med. **97.** 165—69. Jan. 1958. New York City, N. Y., Columbia Univ., Deps. of Med., Obstetr. and Gynecol., Coll. of Phys. and Surg.; Presbyterian Hosp.) U. Laschet. 4560

A. Ercoli und **M. Koller,** *Synergetische Wirkung einer Assoziation von 3 Corticosteroiden, die in einer einzigen Injektion verabreicht werden, auf das Überleben adrenalektomierter Ratten.* Weißen adrenalektomierten Ratten wurden einmalige Dosen von je 2,5 mg *Desoxycorticosteron-*, *11-Dehydrocorticosteron-* oder *Cortisontrimethylacetat* oder ein Gemisch der 3 Steroide 3 Std. nach dem Eingriff injiziert. Die Überlebenszeiten waren 6, 7 u. 12 Tage u. für das Gemisch durch gegenseitige Potenzierung 16 Tage (Kontrolltiere 5 Tage). (Boll. Soc. ital. Biol. sperim. **32.** 82—85. Jan./Febr. 1956. Como, Casatenovo Brianza, Labor. Ricerche Vister.) O. Pollak v. Emhofen. 4561

Hans-Ludwig Krüskemper, *Veränderungen des Ascorbinsäure- und Cholesteringehalts der Nebennieren normaler und hypophysektomierter Ratten nach Behandlung mit Cortison, Thyroxin und Trijodthyronin.* An n. u. hypophysektomierten Ratten werden der *Ascorbinsäure-* (**I**) u. *Cholesterinspiegel* (**II**) der Nebenniere unter der Beeinflussung durch Schilddrüsenhormone beobachtet. Die Veränderungen von **I** u. **II** nach *Thyroxin* u. *Trijodthyronin* werden als eine Direktwrkg. auf die Nebennierenrinde aufgefaßt. (Z. ges. exp. Med. **130.** 221—31. 27/8. 1958. Bonn, Univ., Med. Poliklin.) H. Struck. 4561

M. Koller, *Über die Abhängigkeit der Steroide mit anästhetischer Wirkung vom Geschlecht.* Die Unters. wird mit den *Bernsteinsäurehalbestern* von *21-Hydroxy-5β-pregnan-3.20-dion* u. *21-Hydroxy-5α-pregnan-3.20-dion* (**I** u. **II**) an Mäusen durchgeführt, denen 200 mg/kg gegeben wurden. Bei ♀ Tieren ruft **II** eine Narkose mit geringer Tiefe u. kürzerer Dauer als **I** hervor. Kastration verwischt diesen Unterschied u. erhöht die Narkosedauer. Bei ♂ Tieren ist die Wrkg. von **I** u. **II** gleich groß. Die Toxizität (vor allem von **I**) ist bei ♂ Tieren viel größer als bei ♀ Tieren. (Boll. Soc. ital. Biol. sperim. **32.** 78—80. Jan./Febr. 1956. Como, Casatenovo Brianza, Labor. Ricerche Vister.)
O. Pollak v. Emhofen. 4561

Huschang Dowlatabadi, *Eine neue Methode zur Bestimmung der Steroide mit einer Δ^4-3-Ketogruppe mit Blautetrazolium.* Wird *Blautetrazolium* (*3.3'-Dianisyl-4.4'-bis-[3.5-diphenyl]-tetrazoliumchlorid*) in wss. Lsg. durch Steroide mit einer Δ^4-3-Ketogruppierung red., so entsteht eine haltbare wasserlösl. gelbe Farbe, die dem Lambert-Beerschen Gesetz folgt u. eine maximale Absorption bei 377 mμ besitzt. Folgende Δ^4-3-Ketosteroide gaben die gelbe Farbe: *Hydrocortison, Cortison, Prednisolon, Prednison, Desoxycorticosteron, Progesteron* u. *Testosteron* sowie *Cyclohexen-(2)-on-(1)*. Die gelbe Farbe tritt bei Konzz. bis 0,27 mMol/Liter auf. Verbb. mit einer 3α- oder 3β-Hydroxygruppe, wie *Östradiol, Östriol, Androsteron* oder *Isoandrosteron* sowie *Benzalaceton* mit einer Doppelbindung in α-Stellung zur Ketogruppe gaben diese Rk. nicht. Über den Mechanismus der Farb-Rk. ist nichts Genaues bekannt.

V e r s u c h e: Frische, methanol. 20 mg% ig. Steroidlsg. mit CH_3OH auf 2 ml auffüllen, mit 1 ml wss. 20 mg% ig. Blautetrazolium, F. 242°, versetzen u. 2 ml 2n NaOH zufügen; 40 Min. auf 40° erwärmen. Gelbe Fl. im Elco II oder Beckmann bei 380 mμ messen. Mischung von 2 ml CH_3OH, 1 ml Blautetrazolium u. 2 ml 2n NaOH ebenfalls 40 Min. auf 40° erhitzt, diente als Leerwert. (Naturwissenschaften **45.** 517—18. 1. Nov.-H. 1958. Heidelberg, Univ., Med. Klin.) L. Laschet. 4561

B. Knick und **H. J. Wagner,** *Therapeutische Untersuchungen mit ACTH, Cortison und Prednisolon (Solu-Decortin-H) bei akuter Alkoholintoxikation. Beobachtungen bei der Behandlung von Vollrauschzuständen Jugendlicher, klinisch-experimentelle und tierexperimentelle Alkoholbelastungen.* In Tierverss. u. bei klin. Anwendung konnte bei *A.*-Intoxikationen (Vollrausch) das tox. Zustandsbild, welches partiell im Sinne einer relativen Nebennierenrindeninsuffizienz erklärt werden kann, durch Gaben von *Cortison, Prednisolon* oder *ACTH* günstig beeinflußt werden, ohne daß es allerdings zu einer Einw. auf den A.-Stoffwechsel kam. (Ärztl. Wschr. **13.** 1110—14. 12/12. 1958. Mainz, Univ., Med. Klin. u. Inst. für gerichtl. Med. u. Kriminalistik.) U. Tausendfreund. 4561

L. Pennacchio, *Beobachtungen über den durch lokale Verabreichung von Cortisonderivaten bei eosinophiler Pleuritis ausgelöstem eosinopenischen Effekt.* Bei 3 Fällen von sek. eosinophiler Pleuritis mit Sensibilisierung der Pleura wurden nach Verabreichung von *Hydrocortisonacetat* in die Pleurahöhle ein lokaler eosinolyt. Effekt u. eine normalisierende Wrkg. auf die Aktivität des Knochenmarks als Bildungsort der Eosinophilen beobachtet. Die Vorteile der lokalen Applikation werden herausgestellt. — Ausführliche Kasuistik. (Gazz. int. Med. Chirurg. **62** (**61**). 2263—74. 30/9. 1957. Rom, Osp. S. Camillo de Lellis, 2. Div. del Padiglione „E. Marchiafava".) H. KOCKERT. 4561

A. Bonanome, G. M. Pironti di Campagna und **F. Berra,** *Durch Benzol verursachte Nephropathia acuta und Prednisolon (erste Experimentaluntersuchungen).* Vff. konnten in Verss. an Meerschweinchen darlegen, daß die prophylakt. Behandlung einer durch Benzolintoxikation bedingten Schädigung der Nierentubuli durch Prednisolon (I) erfolglos ist. Wohl aber konnte durch histolog. Unterss. nachgewiesen werden, daß I die Wiederherst. des gesunden Zustandes begünstigt. (Gazz. int. Med. Chirurg. **62** (**61**). 2414—23. 30/9. 1957. Rom, Univ., Ist. di Clin. chirurg.) H. KOCKERT. 4561

H. Kless, *Inhibierung der Nebennierenaktivität mit besonderer Berücksichtigung des 1.2-Bis-[p-aminophenyl]-2-methylpropanons-(1).* Übersicht über chem. Struktur, den Einfl. auf den ♀ Genitaltrakt, Thyreoidea, Nebennieren, die Glucocorticoid-, Androcorticoid- u. Aldosteronsekretion, Blutdruck, über klin. Applikation u. Toxizität von *1.2-Bis-[p-aminophenyl]-2-methylpropanon-(1)-dihydrochlorid (Amphenol B).* — 39 Literaturangaben. (Arzneimittel-Forsch. **8.** 83—86. Febr. 1958. Copenhagen, Leo Pharmaceut. Prod. Trading Ltd.) WALTER SCHÄFER. 4561

A. M. Bertolini und **F. Quarto di Palo,** *Wirkung von Thyroxin auf die Phosphorsäureester mit hohem Energiepotential im Rattenherzen.* (Vgl. C. **1957.** 729.) Da *Thyroxin* (I) in vitro die Eig. hat, den durch die Gewebe verbrauchten O_2 anstatt in Energie in Wärme umzusetzen, werden Ratten 10 u. 15 Tage lang mit 10 μg I behandelt. Am Herzen dieser Tiere werden *Adenosintriphosphat* (**II**), *Kreatinphosphat* (**III**) u. *anorgan. P* bestimmt. Während **II** u. **III** nach der **I**-Behandlung stark verringert sind (in noch stärkerem Maße bei 15 μg **I**), ist P nicht mehr nachweisbar. Daraus resultiert, daß **I** die oxydative Phosphorylierung entkoppelt. (Boll. Soc. ital. Biol. sperim. **32.** 91—93. Jan./Febr. 1956. Mailand, Univ., Ist. di Patol. Med.) O. POLLAK V. EMHOFEN. 4562

H. G. Klemperer, *Die Entkopplung der oxydativen Phosphorylierung in Rattenlebermitochondrien durch Thyroxin, Trijodthyronin und verwandte Substanzen.* Die Wrkg. der Substanzen auf die oxydative Phosphorylierung wurde an Hand des O_2-Verbrauchs u. der Geschwindigkeit des Einbaues von ^{32}P in Adenosinphosphate (nach KREBS) mit Bernstein- oder β-Hydroxybuttersäure als Substrate bestimmt. L-Thyroxin u. Trijodthyronin sind nur nach 30—40 Min. Kontaktzeit mit den Mitochondrien wirksam. *L-Thyroxin* ist in einer Konz. von $5 \cdot 10^{-5}$, *L-Trijodthyronin* in 10^{-4}mol. wirksam. *D-Thyroxin, DL-Thyroxin* u. *L-Dijodthyronin* entkoppeln schwächer. *L-Thyronin* u. *L-Dijodtyrosin* zeigten bei $2 \cdot 10^{-4}$mol. keine Wrkg., ebenso KJ, wogegen jedoch $2 \cdot 10^{-4}$mol. J_2-Lsg. entkoppelt u. die Atmung hemmt. (Biochem. J. **60.** 122—28. Mai 1955. Univ. of Sheffield, Dep. of Biochem., Med. Res. Council Unit for Res. in Cell Metabolism.) WOLFGANG SIMON. 4562

H. G. Klemperer, *Die Aufnahme von Thyroxin und Trijodothyronin durch Rattenlebermitochondrien. L-Thyroxin* (**I**) wird bei 0° in einer Serum enthaltenden Lsg. schnell aufgenommen, wobei die Mitochondrien anschwellen, wenn die Thyroxinaufnahme beinahe abgeschlossen ist. *L-Trijodthyronin* wird auf mol. Basis zu 25% mehr aufgenommen als **I**. In der ersten Min. erreichen beide Verbb. über 50% des Endwertes in den Mitochondrien. Die Aufnahme beider Substanzen ist weitgehend reversibel. **I** wird bei 20° in gleicher Menge aufgenommen wie bei 0°. Hitzedenaturierte Mitochondrien nehmen doppelt so viel Substanz auf, u. zwar beide Verbb. in gleicher Menge. Die Verteilung der Verbb. zwischen Mitochondrien u. Serum hängt nur von physikal. bzw. chem. Faktoren ab u. nicht von der Stoffwechselaktivität. Es scheint, daß beide Verbb. nicht die Form des akt. Hormons sind. (Biochem. J. **60.** 128—35. Mai 1955. Sheffield, Univ., Dep. of Biochem., Med. Res. Council Unit for Res. in Cell Metabolism.) WOLFGANG SIMON. 4562

R. H. Lindsay und **S. B. Barker,** *Die Beeinflussung des in vitro-Thyroxineffektes auf die Rattennierenrinde durch Aminosäuren.* Die Aufrechterhaltung des Stoffwechsels von Nierenrindenschnitten, die von thyreoidektomierten Ratten stammten u. in WARBURG-Gefäßen bei 5° in KREBS-RINGER-Lsg., die zusätzlich 200 mg% Glucose enthält, incubiert wurden, wird, wie dies die ermittelten Q_{O_2}-Werte (μl O_2/mg Gewebefrischgewicht/Std.) zeigen, durch Zugabe von 10 μg *Thyroxin* (**I**)/ml zur Incubations-Fl. deutlich begünstigt u. erfährt eine weitere Aktivierung, wenn der Incubations-Fl. *DL-Alanin* (**II**), *N-Acetyl-DL-alanin* oder *L-Prolin* (**III**; auf 9 Voll. Incubations-Fl. 1 Vol. 0,2mol. Aminosäure) zugesetzt werden. Eine geringere Wrkg. zeigten *β-Alanin, Threonin, β-* u. *γ-Amino-n-buttersäure, Taurin* u. *α-* u. *β-Aminoisobuttersäure,* während *Tryptophan* allein oder in Ggw. von **II** oder **III** den **I**-Effekt hemmte. Die weitere Überprüfung der **II**-Wrkg. zeigte, daß allein die D-Form für die **II**-Wrkg. auf **I** verantwortlich ist. Die hohe

Aktivität des II wird mit dem hohen Geh. des Nierengewebes an akt. *D-Aminosäuredesaminasen* erklärt. (Endocrinology **62.** 513—21. April 1958. Birmingham, Ala., Univ., Med. Center, Dep. of Pharmacol.) H. P. FIEDLER. 4562

Tatsuo Hirayama, *Über die Beziehungen zwischen der Schilddrüse und allergischen Reaktionen gegenüber Proteinen und chemischen Stoffen.* 2. Mitt. *Antiallergische Körper (Allergieantikörper) in der Schilddrüse.* Kaninchen werden durch Einspritzung von *Eialbumin* bzw. LUGOLscher Lsg. sensibilisiert, u. 1, 2 u. 3 Wochen danach wird nach dem Verdünnungsverf. der Antikörpertiter im Serum bestimmt. Er ist nach 2 Wochen am höchsten. Trotz fortlaufender Prüfung kann im Schilddrüsengewebe im Falle beider Sensibilisatoren die Anwesenheit von Antikörpern nicht sicher u. genau festgestellt werden. Auch nach 2—3 Wochen sind stets lediglich geringe Gehh. nachweisbar. (Tokyo Jikeikai med. J. **70.** 951—53. 1/10. 1955. [Orig.: japan.]) L. SCHULER. 4562

Tatsuo Hiraymaa, *Über die Beziehungen zwischen der Schilddrüse und allergischen Reaktionen gegenüber Proteinen und chemischen Stoffen.* 3. Mitt. *Wirkung von Thyreoidektomie und Schilddrüsenpräparaten auf die Reaktionen gegen Histamin und Acetylcholin.* (2. vgl. vorst. Ref.) Die *Histamin* (I)-Haut-Rk. wird bei Thyreoidektomie (TE) nur leicht gehemmt; nach darauffolgenden Gaben von *Schilddrüsenpräpp.* (III) ist keine merkliche Änderung festzustellen. Im Falle der *Acetylcholin* (II)-Rk. läßt sich in beiden Fällen (wie oben) keine deutliche Wrkg. feststellen. Der I-Schock erzeugt bei TE nur Allgemeinerkrankung. Die Leukocytenzahländerung wird nur mäßig gehemmt, die Körpertemp. wird nur wenig beeinflußt. Der II-Schock zeigt bei TE u. Verabreichung von III keine Beeinflussung, ebensowenig die Änderung der Leukocytenzahl u. die Körpertemperatur. (Tokyo Jikeikai med. J. **70.** 954—57. 1/10. 1955. [Orig.: japan.]) L. SCHULER. 4562

H. M. Lloyd und **G. Alan Rose,** *Ionisiertes, proteingebundenes und komplexes Calcium im Plasma bei primärer Nebenschilddrüsenüberfunktion.* Bei Nebenschilddrüsenüberfunktion läßt sich ein Anstieg bes. der ionisierten Plasma-Ca-Fraktion nachweisen, welche nach operativer Entfernung der Adenome auf n. oder unternormale Werte abfällt. Es ist sogar möglich, daß bei n. Gesamt-Plasma-Ca-Geh., n. Plasma-Proteingeh. u. p_H die ionisierte Ca-Fraktion isoliert erhöht sein kann. Vermutlich verringert das Nebenschilddrüsenhormon die Fähigkeit der Plasmaproteine, Ca zu binden. Bei übermäßiger Ca-Ausscheidung im Urin kann die Best. des ionisierten Ca zur differentialdiagnost. Abgrenzung gegenüber Nebenschilddrüsenüberfunktion dienen. (Lancet **2.** 1258—61. 13/12. 1958. London, Univ. Coll. Hosp., Med. Unit.) U. TAUSENDFREUND. 4562

S. Bradbury und **B.-P. Clayton,** *Auftreten „maskierter" Lipide im Mäusepankreas.* Vff. fanden im Pankreas von Mäusen eine Substanz, die sie als einen *Lipoproteinkomplex* ansprachen, aber mit den herkömmlichen Untersuchungsmethoden (Sudanschwarz usw.) nicht nachweisen konnten. Benutzten sie dagegen an Stelle der üblichen Ca–Formaldehyd-Fixierung FLEMMINGsche Lsg. u. behandelten sie das Gewebe nach der Vorschrift von BAKER (Quart. J. microscop. Sci. **87.** [1946.] 441), so gelang ihnen ein einwandfreier Nachweis. Sie schließen daraus, daß durch die Wrkg. der Chromsäure im Fixativ eine Umwandlung der „maskierten" Lipide in freie Lipide vor sich geht. (Nature [London] **181.** 1347. 10/5. 1958. Oxford, Univ. Museum Cytology Labor., Dep. of Zool.) G. MAYR. 4564

H.-E. Stegner und **D. Müller,** *Untersuchungen über das Pankreaszink des Meerschweinchens.* Bezogen auf das Frischgewicht, beträgt der *Zn*-Geh. des Meerschweinchens im Pankreas 4,58 ± 2,58 mg% Zn, in der Oberschenkelmuskulatur 8,93 ± 3,27 mg% Zn u. in der Unterkieferdrüse 8,57 ± 1,78 mg% Zn, bezogen auf das Trockengewicht, entsprechend: 1,83 ± 1,04; 1,41 ± 0,92; 2,29 ± 0,18 mg% Zn. Meerschweinchen haben somit im Gegensatz zu anderen Tieren im Pankreas einen niedrigeren Zn-Gegalt. Während im Pankreasgewebe von Ente u. Ratte mit dem Sulfidsilberverf. insuläre Zn-Anreicherungen nachgewiesen wurden, war dies beim Meerschweinchen nicht möglich. Es wird vermutet, daß vielleicht beim Meerschweinchen in Aufbau, Bindung u. Abgabe des *Insulins* Unterschiede gegenüber anderen Säugetieren bestehen. (Virchow's Arch. pathol. Anatom. Physiol. klin. Med. **331.** 562—68. 30/9. 1958. Erfurt, Med. Akad., Pathol. Inst.) F. RADLER. 4564

C. A. de Groot und **J. F. Weber,** *Der Einfluß des Insulins und der Hypophyse auf das Leberglykogen.* In nebennierenmarklosen, alloxandiabet., hypophysektomierten Ratten wurde 2 Std. nach Injektion von 0,25 E. *Insulin* trotz Glucosebelastung keine Zunahme des Leberglykogens hervorgerufen. Immerhin muß angenommen werden, daß unter diesen Bedingungen eine Glykogenretention in der Leber vorhanden ist, da die Insulinhypoglykämie nicht von einer erhöhten Glucoseabgabe der Leber begleitet ist.

Bei intakt gelassener Hypophyse ist der einzige offensichtliche Unterschied die signifikante Blutzuckererhöhung nach Glucosebelastung. (Acta physiol. pharmacol. nerl. **7.** 93—105. März 1958. Leiden, Univ., Pharmacol. Dep.) K.-J. MÜLLER. 4564

Stanton Segal und **Joseph Foley,** *Der Stoffwechsel der D-Ribose beim Menschen.* Bei Diabetikern u. Gesunden wurde mit $^{14}C_{(1)}$-*Ribose* (**I**) das Verschwinden dieses Zuckers aus der Blutbahn nach intravenöser Infusion verfolgt. Es erwies sich als dosisabhängig. Der Einbau in den Zuckerstoffwechsel erfolgte rasch. Die Umwandlung in *Glucose* (**II**) ging über **I**-Phosphat. Durch Hemmung der *Phosphoglucomutase* kam es nach der Infusion zu Hypoglykämien. Insulin senkte nicht nur den **II**-Spiegel, sondern ebenfalls, wenn auch geringer, den Blut-**I**-Gehalt. (J. clin. Invest. **37.** 719—35. Mai 1958 Bethesda, Md., Nat. Inst. of Arthritis and Metabol. Diseases; Nat. Inst. of Health Public Health Serv., Dep. of Health, Educat. and Welfare.) G. RENTSCH. 4564

F. Galletti, F. Pedrazzi und **M. Loli Piccolomini,** *Beitrag zur Untersuchung des Stoffwechsels von Serum-Glykoproteinen bei normalen Versuchspersonen und Diabetikern. Einfluß einer Verabfolgung von Glucose, Galaktose, Insulin und Adrenalin.* Vff. untersuchten den Einfl. von peroral verabreichter Glucose (**I**; 1,5 g/kg) u. Galaktose (**II**; 40 g/Person) bzw. von intramuskulär injiziertem Insulin (**III**; 20 I.E.) u. Adrenalin (**IV**; 1 mg) auf den Glykoprotein (**V**)-Serumspiegel (SSP) von n. Versuchspersonen (a) u. Diabetes mellitus-Kranken (b). — **I** u. **II** beeinflussen weder bei a noch bei b signifikant die Höhe des **V**-SSP; es bestehen auch keine Korrelationen zwischen den Veränderungen des **V**-SSP u. der Glucosämie bzw. Galaktosämie. Nach **IV**-Injektion wird in beiden Personengruppen eine signifikante Erhöhung des **V**-SSP beobachtet, deren Maximum bei 2 Std. nach der **IV**-Injektion liegt. **III**-Hypoglykämie u. Höhe des **V**-SSP stehen in keiner Beziehung zueinander. Vff. diskutieren die Ergebnisse u. stellen die Hypothese auf, daß die **IV**-Wrkg. auf den **V**-Spiegel als eine Art stress aufzufassen ist. (Arch. Stud. Fisiopatol. Clin. Ricambio **21.** 25—40. Jan./Febr. 1957. Bologna, Univ., Ist. di Clin. med. generale e Terapia medica.) H. KOCKERT. 4564

Setsuya Takeuchi, Shigeru Ohashi und **Yoshito Kobayashi,** *Quantitative Bestimmung von Insulin im Blutplasma von normalen und mit Alloxan behandelten Hunden durch die Rattenzwerchfellmethode.* In vitro wird am Rattenzwerchfell festgestellt, daß eine lineare Beziehung im Bereich von 0,01—10,1 mE. Insulin (**I**)/ml Blut zwischen verstärkter *Glucose*-Aufnahme des Muskels u. dem log der **I**-Konz. besteht. Die Steigung dieser Geraden beträgt 0,751. Mit dieser Meth. wird die **I**-Aktivität von Plasma n. u. mit Alloxan (70 mg/kg intravenös) behandelter Hunde bestimmt. Die **I**-Aktivität des Plasmas von n. nüchternen Hunden beträgt 0,27 ± 0,11 mE./ml (Blutzucker 94 mg/100 ml) u. 2,30 ± 0,41 mE./ml (Blutzucker 135 mg/100 ml) bei Hunden 4 Std. u. 0,00 mE./ml (Blutzucker 363 mg/100 ml) 48 Std. nach der Alloxaninjektion. (J. Pharmacol. exp. Therapeut. **119.** 436—43. März 1957. Tokio, Univ., Fac. of Med., Dep. of Pharmacol.) G. KIMMERLE. 4564

Alfred J. Coulthard und **D. A. Waugh,** *Fortschritt in der schnellen (chromatographischen) Identifizierung von Harnzuckern.* Es werden die bei der Anfärbung von papierchromatograph. getrennten Zuckern [Glucose (**I**), Fructose (**II**), Lactose (**III**)] mit verschied. Reagentien (Benzidin, Diphenylamin/Anilin, α-Naphthylamintrichloracetat, Anilinhydrogenoxalat, Naphthoresorcin, Naphthoresorcin/25%ig. Trichloressigsäure, Diphenylamin) erhaltenen Farbtönungen angeführt. Bes. empfohlen werden a) Trichloressigsäure (4 g) + Benzidinacetat (0,5 g) + W. (5 ml) + Eisessig (5 ml) +, Aceton (90 ml) sowie ein analoges Gemisch (b), bei dem der Eisessig durch so viel sirupöse Phosphorsäure ersetzt wird, daß der entstehende Nd. gerade wieder aufgelöst wird. **I** bzw. **II** bzw. **III** färben sich nach a) braun bzw. gelb bzw. braun („Muskatnuß"-Fleck) u. nach b) blaßblau bzw. hellgelb bzw. gar nicht. (Clin. chim. Acta [Amsterdam] **2.** 348—50. Aug. 1957. England, Labor. of H. M. Prison Serv.) E. SCHWERDTFEGER. 4564

R. Pellegrini, *Pharmakologische Wirkungen eines neuen Antidiabeticums bei oraler Verabfolgung.* Es werden die pharmakol. Eigg. von *BZ 55* (**I**) an Albinoratten u. Kaninchen untersucht: Toxizität: Ratten: DL_{50} 2 g/kg subcutan u. 10 g/kg oral; Kaninchen DL_{50} 2,5 g/kg. Verteilung (Kaninchen 0,5 g/kg subcutan): 55—60% werden durch den Harn acetyliert ausgeschieden, wobei der Blutzucker nach 6 Std. um 40% gesenkt ist (bei 1,5 g **I**/kg um 55%). Dagegen ergeben 5 g **I**/kg eine 10%ig. Blutzuckerzunahme. Bei Alloxandiabetes werden bei Kaninchen uneinheitliche Blutzuckerwerte nach **I**-Gaben gefunden. (Boll. Soc. ital. Biol. sperim. **32.** 67—69. Jan./Febr. 1956. Bologna, Univ., Ist. di Farmacol.) O. POLLAK V. EMHOFEN. 4564

A. Loubatières, P. Bouyard und **C. Fruteau de Laclos,** *Wirkung des p-Aminobenzolsulfonamidoisopropylthiadiazols auf den Zuckergehalt des Blutes, die Struktur der Langerhans-Inseln und den Stoffwechsel des normalen oder zuckerkranken Tieres.* Durch Verss.

an n. u. zuckerkranken Hunden, Ratten u. Kaninchen beweisen Vff. die hypoglykäm. Wrkg. des *2-[p-Aminobenzolsulfonamido]-5-isopropyl-1.3.4-thiadiazols*, indem sie an frühere Unterss. anknüpfen (vgl. LOUBATIÈRES, C. R. Séances Soc. Biol. Filiales **138**. [1944.] 766 u. 830). (C. R. Séances Soc. Biol. Filiales **149**. 1642—46. Aug./Sept. 1955. Labor. de Physiol. appl., Fac. de Méd.) F. THOMAS. 4564

C. Petrovic, Ch. Pilgrim und **H. Südhof,** *Das Verhalten der maximalen tubulären Rückresorption für Glucose unter der Behandlung mit N^1-Sulfanilyl-N^2-n-butylcarbamid beim Hund.* Die bei 5 Hunden durchgeführten Clearanceverss. zeigen, daß nach 10 bis 45tägiger intravenöser Verabreichung von täglich 50 mg *BZ 55* (*N^1-Sulfanilyl-N^2-n-butylcarbamid;* I) pro kg die maximale tubuläre Rückresorption für Glucose gesenkt wird (im Mittel ca. 30%). Eine Beziehung zwischen der Dauer der I-Behandlung scheint nicht zu bestehen. Die Versuchsergebnisse werden in Hinblick auf die Behandlung der Diabetiker mit I diskutiert. (Naunyn-Schmiedebergs Arch. exp. Pathol. Pharmakol. **235**. 96—102. 1959. Göttingen, Univ., Med. Klin.) G. KIMMERLE. 4564

H. Haller und **S. E. Strauzenberg,** *Ein Beitrag zur Beurteilung der Testverfahren für die Indikationsstellung der Behandlung des Diabetes mellitus mit Sulfonylharnstoffen.* Vff. geben von den Sulfonylharnstoffbelastungstesten dem peroralen Test mit 3 g *D 860* (bzw. *BZ 55*) den Vorzug, weil diese Art der Verabreichung der sich gegebenenfalls daran anschließenden Therapie am besten enspricht u. außerdem Resorptionsstörungen so eher erkannt werden können. Auslaßverss. haben sich zwar bei *Insulin* (**I**) spritzenden Diabetikern bewährt, da rasch einsetzende Acidose bei **I**-Weglassung zusammen mit hohen Nüchternblutzuckerwerten anzeigen, daß mit den oralen Mitteln wahrscheinlich kein Erfolg erzielt werden kann, jedoch besitzen sie hinsichtlich der möglichen Dauererfolge keine genügende Aussagekraft. (Dtsch. Gesundheitswes. **13**. 1715—19. 25/12. 1958. Dresden, Med. Akad., Med. Klin.; Dresden-Friedrichstadt, Stadtkrankenhaus, I. Med. Klin.) U. TAUSENDFREUND. 4564

B. Knick, J. Ruckes und **K. Emrich,** *Tierexperimentelle Thioacetamidleberschäden unter therapeutischen Sulfonylharnstoffgaben* (*D 860*). Die durch *Sulfonylharnstoffe* (**I**) hervorgerufene Glykogenanreicherung in der Leber läßt eine Leberschutzwrkg. erwarten. Es wurde daher der Einfl. von **I** auf die durch *Thioacetamid* (**II**) hervorgerufene Leberschädigung bei Ratten untersucht. Histolog. konnte durch **I** keine stärkere Schädigung, aber nach langzeitiger Belastung mit **II** (4 Wochen) auch keine schützende Wrkg. beobachtet werden. Bei kurzfristiger **II**-Belastung (6 Tage) trat eine gewisse protektive Wrkg. des **I** ein. (Z. ges. exp. Med. **130**. 237—46. 27/8. 1958. Mainz, Univ., Med. Klin., Pathol. Inst.) H. STRUCK. 4564

C. Vacca und **A. Capo-Bianco,** *Wirkungen von Thymusextrakten in vitro und in vivo auf die Muskelkontraktion und Bedeutung ihres Kaliumgehalts.* (Vgl. C. **1958**. 11289.) Nach Extrahieren von Kalbsthymus mit Aceton erhielten Vff. ölige u. wss. Fraktionen, die beide am Musculus gastrocnemius von Rana esculenta nach Injektion in den dorsalen Lymphsack u. auch in RINGER-Lsg. elektr. bewirkte Kontraktionen unterbinden. Myogramme zeigen, daß die wss. Aminosäuren-haltige Fraktion stärker hemmt als die ölige. Die Aschen beider enthalten neben Na- u. Ca-Ionen bemerkenswerte K-Mengen, deren Ggw. das hemmende Agens zu sein scheint, wie äquimol. Lsgg. mit Dialysaten des wss. Extrakts, der Aschen u. von KCl zeigen. Der geringere K-Geh. in den öligen Extrakten u. die Ggw. von Ca-Ionen bewirken offenbar die schwächere hemmende Wirkung. (Arch. Scienze biol. **42**. 164—85. März/April 1958. Neapel, Univ., Ist. di Fisiolog. d. Animali domest. e di Fisiol. umana.) E. DEHN. 4566

Fred J. McIlreath jr., *Ein Beweis betreffs der Art der Bindung von Histamin.* Histamin (I) wird aus Hundeleberpartikeln u. isolierten durchströmten Katzenpfoten durch *1.10-Diaminodecan, Stilbamidin, Toluidinblau,* u. einem Gemisch von niedrigen *Polymeren des p-Methoxy-N-methylphenyläthylamins* sowie durch *Saponin* (**II**) u. *Na-Taurocholat* (**III**), sämtlich in isoton. Rohrzucker (**IV**)- u. Mannit (**V**)-Lsgg. (0,32 n), in Freiheit gesetzt. In hyperton. Lsgg. von **IV** u. **V** (1,2 mol.) entsteht mit den Aminen nur die halbe Menge **I**, während bei **II** u. **III** keine Änderung auftritt. Die Freisetzung von **I** aus Hundeleberpartikeln ist ein langsamer kontinuierlicher Prozeß. Vf. nimmt folgenden Reaktionsmechanismus an: **I** ist in cytoplasm. Granula enthalten. Die Amine bilden einen Komplex mit *Heparin*, wahrscheinlich in Form eines Ionenaustauschs. Dadurch wird die Zahl der osmot. wirksamen Teilchen größer, die Granula schwellen an, infolge erhöhter Permeabilität der Membranen kann **I** hinausdiffundieren. Hyperton. Lsgg. verkleinern die Schwellung der Granula. **II** u. **III** wirken durch Angriff auf dem *Lipoprotein–Cholesterin-Komplex* u. rufen eine Zers. der Zellwand hervor. (Canad. J. Biochem. Physiol. **37**. 151—63. Febr. 1959. Montreal, McGill Univ., Dep. of Physiol.)
W. UDE. 4569

Sven-Eric Lindell, *Die Einflüsse von Histaminasehemmstoffen auf die durch Histamininjektion in die Nierenarterie von Hunden hervorgerufene Blutdruckänderung.* Um gegebenenfalls speciesbedingte Eigenheiten der *Histaminase* (I) bei den späteren Verss. zu berücksichtigen, wurden die aus Hundenieren hergestellten Enzympräpp. auf ihr Verh. gegen *Histamin* (II) u. II-ähnlich wirkende Verbb. mittels der WARBURG-Technik geprüft. Oxydiert wurden II, Cadaverin, Tyramin u. Sympatol. 3-[β-Aminoäthyl]-1.2.4-triazol wurde nicht oxydiert, hemmte auch die Oxydation der genannten Substrate nicht. 2-[β-Aminoäthyl]-pyridin unterlag ebenfalls der Oxydation, die, im Gegensatz zu der von II u. Cadaverin, durch *Aminoguanidin* (III) nicht gehemmt wurde. — Durch Vorincubation von I mit den Histaminaseinhibitoren III, *2-Methyl-4-amino-5-aminomethylpyrimidin-2 HCl* (IV) u. *Isonicotinylhydrazin* (V) in 10^{-4}mol. Lsgg. wurde die II-Oxydation zu 100 bzw. 81 bzw. 64% gehemmt. — Der Reaktionsverlauf von intravenös bzw. intraarteriell injiziertem II auf den Blutdruck zeigte, daß die Niere eine bedeutende II-inaktivierende Wrkg. hat, die sich jedoch nicht auf I-resistente II-ähnlich wirkende Verbb. in gleicher Stärke auswirkt. — III—V verstärkten die II-Wrkg., wenn II in die Nierenarterie injiziert wurde, sie waren ohne zusätzliche Wrkg., wenn II in die Femoralarterie oder Vene gegeben wurde. — Auf die I-resistenten Histaminica blieben III—V ohne Wirkung. (Acta physiol. scand. **41.** 168—86. 7/12. 1957. Lund, Univ., Inst. of Physiol.) H. DÖLLE. 4569

Hans Günter Nöller und **Peter Steigens,** *Die hochspannungselektrophoretische Abtrennung des Serotonins von den übrigen xanthydrolpositiven Substanzen.* Durch Hochspannungspapierelektrophorese (85 V/cm) läßt sich *Serotonin* bei p_H 1,9 (0,6n Ameisensäure, 2n Essigsäure) in 1 Std. selektiv von anderen xanthydrolpositiven Verbb. (z. B. 5-Hydroxyindol, Xanthurensäure, Indolbrenztraubensäure, Indolessigsäure) abtrennen. Unterss. an Liquor u. Urin zeigten, daß sich keine der darin vorkommenden Phenol- oder Indolverbb. dem Serotonin ähnlich verhält. Auf die hierin begründete Arbeitsvereinfachung für klin. Unterss. wird hingewiesen. (Clin. chim. Acta [Amsterdam] **2.** 304—06. Aug. 1957. Heidelberg, Univ.-Kinderklinik.) E. SCHWERDTFEGER. 4569

Bengt Gullbring und **Gunnar Ström,** *Veränderungen in der Funktion menschlichen Hämoglobins als Sauerstoffträger bei Aufbewahrung in kalter saurer Citrat–Glucose-Lösung.* Bei Lagerung von Blut in Tri-Na-Citrat (44,9mmol.)–Citronensäure (22,9)–Glucose (74,2)-Lsg. (A) (4°) wird die Hb—O_2Hb-Dissoziationskurve erheblich nach links verschoben. Der pO_2-Wert (für Hb=O_2Hb, pHc 7,22 [intracellulär]) war in frischem Heparinblut 27,8 mm Hg, in frischem A-Blut 20,7, in 10 Tage altem A-Blut 13,6 u. in 20 Tage altem A-Blut 11,7. Gelagertes Versenblut zeigte eine ähnliche, jedoch geringere Verschiebung der Dissoziationskurve. Hämolyse gelagerten A-Blutes machte die Verschiebung teilweise rückgängig, NaCl-Zusatz (hyperton. Lsg.) verhindert z. T. die Verschiebung. Aufbewahrung hämolysierten A-Bluts hat eine geringfügige Linksverschiebung der Kurve zur Folge. Es werden die für Vgll. intakten u. hämolysierten Bluts bei verschied. H^+-Konzz. erforderlichen Korrekturen angegeben. Die Wrkg. der Lagerung auf die Dissoziationskurve läßt sich z. T. durch chem. u. physikal. Veränderungen in der intracellulären Umgebung des Hb erklären. (Acta med. scand. **155.** 413—30. 5/11. 1956. Stockholm, Karolinska sjukhuset, Blood Bank and Dep. of Clin. Physiol.)
K. MAIER. 4572

H. G. Kunkel R. Ceppellini, U. Müller-Eberhard und **J. Wolf,** *Beobachtungen über die kleinere basische Hämoglobinkomponente im Blut normaler Individuen und Patienten mit Thalassämie.* In n. menschlichem Blut wurden 2 Komponenten von *Hämoglobin* (I) mittels Zonenelektrophorese gefunden. Die zu ca. 2,5% vorkommenden Nebenkomponente wird als I-A_2 bezeichnet. Sie zeigte mit verschied. physikal. Untersuchungsmethoden (Spektrophotometrie, Sedimentationskoeffizienten, Löslichkeit) prakt. gleiche Eigg. wie die Hauptkomponente. Auch die immunolog. Charakteristika entsprechen einander. I-A_2 fehlt nahezu völlig bei Neugeborenen. Eine analoge Komponente wie A_2 wurde auch im Blut anderer Primaten, nicht aber im Blut anderer Tiere gefunden. Bei 34 Patienten mit Thalassämie lag der A_2-Anteil des I mit 5,1% deutlich höher. (J. clin. Invest. **36.** 1615—25. Nov. 1957. Columbia, Univ., Rockefeller Inst. for Med. Res., and Inst. for the Study of Human Variation, and Dep. of Pediatrics.) W. SCHELER. 4572

K. Betke, *Hämoglobinanomalien.* (Vgl. C. **1958.** 7520.) Übersichtsreferat. — 70 Literaturangaben. (Schweiz. med. Wschr. **88.** 1005—10. 11/10. 1958. Freiburg/Br., Univ., Kinderklinik.) W. SCHELER. 4572

W. M. McCord und **R. H. Gadsden,** *Spektrophotometrische Prüfung von Hämoglobin.* Es wurden Lichtdurchlässigkeitskurven von n. Erwachsenenhämoglobin (I-A) u. Sichelzellhämoglobin (I-S) aufgenommen. Dabei beobachtete geringfügige Unterschiede zwischen I-A u. I-S-Verbb. werden als echte spektrale Differenzen aufgefaßt. (Amer.

J. clin. Pathol. **29.** 403—11. Mai 1958. Charleston, S. C., Med. Coll. of South Carolina, Dep. of Chem.) W. SCHELER. 4572

L. M. van Putten, *Bestimmung der Lebensspanne von Erythrocyten in der Ratte und in der Maus durch Markierung mit ^{32}P-DFP.* ^{32}P-*Diisopropylphosphofluoridat* mit einer Aktivität zwischen 20 u. 200 μC/mg wird Ratten oder Mäusen intramuskulär injiziert. Die Abnahme der Radioaktivität der roten Blutkörperchen wird verfolgt. Die Lebensdauer der roten Blutkörperchen der Ratte wird zu 60 $\pm$ 3,2 Tagen berechnet, die der Maus zu 40,7 $\pm$ 1,9 Tage. (Blood **13.** 789—94. Aug. 1958. Rijswijk, Niederlande, Nat. Health Res. Council, Radiobiol. Inst.) L. TRÄGER. 4573

Leitha D. Bunch, Howard E. Snyder und **Franklin R. Miller,** *Phosphor- und Kaliumgehalt der Erythrocyten in Gesundheit und Krankheit.* Bestimmungen des *anorgan.* (**I**) u. des *leicht hydrolysierbaren* (**II**) *Phosphats* sowie des *K* in den Erythrocyten von 69 Gesunden u. 104 Kranken ergab eine beträchtliche Steigerung von **I** u. **II** bei renaler Insuffizienz. Bei weniger schweren Nierenschäden ist **II** erhöht, **I** n. oder erniedrigt. Bei chron. kranken Patienten mit n. Nierenfunktion war **I** häufig erniedrigt. (J. Lab. clin. Med. **52.** 700—08. Nov. 1958. Winfield, Kans., Snyder Mem. Res. Foundation.)
H. MATTHIES. 4573

P. De Gregorio, *Sauerstoffverbrauch der Leukocyten und Phagocytose unter verschiedenen experimentellen Bedingungen.* Die Phagocytose wird bei *E. coli, Staphylococcus aureus* (**I**) u. *Kartoffelhomogenat* (**II**) untersucht. Die Leukocyten wurden aus der peritonealen Exsudation u. dem Blut von Meerschweinchen erhalten, denen 100000 E. Penicillin intramuskulär injiziert wurden, u. es wurde gefunden: O_2-Verbrauch/Million Leukocyten des Exsudats 0,57; der **I**-Zusatz erhöht ihn um 57%; bei inaktiviertem **I** ist die Zunahme noch 24%, durch **II** 36%; Penicillin verändert den O_2-Verbrauch der Tiere nicht; wird noch E. coli zugesetzt, dann beträgt die Zunahme 46% (bei n. 47%), mit **I** aber 92% (bei n. 57%). Dieser Unterschied beruht auf der unterschiedlichen Sensibilität der Bakterien gegenüber Penicillin. (Boll. Soc. ital. Biol. sperim. **32.** 41—45. Jan./Febr. 1956. Palermo, Univ., Ist. di Patol. Gen.) O. POLLAK V. EMHOFEN. 4573

F. Candura, *Untersuchung über das Verhalten des Zinks des Serums bei einigen akuten Infektionskrankheiten und in einigen Fällen eines Herzinfarkts.* Bei 19 Patienten mit akuter Enterocolitis u. Tonsillitis, akuter Polyarthritis, Bronchopneumonie, Brucellose, Typhus abdominalis, Furunkulose usw. besteht Paralellität zwischen Zn-Abnahme u. Zunahme der Körpertemp. u. der Blutsenkungsgeschwindigkeit. Es besteht jedoch keine Korrelation zwischen der Zahl der Leukocyten u. dem Serum-Zn-Spiegel. Bei 6 Herzinfarktpatienten betrug der mittlere Wert des Zn 88 μg% gegenüber 141 μg% bei n. Personen, doch korreliert diese Abnahme mit keinem der untersuchten Faktoren (Hyperthermie, Zunahme der Blutsenkungsgeschwindigkeit, neutrophile Leukocytose u. Zunahme der Glutamin–Oxalessigsäure-Transaminase). (Boll. Soc. ital. Biol. sperim. **33.** 1274—78. Aug./Sept. 1957. Pavia, Univ., Ist. di Clin., Med. Gener. e Terap. Med.)
O. POLLAK V. EMHOFEN. 4574

Françoise Labeyrie und **Lyliane Naslin,** *Hemmung der tryptischen Hydrolyse von Serumalbumin durch Natriumsalze: Rolle des Anions.* Vff. untersuchten die Hemmung der Hydrolyse von menschlichem Serumalbumin durch *Trypsin* bei p_H 8,4 u. 20° durch verschied. Na-Salze in verschied. Konzentration. Zur Erzielung einer 50%ig. Hemmung sind $6 \cdot 10^{-2}$mol. NaCl erforderlich. Die entsprechenden Konzz. der verschied. anderen untersuchten Na-Salze sind von der Art u. Wertigkeit des Anions abhängig u. fallen in der Reihenfolge $Cl^- \sim Br^- \sim CH_3COO^- > SCN^- > SO_4^{2-} \sim HPO_4^{2-} \sim C_2O_4^{2-} >$ Citrat^{3-} $> P_2O_7(3\text{-}, 4\text{-}) >$ Methylorange$^-$. Die Ergebnisse werden im Hinblick auf die Wrkg. der Ionenstärke u. die Bindung der verschied. Anionen an das Serumalbumin diskutiert. (Biochim. biophysica Acta [Amsterdam] **27.** 564—68. März 1958. Paris, Fac. des Sci., Inst. de Biol. physicochim., Labor. de Biol. physicochim.) E. SCHWERDTFEGER. 4574

H. Isliker, *Zur Chemie der Makroglobuline.* Bei *patholog. Makroglobulinen* (**I**) finden sich die Aminosäuren, mit Ausnahme von *Prolin,* in denselben Mengenverhältnissen wie in n. *γ-Globulinen* (**II**). In *Sialsäure* lagen die Kohlenhydrate in **I** in 6—10fach höheren Konzz. vor als in **II**. Bei Red. von **I** mit *Cystein* dissoziierten die 18—30 S-Makroglobuline in 6-S-Komponenten, die bei Oxydation, entsprechend dem von DEUTSCH u. MORTON (C. **1959.** 9638) beschriebenen Assoziations–Dissoziations-Phänomen, wieder zu Makroglobulinen assoziierten. Auch bei α_2- u. β_2-*Makroglobulin* u. bei *Properdin* aus n. menschlichem Serum wurde dieses Phänomen beobachtet. Während der Spaltung trat eine Viscositätsabnahme, während der Assoziation eine starke Viscositätszunahme ein. Hierbei scheint eine Spaltung von Disulfidbrücken durch Reduktionsmittel stattzufinden. (Helv. med. Acta **25.** 41—53. April 1958. Bern, Univ., Med.-Chem. Inst. u. Theodor-Kocher-Inst., Blutspendedienst SRK, Eiweißchem. Labor.) H. CARLS. 4574

Eloise Jameson, Harry N. Barnet und **Helios J. Hernandez,** *Beziehung zwischen dem Pedersenschen X-Protein und dem Proteinkomplexe in unverdünntem Blutserum.* Das *X-Protein* (I) nach PEDERSEN wurde durch Ultrazentrifugieren aus n. menschlichem Serum abgetrennt u. elektrophoret. untersucht. Durch Verwendung einer Deckschicht aus Saccharoselsg. (D. 1,08) konnte **I** vollständig von den Serumproteinen abgetrennt u. in 2 Fraktionen (**Ia** u. **Ib**) zerlegt werden. Die Elektropherogramme von **Ia** u. **Ib** waren vor bzw. nach Dialyse verschieden; undialysiert haben **Ia** u. **Ib** bei p_H 7 kaum eine Beweglichkeit. Vff. nehmen daher an, daß in **Ia** bzw. **Ib** eine Bindesubstanz auftritt, die die natürliche Ladung neutralisiert; die Bindesubstanz wird, analog wie bei dem elektrophoret. in unverd. Serum nachweisbaren Proteinkomplex (JAMESON u. BARNET, C. **1959.** 3546), durch Dialyse oder Verdünnung entfernt oder unwirksam gemacht. (Kolloid-Z. **150.** 121—23. Febr. 1957. Los Angeles, Calif., Univ., School of Med.)
E. SCHWERDTFEGER. 4574

G. Ceriotti, *Färbung von Serumglykoproteinen auf Elektrophoresestreifen. Eine nützliche Modifikation bei der Anwendung der Hotchkiss-McManus-Methode.* Die Pherogramme werden bei n. Temp. getrocknet, in CARNOYs Fl. (absol. A./Chlf./Essigsäure, 60 : 30 : 10) ½ Std. fixiert, die Fl. vollständig vertrieben, die Streifen 10 Min. in 0,5%ig. Perjodsäurelsg. getaucht, mehrfach mit dest. W. gewaschen, 15 Min. in SCHIFFsche Lsg. gegeben u. danach 4mal je 2—3 Min. in einer Lsg. aus 15 ml 10%ig. Na-Thiosulfat + 15 ml n-Trichloressigsäure, mit W. auf 200 ml aufgefüllt, gebadet. Danach werden die Streifen 3mal durch wasserfreies Aceton mit 1% Trichloressigsäure gezogen u. in einem Kaltluftstrom getrocknet. Die Glykoproteine färbten sich violett, während der Untergrund weiß bis schwachrosa ist. Die Messung erfolgt bei 565 mμ. Ein völlig weißer Untergrund wird erhalten, wenn die Streifen nach ca. 48 Std. 2—3mal mit einem Gemisch aus Methanol/W./Essigsäure (50 : 40 : 10) gewaschen werden. (Clin. chim. Acta [Amsterdam] **2.** 351—52. Aug. 1957. Busto Arsizio, Italy, Centro per lo Studio a la Cura del Tumori.)
E. SCHWERDTFEGER. 4574

Peter Hjort, Samuel I. Rapaport und **Paul A. Owren,** *Beweis, daß Plättchenaccelerator (Plättchen-Faktor 1) adsorbiertes Plasmaproaccelerin ist.* (Vgl. C. **1956.** 1357.) Humanblutplättchen besitzen eine Accelerator (Ac)-Aktivität, die ca. 6% der des n. Citratplasmas ausmacht. Durch 10maliges Waschen der Plättchen wird dieseAc-Aktivität nur ganz wenig vermindert. *Thrombin* vermehrt die Ac-Aktivität etwa auf das Zehnfache. Das bedeutet, daß sich die Ac-Aktivität wie *Proaccelerin* (Plasma-Ac-Globulin) u. nicht wie *Accelerin* (Serum-Ac-Globulin) verhält. *Trypsin* (I) zerstört ca. 90% der Plättchen-Ac-Aktivität. Die bei der Behandlung mit **I** verlorengegangene Plättchen-Ac-Aktivität wird durch Incubation dieser Blutplättchen mit n. plättchenarmem Plasma wiederhergestellt. Auf Grund dieser Ergebnisse schließen Vff., daß der *Plättchenaccelerator (Plättchenfaktor 1) adsorbiertes Plasmaproaccelerin* ist. (Blood **10.** 1139—50. Nov. 1955. Oslo, Norway, Oslo Univ. Hosp., Rikshosp., Dep. of Med.) G. BRATFISCH. 4574

G. Guarini und **G. Furitano,** *Heparin und Blutsenkungsgeschwindigkeit.* Da die Viscosimetrie des Blutes bei *Heparin*-Gabe verändert wird, wird 13 Personen intravenös 100 mg Heparin injiziert. Die Blutsenkungsgeschwindigkeit erleidet keine Veränderung. (Boll. Soc. ital. Biol. sperim. **32.** 57—58. Jan./Febr. 1956. Palermo, Univ., Ist. di Patol. Med.) O. POLLAK V. EMHOFEN. 4574

G. Guarini und **A. Rinaldi,** *Heparin und Blutspiegel einiger Elektrolyten.* Es wird der Blutgeh. von Cl^-, Na^+, Ca^{2+} u. K^+ von n. Personen u. solchen mit Lipoidnephrose u. Myxödem nach intravenöser *Heparin*-Injizierung (100 mg) untersucht. Es wird keine Veränderung des Elektrolytengleichgewichts konstatiert. (Boll. Soc. ital. Biol. sperim. **32.** 58—60. Jan./Febr. 1956. Palermo, Univ., Ist. di Patol. Med.)
O. POLLAK V. EMHOFEN. 4574

A. Rinaldi, *Heparinaktivität des Plasmas während des Menstruationscyclus.* Die Unterss. von 10 Frauen in verschied. Stadien des Menstruationscyclus ergeben keine Abweichung der *Heparin*-Aktivität des Plasmas von der Norm. (Boll. Soc. ital. Biol. sperim. **32.** 60—61. Jan./Febr. 1956. Palermo, Univ., Ist. di Patol. Med.)
O. POLLAK V. EMHOFEN. 4574

V. Capraro, F. Marro und **G. Valzelli,** *Permeabilisierende Einflüsse des Heparins und heparinähnlicher Substanzen.* Am isolierten Zwerchfell von Albinoratten wurde der Ausfluß von ^{86}Rb unter der Einw. von Heparin (I) u. unter vermindertem *Ca*-Angebot untersucht. Es zeigt sich, daß sowohl bei **I**-Zusatz als auch bei Ca-Mangel ein erhöhter Ausfluß stattfindet. Es wird daraus geschlossen, daß **I** eine permeabilisierende Wrkg. ausübt, z. T. dadurch, daß es Ca-Ionen zu binden vermag. (Nature [London] **182.** 603—04. 30/8. 1958. Parma, Univ., Inst. of Gen. Physiol.; Milan, C. Erba Inst., Biol. Dep.)
H. STRUCK. 4574

G. Hecht und **W. Scholtan,** *Über die Ausscheidung von Polyvinylpyrrolidon durch die normale Niere.* Bei nierengesunden Personen wird von intravenös gegebenem *Polyvinylpyrrolidon* (**I**; *Periston*) innerhalb von 3 Tagen 80% unverändert wieder ausgeschieden, wobei die Ausscheidung am schnellsten bei den Moll. mit einem Mol.-Gew. unter 30000 vor sich geht. Die mit der Zeit abnehmenden Clearancewerte können durch Bldg. von **I** an die Serumeiweißkörper erklärt werden; so lassen sich experimentell **I**-Albuminkomplex-Lsgg. herstellen. Für das Mol.-Gew. 10000 ergibt sich ein relativer Clearancewert von 50, dieser fällt mit steigendem Mol.-Gew. schnell ab u. beträgt für das Mol.-Gew. von 30000 ca. 4. Das maximale Mol.-Gew. der **I**-Moll., die die Kaninchenniere noch passieren können, beträgt ca. 150000. (Z. ges. exp. Med. **130.** 577—603. 1959. Wuppertal-Elberfeld, Farbenfabriken Bayer AG., Toxikol. u. Gewerbehyg. Inst.)
U. TAUSENDFREUND. 4576

A.-G. Combrisson, J. Debray und **E. Housset,** *Nutzen der Bestimmung bestimmter Gerinnungsfaktoren in Ascitesflüssigkeit. Nachweis der cirrhotischen Ascitesbildung durch einen charakteristischen Test.* Die meisten Bestimmungen von *Gesamtproteinen, Proteinen u. Lipiden* (elektrophoret.), *Fibrinogen, Proaccelerin* u. *Proconvertin* im Blut u. in Ascites-Fll. von 39 Patienten (28 Cirrhosefälle u. 11 Fälle mit neoplast. Ascites) waren diagnost. nicht verwertbar. — Dagegen zeigten die *Prothrombin*-Bestimmungen in *Ascites*-Fll. deutliche Unterschiede zwischen cirrhot. u. nichtcirrhot. Patienten, welche eine ätiolog. Diagnose ermöglichten. (Presse méd. **65.** 1227—28. 29/6. 1957. Saint-Antoine, Hôp., Clin. thérap. méd; Centre Dép. de Transfusion sanguine.) H. CARLS. 4578

G. Inesi, C. De Risio und **G. Tonini,** *Neue Methode zur Untersuchung der Proteine des Liquor des Menschen durch Papierelektrophorese.* Es wird folgendes Verf. ausgearbeitet: Liquorentnahme (8—10 ml) durch Lumbalpunktion, Zentrifugieren u. Sammeln des Überstandes, Salzabtrennung durch 48std. Dialyse, Lyophilisierung auf ca. $^1/_{20}$ des Anfangsvol. u. Papierelektrophorese, 22 Std. bei 100 V in Veronal-Na-Acetatpuffer, p_H 8,6, u. Färbung mit Amidoschwarz. Die Meth. liefert absolut konstante Resultate u. ermöglicht auch den Nachw. von Proteinfraktionen, die schneller als die Albumine u. Globuline wandern. (Boll. Soc. ital. Biol. sperim. **32.** 64—65. Jan./Febr. 1956. Bologna, Univ., Ist. di Farmacol.) O. POLLAK V. EMHOFEN. 4578

E. C. Göltner, *Über den Einfluß des mütterlichen Eisenmangels auf das Depoteisen (Ferritin und Hämosiderin) der Placenta, der fetalen Leber, Milz und Niere.* Abnahme des mütterlichen Serum-*Fe* hat auf das foetale Serum-Fe kaum einen Einfl., es wird jedoch der *Hämosiderin* (**I**)-Geh. der Placenta u., im foetalen Organismus, der **I**- u. bes. der *Ferritin* (**II**)-Geh. der Leber vermindert, so daß das Fe-Depot des Foetus in Abhängigkeit vom Serum-Fe der Mutter steht. Bei extrem niedrigen mütterlichen Serum-Fe-Werten kann im foetalen Sternalmark kein **II** mehr nachgewiesen werden. Unabhängig vom Serum-Fe der Mutter u. dem **II**-Geh. der foetalen Leber besteht ein Zusammenhang zwischen dem **II**- u. **I**-Geh. der foetalen Milz u. dem **I**-Geh. der foetalen Leber. Der **I**- u. **II**-Geh. der foetalen Nieren wird auf den vermehrten Hämoglobinstoffwechsel des foetalen Organismus zurückgeführt. (Die Medizinische **1958.** 1950—58. 29/11. Mainz, Univ., Frauenklinik.) U. TAUSENDFREUND. 4583

Heinz Tiedemann und **Hildegard Tiedemann,** *Wirkungsabnahme eines spinocaudalen Induktionsstoffes nach Acetylierung.* Eine aus 9 Tage alten Hühnerembryonen durch Extraktion mit Phenol gewonnene Proteinfraktion stellt einen wirksamen spinocaudalen Induktionsstoff dar, der in der präsumptiven Epidermis der Molchgastrula die Bldg. von sek. Rumpf u. Schwanz hervorruft. Durch Acetylierung mit Essigsäureanhydrid oder Keten unter verschied. Versuchsbedingungen nimmt die Induktionsleistung der Proteinfraktion ab. Durch starke Acetylierung mit Essigsäureanhydrid wird der Stoff vollständig inaktiviert, während nach starker Acetylierung mit Keten die Induktionsleistung um 50% abnimmt. Es kann noch nicht entschieden werden, ob der Verlust der biol. Aktivität durch die Acetylierung der freien Aminogruppen oder durch die gleichfalls stattfindende Blockierung der Tyrosin-OH-Gruppen bedingt ist. Der spinocaudale Charakter der Induktionen ändert sich durch die Acetylierung nicht. (Hoppe-Seyler's Z. physiol. Chem. **314.** 90—94. 4/3. 1959. Heiligenberg/Bodensee, Heiligenberg-Inst., Abt. O. Mangold.) F. THOMAS. 4583

J. Heller und **M. Jeżewska,** *Nucleinsäuren und andere Phosphorfraktionen im Verlaufe der Metamorphose der chinesischen „Tussurmotte" (Autheraea pernyi).* Es wurden säurelösl. P (**I**), Lipoid (**II**)-, Nucleinsäure (**III**)-, Protein (**IV**)- u. Gesamt-P (**V**) in den Larven, Chrysaliden u. Puppen der „Tussur"-Motte bestimmt. Während der Verpuppung nehmen **II, III, IV** u. **V** ab, während **I** ansteigt. Bei der Entw. der geschlechtsreifen Motte nehmen **I** u. **III** ab. Der große Geh. der Drüse an Nucleinsäuren wird in Zusammenhang mit der Synth. des Seidenproteins gebracht. (Acta biochim. polon. **5.** 3—17. 1958. Warschau, Poln. Akad. der Wiss., Inst. für Biochem. u. Biophysik.) H. G. SCHWEIGER. 4583

Robert Kaye, Margaret L. Williams und **Giulio Barbero,** *Vergleichende Untersuchungen des Glucose- und Fructosestoffwechsels bei Kindern unter Berücksichtigung der Ausnutzung und Anhäufung glykolytischer Intermediärprodukte.* Zur Festlegung günstiger Bedingungen bei der parenteralen Ernährung wurde der Stoffwechsel von intravenös zugeführter *Glucose* (I) mit dem von *Fructose* (II) verglichen. Den Zucker-Lsgg. wurden die üblichen Elektrolytgemische zugesetzt. Vollständige Verwertung beider Zucker u. keine Unterschiede in der Elektrolytausscheidung bei einer Infusionsgeschwindigkeit von 1 g/kg je Stunde. Bei Erhöhung auf 2 g/kg je Std. wurden 20% I bzw. 9,9% II mit dem Harn ausgeschieden, u. es stellte sich bei II eine negative Na-Bilanz, erhöhter Puls u. Atemfrequenz ein. Unter den gleichen Bedingungen (2 g) war die Erhöhung des Milchsäure- u. Brenztraubensäuregeh. im Blut sowie die Erniedrigung des Blut-p_H u. das Blut-CO_2 unter II-Verabfolgung ausgeprägter als bei I. — Auf das Auftreten der Acidose bei zu schneller II-Zufuhr wird warnend hingewiesen. (J. clin. Invest. **37.** 752—62. Mai 1958. Philadelphia, Pa., Univ., Children's Hosp., Dep. of Pediatrics.) G. RENTSCH. 4585

Patricia V. Johnston, Ogden C. Johnson und **Fred A. Kummerow,** *Deponierung in Geweben und fäkale Ausscheidung von trans-Fettsäuren bei der Ratte.* Unter Anknüpfung an die Angaben des Schrifttums werden systemat. Fütterungsverss. an Ratten (103 Tiere) durchgeführt; die Tiere erhalten eine definierte ernährungsphysiol. komplette Grunddiät, der für die eine Tiergruppe bekannte Mengen an Margarine mit 40% *trans-Fettsäuren* (I) hinzugesetzt sind; die in mehrfacher Richtung variierten Verss. erstrecken sich unter Einschaltung von Gewichtskontrolle bis auf 3 Monate. Es wird der Kot gesammelt; von den getöteten Tieren werden bestimmt: Gewicht der Lebern, ihr Geh. an Gesamtfett sowie an I; analoge Unterss. werden mit dem Körperfett u. dem Kotfett durchgeführt. Die Ermittlung der I erfolgt mit einem IR-Spektrometer. An Hand der tabellar. mitgeteilten Befunde werden die Ergebnisse dahingehend ausgewertet, daß die aufgenommenen I in erster Linie im Körperfett, in geringerer Menge in der Leber abgelagert werden; nur sehr geringe Mengen werden im Kot ausgeschieden. Die Hauptmenge der I wird metabolisiert. Entzieht man den Versuchstieren die I im Futter, dann sinkt ihr Geh. im Körperfett allmählich ab. Das Wachstum der Tiere wird durch I nicht beeinträchtigt. (J. of Nutrit. **65.** 13—23. 10/5. 1958. Urbana, Ill., Univ., Dep. of Food Technology.) K. TÄUFEL. 4585

Wolfram Weinmann, *Untersuchungen über den Einfluß einer Wuchsstoffbehandlung von Tomatenpflanzen auf den ernährungsphysiologischen Wert der Früchte.* An Albinoratten wurde zusätzlich zum n. Grundfutter Preßsaftkonzentrat von Tomaten wuchsstoffbehandelter u. unbehandelter Pflanzen verabreicht. Bei Beginn der Verfütterung u. zu Ende derselben wurden jeweils eine Paarung durchgeführt u. die Gewichtskurven von Eltern- u. Jungtieren festgehalten. Die Gewichtskurve der Gruppe „behandelt" lag, bes. bei den Nachkommen, sehr viel schlechter als die der Gruppe „unbehandelt". Die Organgewichte der Nachkommen wurden festgestellt, Leber- u. Milzgewichte waren gegenüber den Kontrollen hochsignifikant erhöht. (Naturwissenschaften **45.** 470—71. 1. Okt.-H. 1958. Geisenheim/Rh., Bundesanst. für Qualitätsforsch. pflanzlicher Erzeugnisse.) W. D. WEINMANN. 4585

G. G. Jacoli und **A. Poggioli,** *Untersuchungen über die Zusammensetzung und den Vitamingehalt des Gelée Royale aus der Provinz Emilia-Romagna.* 1 Tag nach dem Schlüpfen der Larve hatte der Weiselfuttersaft folgende Zus.: Trockensubstanz 33,6%, davon Asche 2,85%, Proteine 43,1%, Kohlenhydrate 44,65% u. Fette 8,69%. 2 Tage später durchgeführte Vitaminunterss. ergaben 2,066 (mg/100 g Trockensubstanz) *Vitamin* B_1, 2,770 *Vitamin* B_2, 11,880 *Vitamin* B_6, 42,240 *Vitamin PP*, 0,1485 *Vitamin* B_{12} u. 53,790 *Pantothensäure.* (Boll. Soc. ital. Biol. sperim. **32.** 6—8. Jan./Febr. 1956. Bologna, S. p. A. Reparto Ricerche della Biochim. AL. F. A.) O. POLLAK V. EMHOFEN. 4587

F. Rubino, M. C. Ciancimino und **O. Giacalone,** *Einfluß von Vitamin* B_1 *auf den Gehalt des Körpers der nach Fasten wiederernährten Ratte an Wasser, Gesamtstickstoff und Fetten.* Gibt man Ratten, die durch Fasten 20% ihres Gewichts verloren haben, mit 2,5 mg *Vitamin* B_1 angereichertes Futter, dann ist die erhöhte Gewichtszunahme gegenüber n. gefütterten Ratten signifikant, u. nach 27 Tagen haben diese Tiere den Gewichtsverlust gegenüber Kontrolltieren wettgemacht. Der Körper der auf diese Weise gefütterten Tiere wird auf Geh. an W., N u. Lipide untersucht; es ergab sich nur eine signifikante Erhöhung der Lipide. (Boll. Soc. ital. Biol. sperim. **32.** 36—37. Jan./Febr. 1956. Palermo, Univ., Ist. di Fisiol. Umana.) O. POLLAK V. EMHOFEN. 4587

O. Giacalone, *Untersuchungen bei Tieren, die mit zuckerreicher und eiweißarmer Diät gefüttert werden und Vitamin* B_1 *oder* B_{12} *erhalten.* 1. Mitt. *Verhalten des Blutzuckers und der Alkalireserve.* Albinoratten erhielten 21 Tage lang jeden 2. Tag ein Futter aus 84% Saccharose, 10% Casein + 5 mg *Vitamin* B_1 oder B_{12} bzw. beide Vitamine zugleich.

Es wird festgestellt, daß sich der Zuckerspiegel nicht ändert. Auch die Alkalireserve ist nicht signifikant verändert. (Boll. Soc. ital. Biol. sperim. **32.** 31—33. Jan./Febr. 1956. Palermo, Univ., Ist. di Fisiol. Umana.) O. POLLAK V. EMHOFEN. 4587

O. Giacalone, *Untersuchungen bei Tieren, die mit zuckerreicher und eiweißarmer Diät gefüttert wurden und Vitamin B_1 oder B_{12} erhalten.* 2. Mitt. *Verhalten des Wassergehaltes der Leber und des Gesamtstickstoffs der Leber und des Muskels.* Die Unterss. werden an ♂ Ratten durchgeführt, die wie früher (vgl. vorst. Ref.) gefüttert wurden. Es wird festgestellt, daß der Geh. der Leber an W. in allen Fällen ungefähr konstant geblieben war. Der Gesamt-N der Leber war bei den mit Vitamin B_{12} bzw. Vitamin $B_1 + B_{12}$ gefütterten Tieren um 6,9% verringert, der des Muskels ergab allg. eine leichte Zunahme, die aber nur bei mit Vitamin B_{12} gefütterten Tieren signifikant ist (13,6%). (Boll. Soc. ital. Biol. sperim. **32.** 33—36. Jan./Febr. 1956. Palermo, Univ., Ist. di Fisiol. Umana.) O. POLLAK V. EMHOFEN. 4587

K. Deij, *Die Abnahme der Aktivität einiger Leberflavoproteine bei Riboflavinmangel bei der Ratte.* Die Abnahme der Aktivität von *Flavoproteinen* u. von *Monoaminoxydase* aus Rattenleber wurde bei *Riboflavin*-Mangel untersucht. Die untersuchten Flavoproteine waren: *D-Aminosäureoxydase, Diaphorase I, Xanthinoxydase* u. *Glykolsäureoxydase.* Bei den einzelnen Enzymen ergaben sich recht unterschiedliche Empfindlichkeiten gegenüber dem Riboflavinmangel. (Acta physiol. pharmacol. neerl. **7.** 106—18. März 1958. Utrecht, Labor. of Physiol. Chem.) K. F. MÜLLER. 4587

L. M. Horger und **E. B. Gerheim,** *Wirkungen von überschüssigem Methionin und Nicotinsäureamid im Futter der Ratte.* Verss. an wachsenden Ratten ergaben, daß *Methionin* (I)-Zusatz die Wachstumsgeschwindigkeit in den ersten 2 Wochen hemmt, während nach 8—12 Wochen nur Tiere, die 2% I u. 0,1% *Nicotinsäureamid* (II) erhielten, eine signifikante Wachstumshemmung zeigten; Zusatz von 1% Äpfelsäure hob diese Hemmung auf. II-Zusatz in Höhe von 0,1% bewirkte innerhalb von 8 Wochen keine Wachstumshemmung, 0,2% verbesserten u. 0,4% hemmten das Wachstum. In den folgenden 4 Wochen normalisierte sich das Wachstum bei den Tieren mit 0,2% II, während die Hemmung bei 0,4% bestehen blieb. Bei 2% I-Zusatz erfolgt in den ersten Wochen eine vorübergehende Vergrößerung der Nieren, sowie bei den nur mit I behandelten Tieren eine Adrenalhypertrophie. Bei Gaben von 2% I u. 0,1% II nimmt die Lebergröße in 12 Wochen etwas ab, was durch Zusatz von 0,004% Biotin (III) verhindert werden kann. Die relativen Nebennierengewichte der Tiere mit 0,004% III sind nur nach 8 Wochen, aber nicht mehr nach 12 Wochen signifikant vermindert. (Proc. Soc. exp. Biol. Med. **97.** 444—46. Febr. 1958. Detroit, Mich., Sherman Labor., Pharmacol. Dep.) E. SCHWERDTFEGER. 4587

William N. Pearson, Eileen R. Brodovsky, E. Raymond Carnes und **William J. Darby,** *Ultramikromethode zur Bestimmung der Pteroylglutaminsäure-(Folsäure-) Aktivität.* Vff. beschreiben eine Modifizierung der n. mikrobiol. *Folsäure*-Best. mit *S. faecalis* als Versuchsorganismus (vgl. Assoc. Offic. Agr. Chemists, Washington, „Methods of Analysis", 7th. ed. [1950.] 784), wodurch eine 100fach gesteigerte Empfindlichkeit erreicht wird. 0,01—0,10 mγ Folsäure können titrimetr. in 0,20 ml Gesamtvol. bestimmt werden. (Analytic. Chem. **31.** 1113—14. Juni 1959. Nashville, Tenn., Vanderbilt Univ., School of Med., Div. of Nutrit., Dep. of Biochem. and Med.) E. DEHMLOW. 4587

R. Scott und **L.-E. Ericson,** *Betrachtungen über den Kobaltstoffwechsel bei Rhodymenia palmata im Hinblick auf den Vitamin B_{12}-Gehalt.* Vff. untersuchten die Aufnahmen von ^{60}Co aus Seewasser durch *Rhodymenia palmata.* Es wurde eine period. Resorption u. Abgabe von ^{60}Co bei Belichtung u. gleichzeitig eine Abhängigkeit von der CO_2-Konz. gefunden. Zusatz von Antibioticis zum Seewasser hat keinen Einfluß. Der Einbau von ^{60}Co in *Vitamin B_{12}* konnte nicht nachgewiesen werden; dagegen wurde ^{60}Co in einer anderen stabilen *organ. Verb.* gefunden, die sich bei Chromatographie u. Ionophorese anders verhält als Vitamin B_{12}. (J. exp. Botany **6.** 348—61. Okt. 1955. Inveresk, Midlothian, Inst. of Seaweed Res.; Stockholm, Royal Inst. of Technol., Div. of Food Chem.) H. GOEBEL. 4587

L. Pagliaro, *Einfluß der Thioctsäure auf den Kohlenhydratstoffwechsel.* 1. Mitt. *Veränderungen des basalen Blutzuckers, der oralen Glucoseaufnahme und der Insulinkurve. Thioctsäure* (I) müßte als Cofaktor des Oxydationssyst. der Brenztraubensäure auch seinen Einfl. auf die Glucoseverwertung geltend machen. Bei 6 Personen mit n. Blutzucker nimmt dieser durch I (20 mg intravenös) um 21%, bei solchen mit Hyperglykämie um 23% ab. Wird den Personen oral 1 g/kg Glucose gegeben, dann erhält man bei gleichzeitiger I-Gabe nach 30—60 Min. einen um 46% erhöhten Blutzucker (ohne I 83%). Gleichzeitig mit *Insulin* gegeben, ergibt sich eine frühere, tiefere u. protrahiertere Wrkg.

von Insulin als ohne I. (Boll. Soc. ital. Biol. sperim. **32.** 49—52. Jan./Febr. 1956. Palermo, Univ., Ist. di Patol. Spec. Med. e Metodol. Clin.) O. POLLAK V. EMHOFEN. 4587

L. Pagliaro, *Einfluß der Thioctsäure auf den Kohlenhydratstoffwechsel.* 2. Mitt. *Erste Untersuchungen über den blutzuckersenkenden Wirkungsmechanismus der Thioctsäure.* (1. vgl vorst. Ref.) Intravenöse Injektion von 20 mg *Thioctsäure* (**I**) führt zu einer 33%ig. Senkung des Zuckers im arteriellen u. einer 22%ig. im venösen Blut. Um zu beweisen, daß hierbei nicht die peripheren Gewebe beteiligt sind, wird durch eine bes. Versuchsanordnung eine Stockung erzeugt, die es relativ lange gestattet, eine hohe Zuckerkonz. mit dem Gewebe im Kontakt zu halten. Es zeigt sich bei einer n. Person, daß **I** nicht die Passage der Glucose zu den peripheren Geweben beeinträchtigt. (Boll. Soc. ital. Biol. sperim. **32.** 52—53. Jan./Febr. 1956. Palermo, Univ., Ist. di Patol. Spec. Med. e Metodol. Clin.) O. POLLAK V. EMHOFEN. 4587

L. Pagliaro und **G. Furitano,** *Wirkung der Thioctsäure auf den Sauerstoffverbrauch.* (Vgl. vorst. Ref.) Die Unterss. werden an 9 n. Personen, denen 50 mg *Thioctsäure* (**I**) intravenös injiziert wurde, durchgeführt. In 8 Fällen ergibt sich im Mittel eine 11,3%ig. Zunahme des O_2-Verbrauchs (Maximum 20 Min. nach der Injektion), in 8 Fällen war der Blutzucker um 26% gesenkt. 50—60 Min. nach der **I**-Gabe wird wieder der n. Zustand erreicht. (Boll. Soc. ital. Biol. sperim. **32.** 54—55. Jan./Febr. 1956. Palermo, Univ., Ist. di Patol. Spec. Med. e Metodol. Clin.) O. POLLAK V. EMHOFEN. 4587

G. Furitano und **L. Pagliaro,** *Die Überlebensdauer von mit Thioctsäure behandelten Kaninchen nach Unterbindung des Choledochus.* (Vgl. die vorst. Reff.) Kaninchen mit unterbundenem Choledochus wird intramuskulär 10 mg *Thioctsäure* (**I**) injiziert; gegenüber Kontrolltieren lebten diese Tiere um 2 Std. kürzer (26 bzw. 24 Std.). Dagegen scheint **I** auf die Leber eine gewisse Schutzwrkg. auszuüben, da der an der Leber **I**-behandelter Tiere histolog. konstatierte Schaden geringer ist als bei den Kontrolltieren. (Boll. Soc. ital. sperim. **32.** 55—57. Jan./Febr. 1956. Palermo, Univ., Ist. di Patol. Spec. Med. e Metodol. Clin.) O. POLLAK V. EMHOFEN. 4587

Oreste Piccinelli und **Francesco Nicrosini,** *Untersuchungen über die orale und rectale Aufnahmefähigkeit des Vitamin C-Palmitinsäureesters.* Vff. haben verschied. genesenden Patienten Dosen von 0,5 u. 2,5 g *Ascorbylpalmitat* (**I**) bzw. 0,2 g *Ascorbinsäure* (**II**) oral u. solche von 0,7 g **I** u. 0,28 g **II** rectal mehrmals am Tage verabreicht u. den **II**-Geh. des Blutes u. des Harns regelmäßig bestimmt. Dabei zeigte sich, daß die mit **I** behandelten Patienten das Vitamin schneller u. besser resorbierten als die mit **II** behandelten, wahrscheinlich infolge des lipophilen Charakters von **I**. (Gazz. med. ital. **117.** 279—83. Juli 1958. Pavia, Univ., Ist. Clin. Med. Gen. e Terap. Med.) E. DEHN. 4587

Niels Räihä, *Über den diaplacentaren Transport von Vitamin C. Eine experimentelle Untersuchung bei Meerschweinchen und Menschen.* Ergebnisse einer experimentellen Prüfung des Übergangs von *Vitamin C* von Plasma auf Erythrocyten, sowie seines Transports durch die Meerschweinchen- u. menschliche Placenta. — 123 Literaturangaben. (Acta physiol. scand. **45.** Suppl. Nr. 155. 1—53. 1958. Helsinki, Inst. for Occupational Health.) U. TAUSENDFREUND. 4587

S. G. Nayudu, Sailen Mookerjea und **M. C. Nath,** *Histopathologische Veränderungen durch Acetoacetat bei normalen und skorbutischen Meerschweinchen. Acetoacetat* (**I**) verursacht bei wiederholter intraperitonealer Injektion eine *Vitamin-C*-Hypovitaminose, die in genet. Beziehung zu Störungen des Kohlenhydratstoffwechsels steht. Alle Ergebnisse beweisen die Toxizität von **I** für die verschied. Organe. Die LANGERHANSschen Inseln hypertrophierten, ausgesprochene Degenerationen treten auf, z. B. der β-Zellen, der Nierentubuli u. der Leber. Die Schäden sind bei skorbut. Tieren schwerer als bei normalen. (Proc. Soc. exp. Biol. Med. **93.** 179—81. Nov. 1956. India, Nagpur, Univ., Dep. of Biochem.) I. WEINMANN. 4587.

Willibald Diemair, Heinz Janecke und **Mohamed Hassib Hafez Ragab,** *Kritische Überprüfung der papierchromatographischen l-Ascorbinsäure-Bestimmungsmethoden.* Es wurde die papierchromatograph. Best. von *l-Ascorbinsäure* (**I**) mit Butanol–Eisessig–W. (4:1:5) oder Butanol–W. (4:6) + 2% $(COOH)_2$ + Spuren KCN als Laufmittel u. 2.6-Dichlorphenolindophenol oder Mo-Reagens als Sprühmittel nachgeprüft u., sofern **I** in wss. Lsg. vorliegt, als sehr gut befunden. Auch frische Citronensäfte liefern gute Werte. Bei der Unters. behandelter u. gefärbter Säfte (Dicksaft oder schwarzer Johannesbeersaft) ist die Meth. jedoch nicht geeignet. Es wird vermutet, daß **I** mit einem anderen Saftbestandteil eine Verb. eingeht. (Z. analyt. Chem. **152.** 36—44. 1956. Frankfurt/M., Univ., Inst. für Lebensmittelchem.) H. PLUSKAL. 4587

Zofia Gregorczyk, *Bestimmung der Komplexdissoziationskonstanten von Ascorbinsäure mit TiO^{2+}- und UO_2^{2+}-Ionen.* Die Dissoziationskonstanten der Komplexe von TiO^{2+}

u. UO_2^{2+} mit *Ascorbinsäure* (H_2B) wurden nach 3 verschied. opt. Methoden bestimmt. Sie betragen für $TiO(HB)^+$ $9,58 \cdot 10^{-4}$, für $TiO(HB)_2$ $5,5 \cdot 10^{-3}$ u. für $UO_2(HB)^+$ $1,30 \cdot 10^{-3}$. $TiO(HB)_2$ steht mit $TiO(HB)^+$ im Gleichgewicht. Die Ti- u. U-Komplexe haben gleiche Farbe u. den gleichen Extinktionsverlauf in Abhängigkeit vom p_H-Wert. Sie bilden sich auch im gleichen p_H-Bereich. Danach ist auch die Existenz des zweifach koordinierten $UO_2(HB)_2$ zu erwarten. (Acta polon. pharmac. **15.** 333—42. 1958. Wrocław, Akad. Med., Zakł. Chem. nieorgan.) F. URBAN. 4587

Ruven Greenberg, Theodore Cornbleet und **Ronald Demovsky,** *Überführung von Carotin in Vitamin A durch die Talgdrüsen der Haut.* Es wird gezeigt, daß nach intradermaler Injektion von Karottenölemulsion sich *Carotin* (**I**) in den Zellen der Talgdrüsen anreichert u. daß nach einer gewissen Zeit hierin *Vitamin A* nachgewiesen werden kann. (A. M. A. Arch. Dermatol. **76.** 17—23. Juli 1957. Chicago, Ill., Univ. of Illinois, Med. School., Physiolog. Dep. u. Dermatol. Dep.) R. LAFFERENZ. 4587

Haruo Baba und **Yōsuke Noguchi,** *Über die Bestandteile der Kuhmilch und ihre antioxydative Wirkung gegenüber Vitamin A.* 2. Mitt. *Die papierelektrophoretisch getrennten Proteinfraktionen der Kuhmilch und ihre antioxydativen Wirkungen.* (1. vgl. Jap. J. Nutrit. **13.** [1955.] 97.) 900 cm^3 frische Kuhmilch mit einem Proteingeh. von 3,36% wurde 20 Min. zentrifugiert (3000 Umdrehungen/Min.). Die entrahmte Milch wurde bei 17^0 u. p_H 4,6 (n. Essigsäure) stehengelassen. 660 cm^3 der caseinfrei gemachten Milch wurden mit 40 (a), 60 (b) u. 90 (c)% gesätt. $(NH_4)_2SO_4$ ausgefällt. Von den 6 papierelektrophoret. erhaltenen Fraktionen des a-Filtrats hatten die 1. u. 2. die größte relative Beweglichkeit. Ein Test mit Vitamin A (5tägige Haltbarkeit) ergab antioxydative Wrkg. der Fraktionen in der Reihe Casein $>$ c $>$ Kontrolle $>$ a $>$ b. Die isolierten Fraktionen sind antioxydativ weniger wirksam als in Kombination. (Jap. J. Nutrit. **14.** 171—75. Aug. 1956. Kokuritsu Eiyō-Kenkyusho, Shokuhin-Kagaku-Bu. [Orig.: japan.; Auszug: engl.]) F. MOSSNER. 4587

P. Dessi und **T. Franco,** *Über die elektrophoretische Trennung von Komponenten der menschlichen Galle.* Es werden pathol. Fälle untersucht. Bei Gallensteinen u. Ikterus werden 4 Komponenten (2 kathod., eine neutrale u. eine mit schwach anod. Bewegung) gefunden. Bei einer äußeren Gallenfistel konnte dagegen im UV-Licht nur eine kathod. Komponente gefunden werden. (Boll. Soc. ital. Biol. sperim. **32.** 22—24. Jan./Febr. 1956. Bologna, Univ., Ist. di Farmacol.) O. POLLAK V. EMHOFEN. 4594

Leon Swell, T. A. Boiter, Henry Field jr. und **C. R. Treadwell,** *Die Resorption von Pflanzensterinen und deren Wirkung auf Serum- und Lebersterinspiegel.* Ratten wurden mit synthet. Diät, die 25% Ölsäure (**I**), 1% *Na-Taurocholat* (**II**) u. 2% *Sojabohnensterine* in verschied. Kombinationen enthielten, ernährt u. Sterinaufnahme u. -ausscheidung in den Faeces bestimmt. Bei fettfreier Diät konnten alle pflanzlichen Sterine (**III**) quantitativ in den Faeces erfaßt werden. Bei Zusatz von 1% **II** wurden 15,7% der aufgenommenen **III** resorbiert (25 mg/Tag). 25% **I**-Zusatz zur Grunddiät förderte ebenfalls die Resorption pflanzlicher **III** (15,5% der Zufuhr, 24 mg/Tag). Maximale Resorption von Pflanzen-**III** (22,9% der Zufuhr) erfolgte in Ggw. von 25% **I** u. 1% **II** (bzw. auf Grunddiät). Die resorbierten Pflanzen-**III** beeinflußten Leber-**III** nur gerinfügig. Bei Verfütterung von Pflanzen-**III** + **I** oder + **I** u. Gallensalzen (**IV**) nahmen Serum-**III** zu. Zusatz von **I** + **IV** gab die höchste Steigerung von Serum-**III** (104,4 mg%). Anscheinend werden pflanzliche **III** nach dem gleichen Mechanismus wie *Cholesterin* (**V**) resorbiert u. in *Cholsäure*, **V** oder eine **V**-Zwischenstufe in Darm oder Leber umgewandelt. (J. of Nutrit. **58.** 385—98. 10/3. 1956. Martinsburg, W. Va., Veterans Administration Center, General Med. Res.; Washington, D. C., George Washington Univ., School of Med., Dep. of Biochem.) K. MAIER. 4594

W. D. Love und **G. E. Burch,** *Bestimmung des Umsatzverhältnisses von ^{86}Rb in Herz, Leber und Skelettmuskel bei Menschen mit und ohne Herzschäden.* Zur Prüfung des K-Stoffwechsels im Myocardium wurden Unterss. mit dem biol. sich ähnlich verhaltenden ^{86}Rb an ca. 20 Patienten mit verschied. Formen von Coronararteriosklerose durchgeführt. Das ^{86}Rb wurde in 0,85%ig. NaCl-Lsg. intravenös gegeben (40 ml, 0,2 mc). An später entnommenen arteriellen Blutproben wurde der K-Geh. spektrograph., der ^{86}Rb-Geh. mit GEIGER-Zähler bestimmt, außerdem wurde mit einem Scintillationszähler mit Collimator die räumliche Verteilung der Radioaktivität im Körper gemessen. Es wurde festgestellt, daß signifikante Unterschiede in der Konz. von ^{86}Rb im arteriellen Plasma bei gesunden u. herzkranken Personen bestehen (bei Patienten mit Angina pectoris 57% höhere Konz. als bei Gesunden). Aus der myocardialen K-Austauschrate wurde der coronare Blutstrom bei Patienten ohne Herzschäden zu 90 $\pm$ 45 ml, bei solchen mit Angina pectoris zu 43 $\pm$ 15 ml/100 g Myocardium/Min. berechnet. (Int. J. appl. Radiat. Isotopes **3.** 207—16. Aug. 1958. New Orleans, La., Tulane Univ., School of Med. and Charity Hosp., Dep. of Med.) W. REUSSE. 4596

Masako Yasuda, *Klinische Untersuchung über den Milchsäurestoffwechsel, insbesondere in der Leber (Aufnahme und Abgabe).* Der *Milchsäure* (I)-Geh. im venösen u. arteriellen Blut u. in der Lebervene (LV) wird bei fastenden gesunden Personen u. bei Leberkranken (infantile Hepatitis, BANTI-Syndrom, Lebercirrhose) u. bei Diabetikern verglichen, desgleichen bei Belastung mit *Adrenalin* u. *Insulin* (II). Bei n. Personen ist die Reihenfolge des I-Geh.: Venenblut > Arterienblut > LV. Im Fastenzustand beträgt die I-Versorgung der Leber durchschnittlich 11,2 mg/Min./M^2. Bei BANTI-Syndrom ist der I-Geh. der Arterien u. der LV höher als n., in der LV höher als in den Arterien. Bei Diabetikern zeigen sich etwa die gleichen Verhältnisse wie bei n. Personen. Unter II-Belastung ist nur die I-Kurve für die Arterienwerte etwas erhöht. Bei schwerer Lebererkrankung steigert II den I-Wert (in der LV mehr als in den Arterien). Bei Diabetes ist nach II-Injektion ein Anstieg der Blut-I sichtbar. Der I-Wert ist in der LV niedriger als in den Arterien. Der Einfl. von Adrenalin ist viel geringer als der von II. (Tokyo Jikeikai med. J. **70.** 1061—69. 1/10. 1955. [Orig.: japan.]) L. SCHULER. 4596

Hiroshi Tanaka, Koichi Demura, Toshiro Kitami und **Kazu Ishida,** *Die Umwandlung von* ^{14}C*-Acetat in Fettsäuren durch menschliche Talgdrüsen.* Talgdrüsengewebe aus menschlicher Achselhaut bauen bei Incubation mit ^{14}C-Acetat (I) (4 Std., 37°) dieses in Fettsäuren (II), vor allem in langkettige u. andere Lipide, z. B. in Squalen u. Sterine, ein. Ebenso wirksam synthetisierte unter gleichen Bedingungen Epidermisgewebe II aus I. (Acta med. biol. [Japan] **6.** 69—73. Juli 1958. Niigata, Univ., School of Med., Dep. of Dermatol.) K. MAIER. 4597

E. J. Masoro und **Sylvia S. Panagos,** *Wirkungen kurzkettiger Fettsäuren auf den Acetatstoffwechsel der Leber bei Kälte und Fasten.* Ausgewachsene Ratten wurden mit einer üblichen synthet. Diät ad libitum gefüttert u. bei 25° gehalten, bzw. im Anschluß an die Einstellungszeit 24 Std. bei 0—2° ohne Futter gelassen. Leberschnitte beider Gruppen wurden in KREBS-HENSELEIT-Bicarbonatpuffer, wovon ein Teil mit ^{14}C-Acetat (I) markiert war, 3 Std. bei 37,5° incubiert. Die Leberschnitte wurden anschließend auf Gesamtfettsäuren, Unverseifbares u. Cholesterin (III) untersucht u. der ^{14}C-Geh. dieser Fraktionen festgestellt. Der Acetatstoffwechsel der Leberschnitte der Kontrollen zeigte eine Umwandlung von I in CO_2 (II) zu 34%, in Fettsäuren zu 6,7% u. in III zu 0,5%, die Versuchsgruppe wies prakt. nur eine Umwandlung in II, aber in sehr viel kleinerer Menge als bei der Kontrolle auf. Kurzkettige Fettsäuren scheinen einen hemmenden Effekt auf den Acetatstoffwechsel auszuüben. (Proc. Soc. exp. Biol. Med. **93.** 277—80. Nov. 1956. Boston, Tufts Univ., School of Med., Dep. of Physiol.) I. WEINMANN. 4596

Supravat Mukherjee und **Roslyn B. Alfin-Slater,** *Die Wirkung der Art von Diätfett auf die Synthese von Cholesterin aus* $^{14}C_{(1)}$*-Acetat in Rattenleberschnitte.* 4 Gruppen von Ratten wurden bei verschied. spezieller Diät gehalten: 1. Gruppe Diät mit 15% Baumwollsamenöl, 2. fettfrei, 3. fettfrei + 100 mg *Methyllinoleat*/Ratte/Tag u. 4. Gruppe mit 30% hydriertem Cocosnußöl. Die *Cholesterin* (I)-Synth. aus $^{14}C_{(1)}$-*Acetat* (II) wurde nach 1, 4 u. 16 Wochen geprüft. Nach diesen Zeiten wurden die Tiere getötet, die Lebern exstirpiert, gewogen u. Schnitte von ca. 0,5 mm Dicke in frischen Phosphatpuffer (p_H 7,2) gebracht. Diese Schnitte wurden mit 1 ml II (Na-Salz, 18000 Impulse/Min.) u. 5 ml KREBS-RINGER-Lsg. incubiert (O_2, 3 Std. 38°). Dann wurde die Fl. dekantiert, die Schnitte 3mal mit dest. W. gewaschen, mit 5 ml 0,1n Na-Äthylat hydrolysiert (1 Std.) u. mit Chlf. extrahiert. Die Chloroformlsg. wurde bei 60° eingedampft, der Rückstand in 5 ml A.–Aceton (1:1) gelöst u. I als Digitonid gefällt, der Nd. mit Aceton–Ae., danach mit Ae. gewaschen u. die Aktivität bestimmt. Der Geweberückstand wurde nach dem Homogenisieren mit PAe. extrahiert u. nach NIEFT u. DENEL (J. biol. Chemistry **177.** [1949.] 143) I bestimmt. % I-Synth. (nach 1, 4, 16 Wochen): Gruppe 1: 100, 100, 100; Gruppe2: 8,1; 17,3; 12,2; Gruppe 3: 86,2; 85,4; 100; Gruppe 4: 7,3; 6,6; 7,4. Die Ergebnisse sprechen dafür, daß die Rolle der essentiellen Fettsäuren bei der I-Synth. eine indirekte ist, da bei Mangel an essentiellen Fettsäuren die Leber-I-Konz. ansteigt u. die I-Synth. in der Leber unterdrückt wird, wie bei den Verss. mit fettfreier Diät zu erkennen war. (Arch. Biochem. Biophysics **73.** 359—65. Febr. 1958. Los Angeles, Calif., Univ., Dep. of Biochem. and Nutr.) WALTER SCHÄFER. 4596

E. Strack und **D. Biesold,** *Umsatz und Blutspiegel des Glycerins beim Kaninchen.* Kontinuierliche Duodenalinfusion von *Glycerin* (I) bewirkt bei Kaninchen nach einer Anlaufzeit von ca. 6 Std. einen konstanten Blutspiegel, der bei 0,3 g I/kg/Std. ca. 70 mg% u. bei 0,5 g I/kg/Std. ca. 180 mg% beträgt. Bei Zufuhr bis zu 0,15 g I/kg/Std. steigt der I-Blutspiegel höchstens bis 10 mg%, u. es kommt zu keiner I-Ausscheidung im Urin; fast alles zugeführte I wird intermediär verwertet. Bei steigender Zufuhr steigt der Umsatz nicht ganz mit u. beträgt bei 0,2, 0,3 bzw. 0,5 g I/kg/Std. 0,16, 0,19 bzw. 0,23 g I/kg/Std.; erst wieder weiter ansteigende I-Zufuhr läßt den I-Umsatz kräftig ansteigen, was auf Erschließung neuer, mengenabhängiger Verwertungswege schließen läßt. Mehrfache I-Infusion u. 3 Tage andauernde Infusion bis zu 0,5 g I/kg/Std. ändern die I-Verwertung nicht, so daß also keine Adaption des Fermentsyst., welches I in den Stoffwechselabbau limitierend einschleust, eintritt. (Z. ges. exp. Med. **130.** 547—55. 1959. Leipzig, Univ., Physiol-Chem. Inst.) U. TAUSENDFREUND. 4596

O. Braun-Falco, *Zur Frage der Phanerose saurer Mucopolysaccharide im Hautbindegewebe.* Zur Feststellung, ob in der menschlichen Haut auf Grund eines fermentativen Vorganges Proteine abgebaut werden, die an sauere Mucopolysaccharide gebunden sind u. freigesetzt werden, hat Vf. frische Hautproben mit Trypsin, Pepsin oder Hyaluronidase bebrütet, fixiert, in Serienschnitte zerlegt u. mit Toluidinblau u. mit der Perjodsäure-SCHIFF-Rk. gefärbt. Wie die tabellar. Mitt. der Resultate zeigt, gelingt es durch die Versuchsanordnung des Vf., die normalerweise in Proteinbindung vorhandenen saueren Mucopolysaccharide freizusetzen u. färber. nachzuweisen. (Dermatol. Wschr. **139.** 129—35. 7/2. 1959. Mainz, Universitätshautklinik.) HEINRICH HERMANN. 4597

W. T. W. Potts, *Anorganische Bestandteile und Aminosäuren von Muschelmuskeln.* Muschelmuskeln wurden auf ihren Geh. an Na^+, K^+, Mg^{2+}, Ca^{2+}, Cl^-, SO_4^{2-}, PO_4^{3-}, W. u. freien Aminosäuren untersucht. — Dabei stellte sich heraus, daß im Gegensatz zum Vertebratenmuskel das Verhältnis der Ionenkonzz. innerhalb u. außerhalb, bes. in den langsamen Muskelpartien, nicht im Bereich eines DONNAN-Gleichgewichts liegen. — Die Ergebnisse rechtfertigen die Annahme, daß sowohl für Na^+ wie für K^+ ein a k t. Ionentransport („Pumpe") stattfindet. (J. exp. Biology **35.** 749—64. Dez. 1958. Aberdeen, Marischall Coll., Dep. of Natural History; Birmingham, Univ., Dep. of Zoology and Comparative Physiol.) H. DOSSMANN. 4597

M. Bárány, K. Bárány, F. Guba, Gy. Köteles und **E. Nagy,** *Herstellung von Actin ohne vorherige Myosinextraktion.* (Vgl. C. **1958.** 2204.) Das *Actin* (I) des Muskels wird durch unmittelbare Acetonbehandlung des Gewebes größtenteils denaturiert. Dialyse des Muskels vor der Behandlung gegen 0,1%ig. $NaHCO_3$ verhindert teilweise die Denaturierung. Waschen des Muskels in Ggw. von $NaHCO_3$ mit $MgCl_2$, $CaCl_2$ bzw. Äthylendiamintetraessigsäure u. Beobachtung der Actomyosinbldg. u. Messung des gebundenen Erdalkaliions (**III**) zeigen, daß die Denaturierung durch **II** hervorgerufen wird. Waschen mit Salyrgan (**III**), wobei etwa die Hälfte der SH-Gruppen des Eiweißes gebunden werden, schädigt **I** nicht. Da **III** im *G*-**I** mit allen SH-Gruppen, im *F*-**I** nur mit der Hälfte reagiert, liegt **I** im frisch gemahlenen Muskel im fibrillären Zustand vor. (Acta physiol. Acad. Sci. hung., Suppl. **11.** 33—34. 1957. Budapest, Med. Univ., Biochem. Inst.; Ungar. Akad. der Wiss., Inst. für Messungstechn. u. Instrumentenkunde, Elektronenmkr. Abt.) K. MAIER. 4597

Einar Helander, *Adaptiver muskulärer „Allomorphismus".* Bei Kaninchen, deren Beine durch Nervendurchtrennung, Sehnendurchtrennung oder Gipsverband ruhiggestellt waren, konnte an den quergestreiften Muskeln unter gleichzeitigem Gewichtsverlust bis zu 33% eine starke Verschiebung in den Proteinanteilen der *Myofibrillen* (a), des *Sarkoplasmas* (b) u. des *Stromas* (c) festgestellt werden. Im n. betätigten Muskel fanden sich neben 10% Nichtprotein-N für a 57, für b 25, für c 8% proteingebundener N (auf Gesamt-N berechnet). Bei Ruhigstellung stiegen die Werte für b bis zu 29%, für c bis zu 16%, während a auf 48% vermindert sein konnte. Gleiche Auswrkg. hatte Einschränkung der Bewegungsmöglichkeit. Bei Tieren, die 3 Jahre in engen Käfigen gehalten wurden, sanken die Werte für a bis auf 41%, b stieg gleichzeitig bis auf 43%, c blieb hier unverändert. Der Nichtproteinanteil blieb bei allen Verss. prakt. unverändert. (Nature [London] **182.** 1035—36. 11/10. 1958. Gothenburg, Sweden, Univ., Inst. of Anat.) K. ZOPFF. 4597

A. Pittera, *Vergleichende Feststellungen über die spektrophotometrischen Eigenschaften des Gallenpigments in Serum, Harn und Galle.* Aus spektrophotometr. Unterss. von Serum, Harn u. Galle von Ikteruspatienten resultiert, daß in allen 3 Fll. 2 Pigmente mit gleichen spektralen Eigg. (Hauptbande bei ca. 450—470 mμ in physiol. Lsg.) vorhanden sind, die sich auch nach der Nierenpassage nicht durch Einw. von Proteinen u. Gallensalzen verändern. Nach Diazotierung der Lsgg. werden Absorptionskurven erhalten, die ein deutlich gegen den langwelligen Bereich (λ_{max} 450 u. 570 mμ) verschobenes Maximum zeigen. Die Spektren der 3 physiol. sowie der diazotierten physiol. Fll. in Pufferlsg., p_H 7,4, in n/10 NaOH u. in Coffein-Na-Benzoat u. der unveränderten physiol. Lsgg. sind angegeben. (Boll. Soc. ital. Biol. sperim. **33.** 1292—96. Aug./Sept. 1957. Catania, Univ., Ist. di Patol. Med. e Metodol. Clin.) O. POLLAK V. EMHOFEN. 4597

A. Pittera und **B. Cassia,** *Indirektes und direktes Bilirubin. Chromatographische Untersuchungen an Serum und Harn Ikteruskranker.* 1. Mitt. *Serum.* (Vgl. auch vorst. Ref.) Vff. untersuchen nach Extraktion mit Chlf. bzw. A. aus Seren Ikteruskranker das chromatograph. Verh. (monodimensionale Papierchromatographie, absteigende

Meth.) von indirektem (I) u. direktem Bilirubin (II) vor u. nach Diazotierung unter Verwendung verschied. Lösungsmittelsysteme. — I u. II zeigen allg. (auch nach Diazotierung) keine nennenswerten Unterschiede ihres chromatograph. Verhaltens. Mit wassergesätt. n-Butanol gelingt die Trennung von I u. II (I mit niedrigerem R_F-Wert) bzw. die Auftrennung von I u. II in jeweils 2 Fraktionen bes. gut. (Boll. Soc. ital. Biol. sperim. **33.** 1296—1300. Aug./Sept. 1957. Catania, Univ., Ist. di Patol. Med. e Metodol. Clin.) O. POLLAK V. EMHOFEN. 4597

A. Pittera und **B. Cassia,** *Indirektes und direktes Bilirubin. Chromatographische Untersuchungen an Serum und Harn Ikteruskranker.* 2. Mitt. *Harn.* (1. vgl. vorst. Ref.) Es werden der Harn in toto vor u. nach Diazotierung sowie verschied. Chloroform- u. A.-Auszüge, eindimensional aufsteigend, chromatograph. untersucht. Bei der Entw. des Harns in toto ist es nicht möglich, mit verschied. polaren Lösungsmitteln das indirekte (I) vom direkten Bilirubin (II) zu trennen, da beide gleich hohe R_F-Werte besitzen; dagegen ist eine Trennung nach Diazotierung des Urins mit den gleichen Lösungsmitteln möglich, da diazotiertes I schneller wandert. Ferner ist es gelungen, sowohl das mit Chlf. extrahierbare als auch das mit Aceton fällbare Bilirubin in 2 Fraktionen mit verschied. R_F-Werten aufzutrennen. Diese Ergebnisse stehen mit den Angaben anderer Autoren in Einklang, wonach I u. II chromatograph. in jeweils 2 Fraktionen auftrennbar sind. (Boll. Soc. ital. Biol. sperim. **33.** 1300—04. Aug./Sept. 1957.) O. POLLAK V. EMHOFEN. 4597

A. Pittera und **B. Cassia,** *Trennung und Identifizierung von verschiedenen Fraktionen des Gallenpigments des Serums mit der Methode der Papierchromatographie.* (Vgl. auch vorst. Reff.) Es wird ein Verf. der Trennung u. Identifizierung der Fraktionen des Gallenpigments des Serums von Ikteruspatienten durch getrennte Entw. der Chloroform- bzw. A.-Auszüge von direktem (I) u. indirektem Bilirubin (II) vor u. nach Diazotierung beschrieben. Dabei werden 5 verschied. Anteile erhalten: 2 mit indirekter u. 3 mit direkter Reaktion. Die Identifizierung der Fraktionen gelingt dann bes. gut, wenn die vorher diazotierten, getrennt erhaltenen I- bzw. II-Extrakte gesondert entwickelt werden. (Boll. Soc. ital. Biol. sperim. **33.** 1304—07. Aug./Sept. 1957. Catania, Univ., Ist. di Patol. Med. e Metodol. Clin.) O. POLLAK V. EMHOFEN. 4597

C. Adrian M. Hogben, *Elektrophysiologie des Kiemenfischmagens.* Vf. isolierte die Magenmucosa verschied. Salz- u. Süßwasserfische (Squalus acanthias L., Pollachius virens, Microgadus tomcod, Myxocephalus octodecimspinosus, Pseudopleuronectes americanus, Anguilla rostrata, Ameiurus nebulosis u. Raja erinacea) u. bestimmte nach einer ausführlich beschriebenen Meth. die Potentialdifferenz zwischen Mucosa u. Serosa (Transmucosapotential; A), die Membranleitfähigkeit u. die Höhe der H^+-Ionensekretion. — Aus zahlreichen Unterss. geht hervor, daß die Kiemenfischmucosa H^+-Ionen (als HCl) sezerniert, ohne eine signifikante A zu entwickeln. (Dieser Befund steht im Gegensatz zu dem bei Vertebraten erhaltenen.) Das Fehlen einer Potentialdifferenz führte Vf. auf eine erhöhte Membranleitfähigkeit zurück. (Science [Washington] **129.** 1224—25. 1/5. 1959. Washington, D. C., George Washington Univ., Dep. of Physiol.; Salisbury Cove, Me., Mount Desert Island Biol. Labor.) H. KOCKERT. 4598

Henry A. Schlang und **Donald R. Davis,** *Papierelektrophoretische Untersuchungen von post mortem-Serumproteinen.* 15 Seren, die 4—48 Std. nach dem Tod von Patienten mit verschied. Erkankungen entnommen waren, wurden elektrophoret. aufgetrennt u. die einzelnen Fraktionen quantitativ bestimmt. Außer einem Anstieg der β-Globuline waren keine tiefgreifenden Veränderungen zu beobachten. Aus den Ergebnissen schließen Vff., daß sich die Pherogramme innerhalb der ersten 36 Std. nach dem Tode nicht wesentlich verändern u. daß es daher möglich sein dürfte, auch nach plötzlich eintretenden Todesfällen eine eventuelle Hypogammaglobulinämie nachzuweisen. (Amer. J. med. Sci. [N. S.] **236.** 472—74. Okt. 1958. St. Albans, N. Y., US Naval Hosp.; Bethesda, Md., Nat. Naval Center, Naval Med. School, RADM G. W. Calver's Phys. Chem. Res. Labor.) E. SCHWERDTFEGER. 4599

Werner Heinrich Hauss und **Heinz Losse,** Hrsg., Struktur und Stoffwechsel des Herzmuskels. 1. Symposion an d. Med. Universitäts-Klinik Münster (Westf.) 26. u. 27. Sept. 1958. Stuttgart; Thieme. 1959. (170 S. m. 71 Abb.) 8°. DM 29,—.

Rosalind Venetia Pitt-Rivers und **Jamshed Rustom Tata,** The thyroid hormones: with a chapter on „Diseases of the thyroid" by **W. R. Trotter.** London; Pergamon P. 1959. (XIII + 247 S. m. Tab., Taf. u. Diagr.) = International series of monographs on pure and applied biology, biochemistry division. vol 1. 50 s.

Max Schwab und **Klaus Kühns,** Die Störungen des Wasser- und Elektrolytstoffwechsels. Berlin, Göttingen, Heidelberg; Springer. 1959. (XV + 368 S. m. 54 Abb.) 8°. DM 69,—.

Paul G. Weil, The plasma proteins: clinical significance. Philadelphia; Lippincott. 1959. (133 S. m. Abb.) 10°. $ 3,50.

E_6. Pharmakologie. Therapie. Toxikologie. Hygiene.

Roy B. Mefferd jr., William W. Webster und **Melvin A. Nyman,** *Der Lipoidstoffwechsel bei röntgenbestrahlten Mäusen und Ratten.* ♂ Ratten (Mäuse) wurden mit 500 r (425 r) röntgentotalbestrahlt, nachdem sie vorher für 6 Std. ohne Nahrung gehalten waren. Bestrahlungsdaten: 220 kV, HWS 1,13 mm Cu, Abstand Fokus—Objektmitte 70 cm, Dosisleistung 28 r/Minute. 3, 6, 9 u. 15 Tage nach der Bestrahlung wurden die Tiere — wiederum nach 4 Std. Nahrungsentzug — intraperitoneal mit $^{14}C_{(1)}$*-Acetat* (1 mC/kg) injiziert, 2 Std. später getötet u. durch Aktivitätsmessung am hydrolysierten Gewebe Unterss. über den Lipoidstoffwechsel angestellt. Die *Fettsäuren* zeigten 6 Tage nach der Bestrahlung eine Überhöhung, nach 15 (9) Tagen ist Rückbldg. erfolgt. Flüssige u. feste Fettsäuren zeigen etwas unterschiedlichen zeitlichen Gang des Metabolismus, wenn man sie getrennt untersucht. *Cholesterin* zeigt ein weniger ausgeprägtes Verh. mit einem Minimum nach 15 (9) Tagen. (Radiation Res. **8.** 461—65. Juni 1958. Austin, Texas, Univ. of Texas, Biochem. Inst.; San Antonio, Texas, Southwest Found. for Res. and Educat.) W. REUSSE. 4601

L. D. Lukjanowa, *Über die Wirkung von Röntgenstrahlen auf den Zustand der Placentabarriere während der verschiedenen Stadien der Schwangerschaft.* Untersucht wurde die Durchlässigkeit der Placentabarrieren von Kaninchen am 15., 20., 25. u. 29. Trächtigkeitstag in Abhängigkeit von der Bestrahlung von 1000 r unter Verwendung von $Na_2H^{32}PO_4$ als Indicator. Der ^{32}P-Geh. in den Geweben der Placenta der Frucht war bei bestrahlten Tieren erheblich niedriger als bei den Kontrollen. Während des Fortschreitens der Gravidität wird der Unterschied im ^{32}P-Geh. der Placenta des n. u. des bestrahlten Tieres geringer u. gleicht sich vor der Geburt aus. Die Kurven des P-Geh. in der Placenta u. in der Frucht verlaufen nach der Bestrahlung, im Unterschied zur Kontrolle, völlig parallel. Die größte Verzögerung des Durchtrittes von ^{32}P durch die Placenta macht sich am 15. Tag der Trächtigkeit bemerkbar. Sie ist hier 12mal langsamer als bei den nichtbestrahlten Tieren. Nach dem 20. Graviditätstag wird auch dieser Unterschied immer geringer. Der Geh. an ^{32}P im Blut der Frucht zeigt eine abnehmende Tendenz. Deutliche Unterschiede in verschied. Stadien der Entw. konnten jedoch nicht festgestellt werden. Man sieht also, daß die Röntgenbestrahlung der Kaninchen eine tiefe Störung im P-Austausch zwischen dem Muttertier u. der Frucht verursacht. (Доклады Академии Наук СССР [Ber. Akad. Wiss. UdSSR] **114.** 1217—19. 21/6 1957. Inst. für biol. Physik der Akad. der Wiss. der UdSSR.) F. DU MANS. 4601

W. V. Mayneord, W. Anderson, R. E. Bentley, L. K. Burton, J. O. Crookall und **N. G. Trott,** *Die durch Spaltprodukte bedingte Radioaktivität von biologischem Material.* Es wird über Unterss. über den Geh. von biol. Prodd. an Radionucliden berichtet, die aus dem radioakt. Fall-out stammen. Dazu wurden in einer unterird. Meßanlage mit extrem kleinem Nulleffekt Messungen mit Endfensterzählrohren u. NaJ-Scintillationsspektrometern durchgeführt. Es wurden Kuhmilchproben auf ihren Geh. an ^{90}*Sr* geprüft, wobei sich ergab, daß dieser von 1955—1958 konstant geblieben ist. Er wurde auch durch einen im benachbarten Windscale eingetretenen Reaktorunfall nicht beeinflußt. Für den Geh. an ^{137}*Cs* u. ^{131}*J* gilt dasselbe, lediglich anläßlich des genannten Unfalles trat eine vorübergehende Erhöhung ein. Der Geh. von menschlicher Milch an ^{90}Sr u. ^{89}*Sr* lag unterhalb der Nachweisgrenze, derjenige an ^{137}Cs war meßbar, jedoch niedriger als der der Kuhmilch aus dem gleichen Distrikt. Im allg. besteht Übereinstimmung mit älteren Meßergebnissen anderer Autoren. (Nature [London] **182.** 1473—78. 29/11. 1958. London, Royal Cancer Hosp., Inst. of Cancer Res., Phys. Dep.) W. REUSSE. 4601

C. W. Mays, M. A. van Dilla, R. L. Floyd und **J. S. Arnold,** *Die Radon-Retention bei radiuminjizierten Hunden.* Hunde erhielten Ra-Injektionen in Citratlsg. von 1,9 bis 10 μC/kg. Unters. des gesamten Knochengerüstes auf seinen Ra-Geh. ergab, daß dieser mit wachsendem Zeitabstand (t in Tagen) nach der Injektion nach der Beziehung $F = 5{,}7 \cdot t^{0{,}20}$% ansteigt, der gespeicherte Vomhundertsatz ist unabhängig von der injizierten Menge u. dem Alter der Tiere im Zeitpunkt der Injektion, der Geh. ist außerdem gleichmäßig über das Skelett verteilt. Nur die Zähne zeigen bes. geringen Gehalt. Es wird eine mathemat. Theorie des Retentionsvorganges gegeben. (Radiation Res. **8.** 480—89. Juni 1958. Salt Lake City, Ut., Univ. of Utah, Radiobiol. Labor.)
W. REUSSE. 4601

Norman Simon, Sidney M. Silverstone und **Stuart I. Gurman,** *Hautschonung bei der Kobalt 60-Teletherapie durch geeignete Ausbildung des Conus.* An Hand verschied. photograph. Aufnahmen von mit ^{60}Co-γ-Strahlen behandelten Hautflächen wird gezeigt, daß die aus dem Bestrahlungstubus kommende sek. Elektronenstrahlung die Haut stark schädigt. Es ist daher zweckmäßig, das patientenseitige Tubusende mit einem

Elektronen absorbierenden Filter mittleren At.-Gew., z. B. Messing (Dicke 0,36 g/cm^2), zu versehen. (Int. J. appl. Radiat. Isotopes **3.** 166—68. 1958.) W. REUSSE. 4601

A. C. Upton, R. F. Buffett, J. Furth und **D. G. Doherty,** *Strahleninduzierter Zahntod bei Mäusen.* Mäuse erhielten Einzeitbestrahlungen des Kopfes mit 500—1800 r. Bestrahlungsbedingungen: 250 kV, FHA 50—93,7 cm, HWS 0,44 mm Cu, Filter 3 mm Al, Dosisleistung 100—137 r/Minute. Ein Teil der Tiere erhielt 10 Min. vor der Bestrahlung Injektionen mit *2-Mercaptoäthylguanidin-HBr* (I), der Rest mit physiol. Kochsalzlösung. Unters. des Zustandes der Schneidezähne ergab, daß in dosisproportionalen Zeitabständen beginnende Zahndefekte auftreten, nach 1350 r z. B. nach Ablauf von 70 Tagen. I-Injektion vermindert den Umfang der strahleninduzierten Zahnschäden. (Radiation Res. **8.** 475—79. Juni 1958. Oak Ridge, Tenn., Oak Ridge Nat. Labor., Biol. Div.; Boston, Mass., Children's Cancer Res. Foundat.) W. REUSSE. 4601

St. Robew, *Untersuchung des Einflusses von Thiophen-2-carbonsäure-N-phenylamidin auf die Resistenz von Mäusen bei Bestrahlung mit lokalen Dosen von ^{60}Co-γ-Strahlen.* Von 139 Mäusen (22—24 g), die vor der Bestrahlung 1,5 mg *Thiophen-2-carbonsäure-N-phenylamidin* (I) erhielten, überlebten bis zum 30. Tage 39,5% gegenüber 2,7% in der Kontrolle. Die verwendete I-Dosis war der DL_{50} sehr nahe. Kleinere Dosen wurden auf ihre Schutzwrkg. nicht untersucht. Der Mechanismus der Schutzwrkg. ist noch nicht geklärt. (Доклады Академии Наук СССР [Ber. Akad. Wiss. UdSSR] **121.** 84—86. 1/7. 1958. Sofia, Inst. für ärztl. Fortbldg.) F. DU MANS. 4601

A. J. Glazebrook und **Richard Hastings-James,** *Cholografin–Methylglucamin. Cholografinmethylglucamin* (SQUIBB) ist eine 52%ig. (Gewicht/Vol.) Lsg. des *Methylglucaminsalz der N.N'-Adipyl-bis-[3-amino-2.4.6-trijodbenzoesäure]* zur intravenösen Cholangiographie. Nebenerscheinungen (Engegefühl in der Kehle, Hustenreiz, Brechreiz, Hitzesensationen, Unterleibsbeschwerden) sind durch langsame Injektion weitgehend vermeidbar. (Canad. med. Assoc. J. **74.** 262—67. 15/2. 1956. St. Boniface, Mass., Hosp.) K. MAIER. 4601

Georg-Fredrik Saltzman, *Nebenwirkungen von Biligrafin-forte.* Auf die intravenöse Verabreichung von *Biligrafin-forte* (50%ig. Lsg. des *Methylglucaminsalzes* der *N.N'-Adipyl-bis-[3-amino-2.4.6-trijodbenzoesäure]*, SCHERING; I) konnten Neben-Wrkgg. in Form von Urticaria, Husten, Niesen, Epigastriumschmerz, Augenlidödem, Diarrhoe in 33,2% (von 90 Unterss.) festgestellt werden; der %-Satz liegt damit höher als nach Verabreichung des entsprechenden *Na-Salzes.* Die Häufigkeit der Neben-Wrkgg. ist unabhängig von der Injektionsgeschwindigkeit u. der Menge des Kontrastmittels (20 oder 40 ml); Frauen u. jugendliche Personen sind etwas häufiger betroffen. Bei gleichzeitig bestehender Gelbsucht kam es nicht zu Nebenwirkungen. (Acta radiol. [Stockholm] **51.** 121—27. Febr. 1959. Stockholm, Serafimerlasarettet, Roentgendep.) U. TAUSENDFREUND. 4601

Joseph W. E. Harrisson, E. W. Packman und **D. D. Abbott,** *Akute perorale Toxizität sowie chemische und physikalische Eigenschaften von Arsentrioxyd.* Untersucht wurden 2 As_2O_3-Proben, eine sehr reine mit 99,999% As_2O_3 (I), eine rohe Probe mit 97,7% As_2O_3 (II). I enthielt außer As_2O_3 noch Si u. Cu, II enthielt außer As_2O_3 noch Sb_2O_3, Cu, Pb, Fe, Si, Al, Zn, S, Ca, F, Se, Te, Cl, Tl, Hg. Das Spektrogramm von I u. II wird mitgeteilt. Die akute perorale Toxizität (96 Std.) — verwendet wurde eine wss. 0,5%ig. Lsg. — wurde an verschied. Mäusestämmen sowie an weißen Ratten durchgeführt. DL_{50} für I bei Mäusen: WEBSTER-SWISS-Stamm (Gewicht 20—25 g) 39,4 mg/kg; WEBSTER-SWISS-Stamm (35—40 g) 47,6 mg/kg; $C_{57}H_{46}$-Stamm 25,8 mg/kg; Dba^2-Stamm 32,4 mg/kg; C_3H-Stamm 25,8 mg/kg (pro Einzeldosis je 20 männliche Mäuse); DL_{50} für II: WEBSTER-SWISS-Stamm (20—25 g) 42,9 mg/kg. DL_{50} für I bei Ratten (SPRAGUE-DAWLEY-Stamm, männliche u. weibliche Tiere, Gewicht 125—200 g): als 0,5%ig. Lsg. 15,1 mg/kg; im Futter (trocken) 145,2 mg/kg. DL_{50} für II: 23,6 mg/kg bzw. 214 mg/kg. Die unterschiedlichen Toxizitäten werden auf die verschied. Applikationsformen, Gewicht, verschied. Empfindlichkeit der Tierstämme u. auf den verschied. Reinheitsgrad der As_2O_3-Proben zurückgeführt. (A. M. A. Arch. ind. Health **17.** 118—23. Febr. 1958. Philadelphia, Pa., La Wall and Harrison Res. Labor.) H. ZELLER. 4606

L. Arrigo und **G. Paoletti,** *Wirkung der Blutfaktoren auf die Hypercholesterinämie durch Kobaltchlorid.* ♂ Kaninchen erhalten intravenös 50 mg $CoCl_2$. Es ergibt sich eine ca. 100%ig. Erhöhung des Cholesterin (I)-Geh. des Blutes, wobei das Verhältnis freies I/esterifiziertes I unverändert bleibt. Dieses Bild ändert sich kaum, wenn gleichzeitig den I-Geh. des Blutes reduzierende Verbb., wie *Heparin,* ROCHE (II; 5 mg/kg/Tag; 1 mg = 129 I.E.) bzw. *5-Hydroxytryptamin* (III; 5 mg/kg/Tag) bzw. *Kreatindisulfat* (5 mg/kg/Tag), subcutan gegeben werden. Der I-Blutspiegel n., d. h. nicht mit $CoCl_2$

behandelter Kaninchen, wird durch **II** u. **III** leicht gesenkt. (Boll. Soc. ital. Biol. sperim. **34.** 883—85. 15/8. 1958. Genua, Univ., Ist. di Fisiol. Umana.)

O. POLLAK V. EMHOFEN. 4606

T. H. Grenby und **L. Young,** *Isolierung von n-Propylmercaptursäure aus Urin nach Vorbehandlung mit Propylbromid.* Papierchromatograph. weisen Vff. die Ausscheidung von *n-Propylmercaptursäure* (I) im Urin von Ratten nach *Propyljodid,* im Urin von Ratten, Kaninchen, Meerschweinchen u. Mäusen nach *Propylbromid* nach. — I wurde aus salzsaurem Harn (p_H 2,0) mit Chlf. krist. erhalten.

Versuche: *n-Propylmercaptursäure* (I), $C_8H_{15}NO_3S$, F. 96—97°, aus N-Acetyl-L-cystein u. 1-Jodpropan in wasserfreiem Ammoniak; Kristalle; $[\alpha]_D^{20}$ —18° (2%ig in W.). — *S-[n-Propyl]-L-cystein,* durch Rk. von L-Cystein mit 1-Jodpropan in wasserfreiem Ammoniak u. anschließende Acetylierung mit Keten oder Essigsäureanhydrid. (Biochem. J. **71.** 25P. März 1959. London, St. Thomas's Hosp., Dep. of Biochem.)

R. TIMMLER. 4607

P. Dessi und **R. Pellegrini,** *Der Preoteinspiegel des Serums bei experimenteller Hepatitis durch Allylformiat. Allylformiat* (I) ruft in der Leber Strukturveränderungen hervor, die mit denen der serösen Hepatitis ident. sind. Die Unterss. werden an Kaninchen durchgeführt, denen 0,1 ml I/kg (1%ig in Öl) injiziert wurde. Das EKG. zeigt gegenüber n. Tieren eine 29- bzw. 19%ig. Zunahme der β- bzw. γ-Globuline, während die Gesamtproteine gegenüber Kontrolltieren unverändert sind. (Boll. Soc. ital. Biol. sperim. **32.** 16—19. Jan./Febr. 1956. Bologna, Univ., Ist. di Farmacol.) O. POLLAK V. EMHOFEN. 4607

DeWitt S. Goodman und **Daniel Steinberg,** *Untersuchungen über den Stoffwechsel von 3.3-Dimethylphenylmyristinsäure, einem nicht oxydierbaren Fettsäureanalogen. 3.3-Dimethyl-13-phenylmyristinsäure* u. *3.3-Dimethyl-14-phenylmyristinsäure* (**I**) werden im Gemisch gewonnen, mit *Tritium* markiert u. durch Gegenstromverteilung gereinigt. Die Bindung von **I** an *Albumin* an Stelle von *$^{14}C_{(1)}$-Palmitinsäure, Na-Salz* (**II**) geschieht im selben Mol-Verhältnis. Wird **I** Ratten (♂ SPRAGUE-DAWLEY) intravenös verabreicht, so ist es im Plasma weit länger nachweisbar als **II.** Nach 23 Std. finden sich 60—70% **I** in den Lipiden; davon etwa ein Drittel in der Leber, 45—50% unter den unveresterten Fettsäuren. Dagegen werden nur 25% **II** in den Lipiden gefunden, davon etwa ein Achtel in der Leber, 8% unter den unveresterten Fettsäuren. Vff. schließen, daß die Oxydation von **I** nur sehr langsam oder gar nicht stattfindet. **I** scheint außerdem auf die Transportform u. die Oxydation von **II** keinen Einfl. zu haben. (J. biol. Chemistry **233.** 1066—71. Nov. 1958. Bethesda, Md., US Public Health Serv., Nat. Inst. of Health, Nat. Heart Inst., Labor. of Gen. Cellular Physiol. and Metabolism, Sect. on Metabolism.)

H. J. STRUCK. 4607

William B. Deichmann, Moreno L. Keplinger und **Grady E. Lanier,** *Akute Wirkungen von Nitroolefinen auf Versuchstiere.* Da die Möglichkeit besteht, daß die in den Autoabgasen befindlichen Olefine leicht in der Atmosphäre mit Stickoxyden Nitroolefine bilden, wurden folgende Nitroolefine rein dargestellt u. deren akute Inhalations-, perorale, intraperitoneale u. percutane Toxizität an Kaninchen, Ratten u. Küken untersucht: *2-Nitrobuten-(2)* (**I**), *2-Nitropenten-(2)* (**II**), *3-Nitropenten-(3)* (**III**), *2-Nitrohexen-(2)* (**IV**), *3-Nitrohexen-(3)* (**V**), *2-Nitrohepten-(2)* (**VI**), *3-Nitrohepten-(3)* (**VII**), *3-Nitroocten-(2)* (**VIII**), *3-Nitroocten-(3)* (**IX**), *2-Nitroocten-(2)* (**X**), *2-Nitrononen-(2)* (**XI**) u. *3-Nitrononen-(3)* (**XII**). Die Überlebenszeit (in Min.) nach einmaliger 5 Std. langer Exposition betrug je nach Luftfeuchtigkeit: Verb., Konz., Kaninchen, Ratte, Küken: **I,** 1400 p.p.m., 45—75, 100—180, 90—120; **II,** 344 p.p.m., 75—100, 120—145, 145—150; **II,** 55 p.p.m., alle Tiere überlebten; **III,** 268 p.p.m., 190—210, >280, >280; **III,** 468 p.p.m., 120, 120, >300; **IV,** 415 p.p.m., 40—120, 50—170, nicht geprüft; **IV,** 152 p.p.m., alle Tiere überlebten; **V,** 557 p.p.m., 30—210, 30—210, 20—210; **V,** 50 p.p.m., überlebt, überlebt, 720; **VI,** 308 p.p.m., 180, 3—18 Std., 15 Std.; **VI,** 135 p.p.m., 48 Std., überlebt, 48 Std.; **X,** 141 p.p.m., 5—18 Std., 18—72 Std., 48—72 Std.; **IX,** 268 p.p.m., 15 Std., 15—18, 15—18 Std.; **IX,** 142 p.p.m., 24 Std., 24 Std., 18—24 Std.; **IX,** 72 p.p.m., alle Tiere überlebten; **XI,** 43—64 p.p.m., überlebt, überlebt, 48 Std.; **XII,** 89 p.p.m., überlebt, 24 Std., 24—48 Std.; **XII,** 10 p.p.m., alle Tiere überlebten. Akute perorale (intraperitoneale) Toxizität, Ratte (g/kg): **I** 0,28 (0,08); **II** 0,28 (0,08); **III** 0,42 (0,05); **IV** 0,42 (0,12); **V** 0,42 (0,08); **VI** 0,94 (0,28); **VII** 0,62 (0,28); **VIII** 0,62 (0,18); **IX** 0,62 (0,18); **X** 1,4 (0,28); **XI** 2,1 (0,28); **XII** 2,1 (0,42). Percutane Resorptionstoxizität, Kaninchen (g/kg): **I** 0,62; **II** 0,49; **III** 0,62; **IV** 1,40; **V** 0,94; **VI** 0,94; **VII** 1,40; **VIII** 0,62; **IX** 0,94; **X** 0,62; **XI** 0,62; **XII** 0,42. Lokal bewirken alle untersuchten Verbb. starke Reizungen u. Tränensekretion, die am Auge zu bleibender Hornhauttrübung führen können. Zeichen der resorptiven Vergiftung sind Überregbarkeit, Zittern, ton.-klon. Krämpfe, Tachycardie, beschleunigte Atmung, gefolgt von einer allg. Depression, Ataxie, Cyanose

u. Dyspnoe. Als typ. patholog. Veränderungen konnten festgestellt werden: Hämorrhagien in der Lunge, Ödem u. Emphysem. Leber u. Niere waren abgeblaßt, z. T. hyperäm., am Herzen fanden sich subendocardiale Blutungen. (A. M. A. Arch. ind. Health **18.** 312—19. Okt. 1958. Coral Gables, Fla., Univ. of Miami, School of Med., Dep. of Pharmacol.) H. ZELLER. 4607

Parkhurst A. Shore, Bernhard B. Brodie und **C. Adrian M. Hogben,** *Die Magensekretion von Arzneimitteln: eine* p_H-*Verteilungshypothese.* Bei Hunden, denen operativ eine HEIDENHAINsche Magenfistel angelegt worden war, werden eine Reihe von Arzneimitteln darauf geprüft, ob sie nach intravenöser Injektion oder Infusion durch den Magen ausgeschieden werden. Dazu wurde die Magensaftsekretion durch *Histamin*-Injektion stark angeregt. *Acetanilid*: Plasmaproteinbindung 0%; pKa 0,3; durchschnittliches Verhältnis von Plasmakonz./Magensaftkonz. bis zu 1 Std. nach der Verabreichung des Stoffes 1; *Theophyllin*: 15%; 0,7; 1,5; *Antipyrin*: 0%; 1,4; 4,2; *Anilin*: 25%; 5,0; 40; *Aminopyrin*: 15%; 5,0; 42; *Chinin*: 75%; 8,4; 38; *Levorphan*: 50%; 9,2; 40; *Tolazolin*: 23%; 10,3; 10,5; *Salicylsäure*: 75%; 3; 0; *Probenecid*: 75%; 3,4; 0; *Phenylbutazon*: 90%; 4,4; 0; *p-Hydroxypropiophenon*: 75%; 7,8; 0,13; *Thiopental*: 75%; 7,6; 0,12; *Barbital*: 0%; 7,8; 0,6. Das Konzentrationsverhältnis der Stoffe zwischen Blut u. Magensaft hängt von ihren Dissoziationskonstanten ab. So erscheinen starke Säuren kaum im Magensaft, dagegen aber schwache Säuren u. Basen in meßbaren u. starke Basen in großen Mengen. Es wird angenommen, daß die Membran, die Blut u. Magensaft trennt, einen Lipoidcharakter hat u. daß durch diese die Stoffe in undissoziierter Form durchdringen können, aber nicht in dissoziierter. (J. Pharmacol. exp. Therapeut. **119.** 361—69. März 1957. Bethesda, Md., US Dep. of Health, Educat. and Welfare, Nat. Heart Inst., Nat. Inst. of Health, Public Health Serv., Labor. of Chem. Pharmacol. and Labor. of Kidney and Electrolyte Metabolism.) G. KIMMERLE. 4607

J. J. Burns, T. F. Yü, Arnold Ritterband, James M. Perel, Alexander B. Gutman und **Bernard B. Brodie,** *Ein starker Harnsäure ausscheidender Stoff, das Sulfoxydstoffwechselprodukt des Phenylbutazonanalogen G-25671.* Es war bei Menschen festgestellt worden, daß *4-[Phenylmercaptoäthyl]-1.2-diphenylpyrazolidindion-(3.5)*; G-25671 (**I**) die Harnsäureausscheidung sehr stark fördert. Als Stoffwechselprod. von **I** wurde *4-[β-(Phenylsulfinyl)-äthyl]-1.2-diphenylpyrazolidindion-(3.5)* (**II**), F. 136—137°, im menschlichen Harn gefunden. **I** u. **II** haben ähnliches alkal. UV-Spektr. mit einem Maximum bei 260 mμ für **II** u. bei 255 mμ für **I**. Nach oraler Verabreichung von 200—800 mg **II**/Tag zeigte sich bei Versuchspersonen u. Gichtkranken, daß **II** eine viel größere Ausscheidung der Harnsäure als **I** verursacht. Es kann also angenommen werden, daß die Wirksamkeit von **I** auf seinem Stoffwechselprod. **II** beruht. (J. Pharmacol. exp. Therapeut. **119.** 418—26. März 1957. Bethesda, Md., US Public Health Serv., Dep. of Health, Educat. and Welfare, Nat. Heart Inst., Labor. of Chem. Pharmacol.; New York, N. Y., Univ., Goldwater Mem. Hosp., Third Med. Div., Res. Serv.; Mount Sinai Hosp. and Columbia Univ., Coll. of Phys. and Surg., Deps. of Med.) G. KIMMERLE. 4607

L. J. Mullins, *Strukturtoxizität bei Hexachlorcyclohexanisomeren.* Vf. untersucht die verschied. physiol. Wrkgg. von *Hexachlorcyclohexan* (**I**)-*Isomeren* durch das Verhältnis des Zwischenraums (ZR) zwischen den Membranmoll. u. dem Bau der in diesen eindringenden **I**-Moll. sowie durch die Größe der Anziehungskräfte, die durch ihre Lage im ZR wirksam werden u. eine Deformation des Membranaufbaus bedingen, zu erklären. Die räumliche Lage u. die zur optimalen Entfaltung dieser Kräfte nötigen ster. Umlagerungen des Mol. sowie die konstitutionellen Bedingungen dafür werden bei **I**-Isomeren, DDT u. seinen Analogen erörtert. (Science [Washington] **122.** 118—19. 15/7. 1955. Lafayette, Ind., Purdue Univ., Biophys. Labor.) W. SCHULENBURG. 4607

Charles S. Petty, *Histochemischer Nachweis der toxischen Wirkung eines organischen Phosphates. Systox* (*O.O-Diäthyl-O-[2-äthylmercaptoäthyl]-thiophosphat*), ein Insekticid, wirkt auch beim Menschen dadurch tox., daß es die Cholinesterase an den motor. Endplatten der Muskeln inaktiviert. (A. M. A. Arch. Pathol. **66.** 458—68. Okt. 1958. Louisiana, State Univ., School of Med.) H. P. FIEDLER. 4607

S. Garattini, C. Morpurgo und **N. Passerini,** *Diphenylyläthylessigsäure hemmt die von Triton ausgeübte Zunahme von Cholesterin und Fett im Blut.* In Albinoratten wird durch *Triton* (**I**; p-Isooctylpolyoxyäthylenphenolpolymeres, 200 mg/kg intravenös) eine erhöhte Konz. von Cholesterin u. Lipoproteinen im Blut induziert. Wird diesen Ratten intraperitoneal 100 mg *Diphenylyläthylessigsäure* (**II**) injiziert, so zeigt sich, daß **II** auf die Cholesterin- u. Fettmenge im Blut stark verringernd wirkt, wobei **II** das durch die **I**-Behandlung verschobene Verhältnis β/α-Lipoproteinen wieder unter Hemmung der β-Lipoproteinbldg. auf die Norm bringt. Analoge Wrkg. hatten 250 mg **II**/kg oral gegeben. (Boll. Soc. ital. Biol. sperim. **32.** 80—82. Jan./Febr. 1956. Mailand, Univ., Ist. di Farmacol.) O. POLLAK V. EMHOFEN. 4607

M. Geisler, *Wirkstoffe der Zypressenwolfsmilch.* Vorl. Mitt. In der Zypressenwolfsmilch ist ein nicht isolierter „*Stoff E*" enthalten, der hinsichtlich seiner Wrkg. auf isolierte Organe große Ähnlichkeit mit Acetylcholin besitzt. Im Gegensatz zu diesem verträgt „*Stoff E*" 5 Min. langes Kochen. Unterschiede bestehen weiter in der Empfindlichkeit gegenüber der *Blutcholinesterase* verschied. Tiere. Menschenblut zerlegt Acetylcholin schneller als den „*Stoff E*", während beim Blut des Meerschweinchens u. Kaninchens das Gegenteil der Fall ist. (Pharmazie **10.** 677—78. Nov. 1955. Pilsen, Univ., Med. Klinik.) M. REIHER. 4608

A. M. Gianni, G. Inesi und **P. Dessi,** *Untersuchungen über die Pharmakon-Protein-Bindung. Untersuchung des Verhaltens einiger Alkaloide durch die Methode der Elektrophorese.* Die Unterss. werden mit *Morphin* u. dessen Diacetyl-, Äthyl-, Methyl-, Dihydromethylderiv. (als Base u. als Hydrochlorid, Tartrat u. Phosphat), *Strychnin* u. seinem *Dimethoxyderiv.*, *l-* u. *d-Chinin* u. seinem *Dimethoxyderiv.* als Base u. Sulfat durchgeführt, da schon früher gezeigt wurde, daß sich eine Bindung zwischen Fraktionen der Serumproteine u. tetracycl. Antibioticis einstellt, die von der mol. Struktur der letzten abhängt. Es zeigt sich, daß alle Alkaloide ein vom Vorhandensein von Menschen-, Pferde- u. Rattenblut unabhängiges Verh. zeigen. Im elektr. Feld bewegen sich Morphin u. seine Derivv. in entgegengesetzter Richtung zu den Proteinen, die anderen Alkaloide wandern überhaupt nicht. (Boll. Soc. ital. Biol. sperim. **32.** 20—21. Jan./Febr. 1956. Bologna, Univ., Ist. di Farmacol.) O. POLLAK V. EMHOFEN. 4608

Adalbert Lange (unter techn. Mitarbeit von **R. Volkening**), *Individuell unterschiedliche Resorption oral verabreichter Penicilline.* Nach oraler Verabreichung von *Penicillin* (**I**)-Präpp. können die Spitzenkonzz. im Serum zu verschied. Zeiten auftreten, wie Verss. mit 100000 u. 200000 E. *Phenoxymethyl*-**I** (**II**) u. *K*-**II** ergaben. Diese Erscheinung dürfte auf der individuell unterschiedlichen Resorption der **I**-Präpp. beruhen. Die Unterschiede treten bei schwerlösl. **I**-Präpp., wie **II** (Säure), stärker in den Vordergrund als bei leichtlösl., wie *K*-**II**. Die Versuchspersonen sind in getrennt zu beobachtende, unterschiedlich reagierende Kollektive aufzuteilen. (Arzneimittel-Forsch. **9.** 64—68. Jan. 1959. Düsseldorf, Med. Akad., Inst. für Hyg. u. Mikrobiol.) K. MAIER. 4611

E. Stoklaska und **W. Zischka,** *Zur Toxizität therapeutisch verwendeter Penicillinverbindungen. Penicillin G* (**I**)–*Procainsalz* (**II**) u. *Diäthylaminoäthanolester* (**III**) sind nur wenig tox. (Maus, Ratte; subcutan, intramuskulär). Die Toxizität ist subcutan wesentlich kleiner u. intramuskulär unwesentlich höher als die von Na-**I. III** ist subcutan u. intramuskulär etwas stärker, intraperitoneal u. intravenös schwächer tox. als **II.** Die Toxizität von **I** ist bei Mäusen stets durch eine dosisabhängige zentrale Wrkg. bedingt, bei Meerschweinchen durch eine dosisunabhängige Störung der grampositiven Darmflora u. eine dadurch bedingte Enteritis. Die **III**-Toxizität ist intravenös bei Mäusen u. Meerschweinchen durch den ungespaltenen Ester, nach anderen Applikationen bei der Maus durch den Diäthylaminoäthanol (**IV**)-Rest, beim Meerschweinchen durch den **I**-Anteil bedingt. Die gleiche Bedeutung für die Toxizität wie **IV** in **III** kommt Procain in **II** nicht zu. Dieser unterschiedliche Toxizitätsmechanismus, nicht das Fehlen einer Penicillinaseaktivität im Meerschweinchengehirn, ist anscheinend für das besondere Verh. bzw. die große **I**-Empfindlichkeit dieser Tiere verantwortlich. (Arzneimittel-Forsch. **9.** 31—35. Jan. 1959. Wien, Univ., Inst. für allg. u. exp. Pathol.) K. MAIER. 4611

L. Ther, J. Hergott und **G. Vogel,** *Zur Pharmakologie des Pyrrolidinomethyltetracyclins* (*Reverin*). An verschied. Tierarten (Kaninchen, Schwein, Hund, Affe) durchgeführte Verss. zur Feststellung der tox. Wrkg. intravenös applizierten *Pyrrolidinomethyltetracyclins* (**I**) ergaben keinen gesetzmäßigen Zusammenhang zwischen Dosis u. Körpergewicht. Die von der US Food and Drug Administration an die Tetracycline gestellte Anforderung erscheint auch für **I** als ausreichend. (Arzneimittel-Forsch. **9.** 63—64. Jan. 1959. Frankfurt/M.-Höchst, Farbwerke Hoechst Akt.-Ges., Pharmakol. Labor.) K. MAIER. 4611

Jack L. Radomski, Arthur A. Nelson und **William B. Deichmann,** *Die Wirkung intermittierender Applikation von Chloramphenicol auf das periphere Blutbild. Ein Vorschlag für die Untersuchung von Pharmacis im Hinblick auf ihre granulocytopenische Wirksamkeit.* Vff. verabreichten Hunden 250 mg *Chloramphenicol* (**I**)/kg oder *Chlortetracyclin* pro Tag oral während 4 Perioden zu je 2 Wochen; dazwischen lagen je 3 applikationsfreie Wochen. Die Zahl der Erythrocyten u. der Lymphocyten sowie der Hämoglobingeh. des Blutes zeigten keine Veränderung, die absol. Zahl der Granulocyten sank jedoch bei **I** signifikant auf etwa die Hälfte. In den applikationsfreien Wochen stieg ihre Zahl wieder an, um bei erneuter Verabreichung von **I** wieder abzusinken. In einem weiteren ähnlichen Vers. führte **I** im Vgl. mit *Oxytetracyclin* zu einem signifikanten Abfall der Zahl der neutrophilen Leukocyten. Die Entw. dieser Granulocytopenie dauert ca. 1 Woche, der Anstieg auf n. Werte nach Absetzen von I etwa die gleiche Zeit. (Antibiotics and Chemotherapy 5. 674—78. Dez. 1955. Coral Gables, Fla., Univ. of Miami, Dep. of Pharm.) D. NEUBERT. 4611

T. F. Reutner, R. E. Maxwell, K. E. Weston und **J. K. Weston,** *Untersuchungen über die Toxizität von Chloramphenicol im Tierexperiment.* 1. Mitt. *Die Wirkungen von Chloramphenicol und von verschiedenen anderen Antibioticis auf den Ernährungszustand von Hunden, mit besonderer Berücksichtigung des hämatopoetischen Systems.* Vff. bestätigen die Befunde von NELSON u. RADOMSKI (Antibiotics and Chemotherapy 4. [1954.] 1174), daß hohe Dosen von *Chloramphenicol* (I) bei Hunden schwere Entkräftung, hohe Mortalität u. Knochenmarkhypoplasie hervorrufen. Durch *Chlortetracyclin* entsteht das gleiche Bild nur dann, wenn die tägliche Nahrungsaufnahme der Tiere auf die gleiche Menge eingeschränkt wird, die die Tiere unter I-Wrkg. zu sich nehmen. Dieser Effekt ist unter solchen Bedingungen auch durch weitere Antibiotica hervorzurufen. Junge Hunde, die 2 Jahre lang täglich 100 mg I/kg erhielten, zeigten keine signifikanten Veränderungen außer einer stärkeren Gewichtsverminderung. 250 mg/kg (täglich) der bakteriolog. inakt. isomeren Form des I führen beim Hunde schnell zum Tode. Vff. schließen aus ihren Ergebnissen, daß die bei anderen Unterss. nach Verabreichung von I gemachten Beobachtungen Folgen der schweren Unterernährung sind, die als sek. Effekt der durch I hervorgerufenen Anorexie entsteht. (Antibiotics and Chemotherapy 5. 679—711. Dez. 1955. Detroit, Mich., Parke, Davis & Co., Res. Labor.) D. NEUBERT. 4611

John F. Sherman, *Die Bindung von Puromycin durch Plasmaproteine.* Vf. untersuchte die Bindung des Antibioticums *Puromycin* (I) durch Plasmaprotein mittels Gleichgewichtsdialyse u. Best. des ungebundenen I durch UV-Spektrophotometrie bei 275,0 mμ u. p_H 7,2. Verss. mit menschlichem Blut, Rinderserumalbumin u. Globulin (Fraktion III—I) ergaben eine schwache Bindung von I (5—7%), die im wesentlichen durch das Albumin bedingt ist. (Antibiotics and Chemotherapy 6. 116—19. Febr. 1956. Bethesda, Md., US Dep. of Health, Educat. and Welfare, Publ. Health Serv., Nat. Inst. of Health, Nat. Microbiol. Inst., Labor. of Tropical Diseases.) E. SCHWERDTFEGER. 4611

Harry Seneca und **Ellen Bergendahl,** *Die Toxizität von Antibioticis bei Schlangen.* Laboratoriumsgezüchtete u. bei bestimmter Diät gehaltene *Australorbis glabratus* wurden abgestuften Konzz. von verschied. Antibioticis ausgesetzt u. die Toxizität nach 1, 12 u. 24 Std. sowie nach 2, 3 u. 7 Tagen bestimmt. Vff. teilen auf Grund ihrer Ergebnisse die untersuchten Substanzen in 3 Gruppen ein. Gruppe I (stark wirksam): *Thiolutin, Rimocidin, Anisomycin* u. *Nystatin.* Gruppe II (nicht tox.): *Penicillin, Streptomycin, Erythromycin, Carbomycin, Viomycin* u. *Bacitracin.* Gruppe III (mäßige Wrkg.): *Tetracyclin, Oxytetracyclin, Polymyxin* u. *Neomycin.* Vff. verweisen auf die Korrelation der Toxizität der Antibiotica an Vertebraten u. an Mollusken u. diskutieren die Versuchsergebnisse u. ihre Methode. (Antibiotics and Chemotherapy 5. 737—41. Dez. 1955. New York, N. Y., Columbia Univ., Coll. of Physic. Surg.) D. NEUBERT. 4611

C. Serra, L. Amantea und **L. Covello,** *Einfluß von Cytochrom c auf die elektrische Muskelaktivität bei Arterienkranken.* 8 Arterienkranken wird intravenös Cytochrom c injiziert. Während bei n. Personen die einzelnen Aktionspotentiale bei maximaler Kontraktion des Musculus gastrocnemius nicht beeinflußt werden, sind sie bei den Patienten deutlich bzgl. Dauer u. Form verändert; Schmerzen beim Beugen u. Strecken des Beines treten verspätet ein. Die Innervierung ist erhöht. (Boll. Soc. ital. Biol. sperim. 33. 1221—22. Aug./Sept. 1957. Neapel, Clin. delle Malat. del sist. Nerv. e Univ., Ist. di Patol. Spec. Chirur. e Propedeut. Clin.) O. POLLAK V. EMHOFEN. 4614

H. L. Krüskemper und **G. Schulze,** *Versuche zur Verhinderung der unter Cholinmangel entstehenden Fettleber durch Behandlung mit Fermenten des Fettstoffwechsels.* Subcutane Injektion eines Komplexes von Fettstoffwechselenzymen [*Vaselastina* (I): *d-Aminosäureoxydase, Lipoxydase–Citrogenase-Komplex* (*Fettsäureaktivierungsenzym, Coenzym A, Citratkondensierungsenzym, ATP, DPN, Acetylcoenzym A*), *Tyrosinase*] aus Cruciferensamen verhindert fast völlig die infolge Cholin (II)-Mangels bei Ratten eintretende Leberverfettung im Bereich der Neutralfette, läßt aber den Geh. der Leber an Phosphatiden u. Cholesterinestern unbeeinflußt. Der bei Leberverfettung verminderte O_2-Verbrauch wird normalisiert, während Aktivitätsveränderungen von II-Oxydase, alkal. Serumphosphatase u. -II-Esterase unbeeinflußt bleiben. I-behandelte n. Ratten lassen keine Abweichungen der Leberlipide u. der genannten Enzymaktivitäten von der Norm erkennen. (Naunyn-Schmiedebergs Arch. exp. Pathol. Pharmakol. 229. 34—40. 20/6. 1956. Göttingen, Med. Univ.-Klinik.) K. MAIER. 4614

D. Della Bella, G. Galli und **G. F. Zuanazzi,** *Der isolierte Rattenmagen als „Test" für das Studium von Pharmacis auf die gastrische Motilität.* 2. Mitt. *Pharmaka mit sympathicomimetischer Wirkung.* (1. vgl. Boll. Soc. ital. Biol. sperim. 31. [1955.] 1643.) Auf den mit $5 \cdot 10^{-5}$ *Tetrakis-[trimethylammoniomethyl]-methantetrabromid* stimulierten Rattenmagen läßt man *Adrenalin* (I), *Noradrenalin* (II) u. *Isopropylnoradrenalin* (III) in Konzz. von $1 \cdot 10^{-5}$ einwirken. Es zeigt sich, daß III gegenüber I u. II viel stärker inhibierend wirkt; die Wrkg. hält auch nach langem Waschen an. Analog ist die im Vgl. zu I u. II stärkere hemmende Wrkg. von III auf den durch Acetylcholin stimulierten Magen. (Boll. Soc. ital. Biol. sperim. **32.** 85—88. Jan./Febr. 1956. Mailand, Univ., Ist. di Farmacol.) O. POLLAK V. EMHOFEN. 4620

Helmut Widman, *Zur Wirkung des Sympathicolyticums Dibenamin auf die Leukopoese.* Das Sympathicolyticum *Dibenamin, Dibenzyl-β-chloräthylamin* (I), hat Stressoreigg. u. löst das Adaptationssyndrom von SELYE aus. Die Unters. der I-Wrkg. auf das Knochenmark u. die Leukocytenbewegungen der weißen Maus ergab nach der subletalen Dosis von 150 mg/kg Veränderungen des weißen Blutbildes, die im Streubereich eines Kontrollvers. mit n. Tieren lagen. Die Einww. von 100 mg I/kg auf das Knochenmark der Maus sind ebenfalls sehr gering (phasenhafter Wechsel zwischen Rechts- u. Linksverschiebung). Es ist unentschieden, ob für die Knochenmarksveränderungen die Stressoreigg. von I oder dessen sympathicolyt. Eigg. verantwortlich sind. (Z. ges. exp. Med. **127.** 81—89. 1956. Tübingen, Med. Univ.-Klinik u. Poliklinik.) K. MAIER. 4620

L. Salamone und **C. Fernandez,** *Wirkungen des Chlorpromazins auf die Atmungsveränderungen durch Ermüdung.* 15 n. Personen erhalten 2 Std. nach einer phys. Anstrengung intramuskulär 25 mg Chlorpromazin (I). Es zeigt sich, daß I in den meisten Fällen die sichtbarsten u. konstantesten adaptiven Rkk. (erhöhte Herzfrequenz u. Lungenatmung, erhöhter arterieller Blutdruck u. O_2-Verbrauch) abschwächt. So geht die Zunahme der Atmungsfrequenz von 30% (ohne I-Gabe) auf 16,4% zurück. (Boll. Soc. ital. Biol. sperim. **33.** 1281—83. Aug./Sept. 1957. Palermo, Univ., Ist. di Med. del Lavoro.) O. POLLAK V. EMHOFEN. 4620

L. Santamaria und **G. Prino,** *Photodynamische Eigenschaften von Chlorpromazin und Promazin. Photooxydative Wirkung auf Paramecium und auf menschliches Blutserum. Chlorpromazin* (I) u. *Promazin* (II) erwiesen sich in 10^{-5} mol. Lsg. im Dunkeln während 24 Std. gegen *Paramecium bursaria* inakt.; bei der gleichen Konz. zeigt im Licht I nach 30, II nach 45 Min. letale Wirkung. Bei der Elektrophorese von verd. menschlichem Blutserum ergibt I nach 24std. Kontakt im Dunkeln eine geringe, II keine Änderung der Wanderungsgeschwindigkeit der Globulinanteile. Im Licht führt die Ggw. von I u. bes. II zu starker Erhöhung der Geschwindigkeit. Die photooxydative Natur der Wrkg. von I u. II wird durch Verss. in Ggw. von *Ascorbinsäure* bestätigt, bei denen keine Effekte auftraten. Die verschieden starke Wrkg. von I u. II gegenüber *Paramecium* u. Serum wird mit einer unterschiedlichen Affinität der Verbb. zu den in Frage stehenden Substraten gedeutet. (Boll. chim. farmac. **97.** 67—71. Febr. 1958. Milano, Ist. di Patol. Gen.) H.-E. TOUSSAINT. 4620

St. Hift und **K. Kryspin-Exner,** *Prothipendylhydrochlorid, ein neues Neurolepticum.* Vff. berichten über klin. Erfahrungen mit *Prothipendylhydrochlorid* (*N-[3-Dimethylaminopropyl]-4-azaphenthiazinhydrochlorid, Homburg D 206, Dominal forte*; I) bei 77 Patienten. I wirkt geringer hypnot. als *Chlorpromazin* (II), besitzt konstantere Wrkg. über längere Zeiträume, bessere parenterale Verträglichkeit u. bessere Wrkg. bei oraler Verabreichung. Bei gewissen Indikationen, vor allem längeren Kuren, scheint daher I dem II überlegen zu sein. (Wiener med. Wschr. **108.** 664—68. 9/8. 1958. Wien, Univ., Psychiatr.-neurol. Klinik.) K. BÖHM. 4620

M. Taeschler und **A. Cerletti,** *Zur Pharmakologie von Thioridazin, Melleril. Melleril* (*Thioridazin*), *3-Methylmercapto-10-[2'-(N-methylpiperidyl-(2''))-äthyl]-phenothiazin* (I), zeigt einen selektiven Dämpfungseffekt auf die motor. Aktivität (Maus). Die vegetative Wrkg. in vivo äußert sich im adrenerg. wie vagalen Bereich, ist offensichtlich vorwiegend zentral bedingt u. beeinflußt gleichzeitig Motorik, Psyche u. Vegetativum. Die motor. dämpfende u. die narkosepotenzierende I-Wrkg. ist deutlich schwächer als die von *Chlorpromazin* (II). Katalepsie u. Hypothermie sind bei Ratten nur durch 10fach größere I- als II-Dosen zu erzielen. I ist vorteilhaft verwendbar, wenn bei der neurolept. Wrkg. manifeste Sedation u. Dämpfung des Patienten nicht erwünscht sind. (Schweiz. med. Wschr. **88.** 1216—20. 29/11. 1958. Basel, Sandoz AG., Pharmakol. Labor.) K. MAIER. 4620

G. Calligari und **M. Marchetti,** *Über die Anwendung eines neuen Präparates in der Therapie des Singultus.* Vff. berichten über 11 Fälle von Singultis (postoperative u. präoperative Manifestationen sowie Entstehung während der Anästhesie), die erfolgreich mit *Ritalin* (*α-Phenyl-α-piperidyl-(2)-essigsäuremethylester*; allg. 20 mg intravenös) behandelt wurden. (Gazz. int. Med. Chirurg. **62 (61).** 2424—28. 30/9. 1957. Mailand, Osp. Fatebenefratelli-Fatebenesorelli, Div. chirurg.) H. KOCKERT. 4620

G. P. Panizzari und **A. Vegeto,** *Gemeinsame Aktivität von Barbituraten und N-Benzyl-β-chlorpropionamid.* Ratten wird 40—60 mg/kg *Nembutal* 30 Min. nach der Gabe von *N-Benzyl-β-chlorpropionamid* (I; 60—100 mg/kg in W.-Propylenglykol-lsg. 1:1) injiziert. Es zeigt sich, daß schon unwirksame Barbituratmengen in Ggw. von I Schlaf erzeugen, wobei die hypnot. Wrkg. nach kürzerer Latenzzeit eintritt. (Boll. Soc. ital. Biol. sperim. **32.** 93—94. Jan./Febr. 1956. Mailand, Univ., Ist. di Farmacol.) O. POLLAK V. EMHOFEN. 4627

R. Luise, *Einfluß von Vitamin E auf die Narkose mit Barbitursäuren.* Hunde, die 3 Tage lang täglich u. 2 Std. vor der Narkose je 100 mg Vitamin E (I) parenteral erhielten, werden mit *Pentothal* bzw. *Farmotal* intravenös narkotisiert (Kontrollen ohne I-Behandlung). — Es zeigt sich, daß bei mit I behandelten Tieren die zur Erzielung einer tiefen Narkose erforderliche Barbitursäuremenge geringer ist als bei n. Tieren. Die Gesamtdauer der Narkose ist bei mit I behandelten Tieren etwas geringer. Beide Barbitursäuren waren in ihrer Wrkg. etwa gleich. (Boll. Soc. ital. Biol. sperim. **33.** 1269—71. Aug./Sept. 1957. Padua, Univ., Ist. di Patol. Gener.)
O. POLLAK V. EMHOFEN. 4627

René Agid und **Pierre Mialhe,** *Wirkung von Nembutal auf die Kohlenhydrate der Leber der normalen, total pankreatektomierten und adrenalektomierten Ratte.* Nembutal (I; 3,25 mg/100 g Körpergewicht, intraperitoneal) bewirkt bei 24 Std. lang hungernden Ratten einen Anstieg des Leber-*Glykogen* (II)-Geh., ohne den Blutzuckerspiegel zu verändern. Diese I-Wrkg. bleibt nach Pankreatektomie erhalten u. unterbleibt vollständig nach Adrenalektomie. Vff. nehmen daher an, daß I auf die II-Bldg. unter Beteiligung der Nebennieren einwirkt, u. zwar über einen direkten oder indirekten Mechanismus, der bislang noch unbekannt ist. (C. R. hebd. Séances Acad. Sci. **248.** 2902—03. 20/5. 1959.) H. KOCKERT. 4627

Reinhold Schwarz, *Chemische Untersuchungen zur diaplacentaren Passage von Gallamin.* Das dem Flaxedil verwandte *Gallamin* (I; *1.2.3-Tris-[β-diäthylaminoäthoxy]-benzol-tris-äthojodid*) wird in der Geburtshilfe als Narkotikum mit Curare-ähnlicher Wrkg. verwandt. Wie aus Unterss. am Placentarblut nach Entbindung festgestellt werden konnte, tritt I in den Fötalkreislauf über. Die Best. erfolgte chem. auf Grund des J-Geh. des I. Die Konz. ist 8 Min. nach Injektion im Fötalblut am höchsten. (Anaesthesist **7.** 299—301. Okt. 1958. Leipzig, Univ., Frauenklinik.) P. G. SCHEURLEN. 4628

G. Galli und **G. F. Zuanazzi,** *Über einen typischen Veratrinumeffekt von Tetrophan [3.4-Dihydro-1.2-benzacridincarbonsäure-(5)].* An *Tetrophan* (I), das eine dem Strychnin analoge konvulsive Aktivität aufweist, wird die sensibilisierende Aktivität für K am Frosch (Musculus rectus abdominis) als Testobjekt untersucht. Es wird festgestellt, daß Konzz. von $5 \cdot 10^{-6}$ I die Kontraktion des mit KCl ($1{,}5 \cdot 10^{-3}$) stimulierten Muskels wesentlich potenziert. I verhält sich daher genau so wie *Veratrin*, u. seine Wrkg. wird auch schon von $1 \cdot 10^{-5}$ *Pyribenzamin* antagonisiert. (Boll. Soc. ital. Biol. sperim. **32.** 89—91. Jan./Febr. 1956. Mailand, Univ., Ist. di Farmacol.)
O. POLLAK V. EMHOFEN 4628

Herbert Spitzbarth, *Kreislaufanalytische und klinische Studien über 2.6-Bis-[diäthanolamino]-4.8-dipiperidinopyrimido-[5.4-d]-pyrimidin.* Die klin. Unters. der im Tiervers. sehr günstig beurteilten coronarwirksamen Verb. *2.6-Bis-[diäthanolamino]-4.8-dipiperidinopyrimido-[5.4-d]-pyrimidin* (I) ergab bei normotonen Personen in größeren oralen u. intravenösen Dosen systol. u. diastol. Blutdrucksenkung, Verminderung des peripheren Gesamtwiderstandes u. des elast. Aortawiderstandes, mäßige Pulsfrequenzbeschleunigung u. Vergrößerung des Schlag- u. Minutenvolumens. Bei Patienten mit labilem Hochdruck überwog die Blutdrucksenkung, u. im Gegensatz zu den Verss. an Personen mit n. Tonus wurde hier eine Verminderung von Schlag- u. Minutenvol. beobachtet. Kleine I-Dosen ergaben keine sicheren Veränderungen am arteriellen Kreislauf, wirkten aber bei coronarer Mangeldurchblutung günstig. Die im Tiervers. erhaltene Verbesserung der Coronardurchblutung u. O_2-Versorgung des Herzmuskels wurde klin. bestätigt. (Arzneimittel-Forsch. **9.** 59—63. Jan. 1959. Mainz, Univ., Med. Poliklinik.)
K. MAIER. 4630

K. P. Bhargava und **H. L. Borison,** *Vergleichbare Wirkungen von verschiedenen Rauwolfiaalkaloiden auf zentral hervorgerufene vasodepressorische Effekte.* Bei Katzen wird der Einfl. von verschied. Rauwolfiaalkaloiden auf die vasopressor. Wrkgg. untersucht, die durch direkte elektr. Reizung der Medulla oblongata oder durch Kompression des Liquor cerebrospinalis im Halsmark ausgelöst werden. Es zeigt sich, daß *Rescinnamin* u. *Reserpinin* ähnlich wie *Reserpin* wirken, da sie die pressor. Effekte nach Reizung der Medulla oblongata nur gering hemmen u. die pressor. Effekte nach hohem Rückenmarkverschluß sowie nach Injektion von *Adrenalin* überhaupt nicht beeinflussen.

Dagegen ähneln die Wrkgg. von *Serpentin* u. *Ajmalin* denen von *Alseroxylon* (Mischung von verschied. Rauwolfiaalkaloiden). Diese Stoffe setzen den Blutdruck herab, ohne aber die Blutdruckerhöhung durch Adrenalin zu hemmen. *Ajmalicin* besitzt eine zentrale depressive Wrkg. u. hat auch noch einen adrenerg. blockierenden Effekt. — *5-Hydroxytryptamin* verhält sich Reserpin-ähnlich. (J. Pharmacol. exp. Therapeut. **119**. 395—405. März 1957. Salt Lake City, Ut., Univ. of Utah, School. of Med., Dep. of Pharmacol.) G. KIMMERLE. 4630

Yoshiaki Aso, *Beobachtungen über die hämodynamische Wirkung von Digicorin bei Herzversagen infolge Stauung.* An Gesunde u. Patienten mit Herzversagen infolge Stauung wird *Digicorin Y-7* (I; 1,5 mg) verabreicht u. mittels des Venenkatheterverf. Schlagvol., Lungenarteriendruck u. Lungencapillardruckänderung bestimmt. Bei den Erkrankten war das Schlagvol. herabgesetzt u. in 2 Fällen durch I wieder erhöht worden. Der Druck sinkt nach I bei gleichzeitiger Zunahme des Schlagvolumens. Diese Zunahme ist wahrscheinlich die Ursache für die drucksenkende Wirkung. (Tokyo Jikeikai med. J. **70**. 1070—74. 1/10. 1955. [Orig.: japan.]) L. SCHULER. 4630

Jaime Fuentes, *Die pulsverlangsamende Wirkung von Spartein am Herz–Lungen-Präparat des Hundes.* Am Herz–Lungen-Präp. (1 Liter Blut) des Hundes besitzen 5—100 mg Spartein (I) eine negative chronotrope Wrkg., die durch *Atropinsulfat* nicht beeinflußt wird. Eine Vorbehandlung mit 25—50 mg *Ouabain* (PENICK & CO., New York) verhindert die negative chronotrope Wrkg. von 20 mg u. mehr I. Ähnlich wie *Veratramin* (II) wirkt I auf die Beschleunigung des Herzrhythmus durch *Adrenalin* oder *Ephredrin* antagonistisch. II u. I sind fähig, die positive inotrope Wrkg. von Adrenalin von dessen positiver chronotroper Wrkg. zu trennen. I besitzt $^1/_{260}$ der hemmenden Wrkg. von II (in mol. Verhältnis), wenn man den Herzrhythmus durch Verabreichung von 3 mg Epheprin beschleunigt. (J. Pharmacol. exp. Therapeut. **119**. 427—35. März 1957. Boston, Harvard Med. School, Dep. of Pharmacol.) G. KIMMERLE. 4630

J. J. Chart, A. A. Renzi, W. Barrett und **H. Sheppard,** *Vergleichende experimentelle Untersuchungen über neue Sulfonamide mit diuretischer und saluretischer Wirkung.* Von heterocycl. Sulfonamiden erwies sich *Hydrochlorothiazid* (I) als bes. wirksam zur Förderung von Diurese u. Salzausscheidung. Die Wirksamkeit, welche im Tiervers. bis zu 21mal so stark wie die von *Chlorothiazid* (II) ist, beruht nur zum geringsten Teil auf Carboanhydrasehemmung, da diese nur ca. $^1/_9$ so stark wie diejenige nach II ist. An der Ratte hemmt I die Wrkg. von Vasopressin, Reserpin, Syringopin u. der Adrenalektomie auf die Nierenfunktion, sowie die Na-retinierende Wrkg. von Desoxycorticosteronacetat u. Aldosteron u. verstärkt den natriuret. Effekt von Prednisolon. I ist auch wirksam beim, im allg. therapierefraktären, experimentellen Ascites des Hundes, sowie beim Nebennierenregenerationshochdruck, jedoch nicht beim Hydrocortisonhochdruck. Die Toxizität von I ist gering; intravenöse DL_{50} bei der Ratte oberhalb 350 mg/kg, die orale DL_{50} liegt sogar oberhalb 2,75 g/kg. (Schweiz. med. Wschr. **89**. 325—31. 21/3. 1959. Summit, N. J., Ciba Pharmaceutical Products, Inc., Wiss. Labors.) U. TAUSENDFREUND. 4634

W. T. Thompson jr., David W. Richardson und **Charlie F. Wingo,** *Die Behandlung der Atmungsacidose mit einem wirksamen Kohlensäureanhydraseinhibitor (Dichlorphenamid).* Es wird die Wrkg. von *Dichlorphenamid,* einem Kohlensäureanhydraseinhibitor, bei 10tägiger Behandlung von 8 Fällen chron. Lungenemphysems mit Atmungsacidose beschrieben (Abnahme des arteriellen CO_2-Geh., p_{CO_2}-Abnahme, Zunahme der arteriellen O_2-Sättigung, Abnahme des Serum-CO_2-Bindungsvermögens, Zunahme des Serumchlorids, erhöhte Na-, K-, HCO_3- u. Cl-Ausscheidung im Harn, Konstanz des arteriellen p_H). (Amer. J. med. Sci. [N. S.] **236**. 603—09. Nov. 1958. Richmond, Va., Veterans Admin. Hospital, Med. Service.) K. MAIER. 4634

J. Stanton King jr., Thomas B. Clarkson und **Nelta Hyder Warnock,** *Über die Wirkung von Speiseölen und Gallogen auf die experimentelle Atherosklerose bei Vögeln.* Junge Hähnchen wurden mehrere Monate auf einer Diät mit 1 mg Cholesterin (I) gehalten, die 6 verschied. Zusätze an Ölen u./oder *Gallogen* (II; (+)-*Camphersäure-α.4-dimethylbenzylester, Diäthanolaminsalz*) bekam. Nach der Versuchszeit wurden in Serum, Leber u. Aorta der Cholesteringeh. bestimmt. Die verschieden gesätt. Fette unterschieden sich in ihrer Wrkg. auf den I-Geh. in Leber u. Aorta nicht, bei Zusatz von 0,1% II sanken die I-Gehh. ab, u. zwar um so stärker, je ungesätt. das Öl war. (Proc. Soc. exp. Biol. Med. **93**. 443—44. Dez. 1956. Bristol, Tenn., S. E. Massengill Co., Res. Dep.) I. WEINMANN. 4640

E.-J. Kirnberger, W. Braun, G. Stille und **V. Wolf,** *Beziehungen zwischen Leberschutz und Zuckerstoffwechsel.* Die Leberschutzwrkg. von *l-Cystein-HCl* (I), *l-Cystin* (II), *dl-Homocysteinthiolacton-HCl* (III), *dl-Homocystin* (IV), *N-Acetylhomocysteinthiolacton* (V), *β-Aminoäthylisothiuroniumchlorid-HCl* (**VI**), *Thioctsäure* (**VII**) u. *Tolbutamid* (**VIII**) wird untersucht 1. durch tox. Leberschädigung (*Allylalkohol* u. CCl_4) u. diätet. Leberschädigung. Bei der Vorbehandlung mit **I**—**VIII** war es möglich, die CCl_4-induzierte Erhöhung des Lebervol. u. der Leberfettmenge zu unterbinden. Vgl. von **III** u. **IV** mit *Prednison* (**IX**; Ratte, Leberschädigung durch 0,03 ml CCl_4 mittels Schlundsonde; 30 mg **III**/100 g subcutan oder 100 mg **IV**/100 g oral oder 0,2 mg **IX**/100 g subcutan) ergab, daß während der Schädigung der Blutzuckerspiegel stark anstieg, Leber- u. Muskel-*Glykogen* schwach abnahmen. **III** bewirkte einen Abfall des Blutzuckers bei gleichzeitiger Zunahme von Leber-*Glykogen*. **IV** war fast ohne Wrkg., nur Muskel-*Glykogen* nahm zu. Durch **IX** wurde die CCl_4-Schädigung noch deutlicher. Bei Vorbehandlung mit **III** war histolog. keine Schädigung durch CCl_4 festzustellen. Beim *Allylalkohol*-Vers. (Ratte, 0,3 ml 2%ig. Lsg./100 g durch die Schlundsonde) besaß **V** präventiv den besten Schutzeffekt, es folgten **III** (50%), **I** u. **VIII** (31%). **VII** (10 mg/100 g) entsprach in der Wrkg. **I** u. ½mal der von **V**. **VI** (25 mg/100 g töteten von 10 Tieren 8; dann 10 mg/100 g) 11%. Curativer Vers., Wirkungsgrad: **I** intraperitoneal u. peroral 50%; **III** intraperitoneal 50%; **V** intraperitoneal 58%; **IV** peroral 26%; **II** peroral 17% Nekroseschutz. **I** u. **III** red. in gleichem Maß den durch die Schädigung erhöhten Blutzucker unter den n. Wert. **VII** u. **VIII** ließen den Blutzucker unverändert. Bei diätet. Leberschädigung (Fütterung einer kohlenhydratreichen-, fett- u. eiweißarmen Diät) erhielten die Tiere nach 3 Wochen Diät Zusätze von 2% **I**, **III**, **V** oder 0,5% **VIII** zum Futter. Die Lebergesamtlipoide stiegen von 4,87 auf 17,35%, u. nur **VIII** bewirkte einen deutlichen Rückgang des Leberfettes (33%) gegenüber der geschädigten Kontrolle. Die Ursache für die Senkung der Blutzuckerwerte beim n. Tier durch **I** oder **III** ist wahrscheinlich ein erhöhter Aufbau von Muskel- u. Leber-*Glykogen*. **VIII** bewirkte eine Blutzuckersenkung von 40% im Vgl. zu Kontrolltieren. Toxizitäten (akute Verss.): **I** 1480, **III** 770, **V** 1200, **VII** 240 u. **VIII** 266 (mg/kg, intravenös — außer **VI**, subcutan). (Arzneimittel-Forsch. **8.** 72—76. Febr. 1958. Hamburg, Nordmark-Werke GmbH., Wiss. Labor.) WALTER SCHÄFER. 4640

Leo Norpoth, Erich Ohligschläger und **Theo Surmann,** *Vorläufige Mitteilung über den Einfluß eines gastroduodenalen Gewebeextraktes* (*Robadin*) *auf das Verhalten der Magensafteiweißkörper*. Der in fast allen Fällen mit organ. Magenleiden (Gastritis, Ulcus ventriculi, Carcinoma ventriculi, seltener Ulcus duodeni) im Magensaft im Überschuß auftretende u. von Vff. als „patholog." bezeichnete *Eiweißkörper* konnte durch kombinierte intramuskuläre u. perorale Behandlung mit dem gastroduodenalen Gewebeextrakt *Robadin* (ROBAPHARM, Basel; **I**) auf Normalwerte gesenkt werden. **I** ist auch in der Lage, erhöhten u. erniedrigten Geh. des Magensaftes an Mucoproteinen wieder zu normalisieren. (Gastroenterologia [Basel] **90.** 21—29. 1958. Essen, Elisabeth-Krankenhaus, Inn. Abt.) U. TAUSENDFREUND. 4645

Rudolf Koster, *Vergleichende Untersuchungen über die Emesis bei Tauben und Hunden*. Es werden bei Tauben u. Hunden vergleichende Unterss. über das durch *Apomorphin*, $CuSO_4$ u. *Piperazinhydrochlorid* bewirkte Erbrechen u. dessen Beeinflussung durch verschied. Stoffe gemacht. Obwohl bei Hunden u. Tauben diese Stoffe Erbrechen hervorrufen, kommen doch einige unterschiedliche Effekte in bezug auf wirksame Dosis, Verabreichungsart u. tox. Effekten vor. In tox. Dosen (30 mg/kg oral) bewirkt *Cyclizin* (**I**) bei Hunden Erbrechen u. führt dann zum Tode. Bei Tauben wirken **I**, *Atropin* u. *Scopolamin* dagegen emet., ohne Neben-Wrkgg. hervorzurufen. **I** wirkt auf das durch die erstgenannten 3 Emetica hervorgerufene Erbrechen bei Hunden hemmend. Bei Tauben kann dieses Erbrechen nach oraler Verabreichung von **I** noch verstärkt werden. (J. Pharmacol. exp. Therapeut. **119.** 406—17. März 1957. Tuckahoe, N. Y., Wellcome Research Labor.) G. KIMMERLE. 4646

C. Boely und **A.-R. Ratsimamanga,** *Behandlung von Unterschenkelgeschwüren mit einem Extrakt aus Centella madagascariensis*. Ein Extrakt aus *Centella madagascariensis* (*Madecassol*, LABOR. LAROCHE, Navarron; **I**), der als Wirkstoff *Asiatsäure* glykosid. an mehrere Moll. d-Glucose u. *l*-Rhamnose gebunden enthält, hat sich nach Vff. bei der Behandlung schlecht heilender Unterschenkelgeschwüre bewährt. Es wird über 6 Fälle ausführlich berichtet. (Presse méd. **66.** 1933—35. 6/12. 1958. Paris, Hôpital Lariboisière.) K. BÖHM. 4660

A. P. Phillips und **G. F. Somers,** *Die biologisch aktiven Isomeren der Glycyrrhetinsäure: Eine pharmakologische und klinische Bewertung ihrer entzündungswidrigen Wirkung*. Gewisse Isomere der *Glycyrrhetinsäure* sind wirksame entzündungswidrige Substanzen. Diese akt. Isomere wurden in Salben eingearbeitet [BIOSONE-G.A.-Salbe, BIOSONE-G.A.-Salbe mit Neomycin (**I**) u. Teer-BIOSONE-G.A.-Salbe (**II**)] u. zur Behandlung von Dermatosen bei Hunden in 237 Fällen angewandt. Bei infizierten Dermatosen war **I** wirksamer als Neomycin allein, auch in **II** wurde die keratolyt. Wrkg. des Teers unterstützt. In kontrollierten Blindverss. (164 Fälle) war die Wrkg. der BIOSONE-

Mittel hoch signifikant. (Veterin. Rec. **70.** 799—808. 4/10. 1958. London, Univ., School of Pharmacy.) K. Böhm. 4670

Alexander B. Gutman und **T'sai Fan Yu,** *Renale Steuerung der Harnsäureausscheidung beim normalen und gichtkranken Menschen: Veränderung durch harnsäuretreibende Stoffe.* Da die Stoffwechselstörung bei Gicht „vor der Niere" liegt u. die Niere, wie beim n. Menschen, in den Tubuli 90—95% des im Glomerulusfiltrat auftauchenden Urats rückresorbiert, kann eine Steigerung der Uratausscheidung nur durch Hemmung der tubulären Rückresorption [mittels *Cinchopen, Salicylaten, Probenecid, Phenylbutazon* (**I**), dem **I**-Analogen *G-25671* u. seinem Sulfoxydmetaboliten *G-28315*] erreicht werden. (Bull. New York Acad. Med. **34.** 287—96. Mai 1958. New York, N. Y., Mount Sinai Hosp., Dep. of Med.; Columbia Univ., Coll. of Phys. and Surg., Dep. of Med.) U. Tausendfreund. 4670

C. Mieli, *Moderne Behandlung der Fettleibigkeit.* Vf. verabfolgte *Preludin* (**I**) an 20 fettleibige Personen (Gesunde u. Kranke) u. stellte fest, daß **I** das Hungergefühl vermindert u., als Folge einer herabgesetzten Eßlust, Gewichtsabnahme bewirkt. Es wurden keine bemerkenswerten Neben-Wrkgg. registriert. (Gazz. int. Med. Chirurg **62 (61).** 2429—35. 30/9. 1957. Rom, Osp. S. Giovanni, IV Padiglione med.) H. Kockert. 4670

G. Dentzer, *Beeinflussung der mit Barbital (Veronal) behandelten Strychninvergiftung durch Pentetrazol (Cardiazol).* Es wurde die Frage geprüft, inwieweit *Cardiazol* Überlebensquote u. Überlebenszeit mit *Veronal* behandelter, Strychnin-vergifteter Mäuse beeinflußt. Nach Best. der tödlichen Dosis von Strychnin (Maus intraperitoneal 2,2 mg/kg), Veronal (Maus intraperitoneal 700 mg/kg), Cardiazol (Maus subcutan 150 mg/kg) wird an Hand verschied. Versuchsreihen festgestellt, daß zur vollständigen Unterdrückung von Strychninkrämpfen nach Applikation tödlicher Dosen letale Dosen von Veronal erforderlich sind. Durch zusätzliche Applikation von Cardiazol steigen jedoch Überlebensquote u. Überlebenszeit wesentlich an. Nach überletalen Dosen von Strychnin wird durch kombinierte Cardiazol–Veronal-Behandlung nur die Überlebenszeit beeinflußt. (Pharmazie **12.** 249—51. Mai 1957.) H. Zeller. 4675

Lester Hollander, *Kontaktdermatitis bedingt durch Ammoniakwasser.* Es wird über den seltenen Fall einer durch Berührung mit *Ammoniakwasser* verursachten Dermatitis berichtet. (A. M. A. Arch. Dermatol. **76.** 105. Juli 1957.) R. Lafferenz. 4681

Herbert J. Bernhardt, *Chromatdermatitis. Ihre Entstehung und Behandlung.* Vf. beschreibt Dermatitiden als Folge von Berührung mit *Chromat*-Salzen. Die übliche dermatolog. Therapie führt hierbei nur sehr langsam (12 Wochen) zur Heilung. Lokale Behandlung mit *Corticosteroiden* in Kombination mit *Neomycin* wird als zur Zeit erfolgreichste Behandlungsmeth. empfohlen. (A. M. A. Arch. Dermatol. **76.** 13—16. Juli 1957. Garden City, N. Y.) R. Lafferenz. 4681

W. Klosterkötter, *Tierexperimentelle Untersuchungen über die Gewebewirkung von feinkörnigem γ-Aluminiumoxyd.* Verss. an Mäusen (Peritonealtest) u. Ratten (Peritonealtest, Intratrachealtest u. langfristige Inhalation) mit sublichtmkr. feinem *γ-Aluminiumoxyd* (**I**). **I** wirkt bei massiver lokaler Anhäufung zellschädigend u. stark fibroplast. (Peritonealtest). Bei intratrachealer Injektion bleibt die lokale Bindegewebeneubldg. relativ gering, es tritt eine angedeutete Gerüstsklerose auf. Die Staubherde werden nicht — wie nach Quarzapplikation — progressiv bindegewebig umgewandelt. Hochdosierte langfristige Inhalation verursacht starke Desquamation von Alveolarzellen u. sek. entzündliche Prozesse. Zellschädigung u. Bindegewebeneubldg. bleiben in pulmonalen Staubherden relativ gering. Die Drüsen zeigen bei starker **I**-Speicherung keine Fibrose. **I** kann also bei niedriger Konz. als relativ harmlos bezeichnet werden, in hoher Konz. wirkt es deutlich pathogen. (Arch. Hyg. Bakteriol. **143.** 85—111. Febr. 1959. Münster, Staatsinst. für Staublungenforsch. u. Gewerbehygiene beim Hyg.-Inst. der Westfäl. Wilhelms-Univ.) H. Zeller. 4681

Fritz Hauschild, Pharmakologie und Grundlagen der Toxikologie. Nachdr. d. 1. Aufl.; Leipzig; Thieme. 1958. (XVIII + 1106 S. m. 170 Abb. u. 312 Tab.) 8°. DM 46,80.

Hans Kilian, Hrsg., Lokalanästhesie und Lokalanästhetika. Stuttgart; Thieme. 1959. (XIX + 770 S. m. 341 Abb. u. 42 Tab.) 4°. DM 154,—.

Paul K. Smith, Acetophenetidin. New York; Interscienc. 1958. (198 S. m. Abb.) 8°. $ 5,75.

F. Pharmazeutische Chemie. Desinfektion.

R. Hegnauer und **T. Meijers,** *Valeriana officinalis L. in Holland.* (Planta med. [Stuttgart] **6.** 349—72. Dez. 1958. Leiden, Univ., Pharmazeut. Labor.) I. Geibler. 4782

R. Voigt, *Über das Vorkommen von Isolysergsäurealkaloiden in galenischen Mutterkornzubereitungen.* Auf Grund photometr. u. papierchromatograph. Überprüfungen erörtert Vf. die Zweckmäßigkeit galen. Mutterkornzubereitungen. Als zweckmäßigste galen. Zubereitung ist der Trockenextrakt (I) anzusehen. Nach Verss. ist die Herst. eines I möglich, ohne daß bei der Bereitung oder Lagerung Abbau oder Isomerisierung auftreten. Von Stabilisierungsmitteln [0,1% $NaHSO_3$, H_3PO_4, 1% Ascorbinsäure (II)] ist nur II wirksam. — Die bisher üblichen photometr. Bestimmungsmethoden täuschen einen zu hohen Wert vor, da sie die kaum wirksamen Isolysergsäurealkaloide, die einen erheblichen Anteil ausmachen, miterfassen. (Pharmazie **13.** 522—29. Sept. 1958. Berlin, Humboldt-Univ., Pharmazeut. Inst.) W. BARZ. 4790

W. Kunz, *Neue Arzneimittel.* 6. Mitt. (5. vgl. Arch. Pharmaz Ber. dtsch. pharmaz. Ges. **287/59.** [1954.] 412. 463.) Übersicht mit zahlreichen Strukturformeln u. 123 Literaturangaben. (Arch. Pharmaz. Ber. dtsch. pharmaz. Ges. **291/63.** 138—60. März 1958. Monheim bei Düsseldorf.) W. BARZ. 4800

Maria Brandstätter-Kuhnert, *Polymorphie bei Arzneimitteln.* Übersicht (Vortrag). (Österr. Apotheker-Ztg. **13.** 297—99. 9/5. 1959.) I. GEIßLER. 4800

H. Czetsch-Lindenwald, *Larvierte Inkompatibilitäten.* Übersicht mit 13 Literaturangaben. (Scientia pharmac. **26.** 197—203. 30/9. 1958. Alexandria, Univ., Pharmazeut. Fak., Inst. für pharmazeut. Technol.) W. BARZ. 4800

W. Voigtländer, *Zur Chemie und Pharmakologie α-substituierter Diphenylessigsäurederivate.* Übersicht über die pharmakol. bedeutungsvollen u. therapeut. wertvollen Derivv. der *Benzilsäure* (I), der hydrierten I, der I-Äther u. α-Halogendiphenylessigsäuren. — 27 Literaturangaben. (Pharmaz. Zentralhalle Deutschland **98.** 290—96. Juni 1959. Dresden-Radebeul.) W. BARZ. 4806

Zdzisław Brzozowski, *Synthetische Mittel in der Diabetestherapie.* 2. Mitt. (1. vgl. C. **1959.** 8948.) Übersicht über die chem. Struktur der Thiodiazol- u. Thiazolsulfonamide u. ihre Fähigkeit der Senkung des Blutzuckerspiegels. (Farmacja polska **14.** 360—61. 15/11. 1958.) F. URBAN. 4806

Walter G. Fredell, Robert C. White und **Robert G. Sanders,** *Die lokale Applikation einer neuen antibakteriell wirksamen Substanz.* Eine neue Verbindungsklasse, die Hexahydropyrimidine, zeigt interessante biol. Aktivität. Vff. berichten über 1.3-Bis-[β-äthylhexyl]-5-amino-5-methylhexahydropyrimidin (*Hexetidine*) (I). I ist ein klebriges Öl, 1 : 10000 lösl. in W., bildet mit HCl ein in W. leichtlösl. Salz. DL_{50}, in Erdnußöl gelöst, peroral 1430 mg/kg Ratte, DL_{50} intraperitoneal 30—85 mg/kg Maus (abhängig von dem eingesetzten Vehikel), DL_{50} percutan 1,86 ml/kg. I zeigt keine chron. Toxizität bei Verabreichung von Diät mit 0,05% I über 1 Jahr. Bei 220 Versuchspersonen zeigte die 1%ig. Salbe keine Reizung oder Sensibilisierung. Gute Hemmwrkg. wurde bei 19 Mikroorganismen bei Mengen von 1—300 μg I/ml gefunden. 9 pathogene Pilze (Trichophyton u. a.) wurden durch 5—100 μg I/ml gehemmt. I bildet mit Zn Komplexe, die keine mikrobiol. Aktivität mehr besitzen. Es werden Vorschriften gegeben für ein I-Aerosol, koll. I-Dispersionen mittels polymeren Gummen u. mittels Lösungsvermittlern, I-Ohrtropfen, -Salben u. -Vaginalsuppositorien auf der Basis von Polyäthylenglykolen u. ein I-Gel mittels Tween u. Carboxymethylcellulose. Alle genannten Rezepturen zeigten gute Wirkungen. (J. Amer. pharmac. Assoc., pract. Pharmacy Edit. **19.** 428—31. Juli 1958. Philadelphia, Pa., Warner-Lambert Pharmaceutical Co., Lambert-Hudnut-Div.) S. ERBE. 4806

Finn Sandberg, *Palfium, ein neues starkes Analgeticum, Pharmakologie.* Übersicht. — 6 Literaturhinweise. (Svensk Farmac. Tidskr. **62.** 325—30. 30/5. 1958.) R. K. MÜLLER. 4806

H. Gerlach, *Moderne Psychotherapeutica.* Vortrag. Übersicht über Sedativa, Hypnotica, Antiepileptica, Neuroplegica u. Tranquilizers (Strukturformeln, keine Literaturangaben). (Pharmaz. Zentralhalle Deutschland **98.** 235—42. Mai 1959. Jena, Univ., Inst. für Pharmazie u. Lebensmittelchem.) W. BARZ. 4806

M. Hädicke und **M. Kuntze,** *Über die Haltbarkeit von Antibioticazubereitungen.* 2. Mitt. *Die Streptomycinzubereitungen der Rezeptformeln* (*RF 59*). (1. vgl. C. **1959.** 888.) Beschreibung der in den Rezeptformeln (Ausgabe 1959) aufgenommenen *Streptomycin*-Zubereitungen u. Hinweise auf ihre zweckmäßigste Herst. u. Verfallszeiten. (Pharmaz. Zentralhalle Deutschland **97.** 531—33. Nov. 1958. Jena, Staatl. Inst. für Arzneimittelprüfung.) W. BARZ. 4810

M. Hädicke, *Über die Haltbarkeit von Antibioticazubereitungen.* 3. Mitt. *Die Chloramphenicolzubereitungen der Rezeptformeln* (*RF 59*). (2. vgl. vorst. Ref.) Die in den Rezeptformeln (Ausgabe 1959) aufgenommenen Chloramphenicolzubereitungen werden beschrieben u. erläutert u. ihre Auswahl begründet. (Pharmaz. Zentralhalle Deutschland **98.** 5—7. Jan. 1959.) W. BARZ. 4810

O. Sticher, *Vereinfachte Herstellung von Tuberkulinverdünnungen.* Vf. beschreibt eine vereinfachte Herst. von *Tuberkulin*-Verdünnungen mit „Emix"-Fläschchen u. Glasstopfenflakons. (Schweiz. Apotheker-Ztg. **97.** 323—25. 25/4. 1959. St. Gallen, Kantonapotheke.) I. GEIBLER. 4812

J. Albrecht und **E. von Wasielewski,** *Zur Wirksamkeit verschiedener Mundantiseptica auf Influenzaviren.* Verschied. Mundantiseptica in Tablettenform wurden auf ihre Fähigkeit untersucht, Influenzaviren in vitro zu inaktivieren. Nach 30 Min. dauernder Einw. einer wss. Tablettensuspension bei 30° zeigten nur die Mittel *Formamint, Merfen* u. *Inspirol* eine Wirksamkeit gegen die Viren (geprüft wurden außerdem *Iversal, Rotersept, Siogeno, Targophagin*). Im Speichel von Versuchspersonen, die 5 Min. lang jeweils eine Tablette im Mund hatten zergehen lassen, war die virusinaktivierende Wrkg. der Mittel herabgesetzt u. inkonstant, was auf die individuell verschieden starke Verdünnung der Wirksubstanz im Speichel zurückgeführt wird. (Arzneimittel-Forsch. **8.** 567—68. Aug. 1958. Mainz, Univ., Hygiene-Inst.) H. GOEBEL. 4822

N. Diding, H. Kjellman und **A. Ågren,** *Die Einwirkung von radioaktivem Phosphor auf Bakterien.* In Tabellen werden die Ergebnisse der Züchtung von verschied. Bakterien nach verschieden langer Einw. von ^{32}P (Radioaktivitätskonz. bis 2,0 mC) mitgeteilt. Die vegetativen Bakterien (Escherichia coli, Staphylococcus aureus) zeigen erheblich geringere Resistenz als Sporenbakterien (Bacillus subtilis). Man kann annehmen, daß eine Sterilisierung von Arzneimittel-Lsgg. sich durch Zugabe von radioakt. Isotopen mit einer Strahlungsdosis von ca. 10^5 rad erreichen läßt, soweit die Resistenz der in Frage kommenden Bakterien nicht zu hoch ist. (Svensk farmac. Tidskr. **62.** 305—11. 20/5. 1958. Stockholm, Kungl. Farm. Inst. u. Apotekens kontrollabor.) R. K. MÜLLER. 4832

Rudolph Rebold, Anthony J. Monte Bovi und **Paul T. Medici,** *Vorläufiger Bericht über einige neue quartäre Ammoniumderivate.* Von zahlreichen bekannten synthet. quartären NH_4-Verbb. berichten Vff. kurz über das *Lauryldimethyl-3.4-dichlorbenzylammonium-2-mercaptobenzothiazolat* (I). Von I werden physikal. Eigg. (F. 111—114°, schwach gelbe Kristalle, unlösl. in W., leichtlösl. in Bzl. u. Chlf., gute Haltbarkeit), Toxizität, bakteriostat. u. bakterioide Wrkg., fungistat. Aktivität u. Phenolkoeff. angegeben. I wirkt selbst in Ggw. anion. Agentien, z. B. Seifen, bakteriostatisch. (Amer. J. Pharmacy Sci. support. publ. Health **130.** 227—30. Juli 1958. Ossining, N. Y., Gallowshin Chemical Corp.; Brooklyn, N. Y., St. John's Univ.) E. BOYE. 4832

H. Lehmann, *Zur Gehaltsbestimmung arzneilich verwendeter Calciumsalze.* Zur komplexometr. Ca-Best. ist der Mischindicator *Eriochromblau SE* (**I**)–*Naphtholgrün B* (**II**) dem Murexid (**III**) vorzuziehen, bes. wegen der erheblich besseren Erkennbarkeit des Titrationsendpunktes u. der Beständigkeit der Farbe. Die Ca-Best. ist auch in Ggw. von (nicht zu großen Mengen) Mg durchführbar. Diese Selektivität haben **I** u. **III** dem Phthaleinpurpur (Pharm. Helv. Suppl. III) u. dem Eriochromschwarz T voraus. (Dtsch. Apotheker-Ztg. **99.** 414—16. 30/4. 1959. Freiburg/Br., Univ., Pharmazeut. Inst.) W. BARZ. 4880

J. Baloun, *Zur Methodik der biologischen Auswertung von gerbstoffhaltigen Drogen.* 1. Mitt. Übersicht mit theoret. Erläuterungen der Analytik. — 17 Literaturangaben. Českoslov. Farmac. **7.** 138—41. April 1958. Bratislava [Preßburg], Komeniusuniv., farmac. fak. ústav farmakogn.) E. VEVERA. 4880

Luděk Šafařík, *Beitrag zur Bestimmung von 4-Hydroxy-3-acetylaminophenylarsinsäure-N-methyltetrahydropyridin-β-carbonsäuremethylester (Nemural Hoechst).* 150 bis 200 mg 4-Hydroxy-3-acetylaminophenylarsinsäure-N-methyltetrahydropyridin-β-carbonsäuremethylester (*Nemural* HOECHST; I) in 100 ml 80%ig. A. lösen u. mit Amberlite IRA 400 OH behandeln, wobei die bas. Komponente frei wird. Nach Verdünnen auf 150 ml, TASHIRO-Indicator zugeben u. mit 0,1 n HCl titrieren. 1 ml n-HCl = 15,52 mg Arecolin. I in Tabletten mit 50%ig. A. extrahieren u. wie oben bestimmen. (Českoslov. Farmac. **7.** 146—48. April 1958. Praha, státn. úst. kontr. léc.) E. VEVERA. 4880

C. Stainier, Ch. Lapière und **S. de Tiège-Robinet,** *Barbitursäurederivate. Untersuchung und Bestimmung in pharmazeutischen Präparaten.* Vff. geben eine Übersicht über allg. Rkk. von *Barbitursäurederivv.* (I) u. verwandten Hypnoticis unter Berücksichtigung bestimmter Sulfonamide u. Purinverbb. als Grundlage für schärfere Bestimmungs- u. Trennungsmethoden. Zu diesen gehören Fraktionierungen mit verschied. Lösungsmitteln u. Reagentien u. bes. die Papierchromatographie, deren Methodik (Arten, Lösungsmittelkombinationen, Entw. u. Deutung der Flecken u. R_F-Werte) u. etwaige Ergänzung durch chem. Vorbehandlung (Hydrierung, Entschwefelung) ausführlich beschrieben wird. Zur quantitativen Best. u. Trennung werden verschied. analyt. Verff., z. B. Acidi- u. Potentiometrie in wss. u. wasserfreien Medien, Argentiometrie, Bromometrie, Colorimetrie u. Spektrophotometrie an verschied. I-Gemischen u. Kombinationen mit Zusatz- u. Hilfspräpp. (z. B. Theophyllin, Kodein, Phenacetin; Stearinsäure, Stärke, Kakaobutter) untersucht. — 53 Literaturhinweise. (J. Pharmac. Belgique [N. S.] **12** (**39**). 312—49. Juli/Aug. 1957. Liège, Univ., Inst. de Pharm., Labor. d'Analyse des Médicaments.) W. SCHULENBURG. 4880

H. Karma und **M. v. Schantz,** *Über die Bestimmung des relativen Saponingehaltes der wichtigsten Saponindrogen mittels des Xenopusverfahrens.* Es wird ein neues biol. *Saponin* (I)-Bestimmungsverf., von Vff. „Xenopusverf." genannt, beschrieben. Dieses Verf. erwies sich als brauchbar zur Best. des relativen I-Geh. von Drogen. Das Verf. beruht auf der tox. Wrkg. der Saponine gegenüber den Larven des Krallenfrosches (*Xenopus laevis* Daudin). Für jede zu bestimmende Substanz wird die Stundenkonz. ermittelt u. aus dieser der sogenannte Xenopusindex berechnet. — Bei der Best. des I-Geh. von Drogen muß der verwendete Larvenstamm zuerst mit Testsubstanzen getestet werden. Die geeignetste Testsubstanz ist Seifenrinde. Von folgenden Drogen wurden die Xenopusindices festgestellt: Radix Primulae, Cortex Quillajae, Radix Senegae, Radix Saponariae, Flos Verbasci, Radix Saponariae alba, Radix Sarsaparillae. Nach den Verss. schwankt der I-Geh. der I-Drogen des Handels recht beträchtlich. (Scientia pharmac. **27.** 6—24. 31/3. 1959. Helsinki, Univ., Pharmazeut. Inst., Pharmakognost. Abt.) W. BARZ. 4880

I. Hahn, W. Hohlweg, A. Rückert und **H. Seel,** *Insulin und Insulinlösungen.* 2. Mitt. *Bestimmungsmethoden.* Inhaltlich ident. mit der C. **1957.** 13430 referierten Arbeit (Pharmazie **12.** 35—38. Jan. 1957. Berlin, Charité, Inst. für Endokrinol.; Berlin-Adlershof, VEB Berlin-Chemie.) W. BARZ. 4880

G. Machek, *Die gleichzeitige colorimetrische Bestimmung von Chloramphenicolcinnamat und Sulfonamiden.* Beschreibung einer spektralphotometr. Best. von *Chloramphenicolcinnamat* zugleich mit Sulfonamiden in Kombinationspräpp., die beide Wirkstoffe enthalten. In einer ersten Probe wird das enthaltene Sulfonamid durch Diazotierung, Kupplung mit BRATTON-MARSHALL-Reagens u. Colorimetrieren des entstandenen Azofarbstoffes bestimmt. In einer zweiten, gleichartig verd. Probe wird erst nach vorhergehender Red. mit Na-Dithionit die Farbe entwickelt u. dann gemessen, jetzt aber gegen die erste Probe als Blindprobe, wodurch der Geh. an I ermittelt wird. — Für die Best. von Sirup u. Spersoids (Chartae), die beide Wirkstoffe enthalten, werden Testvorschriften gegeben. (Scientia pharmac. **27.** 24—34. 31/3. 1959. Kundl/Tirol, Biochem. GmbH.) W. BARZ. 4880

Smith, Kline & French Laboratories, Philadelphia, übert. von: **Lloyd Kennon,** Milwaukee, Wis., und **Joseph V. Swintosky,** Perkiomenville, Pa., V. St. A., *Zerkleinern von Celluloseglykolsäure* (I). Durch Behandlung mit einem sauren Kationenaustauschharz ersetzt man wenigstens 80% des Alkalis in einer wss., ca. 0,5—3%ig. Lsg. eines Alkalisalzes von I mit einem Substitutionsgrad von wenigstens 0,3 durch H-Ionen u. versprüht die Lsg. dann in einem heißen Gasstrom bei wenigstens 150°. Die erhaltenen I-Teilchen haben eine Größe von 0,5—20 μ. — Verwendung bes. in *Arzneimitteltabletten,* z. B. solchen, die Sulfathiazol enthalten. (**A. P. 2 851 453** vom 9/8. 1954, ausg. 9/9. 1958.) K. FABEL. 4767

United States Vitamin Corp., New York, übert. von: **Louis Freedman,** Mount Vernon, **A. Jay Merrit,** New Rochelle, und **Jacques Breitbart,** New York, N. Y., V. St. A., *Herstellung von Heilsalben* zur Behandlung von Dermatosen. Man emulgiert eine Fettgrundlage (z. B. Cetylalkohol, Speraceti, Natriumlaurylsulfat u. Glycerin) mit W., gibt Pantothenylalkohol (I) zu u. mischt eine homogene Dispersion von Cortisonalkohol (II) u. gegebenenfalls Cortisonester (z. B. Acetat) (III) ein. In der fertigen Salbe soll I : (II + III) = 2 : 1 bis 10 : 1 sein, der Geh. an I 0,5—5 (%), der an (II + III) 0,1—2,5 betragen. (**A. P. 2 841 527** vom 7/11. 1955, ausg. 1/7. 1958.) K. KOEBKE. 4793

VEB Ankerwerk Rudolstadt, Chemisch-pharmazeutische Fabrik (Erfinder: **Martin Meissner**), Rudolstadt, *Pflastermasse* für Verff. zur Erhöhung des Alterungsschutzes, der Lichtbeständigkeit u. zur Verminderung der hautreizenden Wrkg. von Zinkkautschuk- oder Kautschukpflastern aus synthet. oder natürlichem Kautschuk (I), gek. durch einen Geh. an Tannin (**II**), sowie Glycerin (**III**), Glykol (**IV**) oder A., wobei der **II**-Geh. 0,5 bis 5,0 (%) u. der Geh. an **III, IV** oder A. 2,5—20, bezogen auf **I** beträgt., (**D. A. S. 1 056 787** Kl. 30h vom 6/10. 1955, veröff. 6/5. 1959.) K. KOEBKE. 4795

Schweiz. Serum- & Impfinstitut (Erfinder: **Peter Zahler**), Bern, Schweiz, *N-(3-Aminobenzolsulfonyl)-N'-n-butylharnstoff,* F. 108—109°, bewirkt, oral angewendet, eine *Senkung* des *Blutzuckerspiegels.* Seine Herst. erfolgt in an sich bekannter Weise, z. B. durch Rk. von 3-Nitrobenzolsulfonylharnstoff mit n-Butylamin u. Red. des erhaltenen *N-(3-Nitrobenzolsulfonyl)-N'-n-butylharnstoffs*, F. 166—167°. — *Therapeuticum.* (**D. A. S. 1 059 435** Kl. 12o vom 23/9. 1957, veröff. 18/6. 1959.) A. BRÖSAMLE. 4807

Farbwerke Hoechst Akt.-Ges., vormals Meister Lucius & Brüning (Erfinder: **Gerhard Korger, Hans Wagner** und **Walter Aumüller**), Frankfurt/M., *Sulfonylharnstoffe* der allg. Formel $C_6H_5-(CH_2)_n-SO_2-NH-CO-NH-R_1$, worin n die Zahlen 2—4 u. R_1 einen aliphat. oder cycloaliphat., gesätt. oder ungesätt. KW-stoffrest bzw. einen gesätt. oder ungesätt., offenkettigen oder ringförmigen, durch O u./oder S unterbrochenen KW-stoffrest oder den Rest $-(CH_2)_n-C_6H_5$ (n = 2—4) bedeutet, sowie deren Salze, erhält man nach den für die Herst. von Sulfonylharnstoffen gebräuchlichen Methoden, z. B. verrührt man 2-Phenyläthan-(1)-sulfamid, wasserfreies K_2CO_3 u. Aceton 1½ Std. bei 55° u. tropft dann unter Rühren eine Lsg. von Isobutylisocyanat in Aceton zu u. rührt 12 Std. bei 55—60° nach. Man erhält nach Aufarbeitung den *N-(2-Phenyläthan-(1)-sulfonyl)* (I)*-N'-isobutylharnstoff* (-harnstoff = **II**), F. 180—181°; Ausbeute 75%. Ferner wurden hergestellt: **I**-*N'-n-butyl*-**II**, F. 164—166°; 82,2%; **I**-*N'-cyclohexyl*-**II**, F. 204—205°; 71%; **I**-*N'-n-hexyl*-**II**, F. 106—108°; 80,3%; **I**-*N'-(3'-methoxypropyl)*-**II**, F. 133—135°; 70%; **I**-*N'-(2'-phenyläthyl)*-**II**, F. 130—132°; 80%; **I**-*N'-allyl*-**II**, F. 151—153°; 67,6%; *N-(3-Phenylpropan-(1)-sulfonyl)-N'-cyclohexyl*-**II**, F. 158—159°; 77%; *N-(3-Phenylpropan-(1)-sulfonyl)-N'-isobutyl*-**II**, F. 129—131°; 68%; *N-(4-Phenylbutan-(1)-sulfonyl)-N'-isobutyl*-**II**, F. 115—117°; 60%. — *Antidiabetica.* (**D. A. S. 1032734** Kl. 12o vom 6/12. 1956, veröff. 26/6. 1958.) F. KREIS. 4807

Farbwerke Hoechst Akt.-Ges., vormals Meister Lucius & Brüning (Erfinder: **Walter Aumüller, Richard Brodersen**, Frankfurt/M., **Erich Haack**, Heidelberg, **Adolf Hagedorn**, Mannheim), *Herstellung von Sulfonylharnstoffen* [*-harnstoff* (**I**)] der allg. Formel $R-SO_2-NH-CO-NH-R_1$, worin R einen gegebenenfalls substituierten Phenylrest, einen Diphenyl-, Phenoxyphenyl-, Naphthyl- oder 5.6.7.8-Tetrahydronaphthylrest oder einen aliphat. bzw. cycloaliphat. KW-stoffrest mit 3—8 C-Atomen u. R_1 einen gesätt. oder ungesätt. offenkettigen oder ringförmigen aliphat. KW-stoffrest mit 2—8 C-Atomen bedeutet, dad. gek., daß man Verbb. der allg. Formel $R-SO_2-NH-CO-Y$, worin Y $-NH-$Acyl oder $-NH-SO_2-R$ bedeutet, mit Aminen R_1-NH behandelt u. die erhaltenen Salze auf Tempp. oberhalb 100° erhitzt. — Beispiel: N.N'-Di-(4-methylbenzolsulfonyl)-**I**, Butylamin u. W. werden in der Kugelmühle gemischt. Das nach Absaugen erhaltene Butylaminsalz des N.N'-Di-(4-methylbenzolsulfonyl)-**I** wird bei 110—120° 2 Std. trocken erhitzt, die erkaltete Schmelze mit NH_4OH behandelt, wobei Toluolsulfamid ungelöst zurückbleibt. Aus der Lsg. erhält man durch Fällen mit Essigsäure *N-(4-Methylbenzolsulfonyl)-N'-butyl*-**I**, F. 127—128°; Ausbeute 92,2%. Diese Verb. erhält man auch durch trockenes Erhitzen des Butylaminsalzes von N-(4-Methylbenzolsulfonyl)-N'-acetyl-**I**, F. 169—170°. — *Antidiabetica.* (**D. A. S. 1 043 318** Kl. 12o vom 10/7. 1956, veröff. 13/11. 1958.) F. KREIS. 4807

ALKALOIDA Vegyészeti Gyár, Tiszavasvári (Erfinder: **Denes Beke, Csaba Szántay**, Budapest, und **Zoltán Dirner**, Szeged), Ungarn, *Herstellung von 3-Aminomethyl-6.7-dihydroxyphthalid* (**I**) bzw. seinem N-Monomethylderivat. Aus den entsprechenden, in 6- u. 7-Stellung alkylierten oder aralkylierten Verbb. werden die Alkyl- bzw. Aralkylreste abgespalten. Hergestellt werden: **I**-*Hydrobromid*, F. 290—292°; *N-Methyl*-**I**, F. 244 bis 246° (Zers.). — *Therapeutica.* (**D. A. S. 1 054 090** Kl. 12q vom 24/5. 1957, veröff. 2/4. 1959. Ung. Prior. 25/5. 1956.) K. FABEL. 4807

Asta-Werke Akt.-Ges. Chemische Fabrik, Brackwede (Erfinder: **Herbert Arnold**, Bielefeld, **Engelbert Kühas**, Gadderbaum, und **Norbert Brock**, Wadersloh), *Herstellung von anticholinergisch wirksamen Salzen basischer Äther von Diphenyläthinylcarbinolen*, dad. gek., daß man Benzophenon, das in einem oder in beiden Benzolkernen Halogen enthalten kann, mit Acetylen in fl. NH_3 in Ggw. eines Alkalimetalls in das entsprechende Äthinylcarbinol überführt, dieses mit tert. halogenierten Basen der allg. Formel Halogen $-(CH_2)_n-N=(R)_2$ oder Halogen$-CH_2CH(CH_3)N=(R)_2$ (n = 1—6; R = Alkyl, die beide zusammen mit dem N auch einen heterocycl. Ring bilden können) in Ggw. von alkal. Stoffen, bes. $NaNH_2$, zu den bas. Äthern kondensiert u. diese mit Halogenwasserstoff in die Salze oder mit Alkylhalogeniden oder Alkylestern in die quaternären Ammoniumsalze überführt. — Aus 4-Chlorbenzophenon u. Acetylen in fl. NH_3 in Ggw. von Na → 4-Chlor-α-äthinylbenzhydrol, $Kp._{0,3}$ 150—156°; aus Ligroin, F. 50—52°; (Ausbeute) 82%; daraus mit β-Dimethylaminoäthylchlorid in Toluol in Ggw. von $NaNH_2$ → *β-Dimethylaminoäthyl-(4-chlor-α-äthinylbenzhydryl)-äther*, $Kp._{0,2}$ 150—155°; aus PAe. F. 52—55°; 54%; *Hydrochlorid*, aus Essigester, F. 150—152°; daraus mit Äthyljodid in Essigester → *N-Dimethyl-N-äthyl-N-[β-(4-chlor-α-äthinylbenzhydryloxy)-äthyl]-ammoniumjodid*, aus Aceton–Ae., F. 134—138°; ca. 70%; mit Dimethylsulfat → *N-Trimethyl-N-[β-(4-chlor-α-äthinylbenzhydryloxy)-äthyl]-ammoniummethylsulfat*, F. 154—157°; 60%.—

Diäthylaminoäthylchlorid → *β-Diäthylaminoäthyl-(4-chlor-α-äthinylbenzhydryl)-äther*, $Kp._{0,15}$ 157—160°; n_D^{23} 1,5520; 63%; *Hydrochlorid*, aus Essigester, F. 111—113°; → *N-Triäthyl-N-[β-(4-chlor-α-äthinylbenzhydryloxy)-äthyl]-ammoniumjodid*, aus Aceton-Ae., F. 152—155°; ca. 75%. — *N-Methyl-N-diäthyl-N-[β-(4-chlor-α-äthinylbenzhydryloxy)-äthyl]-ammoniummethylsulfat*. — Pyrrolidinoäthylchlorid → *β-Pyrrolidinoäthyl-(4-chlor-α-äthinylbenzhydryl)-äther*, $Kp._{0,75}$ 175—184°; 24%; *Hydrochlorid*, aus Aceton-Ae., F. 113—116°. — 4.4'-Dichlorbenzophenon → 4.4'-Dichlor-α-äthinylbenzhydrol, $Kp._{0,5}$ 157—159°; 67%. → *β-Dimethylaminoäthyl-(4.4'-dichlor-α-äthinylbenzhydryl)-äther*, $Kp._{0,6}$ 179—183°; 41%; *Hydrochlorid*, aus Aceton, F. 173—177°. (**D. A. S. 1 028 561** Kl. 12o vom 12/3. 1955, veröff. 24/4. 1958.) G. KRAUSS. 4807

N. V. Koninklijke Pharmaceutische Fabrieken v/h Brocades-Stheeman & Pharmacia, Meppel, Holland, *Pharmazeutisch wirksame Benzhydryldialkylaminoalkyläther*. Zu Holl. P. 84 468; C. **1959.** 8423 ist nachzutragen: Verbb. mit besserer Atropinwrkg. werden erhalten, wenn man mindestens eine der Methyl- oder Äthylgruppen durch eine tert. Alkylgruppe mit 4—6 C-Atomen ersetzt u. die anderen gegebenenfalls durch beliebige andere Alkylgruppen. — *o-tert.-Butylbenzhydryldimethylaminoäthyläther*, $Kp._8$ 193°, F. 69—70,5°, *Hydrochlorid*, F. 179—180°. — *o-Methylbenzhydryldimethylaminoäthyläther*, $Kp._{12}$ 190°, *Hydrochlorid*, F. 154—156°. — *o-Äthylbenzhydryldimethylaminoäthyläther*, $Kp._2$ 172—175°, *Hydrochlorid*, F. 116—117°. — *o-Isopropylbenzhydryldimethylaminoäthyläther*, $Kp._5$ ca. 140°, *Hydrochlorid*, F. 133—134°. — *o-n-Butylbenzhydryldimethylaminoäthyläther*, $Kp._{12}$ 220°, *Oxalat*, F. 88—92°. — *o-n-Amylbenzhydryldimethylaminoäthylätheroxalat*, F. 106—110°. — *o-tert.-Amylbenzhydryldimethylaminoäthylätheroxalat*, F. 124—128°. (**Holl. P. 85452** vom 7/7. 1955, ausg. 15/6. 1957.) F. BÖHM. 4807

Rhein-Chemie G. m. b. H., Mannheim (Erfinder: **Rudolf Kern** und **Hans Scheurer**), *Dodecyldialkyl-1.2.3.4-tetrahydronaphthyl-(6)-methylammoniumhalogenide* erhält man durch Quaternisierung von Dodecyldialkylaminen mit einem 1.2.3.4-Tetrahydronaphthylhalogenid, bes. in alkoh. Lösung. Es werden hergestellt: *Dodecyldimethyl-1.2.3.4-tetrahydronaphthyl-(6)-methylammoniumchlorid*, wachsartig, Erweichungspunkt 60—62°. — *Dodecyldiäthyl-1.2.3.4-tetrahydronaphthyl-(6)-methylammoniumchlorid*. — *Baktericide*, die wirksamer als Dodecyldimethylbenzylammoniumchlorid sind. — Vgl. auch D. B. P. 932 371; C. **1956.** 4519. (**E. P. 808 360** vom 11/5. 1955, ausg. 4/2. 1959.) R. LINK. 4807

J. R. Geigy Akt.-Ges., Basel (Erfinder: **Markus Zimmermann**, Riehen), Schweiz, *Herstellung von tertiären Aminen der Tetrahydrofuranreihe* der allg. Formel I (R_1 u. R_2 = niedermol. Alkyl oder Alkenyl oder zusammen mit dem N ein Alkyleniminorest mit 5 oder 6 Ringgliedern oder Morpholino; R_3 = H oder niedermol. aliphat. KW-stoff). Man behandelt ein 4.4-Dialkoxybuten-(1) mit Br_2, hydrolysiert das entstandene γ.δ-Dibrombutyraldehyddialkylacetal zum freien Aldehyd, führt diesen in die $NaHSO_3$-Verb. über, setzt diese mit Alkalicyanid um, läßt dann das über das

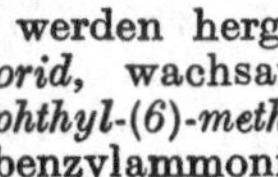

I

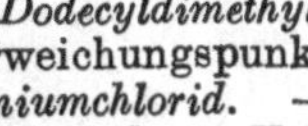

II

Cyanhydrin des Aldehyds entstehende 3-Brom-5-cyantetrahydrofuran mit einem niedermol. Alkyl- oder Alkenyl-Mg-halogenid zur Verb. **II** reagieren, behandelt diese in beliebiger Reihenfolge mit einem Erdmetallalkalimetallhydrid u. setzt mit einem sek. Amin der allg. Formel HNR_1R_2 um. Hergestellt werden: *1.1-Diäthoxy-3.4-dibrombutan*, $Kp._{0,01}$ 60—65°; *3.4-Dibrombutyraldehyd, 2.4-Dinitrophenylhydrazon*, F. 170—173° (Zers.; *3-Brom-5-cyantetrahydrofuran*, $Kp._{0,0005}$ 44—46°; *3-Brom-5-acetyltetrahydrofuran, 2.4-Dinitrophenylhydrazon*, F. 172—176°; *3-Brom-5-(α-hydroxyäthyl)-tetrahydrofuran*, $Kp._{0,003}$ 56 bis 58°; *3-Dimethylamino-5-(α-hydroxyäthyl)-tetrahydrofuran*, $Kp._{0,01}$ 60—65°, *Methochlorid*, F. 162—163°. — Zwischenprodd. u. Verbb. mit *neurophysiol.* Eigg., bes. *vasodilator. Wirksamkeit*. (**D. A. S. 1 053 519** Kl. 12q vom 21/3. 1958, veröff. 26/3. 1959. Schwz. Prior. 22/3. 1957.) K. FABEL. 4807

Farbenfabriken Bayer Akt.-Ges., Leverkusen (Erfinder: **Burckhardt Helferich**, Bonn, **Kurt Geist**, Großsachsenheim, **Hans Jünger**, Hamm/Sieg, und **Dieter Wiehle**, Hagen/Westf.), *Substituierte Pyrrole* lassen sich durch Erhitzen, gegebenenfalls in Ggw. von Katalysatoren wie PbO oder Cu-Bronze, von substituierten Butadien-(1.3)-sultamen darstellen, wobei SO_2 aus den Verbb. abgespalten wird. — 4 g 2.4-Dimethyl-N-benzylbutadien-(1.3)-sultam-(1.4) (**I**) wird bis zur Beendigung der SO_2-Entw. erhitzt. Es verbleibt *N-Benzyl-2.4-dimethylpyrrol*, $Kp._{0,001}$ 85—87°, E. —80°; Ausbeute 50%. In Ggw. von PbO als Katalysator kann bis zu 70% Ausbeute erzielt werden. — Aus der Verb. N-Phenyl-3.4-(5'-methylcyclohexano)-2-methylbutadien-(1.3)-sultam-(1.4) (**II**) wird analog in Ggw. von Cu-Pulver bei 250° (10 Min.) u. dann 340° (10 Min).

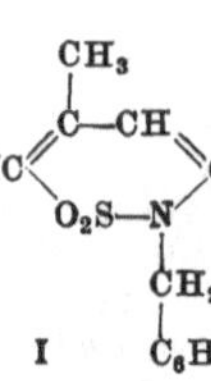
I

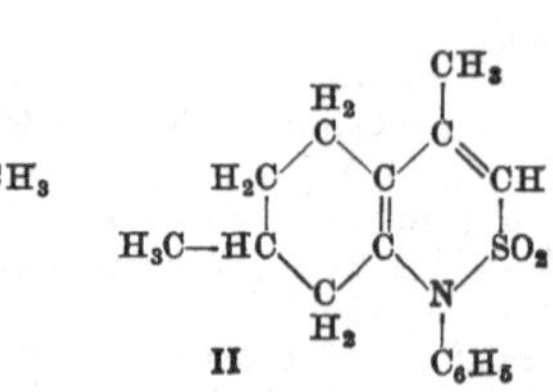
II

das *N-Phenyl-3.6-dimethyl-4.5.6.7 tetrahydroindol*, $Kp._{0,1}$ 112—115°, in 95%ig. Ausbeute dargestellt. — Aus N-(p-Tolyl)-2.3.4-trimethylbutadien-(1.3)-sultam-(1.4) gewinnt man *N-(p-Tolyl)-2.3.4-trimethylpyrrol*, F. 47°. — Aus 2.4-Dimethyl-N-phenylbutadien-(1.3)-sultam-(1.4) wird *1-Phenyl-2.4-dimethylpyrrol*, Kp. 255° bzw. $Kp._{0,1}$ 64—73°, erhalten. — *Pharmazeutica*. (**D. A. S. 1 054 996** Kl. 12 p vom 10/8. 1957, veröff. 16/4. 1959.) K. Gäbelein. 4807

F. Hoffmann-La Roche & Co. Akt.-Ges., Basel, Schweiz (Erfinder: **Marc Cole**, Bayonne, N. J., V. St. A.), *Sulfanilamidoisoxazolderivate* der allg. Formel **I**, in der

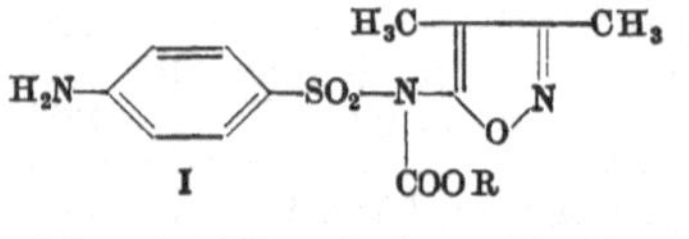
I

R = Alkyl, Cycloalkyl oder Aralkyl bedeutet, lassen sich aus einem Metallsalz des 3.4-Dimethyl-5-sulfanilamidoisoxazol mit einem substituierten Halogencarbonat der allg. Formel X—CO—OR, in der X = Halogen bedeutet, durch Umsetzung in einem organ. Lösungsm. u. in Ggw. einer tert. N-Base darstellen. — 80,1 g 3.4-Dimethyl-5-sulfanilamidoisoxazol, gelöst in 800 ml W. u. 8 g NH_3, + 51 g $AgNO_3$ in 510 ml W. → Silbersalz. Dieses (37,4 g) in 100 ml Aceton u. 10 ml Pyridin verteilt + 10,8 g Äthylchlorcarbonat (bei 35—40°) + 50 g Natriumthiosulfat, in 360 ml W. u. 3,6 g NH_3 gelöst, → *N_1-Carbäthoxy-3.4-dimethyl-5-sulfanilamidoisoxazol*, F. 142 bis 142,5°. — Weitere *3.4-Dimethyl-5-sulfanilamidoisoxazole*: *N_1-Carbomethoxy-*, F. 168 bis 170°; *N_1-Carbooctyloxy-*, F. 118—119°; *N_1-Carbobenzyloxy-*, F. 130—131°; *N_1-Carbocyclohexyloxy-*, F. 127—128°. — *Antibakterielle Pharmazeutica* gegen grampositive u. gramnegative Mikroorganismen, wie *Streptokokken* u. *Salmonella*, zur oralen Anwendung (ohne Eigengeschmack). (**D. A. S. 1 052 988** Kl. 12p vom 17/8. 1957, veröff. 19/3. 1959. A. Prior. 14/9. 1956. **A. P. 2 839 527** vom 14/9. 1956. ausg. 17/6. 1958.)

K. Gäbelein. 4807

E. Merck Akt.-Ges. (Erfinder: **Clemens Schöpf**), Darmstadt, *Dehydrierungsprodukte des Piperidins und Pyrrolidins* u. ihrer C-substituierten Derivv. lassen sich durch Umsetzung dieser Piperidine bzw. Pyrrolidine mit je 1 Mol eines tert. Alkylhypochlorits unter Kühlung in Ggw. eines indifferenten organ. Lösungsm. u. nachfolgende Lsg. in Alkalihydroxyden oder -alkoholaten bei erhöhten Tempp. in A. gewinnen. — Zu 6,46 kg Piperidin, gelöst in 3,8 Liter Bzl., tropft man unter Kühlung (Temp. —4 bis —6°) 8,22 kg tert.-Butylhypochlorit (dargestellt bei 3—6°, mit NaOH gewaschen u. über $CaCl_2$ getrocknet); dann trägt man die auf —10° Eigentemp. gekühlte Lsg. in eine sd. Lsg. von 3,5 kg Na in 32 Liter Methanol ein. Nach Abdest. von 20 Liter Lösungsm. wird auf 40° gekühlt, NaCl abgesaugt, ganz eingeengt, in 20 Liter 2n NaOH aufgenommen u. ausgeäthert. Über 800 g feingepulvertem KOH wird der Ätherrückstand im Vakuum dest. u. 49% der Theorie *α-Tripiperidein*, $Kp._3$ 185—188°, F. 59—61°, erhalten. — Analog wird aus Pyrrolidin das Trimere des Δ^1-Pyrrolins, $Kp._{16}$ 152—154°, mit 60—65% Ausbeute erhalten. In Abwandlung des Verf. ist aus Hexahydronicotinsäureäthylester der *1-Azabicyclo-(3.1.0)-hexan-5-carbonsäureäthylester* der Formel **I**, $Kp._{12}$ 101—102°, mit 65% Ausbeute erhältlich. 5 Std. Kochen von I mit konz. HCl → Chlorhexahydronicotinsäurehydrochlorid, das beim Erhitzen über den F. in *Guvacinhydrochlorid*, F. 316—318°, übergeht. Beim Stehenlassen mit CH_3J werden 2 Mol desselben unter Bldg. eines Jodmethylats, F. 160—161°, angelagert. — Wird **I** mit äquivalenten Mengen NaOH in absol. A. sich selbst überlassen, so fällt das *Na-Salz*, F. 285—287° (aus 10%ig. A.), aus. — *Zwischenprodd.* zur *Arzneimittelsynthese.* (**D. A. S. 1 054 088** Kl. 12p vom 17/5. 1957, veröff. 2/4. 1959.) K. Gäbelein. 4807

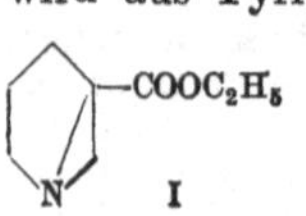
I

Cilag Akt.-Ges., Schaffhausen, Schweiz, *Herstellung basischer Ester, deren Säuresalze und quartären Salze* von Säuren der allg. Formel $R_1 \cdot C(X)(COOH) \cdot C(Y)(R_2)R_3$($R_1$ = ein Phenyl- oder Thienyl-(2)-Rest, $R_2 = CH_3$ oder C_2H_5, $R_3 = C_2H_5$ oder C_3H_7, X = H oder OH, Y = H oder zusammen mit X eine Kohlenstoffbindung) u. Dialkylaminoäthanolen, -propanolen, 1-Alkylpyrrolidinolen-(3) u. -piperidinolen-(4), mit Ausnahme der Dialkylaminoäthylester der 2-Phenyl-3-methyl u. -3.4-dimethylpentansäure, der 2-Phenyl-3-äthyl-4-methyl-, -3-methyl- u. -3-äthylhexansäure, dad. gek., daß Säuren obenst. Formel bzw. deren reaktionsfähige Derivv. mit entsprechenden bas. substituierten Alkoholen bzw. deren quartären Salzen umgesetzt werden oder die Säuren bzw. deren Metallsalze mit reaktiven Estern von Aminoalkoholen bzw. deren quartären Salzen zur Rk. gebracht werden oder in Alkylestern obenst. Säuren die Estergruppen ausgetauscht werden u. die erhaltenen Ester gegebenenfalls in ihre Säureadditionssalze bzw. quatären Salze übergeführt werden. Bei Verwendung von Hydroxysäuren kann man die OH-Gruppe durch einen leicht wiederabspaltbaren Rest schützen. — *2-Phenyl-3-methylpentansäure-(1)* (**I**)-*3'-Diäthylaminopropylester*, Kp.$_{0,04}$ 110—112°, a) aus dem aus 30 (g) **I** mit $SOCl_2$ in absol. Toluol gewonnenen **I**-Chlorid durch 24std. Stehen mit 25 3-Diäthylaminopropanol (**II**) in Pyridin, Versetzen mit Eis u. 2n CH_3COOH, Alkalisieren der wss. Schicht mit K_2CO_3-Lsg. u. Ausäthern; 61% (Ausbeute); b) aus je 1 Mol **II** u. Phenyl-sek.-butylketen durch 24std. Stehen in Bzl. u. Aufarbeitung wie vorst.; 55—60%; c) aus **I** u. 3-Diäthylaminopropylchlorid (**VI**) in Isopropanol. *Hydrochlorid*, F. 116—117° (Aceton–Ae.). — *3-Methyl-2-phenylpenten-(2)-säure-(1)* (**VII**)-*2'-Diäthylaminoäthylester*, Kp.$_{0,004}$ 107—109°, aus 15 Säure u. 10,8 Diäthylaminoäthylchlorid (**III**) durch 7std. Kochen in absol. Isopropanol, Einengen, Ausäthern, Ausziehen mit verd. CH_3COOH, Alkalisieren der wss. Lsg. u. Ausäthern; 58%. *Hydrochlorid*, F. 108—110° (Bzl.–Ae.). *Methobromid*, F. 95—97°. — *2-Hydroxy-2-phenyl-3-methylpentansäure-(1)* (**IV**)-*2'-Diäthylaminoäthylester*, aus der Säure u. **III**, wobei direkt das *Hydrochlorid*, F. 167—168° (Isopropanol), erhalten wird; 81%. Daraus über den bas. Ester das *Methobromid*, F. 142 bis 143° (Aceton–Ae.). — Analog **IV**-*3'-Diäthylaminopropylester* (**IX**)-*Hydrochlorid*, F. 116 bis 117°. *Methobromid*, F. 127—128°. — **I**-*1'-Methylpiperidyl-(4')-ester* (**X**), Kp.$_{0,05}$ 102 bis 104°, a) aus **I**-Chlorid u. 1-Methylpiperidinol-(4) (**VIII**); b) aus **I** u. 1-Methyl-4-chlorpiperidin in Isopropanol. *Hydrochlorid*, F. 85—86° (Chlf.–Ae.). *Fumarat*, F. 91—93°. — **I**-*1'-Äthylpiperidyl-(4')-ester*, Kp.$_{0,005}$ 114—116°, aus **I** u. 1-Äthylpiperidinol-(4). *Hydrochlorid*, F. 85—86° (Aceton–Ae.). *Fumarat*, F. 90—92°. — *2-[Thienyl-(2')]-3-methylpentansäure-(1)* (**V**)-*Diäthylaminoäthylester*, Kp.$_{0,06}$ 119°, aus **V**-Chlorid u. Diäthylaminoäthanol in Bzl. oder aus **V** u. **III**. *Hydrochlorid*, F. 102—103° (Aceton–Ae.). — **V**-*3''-Diäthylaminopropylester*, Kp.$_{0,04}$ 130—132°, aus **V**-Chlorid u. **II** oder **V** u. **VI**. *Hydrochlorid*, F. 109—110° (Aceton–Ae.). — **VII**-*1'-Methylpiperidyl-(4')-ester*, Kp.$_{0,02}$ 125—126°, aus **VII**-Chlorid u. **VIII**. *Hydrochlorid*, F. 130—131° (Aceton–Ae.). *Methobromid*, F. 137 bis 139°. — Analog **VII**-*3'-Diäthylaminopropylester*, Kp.$_{0,02}$ 123—125°. *Hydrochlorid*, F. 105—106°. — **IX** entsteht auch aus **IV**-Methylester u. viel **II** in Ggw. von CH_3ONa bei 170—180°. — **V**-*1''-Methylpiperidyl-(4'')-ester*, Kp.$_{0,02}$ 120—122°, aus **V**-Chlorid u. **VIII**. — **I**-*1'-Methylpyrrolidyl-(3')-ester*, Kp.$_{0,01}$ 124—125°, aus **I**-Chlorid u. 1-Methylpyrrolidinol-(3) oder **I** u. 1-Methyl-3-brompyrrolidin. *Methobromid*, F. 114—116°. — **X**-*Methobromid*, F. 141—142° (Aceton–Ae.). *Methomethylsulfat*, F. 110—112°. — **I**-*Diäthylaminoäthylestermethobromid*, F. 100—101°. — **I**-*3'-Dimethylaminopropylester*, Kp.$_{0,001}$ 90—92°. *Hydrochlorid*, F. 110,5—112°. *Methobromid*, F. 109—111°. — **I**-*3'-Diisopropylaminopropylester*, Kp.$_{0,003}$ 102—105°. — *Pharmaceutica*. — Vgl. Schwz. PP. 317 305; C. **1958**. 8417, 327 988, 327 989, 327 990, 328 325 u. 328 327; C. **1959**. 3580 u. E. P. 781 382; C. **1959**. 2899. (**Oe. P. 195 914** vom 27/10. 1954, ausg. 25/2. 1958. D. Priorr. 24/11. 1953, 28/5. u. 20/7. 1954.) H.-J. NITZSCHKE. 4807

F. Hoffmann-La Roche & Co. Akt.-Ges., Basel, Schweiz, *Herstellung von Isonicotinsäurederivaten*. Man setzt Isonicotinsäurehydrazid (**I**), das im Kern, bes. in 2-Stellung, substituiert sein kann, mit CH_2O oder einer CH_2O-liefernden Verb. um. — Z. B. erhitzt man gleiche Gewichtsteile **I** u. 35%ig. wss. CH_2O-Lsg., gelöst in Propanol-(2), auf dem Wasserbad. Bei Abkühlung scheidet sich das gebildete Kondensationsprod. als Kristalle vom F. 167,5—171,5° ab. — Aus 38 (Gewichtsteilen) 2-Methyl-**I** u. 22 38%ig. CH_2O in W. bei 35° erhält man ein Prod. der Zus. $(C_8H_9ON_3)_n$, F. 143°. — *Heilmittel*. (**Holl. P. 80 972** vom 3/3. 1953, ausg. 15/3. 1956. A. Prior. 7/3. 1952.) F. BÖHM. 4807

Farbenfabriken Bayer Akt.-Ges. (Erfinder: **Werner Siefken**, Leverkusen, **Hans-Albert Offe** und **Gerhard Domagk**, Wuppertal), *Hydrazone heterocyclischer Aldehyde*. Zu Oe. P. 181 274; C. **1955**. 6806 ist nachzutragen: *Nicotinsäurehydrazon* von *5-Nitrofurfurol*, gelbe Kristalle, F. 240—242° (Zers.). — *Isonicotinsäurehydrazon* von *5-Nitrofurfurol*, F. 248° (Zers.); ist in den meisten Lösungsmitteln schwer löslich. — *Arzneimittel*. (**Schwz. PP. 316 629** u. **316 630** vom 12/11. 1952, ausg. 30/11. 1956. D. Prior. 22/12. 1951.) R. LINK. 4807

F. Hoffmann-La Roche & Co. Akt.-Ges. (Erfinder: **Otto Isler**, Basel, **Otto Straub**, Bottmingen, und **Hugo Gutmann**, Birsfelden), Schweiz, *Herstellung von 2-Methylpyridin-4-carbonsäurederivaten*. Zu Schwz. P. 314 563; C. **1957**. 4482 ist nachzutragen: *2-Methylpyridin-4-carbonsäure-N$_1$-isopropylhydrazid* (= *N$_1$-Isopropyl*-**I**), F. 85—88°. — *N$_2$-Isopropyl*-**I**, F. 124°. — *N$_2$.N$_2$-Dimethyl*-**I**, F. (aus Bzl.) 118—122°. — *N$_2$.N$_2$-Diäthyl*-**I**, F. (aus Bzl.–PAe.) 92—95°. — *N$_2$.N$_2$-Diisopropyl*-**I**, F. 126—128°. — *N$_2$.N$_2$-Dibenzyl*-**I**, F. 119—122°. — *N$_2$.N$_2$-Diallyl*-**I**, F. (aus Bzl.–PAe.) 72—75°. — *Heilmittel* zur Bekämpfung von *Tuberkulose*. — Vgl. F. P. 1 080 206; C. **1950/54**. 3421. S. (**D. A. S. 1 021 369** Kl. 12p vom 16/6. 1953, veröff. 27/12. 1957. Schwz. Priorr. 27/6. 1952 u. 16/4. 1953.) R. LINK. 4807

Soc. des Usines Chimiques Rhône-Poulenc, Paris (Erfinder: **Robert Michel Jacob,** Ablon-sur-Seine), Frankreich, *2-Amino- beziehungsweise -acylamino-4-chlor-5-(3'.4'-dichlorphenyl)-6-äthylpyrimidin* erhält man durch Kondensation von Guanidin oder eines seiner Salze mit 2-(3'.4'-Dichlorphenyl)-3-oxopentansäureäthylester (I) in 15—40%ig., bes. 20%ig., Oleum u. Behandlung des so erhaltenen 2-Amino- bzw. -acylamino-4-hydroxy-5-(3'.4'-dichlorphenyl)-6-äthylpyrimidin mit einem Mittel, das die OH-Gruppe durch ein Cl-Atom zu ersetzen vermag, z. B. $POCl_3$. — Beispiel: 18,7 (g) Guanidincarbonat werden bei 0° in 20%ig. Oleum eingerührt u. hierzu bei —10 bis —20° 30 I ($Kp._{0,2}$ 123—130°, hergestellt aus 2-(3'.4'-Dichlorphenyl)-3-oxopentansäurenitril, F. 106°, u. A.) zugegeben. Nach beendeter Zugabe läßt man die Temp. auf 20° ansteigen u. erhitzt noch 2 Std. auf 50 bis 55°. Das Gemisch wird dann in kalte, wss. $NaHCO_3$-Lsg. eingerührt, der abgetrennte Nd. durch Umfällen aus 2n NaOH mit Essigsäure gereinigt → 2-Amino-4-hydroxy-5-(3'.4'-dichlorphenyl)-6-äthylpyrimidin (II), F. 180—190° u. nach Erstarren 230—240°. — 10 II werden mit 8 cm³ $(CH_3CO)_2O$ u. 40 cm³ wasserfreiem Pyridin 2 Std. unter Rückfluß gekocht → 2-Acetylamino-4-hydroxy-5-(3'.4'-dichlorphenyl)-6-äthylpyrimidin (III), F. 250°. — 10,3 III werden mit 8 cm³ $POCl_3$ 1 Std. auf 55—60° erwärmt, das Reaktionsgemisch in Eiswasser gegossen u. mit Ammoniak neutralisiert → *2-Acetylamino-4-chlor-5-(3'.4'-dichlorphenyl)-6-äthylpyrimidin* (IV), F. 200°. — IV + Natronlauge → *2-Amino-4-chlor-5-(3'.4'-dichlorphenyl)-6-äthylpyrimidin,* F. 166°. — *Zwischenprodd.* für die Herst. von *Heilmitteln.* — Vgl. F. P. 1 082 743; C. **1950/54.** 3579. S. (**D. B. P. 954 250** Kl. 12 p vom 17/2. 1954, ausg. 13/12. 1956. Anmeldung bekanntgemacht 21/6. 1956. **E. P. 755 997** vom 21/4. 1954, ausg. 29/8. 1956. Beide F. Prior. 21/5. 1953.) H. BRÄUCKER. 4807

VEB Deutsches Hydrierwerk Rodleben, Rodleben bei Roßlau/Elbe (Erfinder: **Dieter Lenke,** Rodleben, **Heinz-Joachim Engelbrecht** und **Hildegard Müller,** Dessau), *Basisch substituierte Phthalazine* der allg. Formel I, in der R_1 = Aryl oder Aralkyl (gegebenenfalls im Kern substituiert), R_2 = aliphat. Kette (C_{2-5} auch verzweigt), R_3 u. R_4 = niedermol. Alkyl, zusammen mit N auch Heterocyclus, bedeuten, bzw. ihre Salze u. quaternären Verbb., lassen sich aus 1-Halogenphthalazinen u. tert. Aminoalkanolen der Formel $HO—R_2—NR_3R_4$ (in Form ihrer Alkaliverbb.) darstellen. — 1,2 g Na + 15 g β-Diäthylaminoäthylalkohol + 50 ml Toluol werden gelöst, dann (bei 10°) + 12,8 g 1-Chlor-4-benzylphthalazin, F. 152° (hergestellt aus 4-Benzylphthalazin + $POCl_3$); nach mehrstd. Erhitzen → 14 g *1-(β-Diäthylaminoäthoxy)-4-benzylphthalazin,* $Kp._{0,5}$ 226—233°; *Hydrochlorid,* F. 131—132°; *Chlorbenzylat,* F. 169—170°. — Analog ist aus 1-Chlor-4-phenylphthalazin, F. 159—161°, das *1-(β-Diäthylaminoäthoxy)-4-phenylphthalazin,* $Kp._{0,5}$ 229—233°, *Hydrochlorid,* F. 202°, erhältlich. — Weiterhin wurde beschrieben das: *1-(β-Dimethylaminoäthoxy)-4-benzylphthalazin,* $Kp._{0,5}$ 201—208°, *Hydrochlorid,* F. 178°, *Jodmethylat,* F. 186°; *1-(β-Piperidinäthoxy)-4-p-chlorbenzylphthalazinhydrochlorid,* F. 166°; *1-(3'-Dimethylaminopropoxy)-4-benzylphthalazin,* $Kp._{0,4}$ 220—225°, *Hydrochlorid,* F. 170—171°, *Jodmethylat,* F. 211°; *1-(2'-Dimethylaminopropoxy)-4-p-methoxybenzylphthalazin,* $Kp._{0,6}$ 224—230°; 4-p-Methoxybenzylphthalazon-(1), F. 196°; *1-(β-Dimethylaminoäthoxy)-4-p-methoxybenzylphthalazin,* Kp. 219—226°; 4-p-Chlorbenzylphthalazon-(1), F. 218°; *1-(β-Dimethylaminoäthoxy)-4-p-chlorbenzylphthalazin,* $Kp._{0,3}$ 218 bis 222°, *Hydrochlorid,* F. 239—240°. — *Antihistaminica* mit spasmolyt. u. lokalanästhet. Wirksamkeit. (**D. A. S. 1 046 626** Kl. 12 p vom 15/8. 1957, veröff. 18/12. 1958.)

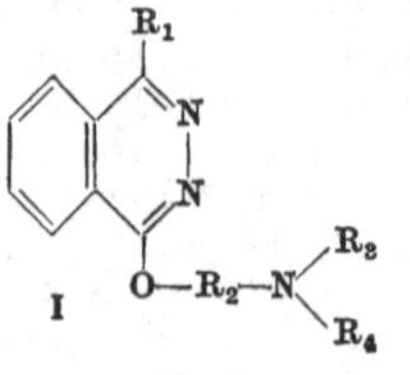

K. GÄBELEIN. 4807

Ciba Akt.-Ges. (Erfinder: **Hansjakob Schmid** und **Alfred Hunger,** Basel, und **Karl Hoffmann,** Binningen), Schweiz, *Herstellung von Azacycloalkanen,* die in den o-Stellungen zum Ring-N-Atom eine tert. Aminoalkylgruppe u. eine Oxogruppe enthalten, dad. gek., daß man auf 2-(tert.-Aminoalkyl)-cycloalkanone-(1) HN_3 oder ein Azid (NaN_3) u. Säure, bes. in Ggw. eines Verdünnungsmittels (Bzl., Chlf.) u. eines Katalysators (konz. H_2SO_4) einwirken läßt. — 53,2 (g) 2-Piperidinomethylindanon-(1)-hydrochlorid werden in der Kälte in 210 cm³ 90%ig. H_2SO_4 eingetragen u. bei 0—5° innerhalb 2 bis 3 Std. mit 10 NaN_3 versetzt. Das Gemisch wird noch 1 Std. bei 22° gerührt, auf Eis gegossen, neutralisiert, in Essigester aufgenommen, getrocknet, filtriert u. im Vakuum eingedampft. — Man erhält das *3-Piperidinomethyl-1-oxo-1.2.3.4-tetrahydroisochinolin,* F. (aus A.) 108—110°; 86,4% (Ausbeute). *Hydrochlorid,* F. (aus A.) 259—262°. — Analog: Aus 2-Piperidinomethyltetrahydronaphthalin-1-onhydrochlorid → *2-Piperidinomethyl-7-oxo-5.6-benzo-1-azacyclohepten-(5),* F. 118—120°; 89%; *Dihydrochlorid,* F. (aus A.—Essigester) 246,5—250,5°. — Aus 2-(β-Piperidinoäthyl)-indanon-(1) → *3-(β-Piperidinoäthyl)-1-oxo-1.2.3.4-tetrahydroisochinolin,* F. (aus Hexan) 111—112°. — Aus 2-(β-Piperidinoäthyl)-tetrahydronaphthalin-1-on → *2-(β-Piperidinoäthyl)-7-oxo-5.6-benzo-1-aza-*

cyclohepten-(5), F. 114,9—115,4°; 90%. — Aus 2-Diäthylaminomethylindanon-(1)-hydrochlorid → *3-Diäthylaminomethyl-1-oxo-1.2.3.4-tetrahydroisochinolin*, $Kp._1$ 176°; 84%. — Aus 2-Piperidinomethylcyclohexanonhydrochlorid → *2-Piperidinomethyl-7-oxo-1-azacycloheptan*, F. (aus Hexan) 86—88°; 75%. *Hydrochlorid*, F. (aus A.) 267—269°. — Aus 2-(β-Piperidinoäthyl)-5.6-dimethoxyindanon-(1) → *3-(β-Piperidinoäthyl)-6.7-dimethoxy-1-oxo-1.2.3.4-tetrahydroisochinolin*, F. (aus Isopropyläther) 133—134°. — Aus 2-Piperidinomethyl-3-phenylindanon-(1)-hydrochlorid → *1-Oxo-3-piperidinomethyl-4-phenyl-1.2.3.4-tetrahydroisochinolin*, (F. (aus Aceton–Ae.) 158—160°; 30%. — Aus 2-Piperidinomethyl-4-phenyltetrahydronaphthalin-1-onhydrochlorid → *2-Piperidinomethyl-4-phenyl-7-oxo-5.6-benzo-1-azacyclohepten-(5)*, F. 217—219°; 66,5%. — Aus 2-(β-Dimethylaminopropyl)-5.6-dimethoxyindanon-(1) → *3-(β-Dimethylaminopropyl)-6.7-dimethoxy-1-oxo-1.2.3.4-tetrahydroisochinolin*, $Kp._{0,01}$ 180—190°; 67%. — Die Ausgangsstoffe können wie folgt hergestellt werden: 36,1 Benzyl-(β-piperidinoäthyl)-malonsäurediäthylester werden mit 23 KOH in 20 cm³ W. u. 80 cm³ absol. A. 4 Std. unter Rückfluß erhitzt, der A. wird im Vakuum abdest., die wss. Paste 1 Std. auf sd. Wasserbad erhitzt, mit 40 cm³ 37%ig. HCl neutralisiert, im Ölbad 2 Std. langsam auf 140—160° erhitzt, der pulverisierte Rückstand in der Kälte in 200 Polyphosphorsäure gegeben u. 20 Min. auf 120—140° erhitzt, das abgekühlte Reaktionsgemisch in Eis u. W. gegeben, mit festem K_2CO_3 alkal. gemacht u. wie üblich aufgearbeitet. — Man erhält *2-(β-Piperidinoäthyl)-indanon-(1)*, $Kp._{0,2}$ 132—134°; 75%. — Analog: *2-(β-Piperidinoäthyl)-tetrahydronaphthalin-1-on*, $Kp._{0,4}$ 155—159°; 70%. — *2-(β-Piperidinoäthyl)-5.6-dimethoxyindanon-(1)*, F. (aus Isopropyläther) 100—101°. — *2-(β-Dimethylaminopropyl)-5.6-dimethoxyindanon-(1)*; *Hydrochlorid*, F. 226—227°. — 20,8 3-Phenylindanon-(1) werden mit 12,5 Piperidinhydrochlorid, 3 Paraformaldehyd, 30 cm³ absol. A. u. 0,3 cm³ konz. HCl werden 1 Std. unter Rückfluß gekocht, nochmals mit 1,5 Paraformaldehyd versetzt u. weitere 3 Std. erhitzt. — Nach dem Eindampfen zur Trockne u. Umkristallisieren des Rückstandes aus Aceton erhält man *2-Piperidinomethyl-3-phenylindanon-(1)-hydrochlorid*, F. 150—200° (Zers.); 62%. — Analog: *2-Piperidinomethyl-4-phenyltetrahydronaphthalin-1-onhydrochlorid*, Zersetzungspunkt 195—230°. — *Heilmittel* u. Zwischenprodd. zur Herst. von Heilmitteln. — Vgl. F. P. 1 107 107; C. **1958.** 2573. (**Schwz. P. 316 970** vom 29/4. 1953, ausg. 15/12. 1956. **D. B. P. 959 460** Kl. 12p vom 27/4. 1954, ausg. 7/3. 1957. Anmeldung bekanntgemacht 6/9. 1956. Schwz. Priorr. 29/4. 1953 u. 7/4. 1954.) R. LINK. 4807

Geschickter Fund for Medical Research, Inc., Washington, D. C., übert. von: **Charles H. Grogan,** Falls Church, Va., V. St. A., *Derivate von 3-Azabicyclo-[3.2.0]-heptan-2.4-dion.* Das durch exotherm. Rk. von 1.2-cis-Cyclobutandicarbonsäureanhydrid u. Dimethylaminoäthylamin entstehende Prod. wird durch Erhitzen zu *N-Dimethylaminoäthyl-3-azabicyclo-[3.2.0]-heptan-2.4-dion*, $Kp._{0,08}$ 86—94°, n_D^{20} 1,4938, cyclisiert, das mit HCl das Monohydrochlorid, F. 204,5—205,5°, u. mit CH_3J das Monojodmethylat, F. 259—260°, bildet. Analog: *N-Diäthylaminoäthyl-3-azabicyclo-[3.2.0]-heptan-2.4-dion*, $Kp._{0,2}$ 93—100°, n_D^{20} 1,4310, dessen Monohydrochlorid, F. 204—205°, u. Monojodmethylat, F. 125—126°, *N-Dimethylaminopropyl-3-azabicyclo-[3.2.0]-heptan-2.4-dion*, $Kp._{0,2}$ 87—97°, n_D^{20} 1,4942, dessen Monohydrochlorid, F. 238—239°, *N-Diäthylaminopropyl-3-azabicyclo-[3.2.0]-heptan-2.4-dion*, $Kp._{0,1}$ 100—103°, n_D^{20} 1,4918, dessen Monohydrochlorid, F. 149—151°, u. Monojodmethylat, F. 184—185°, u. *N-Morpholinopropyl-3-azabicyclo-[3.2.0]-heptan-2.4-dion*, $Kp._{0,3}$ 150—155°, n_D^{20} 1,5130, dessen Monohydrochlorid, F. 185—186°, u. Monojodmethylat, F. 239,5—241°. — *Chemotherapeutika* mit bronchodilator., antispasmod. u. anästhet. Wirkung. (**A. P. 2 802 004** vom 10/10. 1955, ausg. 6/8. 1957.) C. LÜTTGEN. 4807

M. J. Lewenstein, Kew Gardens, übert. von: **Ulrich Weiss,** Jamaica, N. Y., V. St. A., *14-Hydroxymorphinon* (**I**; X = OH), Zersetzungspunkt ca. 255°, u. *8.14-Dihydroxydihydromorphinon* (**II**), Nadeln, Zersetzungspunkt ca. 220° unter Gasentw., erhält man durch Zugabe von 14-Hydroxykodeinon (**I**; X = CH_3O—) zu einer wss., mindestens auf ca. 90° erhitzten HBr-Lsg., die dann noch kurzzeitig auf 110—120° erhitzt wird. Die Lsg. wird nach dem Abkühlen alkal. gemacht, mit Chlf. ausgezogen, die wss. Lsg. mit NH_3 alkal. gemacht u. **I** u. **II** mit Chlf. ausgezogen. **I**- u. **II**-*Hydrochlorid.* Die Entmethylierung kann auch mit HJ oder Pyridin–HCl erfolgen. — *Analgetica* u. *Antispasmodica.* (**A. P. 2 772 270** vom 21/10. 1954, ausg. 27/11. 1956.) G. KRAUSS. 4807

I

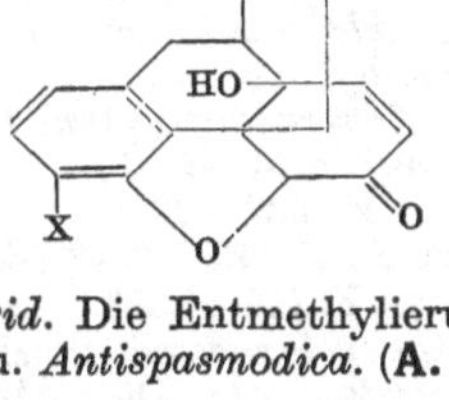

II

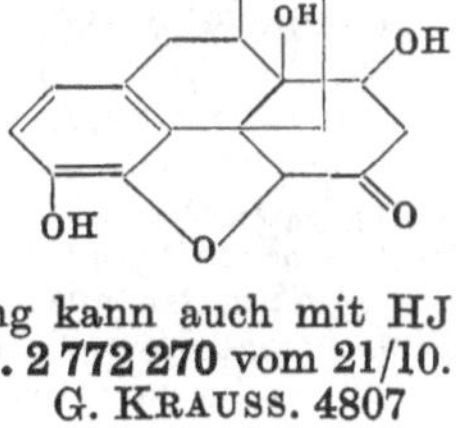

Ciba Akt.-Ges., Basel, Schweiz (Erfinder: **Robert A. Lucas**, Mendham, **Emil Schlittler, Harold B. Macphillamy**, Madison, **Charles Ferdinand Huebner**, Chatham, und **Paul R. Ulshafer**, Summit, N. J., V. St. A.), *Herstellung von Reserpsäureestern mit freier Hydroxylgruppe, von Reserpsäure* (**I**), *Reserpsäuremonoestern* (**II**) *mit freier Hydroxylgruppe und Reserpsäurediestern, deren Salzen und quaternären Ammoniumverbindungen.* Reserpin (**III**) oder dessen Salze werden entweder mit starken alkal. wirkenden Mitteln (alkoh. Alkalimetallhydroxyde, Alkalialkoholate) zu **I** verseift oder durch Behandeln mit schwächer alkal. wirkenden Mitteln (Alkali-, Al-Alkoholate, Na_2CO_3, Piperidin, Al-tert.-Butylat) in die **II** mit freier Hydroxylgruppe übergeführt, die dann mit starken alkal. wirkenden Mitteln ebenfalls zu **I** verseift werden können. Die **I** u. **II** werden in bekannter Weise in ihre Salze oder quaternären Ammoniumverbb. oder die Salze der **I** oder **II** in die freie **I** bzw. die freien **II** übergeführt. Die Carboxylgruppe der **I** wird mit Alkoholen oder die freie OH-Gruppe der **II** mit aliphat., alicycl., araliphat., aromat. oder heterocycl. Carbonsäuren oder Sulfonsäuren verestert, z. B. mit den entsprechenden Säurehalogeniden oder -anhydriden. Die Ester werden dann in ihre Salze oder quaternären Ammoniumverbb. übergeführt. Reserpsäurediester der allg. Formel **IV** (Res = der an die freie OH- u. Carboxylgruppe gebundene **I**-Rest; R = Alkyl; R′ = Methyl, Propyl, Butyl) erhält man, indem man die freie OH-Gruppe der **I**-Alkaliester oder ihrer Salze mit den entsprechend in 4-Stellung veresterten O-Carboxysyringasäuren oder deren Halogeniden oder Anhydriden in bekannter Weise verestert oder die in 4-Stellung freie OH-Gruppe eines Syringoylreserpsäurealkylesters mit einem entsprechenden Kohlensäuremonoester oder dessen reaktionsfähigen Derivv. umsetzt u. die Diester in ihre Salze überführt oder die entstandenen Salze in die freien Verbb. umwandelt. — Aus **III**, F. 262—263° (Zers.); $[\alpha]_D$ —117° (Chlf., erhalten aus der Wurzelrinde von Rauwolfia reserpina Benth. durch Extraktion mit Methanol u. bekanntes Aufarbeiten des Extrakts) mit 1-n. methanol. KOH unter N_2 u. 1—1½ std. rückfließendem Erhitzen → **I**-*Hydrochlorid*, $C_{22}H_{28}O_5N_2 \cdot HCl$, F. 255—258°; $[\alpha]_D^{25}$ —75° (1% in W.); $[\alpha]_D$ —80 ± 3° (Chlf.), lösl. in W., unlösl. in trockenem Chlf., mäßig lösl. in Chlf.–Methanol; UV-Absorptionsmaxima 222, 268, 294 mμ; Minima 248 u. 278 mμ; daraus in Methanol mit gepulvertem Ag_2CO_3 → **I**, aus Methanol F. 239—245°; daraus mit 1n methanol. KOH → *K-Reserpat*, beginnt bei ca. 200° zu verkohlen, ist schwarz bei 250° u. schm. bei 270 bis 300°; *Ba-* u. *Ca-Salz*. — Aus **III** in absol. Methanol u. KOH in Ggw. einer Spur $NaHSO_3$ unter N_2 → **I**-*Methylester*, aus Ae. F. 240,5—241,5° (Zers.). Verwendet man an Stelle von Methanol trockenen A., so entsteht **I**-*Äthylester*, F. 220—225°. Mit Butanol → **I**-*Butylester*, F. ca. 200° (Zers.); $[\alpha]_D^{25}$ —100° (Chlf.). **I**-Methylester gibt mit CH_3J in Aceton **I**-*Methylestermethjodid*, F. 205—215° (Zers.), schwach hygroskopisch. — Aus **I**-Methylester {$C_{23}H_{30}O_5N_2$, aus Methanol–Ae. F. 240—242°, erhältlich auch aus **I**-Hydrochlorid u. Diazomethan in Ae.–Methanol, unlösl. in W., lösl. in A., Chlf. u. Methanol; $[\alpha]_D$ —101 ± 3° (Chlf.)} u. 3.4.5-Trimethoxybenzoylchlorid in trockenem Pyridin → **III**, aus Aceton F. 264—266° (Zers.), daraus mit CH_3J in Methylenchlorid im Dunkeln bei n. Temp. → **III**-*Monomethjodid*, aus heißem Methanol F. 265—266°. — **I**-Methylester + Veratroylchlorid → *Veratroylreserpsäuremethylester*, $C_{32}H_{38}O_8N_2$, aus Aceton F. 230—233°. — Anisoylchlorid → *Anisoylreserpsäuremethylester*, $C_{31}H_{36}O_7N_2$, aus Aceton F. 231.5—233,5°. — 2-Furoylchlorid → *2-Furoylreserpsäuremethylester*, $C_{28}H_{32}N_2O_7 \cdot ½ H_2O$, aus Aceton–W. F. 240—242°; *Hydrochlorid*, aus W. F. 258—260°. — Nicotinoylchlorid → *Nicotinoylreserpsäuremethylester*, $C_{29}H_{33}N_3O_6$, aus Aceton–W. F. 255 bis 256° (Zers.). — Zimtsäurechlorid → *Cinnamoylreserpsäuremethylester*, $C_{32}H_{36}O_6N_2$, aus Aceton–W. F. 240—243° (Zers.); *Hydrochlorid*. — Phenylessigsäurechlorid → *Phenacetylreserpsäuremethylester*, aus Aceton F. 235—239°. — 3.4-Dichlorbenzoylchlorid → *3.4-Dichlorbenzoylreserpsäuremethylester*, aus Aceton F. 239—243°. — Isocaproylchlorid → *Isocaproylreserpsäuremethylester*, aus Aceton F. 224—226°. — Essigsäureanhydrid → *Acetylreserpsäuremethylester*, $C_{25}H_{32}N_2O_6$, aus Aceton F. 287—290°. — **I**-Äthylester + Essigsäureanhydrid → *Acetylreserpsäureäthylester*, aus Aceton F. 245—250°. *3.4.5-Trimethoxybenzoylreserpsäureäthylester*, aus Aceton F. 218—220°. — p-Toluolsulfonylchlorid → *p-Toluolsulfonylreserpsäuremethylester*, $C_{30}H_{36}N_2O_7S$, aus A. F. 221—222°. — 3.4.5-Trimethoxyzimtsäurechlorid → *3.4.5-Trimethoxycinnamoylreserpsäuremethylester*, $C_{35}H_{42}N_2O_9$, aus Methanol F. 232—234°. — Methansulfonylchlorid → *Methansulfonylreserpsäuremethylester*, aus A. F. 235—237° (Zers.). — Benzoylchlorid → *Benzoylreserpsäuremethylester*, aus Aceton F. 227—230°. — *Veratroyl-, Anisoyl-, 2-Furoyl-, Nicotinoyl-, Cinnamoyl-, 3.4.5-Trimethoxycinnamoyl-, Phenylacetyl-, 3.4-Dichlorbenzoyl-, Isocaproyl-, p-Toluolsulfonylreserpsäureäthylester*. Die **I**-Alkylester können noch mit dem Anhydrid

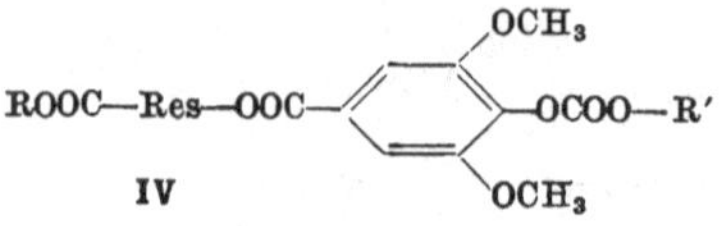

IV

oder Halogenid von *Propion-, Chlorpropion-, Butter-, Bernstein-, Methyläthylessig-, Methyläthylglykol-, Stearin-, Chloressig-, Mandel-, Tropa-, Mono-* u. *Dimethoxyzimt-, o-Methoxybenzoe-, p-Methylbenzoe-, Piperonyl-, Salicyl-, p-Hydroxybenzoe-, 3.4-Dihydroxybenzoe-, Orsellin-, 2.3.4-Trihydroxybenzoe-, 4-Hydroxy-3-methoxybenzoe-, 4-Methoxy-3-hydroxybenzoe-, Syringa-, 4-Chlorbenzoe-, p-Nitrobenzoe-, p-Aminobenzoe-, 1-* u. *2-Naphthoe-, Thienylcarbon-, Picolin-, Isonicotin-, Chinolincarbon-* u. *Sulfanilsäure* verestert werden. — I + Diazoäthan → *Reserpsäureäthylester*, aus Aceton F. 220—225°. *Propyl-* u. *Butylester.* — Carbäthoxysyringoylchlorid → *(O'-Carbäthoxysyringoyl)-reserpsäuremethylester*, aus Aceton F. 175—178°; daraus mit 3n alkoh. NH_3 bei 5° → Syringoylreserpsäuremethylester (**V**), aus wasserfreiem A. F. 190—192°; daraus mit Diazomethan → **III**. — 4-Carbopropoxysyringoylchlorid → *(O-Carbopropoxysyringoyl)-reserpsäuremethylester*, aus Aceton F. 180—184°; auch erhältlich aus **V** u. Chlorameisensäurepropylester. — **V** + Chlorameisensäuremethylester in trockenem Pyridin → *(O-Carboxymethylsyringoyl)-reserpsäuremethylester*, aus A. F. 231—232°. — Chlorameisensäurebutylester → *(O-Carbobutoxysyringoyl)-reserpsäuremethylester*, F. 187—189°. — Chlorameisensäureisobutylester → *(O-Carboisobutoxysyringoyl)-reserpsäuremethylester*, F. 192—194°; *Hydrochloridmonohydrat*, F. 224—225°. Die Verbb. geben mit H_2SO_4, H_3PO_4, HNO_3, Hydroxyäthansulfon, Toluolsulfon-, Essig-, Wein- u. Citronensäure die entsprechenden Salze. — Zwischenprodd. zur Herst. von Heilmitteln mit reserpinähnlicher Wirkung. Die zuletzt genannten Verbb. wirken wie **III** *blutdrucksenkend*, jedoch nicht oder nur wenig beruhigend oder schlaferzeugend. (**Belg. P. 528 674** vom 7/5. 1954, ausg. 29/3. 1957. **Schwz. PP. 327 279** vom 3/5. 1954, ausg. 15/3. 1958. **331 749** vom 3/5. 1954, ausg. 15/9. 1958. **332 481, 332 705** u. **334 151** vom 3/5. 1954, ausg. 31/12. 1958. Sämtliche A. Priorr. 8/5., 15/6., 10/8., 25/8. u. 27/8. 1953 u. 19/2. 1954. **D. A. SS. 1 029 002** Kl. 12p vom 5/5. 1954, veröff. 30/4. 1958. A. Priorr. 8/5., 15/6., 25/8. u. 27/8. 1953. **1 038 555** Kl. 12p vom 22/7. 1955, veröff. 11/9. 1958. A. Prior. 27/7. 1954 u. **1 033 211** [Zusatz-Anmeld.] Kl. 12p vom 5/5. 1954, veröff. 3/7. 1958.) G. KRAUSS. 4807

E. Merck Akt.-Ges. (Erfinder: **Fritz von Werder**), Darmstadt, *Isolierung von Dihydrovitaminen D_2.* Man verestert die bei der Red. von Tachysterin$_2$ u./oder Vitamin D_2 anfallenden Stoffgemische mit in 3-Stellung substituierten Benzoesäuren u. verseift u. reinigt anschließend nach bekannten Methoden. So wird z. B. das durch Red. von Vitamin D_2 mit Na gewonnene Harz ($[\alpha]_D$ 45,9°) in Bzl. u. in Ggw. von Pyridin mit m-Nitrobenzoylchlorid verestert → *Dihydrovitamin D_2I-m-nitrobenzoat*, F. 108°; $[\alpha]_D$ 32,1°, welches durch Verseifung mit methanol. KOH in krist. *Dihydrovitamin D_2I* übergeführt werden kann. Aus der Mutterlauge des Veresterungsgemischs läßt sich nach Einengen *Dihydrovitamin D_2II-m-nitrobenzoat*, F. 143—144°; $[\alpha]_D$ 149,2°, abscheiden. Aus der Mutterlauge erhält man nach nochmaligem Einengen *Dihydrovitamin D_2IV-m-nitrobenzoat*, F. 154—155°; $[\alpha]_D$ 91°. Analog erhält man aus dem durch Red. von Tachysterin$_2$ mit Na gewonnenem Prod. ($[\alpha]_D$ 42,9°) *Dihydrovitamin D_2I-m-chlorbenzoat*, F. 97—98°; $[\alpha]_D$ 42,1°, u. aus der Mutterlauge *Dihydrovitamin D_2II-m-chlorbenzoat*, F. 131°; $[\alpha]_D$ 156,2°, neben *Dihydrovitamin D_2IV-m-chlorbenzoat*, F. 151—152°, $[\alpha]_D$ 94,5°. (**D. A. S. 1 038 037** Kl. 12o vom 7/12. 1956, veröff. 4/9. 1958.) U. SIEVERS. 4809

F. Hoffmann-La Roche & Co. Akt.-Ges. (Erfinder: **Herbert Lindlar**), Basel, Schweiz, *Herstellung von 2-Methyl-3-phytyl-1.4-naphthohydrochinonderivaten* erfolgt durch Rk. von 2-Methyl-1.4-naphthohydrochinon-1-monocarbonsäureester mit Phytol, Isophytol oder deren Abkömmlingen (Phytyläther, -acetat) in Ggw. saurer Kondensationsmittel ($ZnCl_2$, H_2SO_4, Trichloressigsäure, Essigsäure, Oxalsäure, BF_3, dessen Ätherate) u. eines Lösungsm. (Ae., Dioxan, HCOOH, Eisessig) bei 50—100°. — Aus 2-Methyl-1.4-naphthohydrochinon u. Benzoylchlorid in Ae. in Ggw. von Pyridin → 2-Methyl-1.4-naphthohydrochinon-1.4-dibenzoesäureester, daraus in A. mit 10%ig. wss. NaOH → 2-Methyl-1.4-naphthohydrochinon-1-monobenzoesäureester, F. 171°, daraus in Dibutyläther mit Isophytol in Ggw. von BF_3-Ätherat bei 85° → *2-Methyl-3-phytyl-1.4-naphthohydrochinon-1-monobenzoesäureester*, aus Methanol–A. (1:1), F. 77°. — 2-Methyl-1.4-naphthohydrochinon-1-monoessigsäureester → *2-Methyl-3-phytyl-1.4-naphthohydrochinon-1-monoessigsäureester*. — *Heilmittel* mit der *Wrkg. von Vitamin K_1*. — Vgl. auch Schwz. P. 320 582; C. **1958.** 804. (**D. A. S. 1 015 790** Kl. 12o vom 12/7. 1954, veröff. 19/9. 1957. **Belg. P. 531 041** vom 10/8. 1954, ausg. 8/11. 1957. Beide Schwz. Prior. 12/8. 1953.) G. KRAUSS. 4809

American Cyanamid Co., New York, übert. von: **Seymour Bernstein**, Pearl River, und **Ruddy Littel**, River Vale, N. Y., V. St. A., *16α.21-Diacetoxy-17α-hydroxy-4.9(11)-pregnadien-3.20-dion*, F. 193—194°; $[\alpha]_D^{25}$ 36°, erhält man durch Überführung von 17α.21-Dihydroxypregnan-3.11.20-trion (**I**) in das **I**-*3.20-Diäthylenketal*, F. 190,5 bis 191,5°, anschließende Red. der 11ständigen Oxogruppe mit $NaBH_4$ → *Pregnan-*

11β.17α.21-triol-3.20-dion-3.20-diäthylenketal, F. 171—172°; *21-Acetat*, F. 166,5—167°; daraus durch Dehydratisierung mit Thionylchlorid in Pyridin → *21-Acetoxy-9(11).16-pregnadien-3.20-dion*, F. 152,5—153,5°; $[\alpha]_D^{25}$ 125°, welches mit OsO_4 hydroxyliert u. anschließend acetyliert wird → *16α.21-Diacetoxy-17α-hydroxy-9(11)-pregnen-3.20-dion*, F. 175—190°; $[\alpha]_D^{25}$ 0°; daraus durch Bromierung mit Br_2 in Dimethylformamid → *16α.21-Diacetoxy-4-brom-17α-hydroxy-9(11)-pregnen-3.20-dion*, welches sodann mit LiCl in Dimethylformamid dehydrobromiert wird. — *Zwischenprod.* für die Herst. von *Heilmitteln*. (**A. P. 2 846 454** vom 27/9. 1957, ausg. 5/8. 1958.) U. SIEVERS. 4809

Løvens Kemiske Fabrik ved A. Kongsted (Erfinder: **Henning Otto Bojsen Lorck** und **Ernst Richard Frank**), Kopenhagen, Dänemark, *1-Dehydrosteroide* erhält man durch Bebrütung der entsprechenden Dihydrosteroide mit Kulturen von *Colletotrichum-* oder *Vermicularia-*Arten, bes. von *Colletotrichum atramentarium*. — Man kann so z. B. Cortison in *1-Dehydrocortison* überführen. — *Heilmittel*. (**E. P. 805 563** vom 20/3. 1956, ausg. 10/12. 1958.) U. SIEVERS. 4809

C. F. Boehringer & Soehne G. m. b. H., Mannheim (Erfinder: **Rudi Gall, Wolfgang Vömel**, Mannheim, **Johann Daniel Achelis** und **Erich Haack**, Heidelberg), *Herstellung von Lösungen des Chloramphenicols in wässerigen Flüssigkeiten*, dad. gek., daß man als Lösungsvermittler niedere Ester des Chloramphenicols, in denen die Estergruppemaxinal 10 C-Atome enthält u. die gegebenenfalls erst während der Zubereitung z. B. durch Zusatz des betreffenden Säureanhydrids gebildet werden, vorzugsweise das Chloramphenicol-3-succinat bzw. seine Salze verwendet. Die Zugabe weiterer bekannter Lösungsvermittler, wie Harnstoff oder Urethan, ist möglich. (**D. A. S. 1 049 541** Kl. 30h vom 7/12. 1957, veröff. 29/1. 1959.) W. HEYER. 4811

Olin Mathieson Chemical Corp., New York, N. Y., übert. von: **Durward N. Entrekin**, New Brunswick, N. J., V. St. A., *Antacidum mit mild abführender Wirkung*, enthaltend 15—60% $Mg(OH)_2$ in einer steifen Gummi-Gel-Basis, die aus Stärke (**I**), Glycerin (**II**) u. Sorbit (**III**) besteht. Auf 1 (Teil) **II** sollen 0,2—5 **III**, auf 4—15 **II** + **III** soll je 1 **I** kommen. Das Mittel schmeckt nicht bitter. (**A. P. 2 843 521** vom 10/5. 1955, ausg. 15/7. 1958.) K. KOEBKE. 4815

Sterling Drug, Inc., übert. von: **Frederick Coulston**, Rensselaer, und **Emery W. Dennis**, Albany, New York, N. Y., V. St. A., *Mittel gegen die Coccidiose des Geflügels*, enthaltend *2.2'-Thio-bis-(2.4-dichlorphenol)*. Die Mittel werden in Mengen von 0,05—1,0% in einem Träger (Futtermittel) per os verabreicht. (**A. P. 2 844 509** vom 20/7. 1956, ausg. 22/7. 1958.) K. KOEBKE. 4815

Chas. Pfizer & Co., Inc., Brooklyn, N. Y., übert. von: **Joseph F. Gardocki**, Maywood, und **Duncan Elliot Hutcheon**, Montvale, N. J., und **Gerald D. Laubach**, Jackson Heights, und **Shih Yi P'an**, Fresh Meadows, V. St. A., *Tierarzneimittel*. zur Dämpfung des Zentralnervensyst., enthaltend neben für diesen Zweck bekannten Stoffen, wie Barbituraten, Acetylencarbinolen, wasserlösl. Estern von Pregnanolonen, Chloral, Morphin, noch das synergist. wirkende *2-(1.2.3.4-Tetrahydronaphthyl)-imidazolin*. (**A. P. 2 842 478** vom 25/8. 1955, ausg. 8/7. 1958.) K. KOEBKE. 4815

Donald E. Vierling, Pittsburgh, Pa., V. St. A., *Phenothiazinhaltige Wurmmittel für Tiere* verlieren ihren störenden Geschmack u. werden damit per os verabreichbar, wenn man je 1 (Teil) Phenothiazin mit 1—5 eines Sirups oder Öls, wie Lecithin, Olivenöl, Maissirup, Mineralöl oder Lebertranöl vermischt. Man kann auch Na-Propionat zugeben. (**A. P. 2 840 504** vom 28/9. 1955, ausg. 24/6. 1958.) K. KOEBKE. 4815

Jens Gunnar Hald, Kopenhagen, Dänemark, *Zahnpflegemittel*, enthaltend *Magnesiumdinatriumäthylendiamintetraacetat* oder *Dimagnesiumäthylendiamintetraacetat* als Komplexbildner für Ca-Ionen. (**Dän. P. 81 674** vom 30/7. 1954, ausg. 27/8. 1956.) K. H. KÄHLER. 4823

Colgate-Palmolive Co., Jersey City (Erfinder: **William James King**, River Edge), N. J., V. St. A., *Mundpflegemittel*, gek. durch einen Geh. an einer wasserlösl. Chlorophyllverb. (Cu-Chlorophyllin-Na) u. dem Amid aus einer höhermol. Fettsäure u. einer Aminocarbonsäure, z. B. Na-N-Lauroylsarcosinat. (**Schwz. P. 332 326** vom 23/4. 1954, ausg. 15/10. 1958.) E. PETERSEN. 4823

G. Analyse. Laboratorium.

L. D. Muller, *Der Mikropanner — ein Apparat zur Schwerekonzentration von geringen Mengen Material*. Der Mikropanner besteht aus einem durch einen Exzenter angetriebenen Wagen, welcher eine V-artig mit Linoleum ausgeschlagene Plattform besitzt. Durch einen Elektromotor wird der Wagen über den verstellbaren Exzenter in rüttelnde Bewegung versetzt, wodurch eine Schweretrennung der Mineralien stattfindet. (Bull. Instn. Mining Metallurgy [Trans.] **68.** 1—7. Okt. 95—100. Dez. 1958.) F. Ensslin. 5024

Ivan Klimeš, *Automatische Geräte zur Extraktion von polaren Stoffen aus Lösungsmitteln, die sich mit Wasser nicht mischen.* Zur Laboratoriumsextraktion von wasserlösl. Stoffen aus Fll., die mit W. nicht mischbar sind, wurden Geräte entwickelt, bei denen das Extraktionsmittel (W.) durch rosettenförmig angeordnete Düsen in die zu extrahierende Lsg. eintritt; es wird eine intensive Berührung beider Phasen, jedoch ohne Gefahr der Emulsionsbldg., erzielt. Die Ausführung der Geräte für Fll., leichter u. schwerer als W., wird beschrieben. (Chem. Listy **52.** 1650—52. Aug. 1958. Brno, Čs. akad. zeměděl. věd., Výzkum ústav krmivářský.) M. Ryba/Prag. 5034

Gunter Zweig, *Rotierender Verdampfer mit kontinuierlicher Zuführung.* Kurze Beschreibung eines rotierenden Verdampfers, der durch einen Motor direkt angetrieben wird u. der evakuiert werden kann. Nicht geeignet für Mineralsäuren. (Analytic. Chem. **31.** 967. Mai 1959. Davis, Calif., Univ. of California, Pesticide Residue Res. Labor.) Friedrich Wolf/Berlin. 5048

A. S. Meyer, J. C. Matthews und **P. Samarco,** *Ein Gerät zur Konzentrierung verschiedenartiger Lösungen bei tiefer Temperatur.* Es wird ein Gerät beschrieben, in dem auf einem drehbaren Teller mehrere Reagensgläser angeordnet sind, die schnell gegeneinander ausgetauscht werden können, u. in welche zur Verdunstung von Lösungsmitteln durch eine verstellbare Nadel ein Gas dicht oberhalb der Flüssigkeitsoberfläche eingeblasen werden kann. (Analytic. Chem. **31.** 966—67. Mai 1959. Bloomfield, N. J. Schering Corp.) Friedrich Wolf/Berlin. 5048

N. A. Kupina und **A. A. Rawdel,** *Statische Methode zur Messung von Dampfdrucken über Lösungen.* Vff. beschreiben ein einfaches Gerät zur stat. Best. der Dampfdrucke über Fll. bis zu —10°, bestehend aus einem in ein Thermostatbad getauchten Kolben mit der zu untersuchenden Fl. u. einem Röhrensyst. zum Druckausgleich u. Überführen des Dampfdrucks zu einem Hg-Manometer. Die Genauigkeit der Messungen beträgt bei niedrigen Tempp. ±0,5%, bei höheren ±0,2—0,3%. (Журнал Прикладной Химии [J. angew. Chem.] **30.** 1405—08. Sept. 1957.) H. Tůma. 5048

R. Belcher, J. Sheridan, W. I. Stephan und **T. S. West,** *Analytische Chemie.* Übersicht über Fortschritte in der anorgan. qualitativen u. quantitativen u. der organ. quantitativen Analyse, der Polarographie, der Photometrie, der Flammenphotometrie der anorgan. Chromatographie u. der Ionenaustauschmethoden, der Elektrophorese, der Spektroskopie u. in der Entw. instrumenteller Methoden der Titrimetrie. (Annu. Rep. Progr. Chem. **53.** 332—82. 1956, herausgeg. 1957.) Herbert Müller. 5050

Dobroslav Šnobl und **Ladislav Lehar,** *Über den Einfluß der Elektrodenoberfläche auf die Kapazität des Meßkondensators sowie den Wert der zu bestimmenden dielektrischen Konstanten von Lösungen.* Der Grund der Unbeständigkeit der Kapazität von Meßkondensatoren sowie Möglichkeiten zu deren Verminderung wurden an versilberten Glaskondensatoren untersucht. Dabei wurde festgestellt, daß Schwankungen der veränderlichen sowie unveränderlichen Kapazität durch Veränderungen der dünnen Dielektrikumschicht, welche die Elektroden bedeckt, verursacht werden. Der Einfl. der Schwankungen der Dicke sowie der DK. dieser Schicht wurde theoret. untersucht u. die aus der abgeleiteten Gleichung errechneten Werte wurden mit den Ergebnissen prakt. Messungen verglichen. (Chem. Listy **52.** 1673—81. Sept. 1958. Pardubice-Rybitví, Výzkumný ústav organických syntes.) O. Knessl/Prag. 5052

Jiří Jílek, *Hochspannungsquelle für Elektrowanderungsvorgänge.* Das Schaltschema einer Hochspannungsquelle, welche für die Hochspannungspapierelektrophorese bestimmt ist u. seit längerer Zeit befriedigend arbeitet, wird beschrieben. Das Gerät, das 0—3 kV/1 A, in anderer Ausführung 0—5,5 kV/0,75 A liefert, wurde als stetig regelbarer Hg-Zweiweggleichrichter mit Drosseleingang u. einer neuartigen Hochspannungssicherung konstruiert. (Chem. Listy **52.** 1833—34. Sept. 1958. Brno, Československ. akad. věd, Ústav přístrojové techn.) O. Knessl/Prag. 5062

G. Gottschalk und **P. Dehmel,** *Statistik in der chemischen Analyse.* 3. Mitt. *Die Prüfung der Ergebnisse photometrischer Eichmessungen auf Erfüllung des Lambert-Beerschen Gesetzes.* (2. vgl. C. **1959.** 3240.) Die objektive Prüfung des Zahlenmaterials photometr. Eichmessungen auf Erfüllung des Lambert-Beerschen Gesetzes kann nach einer einfachen linearen Korrelationsrechnung für die Größen ε (Extinktionskoeff.) u. b (vorgegebene Konz.) mit einer statist. Prüfformel vorgenommen werden. Die prakt. Anwendung der Formeln wird an 2 Beispielen gezeigt, die auch den Einfl. apparativer Verhältnisse auf die Möglichkeit der Erfüllung erkennen lassen. (Z. analyt. Chem. **163.** 273—81. 3/9. 1958. Berlin, Osram-Studienges. für elektr. Beleucht.) H. Pluskal. 5063

G. Gottschalk und **P. Dehmel,** *Statistik in der chemischen Analyse.* 4. Mitt. *Auswertung photometrischer Eichmessungen bei Erfüllung des Lambert-Beerschen Gesetzes.* (3. vgl. vorst. Ref.) Zur Auswertung photometr. Eichmessungen bei nachgewiesener Geltung des LAMBERT-BEERschen Gesetzes wird eine Ausgleichsrechnung, basierend auf einem auch in der Gravimetrie u. Titrimetrie herangezogenen Minimumansatz, beschrieben, wonach die Verfahrenskonstante (ω) u. der Extinktionskoeff. (ε) sowie deren mittlere quadrat. Abweichung u. die Standardabweichung des Verf. (s_c) berechnet werden können. Die Möglichkeit der Ermittlung von Blindwerten u. die Ursachen dieser Größen werden diskutiert, ebenfalls kurz statist. Fehlerbereiche u. Definition einer Nachweisgrenze. Die Anwendung der Formeln wird an prakt. Beispielen erläutert. (Z. analyt. Chem. **163.** 330—38. 19/9. 1958.) H. PLUSKAL. 5063

F. Rotter, *Einige Anwendungen der vier Leuchtdichtefunktionen des Schwarzen Körpers in der Präzisionsphotometrie.* Wenn der bei photometr. Messungen benutzte Empfänger mit seiner Hellempfindlichkeit nicht exakt mit den von der C.I.E. international festgelegten Werten des normalen Auges übereinstimmt, entstehen systemat. Meßfehler. Bei Glühlampen, deren Energieverteilung weitgehend der des Schwarzen Körpers entspricht, lassen sich diese Fehler als Funktion der Temp. darstellen. Es werden die vier Leuchtdichtefunktionen des Schwarzen Kröpers berechnet. Für die Darst. der spektralen Hellempfindlichkeit des Auges wird eine Näherungsfunktion verwendet. — Die für die Leuchtdichten entwickelten Interpolationsformeln erfassen das Temperaturgebiet von 1000°K bis zu unendlich hohen Temperaturen. Sie gelten für das hell- u. dunkeladaptierte Auge. Auf Grund der Leuchtdichtefunktionen werden die Meßfehlerfunktionen entwickelt. Es wird gezeigt, daß zu ihrer Best. drei Normallichtquellen verschied. Farbtemp. notwendig u. hinreichend sind. Die Best. der Farbtemp. nach der Meth. des Blau–Rot-Verhältnisses wird diskutiert. (Acta physica austriaca **12.** 29—59. 1958. Wien.) H. LINDBERG. 5064

N. Barakat, *Zweistrahlkontrastphotometrie.* Mittels Zweistrahlinterferenzen niedriger Ordnung u. hoher Dispersion lassen sich sonst kaum in Erscheinung tretende Oberflächenmerkmale sehr kontrastreich sichtbar machen. Die Empfindlichkeit erreicht bei der halben Maximalintensität ihren größten Wert, was experimentell mit dem ZEISS-LINNIK-Interferenzmikroskop bestätigt wurde. Ein Vgl. mit der Empfindlichkeit von Vielstrahlinterferenzen mit FABRY-PEROT-Verteilung wird graph. dargestellt. Bei den Zweistrahlinterferenzen entspricht eine Intensitätsabnahme von 10% im Maximalmeßbereich einem Höhenunterschied von $\lambda/125{,}6$. Es läßt sich eine gute Flächenauflsg. erzielen. Die Verwendungsfähigkeit von kontrastreichen Interferenzstreifen zur Messung von Stufenhöhen auf Kristallflächen wird an Hand von Aufnahmen dargelegt. (Acta physica austriaca **12.** 108—11. 1958. Cairo, Ein Shams Univ.; Graz, Univ., Phys. Inst.) H. LINDBERG. 5064

Václav Klozar, *Gerät zur selbsttätigen Registrierung coulometrischer Titrierkurven.* Die coulometr. Titration wird durch die Registriereinrichtung eines polarograph. Gerätes sowie durch eine die Einschaltung des Entwicklungsstromes, der Stoppuhr sowie der Zeitmarkierung verbindende Einrichtung automatisiert. An der Titration von Methyloleat mit Chlor wurde erwiesen, daß die mit der beschriebenen Einrichtung ausgeführte Bestimmung im Vgl. mit der visuellen Indizierung einen ungefähr 50% niedrigeren Fehler ergibt. (Chem. Listy **52.** 1835—37. Sept. 1958. Ústí nad Labem, Výzkumný ústav pro oleje a tuky.) O. KNESSL/Prag. 5066

Antonín Tockstein und **Karel Komers,** *Beitrag zur Theorie der elektrometrischen Indizierung des Äquivalenzpunktes mit zwei polarisierbaren Elektroden bei irreversiblen Redoxsystemen.* Der Verlauf der Titrationskurven irreversibler Redoxsysteme wurde einerseits durch Titration an einem Indicationselektrodenpaar bei konstanter Spannung, andererseits bei konstanter Stromintensität untersucht. Die Kurven werden an Hand der Theorie irreversibler polarograph. Vorgänge abgeleitet. Die Genauigkeit, mit welcher der Äquivalenzpunkt erreicht wird, hängt von dem Irreversibilitätsgrade des titrierten Redoxsyst. ab. (Chem. Listy **52.** 1479—84. Aug. 1958. Pardubice, Vysoká škola chem.-technolog.) O. KNESSL/Prag. 5066

J. Heyrovský, *Bibliographie der Veröffentlichungen, die sich mit der polarographischen Methode im Jahre 1957 beschäftigen.* Veröffentlichungen 1957 u. Nachträge aus den Jahren 1947, 1952—1956. (Collect. Trav. chim. tchèques **23.** 1—79. 1958.) M. GEHLEN-KELLER. 5066

B. Singh und **S. Singh,** *Natriumhypochlorit als volumetrisches Reagens.* 2. Mitt. *Indirekte Bestimmung von oxydierenden Agentien.* (1. vgl. C. **1959.** 10681.) Zur Best. von $KMnO_4$, $KBrO_3$, $K_2S_2O_8$, KJO_4, H_2O_2, $K_2Cr_2O_7$, $Ce(SO_4)_2$ u. *Chloramin-T* vermischt man die Substanz zur Red. mit überschüssiger $FeSO_4 \cdot [C_2H_4(NH_3)_2]SO_4 \cdot 4\,H_2O$ (**I**)-Lsg., säuert mit konz. HCl bis 5—6n an, versetzt mit 5 ml Chlf. als Indicator u. 5 ml 0,05n JCl-Lsg. als Katalysator u. titriert das überschüssige I gegen 0,10 n NaOCl-Lsg. über Violett bis zur schwachen Gelbfärbung des Chlf. zurück. (Z. analyt. Chem. **162.** 325—27. 1958. Hoshiapur, Indien, Panjab Univ., Dep. of Chem.) H. PLUSKAL. 5072

Vladimír Kaláb, Jaromír Řepiš und **Klára Vnuková,** *Methode zur Messung der Reaktionswärme bei kontinuierlichen Verfahren.* Nach der beschriebenen Meth. werden Reaktionswärmen chem. Rkk. direkt in der kontinuierlich arbeitenden Reaktionsapp. gemessen. Es wird zunächst die Temp. der Prodd. während der Rk. gemessen; nachher wird das Reaktionsgemisch durch elektr. Heizung auf dieselbe Temp. gebracht u. aus der bekannten Stromleistung die zugeführte Wärmemenge bestimmt. Der Arbeitsgang wird an einem Beispiel erläutert. (Chem. Listy **52.** 1428—30. Aug. 1958. [Orig.: tschech.] Collect. czechoslov. chem. Commun. **24.** 1615—18. Mai 1959. [Orig.: engl.] Žilina, Považské chem. závody.) M. RYBA/Prag. 5084

Jiří Machalický, *Die Messung der spezifischen Wärme keramischer Stoffe aus dem Zeitverlauf der Temperatur.* Das Prinzip der Meth. zur Best. der spezif. Wärme keram. Stoffe liegt im Vgl. des Zeitverlaufs der Temp. in einem elektr. geheizten u. mit W. gefüllten Calorimeter mit einem anderen, der gleiche Mengen von W. u. der zu messenden Probe enthält. Der Fehler der Meth. erreicht 2,5%. (Českoslov. Časopís Fysíku **8.** 712 bis 175. 1958. Praha, České vysoké učení techn.) J. SCHNEIDER. 5084

M. Silvestri und **N. Adorni,** *Ein Apparat zur kontinuierlichen Isotopenanalyse von Wasserstoff-Deuterium-Gemischen.* (Vgl. C. **1957.** 7738.) (Nuovo Cimento [10] **4.** 1610—12. 1/12. 1956. Mailand, Labor. C. I. S. E. [Orig.: engl.]) H. ECKSTEIN. 5086

a) Elemente und anorganische Verbindungen.

Marvin Antelman, Sister Denise Eby und **George B. Kauffman,** *Diffusionsanalyse von Ionen in Gelen.* Durch Beobachtung der Diffusion einzelner Ionen oder Gemische von Ionen in dicken Gelen kann ein qualitativ u. quantitativer Nachw. geführt werden. Es gelang die Trennung u. Erkennung vieler Kombinationen aus 2 oder 3 Ionenarten. Nach ihrer Wanderungsstrecke ordnen sich Kationen hierbei in die folgende Reihe: $Mn^{2+} > Ni^{2+} > Co^{2+} > Ag^{+} > Cu^{2+} > Fe^{3+} > Pb^{2+} > Bi^{3+} > Hg^{2+} > Au^{3+} > Hg^{+}$. Zur Best. wird mit der Diffusionsstrecke einer Lsg. bekannter Konz. verglichen. Es muß hierbei bei Best. von Kationen das gleiche Anion vorliegen. Die Ionen befolgen das FICKsche Gesetz; durch seine Anwendung erfolgt Errechnung der Konzentration. Bei Unters. der entsprechenden Nitrate ergibt sich nach 15 Min. Diffusionszeit mit 0,1 n Lsg. geordnet nach der Länge der Diffusionsstrecke folgende Reihe: $Zn^{2+} > Hg^{+} > Co^{2+} > Cr^{3+} > Cd^{2+} > Au^{3+} > Ni^{2+} > Fe^{2+} > Hg^{2+} > Fe^{3+} > Mn^{2+} > Ag^{+} > Ti^{4+} > Cu^{+} > Cu^{2+} > UO_2^{2+} > Pb^{2+} > Al^{3+}$. Rkk. zwischen einzelnen Ionen bedingen Störungen. (Analytic. Chem. **31.** 829—33. Mai 1959. Nashua, N. H. Hampshire Chemical Corp.; Emmitsburg, Md., Saint Joseph Coll.; Fresno, Calif., Fresno State Coll.) FRIEDRICH WOLFF/Berlin. 5106

A. K. Majumdar und **B. R. Singh,** *Elektrochromatographie zur Trennung von Ionen.* 6. Mitt. *Trennungen der Metalle der analytischen Zinkgruppe.* (5. vgl. C. **1959.** 9337.) Wanderungsrichtung u. relative Geschwindigkeit der Ionen Co^{2+}, Ni^{2+}, Mn^{2+} u. Zn^{2+} in 31 verschied., meist 0,1 n Elektrolytlsgg. wurden gemessen u. tabellar. angegeben. In 22 Lsgg. sind Trennungen bin. Gemische möglich. Trennungen tern. Gemische sind möglich in 5 n NH_3-Lsg. (Reihenfolge von der Anode zur Kathode) für Mn, Co, Ni u. Mn, Co, Zn; in wss. 0,1 n KCN-Lsg. für Ni, Co, Mn u. Zn, Co, Mn; in 0,1n KCN + 5%ig Br_2-Lsg. bzw. 0,1 n KCN-Lsg. (p_H 6,0) für Ni, Co, Mn bzw. Ni, Zn, Mn. Eine vollständige Trennung aller 4 Ionen ist nicht möglich, jedoch überlappt in KCN-Lsg. von p_H 6,0 die Zn-Bande nur sehr wenig die Co-Bande (Reihenfolge: Ni—Zn—Co—Mn). — Die 4 Elemente sind in den meisten Elektrolyt-Lsgg. kation. gebunden, nur bei Ggw. von Citrat, *Tartrat* (**I**), Oxalat, 1 n NH_4SCN, KCN u. Dimethylglyoxim werden anion. Komplexe gebildet. Mn ist auch mit **I** u. KCN in kation. Komplex. Zn ist außerdem anion. in NaOH- u. $Na_2S_2O_3$-Lsg. gebunden. Beim Anstieg der NH_4SCN-Konz. von 0,1 auf 1 n ändert sich Zn von kation. zu anion. Bindung. Co u. Ni geben in $NaNO_2$-Lsg. je 2 Banden, die zur Kathode wandern. Vff. nehmen an, daß sich neben einfachen auch Doppelnitrite bilden. (Analytica chim. Acta [Amsterdam] **19.** 520—22. 1958. Calcutta, Jadavpur Univ.) F. UMLAND. 5106

G. B. S. Salaria, *Trennungen mit Hilfe von Sulfiden.* 5. Mitt. *Abtrennung des Wismuts, Cadmiums und Indiums von verschiedenen anderen Elementen, die Thiosalze bilden.* (4. vgl. C. **1959.** 10015.) Zur Best. von *Bi* neben *Te, Mo, Sb* oder *Re* neutralisiert man einen Teil der Probe mit NH_3, versetzt in der Kälte mit 55—70 ml 2 n Na_2S-Reagens u. 10—15 g festem CH_3COONH_4, schüttelt 1 Min., filtriert Bi_2S_3, wäscht mit W. u. A.

u. trocknet bei 105°. Einen 2. Teil der Probe versetzt man zur Best. von Te, Mo oder Sb mit Na_2S-Reagens u. 3n HCl bis zur Gesamtacidität 1n, erwärmt zum Sieden u. filtriert die gemischten Sulfide nach dem Abkühlen. Zur Best. von Re säuert man einen bes. Anteil mit 12n HCl abnehmend bis 8n salzsauer an, versetzt mit 10—15 g festem $(NH_4)_2SO_4$, erwärmt zum Sieden, wobei Bi_2S_3 gelöst wird, filtriert Re_2S_7, wäscht mit 8n HCl, W., A. u. Ae. u. trocknet 30 Min. im Vakuumexsiccator. Zur Best. von *Cd* neben *Pt, Au* oder *Se* löst man $CdSeO_3$ in wenig NH_3 u. verfährt wie bei der Trennung Re/Bi, gibt aber statt des $(NH_4)_2SO_4$ 10—15 g CH_3COONH_4 hinzu. Man hält die Säurekonz. wenig >6n, um Cd gelöst zu halten, wäscht die Sulfide mit 6n HCl u. W., bei Pt u. Au noch mit A. u. Ae. u. trocknet bei 105°, bei SeS bei 95°. Zur Cd-Fällung dampft man das Filtrat auf 25 ml ein, neutralisiert mit NH_3, kühlt mit Eis u. versetzt mit 20—25 ml Na_2S-Reagens u. einem großen Überschuß an 6n CH_3COOH. Man erwärmt zum Sieden, filtriert CdS nach dem Absitzen, wäscht mit A. u. Ae. u. trocknet bei 105°. Zur Trennung des *Cd* von *Re, As, Mo* u. *Te* (**VI**) löst man wieder mit wenig NH_3 bzw. $CdTeO_4$ mit Eisessig u. verfährt wie bei der Re/Bi-Trennung, aber ohne Zugabe von CH_3COONH_4. In einer 2. Probe bleibt Cd bei einer Säurekonz. von wenig >6n in Lösung. Re_2S_7, As_2S_5 u. MoS_3 werden mit A. u. Ae. behandelt u. im Vakuumexsiccator getrocknet. TeS_3 wird nur mit W. gewaschen u. bei 105° getrocknet. Cd kann auch im Filtrat bestimmt werden. Zur Trennung des *Cd* von *Te(IV)* löst man $CdTeO_3$ in wenig HCl, fällt aus 6n essigsaurer Lsg. beide Sulfide, trennt TeS_2 in einer 2. Probe wie oben ab u. trocknet bei 105°. Zur Trennung des *Pt, Au, Re, As, Mo, Sb, Te* oder *Se* von *In* löst man notfalls mit wenig HCl u. verfährt wie bei der Trennung Pt/Cd. Eine Zugabe von CH_3COONH_4 ist nur zur Fällung des Pt u. Re erforderlich. Man zers. die Thiosalze des Pt, Au, Re, As u. Te(VI) mit 12n HCl abnehmend bis zu 6n salzsaurer Lsg. u. die des Mo, Sb(V), Te(IV) mit 3n HCl bis zu ca. 1n saurer Lsg., wäscht die Sulfide mit warmer 1n HCl u. behandelt weiter wie bei der Bi- u. Cd-Trennung. In bestimmt man im Filtrat als In_2S_3 wie Cd als CdS. Sind nur Mo, As, Re, Te(IV) oder Te(VI) zugegen, so kann In in einer 2. Probe direkt mit überschüssigem 5n $(NH_4)_2S$-Reagens gefällt werden. Eine quantitative Trennung des Bi von As, Pt, Au oder Se bzw. des Cd von Sb bzw. Sn von Bi, Cd oder In ist nicht möglich. (Analytica chim. Acta [Amsterdam] **18.** 520—23. Juni 1958. Allahabad, India, Univ. of Allahabad, Chem. Labor.) H. Pluskal. 5106

G. B. S. Salaria, *Trennungen mit Hilfe von Sulfiden.* 6. Mitt. *Trennung der Erdalkalimetalle von einigen Elementen, die Sulfide bilden.* (5. vgl. vorst. Ref.) Zur Best. von *Ba* neben *Re* oder *Pt* (bzw. *Au*) versetzt man die Lsg. mit 55—70 ml 2n Na_2S-Reagens, 12n HCl bis zur Gesamtacidität ca. 6n (bzw. 2n HCl bis 1n) u. 10—15 g festem $CH_3 \cdot COONH_4$, zerstört die Thiosalze von Re u. Pt durch Kochen, filtriert die Sulfide nach dem Abkühlen u. wäscht mit W., A. u. Äther. Rh_2S_7 wird 30 Min. im Vakuumexsiccator u. PtS_2 1 Std. bei 105° getrocknet u. Au als Au_2S_3 bestimmt. Man kocht das Filtrat zur Entfernung von H_2S, neutralisiert mit NH_3 u. bestimmt Ba als $BaSO_4$. Zur Abtrennung des *Ba* von *Bi, Pd, Pb* oder *Cd* versetzt man eine schwach ammoniakal. Lsg. mit 20—30 ml Na_2S-Reagens u. 6n CH_3COOH bis 3n, kocht zur Fällung der Sulfide, wäscht mit A. u. Ae. u. trocknet PdS u. PbS im Vakuumexsiccator u. Bi_2S_3 1 Std. bei 105°. CdS wird mit warmer 3n CH_3COOH, A. u. Ae. gewaschen u. 1 Std. bei 105° getrocknet. Die Trennung des *Re, Pt, Au* (*Hg* wie Au), *Bi, Pd, Pb* oder *Cd* von *Sr, Ca* u. *Mg* erfolgt in gleicher Weise wie beim Ba. Im Filtrat wird Sr als $SrSO_4$, Ca als CaC_2O_4 oder $CaCO_3$ u. $Mg_2P_2O_7$ bestimmt. Es wurden jeweils 55—70 mg Ba, 33—44 mg Sr, 40—50 mg Ca u. 12—16 mg Mg von ähnlichen Mengen der sulfidbildenden Elemente mit Fehlern von wenigen Zehntel-% abgetrennt. (Analytica chim. Acta [Amsterdam] **19.** 244—46. Sept. 1958. Allahabad, Univ. of Allahabad, Chem. Labor.) H. Pluskal. 5106

G. B. S. Salaria, *Trennung mit Hilfe von Sulfiden.* 7. Mitt. *Trennung des* (*A*) *Wismuts, Bleis und Cadmiums von Quecksilber und* (*B*) *des Wismuts und Quecksilbers von Indium.* (6. vgl. vorst. Ref.) Zur Best. von *Hg* neben *Bi* versetzt man die Lsg. bis zur schwachen Trübung mit NH_3 u. einen Teil davon mit 50—70 ml 2n Na_2S-Reagens u. 10—15 g festem CH_3COONH_4, schüttelt 1 Min. zur Fällung der Sulfide filtriert, wäscht mit W., A. u. Ae. u. trocknet 1 Std. bei 105°. Einen 2. Anteil der Lsg. versetzt man ebenfalls mit Na_2S-Reagens u. mit 12n HCl bis zur Gesamtacidität von 6n, kocht, um Bi_2S_3 zu lösen u. HgS vollständig zu fällen, filtriert, wäscht 4—5 mal mit 5—10 ml-Anteilen warmer 6n HCl, W., A. u. Ae. u. trocknet bei 105°. Zur Best. von *Hg* neben *Pb* u. *Cd* bestimmt man HgS in gleicher Weise. Zur Fällung der gemischten Sulfide versetzt man die mit NH_3 neutralisierte Lsg. mit 45—70 ml 2n Na_2S-Reagens u. 6n CH_3COOH bis 3n, kocht bis zur vollständigen Fällung der Metalle, filtriert u. trocknet bei Ggw. von Pb nach entsprechender Behandlung 30 Min. im Vakuumexsiccator u. bei Ggw. von Cd bei 105°. Zur Trennung des *In* von *Hg* oder *Bi* versetzt man die schwach ammoniakal. Lsg. mit 25—35 ml 2n Na_2S-Reagens u. 3n HCl bis 1n u. bestimmt HgS oder Bi_2S_3. Das

Filtrat wird auf 25 ml eingeengt, mit NH_3 neutralisiert, mit Eis gekühlt u. mit 15—25 ml 2n Na_2S-Reagens u. 6n CH_3COOH bis 3n versetzt. Man filtriert In_2S_3, wäscht mit A. u. Ae. u. trocknet bei 105°. Bei Verwendung von 10—200 mg-Mengen Substanz betragen die Fehler wenige $^1/_{10}$%. Eine ähnliche Best. von Hg neben Cu, Ni, Co, Tl, Rh u. Pd ist nicht möglich, weil keine vollständige Lsg. in 6n HCl ohne oxydierende Agentien erfolgt. (Analytica chim. Acta [Amsterdam] **19.** 247—48. September 1958.) H. PLUSKAL. 5106

Bharat R. Sant, *Oxydation von Hydroxylamin mit Hexacyanoferrat(III) in Gegenwart von Zinksulfat. Eine Schnellmethode zur Bestimmung von Hydroxylamin und Hydrazin nebeneinander.* Zur Best. von Hydroxylamin (I) wird die I-Sulfatlsg. aus einer Bürette einer sd. Mischung aus n $K_3[Fe(CN)_6]$-Lsg., 2—3 g $ZnSO_4$ u. KOH oder NaOH (Gesamtalkalität 0,5—1n) zugesetzt, bis der Nd. rein weiß u. die überstehende Lsg. farblos ist. Die Rk. verläuft nach $NH_2OH + 6\,K_3[Fe(CN)_6] + 6\,KOH + 9\,ZnSO_4 \rightarrow HNO_3 + 3\,Zn_3K_2[Fe(CN)_6]_2 + 9\,K_2SO_4 + 4\,H_2O$. Unter gleichen Bedingungen wird N_2H_4 (II) nach $N_2H_4 + 4\,K_3[Fe(CN)_6] + 4\,KOH + 6\,ZnSO_4 \rightarrow N_2 + 2\,Zn_3K_2[Fe(CN)_6]_2 + 6\,K_2SO_4 + 4\,H_2O$ oxydiert. Bei Zusatz eines gemessenen Überschusses von $K_3[Fe(CN)_6]$-Lsg. u. eines Borat–Borsäure-Puffers (p_H 8—9) zu einer Mischung von I u. II werden beide Komponenten zu N_2 nach den Gleichungen $N_2H_4 + 4\,K_3[Fe(CN)_6] + 4\,KOH \rightarrow N_2 + 4\,K_4 \cdot [Fe(CN)_6] + 4\,H_2O$ bzw. $2\,NH_2OH + 2\,K_3[Fe(CN)_6] + 2\,KOH \rightarrow N_2 + 2\,K_4[Fe(CN)_6] + 4\,H_2O$ oxydiert. Aus den Ergebnissen beider Rkk. kann die Analyse berechnet werden. (Analytica chim. Acta [Amsterdam] **20.** 371—75. 1959. Baton Rouge, La., Louisiana State Univ. Coates Chem. Labors.) M. LASER. G 243

Karel Lusk und **Bohuslav Holenda,** *Eine direkte Cyanidbestimmung in galvanischen Verzinkungsbädern.* Es wurde eine Schnellmeth. zur Best. von CN^- in alkal. Verzinkungsbädern durch direkte CN^--Titration gegen Ni(II)-Salzlsg. mit *Rubeanwasserstoffsäure* (I) als Tüpfelindicator entwickelt. Arbeitsvorschrift: 1 ml Probe wird in einen 250 ml-Titrierkolben pipettiert, 10 ml NH_3 1:1 u. ca. 50 ml dest. W. werden zugefügt u. die Lsg. wird gegen $NiSO_4$-Maßlsg., von der 1 ml 3,7 mg CN^- äquivalent ist, titriert. Der Endpunkt der Titration wird durch Tüpfeln auf mit 0,5%ig. alkoh. I-Lsg. getränktem Filtrierpapier ermittelt (rotbrauner Ring). Die Meth. ist bei gleicher Genauigkeit schneller u. einfacher als das übliche Verf. nach LIEBIG u. DENIGÈS. (Chem. Listy **52.** 1829. Sept. 1958. Pardubice, n. p. Tesla.) K. KÁMEN/Prag. G 243

A. Steube, *Über den Wert der Bestimmung des freien Cyanids in Kupferbädern.* Vf. nimmt zu den Arbeiten von NOHSE u. LASS (C. **1957.** 6233) Stellung. Vf. bestätigt den Mehrverbrauch an 0,1n $AgNO_3$-Lsg. bei der CN^--Titration nach LIEBIG von Cu-Bädern mit wachsender Verdünnung, der auf die Hydrolyse der Cu–CN-Komplexe zurückzuführen ist. Mit steigender Temp. u. sinkender Menge KJ-Zugabe wurde ebenfalls ein Mehrverbrauch an $AgNO_3$ festgestellt, der theoret. geklärt werden konnte. Nach der Bestimmungsmeth. von SCHULECK über BrCN u. nach LANGFORD mit *$NiSO_4$* werden keine besseren Ergebnisse erhalten. (Metallwaren-Ind. Galvano-Techn. **48.** 307—09. u. 316. 1957. Lippstadt/Westf.) H. MOSLÉ. G 243

Václav Skřivánek, *Analyse von Fluorit mit größerem Gehalt an Galenit.* Es wird eine Modifikation des üblichen Verf. zur indirekten *F*-Best. in *Fluoriten* mit Geh. an *Galenit* beschrieben. Nach der Abtrennung von Ca aus allfällig vorhandenem $CaCO_3$ durch Erwärmen der Probe mit 10%ig. Essigsäure wird der Rückstand durch Aufschluß mit H_3BO_3 + konz. HCl zers.; die Zers. von PbS wird durch Zugabe kleiner Mengen $KClO_3$ beschleunigt. Pb u. andere vorhandene Metalle (Fe, Al, Mn, Zn, Mg) werden mit *Äthylendiamintetraessigsäure* maskiert. Ca wird mit NH_4-Oxalat im oxalsauren Medium in der Wärme gefällt u. nach Abtrenung gegen 0,1 n $KMnO_4$-Lsg. titriert. Zur Korrektur der durch die geringe Löslichkeit von CaF_2 in Essigsäure bedingten Verluste an Ca wird das Ergebnis erhöht u. auf CaF_2 umgerechnet. (Chem. Listy **52.** 1827—28. Sept. 1958. [Orig.: tschech.] Collect. czechoslov. chem. Commun. **24.** 278—80. Jan. 1959 [Orig.: deutsch]. Praha, Ústav pro výzk. rud.) K. KÁMEN/Prag. G 246

E. Werner und **N. Konopik,** *Polarographische Methode zur qualitativen und quantitativen Bestimmung von Chlorit. ClO_2^-* kann in alkal. Lsg. an der Hg-Tropfelektrode im Gegensatz zu Cl^-, ClO_3^- u. ClO_4^- red. werden. Zum Nachw. von ClO_2^- neben den anderen Salzen der Säuren des Cl nimmt man die Stromspannungskurve bei Leitsalzkonzz. $>$ 2n u. $p_H > 14$ auf oder beobachtet die Vorwelle u. ihr charakterist. Minimum bei Leitsalzkonzz. $<$ 1,5n. Zur Herst. der Lsg. versetzt man 10 ml 0,01—10 mmol. $NaClO_2$-Lsg. mit 10 ml 2,5 n NaOH u. 2 ml frisch bereiteter 0,6 mol. Na_2SO_3-Lsg. (bei Ggw. von ClO^- entlüftet man mit N_2). Die Nachweisgrenze beträgt $5 \cdot 10^{-5}$ mol. ClO_2^-. Zur quantitativen Best. ist eine alkal. Lsg. ungeeignet, ebenso NaCl, $NaClO_3$ u. NH_3/NH_4Cl. Brauchbar sind Grundelektrolyte mit mehrwertigen Kationen, $CaCl_2$ bes. bei schwach alkal. Probe-Lsgg.,

$LaCl_3$ dann, wenn ClO_2^- neben Stoffen mit negativerem Reduktionspotential als —1,2 gegen die gesätt. Kalomelelektrode zu bestimmen ist. Für $MgCl_2$-Grundelektrolyt ist eine Konz. von 0,5 mol. $MgCl_2$ erforderlich. Da die Stufenhöhe von der $MgCl_2$-Konz. abhängt, wird das Arbeiten mit einem Eichzusatz statt Eichkurve empfohlen. Die Lsg. muß neutral oder schwach alkal. mit NH_4Cl-Zusatz sein. Für Ca- bzw. Ba-Grundelektrolyt ist die günstigste Konz. 1—2 molar. In diesem Bereich ist die Stufenhöhe in neutraler oder schwach alkal. Lsg. unabhängig von der $CaCl_2$-Konz. u. für 0,06—7,54 mmol. Lsg. der ClO_2^--Konz. streng proportional. Für 0,3—12,2 mmol. $NaClO_2$-Lsg. ist auch $LaCl_3$ als Grundelektrolyt unabhängig vom p_H-Wert gut geeignet. (Z. analyt. Chem. **152**. 203—13. 1956. Wien, Univ., I. Chem. Labor.) H. Pluskal. G 247

Kenneth W. Puphal, James A. Merrill, Glenn L. Booman und **James E. Rein,** *Bestimmung von Bor in Aluminium–Uran-Brennstoffelementen. Anwendung der spektrophotometrischen Carminsäuremethode.* Zur Best. von *B* in Brennstoffelementen wird die Probe in HCl (10:15 verd.) unter Zusatz von 30%ig. H_2O_2 gelöst, eine aliquote Menge wird mit konz. H_2SO_4 unter Kühlung u. mit 0,05%ig. Carminsäure in H_2SO_4 versetzt, worauf bei 585 mμ vermessen wird. U u. Al bilden gleichfalls schwach gefärbte Komplexe, jedoch kann unter Verwendung von U u. Al in der Blindprobe Kompensation erfolgen. — Zur B-Best. in borcarbidhaltigen Legierungen u. in borimprägniertenPolyäthylenklebebändern wird der Löserückstand bzw. die Asche mit Na_2CO_3 geschmolzen, worauf in HCl gelöst wird. — Der Fehler des Mittelwerts beträgt ca. 2% bei Gehh. von 0,1 Gew.-%. (Analytic. Chem. **30**. 1612—14. Okt. 1958. Idaho Falls, Id., Phillips Petroleum Co., Atomic Energy Div.) E. Dehmlow. G 258

Elisabeth Bakács-Polgár, *Die volumetrische Bestimmung von Phosphationen in Anwesenheit von Calcium- und anderen Metallionen.* Zur Best. von PO_4^{3-} in Ggw. von Ca^{2+}, Mg^{2+}, Fe^{3+}, Al^{3+} u. F^- wird in Ggw. von Citrat als $MgNH_4PO_4$ gefällt, in HCl gelöst, mit NH_4OH neutralisiert, mit EDTA-Lsg. versetzt, auf p_H 10 (NH_4Cl–NH_4OH) eingestellt, u. das überschüssige EDTA wird mit Eriochromschwarz T als Indicator mit $MgCl_2$-Lsg. zurücktitriert. Anschließend wird A. zugegeben u. das PO_4^{3-} mit weiterer $MgCl_2$-Lsg. bis zum Farbumschlag titriert, wobei $MgNH_4PO_4$ ausfällt. — Nach einem 2. Verf. wird auf p_H 2—3 gebracht, kurz mit *1.2-Diaminocyclohexantetraacetat* gekocht, mit EDTA-Lsg., NH_4Cl–NH_4OH-Puffer (p_H 10) u. Indicator versetzt u. wie oben titriert. (Z. analyt. Chem. **167**. 353—58. 1959. Budapest, Tierärztl. Hochschule, Chem. Inst.) E. Dehmlow. G 264

R. G. Ault und **A. G. R. Whitehouse,** *Bestimmung von kleinen Mengen Arsen in Kohle.* Die Meth. von Case (J. Inst. Brewing **44**. [1938.] 362) wurde für eine Schnellbest. vereinfacht, App. u. Veraschung wurden beibehalten. Meth.: 0,5 g feingepulverte Kohle wurde mit 0,5 g $KMnO_4$ u. MgO (1:1) vermischt in einen Quarztiegel übergeführt, mit einer dünnen Schicht MgO bedeckt, in ein Verbrennungsrohr gegeben u. im O_2-Strom noch 5 Min. nach beginnender Weißglut verbrannt. Zur Asche werden 2 ml 50% ig. H_2SO_4 u. 2 ml Oxalsäure zugemischt u. so lange gekocht, bis die Lsg. klar ist, in ein Gutzeit-Gefäß übergeführt u. auf 50 ml aufgefüllt. Dann wird die Lsg. mit 10 ml 50%ig. H_2SO_4, 1 ml 50 %ig. KJ-Lsg. u. 1 ml 5% ig. $SnCl_2$-Lsg. (hergestellt durch Verdünnen einer 50%ig. $SnCl_2$-Lsg. mit 10%ig. HCl) vermischt. Nach 15 Min. wird mit 10 g granuliertem Zn versetzt u. die Probe, wie bei Case angegeben, behandelt. Die Rk. ist in 3 Std. bei Raumtemp. beendet. Die Eichflecke werden mit einer Arseniklsg. (Verdünnung 1:100 hergestellt, 1 ml entspricht 0,001 mg As_2O_3) auf die gleiche Weise hergestellt. As-Gehh. bis zu 12 p.p.m. geben Flecke, die leicht mit Eichflecken verglichen werden können. Die Best. ist bis auf 0,5 p.p.m. genau. (J. Inst. Brewing [N. S.] **62 (53)**. 425—27. Sept./Okt. 1956. Birmingham, Cape Hill Brewery, Mitchell & Butlers Ltd.) E. Sajak. G 265

Dalibor Weiss, *Polarographische Antimonbestimmung.* 0,5—2 g Probe werden in 15—20 ml konz. HNO_3 unter späterer Zugabe von 10 ml konz. H_2SO_4 aufgelöst u. abgedampft. Nach Neutralisierung mit NaOH u. Zugabe von 20 Plätzchen überschüssigem NaOH fügt man 20—25 ml gesätt. Na_2S-Lsg. hinzu, kocht 3 Min., setzt 70 ml H_2O zu u. läßt 15 Min. auf einem Sandbad bei 100° stehen. Nach Abkühlung wird die Lsg. auf 250 ml aufgefüllt u. filtriert. Zu 50 ml Filtrat fügt man 10 Plätzchen NaOH, dann tropfenweise 30%ig. H_2O_2 bis zur Entfärbung zu, u. nach 10 Min. wird durch Kochen das überschüssige H_2O_2 zersetzt. Nach Zugabe von 15 ml konz. HCl wird der restliche H_2O_2-Überschuß durch 5%ig. $KMnO_4$-Lsg. zersetzt. Die Lsg. versetzt man mit 100 ml HCl (3:2) mit 1 Tropfen gesätt. $FeCl_3$-Lsg. u. mit 10 ml 50 %ig. NaH_2PO_2-Lösung. Auf dem Sandbad erwärmt man bis zur Entfärbung. Falls die Lsg. grau oder schwarz wird (was durch As verursacht wird), muß man 0,5ml gesätt. $HgCl_2$-Lsg. als Katalysator zufügen, erwärmen u. warten, bis sich der schwarze Nd. absetzt. Nach beendigter Red. füllt man die Lsg. mit warmer, durch NaH_2PO_2-Zusatz red. HCl-Lsg. (3:2), fast bis zur Marke auf, verschließt u. läßt 15—20 Min. stehen. Nach Abkühlung u. Zugabe von 5—10 ml 1%ig. Gelatinelsg. wird die Lsg. mit ausgekochter HCl (3:2) bis zur Marke aufgefüllt u. 1 bis 2 Std. stehengelassen. 10 ml der klaren Lsg. gibt man in das polarograph. Gefäß u. registriert die Kurve. (Chem. Listy **52.** 1815—17. Sept. 1958. Praha, Ústav pro výzkum rud.) P. Zuman/Prag. G 266

H. Voshage und **H. Hintenberger,** *Zur quantiativen massenspektrometrischen Bestimmung extrem kleiner Alkalimengen nach der Methode der vollständigen Verdampfung.* (Vgl. C. **1956.** 7445.) In einer verbesserten Ausführung einer l. c. angegebenen Oberflächenionenquelle mit extrem niedrigem Substanzverbrauch wurden Cs-Mengen von $2 \cdot 10^{-8}$ bis $5 \cdot 10^{-13}$ g vollständig verdampft u. die Cs^+-Ionenströme am Auffänger eines Massenspektrometers als Funktion der Zeit gemessen. Da sich die Cs-Ionenausbeute der Quelle in einem Bereich der Verdampfungsgeschwindigkeit von 10^{-13} bis 10^{-10} g/Min. als nahezu 100%ig. konstant u. die totale Ionenausbeute des Massenspektrometers als gut reproduzierbar u. mit ca. 7—8% als sehr groß erwies, können mit der geeichten App. unbekannte Cs-Mengen zwischen 10^{-12} u. $2 \cdot 10^{-8}$g durch vollständige Verdampfung in der Ionenquelle mit einem mittleren Fehler $< +10\%$ bestimmt werden. Die physikal. u. apparativen Voraussetzungen für die Anwendung der Meth. zur Best. auch der anderen Alkalimetalle werden diskutiert. Vorverss. zur gleichzeitigen Best. aller Alkalimetalle in Mineralien, bei denen ca. 10^{-5} g des Minerals in der Ionenquelle sehr stark erhitzt u. die herausdampfenden Alkalien ionisiert u. gemessen wurden, zeigten, daß in diesem Falle erst mit Ionenquellentempp. von über 2000° K ein befriedigendes Analysenergebnis zu erwarten ist. (Z. Naturforsch. **14a.** 213—29. März 1959. Mainz, MPI für Chem.) D. Jörchel. G 272

Wilkins Reeve, *Quantitative Natriumbestimmung mit α-Methoxyphenylessigsäure.* α-Methoxyphenylessigsäure bildet ein schwer lösl. Na-Salz der Formel $C_6H_5CH \cdot (OCH_3)COOH \cdot C_6H_5CH(OCH_3)COO \cdot Na$. Auch in Ggw. anderer Kationen kann dieses saure Salz abgetrennt u. mit Basen titriert werden. Na soll als Chlorid, Nitrat oder Perchlorat vorliegen. Die Fällung erfolgt nach 2std. Stehen zu 97%, beim Stehen über Nacht vollständig. Die Anwendung eines Korrekturfaktors ist zweckmäßig, der Fehler in Ggw. von anderen Alkalien betrug 0,5%. (Analytic. Chem. **31.** 1066—68. Juni 1959. College Park, Md., Univ. of Maryland, Chem. Dep.) Friedrich Wolf/Berlin. G 274

Vlastimil Novák und **Antonín Krajina,** *Die gleichzeitige konduktometrische Bestimmung von Natrium und Kalium.* Vff. beschreiben ein einfaches Schnellverf. der gleichzeitigen maßanalyt. Best. von Na u. K, das in der Überführung der Chloride in die entsprechenden Hydroxyde u. in der Kombination der Neutralisierungs- u. Fällungstitration ihrer alkoh. Lsgg. mit alkoh. $HClO_4$-Lsg. unter konduktometr. Indikation beruht, wobei die Äquivalenzpunkte beider nacheinanderfolgender Titrationen von scharfen Leitfähigkeitsänderungen begleitet sind. Zur Überführung der Chloride bewährte sich die Rk. mit feuchtem Ag_2O. Zu 5 ml einer Lsg. von KCl u. NaCl wurden so viel g Ag_2O hinzugefügt, wie mVal K u. Na in der Lsg. vorhanden waren. Nach 10 Min. langem Schütteln, Absaugen von Ag_2O u. AgCl auf einer G 4-Glasfritte, auswaschen des Nd. mit 5 ml W. u. anschließend mit A. wurde das Waschwasser auf 250 ml mit A. aufgefüllt u. 50 ml davon wurden sofort gegen 0,1n alkoh. $HClO_4$-Lsg. konduktometr. titriert. Obwohl beide Hydroxyde in A. als sehr schwache Basen auftreten, weist die konduktometr. Titrationskurve von KOH einen typ., der Titration einer starken Base mit einer starken Säure entsprechenden Charakter u. die von NaOH eine der Titration einer schwachen Base mit einer starken Säure entsprechende Form auf, was dadurch verursacht wird, daß im Falle des KOH neben der Neutralisierung gleichzeitig eine Fällung von $KClO_4$ erfolgt. Bei der Titration von KOH verschwinden nicht nur die OH-, sondern auch die K^+-Ionen, wobei keine weitere Vermehrung von ClO_4^--Ionen beobachtet wird, was zur schnellen Herabsetzung der Leitfähigkeit führt. In Ggw. von beiden Hydroxyden zeigt die Titrierkurve zwei deutlich unterscheidbare Knicke im Verlauf der Leitfähigkeitsänderungen. Bei der Titration von KOH nimmt die Leitfähigkeit nicht sogleich nach der ersten Zugabe von $HClO_4$ ab, sondern erst nach dem Überschreiten des Löslichkeitsprod. (LP) von $KClO_4$. Weil das LP von $KClO_4$ von der Wasserkonz. in A. abhängt, untersuchten Vff. die Beeinflussung der Titrierkurve durch verschied. Wassergehalt. Aus der graph. Darst. geht hervor, daß sich das LP von $KClO_4$ mit steigendem Wassergeh. erhöht. Aus der Lage der ersten Knicke auf den entsprechenden Kurven wurde das LP von $KClO_4$ (20°) bei verschied. Wasserkonzz. auf Grund der bekannten Versuchsbedingungen festgestellt: (bei) 0,35% (W.) $0{,}99 \cdot 10^{-6}$, 3,0% $1{,}65 \cdot 10^{-6}$, 5,0% $5{,}21 \cdot 10^{-6}$, 7% $6{,}52 \cdot 10^{-6}$, 10,0% $2{,}00 \cdot 10^{-5}$, 12% $2{,}99 \cdot 10^{-5}$, 15% $3{,}18 \cdot 10^{-5}$. Aus der Richtung des der Neutralisierung von NaOH entsprechenden Kurventeiles folgt, daß für die NaOH-Best. neben KOH eine möglichst hohe Konz. an A. aufrechtzuerhalten ist. Als Fehlerquellen können folgende Effekte

angesehen werden: 1. infolge der geringeren Löslichkeit in A. können die NaOH-Reste im Ag_2O-Nd. nach dem Auswaschen mit A. zurückgehalten werden; es ist deshalb empfehlenswert, das NaOH aus dem Nd. immer noch mit W. herauszuwaschen u. den möglichen Verbrauch an 0,1 n HCl zugunsten von NaOH zuzurechnen; 2. Bei längerem Auswaschen kann das NaOH auf der Fritte mit Luft-CO_2 neutralisiert werden, wobei das entstehende Na_2CO_3 in A. nur sehr wenig lösl. ist u. Verluste verursacht. — Um diese Fehler zu umgehen, kann auf nachst. Weise verfahren werden: in einem Probeanteil wird zuerst die Summe der Alkalien durch Titration gegen 0,1 n HCl mit Methylorange nach dem Auswaschen mit W. u. in einem anderen Anteil nach dem Behandeln des Nd. mit A. nur die K-Menge festgestellt. Aus dem Unterschied ergibt sich der Geh. an Na. — Die Ergebnisse beider angeführten Arten liegen in den üblichen Genauigkeitsgrenzen. Bei dem Verhältnis Na:K = 1:5 u. 5:1 beträgt die maximale relative Abweichung ±2%, jedoch bei 1:10 u. 10:1 bis 5%. Die Meth. hat den Nachteil, daß die Chloride beider Alkalien nur im wss. Medium zu Hydroxyden umgewandelt werden können, während die Titrationskurve in möglichst wasserfreiem Medium den günstigsten Verlauf aufweist. (Chem. Listy **52.** 1506—12. Aug. 1958. [Orig.: tschech.] Collect. czechoslov. chem. Commun. **24.** 1808—14. Juni 1959 [Orig.: deutsch]. Pardubice, Vysoká škola chem.-technol.)
J. VANEČEK/Prag. G 275

Jan Zatloukal, *Die Bestimmung von Lithium- und Kaliumchlorid im Gemisch durch die elektrische Leitfähigkeit.* Es wurde eine einfache u. schnelle Meth. zur Li-Best. neben K ausgearbeitet. Das Gemisch der Chloride wurde zur Trockne eingedampft u. die Summe der Chloride gravimetr. bestimmt. Dann wird der Anteil Li in wss. Lsg. konduktometr. ermittelt. Die Genauigkeit der Meth. beträgt bei einem Verhältnis LiCl:KCl = 1:1 ca. ±0,2%, bei 1:10 ca. ±1% u. bei 1:100 ±10%. Über einem Verhältnis 1:100 ist die Meth. unbrauchbar. Die Auswertung der konduktometr. Daten erfolgt mittels Eichkurve. (Chem. Průmysl **9** (**34**). 131—32. März 1959. Ústí n. L., Výzk. ústav anorg. chem.)
J. SCHNEIDER. G 275

J. T. Campbell und **H. I. Shalgosky,** *Röntgenspektrographische Bestimmung von Strontium.* Vff. bestimmen röntgenspektrograph. Sr in Knochen- u. Milchasche mit dem Spektrographen PW 1520 von PHILIPS unter Verwendung einer Röntgenröhre mit W-Antikathode u. eines LiF-Kristalls. Durch die Verwendung von LiF wird die Intensität der K_α-Linie von Sr um den Faktor 2,8 u. das Verhältnis Linienintensität: Untergrundstrahlung um den Faktor 1,15 gegenüber der Verwendung eines Quarzkristalls vergrößert. Wird als Strahlungsquelle eine Röhre mit Mo-Antikathode verwendet, so steigt die Intensität auf das 1,5fache u. das Intensitätsverhältnis Linie: Untergrund auf das 2,5fache; eine Best. von 10 p.p.m. Sr ist dann mit einer Variationsbreite von 10% möglich. (Nature [London] **183.** 1481. 23/5. 1959. Woolwich, Woolwich Outstat., UKAEA, Res. Group, Chem. Div.)
HERBERT MÜLLER. G 284

N. Ss. Poluektow, M. P. Nikonowa, Z. A. Leiderman und **G. Ss. Lauer,** *Bestimmung von Strontium in Erzen nach der Methode der Flammenspektrophotometrie.* Vff. geben 2 Varianten zur Best. von Sr in Erzen durch Flammenspektroskopie. 1. für größere, 2. für kleinere Mengen Sr (0,1—0,001%). Sie benutzen ein Flammenspektrophotometer, das aus einem Monochromator vom Typ UM-2, einem Photomultiplikator u. einem Galvanometer besteht. Die Best. wird mit der Linie 460,7 mμ in einer Luft/Acetylenflamme ausgeführt. Zur Analyse werden die Proben mit K_2CO_3 u. Na_2CO_3 geschmolzen, um Sulfate u. andere störende Substanzen abzutrennen. Bei der Best. großer Mengen Sr wird die Wrkg. wechselnder Mengen Ca durch Photometrieren der Lsgg. unter Zusatz von NH_4Cl ausgeschaltet. Bei kleineren Mengen Sr werden 30 mg Ca/ml den Eich-Lsgg. u. den zu analysierenden Lsgg. zugefügt. (Журнал Аналитической Химии [J. analyt. Chem.] **12.** 699—703. Nov./Dez. 1957. Odessa, Ukrain. Zweigstelle des staatl. wiss. Forsch.-Inst. für seltene Metalle.)
E. STEINBERG. G 284

I. M. Korenman und **M. N. Baryschnikowa,** *Mitfällung von Zink, Cadmium und Quecksilber mit Anthranilsäure.* Zweck dieser Arbeit war die Unters. der Fällung von Zn, Cd u. Hg aus sauren Lsgg. mit Anthranilsäure (I). Mit radioakt. Indicatoren stellen Vff. fest, daß der I-Nd. in Ggw. von Spuren obengenannter Metalle diese stets enthält. Je größer der I-Nd. ist, um so mehr wird dieses oder jenes anwesende Kation mit ausgefällt. Verss. zeigten, daß je mehr I eingesetzt wurde, um so mehr Cd sich bei einem bestimmten p_H findet u. das um so mehr mitgerissen wird. Bei ein u. derselben Menge des eingeführten Reagens hängt die Fällung des Cd vom p_H der Lsg. ab. Mit höherem p_H wird bei gleicher Menge eingeführter I die Ausfällung des Cd geringer. Verss. der Vff. zeigten, daß die Ausfällung verschied. Mengen Zn u. Cd mit I auch von der Anfangsmenge derselben in der Probe abhängen. In allen Verss. wurde die Menge des ausgefällten Me^{2+} in Abhängigkeit von der eingeführten I-Menge in Form von Na-Anthranilat bestimmt. Die Menge der eingeführten I ist jedoch bei einem bestimmten p_H des Mediums nicht äquivalent der

ausgefallenen I-Menge. Die Ausfällung des Cd ist um so vollständiger, je mehr I bei einem bestimmten p_H ausfällt. Durch Glühen des Nd. kann die I leicht entfernt u. das Me^{2+} als Oxyd in reinem Zustand isoliert werden. (Журнал Аналитической Химии [J. analyt. Chem.] **12.** 690—94. Nov./Dez. 1957. Gorki, Staatl. Lobatschewski Univ.)
E. STEINBERG. G 290

Záviš Holzbecher, *Neue Fluorescenzindicatoren.* 3. Mitt. *Volumetrische Bestimmung von Aluminium und Zink in Legierungen.* (2. vgl. C. **1959.** 6242.) Es wird eine maßanalyt. Schnellmeth. zur Best. von *Al* u. *Zn* in *Cu-* u. *Mg-* sowie von *Al* in *Zn-Legierungen* beschrieben. Das Prinzip der Meth. besteht im Auflösen der Probe in verd. HNO_3 (bei Cu u. Mg) bzw. HCl (bei Zn), Beseitigung der störenden Komponenten u. Titration von Al^{3+} gegen 0,6 mol. *NaF*-Lsg. mit *Salicyliden-o-aminophenol* u. von Zn^{2+} gegen 0,1 mol. *Komplexon III*-Lsg. mit *Salicylaldehydacetylhydrazon* als Fluorescenzindicatoren in UV-Strahlung bis zur Fluorescenzauslöschung. Die zu titrierenden Lsgg. werden mit Acetatpufferlsg. (p_H ca. 5,1) gepuffert. Bei der Al-Titration stören Sn, Cu, Fe u. größere Mengen Pb u. Mg, bei der Zn-Titration dieselben Elemente u. weiter noch Al u. größere Mengen Mn u. Ni. Bei Cu-Analysen (Messing, Bronze) wird Sn als $SnO(OH)_2$ u. der größte Teil Cu elektrolyt. entfernt u. der Cu-Rückstand gleichzeitig mit kleineren Mengen Fe bzw. auch Pb mit $Na_2S_2O_3$ maskiert. Al u. Zn werden nacheinander titriert; vor der Titration von Zn wird Al mit überschüssigem NaF maskiert. In Proben mit größerem Geh. an Mn u. Ni muß Zn als ZnS abgetrennt werden, u. erst dann kann titriert werden. Bei den Mg-Analysen wird H_2SiO_3 nach Abrauchen der Probelsg. mit H_2SO_4 abfiltriert u. Al mit *Hexamethylentetramin,* Zn als ZnS vor der Best. entfernt. Die Al-Best. in Zn erfordert in der Regel nur die beschriebene Cu- u. Fe- bzw. Pb-Maskierung mit $Na_2S_2O_3$. Die Probeeinwaagen richten sich nach dem Geh. an dem zu bestimmenden Metall; bei Geh. außerhalb der Grenzen von 5—20% sind die Ergebnisse weniger genau. Auch bei Proben mit größerem Geh. an Fe, Mn, Ni u. Mg verliert die Meth. ihre Vorteile. (Chem. Listy **52.** 1822—25. Sept. 1958. [Orig.: tschech.] Collect. czechoslov. chem. Commun. **24.** 2058—62. Juni 1959 [Orig.: deutsch]. Praha, Vys. škola chem.-technolog., kat. analyt. chem.)
K. KÁMEN/Prag. G 294

L. A. Borissenok, *Quantitative Bestimmung von Gallium in Silicatgesteinen und Mineralien nach der Spektralmethode.* Vf. beschreibt eine quantitative spektralanalyt. Meth. zur Best. von Ga in verschied. Silicatgesteinen u. Mineralien unter Verwendung von NaCl als Puffersubstanz. Das NaCl, das in die Proben im Verhältnis 1:2 eingeführt wird, erhöht die Empfindlichkeit der Ga-Best. bis auf $1 \cdot 10^{-4}$%, d. h. 10fach. Der mittlere relative Fehler der Best. beträgt 8%. (Журнал Аналитической Химии [J. analyt. Chem.] **12.** 704—07. Nov./Dez. 1957. Moskau, Staatl. Lomonossow Univ.) E. STEINBERG. G 295

N. Subramanian, *Amperometrische Titration von Zinn(II) mit Bromat.* Versuchsdurchführung: Die Sn(II)-Lsg. (0,1n) wurde durch Auflösen von Sn in HCl unter CO_2-Atmosphäre hergestellt. Aliquote Teile dieser Lsg. werden mit einem Elektrolyten (1n HCl + 0,05n KBr) auf 50 ml aufgefüllt, so daß eine Endkonz. zwischen 0,001 u. 0,01n entsteht. Titriert wird mit $KBrO_3$ (0,06n). Das Potential der Quecksilbertropfelektrode wird auf —0,2 V (gegen gesätt. Kalomelelektrode) eingestellt. Der maximale Fehler beträgt 1%. Für den angegebenen Konzentrationsbereich werden bei einem Potential von —0,6 V die gleichen Titrationswerte erhalten. (J. sci. ind. Res. [New Delhi], Sect. B **16.** 516—18. Nov. 1957. Madras, Univ., A. C. Coll. of Technol.) G. GÜNZLER. G 327

N. Subramanian, *Amperometrische Titration von Zinn mit Tannin.* (Vgl. vorst. Ref.) Versuchsdurchführung: Zur Herst. der Sn(IV)-Lsg. wurden 5 g Sn in 15 ml HCl gelöst, durch Zugabe einer kleinen Menge $KBrO_3$ oxydiert u. auf 500 ml verdünnt. Angemessene Teile werden mit einem Elektrolyten (4 mol. NH_4Cl + 0,05n HCl) auf 100 ml verd., davon 25 ml in die Meßzelle überführt u. mit Stickstoff entlüftet. Das Potential der Quecksilberelektrode wird auf —0,6 V (gegen gesätt. Kalomelelektrode) eingestellt. Die Zugabe der Tanninlsg. erfolgt portionsweise. Es wird eine lineare Abhängigkeit des Vol. der Tanninlsg. von der Zinnkonz. gefunden. Der maximale Fehler beträgt 0,8%. Die direkte Titration ist zeitlich vorteilhafter als die gravimetr. Bestimmung. (J. sci. ind. Res. [New Delhi], Sect. **B 16.** 518—19. 1957.) G. GÜNZLER. G 327

Dalibor Weiss, *Polarographische Zinnbestimmung neben Blei in Erzen.* 0,5 g bis 2,5 g Probe werden alkal. mit S geschmolzen, mit H_2O ausgelaugt u. alkalisiert. Die Lsg. wird abfiltriert; Sn geht quantitativ in das Filtrat als Thiosalz über. Nach Alkalisieren werden die Sulfide mit H_2O_2 zu SO_4^{2-} oxydiert, wobei Sn in SnO_3^{2-} übergeht. Der H_2O_2-Überschuß wird zerstört u. die Lsg. mit HCl versetzt. Nach Red. mit Fe u. NaH_2PO_2 wird die polarograph. Sn-Stufe registriert. W, V stören im Überschuß, Ge stört, ist jedoch selten vorhanden. As stört nicht. (Chem. Listy **52.** 1817—19. Sept. 1958 [Orig.: tschech.]; Collect. czechoslov. chem. Commun. **24.** 1715—17. Mai 1959 [Orig.: deutsch]. Praha, Ústav pro výzkum rud.) P. ZUMAN/Prag. G 327

Dalibor Weiss, *Polarographische Bleibestimmung in Erzen.* (Vgl. vorst. Ref.) 0,5—1 g Probe wird in 30 ml HCl erwärmt. Nach 5 Min. fügt man 0,5 g $KClO_3$ hinzu u. kocht weitere 3 Minuten. Falls Sn anwesend ist, muß nach Zugabe weiterer Portionen HCl u. $KClO_3$ die Lsg. bis zur Trockne abgedampft werden; dann wird mit 10 ml konz. HCl bei 80° bis auf 10 ml eingeengt. Nach Zusatz von 40—50 ml HCl (3:2) digeriert man 15 Min. bei 90° u. führt in einen 100—500 ml-Meßkolben über. Man fügt soviel HCl (3:2) zu, daß der Kolben bis zu $^3/_4$ gefüllt ist, weiter 0,5—1 ml gesätt. $HgCl_2$-Lsg., 5—10 ml 50%ig. Na_2HPO_2-Lsg. u. erwärmt, bis sich die Lsg. klärt. Nach Zugabe von $NaHCO_3$ läßt man den verschlossenen Kolben 15 Min. stehen. Nach Abkühlen fügt man noch einmal festes $NaHCO_3$ u. 5—10 ml 1%ig. Gelatinelsg. zu, füllt zur Marke auf u. verschließt gut. Nach 1—2std. Stehen wird die klare Lsg. nach Beseitigung des O_2 polarographiert. Die Auswertung erfolgt durch Vgl. mit einer Probe von bekanntem Pb-Gehalt. (Chem. Listy **52.** 1814—15. Sept. 1958 [Orig.: tschech.]; Collect. czechoslov. chem. Commun. **24.** 282—84. Jan. 1959 [Orig.: deutsch].) P. ZUMAN/Prag. G 328

S. V. Tatwawadi, *Colorimetrische Titration von Vanadin mit alkalischem Cyanoferrat(III).* Zur Best. von V wird dieses durch H_2S zu *Vanadylsulfat* (I) reduziert. Beim Umsetzen mit $K_3[Fe(CN_6)]$ (II) in alkal. Lsg. verschwindet die gelbe Farbe, was mit einem HILGER-SPEKKER-Absorptiometer beobachtet wird; Filter mit Durchlässigkeitsmaximum 450—500 mμ. Es kann I mit II oder II mit I titriert werden, wobei die letztere Rk. die genauere ist. (Z. analyt. Chem. **168.** 15—17. 1959. Banaras, Banaras Hindu Univ., Dep. of Chem.; Jabalpur, Jabalpur Univ.) FRIEDRICH WOLF. G 330

J. Korkisch und **A. Farag,** *Über das Verhalten der Vanadin-, Molybdän- und Wolframascorbinatkomplexe am stark basischen Anionenaustauscher Amberlite IRA-400. Trennung des Vanadins von Molybdän, Wolfram, Eisen und anderen Elementen. V, Mo* u. *W* bilden in einer Lsg. von Ascorbinsäure (I) vom p_H 4—4,5 blaue (V u. Mo) bzw. gelbgrüne (W), negativ geladene Komplexe, die infolge ihrer verschied. Stabilität vom stark bas. Anionenaustauscher Amberlite IRA-400 (Ascorbinatform, Herst. vgl. C. **1959.** 7903) verschieden fest adsorbiert werden. Mit 0,1n HCl-Lsg. kann V quantitativ, W zu ca. 1% u. Mo gar nicht eluiert werden. Da kleine Mengen W die photometr. Best. des V nicht stören, können sie toleriert werden. Von anderen Elementen, die ebenfalls anion. I-Komplexe geben, stören in größeren Mengen Th, Zr u. Ti, ferner Cu sowie in sehr großen Mengen die Anionen Cl^-, NO_3^- u. SO_4^{2-}. Fe, Cr, Mn, Co, Ni, Al, U usw. stören nicht. Die Meth. wird zur Best. des V in W- u. Mo-haltigen Stählen vorgeschlagen. — *Arbeitsvorschrift*: 0,5 g Stahl wird in 50 ml konz. HCl gelöst, die Lsg. mit W. auf 250 ml verd., nach Stehen über Nacht von C u. ungelöstem WO_3 abfiltriert u. mit 1n HCl auf 500 ml aufgefüllt. 5 ml des Filtrates werden zur Trockne gedampft, mit 1,5 ml 4n HCl gelöst, mit 80 ml W. u. 2 g I in 20 ml W. versetzt, mit verd. NH_3-Lsg. auf p_H 4 eingestellt u. mit 0,5 ml/Min. über die Säule gegeben. Dann wird mit 50 ml 2%ig. I-Lsg., p_H 4, u. danach mit 30 ml W. gewaschen u. anschließend das V mit 100 ml 0,1n HCl eluiert. Ein aliquoter, 1—50 μg V enthaltender Teil des Eluates wird zur Trockne gedampft u. zur Zerstörung der I geglüht. Hier stören bes. Th, Zr u. Ti infolge Bldg. unlösl. Oxyde. Das V wird portionsweise mit 2 ml 0,05n HCl u. 4 ml W. gelöst u. die Lsg. mit 3,5 ml 0,01%ig. (für 1—10 μg V) oder 1,5 ml 0,1%ig. (für 10—50 μg V) Solochrome Fast-Grey-Lsg. versetzt. Zur Red. von Spuren Fe wird 0,1 ml 7%ig. I-Lsg., zur Tarnung von Spuren Cu 0,1 ml 2 mol. NH_4SCN-Lsg. zugesetzt, dann wird auf 10 ml aufgefüllt u. 2—3 Min. in sd. W. erwärmt. Hier stören große Mengen Cu infolge Fällung von CuSCN. Nach Abkühlen der Lsg. wird die Extinktion bei 560 μm gegen einen Blindwert gemessen. — Als Beleg werden 3 Analysen von Schnelldrehstählen angeführt; mittlerer Fehler ±6%. (Mikrochim. Acta [Wien] **1958.** 646—58. Wien, Univ., II. chem. Inst., Lehrkanzel für analyt. Chem.) F. UMLAND. G 330

Lumír Sommer, *Spektrophotometrische Bestimmung von Eisen mit Chromotropsäure.* Die spektrophotometr. Unters. der Rk. von *Chromotropsäure* (I; RH_4) mit Fe^{3+}-Ionen ergab, daß diese Rk. auf einem komplizierteren Reaktionsmechanismus beruht, als den Befunden von HELLER u. SCHWARZENBACH (C. **1953.** 8943) entspricht u. von der Bldg. einer größeren Zahl farbiger Prodd. begleitet wird. Die Messung der Absorptionskurven der farbigen Lsgg. wurde beim Verhältnis der Bestandteile Fe^{3+}:I = 1:1, 1:2 bzw. im I-Überschuß bei verschied. p_H-Werten durchgeführt. Die Farbe des Reaktionsgemisches hängt von der I-Konz. u. dem p_H-ab. In den schwach sauren, grasgrünen Lsgg. (p_H 3,5—4) bildet sich ein Komplex mit dem Verhältnis der Bestandteile 1:1 (FeR^-), dessen Absorptionsmaximum bei 725 mμ liegt u. der durch p_H-Erhöhung bei steigenden I-Konzz. in den blaugrünen FeR_2^{5-}-Komplex mit dem Absorptionsmaximum bei 630 bis 640 mμ übergeht. Zur quantitativen Bldg. dieses letzten Komplexes kommt es im p_H-Bereich 6,4—8,0. Durch weitere p_H-Erhöhung wurde der blaugrüne Komplex unter gleichzeitiger Hydrolyse der Fe^{3+}-Ionen zersetzt. Die Zus. beider Komplexe wurde auf elektrochromatograph. Weg bestätigt. Bei den p_H-Werten <3 wird I durch die Fe^{3+}-Salze zu einem orangegelben Prod. (Absorptionsmaximum bei 437 mμ) oxydiert. Die Komplexgleichgewichte wurden mit der Variationsmeth. in den nichtäquimol. Lsgg. untersucht. Die Jobschen Kurven wurden graph. dargestellt. Aus den Ergebnissen geht hervor, daß sich ein Gemisch von Komplexen (Fe: R = 1:1 u. 1:2) in den verd., äquimol. Lsgg. bildet. Bei Überschuß von Na-Acetat bzw. Na-Phthalat kommt es wahrscheinlich zur Bldg. eines Mischkomplexes mit den Phthalat- bzw. Acetatanionen (X), die durch ein weiteres I-Mol. aus dem Komplex bei Steigerung des p_H-Wertes u. der I-Konz. nach der Formel: $FeRX^{2-} + H_2R^{2-} \rightleftharpoons FeR_2^{5-} + HX + H^+$ verdrängt werden. Mit Hilfe der drei verschied. Ableitungsarten wurden aus den Jobschen Kurven die Assoziations- u. Bildungskonstanten für die FeR^-- u. FeR_2^{5-}-Komplexe berechnet. Die Stabilität der FeR^- (log K = 23,10)- bzw. FeR_2^{5-} (log K = 36,86)-Ionen ist höher als bei den Fe-Komplexen mit o-Phenolcarbonsäuren, sie nähert sich jedoch der Stabilität von Komplexen mit den o-Diphenolen. Das Vork. u. der Übergang der beiden Komplexe wurden auch durch die Abhängigkeit der Extinktion von den p_H-Werten untersucht. — Auf Grund der durchgeführten Unterss. der Rk. von I mit Fe^{3+} wurden die Bedingungen begrenzt, die zum selektiven Nachw. von Fe^{3+}-Ionen u. zur photometr. Fe-Best. geeignet sind. Für den Nachw. entsteht eine blaugrüne bis grüne Färbung (Empfindlichkeit pD = 5,0) nach Zugabe eines Kriställchens I (bzw. Di-Na-Salz) u. einiger Kriställchen *Hexamethylentetramin* (II) zu 1 Tropfen der zu prüfenden Lsg. vom p_H 1. Bei dem Nachw. auf Papier in einem Acetatpuffer ist pD = 4,7. Dabei stören die Ionen PO_4^{3-}, F^-, höhere Konzz. von Oxalsäure u. von Oxysäuren. Kleine Mengen von Ti^{4+}, $Cr_2O_7^{2+}$, MoO_4^{2-} u. NbO_3^- beeinflussen die Rk. nicht. — Zur quantitativen Best. wird die Extinktion des Farbkomplexes von FeR_2^{5-} 30 Min. nach Zugabe von 10 ml 1%ig. Lsg. des I-Di-Na-Salzes, 10 ml II-Puffer (70,1 g II + 5 ml 1n HCl in 500 ml W.) u. einigen Tropfen NH_3 (1:1) zu einer sauren Probelsg. u. nach Auffüllen auf 50 ml (p_H 6,8—7,5) bei 640 mμ gemessen. Die Zugabe von 5 ml 2%ig. $K_2S_2O_5$-Lsg. verhindert die leichte Oxydation von I durch Fe^{3+}-Salze. Neben den obenangeführten Verbb. stört noch ein Überschuß von Al^{3+}, Be^{2+}, UO_2^{2+}, Ti^{4+}, VO_3^-, WO_4^{2-}, Zr^{4+} u. MoO_4^{2-}. 100%ig. Ergebnisse wurden bei der Best. von 7,824 μg Fe^{3+}/1 ml neben 5,71 μg Ti^{4+} bzw. 51,9 μg Cr^{3+}, 19 μg Be^{2+}, 79 μg V(V), 97 μg W(VI), 280 μg Mo(VI) u. 585 μg Mn^{2+}/1 ml erreicht. (Chem. Listy **52.** 1485—1500. Aug. 1958 [Orig.: tschech.]; Collect. czechoslov. chem. Commun. **24.** 1649—66. Mai 1959 [Orig.: deutsch]. Brno, Masarykova univ., Přírodověd. fakulta, Ústav analyt. chem.) J. Vaněček/Prag. G 354

J. W. Fulton und **R. E. Fryxell,** *Verbrennungsmethode zur Bestimmung von Schwefel in Eisenlegierungen. Methoden zur Fehlerverkleinerung.* Durch Anwendung von ^{35}S wurde festgestellt, daß bei der üblichen Meth. der Verbrennung von S zu SO_2 u. anschließender Titration mit Jodat, durch teilweise Bldg. von SO_3 sowie durch Adsorption an Glaswänden u. Glaswollpfropfen Verluste entstehen. Zur Vermeidung dieses Effektes darf die Verbrennungstemp. 1550° nicht unterschreiten. Es wird an Stelle der Oxydation mit Jodat Titration mit Alkali u. die Anwendung eines Korrekturfaktors 1,09 empfohlen. Als Indicator diente Bromkresolpurpur. Der S-Geh. der untersuchten Fe-Legierungen betrug 0,005%. (Analytic. Chem. **31.** 401—05. März 1959. Pittsfield, Mass., Gen. Electr. Co., Transformer Div.) Friedrich Wolf/Berlin. G 354

A. A. Schilt und **G. Frederick Smith,** *2.6-Bis-(4-phenyl-2-pyridyl)-4-phenyl-, und 2.6-Bis-(6-phenyl-2-pyridyl)-4-phenylpyridin. Ihre spektrometrischen Konstanten in Bezug auf Chelatbildung mit Fe(II), Cu(I) und Co(II).* Vff. berichten, daß durch CH_3 u. C_6H_5 in p-Stellung zum N substituiertes Terpyridin leicht Chelate bildet u. daß 2.6-Bis-(4-phenyl-2-pyridyl)-4-phenylpyridin, hier „Terosite" genannt, mit Fe(II) u. Co(II) stabile Komplexe ergibt, die sich gut zur Best. jener Metalle eignen. Der Fe(II)-Komplex ist mit einem ε-Wert von 30200 bei 583 mμ noch empfindlicher als der Co(II)-Komplex. Die Komplexe sind beständig gegen Luftoxydation u. ihre Farbbeständigkeit beim Fe(II) in einem p_H-Bereich von 2—8, beim Co(II) bei p_H 4—8 gewährleistet. Verf. zur gleichzeitigen Best. von Fe u. Co wird beschrieben. Das als zweites genannte Reagens gibt einen tief gefärbten Cu(I)-Komplex mit niedrigen ε-Werten. (Analytica chim. Acta [Amsterdam] **15.** 567—72. Dez. 1956. Urbana, Ill., Univ. of Illinois, Noyes Chem. Labor.) E.-M. Krebs. G 358

A. A. Smales, D. Mapper und **A. J. Wood,** *Über die Bestimmung kleinster Mengen Nickel, Kobalt und Kupfer in Gesteinen, Meeresablagerungen und Meteoriten durch Radioaktivierung.* Es werden Methoden zur Best. von μg- oder kleinerer Mengen von Ni, Co u. Cu beschrieben. U. a. Neutronenaktivierung von Proben im Harwell Reaktor, gefolgt von radiochem. Trennung der einzelnen Elemente mittels Trägern u. Vgl. der Radioaktivität der Elemente in den Proben mit der von bekannten Proben, die zugleich bestrahlt wurden. Die Genauigkeit wird für jedes einzelne Element durch die Analyse genormter

Stahlproben überprüft. Die Meth. ist bes. für die Stahlanalyse empfehlenswert, wenn die Gehh. der 3 Metalle so gering sind, daß sie mit den üblichen Methoden nicht zu erfassen sind. Terrestr. u. ozean. Gesteine, Meeresablagerungen u. Meteorite wurden untersucht, um Aufschluß für einen möglichen meteorit. Ursprung des Nickels in Meeresablagerungen zu finden. Auch Granit, Diabas, handelsüblich reines Eisen u. Seegras wurden untersucht. (Analyst **82.** 75—88. Febr. 1957. Harwell, Berks., AERE, Analyt. Chem. Group.)
A. KOSS-ROSENQUIST. G 358

Friedrich Oehlmann, *Zur colorimetrischen Kupferbestimmung mit 2.2'-Dichinolyl.* 2.2'-Dichinolyl (I) bildet mit *Cu* (I) einen in Isoamylalkohol rotvioletten Komplex. Zur Best. geringer Cu-Mengen in Al-Legierungen, Fe-Oxydpigment u. Hüttenprodd. versetzt man 5 ml 0,02—0,08 mg Cu enthaltende Lsg. mit 5 ml 10%ig. $NH_2OH \cdot HCl$-Lsg., 5 ml 10%ig. Weinsäurelsg. u. nach Einstellen von p_H 5—6 durch NH_3 mit 10 ml 0,02%ig. I-Lsg. in Isoamylalkohol. Man schüttelt 5 Min., trennt die organ. Phase ab, zentrifugiert u. mißt die Extinktion im PULFRICH-Photometer mit Nitralampe u. Filter S 53 gegen eine Blindlsg.; mg Cu = E · 0,1003. Zum Lösen des Al versetzt man 1 g Legierung mit 35 ml 8n HCl u. wenigen Tropfen H_2O_2, dampft zur Trockne ein, nimmt mit 25 ml 2n HCl auf u. füllt auf 100 ml auf. Zum Lösen von Eisenoxydpigment löst man 2 g Pigment mit 100 ml konz. HCl + 2 ml 10%ig. H_2O_2 im bedeckten Glas, engt auf 30 ml ein, verd. mit 40 ml W., filtriert u. füllt auf 100 ml auf. Zum Lösen von Hüttenprod. (Minenmehl) glüht man 1 g Substanz zur Zerstörung der organ. Bestandteile 10 Min. bei 800°, nimmt nach dem Erkalten mit 25 ml H_2SO_4 (1:1) auf, dampft bis zur Bldg. weißer Nebel ein, nimmt mit W. auf, filtriert u. füllt auf 500 ml auf. (Chem. Techn. **9.** 599—600. Okt. 1957. Halle, Dtsch. Amt für Metallprüfung, Prüfdienststelle 481.) H. PLUSKAL. G 358

F. Alvarez González, M. Roca Adell und **R. Fernández Cellini,** *Halbquantitative spektrographische Analyse von Mineralien nuklearen Interesses und verschiedenen Produkten.* Als Routineverf. kann eine spektrograph. Meth. zur halbquantitativen Best. (als Vorprobe nützlich) von 43 Elementen im Konzentrationsbereich 0,001—20% benutzt werden. Die fein gepulverten Proben werden entweder direkt oder nach Verdünnung mit $(NH_4)_2SO_4$ im Gleichspannungsbogen von 5 A für die meisten u. 10 A für die schwerflüchtigen Elemente (Zr, Hf, Ta, Nb, Y, La u. Ce) angeregt. Der visuelle Vgl. mit 3 Eichplatten für die Alkali- u. Erdalkalimetalle, für die schwerflüchtigen Metalle u. für die übrigen 30 Elemente erlaubt ihre prozentuale Abschätzung. (An. Real Soc. españ. Física Quím., Ser. B **54.** 278—84. April 1958. Madrid, Junta Energía nucl., Div. Quím.)
W. METZENER. 5290

b) Organische Verbindungen.

Gerald Kainz und **Hans Huber,** *Zur Kenntnis der anomalen Reaktionen bei der Aminostickstoffbestimmung. Die Reaktionen der NH-CO-Gruppierung mit salpetriger Säure.* Es wurden *Lactame* bzw. *fünf-* u. *sechsgliedrige Heterocyclen* mit Harnstoffgruppierung bei ihrer Rk. mit HNO_2 untersucht. Da einige dieser Verbb. eine anomale Gasentw. geben, wurde die Gaschromatographie zur Unters. angewandt. Bei der Rk. von *2.5-Diketopiperazin* mit HNO_2 bildet sich das N-Nitrosodiketopiperazin, das leicht unter N_2-Entw. zerfällt u. Ursache für den anomalen Verlauf ist. Bei der Rk. *Parabansäure* + HNO_2 wird ebenfalls die Bldg. einer N-Nitrosoverb. angenommen, die sich zur isomeren Diazoverb. umlagert u. dann zerfällt. Analog verhält sich *Hydantoin,* wobei das cycl. Zerfallsprod. einen weiteren Abbau zu Glycin erfährt. Die Bldg. einer N-Nitrosoverb. u. folgende Umlagerung zur Diazoverb. wird auch bei *Alloxan, Barbitursäure* u. *Isatin* (hierbei Verstärkung des Effekts durch eine Phenolanomalie) angenommen. Dagegen bleibt bei Stoffen, die sich schwer nitrosieren lassen, z. B. höhergliedrige Lactame u. aliphat., offenkettige Verbb. mit CO-NH-Gruppierung, die anomale Gasentw. aus. (Mikrochim. Acta [Wien] **1959.** 563—71. Wien, Univ., II. Chem. Inst.) R. UNGER. 5352

W. Walisch und **M. R. F. Ashworth,** *Automatische coulometrische Mikrobestimmung ungesättigter Verbindungen mit kinetischem Beweis des wahren Äquivalenzpunktes.* Mit einem zu kinet. Messungen entwickelten vollautomat. Coulometer (aus Universaltitrationsapp., coulometr. Elektrolysesyst., Stromstabilisator u. angeschlossener Stoppuhr) ist die „Bromtitration“ ungesätt. Verbb. möglich. Bei monoolefin. KW-stoffen liegt die Reproduzierbarkeit über ±0,3%. Bei Verbb. der Struktur C = C—X (X = funktionelle Gruppe) ist die Best. schwierig u. ungenau, bei C = C—C—X besser u. bei C = C—C—C(C)$_n$—X sehr gut. Die Anordnung erlaubt die Feststellung, ob die Addition vollständig abgelaufen ist u. ob Neben-Rkk. aufgetreten sind. Bei Gemischen olefin. Verbb. können die Bestandteile, bei ausreichend verschied. Reaktivität, nebeneinander bestimmt werden. (Mikrochim. Acta [Wien] **1959.** 497—505. 1959. Saarbrücken, Univ., Inst. for Org. Chem., Analyt. Sect.) E. DEHMLOW. G 520

M. R. F. Ashworth, *Eine turbidimetrische Mikromethode zur Analyse von tert.-Butylalkohol.* Zur Best. von verd., wss. Lsgg. von *tert.-Butanol* (I) wird mit DENIGÈS-Reagens (4 g HgO in 50 ml 6n H_2SO_4 mit W. auf 200 ml verd.) u. 7 bzw. 18n H_2SO_4 u. W. gemischt, eine bekannte Zeit lang (ca. 5 Min.) auf sd. Wasserbad erwärmt u. turbidimetr. vermessen. 1—6 mg I/Liter werden mit einer Genauigkeit von ca. 5% bestimmt. (Mikrochim. Acta [Wien] **1959.** 506—12. 1959. Saarbrücken, Univ., Inst. for Organ. Chem., Analyt. Sect.) E. DEHMLOW. G 560

Kiyoshi Takiura und **Kyôko Koizumi,** *Bestimmung der Glykole durch Polarographie.* 10 cm^3 10^{-3} mol. KJO_4 in SØRENSENscher Pufferlsg. (p_H 7) werden zu 1 cm^3 der Probelsg., die ca. 10^{-3} mol. an Glykolen ist, zugegeben, die Gemische, je nach der Probe 15—90 Min., stehengelassen, mit 0,1 cm^3 1%ig. Gelatinlsg. versetzt u. sofort polarographiert. Die Menge an überschüssigem KJO_4 wird durch die Höhe der ersten Welle bestimmt. Aus dem Vgl. mit den Daten aus Blindverss. werden der Verbrauch an KJO_4 u. dadurch die Menge an Glykolen berechnet. 10^{-6} Mole der Glykole können durch diese Meth. bestimmt werden. (J. pharmac. Soc. Japan [Yakagakuzasshi] **78.** 961—64. Sept. 1958 Ôsaka, Univ., Pharm. Fak. [Orig.: japan.; Auszug: engl.]) E. MAEKAWA. G 570

Z. Bellen, *Die gleichzeitige quantitative Analyse von Formaldehyd und Polyoxymethylen.* Die Meth. zur gleichzeitigen Best. von *freiem CH_2O* u. *Polyoxymethylen* (I) beruht auf der Kondensation des CH_2O mit Dimedon u. anschließender Titration der CH_2O-Dimedonverb. mit Alkali u. der jodometr. Best. der Summe CH_2O + I. Ausführung: Best. des freien CH_2O: Die 0,25—0,40 mVal (7,5—12 mg) CH_2O enthaltende Probe wird mit 50 ml wss. Dimedonlsg. u. 70 ml Acetatpuffer von p_H 4,6 versetzt. Man läßt 3 Std. stehen, filtriert den Nd. durch einen SCHOTT-G 4 Filtertiegel u. wäscht ihn 10mal mit je 5 ml W. aus. Der Nd. wird mehrmals mit A. ausgewaschen, wobei das I ungelöst bleibt, u. die alkoh. Lsg. der CH_2O-Dimedonverb. wird gegen 0,1n NaOH in Ggw. von Phenolphthalein titriert. — Best. der Summe CH_2O + I: Die Probe (20—40 mg) wird mit 10 ml W., 50 ml 0,1n Jodlsg. u. 50 ml n-NaOH versetzt u. 10 Min. im Dunkeln stehengelassen. Nach dem Ansäuern mit 55 ml n/1 H_2SO_4 wird der Jodüberschuß gegen 0,1n $Na_2S_2O_3$-Lsg. in Ggw. von Stärke zurücktitriert. (Chim. analytique [4] **40.** 250—52. Juli 1958. Varsovie, Inst. de Chim. Gén.) K. F. MÜLLER. G 660

Odd Heggelund und **Karel Ruzicka,** *Quantitative Bestimmung von Methylal in Formalin.* Zur Best. von *Methylal* (I) in Ggw. von W., CH_2O u. *Methanol* (II) wird mit Methanol verd., mit Na_2SO_3 versetzt u. über eine Kolonne destilliert. Das CH_2O reagiert mit dem Sulfit; I u. ein Teil des II gehen über. Man dest. (20—40 Tropfen/Min.) je nach I-Geh. 30—60 Min. lang. Da das Destillat stets etwas W. enthält, wird dieses mit KARL-FISCHER-Lsg. bestimmt. Darauf wird aus einer Mikrobürette soviel W. zugegeben, daß der Geh. genau 1% beträgt. Durch Messung des Brechungsindex bei 18° u. Vgl. mit einer Eichkurve wird I bestimmt. Bei geringen I-Gehh. muß auch der CH_2O-Geh. des Destillats berücksichtigt werden, dessen Best. nach der Sulfitmeth. erfolgt. 0,10% CH_2O erhöhen n_D^{18} um 0,00015.

Versuche: *Methylal* (I), Kp. 42,3, $D.^{20}$ 0,8610, n_D^{18} 1,35335 (alles mit 0,15% W.), azeotrope Gemische mit 92,15% I, Rest II: Kp. 41,82°, mit 98,60% I, Rest II: Kp. 41,82°, mit 98,60% I, Rest W.: Kp. 42,05°. Für die Eichkurve werden folgende n_D^{18} verwendet: 0,0% I, 99,0% II u. 1,00% W. 1,3299; 8,0% I, 91,0% II u. 1,0% W. 1,3317; 20,0% I, 79,0% II u. 1,0% W. 1,33455; 28,0% I ,71,0% II u. 1,0% W. 1,3365; 40,0% I, 59,0% II u. 1,0% W. 1,33945. (Analytic. Chem. **31.** 138—39. Jan. 1959. Lilleström, Norway, Gullaug Kjemiske Fabr. A/S.) E. DEHMLOW. G 670

Senjirô Maruta und **Yoshihito Suzuki,** *Bestimmung der Aldehyde mit 2.4-Dinitrophenylhydrazin.* 2.4-Dinitrophenylhydrazone folgender aliphat. Aldehyde werden an mit Bzn. (Kp. 140—160°) angefeuchtetem Papier mit Methanol–Bzn. (20:1) aufsteigend chromatographiert [in () R_F-Werte]: *Form-* (0,70), *Acet-* (0,69), *Propion-* (0,67), *Butyraldehyd* (0,66), *Hexanal* (0,60), *Heptanal* (0,55), *Octanal* (0,48), *Decanal* (0,41), *Dodecanal* (0,38), *Tetradecanal* (0,33). Zur quantitativen Best. wird der entsprechende Teil des Chromatogramms mit Methanol eluiert u. im Eluat die Absorption bei 360 mμ gemessen. In jungem Wein wurden 6,33—33,1 mg/100 ml Acet- u. 0,1—3,1 mg/100 ml Butyraldehyd gefunden. In gelagertem Wein sind die entsprechenden Gehh. größer. (J. chem. Soc. Japan. ind. Chem. Sect. [Kōgyō Kagaku Zassi] **61.** 1147—49. Sept. 1958. Kôhu, Yamanasi-Daigaku. [Orig.: japan.]) E. MAEKAWA. G 670

Eugene Sawicki und **Thomas W. Stanley,** *Eine empfindliche Probe auf aliphatische Ketone.* Eine einfache, empfindliche Farbprobe für aliphat. *Ketone* der Struktur $RCH_2 \cdot COCH_2R'$ besteht in der Kondensation mit *2-Hydroxynaphthaldehyd-(1)* (I) in absol.

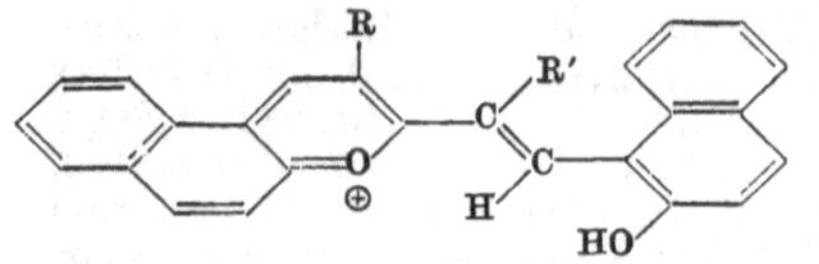

2-Methoxyäthanollsg. in Ggw. von $AlCl_3$ (3 Teile je Teil I). Nach 3 Min. stark exothermer Rk. erscheint eine blaue Färbung. Durch Vgl. mit Blind- u. Eichprobe erfolgt die spektrophotometr. Bestimmung. — Die Rk. zwischen dem $AlCl_3$ mit dem Lösungsm. liefert die zur Farbentw. nötige Wärme. Vff. nehmen für die gebildeten Farbstoffe vorst. Struktur an (vgl. Dilthey u. Mitarbeiter, J. prakt. Chem **114**. [1926.] 179.

Versuche: Absorptionsmaxima u. Erfassungsgrenzen der Reaktionsprodd. in 0,5 ml von *Aceton* 584 mμ, 0,5 γ, *Butanon-(2)* 598 mμ, 1 γ, *Pentanon-(2)* 597 mμ, 5 γ, *Pentanon-(3)* 598 mμ, 1 γ, *Hexen-(5)-on-(2)* 598 mμ, 5 γ, *Heptanon-(2)* 598 mμ, 1 γ, *Heptanon-(3)* 590 mμ, 5 γ, *Octanon-(2)* 598 mμ, 5 γ, *Nonanon-(2)* 598 mμ, 1 γ, *Undecanon-(2)* 598 mμ, 5 γ, *Tridecanon-(2)*, 598 mμ, 7 γ, *Heptadecanon-(2)* 598 mμ, 5 γ, *Nonadecanon-(2)* 598 mμ, 7 γ, *Cyclobutanon* 585 mμ, 5 γ, *Cyclopentanon* 579 mμ, 1 γ, *Cyclohexanon* 556 mμ, 5 γ, *Cycloheptanon* $<$ 450, 557 mμ, 500 γ, *Cyclooctanon* 450, 525 mμ, 500 γ, *Cyclononanon* 450, 515 mμ, $>$ 1000 γ, *Cyclopentadecanon* 450, 575 mμ, 500 γ, *Äthylacetoacetat* 536 mμ, 5 γ, *Pentandion-(2.4)* 585 mμ, 10 γ. (Analytic. Chem. **31**. 122—24. Jan. 1959. Cincinnati, Ohio, Dep. of Health, Educ., and Welfare, US Punl. Health Serv., R: A. Taft San. Engng. Cent., Commun. Air Pollut. Progr.) E. Dehmlow. G 700

Antonín Berka, *Über die Möglichkeiten der volumetrischen Bestimmung der Aldehyde, Ketone und Chinone.* Übersicht u. Verwertung der Methoden der volumetr. Best. der Aldehyde, Ketone u. Chinone. — 67 Literaturstellen. (Chemie [Praha] **9**. 528—39. Aug. 1957. Praha, Karlova univ.) J. Schneider. G 1190

Trevor Robinson und **Elvin Fowell,** *Eine chromatographische Analyse für Ricinin.* Neben der spektroskop. Best. des Ricinin bei 315 mμ empfehlen Vff. die papierchromatograph. Analyse in den Lösungsmittelsystemen tert.-Butanol/W./Essigsäure, 4:2:1 (R_F-Wert 0,75) u. Isopropanol/Toluol/Essigsäure/W. 5:10:1:1 (R_F-Wert: 0,55). Als Sprühreagens dient Kaliumtetrajodowismutat. Die Nachweisgrenze liegt bei 10 γ. Die quantitative Best. auf Grund der Fleckengröße war am genauesten bei 20—100 γ. Verwandte Verbb. waren leicht von Ricinin zu unterscheiden. Die Versuchstechnik ließ sich ohne Störungen auf die Unters. von Pflanzengewebe übertragen. (Nature [London] **183**. 833—34. 21/3. 1959. New York, N. Y., Syracuse Univ., Dep. of Bacteriol. and Bot.) H. Breuer. G 3500

d) Medizinische und toxikologische Analyse.

Henry A. Teloh, *Flammenphotometrische Bestimmung von Magnesium in Serum.* Der Mg-Geh. von Serum läßt sich durch Messung der Absorption bei 372 mμ bestimmen. Um den Einfl. störender Ionen auszuschalten, wird neben der eigentlichen Probelsg. eine Lsg. mit bekanntem Mg-Geh. untersucht. Der Normalgeh. des menschlichen Serums liegt bei 2,04 $\pm$ 0,14 mÄquivalent Mg. Das Verf. arbeitet mit einem Fehler von höchstens 5%. (Amer. J. clin. Pathol. **30**. 129—32. Aug. 1958. Chicago, Ill., Northwestern Univ., Medical School, Dep. of Pathology.) E. Lück. 5728

T. A. Harper, *Eine schnelle quantitative Mikromethode zur Bestimmung von Serumcalcium.* Zur *Ca*-Best. im Serum werden 0,1 ml Serum u. 4,9 ml W. mit einem Tropfen Piperidin u. 0,25 ml gesätt. *Murexid*-Lsg. (frisch zentrifugiert) versetzt. Durch Vgl. der opt. Dichte bei 500 mμ (0,5 cm-Küvette) mit einer Blind- u. einer Ca-Standardprobe wird der Ca-Geh. bestimmt. Da die Meth. niedrigere Ca-Werte als die Oxalatfällung ergibt, empfiehlt es sich, die Gehh. der Standardprobe mit Hilfe eines (gefriergetrockneten) Serums bekannter Ca-Konz. zu korrigieren. Dann weichen die Ergebnisse dieser Meth. nur um $\pm$ 1% von denen der Oxalatmeth. ab. (Nature [London] **183**. 232—33. 24/1. 1959. Sheffield, City Gener. Hosp., Group Pathol. Labor.) E. Dehmlow. 5728

John L. Gerlach und **Robert G. Frazier,** *Spektrophotometrische Bestimmung von Chlorid in Schweiß und Serum mit Diphenylcarbazon.* Eine spektrophotometr. Schnellbest. von γ-Mengen Chlorid (**I**) in Schweiß u. Serum beruht auf der Bindung von Cl^--Zonen an Hg^{2+}-Ionen u. Rk. überschüssiger Hg^{2+}-Ionen mit Diphenylcarbazon zu einer violetten Koordinationsverb. (λ_{max} 520 mμ), die colorimetr. bestimmt wird. Das Beersche Gesetz ist bei p_H 3,2 für Konzz. von 0—240 γ **I**/100 cm^3 gültig. Die Standardabweichung der Meth. beträgt 1,6 γ **I**/100 cm^3, die Genauigkeit $>$ 2%. Die Meth. eignet sich für **I**-Mengen von 10—1500 γ. (Analytic. Chem. **30**. 1142—46. Juni 1958. Iowa City, Io., State Univ., Dep. of Pediatrics.) K. Maier. 5731

M. Jirka, E. Krejci, J. Duchon und **A. F. Richter,** *Polarographische Bestimmung der Homogentisinsäure.* Beschreibung der polarograph. Meth. zur Best. von Homogentisinsäure (vgl. Chem. Listy **48.** [1954.] 1411), bes. für die Best. im Harn. (Collect. czechoslov. chem Commun. **20.** 1131–35. Okt. 1955, [Orig.: engl.]) P. ZUMAN/Prag. 5732

J. Ivády und **J. Lestyàn,** *Ein neuer Bromwassertest in der medizinischen Praxis.* Bei Patienten mit Akrodynie bewirkt vorsichtiges Überschichten einer Urinprobe mit Br-Wasser (0,08–0,1 ml Br_2 in 20 ml dest. W.) Bldg. eines weißen Ringes (2 ml Br-Wasser auf 2 ml Urin). Dieser tritt in jedem *Albumin*-Harn auf. Die Probe ist empfindlicher als die von HELLER u. entspricht in der Empfindlichkeit dem Sulfosalicylsäuretest. Die Anwendung bei verschied. Fällen von Albuminurie (menstrual, febril, bei Erkältung, benigne bei Gravidität usw.) wird diskutiert. (Minerva med. [Torino] **46.** II. 1521–22. 29/11. 1955. Szeged, Univ., Ist. Clin. Ped., Inst. Chim. Med.) WALTER SCHÄFER. 5732

H. Angewandte Chemie.

I. Allgemeine chemische Technologie.

Otto Fuchs, *Chemische Technik und physikalische Chemie.* Vf. beleuchtet die Rolle der physikal. Chemie im Bereich der chem. Technik u. gibt Hinweise, sie noch fruchtbarer zu gestalten. (Chemiker-Ztg. **82.** 429–31. 25/6. 1958. Konstanz.) J.-E. HILLER. 5800

Horst Komossa, *Analogieverfahren zur Bestimmung der Wärmeleistung von Rührkesseln.* Die Wärmeleistung von Rührkesseln wird in starkem Maße durch den Wärmeleitwiderstand bestimmt. Seine Größe ist nur selten bekannt. In der vorliegenden Arbeit werden Unterlagen zur Abschätzung des Widerstandes von Kesselwänden angegeben. Sie enthalten die vereinfachenden Annahmen, daß man die Aufgabe als ebenes Wärmeleitproblem ansehen u. die komplizierte Querschnittsfläche der Wand — unter gewissen Voraussetzungen — in einfache Teilflächen zerlegen darf. Dadurch läßt sich das Problem auf die Unters. des Wärmewiderstandes von Säulen mit rechteckigem Querschnitt zurückführen. Die Veränderung des Widerstandes wird am Analogiemodell festgestellt. Die Ergebnisse sind in drei Arbeitsblättern niedergelegt. (Chemie-Ing.-Techn. **29.** 781–85. Dez. 1957. Karlsruhe, TH, Kältetechn. Inst.) G. RUBAN. 5816

J. E. Boberg und **P. S. Starrett,** *Bestimmung der Wärmeübertragungseigenschaften von Flüssigkeiten bei freier Konvektion.* Die Wärmeübertragung wurde in W. u. in verschied. anderen Fll. auf die Weise bestimmt, daß eine Cu-Kugel von 1–1,5 Zoll Durchmesser erwärmt u. in die Fl. getaucht wurde. Die Temperaturabnahme der Kugel bzw. die -zunahme der Fl. wurde gemessen. Bei erzwungener Konvektion wurde eine erwärmte Kugel in eine mit bekannter Geschwindigkeit strömende Fl. getaucht. Messung u. Theorie stimmten in beiden Fällen überein. Die Theorie wurde noch an einem Beispiel erhärtet. (Ind. Engng. Chem. **50.** 807–10. Mai 1958. Burbank, Calif., Lockheed Aircraft.) H. MIETHING. 5816

John B. Gayle, Oliver L. Lacey und **James H. Gary,** *Das Mischen von Feststoffen. Chi-Quadrat als Kriterium.* Zur mathemat. Behandlung des Mischvorganges fester Mehrkomponentensysteme ist die Anwendung folgender statist. Beziehung von Vorteil: $\chi^2 = \sum (O - E)^2/E$ (O = beobachtete, E = zu erwartende Teilchenzahl je Komponente). Meßergebnisse, die beim Mischen von 3 Pigmentfarben annähernd gleicher Körnung in einem Mischrad (mixing wheel) gewonnen wurden, veranschaulichen, daß die z^2-Werte mit der Zahl der Umdrehungen abnehmen u. sich einem Grenzwert nähern, der der Zahl der Freiheitsgrade entspricht. Die Abhängigkeit des Segregationsindex von der Umdrehungszahl ist analog, aber unabhängig von der Komponentenzahl, sollte also für jeden Mischer bei konstanter Partikelcharakteristik gleich bleiben. — Die Reaktionsordnung des Mischvorganges wurde für das gegebene Beispiel als 2. für den Anfang des Prozesses u. 1. für den weiteren Verlauf angegeben. (Ind. Engng. Chem. **50.** Nr. 9. [Part I.] 1279–82. Sept. 1958. Univ., Ala., US Dep. of the Interior, Bur. of Mines, Region V, Southern Exp. Stat.) R. JUNGE. 5822

K. Je. Machorin und **W. M. Tschertow** (unter Mitarbeit von **A. M. Koganowski, Je. M. Kalinitschuk, Je. I. Dikolenko** und **W. W. Resnitschenko**), *Dampf-Gas-Aktivierung von Anthrazit in Wirbelschicht.* Durch Behandlung mit einem Dampf-Gas-Gemisch mit 35–40% Wasserdampf u. 9–11% CO_2 (Heizgase aus der Verbrennung von Bzl., mit Wasserdampf verd.) bei 830–885° während 2–2½ Std. in Wirbelschicht wird Anthrazit aktiviert; er zeigt dann eine Adsorptionskapazität von 12 bis 14% für Phenol, 10–12% für Methylenblau u. bewirkt bei Verwendung zur Abwasserbehandlung Entfärbung, Verminderung der Oxydierbarkeit bis 90–95%, Beseitigung des Geruches nach organ. Substanz u. Verschwinden des Chlorphenolgeruches nach Chlorierung. (Журнал Прикладной Химии [J. angew. Chem.] **31.** 643–47. April 1958.) R. K. MÜLLER. 5848

G. Schimmel und **G. Walter,** *Elektronenmikroskopische Untersuchung von mit Membranfiltern abgeschiedenem Luftstaub.* Durch ein Membranfilter wurden auf 1 cm^2 Filterfläche 10 Liter Luft mit einer Eintrittsgeschwindigkeit von 5 cm/Sek. hindurchgesaugt, anschließend wurde das Filter mit Kohle unter Rotation um die Flächennormale schräg bedampft. Durch Auszählung der Teilchen wurde die Kornverteilungskurve gewonnen. Bemerkenswert ist neben dem Maximum der Teilchenzahl bei einem Korndurchmesser von 0,1—0,2 μ der steile Abfall der Teilchenhäufigkeit unterhalb 0,1 μ. (Naturwissenschaften **46.** 10. 1. Jan.-H. 1959. Frankfurt/M., Battelle-Inst.) W. KARCHER. 5850

Otto Lang, *Klimatechnik. — Lufttrocknung durch feste Sorbentien.* In der automat. Kältetechnik kann im Winter bisweilen die Kühlung abgeschaltet werden; dann steigt die Luftfeuchtigkeit aber an, u. durch neues Heizen muß Erwärmung u. Entfeuchtung bewirkt werden. Ähnlich verhält es sich bei Klimaanlagen. Bei höherer äußerer Luftfeuchtigkeit muß die Luft abgekühlt, entfeuchtet u. wieder neu erwärmt werden. Zur Wasseraufnahme wird Silicagel (SiO_2) oder Alugel (Al_2O_3) verwendet, denen Blaugel zugesetzt wird, das sich rosa färbt, sobald W. aufgenommen wird. Beide Stoffe können durch Erwärmen wieder getrocknet u. brauchbar gemacht werden. (Kälte **10.** 185—87. Mai 1957. Stuttgart.) H. MIETHING. 5854

Mirko Hrubý und **Oldřich Peroutka,** *Möglichkeit einer thermodynamischen Heizung in Rektifikationskolonnen.* Übersicht. — 28 Literaturstellen. (Chem. Průmysl **8** (**33**). 4—10. Jan. 1958. Brno, Výzk. ústav makromol. chem.) J. SCHNEIDER. 5864

Zsjui-fu Fu, *Zur Berechnung periodisch arbeitender Rektifikationskolonnen.* Für period. arbeitende Rektifizierkolonnen werden Berechnungsunterlagen (Destillatmenge, Rektifizierdauer, mittlere Konz. y_p der einen Komponente im Destillat) für die Verarbeitung eines bin. Syst. mit konstanter Phlegmazahl (R) oder mit konstanter Konz. des Destillats gegeben. Aus der algebraischen Integration der Gleichungen ergibt sich unter Berücksichtigung der relativen Flüchtigkeit die funktionelle Beziehung zwischen der Konz. x in der fl. Phase, x_p u. R. Eine analyt. Berechnung wird für x_p ca. 1 u. für lineare Abhängigkeit des Phasengleichgewichts durchgeführt. (Журнал Прикладной Химии [J. angew. Chem.] **30.** 862—75. Juni 1957. Tientsin, Polytechn. Inst.) R. K. MÜLLER. 5864

B. B. Chemical Co., Boston, Mass., V. St. A. (Erfinder: **Graham Richnor Lee, Arthur David Woods,** Leicester, **Charles Ernest Mason,** St. Albans, England, und **Alan Montague Hall,** Belturbet, Irland), *Kittartiges Abdichtungsmittel,* bestehend aus Polyvinylchlorid, anorgan. Füllstoffen u. einem bei n. Temp. fl. Polyester, z. B. Propylenglykoladipinsäurepolyester. (**D. A. S. 1 047 348** Kl. 22i vom 15/3. 1957, veröff. 24/12. 1958. E. Prior. 17/3. 1956.) C. LÜTTGEN. 5811

Soc. An. du Blanc Omya, Paris, Frankreich, *Füllstoff für Kitt- und Spachtelmassen.* Man durchmischt $CaCO_3$-Pulver, bes. Kreide, in der Wärme unter mechan. Einw., z. B. in einer Hammermühle, mit 0,5—5% einer öl- oder fettartigen Stoffes, z. B. mit trocknendem Öl, Mineralöl, Lecithin. Man erreicht durch diese Vorbehandlung ein schnelleres u. leichteres Einarbeiten des Füllstoffes in das zur Herst. der Kitte verwendete Öl, bes. Leinöl. (**D. A. S. 1 054 621** Kl. 22i vom 10/12. 1957, veröff. 9/4. 1959. F. Prior. 19/8. 1957.) C. LÜTTGEN. 5811

Asahi Kasei Kogyo Kabushiki Kaisha, Osaka, Japan (Erfinder: **Yoshio Tsunoda** und **Maoni Seko**), *Herstellung von kationischen Austauscherharzmembranen* durch Kondensation von Vernetzern, wie Aldehyden oder Ketonen, mit Phenolsulfonsäureaustauschern. Man kondensiert 1 Mol Phenol mit $<$0,95 Mol eines möglichst wasser- u. lösungsmittelfreien Vernetzers u. in Ggw. eines Katalysators, so daß keine Gelbldg. erfolgt u. kein dreidimensionales Prod. entsteht, zu einem fl. niedrig polymeren Prod., das man ganz oder teilweise sulfoniert; die erhaltene Lsg. wird mit soviel ($>$0,05 Mol) eines möglichst wasser- u. lösungsmittelfreien Vernetzers von hohem Kp. kondensiert, daß ein vernetztes Kondensationsprod. entsteht, nachdem man sie in eine geeignete Form gegossen hat. — Man läßt 1 Mol Phenol mit 0,7 Mol Paraform in Ggw. von etwas Soda 2 Std. reagieren, wobei die Temp. auf 160° steigt u. entstehendes Reaktionswasser durch Abdestillieren entfernt wird. Bei Raumtemp. setzt man langsam 0,8 Mol 100% ig. H_2SO_4 zu u. hält 1 Std. bei 90°, setzt bei Raumtemp. 0,5 Mol Benzaldehyd zu, gießt in eine Form u. härtet 5 Std. bei 120° u. 2 kg/cm^2 Druck. (**Jap. A. S. 1 247/1958** vom 3/7. 1953, veröff. 25/2. 1958.) M. PANKOW. 5827

VEB Farbenfabrik Wolfen, Wolfen (Erfinder: **Friedrich Wolf,** Leipzig), *Verfahren zur Trennung von Gasgemischen,* gegebenenfalls unter Zusatz eines inerten Trägergases, durch Behandeln mit Ionenaustauscherharzen,hoher Polarität in der Alkaliionenform. Austauscher dieser Art sind synthet. Kondensations- u. Polymerisationsionenaustauschharze, deren Aktivität auf den eingebauten, stark sauren Sulfonsäure-, Phosphorsäure-, Carboxy- u. dgl. Gruppen beruht. (**D. P. [DDR] 8 561** Kl. 12e vom 2/2. 1954, ausg. 3/1. 1955 [Wirtschaftspatent].) W. WITTHOLZ. 5829

Union Carbide Corp., New York (Erfinder: **William James Mitchell**, Kenmore, N. Y., und **Ward Frederick Moore**, Ridgefield, Conn.), V. St. A., *Herstellung gebundener Molekularsiebe* durch Agglomerieren von Zeolithpulvern mit Bindemitteln, gek. durch die Verwendung von Attapulgit als Bindemittel. (**D. A. S. 1 055 515** Kl. 12i vom 2/11. 1957, veröff. 23/4. 1959. A. Prior. 5/11. 1956. **Zusatz zu D. A. S. 1 040 005; C. 1959. 6912.**) A. GRADL. 5849

L. & C. Steinmüller G. m. b. H. (Erfinder: **Manfred Siebker**), Gummersbach, *Kernreaktor.* Zur Überhitzung des dampf- oder gasförmigen Arbeitsmittels werden die Spalt- oder Brütstoffe ganz oder teilweise in feinkörniger Form dem Arbeitsmittel dort zugegeben, wo sie durch Kernspaltung Wärme erzeugen oder (wenn sie selbst infolge der aufgenommenen Spaltungswärme schon hoch erhitzt sind) die Wärme anschließend an das Arbeitsmittel übertragen. (**D. A. S. 1 056 289** Kl. 21g vom 30/9. 1955, veröff. 30/4. 1959.) H. KESSEL. 5895

Dolerit Basalt Akt.-Ges. (Erfinder: **Werner Gottschalk**), Köln, *Moderator für Kernreaktoren* besteht aus Vulkanitgestein, z. B. aus Trachyt, Alkalidiabas, Diorit, Nadeldiorit, Gabbro, Syenit, Peridoti, Kuselit, Pikrit, Pikritporphyrit oder Basalt, dessen Geh. an neutronenabsorbierenden Substanzen hinreichend klein ist. (**D. A. S. 1 057 700** Kl. 21g vom 29/1. 1958, veröff. 21/5. 1959.) H. KESSEL. 5895

Heinz Maier-Leibnitz, München, *Anreicherung von Deuterium* beim Betrieb von mit W. moderierten oder gekühlten Kernreaktoren unter Rekombination des radiolyt. zers. Wassers. Im Spaltstoff- oder im Brütmittelkreislauf nicht oder unvollständig rekombinierte gasförmige Zersetzungsprodd. des W. werden in Gasabscheidern abgeschieden u. Rekombinatoren zugeführt, aus denen an D_2 angereicherter H_2 oder an D_2O angereichertes W. abgezogen wird, wobei das den Kreisläufen entzogene W. durch Frischwasser ständig ersetzt wird. (**D. A. S. 1 054 429** Kl. 12i vom 4/12. 1956, veröff. 9/4. 1959.) H. KESSEL. 5895

Kurt Diebner (Miterfinder: **Erich Bagge**), Hamburg, *Abschirmung von Reaktorstrahlung.* In einer neutronenabsorbierenden Fl. sind in Form von kurzen offenen zylindr. Hohlkörpern (nach Art von RASCHIG-Ringen) ausgebildete Absorberstücke von hohem At.-Gew. statist. verteilt, eingelagert. (**D. A. S. 1 052 587** Kl. 21g vom 30/9. 1957, veröff. 12/3. 1959.) H. KESSEL. 5895

Gesellschaft für Kernenergieverwertung in Schiffbau und Schiffahrt m. b. H. (Erfinder: **Kurt Illies** und **Heinz-Günther Bachmann**, Hannover), Hamburg, *Sicherheitsbehälter für radioaktive Stoffe und Kernenergiekraftanlagen,* bes. zur Verwendung an Bord von Schiffen, trägt ein syphonartiges Druckausgleichsrohr, das eine äußere Anschlußöffnung mit dem Innenraum verbindet u. zwischen seinen Enden eine Richtungsänderung von mindestens 360° aufweist. (**D. A. S. 1 052 588** Kl. 21g vom 21/11. 1956, veröff. 12/3. 1959.) H. KESSEL. 5895

Hubert Salmen, Gladbeck, *Strahlenschutz-Werkstoffkombination.* Metall, z. B. Cr–Ni-Stahl, erhält eine bei hoher Temp. beständige, therm. härtbare, 10—30 μ dicke Kunststoffauflage, z. B. aus 80—120 (Teilen) nichtplastifiziertem Phenolformaldehydharz, 2—10 Siliconharz, 50—80 Lösungsm., oder aus 80—120 Vorkondensationsprod. aus Äthoxylinharz u. Phenolformaldehyd, 2—10 Siliconharz, 3—10 Amin, 50—80 Lösungsmittel. (**D. A. S. 1 053 685** Kl. 21g vom 27/6. 1957, veröff. 26/3. 1959.) H. KESSEL. 5895

Associated Electrical Industries Ltd., England, *Strahlenschutzwand für Kernreaktoren.* Der Raum zwischen 2 Metall- oder Betonwänden ist in Kammern unterteilt, die durch Röhren oder Kanäle mit schüttfähigem absorbierendem Material (z. B. Sand, Beton, Stein, Baryt) gefüllt werden. (**F. P. 1 158 001** vom 27/7. 1956, ausg. 6/6. 1958. E. Prior. 29/7. 1955.) E. KESSEL. 5895

Rudolf Alberti, St. Andreasberg, *Beseitigung radioaktiver Abfälle.* Als Aufnahmematerial dienen gepulverte Stoffe von hohem Strahlenabsorptionsvermögen, z. B. getrocknete Schwerspatmehle oder -schlämme. (**D. A. S. 1 053 686** Kl. 21g vom 1/10. 1956, veröff. 26/3. 1959.) H. KESSEL. 5895

Oxy-Catalyst, Inc. (Erfinder: **Eugene Jules Houdry**), *Herstellung eines Katalysators.* Man überzieht eine Oberfläche, z. B. Porzellan, mit einem dünnen Film aus einem in einer Fl., z. B. W., feinverteilten Oxyd des Be, Al, Th, Mg u./oder Si u. trocknet. Dabei verwendet man ein in wss. Suspension befindliches, feingemahlenes Oxyd einer Teilchengröße von < 40 μ, wobei mindestens 50% der Teilchen 0,1—2 μ groß sind. (**Aust. P. 206 578** vom 12/1. 1955, ausg. 28/3. 1957.) H. NEBELSIEK. 5905

Socony-Vacuum Oil Co., Inc., New York, N. Y., V. St. A., *Regenerierung eines durch Kohlenstoffablagerung inaktivierten Katalysators* durch Abbrennen mit Luft. Einer in der Regenerationszone sich abwärts bewegenden Wanderschicht des verbrauchten Katalysators wird in einer zwischen Kopf u. Boden des Regenerators befindlichen Querschnittsfläche, über eine Mehrzahl von Zuführungsstellen gleichmäßig verteilt, Luft zugeführt, wobei benachbarte Luftzuführungsstellen weniger als 10 inch. voneinander entfernt sind. Ein Teil der Luft bewegt sich dabei abwärts; die Verbrennungsgase werden aus dem unteren Teil des Regenerators abgezogen. — Vorr., Zeichnungen. (**E. P. 775 815** vom 21/2. 1955, ausg. 29/5. 1957. A. Prior. 11/3. 1954.) H. KOBS. 5905

III. Elektrotechnik.

Siemens-Schuckertwerke Akt.-Ges., Berlin und Erlangen (Erfinder: **Erich Kasten**, Erlangen, und **Hans Iglauer**, Nürnberg), *Gaskabel*. Die Füllung besteht mindestens z. T. aus dem Dampf perfluorierter organ. Stoffe (z. B. Amine, Äther, aliphat. oder aromat. KW-stoffe), bes. an Adsorptionsmassen (z. B. Aktivkohle, Al_2O_3, Stärke, Silicagel, quellfähige Kunststoffe, Schaumstoffe oder Harze) angelagert. (**D. A. S. 1 034 731** Kl. 21 c vom 19/7. 1956, veröff. 24/7. 1958.) H. KESSEL. 5957

Siemens-Schuckertwerke Akt.-Ges., Berlin und Erlangen (Erfinder: **Otto Gasser**, Berlin), *Hochspannungskabel* mit einer aus einer weichmacherhaltigen hochpolymeren Kunststoffmischung bestehenden Isolierung u. Längskanälen in der Kabelseele. Diese werden dauernd oder zeitweise mit einem Isolieröl (z. B. einem Mineral- oder einem Siliconöl) gefüllt, das prakt. unter n. Druck steht u. durch das der Weichmacher der Isolierung ausgewaschen oder so durchsetzt wird, daß seine schlechten elektr. Eigg. neutralisiert werden. (**D. A. S. 1 034 234** Kl. 21 c vom 8/1. 1954, veröff. 17/7. 1958.) H. KESSEL. 5957

Organico, Paris (Erfinder: **Georges Chizallet**, La Courneuve, Seine, und **Roger Dumon**, Paris), Frankreich, *Flammsicheres Kabel* mit einer Isolation, die aus einer dickeren Innenschicht aus thermoplast. Polymeren u. einem dünneren Überzug aus Superpolyamiden besteht. Den thermoplast. Polymeren wird ein hochchlorierter organ. Stoff u. dem Superpolyamid ein Metalloxyd oder -sulfid (z. B. Sb_2O_3) zugesetzt. Als Innenschicht dient bes. Polyvinylchlorid mit Weichmacher-, Stabilisator- u. Schmiermittelzusatz. Das Polyamid ist bes. das der 11-Aminoundecansäure. Die Vinylverb. enthält prakt. 1—30, bes. 5—15%, Hexachlorbenzol oder -äthan als flammsichermachenden Zusatz. (**D. A. S. 1 044 914** Kl. 21 c vom 24/9. 1957, veröff. 27/11. 1958. F. Prior. 25/9. 1956. **F. P. 1 158 641** vom 25/9. 1956, ausg. 17/6. 1958.) H. KESSEL. 5957

Karl Ziegler, Mülheim/Ruhr, und **Konrad Ruthard**, Hanau, *Al_2O_3-Isolierschicht* auf Cu. Aus einem organ. Substanzen als Hauptbestandteil enthaltenden Elektrolyten wird elektrolyt. eine Al-Schicht niedergeschlagen, die dann oberflächlich oxydiert wird. Der Elektrolyt besteht prakt. aus einer homogenen Schmelze von Komplexverbb. echter organ. Al-Verbb. der Zus. AlR_3, wo mindestens 1 R ein Alkyl, die anderen R ein Alkyl, H oder ein Halogen sind, mit Alkalialkylen, -hydriden oder -halogeniden; z. B. $NaF \cdot [Al(C_2H_5)_3]_2$. (**D. A. S. 1 025 955** Kl. 21 c vom 24/9. 1954, veröff. 13/3. 1958.) H. KESSEL. 5957

LICENTIA Patent-Verwaltungs-G. m. b. H., Hamburg (Erfinder: **Paul Nowak** und **Franz Josef Bollig**, Kassel), *Siliconlackdraht*. Der Leiter (bes. aus Cu) erhält eine Titanatgrundierschicht [z. B. aus 30 (Teilen) polymerem Butyltitanat, 50 Zn-Staub, 5 Glimmermehl, 15 Toluol], darauf eine flexible, weiche, bes. nur bis 100 μ starke Isolierzwischenschicht auf Siliconbasis (z. B. 60 Methylphenylsilicon, 0,5 Co-Naphthenat, 39,5 Toluol) u. einen Lacküberzug auf der Basis von Siliconen (z. B. 35 Siliconharz, 0,07 Pb-Naphthenat, 65 Toluol). (**D. A. S. 1 043 438** Kl. 21 c vom 24/5. 1955, veröff. 13/11. 1958.) H. KESSEL. 5957

General Electric Co., New York (Erfinder: **Robert Harold Denham**, Scotia, und **Robert Louis Novak**, Syracuse), N. Y., V. St. A., *Lötfähige isolierte Leiter* tragen eine Polyamidisolation mit einem Überzug aus Polyvinylacetal- oder Polyvinylformaldehydharz. (**D. A. S. 1 048 306** Kl. 21 c vom 28/9. 1956, veröff. 8/1. 1959. A. Prior. 29/9. 1955.) H. KESSEL. 5957

United States Rubber Co., New York, N. Y., V. St. A., übert. von: **Robert R. McAuslan**, Cranston, R. I., *Separator für Akkumulatoren* aus einer Matte von Cellulosefasern, die mit Phenol–Formaldehyd-Harz imprägniert sind. Der Imprägnierungslsg. wird als nichtion. Netzmittel Pluronic L64 [20—30(%) Äthylenoxyd u. 80—70 Polypropylenoxyd] oder Polypropylenglykol mit Mol.-Gew. 2025 zugefügt. (**A. P. 2 773 114**

vom 31/8. 1954, ausg. 4/12. 1956. **E. P. 770 730** vom 31/5. 1955, ausg. 20/3. 1957. A. Prior. 31/8. 1954.) F. Laass. 5971

English Electric Valve Co. Ltd. (Erfinder: **Charles Patrick Lea-Wilson** und **Arthur James Monk**), *Magnetronkathoden*, die hohen Tempp., wie sie durch Ionenbeschuß auftreten können, standhalten u. kein Gas während des Betriebes abgeben, werden hergestellt aus 94,95—78 (Gew.-%) W, 5—20 WC u. 0,05—2 Th. Die trockenen Pulver werden gemischt, mit 20—50 t/inch², zu Formkörpern gepreßt u. bei 2300—2500° in einer Atmosphäre von sehr reinem H_2 gesintert. Nach dem Abkühlen werden bei Unterdruck u. 2000° noch absorbierte Gase entfernt. — Beispiel: 88 W, 10 WC u. 2 Th. (**Aust. P. 203 985** vom 19/10. 1954, ausg. 6/12. 1956. E. Prior. 3/12. 1953.) G. Frikell. 5975

Western Electric Co., Inc., New York, N. Y. (Erfinder: **Bernd Teo Matthias**, Berkeley Heights, N. J.), V. St. A., *Ferroelektrisches Element* für Impulsspeicherkreise ist ein Körper aus einem trigonalen krist. Material aus einem Hexahydrat eines Doppelsulfats oder -selenats von Guanidin u. 3wertigem Al, Ga, In, Ti, V, Fe, Cr, Co, Mn, Rh oder Ir. (**D. A. S. 1 044 887** Kl. 21g vom 10/10. 1955, veröff. 27/11. 1958. **F. P. 1 146 802** vom 14/2. 1956, ausg. 15/11. 1957. Beide A. Prior. 18/2. 1955.) H. Kessel. 5983

IV. Wasser. Abwasser.

Edward Marczek und **Zygmunt Mazur**, *Lebende Bestandteile des Wassers und Ultraschall.* Übersicht über die Wrkg. von Ultraschall auf Wassertiere im Zusammenhang mit der Wasserreinigung. (Gaz, Woda Techn. sanit. **33.** 54—55. Febr. 1959. Gliwice, IKG, Zakł. Bad. Wodociąg., Kanalizac.) F. Urban. 6016

W. Wesly, *Teilentkieselung in Schnellreaktoren und nachgeschalteten Filtern.* Vf. beschreibt an Hand von Analysen die Vorreinigung von Brunnenwasser durch Entcarbonisierung mittels Schnellreaktor u. nachgeschaltetem Magnofilter, in deren Verlauf die Kieselsäure des W. von 22 mg/Liter auf 11 mg/Liter SiO_2 herabgesetzt wird. Bes. wirksam scheint das „nascierende", d. h. das während der Entcarbonisierung mit Mg-freier Kalkmilch ausgeschiedene $Mg(OH)_2$ für die SiO_2-Entfernung zu sein. Die Vorentkieselung bewirkt eine wesentliche Entlastung der Anionenaustauscher der Vollentsalzungsanlage. — 1 Abb., 5 Tabellen. (Mitt. Vereinig. Großkesselbesitzer **1959.** 29—31. Febr. Heft 58. Ludwigshafen/Rh.) M. Gremminger. 6024

Masaaki Akahane und **Akira Kurosawa**, *Entfernung von Kieselsäure aus Kesselwasser. Prüfung basischer Magnesiumverbindungen als Kieselsäureentferner für Lokomotivkessel.* Um die Wrkg. von *bas. Mg-Carbonat* bzw. *MgO* (aus diesem durch Glühen gewonnen) u. von *Na-Aluminat* als Zusätze zur Beseitigung von SiO_2 u. Kesselstein aus Kesselwasser zu prüfen, wird eine 6monatige Unters. an Lokomotivkesseln durchgeführt. Benutzt man an obigen Mitteln etwa gleiche Mengen wie die Summe von SiO_2 u. MgO im W. ausmacht, so läßt sich der SiO_2-Geh. auf $\frac{1}{2}$—$\frac{1}{3}$ herabsetzen; gleichzeitig wird der Kesselstein weniger u. brüchiger. — 5 Tabellen. (J. chem. Soc. Japan, ind. Chem. Sect. [Kōgyō Kagaku Zassi] **58.** 402—09. Juni 1955. Tokyo, Staatl. Eisenbahn-Forschungslabor. [Orig.: japan.]) L. Schuler. 6030

William B. Heroy, *Unterbringung radioaktiver Abwässer in abgebauten Salzlagerstätten.* Nach eingehender Besprechung der in den USA vorkommenden Steinsalzlagerstätten, ihrer Teufe, Mächtigkeit, Produktion u. Ausmaß der abgebauten unterird. Räume erörtert Vf. den Anfall an radioakt. (r.a.) Abwässern aus der U-Spaltung in Kernreaktoranlagen, ihre therm. u. elektr. Kapazität unter Berücksichtigung ihrer mengenmäßigen Steigerung bis zum Jahre 2000. — Die Möglichkeit der Unterbringung der r.a. Abwässer in ausgebaute Salzlager hängt von folgenden Faktoren ab: 1. Transportmöglichkeiten; 2. Zugänglichkeit der vorgesehenen Lagerstellen; 3. chem. u. physikal. Beschaffenheit der unterird. Höhlenwände u. -gewölbe. — Da es sich bei den Abwässern meist um stark r.a. verseuchte Wässer handelt, die infolge des Zerfalls der kurzlebigen Isotopen beträchtliche Wärmemengen entwickeln u. überdies auch chem. recht aggresiv sind, wird a) zur gefahrlosen Lagerung Alkalibehandlung u. b) Eindampfung des W. bis zum Geh. des Endschlammes an 35% Feststoffen vorgeschlagen. Dabei muß ein Geh. des W. an längerlebigen Isotopen, wie ^{137}Cs oder ^{90}Sr, bes. berücksichtigt werden. Die Wärmeentw. eines hoch-r.a.-belasteten Abwassers wird — je nach der Konz. — zu 1—3 BTU/h/gall. angegeben; diese an sich wirtschaftlich unbedeutende Wärmemenge ist aber bei der Lagerung, Beförderung u. Versenkung vom korrosionstechn. u. geol. Standpunkt aus zu beachten. — 7 Abb., 2 Tabellen, 37 Literaturhinweise. (Nat. Acad. Sci.-Nat. Res. Council, Publ. Nr. **519.** 108—42. Sept. 1957. Texas.) H. Eckstein. 6036

S. Ziemińska, *Vergleichende Untersuchungen über die Anwesenheit von Bakterien der Coligruppe und von Bakteriophagen einiger pathogener Darmbeakterien im Flußwasser.* Die im Laufe eines Jahres genommenen Wasserproben der Weichsel im Abschnitt Warschau—Płock enthalten in den einzelnen Zeitpunkten unterschiedliche Mengen Bakteriophagen (BP), wobei BP Antisalmonella typhi Vi u. Antishigella flexneri stärker vertreten sind als Antisalmonella paratyphi B. Es besteht keine Beziehung zwischen dem BP-Geh. u. dem Colititer. Die Best. der BP-Zahl ist für eine laufende hygien. Kontrolle des Oberflächenwassers ungeeignet. (Roczniki państwowego Zakładu Hig. **9.** 225—34. 1958. Warszawa, PZH, Zakł. Hig. komunalnej.) F. Urban. 6038

Walery Miśniakiewicz, Józef Podkówka und **Anna Zając-Chmielewska,** *Untersuchungen über die Wirkung von Chlordioxyd auf phenolhaltige Abwässer.* Die Zers. des Phenols u. seiner Chlorierungsprodd. durch ClO_2 erfolgt innerhalb 15 Min., wenn das Abwasser 0,1—3 g Phenol/Liter enthält. Der ClO_2-Mindestbedarf beträgt 1,0—1,7 mg/Liter je nach der Art u. dem p_H des Abwassers. In alkal. Medium steigt der ClO_2-Verbrauch, ohne daß Phenol quantitativ zerstört wird. Zu niedrige ClO_2-Konzz. verursachen Bldg. von Ndd., Schäumen u. Farbvertiefung des Wassers. (Gaz, Woda Techn. sanit. **32.** 252—56. Juli 1958. Gliwice, Politechn. Śląska, Kat. Chem. Fiz.) F. Urban. 6042

Krysztof Korzeniewski, *Anwendung einer vereinfachten Alizarin–Zirkonmethode zur Bestimmung von Fluor im Grundwasser der Wojewodschaft Köslin/Pommern.* Im Grundwasser der Kösliner Wojewodschaft wurden nach der Alizarin–Zirkon-Meth., in der Ausführungsform von Gad u. Fürstenau (C. **1955.** 10600) im Mittel nur 0,1 bis 0,3 mg F/Liter gefunden. W. aus größeren Tiefen enthält nur etwas mehr (0,5—0,6 mg/Liter) F. (Roczniki państwowego Zakładu Hig. **9.** 283—91. 1958. Słupsk, Woj. Stacja sanit.-epidemolog.) F. Urban. 6060

L. Procházková, *Bestimmung der Nitrate im Wasser.* Zur Best. von *Nitrat* in Wässern wird mit N_2H_4 in Ggw. von Cu^{2+} als Katalysator bei p_H 12,3 u. 28° in 30 Min. mit hoher Nitritausbeute red., worauf überschüssiges N_2H_4 mit Aceton gebunden, die Farbe mit Sulfanilsäure-α-Naphthylamin entwickelt u. nach 15 Min. bei 533 mμ spektrophotometriert wird. Kationen, die bei p_H 12,3 ausfallen würden, werden durch einen Kationenaustauscher (Na-Form) entfernt. Suspendierte oder koll. gelöste Stoffe werden vor der Best. in einer mit n-Hexan teilweise desaktivierten A-Kohlesäule adsorbiert. Die A-Kohle muß durch Erhitzen in CO_2 nitratfrei gemacht werden. — Ist die Probe *Nitrit*-haltig, so wird nach diesem Verf. ohne weiteres die Summe Nitrat + Nitrit gefunden. (Z. analyt. Chem. **167.** 254—60. 1959. Prag, Karls-Univ., Biol. Fak.) E. Dehmlow. 6060

Yrjö Mälkki, *Das Durognostverfahren zur Bestimmung der Härte des Wassers.* Mit dem Durognostverf. (Gebr. Heyl, Hildesheim) erhält man bei der Best. der Härte von rohem u. enthärtetem, auch eiskaltem W. genügend genaue Werte. Schon bei 0,06° deutscher Härte ist der Farbumschlag deutlich erkennbar. Das Verf. ist einfach, billig u. rasch u. zur Härtekontrolle des W. in Molkereien gut geeignet. (Karjantuote **42.** 74—75. 13/2. 1959. Jokioinen, Finnland, Valtion maitotalouskoelaitos.) S. Beckmann. 6062

Katsumi Goto, *Colorimetrische Aluminiumbestimmung in eisenhaltigen industriellen Abwässern.* Das Verf. beruht auf der Al-Extraktion mit *8-Hydroxychinolin* in Chlf. u. Maskierung des Fe^{2+} mit 0,12%ig. *o-Phenanthrolin*-Lsg. (I). Arbeitsvorschrift: 30 ml des W., das <4 mg Al/Liter enthalten soll, werden mit 0,5 ml HCl (1 : 10) u. 1 ml 10%ig. Hydroxylaminchloridlsg. erwärmt. Dann setzt man 3 ml I u. 0,5 ml 40%ig. Na-Acetatlsg. hinzu, schüttelt die Lsg. im Scheidetrichter mit 10 ml Chlf., trocknet den Chloroformextrakt mit wasserfreiem Na_2SO_4 u. bestimmt die Absorption bei 400—420 mμ. — Eichkurve erforderlich. — Von störenden Begleitstoffen ist Cu am gefährlichsten; Zn stört sehr wenig; Ca, Mg, Cr u. W beeinträchtigen die Best. nicht. (Chem. and Ind. **1957.** 329. 16/3. Sapporo, Japan, Hokkaido Univ.) H. Eckstein. 6068

V. Anorganische Industrie.

Howard K. Rae, *Billiges schweres Wasser.* Die verschied. für die Gewinnung von schwerem W. anwendbaren Verff. werden bzgl. ihrer Kosten diskutiert. Die 3 Verff., für welche die niedrigsten Kosten erwartet werden (Dest. von W., Dest. von H_2 u. chem. Austausch-Rkk.) werden näher beschrieben. (Chem. in Canada **7.** 27—32. Okt. 1955. Chalk River, Atomic Energy of Canada, Chem. Engng. Branch.) W. Karcher. H 240

Giovanni Porro, *Silicium.* Übersicht über die Vorkk. von Si (Eruptiv-, Erguß- u. Sedimentgestein), Si-Mineralien, deren Verwendung, chem. Si-Verbb. (Silane), Si-Halogenverbb., Alkali- u. Erdalkalisilicate, Erdalkali- u. Al-Silicide, Al-Silicate u. -Hydrosilicate für die keram. Industrie, Baumaterialien, feuerfeste u. feuerfeste isolierende Materialien, hydraul. Kalke u. Zemente, SiO_2-Verbb., SiC u. organ. Derivv. (Silicone), deren Herst., Produktion u. Anwendungsgebiete. — 21 Literaturhinweise. (Ind. mineraria [2] **8.** 595—615. Sept. 739—51. Nov. 1957.) G. PLATZER. H 261

Kurt Schmidlapp, *Die Schlagzerkleinerung von Pottasche in Deutschland.* 1. Mitt. Beschreibung von staubfreien Hammerzerkleinerungsmaschinen u. ihrer Anwendung für Pottaschemineralien unter Bewahrung der Mineralkornstruktur. (Wld. Mining **12.** Nr. 2. 30—33. Febr. 1959.) W. WESLY. 6148

Marie Edouard Joseph Cathala, Toulouse, Frankreich, *Abtrennen von Chlor aus Gasgemischen,* indem diese, gegebenenfalls komprimiert bis 2,5 ata, gekühlt u. getrocknet, mit HSO_3Cl bei z. B. 0° gewaschen werden, worauf HSO_3Cl bei z. B. 80—100° u. 8 ata unter Gewinnung von Cl_2 u. anderen, in HSO_3Cl lösl. Substanzen fraktioniert u. regeneriert wird. (**E. P. 801 730** vom 22/6. 1956, ausg. 17/9. 1958. F. Prior. 29/2. 1956.) H. DEMMLER. H 247

Esso Research and Engineering Co., Elizabeth, N. J., übert. von: **Wilmer A. Hoyer,** Bellaire, und **Millard S. Taggart jr.,** Houston, Texas, V. St. A., *Schwefelgewinnung aus Lagerstätten durch Verflüssigung.* Der S wird in der Formation im angrenzenden Bereich der Bohrung durch den elektr. Widerstand eines wss. Elektrolyten erhitzt u. durch die Produktionsleitung im fl. Zustand abgeführt. Als Elektrolyt dient z. B. Salzwasser, das in die Formation eingeführt wird. (**A. P. 2 801 090** vom 2/4. 1956, ausg. 30/7. 1957.) W. HAUSWALD. H 253

Humble Oil & Refining Co., übert. von: **Mercer H. Parks,** Houston, Texas, V. St. A., *Gewinnung von Schwefel aus Lagerstätten.* Der Schwefel wird so gleichmäßig wie möglich auf eine Temp. kurz unterhalb seines F. erhitzt; hierauf wird die Temp. gesteigert, um den S in der Umgebung des Förderrohres zum Schmelzen zu bringen. Man erhitzt mit heißem W. von ca. 240° F, das man in den oberen Teil der S-Schicht einführt. Diese Einführung des W. unter Druck wird kontrolliert u. ebenso die Temp. des Wassers. (**A. P. 2 808 247** vom 26/9. 1956, ausg. 1/10. 1957.) W. HAUSWALD. H 253

Chemiebau Dr. A. Zieren G. m. b. H., Köln (Erfinder: **Friedrich Koenig,** Niedermarsberg), *Abröstung sulfidischer Erze* in einer Wirbelschicht, dad. gek., daß gekühltes Rückgas oder ein ähnlich zusammengesetztes Gas durch eine oder mehrere einen scharf begrenzten u. geschlossenen Gasstrom erzeugende Düsen von oben auf die Mitte der Wirbelschichtoberfläche geblasen wird. (**D. A. S. 1 046 591** Kl. 12i vom 22/2. 1956, veröff. 18/12. 1958.) E. MIESSGANG. H 253

American Potash & Chemical Corp., übert. von: **David R. Stern,** Fullerton, und **Lahmer Lynds,** North Hollywood, Calif., V. St. A., *Herstellung kristallinen Bors* erfolgt dadurch, daß ein Gemisch von Borhalogenid u. H_2 über einen auf über 1000° erhitzten Faden aus Ti oder Zr geleitet wird, auf dem sich B abscheidet. Der Faden wird dann gepulvert u. B vom Fadenmaterial (I) durch Chlorieren von I oder durch Ausnutzen des Dichteunterschieds von B u. I durch Behandeln mit entsprechenden Fll., z. B. CH_2Br_2, getrennt. (**A. P. 2 839 367** vom 9/4. 1957, ausg. 17/6. 1958.) K. WOLK. H 258

Bozel-Malétra Soc. Industrielle de Produits Chimiques und **Soc. d'Électro-Chimie, d'Électro-Métallurgie et des Aciéries Électriques d'Ugine,** Paris, Frankreich (Erfinder: **Yusuf Borvali, Pierre Hubscher,** Petit Quevilly, Seine Maritime, **Paul Grolla** und **Francis Reynaud,** Pombliere St. Marcel, Savoie), *Gewinnung von reinem Arsentrioxyd,* gegebenenfalls neben anderen Metallen (Edelmetalle, Co, Ni), bei der Aufarbeitung von As-haltigen Stoffen (Erze des Co u./oder Ni), in einem Arbeitsgang durch Einw. von einer HNO_3–H_2SO_4-Mischung, dad. gek., daß das zerkleinerte Ausgangsmaterial in H_2SO_4 suspendiert u. dieser Suspension HNO_3 derart zugesetzt wird, daß in der Reaktionslsg. ein Redoxpotential von ca. 300—550 mV (gemessen an einer Pt-Kalomel-Redoxkette) eingestellt u. aufrechterhalten wird, bis ein schnelles Ansteigen des Redoxpotentials das Ende der Oxydation anzeigt, worauf das durch Oxydation entstandene As_2O_2 in krist. Form gemeinsam mit dem Lösungsrückstand von der Mutterlauge abgetrennt u. mit kaltem W. gewaschen wird, worauf das im Rückstand vorliegende As_2O_3 durch Extraktion (z. B. mit heißem W.) aus dem Lösungsrückstand ausgezogen u. durch Auskristallisieren gewonnen wird, während der von As_2O_3 befreite Lösungsrückstand gegebenenfalls erneut in der HNO_3 u. H_2SO_4 enthaltenden Mutterlauge suspendiert u. in diese Suspension ein Oxydationsmittel (Cl_2-Gas) derart eingebracht wird, daß die vorhandenen Fe- u. As-Verbb. in ihre höchste Oxydationsstufe oxydiert u. gleichzeitig die vorliegenden Metalle (Co, Ni, Edelmetalle) oxydiert, gelöst u. in Lsg. gehalten werden. — Verfahrensschema. (**D. A. S. 1 036 232** Kl. **12**i vom 20/4. 1956, veröff. 14/8. 1958. F. Prior. 22/4. 1955.) E. MIESSGANG. H 265

American Metal Co. Ltd., New York, N. Y., übert. von: **William Aubrey Smith**, Carlsbad, N. Mex., **Vernon L. Mattson**, Wheat Ridge, Colo., und **Geney Meyer**, Shiprock, N. Mex., V. St. A., *Flotation von Sylvit enthaltenden Kalierzen.* Das Ausgangsmaterial wird in mindestens 2 Korngrößenfraktionen zerlegt. Beide Fraktionen mittels einer wss., gesätt. Salzlsg. in eine Trübe übergeführt. Die Flotation beider Trüben erfolgt getrennt. Der Trübe mit dem feineren Korn wird Kationsammler von verhältnismäßig geringem Mol.-Gew. u. der das gröbere Korn enthaltenden Trübe ein Kationsammler mit verhältnismäßig hohem Mol.-Gew. zugesetzt. (**A. P. 2 836 297** vom 24/12. 1956, ausg. 27/5. 1958.) W. HAUSWALD. H 275

VI. Silicatchemie. Baustoffe.

Taro Moriya, *Eine theoretische Betrachtung über Glaseigenschaften im Transformationsbereich.* Die Überlegungen u. Ableitungen beruhen auf der Vorstellung, daß Glas aus Mikroelementen, der sogenannten „Mikrophase", besteht. Diese Mikroelemente sollen eine definierte chem. Zus., aber keine kristalline Ordnung besitzen. Durch einen mosaikartigen Aufbau dieser Mikroelemente kommt die Glasstruktur zustande. Es wird nun abgeleitet, daß die Mikroelemente mit abnehmender Temp. wachsen u. mit steigender Temp. dissoziieren. Glas hat demnach bei jeder Temp. im Gleichgewichtszustand eine bestimmte Teilchengrößenverteilung. Ausgehend von dieser Vorstellung werden die Zeitabhängigkeiten von Viscosität, mechan. Spannung u. Brechungsindex im Transformationsbereich abgeleitet. Sie stehen in guter Übereinstimmung mit den Meßwerten. (Bull. Tokyo Inst. Technol., Ser. B **1955**. 47—62. [Orig.: engl.]) H. SAALFELD. 6200

Tibor Kelen und **Lajos Fux**, *Einige Erfahrungen hinsichtlich der Überwachung der Glasherstellung durch die Messung des spezifischen Gewichtes.* Zur täglichen Kontrolle der Eigg. des Glases im Betrieb wurde die Meth. von KNIGHT (J. Amer. ceram. Soc. **28**. [1945.] 297) herangezogen u. die Ganauigkeit der Ergebnisse geprüft. Es wird eine einfache Vorr. zur Durchführung der Bestimmungen beschrieben u. die Bedingungen zur Erzielung reproduzierbarer Werte angegeben, wodurch die Abweichung bei 95% der Verss. nur $\pm 1{,}5 \cdot 10^{-4}$ g/cm³ beträgt. Das Verf. übersteigt die Empfindlichkeit der chem. Analyse u. die mit anderen physikal. Methoden erreichbare Genauigkeit. Da jedoch das Verhältnis der Oxyde infolge ihrer verschied. D. einen Ausgleich der D. hervorrufen kann, ist nebenbei die Best. anderer charakterist. physikal. Eigg. notwendig. Deshalb wurden die Dichtemessungen durch die Fadenzieh- u. die Retardationsmeth. ergänzt. (Építöanyag [Baumaterial] **10**. 366—69. Nov. 1958. Budapest, Verein. Glühlampen- u. Elektrizitäts-A. G.) J. PLANK. 6200

Gordon F. Brewster, Joseph F. Kunz und **Joseph L. Rood**, *Die Dispersion einiger optischer Gläser im Sichtbaren und Infraroten.* Die Brechungsindices einer Anzahl von Gläsern wurden im Gebiet von 0,4—2,5 μ gemessen; im Sichtbaren mit Prisma auf Präzisionsspektrometer auf 10^{-5} genau, im IR mit einem Autokollimationsspektrometer auf $4 \cdot 10^{-5}$ genau. Die Dispersionskurven der verschied. Gläser sind einander im IR ähnlicher als im Sichtbaren. Die n-Werte im IR können aus gemessenen n-Werten im Sichtbaren für ein Glas berechnet werden, wenn die n im Sichtbaren u. IR für 2 oder mehr andere Gläser bekannt sind. Die zu erwartende Ungenauigkeit dieser berechneten n im IR ist $1 \cdot 10^{-3}$, wenn das Glas eine ähnliche Zus. wie die gemessenen Gläser hat, bei unterschiedlicher Zus. ca. $2 \cdot 10^{-3}$. (J. opt. Soc. America **48**. 534—36. Aug. 1958. Rochester, N. Y., Bausch and Lomb Opt. Co.) H. LINDBERG. 6200

Alexander Hauttmann, *Emailhaftung und chemische Zusammensetzung des Gußeisens.* Mittels Großzahlforschung werden die Zusammenhänge zwischen Emailhaftung u. den Einflußgrößen, wie Sättigungsgrad, Si, P, Mn, S u. C, ermittelt u. dabei die Gefügeumwandlung sowie durch sie veranlaßte Schädigung der Grundemailschicht mittels grober, am Guß anliegender Porenräume erläutert. Die Unterss. zeigen, daß ein gut emailliertes Eisen, d. h. ein solches, auf dem das Email gut haftet, dann erhalten wird, wenn für folgende Einflußgrößen folgende Mindest- u. Höchstwerte berücksichtigt werden: Sättigungswert = 1,04—1,07 (darüber zwar gute Haftung, aber eingefallener Guß u. Garschaumgraphit), Si mindestens 2,45%, P mindestens 0,60%, Mn kleiner als 0,50%, S kleiner als 0,095%, C gleich dem vorgenannten Sättigungsgradintervall entsprechend. Ein Impfen des Gusses mit Si-Verbb. hat sich als günstig erwiesen. Garschaumgraphit hat bei den Verss. nicht gestört. (Giesserei **45**. 301—04. 22/5. 1958; **46**. 105—14. 26/2. 1959. Wasseralfingen.) H. HOCHSTEIN. 6212

R. F. Vines, J. O. Semmelman, P. W. Lee und **F. P. Fonvielle jr.**, *Verfahren zur Erzielung dichter Porzellankörper aus vorgeformten halbkristallinen Massen.* Porzellanartige Massen leiden an einer Porigkeit, welche die mechan. Eigg. herabsetzt u. sich ungünstig auf die Transparenz auswirkt. Dies gilt bes. für Zahnporzellan. Die Porentextur läßt sich am besten im Anschliff mkr. beobachten. Das Auftreten von Gasblasen während des Brandes läßt sich vermeiden, wenn a) im Vakuum gebrannt wird, b) in einer Gasatmosphäre gebrannt wird, wo zwar zunächst Gasblasen entstehen, diese aber dann durch Diffusion verschwinden (z. B. He, H_2), c) der Brand in n. Atmosphäre geführt u. durch gleichzeitiges Pressen der Porenraum vermindert wird. Beim Zahnporzellan konnte in allen Fällen der Porenraum von 3,0 auf 0,1% red. werden. (J. Amer. ceram. Soc. **41.** 304—09. 1/8. 1958.) H. SAALFELD. 6214

Winston H. Duckworth, *Konstruktionen mit spröden Werkstoffen.* Übersicht über die Eigg. von keram. Stoffen, die Ursachen von Sprödbrüchen u. die Maßnahmen zu ihrer Verhütung. (Materials Design Engng. **49.** 82—85. Jan. 1959. Battelle Mem. Inst., Ceramics Div.) W. WESLY. 6216

G. L. Ploetz, C. W. Krystyniak und **H. E. Dumas,** *Sinterverhalten von Oxyden der Seltenen Erden.* Unter reduzierenden u. oxydierenden Bedingungen ist das Sinterverh. der Oxyde der Seltenen Erden Sm, Gd, Eu, Dy untersucht worden. Hierbei wurden Schwindung, D., Korngröße u. Härte gemessen. In allen Fällen lag der Sinterbereich zwischen 1500 u. 1800°. In reduzierender Atmosphäre hatten die Sinterkörper höhere Dichten. Dy_2O_3 erwies sich gegenüber kochendem W. als resistenter im Vgl. zu den anderen Oxyden. Auch zeigte dieses Oxyd die größte Mikrohärte (KNOOP). Sm_2O_3 hatte den größten ($10,8 \cdot 10^{-6}$) u. Dy_2O_3 den geringsten ($8,3 \cdot 10^{-6}$) Ausdehnungskoeffizient. (J. Amer. ceram. Soc. **41.** 551—54. 1/12. 1958. Schenectady, N. Y., Gen. Electr. Co., Knolls Atomic Power Labor.) H. SAALFELD. 6218

Jerzy Szumakowicz, *Eigenschaften von Schamotteerzeugnissen aus bei niedriger Temperatur gebrannter Schamotte.* Bei 900° gebrannte Schamotteerzeugnisse haben zwar eine höhere Druckfestigkeit u. eine niedrigere relative Porosität als bei 1300° gebrannte Prodd., sie erleiden aber einen starken Schwund beim Brennen. (Zeszyty naukowe Akad. Górniczo-Hutniczej, Ceramika **1956.** Nr. 8. 29—32. Kraków.) F. URBAN. 6218

M. Starczewski, *Der Einfluß eines Eisenmineralisators auf die Korrosion von silicatischem Material vom SK-Typ.* Korrosion silicat. Materials durch CO erfolgt nur in Ggw. von Fe-Oxyden. Der Zerfall des Materials setzt bei 500° nach Abscheidung von elementarem C ein u. verläuft am schnellsten bei Schamotte (63 Std.), dann bei silicat. Material mit $>$1,25% FeO (165—217 Std.). Fe in Form von Fayalit ($2FeO \cdot SiO_2$) ist, wie auch gut verteiltes $FeSO_4$, unschädlich. — 42 Literaturangaben. (Prace Inst. Hutniczych **10.** 133—42. 1958. Inst. Mater. ogniotrwalych.) F. URBAN. 6218

Kurt Milowiz, *Konstruktion und Betrieb des Drehrohres, dargestellt am Beispiel des Zementdrehofens.* Das Drehrohr wird in der Verfahrenstechnik als Kugelmühle für Trocken- u. Naßmahlung, Stabmühle, Mischtrommel, Trommelscheider, Wärmeaustauscher, Kühler oder Röhrentrockner u. in seinen größten Abmessungen als Drehrohrofen angewendet. Am Beispiel des Zementdrehofens werden die konstruktiven Probleme beim Antrieb u. der Lagerung erörtert. Abschließend werden prakt. Erfahrungen bei der Wartung der Öfen mitgeteilt. (Chemie-Ing.-Techn. **29.** 797—800. Dez. 1957. Köln-Deutz, Klöckner-Humboldt-Deutz AG.) G. RUBAN. 6222

Viliam Figuš, *Herstellungsbedingungen von Spezialzementen für massive Bauten.* Der bisher in der Tschechoslowakei für massive Bauten benutzte, aus zwei Komponenten bestehende Zement (mit granulierter Hochofenschlacke) entspricht nicht vollkommen den Anforderungen, bes. seiner Inhomogenität zufolge. Vf. schlägt zu diesen Zwecken einen modifizierten Portlandzement vor, dessen Rohstoffe aus 73,42% $CaCO_3$, 10,03% Ton, 9,42% Quarzsand u. 7,12% Pyritröstlinge bestehen. Die Rohstoffe werden mit 13% W. granuliert u. bei 1350—1400° geröstet. — Die Zus. des so hergestellten Zements wird nach dem RANKIN-Diagramm u. LEA u. PARKER diskutiert; die Eigg. entsprechen den ČSN-Normen für den Zement für Wasserbauten. (Chem. Zvesti **12.** 221—30. April 1958. Bratislava, Výs. ústav technol. a mechan. stavebníctva. [Orig.: tschech.; Auszug: deutsch].) H. TŮMA. 6222

W. W. Stolnikow, *Resonanzmethode der Untersuchung der Stabilität von Beton im aggressiven Medium.* Es wird gezeigt, daß mit Hilfe der Resonanzmeth. im Beton der Einfl. des Verhältnisses W./Zement auf die Sulfatfestigkeit u. der Einfl. der oberflächenakt. Zusätze unmittelbar in den Betonproben bewertet werden kann. Die beobachtete Abnahme der Sulfatfestigkeit des Betons bei steigendem Verhältnis W./Zement erfolgt nicht geradlinig. Bes. im Bereich W./Zement = 0,60—0,70 nimmt die Sulfatfestigkeit schneller ab, als das Verhältnis W./Zement zunimmt. Ein Zusatz von verseiftem Abietinharz oder Sulfitschlempe steigert die Sulfatfestigkeit des Betons. Das Abietinharz erwies sich als bester Zusatz u. steigerte die Sulfatfestigkeit des Betons um ein

Mehrfaches. Durch Abietinharzzusatz wurde eine Steigerung der Korrosionsfestigkeit sowohl bei Verringerung des W./Zement-Verhältnisses als auch bei Verringerung des Zementverbrauches erzielt. Bei der Arbeit wurde das von Vff. vorgeschlagene neue Kriterium der Bewertung der Korrosionsfestigkeit des Betons in aggressiven Medien nach dem Koeff. der Korrosionsfestigkeit Ck benutzt, mit dem zu jeder Prüfungszeit die Korrosionsfestigkeit bewertet werden kann. (Журнал Прикладной Химии [J. angew. Chem.] **31**. 559—66. April 1958.) OTTO MAIER. 6224

A. Hinrichsen, *Bodenverfestigungstechnik im Straßen- und Autobahnbau.* Vf. erörtert die Bedingungen, die für eine erfolgreiche Bodenverfestigung erforderlich sind. Die benutzten Maschinen werden geschildert. (Straße u. Autobahn **10**. 109—13. April 1959. Gehrden, Hann.) F. ROSENDAHL. 6232

Joachim Wiegmann, Carl-Heinz Horte und **Immanuel Sücker,** *Zur Unterscheidung von Sillimanit und Mullit in sehr feinkristallinen Proben.* Mit Hilfe von Röntgenzählrohraufnahmen hoher Auflösung wurde untersucht ob eine Unterscheidung zwischen Sillimanit u. Mullit in sehr feinkristallinem Material möglich ist. Es ergab sich, daß unter diesen Umständen an Stelle scharferInterferenzen breite diffuse Banden erhalten werden, so daß die Identifizierung mit Hilfe des sonst hierfür benutzten Linienabstandes der Doppelreflexe durch die Überlagerung der Linien unsicher wird. Unter der Annahme einer symm. Überlagerung läßt sich für die Beurteilung auch der Glanzwinkel des Bandenmaximums heranziehen. Als gut geeignet für die Unterscheidung erwies sich ferner das IR-Absorptionsspektr. der Substanzen zwischen 7 u. 15 μ. Die an kurzzeitig erhitzten Al_2O_3–SiO_2-Mischgelen durchgeführten Unterss. ergaben übereinstimmend, daß sich in der exothermen Rk. (960°) Mullit bildet. (Silikattechnik **9**. 358—60. Aug. 1958. Berlin, Inst. für angew. Silikatforsch. der Deutschen Akad. der Wiss.)

R. WALKER. 6240

Jakob Nussbaum, Seine, Frankreich, *Keramische Farbe,* wasser-, alkali- u. säurefest, mit gutem Haftvermögen auf Zement, Backsteinen, Gips, Hartholz, Metall, Pappe usw., aus einer pulverisierten Kalk–Fluor–Silicat-Verb. der Formel $Na_2O \cdot CaO \cdot 2SiO_2 + 2CaSiF_6$, die durch Schmelzen von z. B. 300 (g) Sand, 400 Flußspat u. 300 eines Fluorsilicates bei 1100—1200° gewonnen wird, Alkalisilicatlsg. (SiO_2/Na_2O = 1,72—2,5; SiO_2/K_2O = 1,64—2,0), der als Stabilisatoren Na-, K- oder Ca-Chloride, -Sulfate, -Nitrate, -Nitrite oder -Phosphate zugesetzt sind, u. Pigmenten, wie $MgCa(CO_3)_2$, Metalloxyden, Graphit, Siliciumcarbid usw. (**F. P. 1 129 174** vom 20/7. 1955, ausg. 16/1. 1957.) O. KAYSER. 6213

Veitscher Magnesitwerke Akt.-Ges., Wien, Österreich, *Magnesit-Chromformkörper* mit Druckfeuerbeständigkeit: 1700 bis >1750 ta °C, >1750 bis >1750 tb (Bruch) °C, Kaltdruckfestigkeit: 250—400 kg/cm², Temperaturwechselbeständigkeit: 30, Porigkeit: 18—21%, aus 70—80 (%) Sintermagnesit (Korngröße 10—50 mm, 1,7 bis 4,5 mm; Rest 0—1,5 mm) u. >20 Chromerz (Korngröße 0,2 mm, bes. 40—70 0,06 mm). (**Oe. P. 202 506** vom 17/9. 1956, ausg. 10/3. 1959.) O. KAYSER. 6219

Comp. Française Thomson-Houston, Seine, Frankreich, *Metallisieren aluminiumoxydreicher Keramik* mit einer Sintertemp. von 1400—1800° (nach GALLET). Die Keramik wird mit einem Überzug aus Ammoniumphosphormolybdat u. Mo-Oxyd versehen, dem zur Herabsetzung der Metallisierungstemp. Erdalkalioxyde u./oder -carbonate zugesetzt sind. — Z. B. 16 (g) Ammoniumphosphormolybdat, 28 Mo-Oxyd, 8 $BaCO_3$, 40 Amylacetat u. 8 Kollodium. Brennen bei 1500° in reduzierender Atmosphäre. (**F. P. 1 131 284** vom 16/9. 1955, ausg. 19/2. 1957.) O. KAYSER. 6221

Josef Rosa, Drasov, Mähren, Tschechoslowakei, *Volumenbeständigen Zement* mit >6% MgO erhält man, wenn der Klinker einen hydraul. Modul von 2,1, einen Silicatmodul von 2,9 u. einen Aluminatmodul von 1,4 aufweist u. dem Klinker künstliche oder natürliche Puzzolane, wie Traß oder Flugasche, zugemahlen werden. — Z. B. 19,8 (%) SiO_2, 4,0 Al_2O_3, 3,0 Fe_2O_3, 58,0 CaO u. 15,0 MgO. — Vgl. F. P. 1 148 212; C. **1959**. 264. (**D. P. [DDR] 15 554** Kl. 80b vom 15/4. 1956, ausg. 3/10. 1958 [Wirtschaftspatent]. Tschech. Prior. 26/4. 1955.) O. KAYSER. 6223

Johannes Hubertus Casparus Penners, Laren, Holland, *Pulverförmiger schnellbindender Zement* enthält calcinierte Soda, bes. 0,7—3,5 (Gew.-%). Das Prod. ist besser lagerfähig als bei dem üblichen Zusatz von Kristallsoda. Zweckmäßig setzt man der M. noch 0,3—1,5 Alkalibicarbonat u. 0,04—0,2 Bentonit zu. Ersteres vermindert die Korrosion von Fe-Teilen, letzteres verbessert die Wasserbeständigkeit des fertigen Betons. (**Holl. P. 86 937** vom 29/12. 1950, ausg. 16/12. 1957.) F. BÖHM. 6223

Adrien Sanfourche, Gironde, Frankreich, *Härten von Gips* u. kalkhaltigen Steinen durch Mischen bzw. Oberflächenbehandlung mit lösl. Salzen, die mit den behandelten Stoffen unlösl. Verbb. bilden. — Gips (Härte 2) bildet in Ggw. von Na_2F_2 CaF_2 (Härte 4)

u. in Ggw. von Phosphat Apatit (Härte 5). — Durch Mikroorganismen bewirkte Gipsausblühungen auf kalkhaltigen Steinen werden durch F unterbunden, wenn man sie z. B. mit einer Mischung von 50 (%) Na_2CO_3, 45 Na_3PO_4 u. 5 Na_2F_2 behandelt. — Beispiele. (**F. P. 1 136 133** vom 19/11. 1955, ausg. 9/5. 1957.) O. KAYSER. 6227

Roger Lefebure, Seine-et-Oise, Frankreich, *Bauplatte* (Verkleidungsplatte). Auf eine Faserzementplatte wird zunächst eine Polyesterschicht mit 5 (%) Styrolgeh., Katalysatoren, wie 0,7—1,2 Co-Acetat u. 1,7—2 Cumolperoxyd, u. Pigmenten, wie Titanweiß, aufgespritzt u. 3 Min. bei 100° behandelt. Eine zweite, ungefärbte Polyesterschicht wird auf eine mit einem Formtrennmittel, wie Siliconöl, bestrichene Stahlplatte gespritzt u. polymerisiert, anschließend werden beide Schichten mit Polyesterharz gespritzt u. bei 60° unter 3—4 kg/cm² Preßdruck vereinigt. (**F. P. 1 133 701** vom 15/10. 1955, ausg. 1/4. 1957.) O. KAYSER. 6229

Fa. Karl u. Ed. Zirngibl, Nürnberg, *Herstellung von mehrfarbigen, gemusterten Asphaltplatten.* In eine einfarbige Asphaltgrundmasse werden Zuschläge anderer Farbe eingebracht, die aus Asphaltstücken oder anderen, in der Wärme erweichenden Stoffen, wie Natur- oder Kunstharz, bestehen. (**D. A. S. 1 053 390** Kl. 80b vom 20/12. 1956, veröff. 19/3. 1959.) HANS HOFFMANN. 6229

Grünzweig & Hartmann Akt.-Ges., Ludwigshafen/Rh., *Kunstharzgebundene, faserhaltige Gebilde* erhält man durch Tränken bzw. Imprägnieren von Formkörpern, z. B. verfilzten Bahnen aus Mineralfasern (Schlackenwolle u. Glasfaser) (I) mit einer Kunstharzdispersion, deren Teilchengröße 1—3 μ beträgt u. die gegebenenfalls gelöste Harze (wärmeempfindliche Polyvinylmethyläther), Weichmacher, Schmälzöle, Schutzkolloide u./oder Stabilisierungsmittel enthält. Die imprägnierten I werden getrocknet, gegebenenfalls ohne Vortrocknen über den Kp. des zu verdampfenden fl. Dispergiermittels erhitzt, wobei die feindispersen Teilchen der Bindemittel durch Wärmekoagulation auf der Faser fixiert werden. — *Wärme- u. schallisolierende Platten.* (**D. A. S. 1 044 396** Kl. 39b vom 4/4. 1957, veröff. 20/11. 1958.) G. TEWES. 6229

Noël Zucco, Aude, Frankreich, *Herstellung von Polierscheiben,* die gegen Temperaturschwankungen unempfindlich sind. Eine Mischung aus 2 (Volumenteilen) Schmirgel (400—900 Maschen), 8 MgO u. 6 Holz- oder Korkmehl wird mit $MgCl_2$-Lsg. (25—30° Bé) benetzt, die Paste in Formen gegossen u. an der Luft getrocknet. (**F. P. 1 131 752** vom 27/9. 1955, ausg. 27/2. 1957.) O. KAYSER. 6239

VII. Agrikulturchemie. Schädlingsbekämpfung.

J. Endell, *Braunkohlenflugasche Fortuna als Kalkdüngemittel.* Physikal. u. chem. Unterss. der Braunkohlenflugasche Fortuna zeigten, daß diese als ein Kalkdüngemittel anzusehen ist. Sie erfüllt die Bedingungen, die an Kalkdüngemittel entsprechenden Basengeh. gestellt werden, u. kann weitgehend im Anlieferungszustand verwendet werden. (Braunkohle, Wärme u. Energie **10.** 326—35. Aug. 1958. Clausthal.) I. KEINERT. 6292

E. G. Hallsworth, Gwen K. Robertson und **F. R. Gibbons,** *Untersuchungen zur Bodenbildung in Neusüdwales.* 7. Mitt. *Die „Gilgai"-Böden.* (6. vgl. J. Soil Sci. **4.** [1953.] 241.) Die „Gilgai"-Böden der subhumiden u. semiariden Gebiete Australiens weisen wellenartige Oberflächenbldg. auf, wobei Hügel u. Senkungen ziemlich regelmäßig abwechseln. Die morpholog., chem. u. physikal. Eigg. der 6 Hauptgruppen dieser Bodenart werden beschrieben u. die klimat. u. topolog. Grenzen für ihre Entstehung aufgezeigt. Charakterist. für „Gilgai"-Böden ist ein mit ihrer Tiefe zunehmendes Quellungsvermögen, das in deutlicher Beziehung zum Tongeh., zu der Austauschkapazität des Tons u. dem Na-Geh. des Austauschkomplexes steht. — 19 Literaturangaben. (J. Soil Sci. **6.** 1—31. Jan. 1955.) F. RANG. 6300

G. W. Winsor und **A. G. Pollard,** *Kohlenstoff–Stickstoff-Beziehungen im Boden.* 3. Mitt. *Vergleich der Stickstoffestlegung in einer Anzahl Böden.* (2. vgl. J. Sci. Food Agric. **7.** [1956.] 142.) In 24 Böden unterschiedlicher Herkunft u. Zus. wurde in Incubierungsverss. die N-Fixierung nach Zugabe von organ. Substanz (Saccharose) gemessen. — Die Testböden zeigten erhebliche Unterschiede in der N-Festlegung, was auf unterschiedliche biol. Aktivität schließen läßt. Enge Korrelationen bestanden zwischen der Höhe der N-Fixierung u. dem C/N-Verh. des Bodens, dem p_H-Wert sowie dem in 0,5n Essigsäure extrahierbaren P; die mikrobiol. Aktivität im Boden nach Zugabe von organ. Substanz scheint demnach von organ. u. anorgan. Bodenbestandteilen beeinflußt zu werden. (J. Sci. Food Agric. **7.** 613—17. Sept. 1956. London, South Kensington, Imp. Coll. of Sci. and Technol.; Cheshnut, Exp. and Res. Stat.) WILFRIED WERNER. 6304

G. W. Winsor und **A. G. Pollard,** *Kohlenstoff–Stickstoff-Beziehungen im Boden. 4. Mitt. Die Mineralisierung von Kohlenstoff und Stickstoff.* (3. vgl. vorst. Ref.) Unter 4 verschied. Incubationsbedingungen wurde bei 27 verschied. Böden die Menge des in 28 Tagen mineralisierten C u. N bestimmt. — Die Mineralisierungsgeschwindigkeit von N u. C wurde durch Trocknen des Bodens an der Luft oder partielle Sterilisation u. anschließendes Wiederanfeuchten erhöht, wobei jedoch das Verhältnis von freigesetztem C u. N eingeengt wird. Die Menge des mineralisierten C u. N stand in enger Korrelation zum C- u. N-Geh. des jeweiligen Bodens. Der %-Satz der im Verlaufe der Incubation mineralisierten N- u. C-Mengen vom Gesamtgeh. an N u. C war in intensiv bewirtschafteten Böden geringer als in jungfräulichen Böden. (J. Sci. Food Agric. **7.** 618—24. Sept. 1956.) WILFRIED WERNER. 6304

W. Jahn-Deesbach, *Weitere Untersuchungen über den Bindungszustand des Fluors in einigen landwirtschaftlich wichtigen Böden.* Vf. beschreibt eine neu entwickelte Meth., die eine grobe Aufteilung des gesamten F im Boden in eine schwerlösl. („Glimmer-F") u. eine leichter lösl. („Ca-F") Fraktion gestattet. Untersucht wurden mit dieser Meth. 7 europäische Schwarzerdeprofile u. 5 mitteldeutsche Nichtschwarzerden. Ganz allg. wurde hierbei eine sehr unterschiedliche Bindung des F festgestellt. Mit steigendem Geh. an abschlämmbaren Teilen steigt der Geh. an „Glimmer-F", mit steigendem $CaCO_3$-Geh. der Geh. an „Ca-F". Dabei wird in allen mehr oder weniger weitgehend entwickelten Böden der Hauptanteil des F vom „Glimmer-F" gestellt. Bei der Verwitterung des Gesteins u. bei Entw. des Bodens nehmen anscheinend die Fluorträger je Gewichtseinheit Boden zu, vor allem die Glimmer; die leichter lösl. Fraktion des „Ca-F" nimmt dagegen relativ u. stark ab, so daß trotz Anreicherung des Bodens mit Fluorträgern der Spiegel an lösl. F sinkt. (Chem. d. Erde **19.** 308—23. 1958. Jena, Friedrich-Schiller-Univ., Landw.-chem. Inst.) C. GOTTFRIED. 6304

D. J. Albritton und **Roscoe Ellis jr.,** *Der Einfluß der organischen Substanz und einiger Anionen auf Ertrag und Phosphorgehalt von Hafer.* In einem Gefäßvers. zu Hafer wurden neben einer NK-Grunddüngung in verschied. Varianten feingemahlenes Haferstroh bzw. Luzerneheu (4000 p.p.m.) bzw. 1000 p.p.m. der Anionen Oxalat, Citrat, Tartrat oder Silicat verabreicht. — Der höchste Ertrag an Korn u. Stroh u. die höchste P-Aufnahme wurde mit Silicatzusatz erzielt, was darauf hinweist, daß die Pflanzenverfügbarkeit der Phosphorsäure durch Kieselsäure erhöht wird. — In einem zweiten Vers. mit allen Kombinationen von 0, 500 u. 1000 p.p.m. $Si_2O_5^{3-}$ mit 0, 15 u. 30 p.p.m. P_2O_5 zeigte sich, daß die P-Aufnahme von Hafer durch Kieselsäure sogar nach Zugabe von 30 p.p.m. P_2O_5 noch gefördert wird. — Es wird darauf hingewiesen, daß dieser Kieselsäureeffekt in jenen Gebieten von prakt. Interesse sein kann, wo größere Mengen bas. Schlacken zur Anwendung gelangen. (Agronomy J. **49.** 410—12. Aug. 1957. Manhattan, Kans., Kansas Agric. Exp. Stat., Dep. of Agron.) WILFRIED WERNER. 6304

I. Tschumatschenko und **N. Selenin,** *Die Wirksamkeit von Mischdüngern bei Baumwolle.* Vff. teilen Ergebnisse über die Wrkg. des neuen Mischdüngers *SClM-1* (23—29% N, 7—10% Gesamt-P_2O_5 u. 6,8—7,5% aufnehmbares P_2O_5, gewonnen aus Phosphorit von Kara-Tau + HNO_3) auf die Baumwollerträge auf Grauerden, grauen Wiesen- u. Wiesenböden im Gebiet Taschkent mit. Bei einer Düngung mit SClM-1 wurden 42,8 dz/ha gegenüber 45,0 bei Düngung mit NH_4NO_3 (I) + Superphosphat (II) (bei gleichem Verhältnis N : Gesamt-P_2O_5 : aufnehmbares P_2O_5) geerntet. Bei Düngung mit SClM-1 + Superphosphat (N : P = 1 : 1) wurden 48,9 dz/ha geerntet gegenüber 48,4 bei Düngung mit **I** + **II** (gleiches Verhältnis wie oben). Die Wrkg. von Ammophos aus Kara-Tau-Phosphorit ist der Wrkg. eines mechan. Gemisches aus **I** u. **II** gleichwertig, die von Nitrophoska ist gleich der einer mechan. Mischung aus **I, II** u. Kalisalpeter. (Хлопководство [Baumwoll-Wirtsch.] **8.** Nr. 12. 18—22. Dez. 1958.) OTTO MAIER. 6304

G. Samuels, S. Alers-Alers und **G. C. Jackson,** *Der Einfluß von Mineraldüngern auf die Ananaserträge auf einem „Coto"-Tonboden.* Optimalerträge wurden nur bei ausreichender N-Versorgung erreicht (480 lbs. N/acre). P-Düngung brachte keinen, K-Gaben einen geringen Mehrertrag. Es besteht eine signifikante Korrelation zwischen Ertragshöhe u. N-Geh. der Blätter. — Eine Fe-Zufuhr in Form von $FeSO_4$ oder Fe-EDTA brachte einen gleich starken Ertragsanstieg. Besprühungen mit Fe-Malonat zeigten keine Wirkung. Eine Düngung mit 300 lbs. MgO/acre war ebenso unwirksam wie die Zufuhr von 50 lbs. $ZnSO_4$/acre. (J. Agric. Univ. Puerto Rico **42.** 12—26. Jan. 1958.) WILFRIED WERNER. 6304

George Samuels und **Héctor Gandía Díaz,** *Der Einfluß der Anzahl der Düngergaben auf die Erträge von Ananas.* In einem Düngungsvers. zu „Red Spanish"-Ananas auf einem sauren, leichten Tonboden zeigte sich, daß eine Verabreichung der gesamten

Düngermenge zum Zeitpunkt des Pflanzens einer Aufteilung dieser Menge auf 2 oder 3 zeitlich aufeinanderfolgende Gaben zumeist überlegen war. Der Ertrag war dagegen stark von der Höhe der angewandten Düngermenge abhängig. (J. Agric. Univ. Puerto Rico **42.** 7—11. Jan. 1958.) WILFRIED WERNER. 6304

G. H. Carter, D. W. Ingalsbe, A. M. Neubert und **E. L. Proebsting jr.,** *Die Wirkung von Stickstoffdünger auf die Eignung der Elbertapfirsiche zum Eindosen.* In umfassenden Verss. wurde festgestellt, daß die Eignung von Elbertapfirsichen zum Eindosen durch N-Düngung verbessert wird. (Food Technol. **12.** 174—79. April 1958. Prosser, Wash., US Fruit and Vegetable Products Labor.; Irrigat. Stat.) I. KEINERT. 6304

W. V. Bartholomew, W. D. Shrader und **A. J. Englehorn,** *Veränderungen im Stickstoffgehalt von Clarion-Webster-Böden in Iowa bei verschiedenen Fruchtfolgen.* Die Veränderungen des N-Geh. des Bodens im Verlaufe eines 37jährigen Fruchtfolgevers. werden untersucht. Der N-Verlust war am stärksten bei kontinuierlichem Maisanbau, gefolgt von der Mais–Hafer-Folge, einer 5jährigen Fruchtfolge Mais–Mais–Hafer–Kleegras–Kleegras u. einer 3-gliedrigen Folge Mais–Hafer–Kleegras. Böden mit hohem Ausgangs-N-Geh. (0,28—0,46%) verloren absol. u. prozentual vom Gesamt-N-Geh. mehr N als solche mit niedrigeren anfänglichen N-Gehh. (0,14—0,19%). Stallmistzufuhr (2 tons/acre u. Jahr) red. den Rückgang des organ. N im Boden bei allen Fruchtfolgen, bei dauerndem Maisanbau u. in der Mais–Hafer-Folge aber stärker als in den Kleegras enthaltenden Fruchtfolgen. (Agronomy J. **49.** 415—18. Aug. 1957. Ames, Io., Iowa Agric. Exp. Stat., Agron. Dep.) WILFRIED WERNER. 6304

P. F. Pratt und **R. B. Harding,** *Abnahme des austauschbaren Magnesiums in einem bewässerten Boden im Verlauf von 28 Jahren bei unterschiedlicher Düngung.* Auf einem leicht alkal., sandigen Lehmboden mit Orangenkultur wurden die Veränderungen im Geh. an austauschbarem Mg im Laufe von 28 Jahren bei unterschiedlicher Düngung u. ständiger Bewegung verfolgt. Die Abnahme des „austauschbaren" Mg des Bodens stand in enger Korrelation zur verabreichten Salzmenge, außer wenn N in Form von $CO(NH_2)_2$ zur Anwendung kam. $NaNO_3$- u. $Ca(NO_3)_2$-Düngung senkten den Mg-Spiegel gleich stark, jedoch doppelt so stark wie $CO(NH_2)_2$. Der höchste Mg-Abfall wurde bei gleichzeitiger Verabreichung von $NaNO_3$ u. Gips beobachtet, der geringste Abfall bei Verwendung von Stallmist als N-Quelle. (Agronomy J. **49.** 419—21. Aug. 1957. Riverside, Calif., Univ. of California, Citrus Exp. Stat., Dep. of Soils and Plant Nutrit.) WILFRIED WERNER. 6304

A. C. McClung und **W. L. Lott,** *Ein Überblick über die Nährstoffzusammensetzung von Blattproben aus North-Carolina-Pfirsichpflanzungen.* Die Gehh. an P, K u. Mn lagen über den für Nährstoffmangel bei Pfirsich festgestellten Gehalten. In einigen Pflanzungen wurden deutliche Symptome von Mangel an Mg u. Zn festgestellt; in anderen Pflanzungen ergab die Blattanalyse Anzeichen einer Annäherung an den Mangelzustand. Die Gehh. an Fe, B u. Cu waren im Vgl. zu in anderen Gegenden erhobenen Befunden niedrig. In einigen Pflanzungen wurden Anzeichen von Fe-Mangel u. möglicherweise auch von B-Mangel beobachtet. Cu-Mangelerscheinungen wurden nicht festgestellt, jedoch waren die Cu-Gehh. in manchen Pflanzungen niedriger als die bei anderen Früchten für notwendig gehaltenen. (Proc. Soil Sci. Soc. America **20.** 10—15. Jan. 1956. North Carolina Agric. Exp. Stat.) A. JACOB. 6304

R. B. Schaal, *FTE; Spurenelemente in Glas.* Vf. berichtet zunächst über die Herst. sogenannter *FTE* (fritted trace elements)-*Dünger* (**a**), die durch Inkorporation von Spurenelementen (Fe, Mn, Cu, Zn, B u. Mo) in wenig lösl. Glas erhalten werden. Die **a** sollen den Geh. der Böden an Spurenelementen auf einer konstanten geringen Höhe halten. Anschließend gibt Vf. einen Überblick über die Erfahrungen, die bisher bei verschied. Kulturpflanzen (Tomaten, Bohnen) gemacht wurden. — 4 Literaturangaben. (Farm Chemicals **119.** Nr. 9. 41—44. Sept. 1956.) W. KNÖPKE. 6304

William Plant, *Die Wirkungen von Molybdänmangel und Mineralgiftigkeit auf Pflanzen auf sauren Böden.* Die Versuchspflanzen (Salat, Blumenkohl u. einige andere Brassicaceen) zeigten auf einem Boden von p_H 4,8 Mo-Mangel, auf einem Boden von p_H 4,6 Mo-Mangel u. tox. Mn-Schäden, bei p_H 4,0 Mo-Mangel, überlagert von Mn- u. Al-Vergiftungserscheinungen. Durch mehrjähriges Bepflanzen mit Blumenkohl oder Salat wurde der p_H-Wert des Bodens gesenkt, was zu einer stärkeren Mn-Toxizität führte. Durch Düngung mit $CaCO_3$ oder Dolomit wurden sowohl die Mo-Mangelsymptome als auch die Al- u. Mn-Vergiftung behoben, Gips wirkte auf 2 Böden positiv, auf dem 3. Boden dagegen negativ. Besprühen mit Na-Molybdat war nur auf dem Boden von p_H 4,8 wirksam, bei tieferem p_H trat nach Mo-Behandlung eine verstärkte Mn-Toxizität auf. — Die Mangel- bzw. Toxizitätssymptome der verschied. Testpflanzen sind eingehend beschrieben u. abgebildet, die Daten der Blattanalysen auf Mo, Mn,

NO_3-N u. Ascorbinsäure (AS) angegeben. Es zeigt sich, daß Mo-Mangelpflanzen neben extrem niedrigen Mo-Gehh. einen niedrigen AS-Geh. bei gleichzeitiger Anhäufung von NO_3-N aufweisen. (J. horticult. Sci. **31.** 163—76. Juli 1956. Bristol, Univ., Long Ashton Res. Stat., Agric. Res. Council Unit of Plant Nutrit.) WILFRIED WERNER. 6304

N. S. Tiver und **G. D. Webber,** *Einfluß von Spurenelementen bei der Weideentwicklung im Coorong-Gebiet.* Zn gab bei Verss. mit unterird. Klee auf neu urbar gemachtem Buschland im Coorong-Gebiet hervorragende Ergebnisse. Zusatz von *Zn* zu Superphosphat erhöhte in 2 Jahren den Gesamtertrag wesentlich. Gab man *Cu* zugleich mit dem Zn, so fand eine weitere Ertragssteigerung statt. Ohne Zn hatte Cu nur geringe Wirkung. Bei Luzerne hatte Zn nur eine geringe Wirkung. Cu war wirksamer, die Erträge wurden fast verdoppelt. (J. Dep. Agric. South Australia **60.** 422—29. Mai 1957. A. JACOB. 6304

Celia McElroy England und **Elroy L. Rice,** *Ein Vergleich der Bodenpilze einer Hochgräserprärie und eines brachliegenden Feldes in Zentral-Oklahoma.* Im Verlaufe des Untersuchungsjahres waren sowohl die Anzahl der Pilze je g Boden als auch die Zahl der Species im brachliegenden Feld höher als im Prärieboden. Nur wenige Species waren während des ganzen Jahres festzustellen, die meisten erschienen sporad. in einem bestimmten Abschnitt des Jahres. (Bot. Gaz. **118.** 186—90. März 1957. Norman, Okla., Univ. of Oklahoma, Dep. of Plant Sci.) WILFRIED WERNER. 6306

A. Lazányi und **I. Căbulea,** *Die Wirkung der Behandlung von Samen mit Äthylen, Propylen und Butylen auf Wachstum und Entwicklung des Hafers.* Die Behandlung trockener Samen von 6 Hafersorten verschied. Herkunft während 14 Tagen bei 18—20° mit Äthylen, Propylen u. Butylen (der Luft wird ein 9%ig. Gasgemisch 1:1:1 beigemengt) zeigt, daß die Pflanzen behandelter Samen sich kräftiger entwickeln, die Wachstumsperiode verkürzt, die mittlere Länge der Rispen vergrößert u. der Variabilitätskoeff. in bezug auf die Rispenlänge verkleinert wird. Die gleiche Versuchsreihe, verbunden mit künstlicher Belichtung über Nacht, ergibt eine Beschleunigung der Entw. bei behandelten Pflanzen einheim. Herkunft, hat aber nur unbedeutende Wrkg. im Vgl. zu nur künstlich belichteten Pflanzen nord. Herkunft (Finnland). Die durch Gasbehandlung hervorgerufene Verkürzung der Vegetationsperiode wird den folgenden Generationen nicht weitergegeben. Parallele Behandlung mit Gasen u. UV-Bestrahlung hemmen die Entw. der Pflanzen u. wirken schädigend. (Studii Cercetări Agronom. [Cluj] **8.** Nr. 1—2. 117—28. Jan./Juni 1957. Cluj, Acad. RPR, Colectivul de fiziol. plantelor.) D. MORAVETZ/Cluj. 6312

Gh. Miron, O. Popescu, Al. Luca, Emilia Pop und **C. Liteanu,** *Die Wirkung einiger Kupfersalze auf Ertrag und Qualität von Sommerweizen.* Mit verschied. Cu-Salzen behandelter Sommerweizen zeigt eine Steigerung des Ertrags bis zu 32% sowie eine qualitative Verbesserung, die von dem salzbindenden Anion, der Einwirkungsdauer u. der Konz. der Lsg. abhängig ist. (Studii Cercetări Agronom. [Cluj] **8.** Nr. 3—4. 299—305. Juli/Dez. 1957. Cluj, Acad. RPR, Inst. de chimie.) D. MORAVETZ/Cluj. 6312

C. Liteanu und **E. Kolosy,** *Über die fungicide Wirkung des Tetramminkupfersulfats bei der Bekämpfung des Weizenbrandes (Tilletia foetida (Riv.) Moesz).* Vff. stellen bei Laboratoriums- u. Feldverss. fest, daß $[Cu(NH_3)_4]SO_4 \cdot H_2O$ die Sporen von *Tilletia foetida* vollständig unschädlich macht u. daß bei Anwendung dieser Verb. ca. 50% Cu weniger verbraucht werden als bei der Bekämpfung mit $CuSO_4$. (Studii Cercetări Agronom. [Cluj] **8.** Nr. 3—4. 317—20. Juli/Dez. 1957. Cluj, Acad. RPR, Inst. de chimie.) D. MORAVETZ/Cluj. 6312

F. W. M. Llewelyn, *Messungen experimentell erzeugter Kupferschäden bei Apfelblättern.* Es wird eine Meth. zur quantitativen Messung von experimentell induzierten Verbrennungsnekrosen bei Apfelblättern beschrieben. — Es zeigte sich eine enge Korrelation zwischen dem Schweregrad der Verbrennung u. der Konz. der angewandten $CuSO_4$-Lsgg., wobei deutliche jahreszeitliche Unterschiede in der Empfindlichkeit der Blätter gegenüber $CuSO_4$ auftreten. Am unempfindlichsten erwiesen sich die Blätter Mitte Mai (50% Verbrennungsschaden mit 13,8%ig. $CuSO_4$-Lsg.), am empfindlichsten reagierten sie auf die Behandlung Ende Juli (50% Schaden bei ca. 0,5%ig. Lsg.). (Annu. Rep., East Malling Res. Stat., Near Maidstone, Kent **44.** 109—13. 1956, herausgeg. 1957.) WILFRIED WERNER. 6312

A. C. Muhr, *Trialkylzinnverbindungen. Eine neue Gruppe technischer Fungicide und Bakteriicide. Trialkylzinnverbb.* können mit Erfolg angewandt werden in der Papierindustrie gegen schleimbildende Mikroorganismen, im Holzschutz, im Textilschutz als Mottenmittel, als Anstrichstoffe gegen Schimmelbldg. u. zur Konservierung. Im Pflanzenschutz konnten sie bisher nicht als Fungicide eingesetzt werden, da sie stark phytotox. wirken. Außerdem sind sie als Haut- u. Atemgift gegen Warmblüter wirksam, etwa wie die organ. Hg-Verbindungen. (Chem. Rdsch. [Solothurn] **10.** 357—58. 15/8. 1957. Zürich.) FRITZ MÜLLER/Ludwigshafen. 6312

M. Ja. Marowa, M. G. Woronkow und **B. N. Dolgow,** *Insektofungicide Wirkung organischer, siliciumorganischer und anorganischer Rhodanide.* Sehr wirksame Fungicide u. Bakterieide sind *Dirhodanomethan, 1.2-Dirhodanoäthan* u. *1.2.3-Trirhodanopropan*; ihre Wrkg. entspricht der von E 605, Na-Pentachlorphenolat, $HgCl_2$ u. Na_2SiF_6 (untersucht mit Cladosporium u. Macrosporium). Etwas weniger wirksam sind *Polyalkylsilanisothiocynate,* darunter am wirksamsten *Triäthylsilanisothiocyanat,* $(C_2H_5)_3SiNCS$ (Darst. vgl. C. **1956.** 3001). (Журнал Прикладной Химии [J. angew. Chem.] **30.** 650—52. April 1957. Inst. für Silikatchem. u. Labor. für Konserv. u. Restaur. von Dokumenten der Akad. der Wiss. der UdSSR.) R. K. MÜLLER. 6312

Edmon J. Kantack und **Herbert Knutson,** *Untersuchungen über die chemische Bekämpfung von Aceria tulipae (Keif.).* Bei der Bekämpfung von Aceria tulipae (KEIF.) auf Weizenpflanzen zeigten die meisten der geprüften Insekticide, *Aldrin, Aramite, DDT, EPN, Nitrox* (*O.O-Dimethyl-O-[p-nitrophenyl]-thiophosphat, Orthorix* (auf Basis *Ca-Polysulfide*), *Ovex, Am. Cyanamid 12008* (**I**; Zus. nicht angegeben), *Am. Cyanamid 12009* (**II,** Zus. nicht angegeben), *Endrin* (**III**), weder eine starke Anfangs- noch eine anhaltende Dauerwirkung. Lediglich **III** (0,4 lb. in 1 gallon leichtem Mineralöl) wies eine 5 Wochen anhaltende starke Wrkg. auf. Durch Behandlung der Weizensamen ließ sich mit **I** u. **II,** imprägniert mit *Carbowax 6000* (Zus. nicht angegeben), eine längere tox. Wrkg. im Gewächshaus erreichen, während im Feldvers. **I** u. **II** ohne Imprägnierung aktiver waren als mit Imprägnierung. — 8 Literaturangaben. (J. econ. Entomol. **51.** 68—72. Febr. 1958. Manhattan, Kans., Kansas State Coll.) W. KREIPE. 6312

M. M. Cole und **George W. Lloyd,** *Versuche mit Abwehrmitteln für Dermacentor variabilis Say.* Vff. berichten über Verss. mit *Verb. 523* (**I,** *Benzylbenzoat*), *Verb. 671* (**II,** *Dibutyladipat*), *Verb. 2484* (**III,** *N-Butylacetanilid*), *Verb. 3341* (**IV,** *N-Isopropylacetanilid*), *Verb. 3775* [**V,** *2-Butyl-2-äthylpropandiol-(1.3)*], *Verb. 4145* [**VI,** *N-Butylcyclohexen-(4)-dicarbonsäure-(1.2)-imid*], *Verb. 5524* (**VII,** *N-Propylacetanilid*), *Verb. 7126* (**VIII,** *Undecylensäure*) sowie mit den Kombinationspräpp. *M-1960* (**IX,** bestehend aus **V, I** u. **III**), *M-2006* (bestehend aus **V, I** u. **VII**), *M-2033* (bestehend aus **V, I** u. **IV**), *M-2038* (bestehend aus **I, VI** u. **III**), *M-2039* (bestehend aus **I, VIII** u. **III**), *M-2040* (bestehend aus **VI, VIII** u. **III**), *M-2059* (**X,** bestehend aus 99% **IX** u. 1% *Lindan*), *M-2060* (bestehend aus **V, I** u. **II**) u. *M-2061* (**XI,** bestehend aus **V, II** u. **III**). **IX** war das relativ beste Mittel mit einer Wirksamkeit von 93%. Sehr nahe kamen ihm **X, XI** u. **II** mit einer Wirksamkeit von 86—89%. (J. econ. Entomol. **48.** 772—73. Dez. 1955.) C. GRIMME. 6312

C. Liteanu, M. Vancea und **M. Voluşniuc,** *Beiträge zur Analyse der Superphosphate. Vergleichende Untersuchung der gravimetrischen Bestimmungsmethoden des assimilierbaren Phosphors in Superphosphaten.* Die von den Vff. ausgearbeitete Meth. zur Best. des PO_4^{3-}-Ions in Superphosphaten als $BiPO_4$ (vgl. Studii Cercetari Chim. [Cluj] **7.** [1956.] 101) wird mit der Phosphomolybdat- u. der Magnesiumpyrophosphatmeth. verglichen. Aus der statist. Auswertung der Ergebnisse folgt, daß das PO_4^{3-}-Ion als $BiPO_4$ mit derselben Genauigkeit, aber rascher als nach den anderen beiden Methoden bestimmt werden kann. (Studii Cercetări Chim. [Cluj] **8.** Nr. 3—4. 251—60. Juli/Dez. 1957. Cluj, Inst. de Chim. al Acad. RPR.) G. NIAC/Cluj. 6322

M. Vancea und **M. Voluşniuc,** *Beiträge zur Analyse der Superphosphate.* 3. Mitt. *Volumetrische Bestimmung des assimilierbaren Phosphors als Bleiphosphat in Gegenwart von Dithizon als Indicator.* (2. vgl. C. **1958.** 9582.) Die in der 1. Mitt. beschriebene volumetr. Meth. der Phosphatbest. wird bei der Analyse der Superphosphate angewendet. Die störende Wrkg. des SO_4^{2-}-Ions wird durch Zusatz von einigen ml einer gesätt. $Ba(NO_3)_2$-Lsg. aufgehoben. Der erhaltene $BaSO_4$-Nd. verhindert die Beobachtung des Umschlagpunktes nicht. (Studii Cercetări Chim. [Cluj] **8.** Nr. 3—4. 261—64. Juli/Dez. 1957.) G. NIAC/Cluj. 6322

M. Vancea und **M. Voluşniuc,** *Beiträge zur Analyse der Superphosphate.* 4. Mitt. *Direkte volumetrische Bestimmung des assimilierbaren Phosphors als Wismutphosphat in Gegenwart von Dithizon als Indicator.* (3. vgl. vorst. Ref.) Die von Vff. früher (C. **1958.** 9582) beschriebene Bestimmungsmeth. des PO_4^{3-} wird zur Analyse des essigsauren Superphosphatextrakts mit Erfolg angewendet. (Studii Cercetări Chim. [Cluj] **8.** Nr. 3—4. 265—68. Juli/Dez. 1957.) G. NIAC/Cluj. 6322

Fahlberg-List G. m. b. H., Wolfenbüttel, *Schädlingsbekämpfungsmittel,* bestehend aus einer fungicid wirkenden Cu-Verb., z. B. Cu-Oxychlorid, u. einer Ag-, Cd-, Co-, Mo- oder Sn-Verb. im Gemisch mit anderen Fungiciden u./oder Insekticiden. — Beispiel: 30 (%) Cu-Oxychlorid, 1 $SnCl_4$ u. 69 Trägerstoffe, Netz- u. Emulgiermittel. — Bes.

geeignet zur Bekämpfung von Peronospora, Phytospora, Fusicladium u. Cercospora (**E. P. 800 568** vom 12/6. 1957, ausg. 27/8. 1958. D. Prior. 13/6. 1956.)
H. NEBELSIEK. 6313

Dow Chemical Co., übert. von: **Etcyl H. Blair,** Midland, Mich., V. St. A., *Thiophosphorsäurehydrazide* der allg. Formel XO—P(S)RR, worin X Chlor- u./oder Bromphenyl ist u. R Hydrazin-, Phenylhydrazin- oder 2.2-Dimethylhydrazinreste bedeuten, erhält man durch Rk. von Hydrazin (**I**), Phenylhydrazin oder 2.2-Dimethylhydrazin mit Verbb. der Formel XO—P(S)Cl_2, worin X die obige Bedeutung hat, bei 0—50° in Ggw. inerter Lösungsmittel. — Eine Lsg. von O-(2.4.5-trichlorphenyl)-thiophosphorsäuredichlorid wird mit einer Lsg. von **I** in Bzl. bei 15° umgesetzt. Man erhält *O-(2.4.5-Trichlorphenyl)-thiophosphorsäuredihydrazid,* F. 152—153° (aus Methanol). Weitere Verbb.: *O-(2.4.5-Trichlorphenyl)-2.2.2'.2'-tetramethylthiophosphorsäuredihydrazid,* F. 123—125° (aus Methanol-W. u. dann Methylcyclohexan); *O-(2.4-Dichlorphenyl)-2.2'-diphenylthiophosphorsäuredihydrazid,* F. 156—157° (aus A.); *O-(2-Chlorphenyl)-thiophosphorsäuredihydrazid,* F. 145—147° (aus A.); *O-(2-Chlor-5-bromphenyl)-thiophosphorsäuredihydrazid,* F. 190—191°. — *Bakterizide* u. *Fungicide.* (**A. P. 2 855 424** vom 30/4. 1956, ausg. 7/10. 1958.)
J. MÜHLEISEN. 6313

Monsanto Chemical Co., St. Louis, übert. von: **Samuel Kaufman,** Clayton, Mo., V. St. A., *Dialkylpropionylphosphonate* der Formel CH≡C—CH_2—P(O)(OR_1)(OR_2), worin R_1 u. R_2 Alkylreste mit 1—6 C-Atomen bedeuten, erhält man durch Rk. eines Propargylhalogenids mit einem Trialkylphosphit unter Rückfluß in Ggw. eines Polymerisationsinhibitors. Propargylbromid wird mit $(C_2H_5O)_3P$ auf 90—95° erhitzt, wobei dann unter Temperaturanstieg bis 180° die Rk. verläuft. Bei Dunkelwerden des Gemischs wird eine geringe Menge Hydrochinon zugesetzt u. dann durch Erhitzen bis 192° C_2H_5Br entfernt. Man erhält *Propinylphosphonsäurediäthylester,* als farblose Fl., $Kp._{0,8}$ 78—80°. — *Schädlingsbekämpfungsmittel.* (**A. P. 2 843 617** vom 31/5. 1956, ausg. 15/7. 1958.)
J. MÜHLEISEN. 6313

Monsanto Chemical Co., St. Louis, Mo., übert. von: **Gail H. Birum,** Dayton, Ohio, V. St. A., *Schwefelhaltige Organophosphorverbindungen* der allg. Formel $[(RO)_2P(O)]_3$ $CSP(O)(OR)_2$, worin R gegebenenfalls halogenierte Alkylreste mit 1—6 C-Atomen bedeuten, erhält man durch Kondensation von 1 (Mol) Perchlormethylmercaptan (**I**) mit 4 eines Phosphits der Formel $(RO)_2POR'$, worin R die obige Bedeutung hat u. R' = R oder Alkalimetall ist. — 0,65 (Mol) Triäthylphosphit werden mit 0,15 **I** bei 5—11° versetzt, wobei eine exotherme Rk. stattfindet. Bei der Dest. erhält man 88,9 g *Hexäthyl-(diäthylphosphorothiomethylidin)-triphosphonat,* $[(C_2H_5O)_2P(O)]_3CSP(O)(OC_2H_5)_2$, $Kp._{0,5}$ 96°. Weitere Verbb. *$[(CH_3O)_2P(O)]_3CSP(O)(OCH_3)_2$*, n_D^{25} 1,4728, u. *$[(ClCH_2CH_2O)_2 \cdot P(O)]_3CSP(O)(OCH_2CH_2Cl)_2$*, $Kp._{0,1}$ 151°, n_D^{25} 1,5056. — *Insekticide.* (**A. P. 2 857 415** vom 15/2. 1956, ausg. 21/10. 1958.)
J. MÜHLEISEN. 6313

Dow Chemical Co., übert. von: **Kenneth C. Kauer** und **Edgar C. Britton,** Midland, Mich., V. St. A., *Thiophosphorsäureesteramide* der allg. Formel RO—P(S)XY, worin R 4- oder 2-Cyclohexylphenyl-, 4-Chlor-2- bzw. 2-Chlor-4-cyclohexylphenylreste, Y Amino-, Methyl- oder Äthylamino- u. X Methoxyreste oder Y bedeuten, erhält man durch Rk. von NH_3, Methyl- oder Äthylamin mit den entsprechenden O-(Cyclohexylphenyl)-thiophosphorsäuredichloriden oder -methoxychloriden bei —10 bis 30° in Ggw. von organ. Lösungsmitteln. — Eine 26%ig. wss. NH_3-Lsg. (0,8 Mol) wird mit O-(4-Cyclohexylphenyl)-thiophosphorsäuredichlorid (0,33 Mol) in Aceton bei 5—15° umgesetzt. Nach Waschen mit W. u. Filtrieren erhält man *[O-(4-Cyclohexylphenyl)-thiophosphorsäure]-diamid.* F. 158—159° (aus heißem A.). Weitere Verbb.; *-bis-(äthylamid),* F. 81—82° (aus A.); *-bis-(methylamid),* Kristalle; *O-(2-Cyclohexylphenyl)-O-methylthiophosphorsäureamid,* gelbe Fl.; $D.^{25}$ 1,179, n_D^{25} 1,5582; *O-(4-Chlor-2-cyclohexylphenyl)-O-methylthiophosphorsäureamid,* F. 74—75°, u. die entsprechende *O-(2-Chlor-4-cyclohexylphenyl)-verbindung.* — *Insekticide.* (**A. P. 2 855 426** vom 4/4. 1956, ausg. 7/10. 1958.)
J. MÜHLEISEN. 6313

Dow Chemical Co., übert. von: **Donald D. Wheeler** und **David C. Young,** Midland, Mich., V. St. A., *Phthalide* der allg. Formel **I** (R = Aryl). Man setzt Phthalaldehydsäure mit Sulfonamiden $RSO_2 \cdot NH_2$ um, bes. bei 90—130° in einem Lösungsmittel. Hergestellt werden die Verbb. **I** mit $R = C_6H_5$, F. 178—180°; $R = p\text{-}CH_3.C_6H_4$, F. 151—154°; $R = p\text{-}Br \cdot C_6H_4$, F. 211—212°; $R = p\text{-}NO_2 \cdot C_6H_4$, F. 133—135°; $R = o\text{-}C_2H_5O.C_6H_4$; $R = m\text{-}Cl \cdot C_6H_4$; $R = o.m\text{-}(CH_3)_2C_6H_3$; R = o.p-$(CH_3O)_2C_6H_3$. — *Parasiticide, Insekticide.* (**A. P. 2 855 395** vom 11/7. 1956, ausg. 7/10. 1958.)

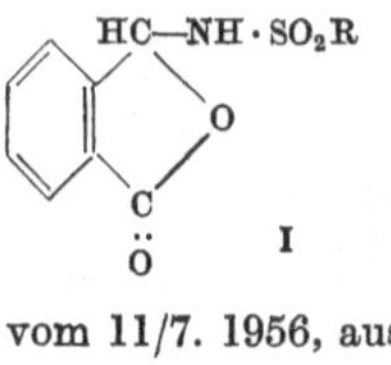
I

K. FABEL. 6313

VIII. Metallurgie. Korrosion.

Gene E. Tolbert, *Vorläufiger Bericht über die uranhaltigen Zirkoniumvorkommen des Pocos de Caldas-Plateaus, Brasilien.* 2. Mitt. (1. vgl. C. **1959.** 4289.) Überblick. (Engenharia, Mineração Metalurg. **27.** 353—60. Juni 1958.) M. GEHLEN-KELLER. 6354

Paul Queneau, E. H. Bracken und **Daniel Kelly,** *Hochwertiges Eisenerz bei Copper Cliff, Ontario.* Die pyrrhotit. Konzentrate bei Copper Cliff, Ontario, enthalten 0,05 (%) *Cu*, 0,75 *Ni*, 57 *Fe*, 37 *S*, 2,5 SiO_2. Ein Teil des Ni liegt als feine Dispersion von Pentlandit in Pyrrhotit, der Rest als feste Lsg. im Pyrrhotit vor. S wird im Fließbett abgeröstet. Im Röstofen wird die selektive Red. des Röstgutes vorgenommen. In der 1. Stufe wird in reduzierender Atmosphäre auf 1600—1650° F erhitzt, wobei die Bldg. von $(FeNi)_3O_4$ begrenzt ist. Das meiste NiO geht in eine Ni–Fe-Legierung über. In der 2. Stufe wird eine selektiv reduzierende Atmosphäre mit einem Verhältnis $CO_2/CO = 2{,}5$ bei 1200 bis 1300° F aufrechterhalten. Unter diesen Bedingungen ist *(FeNi)O* unstabil u. zers. sich in Fe_3O_4 u. *Ferronickel.* Ni wird durch Auslaugen mit ammoniakal. Lsgg. unter Atmosphärendruck entfernt. (J. Metals **10.** 527—32. Aug. 1958. International Nickel Co. of Canada.) F. VIER. 6354

Ludwik Gielicz, *Eisenerzkonzentrate von Oleniegorsk.* Das bei Oleniegorsk (Kolahalbinsel) auftretende Fe-Erz ist metamorphen Ursprungs u. enthält 30—32 (%) *Fe* u. 42—46 SiO_2. Es wird mechan. u. magnet. auf ca. 60 Fe angereichert. (Wiadomości Hutnicze **14.** 182—85. Juni 1958.) F. URBAN. 6354

Shigeru Tamamoto, *Umbauten an einem ölbefeuerten Siemens-Martin-Ofen und einige dabei auftretende Faktoren von Einfluß.* Konstruktive Einzelheiten, die eine höhere Schmelztemp., bessere Wärmewirtschaft u. größere Erzeugungsleistung für den verbesserten ölbefeuerten SIEMENS-MARTIN-Ofen bringen. — 2 ausführliche Tabellen. (Tetsu to Hagane [J. Iron Steel Inst. Japan] 41. 209—12. März 1955. Sumitomo Metall K.K. [Orig.: japan.]) L. SCHULER. 6370

E. Calamari, *Induktionsöfen für Eisenlegierungen in Italien und in anderen Ländern.* Besprechung der verwendeten Ofentypen im Hinblick auf den Betrieb mit hohen, mittleren u. niederen Frequenzen. — Diskussion. (Fonderia ital. **7.** 129—33. April 1958. Mailand, S.r.l. Calamari & Co.) E. MIESSGANG. 6370

Asei Tsutsui und **Takao Furumoto,** *Untersuchungen an einem mit Gas kontinuierlich arbeitenden Aufkohlungsofen.* 2. Mitt. *Über die Restspannung.* (1. vgl. C. **1958.** 13621.) Untersucht wird die Ausbldg. von Restspannungen nach der Meth. von SACHS in Stahlteilen nach einer Aufkohlung durch Gase oder durch ein festes Einsatzmittel. Bzgl. der Spannungen in tangentialer Richtung trat bei diesem Vgl. ein merklicher Unterschied zwischen einer kontinuierlichen Gasaufkohlung u. einer Aufkohlung in einem festen Mittel nicht auf. Der Wert der in der Oberfläche verbliebenen Druckspannung lag im Bereich von 50—60 kg/mm², die durch Anlassen um 15 kg/mm² abnahm. Der höchste Wert der Druckspannung im aufgekohlten Teil nahm mit zunehmender Einsatztiefe ab. (Nippon Kinzoku Gakkai-Si [J. Japan Inst. Metals] **22.** 221—25. Mai 1958. [Orig.: japan.; Auszug: engl.]) H. HOCHSTEIN. 6370

A. Decker und **L. Bousmanne,** *Beitrag zur Untersuchung der Zusammensetzung der Hochofengase.* Vff. berechnen die Zus. der Gichtgase von Hochöfen an H_2, *CO* u. CO_2 als Funktion der pro t Gußeisen verwandten Koksmenge mit oder ohne Zusatz von Zuschlägen u. berücksichtigen die verschied. möglichen Arbeitsverff., die bei Hochöfen üblich sind. Weiterhin wird auf die Bedeutung von Temp. u. Feuchtigkeitsgeh. des Windes, auf den Grad der Red. der Erze, bes. der *Minette,* auf den Si-Geh. u. auf die Temp. der Gichtgase hingewiesen. Berechnet wird ferner die Nutzungswärme des *Kokses* im Sinne der von BRUN u. SZCZENIOWSKI (C. **1955.** 1827) gebrachten Definition. (Rev. univ. Mines, Métallurg., Mécan., Trav. publ., Sci. Arts appl. Ind. [9] **14** (**101**). 80 bis 105. März 1958. Liège et Cockerill-Ougrée.) E. ROEDER. 6370

Ładysław Tarnowski, *Die Hochofengebläse.* Übersicht über Gebläsetypen u. ihre Arbeitscharakteristik. Während der Druckverlust zwischen Gebläse u. Hochofen klein ist, ist der Windverlust durch Undichten im heißen Leitungsteil hoch. (Wiadomości Hutnicze **14.** 170—74. Juni 1958.) F. URBAN. 6370

Zygmunt Kosiewicz, *Anwendung von Sauerstoff im Stahlwerk.* Übersicht. (Wiadomości Hutnicze **14.** 193—94. Juni 1958. Huta Baildon.) F. URBAN. 6370

B. Fullman und **F. D. Richardson,** *Die Extraktion und Raffination von Metallen.* (Vgl. C. **1950/54.** 2091 S u. 2825 S.) Fortschrittsbericht 1955. — 201 Literaturhinweise. (Rep. Progr. appl. Chem. **40.** 172—204. 1955.) M. WINIKER. 6380

A. S. D. Barrett und **M. E. Harper,** *Auswahl von Pumpenanlagen für metallurgische Vakuumprozesse.* Erörtert wird die neuzeitliche Entw. in Vakuumpumpengroßanlagen u. gegeben werden Richtlinien zur Auswahl der für die jeweiligen spezif. metallurg. Erfordernisse am besten geeigneten Vakuumpumpen hinsichtlich Leistung u. Wirtschaftlichkeit. (J. Inst. Metals **87.** 227—34. 1958/59, herausgeg. März 1959.)
H. HOCHSTEIN. 6380

Yoshihiro Mitarai, *Einfluß des fallenden und steigenden Gießens auf die Gußblockgüte.* Benutzt werden beruhigte u. unberuhigte niedrig- u. hochgekohlte *Stähle* u. die Zahl der Defekte an der Oberfläche u. im Innern bei beiden Gießarten bestimmt. Für beruhigten Stahl ist das steigende Gießen vorzuziehen. — Diagramme u. Tabellen. (Tetsu to Hagane [J. Iron Steel Inst. Japan] **41.** 331—33. März 1955. Yahata Werke. [Orig.: japan.]) L. SCHULER. 6382

Shinzaburo Onishi, *Grundlegende Untersuchung über Schwefelabbrände als Rohstoff für Roheisen.* 1. Mitt. Die Red. verläuft bei Abbränden aus *Pyrit*-Erzen besser als bei solchen von *Pyrrhotin* (**I**). Die Pyritabbrände sind poröser als die von **I**. Auch gibt **I** schwerer reduzierbares Fe_3O_4, bes. infolge der verschied. physikal. Eigg. (Gasdurchlässigkeit, Erweichungspunkt); **I**-Abbrände erweichen 20—30° niedriger als Pyritabbrände. — 2 Photos (Elektronenmikroskop), 2 Diagramme. (Tetsu to Hagane [J. Iron Steel Inst. Japan] **41.** 183—84. März 1955. Ehime Univ. [Orig.: japan.]) L. SCHULER. 6400

Juntaro Honda, *Wirkung geringer Zusätze an bestimmten Elementen auf die mechanischen Eigenschaften von grauem Roheisen.* Die mechan. Eigg. (Zugfestigkeit, Dehnung u. Härte) von schwed. *Roheisen* nach Zusatz von kleinen Anteilen an *Mn, P, S, Cu, Cr, Ti, As, V* u. *Al* werden geprüft (9 Diagramme). Durchweg zeigen die Zusätze Neigung, die Dehnung herabzusetzen, bes. *Ti*, Zugfestigkeit u. Härte zu erhöhen u. dabei eine gewisse Sprödigkeit zu begünstigen. Das unterschiedliche Verh. von Holzkohle- u. Hochofeneisen ist auf den verschied. Geh. an Verunreinigungen zurückzuführen. Erörterung der sogenannten „Erblichkeit". (Tetsu to Hagane [J. Iron Steel Inst. Japan] **41.** 236—37. März 1955. Kubota Eisen K.K. [Orig.: japan.]) L. SCHULER. 6402

Jörgen Drachmann, *Siliciumschwankungen von im Kupolofen erschmolzenem Gußeisen.* Der Si-Geh. des fl. Gußeisens vom Kupolofen schwankt stets mehr oder weniger. Er wird daher zur Unters. der Abhängigkeit seiner Schwankungen von Betriebsbedingungen alle 2 Min. in der Rinne gemessen. Hierbei zeigt sich, daß merkbare langfristige Verschiebungen nicht eintreten, solange die Schmelzbedingungen, wie Koksqualität, Regelmäßigkeit der Begichtung, Schlackenzus. u. Windtemp., konstant gehalten werden. Eine cycl. Si-Veränderung, die von der Zeitfolge der Begichtungen abhängig ist, wird nicht beobachtet. Jedoch tritt eine oscillierende Bewegung um einen Mittelwert auf, der durch Abzug des Abbrandes vom Mittelwert des Si-Geh. der Gattierung ermittelt werden kann. Die Amplitude dieser Bewegung steht in engem Zusammenhang mit der Heterogenität der Gattierung. Die Voraussetzungen zur Erklärung der Si-Schwankungen wird auf Grund einer aufgestellten Zeitserientheorie im Schmelzprozeß gesucht. Eine zufällige Variable infolge der zufälligen Verteilung des Si innerhalb der Gattierung wird angenommen. Beim Schmelzen von heterogenem Einsatz wird sie immer vorkommen, auch wenn die Gattierung an sich ganz genau u. gleichmäßig zusammengestellt ist. Ein gleitender Si-Mittelwert ergibt sich aus der über den Ofenquerschnitt verschied. Absinkgeschwindigkeit u. der nach oben gewölbten Schmelzzone. Eine autoregressive Funktion ist durch die Auflsg. des heruntertropfenden Fe in dem im Herd angesammelten Fe gegeben. Auf Grund dieser Erkenntnisse wird ein mathemat. Modell des Kupolofens versucht. (Gießerei, techn.-wiss. Beih. **1958.** Nr. 21. 1097—1106. Juli. Nyköping, Schweden.) H. HOCHSTEIN. 6402

Yuji Nagamatsu, *Untersuchung der Verschleißfestigkeit von Gußeisen, insbesondere nadelförmigen Gußeisens.* Zusatz an *Cu* u. *Mo*, welche Bainit u. damit nadelförmiges Gußeisen bilden, verbessert nicht nur die mechan. Eigg., sondern auch die Verschleißfestigkeit, die sich unter Druck deutlich ändert. — Tabellen. (Tetsu to Hagane [J. Iron Steel Inst. Japan] **41.** 233—35. März 1955. Fukuoka, Kyushu Yni. [Orig.: japan.])
L. SCHULER. 6402

Tsutomu Itakura, *Über die Stahlerschmelzung von hochwertigem kohlenstoffarmem Stahl im sauren Siemens-Martin-Ofen.* Im Gegensatz zur bisherigen Praxis ist es auch möglich, im sauren SM-Ofen C-armen *Stahl* bester Güte mit einer Zugfestigkeit von 31,5—47,2 kg/mm² u. 0,12—0,16% C zu gewinnen. — 3 Tabellen mit Einzelheiten über den Gang der Operationen. (Tetsu to Hagane [J. Iron Steel Inst. Japan] **41.** 206—07. März 1955. Sumitomo Metall K. K. [Orig.: japan.]) L. SCHULER. 6408

Hans Stein, Fritz Iske und **Detlev Karcher,** *Versuche zur Vermeidung der Mittellinienlunkerung bei Stahlguß.* Erörtert werden ein Verf. zur Steigerberechnung u. die

Maßnahmen zum Vermeiden der Mittellinienlunkerung bei Stahlguß. Es wird der Einfl. des C-Geh. ermittelt u. die Beeinflussung der dichten Endzonenlängen durch Formstoffe unterschiedlicher Wärmeleitung untersucht. Ein Einfl. der Kokillenbreite auf die Ausdehnung der dichten Zonen wird festgestellt u. Unterss. über das allg. Lunkerverh. von Stahlguß durchgeführt. — 15 Literaturangaben. (Gießerei, techn.-wiss. Beih. **1958.** Nr. 21. 1115—24. Juli. Aachen, TH, Gießerei-Inst.; Saarbrücken, Versuchsanst. des Saarländ. Stahlwerks Dingler, Karcher u. Co.) H. HOCHSTEIN. 6408

Gabriel Kniaginin, *Noch einmal über die Warmrisse in Stahlgußstücken.* (Vgl. C. **1958.** 11064.) Übersicht über Ursachen u. Verlauf der Warmrißbldg. (WB). C-Stahl mit 0,18—0,32% C u. legierte Stähle neigen am stärksten zur Warmrißbildung. Zur Verhinderung der WB soll die Gießtemp. der Wandstärke des Gußstückes angepaßt sein: Je geringer die Wandstärke, desto höher muß die Temp. sein. An Stellen, die bes. WB zeigen, soll Außenkühlung in Form von Abschreckplatten angebracht werden. Der Begriff der red. Wandstärke darf nur bei BIOT-Werten $\leq$ 0,1 angewendet werden. — 26 Literaturangaben. (Przegląd Odlewnictwa **8.** 121—29. Mai 1958.) F. URBAN. 6408

Hisashi Tahakashi, *Die das Glühen von C-armen Stahlblechen begleitenden Schwankungen der Eigenschaften.* C-arme Stahlbleche werden um 57—83% kalt gewalzt, bei 580° setzt eine Rekristallisation ein, die Umwandlung der Eigg. ist erst bei 600° beendigt. Bei 750—830° erreicht der ERICSON-Wert eine bestimmte Größe. Das Wachsen der Kristallkörner verlangsamt sich im Bereich von 750—830° mit steigender Temperatur. Die Abnahme der Härtegrade zeigt bei 750—770° eine geringe Zunahme. Glühen direkt über A_1 läßt keine besondere Änderung der speziellen Eigg. erkennen. Bei 750—770° zeigt die Härte eine geringe auffallende Abnahme u. gleichzeitig verkleinert sich das Achsenverhältnis der Kristallkörner. (Tetsu to Hagane [J. Iron Steel Inst. Japan] **41.** 258—60. März 1955. Fuji Metallwerke. [Orig.: japan.]) L. SCHULER. 6408

Tomo-o Sato und **To-oru Furukawa,** *Untersuchung über 17-7-PH-nichtrostenden Stahl. 1. Mitt. Über die mechanischen Eigenschaften des nichtrostenden Stahles mit einem Aluminiumgehalt von 0,7%.* An einem austenit. *Cr–Ni*-Stahl mit 0,08(%) *C*, 0,19 *Si*, 0,62 *Mn*, 0,019 *P*, 0,019 *S*, 7,50 *Ni*, 17,05 *Cr*, 0,73 *Al*, 0,12 *Cu*, Rest *Fe* wird der Einfl. des Grades der Kaltverformung, einer Zwischenglühbehandlung u. einer Alterungstemp. u. -zeit auf die mechan. Eigg. untersucht. Hierbei wird festgestellt: 1. Wenn der M_s-Punkt dieses Stahles im Bereich unter 0° liegt, wird *Martensit* nicht allein durch gewöhnliche Wärmebehandlung gebildet. 2. Der *Austenit* dieses Stahles wird durch Kaltverarbeitung u. auch durch Martensitbldg. während der Kaltverformung merklich verfestigt. Der Härtegrad war stärker als der eines nichtrostenden Stahles mit 18 Cr u. 8 Ni. 3. Proben des 17-7-PH-Stahles wurden nach einem Kaltwalzen mit 50—70% Abnahme durch bis 500 std. Anlassen bei 400—500° gealtert. Die höchsten mechan. Eigg. wurden durch ein Altern von 8 Std. bei 450° oder von 1 Std. bei 500° erhalten. 4. Wärmebehandelte Proben ohne Kaltverformung wurden der Alterung ausgesetzt, jedoch konnte von ihnen eine Härtesteigerung nicht erhalten werden. (Nippon Kinzoku Gakkai-Si [J. Japan Inst. Metals] **22.** 253—57. Mai 1958. [Orig.: japan.; Auszug: engl.]) H. HOCHSTEIN. 6410

Lester F. Spencer, *Werkzeugfragen bei der Bearbeitung von austenitischen, rostfreien Stählen.* Übersicht über die Eigg. von austenit, rostfreien Stählen u. die Wahl der zu ihrer Bearbeitung verwendeten Werkstoffe. (Steel Processing **42.** 453—61. 474. Aug. 1956.) W. WESLY. 6410

Vladimír Cíhal, *Stähle für Synthesegas und Wasserstoff.* Die bisher in der chem. Industrie verwendeten *Cr–Mo*-Stähle (3—6% Cr u. 0,4 Mo) sind wohl für Hydrierungsprozesse, nicht aber für die NH_3-Synth. geeignet, wo die nitrierende Wrkg. des Synthesegemisches nicht unberücksichtigt bleiben darf. Als Werkstoff für Synthesegas wurden daher *W–Ti*-Stähle entwickelt. Die höchsten Werte für Dauerstandfestigkeit ließen sich bei Stählen mit 2-phasiger Struktur ($\gamma + \delta$) wegen der dispersen Verfestigung des *δ-Ferrits* bei 500—700° erreichen. Als am besten geeignet wird ein Stahl mit maximal 0,12 (%) *C*, 0,4—0,8 *Ti* u. 3—6 *W* empfohlen. (Werkstoffe u. Korrosion **9.** 513—14. Aug./Sept. 1958. Prag, Städt. Forsch.-Inst. für Materialschutz.) F. VIER. 6410

E. J. Hancock, *Erzeugung von Ferromangan. Hochofenpraxis in Indien.* Erörterung des Verf. zur Herst. von Ferromangan mit 70—75 (%) *Mn*, 5,5—7,00 *C*, 0,55—0,70 *P*, 0,027 *S*, 0,55 *Si* durch Red. der Mn- u. Fe-Oxyde im Hochofen u. Schmelzen des Ferromangans. Da die Red. der Mn-Oxyde schwieriger als die der Fe-Oxyde ist, erhöht sich die erforderliche Temp. u. damit der Koksbedarf. (Iron Coal Trades Rev. **178.** 197—200. 23/1. 1959. Jamshedpur, Tata Iron and Steel Co. Ltd.) W. WESLY. 6418

Ralph H. Atkinson, *Werkstoffe und Verfahren zur Herstellung von modischem Schmuck.* Überblick. (Metal Progr. **73.** 74—78. März 1958. Westfield, N. J., International Nickel Res. Labor.) F. VIER. 6420

E. F. Kurzinski, *Neue Techniken für das Raffinieren von Kupfer.* Es wird über die Möglichkeit berichtet, O_2 in ähnlicher Weise wie bei der Stahlherst. auch beim Raffinieren von Cu zu verwenden. Auch das Einführen von Legierungskomponenten durch Einblasen von gepulvertem Material in die Schmelze kann wie beim Stahl auch bei Cu vorgenommen werden. (J. Metals **10.** 533—37. Aug. 1958. Allentown, Pa., Air Products, Inc.) F. VIER. 6432

Pierre-Julien Le Thomas und **Dominique Arnaud,** *Beitrag zur Untersuchung des Gefüges der Kupfer–Zinn–Zink- und Kupfer–Zinn–Phosphor-Legierungen.* Durch Unterss. an bin. *Bronze* mit 5—12% *Sn,* tern. Bronzen mit 2 u. 4 *Zn* bzw. Bronze mit 0,15 u. 0,30 *P* werden die mechan. Eigg., der Vorgang des Bruches durch Zug u. die Rolle des δ-Bestandteils ermittelt u. wiedergegeben. Zwischen der P-haltigen u. P-freien Bronze besteht ein morpholog. Unterschied. Für die zur Best. der Zugkennwerte erforderlichen Gefügeelemente (Korn u. δ) wird eine Beziehung, die der in Betracht kommenden Dicke Rechnung trägt, aufgezeigt. (Fonderie **1956.** 274—82. Juli. Centre Techn. des Ind. de la Fonderie.) W. WESLY. 6432

W. J. Pennington, *Verbesserung von Hochtemperaturlegierungen durch Bor und Zirkonium.* Zusätze von 0,01 (%) B oder 0,10 Zr oder beides zu den vakuumerschmolzenen *Ni-* u. *Co*-Legierungen *M-252, J-1570, Nimonic 90* u. *Waspaloy* verbessern deren Lebensdauer, Duktilität u. Zerreißfestigkeit u. setzen die Neigung zur Kerbbrüchigkeit bei den hohen Verwendungstempp. herab. (Metal Progr. **73.** Nr. 3. 82—86. März 1958. Bridgeville, Pa., Universal-Cyclops Steel Corp.) F. VIER. 6434

R. D. Hamer, *Die Hazelett- und die Rotationsbandgießmaschine zum Stranggießen von Aluminium.* Nach einem Überblick über die früheren Verff. des Stranggießens mittels bewegter Formen werden die HAZELETT- u. die Rotations-Bandgießmaschinen im einzelnen hinsichtlich Bau- u. Betriebsweise beschrieben. Die bei der Herst. von Gießbrammen aus handelsüblichem Al sowie aus bestimmten Al-Legierungen gewonnenen Erfahrungen werden mitgeteilt. Hieraus wird gefolgert, daß jede der beiden Anlagen zur Erzeugung von metallurg. einwandfreien Gießbrammen aus handelsüblich reinem Al geeignet ist; das Gießen von Al-Legierungen erfordert jedoch noch eine weitere Untersuchung. Die HAZELETT-Maschine scheint für die Erzeugung großer Mengen von breiten Blechen Vorteile zu besitzen, während die Rotationstechnik für kleinere Produktionsmengen schmalerer Bleche geeignet ist. (J. Inst. Metals **87.** 219—26. 1958/59. März 1959. Banbury, Aluminium Labors. Ltd.) H. HOCHSTEIN. 6446

James B. Russell und **Frank R. Nichols,** *Anlage und Praxis zum kontinuierlichen Gießen und Walzen nach dem Properzi-Verfahren.* Beschrieben werden Konstruktion u. Betrieb einer PROPERZI-Maschine. Durch die Entw. der Maschine in letzter Zeit hat der Querschnitt der Gußstücke von 1,42 auf 1,76 in² bei entsprechenden Änderungen in der Konstruktion, Festigkeit u. Leistung der Walzanlage zugenommen. Diese Faktoren in Verbindung mit Verbesserungen in der Betriebstechnik haben zu bedeutenden Fortschritten in der Qualität u. Produktionswirtschaftlichkeit des Ziehens von Stangen geführt, aus denen elektr. Kabel aus Al gezogen werden. Obgleich meistens die PROPERZI-Anlage zur Herst. von *EC–Al*-Stangen verwendet wird, hat das Verf. auch in der *Zn*-Industrie Verwendung gefunden; es können außer EC–Al-Legierungen noch andere Al-Gußlegierungen hergestellt werden. (J. Inst. Metals **87.** 209—19. 1958/59, herausgeg. März 1959. Davensport, Io., Nichols Wire and Aluminium Co.) H. HOCHSTEIN. 6446

W. B. Stephenson jr., *Entzundern von Titan.* Durch Behandeln von Ti mit einer warmen Lsg. von CaF_2 in H_2SO_4 u. folgendes Eintauchen in eine Mischung von HNO_3 u. HF gelingt es, die Oxydschichten zu entfernen u. eine glatte, glänzende Oberfläche ohne Lochfraß zu erhalten. Die Bearbeitbarkeit des Ti wird durch diese Behandlung nicht verändert. (Metal Progr. **73.** Nr. 3. 87—89. März 1958. Cincinnati, Ohio, General Electric Co.) F. VIER. 6448

F. S. Badger, *Hochtemperaturlegierungen: 1900—1958.* Bericht über die Entw. von bei hohen Tempp. verwendungsfähigen Legierungen in der Zeit von 1900—1958. (J. Metals **10.** 512—16. Aug. 1958. New York, N. Y., Haynes Stellite Co.) F. VIER. 6470

J. W. Graham und **W. F. Zimmerman,** *Verwendung von Cermets.* Auf Grund ihrer Korrosionsbeständigkeit gegen fl. Metalle u. Säuren sind die Cermets als Pumpendichtungen für Raketenantriebe u. Atomkraftwerke geeignet. (Metal Progr. **73.** Nr. 3. 89—91. März 1958. Evendale, Ohio, General Electric Co.) F. VIER. 6474

Cyryl Niewiadomski und **Antoni Zdanowski,** *Verbindung von Stahl und Gußeisen mit Aluminium und seinen Legierungen durch die Al-Fin-Methode.* Die Verbindung von Stahl u. Fe mit Al erreicht eine Zugfestigkeit von 8—11 kg/mm² bei 20—250°, wenn die Fe-Oberfläche vor dem Anguß sorgfältig gereinigt u. unter Ausschluß von Luft mit einer 10—20 μ dicken Schicht von Al–Si versehen wird. Die Diffusionsschicht wird durch

Eintauchen in eine fl. Al–Si-Legierung (6% Si) bei 700—725° erzeugt. Al-Schichten aus reinem Al erniedrigen die Festigkeit der Bindung, da Al allein zu schnell in Fe diffundiert. — 28 Literaturangaben. (Prace Inst. Mechaniki **7.** Nr. 22. 3—10. 1958.) F. URBAN. 6478

Cyryl Niewiadomski und **Antoni Zdanowski,** *Bedecken von Stahl mit niedrigem Kohlenstoffgehalt mit Aluminium im Flüssigkeitsbad.* Beim Eintauchen von Fe in ein fl. *Al–Si–Cu-* oder *Al–Si–Zn*-Bad wird eine 10—20 μ dicke Diffusionsschicht gebildet, die aus einer festen Lsg. von *Al–Fe* besteht. Si u. Cu besetzen die leeren Gitterstellen dieser Phase u. erschweren so die weitere Diffusion des Al in Fe. Die Bldg. der Diffusionsschicht wird bei verkupfertem Fe verzögert, da die Cu-Schicht erst weggelöst werden muß. Bäder mit einem Fe-Geh. < 4% haben keinen Einfl. auf die Al-Diffusion in Fe. Die Elastizität der Diffusionsschicht ist bei Anwendung von Al-Legierungen besser als bei Al allein. — 29 Literaturangaben. (Prace Inst. Mechaniki **7.** Nr. 22. 11—19. 1958.) F. URBAN. 6478

Werner Dude, *Probleme der Härtemessung.* Härtebegriff; Härte u. Werkstoffstruktur; derzeitiger Stand der Härtemessung; Entwicklungsmöglichkeiten der techn. Härtemessung. — 9 Literaturhinweise. (Fertigungstechn. u. Betr. **9.** 120—26. Febr. 1959. Dresden, Ingenieurschule für Flugzeugbau.) M. WINIKER. 6480

Saburo Kawaguchi, *Einfluß verschiedener Legierungselemente auf die Jominy-Härtbarkeitsprobe von C-reichen Cr–Mo–V-Stählen.* Für C-reiche (0,32—0,56%) *Cr–Mo–V-Stähle* mit 0,70 (%) Mn, 1,30 Cr, 0,38 Mo u. 0,10 V wird der Einfl. der einzelnen Elemente durch eine S-Kurve (Zeit/Temp.) bei Benutzung des JOMINY-Prüfverf. ausgedrückt. Bei *Ni* zeigen sich schon bei Schwankungen von 0,08—1,04% Ni Härteschwankungen zwischen beiden Prüfenden des Stabes, bes. wenn der Ni-Geh. auf 0,08% sinkt. (Tetsu to Hagane [J. Iron Steel Inst. Japan] **41.** 308—09. März 1955. Hitachi Stahlw. [Orig.: japan.]) L. SCHULER. 6480

D. B. C. Taylor und **A. Z. Tadros,** *Zug- und Torsionseigenschaften von einigen Metallen unter dynamischer Wechselbelastung (Stoßbelastung).* Beschrieben werden zwei neue Maschinen zur Prüfung des Bruchverh. von Metallen unter dynam. Zug- oder Torsionswechselbelastung. Geprüft werden zylindr. Proben aus einem *unlegierten Stahl* mit 0,3% *C*, einem *Flußstahl*, einem mit *Si* u. *Mn* legierten Federstahl u. zwei *Al*-Legierungen. Es zeigt sich u. a., daß die Streckgrenze sich in einer Art ändert, ähnlich derjenigen für eine stat. Belastung, obgleich alle dynam. Streckgrenzen eine progressive Zunahme in ihrem Wert mit der Verminderung in der Belastungszeit zeigen. Für gleiche Belastungszeiten wird eine größere prozentuale Zunahme im Streckgrenzenwert für die beiden Stähle unter dynam. Torsion im Vgl. zu dynam. Zugbelastung erhalten. — 20 Literaturangaben. (Proc. Instn. mechan. Engr. **170.** 1039—54. 1956. Cambridge, Univ.; Alexandria, Univ.) H. HOCHSTEIN. 6480

Seizo Toshima, *Bestimmung der Fließspannung eines Flußstahls mit einer schnelllaufenden Zugspannungsprüfmaschine.* Die Deformationsspannung bei 0—50% Kompressibilität wird bei 750—960° für *Flußstahl* (0,07% *C*, 0,24 *Mn*, 0,02 *Si*, 0,026 *P*, 0,052 *S* u. 0,33 *Cu*) graph. dargestellt. — Apparaturskizze, Tabellen u. Diagramme. (Tetsu to Hagane [J. Iron Steel Inst. Japan] **41.** 344—47. März 1955. Yawata Werke. [Orig.: japan.]) L. SCHULER. 6480

Karl Winterer, *Der „Nagelversuch", eine Schnellvorführung der Verschleißfestigkeit weichnitrierter und sulf-inuzierter Teile.* (Durferrit-Hausmitt. **1958.** Nr. 31. 54—55. Dez. Königstein.) H. HOCHSTEIN. 6480

J. J. Sebisty und **J. O. Edwards,** *Einige metallographische Beobachtungen bei Ermüdungsbruch an unbedecktem und bedecktem Al–Cu–Mg-Legierungsblech.* Zur Klärung der Ursache von Schäden durch Ermüdung, die an im Flugzeugbau verwendeten Materialien auftreten, wurden handelsüblicher 24 S-T (0,032 in. dick) u. Alclad 24 S-T (0,188; 0,065 u. 0,032 in. dick) mit 3,8—4,9 (%) *Cu*; 1,2—1,8 *Mg*; 0,3—0,9 *Mn*, < 0,5 *Fe*, < 0,5 *Si*, < 0,25 *Cr*, < 0,1 *Zn*, Rest *Al* (Überzug: < 0,1 *Cu*, < 0,05 *Mn*, 0,1 *Zn*, > 99,3 *Al*) metallograph. untersucht. Die Proben wurden einer Wechselbiegebeanspruchung mit 22000—50000 lbs./sq.in. teilweise bis zum Eintritt des Bruches ausgesetzt. Es wurde der Einfl. der Probendicke, Spannungen u. Anzahl der Biegungen auf Art u. Ausmaß der Rißschäden an dem überzogenen Material festgestellt. Die Risse waren teilweise so charakterist., daß mittels mkr. Auswertung Schlüsse auf den Ermüdungsverlauf gezogen werden konnten. Anzahl/cm u. Länge der Risse wurden an parallel zur Walzrichtung gelegten Schliffen gemessen u. graph. dargestellt. Bei dem Material ohne Schicht scheinen die zuerst auftretenden Risse ohne Bldg. weiterer Risse zum Bruch zu führen. Die außer den metallograph. Unterss. durchgeführten anderen Tests waren weniger aufschlußreich. (J. Inst. Metals **84.** 291—97. April 1956. Ottawa, Ontario, Dep. of Mines and Techn. Surveys, Min. Branch, Div. of Phys. Metallurgy.) GERDA CLEVE. 6482

E. A. Calnan und **Betty E. Williams**, *Beim Strangpressen auftretende Gleitlinien.* Vff. zeigen an Hand elektronenmkr. Aufnahmen das Auftreten von Gleitlinien bei einfacher Dehnungsverformung an Cu. — Es wird angenommen, daß die gefundenen Gleitlinien von einem Gleiten auf parallelen Ebenen in verschied. Richtungen herrühren. (J. Inst. Metals **84**. Bull. **3**. Nr. 8. 318. April 1956. Stoke Poges, Fulmer Res. Inst. u. Teddington, Middlesex, Nat. Phys. Labor., Metallurgy Div.) GERDA CLEVE. 6482

H. Monti, *Mikrographische Methoden zur Untersuchung von verschiedenen Metallen und Legierungen für Kernreaktoren.* Es werden Ätz- u. Polierverff. für *Pu, U, Th, Nb, Ta, V* u. die Legierungen *Al–Pu, U–Pu* u. *Th–Nb* angegeben u. an Hand von Schliffbildern die Ergebnisse aufgezeigt. — 4 farbige Abbildungen. (Métaux **33**. 481—92. Dez. 1958.) F. VIER. 6482

Roman Krzeszewski, *Beitrag zur Theorie der Aufkohlung im Kupolofen.* Untersucht wird der Aufkohlungsvorgang von *Fe*-Legierungen mit *Si*-Geh. sowie des Satzeisens im Kupolofen. Es zeigt sich, daß der Lösungsvorgang von *C* in Fe–Si-Legierungen durch die Diffusionsgeschwindigkeit des C geregelt wird u. daß sich die allg. Löslichkeitstheorie von NERNST auch auf den Vorgang der Löslichkeit von C im fl. Fe erstreckt. Mit Hilfe einer Gleichung läßt sich die C-Zunahme errechnen. — 32 Schrifttumsangaben. (Giesserei, techn.-wiss. Beih. **1958**. Nr. 21. 1089—96. Juli. Krakau.) H. HOCHSTEIN. 6492

Horace B. Drever, *Warmbehandlung im Vakuum.* Anlagen zum Glühen, Tempern u. Härten im Vakuum werden beschrieben u. an Beispielen — Härte von *Werkzeugstahl* u. *rostfreiem Stahl* u. Wärmebehandlung von *Cu* — die Zweckmäßigkeit des Verf. erläutert. (Metal Progr. **73**. Nr. 3. 108—09. März 1958. Bethayres, Pa., Drever Co.) F. VIER. 6492

O. Borchert, *Chemische Reaktionen in Salzbädern.* Am stabilsten sind Glüh- u. Härtesalze, während in Anlaßbädern u. Kohlungsbädern mit chem. Umsetzungen gerechnet werden muß. In Anlaßbädern entstehen aus den darin enthaltenen Alkalinitraten *Nitrit* u. *Oxyd* (z. B. Na_2O). Der therm. Zerfall der Alkalinitrate ist endothermer Natur u. wirkt somit einer Überhitzung entgegen. Bei den Kohlungsbädern ist eine chem. Rk. sogar erwünscht, um eine Aufkohlung des Werkstoffs erreichen zu können. Hierbei handelt es sich vorwiegend um Bäder mit einem hohen Geh. an *NaCN* (ca. 94%), die sich z. T. zu *Cyanat, Formiat* u. a. umwandeln. *Silicate* sind in allen Salzbädern außerordentlich störend. (Fertigungstechnik **6**. 553—59. Dez. 1956. Schönebeck/Elbe.) N. PETERS. 6492

J. McMullen, *Einige Erörterungen über die Wärmebehandlung von Stahlbändern.* Übersicht über Grundzüge, Ausführung u. Zubehör der Verff. zur Wärmebehandlung von Stahlbändern u. die Einfll. des Vorglühens, der Ofenatmosphäre, des Abschreckens u. der Ofenausrüstung. — Diskussion. (Sheet Metal Ind. **36**. 5—25. Jan. 1959. Electric Resistance Furnace Co. Ltd.) W. WESLY. 6492

G. Hahn, *Die Oberflächenvergrößerung von Aluminium durch Ätzung.* Erörtert werden die Verff. der Oberflächenvergrößerung von Al-Folien für Elektrolytkondensatoren. Da die mechan. Aufrauhung nicht den gestellten Anforderungen entspricht, wird die Rauhfolie durch chem. u. elektrochem. Ätzung hergestellt. Die techn. möglichen Oberflächenvergrößerungen liegen bei beiden Verff. zwischen 5 u. 9. Es wird darauf hingewiesen, daß aus dem Ätzverlust nicht auf den Ätzfaktor geschlossen werden kann. Ferner ist die Oberflächenvergrößerung von der physikal. Beschaffenheit der Folie abhängig. (Metalloberfläche **13**. 72—75. März 1959. Freiberg.) H. HOCHSTEIN. 6512

G. Noisette, *Abwässer der Beizerei und Galvanoplastik.* Die Verff. zur Neutralisation von Säuren, zur Gewinnung von $FeSO_4 \cdot 7\,H_2O$, der Red. von Cr^{6+} zu Cr^{3+} u. der Zers. von *CN* werden im einzelnen beschrieben. An zuverlässigen Durchschnittsproben sollten die besten Bedingungen für die Durchführung der Verff. ermittelt werden. (Eau **44**. 137—40. Juli 1957. Nancy, Inst. de Rech. Hydrol.) H. MÜHLMEISTER. 6512

D. J. Fishlock, *Elektrophoretisch aufgebrachte Überzüge.* Überblick, (Metal Ind. [London] **93**. 537—38. 26/12. 1958.) F. VIER. 6514

P. Godeaux, *Methoden zur Kontrolle von elektrolytischen Überzügen.* Überblick. — Diskussion. (Métaux **33**. 519—28. Dez. 1958. Herstal, Fabrique Nationale.) F. VIER. 6514

P. Csokán, *Hartverchromen von Leichtmetallzylindern* 1. Mitt. Überblick über die Technologie der Hartverchromung von Leichtmetallzylindern u. der hierbei erreichbaren Ergebnisse. (Metalloberfläche **13**. 81—83. März 1959. Budapest, Inst. für Metallforsch.) H. HOCHSTEIN. 6518

Jan Socha und **Tadeusz Żak**, *Untersuchung der Verbesserunsmöglichkeiten bei der elektrolytischen Verchromung.* 2. Mitt. (1. vgl. C. **1958**. 9904.) Bei Erhöhung der CrO_3-Konz. des selbstregelnden Elektrolyten von 250 auf 400 g/Liter unter Beibehaltung des

Verhältnisses $CrO_3 : H_2O_4 = 100 : 1$ können niedrigere Stromdichten u. Arbeitstempp. ohne Verschlechterung der Deckfähigkeit u. der Haftung der dünnen Schutz- u. dekorativen Cr-Schichten verwendet werden. (Prace Inst. Mechan. **7.** Nr. 22. 41—44. 1958.) F. URBAN. 6518

E. Raub und **A. Disam,** *Über das anodische Verhalten verschiedener Nickelsorten in galvanischen Nickelbädern.* Die höchste Polarisation bei der anod. Auflsg. zeigten 2, in der Zus. wenig verschied. Rein-Ni-Walzanoden. Eine feinkörnige Elektrolyt-Ni-Elektrode mit sehr geringen Verunreinigungen hatte bei der anod. Auflsg. die gleich niedrige Polarisation wie eine depolarisierte Anode mit einem Geh. von 0,40% *NiO.* Eine legierte Anode mit *C-* u. *Si-*Zusatz löste sich mit einer Polarisation zwischen der der Rein-Ni-Walzanoden u. der Elektrolyt-Ni-Anode. In einem reinen Chloridbad war die Polarisation bei sämtlichen Anodensorten am geringsten. Die höchste Polarisation wurde in einem Glanz-Ni-Bad üblicher Zus. beobachtet. Die depolarisierte Anode zeigte eine bes. starke Schlammbldg., was mit der eutekt. Anordnung der Kristallite in Zusammenhang gebracht wird. Die Elektrolyt-Ni-Anode hatte die geringste Schlammbildung. Bei der legierten Anode war kein Badschlamm bei einwandfreier Befilmung feststellbar. Bei den Rein-Ni-Walzanoden traten lochförmige Anfressungen auf, u. der Schlamm war grobkörnig u. metallisch. Die übrigen Anoden wurden gleichmäßig angegriffen, nur bei der legierten Anode trat bei unvollkommener Befilmung Lochfraß auf. (Metalloberfläche **12.** 161—67. Juni. 193—97. Juli 1958. Schwäbisch-Gmünd, Forsch.-Inst. für Edelmetalle.) F. VIER. 6520

W. Metzger, *Neuzeitliche Versilberung. Das Silvrexverfahren.* Beschrieben wird die Durchführung des *Silvrex-*Verf. hinsichtlich Grundzus. u. Ausrüstung der Silberbäder, der Zusatzmittel u. Glanzbildner, das im Vgl. zu den bekannten Ag-Bädern Vorteile aufweist, bes. hinsichtlich des großen Glanzstromdichtebereiches, in welchem spiegelglänzende Ndd. abgeschieden werden sowie hinsichtlich der einfachen Kontrolle, Wertung u. Konstanthaltung des Elektrolyten. (Metalloberfläche **13.** 91—93. März 1959. Solingen-Ohligs, Friedr. Blasberg G. m. b. H.) H. HOCHSTEIN. 6526

G. Hahn, *Oscillographisches Verfahren zur Überprüfung von Aluminiumoxyddeckschichten.* Unter Verwendung eines Elektronenoscillographen ist es möglich, ohne Zusatzspannung Fehler in der anod. hergestellten Oxydschicht festzustellen. Dabei werden die beim Einschalten der Vertikalverstärkung auf der Elektronenröhre sichtbaren Figuren durch einen Kurzschluß augenblicklich ausgeglichen. Dadurch kann die Geschlossenheit der nichtleitenden Oxydschicht festgestellt werden. Mit dem Verf. können auch bestimmte Eigg. der Oxydschicht, z. B. die Härte, festgestellt werden. (Metalloberfläche **12.** 170. Juni 1958. Freiberg.) F. VIER. 6530

K. Thalhofer, *Korrosionsschutz einmal anders gesehen.* Nach einem Überblick über die Erscheinungsformen der Korrosion, wird darauf hingewiesen, daß es für den Korrosionsschutz entscheidend ist, den Ionenaustausch zu verhindern. (Werkstoffe u. Korrosion **9.** 515—17. Aug./Sept. 1958. Essen, Ruhrgas Akt.-Ges.) F. VIER. 6538

U. F. Franck, *Korrosion und Passivität.* Berichtet wird über die Passivierung u. Korrosion als elektrochem. Vorgänge, über die Eigg. der Passivschichten u. über das Korrosionsverh. passivierbarer Nichteisenmetalle. — 63 Schrifttumsstellen. (Werkstoffe u. Korrosion **9.** 504—13. Aug./Sept. 1958. Darmstadt, TH.) F. VIER. 6538

Junpei Watanabe, *Über die Erosion von feuerfestem Material für Gießarbeit.* Hinsichtlich Korrosions- bzw. Erosionsbeständigkeit steht *Pyrophyllit* an der Spitze. Der Al_2O_3-Geh. ist dabei von geringerem Interesse: relativ geringe Gehh. an Al_2O_3 zeigen manche Pyrophyllite, die aber in der Hitze von überragenden physikal. Qualitäten sind. Es ist oft schwierig die chem., physikal. u. Hitzeeigg. für die Verwendung zu Feuerziegeln gegeneinander abzuwägen. Bes. wenig empfindlich für Erosion durch Schlacken ist *Graphit.* — 5 Diagramme. 4 Tabellen. (Tetsu to Hagane [J. Iron Steel Inst. Japan] **41.** 199—202. März 1955. Hitachi Werke. [Orig.: japan.]) L. SCHULER. 6538

Y. Aoyama, *Zur Korrosion der Metalle im Salzwasser.* Reines *Mg-*Pulver liefert in 3 Monaten bei Zimmertemp. in 0,1n KCl-Lsg. bas. Mg-Chlorid. Vf. hält dessen Bldg. für die Ursache der Korrosion in Salzwasser u. Meeresluft. (Naturwissenschaften **46.** 107. 1. Febr.-H. 1959. Tokyo, Railway Techn. Res. Inst.) G. BERGERHOFF. 6538

Otakar Sverepa, *Korrosion des Aluminiums und seiner Legierungen in Wässern verschiedener Zusammensetzung.* Die Korrosion von Al u. seinen Legierungen in halbhartem Zustand wurde bes. mit Rücksicht auf die auftretende Lochfraßkorrosion unter natürlichen Bedingungen in mäßig strömendem Flußwasser u. in zirkulierendem Kühlwasser untersucht. Nach den Ergebnissen sind die Kühlwässer von Zirkulationssystemen aggressiver als Flußwasser u. Zusatzwasser wegen der Sedimentation suspendierter Verunreinigungen u. einer höheren Konz. der Ionen Cl^-, Cu^{2+}, Ca^{2+} u. HCO_3^-. (Werkstoffe u. Korrosion **9**. 533—36. Aug./Sept. 1958. Prag, Staatl. Forsch.-Inst. für Materialschutz.) F. VIER. 6538

Milan Pražák, *Untersuchung der Neigung der im passiven Zustand verwendeten Chrom–Nickel-Stähle zur interkristallinen Korrosion mittels Potentiostates.* An Beispielen wird gezeigt, daß die Verwendung eines Potentiostates zur Beobachtung der interkristallinen Korrosion u. zum Nachw. von *δ-Ferrit* u. der *σ-Phase* in nichtrostenden Cr–Ni-Stählen vorteilhafter ist als die der klass. Methoden. (Werkstoffe u. Korrosion **9**. 517—19. Aug./Sept. 1958. Prag, Staatl. Forsch.-Inst. für Materialschutz.) F. VIER. 6538

G. H. Cartledge, *Chemische und elektrochemische Aspekte der Korrosion im Kernreaktor.* Überblick. — 44 Schrifttumsstellen. (Werkstoffe u. Korrosion **9**. 493—503. Aug./Sept. 1958. Oak Ridge, Tenn., Oak Ridge Nat. Labor.) F. VIER. 6538

Edith-Luise Schmeling und **Benno Röschenbleck,** *Über die Korrosion von Bleirohren.* Langzeitverss. zeigen, daß das Vorhandensein von *Sulfid* zu einer ungleichmäßigen Bedeckung der Pb-Oberfläche führt. Dabei haben PbS-Schichten ein edleres Potential als blanke Pb- oder $PbCO_3$-Schichten, was infolge des starken Potentialunterschiedes u. der guten Elektronenleitfähigkeit von PbS zu starken Korrosionsströmen u. im anod. Flächenteil zum Lochfraß führt. Bei ungleichmäßiger Belüftung u. ungleichmäßiger Carbonatbedeckung kann es ebenfalls zu Lochfraß kommen. In W. mit der Härte $> 7^0$ DH kommt es dagegen zu einer Pb-Kalkcarbonatschichtbldg., die sehr resistent ist. Pb als Werkstoff ist da abzulehnen, wo mit einem Auftreten von H_2S zu rechnen ist. (Werkstoffe u. Korrosion **9**. 529—32. Aug./Sept. 1958. Dortmund, Staatl. M.P.A. des Landes Nordrhein-Westfalen.) F. VIER. 6538

Heinrich Cordes, *Beitrag zur Verhütung der Lochfraßkorrosion in leichten Sauerstoffstahlflaschen.* Bei der systemat. Unters. von fast 5000 Flaschen zur Feststellung der Ursachen der Lochfraßkorrosion ergab sich, das trockene Flaschen ausnahmslos korrosionsfrei waren. Unterss. an Versuchsflaschen ließen erkennen, daß phosphatfreie Elektrolyte zu starken Korrosionsangriffen führten, phosphathaltige dagegen Schutzschichten bildeten. Bloße Entfernung von aufgetretenem Zunder genügt nicht, weitere Korrosion zu verhindern. Die Wirkstoffzus. hat ebenfalls keinen entscheidenden Einfluß. Die besten Ergebnisse wurden mit Schutzüberzügen aus Kunstharz erzielt, dabei muß auf eine sorgfältige Reinigung u. Phosphatierungsbehandlung Wert gelegt werden. (Bergakademie, Freiberger Forschungsh., Ausg. A **1958**. Nr. 89. 5—14. Nov. Lübeck.) F. VIER. 6538

Gerhard Wildbrett, *Über eine vollautomatisch arbeitende Apparatur zur Prüfung der Korrosionswirkung von Lösungen.* Es wird eine App. beschrieben, deren Steuerorgane nur einmal eingestellt zu werden brauchen, um die gewünschte Temp., Zeit des Eintauchens in die verschied. Fll. u. die Dauer des Trocknens für einen Prüfzeitraum festzulegen. Über Versuchsergebnisse wird berichtet. (Werkstoffe u. Korrosion **9**. 521—24. Aug./Sept. 1958. Weihenstephan, Süddeutsche Versuchs- u. Forschungsanstalt für Milchwirtschaft.) F. VIER. 6540

Karel Smrček, *Messung interkristalliner Korrosion mittels der „Methode der Resonanzfrequenz“.* Beschreibung eines App., der die durch interkristalline Korrosion hervorgerufene Änderung der Resonanzfrequenz zu messen gestattet. (Werkstoffe u. Korrosion **9**. 550—50. Aug./Sept. 1958. Prag, Staatl. Forschungs-Inst. für Materialschutz.) F. VIER. 6540

Martin S. Frant, *Salzsprühtest an Zinn-plattiertem Kupfer.* 2. Mitt. *Vergleich der Korrosionsgeschwindigkeiten in verschiedenen Versuchsorten.* (1. vgl. C. **1958**. 13094.) Zur Feststellung, unter welchen Bedingungen der Salzsprühtest reproduzierbar ist, wurden Salzsprühverss. unter den gleichen Bedingungen an den gleichen Proben aus verzinntem Cu an 15 verschied. Orten vorgenommen. Die Korrosionsgeschwindigkeit wurde chem. durch Porositätsbest. ermittelt. Dabei ergaben sich bei verschied. wie auch bei gleichen Versuchsschränken beachtliche Unterschiede. (Plating **45**. 734—38. Juli 1958.) F. VIER. 6540

Tadeusz Biestek, *Vergleichende Schnelluntersuchungen der Korrosionsbeständigkeit elektrolytischer Zink- und Cadmiumschichten auf Stahl.* (Vgl. C. **1958**. 10198.) Die schnellste u. selektivste Prüfung der Korrosionsbeständigkeit anod. Zn- u. Cd-Schichten auf Stahl ist die Unters. in NH_4Cl-Lsgg. u. in heißem W., wobei die Zahl der Tage bis zum Auftreten der ersten Korrosionserscheinungen das sicherste Kriterium bildet. Die Beständigkeit der Schichten wächst linear mit der Dicke. Schichtdicken $< 7\ \mu$ sind sehr porös u. deshalb weit anfälliger gegen korrodierende Medien. Eine Umrechnung der Korrosionswerte aus verschied. Schnellmethoden ist nicht möglich. (Prace Inst. Mechan. **7**. Nr. 22. 20—40. 1958.) F. URBAN. 6540

Metallgesellschaft Akt.-Ges., Frankfurt/M. (Erfinder: **Kurt Meyer, Oswald Jenne**, Frankfurt/M. **Hans Rausch**, Oberursel, Taunus, **Karl-Heinz Boß**, Bad Homburg v. d. Höhe), *Verarbeitung von Flotationskies* durch Abröstung von Pellets u. Sinterung des Abbrandes, dad. gek., daß Pellets mit einer Korngröße von 0,5—5 mm, die unter Zusatz einer möglichst alkalifreien akt. Erde, bes. *Bentonit*, hergestellt sind, abgeröstet werden. Der gröbere Teil der Pellets wird vor der Sinterung ausgesiebt u. direckt der metallurg. Weiterverarbeitung zugeführt. Vor der Sinterung können die Pellets zwecks Entfernung gegebenenfalls vorhandener NE-Metalle gelaugt werden. (**D. A. S. 1 036 290** Kl. 18e vom 16/7. 1955, veröff. 14/8. 1958.) M. NECKERMANN. 6377

Metallgesellschaft Akt.-Ges. (Erfinder: **Rudolf Michels**), Frankfurt/M., *Aufschluß von Lithiumerzen mit Alkalisulfat.* Die Erz–Alkalisulfat-Mischung wird vor der Glühbehandlung pelletisiert. Zweckmäßig findet verd. H_2SO_4 als Bindemittel Verwendung. Um Pellets mit hoher mechan. Festigkeit zu erhalten, ist es vorteilhaft, wenn die Pelletisierung oberhalb 40° vorgenommen wird. Die aus dem Glühofen kommenden Pellets werden der Sickerlaugung mit heißem W. unterworfen. (**D. A. S. 1 037 147** Kl. 40a vom 3/12. 1953, veröff. 21/8. 1958.) M. NECKERMANN. 6377

Thomas W. Plante, Mount Lebanon Township, Allegheny County, Pa., V. St. A., *Sinterbehandlung.* Heißer Sinter einer Erzsintermaschine wird zwecks Kühlung mit einer Anzahl von Kühlwasserelementen in Berührung gebracht u. gleichzeitig Kühlluft durch die Sinterschicht hindurchgesaugt. Während dieses Kühlvorganges wird der Sinter gerüttelt, um die Gasdurchlässigkeit der Schicht zu erhöhen. Die Rüttelbewegung enthält eine vertikale Komponente. — Abbildungen. (**A. P. 2 832 584** vom 8/3. 1955, ausg. 29/4. 1958.) M. NECKERMANN. 6379

National Research Corp., Middlesex County, übert. von: **Gordon R. Findlay,** Bedford, Mass., V. St. A., *Herstellung von Metallen,* wie *Ti, Zr, Hf, V, Nb, Ta, Cr, Mo, W, Fe, Co, Ni* u. deren Legierungen. Durch Red. ihrer *Halogenide* mittels *Li, Na, K, Mg* u. *Ca.* Halogenid u. Reduktionsmetalle werden in fl. Zustand gemischt u. unter Bldg. einer Flamme bei einer Temp. zur Rk. gebracht, die über dem E. des herzustellenden Metalls u. über dem Kp. des Reduktionsmetallhalogenids liegt. Die Flamme wird gegen den Spiegel des red. Metalles gerichtet, um dessen Oberfläche über dem Kp. des Reduktionsmetallhalogenides zu erhitzen u. um die red. Metallteilchen in dem Metallsumpf zu sammeln. Die Halogeniddämpfe werden in bes. an den gekühlten Wandflächen des Reaktionsgefäßes kondensiert u. getrennt vom Metall aus dem Gefäß entfernt. — Abbildungen, Fließbild. (**A. P. 2 828 199** vom 13/12. 1950, ausg. 25/3. 1958.) M. NECKERMANN. 6381

Friedrich Nielsen, Mühlacker, Württemberg, *Einführung von leichtschmelzenden, oxydablen Stoffen in eine Schmelze.* In einen Gießtrichter wird der einzubringende Stoff durch seitliche Öffnungen im festen Zustande eingeführt. Das fl. Metall schm. den Stoff u. führt ihn mit in ein Auffanggefäß. Der Gießtrichter ist so dimensioniert u. konstruiert, daß eine saugende Wrkg. in der Zone der Zuführung des leichtschmelzenden Stoffes entsteht. (**E. P. 786 229** vom 26/8. 1955, ausg. 13/11. 1957. D. Prior. 31/8. 1954.) C. GÖTZE. 6381

Jay Joseph Miller, Bedford, Pa., V. St. A., *Flußmittel,* bestehend aus $KMnO_4$ u. *Asbest* im Verhältnis 5:3 u. einer geringen nicht 1% des Flußmittels übersteigenden Menge eines Reaktionsprod. aus 1 Teil *Campher,* 8 Teilen *K-Bitartrat,* 2 Teilen *Weidenholzkohle* u. 2 Teilen $ZnCl_2$. Das Reaktionsprod. wird bei hoher Temp. u. bei einem Druck von 1500—2000 lb./sq. in. hergestellt. Das Flußmittel eignet sich z. B. zur Gewinnung von *Cu, Mn* u. *Fe* aus ihren Erzen oder von Fe aus SM-Ofenschlacke. (**A. P. 2 823 112** vom 8/4. 1955, ausg. 11/2. 1958.) M. NECKERMANN. 6381

Soc. Métallurgique d'Imphy, Paris, übert. von: **Léonce M. Reygagne,** Decazeville, Frankreich, *Direkte Erzeugung von Roheisen* mit 4—5,5 (%) *C,* 0,1—1 *Si* u. bis höchstens 0,04 *S* in einem Schachtofen (Hochofen oder Niederschachtofen) ist dad. gek., daß eine aus *Eisenerz, Schrott, Koks* u. *Kalkstein* sowie einem Al_2O_3-haltigen Flußmittel, wie *Laterit,* Al_2O_3*-Erz* u. *Bauxit,* bestehende Möllerung eingeschmolzen wird, die so zusammengestellt ist, daß sie eine stark bas. reduzierende u. Al_2O_3-haltige Schlacke ergibt, deren Hauptbestandteile SiO_2, Al_2O_3 u. *CaO* mit den für Schachtöfenschlacken bei der Herst. von Roheisen üblichen Gehh. sind. Hierbei ist der Geh. an Al_2O_3-haltigem Flußmittel zur Erzielung einer Schlacke berechnet, welche nach der Erstarrung $(CaO)_5(Al_2O_3)_3$ enthält. Der Ofen wird mit einer Herdtemp. von 1210—1500° betrieben. (**A. P. 2 832 682** vom 18/6. 1953, ausg. 29/4. 1958.) H. HOCHSTEIN. 6401

Régie Nationale des Usines Renault, Frankreich, *Herstellung von Gußeisen mit hohen Festigkeitseigenschaften* aus S-reichem *weiß* erstarrtem Gußeisen ist dad. gek., daß das weiße Gußeisen nach einer Erhitzung auf 850° von 30 Min. Dauer in Öl abgeschreckt, dann 1—4 Std. lang zwischen 300 u. 700° angelassen, an ruhiger Luft abgekühlt u. 4 bis

10 Std. bei der Temp. zwischen 880 u. 950° mit nachfolgender Abkühlung an ruhiger Luft geglüht wird. Das so behandelte Gußeisen ist vollständig graphitisiert u. besitzt in seiner lamellar-perlit. Grundmasse eine feine Kugelgraphitausbildung. (**F. P. 67 394** vom 5/1. 1955, ausg. 6/3. 1958. **Zusatz zu F. P. 1 083 753; C. 1957. 1291.**)
H. HOCHSTEIN. 6405

Régie Nationale des Usines Renault, Frankreich, *Wärmebehandlung zur Erzielung eines Gußeisens mit hoher Zähigkeit* nach dem Hauptpatent F. P. 1 050 927 ist dad. gek., daß die Dauer für die Graphitkeimbildungsbehandlung nach der voraufgegangenen martensit. Abschreckung auf eine Zeit von einigen Min. bis zu 3 Std. bei kleinen Gußstücken (unter 10 mm) u. bei Ggw. von 0,4—2 (%) *Ni*, bis 1,3 *Mn* u. von die Graphitkeimbldg. fördernden Elementen, wie 0,1 *Al* beschränkt wird. (**F. P. 68 005** vom 1/8. 1955, ausg. 27/3. 1958. **Zusatz zu F. P. 1 050 927; C. 1955. 3725.**) H. HOCHSTEIN. 6405

Commonwealth Engineering Co. of Ohio, Dayton, Ohio, übert. von: **Folsom E. Drummond,** Washington, V. St. A., *Herstellung von Legierungen* ist dad. gek., daß in die geschmolzene Metallmasse der gewünschten Zus. wenigstens ein Legierungsbestandteil in Form des entsprechenden Metallcarbonyls zugesetzt wird. Bes. wird auf diesem Wege *nichtrostender Stahl* mit 12—22% *Cr* u. 10—21 *Ni* hergestellt, indem Cr u. Ni in die Stahlschmelze als gasförmiges $Cr(CO)_6$ u. gasförmiges $Ni(Co)_4$ eingeführt werden. — Abbildungen. (**A. P. 2 826 494** vom 27/12. 1955, ausg. 11/3. 1958.)
H. HOCHSTEIN. 6411

Franziska Tutzky, Wien, Österreich, *Lagermetall* besteht aus 75—77 (%) *Pb*, 14—15 *Sb*, ca. 7 *Sn*, 0,7—1 *Co*, 0,7—1 *As*, 0,01—0,05 *B* u. gegebenenfalls 0,1 *Hg*. Zwecks Herst. des Lagermetalls wird der Grundlegierung eine aus Pb, 2—4%ig. Bor-Kobalt, Sn u. Sb bestehende Vergütungslegierung zugesetzt. Der Werkstoff hat sich als vollwertiger Ersatz für hochprozentige Sn-Lagermetalle bewährt. (**Oe. P. 189 402** vom 10/2. 1955, ausg. 25/3. 1957.) C. GÖTZE. 6431

Manganese Bronze & Brass Co. Ltd., London, England (Erfinder: **Geoffrey Thomas Callis),** *Aluminiumbronze* besteht aus 8—10,5 (%) *Al*, 0—3 *Ni*, 0,5—8 *Mn*, 4,5—10 *Fe*, Rest *Cu*, wobei der Fe-Geh. das 3fache des Ni-Geh. beträgt, falls Ni zugegen ist. Die Legierung ist korrosionsfest, bes. gegen Seewasser u. wird für maritime Zwecke verwendet. (**E. P. 762 235** vom 11/6. 1954, ausg. 28/11. 1956.) C. GÖTZE. 6433

Manganese Bronze & Brass Co. Ltd. (Erfinder: **Geoffrey Thomas Callis),** England, *Gegen Seewasser beständige Gegenstände* bestehen aus 55—57 (%) *Cu*, 0—1,5 *Sn*, 0,1—4 *Mn*, 0,1—6 *Al*, mehr als 4—10 *Fe*, Rest *Zn* mit Verunreinigungen. (**E. P. 761 105** vom 11/6. 1954, ausg. 7/11. 1956.) C. GÖTZE. 6433

Rolls-Royce Ltd., Derby, England (Erfinder: **Harold Ernest Gresham, Marcus Alan Wheeler** und **Jack Raymond Bird),** *Nickel-Chrom-Legierungen* bestehen aus 0,2—0,85 (%) *C*, 5—15 *Co*, 18—25 *Cr*, 8,5—12 *Mo*, Rest *Ni* mit Verunreinigungen nicht mehr als 2. Die Legierungen lassen sich gut vergießen, sie sind schmiedbar, kriech- u. stoßfest bei 825—1225° u. eignen sich für Turbinenschaufeln u. dergleichen. (**E. P. 770 909** vom 18/6. 1954, ausg. 27/3. 1957.) C. GÖTZE. 6435

Bell Telephone Laboratories, Inc., New York, N. Y., übert. von: **Otis L. Boothby,** Brooklyn, und **Daniel H. Wenny jr.,** West Orange, V. St. A., *Herstellung von MnBi aus einer geschmolzenen Masse*, die Mn u. Bi in gleichen Anteilen enthält, ist dad. gek., daß die Schmelze mit einer mittleren Abkühlgeschwindigkeit von ungefähr 50°/min von 1000 bis auf ca. 250° abgekühlt u. dabei zum Erstarren gebracht u. darauf bei einer Temp. zwischen ca. 260 u. 350° mindestens 24 Std. lang geglüht wird. Bei dieser Wärmebehandlung soll die erstarrte M. zweckmäßig einem Magnetfeld von mindestens 2000 Oersted zur Orientierung der MnBi-Teilchen ausgesetzt werden. — Abbildungen. (**A. P. 2 804 415** vom 20/9. 1956, ausg. 27/8. 1957.) H. HOCHSTEIN. 6437

Magnesium Elektron Ltd., Clifton Junction, England (Erfinder: **Derek James Whitehead** und **James Henry Thomas Petch),** *Magnesiumlegierungen* bestehen aus 0,2—0,7 *Zr*, 0,1—0,3 *Mn*, 0,5—5 *Zn*, 1—6 *Th*, Rest *Mg*. Außerdem können sie noch bis 4 Seltene Erden, bis 0,1 *Be*, bis 0,2 *Ca*, bis 3 *Hg*, bis 1 *Pb*, bis 1 *Tl* u. bis 1 *Li*, bis 1 *In*, bis 0,1 *Te* enthalten. Die Legierungen sind kriech- u. korrosionsfest. (**E. P. 759 411** vom 26/4. 1954, ausg. 17/10. 1956.) C. GÖTZE. 6445

Erich Gäbler, Lyss, Schweiz, *Vergütbare Aluminiumlegierungen* bestehen aus 0,9—1,7 (%) *Cu*, 6,3—6,7 *Si*, 0,2—0,4 *Mg*, 0,2—0,7 *Mn*, 0,4—1,8 *Fe*, Rest *Al*. Die Legierungen sind verschleißfest, gut bearbeitbar u. eignen sich bes. für schwierig zu vergießende Gußteile. (**Schwz. P. 312 660** vom 11/8. 1955, ausg. 29/3. 1956.) C. GÖTZE. 6447

Aluminum Co. of America, übert. von: **Edward V. Blackman,** Pittsburgh, Pa., V. St. A., *Aluminiumspritzgußlegierung* besteht aus 6—11 (%) *Si*, 0,1—0,6 *Cr*, 0,01 bis 0,10 *Be*, bis 0,2 *Cu*, 2 *Fe*, 0,1 *Mn*, 0,1 *Ni*, 0,1 *Zn*, 0,1 *Sn*, Rest *Al* u. besitzt im Gußzustand mindestens eine Zugfestigkeit von 41000 lbs./sq. in. u. eine Dehnung von mindestens 5,0 %. (**A. P. 2 823 995** vom 28/9. 1955, ausg. 18/2. 1958.) H. HOCHSTEIN. 6447

E. I. du Pont de Nemours & Co., übert. von: **Thor N. Rhodin jr.,** Wilmington, Del., V. St. A., *Aluminiumhaltige Nioblegierung* mit außergewöhnlicher Festigkeit u. Oxydationsbeständigkeit bei außerordentlich hohen Betriebstempp. besteht aus wenigstens 55 (%) *Nb*, 1—20 *Al* u. 1—25 *Fe*. Außerdem kann die Legierung noch bis zu 35 eines der Elemente *Co, Ni, W* u. *Zr*, bis 5 eines der Elemente *Be, Mn, Mo, Si, Th* u. *V* sowie bis 2 wenigstens eines der Elemente *B, C, Ca* u. *Ce* enthalten. (**A. P. 2 838 395** vom 14/11. 1956, ausg. 10/6. 1958.) H. HOCHSTEIN. 6449

Union Carbide Corp., New York, übert. von: **Harry J. Brown,** Lewistown, N. Y., V. St. A., *Herstellung eines langgestreckten Gegenstandes aus einer im wesentlichen aus Cr und Al_2O_3 bestehenden metallkeramischen Masse*, in der Cr den Hauptanteil ausmacht, unter möglichster Verringerung der Rißbldg. während der Erhärtung ist dad. gek., daß der langgestreckte Gegenstand aus der noch grünen metallkeram. M. gebildet, auf 500—1000° in einer oxydierenden Atmosphäre zur Erhöhung der Festigkeit erhitzt u. abschließend in einer nicht verunreinigten Atmosphäre, z. B. im Vakuum oder in H_2, vollständig gesintert wird. (**A. P. 2 837 428** vom 28/4. 1954, ausg. 3/6. 1958.) H. HOCHSTEIN. 6475

United States Atomic Energy Commission, übert. von: **Henry H. Hausner,** New York, N. Y., V. St. A., *Heißpreßverfahren* zur Herst. eines Gegenstandes mit einem Länge/Weite-Verhältnis über 2 zu 1 u. einer gleichmäßigen Dichte über die Länge ist dad. gek., daß *metall. Pulver* in einer Preßform auf ein über die Länge der Pulverschüttung hin sich erstreckendes Temperaturgefälle erhitzt u. darauf bis zur Sinterung gepreßt wird. Zweckmäßig wird das Verf. bei *U* angewendet. Am Boden der Preßform wird hierbei vorzugsweise eine Temp. des Pulvers von 640° u. in 20 Zoll Entfernung eine solche von 400° bei Drucken von 20 t/sq. in. eingestellt. — Abbildungen. (**A. P. 2 835 573** vom 4/6. 1957, ausg. 20/5. 1958.) H. HOCHSTEIN. 6475

Soc. des Soudures Castolin Soc. An. (Erfinder: **René D. Wassermann**), Lausanne, Schweiz, *Legierungen zum Löten und Schweißen* bestehen aus 10—50 (%) *Cu*, —218 *Ni*, 0,05—1 eines Desoxydationsmittels wie *Si* oder *P*, Rest *Zn*. Die Legierungen können außerdem noch 0,1—1 *Sn*, 0,1—15 *Cd*, 0,1—15 *Mn* enthalten u. der Geh. an Zn soll niedriger als derjenige an Cu sein. Der Werkstoff ist bes. zugfest. (**Schwz. P. 317 776** vom 20/1. 1955, ausg. 15/1. 1957.) C. GÖTZE. 6505

Pierre Marie Joseph Descubes, Frankreich, *Lösungsmittel für Zunder und Oxyde auf Metalloberflächen.* Die Werkstücke werden je nach der Art der zu lösenden Oxyde 6 Min. bis mehrere Std. mit einer wss. Lsg. behandelt, die je 1 Liter Fl. 35—580 g *HCl*, die mit 3,5—250 g $Na_4P_2O_7$ neutralisiert wurde, einen Katalysator zur Erhöhung des Potentials zwischen Bad u. Metall, gleiche Teile NH_4HF u. H_2SiF_6 u. 1% Inhibitor enthält. Eine andere Lsg. besteht aus 10—45 (Teilen) HNO_3 u./oder 2,5—25 H_3PO_4 (55° Bé); 8—25 *Citronen-* oder *Weinsäure*; 10—35 NH_4Cl oder Na_2SiF_6, $(NH_4)_2SO_4$ als Katalysator, *Ni* oder *Li* u. 1% eines Inhibitors. (**F. P. 1 157 005** vom 27/7. 1956, ausg. 23/5. 1958.) G. FRIKELL. 6513

Air Reduction Co., Inc., übert. von: **George V. Slottman,** New York, N. Y., V. St. A., *Verfahren zum Oberflächenbehandeln von Eisen.* Die mit hoher Geschwindigkeit aus der Produktion kommenden Gegenstände aus Fe werden während ihres Vorrückens schnell oberflächlich erhitzt u. mittels eines darauf gerichteten O_2-Stromes gesäubert. — Abbildungen. (**A. P. 2 817 611** vom 19/3. 1954, ausg. 24/12. 1957.) G. FRIKELL. 6513

E. I. du Pont de Nemours & Co., Wilmington, Del., übert. von: **Walter Alan Hall,** Springfield, Pa., V. St. A., *Reinigungsmittel für Autokühler*, das bei allen prakt. vorkommenden Tempp. beständig bleibt, innerhalb 30 Min. wirkt u. auch während 24 Std. das Metall nicht angreift. Die Lsg. von 13,20 (Gewichtsteilen) *KOH* (85%ig.); 6,85 H_3PO_4 (85%); 2,15 CrO_3; 17,75 *Wasserglas* mit 12,0% K_2O u. 26,5% SiO_2 u. 3,80 des *Na*-Salzes des Reaktionsprod. von *Naphthalinsulfonsäure* u. *HCHO* in 56,25 W. wird zur Anwendung auf das 20—60fache verdünnt. (**A. P. 2 824 069** vom 5/10. 1955, ausg. 18/2. 1958.) G. FRIKELL. 6513

Centre National de la Recherche Scientifique, Frankreich (Erfinder: **Albert Calaora**), *Elektrolytische Reinigung von Metalloberflächen.* Sehr fest haftende Schmutz- u. Rostschichten werden mechan. gelöst durch Einw. elektr. Ströme hoher Stromdichte mit schnell wechselnder Frequenz. Der Cyclus kann variiert werden durch Umkehrung der Stromrichtung. Gleichzeitig können die Elektroden oder das Werkstück der Einwrkg. von Schall- oder Ultraschallwellen ausgesetzt werden. Als Elektrolyt-Fl. dient bes. *Meerwasser* mit Zusätzen von H_3PO_4, Na_3PO_4, *NaOH*, NH_4OH u. anderen Chemikalien. (**F. P. 1 116 795** vom 16/11. 1954, ausg. 11/5. 1956.) G. FRIKELL. 6515

Pechiney, Comp. de Produits Chimiques et Électrométallurgiques, Frankreich, *Behandlung von Metalloberflächen,* wie *Al* u. Legierungen vor dem chem. oder elektrochem. Aufbringen eines Überzuges, wie *Ni,* durch anod. Oxydation in dem gleichen der Elektrolyse dienenden Bade. Z. B. wird das Al-Werkstück entfettet, kathod. vorbehandelt, gespült u. dann als Anode 30 Sek. bei 14 V u. einer Stromdichte von 1,7 A/dm² in eine Lsg. getaucht, die je 1 Liter 23 g $NiSO_4$, 24 g Na_3PO_2, 27 g *Milchsäure,* 20 g *bernsteinsaures Na* enthält u. einen p_H-Wert von 4,7 aufweist. Anschließend wird im gleichen Bad vernickelt. (**F. P. 1 157 194** vom 8/8. 1956, ausg. 27/5. 1958.) G. FRIKELL. 6515

Raymond Antoine Bottier, Frankreich, *Verfahren und Vorrichtung zum elektrolytischen Polieren* von Metallen. Das Werkstück wird als Anode so in ein Bad gehängt, daß die zu polierende Fläche waagerecht die Oberfläche berührt. Die Elektrolytlsg. wird im Kreislauf mittels einer aus einem Trog u. einem Rohrsyst. bestehenden Vorr. an der Fläche vorbeigeführt. (**F. P. 1 157 209** vom 9/8. 1956, ausg. 28/5. 1958.) G. FRIKELL. 6515

Metram (Métallurgie et Traitement des Métaux), Frankreich, *Elektrolytisches Härten von Eisen mit Bor.* Das sehr schnell u. wirksam arbeitende Verf. erfolgt in einem Schmelzbad mit der Zus. M_2O, xB_2O_3. Das Mol.-Verhältnis $B_2O_3:M_2O = X$ ist dabei > 2 u. < 12, bes. 2,5. M bedeutet ein Metall, wie *Na*, *K* u. *Mg.* Beispiel: Zus. des aus $Na_4B_2O_7$ u. $B(OH)_3$ bestehenden Bades ist $Na_2O \cdot 5\ B_2O_3$. In einem auf 850° erhitzten 30 kg Bad wird eine Stromstärke von 50 A angewendet. (**F. P. 1 139 067** vom 23/12. 1955, ausg. 25/6. 1957.) G. FRIKELL. 6515

Elechem Corp., Jersey City, N. J., übert. von: **Christian J. Wernlund,** Niagara Falls, N. Y., V. St. A., *Galvanisch abgeschiedene, glänzende Kupferüberzüge* erzielt man aus einem Bad folgender Zus.: 5—20 (oz./gal.) *CuCN*, ca. 0,01—0,2 (g/Liter) Sb^{III} u. einem der Metalle 0,056—2,32 *Zn*, 0,76—7,6 *As*, 0,003—0,32 *Co*, 0,088—0,4 *Fe* oder 0,007 bis 7,0 *Cd*. (**A. P. 2 859 159** vom 9/10. 1956, ausg. 4/11. 1958.) H. HÄNLE. 6517

Soc. François Père & Fils, Frankreich, *Verzieren von Knöpfen* aus irgendeinem Werkstoff durch Aufspritzen von schmelzfl. Metall. (**F. P. 1 117 904** vom 17/1. 1955, ausg. 29/5. 1956.) F. VIER. 6517

Metal & Thermit Corp., New York, übert. von: **Jesse E. Stareck,** Royal Oak, und **Edgar I. Seyb jr.,** Oak Park, Mich., V. St. A., *Galvanische Verchromung von Hartstahl.* Das dabei bisher unvermeidliche Nachlassen der Dauerfestigkeit (DF) derartiger Stähle wird bei Einhaltung folgender Bedingungen vermindert: Die Zus. der Elektrolyt-Fl. liegt zwischen 400—800 (g/Liter) CrO_3, 0,5—6,0 SO_4^{2-} u. 0,1—16,0 SiF_6^{2-}. Beim Ansteigen des Geh. an CrO_3 von 400—600 steigt die Summe der anderen beiden Komponenten linear von 2,7 auf 4,4 als untere bzw. von 9,0 auf 17,0 als obere Grenze. Wenn bei 120—170° F Badtemp. u. mit einem Stromdurchgang von 1—6 A/in² gearbeitet wird, ist der Cr-Überzug über 2 mils dick. Nach anschließendem Erhitzen auf 200—800° F während 2 bis 4 Std. beträgt die DF > 60% des ungalvanisierten Stahls. Nach dem zweiten unten genannten Patent wird ein Stahl mit DF von 70000—110000 lbs./sq. in. bei dem gleichen Stromdurchgang in einem 130—150° F heißen Bad, das 150—250 (g/Liter) CrO_3, 0,8—2,5 SO_4^{2-} u. 1,2—5,0 SiF_6^{2-} enthält, behandelt. Die Summe der beiden als Katalysator wirkenden Komponenten steigt linear von 2,3 auf 3,8, bzw. von 3,7 auf 6,5. Die Dicke der abgeschiedenen Cr ist dabei 5—15 mils, die DF 85% des Originalstahls. Das Verf. eines dritten Patents sieht einen Stromdurchgang von 0,25—5 Amp/in², eine Temp. von 90—110° F, einen Geh. von 100—400 (g/Liter) CrO_3 u. einen Zusatz von lösl. Sulfat im Verhältnis von 100:1 bis 40:1, bezogen auf CrO_3, vor. Die DF fällt hierbei auf 60%. (**A. PP. 2 800 437, 2 800 438** u. **2 800 443** vom 4/7. 1955, ausg. 23/7. 1957.) G. FRIKELL. 6519

Hanson-Van Winkle-Munning Co., übert. von: **Donald Gardner Foulke,** Watchung, und **Otto Kardos,** Red Bank, N. J., V. St. A., *Galvanisches Vernickeln.* Die gleichmäßige Abscheidung von Ni, auch an ungünstig geformten Gegenständen, aus wss. sauren Bädern wird erreicht durch Zusatz von 0,005—0,5 g *Thio-Apfelsäure* je 1 Liter Flüssigkeit. Beispiel: Die Zus. eines Bades war je 1 Liter Fl. 412,5 g $NiSO_4$; 75 g $NiCl_2$; 41,3 g $B(OH)_3$; 15 g *Na-Naphthalin-1.3.6-trisulfonat*; 0,2 g *2-Butyl-1.4-diol*; 0,02 g *Na-Laurylsulfat.* Zusatz von 0,03 g Thioapfelsäure bewirkte trotz der störenden Verunreinigung von 1 g/Liter $ZnSO_4$ bei Badtemp. von 60° glänzende, duktile Abscheidung. (**A. P. 2 818 376** vom 28/12. 1956, ausg. 31/12. 1957.) G. FRIKELL. 6521

Birle & Co., übert. von: **Fritz Volk,** Pforzheim, *Galvanische Abscheidung von Gold und Goldlegierungen.* Zur Verhinderung des Schaumigwerdens von Au-Abscheidungen aus alkal. Bädern werden Bad-Fll. verwendet, die aus wss. Lsgg. eines $[KAu(CN)_2]$-Komplexes bestehen u. deren p_H-Wert mittels einer Puffersubstanz, wie prim. *Alkali-*, *Erdalkali* oder *NH_4-Phosphat* zwischen 6,5—7,5 gehalten wird. Z. B. werden 4 g Au als

$KAu(CN)_2$, 15 g *NaH_2PO_4*, 20 g *Na_2HPO_4* u. 0,5 g *Ni* als *$Ni(CN)_4K_2$* in 1 Liter W. gelöst. 2 V; 0,5 A/dm². (**A. P. 2 812 299** vom 23/5. 1955, ausg. 5/11. 1957.) G. FRIKELL. 6526

Soc. Continentale Parker, Frankreich, *Festhaftende Überzüge auf Eisen und Stahl* zur Erleichterung des Kaltverformens. Die Werkstücke werden in Lsgg. von *NH_4-Salzen* der *Schwefligen Säuren, Thioschwefel-* u. *Polythionsäuren* getaucht. Diese Bäder sind sehr leicht zu handhaben, da sie nicht sauer sind u. nicht geheizt werden müssen. Z. B. wirken bereits 3,5 (Gewichtsteile) *NH_4SO_3* in 96,5 W. in der Kälte kurzfristig. Bei 40—50° wird die Wrkg. unter Bldg. sehr fest haftender feinkrist. Ndd. verbessert. (**F. P. 1 160 220** vom 9/11. 1956, ausg. 9/7. 1958.) G. FRIKELL. 6529

E. I. du Pont de Nemours & Co., übert. von: **Boynton Graham** und **Gordon D. Patterson,** Wilmington, Del., V. St. A., *Überzugsmassen auf der Grundlage von Bariumtitanat-Hydrosolen.* Diese enthalten 0,01—5 Gew.-% *$BaTiO_3$* als filmbildenden Bestandteil in W. verteilt u. als Peptisierungsmittel eine Säure (z. B. *HCl* u. *Trichloressigsäure*; Zusatzmenge :>10 u. <150 Mol.-%, bezogen auf Titanat). Die M. dienen zum Überziehen von Metallen (z. B. *Al*). Die Überzüge werden bei erhöhter Temp. getrocknet bzw. eingebrannt. (**A. P 2 841 503** vom 19/12. 1955, ausg. 1/7. 1958.) P. KRUG. 6529

Sanford Process Co., Inc., übert. von: **Robert Ernst,** Los Angeles, Calif., V. St. A., *Anodisches Oxydieren von Aluminium und seinen Legierungen.* Ein übliches Säurebad enthält für diesen Zweck nach A. P. 2 855 350 0,02—0,1 Mol/Liter *$NH_2CH_2CH_2OSO_2$-OH*; nach A. P. 2 855 351 eine Verb. der allg. Formel $R_1R_2{>}N{-}CH_2CH_2SO_2OH$ in der R_1 u. R_2 = *H*, eine *Alkyl-* oder *Cycloalkylgruppe* mit weniger als 8 C-Atomen bedeuten; nach A. P. 2 855 352 eine Verb. der allg. Formel $R_1R_2{>}N{-}SO_2OH$ in der R_1 u. R_2 = H, eine Alkyl- oder Cycloalkylgruppe mit weniger als 8 C-Atomen bedeuten. (**A. PP. 2 855 350, 2 855 351** u. **2 855 352** vom 20/9. 1954, ausg. 7/10. 1958.) H. HÄNLE. 6530

Oakite Products, Inc., New York, N. Y., übert. von: **Edward Heinzelman jr.,** Palisades Park, und **Stanley C. Williamson,** Belford, N. J., V. St. A., *Phosphatüberzüge auf Metallen,* wie *Fe, Al, Zn* als Korrosionschutz u. Farbgrund. Die konz. Lsg. von der 2—8 Unzen/Gallon W. angewendet wird, besteht aus 15—60 (%) *W.*, 10—40 *Zn* oder *Mn*, soviel *H_3PO_4*, daß nach der Rk. mit den Metallen ein Überschuß von 15% freier Säure bleibt (Verhältnis freie Säure: Gesamtsäure 1:7) 12—30 eines Oxydationsmittels, wie *Chlorat, Nitrat, Nitrit, Peroxyd* u. als Beschleuniger 0,15—2 *Zr* in bas. Form, wie *$Zr(OH)_4$, $Zr(NH_4)_3F_6$, $(NH_4)_3ZrOH(CO_3)_3 \cdot 2\,H_2O$*. Beispiel: 53 *$ZnNO_3$*, 38 *$H_3PO_4$* (75%ig)., 6,5 *Zn*, 2,5 *$Zr(OH)_4$*. (**A. P. 2 820 731** vom 21/3. 1955, ausg. 21/1. 1958.) G. FRIKELL. 6533

Gerhard Phenn, Berlin-Stahnsdorf, *Kaltphosphatieren von Metallen,* bes. *Fe* u. *Stahl*, mit einer Lsg., in der das Gewichtsverhältnis *Zn*: P_2O_5 = 1:(0,7—1,2) u. *Cl*: NO_3 = 1:(6—8) ist. Einstellung des p_H mittels *Triäthanolamin-* oder *Pyridinphosphat* auf 2,2 bis 2,5. Die Lsg. enthält z. B. 17 (g) Zn, 14 P_2O_5, 5 *ClO_3*, 40 NO_3 u. 0,8 *Triäthanolaminphosphat.* (**D. P. [DDR] 16 390** Kl. 48d] vom 23/6. 1956, ausg. 7/2. 1959 [Wirtschaftspatent].) O. KAYSER. 6533

Arthur D. Little, Inc., Cambridge, übert. von: **Charles G. Harford,** Quincy, Mass., V. St. A., *Korrosionsschutzmittel für Metalle,* wie *Al, Mg, Cu* u. Bimetallsysteme, wie *Al–Mg* oder *Stahl–Al gegen Seewasser-*Atmosphäre u. -Spritzer. Hierzu dienen *Ester* nach der Formel R_2CrO_4, R'_3VO_4, $R'_3V_3O_9$, R'_2MoO_4 u. R'_2WO_4. Darin bedeutet R u. R' Alkyl-, Aryl-, Aralkyl- u. heterocycl. Reste der Alkohole ROH, bzw. R'OH. Z. B. werden 3,5 (Gewichtsteile) *Cedylchromat* u. 90 eines *Vinylchlorid–Vinylacetat Copolymerharzes*, einzeln in einem üblichen Lösungsm. (*Keton* oder *Ester*) gelöst u. gemischt. Die Mittel zusammen mit Farben, Fetten oder Wachsen auf die Metalloberflächen gebracht, sind den bekannten Mitteln weit überlegen. (**A. P. 2 816 051** vom 7/5. 1954, ausg. 10/12. 1957.) G. FRIKELL. 6539

Charles Ernest Birchenall, Physical metallurgy. New York, London; McGraw-Hill. 1959. (XV + 323 S. m. Abb., Tab. u. Diagr.) 66 s.

IX. Organische Industrie.

Fritz Glaser und **Heinz Rüland,** *Untersuchungen über Dampfdruckkurven und kritische Daten einiger technisch wichtiger organischer Substanzen.* Nach Aufnahme von sieben Eichkurven wurden 36 neue Dampfdruckkurven von Substanzen aufgenommen, deren Dampfdruckdaten zumindest im Bereich zwischen Kp. u. krit. Temp. nicht der Literatur entnommen werden konnten. Die experimentell bestimmten Werte wurden nach der

VAN DER WAALSschen Dampfdruckgleichung graph. dargestellt. Für die meisten Substanzen konnte aus diesen graph. Darstellungen der krit. Punkt experimentell bestimmt werden. Wo dies nicht möglich war, wurde er über die mol. Verdampfungswärme u. mit Hilfe des Theorems der übereinstimmenden Zustände berechnet. Soweit die Substanzen die RIEDELsche Dampfdruckformel erfüllten, wurde der spezif. krit. Parameter a_R berechnet. Schließlich wurden die Dampfdruckformel von VAN DER WAALS u. RIEDEL miteinander verglichen. (Chemie-Ing. — Techn. **29.** 772—75. Dez. 1957. Aachen, TH, Inst. für Chem. Technol.) G. Ruban. 6550

W. Fuchs, K. H. Andres, J. Plenz und **O. Veiser,** *Thermodynamik technischer Methanreaktionen (am Beispiel der Bildung von Acetonitril aus Methan und Chlorcyan).* Nach einer thermodynam. Behandlung der Umsetzungsmöglichkeiten zwischen Methan mit verschied. Elementen, einigen anorgan. sowie organ. Verbb. wird die Umsetzung zwischen Methan u. Chlorcyan zu Acetonitril eingehend behandelt. Dabei wird der Einfl. der Temp., der Strömungsgeschwindigkeit sowie des Mischungsverhältnisses auf die Ausbeute untersucht. (Chemie-Ing.-Techn. **29.** 768—71. Dez. 1957. Aachen, TH, Inst. für Chem. Technol.) G. RUBAN. H 510

A. A. Swischtschuk und **B. G. Ssawinow,** *Gewinnung von Phytol aus Pflanzenchlorophyll.* Es wird eine neue Meth. zur Gewinnung von *Phytol* aus Pflanzenchlorophyll vorgeschlagen, die darin besteht, daß man aus den lufttrockenen Blättern der Brennnessel die lipoiden Bestandteile mit trockenem Aceton extrahiert, diese Bestandteile mit Alkali verseift u. den nichtverseifbaren Anteil zur Entfernung von äther. Ölen u. Kondensationsprodd. des Acetons mit Wasserdampf destilliert. Bei der Molekulardest. bei 10^{-3} mμ geht Phytol bei 80—120° über. Man erhält dabei Phytol in reiner Form in quantitativer Ausbeute, bezogen auf den Geh. der Blätter an Chlorophyll. (Украинский Химический Журнал [Ukrain. chem. J.] **22.** 518—22. 1956. Inst. für org. Chem. der Akad. der Wiss. der UkrSSR.) G. FROELICH. H 560

Léonide Andrussow, *Die Gewinnung von Acetylen aus Kohlenwasserstoffen und das Ediger-Verfahren.* Vf. gibt eine Beschreibung des EDIGER-Verf. zur Darst. von *Acetylen* (I) aus fl. KW-stoffen (vgl. C. **1955.** 9667) durch kurze Entladungen zwischen einem Syst. von Elektroden unter Verwendung von Dreiphasenstrom (100 bzw. 6000 V; cos φ 0,99) bei 100—120°; dabei werden aus Erdöl 24% *C* (als Ruß) u. 76% *Gase* mit einem I-Geh. von 29—30% erhalten. Das restliche Gas besteht aus ca. 10% *Äthylen* u. H_2. Die Grundlagen des Verf., die techn. Apparaturen u. die Herst. der Elektroden werden besprochen. (Chim. et Ind. **79.** 432—38. April 1958.) F. HELLER. H 530

K. R. Dutton und **W. B. Reinisch,** *Die Fettsäurealkylamide.* (Olii minerali, Grassi Saponi, Colori Vernici **35.** 188—91. Mai 1958. — C. **1958.** 8756.) G. PLATZER. H 810

Thomas Hedley & Co. Ltd., Newcastle, England, *Inaktivierung von Umesterungskatalysatoren* (I) wie Alkalihydroxyden, -alkylaten oder -legierungen erfolgt durch Zusatz von W. u. einer Verb., die mit den I gepufferte wss. Lsgg. vom p_H nicht wesentlich $< 9,5$ u. nicht $> 10,5$ bildet, zum Umesterungsgemisch, bes. CO_2, $NaHCO_3$, H_3PO_4, NaH_2PO_4. Man erhält durch Erwärmen des Reaktionsgemisches, z. B. auf 120—150° F., eine wss. u. eine Öl- bzw. Fettschicht, die man voneinander trennt. (**E. P. 802 129** vom 11/7. 1956, ausg. 1/10. 1958. A. Prior. 11/7. 1955.) O. MÜLLER-MEININGEN. 6573

Esso Research and Engineering Co., Elizabeth, N. J., V. St. A., *Dehydrierung, besonders von gasförmigen Kohlenwasserstoffen und niedrigsiedenden Paraffinen, Isoparaffinen* oder *Olefinen* zu *Olefinen* u./oder *Diolefinen.* Man leitet den auf 100—1150° F erhitzten KW-stoff zusammen mit einem auf 1150—1450° F erhitzten Katalysator im Vakuum bei 100—400 mm Hg als Fließbett durch den Reaktionsraum mit einer Geschwindigkeit von 10—100 Fuß/Sek. u. einer Verweilzeit von 0,1—1 Sek., wobei die D. des Katalysators z. B. 0,5—10 lbs./Kubikfuß beträgt. Es können dehydriert werden: n-Butan u. n-Butylene ein- oder zweistufig zu *Butadien*; Isobutan → *Isobutylen*; Äthylbenzol → *Styrol*; Isopentan → *Trimethyläthylen* → *Isopren*; Naphthene unter Isomerisierung zu *Aromaten.* — Vorr., Zeichnung. (**E. P. 779 380** vom 16/3. 1955, ausg. 17/7. 1957. A. Prior. 16/4. 1954.) G. KRAUSS. 6599

Universal Oil Products Co., Des Plaines, Ill., V. St. A., *Abtrennung normaler Paraffine von Kohlenwasserstoffgemischen,* z. B. aus verzweigtkettigen u. cycl. KW-stoffen mit einem festen selektiven Adsorbens in einer Adsorptionszone unter solchem Druck, daß die Mischung fl. bleibt. Man zieht ein Prod. mit vermindertem Geh. an n. Paraffinen aus der Adsorptionszone ab u. desorbiert die adsorbierten n. Paraffine durch Behandlung des beladenen Adsorbens mit einem Desorbens, das aus n. Paraffin von mindestens 4C-Atomen im Mol. besteht u. ein niedrigeres Mol.-Gew. als das adsorbierte Paraffin hat.

Man desorbiert unter einem Druck, daß auch das Desorbens fl. bleibt. — Zeichnung. (**E. P. 803 184** vom 28/2. 1957, ausg. 22/10. 1958. A. Prior. 1/3. 1956.) P. UNGER. H 510

E. I. du Pont de Nemours & Co., Wilmington, Del., übert. von: **Edward E. Hamel**, Niagara Falls, N. Y., V. St. A., *1.4-Dichlorbutan* erhält man durch Erhitzen von 4.4'-Dichlordibutyläther auf mindestens 80° in Ggw. von mindestens 0,2 Gew.-% $FeCl_3$, $ZnCl_2$, Sb-, Bi-Chlorid oder $AlCl_3$, unter gleichzeitiger Entfernung des gebildeten Tetrahydrofurans. (**A. P. 2 852 532** vom 30/7. 1956, ausg. 16/9. 1958.) J. MÜHLEISEN. H 510

Chemische Werke Hüls Akt.-Ges. (Erfinder: **Joachim Tiesler**), Marl, *Reinigung von Perchloräthylen* (**I**) erfolgt durch dessen Erhitzen mit wasserfreien Alkali- oder Erdalkalimetalloxyden oder -carbonaten ($NaHCO_3$, Na_2CO_3, K_2CO_3, $CaCO_3$, CaO) unter gleichzeitigem Einleiten von NH_3; anschließend wird die Mischung filtriert u. das Filtrat gegebenenfalls dest., das nach Zusatz von 0,01—1% Cyclohexylamin oder Morpholin oder 0,001—0,1% eines Phenols nicht mehr korrodierend wirkt u. beständig ist. (**D. A. S. 1 026 303** Kl. 12o vom 20/5. 1955, veröff. 20/3. 1958.) G. KRAUSS. H 510

Gulf Oil Corp., Pittsburgh, Pa. (Erfinder: **Aaron K. Redcay**, New Quincy, Mass.), V. St. A., *Verfahren zur Abtrennung von Äthylen* (**I**) aus einem gasförmigen Gemisch, das leichtere u. schwerere Bestandteile als **I** enthält u. noch wärmeempfindliche Bestandteile enthalten kann. Das gasförmige Gemisch wird durch Druck bei einer Temp. teilweise verfl., bei der noch keine Rk. der wärmeempfindlichen Bestandteile erfolgt, gegebenenfalls unter Einspritzen von W. oder der teilweise verfl. Bestandteile. Die Fl. wird durch Dest. in eine Bodenfraktion, die die wärmeempfindlichen u. schwerer als Äthan sd. Bestandteile enthält u. in eine Kopffraktion zerlegt, in der die C_2-KW-stoffe u. leichter sd. Bestandteile enthalten sind. Durch Behandlung der Kopffraktion mit einem Absorptionsöl (C_4 bis C_6-KW-stofffraktionen) werden Methan u. die leichteren Bestandteile abgetrennt u. die im Öl gelösten C_2-KW-stoffe durch Dest. wieder ausgetrieben u. in bekannter Weise in **I** u. Äthan zerlegt. — Es kann z. B. eine **I**-haltige Spaltgasmischung aus N_2, H_2, CO, H_2S, Methan, Äthan, Acetylen, Propylen, Propan, Butenen, Butan, Pentenen, Pentanen, Butadien, Pentadien u. Cyclopentadien auf **I** aufgearbeitet werden. — Vorr., Zeichnung. (**D. A. S. 1 044 798** Kl. 12o vom 24/7. 1956, veröff. 27/11. 1958. **E. P. 792 761** vom 18/7. 1956, ausg. 2/4. 1958.) G. KRAUSS. H 520

Allied Chemical & Dye Corp., New York, N. Y., übert. von: **Charles B. Miller**, Morris Plains, **John H. Pearson**, Glen Rock, und **Lee B. Smith**, Woodbridge, N. J., V. St. A., *Trifluoräthylen*, $CHF = CF_2$, Kp. −62°, erhält man durch selektive Hydrierung von Chlortrifluoräthylen, $CClF = CF_2$, Kp. −27°, mit 0,4—0,75 Mol H_2 je Mol Chlortrifluoräthylen bei 90—150° in Ggw. von 0,5—7% Pd enthaltender Aktivkohle; Ausbeute 97,4%, neben wenig CH_2FCHF_2. — Zwischenprodukt. (**A. P. 2 802 887** vom 8/8. 1955, ausg. 13/8. 1957.) G. KRAUSS. H 520

Farbenfabriken Bayer Akt.-Ges. (Erfinder: **Peter Kurtz**, Leverkusen, und **Hans Disselnkötter**, Köln), *Allylsubstituierte 1.2-* bzw. *1.3-Dihalogen-2-propene* erhält man durch Behandeln von Propargylalkoholen, die in 3-Stellung einen gegebenenfalls alkylsubstituierten Allylrest enthalten, mit Halogenwasserstoff in An- oder Abwesenheit von Lösungsmitteln. — Aus 5-Hexen-2-in-1-ol unter Einleiten von HCl in Ggw. von $HgCl_2$ bei 60—80° → *1.3-Dichlor-2.5-hexadien*, Kp. 59°; $D.^{20}_4$ 1,1156; n_D^{20} 1,4898; Ausbeute 69,4%. — 5-Hepten-2-in-1-ol → *1.3-Dichlor-2.5-heptadien*, $Kp._{11}$ 74°; $D.^{20}_4$ 1,0853; n_D^{20} 1,4912; Ausbeute 72%. — HBr → *1.3-Dibrom-2.5-hexadien*, $Kp._{10}$ 83,5—85,5°; n_D^{20} 1,5485. — 5-Hexen-2-in-1-ol + HCl bei 60—80° nach 17 Std. → *1.3-* bzw. *1.2-Dichlor-2.5-hexadien*, $Kp._{10}$ 55°; n_D^{20} 1,4896. — 4-Methyl-5-hexen-2-in-1-ol → *4-Methyl-1.3-* bzw. *-1.2-dichlor-2.5-hexadien*, $Kp._{10}$ 60—65°; n_D^{20} 1,4848. — *Zwischenprodukte*. (**D. A. S. 1 026 304** Kl. 12o vom 25/6. 1956, veröff. 20/3. 1958.) G. KRAUSS. H 520

Hydrocarbon Research, Inc., New York, übert. von: **James A. Finneran**, Westbury, N. Y., und **Herman N. Woebcke**, Emerson, N. J., V. St. A., *Gewinnung von reinem Acetylen* (**I**) aus dieses in geringen Konzz. enthaltenden Gasmischungen, die durch Hochtemperaturzers. von KW-stoffen, bes. durch unvollständige Verbrennung von Naturgas mit O_2 bei 2500—3000° F gewonnen wurden, erfolgt in einem dreistufigen Verfahren. In der 1. Stufe wird die Gasmischung durch eine geringe Menge eines hochmol. Paraffinöls bei 30—100° F u. n. Druck bis 150 lbs./sq.in. geleitet, wodurch Teer, aromat. KW-stoffe Phenyl-**I** u. Tri-**I** u. nur geringe Mengen Vinyl-**I** u. Di-**I** entfernt werden. In der 2. Stufe wird bei dem gleichen Druck u. der gleichen Temp. in einer größeren Menge dieses Paraffinöls das Vinyl-**I** u. Di-**I** absorbiert, u. in der 3. Stufe wird aus dem Restgas das **I** mit einem selektiv wirkenden Lösungsm. (Trisdimethylamidophosphat, Dimethylformamid, Butyrolacton) herausgelöst, aus dem das **I** in über 98%ig. Reinheit gewonnen werden kann. — Vorr., Zeichnung. (**A. P. 2 741 332** vom 29/2. 1952, ausg. 10/4. 1956.) G. KRAUSS. H 530

Knapsack-Griesheim Akt.-Ges. (Erfinder: **Kurt Sennewald, Wilhelm Vogt, Franz Pohl, Lambert Mayer, Karl-Heinz Steil,** Knapsack, **Willi Meininger,** Efferen, und **Hermann Glaser,** Hermülheim), *Gewinnung von reinem Monovinylacetylen* (**I**) aus feuchten, Acetylen, **I**, Divinylacetylen, Chloropren u. Acetaldehyd enthaltenden Gasmischungen. Das gekühlte u. entsäuerte Gasgemisch wird bei wenigstens 1—1,5 at mit einer Mischung aus Aceton, bis zu 20, bes. 10—15 (%) Acetaldehyd, 2—10, bes. 4—7 W. u. 1—10, bes. 2—5 Divinylacetylen extrahiert, wobei die einzelnen Reaktionsprodd. u. W. aus dem Gasgemisch durch das Lösungsm. nacheinander in zwei Extraktionskolonnen so ausgewaschen werden, daß in der 1. Kolonne die höher als Monovinylacetylen sd. Stoffe, wie Divinylacetalen, Chloropren, höhermol. Acetylenpolymere, Ketone, Aldehyde u. W. u. in der 2. Kolonne Monovinylacetylen entfernt werden, wobei die Temp. in den Kolonnen so eingestellt wird, daß die mitgelösten tiefersd. Bestandteile nach unten zu im Lösungsm. verarmen, dann in einer Säule durch Auskochen aus dem Lösungsm. vollständig entfernt u. der Gasmischung wieder zugeführt werden. Das **I** kann bes. aus dem bei der Acrylsäurenitrilherst. im Kreislauf geführten Acetylen gewonnen werden — Vorr., Zeichnung. (**D. A. S. 1 041 492** Kl. 12o vom 5/7. 1955, veröff. 23/10. 1958.) G. KRAUSS. H 530

Soc. Belge de l'Azote et des Produits Chimiques du Marly Soc. An., Lüttich, Belgien, *Herstellung von höheren ungesättigten aliphatischen Alkoholen* durch Hydrieren von höhermol. ungesätt. aliphat. Fettsäuren oder deren Estern in Ggw. von Katalysatoren in der Wärme unter erhöhtem Druck, dad. gek., daß bei 300—330° u. 200—400 at sowie bei Raumgeschwindigkeiten von 0,5—2 Liter Ausgangsstoff je Std. u. je Liter Katalysator gearbeitet u. ein aus Cr_2O_3, ZnO u. Al_2O_3 bestehender Katalysator verwendet wird, dessen Geh. an Al_2O_3 wenigstens 3% des Gewichtes des ZnO entspricht u. der vorher gegebenenfalls mit H_2 bei hoher Temp. u. unter Druck aktiviert u. auf einem Träger (Faserasbest, Kieselgur, SiO_2-Gel oder Aktivkohle) fein verteilt worden ist. Ein so hergestellter Katalysator enthält z. B. 12,2 (%) Cr, 14,4 Zn u. 0,52 Al u. schont weitgehend die in den Ausgangsstoffen vorhandenen Doppelbindungen. (**D. A. S. 1 054 084** Kl. 12o vom 17/7. 1956, veröff. 2/4. 1959. Belg. Prior. 2/8. 1955.) W. GRÄGER. H 550

Gulf Research & Development Co., Pittsburgh, Pa., übert. von: **Bernard H. Gwynn,** Fawn Township, und **Arthur C. Whitaker,** Fox Chapel, Pa., V. St. A., *Reinigen von Alkoholen,* bes. der Oxoalkohole, die metall. Verunreinigungen enthalten, erfolgt durch Zugabe einer organ. S-Verb., wie Alkylsulfide, Mercaptane, Thiophenole, Thioharnstoffe u. Benzthiazole, vor der Destillation. Vorteilhafte Verbb. sind: Thioharnstoff, Hexadecyl-, Dodecylmercaptan, 2-Mercaptobenzthiazol. (**A. P. 2 813 912** vom 29/4. 1954, ausg. 19/11. 1957.) G. KÖNIG. H 550

Mallinckrodt Chemical Works, übert. von: **Edward Mallinckrodt jr.,** St. Louis, und **Archie E. Ruehle,** Kirkwood, Mo., V. St. A., *Diäthyläther* wird durch Zusatz von Cu-, Na- u. Sn-Dimethyl- oder Diäthylcarbamaten gegen Oxydation geschützt. (**A. P. 2 818 438** vom 28/4. 1954, ausg. 31/12. 1957.) G. KÖNIG. H 560

Chemische Werke Hüls Akt.-Ges., Marl (Erfinder: **Wilhelm Dietrich, Herbert Bergmann,** Marl, und **Horst Höfermann,** Recklinghausen), *Herstellung von Äthylenoxyd* durch Oxydation von Äthylen mit O_2 enthaltenden Gasen an fest angeordneten Katalysatoren aus einem inerten Träger u. einem Überzug aus aktiviertem Ag bei einem Überdruck bis 25 at u. bei Tempp. zwischen ca. 200 u. 300°, dad. gek., daß man den Ag-Überzug auf dem inerten Träger durch Aufziehen u. anschließendes Reduzieren eines Silberoxyds erzeugt, das ca. 0,5—3 Mol-% Schwermetallverbb., bezogen auf Ag, enthält. Unter Schwermetallen werden alle Metalle verstanden, deren D. oberhalb 5,0 liegt. (**D. A. S. 1 048 898** Kl. 12o vom 8/5. 1957, veröff. 22/1. 1959.) G. KÖNIG. H 560

Universal Oil Products Co., Des Plaines, übert. von: **Carl B. Linn,** Riverside, Ill., V. St. A., *Di-(alkylaryl)-desoxyhexite* (**I**), erhält man bei der Kondensation eines Aralkyl-KW-stoffes, wie Nonyl-, Dodecyl-, Pentadecylbenzol, mit Kohlenhydraten, wie Glucose, Saccharose, Cellulose, in Ggw. von 85—100%ig. HF bei ca. —20 bis —100°. An Stelle von HF kann man auch modifizierte FRIEDEL-CRAFTS-Katalysatoren anwenden. In **I** sollen die Alkylreste 9—24 C enthalten u. die Aralkylgruppe aus C u. H bestehen. Man kann auch in Ggw. inerter Verdünnungsmittel arbeiten. — Dodecylbenzol, Kp. 290°, wird mit Cellulose vermischt u. bei —40° wird HF unter Druck eingeleitet. Man leitet N_2 durch die Druckbombe, um überschüssigen HF zu entfernen, u. erhält eine Verb. $C_{42}H_{70}O_5$ als Extrakt in Pentan. Die Verbb. verbessern die Viscosität von Schmierölen u. sind Zwischenprodd. für die Herst. von Netzmitteln u. Reinigungsmitteln. (**A. P. 2 798 099** vom 16/7. 1954, ausg. 2/7. 1957.) G. KÖNIG. H 580

Standard Oil Co., Chicago, übert. von: **Robert A. Dinerstein,** Park Forest, Ill., V. St. A., *Abtrennen von geradkettigen aliphatischen Mercaptanen, Sulfiden oder Disulfiden* mit wenigstens 6 C-Atomen je Mol aus ihren Mischungen mit verzweigtkettigen oder cycl. Mercaptanen, Sulfiden oder Disulfiden mit weniger als 6 C-Atomen u. heterocycl. S-Verbb. erfolgt durch Behandeln der Mischung mit gepulvertem Harnstoff, der durch etwas W., Methanol, A., Propanol oder Aceton aktiviert sein kann, bei 10—65° u. Zers. der entstandenen Einschlußverb. bei 120—150°. — Einschlußverbb. mit Harnstoff bilden z. B. n-Dodecylmercaptan, F. ca. 132°, n-Octyldisulfid, n-Octylthioäther, F. 132°, n-Propyldisulfid, F. 132°, n-Butyldisulfid. (**A. P. 2 804 451** vom 7/6. 1952, ausg. 27/8. 1957.) G. KRAUSS. H 600

Badische Anilin- & Soda-Fabrik Akt.-Ges., Ludwigshafen/Rh. (Erfinder: **Horst Pommer**, Ludwigshafen/Rh., **Georg Wittig** und **Ulrich Schöllkopf**, Heidelberg), *Herstellung von Aldehyden und Ketonen* erfolgt dad., daß man auf die aus den entsprechenden Halogeniden oder Alkoholen u. tert. Phosphinen bzw. deren Hydrohalogeniden erhältlichen quaternären Phosphoniumhalogenide halogenwasserstoffbindende Mittel einwirken läßt, die entstandenen Phosphorylide mit aromat. Nitrosoverbb. umsetzt u. die entstandenen SCHIFFschen Basen sauer hydrolysiert. — Aus 48 (Teilen) Geraniol u. 102 Triphenylphosphinhydrobromid in 150 absol. Tetrahydrofuran nach 14 Std. bei n. Temp. → 70 Geranyltriphenylphosphoniumbromid, F. 170—172°, daraus mit 27—30%ig. methanol. Na-Methylat in 100 Dimethylformamid bei 10° unter Luftausschluß → tiefrotes Geranylidentriphenylphosphin, daraus unter Eiskühlung mit 15 Nitrosobenzol, nach 30 Min. Zugabe von 200 10%ig. H_3PO_4 u. Einleiten von Wasserdampf, Ausschütteln des Wasserdampfdestillats mit PAe. → *Citral*, Kp.$_{13}$ 104—105°; *Semicarbazon*, F. 170—171°. — Triphenylphosphin + Benzylchlorid → Benzyltriphenylphosphoniumchlorid + Na-Äthylat → Benzylidentriphenylphosphin, + Nitrosobenzol → *Benzaldehyd*, Kp.$_{81}$ 101—102°. — β-Cyclogeraniol + Triphenylphosphinhydrobromid → β-Cyclogeranyltriphenylphosphoniumbromid, + Phenyl-Li → *β-Cyclocitral*. Weitere Ausgangsstoffe sind: Heptanol, Methylheptanol, Hydrozimtalkohol, Cyclohexanol, Crotylalkohol, Sorbinalkohol, Methylheptenol, Propargylalkohol; 1-Hexin-6-ol; 4-Hexen-2-in-6-ol; 2.4-Hexadiin-6-ol, Zimtalkohol, Cinnamylidenäthanol, α-Cyclogeraniol, α- oder β-Jonol, α- oder β-C_{15}- oder -C_{18}-Alkohol, Vitamin-A-Alkohol, Chlor- oder Bromessigsäureester, γ-Brom-β-methylcrotonsäureester, γ-Hydroxy-β-methylcrotonsäureester, ω-Brom-β-methylsorbinsäureester, 8-Hydroxy-3.7-dimethylocta-1.3.5-triensäureester (?), Chloracetonitril, Chloracetamid, 4-Methoxybutanol, 4-Acetoxybutanol, 1.4-Dibrombutan, 1.4-Dichlorbuten, 1.4-Dihydroxypentin, 2.7-Dimethyl-1.8-dihydroxyocta-2.4.6-trien; 2.7-Dimethyl-1.12-dihydroxydodecapenta-2.4.6.8.10-en; 2.6.11.15-Tetramethyl-1.16-dihydroxyoctadecahepta-2.4.6.8.10.12.14-en. (**D. A. S. 1 048 568** Kl. 12o vom 9/5. 1957, veröff. 15/1. 1959.) G. KRAUSS. H 660

Farbwerke Hoechst Akt.-Ges., vormals Meister Lucius & Brüning (Erfinder: **Otto Horn**), Frankfurt/M., *Butyraldehyd* erhält man durch katalyt. Hydrierung von Crotonaldehyd im Gaszustand mit besserer Ausbeute, z. B. 84,3% bzw. 86,5%, indem man dem bei der Hydrierung verwendeten Ni-Oxydkatalysator bei dessen Herst. noch $CuSO_4$ zusetzt. (**D. A. S. 1 022 208** Kl. 12o vom 29/1. 1954, veröff. 9/1. 1958. **Zusatz zu D. B. P. 950 908; C. 1957. 5703.**) G. KRAUSS. H 670

Esso Research and Engineering Co., übert. von: **Royal K. Altreuter**, Fair Hacen, und **William F. Segelken**, Roselle, N. J., V. St. A., *Ketone* erhält man durch Dehydrieren von sek. Alkoholen in Ggw. von Oxyden von Zn, Mg, Cu, Be, Cr, zweckmäßig unter Zusatz von Aktivierungs- u. Stabilisierungsmitteln, wie den Oxyden von Bi, Sb, Zr, Th, Ce, V, die auf Koks als Träger aufgebracht sind, der höchstens 0,75% SiO_2 u. einen Gesamtaschegeh. von höchstens 1—1,5% enthält. — Sek. Butanol → *Methyläthylketon* (vgl. Tabelle). Der Katalysator kann auch zur *Dehydrierung* von prim. Alkoholen zu den entsprechenden *Aldehyden* oder von gesätt. KW-stoffen zu *Olefinen* oder von diesen zu *Diolefinen* verwendet werden. (**A. P. 2794053** vom 22/12. 1954, ausg. 28/5. 1957.) G. KRAUSS. H 710

Distillers Co. Ltd., Edinburgh (Erfinder: **Alexander Dalgleish**, Bexley, Kent, und **Richard Norman Lacey**, Salt End, Hedon, Hull, Yorkshire), England, *Herstellung von Äthylidenaceton* erfolgt durch Kondensation von Aceton mit Acetaldehyd in Ggw. von wss. Alkalihydroxyd u. Abspalten von W. aus dem entstandenen Hydracetylaceton in Ggw. von Säuren (H_2SO_4, H_3PO_4), dad. gek., daß die Kondensation bei 40—60, bes. 50—55° durchgeführt wird u. der Alkaligeh. der Reaktionsmischung 0,005—0,05%, bezogen auf die Menge Aceton + W., u. das Mol.-Verhältnis von Aceton zu Acetaldehyd 5:1 bis 10:1 u. das Volumenverhältnis von Aceton zu W. ca. 2:1 beträgt. Der Acetaldehyd wird zweckmäßig unter die Oberfläche des wss. Acetons eingeleitet. Höchste genannte Ausbeute 79,7%. (**D. A. S. 1 025 867** Kl. 12o vom 20/8. 1954, veröff. 13/3. 1958. **A. P. 2 792 421** vom 16/8. 1954, ausg. 14/5. 1957. Beide E. Prior. 21/8. 1953.) G. KRAUSS. H 710

Distillers Co. Ltd., Edinburgh (Erfinder: **Alec Elce, Ian Kenneth Miles Robson** und **Donald Peter Young**, Great Burgh, Epsom), England, *Herstellung von essigsäurereichen Gemischen niedermolekularer Fettsäuren* durch Paraffinoxydation mit O_2 oder O_2-haltigen Gasen in fl. Phase, dad. gek., daß man das Oxydationsgemisch zur Abtrennung eines in Ggw. von W. unterhalb von 99° sd. Vorlaufs dest. u. diesen Vorlauf dann, gegebenenfalls in Ggw. des als Ausgangsprod. verwendeten KW-stoffs, einer erneuten Oxydation unterwirft. — Vorr., Zeichnung. (**D. A. S. 1 053 489** Kl. 12o vom 13/10. 1953, veröff. 26/3. 1959. E. Prior. 15/10. 1952. **Zusatz zu D. A. S. 1 014 978; C. 1958. 7312.**)
O. Müller-Meiningen. H 810

Martin Köthnig und **Harry Klemt**, Bad Dürrenberg, *Herstellung von substituierten Formamiden* durch Rk. von Aminen u. CO bei erhöhten Tempp., erhöhtem Druck u. ohne Katalysator in Ggw. von W. (mindestens 1 Mol pro Mol Amin). Bei in W. nur wenig lösl. oder unlösl. Aminen wird ein Lösungsvermittler (niedere Alkohole, Dioxan) zugesetzt. — Rk. von 1320 (g) 41%ig. wss. Dimethylaminlsg. mit CO bei 150° u. 200 at bis zur Beendigung der Druckabnahme liefert 710 *Dimethylformamid*, Kp. 153—155°. — Analog 390 *Isohexylformamid*, $Kp._8$ 140°, aus 400 Isohexylamin, 600 W. u. 200 CH_3OH bei 200 at CO u. 150°. — 530 *Formylpiperidin*, $Kp._{4,5}$ 88°, aus 480 Piperidin u. 720 W. bei 180 at CO u. 170°. (**D. P. [DDR] 14 899** Kl. 12o vom 2/2. 1955, ausg. 26/6. 1958 [Wirtschaftspatent].)
H.-J. Nitzschke. H 810

American Cyanamid Co., übert. von: **Mary L. Miller**, New York, N. Y., V. St. A., *Stabilisierung von Acrylsäureamiden* der allg. Formel $CH_2{=}C(R){-}CON(R'){-}R''$ ($R = H, CH_3, C_2H_5$; R' u. $R'' = H, CH_3, CH_2OH$ u. C_2H_4OH) beim Lagern oder Destillieren zur *Verhinderung* der *Polymerisation* erfolgt durch Zusatz von 0,001—2, bes. 0,01 bis 0,5% Na-, K- oder NH_4NO_2. Das Nitrit kann vor der Polymerisation durch Behandeln mit Kationen- u. Anionenaustauschern wieder entfernt werden. — 55%ig. wss. *Methylolacrylsäureamid* zeigt nach dem Zusatz von 0,1% $NaNO_2$ bei 50° nach 9 Monaten noch keine Polymerenbldg., während ohne diesen Zusatz nach 4 Monaten beim Stehen im Dunkeln bereits Verdickung erfolgt. Ferner können stabilisiert werden: *Acrylsäure-, Methacrylsäureamid, Methylolmethacrylamid* u. *N.N'-Dimethylacrylsäureamid*. (**A. P. 2 758 135** vom 23/5. 1952, ausg. 7/8. 1956)
G. Krauss. H 810

Deutsche Gold- & Silberscheideanstalt vormals Roessler (Erfinder: **Heinrich Brendlein,** Hohe Tanne, **Hans Huemer,** Königstein, **Theodor Lüssling,** Hanau, und **Hermann Schutz**), Frankfurt/M., *Herstellung von Gemischen gesättigter ω-Halogenfettsäurenitrile* durch Rk. von Olefin-KW-stoffen (I) mit Halogencyan (II) bei erhöhter Temp. u. unter Druck in Ggw. radikalbildender Katalysatoren, dad. gek., daß man den Wassergeh. der Ausgangsstoffe vor der Rk. möglichst unter 0,1, bes. unter 0,02% u. ihren Geh. an freiem Halogenwasserstoff (**III**) möglichst unter 0,1% herabsetzt. Zu diesem Zweck leitet man z. B. **I**-Dampf vor dem Einleiten in den Reaktionsraum über festes, bes. gekörntes Mg-Perchlorat oder vorgetrocknetes SiO_2-Gel oder bei 13—100°, bes. ca. 14°, über **III**-bindende Mittel, wie Gemische aus Erdalkalioxyden u. -hydroxyden, bes. CaO oder $Ca(OH)_2$, während man die **I** z. B. durch Ausfrieren von W. befreit. Die mit dem **II** in Berührung kommenden Teile der verwendeten Vorr. werden bes. aus Ag, Au, Ta, Ti, hochlegiertem Stahl oder Polytetrafluoräthylen hergestellt oder mit diesen ausgekleidet. (**D. A. S. 1 046 013** Kl. 12o vom 10/9. 1957, veröff. 11/12. 1958.)
O. Müller-Meiningen. H 810

Friedhelm Korte und **Hans Barkemeyer**, Bad Godesberg, *Herstellung von ^{14}C-markiertem $^{14}C_{(3)}$-Cyanessigsäuremethylester*, dad. gek., daß man das K-Salz der $^{14}C_{(3)}$-Cyanessigsäure mit Dimethylsulfat umsetzt. (**D. A. S. 1 052 973** Kl. 12o vom 7/1. 1957, veröff. 19/3. 1959.)
O. Müller-Meiningen. H 820

E. Merck Akt.-Ges. (Erfinder: **Hans Herloff Inhoffen,** Braunschweig, **Joachim Kath** und **Adolf Wenz**), Darmstadt, *Hexachloradipinsäure*, $C_6H_4Cl_6O_4$, F. ca. 255° (Zers., aus Aceton–Bzl. oder Essigester), erhält man durch Chlorieren von α.α'-Dichlor-trans.trans-muconsäure in Ggw. eines inerten Lösungsm., bes. Eisessig, u. unter Einw. von UV-Licht. Verwendung als Polymerisationskomponente. — *Dimethylester*, $C_8H_8Cl_6O_4$, F. 152° (CH_3OH). (**D. A. S. 1 052 972** Kl. 12o vom 2/3. 1957, veröff. 19/3. 1959.)
O. Müller-Meiningen. H 820

Josef Ringel, Walter Voss und **Rolf Zimmermann**, Dessau, *Herstellung unverzweigter α-Hydroxy- und α.α'-Dihydroxydicarbonsäuren* mit mindestens 5 C-Atomen durch Erhitzen von Polysacchariden (Cellulose, Hemicellulose, Xylan, Mannan) mit höchstens der gleichen Menge Alkali- oder Erdalkalihydroxyden in W. oder A. unter Druck $> 170°$ in Ggw. von Katalysatoren (Fe-, Co-, Mn-Salze, Na_2SO_3). — 200 (g) Buchenzellstoff liefern nach ½std. Erhitzen mit 120 NaOH, 1080 W. u. 5—10 Na_2SO_3 auf 220° im Autoklaven

(Druckanstieg bis 30 at), Abblasen, Zugabe von 30 %ig. H_2SO_4 u. Einengen des Filtrats, 160 Säuregemisch, aus dem sich 35 *α.α'-Dihydroxyadipinsäure* u. 25 *α-Hydroxyglutarsäure* als *Ca-* bzw. *Zn-Salz* fällen lassen; es enthält außerdem *Bernsteinsäure, Oxal-, Milch-, Glykol-* u. *α-Hydroxybuttersäure*. — 6 weitere Beispiele, wobei auch Xylan (aus Buchenholz) u. Fichtenzellstoff als Ausgangsprodd. verwendet werden u. außer den genannten Säuren bzw. ihren Estern (nach Veresterung) auch *α.α'-Dihydroxypimelinsäure* erhalten wird. (**D. P. [DDR] 14 812** Kl. 12o vom 28/3. 1956, ausg. 7/6. 1958 [Wirtschaftspatent].) H.-J. NITZSCHKE. H 850

Texas Co., New York, übert. von: **Merton H. Douthitt,** Ossining, N. Y., V. St. A., *Herstellung von Phosgen.* Synthesegas, enthaltend H_2 u. CO im Verhältnis von ca. 0,8 bis 2 Mol. H_2 je 1 Mol. CO, mit einem Geh. von nicht $>$ ca. 5% CO_2, N_2 u. CH_4 u. einem Wassergeh. von $<$ 0,25 mg/Liter, u. Cl_2 mit einem Wassergeh. von $<$ 0,25 mg/Liter werden in einem Verhältnis von 0,8—0,99 Mol. Cl_2 je 1 Mol. CO im Synthesegas über einem Katalysator von teilweise aktivierter Kohle zur Rk. gebracht. Die Rk. wird in Gasphase bei 160—300° F bis zur prakt. quantitativen Rk. des Cl_2 durchgeführt u. das gasförmige Prod. mit ca. 33,9% Phosgen abgezogen. (**A. P. 2 847 470** vom 23/11. 1955, ausg. 12/8. 1958.) E. MIESSGANG. H 880

Deutsche Gold- und Silberscheideanstalt vormals Roessler, Frankfurt/M. (Erfinder: **Hans Huemer,** Königstein), *Herstellung von Dicyan und Schwefelkohlenstoff* durch Erhitzen eines symm. Triazinderiv. der Bruttoformel $C_6N_6S_3$ auf Tempp. bis zu 750—850°. Dabei arbeitet man in Abwesenheit von elementarem O_2 u. von Wasser. Der zuerst entwickelte CS_2 wird getrennt von dem später, d. h. $>$400°, entwickelten C_2N_2 gewonnen. (**D. A. S. 1 052 380** Kl. 12k vom 7/2. 1958, veröff. 12/3. 1959.) H. NEBELSIEK. H 880

DEHYDAG Deutsche Hydrierwerke G. m. b. H. (Erfinder: **Wolfgang Gündel),** Düsseldorf, *Verfahren zur Herstellung von im Alkoholrest Sulfonsäuregruppen enthaltenden Derivaten N-disubstituierter Dithiocarbaminsäureester* bzw. deren Salzen gemäß D. A. S. 1 024 954, dad. gek., daß man die Umsetzung in wss. Lsgg. indifferenter anorgan. oder organ. Salze durchführt u. deren Konz. so wählt, daß sich die Salze der gebildeten Ester beim Erkalten weitgehend krist. abscheiden. — N.N-diäthyldithiocarbaminsaures Na + β-bromäthansulfonsaures Na in Ggw. gesätt. NaCl-Lsg. → *N.N-diäthyldithiocarbaminsäureäthylester-ω-sulfonsaures Na.* (**D. A. S. 1 032 733** Kl. 12o vom 13/3. 1956, veröff. 26/6. 1958. **Zusatz zu D. A. S. 1 024 954; C. 1959. 8386.**) A. BRÖSAMLE. H 880

General Aniline & Film Corp., New York, N. Y., übert. von: **Albert Bloom,** Summit, N. J., **Harlan B. Freyermuth,** Easton, Pa., und **James B. Normington,** Little Silver, N. J., V. St. A., *Herstellung organischer Isocyanate* durch Rk. eines in einem inerten organ. Lösungsm. aufgeschlämmten Aminsalzes mit Phosgen bei 100—200°, wobei im letzteren Falle eine Kaltphosgenierung eines Amins unter Bldg. dieses Gemisches vorausgehen kann. Als inertes organ. Lösungsm. wird dabei ein Alkylarylketon mit einem Kp. unterhalb demjenigen des herzustellenden Isocyanates, der allg. Formel $C_6H_5—CO—R$, wobei R eine Alkylgruppe mit 1—4 C-Atomen bedeutet, vorzugsweise *Acetophenon* verwendet. (**A. P. 2 847 440** vom 9/7. 1956, ausg. 12/8. 1958.) F. KREIS. H 890

George N. Gagliardi, Springdale, Conn., V. St. A., *Gewinnung von Guanidinthiocyanat* (**I**) aus einer wss. Lsg., die (außer **I**) noch Ammonthiocyanat, Thioharnstoff u. Melamin (**II**) enthält. Man stellt die Lsg. auf p_H 3,5—4,5 ein, wobei sich **II** als Thiocyanat abscheidet u. entfernt wird. Dann stellt man die Lsg. auf p_H 5,5—6,5 ein u. entfernt 50—75% des W. der Lsg. u. zentrifugiert die restliche Lsg., wobei reines **I** erhalten wird. (**A. P. 2 850 517** vom 1/7. 1957, ausg. 2/9. 1958.) A. BRÖSAMLE. H 890

Derek Ivor Oliver Johnson und **Gervaise Luigi Milward,** Teddington, Midd., England, *Trennen der Mono- und Dialkylphosphate* erfolgt durch Behandeln der Mischung mit zwei sich nicht mischenden Fll., wie Glykole (Äthylenglykol) u./oder W., sowie aromat. oder alicycl. KW-stoffen, wie Bzl., Cyclohexan, Tetra-, Dekahydronaphthalin u. Trennen der Schichten. Die einzelnen Schichten wäscht man jeweils mit dem entsprechenden nichtmischbaren Lösungsm. u. dest. das flüchtige Lösungsm. ab. (**E. P. 778 081** vom 15/7. 1954, ausg. 3/7. 1957.) G. KÖNIG. H 980

Studiengesellschaft Kohle m. b. H. (Erfinder: **Roland Köster**), Mülheim/Ruhr, *Herstellung von aliphatischen Borkohlenwasserstoffen,* dad. gek., daß man N.N.N-Trialkylborazane mit Olefinen der allg. Formel $R_2C{=}CR_2$, in der R H oder einen KW-stoffrest bedeutet, oder mit Diolefinen oder mit $>$2 C=C-Doppelbindungen aufweisenden Olefinen in Abwesenheit von O_2 u. Feuchtigkeit auf $>$100° erhitzt u. dann Amin u. Bor-KW-

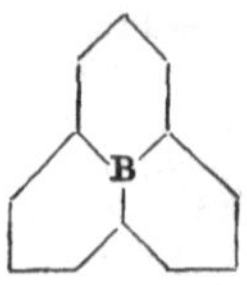
I

stoff durch Dest. trennt. — Durch Rk. von 3 (Mol) Decen-(1) mit 1 N.N.N-Triäthylborazan bei 120—130° u. dann bei 130—140° erhält man nach Abtreiben von Triäthylamin *Tridecylbor* als farblose, klare Fl. in quantitativer Ausbeute. Analog erhältlich: *Tricyclohexylbor*, F. 114—115°; *Tricycloheptylbor*, F. 100—101°; *Tris-[2-phenylpropyl]-bor*, ölige Fl.; $B_2(C_4H_8)_3$, $Kp._{0,2-0,3}$ 70—80°, u. *Ccyclododecatriyl-(1.5.9)-bor* (**I**), $Kp._{16}$ 130—131°, aus trans.trans.trans-Cyclododecatrien-(1.5.9). — *Treibstoffzusätze* u. Zwischenprodukte. (**D. A. S. 1 056 126** Kl. 12o vom 29/4. 1957, veröff. 30/4. 1959.) J. Mühleisen. H 980

Hardman & Holden Ltd., Manchester, England, und **Jacobus Rinse**, Bernardsville, N. J., V. St. A., *Organische Al-Verbindungen* der allg. Zus. Cl—Al(X)Y (X u. Y = Alkoxy, Phenoxy, Acyloxy oder OH) erhält man durch Rk. von Al-Alkylaten, -Phenolaten, -Triacylaten, -Alkoxy- oder Phenoxyalkylaten mit $AlCl_3$ oder wasserfreiem HCl u. gegebenenfalls Umsetzung der Reaktionsprodd. mit einer Fettsäure oder deren Anhydrid. Es sind z. B. folgende Primär-Rkk. möglich: $2\,(RO)_3Al$ (**I**) + $AlCl_3 \rightarrow 3\,(RO)_2AlCl$ (**II**). **II** + HX → RO—Al(Cl)X (**III**) + ROH. **III** + HX → $(X)_2AlCl$ (**IV**) + ROH·**III** + H_2O → HO—Al(Cl)X + ROH. **II** + H_2O → RO·$Al(OH)_2$. **I** + HCl → **II** + ROH. $(RO)_2AlX$ + HCl → **III** + ROH. $ROAl(X)_2$ + HCl → **IV** + ROH. Beispiele für die Herst. von *Al-Chlorid-Distearat*, F. 44°. *Isopropoxy-Al-Chloridstearat*, F. 31°; Hydrolyse mit W. → *Hydroxy-Al-Chloridstearat. Al-Monohydroxymonochlorisopropylat. Al-Chloridphenoxystearat.* Verwendung als Bestandteile von Salben, Antischweißmitteln u. anderen Kosmetica. (**E. P. 806 182** vom 19/12. 1956, ausg. 23/12. 1958. Holl. Prior. 19/12. 1955.)
O. Müller-Meiningen. H 980

Metal & Thermit Corp., Rahway (Erfinder: **Hugh Edwin Ramsden**, Scotch Plaines, und **Sanders David Rosenberg**, North Plainfield), N. J., V. St. A., *Herstellung von Divinylzinnoxyd*, dad. gek., daß Divinylzinndichlorid (I) oder -bromid mit einer bas. Verb. in wss. Lsg. umgesetzt wird. — 0,411 (Mol) I werden zu 1 NaOH in 300 cm³ W. gegeben. Das gebildete, feste rohe Oxyd wird nach Abfiltrieren 1 Std. auf dem Dampfbad mit 100 cm³ W. digeriert, heiß filtriert u. im Vakuumexsikkator über KOH 18 Std. getrocknet. — Verwendung zur *Herst.* von Mischpolymeren, als Anthelminthicum in Kückenfutter u. Stabilisator für organ. Zinnverbindungen. (**D. A. S. 1 055 533** Kl. 12o vom 10/9. 1957, veröff. 23/4. 1959. A. Prior. 18/9. 1956.) J. Mühleisen. H 980

Ethyl Corp., New York, N. Y., übert. von: **Sidney M. Blitzer und Tillmon H. Pearson**, Baton Rouge, La., V. St. A., *Alkylbleiverbindungen* erhält man durch Rk. von Pb-Carboxylaten, -Thiocarboxylaten, -Phenolaten oder -Thiophenolaten mit Alkylderivv. von Metallen, bes. solchen mit einem Elektrodenpotential von > 0,3, wie Metallen der Gruppe IA (Li u. Na), II (Be, Mg, Zn u. Cd), IIIA (B, Al) des Period. Systems. — $Pb(OOCCH_3)_2$ in Toluol wird mit $(C_2H_5)_3Al$ unter Rückfluß umgesetzt. Nach Filtrieren, Waschen mit W. wird aus der organ. Schicht Toluol abdest., worauf man $Pb(C_2H_5)_4$ in 92%ig. Ausbeute erhält. (**A. P. 2 859 231** vom 29/12. 1955, ausg. 4/11. 1958.)
J. Mühleisen. H 980

Sun Oil Co., Philadelphia, übert. von: **Peter B. Murray**, Swarthmore, Pa., *Herstellung von Aromaten aus Paraffinen.* Dehydrierbare KW-stoffe werden zusammen mit 10—200 (Mol.-%) SO_2 u. 5—100 NH_3 mit einem Tonerdekatalysator bei 900—1200° F in Kontakt gebracht. (**A. P. 2 856 441** vom 23/5. 1956, ausg. 14/10. 1958.)
E. Kahles. H 1010

Arthur Abbey, London, England, *Verringerung des Halogengehalts von Halogenkohlenwasserstoffen.* Man bringt ein Gemisch von Chlor- oder Brom-KW-stoffen u. H_2 innig bei 350—550° in Kontakt mit einem fluidisierten Katalysator, bestehend aus poröser aktivierter Tonerde, auf der ein Cu(I)-Halogenid niedergeschlagen ist. Ein Teil des mit C verunreinigten Katalysators wird abgezogen, von absorbierten KW-stoffen u. Halogen-KW-stoffen befreit u. durch Behandlung mit Luft oder Dampf unter Bedingungen, bei denen C oxydiert wird, regeneriert u. in den Prozeß zurückgeführt. Dieses Verf. wird nach dem 2. Patent in der Weise modifiziert, daß in die Reaktionszone ein flüchtiger KW-stoff oder Halogen-KW-stoff mit solcher Geschwindigkeit eingeführt wird, daß die bei der exothermen Dehydrohalogenierung erzeugte überschüssige Wärme zur Verdampfung verwendet wird, wobei eine im wesentlichen konstante Temp. in der Reaktionszone aufrecht erhalten werden kann. Die Beispiele zeigen die Umwandlung von Polychlorbenzolen in Bzl. u. niedriger chlorierte Benzole. — Vorrichtung. (**E. PP. 801 127** u. **801 128** [Zusatz-Pat.] vom 5/10. 1956, ausg. 10/9. 1957.)
J. Mühleisen. H 1010

Allied Chemical Corp., New York, N. Y., übert. von: **Delbert L. Hanna**, Oak Park, Ill., V. St. A., *Reinigen von rohem kristallisiertem 1.2.4.5-Tetrachlorbenzol* (**I**), das mit 1.2.3.4-Tetrachlorbenzol (**II**)-Mutterlauge verunreinigt ist. Man setzt dem Gemisch krist.

p-Dichlorbenzol (III) zu u. unterwirft die Mischung einem Druck von mindestens 200 lbs./sq.in., wobei die Kristalle von III zerfließen u. die Zwischenräume zwischen den Kristallen von I u. II einnehmen, worauf die verdrängte Mutterlauge aus den Kristallen I u. III entfernt wird, aus denen man durch Dest. III entfernt. — Vorrichtung. (**A. P. 2 849 500** vom 4/10. 1955, ausg. 26/8. 1958.) J. Mühleisen. H 1010

Chempatents, Inc., V. St. A., *Herstellung von Polyisopropylbenzolen* großer Reinheit aus Mischungen mit anderen Stoffen durch Dest. in O_2-armer Atmosphäre ($<$ 3%, bes. $<$ 0,5% O_2). Klares Destillat, keine Harzbldg. im Destillationsgefäß. Gewinnung von *m-* oder *p-Diisopropyl-* oder *1.3.5-Triisopropylbenzol.* (**F. P. 1 143 448** vom 16/3. 1956, ausg. 1/10. 1957.) M. Pankow. H 1010

Distillers Co. Ltd., Edinburgh, England, *Herstellung von Phenolen durch Zersetzung von aromatischen Peroxyden.* Zu Can. P. 482 145; C. **1954**. 3334 ist nachzutragen: An Stelle von H_2SO_4 können auch andere saure Katalysatoren, z. B. Essigsäure, p-Toluolsulfonsäure oder sulfoniertes Phenolformaldehydharz, verwendet werden. — Vor der Zers. werden die Peroxyde nicht isoliert, die Rk. wird vielmehr in dem bei der Oxydierung der Alkylbenzole (I) mit O_2 erhaltenen Reaktionsgemisch, das neben den Peroxyden noch unveränderte I enthält, durchgeführt, da sie dann bedeutend schneller u. vollständiger verläuft. — Vgl. F. P. 961 022; C. **1950/54.** 3574 S. (**Holl. P. 77 380** vom 11/2. 1948, ausg. 15/2. 1955. E. Priorr. 13/2. u. 21/8. 1947 u. 10/2. 1948.) F. Böhm. H 1060

Shell Development Co., New York, N. Y., übert. von: **Douglas G. Norton** und **Rupert C. Morris**, Berkeley, Calif., V. St. A., *Alkylieren von Phenolen.* Man setzt 1 (Mol) eines Phenols, das mindestens eine freie o- oder p-Stellung aufweist, mit 0,05—2 eines gesätt. Aldehyds (C_{1-8}) in Ggw. von 0,05—3 eines bas. Stoffes u. mindestens 5 eines prim. Alkohols (C_{1-8}) bei 150—350° u. einem solchen Druck um, daß das Reaktionsgemisch fl. bleibt. — Z. B. aus 0,5 2.6-Di-tert.-butylphenol, 0,375 CH_2O, 0,75 NaOH u. 7,5 Methanol bei 225°, → *2.6-Di-tert.-butyl-p-kresol* sowie eine höher sd. Fraktion aus *Methylen-bis-(2.6-di-tert.-butylphenol).* (**A. P. 2 841 623** vom 8/5. 1957, ausg. 1/7. 1958.) R. Schwechten. H 1060

Farbenfabriken Bayer Akt.-Ges., Leverkusen (Erfinder: **Erich Eimers**, Krefeld-Ürdingen), *Herstellung von Hydroxyalkylaryläthern* gemäß D. A. S. 1 028 130, dad. gek., daß man einen Polyalkohol mit einem Diarylcarbonat, gegebenenfalls im Gemisch mit einem Phenol, oder mit einem Alkylarylcarbonat, gegebenenfalls im Gemisch mit einem Phenol, erhitzt. — Man kocht ein Gemisch aus Diphenylcarbonat, 1.3-Butylenglykol u. Pottasche am Rückfluß u. fraktioniert das Reaktionsprod. im Vakuum. Als Hauptlauf erhält man bei 130—140° u. 7 mm *Phenoxybutanol.* — Aus β-Naphthylmethylcarbonat u. 1.2-Propylenglykol → *β-Naphthylpropylenglykolmonoäther.* — Zwischenprodukte. (**D. A. S. 1 048 924** Kl. 12 q vom 14/12. 1956, veröff. 22/1. 1959. **Zusatz zu D. A. S. 1 028 130; C. 1958. 13359.**) R. Schwechten. H 1070

General Electric Co., übert. von: **Alexander A. Miller** und **Frank R. Mayo**, Schenectady, N. Y., V. St. A., *Carbonylverbindungen* erhält man durch therm. Zers. der Peroxyde polymerer Vinylverbb., zweckmäßig in Lsg., bei ca. 90—350° in Ggw. eines Inertgases, das die Reaktionsprodd. gleichzeitig aus dem Reaktionsraum entfernen soll, z. B. nach dem Reaktionsschema

$$[R-\underset{\underset{O-O-}{|}}{C}(R_1)-CH_2-]_n \rightarrow n\text{-}R-CO-R_1 + n\text{-}HCHO$$

[n = ganze Zahl bis 20 oder mehr; R = Alkyl, Aryl, Phenyl, Alkaryl, Tolyl, Xylyl, Halogenaryl, Chlorphenyl, Dichlorphenyl, Z—O—C(O)—; Z = Alkyl; R_1 = H, Alkyl]; zweckmäßig wird die Peroxydlsg. auf eine heiße Fläche aufgetropft. — Aus polymerem Styrolperoxyd (erhalten beim Durchleiten von O_2 durch Styrol in Ggw. α.α'-Azodiisobutyronitril bei 50° u. Dest., Peroxydgeh. 93,5%) in Bzl. durch Auftropfen auf eine auf 260—280° erhitzte Fläche in Ggw. von N_2 (Geschwindigkeit 100 cm^3 je Min.) u. anschließendes Abschrecken → *Benzaldehyd*; Ausbeute 65%, neben *HCHO*. — Polymeres Methacrylsäure-n-butylesterperoxyd → *Brenztraubensäure-n-butylester*; Ausbeute 85%. — Polymeres α-Methylstyrolperoxyd → *Acetophenon*; Ausbeute 86%. — Weitere Ausgangsstoffe sind die Peroxyde von Acrylsäure- u. Methacrylsäuremethylester. (**A. P. 2 767 208** vom 8/9. 1953, ausg. 16/10. 1956.) G. Krauss. H 1120

California Research Corp., San Francisco, übert. von: **William G. Toland jr.**, San Rafael, Calif., V. St. A., *Benzoldicarbonsäuren.* Man behandelt getrennt ein niederes Alkylbenzonitril (I) u. ein niederes Polyalkylbenzol (II) mit O_2 bei 250—500° F während einer ausreichenden Zeit, um die Alkylgruppe des I zu oxydieren u. eine wesentliche Menge des II in eine Alkylbenzolmonocarbonsäure umzuwandeln. Durch Erhitzen der vereinigten Oxydationsprodd. auf 350—750° F erhält man eine Benzoldicarbonsäure u. I. — p-Xolyl wird mit Luft bei 300° F u. erhöhtem Druck in Ggw. von Co-Naphthenat (III) als Katalysator zu p-Toluylsäure oxydiert. Ferner wird p-Tolunitril (**IV**) mit Luft bei 350° in

Ggw. von Benzaldehyd als Initiator u. III oxydiert. Die vereinigten Oxydationsprodd. werden bei n. Druck auf 480° F erhitzt. Man erhält *Terephthalsäure* u. **IV**, das kontinuierlich als Dampf fortgeht. (**A. P. 2 795 599** vom 6/10. 1954, ausg. 11/6. 1957.)

R. SCHWECHTEN. H 1220

Richfield Oil Corp., Los Angeles, übert. von: **Chester M. Himel**, Menlo Park, und **Lester P. Berriman**, Palo Alto, Calif., V. St. A., *Kristallisieren von Phthalsäuren* (**I**). Die bei der HNO_3-Oxydation von Xylol oder Toluylsäure entstandenen isomeren I werden durch fraktionierte Kristallisation bei kontrollierter Geschwindigkeit der Abkühlung aus der I-Reaktionsmischung isoliert. Die verschied. Zeit–Temp.-Grenzen sind im einzelnen angegeben. (**A. P. 2 848 488** vom 18/5. 1954, ausg. 19/8. 1958.)

L. STADELMANN. H 1220

Wilhelm Schemuth, Deutschland, *Herstellung von Terephthalsäure*, dad. gek., daß man p-Äthyltoluol u./oder seine Homologen (p-Diisopropyl- oder -Diisobutylbenzol) in Dampfform in einem Aufstrom an V_2O_5-Katalysatoren oxydiert, gegebenenfalls in Ggw. von Stickoxyden. (**F. P. 1 159 801** vom 13/9. 1956, ausg. 2/7. 1958. D. Priorr. 22/9. 1955 u. 25/7. 1956.)

S. BÖTTCHER. H 1220

Farbwerke Hoechst Akt.-Ges., vormals Meister Lucius & Brüning (Erfinder: **Helmut Jockusch**, Bad Soden, und **Otto Fuchs**), Frankfurt/M., *Reine Terephthalsäure* erhält man durch Umkristallisieren der rohen Säure aus Dimethylformamid. (**D. B. P. 971 483** Kl. 12o vom 10/10. 1953, ausg. 5/2. 1959. Anmeldung bekanntgemacht 23/1. 1956.)

L. STADELMANN. H 1220

Imhausen Werke G. m. b. H. (Erfinder: **Karl-Heinz Imhausen, Kurt Pieroh** und **Gustav Renckhoff**), Witten/Ruhr, *Herstellen von Terephthalsäureestern* durch Oxydation von p-Xylol nach D. B. P. 969 994, dad. gek., daß der Geh. des zu oxydierenden Alkylaromatengemisches an Oxydationsnebenprodd. $< 30\%$, bes. $< 20\%$ gehalten wird, indem man einen Teil des von p-Toluylsäure befreiten Oxydationsgemisches kontinuierlich abtrennt u. den Rückstand durch Verseifen mit wss. Alkali bei erhöhter Temp., bes. 220—320°, u. erhöhtem Druck, bes. 50—150 at, u. Ansäuern in Carbonsäuren überführt u. diese nach ihrer Veresterung weiteroxydiert. (**D. A. S. 1 049 370** Kl. 12o vom 6/5. 1953, veröff. 29/1. 1959. **Zusatz zu D. B. P. 969 994; C. 1959. 8385.**)

L. STADELMANN. H 1220

B. W. Suworow, S. R. Rafikow, M. I. Chmura und **A. S. Kostromin**, *Herstellung von Terephthalsäuredinitril* durch Einw. von Luft u. NH_3 auf KW-stoffe, bes. die Dipenten- u. α-Pinenfraktion des Terpentins, bei 380—440° in Ggw. von V-Katalysatoren, z. B. V-Oxyd. Das Endprod. enthält geringe Verunreinigungen von Tolunitril. (**UdSSR. P. 112 361** vom 2/2. 1955, gedruckt 15/5. 1958.)

B. PANKOW. H 1220

Monsanto Chemical Co., St. Louis, Mo., übert. von: **Raymond I. Longley jr.**, Springfield, und **Tracy M. Patrick jr.**, Marblehead Neck, Mass., V. St. A., *α-Alkoxybenzylbernsteinsäureanhydride* der allg. Zus. I erhält man durch Rk. von Benzylalkyläthern der

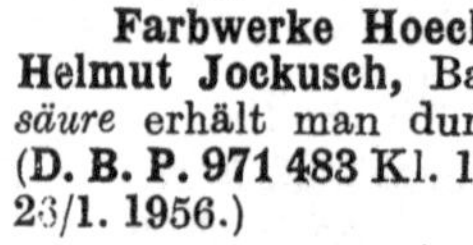

I

allg. Formel R'—C_6H_4—CH_2OR (R = Alkyl C_1—C_8, R' = H, Cl, CH_3—, C_2H_5—, CH_3O—, C_2H_5O—) mit Maleinsäureanhydrid in Ggw. eines Peroxydkatalysators bei 25—150°. — Folgende *Bernsteinsäureanhydride* werden hergestellt: *α-Methoxybenzyl-*, $Kp._{0,8}$ 144—146°; F. 88—94° (Ae.); durch Verseifung mit Na_2CO_3 → *α-Methoxybenzylbernsteinsäure*, $C_{12}H_{14}O_5$; F. 143° (W.). — *α-Methoxy-p-chlorbenzyl-* u. *α-Äthoxy-o-methoxybenzyl-*. — Zwischenprodd. zur Herst. von Weichmachern, Pesticiden, Klebstoffen u. Überzugsmassen. (**A. P. 2 841 592** vom 23/6. 1953, ausg. 1/7. 1958.) O. MÜLLER-MEININGEN. H 1250

Wacker-Chemie G. m. b. H., Deutschland, *Herstellung von Arylchlorsilanen*, dad. gek., daß man die Dämpfe von Arylchloriden u. Chlorsilanen bei 400—700° über Cu-Katalysatoren leitet. Letztere werden durch Erhitzen von $CuCl_2$ mit Fe, Al, Zn, Mg oder Si hergestellt. — Beschrieben wird die Herst. von *Phenyltrichlorsilan* (**I**), $Kp._{10}$ 70 bis 82°, aus Chlorbenzol u. Trichlorsilan; **I** u. *Phenylmethyldichlorsilan* aus Methyldichlorsilan. — Ausgangsprodd. für die Herst. von *Siliconen*. — Vgl. E. P. 782 333; C. **1959**. 1943. (**F. P. 1 144 231** vom 7/12. 1955, ausg. 10/10. 1957. D. Prior. 7/12. 1954.)

S. BÖTTCHER. H 1380

Universal Oil Products Co., Des Plaines, übert. von: **Louis Schmerling**, Riverside, Ill., V. St. A., *Mono- und Diarylarsine* erhält man durch Rk. von aromat. KW-stoffen mit $AsCl_3$ in Ggw. von FRIEDEL-CRAFTS-Katalysatoren u. ein tert. C-Atom enthaltenden Paraffinen (**I**) oder Cycloparaffinen (**II**) bzw. solchen **I** oder **II**, welche unter den Reaktionsbedingungen zu Verbb. mit einem tert. C-Atom isomerisiert werden. — Durch Rk. von $AsCl_3$ in Bzl. mit Isopentan u. $AlCl_3$ in Bzl. bei 35° erhält man *Phenyl-* u. *Diphenylarsin*. (**A. P. 2 842 579** vom 22/6. 1955, ausg. 8/7. 1958.) J. MÜHLEISEN. H 1380

Farbenfabriken Bayer Akt.-Ges., Leverkusen (Erfinder: **Walter Hagge, Friedrich Povenz, Mathieu Quaedvlieg**, Leverkusen, **Herbert Hempel** und **Rudof Heusch**, Köln), *Reines γ-Hexachlorcyclohexan* (I) erhält man aus rohen Isomerengemischen durch Extraktion mit Methanol, Versetzen des Extraktes mit einer solchen Menge eines chlorierten KW-stoffs, die zur Aufnahme des im Extrakt befindlichen γ-Isomeren erforderlich ist, Abtrennen des Methanols durch Zugabe der gleichen oder doppelten Volumenmenge W., Abfiltieren der ausgefallenen α- u. β-Isomeren u. Einengen der Lsg. des γ-Isomeren in dem chlorierten KW-stoff. — Z. B. erhält man aus 760 (g) eines Isomerengemisches mit einem γ-Isomerengeh. von 12% unter Anwendung von CCl_4 als chlorierten KW-stoff 29 reines γ-I, 69 57%ig. γ-I u. 23 36%ig. γ-I. (**D. B. P. 962 790** Kl. 12o vom 27/11. 1954, ausg. 25/4. 1957. Anmeldung bekanntgemacht 8/11. 1956.) R. Link. H 1810

Phillips Petroleum Co., Del., übert. von: **John C. Hillger** und **Joseph F. Wilson**, Bartlesville, Okla., V. St. A., *Oxime alicyclischer Monoketone*, bes. *Cyclohexanonoxim*, erhält man in kontinuierlichem Verf. durch Rk. eines Ketons mit wss. Hydroxylaminsulfat in Ggw. solcher Mengen $(NH_4)_2SO_4$ oder Methylaminsulfat, die ausreichen, um das unter Reaktionsbedingungen als Schmelze anfallende Oxim vollständig auszusalzen. (**A. P. 2 820 825** vom 7/10. 1955, ausg. 21/1. 1958.) F. Kreis. H 1960

Badische Anilin- & Soda-Fabrik Akt.-Ges., Ludwigshafen/Rh., *Cycloaliphatische Ketoxime* erhält man in Ausbeuten bis zu 87%, wenn man cycloaliphat. KW-stoffe mit NOCl in Ggw. von HCl oder NO oder deren Gemischen bei —50 bis +40°, gegebenenfalls in Ggw. inerter Lösungsmittel (CCl_4, $CHCl_3$, Bzl.) unter Belichtung umsetzt, das gebildete Ketoximhydrochlorid gegebenenfalls neutralisiert u. das erhaltene Oxim in üblicher Weise abtrennt. — Z. B. wird 1 Liter Cyclohexan bei n. Temp. mit HCl-Gas gesätt. u. 5,3 (g) NOCl darin gelöst, das Gemisch unter Rühren u. Kühlen bei +15° 3 Std. belichtet, das abgeschiedene Öl mit W. gewaschen, das wss. Filtrat mit Na_2CO_3-Lsg. alkal. gemacht u. 5,6 *Cyclohexanonoxim* (61%ig. Ausbeute), F. 89°, nach dem Waschen des Nd. mit W. u. Trocknen gewonnen. — Analog erhält man: *Cyclooctanonoxim*, F. 42°; 84—87%. — *Cyclopentanonoxim*; 65%. — Isomerengemisch von *Ketodekahydronaphthalinoximen*; 60%. (**E. P. 788 436** vom 26/7. 1956, ausg. 2/1. 1958. D. Prior. 5/8. 1955.) R. Link. H 1960

Olin Mathieson Chemical Corp., Virginia, übert. von: **Bernard H. Nicolaisen**, Kenmore, und **Samuel A. Riccardi**, Grand Island, N. Y., V. St. A., *Abtrennung von Cyclohexanonoxim* (I) aus Gemischen, die durch Red. von Nitrocyclohexan mit H_2S, Na_2S, NaHS oder $(NH_4)_2S$ in saurer Lsg. oder durch Rk. von Cyclohexanon mit Hydroxylaminhydrochlorid, -sulfat, Na-Hydroxylamindisulfonat oder Hydroxylamin-O-sulfonsäure in alkal. Lsg. oder durch Red. von Nitrocyclohexan mit Zn–Eisessig oder H_2 in Ggw. von Katalysatoren u. Extraktion des gebildeten Oxims mit organ. Lösungsmitteln hergestellt wurden, dad. gek., daß man den Lösungsmittelextrakt mit einer verd. wss. starken Mineralsäure (5—50, bes. 10—20%ig. H_2SO_4, HCl oder H_3PO_4) behandelt, den wss. sauren Extrakt abtrennt, mit NH_3 auf p_H 4,5—7,5, bes. 6, in Ggw. eines organ. Lösungsm. (PAe., Hexan, Heptan, Toluol, Bzl., Cyclohexan), das mit W. nicht mischbar ist, bringt u. die I-haltige organ. Phase abtrennt. — Die I-haltige organ. Lsg. kann unmittelbar zur Umlagerung ins Caprolactam eingesetzt werden, da sie keine Verunreinigungen, wie S, mehr enthält. (**A. P. 2 822 393** vom 5/8. 1954, ausg. 4/2. 1958.) R. Link. H 1960

Centre National de la Recherche Scientifique, Frankreich (Erfinder: **Winternitz**), *Herstellung primärer Amine*, dad. gek., daß man Hydroxamsäuren in Ae., Tetrahydrofuran, Toluol oder Xylol mit $LiAlH_4$ reduziert. — *Benzylamin*, $Kp._{20}$ 85° (*Benzamid*, F. 103—105°; *Pikrat*, F. 192—195°), aus Benzhydroxamsäure. — *2-Phenyläthylamin*, $Kp._{20}$ 90—95° (*Pikrat*, F. 163—165°; *Phenylthioharnstoffderiv.*, F. 134—137°) u. *Bis-[phenyläthyl]-amin*, $Kp._{20}$ 160—170° (*Hydrochlorid*, F. 250°), aus Phenylacethydroxamsäure. — *Aminomethylcyclohexan*, $Kp._{760}$ 160° (*Benzamid*, F. 103—104°), aus Hydroxylamin u. Cyclohexancarbonsäurechlorid über die *Hydroxamsäure*, F. 130—132°. — *β-[Cyclohexen-(2)-yl]-äthylamin*, $Kp._{20}$ 75—80° (*Pikrat*, F. 130—132°), aus *Cyclohexen-(2)-ylacethydroxamsäure*, F. 116—118°, die aus Hydroxylamin u. Cyclohexen-(2)-ylessigsäureäthylester hergestellt wurde. — *β-[Cyclopenten-(2)-yl]-äthylamin*, $Kp._{20}$ 68° (*Pikrat*, F. 135—138°), aus Cyclopenten-(2)-ylacethydroxamsäure (F. 88—90°). — *Octadecylamin*, F. 47—48° (*Pikrat*, F. 110—112°), aus Stearylhydroxamsäure. — *Cetylamin*, F. 45—46, (*Pikrat*, F. 109—111°), aus Palmitylhydroxamsäure. — *Myristylamin*, F. 37—39°, aus Myristylhydroxamsäure. (**F. P. 1 161 397** vom 13/7. 1956, ausg. 28/8. 1958.) S. Böttcher. H 2110

E. I. du Pont de Nemours & Co., Wilmington, Del. (Erfinder: **Robert Arthur Smiley**, Woodbury, N. J.), V. St. A., *Bis-(1-nitrocycloalkylmethyl)-amine* erhält man in Ausbeuten bis zu 90% durch Rk. von wenigstens stöchiometr. Mengen Nitrocycloalkanen, CH_2O u. NH_3 bei Tempp. zwischen 20° u. dem Kp. der Mischung, gegebenenfalls bei erhöhtem Druck, vorteilhaft in Ggw. eines Lösungsm. (aliphat. Alkohole mit 1 bis 3 C-Atomen), Abtrennen der Reaktionsprodd., bes. über die Hydrochloride, u. übliche Weiterreinigung. — Z. B. werden 180 g 36%ig. wss. CH_2O-Lsg. innerhalb 1 Std. tropfenweise zu einer Mischung aus 258 g Nitrocyclohexan, 270 g konz. NH_4OH (28% NH_3) u. 410 g 95%ig. A. gegeben, die Mischung unter Rühren auf dem Wasserbad erhitzt, 4 Std. unter Rückfluß erhitzt, abgekühlt, in eine Mischung aus 1090 g konz. HCl (36%ig. HCl, 1 : 1) gegeben, der Nd. abfiltriert, mit A. gewaschen u. getrocknet; man erhält in 84%ig. Ausbeute das *Bis(1-nitrocyclohexylmethyl)-aminhydrochlorid*, F. (aus 95%ig. A.) 57—58°, weiße Kristalle. — *Zwischenprodd.* zur Herst. von Farbstoffen, Emulgatoren u. Härtungsmitteln für Epoxydharze (Äthoxylinharze). (**D. A. S. 1 032 737** Kl. 12o vom 31/7. 1956, veröff. 26/6. 1958. **E. P. 790 608** vom 12/10. 1956, ausg. 12/2. 1958. Beide A. Prior. 13/10. 1955. **A. P. 2 816 927** vom 13/10. 1955, ausg. 17/12. 1957.) R. LINK. H 2110

Sumitomo Bakelite Kabushiki Kaisha, Tokio (Erfinder: **Mioji Uenaka, Shuntaro Yoshino** und **Jun Naokawa**), Japan, *Herstellung von Phenolformaldehydanfangskondensationsprodukten* aus Phenol (I) u. Paraformaldehyd (II) in Abwesenheit von Lösungsmitteln oder in Ggw. von W. kaum enthaltenden Lösungsmitteln unter Verwendung von sauren oder alkal. stark wasserabspaltenden Katalysatoren, wie Erdalkalimetalloxyden, P_2O_5 oder SO_3. — Man läßt 94 (g) I u. 23,4 II in 47,2 Butanol in Ggw. von 4,7 CaO (bzw. 12,9 BaO oder 8,7 SrO) in der Wärme 5—10 Min. reagieren, entfernt flüchtige Stoffe bei 190—200° u. erhält 75,2 eines hauptsächlich aus *2.2'-Dihydroxydiphenylmethan* bestehenden Prod., das nach Extraktion mit Ligroin aus CS_2 umkrist. wird. — Aus den gleichen Mengen I u. II u. 0,9 g P_2O_5 erhält man eine Mischung aus *2.2'-Dihydroxydiphenylmethan* u. *2.6-Bis-[2-hydroxybenzyl]-phenol*. (**Jap. A. S. 1123/1958** vom 6/11. 1954, veröff. 21/2. 1958.) M. PANKOW. H 2260

Farbwerke Hoechst Akt.-Ges., vormals Meister Lucius & Brüning (Erfinder: **Ferdinand Quint** und **Gustav Schäfer**), Frankfurt/M., *Abänderung des Verfahrens zur Herstellung von 4.4'.4''-Trihalogentritanolen* u. deren Al- u. Fe-Komplexsalzen gemäß D. A. S. 1 036 242; C. **1959.** 1939, dad. gek., daß man 4-Halogenbenzotrihalogenide in Ggw. von etwa der theoret. Menge $AlCl_3$ oder Ferrichlorid auf überschüssige Halogenbenzole bei ca. 50—60° einwirken läßt u. die auskrist. Metallkomplexsalze von den im überschüssigen Halogenbenzol gelöst bleibenden isomeren Verbb. u. geringen Harzmengen abtrennt u. gegebenenfalls hydrolysiert. — *4.4'.4''-Trichlortritylaluminiumtetrachlorid*, stahlblauglänzende, ziegelrote Blättchen, ergeben bei der Hydrolyse das Carbinol, F. 97—98°. (**D. A. S. 1 046 599** Kl. 12o vom 23/7. 1957, veröff. 18/12. 1958.) G. KÖNIG. H 2270

Gesellschaft für Teerverwertung m. b. H., Duisburg (Erfinder: **Alfred Schmitt** und **Heinrich Lauenstein,** Castrop-Rauxel), *Gewinnung von Naphthalin aus Teerölfraktionen*, deren Geh. an Naphthalin über 75% ausmacht, durch Kühlung u. Abzentrifugieren, dad. gek., daß als Verdünnungsmittel ein ausschließlich oder überwiegend aus Aromaten bestehendes, wesentlich höher als Naphthalinöl sd. Öl verwendet wird. (**D. A. S. 1 054 440** Kl. 12o vom 7/1. 1957, veröff. 9/4. 1959.) E. KAHLES. H 2700

Badische Anilin- & Soda-Fabrik Akt.-Ges. (Erfinder: **Hans-Jürgen Sasse**), Ludwigshafen/Rh., *Alkali-1.2-alkylenimine* erhält man durch Rk. von 1.2-Alkyleniminen mit Alkalimetallen bei 80—200°, bes. 90—130°, unter Ausschluß von Feuchtigkeit u. O_2, bes. unter N_2, CO_2, Edelgasen, Methan oder Äthan, gegebenenfalls auch in Ggw. eines Verdünnungsmittels (Bzl., Toluol, Xylol, Tetralin). — Aus 11,5 (Teilen) geschmolzenem Na unter Einleiten von N_2 u. 26 Äthylenimin bei 160° unter Rückfluß → *Na-Äthylenimin*; Ausbeute 86—92%. — *K-Äthylenimin*; Ausbeute 85%. — *Li-Äthylenimin*. Als Ausgangsstoffe sind noch verwendbar: 1.2-Propylenimin, 1.2-Butylenimin u. 1-Methyl-1.2-propylenimin. Die Verbb. sind feuchtigkeitsempfindlich u. an der Luft leicht entzündbar. — *Zwischenprodd.* zur Herst. von *Textilhilfsmitteln* u. *Heilmitteln*. (**D. A. S. 1 040 037** Kl. 12p vom 13/3. 1957, veröff. 2/10. 1958.) G. KRAUSS. H 3030

Laboratoires Gobey (Erfinder: **Maurice Marie Janot** und **Robert Goutarel**), Paris, Frankreich, *Ibogaine* der allg. Formel I (R = H; R_1 = H, p-Toluolsulfonylrest), dad. gek., daß man entweder Voacangin (R = $COOCH_3$; R_1 = Methyl) in alkal. Lsg. in einem geeigneten Lösungsm. auf eine bes. beim Kp. der Lsg. liegende Temp. erhitzt, die entstandene freie Säure abtrennt, dann mit HCl bei bes. 40° decarboxyliert, das entstandene Ibogainhydrochlorid abtrennt, es in die freie Base überführt, diese mit HBr–Essigsäure kocht oder daß

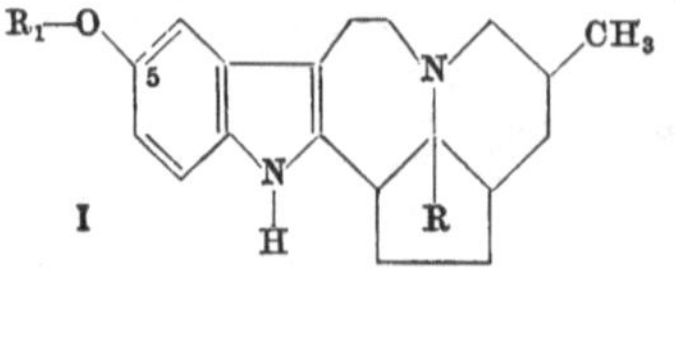

I

man das Voacangin direkt mit HBr–Eisessig kocht u. dann aus dem auf beiden Wegen entstandenen O-Desmethylibogain dessen Hydrochlorid herstellt, dieses in die freie Base überführt u. diese mit p-Toluolsulfonsäurechlorid verestert. — Aus Voacangin (hergestellt aus Voacanga africana Stapf oder thouarsii R. Schumacher) u. 48%ig. HBr in Eisessig, Eindampfen zur Trockne, Alkalischmachen mit 20%ig. wss. NH_4OH, Extraktion mit Ae. u. Zusatz von methanol. HCl → *O-Desmethylibogainhydrochlorid* (II), $C_{19}H_{24}ON_2 \cdot HCl$, aus Methanol Nadeln, F. 310—312°, lösl. in W., A., Methanol, unlösl. in Ae. u. PAe.; Ausbeute quantitativ. — *Ibogain*, aus A., F. 150—151°; $[\alpha]_D^{20}$ —50 ± 2° (c = 1% A.), → II, → *O-Desmethylibogain*, amorph, lösl. in Methanol, A., unlösl. in W., lösl. in wss. Säuren u. Basen, → *O-Desmethylibogain-p-toluolsulfonathydrochlorid*, $C_{26}H_{30}O_3N_2S \cdot HCl$, aus Aceton, F. 214—215°; Nadeln, lösl. in W., A. u. Methanol, unlösl. in PAe. u. Äther. — Herzstärkende u. nur wenig giftige *Tierheilmittel*; Verwendung als *Indolfarb-* u. *-fluorescenzstoffe*. (**D. A. S. 1 039 068** Kl. 12p vom 9/10. 1956, veröff. 18/9. 1958. F. Prior. 10/10. 1955.) G. KRAUSS. H 3081

X. Färberei. Organische Farbstoffe.

T. Vickerstaff, *Reaktivfarbstoffe und der Pad-Roll-Prozeß*. Labormäßige Unterss. über das färber. Verh. von *Procion*-Farbstoffen (Reaktivfarbstoffe, die als mit Cellulose reagierende Gruppe den Dichlortriazinylrest enthalten) im Pad-Roll-Verfahren. Es wurden die Baderschöpfung im Verlauf des Färbeprozesses u. die Geschwindigkeit, mit der sich die Farbstoffe mit der Cellulosefaser chem. verbinden, untersucht. Es wird eine Formel über die Abhängigkeit der Baderschöpfung vom Flottenverhältnis abgeleitet u. deren Gültigkeit durch experimentelle Unterss. bestätigt. Ein Vgl. der Fixierung u. Baderschöpfung beim Färben von Baumwolle nach dem Pad-Roll- u. nach dem 2-Stufen-Verf. mit 5 Procionfarbstoffen zeigt die bessere Farbstoffausbeute beim Färben nach ersterem Verfahren. Die Notwendigkeit der Anwendung kleinster Flottenverhältnisse in der Praxis dieses Färbeverf. wird dargelegt. Ferner wird der Einfl. von Elektrolytkonz. u. Temp. experimentell untersucht. Für die Unterss. über die Geschwindigkeit der Rk. zwischen Faser u. Farbstoff wurde als Maß das optimale p_H, d. h. der zur Erzielung der Rk. innerhalb einer vorgegebenen Zeit Mindest-p_H-Wert, gewählt. Das unterschiedliche Reaktionsvermögen der verschied. Procionfarbstoffe wird aufgezeigt. Der Einfl. der Alkalität der Klotzflotte auf die Fixierung der Procionfarbstoffe u. der Temp. auf die Fixierzeit wird experimentell untersucht. (Z. ges. Textilind. **60.** 463—68. 5/6. 1958. Imperial Chem. Ind.) H. SONTAG. 7020

F. Weber, *Versuch einer Synoptik von Küpenfarbstoffen nichtdeutschen Ursprungs*. Es werden von ca. 360 Küpenfarbstoffen — nachfolgend die Handelsnamen in ( ) — der Herstellerfirmen: CIBA (Cibanon), GEIGY (Tinon), SANDOZ (Sandothren), FRANCOCOLOR (Solanthren), IMPERIAL CHEMICAL INDUSTRIES (Caledon) u. DU PONT (Ponsol) folgende färbetechn. wichtigen Merkmale tabellar. zusammengestellt: Felisoletikett, Lichtechtheit, Eignung zur Deckung toter Baumwolle u. zur Färbung nach dem Hochtemperatur- u. dem Pad-Steam-Kontinue-Verf., Faserschädigung bei Belichtung der Färbung, Phototropie, Lichtempfindlichkeit der nichtoxydierten Färbung bzw. Faserschädigung beim Haspelkufen, Eignung zur Knitterarmausrüstung mit Harnstoff- u. Melaminharzen sowie zum Färben von Polyamiden. Die Tabelle enthält keine Farbstoffe der Hydronblaureihe, der thioindigoiden Reihe u. der Leukoküpenfarbstoffester. (Z. ges. Textilind. **60.** 474—77. 5/6. 1958.) H. SONTAG. 7020

Karl H. Schmatzler, *Sisalfasern und ihre Färbung*. Vf. beschreibt eine von ihm entwickelte Meth. zum Färben von Sisalfasern nach dem Packsyst. unter Verwendung von S- u. Direktfarbstoffen: Eintauchen der Fasern in eigens dazu konstruierte Materialträger erzeugt einen Dreifarbeneffekt in einer einzigen Faser. Ferner geht Vf. auf das Strangfärben von Sisalfasern in der HUSSONG-Maschine ein. Die zum Färben von Sisalfasern geeigneten Direktfarbstoffe sind tabellar. zusammengestellt u. die Verwendung von S-Farbstoffen zu diesem Zweck wird an Hand eines Beispiels erläutert. (Dyestuffs **41.** 210—14. Dez. 1956. Boston, Mass., Nat. Aniline Div., Allied Chem. and Dye Corp.) H. SONTAG. 7020

William Postman, *Die Erzeugung von Kontrasteffekten durch Färben von vorbehandelter Wolle*. Es wird ein Verf. beschrieben, nach welchem beim Färben von Wolle Kontrasteffekte erzielt werden können. Vorbehandelte u. nichtvorbehandelte Wolle färbt sich in einem Bad, welches 2 ausgewählte Farbstoffe enthält, unterschiedlich an. Für die Vorbehandlung der Wolle werden farblose Verbb., wie z. B. das Kondensationsprod. aus Naphthalinsulfonsäure u. CH_2O, verwendet. (Amer. Dyestuff Reporter **48.** 43—47. 23/2. 1959. Atlanta, Ga., Georgia Inst. of Technol., A. French Textile School.) H. A. WANNOW. 7020

H. J. Palmer, *Gleichgewicht anionischer Farbstoffe auf der Basis α-Naphthylamin → β-Naphthol auf Nylon.* Es wurde die Sorption von Farbstoffen auf der Basis α-Naphthylamin → β-Naphthol mit unterschiedlicher Anzahl u. Stellung der Sulfogruppen an Nylon bei p_H-Werten von 3—10 gemessen. Zur Anwendung kamen Garne mit verschied. Geh. an Aminoendgruppen u. verschied. bas. Stabilisatoren. Bei allen p_H-Werten war die Sorption direkt abhängig von dem Geh. an Aminoendgruppen. Bei steigendem Sulfonierungsgrad verringert sich die Anzahl der Farbstoffäquivalente, die absorbiert werden. Die Charakteristika der p_H-Abhängigkeit der Sorption werden u. a. auf die Basizität der bas. Endgruppen des Garns u. auf die Kurve der potentiometr. Titration der Farbstoffsäure bezogen. (J. Textile Inst., Trans. **49.** T33—T39. Jan. 1958. Res. Dep. Brit. Nylon Spinn. Ltd., Pontypool Mon.) GOTTFRIED LANGE. 7020

H. R. Hadfield und **R. Broadhurst,** *Die Hochtemperaturdispersionsfärbung von Terylenpolyesterfasern.* Rasch u. langsam diffundierende Dispersionsfarbstoffe auf Terylen wurden bzgl. ihres Färbe- u. Egalisiervermögens in dem Temperaturbereich von 85—190° miteinander verglichen. Das Optimum der Farbstoffaufnahme liegt zwischen 120 u. 130°, die höchste Farbegalität zwischen 130 u. 140°. Beim Hochtemperaturfärben zeigen langsam diffundierende Farbstoffe eine bessere Farbbaderschöpfung, während die besseren Egalitätsverhältnisse den schnell diffundierenden Farbstoffen zukommen. (J. Soc. Dyers Colourists **74.** 387—90. Mai 1958. Manchester, Dyeh. Dep. J.C.J. Ltd. Dyest Div.) GOTTFRIED LANGE. 7020

Wolfram Haug, *Praktische Erfahrungen beim Rotreservedruck.* Im allg. werden rote Unitöne auf Basis Naphthol AS–Echtrotsalz TR hergestellt, zu deren bunter Illumination Indanthrenfarbstoffe u. für Weißeffekte alkal. Rongalit-Ätzen herangezogen werden. Kürzer u. eleganter arbeitet der Rotreservedruck, der ebenfalls auf der Kombination Naphthol AS–Echtrotsalz TR basiert. Zur Weißreservierung dient Zinnsalz ($SnCl_2 \cdot 2 H_2O$) zusammen mit Aluminiumsulfat, etwa nach folgendem Rezept: 500 g Weizenstärke–Tragant-Verdickung, 100 g Aluminiumsulfat, 25 g Zinnsalz, 374 g W., 1 g Blendfarbstoff. Zur Buntreservierung werden Pigmentfarbstoffe verwendet; der n. angesetzten Pigmentdruckfarbe werden Aluminiumsulfat u. Zinnsalz zugesetzt. An Hand von Erfahrungen aus der Praxis wird dieses Rotreserveverf. eingehend beschrieben. (Melliand Textilber. **39.** 424—25. April 1958.) E. KUNTZ. 7022

Ja. A. Gurwitsch und **I. L. Chmelnitzkaja,** *Untersuchung der Beständigkeit einiger Schwefelfarbstoffe gegenüber Feuchtigkeit und Luftsauerstoff.* Für die Schnellalterung von Schwefelfarbstoffen (SF) wird eine App. angegeben, in der über eine SF-Schicht ein Strom erhitzter (trockener oder feuchter) Luft geleitet werden kann. *Schwefelschwarz K* (**I**; mit Thiazongruppe) u. *Schwefelbraun J* (**II**; mit Thiazolgruppe) können in N_2 auf 140° erhitzt werden u. sind bei Abwesenheit von Feuchtigkeit gegen O_2 unempfindlich. An feuchter Luft verlieren unter gleichen Bedingungen **I** 90% u. **II** 10% ihres Färbevermögens infolge Verminderung der Löslichkeit u. Substantivität bei oxydierender Umwandlung von Di- u. Polysulfidgruppen, deren Labilitätsgrad von der Konst. des SF abhängt. Alkylierung der SF in Form der Leukoverbb. unter Ausschluß reversibler Redoxumwandlungen verhindert irreversible Umwandlungen beim künstlichen Altern. (Химическая Промышленность [Chem. Ind.] **1958.** 21—27. Jan./Febr.) R. K. MÜLLER. 7070

Farbenfabriken Bayer Akt.-Ges. (Erfinder: **Bernhard Dach**), Leverkusen, *Färben und Bedrucken cellulosehaltiger Fasern mit schwermetallhaltigen komplexen Phthalocyaninzwischenprodukten.* Zur Erzielung egalerer Färbungen u. besserer Durchfärbung unterwirft man die Ware einer Vorbehandlung mit Tannin–Brechweinstein oder geschwefelten Chlorphenolen. (**D. A. S. 1 044 758** Kl. 8m vom 9/5. 1956, veröff. 27/11. 1958.) F. BÖHM. 7021

Farbenfabriken Bayer Akt.-Ges (Erfinder: **Helmut Kleiner,** Köln, **Heinz-Werner Schwechten** und **Otto Bayer**), Leverkusen, *Färben von Gebilden aus Polymerisaten und Mischpolymerisaten aus Acrylnitril oder asymmetrischem Dicyanäthylen.* Man färbt in saurer Flotte mit sulfonsäure- u. carbonsäuregruppenfreien Diaminoazobenzolen, Diaminobenzolazonaphthalinen oder Diaminoazonaphthalinen, in denen mindestens eine Aminogruppe in p-Stellung zur Azobrücke steht u. die mindestens eine Alkoxygruppe in o-Stellung zu einer der beiden Aminogruppen gebunden enthalten. Die Aminogruppen können substituiert sein u. die Arylkerne weitere Substituenten, bes. Alkoxygruppen, aber keine weitere Aminogruppe, enthalten. Man kann auch mit der freien Farbbase färben u. die Gebilde zwecks Bldg. der einsäurigen Salze mit Säure vor- oder nachbehandeln. Geeignete Farbstoffe sind z. B. *4.4'-Diamino-3.3'-dimethoxyazobenzol* u. *4.4'-Diamino-2.5.2'.5'-tetramethoxyazobenzol.* (**D. A. S. 1 041 910** Kl. 8m vom 26/7. 1955, veröff. 30/10. 1958.) F. BÖHM. 7021

Union Carbide Corp., New York, N. Y., V. St. A., *Färben von Textilien aus Acrylnitril enthaltenden Polymeren* mit Säure-, Acetat-, Küpen- oder metallisierten Farbstoffen. Man behandelt die Textilien vor oder während des Färbens mit einer wss. Lsg. einer Verb. der Formel I (R, R^{1-4} = H oder Alkyl; X = O oder S; Y = Alkyl, Aryl, Alkaryl, Halogenalkyl, Cyanoalkyl oder eine 2. Gruppe der Formel I, worin OY durch einen 2wertigen Rest mit 2 endständigen OH-Gruppen ersetzt ist). Eine geeignete Verb. ist z. B. 5-Äthyl-2-(2-äthylhexyloxy)-2-oxo-4-propyl-1.3.2-dioxaphosphorinan. (**E. P. 791 531** vom 1/9. 1955, ausg. 5/3. 1958. A. Prior. 27/9. 1954.) F. BÖHM. 7021

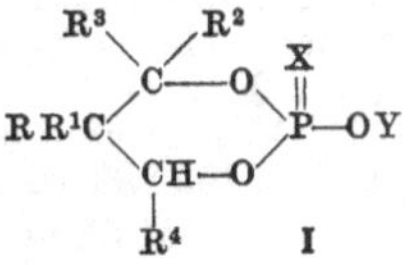

I

Comp. Française des Matières Colorantes, Frankreich (Erfinder: **Joseph Khachoyan** und **Jean-Paul Niederhauser**), *Färben von Acrylnitrilpolymeren* durch Behandeln bei Tempp. über 80°, bes. über 110°, mit wasserlösl. oder unlösl. Derivv., mit Ausnahme der Cu-Komplexverbb., von o.o'-Dihydroxymonoazofarbstoffen mit nur einer SO_3H-Gruppe, in Ggw. von Hydroxylamin (I) oder I bildenden Mischungen u. gegebenenfalls in Ggw. von mit den Farbstoffen Komplexverbb. bildenden Metallen. — Man färbt z. B. 10 (Teile) Polyacrylnitrilfasern in einem Bade, das in 200 W. 1 I-Sulfat u. 0,2 Cr-Komplexverb. von 6-Nitro-2-aminophenol-4-sulfonsäure → 1-Phenyl-3-methylpyrazolon-(5) enthält, 1 Std. bei 120—130°. (**F. P. 1 160 105** vom 26/10. 1956, ausg. 8/7. 1958.) G. HOPPE. 7021

Badische Anilin- & Soda-Fabrik Akt.-Ges. (Erfinder: **Rolf Zeidler**), Ludwigshafen/Rh., *Färben und Bedrucken von Fäden*, Fasern, Bändern u. Geweben aus *Polyacrylnitril* u. acrylnitrilhaltigen Mischpolymerisaten. Bei der Durchführung des in der D. A. S. 1 013 256 beschriebenen Verf. kann man an Stelle der dort genannten bas. Farbstoffe auch Dispersionsfarbstoffe der Azo-, Azomethin- oder Anthrachinonreihe verwenden. (**D. A. S. 1 032 715** Kl. 8m vom 8/2. 1957, veröff. 26/6. 1958. **Zusatz zu D. A. S. 1 013 256; C. 1958. 2281.**) F. BÖHM. 7023

Soc. Rhodiaceta, Paris (Erfinder: **Raymond Bujadoux**, Lyon), Frankreich, *Bedrucken von Textilmaterial aus Celluloseacetat und/oder synthetischem Material* mit Dispersionsfarbstoffen. Man setzt den Druckpasten 0,5—2 (Gew.-%) eines Oxydationsmittels, z. B. 1 $NaClO_3$, zu, wodurch tiefere Farbtöne erhalten werden. Zweckmäßig dämpft man die bedruckte Ware, bes. bei >160°. (**D. A. S. 1 044 762** Kl. 8n vom 4/6. 1957, veröff. 27/11. 1958. F. Prior. 23/10. 1956.) F. BÖHM. 7023

Farbenfabriken Bayer Akt.-Ges., übert. von: **Heinz-Werner Schwechten**, Leverkusen, *Gelbe Küpenfarbstoffe der Anthrachinonreihe* der allg. Zus. I (R = 8-Chinolinyl- oder Phthalyl-8-chinolinylrest, n = 1 oder 2, R_1 (wenn n = 1) = Anthrapyrimidin- oder Thiazolanthroncarbonsäuregruppe u. (wenn n = 2) = niedrige aliphat. KW-stoff- oder aromat. carbocycl. KW-stoffdicarbonsäuregruppe) erhält man durch Acylieren von 1-Acylamino-5-aminoanthrachinonen, in denen der Acylrest sich von einer Chinolin-8-carbonsäure ableitet, mit aliphat. oder aromat. Dicarbonsäuren oder mit gelben verküpbaren Carbonsäuren, wie 1.9-Thiazolanthron-2-carbonsäure (**Ia**), Thiazol- oder Imidazolanthrachinoncarbonsäure oder 1.9-Anthrapyrimidin-2-carbonsäure (**II**). — 20 (g) 1-(Chinolin-8'-carbonylamino)-5-aminoanthrachinon (**III**) erhitzt man unter Rühren in 400 cm^3 trocknem Nitrobenzol (**IV**) bis 160°, gibt dann langsam 5 Terephthalsäurechlorid (**V**) hinzu, erhitzt langsam bis zum Sieden, saugt bei 90° ab, wäscht mit warmem **IV** u. Methanol. Der Farbstoff verküpt heiß u. färbt Baumwolle (**A**) aus dunkelgrauer Küpe sehr lichtecht grünstichiggelb. Ein ähnlicher Farbstoff wird mit Isophthalsäurechlorid (**VI**) erhalten. Werden 17,5 **II** in 500 cm^3 o-Dichlorbenzol suspendiert, die Säure mit 5 cm^3 $SOCl_2$ in das Säurechlorid übergeführt u. die Lsg. bei 140° mit 25 **III** ungesetzt, so erhält man braunstichiggelbe Nadeln, die **A** aus rubinroter Küpe sehr lichtecht grünstichiggelb färben. In ähnlicher Weise erhält man Farbstoffe aus: 1-(5'.6'-Phthalylchinolin-8'-carbonylamino)-5-aminoanthrachinon (**VII**) u. **V**, feine gelbe Nadeln, färbt **A** aus bordoroter Küpe sehr echt klar gelb (mit **VI** wird ein ähnlicher Farbstoff erhalten); **VII** u. **Ia**-Chlorid, orangegelbe Nadeln, färbt **A** aus violetter Küpe klar gelb; **VII** u. **II**-Chlorid, färbt **A** aus rubinroter Küpe kräftig gelb. (**A. P. 2 830 989** vom 4/8. 1955, ausg. 15/4. 1958. D. Prior. 7/8. 1954.) O. ROICK. 7059

I

E. I. du Pont de Nemours & Co., Wilmington, Del., übert. von: **Stanley F. Kudzin**, Leonia, N. J., V. St. A., *Phthalocyaninpigmente*. Die nach A. P. 2 799 594; C. **1959**. 4639 erhältlichen, in organ. Anstrichmitteln nicht ausflockenden Phthalocyaninfarbstoffe, die in Ggw. einer geringen Menge 4-Sulfophthalsäure oder deren Anhydrid nach der

Phthalsäureanhydrid–Harnstoff-Meth. hergestellt werden, können in einfacher Weise sehr fein verteilt u. in Pigmente von großer Farbstärke u. leuchtendem Ton übergeführt werden, wenn man den Farbstoff in einer Kugelmühle, die Kugeln mit einem Durchmesser nicht $>$0,25 in. aufweisen, suspendiert in einem chlorierten KW-stoff (I), vermahlt, I durch Dampfdest. entfernt u. dann den Pigmentfarbstoff trocknet. Als I kann z. B. CCl_4, Trichloräthylen, Tetrachloräthylen oder o-Dichlorbenzol verwendet werden. (**A. P. 2 799 595** vom 12/11. 1953, ausg. 16/7. 1957.) O. ROICK. 7073

Imperial Chemical Industries Ltd., übert. von: **Peter William Brett Semmens** und **George Edward Penketh**, Norton-on-Tees, England, *Farbstoffpolyphosphatverbindungen*. Lösl. gemachte Polyphosphate (I), die man z. B. dadurch erhält, daß man gepulvertes K-Polyphosphat (II) in W. mit dem Na-Salz eines Kationenaustauschharzes, wie dem Na-Salz eines sulfonierten Polystyrols oder sulfonierten Phenolharzes oder den Ammoniumsalzen dieser Kationenaustauscherharze versetzt, oder vorteilhafter **II** mit einem Na-Salz, wie NaCl, zu einer wasserlösl. viscosen Lsg. umsetzt oder mit kleinen Mengen alkalineutralisiertem H_2O_2 behandelt, setzt man, wobei **I** eine Viscosität aufweisen soll, die das 15fache von W. beträgt, mit Farbstoffen um, die tert. Aminogruppen enthalten, von denen nur ein Teil, ca. 59%, quaternisiert ist. — Die erhaltenen gefärbten polymeren Prodd., die gegen Tempp. von 200—250° beständig sind, können z. B. als verformbare, nicht brennbare Massen dienen oder als Zusätze zu Schmierölen verwendet werden. — 2,5 g **II** gibt man zu 50 cm³ einer Lsg., die genügend NaCl enthält, um ein K:Na-Atomverhältnis von 1:2 zu schaffen, rührt langsam 1 Std., gießt die Lsg. ab, gibt 180 cm³ W. zum Rückstand, bringt ihn durch schnelles Rühren in Lsg. u. filtriert von Ungelöstem ab. Zu 100 cm³ der erhaltenen klaren Lsg. gibt man unter Rühren 270 cm³ einer 1,5% ig. Lsg. des blauen Farbstoffs, den man durch Rk. von Cu-Tri-(chlormethyl)-phthalocyanin mit Tetramethylthioharnstoff (**III**) erhält, also eines Farbstoffs, der Isothiuroniumgruppen enthält. Der erhaltene flockige blaue Nd. kann durch Verkneten vom W. befreit, gewaschen u. getrocknet werden u. stellt dann eine dunkelblaue bröcklige M. dar, die bei 250° noch nicht weich wird. In ähnlicher Weise wird aus dem aus Di-(chlormethyl)-4.4′-di-(6-methylbenzthiazyl-2)-azobenzol u. **III** erhältlichen Farbstoff (**IV**) eine gelbstichigbraune bröcklige M. (**V**) erhalten, die bei 200° erweicht. Auch aus dem Farbstoff aus Di-(chlormethyl)-isodibenzanthron u. **III** erhält man in ähnlicher Weise eine violette bröcklige Masse. — 120 g des Ionenaustauschharzes „Zeo-Karb 215" behandelt man mit NH_4Cl, wäscht das Harz chloridionenfrei, gibt W. bis zu 600 cm³ u. dann 9 g **II** hinzu, rührt 45 Min. in der Kälte, erhöht dann die Temp. langsam bis 50° u. filtriert das Harz ab. Die Lsg. enthält in Gew.-% 1,58 P_2O_5 als KPO_3, 0,2 NH_4, 0,1 K. Wird zu 50 cm³ dieser Lsg. eine 2% ig. wss. Lsg. von **IV** gegeben, so wird eine **V**-ähnliche M. erhalten. — Zu einer Lsg. von 200 (cm³) 29% ig. H_2O_2, 200 W. u. 2n NaOH gibt man 8 g **II**, rührt kräftig, gibt nach dem vollständigen Auflösen nach 15 Min. weitere 130 W. hinzu u. setzt 50 dieser Lsg., die 1,45% KPO_3 enthält, mit einer wss. 2% ig. Lsg. von **IV** um. Das erhaltene Prod. ist **V** ähnlich. — Vgl. auch D. B. P. 946 011; C. **1957.** 1545. (**A. P. 2 829 129** vom 14/9. 1954, ausg. 1/4. 1958. E. Prior. 16/10. 1953.) O. ROICK. 7073

XIa. Farben. Anstriche. Lacke. Naturharze.

V. Charrin, *Der Dolomit.* Dolomit als Füllstoff für Anstrichfarben. (Peintures, Pigments, Vernis **34.** 467—68. Okt. 1958.) B. SCHEIFELE. 7092

A. L. Markman und **M. D. Bodnja**, *Das Öl von Catalpa bignonioides.* Das aus getrockneten Samen von Catalpa bignonioides mit Bzn. extrahierte Öl hat D. 0,942—0,944, n_D 1,5001—1,5021, Viscosität (20°) 21,9° E, (50°) 7,04° E, SZ. 1,24, VZ. 191,5, EZ. 190,26, HEHNER-Zahl 96,4, REICHERT-MEISSL-Zahl 1,39, POLENSKE-Zahl 0,4, Acetylzahl 27,0, JZ. (HÜBL) 171,0, Rhodanzahl 96,7, Dienzahl 27,0, mittleres Mol.-Gew. der Fettsäuren 281,6, hochmol. gesätt. Säuren nach BERTRAM 4,2%, Unverseifbare nach SPITZ u. HÖNIG 0,52%. Bzgl. der Fettsäurezus. bietet es eine eigentümliche Kombination mehrfach ungesätt. Säuren mit getrennten u. mit konjugierten Doppelbindungen. Nach der chem. Analyse (bzw. der spektrophotometr. Analyse) enthält es 4,39 (%) (4,39) gesätt. Säuren, 10,08 (10,13) Ölsäure, 38,81 (48,83) Linolsäure, 15,77 (—) Linolensäure, — (4,05) Diensäuren mit konjugierten Doppelbindungen u. 30,95 (32,60) Eläostearinsäure (Vgl. mit Tung- u. Leinöl). (Журнал Общей Химии [J. allg. Chem.] **27** (**89**). 2293—97. Aug. 1957. Zentralasiat. Polytechn. Inst.) R. K. MÜLLER. 7096

Masao Gotôda, *Rheologische Eigenschaften der Anstrichmittel.* Übersicht. — 40 Literaturangaben. (J. Oil Chemists' Soc. Japan **7.** 489—500. Dez. 1958. Tokyo, Tetudô-Giken. [Orig.: japan.]) E. MAEKAWA. 7106

Tadaaki Bitô, *Trocknen des Films von Japanlack.* Das Trocknen des Leinöls u. anderer trocknender Öle wird durch Zusatz von *Urushiol* verzögert. Der Einfl. verschied.

chem. Substanzen auf das Trocknen des Japanlacks (Urushi; Urushiol ist seine phenol. Komponente) wird geprüft. (Kagaku [Science] **28.** 579. Nov. 1958. Nagoya, TH. [Orig.: japan.]) E. MAEKAWA. 7106

H. E. Parker, *Die Rezeptur von Anstrichen auf Basis Chlorkautschuk.* Allg. Ausführungen. Rahmenrezepte. (Canad. Paint Varnish **32.** Nr. 11. 32—33. 50—51. Nov. 1958.) M. WINIKER. 7106

Bernard Thomas, *Die Probleme des Rostschutzes in den Werkstätten der S.N.C.F.* Auf die sorgfältig vorbereitete Oberfläche der Metallteile wird zum Schutz gegen Korrosion eine Grundschicht von Bleimennige aufgebracht u. darauf ein ölhaltiger Anstrich, der Fe-Oxyde enthält. (Corrosion et Anticorrosion **6.** 288—91. Sept. 1958.) F. VIER. 7106

Erwin Gemmer, *Oberflächenschutz durch Wirbelsintern und Flammspritzen.* Das Aufbringen von Schutzschichten aus Kunststoff auf Metalloberflächen durch Eintauchen der erhitzten Werkstücke in Wirbelschichten des Kunststoffs u. durch Flammspritzen wird erörtert u. die Probleme der Durchführung der Verff. besprochen. Vorrichtungen werden beschrieben. (Werkstoffe u. Korrosion **9.** 421—23. Juli 1958. Frankfurt/M.) F. VIER. 7106

F. I. Rowko und **O. L. Sagrebina,** *Die Behandlung von Küchenmöbeln mit Nitroemaille.* An Stelle der eine lange Trocknungsdauer erfordernden Grundierung werden die Möbel mit einem billigen Spachtel, dessen Rezept angeführt wird, 2mal grundiert, wobei die Trocknungsdauer nur bei 20° 2 Std. beträgt. Dann wird mit Nitrospachtel PSch-1 u. Lösungsm. 646 bei 45—60° behandelt, worauf nach 2 Std. der auf 60° erwärmte u. mit Lösungsm. 646 verd. Nitrolack DMO aufgetragen wird. (Деревообрабатывающая Промышленность [Holzverarb. Ind.] **7.** Nr. 2. 20—21. Febr. 1958. Smolensk, Möbelfabrik.) J. v. SCHROEDER. 7106

S. S. Srivastava und **D. D. Puri,** *Dielektrische Mikrowelleneigenschaften von indischem Schellack im 8 mm-Gebiet.* Vff. bestimmten die DK. u. den Verlustwinkel von 5 verschied., sehr reinen handelsüblichen Schellackproben im 8 mm-Band. Von den Proben war die eine Probe „Blonde" vollständig entwachst u. enthielt um 0,1% unlösl. Verunreinigungen. Die Versuchsergebnisse sind tabellar. zusammengestellt. (Nature [London] **183.** 37—38. 3/1. 1959. Cochin, Indian Naval Phys. Labor.; New Delhi, Nat. Phys. Labor.) C. GOTTFRIED. 7140

Vladimír Zvonař, *Colorimetrische Bestimmung von Kobalt in Sikkativen.* Es wurde eine Vereinfachung der n. verwendeten Co-Best. in Sikkativen entworfen. Anstatt der Verbrennung, der Mineralisation oder Extraktion wurden die Proben in HCl-Lsg. 10 Min. gekocht u. nach Zugabe von Aceton direkt colorimetriert. Die Best. wird durch Mn u. andere Metalle gestört. Der Einfl. von Fe wird durch Pyrophosphat beseitigt. Die Fehlergrenze der Meth. beträgt 1—2%, bei sehr hohem oder sehr niedrigem Co-Geh. 5%. (Chem. Průmysl **7** (**32**). 512—14. Sept. 1957. Pardubice, Výzkumný ústav synth. pryskyřic a laků.) J. SCHNEIDER. 7154

R. Reichherzer, *Die chemische Untersuchung von wässerigen Lösungen makromolekularer Stoffe.* Zusammenstellung charakterist. Rkk. makromoll. Stoffe (*Gelatine, Albumin, Casein,* wasserlösl. *Harnstoff–Formaldehyd-Kondensationsprodd., Stärke, Dextrin, Methylcellulose,* Na-Salz der *Carboxymethylcellulose, Alginsäure, Pektin, Traganth, Polyvinylalkohol, Polyvinylmethyläther*) sowie Beschreibung eines systemat. Trennungsganges zu ihrer Auffindung zum Zwecke der Analyse der in W. lösl. Bestandteile wss. Kunststoffdispersionen, wie sie für Anstrich- u. Imprägnierungszwecke Verwendung finden. (Mitt. chem. Forsch.-Inst. Wirtsch. Österreichs **11.** 141—46. Okt. 1957. Wien, Kunststoffinst.) E. ÜHLEIN. 7158

Fabriques Réunies de Lampes Électriques, Frankreich, *Fluorescierende Substanz,* bes. für Hg-Dampflampen, welche durch kurze oder lange UV-Strahlen erregt wird, bestehend aus einem mit Mn aktivierten Mg-Fluorgermanat-Titanat. Die Zus. des Prod. in g ist z. B.: 52,32 MgO, 26,07 GeO_2, 9,14 TiO_2, 12,27 MgF_2 u. 0,20 Mn. — Allg. liegen die Mengenverhältnisse bei MgO = 50—70 (%). $GeO_2 + TiO_2$ = 15—40, MgF_2 = 10—18 u. Mn = 0,05—0,5. Mn wird in Form des Carbonats oder des Nitrats eingebracht. (**F. P. 1 139 056** vom 23/12. 1955, ausg. 25/6. 1957.) M. F. MÜLLER. 7093

E. I. du Pont de Nemours & Co., Wilmington, Del., übert. von: **Felix Frederick Ehrich,** Westfield, und **Hans Billroth Gottlieb,** Glassboro, N. J., V. St. A., *Polychlor-Cu-Phthalocyanin* (**I**) wird auch feinstverteilt von großer Farbkraft u. Weichheit, geeignet als *Pigmentfarbstoff,* z. B. für Lacke u. lithograph. Zwecke, erhalten, wenn man von rohem **I** ausgeht, das nicht in Ggw. von $AlCl_3$ oder anderen Metallhalogeniden (**II**) hergestellt worden ist, oder das in Ggw. von **II** hergestellt, dann aber vom größten Teil der **II** befreit wurde, wenn man das rohe **I** nun erneut mit **II** der Zus. MX_3 (M = Al oder Fe, X = Cl oder Br) im Verhältnis von 2 (Mol) MX_3 auf 1 **I** unter wasserfreien Bedingungen in einer organ., mit W. nicht mischbaren Fl., die fähig ist, W. von der Oberfläche der Pigmentteilchen zu verdrängen, innig vermischt, worauf mit W. in genügender Menge verrührt wird, um das MX_3 herauszulösen, u. dann die Aufschlämmung gegebenenfalls der Wasserdampfdest. unterwerfen u. das Pigment gewaschen u. getrocknet wird. — Ein nach dem Fließbettchlorierungsverf. gewonnenes rohes **I** (vgl. A. P. 2 586 598; C. **1954**. 4955) wird mit W. NaCl-frei gewaschen u. getrocknet. 25 (Gewichtsteile) des getrockneten Pigments verrührt man bei 28—30° 18 Std. mit 29 $FeCl_3$ in 650 o-Dichlorbenzol (**III**), gießt die Aufschlämmung unter Rühren in 500 W., entfernt **III** durch Wasserdampfdest., filtriert die wss. Farbstoffaufschlämmung, verrührt den Filterkuchen erneut 2 Std. bei 70° mit 950 W. u. 50 HCl, filtriert, wäscht mit W. frei von Säure u. wasserlösl. Chloriden, filtriert u. trocknet. (**A. P. 2 833 783** vom 12/4. 1954, ausg. 6/5. 1958.) O. ROICK. 7093

Esso Research and Engineering Co., Del., übert. von: **Anthony H. Gleason** und **Joseph F. Nelson,** Westfield, N. J., V. St. A., *Synthetische trocknende Öle* sind Mischpolymerisate eines konjugierten Diolefins, z. B. 1.3-Butadien, mit Myrcen. (**A. P. 2 829 065** vom 26/10. 1954, ausg. 1/4. 1958.) M. BÖTTCHER. 7097

Svenska Oljeslageri Aktiebolaget, Schweden, *Herstellung von wasserlöslichen Kondensationsprodukten aus Formaldehyd und Amidverbindungen.* Man stellt eine Lsg. des Kondensationsprod. her u. konz. sie durch kurzes Erhitzen > den F. des Kondensationsprod., worauf man auf der kalten Walze zu Flocken oder die Tropfen in einen kalten Luftstrom zu Körnern abkühlt. — Zu 160 (kg) 37,5%ig. Formalin gibt man 60 Harnstoff u. zu der Lsg. 0,7 Na_2HPO_4; p_H 8,2—8,5. Man erwärmt auf 45—50°, rührt 2—3 Std., kühlt auf Raumtemp., gibt mit 27,3 Liter/Std. in einen Verdampfer mit 158° Wandtemp., den das Prod. mit 10,7% Wassergeh. u. 150° verläßt, worauf es auf der kalten Walze zu Flocken erstarrt. Die M. kann in W. gelöst zur Herst. von *Lackharzen* verwendet werden. (**F. P. 1 146 797** vom 13/2. 1956, ausg. 14/11. 1957. Schwed. Prior. 14/2. 1955.) M. PANKOW. 7097

Jacobus Rinse, Bernardsville, N. J., V. St. A., und **Willem Dorst,** Haarlem, Holland, *Herstellung von Ölfarben mit inerten Pigmenten.* Ein Zusatz von Pb- oder Zn-Verbb., die mit dem härtenden Öl reagieren, ist nicht erforderlich, wenn man das Öl mit 1—3 Gew.-% eines 3- oder mehrwertigen Alkohols (z. B. durch Erhitzen auf 200° mit Glycerin in Ggw. eines Pb- oder Zn-Katalysators) verestert, dann mit dem Pigment vermahlt, Verdünnungsmittel u. Sikkativ zusetzt u. schließlich bis 1, bes. 0,3 Gew.-%, berechnet auf Öl, Al in Form von Al-Alkoholat zufügt. (**Holl. P. 87 259** vom 14/4. 1954, ausg. 15/1. 1958. A. Prior. 29/4. 1953.) F. BÖHM. 7107

Atlas Powder Co., Wilmington, Del. (Erfinder: **Jack C. Bacon,** Norton Heights, Conn.), V. St. A., *Lacke und Überzugsmittel* enthalten ein trocknendes Öl, wie Lein-, Holz-, Oiticica-, Ricinusöl, u. einen linearen Polyester einer α.β-ungesätt. Dicarbonsäure mit einem Ätheralkohol, z. B. den Fumarsäurepolyester des 2.2-Di-(4-β-oxypropoxyphenyl)-propans, sowie gegebenenfalls Harnstoff- oder Melaminharze. Die bei höherer Temp. eingebrannten Filme sind gegen kochendes W. u. schwache Säuren beständig. (**D. A. S. 1 053 697** Kl. 22h vom 16/11. 1955, veröff. 26/3. 1959. A. Prior. 17/12. 1954.) M. BÖTTCHER. 7107

Dow Chemical Co., Midland, Mich., V. St. A., *Aufbringen von Überzügen auf Metallgegenstände,* die in der Länge die größte Dimension aufweisen. Die Metallgegenstände werden vertikal in ein Bad mit dem erwärmten pigmentierten Überzugsmittel eingetaucht u. mit einer Geschwindigkeit von 10—60 Fuß/Min. herausgezogen. Nach dem Trocknen des Überzugs werden die Gegenstände gedreht u. entgegengesetzt eingetaucht u. wieder mit 10—60 Fuß/Min. herausgezogen. Der Überzug wird getrocknet u. gegebenenfalls eingebrannt. Das Überzugsmittel (z. B. eine Grundierung mit Polyvinylbutyral u. Zn-Chromat) hat eine Viscosität von 12—60 Sek. im FORD-Becher Nr. 4 bei 80° F. Die Badtemp. beträgt 55—110° F. (**E. P. 796 628** vom 24/10. 1956, ausg. 18/6. 1958. A. Prior. 3/11. 1955.) P. KRUG. 7107

General Mills, Inc., übert. von: **David Glaser,** St. Paul, Minn., V. St. A., *Erhöhung der Lagerfähigkeit von Epoxyharz–Polyamid-Gemischen.* Das Gelieren der Mischungen der bes. in Methylisobutylketon u. Xylol (**I**) gelösten Epoxyharze (aus Bisphenol) u. bes. in **I** u. Butanol gelösten Polyamide (**II**) auf Grundlage polymerer ungesätt. Fettsäuren wird durch Zusatz von CH_2O_2 (**III**) verzögert, wenn diese in einer 25—100% der den freien Aminogruppen des **II** entsprechenden Menge angewendet wird. Durch

Verdunsten der III oder beim Einbrennen härtet die zur Herst. von lufttrocknenden Überzügen u. als Einbrennlack dienende Masse. (**A. P. 2 844 552** vom 23/2. 1954, ausg. 22/7. 1958.) G. TEWES. 7107

Imperial Chemical Industries Ltd., London, England (Erfinder: **Richard Michael Ringwald** und **Norman William Hanson**), *Ester von trocknenden Ölsäuren und Vinylpolymeren.* Zunächst wird die Ölsäure (I) mit Glycidyl(meth)-acrylat umgesetzt u. dann das Reaktionsprod. mit einer anderen polymerisierbaren Vinyl- oder Vinylidenverb. zur Rk. gebracht. Als I ist in den Mengenbeispielen Leinölfettsäure genannt. Es kann auch zuerst ein Mischpolymerisat aus z. B. Glycidylmethacrylat u. Methyl- u. Nonylmethacrylat oder Vinyltoluol hergestellt werden u. das Reaktionsprod. mit der Säure in Ggw. von z. B. Benzyltrimethylammoniumhydroxyd umgesetzt werden. — Harte, schnelltrocknende Filme bildende *Überzugsmittel.* (**E. P. 793 776** vom 7/4. 1954, ausg. 23/4. 1958.) H. SCHINDLER. 7107

E. I. du Pont de Nemours & Co., Wilmington, Del. (Erfinder: **Loran Andrew Henderson,** Delaware, Pa.), V. St. A., *Überzugsmittel beziehungsweise Einbrennlacke* auf der Grundlage von Butadienpolymeren oder Mischpolymeren von Butadien-(1.3) u. Styrol, dad. gek., daß diese Orthotitanat- oder Orthozirkonatester sowie organ. Lösungsmittel enthalten. Die Lacke sind sehr gut geeignet für die Lackierung von Behältern für Nahrungsmittel. (**D. A. S. 1 055 158** Kl. 22h vom 15/3. 1957, veröff. 16/4. 1959. A. Priorr. 15/3. u. 7/6. 1956.) M. BÖTTCHER. 7107

Esso Research and Engineering Co., Elizabeth, N. J., V. St. A., *Überzugsmittel* auf der Grundlage von einem oxydierten fl. Polymeren eines konjugierten C_4—C_6-Diolefin-KW-stoffs, wie Butadien–Styrol-Mischpolymeren (I) u. organ. Lösungsmitteln, gek. durch einen Geh. von 90—10 (Teilen) eines gegebenenfalls mit Melamin modifizierten Harnstoff–Formaldehyd-Harzes u. 10—90 an I mit einem O-Geh. von mindestens 7%. (**D. A. S. 1 053 116** Kl. 22h vom 22/6. 1956, veröff. 19/3. 1959. A. Prior. 24/6. 1955.) M. BÖTTCHER. 7107

M. W. Kellogg Co., Jersey, N. J., V. St. A., *Überziehen von festen Gegenständen mit Perfluorchlorolefinpolymerisaten.* Auf die Trägerstoffe, z. B. aus Metall (wie Eisen, Stahl, Kupfer, Bronze), Glas oder Porzellan bzw. Textilien, wird zunächst eine verklebende Zwischenschicht aus Epoxydharzen (F. wenigstens 0°; z. B. Epon, Araldite oder Exon) aufgebracht u. gehärtet. Dann wird mit dem Perfluorchlorolefinpolymerisat (z. B. aus Trifluorchloräthylen) überzogen. Man kann so auch Schichtkörper herstellen. (**E. P. 791 092** vom 30/9. 1955, ausg. 26/2. 1958. A. Prior. 30/12. 1954.) P. KRUG. 7107

Aristide Marie Louis André Dubout, Frankreich, *Herstellung von mit einem plastischen Überzug versehenen Papier* zum Überziehen von Gegenständen aller Art als Schutz- u. Dekorationsstoff. — Eine Papierbahn wird mit einer synthet. Kautschuklsg. imprägniert u. danach mit einer Vinylharzschicht überzogen. Das Vinylharz enthält Dibutyl- oder Dioctylphthalat als Weichmachungsmittel. (**F. P. 1 146 317** vom 28/3. 1956, ausg. 8/11. 1957.) M. F. MÜLLER. 7107

I. P. Bemberg Akt.-Ges., Deutschland, *Verhinderung des Verklebens von gestapelten, nicht lackierten Cellulosefolien.* Man führt die Folien durch eine Weichmacherlsg., die geringe Mengen von Na-Stearat enthält. So imprägniert man die Folien in einem Bad von 40° aus Polyglykol oder Glycerin, das ca. 2 g/Liter Na-Stearat enthält. (**F. P. 1 155 700** vom 9/8. 1956, ausg. 7/5. 1958. D. Prior. 31/8. 1955.) M. PANKOW. 7107

British Cellophane Ltd., Bridgwater, Somerset (Erfinder: **William Berry, Herbert James Ward, Edward George Sanderson** und **Maurice Arthur Maloney**), England, *Überzogenes Verpackungsmaterial aus Folien von regenerierter Cellulose,* das noch Wasserdampf in einer Menge von 700—7000 g/100 m^2/Std. bei 39,5° durchläßt. Als Überzug wird z. B. die Lsg. eines Cellulosederiv. mit einem Ester von Pentaerythrit u. einer Monocarbonsäure mit 12—35 C-Atomen, mit einem wachsartigen Polymerisat aus einem n-Alkyläther des Vinylalkohols oder einem Paraffinwachs, gegebenenfalls mit Zusatz eines Siloxanharzes bzw. die Lsg. eines Mischpolymerisats aus Vinylchlorid (79 Gew.-%), Vinylidenchlorid (20) u. Itaconsäure (1) verwendet. Auf der anderen Seite der Folie ist ein üblicher wasserabweisender, jedoch feuchtigkeitsdurchlässigerer Überzug aufgebracht. (**E. P. 790 200** vom 10/6. 1955, ausg. 5/2. 1958.) P. KRUG. 7107

British Cellophane Ltd., Bridgwater, Somerset, England (Erfinder: **William Berry, Herbert James Ward, Edward George Sanderson** und **Maurice Arthur Maloney**), *Feuchtigkeitsfeste Verpackungsmaterialien aus regenerierter Cellulose.* Auf den frisch hergestellten Cellulosegrundfilm wird ein- oder beidseitig ein dünner wasserabweisender Überzug (I), der jedoch nicht feuchtigkeitsfest ist, aufgebracht. Auf die nichtüberzogene Seite bzw. eine der beiden überzogenen Seiten wird sodann ein feuchtigkeitsfester

Überzug, z. B. aus der wss. Dispersion des Mischpolymerisats aus Vinylidenchlorid u. Acrylnitril oder der Lsg. von Nitrocellulose u. Paraffinwachs (F. $> 60^0$) in organ. Lösungsmitteln aufgebracht. Geeignete Mittel für I sind z. B. Polyamidsuspensionen oder wss. Lsgg. von teilweise kondensierten Harnstoff–CH_2O-Reaktionsprodukten. (**E. P. 790 201** vom 10/6. 1955, ausg. 5/2. 1958.) P. KRUG. 7107

Joseph Constantin, Frankreich, *Polier- und Pflegemittel für Autokarosserien,* emaillierte u. glasierte Gegenstände, bes. Badewannen u. Badeeinrichtungen, aus 5 (Gewichtsteilen) Alkali, 10 Aceton, 100 $CaCO_3$, 20 H_2SO_4, 100 CCl_4, 350 Brennspiritus, 200 Terpentinöl, 100 Bzn., 100 Bzl., 50 Paraffin u. 20 Wasser. — Das Carbonat wird mit W. angerührt u. mit einem Gemisch von Paraffin, Bzl., Terpentinöl, Bzn. verrührt. Danach wird H_2SO_4 eingetragen u. zunächst A. u. dann CCl_4 zugegeben. Man läßt 1 Std. stehen u. gibt dann Alkali u. Aceton zu. Die Fl. wird mittels eines damit befeuchteten Tuches ohne Zusatz von W. u. dgl. aufgetragen u. trocknen gelassen. Es wird mit einem weichen Tuch nachgerieben. (**F. P. 1 140 600** vom 27/1. 1956, ausg. 29/7. 1957.) M. F. MÜLLER. 7119

McGarvey Cline, Jacksonville, Fla., V. St. A., *Reinigung von Kiefernbalsam,* bes. von *Terpentinöl,* u. Entfernung der wss. Anteile, dad. gek., daß man die fl., öl-harzige M. erst durch eine Zone unter Überdruck nahe der Siedegrenze der M. u. dann durch eine Unterdruckzone führt. — 10 Abb. der Spezialapparatur. (**A. P. 2 830 041** vom 24/3. 1952, ausg. 8/4. 1958.) M. BÖTTCHER. 7141

XIb. Plaste (Kunstharze. Plastische Massen).

W. R. McGlone und **L. B. Keller,** *Volumen- und Druckeffekte beim Pressen.* 2. Mitt. (Materie plast. **23.** 915—22. Nov. 1957. — C. **1958.** 4943.) G. PIEKARSKI. 7170

F. G. Firth, *Einlegen und Einbetten.* Das Einbetten von elektr. Aggregaten in Kunststoffe schützt sie vor der Einw. der Luft, Feuchtigkeit, Pilzbefall u. mechan. Stoß, u. häufig wird der elektr. Zustand verbessert. Die Eigg. von Monomeren u. gefüllten Harzen werden besprochen u. mit einem hypothet. Einbettungsharz verglichen. Vor- u. Nachteile der Vakuummeth. u. der Zentrifugalmeth. werden eingehend besprochen. Wichtig ist die Frage nach dem richtigen Gießharz. Vf. bespricht sämtliche verwendeten Harze, bes. der Epoxygruppe, ebenso benutzte Füllmittel. (Mod. Plastics **33.** 125—37. April 1956.) F. SCHIPKE. 7170

William L. Fawcett, *Polyäthylen hoher Dichte.* Die physikal. Eigg. von Niederdruckpolyäthylen werden aufgeführt u. Möglichkeiten u. Grenzen seiner Anwendung in der Verpackungsindustrie erörtert. An Hand von Beispielen aus der Praxis werden die wirtschaftlichen Einsparungsmöglichkeiten durch Verwendung dieses Kunststoffs auf dem Verpackungsgebiet aufgezeigt. Vf. geht ausführlich auf die techn. Verarbeitung von Niederdruckpolyäthylen ein. (Canad. Plastics **1958.** 59—62. Okt. Bartlesville, Okla., Philips Chem. Co.) H. SONTAG. 7172

Albert Zilkha, Nissim Calderon und **Max Frankel,** *Niederdruckpolymerisation des Äthylens mit Natriumalkyl-haltigen Katalysatoren.* Vff. gelang die Niederdruckpolymerisation des Äthylens mit Katalysatoren aus $TiCl_4$ u. metallorgan. Verbb. des Na in PAe. als Lösungsmittel. Die Aktivitätsbereiche lagen bei den Katalysatoren aus $C_5H_{11}Na$ u. $TiCl_4$ beim Mol-Verhältnis 3:52, bei Verwendung von C_4H_9Na bei 5:9,5. Katalysatoren aus C_6H_5Na u. $TiCl_4$ waren bedeutend weniger akt. u. zeigten bei den Polymerisationen Induktionseffekte. Mit Katalysatoren aus $C_5H_{11}Na$ u. $TiCl_4$ ergab die Polymerisation mit steigendem Druck (bis 3 at) u. fallender Temp. (bis 0^0) bessere Ausbeuten. Die erzeugten Polyäthylene wiesen eine enge Mol.-Gew.-Verteilung auf u. waren hochmolar. Die viscosimetr. bestimmten Mol.-Geww. lagen zwischen 775000 u. 1020000. (J. Polymer Sci. **33.** 141—52. Dez. 1958. Jerusalem, Israel, Hebrew Univ., Dep. of Organ. Chem.) F. VOHWINKEL. 7172

M. S. Welling, *Anwendung von PVC.* Allg. Ausführungen. (Rubber J. int. Plastics **134.** 831—33. 31/5. 879—80. 883. 7/6. 908. 910—12. 14/6. 1958.) M. WINIKER. 7172

S. Gundiah und **S. L. Kapur,** *Präzisionsviscosimetrie an Polyvinylacetat in Toluol.* Vff. führten an Lsgg. eines linearen Polyvinylacetates in Toluol bei 30^0 genaue Viscositätsmessungen mit einem UBBELOHDE-Viscosimeter aus. Unterhalb der krit. Konz. von 0,055 g/dl zeigte sich ein abnormer Anstieg der Viscosität. Da Scherkräfte nachweislich nicht auftraten, wird eine Adsorption von Polymerteilchen an den Wänden der Capillare des Viscosimeters angenommen. Die errechnete Dicke der adsorbierten Schicht wächst mit fallender Konzentration. (J. Polymer Sci. **31.** 202—05. Aug. 1958. Poona, India, Nat. Chem. Labor.) F. VOHWINKEL. 7172

A. A. Wanscheidt und **N. N. Kusnetzowa,** *Untersuchung des Mechanismus der Härtung von Phenol-Formaldehyd-Resolen.* Die einzelnen Stufen Phenol + CH_2O → Phenolalkohole (I) → Resole (II) → Resitol → Resit werden quantitativ verfolgt. In der 1. Stufe findet in Ggw. von 1% NaOH nur eine Anlagerung an I statt, beim Erhitzen der wasserfreien I auf 100° in N_2-Atmosphäre eine Polykondensation mit Austritt von W. aus den CH_2OH-Gruppen u. H-Atomen des Phenols unter teilweiser Bindung von freiem Phenol u. Bldg. von II, deren O nur in Form von Phenol- u. Methylol-OH vorliegt. Die Härtung der II bei 130 oder 160° erfolgt durch weitere Polykondensation mit Austritt von W. aus den CH_2OH-Gruppen u. akt. H-Atomen des II bei Erhaltung aller phenol. OH-Gruppen u. unter Bldg. dreidimensionaler Strukturen, in denen die Phenolringe durch CH_2-Gruppen in 3 Richtungen verbunden sind. Ätherbindungen entstehen nicht, auch keine di- u. trimeren Chinomethide in nennenswertem Umfang. (Журнал Прикладной Химии [J. angew. Chem.] **30.** 1850—58. Dez. 1957. Inst. für hochmol. Verbb. der Akad. der Wiss. der UdSSR.) R. K. MÜLLER. 7176

E. G. Shur, *Epoxyätherharze: eine neue Technologie.* Vf. beschreibt die Herst. von *Epoxyätherharzen* (I). Beim Erhitzen auf 400° F wird der *Epichlorhydrin*-Ring gesprengt, die weitere Bindung geht über die OH-Gruppen, die verestert werden. Sie können modifiziert werden mit prim. Alkylaminen in der Kälte, mit Aminoharzen bei höheren Tempp., z. B. 70% I u. 30% *Harnstoff-Formaldehyd.* Letztere Kombination wird durch organ. Säuren, wie Benzolsulfen- oder p-Toluolsulfensäure, katalysiert; die Rkk. sind jedoch schwer kontrollierbar, die Prodd. sind brüchig u. weniger widerstandsfähig. Lsgg. können in polaren oxydierenden Lösungsmitteln hergestellt werden (Ketone, Ätheralkohole u. Ester mit aromat. KW-stoffen). Die mit Harnstoffharzen modifizierten Typen haben eine bessere chem. Widerstandsfähigkeit, Zähigkeit u. Ausdehnung, leider sind sie teuer u. lichtempfindlicher als die Alkyd-Amin-Typen. I ist auch mit Phenol-Formaldehyd-Harzen der A-Gruppe verträglich. Mit Alkyd-Amin-Harz u. Polyvinylacetatharz modifizierten I wurden ebenfalls Verss. durchgeführt u. die einzelnen Rkk. besprochen. (Mod. Plastics **33.** 174—76. April 1956.) F. SCHIPKE. 7176

H. R. Levine, *Automatische Kontrolle des Kunststoffgehalts bei Beschichtungsprozessen unter hohem Druck.* Die Eigg. eines beschichteten Stoffes, z. B. Papier, hängen größtenteils von seinem Geh. an Kunststoff ab, wobei diese Menge großen Veränderungen unterworfen sein kann. Durch Kontrolle des Preßdruckes der Imprägnierrollen beim Beschichtungsprozeß können einheitliche Beschichtungen erzielt u. die Abfälle um 40% vermindert werden. Das Kontrollsyst. beruht auf einer Messung der Oberflächendichte des Materials vor u. nach der Imprägnierung mittels β-Strahlen u. automat. Übertragung auf den Preßdruck der Rollen. Einzelheiten des Syst. werden beschrieben. (Materie plast. **24.** 1006—11. Nov. 1958. Coshocton, Ohio, Gen. Electric Co.) G. PIEKARSKI. 7204

I. J. Gruntfest und **L. H. Shenker,** *Verhalten von verstärkten Kunststoffen bei sehr hohen Temperaturen.* (Materie plast. **24.** 1030—41. Nov. 1958. — C. **1959.** 6969.) G. PIEKARSKI. 7204

Rolf Joeres, Hamburg, *Kunststoff ohne oder mit metallischen oder nichtmetallischen Einlagen.* Zum Ergänzen von Werkstoff an Werkstücken aus metall. oder nichtmetall. Werkstoff werden Kunststoffe verwendet, die den gleichen oder möglichst gleichen Wärmeausdehnungskoeff. haben, wie ihn die Werkstoffe der Werkstücke haben, auf die die Kunststoffe aufgebracht werden. Der Wärmeausdehnungskoeff. der Kunststoffe kann durch Beimengungen, z. B. Metallpulver, eingestellt werden. (**D. A. S. 1 029 556** Kl. 39a vom 19/11. 1955, veröff. 8/5. 1958.) H. NATHER. 7171

Chemische Werke Hüls Akt.-Ges., Deutschland, *Behandlung von Niederdruckpolyolefinen* mit wss. Lsgg. komplexbildender organ. Säuren (Oxalsäure, das „Tetraoxalat" genannte Additionsprod. von Oxalsäure an saures Alkalioxalat, Glykol-, Milch-Weinsäure) zur Entfernung von Katalysatorresten. Die Lsg. kann Netzmittel enthalten, das Polymere kann mit geringen Mengen wasserfreier Alkohole (CH_3OH bis Butanol) vorbehandelt werden. — Man hält 10000 (Gewichtsteile) Butan, 80 $(C_2H_5)AlCl$, 70 $TiCl_4$ u. 3000 Äthylen bei 8—12 at u. 40—50°, entfernt dann Butan u. erhitzt das Polyäthylen 2 Std. mit einer Lsg. von 300 Oxalsäure u. 5 Dialkylarylsulfonat in 15000 W. auf 100°, preßt ab u. wäscht mit W. nach. (**F. P. 1 159 840** vom 21/9. 1956, ausg. 2/7. 1958. D. Prior. 1/10. 1955.) M. PANKOW. 7173

Badische Anilin- & Soda-Fabrik Akt.-Ges., Deutschland, *Herstellung von Polymerisationsprodukten aus olefinischen Kohlenwasserstoffen,* wie Äthylen, Propylen, Butylen, Butadien, Isopren, Styrol, in Ggw. einer Mischung aus Metallhydriden der 1. oder 2. Hauptgruppe des Period. Syst., eines Halogenids eines Metalles der 2. oder 3. Hauptgruppe u. einer weiteren Metallverb., worunter Verbb. der Metalle der Nebengruppen des Period. Syst. verstanden werden. — Zu 2 (Teilen) $AlCl_3$, 30 $TiCl_4$, 5 LiH u. 500 Bzl. wird unter N_2 bis 100 at Äthylen bei 80° gedrückt u. der Druck 16 Std. durch Nachdrücken von Äthylen gehalten. Man wäscht mit methanol. HCl u. CH_3OH u. erhält ein Polyäthylen mit F. 135—140°. — 3 LiH, 2 $TiCl_4$ u. 2 wasserfreies $MgCl_2$ geben in 200 Bzl. bei 60° mit 100 Isopren nach 10 Std. eine vulkanisierbare kautschukartige Masse. (**F. P. 1 151 634** vom 15/6. 1956, ausg. 3/2. 1958. D. Priorr. 16/6. u. 18/6. 1955.) M. PANKOW. 7173

Badische Anilin- & Soda-Fabrik Akt.-Ges., Deutschland, *Herstellung von Polymeren aus Kohlenwasserstoffen mit olefinischer Doppelbindung* (Äthylen bis Isobutylen, Butadien, Isopren, Styrol, Alkylstyrol). Als Polymerisationskatalysator nimmt man ein Reaktionsprod. aus 1 Mol Ti-Halogenid mit ca. 2—8 g-Atom Al u. ca. 3% (des Ti-Halogenids) einer aliphat. Halogenverb. (Äthyl-, Propyl-, Butylchlorid, Äthylen-, Methylenchlorid oder -bromid, auch in gewissen Fällen Chlf., CCl_4, Trichloräthan). Die Kondensation kann in Ggw. geringer Mengen von Halogen oder Halogenwasserstoff erfolgen. Das Reaktionsprod. ist kristallin, entflammt nicht an der Luft, zers. sich aber bei Wassereinwirkung. — Man erhitzt 54 (Gewichtsteile) Al, 190 $TiCl_4$, 48 Äthylenbromid u. 170 Methylenbromid auf 50°: HBr-Entw.; man tropft eine Mischung aus 830 Methylenchlorid u. 140 Äthylenbromid zu u. erhitzt nach beendeter Rk. noch 1 Std. unter Rückfluß. Man gibt nach Abkühlen 250 Dimethylcyclohexan zu u. trennt das Reaktionsprod. durch Abgießen der Lösungsmittel ab: braune, kristalline, an der Luft etwas rauchende Masse. 15 dieses Prod., 1000 Cyclohexan u. Äthylen werden bei 20 at 6 Std. gerührt. Das Polymere wird mit Tetrahydrofuran u. methanol. HCl gewaschen; F. 131,5—135°. (**F. P. 1 161 506** vom 3/10. 1956, ausg. 1/9. 1958. D. Prior. 13/10. 1955.) M. PANKOW. 7173

Bergwerksgesellschaft Hibernia Akt.-Ges., Deutschland, *Herstellung von Copolymerisaten aus Olefinen* mit verschied. C-Atomzahl im Mol. bei n. oder wenig erhöhtem Druck. Man polymerisiert in einem Lösungsm. im gleichen Raum zunächst das Olefin mit der geringsten C-Atomzahl (C_2H_4), verändert dann den Katalysator u. polymerisiert das Olefin mit der höheren C-Atomzahl (C_3H_6) u. fällt die in dem Lösungsm. gelösten Polymeren gemeinsam aus. (**F. P. 1 151 620** vom 15/6. 1956, ausg. 3/2. 1958. D. Prior. 16/6. 1955.) M. PANKOW. 7173

Bergwerksgesellschaft Hibernia Akt.-Ges., Deutschland, *Polymerisieren von Olefinen* in Lösungsmitteln, wobei man die Reaktionswärme durch Verdampfung des Lösungsm. ableitet, z. B. unter Rückfluß arbeitet, u. den Kp. des Lösungsm. durch Unter- oder Überdruck der Polymerisationstemp. angleicht. (**F. P. 1 154 736** vom 28/6. 1956, ausg. 16/4. 1958. D. Prior. 19/9. 1955.) M. PANKOW. 7173

Bergwerksgesellschaft Hibernia Akt.-Ges., Deutschland, *Reinigen von nach dem Ziegler-Verfahren erhaltenen Polyolefinen* durch Behandeln mit Lsgg. von Alkoholen (Butanol, Propanol, Äthylenglykol, Glycerin, Sorbit, Cyclohexanol) in KW-stoffen (Äthyl-, Isopropylcyclohexan), bes. solchen Alkoholen, die mit den KW-stoffen azeotrop. Mischungen bilden. — Man verrührt z. B. 50 kg Polyäthylen in einer Mischung von 200 Litern Cyclohexan u. 4 Litern Butanol. (**F. P. 1 167 161** vom 22/2. 1957, ausg. 21/11. 1958. D. Prior. 24/2. 1956.) M. PANKOW. 7173

Eastman Kodak Co., Rochester, N. Y., übert. von: **Marvin B. Edwards** und **Hugh J. Hagenmeyer**, Longview, Texas, V. St. A., *Katalysatorgemisch für Polymerisation von aliphatischen C_2—C_{10}-α-Monoolefinen*, bestehend aus einem Tetraalkyl$_{(C_8-_{18})}$-titanat u. einem Alkyl-$_{(C_2-_{12})}$-Aluminiumhalogenid. In den Beispielen werden Äthylen u./oder Propylen in Ggw. von Gemischen aus Äthyl-Al-sesquibromid einerseits u. Tetra-2-äthylhexyl-o-titanat, Tetrabutyl-o-titanat oder Tetratridecyl-o-titanat andererseits bei 20—130°, bes. 60—100°, unter Druck (misch)-polymerisiert. Verbesserte Erweichungspunkte u. Festigkeit der Endprodd. mit hoher D. u. hohen kristallinen Anteilen. — Tabelle. (**A. P. 2 824 090** vom 27/12. 1955, ausg. 18/2. 1958.) H. SCHINDLER. 7173

Imperial Chemical Industries Ltd., London, England (Erfinder: **John Brewster Rose** und **Anthony Horace Willbourn**), *Polymerisate von ungesättigten bicyclischen Verbindungen*. Als Monomere werden Verbb. der allg. Formeln **I** u. **II** verwendet, in denen X = H oder CH_3 u. Y = $—CH_2—$, $—CH_2—CH_2—$, —O— oder —CO—O— in **I** oder $—CH_2—$, $—CH_2—CH_2$ oder —O— in **II** ist. Nach den Beispielen erhält man durch Erhitzen von 1.4-Dihydroxybuten-(2) mit Dicyclopentadien auf 200° im Autoklaven neben anderen Reaktionsprodd. mit $Kp._{10}$ 130 bis 160° das rohe *2.3-Dimethylolbicyclo-(2.2.1)-hepten-(5)* mit $Kp._{10}$ 160—200°, das durch Acetylieren

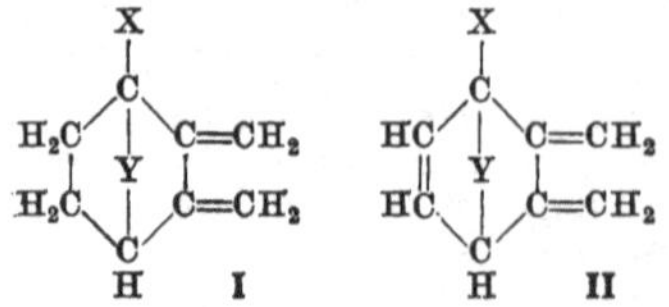

I II

mit Essigsäureanhydrid das *Diacetat*, $Kp._6$ 144—146°, F. 67°, bildet. Druckhydrierung mit PtO-Katalysator führt zum *gesätt. Diacetat* mit F. 26°, das durch Pyrolyse bei 530° in N_2 das *2.3-Dimethylenbicyclo-(2.2.1)-heptan*, $Kp._{74}$ 74°, liefert. Das DIELS-ALDER-Addukt mit Maleinsäureanhydrid hat F. 116—118°. Die Polymerisation des Monomeren erfolgt in wss. Emulsion (Na-Oleat) bei 50° in Ggw. von $K_2S_2O_8$ u. n-Dodecylmercaptan. Analog aus 1.3-Cyclohexadien u. Maleinsäureanhydrid über *2.3-Diacetoxymethylbicyclo-(2.2.2)-octan*, $Kp._7$ 169°, F. 24—25°, das *2.3-Dimethylenbicyclo-(2.2.2)-octan*, $Kp._{58}$ 89°; aus Furan u. Maleinsäureanhydrid über *7-Oxabicyclo-(2.2.1)-hept-5-en-2.3-dicarbonsäureanhydrid*, F. 110—111°, das *2.3-Dimethylen-7-oxabicyclo-(2.2.1)-heptan*, $Kp._{36}$ 75,5°; n_D^{21} 1,5057; $D.^{20}{}_4$ 1,004; aus 1.4-Dichlorbuten-2 u. Dicyclopentadien über *2.3-Di-(chlormethyl)-bicyclo-(2.2.1)-hepten-5*, $Kp._{15}$ 119—122°, das *2.3-Dimethylenbicyclo-(2.2.1)-hepten-5*, $Kp._{67}$ 69,5°. — Die Endprodd. u. gegebenenfalls Mischpolymerisate mit z. B. 1.3-Butadien, Isopren, Styrol u. dessen Derivv. haben gute mechan. u. physikal. Eigenschaften. (**E. PP. 796 133** u. **796 135** vom 21/3. 1955, ausg. 4/6. 1958.)
H. SCHINDLER. 7173

Monsanto Chemical Co., St. Louis, Mo., übert. von: **Raymond I. Longley jr.** und **Richard H. Martin jr.**, Springfield, Mass., V. St. A., *Emulsionspolymerisation von Vinylhalogeniden* in Ggw. eines Dispergiermittels, das aus einem salzfreien Mischpolymerisat von Äthylen u. Maleinsäure-(anhydrid) besteht, u. eines Peroxydkatalysators, z. B. Lauroylperoxyd. In gleicher Weise kann auch z. B. Vinylchlorid mit Vinylacetat oder mit einem Alkylester einer α.β-ungesätt. Dicarbonsäure, z. B. Diäthylmaleat, mischpolymerisiert werden. Die Endprodd. fallen in granulierter Form an. (**A. P. 2 823 200** vom 25/8. 1955, ausg. 11/2. 1958.)
H. SCHINDLER. 7173

Chemische Werke Hüls Akt.-Ges., Deutschland, *Stabilisieren von Vinylchloridpolymeren* durch Zusatz von 0,25—3 (Gew.-%) α-Phenylinden u. 0,1—1 Benzalphthalid zusammen mit 0,5—3 eines schwer flüchtigen Mineralöls. (**F. P. 1 160 141** vom 5/11. 1956, ausg. 8/7. 1958. D. Prior. 2/6. 1956.)
M. PANKOW. 7173

Deutsche Gold- & Silberscheideanstalt vormals Roessler, Deutschland, *Stabilisieren von Polyvinylchlorid, seinen Mischpolymerisaten und Polymerisatmischungen* mit Aminonitrilen, bes. Aminodinitrilen, etwa der Gruppe $RN[(CH_2)_n{-}CN]_2$ (R = H, Alkyl, Alkylol, Aryl; n = 2—8), wie Imino-bis-propionitril, Iminodiacetonitril oder Benzylimino-bis-propionitril), während Verbb. der Formel $Alk[N(CH_2)_n \cdot CN)_2]_2$ (Alk = Alkylengruppe mit 1—8 C-Atomen) weniger stark stabilisieren. Man verwendet die Aminonitrile vorteilhaft in Mischung mit OH-Gruppen enthaltenden Verbb., bes. Aminoalkoholen, z. B. Imino-bis-propionitril in Mischung mit gleichen Gewichtsmengen Anilinoäthanol. (**F. P. 1 162 816** vom 15/12. 1956, ausg. 17/9. 1958. D. Prior. 15/12. 1955.)
M. PANKOW. 7173

Badische Anilin- & Soda-Fabrik Akt.-Ges., Deutschland, *Stabilisieren von Vinylidenchloridpolymeren* gegen Verfärbung beim Belichten durch Zusatz von Dibenzoylmethanen der Formel **I** (R_1 = H oder OH; R_2, R_3 u. R_4 = H oder ein hydrophober Rest, wie Alkyl, Cycloalkyl, Aryl, Aralkyl, Halogen), z. B. Dibenzoylmethan, o-Hydroxy-2-Hydroxy-5-chlor-, 2-Hydroxy-5-methyldibenzoylmethan. In größeren Mengen zugesetzt, zeigen diese Stoffe eine gewisse weichmachende Wirkung. (**F. P. 1 150 843** vom 24/4. 1956, ausg. 20/1. 1958. **E. P. 788 428** vom 16/4. 1956, ausg. 2/1. 1958. Beide D. Prior. 27/4. 1955.)
M. PANKOW. 7173

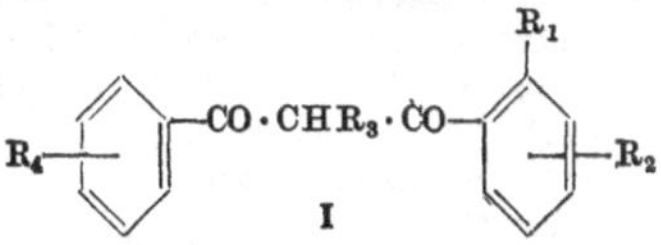

I

Phillips Petroleum Co., Del., übert. von: **Howard B. Irvin**, Bartlesville, Okla., V. St. A., *Wiedergewinnung von Vinylpyridin aus wässerigen Polymerisatdispersionen*. Das Serum des Emulsionspolymerisats aus Vinylpyridin u. einem konjugierten Dien wird mit dem Waschwasser des Polymerisats vereinigt u. das alkal. Gemisch destilliert. Man erhält eine an Vinylpyridin angereicherte Phase. — Zeichnung. (**A. P. 2 830 975** vom 17/10. 1955, ausg. 15/4. 1958.)
L. STADELMANN. 7173

Monsanto Chemical Co., St. Louis, Mo., übert. von: **Ival O. Salyer**, **James A. Herbig** und **Joachim Dazzi**, Dayton, Ohio, V. St. A., *Polymerisation von Styrol*, gegebenenfalls zusammen mit geringen Mengen anderer Monomerer, wird im Block- oder Emulsionsverf. unter Zusatz von 1—30 (%), bes. 2—10, eines Adduktes aus 1 (Mol) eines ungesätt., nicht hydroxylierten fetten Öls mit 10—24 C, z. B. Sojaöl, u. 3—12 Dialkylfumarat (C_{6-20} im Alkyl), bes. Diäthyl- oder Dibutylfumarat, durchgeführt. Die Endprodd. haben >100000 Mol.-Gew., verbesserte Bruchdehnung, Elastizität u. Schlagzähigkeit gegenüber reinem Polystyrol. — Beispiele, Tabelle. (**A. P. 2 824 846** vom 1/3. 1954, ausg. 25/2. 1958.)
H. SCHINDLER. 7173

C. F. Roser G. m. b. H., Stuttgart-Feuerbach, *Thermoplastische Kunststoffmasse* aus Polyvinylchlorid, Vinylchloridmischpolymeren oder Celluloseestern u. einem aus Fumarsäure erhaltenen, vorzugsweise linearen Polyester mit einem Erweichungspunkt $>100^0$ als Weichmacher. — Man mischt z. B. Polyvinylchlorid mit ca. 10% eines Polyesters aus Fumarsäure u. 1.4-Butylenglykol vom Erweichungspunkt ca. 130^0 u. Mol.-Gew. ca. 5000 u. spritzt aus der Mischung Rohre. Die Polyester haben auch z. T. gelierende u. stabilisierende Wirkungen. (**Oe. P. 200 336** vom 17/2. 1956, ausg. 25/10. 1958. D. Prior. 25/2. 1955.) M. PANKOW. 7177

Eastman Kodak Co., Rochester, N. Y., übert. von: **John R. Caldwell**, Kingsport, Tenn., V. St. A., *Sulfonyldibenzoesäurehydroxyalkyldiester* der allg. Formeln I, II, III

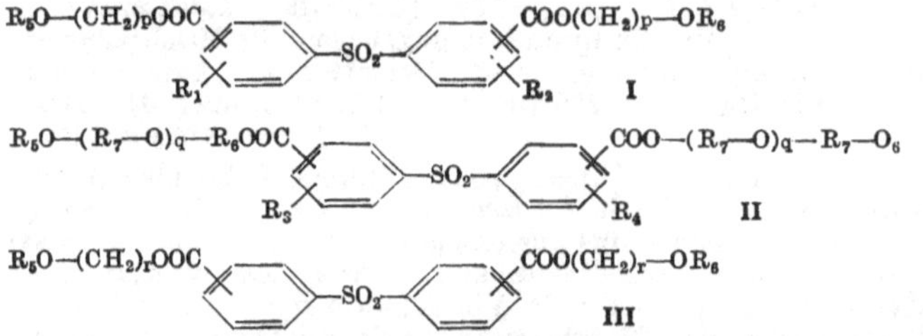

(R_1 u. R_2 = Alkyl mit 1—6 C-Atomen; R_3 u. R_4 = H, Alkyl mit 1 bis 6 C-Atomen; R_5 u. R_6 = H, Acylrest mit 2 bis 4 C-Atomen; R_7 = Alkylen mit 2—4 C-Atomen; p = 2—12; q = 1—4; r = 3—12) erhält man durch Verestern der Sulfonyldibenzoesäuren oder deren Estern mit den Dioxyverbb. der Formeln $R_5O(CH_2)_pOR_6$ u. $R_5O\cdot(R_7O)_qR_7OR_6$. — Aus 1 Mol 6-Methyl-3.4′-sulfonyldibenzoesäure u. 2 Mol Äthylenglykol in Ggw. von 0,2 g Mg-Spänen (aktiviert mit J_2 bei 100^0) bei $190—200^0$ unter Entfernung des entstandenen Methanols → *6-Methyl-3.4′-sulfonyldibenzoesäure-β-hydroxyäthyldiester*; daraus durch Erhitzen auf $230—240^0$ unter N_2 u. dann im Vakuum bei 1 bis 2 mm Hg → *Polyester*, Erweichungspunkt $100—110^0$; läßt sich zu *Fasern*, *Stäben* u. *Fellen* verformen. — 6-Methyl-4.4′-sulfonyldibenzoesäuremethylester → *6-Methyl-4.4′-sulfonyldibenzoesäure-β-hydroxyäthyldiester* → *Polyester*. — *6.6′-Dimethyl-3.3′-sulfonyldibenzoesäure-β-hydroxyäthyldiester* → *Polyester*, Erweichungspunkt $100—110^0$. — *2.2′-Dimethyl-4.4′-sulfonyldibenzoesäure-β-hydroxyäthyldiester* → *Polyester*, Erweichungspunkt $150—160^0$. — Tetramethylenglykol → *2.2′-Dimethyl-4.4′-sulfonyldibenzoesäure-δ-hydroxybutyldiester* → *Polyester*, Erweichungspunkt $120—130^0$. — Hexamethylenglykol → *6-Methyl-3.4′-sulfonyldibenzoesäure-ζ-hydroxyhexyldiester* → *Polyester*, verwendbar für *Firnisse*, *Lacke* u. *Überzugsmassen*. — Diäthylenglykol → *6-Methyl-4.4′-sulfonyldibenzoesäurehydroxyäthoxyäthyldiester*. — Butylenglykol → *p.p′-Sulfonyldibenzoesäure-δ-hydroxybutyldiester*, F. $121—123^0$. — Pentamethylenglykol → *p.p′-Sulfonyldibenzoesäure-ε-hydroxyamyldiester*, F. $162—164^0$. — *p.p′-Sulfonyldibenzoesäure-ζ-hydroxyhexyldiester*, F. $156—157^0$. — Dekamethylenglykol → *p.p-Sulfonyldibenzoesäure-10-hydroxydecyldiester*. — Die monomeren Diester lassen sich durch Umkristallisieren reinigen u. mit sich selbst oder anderen Estern, zweckmäßig in Ggw. von Alkali- oder Erdalkalimetallen, deren Alkoholaten, Carbonaten u. Boraten in *Polyester* überführen; vgl. A. PP. 2 720 502; C. **1956.** 11858 u. 2 520 507. — Verwendung der Polyester für *Fasern*, *Firnisse*, *Lacke*, *Überzugs-* u. *Preßmassen*. (**A. P. 2 744 129** vom 3/10. 1952, ausg. 1/5. 1956.) G. KRAUSS. 7177

N. V. de Bataafsche Petroleum Mij., Den Haag, Holland (Erfinder: **Edward Charles Shokal, Lynwood Nelson Whitehill** und **Clifford Victor Wittenwyler**, Emeryville, Calif., V. St. A.), *Herstellung von harzartigen Massen*, bes. Form- u. Überzugsmassen, dad. gek., daß man Alkenyl- u. Epoxyalkylgruppen enthaltende Verbb. polykondensiert. Die Gruppen sind äther- oder esterartig mit dem Rest des Mol. verbunden, bes. Alkenylepoxyalkyläther mehrwertiger, bes. 2-wertiger Oxyverbb., z. B. von Bis-(oxyphenyl)-alkanen (**I**), in welchen die Oxyarylgruppen am gleichen C-Atom des Alkans gebunden sind. Als Ausgangsstoffe verwendet man Reaktionsprodd. aus Monoäthern von **I**, die an das Äther-O-Atom gebundene Alkenyl- oder Epoxyalkylreste enthalten, in Form ihrer Phenolate oder in Ggw. von Basen zusammen mit Epoxyalkylhalogeniden oder Alkenylhalogeniden. Die Polymerisation wird in Ggw. von Peroxyd- u./oder FRIEDEL-CRAFTS-Katalysatoren oder ohne diese durchgeführt. Nach einem Beispiel wird aus 2.2-Bis-(4-oxyphenyl)-propan mit Allylchlorid in Ggw. von NaOH in A. der Monoallyläther des 2.2-Bis-(4-oxyphenyl)-propans erhalten. Dieser wird mit Epichlorhydrin u. NaOH in W. in den entsprechenden Allyl–Glycid-Mischäther übergeführt, der als Lsg. in Methyläthylketon als Metallüberzug von großer Härte nach Erhitzen auf 200^0 verwendbar ist. Als weitere Ausgangsstoffe sind *Glycidallylphthalat*, $Kp._{0,3}$ 141 bis 144^0, dessen Polymerisat mit $SnCl_2$ mit Benzoylperoxyd weiter polymerisiert wird, genannt. — Harte, durchsichtige, biegsame u. unschmelzbare Produkte. — Vgl. F. P.

947 925; C. **1949.** E. 152. (**D. B. P. 961 659** Kl. 39c vom 3/10. 1950, ausg. 11/4. 1957. Anmeldung bekanntgemacht 2/12. 1954. A. Priorr. 15/6. 1946 u. 25/3. 1947.)
H. SCHINDLER. 7177

Shell Development Co., New York, N. Y., übert. von: **Harvey L. Parry**, Maplewood, N. J., und **William A. Hubbard**, Evanston, Ill., V. St. A., *Härtungsmittel für Polyepoxyde* (Epoxyharze) mit einer Epoxydäquivalenz >1 sind Gemische (I) aus dem Additionsprod. von BF_3 u. einem Amin, Amid, Äther u. Phenol u. einem fl. aliphat. mehrwertigen Alkohol (Mol.-Gew. >100), bes. einem BF_3-Äthylamin- bzw. Anilin- oder Diäthylaminaddukt u. Diäthylen-, Dipropylenglykol oder Polyglykol (Mol.-Gew. 100—600), z. B. im Verhältnis 1:1. Ein mit 6% des I hergestelltes *Gießharz* wird bei 150° ausgehärtet. (**A. P. 2 824 083** vom 27/12. 1955, ausg. 18/2. 1958.)
G. TEWES. 7177

N. V. de Bataafsche Petroleum Mij., Den Haag, Holland (Erfinder: **Herbert Alfred Newey**, Lafayette, Calif., V. St. A.), *Härtungsmittel für Polyepoxyverbindungen.* Mehrere mittelständige Epoxydgruppen in der Mol.-Kette aufweisende Verbb. (epoxydierte, mehrfach ungesätt. Verbb., z. B. epoxydierte Butadien–Acrylnitril-Mischpolymerisate oder epoxydiertes Sojabohnenöl) werden durch ein Gemisch aus einem Carbonsäureanhydrid (I; Hexahydrophthalsäure- oder Hexachlorendomethylentetrahydrophthalsäureanhydrid) u. einem tert. Amin (II; Pyridin, Dimethyläthanolamin, Stearyldimethylamin oder Tri-n-butylamin), bzw. dessen Salzen (Chlorid, Acetat u. Sulfat) oder der quaternären Ammoniumsalze [p.p'-Bis-(dimethylaminophenyl)-methan], bes. bei Temppp. von 50—110°, ausgehärtet, wobei bes. die I in einer Menge von 0,8 bis 1,5:1 g-Äquivalenten zur Polyepoxyverb. u. 0,1—4% II Anwendung finden. — Herst. von *Lacken*, *Einbettmassen* u. *Schichtkörpern*. (**D. A. S. 1 046 876** Kl. 39b vom 15/11. 1956, veröff. 18/12. 1958. A. Prior. 17/11. 1955.) G. TEWES. 7177

Badische Anilin- & Soda-Fabrik Akt.-Ges., Deutschland, *Einführung von Schwefel in lineare Polyamide.* Man behandelt die Polyamide, bes. bei höheren Tempp., mit Thiocarbonsäuren RCOSH (R = niedermol. gesätt. Alkyl) u. führt dadurch einen mehr oder weniger großen Teil der Carbonamidgruppen des Polyamids in Thioamidgruppen über. — Man erhitzt 5 g Polycaprolactam mit 25 cm^3 Thioessigsäure 48 Std. unter Rückfluß, fällt mit Ae., extrahiert mit CS_2 u. dann mit Ae. u. erhält ein Pulver der Zus. $C_{44}H_{79}N_7O_8S$ vom F. 205° (Zers.). (**F. P. 1 150 911** vom 18/5. 1956, ausg. 22/1. 1958.) M. PANKOW. 7181

Borden Co., New York, übert. von: **Raymond G. Hart** und **Clarence J. Gardner**, Bainbridge, N. Y., V. St. A., *Epoxymodifizierte Harnstoff–Formaldehyd-Harze* erhält man als wasserlösl. Kondensationsprodd., indem zunächst $^1/_3$—1 (Mol) eines aliphat. mehrwertigen Alkohols, 1 Epichlorhydrin u. 1 aliphat. Polyamin in saurer Lsg. teilkondensiert werden u. dann das Prod. mit Harnstoff u. CH_2O im Verhältnis 1:1,5 bis 4 Mol, wobei auf 3 (Teile) Harnstoff 1 Vorkondensat kommen, bei Tempp. zwischen 40 u. dem Kp. des Gemisches bei p_H 1,5—10 kondensiert wird, bis ein viscose Lsg. entsteht. Schließlich wird das p_H auf 7—8 eingestellt. Die Endprodd. eignen sich zur Erhöhung der *Naßfestigkeit von Papier*, zur Herst. von *Formen für metallurg. Zwecke*, wobei ohne Geruchsbelästigung harte Formen erhalten werden, sowie als Zusatz zu stärkehaltigen *Klebstoffen*. — Mengenbeispiele, Tabellen. (**A. P. 2 819 238** vom 21/5. 1954, ausg. 7/1. 1958.) H. SCHINDLER. 7181

E. I. du Pont de Nemours & Co., übert. von: **Dexter P. Pattison**, Wilmington, Del., V. St. A., *Polyalkylenäther–Polyurethan–Polymere mit ungesättigten Seitenketten.* Man polymerisiert Glykolpolymere mit einem Mol.-Gew. von mindestens 750 mit einem organ. Diisocyanat u. einem monomeren Glykol, wobei wenigstens 1 der Komponenten eine Seitenkette mit der aliphat. $>C=C<$-Gruppe enthält, deren an den C-Atomen verbleibenden Valenzen durch 1-wertige Substituenten abgesätt. sind. Als Polyglykole sind Polytetramethylenätherglykol (I), als Monoglykol des 2-[(Allyloxy)-methyl]-2-methyl-1.3-propandiol (II) genannt. Das Diisocyanat ist Toluol-2.4-diisocyanat (III). Als Reaktionskomponenten sind in den Mengenbeispielen genannt: I, 4-Methyl-3-cyclohexan-1.1-dimethanol u. III; 3-(Allyloxy)-1.2-propandiol, I u. III; 3-(Methallyloxy)-1.2-propandiol, I u. III; I, 3.3'-Dimethyl-4.4'-biphenyldiisocyanat u. 4-Methyl-3-cyclohexen-1.1-dimethanol; 3-(Allyloxy)-1.2-propandiol, III u. I; 2-(Allyloxy)-1.3-propandiol, III u. I. — II wird hergestellt aus Trimethyloläthan, Methyläthylketon, Bzl. u. p-Toluolsulfonsäure unter Rückfluß während 40 Std., dann Na-Acetat zugesetzt u. fraktioniert. Das hierbei erhaltene *Ketal* der Formel IV hat $Kp._{14}$ 125° u. n_D^{25} 1,4559. Durch Rk. von IV mit Na in Toluol entsteht das Na-Salz des Ketals als hellgelbe Fl. mit F. $<70°$. Die Lsg. des Ketal-

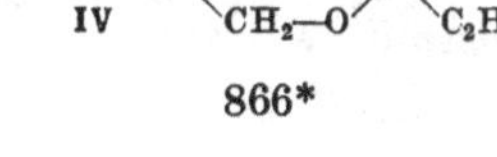
IV

Na-Salzes wird bei 119—127° mit Allylbromid umgesetzt u. gibt das *Allyloxyketal* mit $Kp._{14}$ 113° u. n_D^{25} 1,4460. Letzteres wird mit p-Toluolsulfonsäure u. W. erhitzt u. gibt nach Abdestillieren von Methyläthylketon u. Glykol das **II**, $Kp._{13}$ 140°, n_D^{25} 1,4628. Weitere Komponenten sind: *2.2'-(4-Allyl-m-phenylendioxy)-diäthanol*, $Kp._{0,4}$ 173—189° (aus dem Resorcinmonoallyläther, $Kp._{0,8}$ 110—112°, über 4-Allylresorcin, $Kp._1$ 109 bis 126°); *3-(o-Allylphenoxy)-1.2-propandiol* (über den o-Allylphenylglycidyläther, $Kp._1$ 102 110°); *3-(4-Allyl-2-methoxyphenoxy)-1.2-propandiol*, $Kp._1$ 165—181° (über den Eugenylglycidyläther, $Kp._1$ 132—145°); *3-(o-Propenylphenoxy)-1.2-propandiol*. — Elastomere. Mengenbeispiele u. Tabellen der physikal. Eigg. der Endprodukte. (**A. P. 2808391** vom 2/7. 1956, ausg. 1/10. 1957.) H. SCHINDLER. 7181

Olin Mathieson Chemical Corp., übert. von: **Christoph J. Grundmann** und **Alfred Kreutzberger**, Columbus, Ohio, V. St. A., *Neue Triazine*. Durch Rk. von 2 Mol CCl_3CN mit 1 Mol CH_3CN in Ggw. von HCl erhält man 4.6-Bis-trichlormethyl-2-methyl-1.3.5-triazin, das bei Einw. von NH_3 in *2-Methyl-4-trichlormethyl-6-amino-1.3.5-triazin* (F. 158 bis 159° Zers.) übergeht. Analog: *2-Phenyl-4-trichlormethyl-6-amino-1.3.5-triazin*, F. 175—176°. — *Modifizierungsmittel* für *Melamin-CH_2O-Harze*. (**A. P. 2 858 310** vom 8/5. 1956, ausg. 28/10. 1958.) A. BRÖSAMLE. 7181

Siemens-Schuckertwerke Akt.-Ges., Berlin und Erlangen (Erfinder: **Robert Schwarz, Wilhelm Kuchen**, Aachen, und **Fritz Weigel**, Schwabach bei Nürnberg), *Herstellung von vernetzten, thermisch stabilen und laugenfesten Hochpolymeren*, dad. gek., daß organ., durch Polymerisation u./oder Polyaddition hergestellte lineare Verbb., die reaktionsfähige H-Atome enthalten, mit aromat. Kieselsäureestern umgewandelt werden, welche an wenigstens 2 Stellen mit H reaktionsfähige Endglieder tragen. — 20 g Polyvinylformaldehydacetal (6—8% Oxygruppen) werden mit 4 g Orthokresyl-o-kieselsäureester (I) in 80 g Cyclohexanon vermischt. Nach Abdampfen des Lösungsm. erhält man ein Prod., das nach 2-std. Erhitzen auf 175° 20mal so laugenbeständig ist als ein mit Ricinusöl modifizierter I. —Isolierstoffe für die Elektrotechnik in Form von Lacken, Folien, Preßkörpern u. Klebemitteln. (**D. A. S. 1 055 819** Kl. 39c vom 21/11. 1952, veröff. 23/4. 1959.) J. MÜHLEISEN. 7189

General Electric Co., übert. von: **Frederick M. Lewis** und **Joseph R. McLoughlin**, Ballston Lake, N. Y., V. St. A., *Erhöhung der Viscosität von Organosiloxanharzlösungen*. Einem 1,1—1,7 KW-stoffreste pro Si-Atom aufweisenden Siloxanharz, das in einem aromat. Lösungsm., einem halogenierten KW-stoff oder in einer hochsd. Petroleumfraktion gelöst ist, wird ein Polymethylmethacrylat mit einer Intrinsicviscosität in Bzl. von 1,5—6 u. einem Mol.-Gew. von 500000—3000000 in einer Menge von 0,4 bis 2 Gew.-%, berechnet auf das Siloxan, zugesetzt. (**A. P. 2 850 473** vom 19/8. 1955, ausg. 2/9. 1958.) J. MÜHLEISEN. 7189

Union Carbide Corp., New York (Erfinder: **Milton Leon Dunham jr.**, Kenmore, N. Y.), V. St. A., *Härtungsmittel für in Elastomere umwandelbare Organopolysiloxane*, z. B. Dimethylpolysiloxane mit gegebenenfalls Geh. an Alkylvinylsiloxanresten, sind an natürliche oder künstliche zeolithartige Füllstoffe mit großer Adsorptionsfläche in jedem Kristall (Molekularsiebeigg.) absorbierte flüchtige Organoperoxyde [I; Di-tert.-butylperoxyd (III), tert.-Butyltriäthylmethylperoxyd oder tert.- Butylperbenzoat], wie solche an Zeolith X (II) oder Fanjasit. Die Härtung erfolgt z. B. unter Druck bei 170°. Die I werden bes. hergestellt durch 18-std. Stehenlassen von 16,93 (g) II u. III in getrennten Bechergläsern in einem Exsiccator, wobei II 1,31 III aufnimmt. Die mit I versetzte Harzmasse ist unter n. Bedingungen lange haltbar. (**D. A. S. 1 044 400** Kl. 39b vom 1/4. 1957, veröff. 20/11. 1958. A. Prior. 2/4. 1956.) G. TEWES. 7189

Dow Chemical Co., übert. von: **Earl L. Kropscott, George K. Greminger**, Midland, und **Miles A. Weaver**, Ithaca, Mich., V. St. A., *Wasserlösliche Celluloseäther enthaltende thermoplastische Massen*, bestehend aus 5—80% einer wasserlösl. Alkyl-, Oxalkyl- oder Alkyloxalkylcellulose, deren Alkylgruppe 1—3 C-Atome u. deren Oxalkylgruppe 2—3 C-Atome enthält, u. 95—20% eines Alkylglykolats oder Alkyllactats, deren Alkylgruppe 1—4 C-Atome besitzt, als Plastifizierungsmittel (I). Die Massen können neben den Glykolaten bzw. Lactaten andere bekannte I enthalten, z. B. Propylenglykol (II). — Ein Gemisch aus 15 (Teilen) wasserlösl. Oxäthylcellulose, 45 Isobutyllactat u. 40 II wird auf Kapseln für pharmazeut. Zwecke verarbeitet. (**E. P. 796 919** vom 19/10. 1956, ausg. 18/6. 1958. **A. PP. 2 836 505** vom 25/11. 1953, ausg. 27/5. 1958 u. **2 840 485** vom 25/11. 1953, ausg. 24/6. 1958.) R. SCHWECHTEN. 7199

Eastman Kodak Co., Rochester, N. Y., übert. von: **Lester W. A. Meyer** und **Margaret H. Broyles**, Kingsport, Tenn., V. St. A., *Plastische Massen* aus Celluloseestern (I) niedriger Fettsäuren u. Plastifizierungsmitteln, wie Dibutylphthalat, werden gegen die schädliche Wrkg. von UV-Strahlen durch Zusatz von 0,5—5% (bezogen auf das Gew. des I) Hydrochinonmonosalicylat stabilisiert. (**A. P. 2 839 418** vom 13/4. 1954, ausg. 17/6. 1958.) R. Schwechten. 7199

Arvey Corp., übert. von: **Frederick Sorel**, Chicago, Ill., V. St. A., *Nichtkräuselnde Verbundfolien* werden durch Aufkaschieren einer Folie aus thermoplast. Kunststoff (**I**, Chlorkautschuk) auf nichtdehnbare Bahnen aus locker verfilzten Faserstoffen bzw. Filme (Papier, Pappe, Glasfaserbahn, Zellglas, Celluloseacetat oder Polyesterfilme) zwischen rotierenden Rollen bei Tempp. von 110—118° unter Recken der **I**-Folie um wenigstens 475% u. anschließendes Schneiden in Stücke gewünschter Länge nach dem Abkühlen hergestellt. — Vorrichtung. — *Dekorations-* u. *Verpackungsstoffe*. (**A. P. 2 820 733** vom 6/8. 1956, ausg. 21/1. 1958.) G. Tewes. 7205

XII. Kautschuk.

Patrice Compagnon und **Edmond-R. Beaufils**, *Die Aktivität von Kupfer als Spurenelement bei der Assimilation von Mineralien durch Hevea brasiliensis*. $CuSO_4$-, $CuSO_4$ + KCl-, $CuSO_4$ + KCl + $Ca(OH)_2$-Zusätze bei der Düngung einer anomal wenig Kautschuk produzierenden Hevea hatten folgendes Ergebnis: Cu^{2+}: K_2O-Assimilation 27% höher, P_2O_5-Assimilation 27% höher, Kautschukproduktion 26 kg/ha höher. Cu^{2+} u. Ca^{2+}: K_2O-Assimilation + 18%, P_2O_5-Assimilation +18%, Kautschukproduktion —88 kg/ha. Cu^{2+} u. K^+: K_2O-Assimilation +1,4%, P_2O_5-Assimilation +5,5%, Kautschukproduktion +3 kg/ha. Cu^{2+}, Ca^{2+} u. K^+: K_2O-Assimilation +16%, P_2O_5-Assimilation +8%, Kautschulproduktion +34 kg/ha. Der Erhöhung der Latexproduktion parallel läuft eine Erhöhung des Mineraliengeh. der Latices. (C. R. hebd. Séances Acad. Sci. **240**. 1493. 28/3. 1955.) A. Gude. 7220

E. R. Beaufils, *Physiologische Betrachtungen über die mineralische Zusammensetzung der Hevea-Körner*. Vf. berichtet zusammenfassend über Ergebnisse seiner Arbeiten (10 Literaturzitate): Zus. der Körner in Abhängigkeit von der des Bodens u. von Spurenelementen, wie *Fe, Cu, Zn* (günstig für den Ölgeh.) u. *B* (ungünstig), direkte Beziehung zwischen dem Kautschukgeh. des Latex u. dem Ölgeh. der Körner infolge Wettbewerbs beider um die biol. erforderlichen Mineralstoffe. Die Aufnahme von *N* u. *P* verläuft unter n. Vegetationsbedingungen für Latex u. Körner in denselben Verhältnissen. Gemeinsam für Latex u. Körner ist ferner der extrem niedrige Ca-Geh. u. das Fehlen jeder Wechselwrkg. zwischen 2 Mineralelementen. (Oléagineux **11**. 379—84. Juni 1956. Inst. des Recherches sur le Caoutchouc en Indochine.)
Eberhard Müller. 7222

H. A. W. Nijveld und **J. L. Poldervaart**, *Rulacel — eine neuer Chlorkautschuk*. (Prakt. Chem. [Wien] **6**. 10—12. Jan. 1955. Delft. — C. **1955**. 5671.)
K. Schauerte. 7222

K. W. Nelsson, I. Ja. Poddubny, M. A. Krupyschew und **S. D. Stepanowa**, *Untersuchung der Mikrostruktur von Butadienkautschuken*. Vff. untersuchen den Anteil von 1.2- (**I**), trans-1.4- (**II**) u. cis-1.4-Bindungen (**III**) in *Butadienkautschuken*, die bei Tempp. von 5—60° durch katalyt. Polymerisation (Li, Na,K) gewonnen wurden. Die Best. erfolgt durch die IR-Spektren auf der WIKSs-MS-App. mit NaCl-Prisma in CS_2-Lsg. mit einer Genauigkeit von ±5%. Li: Mit steigender Temp. fällt der Anteil an **I** von 5,3 auf 24%; der von **II** steigt von 41 auf 57%, während der von **III** konstant bleibt (stärkere Schwankungen 5—19%). Na: Mit steigender Temp. fällt der Anteil von **I** von 84 auf 64%, während der von **III** von 0 auf 21% ansteigt u. der von **II** mit ca. 15% konstant bleibt. K: Die Anteile der einzelnen Bindungen bleiben für den untersuchten Temperaturbereich prakt. konstant (**I** ca. 60%, **II** ca. 30%, **III** ca. 10%). Die Ergebnisse stimmen mit verschied. Literaturangaben überein u. laufen parallel mit den ermittelten Verglasungstempp. (diese sinken mit fallendem Anteil von **I**). (Каучук и Резина [Kautschuk u. Gummi] **17**. Nr. 11. 3—5. Nov. 1958. Allunions Wiss. Lebedew-Forschungsinst für synthet. Kautschuk.) O. Kramm. 7224

Ju. Margolina und **M. Genel**, *Ionenablagerungen aus Divinylnitril-Latex*. Es werden aus *Butadiennitril-Latex SKN-40* (**I**) Artikel (Handschuhe, Figuren) hergestellt, die eine glatte Oberfläche u. auch genügende Festigkeit des Gelfilms aufweisen. Verss. zeigen, daß die Emulgatoren des **I** dei der Ionenablagerung (*$CaCl_2$*) einen Einfl. haben; bei allen wird jedoch eine Rißbldg. am Latexfilm durch Synärese beobachtet. Am besten verhält sich das Na-Dresinat. Es wird die Wrkg. verschied. anderer Kautschukzusatzstoffe in **I**-Mischungen erprobt. Nur beim Resorcin–Formaldehyd-Harz (**II**) im Resolzustand mit einer Dosierung von 1,5% ist eine Verbesserung zu bemerken; man erhält einen Artikel, der glatt ist u. keine Risse zeigt. Maximale Festigkeit des vulkanisierten Films 174 kg/cm². Eine Erniedrigung oder Erhöhung des **II**-Geh. führt wieder zu schlechteren Artikeln. II wird in einer 48—50%ig. Lsg. eingesetzt: 1 Mol Resorcin, gelöst in 70—50 cm³ 3,6—5%ig. NaOH, wird mit 100 cm³ einer 33%ig. CH_2O-Lsg. gemischt, wobei die Temp. 50° nicht überschreiten darf; in der Zeit von 1½—2 Std., in der Raumtemp. erreicht wird, ist die Lsg. fertig. Eine theoret. Deutung dieses Verh. konnte nicht gegeben werden. (Каучук и Резина [Kautschuk u. Gummi] **17.** Nr. 10. 15—17. Okt. 1958. Wiss. Forschungsinst. für Gummi- u. Latexartikel.) O. KRAMM. 7224

László Karlinszky, *Weiße aktive Füllmittel.* Zusammenfassung über Typen, Anwendung, physikal., physikal.-chem. u. chem. Unters. der akt. Füllmittel. (Magyar Kémikusok Lapja [Z. Ver. ung. Chemiker] **13.** 328—33. Sept. 1958. Budapest, Gumiipari Kutató Intézet.) G. HALMI. 7226

Phillips Petroleum Co., übert. von: **Carl A. Uraneck,** Phillips, Texas, V. St. A., *Verstärkte Kunstkautschukmischungen* erhält man aus einem einen Säurerest enthaltenden Copolymerisat aus 1—60 (Teilen) eines äthylen. ungesätt., einen Säurerest enthaltenden Monomeren u. 40—99 eines konjugierten Diens durch Einmischen von 1—80 Al-Pulver. (**A. P. 2 817 642** vom 7/10. 1954, ausg. 24/12. 1957.) W. OVERBECK. 7225

Shiraishi Kogyo Kabushiki Kaisha, Japan (Erfinder: **Hasegawa** und **Kondo**), *Aktivierende Behandlung von Kautschukfüllstoffen,* wie $CaCO_3$ oder *bas.* $MgCO_3$. Man behandelt sie vor dem Einmischen oder mischt sie zusammen mit Estern oder Salzen in den Kautschuk, die man durch Rk. von Fett- oder Harzsäuren mit Alkanolaminen oder deren Äthern, die durch Kondensation von über 2 Mol Alkanolamin gewonnen werden, erhalten hat. — 100 (Teile) Smoked Sheets, 5 ZnO, 1 Stearinsäure, 1 Mercaptobenzothiazol, 3 S, 100 hochfeines $CaCO_3$ u. 5 Triäthanolaminmonoabietinsäureester oder Triäthanolaminäthermonoabietinsäureester werden gemischt u. vulkanisiert; der zuletzt genannte Ester gibt die besten Zerreißfestigkeitswerte. (**Jap. A. S. 1139/1958** vom 7/5. 1955, veröff. 21/2. 1958.) M. PANKOW. 7227

DEHYDAG Deutsche Hydrierwerke G. m. b. H., Deutschland, *Plastizier- und Geliermittel für Hochpolymere* (Nitrocellulose, Polyvinylchlorid, Kautschuk, Chlorkautschuk). Man verwendet Acetale oder Ketale von organ. Hydroxycarbonsäureestern, z. B. das Acetal aus Dihydroxystearinsäure u. CH_2O-Dimethylacetal, aus Benzaldehyd, 2-Äthylbutanol u. Milchsäure oder Äthyllactat. (**F. P. 1 166 940** vom 21/2. 1957, ausg. 17/11. 1958. D. Prior. 27/3. 1956.) M. PANKOW. 7227

Monsanto Chemical Co., St. Louis, Mo., übert. von: **Harold M. Leeper,** Charleston, W. Va., V. St. A., *Alterungsschutz für Kautschuk.* Die schützende Wrkg. von Alkylidenbis-dialkylphenolen, Thio-bis-dialkylphenolen u. Dialkylhydrochinon wird gesteigert durch gesätt. heterocycl. Amine, Äthylenpolyamine oder Monoamine, die am N mindestens 1 nichtaromat. organ. Rest u. höchstens 1 aromat. Rest tragen, z. B. H, Cyclohexyl, Alkyl, Cyanäthyl, Hydroxyäthyl, Acetonyl, Benzyl, Alkenyl, Chloralkenyl, Phenyl, Hydroxyphenyl, niederes Alkoxy- oder Alkylphenyl, oder deren Salze. (**A. P. 2 829 121** vom 14/7. 1955, ausg. 1/4. 1958.) W. OVERBECK. 7227

Freeman Chemical Corp., übert. von: **Stephen E. Freeman,** Milwaukee, Wis., V. St. A., *Zement zum Verkleben von Kautschuk und Leder,* bestehend aus einer Lsg. von vulkanisiertem Chloropren, öllösl. Terpen-Phenolharz, Cumaronharz u. Chlorkautschuk mit extraleichter calcinierter Magnesia, gefälltem $CaSiO_4$ u. ZnO als Füllstoffe. (**A. P. 2 838 463** vom 20/10. 1955, ausg. 10/6. 1958.) C. LÜTTGEN. 7227

Dow Corning Corp., V. St. A., übert. von: **Chester Carlyle Currie,** *Vulkanisieren von Organopolysiloxanen,* in denen wenigstens 0,01 Mol-% Si an wenigstens eine Vinylgruppe gebunden ist, mit wenigstens 0,5 Gew.-% S u. gegebenenfalls einem Vulkanisationsbeschleuniger. — Man erhitzt 90 (Gewichtsteile) benzollösl. Polysiloxan mit 20 Mol-% Methylvinylsiloxan (I) u. 80 Mol-% Dimethylsiloxan (II) mit 10 S 20 Min. bei 30 kg/cm² auf 160°. Harte, kautschukartige Masse. — 100 benzollösl. Polysiloxan mit 4 Mol-% I u. 96 Mol-% **II**, 40 SiO_2, 2 S, 2 Se-Diäthyldithiocarbamat u. 1 Mercaptobenzothiazol werden 20 Min. in der Form bei 160° gehalten. (**F. P. 1 129 835** vom 18/8. 1955, ausg. 28/1. 1957. **D. A. S. 1 034 355** Kl. 39b vom 18/8. 1955, veröff. 17/7. 1958. **E. P. 781 278** vom 20/7. 1955, ausg. 14/8. 1957. Alle A. Prior. 19/8. 1954.) M. PANKOW. 7229

American Cyanamid Co., New York, N. Y., übert. von: **Herman Cherlow,** North Plainfield, und **Robert H. Ebel,** Plainfield, N. J., V. St. A., *N.N-Diisopropylbenzthiazol-2-sulfenamid* (I) wird erhalten durch Rk. eines Gemisches von N-Chlordiisopropylamin u. Diisopropylamin im Mol-Verhältnis 1:1,75—2 in Ggw. eines Puffers (Phosphate) bei einem p_H von 11—13 u. Tempp. von 40—50° mit einem Alkalisalz von 2-Mercaptobenzthiazol. Bei diesem Verf. wird I in hohen Ausbeuten (90—95% u. vorzüglicher Reinheit (99%) vom F. 58,5° erhalten. — *Vulkanisationsbeschleuniger.* (**A. P. 2 776 297**

vom 30/11. 1955, ausg. 1/1. 1957. **E. P. 805 021** vom 6/11. 1956, ausg. 26/11. 1958. A. Prior. 30/11. 1955.) H. Bräucker. 7229

Hercules Powder Co., übert. von: **Harold Boardman,** Wilmington, Del., V. St. A., *Vulkanisiermittel für die schwefelfreie Kautschukvulkanisation,* bestehend aus einem asymm. Peroxyd der Formel $(R_1)(R_2)(R_3)C-O-O-C(R_4)(R_5)(R_6)$. R_1 = Aryl u. R_{2-6} = H oder Alkyl mit ≤ 4 C-Atomen. Z. B. Methyl-(α.α-dimethylbenzyl)-, tert.-Butyl-(α.α-dimethylbenzyl)-, Methyl-(α.α-dimethyl-p-methylbenzyl)- oder Methyl-(α.α-dimethyl-p-isopropylbenzyl)-peroxyd. (**A. P. 2 819 255** vom 5/5. 1955, ausg. 7/1. 1958.) W. Overbeck. 7229

General Electric Co., New York, übert. von: **Moyer M. Safford,** Schenectady, und **Elizabeth Joy Smith,** Cohoes, N. Y., V. St. A., *Isoliermischung.* Geglühte feinteilige Glimmerflocken werden mit 0,5—20(%) in Lsg. befindlichem Polybutadien mit einem Geh. von ≥ 30 1.2-Polybutadien, das 0,1—10 Di-α-cumylperoxyd enthält, imprägniert u. zu einer Folie verformt, die vulkanisiert wird. (**A. P. 2 835 642** vom 27/3. 1956, ausg. 20/5. 1958.) W. Overbeck. 7231

N. V. Onderzoekingsinstituut Research, Arnheim, Holland, *Veredlung von Gebilden, wie Fäden, Fasern, Bändchen oder Filmen aus linearen Polymerisations- oder Polykondensationsprodukten,* wie Polyvinylverbb., Polyäthylen, Polyamiden, Polyurethanen oder Polyestern. Die Gebilde werden in schwach gequollener Form mit ionisierenden Strahlen (Neutronen, γ-, Röntgenstrahlen, Protonen, He-Ionen) bestrahlt. Man kann hierbei auch Stoffe anwenden, die unter der Wrkg. der Strahlen zu Quellungsmitteln oder Vernetzern, wie 1-Hydroxy-2.5-dichlormethylbenzol bei Polyamiden, werden. Weniger wirksam ist die Ausführungsform, wonach das Polymere erst gequollen, dann getrocknet u. bestrahlt wird. — Verwendung der Fäden u. Garne bes. als *Cord* in Kautschukwaren. (**Oe. P. 198 423** vom 13/5. 1957, ausg. 10/7. 1958. Holl. Prior. 16/6. 1956.) M. Pankow. 7231

XIII. Ätherische Öle. Parfümerie. Kosmetik.

P. de Mayo, *Die Chemie der sesquiterpenartigen Perhydroazulene.* 2. Mitt. (1. vgl. C. **1958.** 4047.) In Fortsetzung der 1. Mitt. wird über die Arbeiten verschied. Autoren berichtet. — 20 Literaturhinweise. (Perfum. essent. Oil Rec. **48.** 68—72. Febr. 1957. Glasgow, Univ., Dep. of Chem.) E. Boye. 7262

Sultan Ahmad Tremazi, *Dampfdestillation von Rosen-Otto in Pakistan.* Kurze geschichtliche Betrachtung zur Gewinnung von „*Rosen-Otto*", das 1612 in Persien als schaumige Abscheidung aus Rosenwasser aufgefunden wurde. Die erste Dest. von Rosen-Otto wurde 1951 in Choa Saidan Sha (Pakistan) ausgeführt. Bei der Wasserdampfdest. von Rosenwasser wurden 0,004% eines gelbgrünen Öles mit folgenden Kennzahlen erhalten: n_D^{28} 1,562, SZ. 3,94; VZ. 39,6; JZ. 35,3. (Amer. Perfumer Aromatics **67.** Nr. 3. 41—42. März 1956. Lyallpur/Pakistan, Agric. Coll. & Res. Inst., Oilseeds Sect.) H. Spohn. 7262

M. I. Gorjajew, T. Je. Sserkebajewa und **I. M. Schabanow,** *Untersuchung des ätherischen Öls von Artemisia tomentella Trautv.* Bei der Dest. von 300 kg während des Blütenansatzes gesammelter *Artemisia tomentella* (58% Feuchtigkeit) mit Wasserdampf werden 185 g Öl erhalten, das keine Rkk. auf S u. N, Phenole (mit $FeCl_3$), Ketone {mit $Na_2[Fe(CN)_5NO]$} sowie Cineol (mit 50%ig. Resorcin) gibt, in dem aber Aldehyde mit fuchsinschwefliger Säure sowie azulenbildende Sesquiterpene mit Br_2 in Chlf. nachgewiesen werden. Die Fraktionierung des Destillats liefert 53,34% eines Gemisches von KW-stoffen mit wenig Alkoholen u. Estern, aus dem α- u. *β-Pinen* nach einer von den Vff. entwickelten Meth. über die *Pinon-* bzw. *Nopinsäure* nahezu quantitativ isoliert werden. Neben α- u. β-Pinen enthalten die niedriger sd. Fraktionen vermutlich *Phellandren.* Vff. leiten diese Annahme aus dem spezif. Geruch u. aus der Neigung einiger Fraktionen zur Polymerisation her. Mit Maleinsäureanhydrid wurde jedoch kein Diels-Alder-Addukt erhalten. Aus den höher sd. Fraktionen werden durch Red. mit Se *Azulene* isoliert.

V e r s u c h e: Isolierung von *β-Pinen* als *Nopinsäure,* F. 123—124° (Ae.); man entfernt die Sauerstoffverbb. aus der Fraktion $Kp._{16}$ 44—65 des äther. Öles mit Na zunächst bei Zimmertemp., dann durch schwaches Erhitzen im Vakuum, dest. das mit Na nichtreagierende Öl bei 23—25 mm Hg ab, gibt zu diesem (2 g) 4 g $KMnO_4$ in 60 ml W. hinzu, schüttelt 20 Min. mit 1 g NaOH, filtriert MnO_2 ab, dampft das Filtrat im CO_2-Strom ein, filtriert das entstandene Na-Nopinat ab, löst dasselbe in 40 Teilen mit H_2SO_4 angesäuertem W.; daneben aus dem Filtrat *Pinonsäure* (Nachw. für *α-Pinen*); *Semicarbazon,* F. 200°. — I s o l i e r u n g d e r A z u l e n e: Man erhitzt

5 g der Fraktion Kp.$_5$ 85—123° 4 Std. mit 3 g Se, dest. das Reaktionsgemisch mit Wasserdampf, extrahiert das Öl mit PAe., schüttelt den Extrakt anschließend 15mal mit je 10 ml 50%ig. H_2SO_4 aus, gibt die 5fache Menge W. hinzu u. extrahiert mit Ae.; D.^{20} 0,9927; leuchtendblau; Pikrat, F. 119,5—121°; schwarze Nadeln. (Известия Академии Наук Казахской ССР, Серия Химическая [Nachr. Akad. Wiss. Kasach-SSR, Ser. Chem.] **1956**. Nr. 9. 43—49.) W. KURTZMANN. 7262

Horst Schmidt, *Die Zusammensetzung der für kosmetische Präparate geeigneten Parfümöle vom pharmakologischen Standpunkt betrachtet.* Vf. weist auf die z. T. sehr beachtlichen baktericiden Eigg. verschied. äther. Öle hin, u. auch darauf, daß einige Parfümöle beachtliche entzündungshemmende Eigg. aufweisen, weshalb geprüft werden sollte, inwieweit Parfümöle an Stelle chem. Wirkstoffe mit gleichen Effekten in kosmet. Präpp. eingesetzt werden können. (Riv. ital. Essenze, Profumi, Piante offizin., Olii vegat., Saponi **40.** 511—13. 15/11. 1958. Holzminden, Haarmann & Reimer GmbH.) H. P. FIEDLER. 7284

T. Ruemele, *Die Pantothensäure, ihre Eigenschaften und Wirkung.* Die Eigg. u. die verbreiteten Vorkommnisse des Vitamins werden geschildert sowie die Wirkungsweise (bes. bei Haut- u. Haarschäden) erläutert. (Seifen-Öle-Fette-Wachse **82.** 689—90. 7/11. 1956. London.) K. SEIFERT. 7284

Nadia Avalle, *Biologische Seren in der Kosmetologie.* Vf. schlägt die Einarbeitung von Seren in kosmet. Präpp. vor, nachdem gezeigt werden konnte, daß diese bzw. bestimmte Serumfraktionen, z. B. die γ-Globuline, den Hautzustand bessern bzw. Hautkrankheiten zu heilen vermögen. (Riv. ital. Essenze, Profumi, Piante officin., Olii veget., Saponi **40.** 520—21. 15/11. 1958.) H. P. FIEDLER. 7284

A. Cocchini und **G. Proserpio,** *Neuere Beobachtungen über die Hautentwässerung.* Vff. besprechen die bisher vorliegenden Erkenntnisse über den Wasserhaushalt der Haut u. die Faktoren, welche die Entwässerung der Haut begünstigen oder hemmen. (Riv. ital. Essenze, Profumi, Piante officin., Olii veget., Saponi **40.** 516—19. 15/11. 1958. Torino.) H. P. FIEDLER. 7284

T. Ruemele, *Flüssige, cremeförmige oder feste Kaltwellpräparate.* Vf. schildert die möglichen Fehlschläge, die als Creme oder als festes Präp. hergestellte Kaltwellprodd. gegenüber den Lotionen auslösen können u. räumt den letzteren unbedingt eine Vorrangstellung ein. (Seifen-Öle-Fette-Wachse **82.** 622. 10/10. 1956.) K. SEIFERT. 7284

XIV. Zucker. Kohlenhydrate. Stärke.

Zbigniew Zaręba, *Einfluß der Mikroorganismen auf technologische Prozesse.* Übersicht über technolog. Einzelprozesse der Zuckergewinnung, die das Bakterienwachstum stark begünstigen. Das Problem der Zuckerverluste durch bakterielle Zers. ist infolge der Mechanisierung der Rübenernte u. damit der Verwendung eines stärker verschmutzten Rohstoffes u. infolge der Anwendung geschlossener Wasserkreisläufe in Zuckerfabriken in den Vordergrund getreten. (Gaz. Cukrownicza **60.** 336—39. Nov. 1958. Inst. Przem. Cukrow.) F. URBAN. 7400

Ferenc Nagymihály, Éva Leszek, Cecil Rotkó und **Adonisz Belea,** *Über die Wirkung der „Blattdüngung" auf die Zuckerrübe.* 2. Mitt. (1. vgl. C. **1953.** 6584.) In Fortsetzung der vor 2 Jahren begonnenen Verss. wurden Zuckerrübenpflanzen im Juli bzw. Anfang September 3mal mit 3%ig. KNO_3-Lsg. u. zuletzt mit 0,1%ig. H_3BO_3-$MnSO_4$-Lsg. besprüht. Die Pflanzen erhielten jedesmal 10 ml Düngerlsg., insgesamt 21 kg Dünger pro Joch. Die Frischgewichte von Blättern u. Rüben wurden mit Pflanzen von Kontrollparzellen verglichen. Nach den ersten 2 Besprühungen wurde eine ausgesprochen günstige Wrkg. festgestellt, die beiden letzten blieben erfolglos. Ebenso war der refraktometr. bestimmte Zuckergeh. nach den ersten Besprühungen um 30, bzw. 40% höher, blieb bei der Ernte noch bemerkbar, aber nicht so auffallend. (Agrokémia és Talajtan **3.** 197—204. Sept. 1954. Budapest, Agrarwiss. Univ., Biochem. Inst.) J. PLANK. 7406

Ferenc Nagymihály, Éva Leszek und **Cecil Rotkó,** *Über die Wirkung der „Blattdüngung" auf die Zuckerrübe.* 3. Mitt. (2. vgl. vorst. Ref.) In Fortführung der 1951 begonnenen Versuchsreihe wird in Freilandverss. die Wrkg. der Blattdüngung mittels 3%ig. KPN-Lsg. bzw. 3%ig. Superphosphatlsg. auf den Zuckergeh., das Wurzel- u. Blattgewicht der Zuckerrüben überprüft. Die Besprühung, 10—12 ml/Pflanze, erfolgte zu verschied. Zeitpunkten im Intervall Juni–August 1954. Es wurde unbehandelten Pflanzen gegenüber im allg. keine Veränderung des Blattgewichtes u. des Zuckergeh. gefunden. Lediglich bei zusätzlicher Besprühung mit einer Lsg. von Spurenelementen nach HOAGLAND (AZ-Lsg.) war eine 30%ig. Erhöhung des Gewichts frischer Blätter

zu vermerken. Die Blattdüngung, bes. Ende Juli–Anfang August durchgeführt, ergab eine 15–18%ig. Erhöhung des Wurzelgewichtes. Düngung zu einem früheren Zeitpunkt bewirkte anfängliche Gewichtssteigerungen, die sich jedoch gegen Ende der Kulturperiode wieder verloren. (Agrokémia és Talajtan **5.** 203–12. Juli 1956.)
G. V. PILINSZKY. 7406

P. N. Schemjakin, N. K. Ssemenowa und **L. F. Uschkalowa,** *Einfluß des Maleinsäurehydrazids auf die Haltbarkeit der Fabrik- und Samenzuckerrübe.* Aus den Verss. folgt, daß durch eine Behandlung der Rüben mit 0,6–3%ig. *Maleinsäurehydrazid* (**I**)-Lsg. 15–20 Tage vor der Ernte das Wachstum der Wurzeln gehemmt, der Zuckergeh. um 0,04–0,49% gesteigert wird. Das Keimen der Wurzeln bei der Aufbewahrung kann durch die Behandlung der Rüben mit **I** vor der Einbringung gehemmt oder ganz verhindert werden. Die natürliche Resistenz der Wurzeln gegenüber Erregern der Mietenfäule wird hierbei verringert. Fabrikrüben sollen bei ihrer Aufbewahrung in gewöhnlichen Mieten nicht mit **I** behandelt werden, um ihre Festigkeit gegenüber der Mietenfäule nicht zu schwächen. Eine Behandlung der Samenrüben mit 0,6%ig. **I**-Lsg. drückt das Keimen der Wurzeln bei der Aufbewahrung auf ein Minimum herab; die Samenproduktion wird gesteigert. (Сахарная Промышленность [Zucker-Ind.] **32.** Nr. 3. 32–35. März 1958.)
OTTO MAIER. 7406

Leszek Garczarek, *Die Arbeit der Diffusionsbatterien nach der Methode von Szarejko.* Erfahrungen mit der Rückführung des Diffusionswassers, die eine Verminderung des Frischwasserverbrauchs u. der Abwassermenge bewirkt, in der Zuckerfabrik Brześć Kujawski (Polen) 1953–1955. (Gaz. Cukrownicza **60.** 215–18. Juli 1958.)
F. URBAN. 7406

T. Ulfheden, *Saftreinigung in der Örtofta-Fabrik.* Es werden Tabellen, die die Farbe des Dicksaftes, den Geh. des Dünnsaftes an Ca-Salzen, die Alkalität der 1. Saturation, die Trübung u. Farbe in der Verdampferstation veranschaulichen sowie ein „Flußdiagramm" angegeben. (Socker, Handb. II. **14.** 105–12. 1958.) R. WALCKER. 7412

I. N. Kaganow und **L. Ss. Twerdochlebow,** *Erschöpfung der Futtermelasse mit deren zunehmender Konzentration.* Untersucht wurde das Auskristallisieren von Zucker aus übersätt. Melasse verschied. Konz. bei verschied. Kristallisationsdauer im Wasserthermostaten bei 40°. Mit zunehmendem Geh. an Trockensubstanz sinkt der Reinheitsgrad, jedoch nur bis zu einer gewissen Grenze. Nach Erreichung dieser Grenze wird bei weiterer Steigerung der Konz. die Erschöpfung verschlechtert, d. h. der Reinheitsgrad der Endmelasse verbessert (infolge zunehmender Viscosität wird die Kristallisation gehemmt). Die Dauer der Kristallisation wirkt sich wie folgt auf die maximale Erschöpfung aus: Innerhalb von 4 Tagen sinkt der Reinheitsgrad von 69,8 auf 56,9 bei 88% Ausgangs- u. 56,9 Endkonz. der Trockensubstanz, scheinbarem Übersättigungskoeff. von 1,96 u. wahrem Übersättigungskoeff. von 1,27 in der Ausgangsmelasse. Innerhalb von 9 Tagen sinkt der Reinheitsgrad von 62,8 auf 55,8 bei 90,1% Anfangs- u. 87,1% Endkonz. der Trockenmasse u. bei einem Übersättigungskoeff. von 2,41 bzw. 1,34. Bei einer Kristallisationsdauer von 4–9 Tagen wird, unabhängig von der Dauer, die maximale Erschöpfung der Melasse bei einer Konz. der Trockensubstanz der Endmelasse (1:1) von 86,6–87,1% erreicht. Daher soll bei der Kristallisation der Füllmasse des letzten Prod. am Ende der Kristallisation bei 40° die Konz. der Melasse wegen starker Verschlechterung der Erschöpfung nicht über 86,5–87% liegen. (Сахарная Промышленность [Zucker-Ind.] **32.** Nr. 2. 22–25. Febr. 1958. Stalin-Gruppenlabor.)
OTTO MAIER. 7418

Paul Kaplan, *Möglichkeiten der industriellen Anwendung von Amylose.* Besprochen werden die Eigg. u. industrielle Herst. von Amylose u. Amylopektin aus Kartoffelstärke u. die Verwendungsmöglichkeit in der Papierfabrikation, als Basis für Kunststoffe u. Chemikalien vom Estertyp u. zur Herst. von Filmen. (Cereal Sci. today **3.** 206–08. Okt. 1958. Chicago, Ill., Wheat Flour Inst.) H. HAEVECKER. 7448

G. Spicher, *Untersuchungen über die Bedingungen des Wachstums von Bakterien und Schimmelpilzen in lagernden Weizenstärken.* Lagerung von Weizenstärke (12% W.) bei 20, 25 u. 30° u. relativen Luftfeuchtigkeiten von 65, 70, 80, 90 u. 100% bis zu 50 Tagen ergab, daß unter prakt. Bedingungen in erster Linie auf die Schimmelpilzflora zu achten ist. (Süsswaren **2.** 436. 438–41. 1/4. 1958. Detmold, Bundesforschungsanst. für Getreideverarb.) M. ULMANN. 7448

J. Holló und **J. Szejtli,** *Untersuchung der Jodreaktion von Stärke.* Der erste Teil der Sorptionsisotherme des J_2 bei Vorliegen von *Kartoffelstärke* (**I**) läßt sich amperometr. festlegen, der 2. Teil durch Thiosulfattitration des frei gebliebenen J_2 nach Entfernung der Komplexe. Auf 2 verschied. Sorptionsabschnitte weist auch die viscosimetr. Unters.

J_2-haltiger *Amylose*-Lsgg. hin. Im 1. Abschnitt erfährt die Viscosität keine Änderung, im 2. beobachtet man einen starken Anstieg der Viscosität als Funktion der J_2-Konzentration. Während der Alterung von I-Lsgg. nimmt die J_2-Aufnahme im Zusammenhang mit dem p_H-Wert ab. Auch die Ggw. von NaOH bewirkt eine Verringerung der aufnehmbaren J_2-Menge, während diese bei Einw. von H_3BO_3 mit dem log der H_3BO_3-Konz. proportional wächst. Mit ansteigender Temp. fällt die Menge des gebundenen J_2 ab. (Fette, Seifen, Anstrichmittel **59.** **94**—98. Febr. 1957. Budapest, TU, Inst. für Landwirtschaftl.-chem. Technol.) M. ULMANN. 7448

XV. Gärungsindustrie.

Minoru Ôhashi, *Automatische Regelung der Nährbodenzugabe und der Lufteinleitung bei Kultivierung der Brothefe durch Polarographie.* Eine Versuchs-anlage zur automat. polarograph. Regelung der Nährbodenzugabe u. der Lufteinleitung bei Kultivierung der Brothefe im halbtechn. Maßstab wird erwähnt. (J. chem. Soc. Japan, ind. Chem. Sect. [Kōgyō Kagaku Zassi] **61.** 1001—05. Aug. 1958. [Orig.: japan.]) E. MAEKAWA. 7506

Dietmar Plöttner, *Korrosionserscheinungen an Brenngeräten. Schwefelverbindungen der Maische als Ursache der Materialzerstörung.* Der bei der alkoh. Gärung der Maische enzymat. entstehende H_2S greift Teile der Brennapparaturen aus Cu u. Sn an. Es wird daher die Verwendung korrosionsbeständiger, mit Cr, Ni u. Mo legierter Stähle empfohlen; dies gilt auch für die zollamtlich geforderten Spiritusmeßuhren. (Werkstoffe u. Korrosion **9.** 261—62. Mai 1958.) H. J. ENGELKE. 7530

W. A. Lepeschkina und **W. A. Rosstimeschin,** *Biochemische Inversion des Torfextraktes unter Anwendung von Aspergillus niger.* Es wird gezeigt, daß die biochem. Inversion von Torfextrakt (säurefreies Hydrolysat, erhalten durch Autoklavenbehandlung bei 185° u. Pressen bei 100 kg/cm²) mit Aspergillus niger (As.n.) in Ggw. von Hefe der chem. Behandlung mit konz. H_2SO_4 gleichwertig ist u. die A.-Ausbeute durch Inversion um 50—130% (je nach Qualität des Torfextraktes) gesteigert werden kann. Ohne Zusatz von Gärhefe bildet As.n. keinen Alkohol. Bei der Vergärung von Torfextrakt unter Abzentrifugierung der Gärhefe u. des Aspergillusmycels nach 16 Std. Gärung u. Zugabe des Nd. zu einem neuen Torfextrakt wird bei maximal 6—10 Gärcyclen die A.-Ausbeute um 48,5—97,3% gesteigert, der Verbrauch an As.n. auf 2,0—3,3% des verarbeiteten Rohstoffes verringert. (Микробиология [Mikrobiologie] **27.** 497—500. Juli/Aug. 1958. Leningrad, Wiss. Forschungsinst. der Torfind.) OTTO MAIER. 7536

B. D. Hartong und **K. F. Kretschmer,** *Brauwertbestimmung von Gerstensorten.* Die Qualitätsbeurteilung einer Gerste wird diskutiert u. eine Luft-W.-Weiche mit 50 g Gerste unter standardisierten Bedingungen beschrieben. Das auf diese Weise gemessene Quellvermögen von Gerste scheint eine krit. Eig. zu sein, welche vor allem vom Wachstumsklima u. auch von der Sorte abhängig ist. (Brauerei, wiss. Beilage **11.** 238—42. Dez. 1958. Amersfoort, Niederlande, Phoenix Brauerei; Bremen, Haake-Beck-Brauerei.) K. H. SCHAUERTE. 7540

G. Harris, *Die Bedeutung der Kohlenhydratforschung für das Mälzen und Brauen.* Vf. erläutert die theoret. Grundlagen der Kohlenhydratentw. in der Gerste, der Veränderungen während des Mälzens, der Umwandlung der Malzkohlenhydrate in Würzezucker sowie der Wrkg. der Hefe auf die Würzezucker. (Brewers Digest **33.** Nr. 11. 50—64. Nov. 1958. Nutfield, Surrey, Brewing Ind. Res. Found.) K. H. SCHAUERTE. 7544

P. Kolbach, *Über Hopfenersparnis.* Von den Bitterstoffen des Hopfens gelangen zwar nur ca. 20% ins Bier, vom Bitterwert jedoch ca. 50%. Es wird empfohlen, die Hopfenkochdauer so weit auszudehnen, daß keine nachhängende Bittere entsteht; durch eine Verlängerung von 70 auf 90 Min. wurde eine Hopfenersparnis von ca. 10% erzielt. Um die Ausscheidung von Bitterstoffen mit dem Bruch in der Würzepfannen zu vermeiden, wird am besten die Bruchbldg. beim Maischekochen verstärkt. Hierbei verbleibt nicht zu viel koagulierbares Eiweiß in der Ausschlagwürze, jedoch nimmt die Bierfarbe zu. Diese Maßnahme erbringt wiederum eine Hopfenersparnis von 10%. Die Ausnutzung der Bitterstoffe war bei Zusatz der Hopfentreber zur Würze fast 2,5mal so gut wie bei Zusatz zur Maische. Der Zusatz von Kühlschifftrub auf die Malztreber vor dem Anschwänzen war erfolglos Die Hopfentreber eines Pilsener Sudes, noch ziemlich viel Trub enthaltend, wurden mit einem schwach gehopften hellen Sud gekocht; es wurde eine Ersparnis von ca. 8% errechnet. Das Mitkochen von Gärdecke in der Würzepfanne erbringt ebenfalls Ersparnisse. Die bei der Gärung ausgeschiedenen Bitterstoffe sind von derselben Qualität wie die Bitterstoffe des Bieres, doch werden sie nach der Ausscheidung teilweise oxydiert, wodurch aber wahrscheinlich nur die bitternde Kraft,

nicht aber die Qualität leidet. (Brauerei, wiss. Beilage **12.** 12—20. Jan. 1959. Berlin, Versuchs- u. Lehranst. für Brauerei, Brauereichem.-technolog. Abt.)
K. H. SCHAUERTE. 7550

Tadae Kushida und **Chiaki Maruyama,** *Untersuchungen über organische Säuren in Weintrauben und Wein.* 3. Mitt. *Über organische Säuren von mit den Weintraubenschalen fermentiertem Wein.* (2. vgl. Yamanashi Daigaku, Hakkō-Kenkyūsho Hokokū 3. [1956.] 7.) Bei der Fermentation verschied. Weinsorten in Ggw. der Fruchtschalen bewirken deren Fermente *Äpfelsäure* (I)-Abbau. Steigendes p_H fördert die Abscheidung von Weinstein, u. der Säureanteil wird kleiner. Für japan. Weine dürfte die I-Zers. bei einem p_H bis 3,20 ziemlich schwierig sein. Bei der Lagerung von Wein mit Fruchtschalen kann es leicht zu bakterieller Fehlfermentation kommen, wodurch I ab- u. Milchsäure zunimmt. (J. agric. chem. Soc. Japan [Nippon Nōgeikagaku Kaishi] **32.** 58—62. 15/1. 1958. Yamanashi Daigaku, Hakkō-Kenkyūsho. [Orig.: japan.])
F. MOSSNER. 7554

W. Bronn, *Eine neue Methode zur Prüfung der Raffinosevergärung von Hefen.* Zur qualitativen Best. der unvergorenen Restzucker werden 3 einfache chem. Farb-Rkk. durchgeführt: Prüfung auf reduzierende Zucker u. spezif. Prüfung auf Glucose u. Fructose. Dadurch wird erkannt, ob die Raffinose zu $^1/_3$, $^2/_3$ oder $^3/_3$ vergoren wurde. Auch die selten vorkommende atyp. $^1/_3$-Vergärung wird dabei als solche klar erkannt. Die Prüfung des Restzuckers wird in kleinen Proben der abgegorenen Lsg. durchgeführt. Suspendierte Hefe stört die Nachweis-Rk. nicht. Vf. schlägt vor, zur Abkürzung der Gärzeit nur noch eine 2%ig. Raffinoselsg. für die Gärproben zu verwenden. (Brauerei, wiss. Beilage **11.** 156—60. Okt. 1958. Berlin, Inst. für Gärungsgewerbe, Mikrobiol. Abt.)
K. H. SCHAUERTE. 7598

XVI. Nahrungs-, Genuß- und Futtermittel.

L. Lefrançois, *Die Hefe in den unter- oder schlechternährten Ländern.* Vortrag, der einen Überblick über die Möglichkeiten einer Verbesserung von Nahrungsmitteln durch Hefezusatz vermittelt. (Ind. agric. aliment. **72.** 273—75. April 1955.)
R. WALCKER. 7646

John C. Ayres, *Methoden zur Entfernung von Glucose aus Eialbumin vor dem Trocknen.* Die Entfernung von Glucose aus Eiklar (vor der Trocknung) durch Saccharomyces cerevisiae, Streptococcus lactis oder Aerobacter aerogenes konnte durch Zusatz von Hefeextrakt wesentlich verbessert werden. Die Eignung des Trockeneiweißes für die Herst. von Backwaren wurden hieraus nicht beeinträchtigt. (Food Technol. **12.** 186—89. April 1958. Ames, Iowa, Iowa State Coll., Dep. of Darry and Food Ind.)
I. KEINERT. 7674

Pauline Paul, Aileen Varozza, George F. Stewart und **Dwight H. Bergquist,** *Die Auswirkung einiger Pasteurisierungsbedingungen auf die Eignung von Trockeneigelb zur Herstellung von Pfannkuchen.* Fl. Eigelb wurde vor der Trocknung 4 Min. bei 140° F bzw. 2 Min. bei 142° F bzw. 1 Min. bei 144° F bzw. 30 Sek. bei 146° F pasteurisiert. In jedem Falle war der Pasteurisierungseffekt ausreichend. Unterschiede bzgl. der Eignung des aus so vorbehandeltem fl. Eigelb erhaltenen Trockenprod. für die Herst. von Pfannkuchen wurden nicht festgestellt. (Food Technol. **11.** 508—09. Okt. 1957. Davis, Calif., Univ. of California, Dep. of Home Economics and Poultry Husbandry; Springfield, Mo., Henningsen, Inc.)
E. WIEHR. 7674

Ju. W. Rakitin, A. W. Krylow, K. G. Garajewa und **T. M. Geiden,** *Der Einfluß verschiedener chemischer Präparate auf das Keimen von Kartoffelknollen bei der Lagerung.* Die Wrkg. der in Dosen $\leqq$1 g/kg angewandten Zusatzstoffe werden auf Grund des Gewichts der Keimtriebe, der Keimknollen, des physiol. u. des gesamten Gewichtsverlustes der Knollen beurteilt. Als Zusatzstoffe werden geprüft: *α-Naphthylessigsäure,* deren *Methylester* (I) u. *Amid, α-Naphthyldimethyläther, -methyläthyl-, -methylisopropyl-, -methylpropyl-, -methylbutyläther, 2.4.5-Trichlorphenoxyessigsäure, deren Methyl-* u. *Butylester, β-Naphthoxyessigsäure* u. ihr *Methylester, Phenylcarbaminsäuremethyl-, -äthylisobutyl-* u. *-isopropylester* (II), *N-Äthyl-N-phenylcarbaminsäureäthylester, 2.3.5.6-Tetrachlornitrobenzol, 2.4-Dichlorphenoxyessigsäure,* ihr *Methyl-, Butyl-, Isopropyl-* u. *β-Chloräthylester, Diäthanolaminsalz* von *Maleinsäurehydrazid, N.N-Diphenylcarbaminsäureäthylester.* Alle untersuchten Präpp. hemmen das Keimen der Kartoffeln beim Lagern, am stärksten I u. II. (Доклады Академии Наук СССР [Ber. Akad. Wiss. UdSSR] **121.** 175—78. 1/7. 1958. Timirjasew-Inst. für Pflanzenphysiol. der Akad. der Wiss. der UdSSR.)
R. K. MÜLLER. 7678

D. B. Parihar, *Änderungen in den Sacchariden von Weizenmehl und Reis bei ihrer Verarbeitung auf einige gewöhnliche indische Nahrungsmittel.* Im Weizenmehl werden

beim Kochen zunächst nur Glucose u. ihre Polymeren angegriffen, während die anderen Kohlenhydrate verhältnismäßig widerstandsfähig sind. Im Brot gebildete Fructose ist auf die Einw. von in der Hefe vorhandener Invertase auf Rohrzucker zurückzuführen. Die Wrkg. von α-Amylase während der Teiggärung ist gek. durch die Ggw. von Isomaltose, Maltose, Maltotriose, -tetraose, -pentaose u. -hexaose. In Puffed-Reis werden durch die hohe Temp. von 280—300° Glucose, Maltotriose u. -tetraose vollständig zerstört, während der Geh. an Maltose sich erniedrigt. Beim Kochen von Reis werden die Gehh. an verschied. Zucker erniedrigt, z. T. bis zum völligen Verschwinden. (Naturwissenschaften **42.** 514. 2. Sept.-H. 1955. New Delhi, Defence Science Labor.)
H. HAEVECKER. 7686

Alberto Daghetta, Giorgio Forti und **Andrea Monzini,** *Das Problem der Respirationsprodukte von in Gefrierzellen aufbewahrten Früchten.* 3. Mitt. *Untersuchungen an von Pfirsichen der Sorte Hale während der Reifung bei 3—20° ausgeschiedenen flüchtigen Aromastoffen.* (2. vgl. C. **1959.** 2313.) Pfirsiche der Sorte Hale schieden während einer Lagerung bei 3° mehr flüchtige Aromastoffe (*Ester, Alkohole, Säuren*) aus als im Verlauf einer Lagerung bei 20°. Lediglich die Ausscheidung von *Carbonylverbb.* war bei 20° intensiver als bei 3°. (Ann. Sperimentaz. agrar. [N. S.] **10.** 321—27. 1956.)
M. WINIKER. 7688

C. Sterling, C. O. Chichester und **R. E. Hughes jr.,** *Quetschen und die „Qualität" von Freestone-Pfirsichen.* Nach den Unterss. der Vff. ist in gequetschten u. nichtgequetschten Pfirsichstücken der Gesamtgeh. an Feststoffen gleich groß, während der Säuregeh. der gequetschten niedriger ist, was eine Geschmacksverbesserung zur Folge hat. (Food Technol. **12.** 196. April 1958. Davis, Calif., Univ. of California, Dep. of Food Technol.)
I. KEINERT. 7688

J. H. Stewart, G. R. Spencer, Janis Lasmanis und **D. M. Holliday,** *Die Wirksamkeit von Chlor, einer quartären Ammoniumverbindung und eines neuen Desinfektionsmittels (Chlorhexidine) bei der Reinigung von Euterhauben.* Bei der Reinigung von Euterhauben aus Gummi war *Na-Hypochlorit* weniger wirksam als *Roccal RX* (10%ig. Lsg. eines *Alkylbenzylammoniumchlorids*) u. *Hexidine* (5%ig. Lsg. von *Bis-p-chlorphenyldiguanidhexandiacetat*). (J. Milk Food Technol. **19.** 89—93. April 1956. Pullman, State Coll. of Washington, Coll. of Veterinary Med.) E. WIEHR. 7756

C. C. Prouty, *Beobachtungen über die Gegenwart von fakultativ psychrophilen Bakterien in Milch, die im Farm-Tank-System gelagert wurde.* Nach der Meth. für fakultativ psychrophile Bakterien (**a**; Platten 5 Tage bei 17° bebrüten) u. der Standardmeth. (Platten 24 u. 48 Std. bei 35° bebrüten) wird molkereimäßig gelagerte Rohmilch untersucht. Nach 48 Std. traten schwache Geschmacks- u. Geruchsabweichungen auf, die durch **a** hervorgerufen sein können. (J. Milk Food Technol. **18.** 250—53. Okt. 1955. Pullman, State Coll. of Washington, Dep. of Dairy Sci.) F. HOPPE. 7756

D. A. Forss, E. G. Pont und **W. Stark,** *Die zu dem Oxydationsgeschmack der Magermilch in Beziehung stehenden flüchtigen Bestandteile.* Magermilch, die einen pappigen Oxydationsgeschmack aufwies, wurde der Wasserdampfdest. unterworfen, das Destillat mit PAe. extrahiert, der Extrakt mit 2.4-Dinitrophenylhydrazin versetzt u. die entstandenen Hydrazone an einer Al_2O_3-Säule chromatograph. getrennt. Es wurden isoliert: *Aceton, Acetaldehyd, n-Hexanal, Crotonaldehyd, Penten-(2)-al, Hexen-(2)-al, Hepten-(2)-al, Octen-(2)-al* (**I**), *Nonen-(2)-al* (**II**), *Decen-(2)-al, Undecen-(2)-al* u. einige nichtidentifizierte Verbb., vermutlich *Dien-(2.4)-aldehyde.* Durch Zugabe von **I** u. **II** sowie von *Hexadien-(2.4)-al* zu Magermilch konnte noch in Verdünnungen von $1:10^9$ ein pappiger Geschmack hervorgerufen werden. (J. Dairy Res. **22.** 91—102. Febr. 1955. Melbourne, Dairy Res. Sect., C.S.I.R.O.) F. HOPPE. 7756

D. A. Forss, E. G. Pont und **W. Stark,** *Weitere Beobachtungen über die zum Oxydationsgeschmack von Magermilch in Beziehung stehenden Verbindungen.* Als Hauptursachen des Oxydationsgeschmacks in Magermilch wurden gefunden: Dien-(2.4)-aldehyde (C_6—C_{11}) u. En-(2)-aldehyde (C_4—C_{11}), wobei als wichtigste Verbb. genannt werden: Octen-(2)-al, Nonen-(2)-al, Heptadien-(2.4)-al u. Nonadien-(2.4)-al. (J. Dairy Res. **22.** 345—48. Okt. 1955. Melbourne, C.S.I.R.O., Dairy Res. Sect.) F. HOPPE. 7756

Tadeusz Knaut, *Der Thiamin- und Riboflavingehalt der rohen und gekochten Milch.* Durch Kochen der Milch während 2 Min. erniedrigt sich der Geh. an *Thiamin* von 0,0417 (mg%) im Mittel auf 0,038 u. der Geh. an *Riboflavin* von 0,192 auf 0,187. (Roczniki Nauk rolniczych, Ser. B **70.** 197—205. 1955. Warszawa, SGGW, Zakł. Techn. Mleczarstwa.)
F. URBAN. 7756

A. L. Short, *Der Wärmeausdehnungskoeffizient der Rohmilch.* Vf. stellte fest, daß bei Tempp. zwischen 10 u. 30° u. einem Fettgeh. von >3% die D.-Temp.-Beziehung nahezu linear ist. Mit zunehmendem Fettgeh. besteht auch bei Tempp. $>30^0$ Linearität. (J. Dairy Res. **22.** 69—73. Febr. 1955. Univ. of Reading, Nat. Inst. for Res. in Dairying.) M. WINIKER. 7756

G. T. Pyne und **Kathleen A. McHenry,** *Die Hitzegerinnung der Milch.* Koll. Phosphate aus dem Casein–Phosphor-Komplex in Verbindung mit dem Geh. an Ca-Ionen bestimmen die Koagulierbarkeit der Milch. Die Hitzegerinnung wird weiter auf die durch die therm. Zers. von Casein u. Lactose bedingte Zunahme des Säuregeh. zurückgeführt. Die Serumproteine haben keinen Einfl. auf die Gerinnung. — 21 Literaturhinweise. (J. Dairy Res. **22.** 60—68. Febr. 1955. Cork, Univ. Coll., Dairy Chem. Dep.) F. HOPPE. 7756

J. Schormüller und **W. Gellrich,** *Beiträge zur Biochemie der Käsereifung.* 17. Mitt. *Das Vorkommen freier Aminosäuren und verschiedener Transaminasen in reifendem Sauermilchkäse.* (16. vgl. C. **1959.** 4651.) Mittels einer von den Vff. ausgearbeiteten, eingehend beschriebenen Meth. zur qualitativen u. quantitativen Best. von Aminosäuren im Rundfilterchromatogramm wurden die im Ultrafiltrat einer Suspension von durchgereiftem Sauermilchkäse vorkommenden Aminosäuren ermittelt. In reichlichen Mengen wurden *Valin* (**I**), *γ-Aminobuttersäure* (**II**), *Alanin* (**III**), *Glutaminsäure* u. *Lysin* (**IV**) gefunden. *Phenylalanin* (**V**), *Methionin* (**VI**), *Tryptophan, α-Aminobuttersäure* (**VII**), *Tyrosin, Threonin* u. *Serin* waren nur in geringen Mengen vorhanden. Im untersuchten Konzentrationsbereich ($>0,1\%$) konnten *Cystin* (**VIII**), *Arginin* (**IX**) u. *Hydroxyprolin* nicht nachgewiesen werden. Weiter konnte durch quantitative Papierchromatographie der Nachw. dafür erbracht werden, daß in einer Käsesuspension folgende Aminosäuren mit α-Ketoglutarsäure umaminiert werden: **I, VI, II, V,** Leucin u. Isoleucin. Ob eine Umaminierung von **VII** u. Histidin stattfindet, konnte nicht völlig geklärt werden. **VIII, IV, IX,** *β*-**III** u. Prolin werden nicht transaminiert. Durch fraktionierte Fällung der *Glutaminsäure–Asparaginsäure-Aminopherase* aus einer Käsesuspension mittels wss. $(NH_4)_2SO_4$-Lsgg. wurde ein Transaminasekonzentrat erhalten, das bei Gefriertrocknung ein haltbares Trockenpräp. lieferte. (Z. Lebensmittel-Unters. u. -Forsch. **103.** 291—305. April 1956.) F. TIEDT. 7760

E. B. Collins, *Faktoren, die bei der Bekämpfung gelatinöser Fehler von Quark eine Rolle spielen.* 2. Mitt. *Der Einfluß von p_H und Temperatur auf die baktericide Wirkung von Chlor.* (1. vgl. C. **1957.** 6307.) Der Einfl. von Temp. u. p_H auf die baktericide Wrkg. von freiem *Chlor* wurde für Kulturen von Pseudomonas fragi (**a**), Ps. viscosa u. a. bestimmt. Tiefe Tempp., z. B. 4^0, u. hohe p_H-Werte, z. B. 10, setzten die Wrkg. von Chlor wesentlich herab. **a** war der widerstandsfähigste der untersuchten Stämme. (J. Milk Food Technol. **18.** 189—91. Aug. 1955.) E. WIEHR. 7760

Kazimierz Bieliński, *Untersuchungen über die Bestimmung des Nährwertes pektinierter Leinkapseln in der Schweinemast.* Durch Pressen von Leinkapselspreu mit einem getrockneten Pektinauszug aus Leinstroh im Verhältnis 3:1 werden Futterbriketts für die Schweinemast mit einem um 50% höheren Nährwert als Kartoffeln erhalten. Hauptbestandteil sind N-freie Substanzen. Der Geh. an Asche u. Ballaststoffen ist hoch (22%), hat aber keinen Einfl. auf die Gewichtszunahme der Tiere, wenn nicht mehr als 15—20% des Futters damit ersetzt werden. Bei höheren Gaben treten Verdauungsstörungen u. Vergrößerung der Leber ein. Das Fett–Fleisch-Verhältnis wird nicht gestört, der Fettgeh. des Gewebes aber vermindert. (Roczniki Nauk rolniczych, Ser. B **70.** 121—37. 1955. Kołuda Wielka, Inst. Zootechn.) F. URBAN. 7786

J. Glapś und **Z. Ruszczyc,** *Untersuchungen über die Anwendung von Futterhefe und Mais in der Schweinemast.* Fischmehl kann ohne Störung der Gewichtszunahme ganz durch Futterhefe ersetzt werden, wenn gleichzeitig Mais gefüttert wird. In der Kartoffelmast verschlechtert dieser Ersatz die Gewichtszunahme u. verlangsamt die Mast. Fischmehl in Verbindung mit Kartoffeln ist ein besseres Futter als in Verbindung mit Mais. Schon kleine Veränderungen im Futter haben einen Einfl. auf die Entw. des Fleisch- u. Fettgewebes u. auf die inneren Organe. (Roczniki Nauk rolniczych, Ser. B **70.** 139—52. 1955. Kraków, Inst. Zootechn.) F. URBAN. 7786

Zygmunt Ruszczyc und **Jan Glapś,** *Anwendung der Sprithefe aus Sulfitablaugen in der Schweinemast.* Auf Sulfitablauge gezüchtete Hefe entspricht in ihrem Nährwert u. in der Mastwrkg. gewöhnlicher Futterhefe. Bei Ersatz von Fischmehl durch Hefe tritt Verkleinerung des Magens u. Verringerung der Schulterspeckdicke der Tiere ein. Das Fett ist hart bis mittelhart. (Roczniki Nauk rolniczych, Ser. B **70.** 169—80. 1955. Kraków, Inst. Zootechn.) F. URBAN. 7786

Zygmunt Ruszczyc und **Jan Glapś,** *Anwendung der Abfallhefe (getrocknete Bierhefe) in der Schweinemast.* Zusatz von 0,6—0,9 kg Brauereiabfallhefe/Tag bringt eine wesentliche Einsparung von Eiweißfutter in der Schweinemast. Die Verdaulichkeit von pflanzlichem Eiweiß wird erhöht u. die Mastzeit verkürzt, das Fleisch wird jedoch wässerig. (Roczniki Nauk rolniczych, Ser. B **70.** 153—67. 1955. Kraków, Inst. Zootechn.) F. URBAN. 7786

I. N. Kamenski, B. S. Tschertschess, A. P. Krjutschkowa und **L. I. Rassolenko,** *Über die Verwendung der Abfälle der Chlortetracyclinherstellung in der Tierzucht. Aurokorm-2* (I), der nach Extraktion von *Chlortetracyclin* (II) aus dem Halbfabrikat gewonnene u. getrocknete Ca-Schlamm, enthält 10—13 mg/g **II**, 2,5—4 I.E./g Vitamin $B_{1,2}$ 10—19% $CaCl_2$, 0,04—0,05% Fe u. 20—33% unbekannte organ. Substanzen. I wurde mit gutem Erfolg zu therapeut. Zwecken bei kranken Küken, Hühnern, Ferkeln u. Schweinen angewandt (Gewichtszunahme, rasche Heilung). Die Unters. der ähnlich wirkenden Präpp. *Aurokorm-1* (Mycelmasse nach Abtrennung der **II**-Lsg. aus der Fermentations-Fl.) u. *Aurokorm-4* (verarbeitete Fermentations-Fl.) sind noch nicht abgeschlossen. *Aurokorm-3*, das nach der Kristallisation von **II** aus der zurückbleibenden Fl. gewonnene Präp., ist zu teuer in der Herstellung. (Медицинская Промышленность СССР [Med. Ind. UdSSR] **13.** Nr. 1. 6—10. Jan. 1959. Moskau, Fabrik med. Präpp. Nr. 1.) E. RENTZ. 7786

J. Valin, *Saccharimetrische Analyse des Honigs.* Es wird eine Meth. mitgeteilt, mit deren Hilfe eine Best. der einzelnen im Honig vorkommenden Kohlenhydrate *Saccharose, Melezitose, Maltose, Glucose* u. *Lävulose* möglich wird. — Vf. gelang es hiermit, die der in Frankreich üblichen saccharimetr. Analyse (Best. der red. Zucker mit FEHLINGscher Lsg. oder nach der Meth. von BERTRAND vor u. nach Inversion nach der Meth. von CLERGET) anhaftenden Fehlerquellen auszuschalten u. eine Erklärung für die zuweilen stark voneinander abweichenden Resultate bei der Saccharosebest. zu liefern. — Ausführliche Beschreibung der Methodik. (Ann. Falsificat. Fraudes **49.** 388—401. Sept./Okt. 1956. Nizza, Labor. de Rech. Apicoles.) H. KOCKERT. 7812

S. N. Mitra und **R. K. Chatterji,** *Ein modifizierter Anilinhydrchloridtest zum Nachweis von technischem Invertzucker in Honig.* Der Anilinhydrochloridtest (J. Assoc. off. agric. Chemists **33.** [1950.] 521) gibt mit überhitztem Honig einen positiven Nachw. auf techn. Invertzucker. Die Modifizierung der Rk. bewirkt, daß der Nachw. nur bei echter Verfälschung positiv wird. Man gibt zu 6 ml einer Honig–dest. W.-Mischung (1 : 2) 4 ml einer frisch hergestellten Anilinhydrochloridlsg. (10 ml Anilin + 3 ml HCl, D. 1,125). Die Mischung wird für ½ Min. leicht geschüttelt u. bleibt dann 1 Std. stehen. Die Rk. ist positiv, wenn dann die obere Schicht deutlich rot gefärbt ist. Bei überhitztem Honig tritt eine schmutzigschokoladenbraune Färbung auf. (Sci. and Cult. **23.** 97—98. Aug. 1957. Calcutta, West Bengal Publ. Health Labor.) PH. FRESENIUS. 7812

A. H. Bockian, A. F. Anglemier und **Lois A. Sather,** *Ein Vergleich von objektiver und subjektiver Bewertung der Konsistenz von Rindfleisch.* Die Konsistenz von gekochtem Rindfleisch wurde organolept. u. durch Messung der zum Zerkleinern erforderlichen Kraft nach der Meth. von MIYADA u. TAPPEL (C. **1958.** 6991) bestimmt. Die Korrelationskoeffizienten zwischen objektiven u. subjektiven Messungen betrugen 0,59 u. 0,60. (Food Technol. **12.** 483—85. Sept. 1958. Corvallis, Ore., Oregon State Coll., Dep. of Food and Dairy Technol.) E. WIEHR. 7850

Maurice E. Stansby, *Probleme bei der Bestimmung des Frischezustands beim Fisch.* Allg. Ausführungen. (Food Technol. **12.** 260—62. Mai 1958. Seattle, Wash., U. S. Fish and Wildlife Serv., Bur. of Commercial Fisheries.) I. KEINERT. 7852

M. Wiewiórowski, M. D. Bratek und **E. Drzewiecka,** *Eine neue Mikromethode zur Bestimmung der Summe der Alkaloide im Samen der Futterlupine, die für Reihenuntersuchungen geeignet ist.* 100 mg Lupinenmehl, 5 Std. bei 45° getrocknet, werden zunächst mit 4 Tropfen 10%ig. NaOH u. dann mit 400 mg Diatomeenerde verrieben. Die Extraktion der Alkaloide erfolgt mit 5 ml Chlf. in einer Glaskolonne, das herauslaufende Eluat wird direkt auf Filtrierpapierstreifen getropft, an der Luft getrocknet u. mit der DRAGENDORFF-Lsg. (modifiziert von MUNIER u. MACHEBOEUF [1949]) entwickelt. Der gebildete farbige Komplex ist bei Ausschluß von Sonnenlicht u. alkal. Dämpfe, wie NH_3 u. Pyridin, sehr beständig. Die Auswertung erfolgt auf Grund von Standardproben. (Roczniki Nauk rolniczych, Ser. A **79.** 531—39. 1958. Poznań, PAN, Zakł. Hodowli Roślin.) F. URBAN. 7866

Francis H. Bird, *Aminosäuren in Futtermitteln.* Zum papierchromatograph. Nachw. von *dl-Methionin* (**I**) bringt man Tropfen von 2,5 μl mit 1,5—12,0 γ **I** auf, entwickelt mit n-Butanol/Eisessig/W. (25:6:25) u. besprüht mit einer Lsg. von PtJ_2 in Aceton. Planimetr. Auswertung. Aus Futtermitteln wird **I** mit W. im Blender (50 g + 100 ml) oder durch Schütteln mit essigsaurem 80%ig. A. oder mit 80%ig. A. nach Entfernen der Fette mit Ae. extrahiert. Die Chromatographie kann auch mit wassergesätt. tert.-Amylalkohol in Diäthylaminatmosphäre oder mit tert.-Butylalkohol/

Ameisensäure/W. (70:15:15) erfolgen. (J. Assoc. off. agric. Chemists **39.** 123—24. 15/2. 1956. Rockville, Conn., Eastern States Farmer's Exch., Inc.) F. KRUSEN. 7868

Farbenfabriken Bayer Akt.-Ges. (Erfinder: **Hermann Goebel** und **Eugen Glietenberg**), Leverkusen, *Färben von Lebensmitteln.* Als Farbstoff dient der Bisazofarbstoff der Formel I bzw. dessen Salz. — Z. B. wird *Fischrogen* zwecks Schwarzfärbung in eine Lsg. von 50 g I in 1 Liter W. bei 30° bis zur Erreichung der gewünschten Nuance eingetragen u. nach Herausnahme aus der Lsg. im Warmluftstrom getrocknet. (**D. A. S. 1 054 816** Kl. 53k vom 28/9. 1957, veröff. 9/4. 1959.) W. KRANZ. 7639

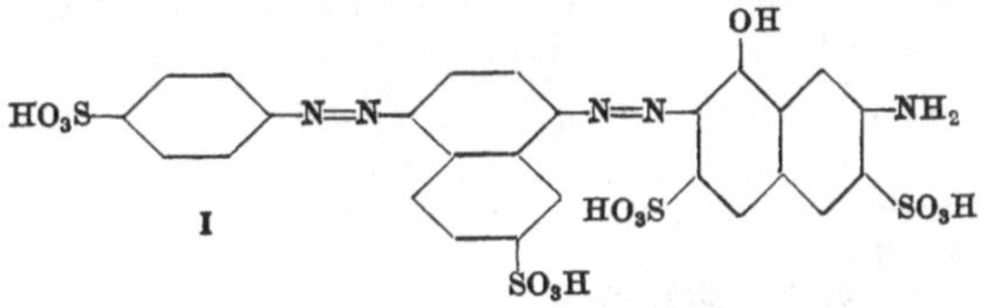

I

McCormick & Co., Inc., übert. von: **Robert Edwin Graves** und **Richard Leland Hall**, Baltimore, und **Albert Joseph Karas**, Catonsville, Md., V. St. A., *Gewinnung von Vanille.* Grüne Vanilleschoten werden in Abwesenheit von O_2 zerkleinert, mehrmals mit W. extrahiert, die vereinigten Extrakte im Vakuum konz. u. unmittelbar danach in die feste Form gebracht, in dem man das Konzentrat, z. B. in dünnen Schichten im Vakuum auf ca. 70° erwärmt oder 48 Std. ein Gemisch aus N_2 u. 5% O_2 bei 55° durchleitet. — Zeichnung. (**A. P. 2 835 591** vom 23/8. 1955, ausg. 20/5. 1958.) C. LÜTTGEN. 7715

Chemische Fabrik Joh. A. Benckiser G. m. b. H., Ludwigshafen/Rh., *Pökeln von Fleisch- und Wurstwaren,* dad. gek., daß man neben üblichen Pökelsalzen *Aminozucker* verwendet. (**D. A. S. 1 056 466** Kl. 53c vom 16/5. 1958, veröff. 30/5. 1959.) H. MAASS. 7751

A/S Portan (Erfinder: **Őyvind Helgerud** und **Alf Olsen**), *Konservierung von Fleisch oder Fisch.* Man bringt das Material in eine wss. Lsg. eines Alginats von solcher Zus., daß diese bei n. Temp. innerhalb von 5—30 Min. ein festes, schneidfähiges Gel bildet, worauf die M. tiefgefroren wird. Eine Lsg. von 1—3 (Teilen) Na-Alginat in 100 W. wird mit Citronensäure auf p_H 2,5—4 eingestellt. Dazu gibt man z. B. 0,1—0,5 Ca-Tartrat u. gegebenenfalls 15 Gew.-% Glycerin. (**Aust. P. 211 739** vom 4/11. 1955, ausg. 9/1. 1958.) J. MÜHLEISEN. 7753

Genatosan Ltd., übert. von: **Frank Alan Todd** und **Norman Jonas Van Abbe,** *Futtermittel* in Pulverform, das im wesentlichen aus wasserlösl. proteinhaltigen Verbb. („Sanatogen") besteht, gek. durch den Geh. an einem oberflächenakt. Mittel, bes. einem wasserunlösl. Monoglycerin- oder Sorbitanmonofettsäureester, z. B. Glycerylmonooleat oder Sorbitanmonopalmitat. (**Aust. P. 212 014** vom 19/1. 1956, ausg. 30/1. 1958. E. Prior. 3/2. 1955.) A. BRÖSAMLE. 7787

Aktieselskabet Kemovit, Kopenhagen (Erfinder: **Walter Hans George Roe,** Gentofte), Dänemark, *Saumilchersatz* mit einem Fettstoff-, Kohlenhydrat- u. Tierproteingeh., der annähernd dem Geh. natürlicher Saumilch entspricht u. dem noch Nährsalze u. Vitamine zugesetzt sind, dad. gek., daß die Proteinstoffe aus Schweineblutplasma bestehen. Im Schweineblutplasma ist fast alles Eiweiß leicht verdaulich u. die Anteile an Aminosäuren, aus denen die Eiweißstoffe aufgebaut werden, sind solche, die die bestmögliche Ausnutzung durch die Ferkel gewährleisten. Es enthält außerdem Immunkörper, die Krankheiten der Ferkel verhindern. Die gebärenden Tiere werden von der Säugung der Ferkel verschont u. können jährlich ca. 3mal gepaart werden. — Vgl. F. P. 1 126 220; C. **1957.** 7199. (**D. A. S. 1 055 336** Kl. 53g vom 29/3. 1955, veröff. 16/4. 1959. E. Priorr. 17/6. u. 18/10. 1954.) H. KARST. 7787

XVII. Fette. Seifen. Wasch- u. Reinigungsmittel. Wachse. Bohnermassen usw.

Socrates A. Kaloyereas, *Ranzigkeit als bestimmender Faktor für den Vitalitätsverlust von Fichten- und anderen Samen.* Vf. hat an Fichtensamen verschied. Baumsorten, die unter verschied. Bedingungen gelagert worden waren, Keimungsfähigkeit, Geh. an W., Fetten u. freien Fettsäuren bestimmt u. die Keimungsfähigkeit sowie die Ranzigkeit der Fette vermittels JZ. u. Peroxydwert bestimmt u. festgestellt, daß eine verminderte Keimungsfähigkeit mit erhöhter Ranzigkeit einhergeht. Mitt. verschied. Antioxydantien, die bestimmte Samensorten vor Verlust der Keimungsfähigkeit u. Ranzigwerden schützen. (J. Amer. Oil Chemists' Soc. **35.** 176—79. April 1958. Baton Rouge, La., State Univ., Dep. of Agric. Chem.) HEINRICH HERMANN. 7880

Akio Kato, *Einige pflanzliche Öle und Fette.* (*Die Kennzahlen und die Fettsäurezusammensetzung von Borneotalg, Illipébutter und Niger-, Saflor- und Sesamöl*).

Borneotalg (**I**), Illipébutter (**II**), Nigeröl (**III**), Safloröl (**IV**) u. Sesamöl (**V**) wurden untersucht u. die folgenden Kennzahlen gefunden: Brechungsindex n_D^{20} **III** 1,4776, **IV** 1,4772, **V** 1,4748; F. **I** 42—44°, **II** 26,2—28,2°; SZ. **I** 28,5, **II** 9,5, **III** 1,2, **IV** 0,8, **V** 5,5; VZ. **I** 191,4, **II** 195,7, **III** 191, **IV** 190,1, **V** 192,7; JZ. **I** 36,4, **II** 62, **III** 134,3 **IV** 143,3 **V** 114,2; Unverseifbares (%) **I** 1,01, **II** 4,25, **III** 1,03, **IV** 0,41, **V** 1,33. Fettsäurezus. (%): gesätt. **I** 64,6, **II** 39,6, **III** 14,8, **IV** 10,1, **V** 16,9; ungesätt. **I** 35,4, **II** 60,4, **III** 85,2, **IV** 89,9, **V** 83,1; Ölsäure **I** 34,1 **II** 46,4, **III** 12,1, **IV** 14,5, **V** 34,2; Linolsäure **I** 1,0, **II** 13,3, **III** 71,6, **IV** 74,0, **V** 46,6; Linolensäure **I** 0,2, **II** 0, **III** 1,1, **IV** 0, **V** 2,0; konjugierte Diensäuren **I** 0,1, **II** 0,7, **III** 0,4, **IV** 1,4, **V** 0,3. Die Fettsäurezus. wurde mittels spektrophotometr. Meth. ermittelt. (Rep. Government chem. ind. Res. Inst., Tokyo **52**. 133—41. April 1957. [Orig.: japan.; Auszug: engl.]) J. BÖSS. 7894

Corrado Cantarelli, *Gegen das Ranzigwerden von Olivenölen: Versuche mit Ascorbylpalmitat und anderen Antioxydantien.* Um den Schutzeffekt von Ascorbylpalmitat (**I**) gegen das Ranzigwerden von Olivenölen zu bestimmen, wurden zahlreiche Verss. mit verschied. Olivenöltypen (Preßölen, Rektifikaten A u. B u. deren Gemischen, sowie Methyloleat) ausgeführt u. das Antioxydationsvermögen von **I** mit anderen Antioxydationsmitteln (Citronen-, Citracon- u. Nordihydroguajaretsäure, Lecithin, Propylgallat u. Thioharnstoff) verglichen. **I** zeigte keine Wrkg. mit synthet. Glyceriden, dagegen einen stärkeren Schutzeffekt bei Olivenölen im Vgl. mit anderen benutzten Prodd., mit denen es keine synerget. Wrkg. aufwies. Es wurde gefunden, daß die stabilisierende Wrkg. der verwendeten Dosis des Antioxydans proportional ist, daß Konzz. von 0,02 bis 0,04% in jedem Falle zur Stabilisierung der untersuchten Öle genügen u. daß der Reaktionsmechanismus vermutlich auf einer Red. der Peroxyde beruht (Abbildungen u. Tabellen). — 42 Literaturangaben. (Olii minerali, Grassi Saponi, Colori Vernici **35**. 281—89. Juli 1958. Perugia, Univ., Ist. di Ind. Agrar.) G. PLATZER. 7894

K. Krishnamurthi, M. Swaminathan und **D. S. Bhatia,** *Forschungen über die Stabilität ausgewinterten Baumwollsaatöls.* Die Haltbarkeit ausgewinterten Baumwollsaatöls in Gläsern u. Konservendosen ohne u. mit 0,02% Dodecyl- oder Propylgallat u. 0,1% Citronensäure ist nach dem Verf. von WHEELER erforscht worden. Nach der Peroxydbldg. zu urteilen, war sie auch bei 37° gegenüber dem Ausgangsöl nicht verändert. In Konservendosen war 5—10% mehr Peroxyd als in Gläsern gebildet. Die Antioxydantien hatten seine Menge um 90% gesenkt. — 2 Tabellen. (Bull. centr. Food technol. Res. Inst., Mysore **4**. 179—80. 1955. — Sep.; Mysore, Central Food Technol. Res. Inst.) H. GUDE. 7894

Seiichi Ueno und **Kenji Matsushima,** *Zusammensetzung des Öls aus Balaenoptera actorostrata Lacépède.* Aus der Walart Balaenoptera actorostrata Lacépède wird ein Öl mit $D.^{20}_{4}$ 0,9270, n_D^{20} 1,4725, SZ. 6,7, VZ. 190,3, JZ. 145,2 (WIJS) extrahiert. Es enthält als gesätt. Hauptbestandteile *Palmitin-* u. *Stearinsäure*, daneben Spuren höherer gesätt. Säuren, u. als ungesätt. Bestandteile C_{18}-Monoen-, C_{18}-Dien-, C_{20}-Dien-, C_{22}-Dien-, C_{18}-Trien-, C_{20}-Trien-, C_{16}-Tetraen-, C_{18}-Tetraen-, C_{22}-Tetraen- u. wahrscheinlich C_{16}-Tetraensäuren. (J. Oil Chemists' Soc. Japan **7**. 341—44. Okt. 1958. Huze, Kinki-Univ. [Orig.: japan.]) E. MAEKAWA. 7898

B. S. Dane und **V. P. Anantanarayanan,** *Stabilität von Sesamolin in Gegenwart von Vitamin-A-acetat im hydrierten Öl (Vanaspati).* In Indien besteht die Vorschrift, daß dem gehärteten Nahrungsfett je 1 Unze zugesetzt werden: 700 I.E. an Vitamin-A-Acetat u. zum Zwecke der latenten Kennzeichnung 5% Sesamöl (Rk. nach BAUDOUIN). Es werden Zweifel geäußert, ob die beiden Zusatzstoffe nebeneinander beständig sind; damit wäre bes. die analyt. Erkennung von Vanaspati illusor. gemacht. Es werden definierte Proben angesetzt u. in mit Glasstopfen verschlossenen Flaschen 8 Monate lang bei Zimmertemp. im Dunkeln aufbewahrt; in regelmäßigen Abständen wird die Rk. nach BAUDOUIN durchgeführt. Nach den tabellar. mitgeteilten Befunden halten sich die beiden Zusatzstoffe bei Luftausschluß ohne Rückgang in den Konzentrationen. In Abwesenheit von Vitamin-A-acetat neigt das Sesamolin zur Zersetzung. Haben Luft u. Licht Zutritt, so tritt Ranzidität auf, u. beide Zusatzstoffe erleiden Veränderungen. (J. sci. ind. Res. [New. Delhi], Sect. C **17**. 18. Jan. 1958. New Delhi, Ministry of Food and Agric., Directorate of Marketing and Inspection.) K. TÄUFEL. 7902

Taiseki Kunugi und **Hirohisa Kudo,** *Untersuchung über chloriertes Erdöl.* 6. Mitt. *Untersuchung über Synthese von Waschmitteln des Alkylarylsulfonattyps insbesondere über das Verhalten von zweifach chloriertem Kerosin.* (5. vgl. J. chem. Soc. Japan, ind. Chem. Sect. [Kōgyō Kagaku Zassi] **57**. [1954.] 728.) In Ggw. von $AlCl_3$ oder $AlCl_3$–$Al(OH)_3$ (meist 1 : 3) wird *monochloriertes* (mit 30—60% *dichloriertem*) *Petroleum* mit *Methylnaphthalin* zu den entsprechenden Monoalkylarylderivv. bzw. den Chloralkylarylderivv. kondensiert, die gegen Wasserdampf unbeständig sind u. in ungesätt. Alkylarylkörper (**I**) übergeführt werden. Solches unter HCl-Austritt gebildetes Prod. enthält 15—20% **I**. Die größte oberflächenakt. Wrkg. zeigt sich bei *Na-Alkylmethylnaphthalinsulfonaten* mit 10—14 C im Alkyl. (J. chem. Soc. Japan, ind. Chem. Sect. [Kōgyō Kagaku Zassi] **58.** 23—25. Jan. 1955. Tokyo Univ. [Orig.: japan.]) L. SCHULER. 7912

H. C. S. de Whalley, *Reinigungsmittel aus Saccharose in britischer Sicht.* Diese ursprünglich von USA-Forschungsinstituten ausgehende Entw. wurde auch in England, hauptsächlich aus wirtschaftlichen Gründen, aufgenommen, da das Commonwealth große Zuckerüberschußgebiete besitzt. Weiterhin wird das Abwasserproblem behandelt, das wesentlich erleichtert werden würde, wenn die Haushalte auf Zuckerester als Reinigungsmittel übergehen würden. Gründe: geringeres Schäumen, Angreifbarkeit durch Bakterien u. Ungiftigkeit in Spuren bei Entnahme von Trinkwasser stromabwärts. (Chem. Products chem. News **20.** 105—06. März 1957.) E. TIEDEMANN. 7916

L. A. Witting und **B. S. Schweigert,** *Charakterisierung flüchtiger Carbonylverbindungen aus der γ-Strahlung unterworfenem Fleischfett.* Schweinerückenfett wurde der Einw. von γ-Strahlen einer ^{60}Co-Quelle ausgesetzt. Die flüchtigen Bestandteile wurden durch Vakuumwasserdampfdest. abgetrennt, die Carbonylverbb. mit 2.4-Dinitrophenylhydrazin gefällt u. papierchromatograph. u. spektrophotometr. als *Propional, Butanal, Pentanal, Hexanal, Nonanal, Decanal, Acrolein* (**I**), *Crotonaldehyd* (**II**) u. *2.4-Undecadienal* identifiziert. Analog der Autoxydation wird während der Bestrahlung bes. die Linolsäure abgebaut. Vermutlich reagieren bes. **I** u. **II** mit den Abbauprodd. der Proteine u. rufen dadurch den schlechten Geruch u. Geschmack der Fleischprodd. hervor. (J. Amer. Oil Chemists' Soc. **35.** 413—16. Aug. 1958. Chicago, Ill., American Meat Inst. Foundat.; Univ., Dep. of Biochem.) H. OTTERBACH. 7932

H. Hadorn und **K. W. Biefer,** *Papierchromatographischer Nachweis von Rapsöl in Speiseöl.* Die chromatograph. Trennungsmeth. der höheren Fettsäuren nach KAUFMANN u. NITSCH wurde zum Nachw. von Rapsöl (**I**) in Speiseöl herangezogen. **I** kann auf Grund seines Erucasäuregeh. (ca. 50%) in Speiseölmischungen in Mengen bis zu 5% nachgewiesen werden. Ausführliche Beschreibung der angewandten Methode. (Mitt. Gebiete Lebensmittelunters. Hyg. **47.** 75—83. 1956. Basel, Labor. VSK.) J. BÖSS. 7932

H. S. Olcott und **E. Einset,** *Eine antagonistische Wirkung auf Antioxydantien für ungesättigte Fette.* Die Oxydation verschied. Fischölarten wurde (vgl. folgendes Ref.) durch Wägung bestimmt, nachdem ihnen d-α-Tocopherol (**I**) oder d-γ-Tocopherol (**II**) als Oxydationsmittel zugesetzt worden war. **II** fördert die Oxydation stärker als **I**, selbst wenn den Ölen, — oder wie in anderen Verss. zu Äthyloleat, Methyllinoleat, Methylarachidonat, Linoleinsäure, Linolensäure oder Trilinolein — 6-Äthoxy-2.2.4-trimethyl-1.2-dihydrochinolin (**III**; Santoquin), Diphenyl-p-phenylendiamin, 4-Amino-p-diphenylamin, 2.6-Di-tert.-butyl-p-kresol, 2-tert.-Butyl-p-kresol, Propylgallat, 2.2-Methylenbis-(4-methyl-6-tert.-butylphenol), oder Nordihydroguajaretsäure als Antioxydans zugefügt worden war. **I** oder **II** hemmen die antioxydative Wrkg. dieser Substanz, u. zwar die der N-haltigen stärker als die der phenolhaltigen. Die phenolhaltigen Antioxydantien wirken nicht als Antagonisten für **III**. (J. Amer. Oil Chemists' Soc. **35.** 159—60. April 1958. Berkeley, Calif., Univ. of California, Inst. of Marine Resources, Dep. of Dood Technol.) HEINRICH HERMANN. 7932

H. S. Olcott und **E. Einset,** *Wägen als Methode zur Messung der Induktionsperiode bei Fischölen und anderen Ölen.* Detaillierte Beschreibung einer Meth. die gestattet aus dem Gewichtszuwachs bekannter Ölmengen bei Luftzufuhr den Oxydationsgrad zu bestimmen. Kleine Ölmengen werden bei konstanter Temp. in Zeitabständen gewogen. Die Zeit, in der die Gewichtszunahme 0,4% der Ausgangsmenge erreicht, bezeichnen Vff. als Induktionsperiode. Vorschriften zur Verhinderung der Verdunstung etwa zugefügter Antioxydantien. (J. Amer. Oil Chemists' Soc. **35.** 161—62. April 1958. Berkeley, Calif., Univ. of California, Inst. of Marine Resources, Dep. of Technol.)

HEINRICH HERMANN. 7932

Farbenfabriken Bayer Akt.-Ges., Leverkusen (Erfinder: **Anton Schlachter, Karl Schönol,** Leverkusen, und **Fritz Steinfatt,** Opladen), *Baktericide beziehungsweise Fungicide enthaltende Seifen,* gek. durch einen Geh. an $ZnCO_3$. Der Zusatz bewirkt eine Verstärkung der keimtötenden Wrkg. oder eine Ausdehnung des Wirkungsbereiches. (**D. A. S. 1 033 829** Kl. 23e vom 14/2. 1957, veröff. 10/7. 1958.) C. LÜTTGEN. 7911

Atlas Powder Co. (Erfinder: **George Ernest Barker**), *Flüssiges Waschmittel* in Form eines Gemisches aus 25—75 (%) einer Verb. der allg. Formel $RO-(C_2H_4O)_nH$ u. einer Verb. der allg. Formel **I**. Hierbei ist R ein 1wertiger KW-stoffrest, bes. ein Alkylphenylrest mit 14—16 C-Atomen oder ein mehrfach verzweigter Tridecylrest, R_1 eine Alkylgruppe mit 10—14 C-Atomen, n = 8—12 u. m = 0, 1 oder 2. Bevorzugt verwendet werden Gemische aus Polyäthylenglykoläthern von Alkyl-

I

phenolen oder stark verzweigten Tridecylalkoholen einerseits u. Aminsalzen von Alkylarylsulfonaten andererseits; bes. vorteilhaft sind hierbei Isopropyl-, Furfuryl-, Hexyl- u. Trimethylamin- sowie Morpholin- u. Piperidinsalze. — Vgl. E. P. 759 877; C. **1957.** 12041. (**Aust. P. 200 098** vom 25/5. 1954, ausg. 15/12. 1955. A. Prior. 25/5. 1953.) A. KALIX. 7913

Chemische Werke Hüls Akt.-Ges. (Erfinder: **Joachim Amende**), Marl, *Wasch- und Reinigungsmittel*, gek. durch den Zusatz von Salzen organ. P-Verbb. der allg. Formel $X_n-R-[PO(OH)_2]_m$, in der X eine Carboxylgruppe, R einen aliphat. KW-stoffrest bedeuten u. n oder m $\geqq$ 1 sind, z. B. Carboxäthylphosphonsäure, 1.4-Dicarboxy-n-butanphosphonsäure, 1.8-Dicarboxy-n-octandiphosphonsäure, an Stelle kondensierter Phosphate. (**D. A. S. 1038692** Kl. 23e vom 20/11. 1956, veröff. 11/9. 1958.) C. LÜTTGEN. 7913

Universal Oil Products Co., Des Plaines, übert. von: **Carl B. Linn**, Riverside, Ill., V. St. A., *Aromatische Kondensationsprodukte* erhält man aus aromat. KW-stoffderivv. u. Kohlenhydraten oder deren Abkömmlingen bei —40° bis ca. 100° u. 100 u. mehr at in Ggw. von HF in einer aus Stahl bestehenden Vorr. oder in einer mit Ag, Cu oder bestimmten Legierungen (Monellmetall) ausgekleideten Vorrichtung. Als aromat. KW-stoffderivv. kommen in Betracht: Nitroverbb., wie Nitrobenzol, 2.4.6-Trinitro-m-xylol, p-Nitrodiphenyl, sowie Phenylhydroxylamin, Azoxybenzol, Azobenzol; Sulfonsäuren, wie o-Tolyl-, Dodecylsulfonsäure; Amine, wie Anilin, 2.4-Dinitrotoluidin, Phenole, wie o-, m-, p-Kresol, 2.4.6-Tribromphenol; Halogenverbb., wie o-Chlorbrombenzol; Carbonsäuren, wie Benzoe-, Salicyl-, Aminobenzoe-, Phthal-, m-Phenylendiessigsäure; Aldehyde u. Ketone, wie Benzaldehyd-, o-, m-, p-Tolualdehyd, Vanillin, Benzophenon. Von den Kohlenhydraten kommen Diosen, Triosen, Polyosen, Di-, Tri- u. Polysaccharide in Betracht. HF kann auch in wss. Lsg. als Fluorwasserstoffsäure, auch verd. mit inerten Lösungsmitteln, angewandt werden. — Cellulose wird mit Phenol in einem Autoklaven unter Rühren auf —78° gekühlt u. mit HF versetzt. Man läßt 3 Std. einwirken, wobei die Temp. auf 0° steigt. Mit N_2 vertreibt man überschüssiges HF. Den rauchenden sirupösen Autoklaveninhalt läßt man erkalten. Dann behandelt man ihn mit W. u. läßt auskristallisieren. Man erhält *1.1-Di-p-hydroxyphenyl-1-desoxy-D-glucit*, $C_{18}H_{22}O_7$, F. 174—175°. — Mit 2.4-Dimethylphenol erhält man *1.1-Di-(2-hydroxy-3.5-dimethylphenyl)-1-desoxy-D-glucit*, $C_{22}H_{30}O_7$, F. 155°. Es werden ferner hergestellt: *1-p-Hydroxyphenyl-1-desoxyglucuronsäure*, *1.1-Bis-(p-hydroxyphenyl)-1-desoxyglucuronsäure*, *Dihydroxyphenyl-1-desoxyaldit*, *Dihydroxyphenyl-1-desoxyglucit*. — *Reinigungsmittel*, Überzugsmittel, Antioxydantien, Geliermittel für Bzn., Plastifikatoren, Nährböden für die Bakteriologie; die Nitroverbb. sind Explosivstoffe. (**A. P. 2 798 079** vom ausg. 2/7. 1957.) G. KÖNIG. 7913

Giovanni Quaranta, Crescentino (Vercelli), Italien, *Herstellung von Reinigungstüchern*, die ohne W. u. Seife angewandt werden können. Man löst in 2 Litern kaltem W. 15 g eines Gemisches aus Na_2CO_3 u. Na-Borat u. tränkt damit ein zur Vorbehandlung bestimmtes Tuch. Zur Nachbehandlung verwendet man ein zweites Tuch, das mit 10%ig. CH_3COOH-Lsg. imprägniert wurde. (**It. P. 494 219** vom 2/9. 1952.) K. KOEBKE. 7917

Sun Oil Co., Philadelphia, übert. von: **John D. Tench**, Prospect Park, Pa., V. St. A., *Wachskomposition für Kerzen*, bestehend aus Paraffin, dem 0,01—20% Biscyclopentadienyl-Fe zur Erhöhung des F. zugesetzt sind. (**A. P. 2 807 524** vom 17/3. 1955, 29/12. 1953, ausg. 24/9. 1957.) C. LÜTTGEN. 7921

British Petroleum Co. Ltd., London (Erfinder: **Alan Collier**, England, Sunbury-on-Thames, Middlesex), England, *Trennung von geradkettigen und nichtgeradkettigen Kohlenwasserstoffen mit Harnstoff* bei höherer Temp. unter Adduktbldg. mit den geradkettigen KW-stoffen, Abtrennung u. anschließender Zers. dieses Adduktes, wobei ein 1stufig aus Lösungsm. umkrist. Brightstock-Paraffingatsch als Ausgangsmaterial in einem mit W. gesätt. Lösungsm., jedoch in Abwesenheit von zusätzlichem W., mit festem Harnstoff unter Bldg. von nur 2 Reaktionsphasen umgesetzt wird. Das Addukt wird aus der Lsg. des nichtaddierten flexiblen Wachsanteils abgetrennt u. zur Gewinnung des Hartwachses anschließend zers., während das flexible Wachs aus der Lsg. gewonnen wird. — *Herst. von harten u. flexiblen Wachsen.* (**D. A. S. 1 049 033** Kl. 23b vom 14/8. 1957, veröff. 22/1. 1959. E. Prior. 16/8. 1956.) P. UNGER. 7925

XVIIIa. Holz. Cellulose. Zellstoff. Papier. Papierdruck. Celluloid. Linoleum.

N. St. Dumitrescu, *Die Trocknung mit Infrarotstrahlen in der Holzindustrie.* Ausführlicher Bericht über die Anwendung von IR-Strahlen bei der Trocknung lackierter bzw. gestrichener Holzflächen. (An. romîno-soviet., Ser. Silvicult. — Ind. Lemnului și Hîrtiei **9.** 100—13. Juli/Sept. 1955.) M. MOLDENSCHARDT. 7952

M. Wahba, S. Nashed und **K. Azis,** *Feuchtigkeitsverhältnisse der Cellulose.* 4. Mitt. *Die Wirkung der Stabilisierung von Baumwollcellulose auf ihre Sorptionsfähigkeit bei verschiedenen Temperaturen und ihr Einfluß auf isosterische Sorptionswärmen.* (3. vgl. C. **1958.** 1730.) Es wurden Adsorptions–Desorptions-Kurven für Wasserdampf von der Trockenheit bis zur Sättigung bestimmt für unstabilisierte Cellulose (I) bei 15, 30 u. 40° u. für stabilisierte I bei 0—50°. Die Stabilisierung erniedrigt die 15°-Isothermen, bes. bei höheren Feuchtigkeiten. Bei 40° ist die Verminderung der Sorption nur bei hohen Feuchtigkeiten bemerkbar. Die Stabilisierung scheint demnach die Temp. zu erniedrigen, oberhalb der sich die Adsorptionsisothermen einander nähern. Diese „Optimumtemp." liegt für stabilisierte I etwa bei 15°, für unstabilisierte I etwa bei 30°. Die Verschiebung der Isothermen infolge der Stabilisierung wird erklärt durch Unterschiede in den temperaturbedingten Veränderungen der Bindungsenergie der Kettenmoll. innerhalb der nichtkristallinen Bereiche der I. Die isoster. Adsorptionswärmen sind zu niedrig, bes. oberhalb der Optimumtemperatur. (J. Textile Inst., Trans. **49.** T 519—T 531. Nov. **1958.**)
A. SEUFFERT. 7954

C. M. Stewart, A. J. Watson und **H. E. Dadswell,** *Der Prozeß der Faserabtrennung.* 1. Mitt. Untersucht wurde die Abtrennung der Fasern bei *Eucalyptus regnans.* Mechan. Defibrieren bewirkt starke Zerstörung der Fasern; alkal. Vorbehandeln hat erst Einfl. bei Entfernung von ca. 75% des Lignins. Die verschied. Arten an kovalenten Bindungen werden diskutiert u. es wird geschlossen, daß der Delignifizierungsgrad u. die Hydrolyse gemeinsam die Faserabtrennung beeinflussen. (APPITA — J. Austral. Pulp Paper Ind. **11.** 112—23. März 1958. C.S.I.R.O., Div. of Forest Prods.)
H. BECKER. 7956

E. Oltus, *Einfluß des p_H der Lösung bei der Zellstoffchlorierung.* Der Einfl. des p_H-Wertes im Bereich 3—2—1 wurde durch die Wrkg. auf die Ligninentfernung, die Cl- u. S-Best. im isolierten Lignin der Ausgangslsg. u. den Cl_2-Verbrauch beurteilt. Zur Best. des Ligninkondensierungsgrades im ungebleichten Sulfitzellstoff wurde eine neue Meth. ausgearbeitet, die auf dem Verbrauch des Cl_2 in saurem Medium beruht. (Papír a Celulosa **13.** 228—30. Okt. 1958. Bratislava, Výskumný ústav priemyslu celulózy.)
E. L. SCHMELING. 7956

José García Aucejo, *Der neutrale Sulfitkochprozeß.* Übersicht: Variablen des Kochvorganges; Herst. der Kochlauge; kontinuierliche (halbchem.) u. diskontinuierliche Kochung; Best. des freien Na_2SO_3 in der Restlauge; Wiedergewinnung der Restlaugen. (Ion [Madrid] **28.** 274—80. April 1958.) R. K. MÜLLER. 7962

D. A. I. Goring, T. Webb und **A. H. Sehon,** *Physikalisch-chemische Untersuchungen an Ligninsulfonaten.* 4. Mitt. *Papier- und freie Elektrophorese.* (2. vgl. Canad. J. Chem. **33.** [1955.] 1491.) Mit Hilfe der Papierelektrophorese u. „freien" Elektrophorese (SPINCO-TISELIUS-App.) wurden Fraktionen von Na-Ligninsulfonat untersucht. Mit der Papierelektrophorese wurde keine scharfe Trennung in Komponenten erreicht. Eine bessere Auflsg. gab die 2. Methode. Hierbei verhält sich das Ligninsulfonat, das sich gerade gelöst hatte, homogen. Bei längerem Kochen bzw. bei Proben mit niedrigem Mol.-Gew. n. Ablauge trat Heterogenität auf. Die elektrophoret. Beweglichkeit der gerade lösl. gewordenen Ligninsulfonate war in den Grenzen 3% konstant, trotz merklicher Änderung des S-Geh. u. der Grenzviscosität. Dies deutet darauf hin, daß die Ligninmoll., wenn sie in Lsg. gehen, etwa dieselbe Oberflächenladungsdichte haben. (Svensk Papperstidn. **61.** 1010—15. 15/12. 1958. Montreal, Mc-Gill. Univ., Inst. of Canada, Pulp and Paper Res., Phys. Chem. Div.; Dep. of Chem.) P. ECKERT. 7966

Nils-Erik Virkola, *Über die Eigenschaften der mit Natriumborhydrid reduzierten Perjodatoxycellulose.* (Vorl. Mitt.) Im Anschluß an die Mitt. von ANTHONI (C. **1957.** 10361), daß das hohe Mol.-Gew. des Nitrates der mit KJO_4 erhaltenen Oxycellulose (I) nach deren Red. mit $NaBH_4$ kleiner wird, bestimmte Vf. die DP-Grade nach der Nitratmeth. u. die Cu-Zahlen von I vor u. nach der Reduktion. Durch die Red. geht die Cu-Zahl von 8,0 auf 0,0 zurück, während der DP-Grad des Nitrats von 1140 auf 275 fällt. Weiter bestimmte Vf. die Beständigkeit von Cellulose (II) u. I gegen n-HCl vor u. nach der Red. mit $NaBH_4$ bei Behandlung mit n-HCl 6 Std. bei 20°. Während I u. II gegen HCl beständig sind, wird die mit $NaBH_4$ red. Cellulose dabei zersetzt. Vf. fand noch, daß I nach HCl-Behandlung u. folgender Red. bei der DP-Gradbest. in Cu-Äthylendiamin-Lsg. denselben DP-Grad wie I hatte. Unters. wird fortgesetzt. (Paperi ja Puu **40.** 367—68. 15/7. 1958. Helsinki, Oy Keskuslabor.-Centrallabor. Ab.) E. BORCHERS. 7970

Jarmil Pav, *Voraussetzungen für die Anwendung von Ultraschall in der Papierindustrie.* Vf. beschreibt die physikal. Grundlagen des Ultraschalls, seine Wrkgg. u. die Ultraschallgeneratoren. Die Verwendbarkeit in der Papierindustrie u. bisherige Ergebnisse des Vf. werden diskutiert. (Papir a Celulosa **13.** 273—76. Dez. 1958. Praha, Výzkumný ústav průmyslu papírenského.) E. L. Schmeling. 7974

William L. Ingmanson und **Bruce D. Andrews,** *Die Auswirkung der Mahlung auf den Filtrationswiderstand und dessen Komponenten, spezifische Oberfläche und spezifisches Volumen.* Eingehende Unterss. über die Wrkg. verschied. Mahlvorgänge auf die Entwässerbarkeit von Zellstoffen. Vff. stellen fest, daß der Filtrationswiderstand (bei Mahlung in einer Kugelmühle) eine Funktion der bei der Mahlung wirksamen Kraft ist. Messung des Mahlgrades u. der Entwässerungszeit gibt die Verhältnisse nicht richtig wieder, bes. bei starker Mahlung versagen diese empir. Methoden. Nach Ansicht der Vff. sind spezif. Oberfläche u. spezif. Vol. der Fasern geeignet den Mahlzustand zu charakterisieren. (Tappi **42.** 29—35. Jan. 1959. Appleton, Wis., Inst. of Paper Chem.) F. Lang. 7976

R. M. Karapetoff Cobb, *Der Leimbedarf von Überzügen. — Einfluß der Pigmenteigenschaften.* 1. Mitt. *Einführung.* 2. Mitt. *Prüfungen zur Bewertung des Leimbedarfs der Pigmente.* Übersicht über die Grundlagen u. die Verff. zur Best. der Eigg. der Pigmente, die Einfl. auf ihr Verh. gegenüber den Leim-Lsgg. haben können. (Tappi **41.** 581—87. Okt. 1958. Ridgefield, N. J., Lowe Paper Co.) H. Becker. 7978

R. M. Karapetoff Cobb, *Der Leimbedarf von Überzügen. — Einfluß der Pigmenteigenschaften.* 3. Mitt. *Anteil der Pigmentlücken: Versuchsergebnisse und die relative Dichtungsfähigkeit von Wasser und Kerosin.* 4. Mitt. *Die Wechselbeziehung der Pigmenteigenschaften mit dem Leimbedarf.* (1. u. 2. vgl. vorst. Ref.) W. gibt einen geringeren Anteil an Hohlräumen im Pigment als Kerosin, was durch die größere Oberflächenspannung von W. erklärt wird. Der Leimbedarf der Pigmente ist unabhängig von der spezif. Oberfläche u. der Teilchengröße u. macht 21—24 Vol.-% der Hohlräume aus, was der oberen pendularen Stufe der Bodentechnologie entspricht. Bei höherem Geh. an Leim geht diese in die funiculare u. bei 100%ig. Ausfüllen der Hohlräume in die capillare Stufe über. Beim Mischen von Pigmenten mit verschied. Leimbedarf u. Teilchengröße geht die Anzahl der Hohlräume nicht zurück. (Tappi **41.** 587—600. Okt. 1958.) H. Becker. 7978

L. Frossard, *Probleme der modernen Papierfärberei.* Nach allg. Angaben über Farbstoffe u. Färbemethoden diskutiert der Vf. eingehend das neuere kontinuierliche Papierfärbeverfahren. Probleme, die Farbstoffhersteller u. Papiermacher interessieren, werden aufgezeigt. — Der Papiermacher wird eindringlich darauf hingewiesen, daß bei kontinuierlicher Färbung die bei chargenweiser Färbemeth. üblichen Kunstkniffe nicht anwendbar sind. (Textil-Rdsch. [St. Gallen] **13.** 690—94. Dez. 1958.) F. Lang. 7980

W. J. Wilson, *Bestimmung von Zink in Holzimprägnierungsmitteln.* Mit o-Dianisidin als Indicator wird der Zinkgeh. in Holzimprägnierungsmitteln mittels Ferrocyanid titrimetr. bestimmt. Zinkchromarsenate u. Kupfer-Zinkchromarsenate stören die Bestimmung. Nur falls der Chromgeh. etwa gleich dem Zinkgeh. ist, kann direkt titriert werden. Bessere Ergebnisse werden erhalten, wenn das Chromat zu Cr^{III} red. wird, geeignet ist hierfür Methylisobutylketon in HCl-saurer Lösung. Vorhandenes Kupfer wird zweckmäßig mit Cupferron abgetrennt. (Analytica chim. Acta [Amsterdam] **15.** 508—10. Dez. 1956. Auckland, Dominion Labor.) G. Pretzschner. 8004

Ján Polčin, *Komplexometrische Bestimmung von Calcium in der Zellstoffasche.* Die Meth. der Ca-Best. durch Titration mit Komplexon-III in NaOH-alkal. Medium wird vom Vf. auf Zellstoffasche angewandt. Als Indicator wird eine Mischung von Murexid mit anderen Farbstoffen empfohlen. Geringe Mengen an Schwermetallkationen stören nicht. Fe wird bei höheren Gehh. wie üblich mit Triäthanolamin maskiert. Die Ergebnisse sind gut reproduzierbar. (Papír a Celulosa **13.** 280—82. Dez. 1958. Bratislava, Výzkumný ústav priemyslu celulózy.) E. L. Schmeling. 8006

Robert Innes, Addis Abeba, Äthiopien, *Verhinderung des Abfallens der Nadeln von abgeschlagenen Bäumen.* Die abgeschlagenen Christbäume werden mit einem verd. Kautschuklatex (Festkörpergeh. ca. 30%), der eine wss. Boraxlsg. von Casein enthält, z. B. durch Eintauchen oder Spritzen überzogen. Gegebenenfalls können grüne Farbstoffe oder Pigmente bzw. feuerhemmende Stoffe zugesetzt werden. (**E. P. 781 888** vom 9/5. 1955, ausg. 28/8. 1957.) P. Krug. 7953

Sonoco Products Co. (Erfinder: **William A. Biggs jr.** und **Julius D. Robertson**), V. St. A., *Aufarbeitung von Sulfit- und Sulfatzellstoffablaugen.* Die Sulfatablauge wird konz. u. mit H_2SO_4 neutralisiert, wobei die S-freien Na-Verbb. in Na_2SO_4 u. Na-Acetat u. -Formiat in die freien Säuren übergeführt werden. Letztere werden mit einem organ.

Lösungsm., z. B. Methyläthylketon, extrahiert. Danach wird die verbleibende Sulfitablauge mit der Na_2SO_4-Ablauge in entsprechender Menge vereinigt u. das Gemisch wieder zum Kochen von Zellstoff verwendet. (**F. P. 1 147 187** vom 8/3. 1956, ausg. 20/11. 1957. A. Prior. 19/5. 1955.) M. F. MÜLLER. 7967

Dow Chemical Co., übert. von: **Arthur W. Anderson, Bernhard V. Moeller** und **Merrill H. Weymouth,** Midland, Mich., V. St. A., *Überführung von Celluloseäthern in eine kaltwasserlösliche Form.* Man stellt eine viscose, 2—35%ig. Lsg. von z. B. *Methyl-* oder *Oxypropylmethylcellulose,* die nur in kaltem, aber nicht in heißem W. lösl. ist, in W. her u. läßt diese in Stab- oder Strangform, z. B. durch Ausdrücken aus einer Düse, in heißem W. gelieren. Das W. hat eine Temp. oberhalb (z. B. 20—30°) des Synäresepunktes des Celluloseäthers. Man zerstört dann bei dieser Temp. die Oberflächenstruktur der Stränge oder Stäbe auf mechan. Wege, preßt sie aus, trocknet u. zerkleinert sie. (**A. P. 2 854 448** vom 19/3. 1956, ausg. 30/9. 1958.) K. FABEL. 7971

Sacna Soc. An. (Erfinder: **Paul Fisch**), Frankreich, *Herstellung von Verpackungspapier.* Man verwendet ein Gemisch von KRAFT-Zellstoff u. KRAFT-Viscose, welches innig gemischt wird, oder eine Papierbahn aus KRAFT-Zellstoff wird durch ein sirupöses KRAFT-Viscosebad gezogen. Zum Schluß wird die Papierbahn kalandert u. getrocknet. Man erhält ein mechan. sehr widerstandsfähiges Papier. (**F. P. 1 134 210** vom 11/10. 1955, ausg. 9/4. 1957.) M. F. MÜLLER. 7987

Olin Mathieson Chemical Corp., V. St. A., übert. von: **Edward C. Soule, Leo S. Burnett** und **George Melvin Wagner,** *Harzmischungen.* (Nachtrag zu A. P. 2 816 090; C. **1959.** 5994.) Man kondensiert einen Aldehyd mit einem Phenol, das zu 15—90 Mol.-% aus Phenol, zu 85—10 Mol-% aus Dichlorphenol u. zu einem Rest aus 2.4- u. 2.6-Dichlorphenol, auch mit geringen Mengen anderer Dichlorphenole u. isomeren Trichlorphenolen besteht, in Ggw. saurer oder alkal. Katalysatoren u. erhält Harze, die sich zum *Imprägnieren von Stoffen oder Papier* eignen. — Eine Mischung aus 163 (Gewichtsteilen) Dichlorphenolen (66 Gew.-% 2.5-, 14 Gew.-% 2.3- u. 12 Gew.-% 2.6-Dichlorphenol, 2 Gew.-% andere isomere Dichlorphenole, 6 Gew.-% Trichlorphenole), 94 Phenol, 130 40%ig. Formol u. 2,5 37%ig. HCl wird 20 Min. auf 80° erhitzt, neutralisiert, getrocknet, in dem gleichen Gewicht einer Mischung von 90 Vol.-% A. u. 10 Vol.-% Toluol gelöst u. mit 13% Hexamethylentetramin u. 2% Stearinsäure versetzt. Die Lsg. dient zum *Imprägnieren von Papier,* das 30 Min. bei 140° u. 35 kg/cm² gehärtet wird. Man kann 30 des trocknen Kondensationsprod. auch mit 70 Buna N, 100 Holzmehl, 2 Stearinsäure, 2 Kalk, 2 ZnO, 0,5 S, 0,5 Benzthiazolyldisulfid u. 18 Hexamethylentetramin mischen u. die Mischung bei 154—160° 35 Min. bei 70 kg/cm² Druck härten. Flammensichere Mischungen. (**F. P. 1 138 574** vom 14/12. 1955, ausg. 17/6. 1957. A. Prior. 14/12. 1954.) M. PANKOW. 7987

Werner Cermak und **Oskar Pantke,** Leipzig, *Siebdruckschablone.* Eine Klebfolie, bestehend aus einem Acetylcellulosefilm u. einem abziehbaren Polystyrol- oder Isobutadiene (Oppanole)-Klebemittel, wird auf einen Träger kaschiert, zugeschnitten u. abgezogen bzw. übertragen. — Als Klebemittel verwendet man z. B. eine 20%ig. Lsg. von Polystyrol BW glasklar in Trichloräthylen, welche auf 1 kg ca. 170 g Palatinol enthält. (**D. P. [DDR] 12 953** Kl. 57d vom 6/10. 1953, ausg. 22/3. 1957 [Wirtschaftspatent].) M. F. MÜLLER. 7989

Ole-Bendt Rasmussen, Klampenborg, Dänemark, *Erzeugen von Farbstoffmustern,* z. B. Text auf Papier u. andere Unterlagen. Der Farbstoff wird in Form elektr. geladener Teilchen gegen die elektr. geladene Unterlage geschleudert, wobei auf der Unterlage entsprechend dem gewünschten Muster leitende u. isolierende Stellen erzeugt werden, z. B. dadurch, daß das Muster aus radioakt. Material auf einem Träger unter die zu bemusternde Unterlage gelegt bzw. geführt wird. — Zeichnung. (**E. P. 745 500** vom 3/12. 1953, ausg. 29/2. 1956. Dän. Priorr. 3/12. 1952 u. 12/2. 1953.) K. KITTLER. 7989

Interchemical Corp., New York, N. Y., übert. von: **Walter W. Mock,** Rutherford, N. J., **Richard H. Bidle,** Chicago, **Allen G. Corliss,** St. Charles, und **Harold E. Phifer,** Riverside, Ill., V. St. A., *Druckfarbenbindemittel,* bestehend aus Zn–Ca-Resinat-Firnis. Es werden 100 Harz in 500—150 KW-stofflösungsm. gelöst, das Zn–Ca-Resinat u. Äthylcellulose in Lsg. zu halten vermag. Die Lsg. wird mit 1—5,5 $Ca(OH)_2$, 5—15 ZnO u. 3—4 CH_2O in Ggw. von $CH_3 \cdot COOH$ als Katalysator unter Druck bei 250—400° F erhitzt, bis alle Zn- u. Ca-Verbb. reagiert haben. Nach Zusatz von Äthylcellulose wird bis zu deren Lsg. nochmals erhitzt. (**A. P. 2 825 657** vom 18/6. 1954, ausg. 4/3. 1958.) K. KITTLER. 7991

Imperial Chemical Industries Ltd., London, England (Erfinder: **Horace Arthur Hampton** und **Georg de Rome Rack**), *Bedruckte Fußbodenbeläge* aus handelsüblicher Filzgrundlage werden überlackiert mit Zwischenprodd. aus Kondensationsprodd. von

mehrwertigen Alkoholen mehrbas. Säuren u. organ. Polyisocyanaten (I); als Grundschicht wird ein Lack auf Grundlage eines Kondensationsprod. von I u. mehrwertigen Alkoholen angewendet. (**E. P. 758 594** vom 3/3. 1954, ausg. 3/10. 1956.)
M. BÖTTCHER. 7999

XVIIIb. Textilfasern.

Emery I. Valko und **Giuliana C. Tesoro,** *Polyaminharze für das Ausrüsten hydrophober Fasern.* (Vgl. C. **1958.** 9067.) Durch die Rk. von Diaminen mit Dihalogeniden erhält man Polyamine die zur Ausrüstung von Textilien gut geeignet sind. So lassen sich hiermit die Naßechtheiten von Färbungen verbessern. Auch als Beize für saure Farbstoffe können Polyamine verwendet werden. Auch für die waschbeständige, antistat. Ausrüstung sind die Polyamine gut geeignet. Die zahlreichen mitgeteilten Versuchsergebnisse sind in 5 Figuren u. 4 Tabellen zusammengestellt. (Textile Res. J. **29.** 21—31. Jan. 1959. Jersey City, N. J., Onyx Oil & Chem. Comp.) H. G. FRÖHLICH. 8032

P. Kenny und **M. Chaikin,** *Spannungs–Dehnungs–Zeit-Beziehungen von nichteinheitlichen Textilmaterialien.* Es wird das Spannungs–Dehnungs-Verh. von Fasern mit ungleichmäßigem Querschnitt theoret. untersucht u. eine allg. Funktion dafür abgeleitet. Am Beispiel einer Keratinfaser ungleichmäßigen Querschnitts wird die Spannung unter Belastung durch numer. Integration nach einer allg. anwendbaren Meth. bestimmt. Die Wrkg. eines ungleichmäßigen Querschnitts auf Bruchlast, Bruchdehnung, Spannungsarbeit, Kriechverh. u. Spannungsrelaxation wird untersucht. Die Meth. ist allg. anwendbar auf rheolog. Systeme ähnlicher Art, sowie auf die Unters. struktureller Ungleichmäßigkeiten in textilen Materialien. — Diskussion. (J. Textile Inst., Trans. **50.** T 18 bis T 40. Jan 1959. Sydney, Australia, New South Wales, Univ. of Techn., School of Textile Techn.) H. STEFFENS. 8040

George L. Drake jr. und **John D. Guthrie,** *Verbesserung der Knitterfreiheit von Baumwolle durch Behandlung mit APO.* Es wurde beobachtet, daß APO [Tris-(1-aziridinyl)-phosphinoxyd] nicht nur zur flammfesten Ausrüstung, sondern auch zur knitterfreien Ausrüstung verwendet werden kann. Zu diesem Zweck klotzt man eine wss. 10—25% enthaltende APO-Lsg. unter Zusatz von 1—3% $Zn(BF_4)_2$ als Katalysator auf die Baumwollware, trocknet 4 Min. bei 85° vor u. kondensiert 4 Min. bei 140°. Danach wäscht man 30 Min. in 70° heißem W. mit 0,01% Igepon T, spült je 5 Min. warm u. kalt u. trocknet. Durch Nachbehandlung mit 1% Primenit VS-Lsg. wird die Ware dann noch weich gemacht. Die so erhaltene Ware ist gut beständig gegenüber Chlorbleiche, saurer, neutraler u. alkal. Wäsche, gut flammfest u. erleidet nur einen geringen Abfall an Festigkeit, Abrieb u. Dehnung. Die im einzelnen erhaltenen Ergebnisse sind in 6 Figuren u. 11 Tabellen zusammengestellt u. werden diskutiert. (Textile Res. J. **29.** 155—64. Febr. 1959. New Orleans, La., Southern Reg. Res. Labor.) H. G. FRÖHLICH. 8044

Klaus-Christoph Menzel, *Über den Einfluß von Umweltbedingungen auf Strohgütemerkmale und Faserwerte bei Flachs.* Auf Grund vierjähriger Gefäßverss. u. sechsjähriger Sortenprüfungen an mehreren Versuchsstellen wird die Auswrkg. vor allem von nicht beeinflußbaren Umweltsfaktoren auf morpholog. u. anatom. Daten der Flachspflanze untersucht. Das Verhältnis Sortenmerkmal zu Umweltwert wird in einem Relativwert ausgedrückt. Morpholog. u. anatom. Merkmale reagieren nicht völlig gleichartig auf die Umwelteinflüsse. Der Umwelteinfl. wirkt sich vor allem graduell u. nur in geringem Maße auch prinzipiell aus. Gesamtertrag, Strohertrag, techn. Stengellänge, Schlankheitsgrad, Gesamtfaserausbeute, Langfaserausbeute u. Ausspinnbarkeit werden behandelt. (Faserforsch. u. Textiltech. **10.** 36—46. Jan. 1959. Berlin, Dtsch. Akad. der Wiss., Inst. für Technol. der Fasern in Dresden.) P. ECKERT. 8050

U. A. Arifow, G. A. Klein, Sch. A. Abljajew, Je. K. Wassiljewa, A. N. Filippow, Ss. I. Slepakowa, B. I. Getzonok und **R. I. Saurow,** *Die Wirkung von γ-Strahlen auf die Eigenschaften und die Struktur von Naturseide.* Naturseide wurde bei n. Druck u. im Vakuum $3{,}4 \cdot 10^6$; $5 \cdot 10^6$; $1 \cdot 10^7$ r (γ-Strahlen von ^{60}Co) ausgesetzt. Bestrahlung an der Luft in Dosen bis $1 \cdot 10^6$ r änderte die dynamometr. Eigg. u. die Struktur der Faser nicht merklich. Steigerte man die Dosis, so trat eine erhebliche Veränderung dieser Eigg. ein, was anscheinend mit einer Zerstörung der Fasermoll. zusammenhängt. Dosen bis $5 \cdot 10^6$ r im Vakuum verbessern die dynamometr. Eigg. der Faser u. verstärken die Viscosität der ammoniakal. Cu-Lsg. des Fibroins, bedingt durch die Verkettung der Fibroinmoleküle. Bei weiterer Erhöhung der Dosis im Vakuum (bis 10^7 r) wird eine Verschlechterung der genannten Eigg. festgestellt. Dies hängt mit einer Zerstörung der Faser zusammen. (Доклады Академии Наук УзССР [Ber. Akad. Wiss. UsbekSSR] **1958.** Nr. 6. 5—9. Physik.-Techn. Inst.; Inst. für Kernphysik der Akad. der Wiss. der UsbekSSR; Usbek. Wiss. Forschungsinst. für Seidenind.) F. DU MANS. 8068

Burkart Philipp, Ruth Lehmann und **Christian Ruscher,** *Zum Einfluß des Cellulosematerials auf den Verlauf der Alkalicellulosebildung.* Durch Verfolgung der NaOH-Aufnahme nach SCHWARZKOPF (Gleichgewichtswerte u. Anfangsgeschwindigkeit), der Änderung des Röntgendiagramms u. der Rückstandswerte bei einer Emulsionsxanthogenierung mit CS_2-Überschuß (Mercerisierwiderstand nach BARTUNEK) wird der Verlauf der Alkalisierung bei einer Reihe von Chemiezellstoffen (hauptsächlich Fichtensulfitstoffen) in Abhängigkeit von der NaOH-Konz. untersucht u. festgestellt, inwieweit diese Methoden Rückschlüsse auf die Reaktionsfähigkeit erlauben. Auf die Möglichkeit einer Klassifizierung von Sulfitstoffen auf Grund ihres Alkalisierungsverh. wird hingewiesen. (Faserforsch. u. Textiltechn. **10.** 22—35. Jan. 1959. Dtsch. Akad. der Wiss. zu Berlin, Inst. für Faserstofforsch. Teltow-Seehof.) P. ECKERT. 8074

Shigeru Hayama und **Kiyomi Satô,** *Schälen von Nylon 6-Fäden.* Nylonfäden wurden in einem Gemisch aus 16—19 (Teilen) H_2SO_4 u. 84—81 Glycerin verschieden lange stehengelassen u. dann mit Methanol gewaschen, wobei sich die Außenhaut der Fäden konzentr. abschält. Ebenso wurde eine Änderung der inneren Struktur des Nylonfadens bei der Behandlung mit den Gemischen aus H_2SO_4, W. u. Methanol mkr. beobachtet. (J. chem. Soc. Japan, ind. Chem. Sect. [Kōgyō Kagaku Zassi] **61.** 884—88. Juli 1958. Yonezawa, Yamagata-Daigaku. [Orig.: japan.]) E. MAEKAWA. 8080

M. Bryner, *Das Bleichen von Acrilan mit Natriumchlorit.* Das Bleichen von im Rohzustand gelblichem Acrilan u. von Acrilan 16 erfolgt durch eine saure Chloritbleiche, da NaOCl- u. H_2O_2-Bleiche unwirksam sind. Je nach angewandtem Verf. kann in Apparaten aus rostfreiem Stahl, Holz oder Steinzeug gearbeitet werden. Vor der Chloritbleiche wird mit einem nichtionogenen Waschmittel gereinigt. Das Chloritbad wird zweckmäßig mit H_3PO_4 angesäuert. Acrilan ist gegenüber höheren Tempp. u. raschem Temperaturwechsel sehr empfindlich. Nach dem Spülen werden Griff u. Weißgrad durch Nachbehandlung verbessert u. unter 70° getrocknet. (SVF Fachorgan Textilveredlung **13.** 109—10. März 1958. Zürich, Schweiz, Sodafabrik.)
GOTTFRIED LANGE. 8080

Cecil E. Reese, Arthur L. Ruoff und **Henry Eyring,** *Mechanisches Verhalten von Polyacrylnitrilfasern in Gegenwart eines äußeren Weichmachers.* Vff. untersuchten bei Polyacrylnitril (I)-Fasern den Effekt von W. (als äußerer Weichmacher) auf die mol. Konstanten des Modells der Relaxationstheorie von EYRING. Es wird gezeigt, daß mit Hilfe dieses Modells die mechan. Eigg. von **I**-Fasern bei verschieden relativen Feuchtigkeiten beschrieben werden können. Die Änderungen der Parameter des Modells mit der relativen Feuchtigkeit (Tabelle) werden erörtert. (Proc. int. Wool Textile Res. Conf., Australia, Vol. D **1955.** D26—D37. 1956. Utah, Univ., Dep. of Chem.) R. SCHÄFF. 8080

S. A. Rogowin, S. A. Sasulina, R. N. Mratzinkowskaja und **D. I. Ssergejenko,** *Gewinnung von Polymethacrylnitrilfasern und Untersuchung ihrer Eigenschaften.* Zur Umgehung der bei der Verarbeitung von *Polyacrylnitril* (**I**) auf Fasern erforderlichen Anwendung von Dimethylformamid (**II**) als Lösungsm. wird die Fasergewinnung aus Polymethacrylnitril (**III**) untersucht, das über Acetoncyanhydrin (entwässert mit P_2O_5) zugänglich ist. Da O_2 die Polymerisation hemmt, erfolgt diese ohne Rühren mit 3%ig. Lsg. des Monomeren u., auf dieses bezogen, 2% $K_2S_2O_8$ (Initiator), 1% $Na_2S_2O_4$ (Aktivator) u. 1% H_2SO_4 (D. 1,835) in 50 Std. bei 18—20°. Das erhaltene **III** hat Mol.-Gew. $4—6 \cdot 10^5$, k-Wert in Aceton $8{,}7 \cdot 10^{-4}$, in **I** $1{,}82 \cdot 10^{-4}$. $\alpha = 0{,}545$ bzw. 0,71. Die Fasern werden nach dem Naßverf. aus diesen Lsgg. (23 bzw. 20%ig) bei 50 bzw. 100° erhalten mit nachfolgendem Recken um 400—500% bei 140—150° u. Thermorelaxation (1 Std.) bei 80°. **III** ist in allen untersuchten Eigg. (Warmfestigkeit, chem. Beständigkeit, Lichtechtheit, Zerreißlänge, Elastizitätsmodul) **I** unterlegen. (Химическая Промышленность [Chem. Ind.] **1958.** 267—69. Juli/Aug.) R. K. MÜLLER. 8080

Herbert Sommer und **Rudolf Barth,** *Untersuchungen über das Kälteverhalten von Textilien.* 3. Mitt. *Die Veränderung der Festigkeits- und zugelastischen Eigenschaften von Baumwollzwirnen, Perloncordzwirn und Baumwolleinlagegeweben für Gummitransportbänder in der Kälte.* (2. vgl. C. **1958.** 5255.) Das bei früheren Unterss. festgestellte Festigkeitsmaximum der Baumwolle bei —10° wurde erneut an Baumwollzwirnen u. ungummierten Baumwolleinlagegeweben bestätigt gefunden u. zu deuten versucht. Bei gummiertem Baumwolleinlagegewebe tritt dieses Maximum im Kältebereich nicht auf. Auch im zugelast. Verh. zeigen sich Unterschiede. Die elast. Dehnung nimmt bei Baumwollzwirnen u. ungummierten Geweben mit fallender Prüftemp. zu, bei Perloncordzwirnen u. gummierten Geweben ab. Die Biegefestigkeit steigt bei allen untersuchten Proben mit sinkender Prüftemp. merklich an. (Faserforsch. u. Textiltech. **10.** 8—21. Jan. 1959. Berlin, Deutsche Akad. der Wiss., Inst. für Faserstofforsch. in Teltow-Seehof.)
P. ECKERT. 8096

F. Walter, *Optische Instrumente und ihre Verwendung im Prüf- und Forschungslaboratorium der Textilindustrie.* (SVF Fachorgan Textilveredlung **13.** 537—47. Sept. 1958. Wetzlar, Ernst-Leitz-GmbH., Opt. Werke, Mikrolabor.) P. ECKERT. 8096

American Cyanamid Co., New York, N. Y., übert. von: **Robert P. Parker,** Richmond, und **Anthony Abbey,** Jamesburg, N. J., V. St. A., *Antibaktericide Textilausrüstung, insbesondere von Wäsche zur Unterdrückung von Körpergerüchen.* Man bringt das Gut in Kontakt mit einer wss. Lsg. mit einem Geh. von 0,001—0,0001% *Neomycin,* worauf getrocknet wird. In Tabellen sind die Licht- u. Waschbeständigkeiten der Ausrüstungen bei natürlichen, kunstseidenen u. vollsynthet. Textilien angegeben. (**A. P. 2 830 011** vom 7/2. 1957, ausg. 8/4. 1958.) H. MÖLLERING. 8033

American Cyanamid Co., New York, N. Y., übert. von: **Nathaniel J. Glade, Ingenuin Hechenbleikner,** Stamford, und **Donald W. Kaiser,** Old Greenwich, Conn., V. St. A., *Flammfest machendes Ausrüstungsmittel für Textilien,* bestehend aus einem in W. lösl. Gemisch eines methylierten Methylolmelamins u. eines (halogenierten) Alkyl- oder Dialkylamidophosphates etwa zu gleichen Teilen. Angegeben sind: *Dimethyl-* u. *Diäthylamidophosphat, Butyl-* u. *Äthyldiamidophosphat, β-Chloräthyldiamidophosphat,* sowie deren Gemische. — Gewebe werden mit wss. Lsgg. mit einem Geh. von 10—15 (%) Harzbildner u. 10—15 Alkylamidophosphat imprägniert, auf z. B. 85 Flottenaufnahme abgequetscht, getrocknet u. — z. B. bei 143° in 6 Min. — vergütet. (**A. P. 2 828 228** vom 12/1. 1954, ausg. 25/3. 1958.) H. MÖLLERING. 8037

Union Chimique Belge Soc. An., Brüssel (Erfinder: **Albert Verheyden,** St.-Denijs-Westrem, **René Leclerqu,** Woluwé St. Pierre, und **Abraam Gancberg,** Forest), Belgien, *Wasserabstoßendmachen von porösen und faserigen Stoffen* mittels *Alkylsiliconaten,* dad. gek., daß man das Gut mit einer Fl. behandelt, die ein Alkylsiliconat mit 1 oder mehreren Alkylresten mit 1—6 C-Atomen enthält u. das mit einem Amin oder Aminoalkohol neutralisierte Reaktionsprod. aus $TiCl_4$ u. Glycerin enthält. Nach der Imprägnierung wird das Gut bei 160° getrocknet. — Von einer 3%ig. wss. Lsg. von $CH_3SiO_{1,5}$, die mit Essigsäure neutralisiert ist, setzt man 66 (Teile) zu einem Gemisch von 21 W. mit 13 Reaktionsprod. aus 190 g $TiCl_4$ u. 224 g Glycerin, das bis zur Löslichkeit in W. erhitzt u. dann mit 447 g Triäthanolamin bei 170° umgesetzt wurde. (**D. A. S. 1 056 577** Kl. 8k vom 18/9. 1956, veröff. 6/5. 1959. Belg. Prior. 19/9. 1955.) H. MÖLLERING. 8037

Chemische Fabrik Pfersee G. m. b. H., Deutschland, *Herstellung von härtbaren, basischen Kondensationsprodukten und ihre Anwendung.* (Nachtrag zu D. A. S. 1 024 712; C. **1959.** 5313.) Allg. können Aminoplaste bildende Stoffe, also Harnstoff, Aminotriazine, Thioharnstoff, Cyanamid u. Dicyandiamid, als Ausgangsmaterial angewandt werden. Als Verdünnungsmittel können auch Chlor-KW-stoffe, wie Trichloräthylen, oder KW-stoffe, wie Bzn. oder Bzl., angewandt werden. — Man schm. 430 (Gewichtsteile) Lignitwachssäure mit 150 Triäthanolamin u. 142 Stearin bei 160° bis 18 W. abdest. sind, setzt bei 80° 95 Paraformaldehyd u. 70 Harnstoff zu u. steigert in ½ Std. auf ca. 115°: Gelbbraunes, honigartiges Harz, beim Erkalten hart, Erweichungspunkt 70°, klar lösl. in Chlor-KW-stoffen, opalescierend lösl. in Essigsäure. 50 des Harzes löst man heiß in 100 Volumenteilen 25%ig. CH_3COOH, füllt mit W. auf 1000 Volumenteile auf u. imprägniert damit Baumwollgabardin; waschfeste, hydrophobe *Imprägnierung.* (**F. P. 1 151 537** vom 18/4. 1956, ausg. 31/1. 1958. Oe. Priorr. 25/4. 1955, 2/1. u. 11/1. 1956.) M. PANKOW. 8045

Léon Ganeval, Frankreich, *Ununterbrochene Schnellbleiche von Cellulosefasern* mit $NaClO_2$ unter Freimachen von ClO_2 durch Ansäuern im Autoklaven unter kontinuierlichem Durchleiten von Wasserdampf bei 130—140° u. 3—4 at Druck. (**F. P. 1 152 622** vom 1/3. 1956, ausg. 21/2. 1958.) M. F. MÜLLER. 8075

E. I. du Pont de Nemours & Co., V. St. A. (Erfinder: **Robert Leroy Keefe jr.**), *Behandlung von Kunstfasern,* dad. gek., daß man Nylon, Acrylnitrilpolymere oder Terephthalsäure–Diol-Polymere mit einem Alkalisalz von Carboxymethylcellulose oder mit Stärkelsg. oder dem Alkalisalz eines Vinylester–Acrylester-Copolymeren imprägniert, mit einem scharfen Luftstrom behandelt u. 15 Min. in 75% Feuchtigkeit enthaltender Luft von 60° trocknet. — Die so behandelten Fasern ergeben *Dochte.* (**F. P. 1 154 922** vom 10/7. 1956, ausg. 18/4. 1958. A. Prior. 13/7. 1955.) S. BÖTTCHER. 8081

Reilly Tar & Chemical Corp., übert. von: **Francis E. Cislak,** Indianapolis, Ind., V. St. A., *Herstellung harzartiger Produkte* durch Rk. von konjugierten *Butadienen,* bes. Butadien-(1.3), mit einem Pyridinderiv., bes. 2.6-Lutidin, 2.4.6-Kollidin oder 2.4-Lutidin, in Ggw. von Na bei 100—120° u. Isolierung des nach Zerstören des Na mit W. oder A. u. Abdest. der flüchtigen Komponenten erhaltenen Rückstandes. Zusatz der Endprodd.

zur Schmelze von *Polyacrylnitrilen* verbessert die Anfärbbarkeit der aus diesen erhaltenen *Fäden*. (**A. P. 2 826 569** vom 7/9. 1954, ausg. 11/3. 1958.) H. SCHINDLER. 8081

Vereinigte Glanzstoff-Fabriken Akt.-Ges., Wuppertal (Erfinder: **Wolfgang Jurgeleit,** Aschaffenburg), *Herabgesetztes Schrumpfvermögen von Polyolefinfäden.* Man behandelt das Gut bei 60—90° mit fl. aromat., cycloaliphat. oder gemischt cycloaliphat.-aromat. KW-stoffen mit Kp. <110° über 10 Sek. bis 5 Minuten. — Aus *Niederdruck-polyäthylen* hergestellte *Fäden* werden nach Verstreckung um 800% 20 Sek. durch ein *Xylol*-Bad von 80° geführt. Auch geeignet ist ein *Tetrahydronaphthalin*-Bad von 85°. (**D. A. S. 1 042 522** Kl. 8k vom 17/4. 1957, veröff. 6/11. 1958.) H. MÖLLERING. 8081

Owens-Corning Fiberglas Corp., Toledo, Ohio (Erfinder: **Robert Steinman,** Los Angeles, Calif.), V. St. A., *Herstellung eines Überzuges auf siliciumhaltigen Mineralfasern,* der die Oberflächenaffinität gegenüber anderen Stoffen ändert, z. B. zur Herst. von glasfaserverstärkten Kunststoffen. Hierzu wird eine Komplexverb. aufgebracht aus einem Element der Ordnungszahl 24—29, wie Cr''', mit einem Säurerest einer Carbonsäure mit 2—7 C-Atomen, z. B. [$CH=C(CH_3)-COO-$] oder [$CHCl_2-COO-$], u. einer elektronegativen Gruppe, wie Halogen, Cyan oder NO_2. — Beispiel: 4,0 (Teile) Dextrin, 0,1 Gelatine, 0,1 Polyvinylalkohol, 0,2 Komplex aus $CHCl_2COOH$ u. $CrCl_3$, 95,6 Wasser. (**Schwz. P. 330 052** vom 8/5. 1951, ausg. 15/7. 1958.) G. FRIKELL. 8083

Giulio Piotti und **Siro Pietrasanta,** Alexandria, *Herstellung von Steifeinlagen für Anzüge.* Aus tier., pflanzlichen oder synthet. Fasern wird auf der Krempelmaschine ein Flor hergestellt, mit einer Kautschuklsg. besprüht u. vulkanisiert. Die Fasern können auch vor dem Krempeln in einer Kautschuklsg. eingeweicht werden. — *Ersatz für Roßhaargewebe.* (**It. P. 487 050** vom 14/3. 1952.) K. KOEBKE. 8091

XIX. Brennstoffe. Erdöl. Mineralöle.

T. A. Kucharenko, *Übersicht über die Arbeiten zur Untersuchung der chemischen Struktur und Herkunft der festen fossilen Brennstoffe in der UdSSR.* Übersicht über die in der UdSSR durchgeführten Unterss. aller Kohlenarten, deren Klassifikation, mechan. Eigg., Prüfungsmethoden, Hydrierung, Hydrolyse, Oxydation, Extraktion, therm. Bearbeitung, Strukturforschung. — 66 Literaturangaben. (Известия Академии Наук СССР, Отделение Технических Наук [Nachr. Akad. Wiss. UdSSR, Abt. techn. Wiss.] **1958.** Nr. 2. 114—22. Febr.) H. TŮMA. 8120

B. P. Gurinow, *Einfluß der Art der Verbrennung und des Brennstoffs auf den 3.4-Benzpyrengehalt in Abgasen.* Es wird gezeigt, daß bei der Verbrennung von Kohlenstaub die Luft am wenigsten durch cancerogene Stoffe verunreinigt wird. Teerstoffe (I) u. *3.4-Benzpyren* (II) sind in den Abgasen nur beim Anheizen enthalten; während des Verbrennungsprozesses sind die Abgase von cancerogenen Stoffen frei. Bei der Kesselverbrennung von Erdöl ist der Geh. der Abgase an I u. II höher als bei Kohle- u. Kohlenstaubverbrennung; der II-Geh. erreicht 0,01%. Bei der Verbrennung von Steinkohle, Anthrazit u. Torf ist bei Handfeuerung der II-Geh. der Abgase wesentlich höher als bei mechan. Feuerung. (Гигиена и Санитария [Hyg. u. Sanitätswes.] **23.** Nr. 12. 6—9. Dez. 1958. Moskau, Minist. für Gesundheitswesen der RSFSR, Wiss. Erisman-Forschungsinst. für Sanitätswesen u. Hyg.) OTTO MAIER. 8128

Kurt Lemke, *Neue Möglichkeiten zur Entwässerung feinster Schlämme in der Steinkohlenaufbereitung.* Vf. berichtet über Fortschritte auf dem Gebiet der Entwässerung feinster Kohlenschlämme der letzten 10 Jahre. Es wird ein Druckfilter beschrieben, das in der Lage ist, feststoffarme Trübe zu verarbeiten u. klares Filtrat abzuscheiden. Wiedergegeben wird der Vers. mit einer diskontinuierlich arbeitenden Schälzentrifuge u. mit einem Schaumgummiband-Druckrollenfilter. Ein geschildertes Kerzendruckfilter dient hauptsächlich für die Entwässerung feinster Rohschlämme. (Glückauf **95.** 293—98. 28/2. 1959. Essen.) F. ROSENDAHL. 8134

L. L. Chotunzew, *Wege zur Erhöhung der Wasserbeständigkeit von Braunkohlenbriketts.* Die Wasserbeständigkeit (WB) von Briketts hängt von vielen Faktoren ab, wie z. B. von der Herkunft u. dem Inkohlungsgrad, dem petrograph. Zustand, dem Oxydationsgrad u. dem Teergehalt. Einfl. auf die WB hat beim techn. Vorgang die Kornzus., der Preßdruck, die Temp. u. die Aufbereitung der Kohle vor der Pressung. Eine sehr geringe WB zeigen Briketts mit hohem Aschegehalt. Die WB kann durch therm. u. chem. Verf. verbessert werden. Einführung von hydrophoben Mitteln oder ihrer Emulsion vom Typ „Öl-W.“ brachten gute Erfolge. Bes. gute Ergebnisse ergab die Behandlung der Kohle mit Prodd. der therm. Zers. fester Brennstoffe, Generatorteer, Schwelteer aus Braunkohlen, Ölschiefer usw. (Freiberger Forschungsh., Reihe A, Heft **98.** 117—29. Aug. 1958. Moskau.) F. ROSENDAHL. 8136

G. S. Swenigorodskij, *Die Erhöhung der Wasserbeständigkeit von Briketts durch Imprägnieren.* Die Erhöhung der Wasserbeständigkeit von Briketts gelingt durch Imprägnieren mit Heizmasut, was bei 60—100° vorgenommen wird. Die Briketts haben nach dem Imprägnieren ein gutes äußeres Aussehen u. kleben nicht. Das Imprägnieren bei 110° gestattet wohl ein schnelleres Aufnehmen des Masuts, doch werden die Kanten des Briketts beschädigt. Je grobkörniger die Trockenkohle ist, um so größer ist der Masutverbrauch. Bei Unters. der imprägnierten Briketts mittels der Tauchmeth. zerfielen dieselben innerhalb 15—25 Minuten. Bei 2 std. Berieselung, bei der das Berieselungswasser dauernd abgeführt wird, zeigten sich keine Zerstörungen. (Freiberger Forschungsh., Reihe A, Heft **98.** 130—43. Aug. 1958. Moskau.) F. ROSENDAHL. 8136

I. Blum, Fr. Bolchi und **G. Musca,** *Versuche zur Verbesserung der Qualität der aus holzigen Braunkohlen (Ligniten) erhaltenen bindemittellosen Briketts durch thermische Behandlung.* Der beste Weg, die Wasserbeständigkeit (WB) von Briketts zu erhöhen, ist die Erhitzung der für die Brikettierung bestimmten Braunkohlen unter Luftabschluß bei einer Temp. von ca. 80°. Eine stärkere Erhitzung bis zum Ausschwitzen des Teeres an der Oberfläche der Kohlenteilchen sowie eine therm. Behandlung nach der Brikettierung verursacht eine Verschlechterung der mechan. Festigkeit, obwohl die WB merklich besser wird. Diese Behandlungsart kann bei der Brikettierung von Torf für die Verkokung angewendet werden oder gegebenenfalls bei der Brikettierung jüngerer Kohlen, die für die Herst. von Briketts für die Verbrennung oder Verkokung bestimmt sind. (Freiberger Forschungsh., Reihe A, Heft **98.** 168—87. Aug. 1958. Bukarest.) F. ROSENDAHL. 8136

Yuji Yoshida, *Grundsätze der Kohlemischung für die Kokserzeugung.* Infolge ihres hohen Flüchtigengeh. ergeben die meisten japan. Kohlen ohne Mischung mit stark kokenden Importkohlen keinen harten Koks. Vf. untersuchte die Ergebnisse der Verkokungsverss. typ. Mischungen u. zieht folgende Schlüsse: Sofern der Blähgrad einer Kohlemischung über 3,5 ist, ist der 15-mm-Trommelindex y des Kokses eine Funktion des Flüchtigengeh. der Mischung, wie es folgende Formel ausdrückt: $y = a\,e^{bx} + c\ (18 < x < 42)$, in welcher bei den vorliegenden Verss. die Konstanten $a = -0{,}000175$, $b = 0{,}286$ u. $c = 94{,}2$ betragen. Hieraus kann folgende Beziehung abgeleitet werden: $y = c - (c - y_0)\,e^{-kz}$; $k = b\,(v_2 - v_1)$, worin z den Anteil an stark kokender Kohle in der Mischung, y_0 den 15-mm-Trommelindex des Kokses aus der hochflüchtigen Kohle u. v_1 u. v_2 die Flüchtigengehh. der Kokskohle bzw. der hochflüchtigen Kohle bedeuten. Ferner führt Vf. auf Grund anderer Unterss. aus, daß Kohle mit einem Blähgrad von über 4,5 u. einem Flüchtigengeh. von 20—37,5% als stark kokende Kohle bezeichnet werden kann. Diese Beziehung gilt nicht nur für Steinkohlen, sondern auch für Mischungen. Es werden die Gründe angeführt, warum diese beiden Faktoren die Verkokungseigg. der Kohle beeinflussen. (J. Fuel Soc. Japan **36.** 831—40. Nov. 1957. [Orig.: japan.; Auszug: engl.]) H. SCHÖBERL. 8142

Ryonosuke Abe, Shigekazu Sakamoto und **Sohei Obata,** *Erzeugung von Calciumsilicatdünger aus minderwertiger Kohle.* Zur wirtschaftlichen Nutzbarmachung minderwertiger Kohle in Japan untersuchten Vff. die Möglichkeit, diese Kohle zu vergasen u. aus der Schlacke einen hochwertigen Calciumsilicatdünger zu erzeugen. Es galt, eine SiO_2-CaO-Verb. herzustellen, von welcher eine große Menge in 2%ig. Citronensäure u. n/2 HCl lösl. ist. Man fand folgende günstige Bedingungen: $CaO/SiO_2 = 1{,}2$ u. die Reaktionstemp. mit 1200—1250°. Die Verb. SiO_2-CaO hat die Form von $Ca_3Si_2O_7$. Die Schlacke wurde in einer kleinen Versuchsanlage erzeugt; sie enthielt als Prod. einer restlosen Vergasung keinen C. Über die Zus. des erzeugten Gases konnte man keine Aussage machen, jedoch war es möglich, die Zus. durch Kontrolle der Vergasungsmittelzufuhr konstant zu halten. (J. Fuel Soc. Japan **37.** 375—80. Juni 1958. [Orig.: japan.; Auszug: engl.]) H. SCHÖBERL. 8148

Ja. G. Butschukuri, *Zur Frage der chemischen Anreicherung von Manganschlämmen.* Bei Verss. wurde der Schlamm aus der Mn-Erzanreicherung als *Reinigungsmasse* für Koksgas verwendet. Das Koksgas wurde durch ein Gemisch von 80 (%) Schlamm u. 20 W. + gleiches Vol. Sägespäne durchgeleitet. Es empfiehlt sich, den Schlamm möglichst fein zu pulvern. Die M. absorbiert H_2S begieriger als Sumpferz; nach Durchleiten durch 4 Absorber tritt das Gas in eine Lsg. von Cd-Acetat ein; der gelbe Nd. von CdS zeigt den Verbrauch der M. an. Das in der M. gebildete *MnS* wird mit H_2SO_4 ausgelaugt, wobei $MnSO_4$ gewonnen wird, das bei weiterer Verarbeitung *Mn-Oxyde* u. $(NH_4)_2SO_4$ liefert. — Das vorgeschlagene Verf. ist rationeller als die üblichen Verff. (Auslaugen mit NH_4-Salzen oder SO_2), speziell in Grusien. (Сообщения Академии Наук Грузинской ССР [Mitt. Akad. Wiss. GrusinSSR] **18.** 175—82. Febr. 1957. Grusin. Polytechn. Kirow-Inst.) A. v. WILPERT. 8172

Arthur Rose und **Robert F. Sweeny,** *Berechnungen zur ternären Destillation für die Rektifizierung von Naphthalin-Teersäurenöl.* Die von Vff. durchgeführten Berechnungen wurden an einem Gemisch von Naphthalin u. einem mit Soda gewaschenen Teeröl dargelegt. Es handelt sich dabei um Annäherungswerte, die aber für den prakt. Gebrauch genau genug sind. Jedoch wird vorausgesetzt, daß bei der Dest. stets eine Fraktion anfallen muß, die lediglich aus Komponenten mittlerer Flüchtigkeit besteht. (Ind. Engng. Chem. **50.** 1687—90. Nov. 1958. State College, Pa., Appl. Sci. Labor.) F. ROSENDAHL. 8176

N. F. Budjak und **N. M. Karawajew,** *Über die Anwendung der chromatographischen Methode zur Untersuchung der Fraktionen von Torfteeren.* Von O-, S- u. N-Verbb. durch Filtrieren über Silicagel befreite Neutralölfraktionen aus Torfteer mit Kp. 90 bis 200 u. 200—270° werden mit PAe. (Kp. bis 45 bzw. 65°) u. Aceton bzw. Bzl. + Aceton als Eluenten chromatographiert, die Lösungsmittel durch Dest. im CO_2-Strom u. über Silicagel entfernt (Silicagel : KW-stoff-Gemisch = 13 : 1), optimale Temp. —25 bzw. —15 bis —20°. In einer Tabelle wird die Zus. der Fraktion mittleren Kp. nach Eluent, Farbe des Destillationsrückstandes, Formaldehyd-Rk., %, n_D^{20}, JZ. u. % Sulfonierbarem angegeben. Die hohe JZ. der aromat. Anteile (102) wird auf ungesätt. Seitengruppen zurückgeführt. (Доклады Академии Наук СССР [Ber. Akad. Wiss. UdSSR] **120.** 376—77. 11/5. 1958. Inst. für fossile Brennstoffe der Akad. der Wiss. der UdSSR.) R. K. MÜLLER. 8178

Yûzô Koga, *Oberflächenaktive Mittel in der Erdölindustrie.* Übersicht. — 23 Literaturangaben. (J. Oil Chemists' Soc. Japan **7.** 327—31. Okt. 1958. Sizuoka, Tôa-Nenryô. [Orig.: japan.]) E. MAEKAWA. 8188

Joseph U. Messenger, *Chemische Kontrolle des Schwefelwasserstoffs während einer Bohrgestängeprüfung.* (Canad. Mining metallurg. Bull. **51.** 716—18. Nov. 1958. — C. **1959.** 10769.) F. ROSENDAHL. 8190

Futoro Yoshimura, *Fraktionieren der organischen Verbindungen im Säureschlamm und ihre Ultraviolettspektren.* Aus dem aus Maschinenöl bzw. Motorenöl beim Behandeln mit H_2SO_4 sich bildenden Schlamm werden Sulfonsäuren als Na-Salze isoliert, die letzteren an einer Säule aus Silicagel u. „Säureerde" in der Reihenfolge mit 1n HCl, methanol. HCl u. Methanol entwickelt u. die UV-Spektren jeder Fraktion aufgenommen. Den Spektren zufolge sind die Verbb. vermutlich aromat. Sulfonsäuren mit kondensierten Ringsystemen aus 2 oder 3 Ringen. H_2SO_4 sulfoniert die aromat. KW-stoffe u. die asphaltähnlichen Substanzen im Schmieröl u. löst oder dispergiert die letzteren. (J. chem. Soc. Japan, ind. Chem. Sect. [Kōgyō Kagaku Zassi] **61.** 1153—57. Sept. 1958. Sakai, Ōsakahuritu-Univ. [Orig.: japan.]) E. MAEKAWA. 8192

Ss. P. Rogow, M. W. Ryssakow und **I. Ja. Fersch t,** *Die Regeneration hydrierender Katalysatoren durch Wasserstoff.* Die Bldg. von Koks (C-reichen Verbb.) bei der Hydrierung von Erdöl an Katalysatoren findet bes. stark in der ersten Periode statt u. bleibt später prakt. unverändert. Vff. untersuchten die Art u. das Anwachsen der Ablagerungen sowie deren Ursachen (Verringerung des Partialdrucks vom H_2 sowie der Berührungsdauer des Rohstoffs mit H_2) u. fanden, daß die Koksmenge vom zwischen der Geschwindigkeit ihrer Entstehung u. der Hydriergeschwindigkeit bestehenden Gleichgewicht abhängt. Bei der Erzeugung von Motortreibstoffen aus Erdöl durch Hydrierung unter Druck findet die Mehrzahl der katalyt. Rkk. zwischen 375 u. 500° statt, wobei die Ablagerung nicht reiner C ist, sondern auch aus schweren, mehr oder weniger hochkondensierten KW-stoffen besteht, die sich leichter hydrieren lassen als reiner C. Die Regeneration der Katalysatoren erfolgt nach: $C + 2H_2 \rightleftharpoons CH_4$ bei 400—475° unter einem Druck bis 300 at. Die Geschwindigkeit der Regeneration des Katalysators verringert sich unaufhörlich mit Verringerung der sich auf ihm befindlichen Koksmenge. Die Temp. übt anfangs nur einen geringen Einfl. aus, später aber einen bedeutenden. Je höher die Temp. der Koksbldg. ist, desto langsamer erfolgt das Hydrieren, das wesentlich auch vom H_2-Druck abhängig ist u. durch die Ggw. von KW-stoffdämpfen begünstigt wird. Die Ergebnisse bestätigen die Annahme der Vff., daß das scheinbare Aufhören der Koksbldg. darauf beruht, daß zwischen der Bldg. u. Hydrierung des Kokses ein Gleichgewicht besteht. (Химия и Технология Топлив и Масел [Chem. Technol. Brennstoffe Öle] **3.** Nr. 10. 29—33. Okt. 1958.) E. v. PEZOLD. 8198

C. G. Myers und **G. W. Munns jr.,** *Das Spalten von Pentanen, Hexanen und Heptanen in Gegenwart von Wasserstoff am Platinkatalysator.* Durch Analyse der Spaltprodd. u. Verwendung verschied. Pt/Al_2O_3- bzw. Pt/SiO_2-Katalysatoren wird die Spaltung von *n-Pentan* (**I**), *n-Hexan* (**II**), *n-Heptan* (**III**), *2-Methyl-* (**IV**) u. *3-Methylpentan* (**V**) untersucht. Im allg. ist die Spaltaktivität der Pt/Al_2O_3-Katalysatoren geringer als die der Pt/SiO_2-Katalysatoren bei gleicher Dehydrierungsaktivität. Bei **I**

erzeugt die Pt-Komponente des Katalysators intermediäre Olefine, die durch die saure Komponente isomerisiert werden. Alle C—C-Bindungen in **I** werden gleich häufig gespalten. Bei **II** u. **III** werden die intermediären Olefine zusätzlich säurekatalysiert gecrackt. Hier werden die zentralen Bindungen am häufigsten, die C—C-Bindungen an den Molekülenden weniger häufig gespalten. Bei **IV** u. **V** ist die Hydrogenolyse der Endbindungen häufiger als die der Zentralbindungen. (Ind. Engng. Chem. **50.** 1727—32. Dez. 1958. Paulsboro, N. J., Socony Mobil Oil Co., Inc., Res. and Developm. Labor.) K. O. MÜLLER. 8200

I. Szebényi, *Die Hydroentschwefelung des Gasöldestillats in Gegenwart von Naphthenen.* Das Rohmaterial mit einem S-Geh. von 1,29% wurde mit verschied. Naphthen-KW-stoffen u. freiem H_2 ohne u. mit Katalysatoren hydrierend entschwefelt. Von den verschied. KW-stoffen förderte Tetralin (**I**) die Entschwefelung in bes. günstiger Weise. Bei 15 at wurden ohne **I** 38% S, mit **I** 74% S umgewandelt. Bei 25 at waren es ohne **I** 73% S, mit **I** 80% S. Der entstehende H_2S wandelte die oxyd. Katalysatoren in Sulfide um, die für die Umsetzung günstiger waren als die gleichen Sulfide, wenn man sie sofort einsetzte. Die optimale Temp. lag bei 420°. (Periodica polytechn. [Budapest], chem. Ingenieurwes. **2.** 39—47. 1958. Budapest.) F. SCHUSTER. 8212

J. Groff, *Die „Mehrzweck" (multigrade)-Motorenöle.* Vf. definiert den Begriff der Mehrzwecköle auf Grund der SAE-Spezifikationen u. stellt die Viscositäts–Temp.-Beziehung für solche Öle graph. dar. Vf. entwickelt daraus ein Verf. zur Kennzeichnung (mit Ziffern) von Mehrzweckölen, das gleichzeitig ihre Kaltstarteigg. u. ihre Schmiereigg. im warmen Motor erkennen läßt. (Rev. Inst. franç. Pétrole Ann. Combustibles liquides **11.** 1161—74. Sept. 1956.) H. SYDOW. 8220

T. Salomon, *Der schädliche Einfluß von elektrostatischen Aufladungen an Maschinen und Schmierölen.* Die elektrostat. Aufladung tritt während der Schmierung ein u. die sich daraus ergebenden Störungen entstammen sowohl dem Schmiermittel als auch der metall. Oberfläche. Unterss. des Vf. haben ergeben, daß als erstes durch einen Stoß der Schmierfilm u. das Metall geschädigt werden. Ein solcher Stoß kann mechan., therm. oder elektr. Art sein. Der Endeffekt, die Erzeugung von Wärme, ist stets der gleiche, doch der Mechanismus ist verschieden. Die dünnen Schmiermittelfilme, die bei hydrodynam. u. bei Grenzreibung auftreten, können unter bestimmten Bedingungen ihre Isolierwrkg. verlieren u. gute elektr. Leiter wie das Metall werden. Dies Verhältnis erklärt manche Anomalie bei Schmierungen, bes. wenn Spuren von W. zugegen sind. — 103 Schrifttumsstellen. (J. Inst. Petroleum **45** 47—79. März 1959. Inst. Français du Pétrole.) F. ROSENDAHL. 8220

Shu-Xun Li, Ying-Jün Hu, Cheng Xue, Wei-Ren Liau und **Pei-Chang Cheng,** *Verfahren zur extraktiven Kristallisation mit Harnstoff zur Gewinnung von niedrigschmelzenden Erdölprodukten und n-Paraffinen.* Auf Grund von Laboratoriumsverss. wurde eine kleine Anlage für einen Durchsatz für 0,15 t gebaut. Mit W. als Lösungsm. für den Harnstoff u. einer organ. Cl-Verb. als Aktivator bildeten sich die Addukte in kurzer Zeit u. waren leicht filtrierbar. Adduktbldg., Filtrieren, Waschen u. Zers. wurde alles im gleichen Behälter durchgeführt. Es wurden befriedigende Entparaffinierungsergebnisse für leichtes u. schweres Erdöl bei verschied. Paraffingeh. erzielt. Bei leichten Erdölfraktionen kann der F. auf —70° abgesenkt werden. Das Verf. eignet sich sehr gut zur Herst. niedrigschm. Erdölprodd., während die anfallenden Paraffine ein guter Rohstoff für die Herst. von Alkoholen, Waschmitteln u. dgl. sind. (Chem. Ind. Engng. [China] **1958.** 89—94. Minst. für Erdölchem., Inst. für Erdölwiss. [Orig.: chines.; Auszug: engl.]) F. ROSENDAHL. 8226

Tadeusz Niewiadomski, *Das Problem der Pechverblasung.* Vf. untersucht im Labor. das Verblasen von Pech. Aus den erhaltenen Ergebnissen zieht er Schlüsse über die kondensierende u. H-entziehende Einw. der Luft. Dabei bestimmt er auch den vermutlichen Verlauf der Kondensation bei der Pechverblasung sowie die physikal. Eigg. des Pechs aus den einzelnen Verblasungsstufen. Die Ergebnisse der Unterss. ermöglichen die Feststellung der eigentlichen Betriebsbedingungen des Verblasens. (Koks-Smoła-Gaz **2.** 108—14. Mai/Juni 1957. Zabrze, Instytut Chemicznej Przeróbki Węgla.) A. BABCZYŃSKI. 8228

Ss. G. Faingold, *Verbesserung der Entnahme von Gas zur Analyse von Benzolkohlenwasserstoffen.* Das über ein Drosselventil entnommene Gas wird durch einen Kühler von kondensierbaren Anteilen befreit, dann durch 2 Flaschen mit 30%ig. H_2SO_4, eine leere Flasche, je 2 Flaschen mit Watte u. Sumpferz, wieder eine leere Flasche, $CuSO_4$-Lsg. zur Prüfung auf H_2S-Freiheit, 2 Schichten akt. Kohle, eine Vakuumpumpe u. eine Gasuhr geleitet. (Кокс и Химия [Koks u. Chem.] **1958.** Nr. **1.** 52—53. Jassinow, Kokerei.) R. K. MÜLLER. 8242

Dow Chemical Co., Midland, übert. von: **Paul A. Wolf**, Midland, Mich., V. St. A., *Sekundäre Ölgewinnung durch Wasserfluten der Lagerstätten.* Man leitet in die ölhaltige Formation W. ein, welches ein wasserlösl. Kondensationsprod., welches durch Rk. von 2,0—3,5 Mol Formaldehyd mit 1,0 Mol eines aliphat. Polyamins der Formel $H_2N-(C_nH_{2n}NH)_x-H$ (Diäthylentriamin) erhalten wurde, in der n eine ganze Zahl von 2—3 u. x eine ganze Zahl von 1—4 bedeuten. (**A. P. 2 843 545** vom 12/1. 1956, ausg. 15/7. 1958.) P. UNGER. 8191

Oelwerke Julius Schindler G. m. b. H., Hamburg-Wilhelmsburg (Erfinder: **Hermann Ordelt, Kurt K. Rumpf**, Hamburg, und **Wilhelm Schulz**, Geesthacht/Holst.), *Kontinuierliche Entparaffinierung von Kohlenwasserstoffölen mit Harnstoff.* Aktivierter Harnstoff wird unter Vermeidung von Harnstoff-Lsgg. durch in keine Harnstoffaddukte bildenden Lösungsmitteln gelöste KW-stoffe transportiert, anschließend wird das Addukt filtriert, gewaschen u. durch ein Regeneriersyst. auf 120° gebracht u. im Gegenstrom mit 120° heißem Lösungsm. gewaschen. (**D. A. S. 1 049 032** Kl. 23b vom 29/4. 1955, veröff. 22/1. (1959.) P. UNGER. 8195

Socony Mobil Oil Co., Inc., New York, N. Y. (Erfinder: **Richard William Baker**, Wenonah, N. J., und **Frank George Ciapetta**, Upper Darby, Pa.), V. St. A., *Herstellung von Platin- oder Palladiumkatalysatoren für die Kohlenwasserstoffreformierung,* die auf saurem Träger aufgebracht sind, dad. gek., daß man Pt- oder Pd-Verbb. auf einem Kieselsäureträger mit ca. 0,1—2,3 Gew.-% Tonerde aufbringt, der eine Oberfläche von 350—700 m^2/g u. einen Aktivitätsindex von 6—15 besitzt, u. die Pt- oder Pd-Verb. zum Metall reduziert. — Zeichnungen. (**D. B. P. 965 734** Kl. 23b vom 23/4. 1954, ausg. 19/6. 1957. Anmeldung bekanntgemacht 27/12. 1956. A. Prior. 27/4. 1953.) E. KAHLES. 8201

Pure Oil Co., Chicago, übert. von: **Weldon Grant Annable**, Mundelein, Ill., V. St. A., *Reinigung von Schwerbenzin.* Unter Hydroformierungsbedingungen wird „straight-run"-Schwerbenzin vom Kp. 100—400° F bei 930° F, 225 lbs./sq.in., einer Raumgeschwindigkeit von 0,6 u. einer H_2-Menge von 2800 Standard-Kubikfuß je Barrel in Ggw. eines Katalysators hydroformiert. Der Katalysator besteht aus Mo-Oxyd auf Tonerde. Das Reaktionsprod. stellt ein Schwerbenzin dar, welches keine korrodierenden Eigg. mehr aufweist. (**A. P. 2 858 268** vom 1/6. 1954, ausg. 28/10. 1958.) E. KAHLES. 8201

British Petroleum Co. Ltd., London (Erfinder: **John Arthur Edgar Moy** und **John Leather**, Sunbury-on-Thames), England, *Dehydrierung und Dehydrocyclisierung von nichtaromatischen Kohlenwasserstoffen,* dad. gek., daß ein Chromoxyd auf einem Träger, wie Al_2O_3, u. geringe Mengen Ge enthaltende Katalysatoren verwendet werden. — *Benzine.* (**D. A. S. 1 054 623** Kl. 23b vom 6/12. 1957, veröff. 9/4. 1959. E. Prior. 7/12. 1956.) E. KAHLES. 8201

Esso Research and Engineering Co., Elizabeth, N. J., V. St. A. (Erfinder: **Edward Barrie Vernon Potter**), *Hydroformieren von Schwerbenzin.* Eine Schwerbenzinfraktion vom Kp. 100—430° F wird in eine leichte u. eine schwere Fraktion zerlegt. Die leichte Fraktion wird in einer 1. Zone, die schwere in einer 2. Zone hydroformiert. Das Hydroformat der 2. Zone wird in eine leichte u. eine schwere Fraktion fraktioniert. Die leichte Fraktion wird der 1. Zone zugeleitet, während die schwere Fraktion mit dem Hydroformat der 1. Zone gemischt wird. — Zeichnungen. (**E. P. 801 086** vom 24/7. 1956, ausg. 10/9. 1958.) E. KAHLES. 8201

Esso Research and Engineering Co., Elizabeth, N. J., V. St. A. (Erfinder: **David Edward Homewood** und **John Cecil Taylor**), *Hydroformieren von Kohlenwasserstoffen.* Das Einsatzgut besteht aus Schwerbenzin u. einem $>120°$ sd. Hydroformat. (**E. P. 802 943** vom 21/9. 1956, ausg. 15/10. 1958.) E. KAHLES. 8201

Esso Research and Engineering Co., Elizabeth, N. J., V. St. A. (Erfinder: **Bruno Emil Roetheli**), *Hydroformieren von Schwerbenzin.* Damit eine Leichtbenzinfraktion entsteht, wird eine Schwerbenzinfraktion in Ggw. von H_2 u. einem Hydroformierungskatalysator behandelt u. hierauf ohne Abkühlung einer Dealkylierungszone (I) zugeführt. Das Prod. dieser Zone wird erhitzt, wobei das gesamte Vol. des fl. Destillates aus der I einen größeren Anteil an Prodd. mit Kp. 230° F aufweist als das Prod. der Hydroformierungszone. Einen Teil des H_2 aus der I wird der Hydroformierungszone wieder zugeleitet. — Zeichnung. (**E. P. 805 111** vom 22/5. 1956, ausg. 26/11. 1958.) E. KAHLES. 8201

Universal Oil Products Co., Des Plaines, Ill., V. St. A. (Erfinder: **Clarence George Gerhold**), *Kombinationsverfahren für die Raffination und Reformierung von Kohlenwasserstoffölen,* die *Benzin-KW-stoffe* enthalten, die katalyt. reformiert werden sollen, u. Verunreinigungen (I), die als Katalysatorgifte bei der Reformierung wirken. Man unterwirft einen Strom dieser KW-stofföle einer katalyt. Hydrierung in Ggw. von

Katalysatoren u. H_2 in einer Hydrierzone, in der die **I** in normalerweise gasförmige Reaktionsprodd. umgewandelt werden. Den behandelten Ölstrom leitet man in eine Trennzone, in der ein Gasstrom von einem Strom gereinigter Benzin-KW-stoffe abgetrennt wird. Dieser Benzinstrom wird in Ggw. eines Reformierungskatalysators u. von H_2 reformiert, ein H_2-reiches Gas wird aus dem Ablauf aus der Reformierungszone abgetrennt u. in die Bodenregion der genannten Trennzone eingeleitet, wo es in Gegenstromberührung mit dem behandelten Ölstrom aufsteigt. Dieser Gasstrom wird aus dem Kopfende der Trennzone abgezogen u. ein prakt. von **I** freier fl. Strom von Benzin-KW-stoffen wird aus einem unteren Teil der Trennzone abgezogen u. in die Reformierzone geleitet. — Zeichnung. (**E. P. 796 393** vom 3/12. 1956, ausg. 11/6. 1958.)
P. UNGER. 8201

Esso Research and Engineering Co., Elizabeth, N. J. (Erfinder: **Donald D. MacLaren,** Scotch Plains, N. Y.), V. St. A., *Veredelung leichter Rohbenzinfraktionen* (Siedebereich zwischen Kp. der C_5-KW-stoffe u. 93°), dad. gek., daß man Beschickungen aus diesen Fraktionen nach bekannten Verff. hydroformiert, so daß eine 100%ig. Umwandlung der C_7-Paraffine erfolgt u. die Umwandlung der C_6-Paraffine auf einem Minimum gehalten u. eine maximale Ausbeute an Aromaten erzielt wird. Das Hydroformat wird stabilisiert u. die C_4- u. leichteren KW-stoffe entfernt, worauf das Hydroformat so fraktioniert wird, daß die Isopentane als Kopfprod. mit hoher Octanzahl abgetrennt werden, während das Bodenprod. anschließend feinst fraktioniert wird, wobei ein Bzl. mit hoher Octanzahl als Bodenprod. u. eine n-C_5- u. C_6-Paraffinfraktion als Kopfprod. erhalten wird. — Zeichnungen. (**D. A. S. 1 053 120** Kl. 23b vom 1/3. 1958, veröff. 19/3. 1959. A. Prior. 1/3. 1957.)
E. KAHLES. 8201

Union Rheinische Braunkohlen Kraftstoff Akt.-Ges., Wersching, *Herstellung eines Motorenbenzins mit ausreichender Flüchtigkeit* u. hoher Octanzahl aus Bzn. mit niedriger Octanzahl unter gleichzeitiger Gewinnung eines verhältnismäßig hohen Anteils an niedrig mol., ungesätt., gasförmigen KW-stoffen, dad. gek., daß ein Leichtbenzin mit einem End-Kp. von 100° bei $<600°$ u. >15 atü unter Neubildung von mindestens 30 Gew.-% C_1—C_4-KW-stoffen, bezogen auf eingesetztes Leichtbenzin, therm. reformiert u. das erhaltene Reformat einem Schwerbenzin bzw. Fraktionen daraus, gegebenenfalls nach einer in an sich bekannter Weise durchgeführten Reformierung des Schwerbenzins bzw. der Fraktionen daraus, zugesetzt wird. (**D. A. S. 1 056 766** Kl. 23b vom 19/4. 1958, veröff. 6/5. 1959.)
E. KAHLES. 8201

Socony Mobil Oil Co., Inc., New York, N. Y., V. St. A., *Kontinuierliche Umwandlung von Kohlenwasserstoffen,* dad. gek., daß ein körniger Kontaktstoff bzw. Katalysator durch die übereinander angeordneten Kontaktzonen, von denen die eine die Umwandlungszone, die andere die Regenerierungszone ist, nach unten zu einer Förderzone geführt wird, in welcher ein verhältnismäßig kompaktes Bett des Kontaktstoffes aufrechterhalten wird, worauf der Kontaktstoff durch einen Förderkanal, der von einer mittleren Stelle dieses Bettes zu einer Stelle über der Reaktionszone reicht, geleitet wird. Hierbei wird die Förderung des Kontaktstoffes durch den Förderkanal mittels zweier Fördergasströme bewerkstelligt, indem der erste Fördergasstrom (Primärgasstrom) in das untere Ende des Förderkanals eingeleitet wird, ohne eine beträchtliche Schicht des Kontaktstoff- bzw. Katalysatorbettes zu durchströmen, während der zweite Fördergasstrom (Sekundärgasstrom) im Abstand vom unteren Ende des Förderkanales in das Kontaktstoff- bzw. Katalysatorbett der Förderzone eingeleitet wird, so daß er einen Teil des Bettes durchströmt u. Teilchen des Kontaktstoffes bzw. des Katalysators in den Primärgasstrom einträgt. — 21 Zeichnungen; 8 Diagramme. — Vgl. F. P. 1 015 611; C. **1954.** 2092. (**Oe. P. 192 032** vom 7/12. 1953, ausg. 25/9. 1957. A. Priorr. 10/2. u. 12/2. 1949, 14/2., 16/2. u. 11/12. 1951.)
T. OPPERMANN. 8201

Adolf Schmalenbach, Herbert Pummer und **Herbert Brandes,** Essen, *Gewinnung von Benzol.* Um Bzl. u. Naphthalin aus Gasen zu gewinnen, welche Wasserdampf enthalten, werden die Gase zuerst gekühlt. Das Kondensat enthält alle höher sd. Benzol-KW-stoffe u. Naphthalin, sowie einen Teil der niedriger sd. Benzol-KW-stoffe. Das Gas wird vom Kondensat abgetrennt u. dann zum 2. Mal gekühlt, wobei im Kondensat die prakt. vom Naphthalin freien, niedriger sd. Benzol-KW-stoffe erhalten werden. Das Gas wird nach dem Abtrennen vom 2. Kondensat mit konz. $CaCl_2$-Lsg. unter Kühlung, im Gegenstrom zum Gasstrom fließend, gewaschen. Gleichzeitig wird das Gas mit einem Lösungsm. für Bzl. gewaschen. Die Temp. in der Waschzone wird bei $<0°$ gehalten. Nach dem Waschen wird das die niedriger sd. Benzol-KW-stoffe enthaltende Lösungsm. von der $CaCl_2$-Lsg. getrennt u. die niedrigsd. Benzol-KW-stoffe werden aus dem Lösungsm. gewonnen. — Zeichnung. (**A. P. 2 794 515** vom 12/1. 1954, ausg. 4/6. 1957.)
E. KAHLES. 8203

Curzio Cipriani, Grosseto, Italien, *Zusatz für flüssige oder gasförmige Treibstoffe,* bestehend aus natürlichen oder synthet. Capsicumverbb., z. B. Capsanthin ($C_{40}H_{58}O_3$), Capsorubin ($C_{40}H_{60}O_4$) u. Capsaicin ($C_{18}H_{27}NO_3$). (**D. A. S. 1 054 273** Kl. 46a vom 13/8. 1957, veröff. 2/4. 1959. It. Prior. 4/1. 1957.) E. Drews. 8205

N. V. de Bataafsche Petroleum Mij. (Erfinder: **Willem Frederik Jense, Johan Leonard van der Minne** und **Pieter Hendrik Jan Hermanie**), *Stabile Wasser-in-Öl-Emulsionen* erhält man mit einem mehrwertigen Metallsalz (Erdalkalimetalle, Cd, Zn) einer organ. Sulfonsäure, bes. Petroleumsulfonaten, als Emulgiermittel unter Zusatz von Alkylphenolen, die im Alkyl bes. 10 oder mehr C-Atome enthalten (4-tert.-Butyl-, o-Amyl-, 2.6-Dimethyl-, 2.4-Diamyl-, 2.4-Dimethyl-6-tert.-butyl-, 2.4-Dimethyl-6-tert.-octyl-, 4-Methyl-2.6-di-tert.-butylphenyl, Octylphenol–Formaldehyd-Kondensationsprodd.). Die wss. Phase kann noch Zn- oder Erdalkalisalze von HCOOH, Essigsäure, Propionsäure, HNO_2 oder HNO_3 enthalten. Die Emulsionen werden in bekannter Weise erhalten. Es können emulgiert werden: *Mineralöle, Schmieröle* u. fette Öle. (**Aust. P. 207 098** vom 20/12. 1955, ausg. 11/4. 1957. Holl. Prior. 28/12. 1954.) G. Krauss. 8221

Badische Anilin- & Soda-Fabrik Akt.-Ges., Ludwigshafen/Rh. (Erfinder: **Fritz Christmann, Walter Simon,** Ludwigshafen/Rh., und **Hans Engel,** Heidelberg), *Schmieröle.* Die Schmieröle, die Zusätze aus öllösl. Zn-Salzen von C_5-Carbonsäuren (D. B. P. 865 339; C. **1953.** 6394) oder öllösl. Erdalkalisalze, schwefelhaltiger C_5-Carbonsäuren (D. B. P. 934 184; C. **1956.** 4027) oder deren Ester (D. B. P. 934 185; C. **1956.** 4027), jeweils zusammen mit Umsetzungsprodd. (**I**) von P-Sulfiden mit organ. Hydroxylverbb. enthalten oder in welchen **I** durch Umsetzungsprodd. von P-Sulfiden mit fl. oder festen KW-stoffen ersetzt sind, enthalten als weiteren Bestandteil Alkylphenolsulfide oder deren Ester u./oder Sulfonsäuren. (**D. B. P. 944 678** Kl. 23c vom 26/6. 1954, ausg. 21/6. 1956. Anmeldung bekanntgemacht 8/12. 1955. **Zusatz zu D. B. P. 865 339; C. 1953. 6394.**) E. Drews. 8221

Chemische Fabrik Joh. A. Benckiser G. m. b. H., Ludwigshafen/Rh. (Erfinder: **Arno Debo,** Heidelberg), *Herstellung von neuen Diamino-N.N.N'.N'-tetrakis-phosphorsäurederivaten* der allg. Formel $[(RO)_2P(O)]_2NR'N[P(O)(OR)_2]_2$, in der R = Alkyl- oder Arylgruppen, R' = einen 2wertigen KW-stoffrest mit mindestens 2 C-Atomen bedeuten, dad. gek., daß man Diamino-N.N'-bis-phosphorsäurederivv. der Formel $(RO)_2P(O)\cdot HNR'NHP(O)(RO)_2$, in der R u. R' die obige Bedeutung haben, mit Chlorphosphorsäurediester in einem inerten wasserfreien organ. Lösungsm. in Ggw. der berechneten Menge einer NaOH-Suspension umsetzt. Durch Rk. von Äthylendiamin-N.N'-bis-[phosphorsäurediisopropylester] mit Chlorphosphorsäurediisopropylester in Xylol in Ggw. einer 50%ig. NaOH–Öl-Suspension erhält man als farbloses Öl *Äthylendiamin-N.N.N'.N'-tetrakis-[phosphorsäurediisopropylester]*, farbloses Öl, n_D^{20} 1,4232; analog erhält man: *p-Phenylendiamin-N.N.N'.N'-tetrakis-[phosphorsäure-di-n-butylester]* als rotbraunes Öl u. *Hexamethylendiamin-N.N.N'.N'-tetrakis-[phosphorsäurediphenylester]* als wachsartige M., F. 79—82°. Zwischenprodd. u. *Zusätze zu Schmiermitteln* u. *hydraul. Ölen.* (**D. A. S. 1 047 781** Kl. 12o vom 31/8. 1957, veröff. 31/12. 1958.) J. Mühleisen. 8221

Chemon Corp., Dover, Del. (Erfinder: **Albert Parsons Sachs,** New York, N. Y.), V. St. A., *Herstellung und Verwendung von neuen Mischpolymeren. 1-Vinyl-2-pyrrolidon* oder dessen 3.3.5-Trimethyl-, 3.5.5-Trimethyl- oder 3.3-Dimethyl-5-alkyl-deriv. wird mit einem ungesätt. Ester, vor allem Lauryl-, Myristyl-, Cetyl- oder Stearylmethacrylat in Ggw. einer quaternären Ammoniumverb. u. eines Hydroperoxyds bei 100—115° mischpolymerisiert. Mischpolymere mit 10% Vinylpyrrolidon sind vorzüglich geeignet als *Zusatzstoffe für Schmieröle,* ferner für Überzüge, als Emulgatoren, Reinigungs- u. Plastifizierungsmittel. (**Schwz. P. 330 141** vom 30/8. 1956, ausg. 15/7. 1958. Can. Prior. 31/8. 1955.) L. Stadelmann. 8221

American Cyanamid Co., New York, N. Y., übert. von: **Edwin O. Hook,** New Canaan, **Lindley C. Beegle,** Darien, und **Vernon P. Wystrach,** Stamford, Conn., V. St. A., *Herstellung von Dithiocarbaminsäureestern* der allg. Formel $R_1R_2N{-}CS{-}S{-}R_3$, in der R_1 u. R_2 = H oder einen aliphat., aromat. oder cycloaliphat. Rest bedeuten oder zusammen mit N einen Ring bilden können; R_3 = 1wertiger Rest, der durch Addition eines H-Atoms an eine Doppelbindung einer ungesätt. Verb. entsteht. Die Verbb. können aus prim. u. sek. aliphat. Aminen, prim. aromat. Aminen, N-monoalkylierten aromat. Aminen, Piperidin u. Morpholin durch Kondensation von CS_2 in Ggw. einer Verb., die an einer C=C-Doppelbindung ein aktiviertes C-Atom aufweist, hergestellt werden. Die Aktivierung der C=C-Gruppe kann durch Substitution mit Vinylketon, Äthylacrylat, Diäthylmaleat, Acrylnitril oder Acrylsäure initiiert werden. — In ein Gemisch von CS_2 u. Diäthylmaleinat wird $(CH_3)_2NH$ eingeblasen, wodurch eine exotherme Rk. ausgelöst wird. Das erhaltene Öl von *S-1.2-Dicarbäthoxyäthyl-N.N-dimethyldithiocarbamat* hat

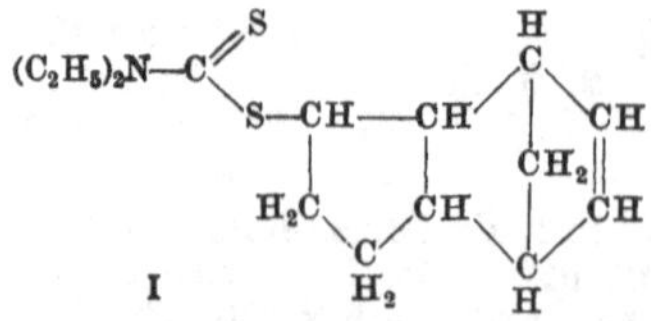

I

einen $Kp._{0,1}$ 92°, F. 38—40°. — Außer mehreren öligen Verbb. werden dargestellt: aus Dicyclopentadien ein *polycycl. Ester* der *Dithiocarbaminsäure* der Formel I, F. 76—80°; *S-Carboxyäthyl-N.N-diäthyldithiocarbamat* der Formel: $(C_2H_5)_2N-CS-S-CH_2CH_2COOH$, F. 90 bis 94°. — Die Verbb. sind *Antioxydantien* u. *Antikorrosionsmittel* in *Schmierölen*, ferner Vulkanisationsbeschleuniger, Insekticide, Mittel gegen Mehltau u. Pharmazeutica. — (**A. P. 2 786 866** vom 11/6. 1952, ausg. 26/3. 1957.) K. GÄBELEIN. 8221

Chemische Fabrik Stockhausen & Cie., Krefeld (Erfinder: **Wilhelm Brasseler**), *Wässerige Lösungen oder Emulsionen zur spanlosen Kaltverformung von Metallen*, bestehend aus wss. Lsgg. oder Emulsionen von solchen Kondensationsprodd. aus Neutralölen, Fettsäuren oder Fettalkoholen mit mindestens 12 C-Atomen u. nichtionogenen, wasserlöslichmachenden Verbb., die bei einem Verdünnungsverhältnis bis 1:100 mit W. noch beständige Lsgg. oder Emulsionen ergeben. — Beispiel: 1% ig. neutrale Lsg. eines Kondensationsprod. aus je 50 Teilen Klauenöl u. Diäthanolamin; 5% ig. Emulsion eines Kondensationsprod. aus 1 (Mol) Ölsäuremonoglycerid u. 4 Äthylenoxyd. (**D. A. S. 1 043 561** Kl. 23c vom 16/11. 1956, veröff. 13/11. 1958.) E. DREWS. 8221

Nicolaas Johannes Marinus Antonius Huijsmans, Utrecht, Holland, *Reinigung gebrauchter Schmieröle*. Man gibt zu diesen Alkalilauge im Überschuß, dest. die flüchtigen Bestandteile unter Durchleiten von Dampf ab, setzt zu der erhaltenen Emulsion Stearinsäure oder sonstige höhere Fettsäure zu Neutralisation der Lauge zu, rührt zum Brechen der Emulsion durch u. trennt die erhaltene Ausscheidung vom reinen Schmieröl, gegebenenfalls in Ggw. einer Filterhilfe, ab. (**Holl. P. 85 418** vom 12/8. 1954, ausg. 15/6. 1957.) E. DREWS. 8221

Edmond Hustinx, Maastricht, Holland, *Herstellung von Schmiermitteln und salbenförmigen Massen*, dad. gek., daß man in W. lösl. Salze mehrwertiger Metalle sowohl mit einem Alkalisilicat wie mit einem Alkalisalz einer organ. Säure in verd. wss. Lsg. unter Bldg. einer homogenen Suspension reagieren läßt, die Suspension mit einer hydrophoben Substanz (z. B. Mineralöl oder -fett, einem fetten Öl, Fett) verrührt u. die wss. Phase von der hydrophoben Phase trennt. (**Oe. P. 200 695** vom 13/7. 1956, ausg. 25/11. 1958. Holl. Prior. 14/7. 1955.) T. OPPERMANN. 8223

XX. Schieß- und Sprengstoffe. Zündmittel.

Soc. Activa Ibera Soc. An., Genf, Schweiz (Erfinder: **Albert Augustin Alexandre Darche**, Bondy, Frankreich), *Herstellung eines Nitrocellulose-Kolloidpulvers*, das während seiner Verbrennung Gase mit verminderter Temp. entwickelt u. dessen Gelatinierung mit einem Ae.–A.-Gemisch ($^2/_3$:$^1/_3$) bewirkt wurde, gek. durch die Verwendung eines Ae.–A.-Gemisches, in dem mindestens 15—20% einer KW-stoffverb. gelöst sind, die bei der pyrogenen Zers. ein größeres Gasvol. als die gleiche Menge Nitrocellulose u. endotherme Rkk. erzeugt. Geeignete KW-stoffe usw. sind z. B.: Durol, Amarin, Azotoluol, Tetrahydronaphthol, Triphenylmethan, Diäthylharnstoff, Dihydroanthracen u. a. in Ae.–A. lösl., auch N-haltigen Verbb. wie o-Tolidin, Dimethylglyoxim, Dianisidin usw. (**D. A. S. 1 043 904** Kl. 78c vom 6/6. 1956, veröff. 13/11. 1958. Belg. Prior. 15/6. 1955.) A. GRADL. 8301

L. P. Barlow, Stamford, Conn., V. St. A., *Sprengverfahren* unter Verwendung von fl. O_2, dad. gek., daß in das Bohrloch zunächst eine verbrennbare Substanz, z. B. Kohlestaub, A-Kohle, eingebracht u. auf eine Temp. in der Gegend des Kp. von O_2 abgekühlt wird, worauf erst der fl. O_2 ins Bohrloch eingebracht wird. (**Belg. P. 533 211** vom 10/11. 1954, ausg. 11/4. 1958. A. Prior. 15/9. 1954.) A. GRADL. 8305

Takehisa Sakurai, Tokio, Japan, *Gelatine-Dynamit*, bestehend aus einem Oxydationsmittel, einem verbrennbaren Material u. 2—4% eines „Konjak mannan"-Gels (I), das das 8—12fache seines Gewichtes an W. enthält. — Beispiele: 18/22 (%) Nitroglycerin–Nitrocellulose-Gel, 69/57,2 NH_4NO_3, 5/5 KNO_3 1,5/1,8 Stärke, 0,5/5 Holzmehl, 3/1 Naphthalin, 3/8 I aus *Amorphaphalas Konjac* K. KOCH, einer Araceenart. (**A. P. 2 847 291** vom 9/5. 1956, ausg. 12/8. 1958.) A. GRADL. 8305

Hercules Powder Co., Wilmington, Del. (Erfinder: **James Leroy Bennett, Robert Maurice Brooks, James Gordon McMillan jr., Warren Lee Plunkett, David Sidney Bruce** und **Harold Morton Spurlin**), V. St. A., *Herstellung von Nitrocellulose* durch Nitrieren von Cellulose mit HNO_3, $Mg(NO_3)_2$ u. W., dad. gek., daß im Nitriergemisch das Verhältnis von $Mg[NO_3]_2$:W. zwischen 1,2:1 u. 2,2:1 liegt. (**E. P. 790 470** vom 18/10. 1956, ausg. 12/2. 1958. **Zusatz zu E. P. 781 534; C. 1959. 1992.**) A. GRADL. 8305

Imperial Chemical Industries Ltd., London (Erfinder: **William Maxwell**, Stevenston, und **Hugh Thomas Williams**, Saltcoats), England, *Heizmassen* zur Einleitung der therm. Zers. von nichtdetonierenden Sicherheitssprengladungen nach D. B. P. 953 506, mit 45—66 (%) Guanidinnitrat, 27—45 $K_2S_2O_8$, 6—10 CuCl u. 0,1 Vaseline, dad. gek., daß $K_2S_2O_8$ durch 27—45 $Na_2S_2O_8$ ersetzt ist, wobei CuCl in einer Menge von 0—10 vorliegt. Nach einem 2. Vorschlag kann die Zus. wie folgt abgewandelt sein: 20—70 Guanidinnitrat, 25—45 $(NH_4)_2S_2O_8$, 0,5—10 CuCl, 0—35 K-, Na- oder NH_4NO_3 (Gesamtnitrat 55—70). — Zeichnungen. — Vgl. E. P. 767 238; C. **1958.** 4670. (**D. A. SS. 1 035 033** Kl. 78e vom 1/8. 1956, veröff. 24/7. 1958. E. Priorr. 8/8. 1955 u. 9/5. 1956 u. **1 036 139** Kl. 78e vom 22/10. 1955, veröff. 7/8. 1958. E. Priorr. 3/11. 1954 u. 29/6. 1955. **Zusätze zu D. B. P. 953 506; C. 1957. 7224.**) A. GRADL. 8305

David John Andrew, Simsbury, Conn., **Robert Walds Felch**, Wenonah, und **George Adelbert Noddin**, Sewell, N. J., V. St. A., *Knallzündschnur* mit nur mäßiger Detonationsübertragung, dad. gek., daß der Kern aus 0,425—3,189 g/m Zündschnur eines hochexplosiven Sprengstoffes (PETN, RDX, TNT, Tetryl, Bleiazid) besteht. — Zeichnungen. (**D. A. S. 1 051 707** Kl. 78e vom 18/6. 1957, veröff. 26/2 1959. A. Prior. 25/9. 1956.) A. GRADL. 8309

Aerojet-General Corp., Azusa, Calif., V. St. A. (Erfinder: **J. W. Parsons**), *Treibsatz für Raketenmotoren*, bestehend aus einer Mischung von Asphalt u. 50—90 Gew.-% *K-Perchlorat.* Die Mischung ist thermoplast. u. hat einen Penetrationswert von 6—100. — Abbildung. (**Schwed. P. 149 876** vom 21/9. 1944, ausg. 3/5. 1955. A. Prior. 21/9. 1943.) K. H. KÄHLER. 8311

United States of America, übert. von: **Thomas Stevenson**, Huntingdon Valley, und **Winston W. Cavell**, Philadelphia, Pa., V. St. A., *Rauchsatz*, bes. geeignet als Spursatz zum Sichtbarmachen von Geschoßbahnen, bestehend aus 50—80 (%) Ba-, Sr- oder Ca-Peroxyd, 5—20 Ca-Resinat u. 5—25 von mindestens einem sublimierbaren Farbstoff der Gruppen 1-Methylaminoanthrachinon, 1.4-Dimethylaminoanthrachinon, Bis-(p-dimethylaminophenyl)-methyliminhydrochlorid (Auramin) u. 5 Mg-Pulver oder Brenzcatechin. (**A. P. 2 823 105** vom 27/1. 1955, ausg. 11/2. 1958.) A. GRADL. 8313

United States of America, übert. von: **Sidney J. Magram**, Baltimore, Md., V. St. A., *Raucherzeugermischung*, gek. durch einen Geh. von 50—80% Sulfaminsäure (I), Rest $KClO_4$ oder NH_4ClO_4. Beispiele: 65/58 **I**, 35 $KClO_4$/42 NH_4ClO_4. (**A. P. 2 842 502** vom 3/10. 1956, ausg. 8/7. 1958.) A. GRADL. 8317

Dario Guisto, La Spezia, Italien, *Mittel zum Vernebeln*, enthaltend 60 (Teile) Schwefelsäuremonohydrat, 40 $SOCl_2$ u. einige g/Liter Methylenblau. (**It. P. 493 705** vom 14/2. 1951.) K. KOEBKE. 8317

D. Ss. **Awanessow**, Praktikum der physikalisch-chemischen Prüfungen der Sprengstoffe. (Für Hochschulen). Moskau; Oborongis. 1959. (166 S. m. Abb.) 5 Rbl. 30 Kop. [russ.]

XXIV. Photographie.

W. Krug, *Neuere Ergebnisse der photographischen Äquidensitometrie.* Vortragsreferat. Es wird die Möglichkeit diskutiert, mittels des Zweiplattenverf. eine einfach beherrschbare zweidimensionale Photometrie photograph. Bilder zu realisieren. Es wird gezeigt, daß die Äquidensiten in beliebig vorgebbaren Schwärzungsbereichen u. in gewünschter Breite u. Ausprägung erhalten werden können. Durch Einfärben von steilarbeitenden Plattenemulsionen mit Farbstoffen geeigneter spektraler Absorption, z. B. Mischungen von Echtlichtorange GX u. Anthralangelb, werden diese in ihren Eigg. stark verändert. Man erhält einen geringeren Diffusionslichthof u. dadurch bessere Auflösung. Das Einfärbeverf. gestattet, Platten mit verschied. γ-Wert herzustellen u. diese zur Herst. beliebiger Äquidensiten zu benutzen. (Optik **15.** 616—19. Oktober 1958. Berlin-Adlershof, Inst. für Optik u. Spektroskopie.) W. GÜNTHER. 8600

James E. Luvalle und **Gershon M. Goldberg**, *Zusammenhänge zwischen Photographie und Chinonchemie.* Vff. berichten über Versuchsergebnisse auf dem Gebiet der *Chinon*-Chemie u. ihre Bedeutung für die photograph. Entwicklung. Für die Unterss. wurde ein Hydrochinon–Carbonat-Entwickler mit 40 g Na-Sulfit/Liter verwendet (p_H 9,5). Durch Änderung des p_H u. durch Zusatz von Antischleiermitteln wurden seine sensitometr. Eigg. variiert. Es wird angenommen, daß beim Entwicklungsvorgang dem *Hydroxyhydrochinon* (I) u. seinen Zwischenverbb. eine bes. Rolle zugeschrieben werden muß. **I** entsteht aus Chinon durch Hydratisierung. **I** verursacht Entw.- u. Luftschleier. **I** ist die Ursache für die Entwicklungsbeschleunigung. Als die besten Antischleiermittel gegen **I** erwiesen sich *Phenidon* u. *Metol. Benztriazol* reagiert mit **I** zu einer schleierhemmenden Verb., während *6-Nitrobenzimidazol* an Schleierkeimen stark adsorbiert wird u. auf diese Weise die Entw. hemmt. Es wird gezeigt, daß FREMY-*Salz* (*Kaliumnitrosodisulfonat*) das latente Bild verstärken kann, ohne daß wie bei den anderen Latensifikationsverff. intermediär getrocknet werden muß. Diese Beobachtung stützt die Annahme, daß Stoffe, die auf das latente Bild verstärkend wirken, durch Luft erst zu freien Radikalen oxydiert werden müssen, bevor sie latensifizierend wirken können. Dies wiederum erklärt, warum die mit Perborat u. Metabisulfit durchgeführten Verss. sich nicht reproduzieren lassen. Weitere Verss. über die Vorgänge bei der Latensifikation haben erkennen lassen, daß die Entwicklungshemmung auf einer Zerstörung des latenten Bildes durch Prodd. des p-Phenylendiamins beruht. Ebenso werden die kleinen Entwicklungskeime durch Semichinon u. p-Chinondiimin in ihrer Wrkg. beeinträchtigt. Ferner wurde gefunden, daß WURSTERs *Blau* u. *Methylpyridiniumjodid* belichtete Emulsionen desensibilisieren. Eine nichtbelichtete Emulsion kann selbst durch verd. Lsgg. von WURSTERs Blau vollständig desensibilisiert werden. (J. photogr. Sci. **6.** 176—84. Nov./Dez. 1958.) W. GÜNTHER. 8618

G. Russell und **P. J. Hart,** *Die Bestimmung von Kupfer in Gelatine.* Zur Best. geringer Mengen *Cu* (0—15 mg/kg) in photograph. *Gelatine* (I) werden einige Verff. angegeben: a) die durch Abrauchen mit HNO_3, H_2SO_4 u. $HClO_4$ zersetzte I-Probe (2 g) wird nach Zusatz von *Weinsäure* (II) u. NH_2OH, HCl bei p_H 4—7 u. 25° mit 10 ml 0,02% ig. 2.2'-Dichinolyllsg. in Isoamylalkohol versetzt. Die rotblaue Färbung der organ. Schicht wird photometriert. — b) Die Probelsg. wird mit NH_4-Citrat u. NH_3 versetzt, auf p_H 7—9 gebracht u. 1 ml 0,5% ig. Lsg. von N.N'-Oxalyl-bis-[cyclohexanonhydrazon] in 50% ig. A. zugesetzt. Die Blaufärbung wird nach 15 Min. gemessen. — c) Die Probelsg. wird nach Zusatz von II auf p_H 5 gebracht, mit 10 ml Acetatpuffer p_H 5, 3 ml 0,075% ig. 2.9-Dimethyl-1.10-phenanthrolinlsg. in Acetatpuffer u. mit 50 mg Ascorbinsäure versetzt. Nach 10 Min. wird mit 10 ml Isoamylalkohol extrahiert u. die Gelbfärbung gemessen. — d) Polarograph. Best. in 5n H_2SO_4; Halbstufenpotential —0,34 V gegen Boden-Hg. (Analyst **83.** 202—07. April 1958. Brentwood, Essex, Ilford Ltd., Chem. Res. Labor.) E. MOISAR. 8658

H. Tellez-Plasencia, *Untersuchungen über die durch Röntgenstrahlung erzeugte photographische Schwärzung.* 9. Mitt. *Grundlagen für eine sensitometrische Norm für Röntgenemulsionen. Neue Darstellung der Charakteristik.* (8. Mitt. vgl. C. **1959.** 5012.) Auf Grund früherer Überlegungen schlägt Vf. eine Norm für die Sensitometrie von Röntgenemulsionen vor. Ableitung der entsprechenden Formel vgl. Original. (Sci. Ind. photogr. [2] **30.** 41—47. Febr. 1959. Paris, C. N. R. S., Inst. Nat. de Rech. Chim. Appl.) W. GÜNTHER. 8660

Eastman Kodak Co., übert. von: **Louis M. Minsk,** Rochester, N. Y., V. St. A., *Lichtfilter aus Gelatinefolien,* die in der photograph. Aufnahmetechnik ohne besonderen Träger verwendet werden, versieht man auf einer oder beiden Seiten mit einer Schutzschicht aus dem *Benzylesterlacton* eines *Mischpolymerisats* aus *Vinylacetat* u. *Maleinsäureanhydrid,* was den Vorteil hat, daß diese Schicht den gleichen Brechungsindex wie Gelatine hat. (**A. P. 2 801 188** vom 17/3. 1955, ausg. 30/7. 1957.) A. KALIX. 8613

General Aniline & Film Corp., New York, übert. von: **Francis H. Gerhardt,** Binghamton, und **Benjamin R. Harriman,** Rochester, N. Y., V. St. A., *Abziehbare lichtempfindliche Schichten.* Zur Erleichterung des Abziehens der feuchten Halogensilber-Gelatine-Schicht von der Glasplatte, auf der sie während der Entfernung ihres provisor. Trägers aufgepreßt ist, wird ihr in Mengen von 1—30 g auf 1 kg Gelatine (Trockengewicht) ein Netzmittel zugesetzt, das aus einem Kondensationsprod. aus einer 1- oder 2 bas. Fettsäure (I) mit 12—22 C-Atomen oder einem funktionellen Deriv. mit einem Alkylolamin (II) besteht. Beispiel für **I**: Dodecylenbernsteinsäureanhydrid; Cocosölfettsäuren. Beispiele für **II**: Diäthanolamin, β-Diäthylaminoäthanol. (**A. P. 2 805 948** vom 27/6. 1955, ausg. 10/9. 1957.) A. KALIX. 8613

General Aniline & Film Corp., New York (Erfinder: **John Bodvin Taylor,** Endicott, und **Jerry Stanley Krizka,** Binghamton), N. Y., V. St. A., *Pulvergemisch zur Herstellung von Entwicklerlösungen.* Neben den üblichen Entwicklerbestandteilen enthält das Gemisch Na-Hexametaphosphat (I) u. einen sauren Stabilisator (II), z. B. Oxalsäure, Phthal- oder Metaborsäure, Borsäureanhydrid oder KHS_2O_5. — Beispiel: 4—15 (g) organ. Entwicklersubstanz, 5—100 Alkali, 30—120 Sulfit, 0,2—2 Antischleiermittel, 1—8 **I**, 0,5—12 **II**. (**D. A. S. 1 047 619** Kl. 57b vom 5/4. 1957, veröff. 24/12. 1958. A. Prior. 11/4. 1956.) A. KALIX. 8619

Robert E. Fuller, Woburn, Mass., V. St. A., *Photographischer Entwickler.* Das Gemisch enthält eine beliebige Entwicklersubstanz, ferner Sulfit in den üblichen Mengen, Na_2CO_3 in einer Menge, daß die damit hergestellte Lsg. einen p_H-Wert von 8—11 besitzt, u. Na-Acetat in einer Menge von 20—60% der gesamten festen Bestandteile. Vorzugsweise wird dazu das sogenannte *Na-Diacetat*, $(CH_3COONa)\cdot(CH_3COOH)(H_2O)_7$, verwendet. Aus dem trocknen Gemisch lassen sich auch haltbare Tabletten pressen. (**A. P. 2 825 647** vom 28/10. 1954, ausg. 4/3. 1958.) A. Kalix. 8619

Photochemical Co. Ltd., London, England (Erfinder: **Kurt Israel Jacobson**), *Bleichfixierbäder*. Die Lsgg. enthalten außer den üblichen Lösungsmitteln für Halogensilber [bes. $(NH_4)_2S_2O_3$ oder NH_4CNS] 10—15% einer Komplexverb. aus einem $Cu^{\cdot\cdot}$-Salz u. NH_3 oder einem prim. oder sek. aliphat. Amin, bes. Äthylendiamin, Mono- oder Diäthanolamin. Die Amine können auch in größerer Menge vorhanden sein als es zur Bldg. der Komplexverbb. nötig ist u. zwar bis zur Erreichung eines p_H-Wertes von 10, hierzu können auch komplexfremde Amine verwendet werden. — Gegen Luftoxydation gut beständige Lsgg. können auch erhalten werden durch Zusatz von 12—25% einer Ferrichelatverb. von Hydroxyäthyläthylendiamintriessigsäure u. Pufferung der Lsg. auf p_H 5,5—6,5. — (**E. PP. 774 194** vom 19/6. 1954 u. **774 545** vom 26/6. 1954, beide ausg. 8/5. 1957.) A. Kalix. 8621

Eastman Kodak Co., Rochester, N. Y., übert. von: **Leopold Godowsky** und **Jerome J. Duane**, Westport, Conn., V. St. A., *Einbettungsverfahren für Farbkuppler in Halogensilber–Gelatine-Emulsionen*. Der Farbkuppler wird in einer mit W. nicht mischbaren Fl. (I) von einem Kp. $< 125^0$ gelöst u. diese Lsg. in einer Halogensilber–Gelatine-Emulsion dispergiert. Der Dispersion wird dann ein niedrigmol. organ. Lösungsm. (II) für den Farbkuppler zugesetzt, das einen Kp. $> 175^0$ hat u. für Entwickleroxydationsprodd. durchlässig ist. — Beispiele für **I**: Nitromethan u. -äthan, Äthyl- u. Butylformiat, Chlf., Methyl-, Äthyl- u. Propylacetat, Beispiele für **II**: Di-n-butylphthalat, Triphenyl- u. Trikresylphosphat, N-n-Butylacetanilid. (**A. P. 2 787 544** vom 20/12. 1954, ausg. 2/4. 1957.) A. Kalix. 8631

Eastman Kodak Co., übert. von: **Paul W. Vittum** und **Donald B. Julian**, Rochester, N. Y., V. St. A., *Einbettungsverfahren für Farbkuppler in Halogensilberemulsionen*. Der Farbkuppler (I) wird in einer mit W. nicht mischbaren Fl. (**II**) von einem Kp. $< 125^0$ gelöst u. diese Lsg. in einer Gelatinelsg. dispergiert u. das Ganze einer Sprühtrocknung bei 72^0 F. unterworfen, bis **I** restlos verdampft ist. Der Trockenrückstand wird dann in einer Gelatinelsg. dispergiert, die ein organ. Lösungsm. (**III**) für **I** mit einem Kp. $> 175^0$ enthält. Diese Gelatinelsg. wird schließlich einer Halogensilberemulsion zugesetzt. — Beispiele für **II**: Nitromethan u. -äthan, Methyl-, Äthyl-, Propyl- u. Butylacetat, Äthyl- u. Butylformiat. Beispiele für **III**; Di-n-butylphthalat, Triphenyl- u. Trikresylphosphat. (**A. P. 2 801 170** vom 20/12. 1954, ausg. 30/7. 1957.) A. Kalix. 8631

Ilford Ltd. (Erfinder: **Leslie Frederick Alfred Mason**), Ilford, England, *Konservierung von Farbentwicklern*. Der Entwicklerlsg., die einen p_H-Wert von 9—11,25 haben soll, wird auf 1 Liter einerseits NH_2OH oder ein Salz davon in Mengen von 0,5—1,5 g u. andererseits Ascorbinsäure u./oder eine Tetronsäureverb. der allg. Formel I in Mengen von 0,1—0,5 g zugesetzt. In I ist R eine (gegebenenfalls substituierte) Arylgruppe u. X ein O-Atom oder eine NH-Gruppe. Beispiele: 4-Phenyl-, 4-o-Sulfophenyl- u. 4-o-Chlorphenyl-2-hydroxytetronimid, ferner 4-o-Chlorphenyl-2-hydroxytetronsäure. (**D. A. S. 1 057 875** Kl. 57b vom 14/4. 1958, veröff. 21/5. 1959. E. Prior. 17/4. 1957.) A. Kalix. 8631

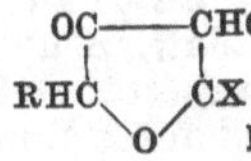

I

Agfa Akt.-Ges. für Photofabrikation (Erfinder: **Heinz Berger** und **Edith Weyde**), Leverkusen, *Herstellung von Masken in einem mehrfarbig entwickelbaren Mehrschichtmaterial*. Das verwendete Material enthält Schichten für die Bilderzeugung, die fast auschließsich aus AgBr bestehen u. solche, die für die Maskenbldg. bestimmt sind u. aus AgCl bestehen. Nach der Belichtung wird das Material mit einem Entwickler behandelt, der nur unbelichtetes AgCl, jedoch nicht unbelichtetes AgBr red., z. B. mit einem Entwickler, der frei von KBr ist oder mit einem solchen, der höchstens 1 g KBr im Liter, jedoch ein starkes Lösungsm. für Halogensilber, z. B. $Na_2S_2O_3$ oder KCNS enthält. (**D. A. S. 1 008 117** Kl. 57b vom 1/7. 1954, veröff. 9/5. 1957.) A. Kalix. 8635

Eastman Kodak Co., übert. von: **Franklin A. Hamm**, Rochester, N. Y., V. St. A., *Ferromagnetisches Druckverfahren*. Eine Halogensilberschicht, die Fe_2O_3 oder Fe_3O_4 in der für Pigmentschichten üblichen Menge enthält, wird bildmäßig belichtet u. nach einem der bekannten Verf. zu einem Auswaschrelief entwickelt. Dieses wird nach der Trocknung stark magnetisiert, z. B. durch Einw. eines Wechselstroms von 250 Per./Sek., 8 V Spannung u. 90 mA. Stärke. Dann wird Fe-Pulver aufgetragen, das nur an den magnetisierten Flächenelementen haften bleibt, vorzugsweise durch Red. von Fe-Carbonyl gewonnenes Fe, von 8 μ Korndurchmesser u. 98%ig. Reinheit oder eine „magnet. Druckfarbe" (Fe-Pulver in CCl_4). Von der so hergestellten Druckform können beliebig viel Abzüge gewonnen werden, zweckmäßig werden sie auf angefeuchtetes gelatiniertes Papier gemacht. (**A. P. 2 819 963** vom 7/1. 1955, ausg. 14/1. 1958.) A. Kalix. 8645

Chemische Fabriek L. van der Grinten N. V. (Erfinder: **Willem Marie Buskes** und **Mathieu Martin van Rhijn**), Venlo, Holland, *Photomechanisches Verfahren zur Herstellung von Druckformen.* Die Vorlage wird auf eine lichtempfindliche gerasterte Schicht kopiert, die keine lichtstreuenden Bestandteile enthält u. deren belichtete Stellen unlösl. werden., z. B. einer Schicht aus Proteinen u. Bichromaten oder Diazoverbindungen. Die bei der Belichtung unter den undurchlässigen Rasterelementen lösl. gebliebenen Schichtteile werden nach Anfeuchtung u. geringer Erwärmung durch Druck auf eine Druckplatte übertragen u. dort einer härtenden Behandlung unterworfen. (**D. A. S. 1 038 917** Kl. 57d vom 29/6. 1954, veröff. 11/9. 1958. Holl. Prior. 30/6. 1953. **Zusatz zu D. A. S. 1 024 356; C. 1958. 14495.**) A. Kalix. 8645

A. B. Dick Co., Niles, übert. von: **Clarence J. Shoemaker, Franklin Park** und **Margaret A. Griebel,** Chicago, Ill., V. St. A., *Herstellen von Flachdruckformen.* Auf eine Unterlage, z. B. mit Polyvinylalkohol überzogenes Papier, wird eine Lsg. von Werner-Komplexverbb. aufgebracht, in denen die mit dem 3wertigen Ring-Cr-Atom koordinierte Acidogruppe ungesätt. ist u. 1—8 C-Atome enthält. Nach dem Trocknen wird ein Bild mittels IR-Strahlen aufbelichtet, wodurch an den erhitzten Stellen die vorher wasserannehmende Schicht wasserabstoßend u. damit Druckfarbe annehmend wird. (**A. P. 2 764 085** vom 10/1. 1952, ausg. 25/9. 1956.) K. Kittler. 8645

Josef Görig, Ditzingen, Württ., *Ätzung von Kupfertiefdruckplatten.* Zur Übertragung der Vorlage auf die Cu-Platte wird ein Papier verwendet, das eine Schicht besitzt, die der Lichthärtung zugänglich ist, jedoch nicht die üblichen Pigmente oder sonstige lichtstreuende Bestandteile enthält. Die Schicht kann jedoch angefärbt sein, ebenso das Papier, das letztere zur Vermeidung von Lichtreflexionen beim Kopieren. (**D. A. S. 1 051 641** Kl. 57d vom 12/7. 1957, veröff. 26/2. 1959.) A. Kalix. 8645

Soc. An. R. Guilleminot, Boespflug & Co., Paris, *Verfahren zur Herstellung korrigierter photographischer Abbildungen.* Vom Negativ des zu reproduzierenden Gegenstandes wird zunächst ein Positiv (**I**) hergestellt, dessen lichtempfindliche Schicht (**II**) eingelagert oder als Unterschicht ein für **II** inaktiv. gefärbtes Pigment (**III**), z. B. Rot, enthält, von dem sich das Ag-Bild visuell, aber deutlich abhebt. Dann wird an allen Stellen von **I**, an denen der Bildinhalt verändert werden soll (von Hand), ein lichtundurchlässiger aktin. Farbstoff aufgetragen, z. B. Deckweiß. Das so korrigierte **I** wird auf eine weitere **II** reproduziert, die unempfindlich gegen **III** ist oder deren Empfindlichkeit gegen **III** durch ein komplementäres Farbfilter ausgeschaltet wird. (**D. A. S. 1 032 090** Kl. 57b vom 21/2. 1957, veröff. 12/6. 1958. F. Prior. 24/2. 1956.) A. Kalix. 8649

Eastman Kodak Co., Rochester, N. Y., übert. von: **Charles H. Coney** und **Fred M. Ball,** Kingsport, Tenn., V. St. A., *Wärmebeständige Schutzschichten.* Die Temperaturbeständigkeit von Celluloseacetatbutyratschichten (z. B. auf Blitzlichtlampen) wird durch Eintauchen der getrockneten Schicht in eine Lsg., die 4 (%) *Tetra-(isopropyl)-titanat* in einem Gemisch von 20 Toluol u. 76 Äthylacetat enthält, erheblich verbessert. (**A. P. 2 787 559** vom 9/1. 1956, ausg. 2/4. 1957.) A. Kalix. 8655

Redaktionsschluss: 16. Juli 1959.

Herausgeber: Prof. Dr. Heinrich Bertsch, Berlin u. Prof. Dr. Dr. h. c. Wilhelm Klemm, Münster. Chefredakteure und verantwortlich für den Inhalt: Dr. Eugen Klever, Berlin SW 61, Dessauer Straße 28—31, Fernsprecher: 66 54 21, u. Dr. Heinz Walter, Berlin N 4, Schiffbauerdamm 19, Fernsprecher: 42 55 71.

Verlag: Akademie-Verlag GmbH, Berlin W 1, Leipziger Str. 3-4 (Fernsprecher: 22 04 41, Postscheckkonto Berlin 350 21), und Verlag Chemie, GmbH, Weinheim/Bergstr. (Fernsprecher: Weinheim 36 35 [Sammelnummer]; Fernschreiber: 04 65516 chemieverl wnh; Postscheckkonten: Frankfurt/M. 145314 u. Berlin [West] 74 30). Bestellnummer: 1007/130. Das Chemische Zentralblatt erscheint wöchentlich. Preis des Jahrganges einschl. Autoren-, Patent-, Sach- u. Formelregister: DM 960,—; einseitig bedruckte Ausgabe: DM 1050,—. Abgabe der Zeitschrift nur mit sämtlichen Registern. Abbestellungen nur bis spätestens 6 Wochen vor Ablauf des Kalenderjahres.

Satz u. Druck: VEB Leipziger Druckhaus, Leipzig, III/18/203. X. 59.
Veröffentlicht unter der Lizenznummer ZLN 5002 des Ministeriums für Kultur, Hauptverwaltung Verlagswesen.
Printed in Germany.

FSC
www.fsc.org
MIX
Papier | Fördert gute Waldnutzung
FSC® C083411

Kolibri 360 GmbH
Ferdinand-Jühlke-Straße 7
99095 Erfurt, Deutschland
produktsicherheit@kolibri360.de